第十一届深基础工程发展论坛论文集

The 11th Advanced Forum of Deep Foundation

主　编　王新杰
副主编　贺武斌　韩云山
　　　　李连祥　许厚材

中国建筑工业出版社

图书在版编目（CIP）数据

第十一届深基础工程发展论坛论文集 = The 11th Advanced Forum of Deep Foundation / 王新杰主编. —北京：中国建筑工业出版社，2021.6
ISBN 978-7-112-26219-9

Ⅰ. ①第… Ⅱ. ①王… Ⅲ. ①深基础—工程施工—文集 Ⅳ. ①TU473.2-53

中国版本图书馆CIP数据核字(2021)第111951号

责任编辑：杨 允
责任校对：芦欣甜

第十一届深基础工程发展论坛论文集
The 11th Advanced Forum of Deep Foundation

主　编　王新杰
副主编　贺武斌　韩云山
　　　　李连祥　许厚材

*

中国建筑工业出版社出版、发行（北京海淀三里河路9号）
各地新华书店、建筑书店经销
北京红光制版公司制版
北京市密东印刷有限公司印刷

*

开本：880毫米×1230毫米　1/16　印张：27¾　字数：1163千字
2021年7月第一版　2021年7月第一次印刷
定价：**129.00**元
ISBN 978-7-112-26219-9
(37721)

第十一届深基础工程发展论坛

序　言

深基础工程发展论坛（AFDF）已成功举办十届，每年配套出版一册论文集，其内容记载了历年来深基础工程学界、业界人士潜心研究、实践探索、辛勤笔耕的成果，以备后鉴，大力推动了深基础工程领域的科技进步，确保了施工安全、工程质量，提高了工程经济效益和社会效益。

齐心十一载，奋力新纪元。按照惯例，本届论坛会前组织了面向业界的公开征文活动，各地反响热烈，来稿踊跃，共收到投稿110余篇。在论文评审阶段，大会特邀学术委员会委员太原理工大学贺武斌教授、中北大学韩云山教授、山东大学李连祥教授、北京城建集团许厚材教授级高工4位专家担任评审，严格按照“公平、公正、重质、择优”的原则，经过初审和终审，共选出89篇论文结集出版，内容分为“深基坑与近邻建筑保护”“桩与连续墙工程”“复合地基与地基处理”“深基础综合技术研究与分析”四个部分。通览文集颇有感悟，不禁提笔为序，以表敬意和谢意！

从入选的各部分论文内容可以看到，它们广泛涉及了本次会议主要议题的各个方面，并且皆极具代表性，换言之，这些论文大体反映了我国深基础工程技术当前的实际水平和发展前景。

2021年是中国共产党成立100周年，是“十四五”规划开局之年，也是全面建成小康社会、开启全面建设社会主义现代化国家新征程的关键之年。在这一特殊年份举办第十一届论坛这一行业盛会，承载了更多的意义和期待。

“十四五”规划是我国全面建成小康社会之后，开启现代化新征程的第一个五年规划，意义重大。

从宏观环境看，国际国内格局深刻变化，助推建筑业转型发展。新冠肺炎疫情、中美关系、经济全球化等国内外风险挑战明显增多，但我国经济稳中向好、长期向好的基本趋势没有改变，物质基础雄厚、人力资源丰富、市场空间广阔、发展韧性强劲、社会大局稳定等多方面优势显著，仍处在可以大有作为的重要战略机遇期。尽管新冠肺炎疫情短期内对全球经济造成了巨大影响，但长远来看，以新型基础设施建设、新型城镇化建设和交通、水利、能源等重大工程建设为代表的基建市场将进一步扩大，将助推建筑业加快实现产业现代化，我国建筑业高质量发展将大有可为。

从发展形势看，新发展格局的构建，市场前景依然广阔。在国家构建以国内大循环为主体、国内国际双循环相互促进的新发展格局背景下，“一带一路”倡议建设、京津冀协同发展、长江经济带发展、粤港澳大湾区建设、长三角区域一体化发展、黄河流域生态保护和高质量发展等新时代区域发展重大战略正在协同推进，区域平衡化发展，为企业开拓市场孕育新机会。

当前和今后一个时期，国际国内环境已经发生深刻变化，既迎来新的发展机遇，也面临着更具复杂性、全局性的挑战，我国建筑业发展应与时俱进，在危机中育先机、于变局中开新局。

践行新担当，第十一届论坛将继续发挥行业平台引领和示范作用，坚持深基础工程产业全链条发展，筑牢国民经济建筑业的根基，推动施工技术、理论研究、装备制造、服务工程的深度融合；强化 5G、北斗、BIM 等新型信息技术融合应用；树立新时代深基础与地下空间工程绿色、生态、韧性和智慧化发展的新理念。

世界百年变局，中国基深致远；业内同行齐戮力，再创成绩更辉煌。8 月 4～6 日，第十一届论坛诚邀各地专家相聚龙城太原相互交流切磋，共同研讨推进深基础工程技术设计施工与科研水平的进一步提升，使之更好地适应日益增长的客观需要。紧扣前沿、关注行业、瞄准市场、携手推动深基础工程全产业链发展，构筑深基础工程行业命运共同体！

论坛学术委员会主任：王新杰

2021 年 7 月

目　录

第一部分　深基坑与近邻建筑保护

第二部分　桩与连续墙工程

第三部分　复合地基与地基处理

第四部分　深基础综合技术研究与分析

第一部分
深基坑与近邻建筑保护

超期服役基坑稳定性评估及风险源分析

程海涛[1,2,3]， 卜发东[1,2,3]， 米春荣[1,2,4]， 刘 彬[1,2,4]
(1. 山东省建筑科学研究院有限公司，山东 济南 250031；2. 山东建科特种建筑工程技术中心有限公司，山东 济南 250031；3. 山东省组合桩基础工程技术研究中心，山东 济南 250031；4. 济南市组合桩技术工程研究中心，山东 济南 250031)

摘 要：基坑支护属于临时措施，设计使用期限一般为1～1.5年。基坑超期服役情况时有发生，其稳定性评估是工程界关注焦点。依托工程实例，综合采用基坑现状调查、支护结构工作性能检验、稳定性验算等手段，评估了超期服役基坑稳定性，分析了岩土参数劣化、支护结构局部失效、地下水位上升等风险源对超期服役基坑稳定性的影响规律。风险源分析结果表明，岩土参数劣化对放坡与土钉墙支护形式圆弧滑动稳定性、桩锚支护形式的桩配筋、嵌固稳定性影响明显；桩锚支护形式中，锚索失效对桩配筋、嵌固稳定性影响明显；地下水位上升对桩锚支护形式的桩配筋、嵌固稳定性影响明显，对土钉墙支护形式的土钉抗拔安全性影响明显。

关键词：基坑；超期服役；稳定性；风险源；安全系数

0 引言

基坑支护是为主体结构地下部分施工而采取的临时措施[1]，考虑到主体地下结构的施工工期、施工季节等因素，支护结构设计使用期限一般为1～1.5年。工程建设中，多种客观因素导致基坑使用时间超过设计使用期限，支护结构长期处于超期服役状态[2-5]。在超期服役期间，由于受岩土参数、支护结构耐久性、地下水位变化等不确定风险源影响，支护结构的稳定性往往会有不同程度的降低。超期服役基坑支护结构稳定性评估已成为工程界关注的焦点之一。本文依托工程实例，研究了超期服役基坑稳定性评估技术，分析了岩土参数劣化、支护结构局部失效、地下水位上升等风险源对超期服役基坑稳定性的影响规律，为类似工程提供了参考。

1 工程概况

山东某基坑平面呈长方形，东西方向长约141m、南北方向宽约105m，深度10.71～12.99m，支护涉及深度范围内的地层自上而下依次为①杂填土、②粉质黏土、③黏土、③₁黏土、④中粗砂、④₁黏土、⑤黏土、⑥强风化泥岩、⑦中风化石灰岩，岩土层分布及其物理力学指标见图1、表1。地下水为第四系孔隙潜水和岩溶裂隙水，埋深10.1～13.3m。

岩土层物理力学指标 表1

土层号	岩土名称	γ(kN/m³)	c(kPa)	φ(°)
①	杂填土	19.5	5.0	15.0
②	粉质黏土	18.4	23.0	13.0
③	黏土	18.6	36.0	11.0
③₁	黏土	18.8	44.0	10.0
④	中粗砂	19.0	0.0	30.0
④₁	黏土	18.6	42.0	10.0
⑤	黏土	18.7	42.0	10.0
⑥	强风化泥岩	21.0	32.0	30.0
⑦	中风化石灰岩	24.0	60.0	40.0

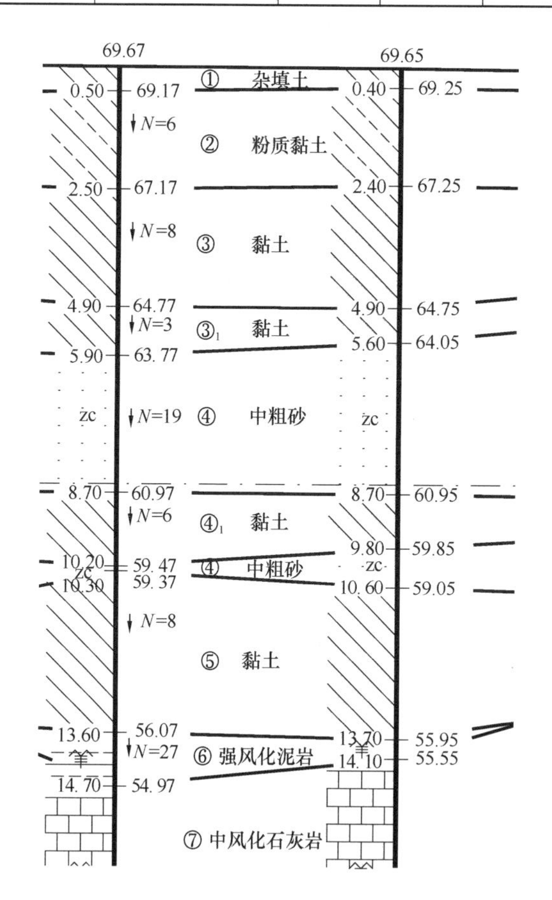

图1 岩土层分布

基坑分段采用复合土钉墙支护、桩锚支护形式，分为9个支护单位，设计使用期限为1年，典型支护结构剖面如图2所示。由于多种客观因素，基坑使用时间超过3年，且未进行基坑监测，处于超长期服役状态。

基金项目：泉城产业领军人才（2018015）；济南市高校20条资助项目（2018GXRC008）；山东省重点研发计划（2017GSF22104）。

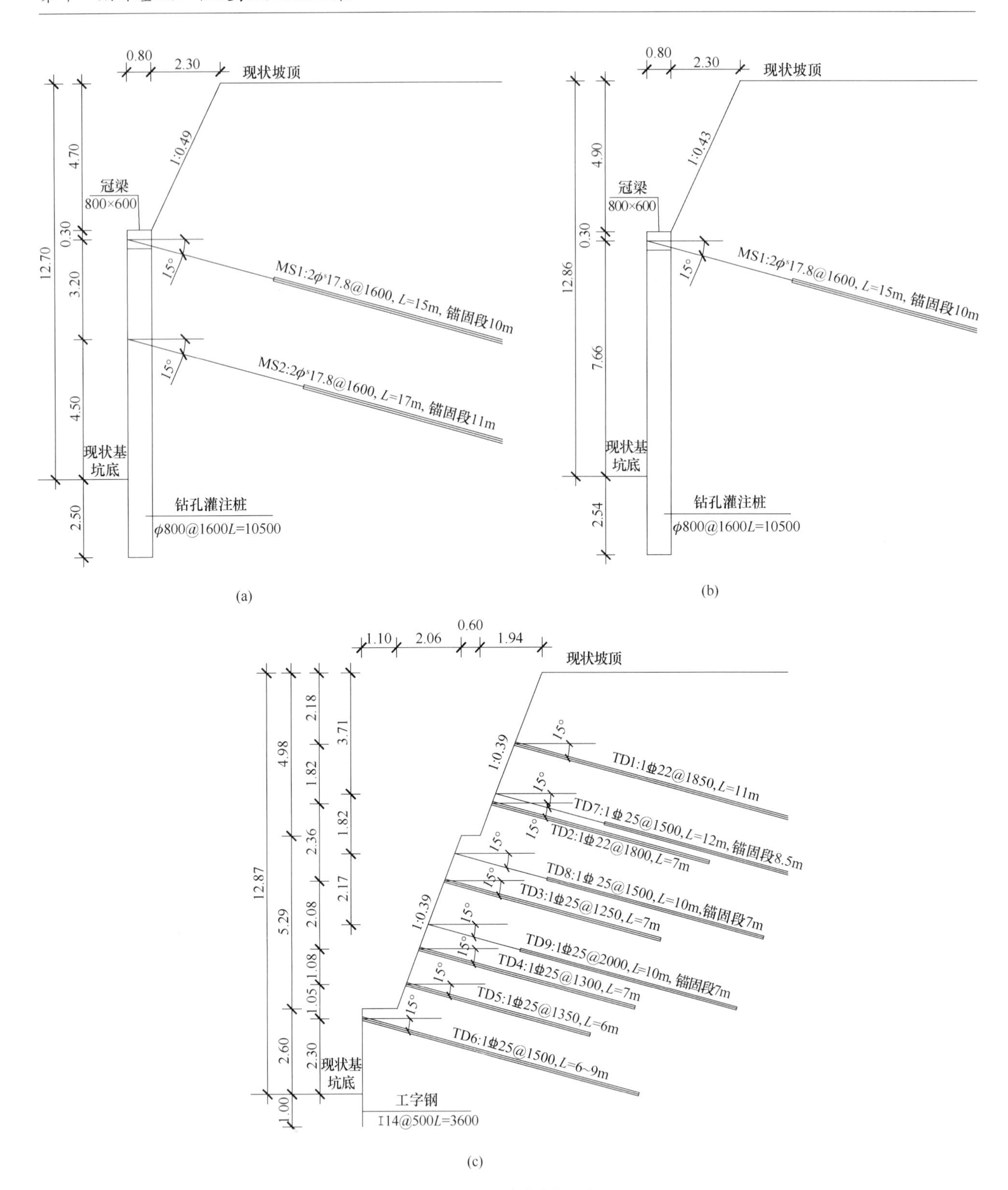

图 2　基坑支护剖面图

(a)2-2 单元；(b)3-3 单元；(c)4-4 单元

2　基坑现状调查检验

基坑内北、东、南侧已基本开挖至设计坑底标高，西侧为出土坡道。现场调研发现基坑周边 1 倍深度范围内的构筑物(围墙)局部出现裂缝，地表出现多条平行于基坑顶边线的裂缝，如表 2、图 3 所示。

基坑周边地表裂缝　　表 2

位置	裂缝至基坑距离(m)	裂缝最大宽度(cm)	裂缝错台情况
基坑北侧	9.7～11.5	7.68	北高南低错台、高差 1.47～1.67cm

续表

位置	裂缝至基坑距离(m)	裂缝最大宽度(cm)	裂缝错台情况
基坑东侧	5.1～8.1	19.13	东高西低错台、高差1.00～5.07cm
基坑南侧	7.6～11.1	19.57	—
基坑西侧	1.6～2.4	1.00	—

(a)

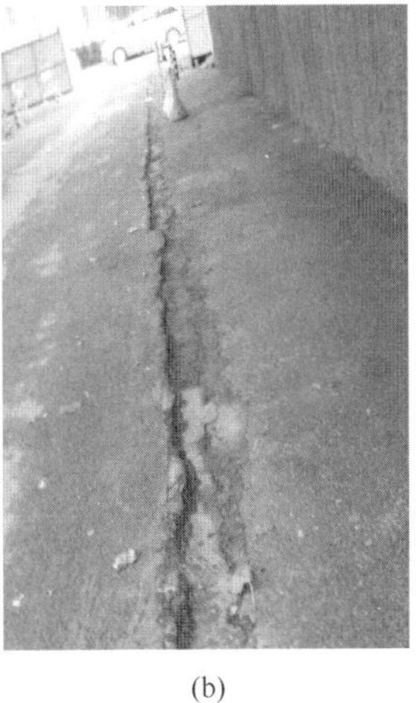

(b)

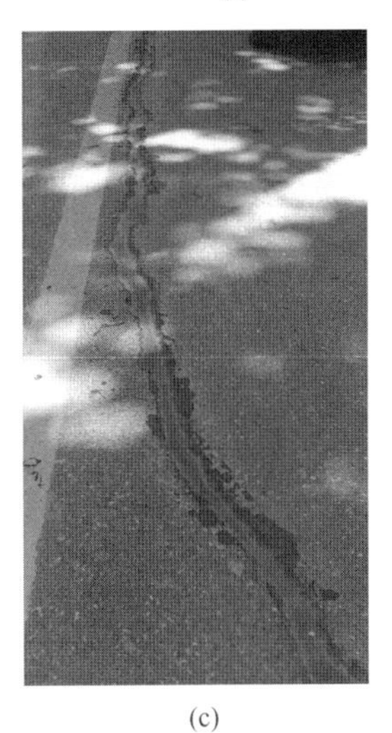

(c)

(d)

图3　基坑周边地表裂缝

(a) 北侧；(b) 东侧；(c) 南侧；(d) 西侧

支护结构多处存在不符合设计要求或破损的情况，例如局部锚索未设置腰梁或锚头、相邻腰梁之间未连接、腰梁与面层之间未接触、土钉与腰梁之间未进行牢固连接、局部面层破裂、钢筋外露等（图4）。

该场地有较丰富的岩溶裂隙水，并汇集于基坑内东侧低洼处及北坡、南坡、西坡局部坡脚处，部分坡脚处泄水孔渗水，现场在持续抽排基坑内岩溶裂隙水。

开展了6组锚索抗拔试验、5组土钉抗拔试验。其中6组锚索抗拔试验、4组土钉抗拔试验均加载至预定荷载，锚头位移达到稳定标准；最后1组土钉抗拔试验施加荷载89.70kN时，土钉位移急剧增大至31.55mm且无法维持荷载，终止试验。试验结果见表3。

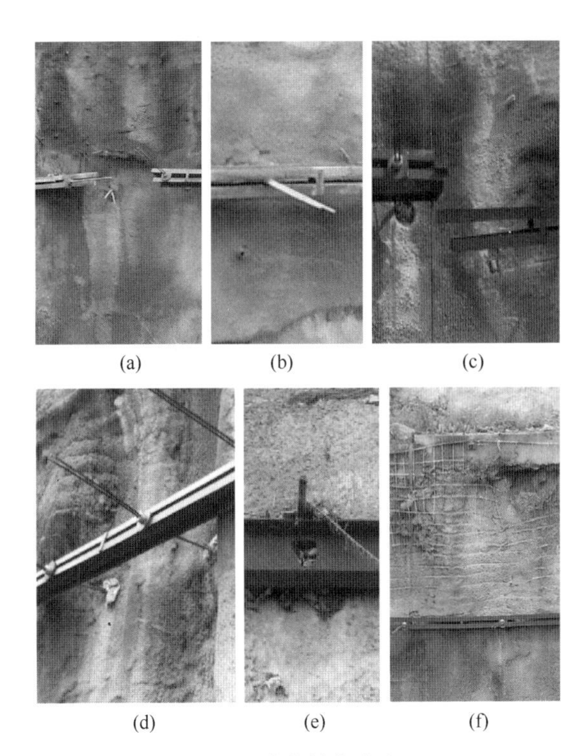

(a)　(b)　(c)

(d)　(e)　(f)

图4　支护结构隐患

锚索（土钉）抗拔试验结果　　表3

序号	类型	最大加载值(kN)	抗拔承载力			对应土层条件
			检测值(kN)	变形值(mm)		
				总计	弹性	
1	锚索	427.84	427.84	8.78	3.94	④中粗砂、④$_1$黏土
2	锚索	427.84	427.84	9.20	4.33	④中粗砂、⑦中风化石灰岩
3	锚索	427.84	427.84	12.72	5.76	④中粗砂、④$_1$黏土
4	锚索	427.84	427.84	7.54	6.09	④中粗砂、⑦中风化石灰岩
5	锚索	427.84	427.84	11.54	5.74	④中粗砂
6	锚索	427.84	427.84	8.58	4.87	④$_1$黏土、④中粗砂、⑤黏土
7	土钉	179.40	179.40	7.37	7.26	③黏土、③$_1$黏土、④中粗砂
8	土钉	179.40	179.40	9.60	9.54	②粉质黏土、③黏土、③$_1$黏土、④中粗砂
9	土钉	179.40	179.40	8.75	8.73	④中粗砂
10	土钉	179.40	179.40	9.95	9.94	④中粗砂
11	土钉	89.70	17.94	31.55	—	④中粗砂

采用低应变法检验24根支护桩桩身完整性，试验时从冠梁上进行敲击并采集信号。检验结果显示，设计桩长范围内时域信号无明显异常反射，桩身完整，均为Ⅰ类桩，如图5所示。

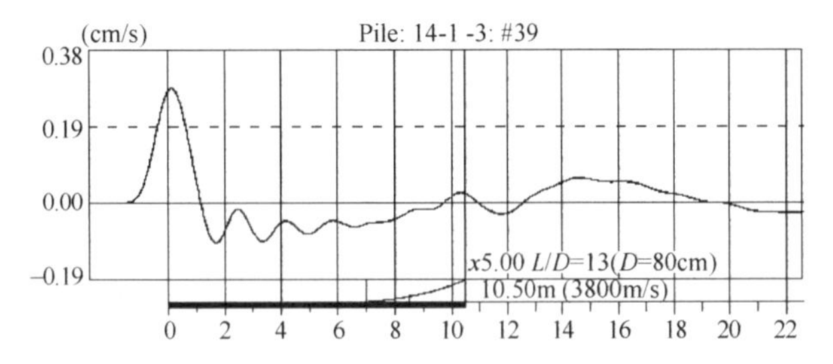

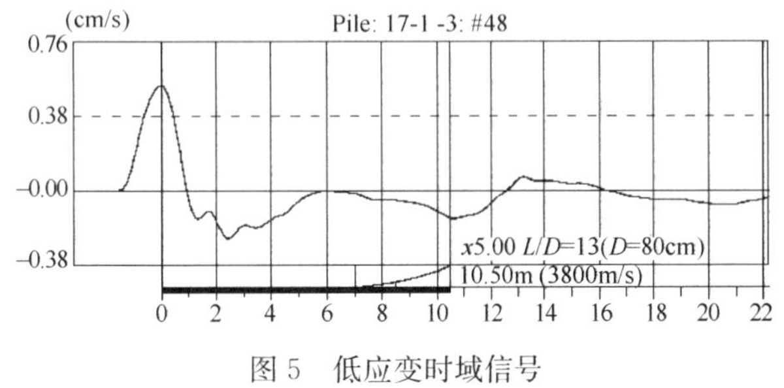

图5　低应变时域信号

3　稳定性验算

根据锚索（土钉）抗拔试验结果反分析，结合现行行业标准[1]及工程经验，综合确定锚索、土钉极限粘结强度标准值，如表4所示。由于4-4单元TD2、TD3、TD4、TD5土钉使用时间较长，且土钉与面层连接可靠性不确定，第TD9道土钉抗拔承载力检测值偏低，稳定性验算时不考虑TD2、TD3、TD4、TD5、TD9土钉作用。

锚索（土钉）极限粘结强度标准值　表4

土层编号	岩土名称	锚索极限粘结强度标准值 q_{sk}（kPa）	土钉极限粘结强度标准值 q_{sk}（kPa）
①	杂填土	20	20
②	粉质黏土	55	42
③	黏土	57	43
③$_1$	黏土	58	44
④	中粗砂	80	70
④$_1$	黏土	58	44
⑤	黏土	54	41
⑥	强风化泥岩	100	75
⑦	中风化石灰岩	200	150

稳定性验算结果表明，主要存在支护桩配筋、嵌固稳定安全系数、土钉抗拔安全系数、锚索及土钉配筋不满足要求等安全隐患。基坑北坡最危险滑动面与地表交点距离基坑坡顶边线9.7～11.8m，和实测基坑北侧裂缝至基坑顶边线距离9.7～11.5m基本相等；基坑东坡最危险滑动面与地表交点距离基坑坡顶边线5.5～7.5m，和实测基坑东侧裂缝至基坑顶边线距离5.1～8.1m基本相等；基坑南坡最危险滑动面与地表交点距离基坑坡顶边线10.3～12.1m，略大于实测基坑南侧裂缝至基坑顶边线距离7.6～11.1m。这说明基坑稳定性验算时，岩土物理力学指标、锚索（土钉）极限粘结强度标准值、支护结构参数、周边超载值的选取符合现状基坑实际情况。

4　风险源分析

随着基坑服役期的增长、季节变化及地下管线漏水，存在岩土参数逐渐劣化、锚索（土钉）由于岩土参数劣化或材料锈蚀而导致的承载性能降低或失效、雨期基坑外地下水位上升等影响基坑边坡稳定性的风险源。在现状基坑稳定性验算基础上，分析了岩土参数劣化、锚索（土钉）失效、地下水位上升等风险源对基坑稳定的影响。

（1）岩土参数劣化

当岩土体中浸水，特别是经历若干次干湿循环后，岩土参数发生劣化，即抗剪强度（黏聚力、内摩擦角）降低[6]。针对岩土层埋藏条件及地下水位条件，主要考虑土层黏聚力、内摩擦角的降低及由此引起的锚索（土钉）极限粘结强度标准值降低。根据干湿循环对岩土参数的影响规律，按4种工况考虑岩土参数劣化：工况1～4，黏聚力分别降低15%、28%、45%、52%，摩擦角分别降低5%、8.5%、13%、15%，各工况下锚索（土钉）极限粘结强度标准值降低幅度均取10%。

以2-2单元、3-3单元、4-4单元为例，分析岩土参数劣化对基坑稳定性的影响，详见图6、图7。随着岩土参数劣化，支护桩钢筋面积计算值逐渐增大并超过实配值，圆弧滑动稳定安全系数及嵌固稳定安全系数逐渐降低，特别是2-2单元、3-3单元上部放坡部分的圆弧滑动稳定安全系数降低至1.0以下，存在失稳破坏风险。岩土参数劣化对放坡与土钉墙支护形式的圆弧滑动稳定性、桩锚支护形式中桩配筋、嵌固稳定性影响明显，而对桩锚支护形式的圆弧滑动稳定性影响不明显。

（2）锚索（土钉）失效

以2-2单元、4-4单元为例分析锚索（土钉）失效对基坑稳定性的影响，如图8、图9所示。锚索（土钉）失效后，支护桩配筋面积计算值迅速增大并超过实配值，圆弧滑动稳定安全系数及嵌固稳定安全系数迅速降低，直至失稳破坏，具体如下：2-2单元当1道锚索失效时，支护桩纵筋配筋不足；当2道锚索全部失效时，支护桩纵筋配筋严重不足，且嵌固稳定安全系数小于1.0。4-4单元当1道土钉失效时，圆弧滑动稳定安全系数小于1.3；当2道土钉失效时，圆弧滑动稳定安全系数约为1.0；当3道土钉失效时，圆弧滑动稳定安全系数小于1.0。桩锚支护形式中，锚索失效对支护桩配筋、嵌固稳定性影响明显，而对圆弧滑动稳定性影响不明显。土钉墙支护形式中，多道土钉集体失效对圆弧滑动稳定性影响明显。

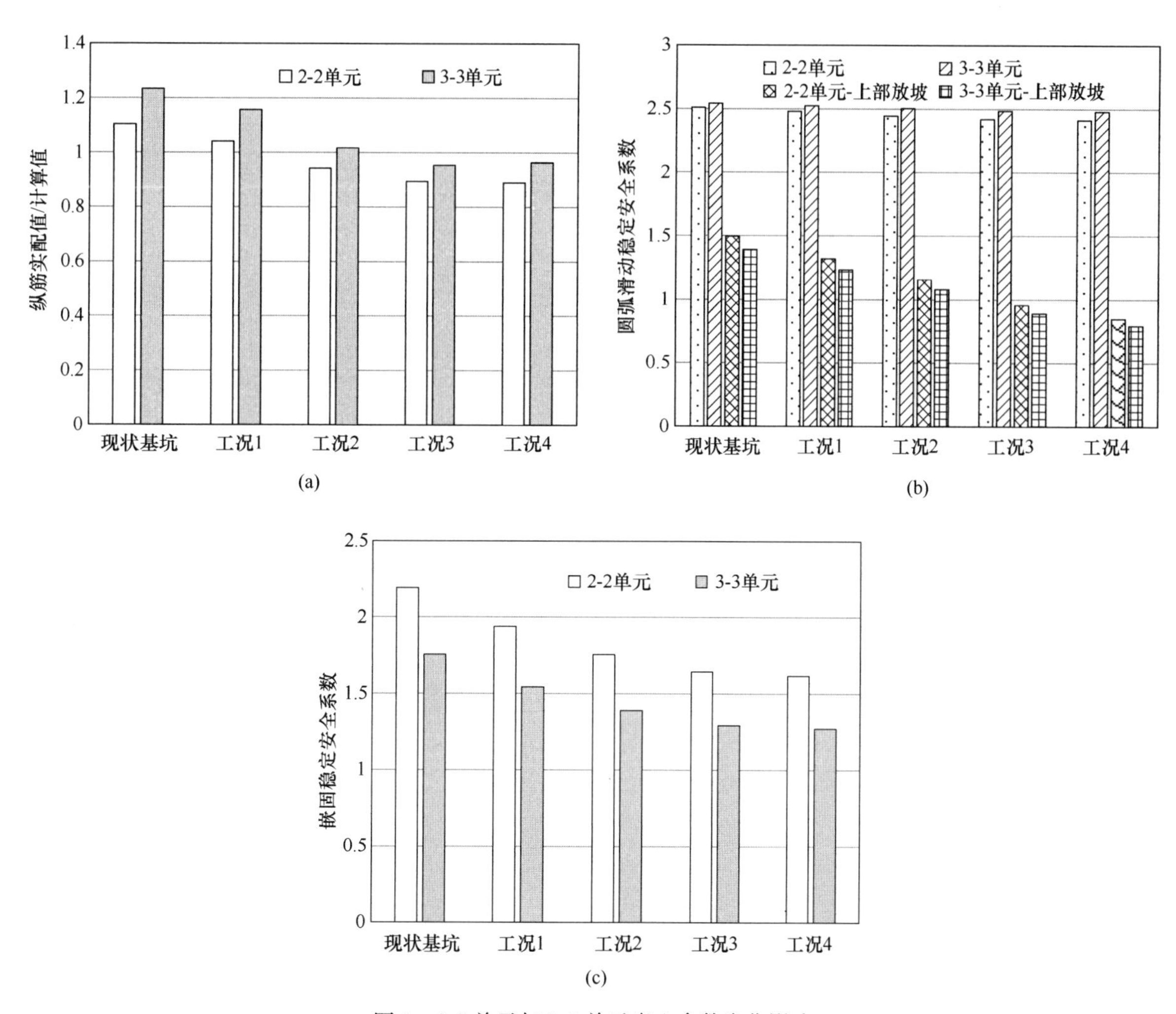

图 6 2-2 单元与 3-3 单元岩土参数劣化影响

(a) 支护桩配筋；(b) 圆弧滑动稳定安全系数；(c) 嵌固稳定安全系数

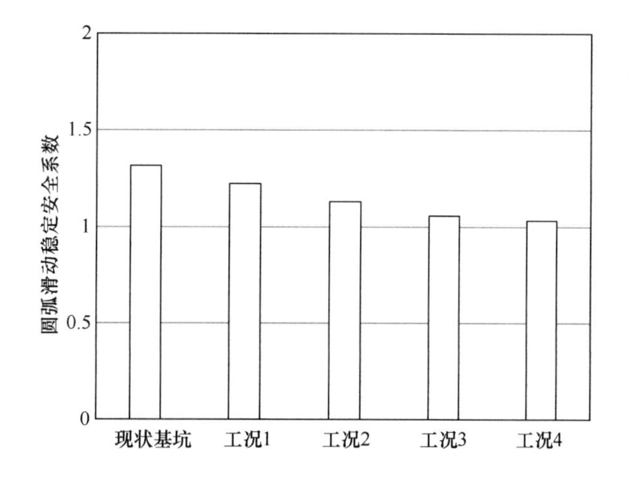

图 7 4-4 单元岩土参数劣化影响

(3) 地下水位上升

以 2-2 单元、3-3 单元、4-4 单元为例，分析地下水位对基坑稳定性的影响，如图 10、图 11 所示。随着基坑外地下水位的上升，桩锚支护形式中的支护桩钢筋面积计算值逐渐增大并超过实配值，圆弧滑动稳定安全系数及嵌固稳定安全系数逐渐降低。其中当基坑外地下水位上升至地面以下 8m 时，2-2 单元支护桩纵筋配筋不足；当基坑外地下水位上升至地面时，2-2 单元、3-3 单元支护桩纵筋配筋严重不足，嵌固稳定安全系数小于1.0。

基坑外地下水位上升对土钉墙支护形式的圆弧滑动稳定安全系数影响不明显，但随地下水位上升土钉抗拔安全系数迅速降低。当土钉轴向拉力大于该道土钉的承载力时，土钉破坏失效，进而导致基坑边坡圆弧滑动稳定性迅速降低，直至失稳破坏。

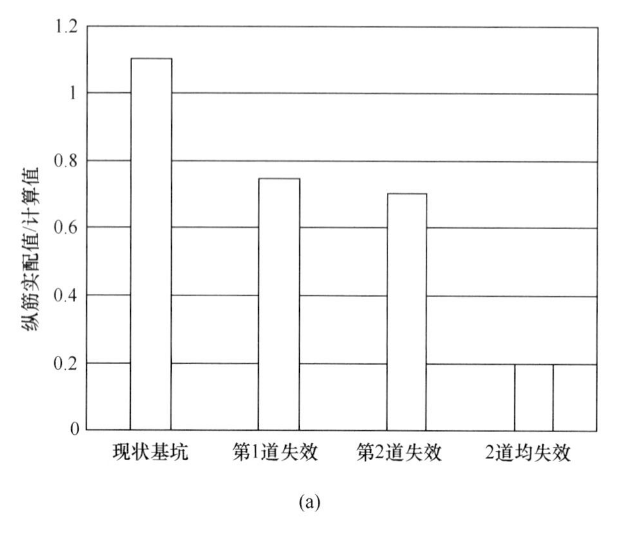

(a)

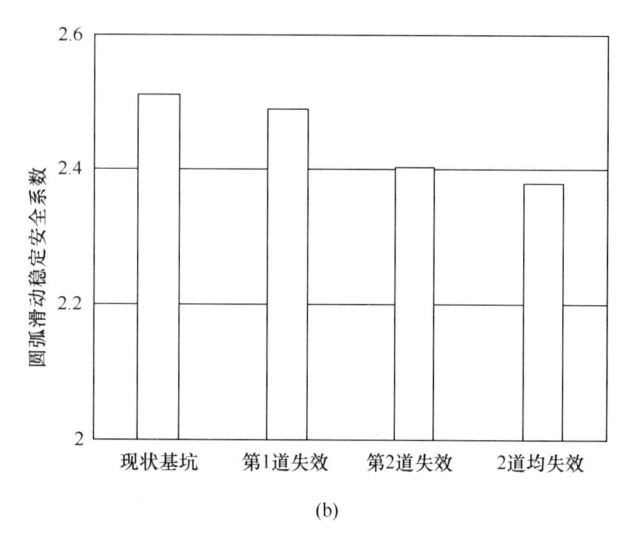

(b)

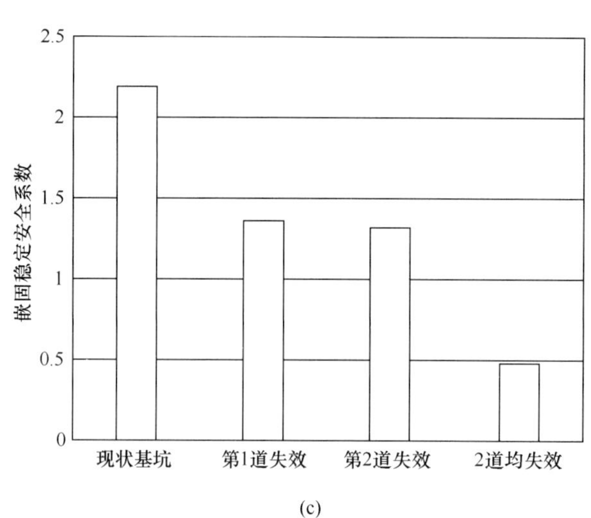

(c)

图8 2-2单元锚索失效影响

(a) 支护桩配筋；(b) 圆弧滑动稳定安全系数；(c) 嵌固稳定安全系数

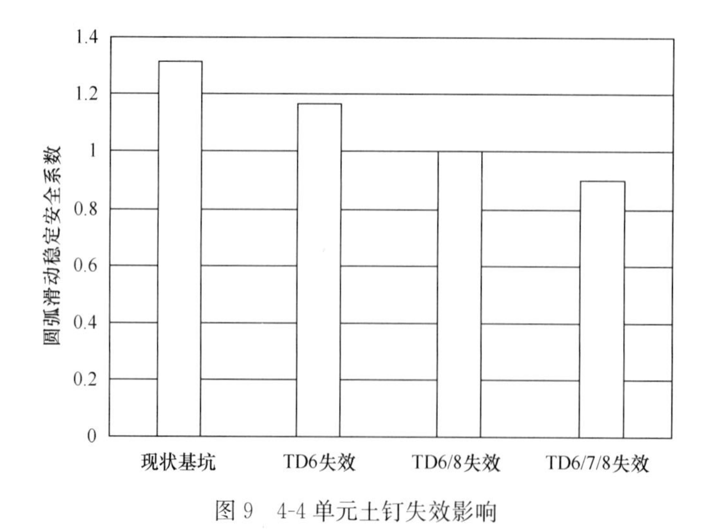

图9 4-4单元土钉失效影响

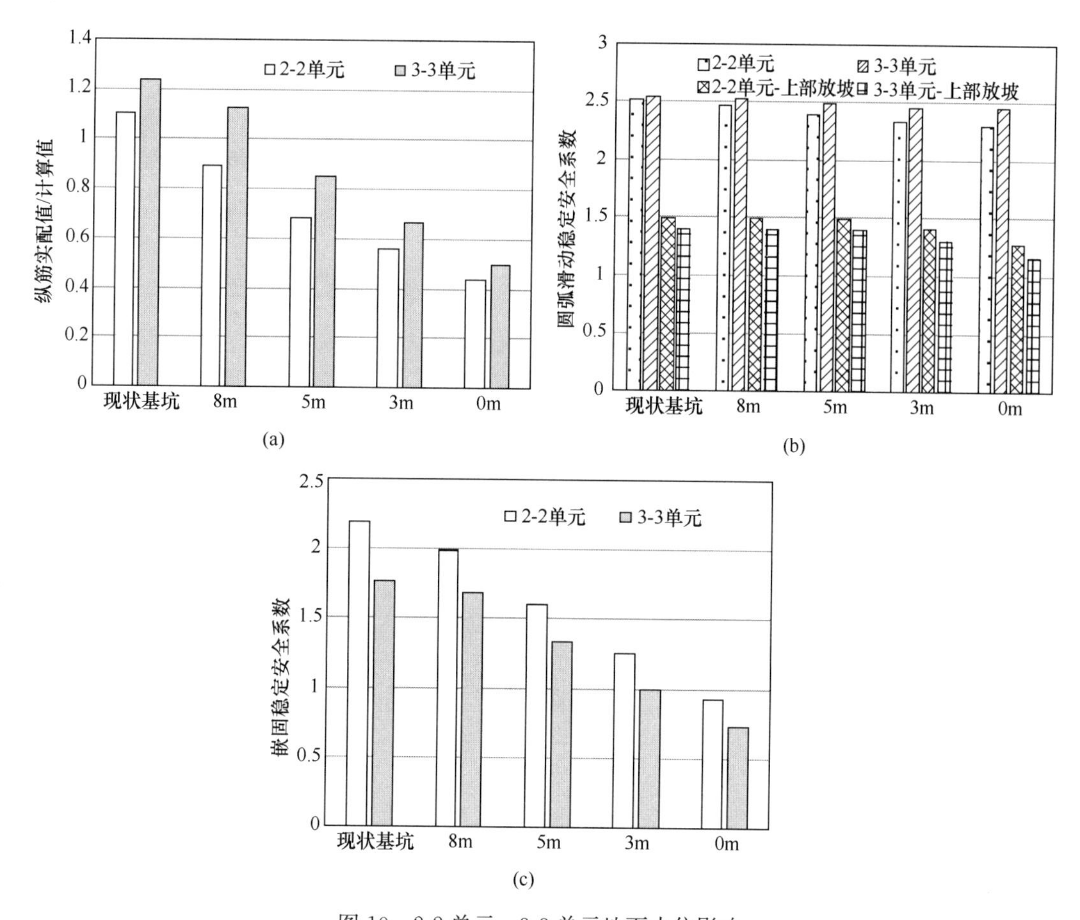

图 10　2-2 单元、3-3 单元地下水位影响

（a）支护桩配筋；（b）圆弧滑动稳定安全系数；（c）嵌固稳定安全系数

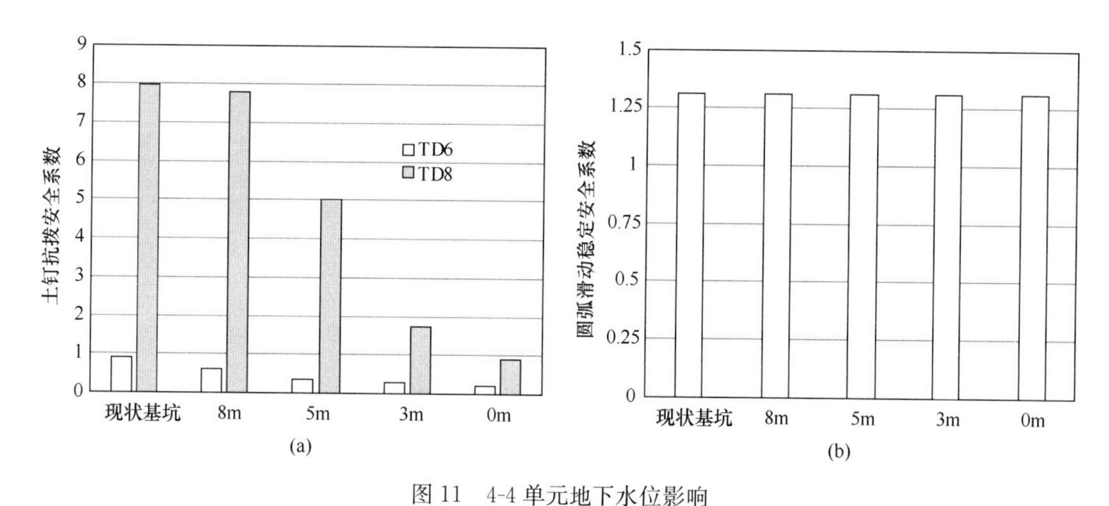

图 11　4-4 单元地下水位影响

（a）土钉抗拔安全系数；（b）圆弧滑动稳定安全系数

5　结语

本文依托工程实例，研究了超期服役基坑稳定性评估技术，分析了岩土参数劣化、支护结构局部失效、地下水位上升等风险源对基坑稳定性的影响，得到如下结论：

（1）超期服役基坑稳定性评估时，应综合采用基坑现状调查、支护结构工作性能检验、稳定性验算等手段。

（2）调查检验项目应包括基坑周边建（构）筑物变形及裂缝、地表裂缝、支护结构隐患、地下水控制、锚索（土钉）抗拔承载力、支护桩桩身完整性等。

（3）岩土参数劣化对放坡与土钉墙支护形式圆弧滑动稳定性、桩锚支护形式中桩配筋、嵌固稳定性影响明显；桩锚支护形式中，锚索失效对支护桩配筋、嵌固稳定性影响明显；地下水位上升对桩锚支护形式中桩配筋、嵌固稳定性影响明显，对土钉抗拔安全性影响明显。

参考文献：

[1] 建筑基坑支护技术规程 JGJ 120—2012[S]. 北京：中国建筑工业出版社，2012.

[2] 张钦喜，吴浩，晁哲．超期服役基坑的监测及数值分析[J]. 岩土工程技术，2017，31(4)：186-190.

[3] 高美玲，刘大鹏．超期服役基坑桩锚结构检测评估及加固措施[J]. 工程勘察，2019，(5)：14-19.

[4] 张兆龙．超期服役深基坑的变形特性分析及稳定性评估[J]. 水利与建筑工程学报，2019，17(2)：74-78+90.

[5] 门彬．超期服役基坑变形关键影响因素模拟分析[J]. 交通科学与工程，2020，36(3)：50-55.

[6] 邓华锋，肖瑶，方景成，等．干湿循环作用下岸坡消落带土体抗剪强度劣化规律及其对岸坡稳定性影响研究[J]. 岩土力学，2017，38(9)：2629-2638.

扩大头可回收式预应力锚索抗拔试验研究

苏　越，向少华，霍炳旭，周　明，向龙华，文　谦
（天津市佰世恒建筑工程有限公司，天津 300060）

摘　要：为研究扩大头可回收式预应力锚索的锚固机理，结合实际基坑支护工程进行了不同长度锚杆的现场抗拔试验研究，得到可回收式锚杆的 p-s 曲线以及沿锚固体轴向应变分布。分析结果表明：扩大头可回收式预应力锚索能较好地发挥锚固体材料的力学性能，承载力较高；该锚杆存在着一个临界长度，当锚固长度超过其临界长度时，再增加锚固长度对锚杆抗拔力的提高作用不大，主要锚固力集中在扩大头段；该锚索杆体可在临时基坑支护工程中实现百分百回收。试验验证了该锚索设计的合理性和安全性，为该锚索的推广应用积累经验。

关键词：扩大头；可回收；锚杆；临界长度；抗拔试验

0　引言

锚杆（索）加固在基坑支护工程中广泛应用，但随着工程建设的发展，许多预埋锚杆的场地需要再次利用，留弃于地下的锚杆造成了极大的材料浪费以及施工障碍。同时，实际工程中大多采用拉力型锚杆，其结构简单、方便施工，但其缺点也显而易见：防腐性能差、注浆体受拉、锚固能力发挥不足等。为解决传统锚杆技术的不足，近年来，新型可回收锚杆技术逐渐得到应用，在临时基坑工程中，可以回收土内锚杆进行二次利用，同时，回收式锚杆为压力型锚杆，解决了拉力型锚杆的弊端，是一种极具潜力的支护技术。

张浩宇[1]、邓友生[2]列举了可回收锚杆的类型以及应用范围，阐明可回收锚杆可在基坑工程中提高围护结构稳定性，同时能保证锚索顺利回收。龚医军[3]、盛宏光[4]通过现场试验及数值模拟的方法，证明了可回收锚杆相比于传统拉力型锚杆具有受力性能好、承载能力高等优点。唐士鑫[5]利用弹性力学理论，推导出了压力型可回收式锚杆锚固段应力分布的理论解，根据理论解讨论了锚固体与岩土体弹性模量比、岩土体泊松比、锚固体外半径对锚固段应力分布的影响。罗来兵[6]、白冰[7]通过某项目实例介绍了可回收锚杆在基坑工程中的应用，监测结果表明，可回收锚杆工艺符合控制位移、保证基坑及周边安全的要求。文鹏宇[8]研发了扩大头可回收预应力锚索。该锚索采用高压旋喷工艺，在锚索底部一定范围内形成直径较大的圆柱状锚固段，显著地提高了锚索的抗拔力，杨卓[9]、梁月英[10]、王哲[11]等探讨了扩大头锚杆极限抗拔力以及沿锚杆轴向剪应力的计算公式。

为了研究扩大头可回收式预应力锚索的荷载传递规律，作者结合天津南站科技商务区 40 号地商务楼宇项目基坑支护工程，进行该锚杆的抗拔试验研究。通过本次研究，为该锚杆的推广应用积累经验，以便更好地指导工程实践。

1　工程概况

此工程整体设置两层地下车库，基坑深度 9.20～11.25m，围护结构采用 SMW 工法桩＋两道旋喷锚杆（可回收）。地层条件简单，埋深 20m 范围内主要土层如表 1 所示。

土层分布　　表 1

编号	土层名称	土层厚度 (m)	重度 γ (kN/m³)	c (kPa)	φ (°)	q_{sik} (kPa)
①₂	素填土	1.5	19	12	8	28
③₁	黏土	2	19	14.5	12	38
④₁	黏土	2.7	19.5	12.5	16	40
⑥₃	粉土	13.8	19.7	7	30	46

正式基坑开挖前，依据《岩土锚杆（索）技术规程》CECS 22：2005，对该锚杆进行拉拔试验研究，本次试验目的包括以下几点：

（1）通过现场试验确定锚杆极限抗拔承载力；

（2）通过现场试验确定沿锚杆杆体轴向应变规律；

（3）试验完成后进行筋体回收，检验锚杆的回收性能。

图 1　锚杆施工完毕

图 2　现场拉拔试验

2　锚杆杆体设计

本次试验共 3 根锚杆，具体参数如表 2 所示。

锚杆参数　　表 2

编号	M1	M2	M3
锚杆总长度（m）	20	18	16
扩体段长度（m）	6	6	6
扩体段直径（mm）	500	500	500
非扩体段长度（m）	10	8	6
非扩体段直径（mm）	350	350	350
锚杆材质	3ϕ15.2 预应力钢绞线		

该可回收式锚杆杆体采用全长自由无粘结钢绞线外套 PVC 管，钢绞线与承载体通过螺纹可靠连接。当钢绞线受力时，拉力通过钢绞线直接传递到底端承载体，承载体底板将所受拉力以压力的形式施加给锚固体，使锚固体与岩土体产生剪切抗力，锚杆的承载力得以发挥。

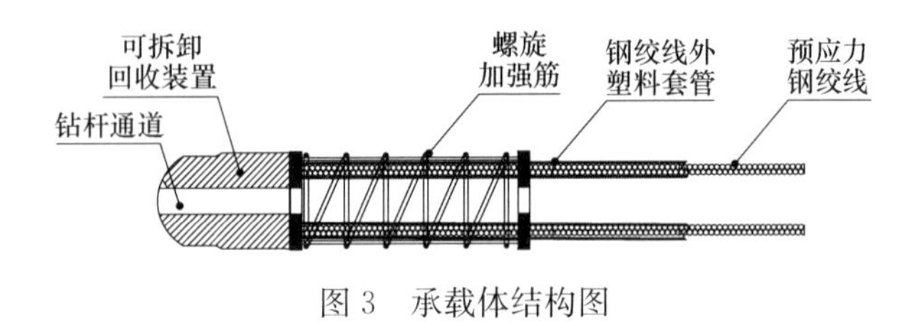

图 3　承载体结构图

3　试验方法

本试验通过间接方法测定锚固体的位移值，由千分表测量锚杆总位移量，由粘贴在钢绞线上的应变片测定锚杆杆体轴向位移，两者之差即为锚固体轴向位移值。

试验前进行应变片的安装，对设计位置打磨光滑，粘贴应变片和连接导线，依次编号并进行防水处理。每组锚杆试验由锚杆端部向孔口均匀布置应变片，沿锚固体方向布点间距 2.0m。

锚杆破坏准则依照以下标准：

（1）后一级荷载产生的锚头位移增量达到或超过前一级荷载产生的位移增量的 2 倍；

（2）锚头位移持续增长；

（3）油压表读数突然回落。

4　试验结果分析

4.1　*p-s* 曲线及极限承载力分析

各组锚杆试验数据及 *p-s* 曲线如表 3～表 5 所示。

M1 拉拔试验结果　　表 3

荷载（kN）	23	117	176	234	281	351	410	468
累计位移（mm）	1.96	4.5	15.5	25.2	38.24	77.41	106.34	178.24

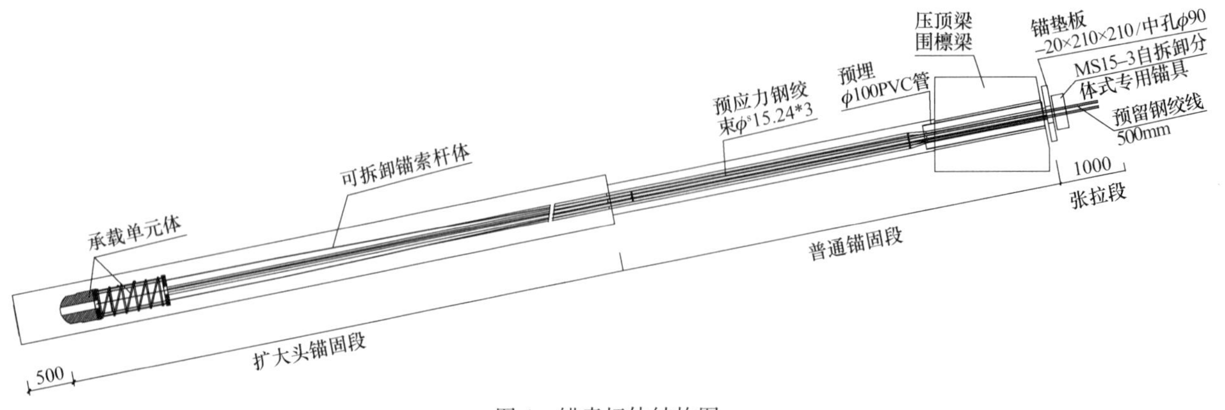

图 4　锚索杆体结构图

M2 拉拔试验结果　　表 4

荷载（kN）	23	117	176	234	281	351	410	468
累计位移（mm）	1.58	3.86	12.76	20.11	29.97	60.84	79.96	142.85

M3 拉拔试验结果　　表 5

荷载（kN）	23	117	176	234	281	351	410	468
累计位移（mm）	1.33	2.04	8.83	11.25	14.32	23.37	26.74	80.45

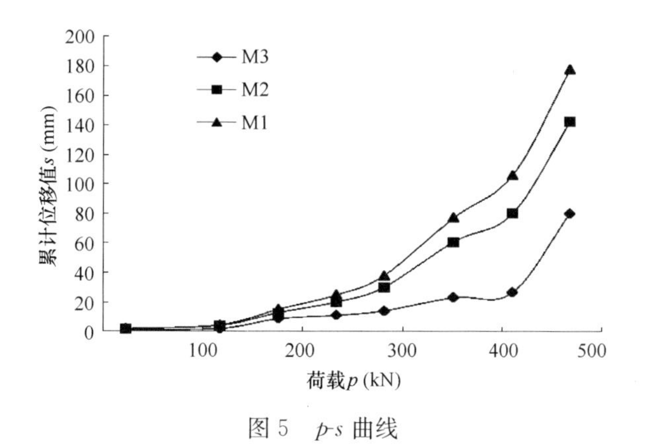

图 5　p-s 曲线

由以上结果可知，当荷载达到 468kN 时，本级荷载下位移量已经超出前一级荷载位移量的 2 倍，即说明此时锚固体与岩土体之间的界面剪切力超过了界面粘结力，锚固体与周围岩土体发生相对滑移，锚固系统失效。取前一级荷载作为极限承载力，由图 5 可知，对于三种不同长度的锚杆（M1 长 20m，M2 长 18m，M3 长 16m），其极限承载力并未发生大的变化，均在 410kN 左右。

4.2　沿锚固体轴向应变分布

锚固体轴向应变由总位移减去杆体位移获得，以 M1 为例，在不同张拉荷载下应变分布如图 6 所示。

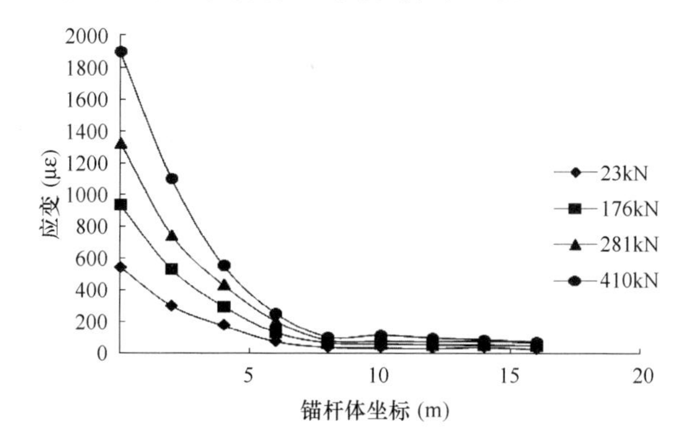

图 6　M1 锚杆在不同荷载下不同深度的应变

M2、M3 也有类似的分布趋势，由图 6 可发现如下规律：

（1）应变峰值位于锚杆端部承载体附近，随着远离锚杆端部的方向逐渐减小。

（2）在接近端部的很短的锚固长度内，尤其是在扩大头长度范围内（0～6m），应变减小的速度非常快，而随着远离锚杆端部，应变变化趋于平缓。这说明锚固体提供抗拔力主要靠接近端部的长度，存在一个临界值，超出此临界锚固长度后，单纯的增加锚固体长度并不能提高相应的锚固力。

（3）随着荷载增大，应变峰值随之减小，应变减小的速度也更快。

为对比不同长度锚杆应变分布规律，观察 410kN 张拉荷载下各组试验锚杆的应变分布，如图 7 所示。

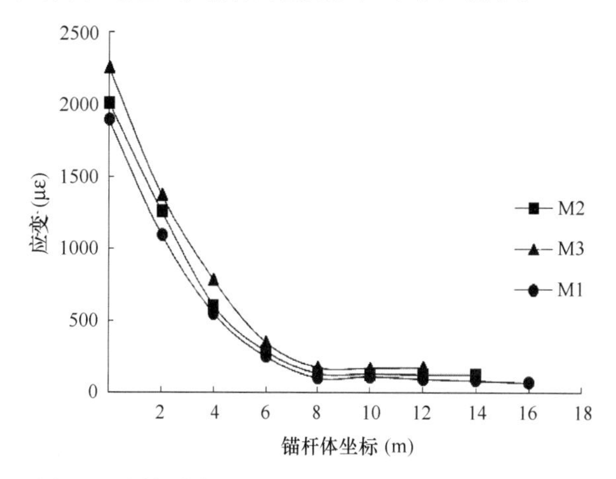

图 7　不同长度锚杆在 410kN 下不同锚固深度的应变

研究表明，不同长度锚杆在锚杆端部的应变峰值变化幅度不大，但是随着锚固长度的增加，应变峰值有一定程度的下降，应变的减小趋势也更加平缓，锚杆的抗拔能力得到了提高。同时可观察到，当锚固体长度超过 6m 时，在较长的一段范围内应变值较小，说明增加的锚固长度对锚固力提升不大，再次验证了锚杆存在临界锚固长度。从工程经济角度来说，在超过一定锚固长度后，通过增加锚固长度来提高抗拔承载力的做法是不经济且不合理的。

4.3　锚杆回收

可回收式锚索通过人工操作反向回拧方式，解除锚索与承载体连接进行回收，无需特制的回收器械。操作简单，回收率高达 100%，试验 3 根锚杆全部顺利收回，而且锚杆干燥，未受腐蚀。钢绞线未受腐蚀的主要原因有：（1）筋体上已涂防锈漆，有利于保护杆体；（2）PVC 套管隔离密封效果好，土体中的水未进入。

5　结论

通过对扩大头可回收式锚索现场试验研究，得到以下结论：

（1）扩大头可回收式预应力锚索能较好地发挥锚固体材料的力学性能，承载力较高。

（2）该锚杆存在着一个临界长度，当锚固长度超过其临界长度时，再增加锚固长度对锚杆抗拔力的提高作用不大，锚固力主要集中在扩大头段。

(3) 锚杆可百分百回收，防锈漆和密封套管可以保证筋体处于干燥状态，使其具备良好的抗腐蚀性能。

(4) 扩大头可回收式锚索回收工艺简单，操作方便，在临时基坑支护工程中实现百分百回收，同时保证了基坑支护结构的安全需求，既不造成材料的浪费，也不造成地下空间的污染，不影响场地的二次开发利用。

参考文献：

[1] 张浩宁，刘朋，王岫宇．可回收锚索应用技术及其原理研究[J]. 安徽建筑，2020，27(01)：143-144.

[2] 邓友生，蔡梦真，王一雄，苏家琳，孙雅妮．可回收锚件机理与工程应用研究[J]. 材料导报，2019，33(S2)：473-479.

[3] 龚医军．新型可回收式锚杆抗拔试验及数值模拟研究[D]. 南京：河海大学，2007.

[4] 盛宏光，聂德新，傅荣华．可回收式锚索试验研究[J]. 地质灾害与环境保护，2003(04)：68-72.

[5] 唐士鑫，阴可，刘汉龙．压力型可回收式锚杆锚固段应力分布[J]. 土木建筑与环境工程，2018，40(02)：1-5.

[6] 罗来兵，童寅，叶子剑，吕连勋．可回收锚杆在深基坑工程中的应用[J]. 市政技术，2016，34(06)：146-149.

[7] 白冰．可回收锚索在深基坑支护工程中的应用[J]. 绿色环保建材，2019(02)：197-198.

[8] 文鹏宇．扩大头抗拔锚杆承载特性试验研究[D]. 郑州：郑州大学，2016.

[9] 杨卓．囊压式扩体锚杆锚固机理与承载特性试验研究[D]. 北京：中国矿业大学(北京)，2016.

[10] 梁月英．土层扩孔压力型锚杆的锚固机理研究[D]. 北京：中国铁道科学研究院，2012.

[11] 王哲，王乔坎，马少俊，薛毅，许四法．扩大头可回收预应力锚索极限抗拔力计算方法研究[J]. 岩土力学，2018，39(S2)：202-208.

深基坑土方超挖引起支护桩上浮变形监测分析

桑卫国， 张宁忠， 李建腾

（北京市城建勘测设计研究院有限责任公司，北京 100101）

摘 要：本文简述了由深基坑土方超设计开挖未及时进行支护锚索张拉，暴露时间长引起的支护桩结构上浮，结合王府井深基坑监测实例，对深基坑安全监测进行了阐述。

关键词：深基坑；桩体上浮；超设计开挖

0 引言

伴随着城市经济的快速发展和人口的急剧增长，城市地下空间的开发也迎来“井喷”时代，基坑工程作为其主要的开发手段。深基坑（开挖深度≥5m）变形监测是工程实施过程中一道重要的安全保障。

2013 年 3 月京建发〔2013〕435 号文明确提出第三方监测基坑监测频率；2019 年 10 月北京市标准《建设工程第三方监测技术规程》DB 11/T 1626 正式实施；进一步完善了第三方监测在土建施工过程中的重要地位，在基坑土建施工过程中对周边环境和工程自身关键部位实施独立、公正的监测，基本掌握周边环境、围护结构体系和围岩的动态，验证施工方的监测数据，为业主、监理、设计、施工单位提供参考依据。

1 工程概况

本工程场地位于北京市东城区王府井北大街北端，东至王府井大街，西至规划世都百货西侧路，北至黄图岗胡同，南至世都百货。基坑邻近地铁 8 号线王府井—王府井北站区间结构。基坑长约 125.0m，宽约 66.4m，坑深约 24.95m。±0.000＝45.900m。建设用地面积 $8913m^2$，地上建筑面积 $44565m^2$，地下建筑面积约 $35000m^2$，地上 10 层，地下 5 层。如图 1、图 2 所示。

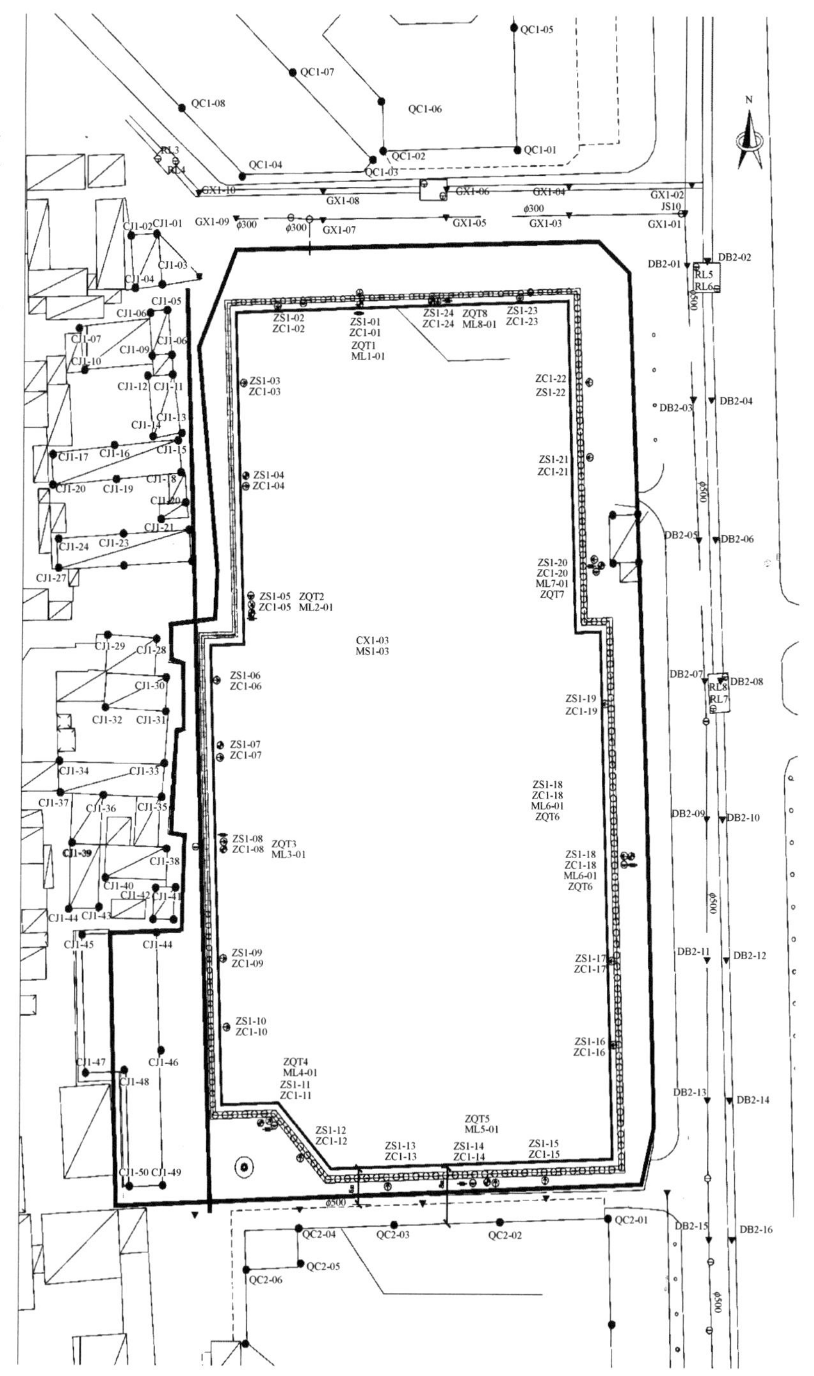

图 1 基坑平面布置图

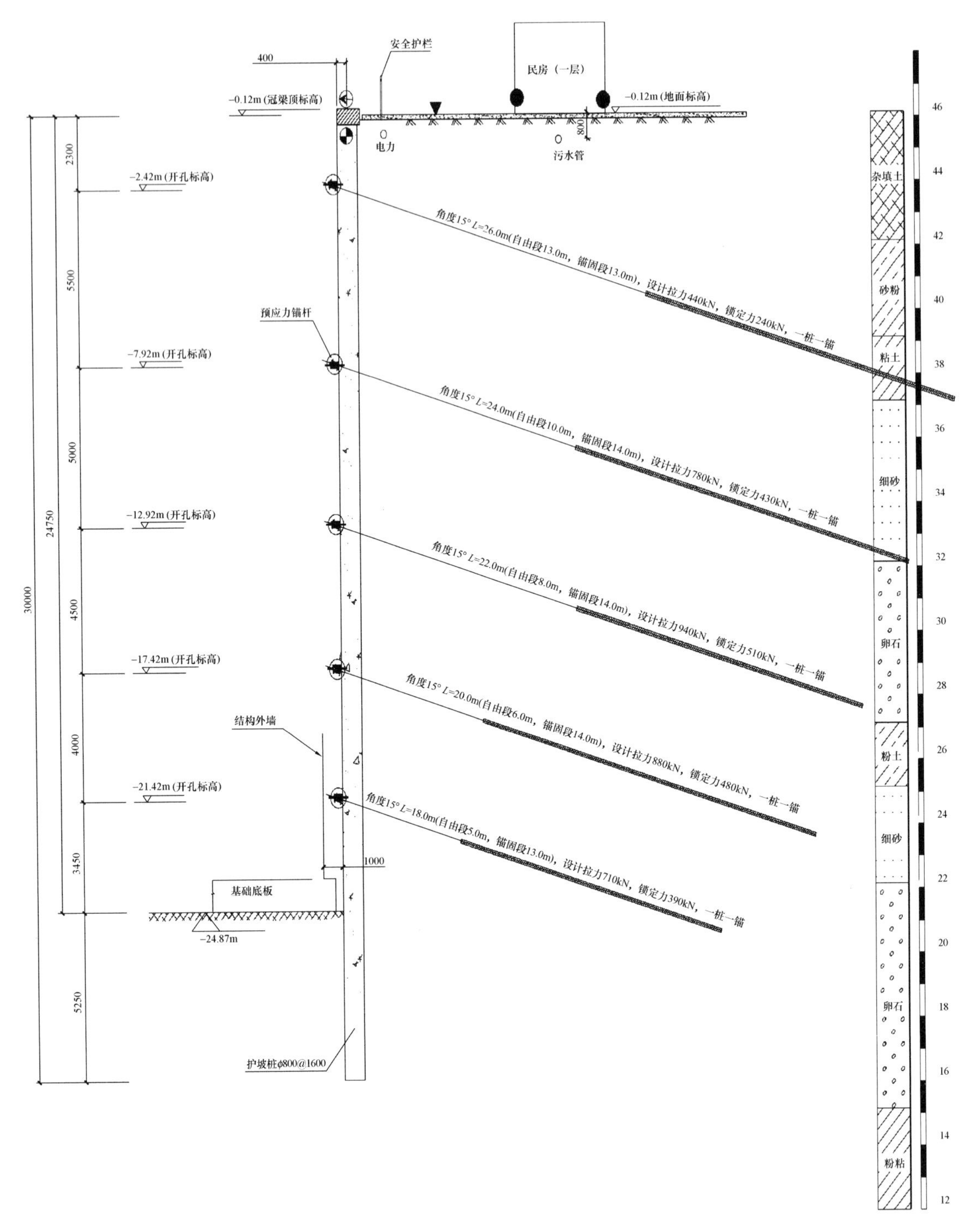

图 2　基坑剖面图

2　监测实例分析

2.1　监测点的布设

根据相关规范及要求，在基坑桩顶每 20m 布设监测断面、每个断面布设 1 个沉降测点，共布设 24 个测点。

测点埋设采用钻孔方式进行，先在桩（墙）顶上用冲击钻钻出深约 5cm 的孔，再把强制归心监测标志放入孔内，缝隙用锚固剂填充。埋设形式如图 3 所示。

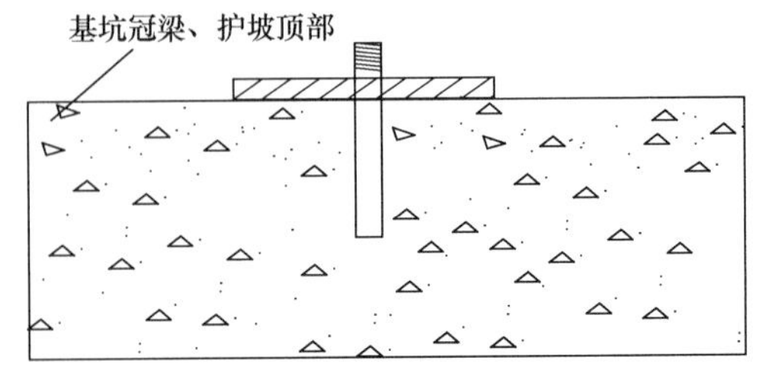

图 3　监测点埋设示意图

2.2 施工超挖描述

2016年5月12日东南侧推马道时，施工单位为抢工期对东侧、南侧土方连夜开挖，开挖长度约30m，马道的上口宽度10m，1∶1单面放坡，临桩部位没有坡度。深度为第二道锚杆与第三道锚杆的间距4.5m，为一梯形土体，土方量约1650m³。

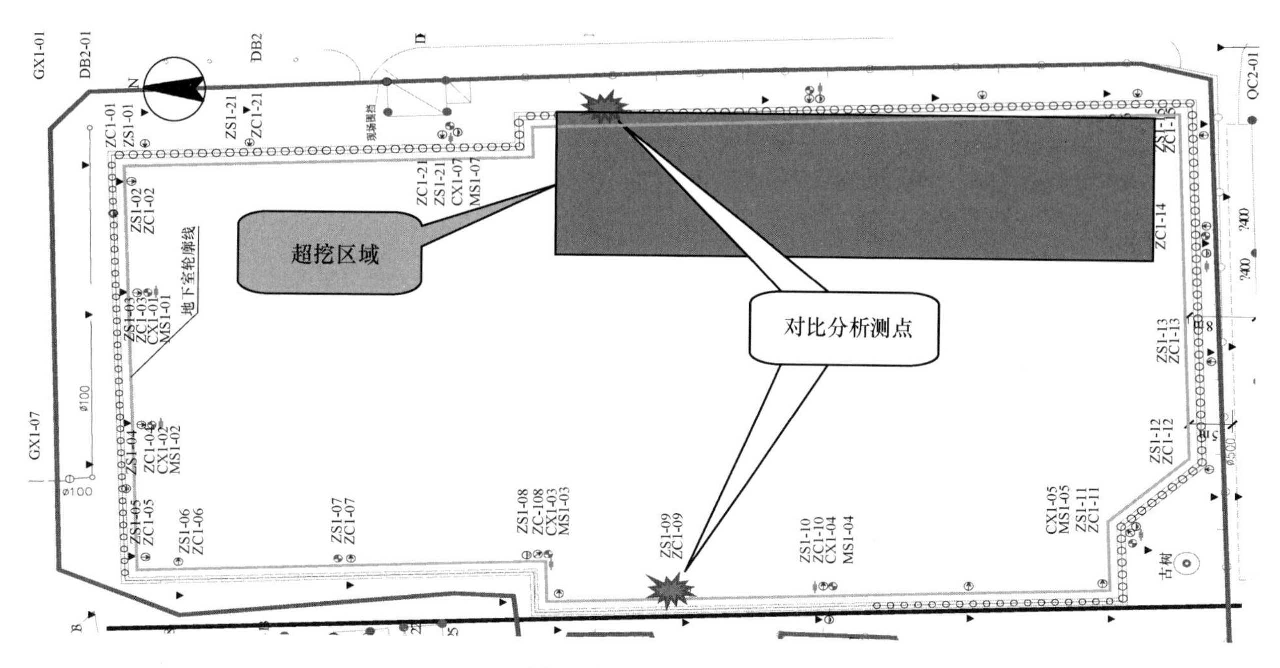

图4 超挖土方平面图

图5 超挖土方现场图

2.3 桩体上浮预警

2016年5月12日，我单位在本工程监测作业中发现，基坑南侧桩顶竖向位移监测点ZC1-13、ZC1-14、ZC1-15，累计变形分别达到+12.0mm、+12.4mm、+14.0mm（控制值20mm，控制值的60%为预警值）；累计变形达到预警状态。

2016年5月15日，我单位在本工程监测作业中发现，基坑东侧桩顶竖向位移监测点ZC1-17、ZC1-18、ZC1-19、ZC1-20超预警，累计变形达到+13.3mm、+14.0mm、+13.2mm、+14.1mm（控制值20mm），累计变形达到预警状态。

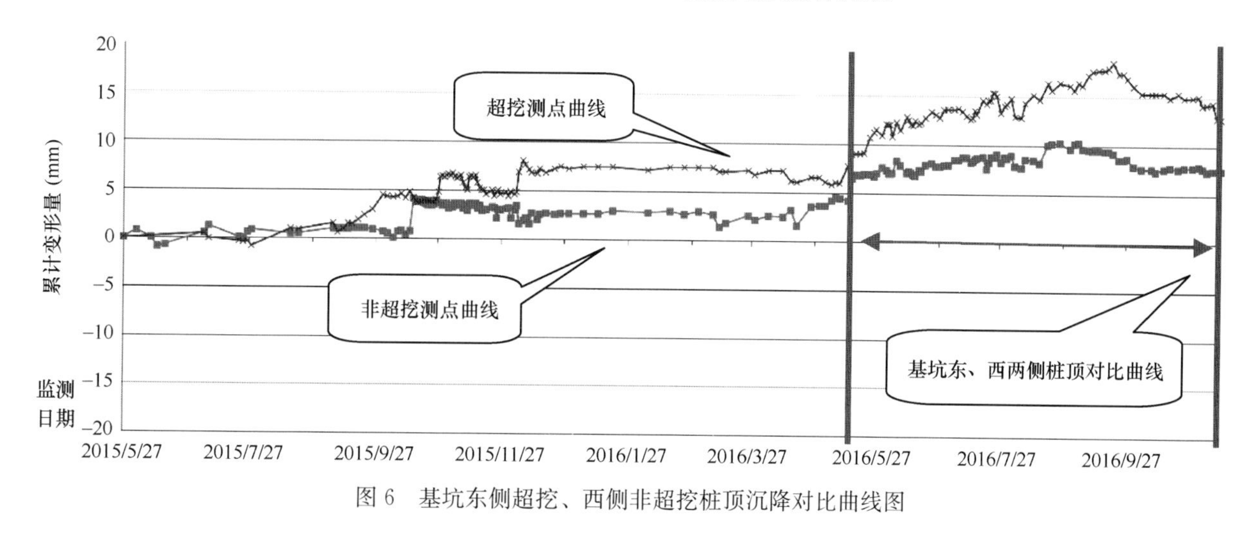

图6 基坑东侧超挖、西侧非超挖桩顶沉降对比曲线图

从图6可以看出，桩顶竖向位移变形呈现随土方开挖深度增加而增大的趋势，其中基坑土方超挖变形明显，土方超挖期间测点变形量约占测点总变形量的40%。超过预警值测点大部分集中于基坑南侧和基坑东侧。截至基坑土方开挖完成累计变形最大值+18.6mm，基坑西侧正常开挖处桩顶变形数据未出现持续上浮且数据变形未超预警值处于安全可控状态。

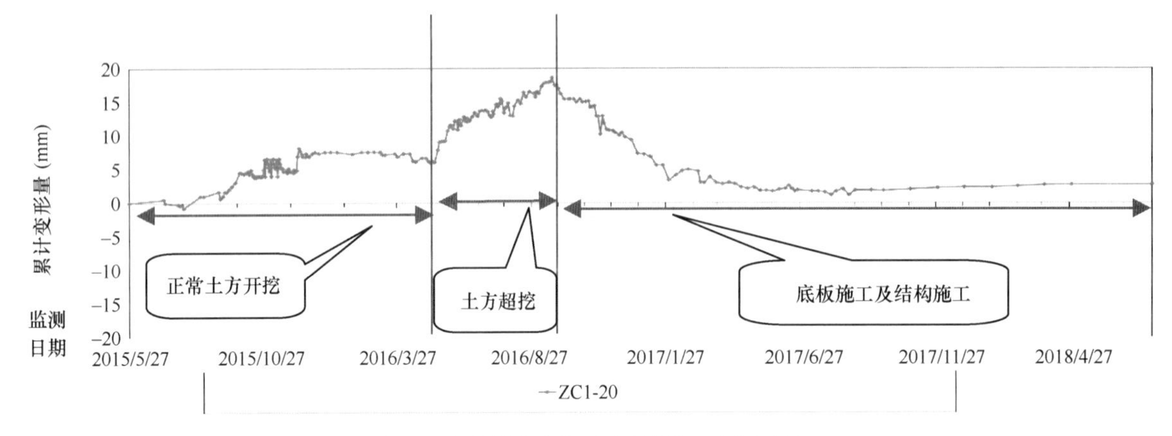

图7　典型测点变形时程曲线图（ZC1-20）

从图7可以看出，基坑土方开挖初期变形较大测点如基坑东侧ZC1-20点，此区域未有重型机械、材料等在周边停放、经过或堆载，因此分析东侧马道土方超挖是造成该点位移持续增大，累计值超过报警值的主要原因，在底板施工至肥槽回填后测点变形得到控制，变形逐渐平稳。

综上所述，主要是东侧、南侧区域基坑未严格按照设计施工、土方超挖导致土压力卸载过快，且支护体系暴露时间过长，没有及时张拉从而导致变形较大。

3　结语

通过对本工程深基坑施工过程中土方超挖与正常开挖的桩顶沉降变形时程曲线图对比分析，结合工程监测实例，总结出土方超挖是引起桩顶上浮变形的主要原因，超挖后未及时进行锚索张拉是引起桩顶上浮变形的次要原因；土方超挖导致围护桩和周边土体发生超过预期的变形，过大的桩体变形和土体沉降不利于基坑安全控制，增加基坑坍塌风险。

因此，需加强对深基坑开挖、支护结构施工中的变形监测。及时对深基坑变形进行分析并采取相应的控制措施，可有效控制基坑风险，减少事故的发生。

参考文献：

[1]　苗领厚．大规模超挖对深大基坑稳定性影响的研究[D]．沈阳：东北大学，2015.

[2]　杨春柳．地铁车站超深基坑围护结构变形监测结果分析[J]．探矿工程，2018(6)：47-51.

[3]　建筑基坑工程监测技术标准GB 50497—2019[S]．北京：中国计划出版社，2019.

[4]　工程测量标准GB 50026—2020[S]．北京：中国计划出版社，2020.

基于 GMS 的某超深复杂基坑地下水控制研究

王宇博[1,2]， 徐永亮[1,2]， 王小东[1,2]
（1. 北京城建勘测设计研究院有限责任公司，北京 100101；2. 城市轨道交通深基坑岩土工程北京市重点实验室，北京 100101）

摘 要： 针对拟施工的超大分级基坑，在深入分析工程地质和水文地质条件的基础上，采用数值模拟对基坑涌水量和施工降水引起的地面沉降进行预测分析。根据预测结果，采用开放式降水的情景下基坑涌水量为 59770m³/d，地面沉降高达 53.3mm；采用落底式止水帷幕的情景下基坑涌水量为 700m³/d，地面沉降为 4.72mm。数值法可以更加真实地反映地层的不均匀性，有效预测不同地下水控制措施的基坑涌水量和地面沉降，更加直观地反映出周边不同位置风险源的地面沉降情况。当采用落底式止水帷幕时既可以减少水资源浪费，又可以有效控制地面沉降。因此，建议采用落底式止水帷幕结合坑内疏干和承压水减压的地下水控制方案。

关键词： 沉降预测；基坑涌水量；数值法；地下水控制

0 引言

近年来，基坑工程逐渐向超大超深发展，复杂程度不断提高，勘察设计难度也越来越大。超深超大基坑的基坑涌水量和降水引起的周边地面沉降是影响工程地下水控制设计方案和造价的关键因素之一。目前基坑涌水量和降水引起周边地面沉降一般依据《城市建设工程地下水控制技术规范》DB11/1115《建筑基坑支护技术规程》JGJ 120 和《工程地质手册》等[1-3]规范手册中的公式进行解析法计算。而对于富含多层地下水、基坑形状不规则并且采用止降结合的地下水控制措施的基坑，无论是基坑涌水量还是周边地面沉降计算结果都与实际存在一定差异[4]，因此有必要采用更为先进的数字化分析手段来确定超深超大基坑在不同地下水控制方案下的基坑涌水量与周边地面沉降。

拟建工程位于北京城市副中心核心区，基坑总面积约 59hm²，共划分为 4 个勘察标段，本标段基坑面积约 19.8hm²，包括 10 栋高层及超高层建筑、地铁平谷线、地下通道及纯地下空间等，所有拟建物均设 3 层地下室且连成一体，基坑深度为 20.9～24.9m，平谷线处基坑深度为 30.5～32.5m。

本次研究针对拟施工的超大分级基坑主要通过数值模拟法[5,6]利用 GMS 中的 Modflow 模块和 Sub 模块建立地下水流与地面沉降耦合模型[7-9]，进而对不同情景模式下的基坑涌水量和降水引起的地面沉降进行预测，同时辅以规范中的解析法进一步对比分析，最终根据预测结果提出合理的地下水控制措施建议。

1 水文地质条件

研究场区位于通州区潮白河古道，地层以黏性土与砂土互层为主，地下水的含水介质主要为多个沉积旋回的第四系砂层。所属区域地下水流向受到通州副中心大规模建设形成的降落漏斗影响，整体向降落漏斗中心汇流。在通州大规模建设之前自然状态下地下水整体流向为自西向东。

根据地勘资料及本场地工程地质剖面图（图 1），在深度 75m 范围内赋存 5 层地下水，具体各层水水位及含水介质情况见表 1。潜水（一）与承压水（二）水力联系紧密，基本具有统一的水位；下部三层承压水水头在 27～40m 之间，承压水水头很高，基坑开挖后下部承压水具有突涌的风险。根据研究区的水文地质条件，本区地下水位的主要影响因素为降水入渗和人工开采以及侧向径流，蒸发量较小，本次研究可忽略其影响[10-12]。

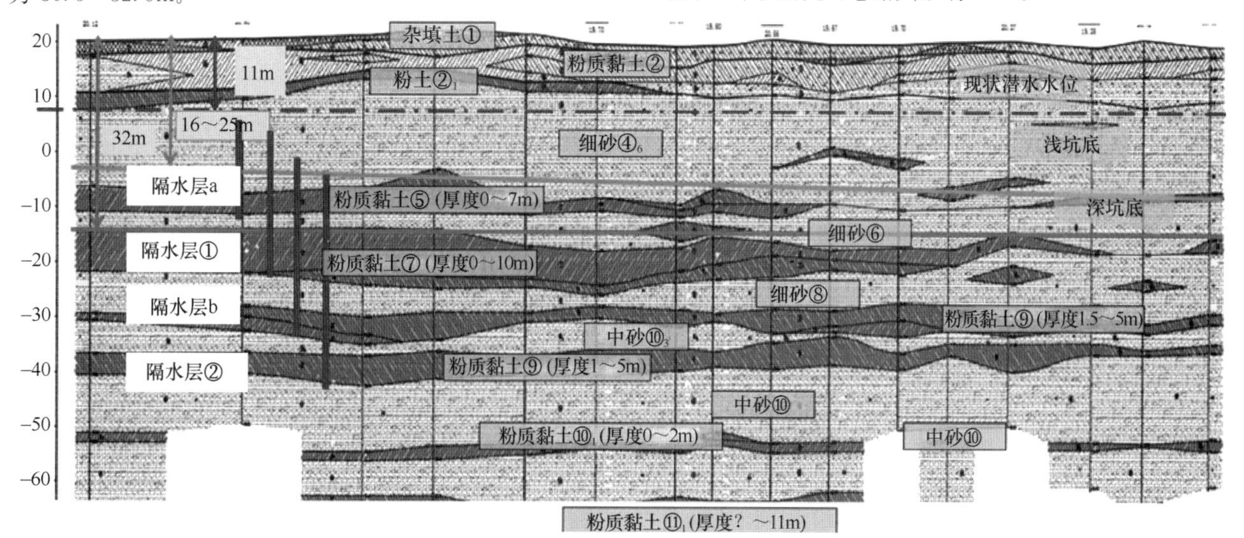

图 1 拟建场地典型地质剖面图

地下水水位量测情况一览表　　　　**表 1**

地下水类型	稳定水位（水头）		水头高度（m）	观测时间	含水层
	埋深（m）	标高（m）			
潜水（一）	11.38～13.00	9.51～9.72	—	2020.6	细中砂③层，细中砂④层、细中砂⑤层
承压水（二）	11.60～12.50	9.33～9.96	17.89～22.52	2020.5	细中砂⑥层
承压水（三）	16.32～18.15	4.32～4.82	27.48～30.72	2020.5	细中砂⑧层，细中砂⑦$_2$层
承压水（四）	17.50～19.34	2.80～3.26	34.30～35.66	2020.6	细中砂⑨层
承压水（五）	21.61～24.20	−1.68～−0.80	37.39～39.37	2020.5	细中砂⑩层，细中砂⑪层、细中砂⑫层

2　环境条件

本工程场区原始地形总体较为平坦，局部受建筑垃圾堆填影响略有起伏，自然地面标高为 19.21～24.35m。拟建场地原为村落，现状主要为拆迁后空地，场地普遍分布厚层的建筑垃圾。

地铁 6 号线从场地内穿过，并设置北运河东站；场地东侧为紫运南里小区，东南侧为在建的保障房项目，属高层住宅楼群；场地西南侧为芙蓉东路。

其中北运河东站、紫运南里小区以及在建保障房项目都是拟建工程的重要环境风险点，对沉降和变形量都有严格的要求。

场地现状图

地铁6号线北运河东站及紫运南里小区

芙蓉东路

在建保障房项目

图 2　拟建场地周边环境

3　模型的概化与求解

本次研究采用地下水流与地面沉降耦合模型[7-9]对基坑涌水量和地面沉降量进行预测。模型边界北侧、西南侧边界为运潮减河及北运河，东侧根据区域流场选择平行于地下水位等值线的流入边界。模型总面积约 16218312.33m^2，模拟区域范围见图 3。

图 3　研究区范围图

3.1　含水层概化

拟建地下结构设计埋深较大，基底埋深为 20.9～32.5m，75m 深度范围内分布五层地下水，依次为潜水（一）、承压水（二）、承压水（三）、承压水（四）以及承压水（五）。

根据含水层分布情况，将模拟区的第四系地层概化处理为 7 层，垂向分层划定遵循原则如下：（1）为保证模型运行，第一层深度大于基坑深度（32.5m），因此将③层、④层、⑤层、⑥大层划分为第一层；（2）将⑦层划分为第二层，作为第一层与第三层之间的隔水层；（3）将⑧层作为第三层（承压含水层）；（4）将⑨$_1$层、⑨$_2$层划分为第四层，作为第三层与第五层之间的隔水层；（5）将⑨层划分为第五层（承压含水层）；（6）将⑩$_1$层划分为第六层，作为第五层与第七层之间的隔水层；（7）将⑪层、⑫大层划分为第七层（承压含水层组）。含水层底板为约 86m 深度的⑭层。

3.2　边界条件概化

本次模拟计算的区域北侧、西南侧边界采用自然边界，选取运潮减河及北运河为界；东侧根据区域流场分别选择平行于地下水位等值线的流入边界。根据区域潜水等值线图，结合场地地下水位实测数据绘制地下水等值线图（图 4）可知模型范围内地下水整体向降落漏斗中心处流动，因此根据地下水流向将模型边界概化为定流量流入边界、河流概化为通用水头边界。

根据本场地的水文地质条件，在模型识别校正过程

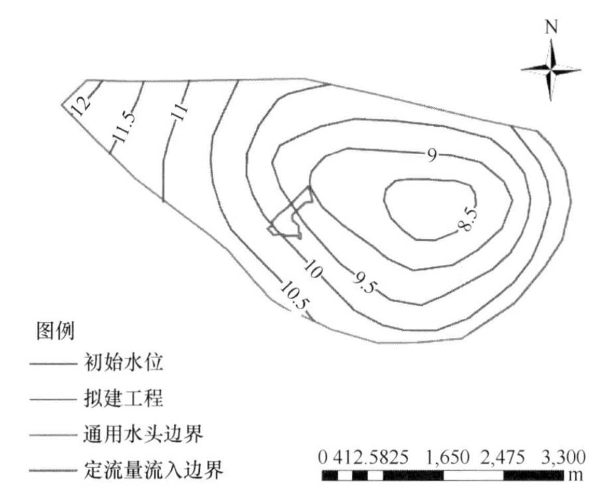

图 4　初始流场及边界条件图（2019 年 4 月）

中将研究区地下水流系统概化为非均质各向同性、二维稳定流模型，数学模型的求解利用 GMS 软件中的 MODFLOW 模块和 SUB 模块。

4　模型的建立与识别校正

模型的建立是将计算区内的钻孔资料输入模型中，再通过克里金插值给各个单元格中心点进行赋值，并得出模型初始时刻地下水流场以及各层顶底板标高。本次研究通过非稳定流模型的方式进行识别校正，利用场地东南侧长期观测孔潜水动态水位进行拟合，以 2019 年 4 月计算区地下水位作为初始流场。

（1）边界条件输入

根据边界条件的概化情况，结合工程地质和水文地质条件计算出侧向径流补给量并输入模型，具体侧向补给量见表 2。

稳定流侧向径流补给量计算表　　表 2

边界编号	水力梯度	渗透系数（m/d）	厚度（m）	断面长度（m）	补排量（m^3/d）
流入边界	0.00214	29.3	86	4456.37	23950.267

（2）水文地质参数输入

本次研究模型的水文地质参数是根据本标段以及邻近标段水文地质试验结果，结合区域地质、水文地质条件以及水文地质手册对含水层给定初始渗透系数及给水度，赋参结果详见表 3[13-15]。

水文地质参数表　　表 3

层号	地层编号	水平渗透系数 K_h（m/d）	K_h/K_v	贮水率（1/m）	层底平均标高（m）	平均深度（m）	平均层厚（m）
1	③、④、⑤、⑥、⑥₁	45	4	2.20E−04	−15.18	37.8	37.8
2	⑦	0.01	4	2.20E−06	−22.38	45	7.2
3	⑧	20	4	2.43E−08	−28.58	51.2	6.2
4	⑨₁、⑨₂	0.01	4	5.00E−09	−35.78	58.4	7.2
5	⑨	20	4	5.38E−08	−37.38	60	1.6
6	⑩	0.01	4	5.00E−09	−41.18	63.8	3.8
7	⑪、⑫、⑫₁	30	4	5.38E−08	−63.38	86	22.2

（3）时间离散

本次识别校正阶段通过非稳定流模型进行，根据研究区气象资料和场地附近地下水位观测资料确定的模拟期为 2019 年 4 月至 2020 年 4 月，共计 366d，以月为应力期，一个应力期设置 3 个步长离散结果如图 5 所示。

（4）空间离散

本次模拟将研究区单层整体剖分为 50m×50m 的单元格，本标段基坑部分加密剖分为 5m×5m 的单元格（图 6）。

（5）模型的识别与校正

本次研究选用非稳定流模型利用长期观测孔动态水位拟合、流场拟合以及模型误差值三种方式进行识别校正，模型拟合程度及误差值见图 7～图 9。结果显示，模型观测水位与计算水位平均误差为－0.008mm，平均绝对误差为 0.069mm，均方差为 0.082。

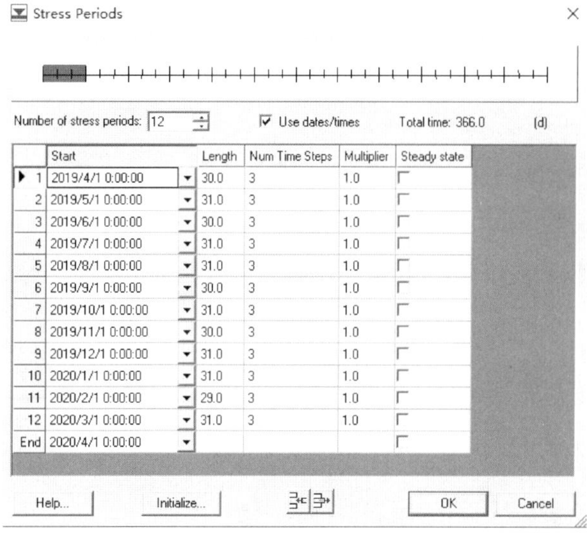

图 5　时间离散结果

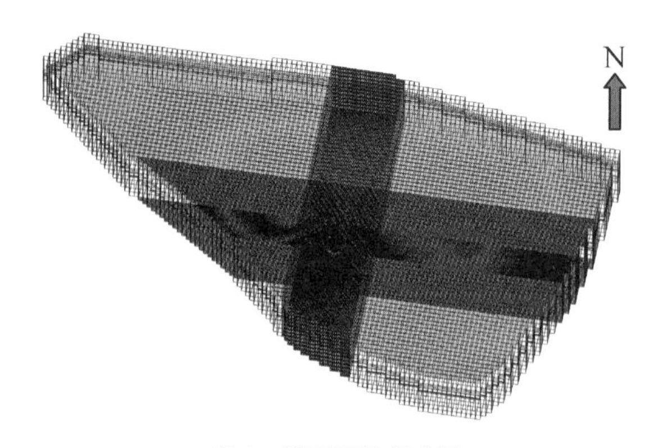

图6　模型网格剖分图

Mean Error	-0.008
Mean Abs. Error	0.069
Root Mean Sq.Error	0.082

图7　误差值图

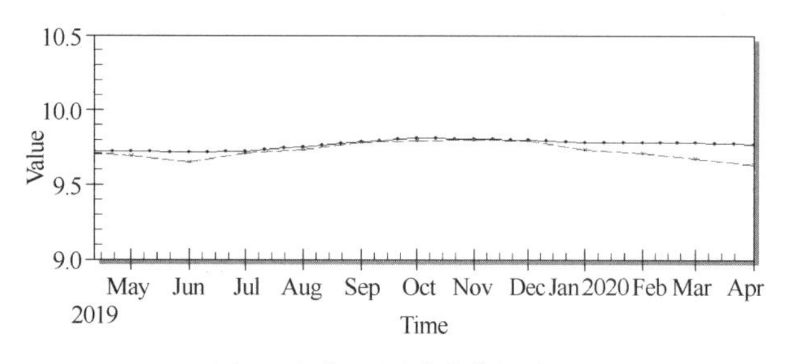

图8　长期观测孔水位拟合图

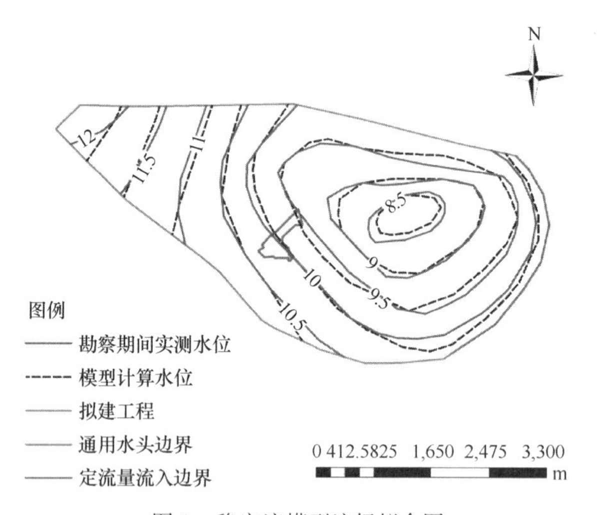

图9　稳定流模型流场拟合图

5　基坑涌水量与沉降预测分析

（1）情景设计

情景一：为不采用止水帷幕情况，具体假设条件如下：1）平谷线基坑范围内水位降到标高约－11m。2）除平谷线外基坑范围内水位降到标高约－3.4m。3）由于第三层有突涌的风险考虑将⑧层承压水头降低至满足突涌验算的高度，降低约10.22m。

情景二：为采用落底式止水帷幕的情况。1）止水帷幕插入至约60m深度的隔水层⑩层。2）平谷线基坑范围内水位降到标高约－11m。3）除平谷线外基坑范围内水位降到标高约－3.4m。4）由于第三层有突涌的风险考虑将⑧层承压水头降低至满足突涌验算的高度，降低约10.22m。

预测采用非稳定流模型，为保证涌水量和沉降均达到基本稳定，预测期为301d，以周为应力期，1个应力期设置1个步长离散结果如图10所示。

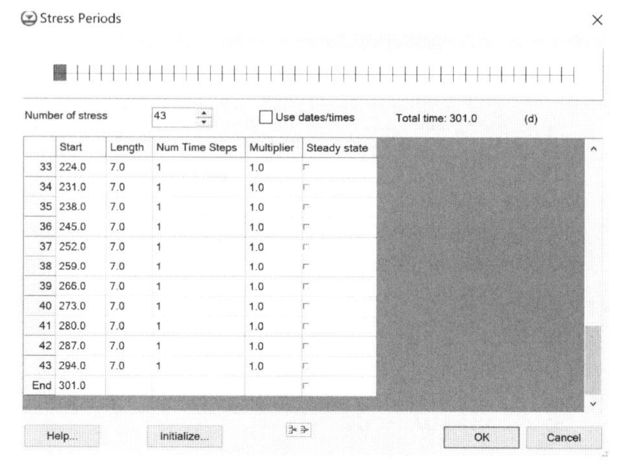

	Start	Length	Num Time Steps	Multiplier	Steady state
33	224.0	7.0	1	1.0	
34	231.0	7.0	1	1.0	
35	238.0	7.0	1	1.0	
36	245.0	7.0	1	1.0	
37	252.0	7.0	1	1.0	
38	259.0	7.0	1	1.0	
39	266.0	7.0	1	1.0	
40	273.0	7.0	1	1.0	
41	280.0	7.0	1	1.0	
42	287.0	7.0	1	1.0	
43	294.0	7.0	1	1.0	
End	301.0				

图10　预测期时间离散结果

（2）基坑涌水量预测结果与对比分析

情景一计算结果见图11，根据计算情景结果显示基坑涌水量稳定后约为59770m³/d。

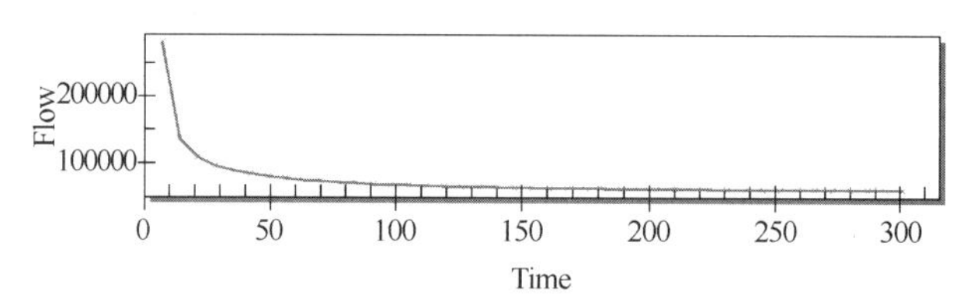

图11　情景一涌水量计算结果

情景二计算结果见图12，根据预测情景结果显示基坑涌水量稳定后约为700m³/d。

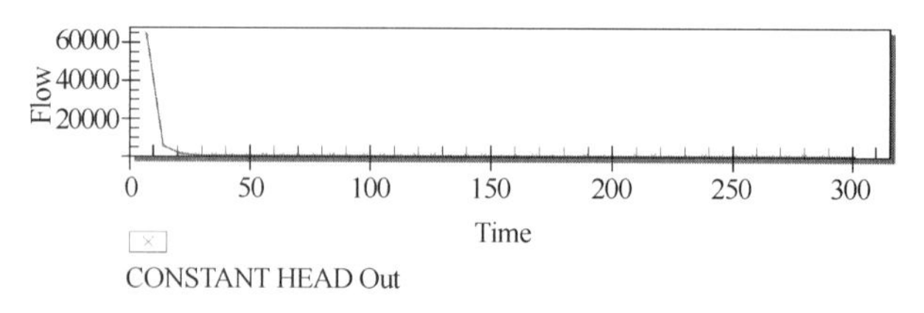

图12　情景二涌水量计算结果

此外，本次研究还利用解析法对基坑涌水量进行了计算。解析法选用《城市建设工程地下水控制技术规范》DB111 1115—2014中的公式进行计算，情景一计算结果约为65000m³/d，情景二计算结果约为600000m³（基坑内疏干总水量）。

根据计算结果，对于情景一，总体上计算结果为同一量级，存在一定差异，分析其原因，一方面解析法采用大井法进行概化估算时影响半径为等效影响半径，与实际工程范围不完全一致，另一方面含水层厚度、水位等参数取定值时存在一定误差；而数值模拟含水层厚度以及水位均根据实际钻孔和实测水位赋值和插值，相对更为准确。

对于情景二，解析法仅计算帷幕内降水和降压的总水量；而数值模拟法同时计算了一部分弱透水层越流导致的涌水量，因此存在一定差异。

（3）沉降预测结果与对比分析

两种情景预测得出的地面沉降等值线图详见图13和图14，具体沉降计算结果见表4。

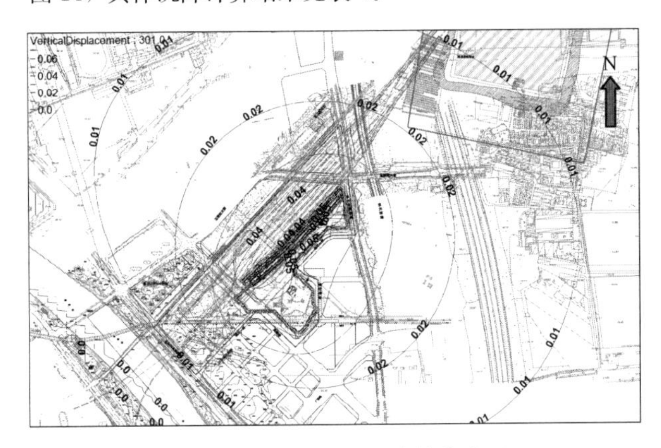

图13 情景一预测沉降等值线图

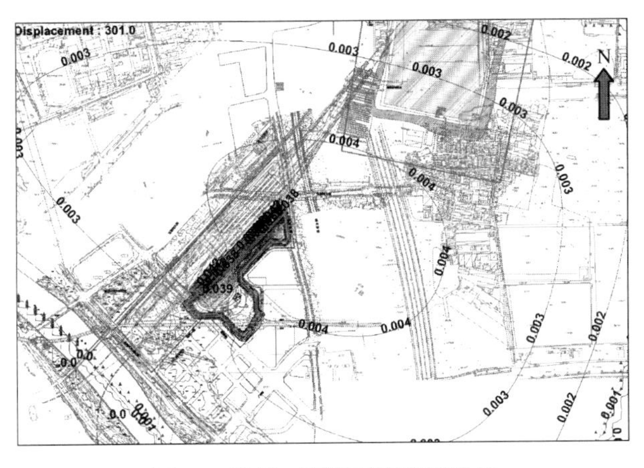

图14 情景二预测沉降等值线图

数值法沉降计算结果　　表4

情景模式	基坑外最大	6号线地铁站	紫运里小区	保障房项目
情景一	53.3mm	43.7mm	46.1mm	42.5mm
情景二	4.72mm	3.91mm	4.53mm	4.39mm

此外，本次研究还利用解析法对降水引起沉降进行了预测计算，解析法是采用分层总和法进行计算，公式选用依据《建筑基坑支护技术规程》JGJ 120—2012，计算得出基坑外侧最大地面沉降量为48mm左右。计算结果与数值法差异不大，差异主要由于分层总和法是依据个别钻孔和数据进行计算，无法真实反映整个场地附近不同方位不同地层最终沉降的结果。而数值模拟利用场地详勘揭露实际地层情况，可以更真实体现出地层的变化和沉降的差异分布情况，有效确定最大沉降发生的位置。同时数值法可以更直观地反映出周边不同位置风险源的地面沉降情况。

根据预测结果，在采用落底式止水帷幕结合坑内疏干和降压的地下水控制措施后，地面沉降由40～50mm降低至4mm左右，可见该地下水控制方案可以有效降低降水引起的地面沉降。

综合基坑涌水量和地面沉降的预测结果，采用落底式止水帷幕结合坑内疏干和降压的地下水控制方案不但可以大幅减少场地周边的地面沉降以及相关的环境影响，同时还节约了大量水资源，响应了政府的节水号召，因此建议设计采用该措施进行地下水控制。

6 结论

本文在深入分析场地和区域地质和水文地质条件的基础上，通过数值模拟的方式对基坑涌水量和施工降水引起的地面沉降进行预测分析，并采用解析法进行对比。根据预测结果，主要得出以下结论：

（1）采用开放式降水的情景下基坑涌水量为59770m³/d，地面沉降高达53.3mm；采用落底式止水帷幕降水的情景下基坑涌水量为700m³/d，地面沉降为4.72mm。

（2）通过预测结果对比分析，数值法在基于充足数据的情况下，可以更加真实地反映地层的不均匀性，有效地预测不同地下水控制措施组合下的基坑涌水量和地面沉降，并确定最大沉降发生的位置，更加直观地反映出周边不同位置风险源的地面沉降情况。

（3）根据预测结果，当采用落底式止水帷幕时既可以减少水资源浪费，又可以有效控制地面沉降。因此，建议采用落底式止水帷幕结合坑内疏干和降压的地下水控制方案。

参考文献：

[1] 城市建设工程地下水控制技术规范DB 11/1115—2014[S].

[2] 建筑基坑支护技术规程JGJ 120—2012[S]. 北京：中国建筑工业出版社，2012.

[3] 本书编委会. 工程地质手册(第五版)[M]. 北京：中国建筑工业出版社，2018.

[4] 江杰，魏丽，胡盛斌，等. 富水深基坑降水引起的地表沉降预测[J]. 科学技术与工程，2020，20(20)：8356-8361.

[5] 杜超，肖长来，王益良，等.GMS在双城市城区地下水资源评价中的应用[J]. 水文地质工程地质，2009，36(06)：32-36.

[6] 陈昌亮，肖长来，赵琳琳，等. GMS在团结镇地下水流数值模拟中的应用[J]. 节水灌溉，2014(08)：34-37.

[7] 杨勇，郑凡东，刘立才，等. 基于Modflow的地面沉降与地下水流耦合模型程序实现[J]. 应用基础与工程科学学报，2016，24(02)：253-261.

[8] Meyer W R，Carre J E. A digital model for simulation of ground-water hydrology in the Houston area，Texas. U. S. [R]. Geological Survery Open-File Report，1979：79-677.

[9] 崔亚莉，邵景力，谢振华. 基于MODFLOW的地面沉降模型研究——以北京市区为例[J]. 工程勘察，2003，(5)：

19-22.

[10] 王宇博．抗浮水位确定方法的对比分析研究——以长春地铁2号线东延三道村东站为例[J]. 西北地质，2020，53(4)：207-215.

[11] 罗杰，王文科，段磊，等．银川平原地下水位变化特征及其成因分析[J]. 西北地质，2020，53(01)：195-204.

[12] FENG Bo，XIAO Changlai，ZHOU Yubo. Groundwater Level Forecast and Prediction of Songnen Plain in Jilin Province[A]. Flow in Porous Media-from Phenomena to Engineering and Beyond：Conference Paper from 2009 International Forum on Porous Flow and Applications[C]. 2009：1012-1016.

[13] Kim J M，Parizek R R. Numerical simulation of the Rhade effect in layered aquifer systems due to groundwater pumping shutoff[J]. Advances in Water Resources，2005，(28)：627-642.

[14] Leake S A，Galloway D L. Modflow groundwater model-User guide to the subsidence and aquifer system compaction package(Sub-WT) for water table aquifers[R]. U. S. Geological Survey Techniques and Methods，2007.

[15] Yang Yong，Song Xianfang，Zheng Fandong，et al. Simulation of fully coupled finite element analysis of nonlinear hydraulic properties in land subsidence due to groundwater pumping[J]. Environmental Earth Sciences，2015，73(8)：4191-4199.

基于 PLAXIS 3D 的深基坑开挖和支护模拟分析

张学阳，李　斌，吕　倩

（北京市勘察设计研究院有限公司，北京 100038）

摘　要：本文以广渠路东延下穿北运河段二期工程为例，利用 PLAXIS 软件建立地下连续墙＋内支撑支护体系与土体的整体空间仿真三维模型，通过真实模拟施工过程，详细地展示了各施工阶段土体和结构的变形与内力，揭示了围护结构受力变形的空间效应特征及内支撑系统在外力和自身重力作用下的复合式变形特征，对校核勘察报告参数和提出相关针对性建议具有指导意义。

关键词：有限元分析；深基坑开挖；地下连续墙

0　引言

随着北京城市建设愈来愈重视地下空间的开发，在中心城区、城市副中心、CBD 核心区及丽泽商务区等一批集中建设区域，呈现出超高层建筑、城市轨道交通、大型市政设施等施工规模越来越大、开挖深度越来越深、红线距离越来越近等特点。由于深基坑工程的复杂性，地下连续墙以其墙体刚度大、整体性强、防渗性能和耐久性好等特点，开始逐步在北京地区的深基坑工程中得到应用和推广。

地下连续墙作为深基坑的围护结构，其自身的变形大小和规律直接影响着基坑开挖施工的安全性，因此开挖过程中应对土体位移、支护结构内力进行观测。

目前，数值分析的方法越来越广泛地应用于工程设计中。设计人员借助有限元分析软件，应用数值分析手段来研究和揭示土体变化机理。王小洁[1]、姚远[2]模拟了深基坑开挖的全过程，并与实际监测数据进行了对比，得到了较好的结果；于升才[3]、黄传胜等[4]研究了深基坑开挖对地铁结构的影响，对基坑的变形趋势和模型的尺寸效应进行了分析；林陈安攀等[5]、郝志斌等[6]结合澳门某跨海桥梁应用 PLAXIS 3D 对钢板桩围堰和“坑中坑”项目进行了研究，指出了内支撑系统的变形规律。但目前应用数值分析方法指导勘察工作的相关研究仍较少。

本文以广渠路东延下穿北运河段二期为背景，采用荷兰 PLAXIS B. V. 公司开发的 PLAXIS 3D 软件模拟基坑开挖的全过程，预测开挖过程中地下连续墙及支撑结构的受力和变形，可检验勘察报告中提供的相关参数，并为该工程后续开挖和支护过程提供更具针对性的建议。

1　工程概况

广渠路东延（怡乐西路—东六环路）道路工程在里程 Z1K18＋180.0～ Z1K18＋620.0 处下穿北运河，该工程设计基坑标准开挖深度约 20m，围护结构采用 800mm 厚地下连续墙，埋置深度为 39m，支撑体系采用混凝土支撑＋钢支撑的组合形式，标准段设置 5 道支撑，第 1 道为钢筋混凝土支撑，第 2～5 道为钢支撑（图 1）。采用明挖顺作法施工。

该工程勘察期间沿拟建道路走向布设 3 排钻孔，钻孔间距 25.0～30.0m，孔深 40.0～70.0m，钻探揭示河道范围内拟开挖土层以砂土层为主，粉土层为辅（图 2）。

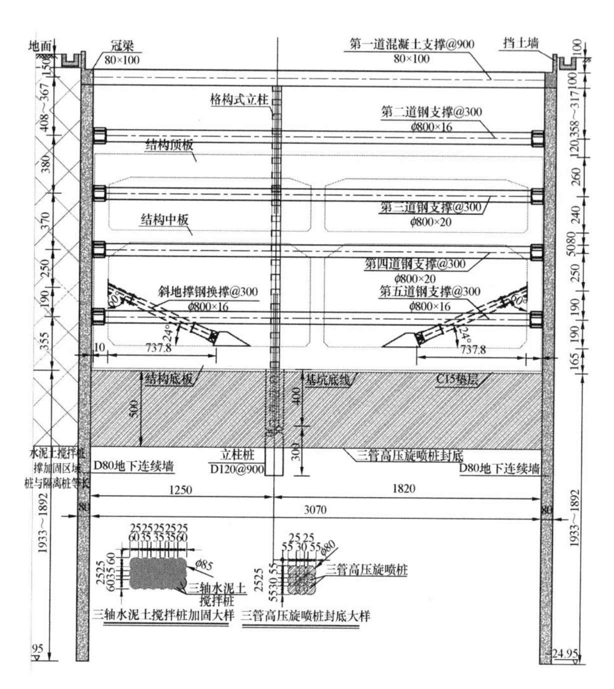

图 1　基坑开挖标准断面图（cm）

为保证北运河正常通航及汛期安全，施工时先对一

成因年代	深度(标高)	北运河河底标高(清淤后) 14.00m	地层岩性
		XZ ④	细砂—中砂
	8.00(0.00)	XZ ⑤$_2$	细砂—中砂
	14.00(0.00)	⑥$_2$	粉土
	18.00(−4.00)	XZ ⑥$_3$	细砂—中砂
	24.00(−10.00)	⑦$_1$	粉土
	26.00(−12.00)	XZ ⑦	细砂—中砂
	34.00(−20.00)	⑧$_2$	粉土
	42.00(−28.00)	XZ ⑧	细砂—中砂
	51.00(−37.00)	XZ ⑨$_2$	细砂—中砂
第四纪沉积层	60.00(−45.00)		

图 2　概化地层模型

期左堤进行钢板桩围堰、抽水、支护及主体结构施工，在汛期来临前完成结构回填、河底衬砌恢复和围堰拆除工作，在来年汛期前按相同顺序进行二期右堤施工。目前，该工程一期已完工，本文为针对二期工程的模拟。

2 有限元分析模型

2.1 模型尺寸及边界条件

模型边界范围的大小在有限元计算中对结果有一定的影响，为减小模型边界效应的影响，当深基坑模型宽度达到或超过 3.5 倍深基坑开挖深度，支护结构底土层厚度达到或超过 1.0 倍支护结构深度时，基本可消除模型的尺寸效应影响[4]，再综合考虑模型大小和计算时间，确定本文模型的土体范围尺寸为 300m×400m×60m，单元数约 60 万个，不考虑基坑外围超载。有限元整体模型见图 3。模型的顶面自由，侧立面边界水平方向位移为零，竖直方向允许发生位移，底面边界任意方向的位移为零。

2.2 模型参数

各层土体参数取值按照勘察报告中的土工试验、现场测试的指标以及北京地区经验确定。土体材料采用实体单元，土体本构关系采用硬化土模型（Hardening Soil），主要的模型参数取值情况如表 1 所示。地下连续墙采用 Plate 板单元，钢筋混凝土和钢支撑采用 Beam 梁单元（受计算机性能影响，本模型未对格构柱及其支撑梁进行模拟）。

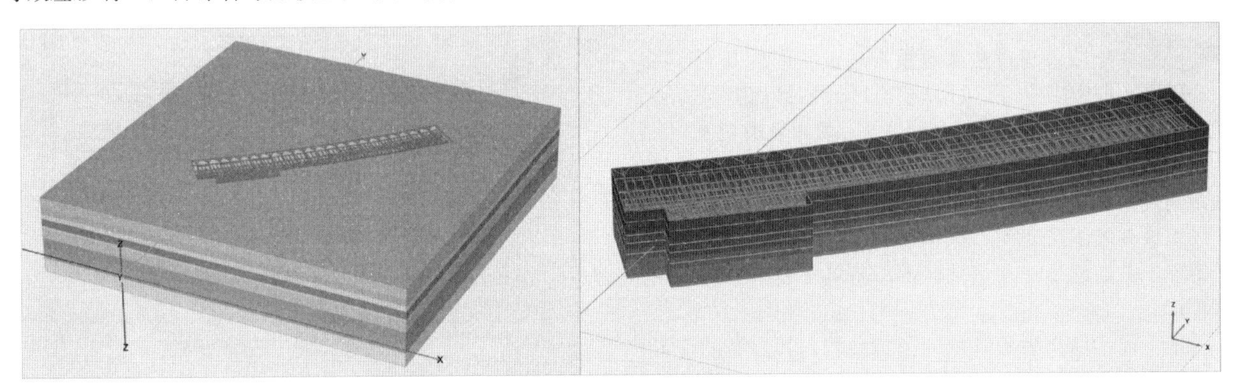

图 3 有限元模型

土体物理力学参数 表 1

土体类别	E_{oed}^{rdf} (kN/m²)	E_{50}^{ref} (kN/m²)	E_{ur}^{ref} (kN/m²)	γ (kN/m³)	γ_{sat} (kN/m³)	e_0	c' (kPa)	φ' (°)
细砂—中砂④层	50000	50000	200000	20.0	20.5	—	0	30
细砂—中砂⑤$_2$层	80000	80000	320000	20.5	20.6	—	0	33
细砂—中砂⑥层	90000	90000	360000	20.5	20.6	—	0	34
粉土⑥$_3$层	25000	25000	100000	20.0	20.5	0.65	22	30
细砂—中砂⑦层	118000	118000	472000	20.5	20.6	—	0	35
粉土⑦$_2$ 层	30000	30000	120000	20.0	20.5	0.65	35	25
细砂—中砂⑧层	120000	120000	480000	20.5	20.6	—	0	36
粉土⑧$_2$层	40000	40000	160000	20.0	20.5	0.61	33	25
细砂—中砂⑨$_2$层	140000	140000	640000	20.5	20.6	—	0	36

根据该工程专项水文地质勘察报告，该工程地下水水位位于地表（河床）1.5m 以下的位置，水体重度为 10kN/m³，以此来生成孔隙水压力。

表 1 中侧限压缩模量 E_{oed}^{rdf} 代表固结试验中参考围压为 100kPa 时应力-应变曲线（σ_1-ε_1）的切线斜率；割线模量 E_{50}^{ref} 代表三轴排水试验中参考围压为 100kPa 时应力-应变曲线（$\sigma_1-\sigma_3\sim\varepsilon_1$）中 $1/2q_f$（极限偏应力）与原点连线的斜率；E_{ur}^{ref} 代表三轴固结排水试验中参考围压为 100kPa 时弹性卸载/重加载模量；γ 为土体的重度；γ' 为土体的饱和重度；c' 为土体的有效黏聚力；φ' 为土体的有效内摩擦角。

2.3 计算假定

在建模过程中，对部分条件进行了简化假设，做以下基本假定：(1) 岩土层采用摩尔-库仑模型进行模拟，均为各向同性、均质的，地表和各土层呈均匀的水平层状分布；(2) 不考虑支护结构与周围土体接触面上产生的相对滑移，认为它们始终是协调变形的，且不考虑结构与土体的脱离现象；(3) 初始应力只考虑自重应力场，不考虑构造应力场，使土层在自重作用下达到平衡状态，而后再进行基坑开挖模拟；(4) 采用施工步序来模拟整个施工过程，只考虑施工过程中空间位移的变化，不考虑时间效应。

2.4 施工步骤

模型中的施工步骤严格按照未来现场施工过程设置，考虑到开挖后的回填过程中，结构的内力将降低，所以只模拟开挖过程，具体工序如下：

(1) 施作地下连续墙；

(2) 开挖第1层土；

(3) 施作第1道撑；

(4) 开挖第2层土；

(5) 施作第2道撑；

……

(11) 施作第5道撑；

(12) 开挖第6层土（至基底）。

为便于观察开挖过程，每次基坑开挖至各道支撑设计标高以下0.5m，开挖深度分别为13.5m、9.5m、4.5m、1.5m、-2.5m及-6.0m（基底）。

3 结果分析

3.1 基坑土体竖向位移分析

图4为不同阶段基坑土体竖向位移云图。由图4可知：基坑开挖至坑底后，坑外地表出现沉降槽，最大沉降值约12mm，发生在围护结构长边中部。由于基坑空间效应，坑外地表沉降呈现“中间大，两端小”的趋势。基坑底部由于土体的卸荷发生隆起，最大隆起量约8mm。分析坑外土体产生沉降和坑内土体产生隆起的原因为：坑内土体的卸荷作用导致了坑内土体的隆起，而坑外土体相应地产生了向坑内滑动的趋势，故坑外土体发生沉降。

3.2 围护结构变形分析

从图5中可以看出，随着基坑从第1层土开挖到第6层土，地下连续墙会逐渐产生向基坑方向的一个水平位移，

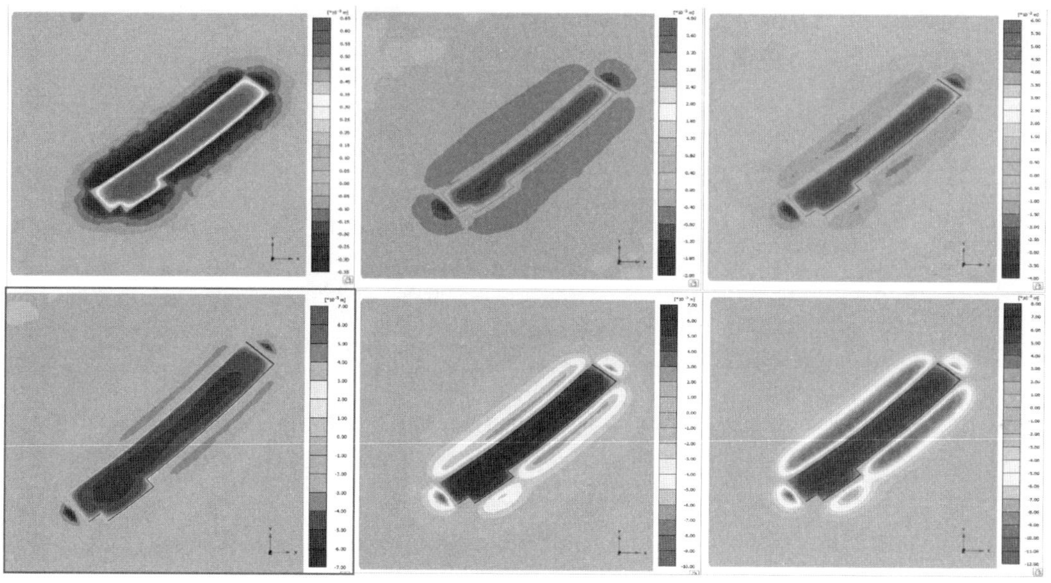

图4 基坑土体竖向位移云图（左起依次为第1～6层土开挖时的位移量）

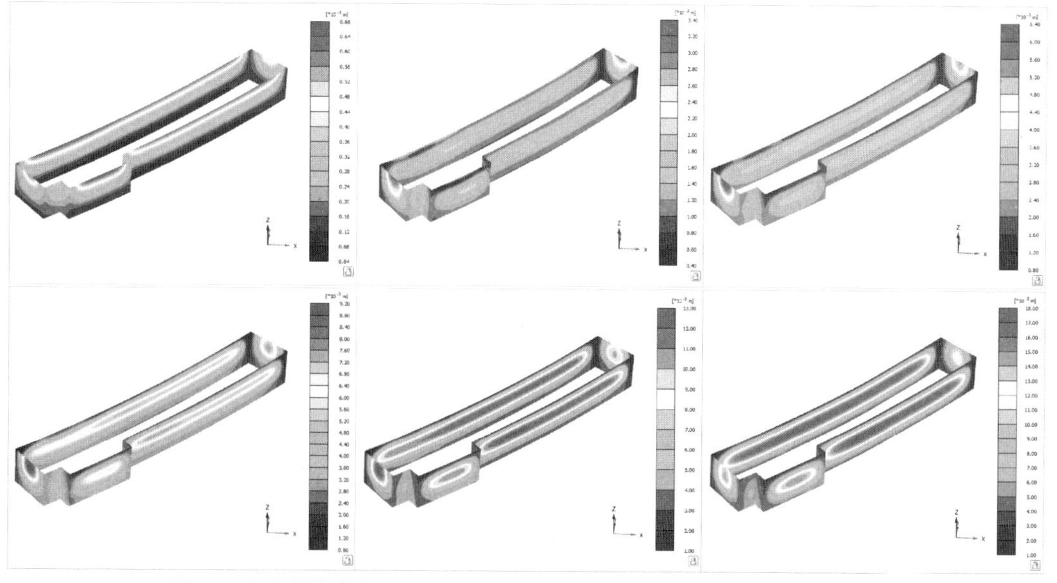

图5 地下连续墙变形云图（左起依次为第1～6层土开挖时的位移量）

而且两端的位移较小，中间位移最大，呈“内凸”形，最大位移约18mm。

3.3 内支持系统内力分析

开挖至第6层土时各道撑的最大内力统计表　表2

项目	竖向位移 (10^{-3}m)	轴力 (kN)	剪力 (kN)	弯矩 (kN·m)
第1道撑	1.699	1314.0	298.1/−351.0	1858.0/−919.6
第2道撑	1.659	443.5	12.1/−11.4	88.0/−40.4
第3道撑	1.674	744.4	12.1/−11.4	89.2/−39.9
第4道撑	1.683	592.7	11.8/−11.4	84.5/−38.7
第5道撑	1.720	530.5	11.5/−11.3	79.9/−37.5

由图6和表2可以看出，基坑开挖后，内支撑系统在两侧土体挤压和自身重力作用下呈向下移动趋势，第1道撑内力最大；下面4道钢支撑中第3道撑内力最大，与地下连续墙的变形趋势相符。

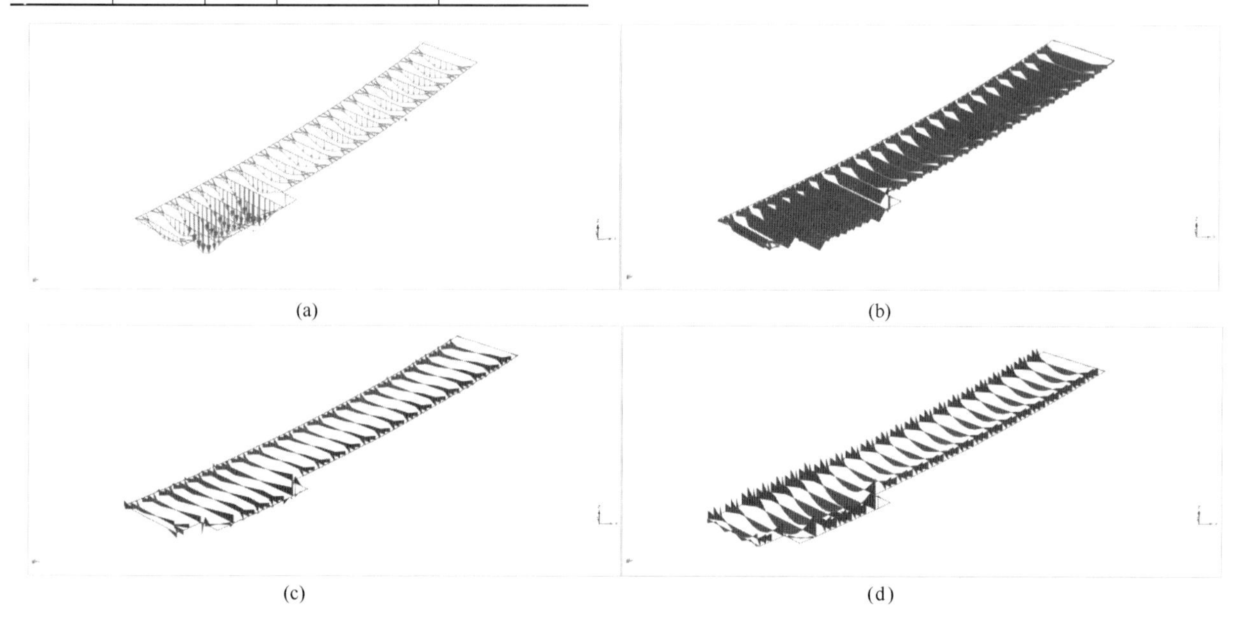

图6　内支撑系统变形、轴力、剪力及弯矩图（以第1道撑为例）

(a) 位移图；(b) 轴力图；(c) 剪力图；(d) 弯矩图

4 结论

(1) 利用勘察报告中提供的各层土参数，使用PLAXIS 3D较好地模拟了深基坑开挖过程，基坑围护结构的整体变形规律与相关理论相符，变形量满足设计要求。该模型的建立对下一步施工具有一定的指导意义，为保证工程安全提供了理论依据。

(2) 基坑开挖会引起坑内土体的隆起和坑外地表的沉降，地表沉降发生在基坑长边中间部位。

(3) 基坑开挖至坑底后，围护结构的变形模式为“内凸”形，最大水平变形发生在基坑长边中间部位的坑底偏上附近。

(4) 内支撑系统在外力作用下呈“下凹”形变形，各道撑所承受的内力与地下连续墙的变形趋势相符，但由于第1道撑为钢筋混凝土结构，故其内力最大。

(5) 施工期间应加强对第3道撑位置处土体变形和围护结构变形和内力的监测，同时应对基坑短边顶部给予更多关注。

(6) 受计算机性能及现场实际条件复杂等因素影响，本模型对实际工况进行了一定的简化，尤其是未考虑时间因素对土体和结构的影响，在今后的工作中，将动态追踪施工过程，收集第三方监测数据，进一步完善文中的模型，修正参数，使其更加贴近工程实际，为未来该地区的勘察报告参数和工程建设提供参考。

参考文献：

[1] 王小洁．PLAXIS数值模拟在深基坑地连墙支护中的应用[J]．北京．城市地质，2015，10(S2)：22-25.

[2] 姚远．基于PLAXIS的基坑开挖模拟研究[J]．哈尔滨．低温建筑技术，2019(6)：93-95.

[3] 于升才．基于PLAXIS3D技术的深基坑开挖对既有地铁结构影响分析[J]．成都．路基工程，2018(3)：224-228.

[4] 黄传胜，张家生．地铁深基坑三维有限元模型尺寸效应分析[J]．长沙．铁道科学与工程学报，2011，8(2)：59-63.

[5] 林陈安攀，孙艺．基于PLAXIS3D的钢板桩围堰空间数值模拟研究[J]．天津．港工技术，2018，55(3)：40-44.

[6] 郝志斌，王道伟．基于PLAXIS的深基坑局部挖深对支护结构的影响模拟[J]．北京．水运工程，2019(9)：309-315.

某圆环撑基坑拆换撑数值模拟分析

胡福洪[1]， 潘　栋[2]， 严　杰[2]， 王建松[2]， 胡翔宇[3]， 冯锡阳[2]
（1. 武汉地质勘察基础工程有限公司，湖北 武汉 430070；2. 中铁建工集团有限公司，北京 100160；3. 武汉轻工大学，湖北 武汉 430070）

摘　要： 目前在基坑支护设计中，混凝土支撑被广泛应用。以邻近武汉长江隧道的某基坑项目为研究对象，采用岩土、隧道结构专用有限元分析软件 Midas/GTS NX 对该基坑施工过程中的拆换撑施工工况进行模拟，得到基坑开挖完成后的连续墙、支撑、立柱变形及应力情况，并进行分析，得出模型的建立是合理可行的。在底板和每层楼板未完全闭合的情况下，分区域拆除圆环支撑后，支撑拆除部分与未拆除部分交界处杆件内力及变形较大，远远超出单根立柱的抗剪承受范围，分区域拆除支撑方案实施后危险性较大。

关键词： 圆环撑；基坑；拆换；数值模拟

0　前言

随着基坑支护设计的发展，圆环支撑在支撑选型中应用越来越广泛，但圆环撑结构相对角撑和对撑复杂，支撑的拆除显得尤为复杂，选择合理的拆除工序直接影响基坑结构的安全。

本文以武汉地区某圆环支撑基坑为例，分析了某具体拆换撑方案下支撑及地连墙受力及变形情况，评价了拆换撑方案的合理性，为武汉地区类似基坑的拆换撑提供经验指导。

1　工程概况

1.1　工程基本情况

武汉江城之门项目位于武汉市武昌滨江商务区的核心区，与正在建设中的绿地中心“636”相邻。本工程为以办公为主的大型综合体超高层建筑，建筑形态为双塔与连接体组成的“门”形建筑。结构体系为钢框架-核心筒混合结构[1,2]。总建筑高度为239.6m，地上54层，地下4层，裙楼5层，副楼6层。总建筑面积约为35.4万m^2，其中地上26.3万m^2，地下9.1万m^2。塔楼为写字楼，地下室为车库、设备用房及人防工程。

图1　项目概况

1.2　基坑工程概况

基坑面积约23800m^2，基坑周长约580m，基坑开挖深度约20.0m，基坑采用地下连续墙+3道混凝土内支撑支护[3]。

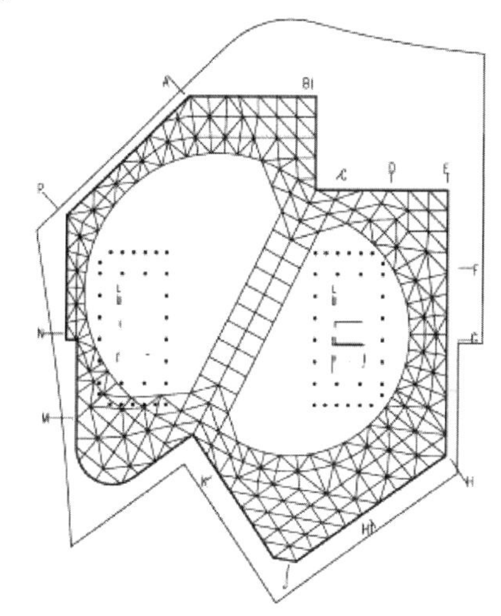

图2　基坑支护平面图

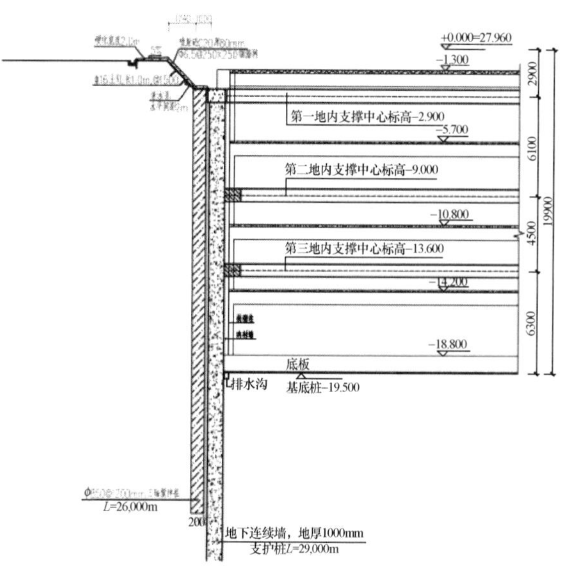

图3　基坑支护剖面图

图4 基坑开挖后平面图

1.3 拆换撑概况

原设计为圆环撑[4,5]，按照设计工况，做完全部负4层顶板后，才能进行拆撑施工。每一整层结构施工完成之后，才能拆除上一道支撑。以此类推。这样工况，极大地影响了地下结构的施工进度，不能正常组织流水施工，影响施工进度。

为加快施工进度，不考虑支撑整体受力，采用分块、分段拆撑，满足施工流水需求。拟进行分区拆撑[6,7]，具体方案如下：

筏板做完后，各段开始向上一层结构施工。如：1段施工完成负4层结构后，开始拆除相应位置的上一层支撑梁；继续进行上一层结构施工；3段施工完成负4层结构后拆除3段对应的支撑梁。做一段拆一段，循环往复。

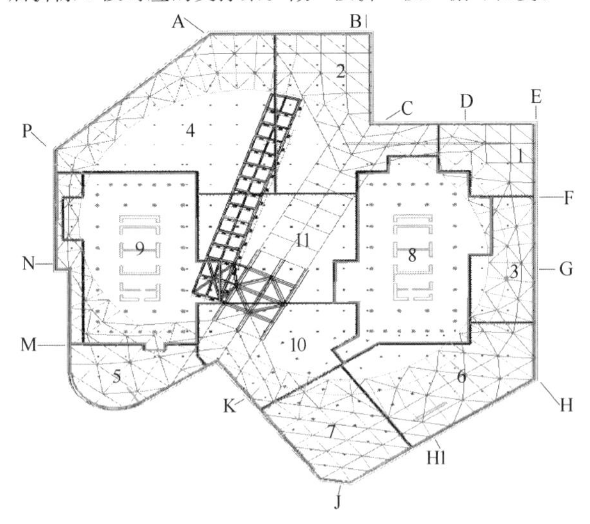

图5 底板及楼板分段图

2 模型的构件

2.1 模型基本假定和参数选取

本次采用岩土、隧道结构专用有限元分析软件 Midas/GTS NX 进行三维数值模拟计算分析项目拆换撑工况[8]。

由于岩土材料物理力学特性的随机性和复杂性，要完全模拟岩土材料的力学性能和严格按照实际的施工步骤进行数值模拟是非常困难的。在建模和计算过程中，应考虑主要因素，忽略次要素，结合具体问题进行适当简化，在数值模拟中假设围岩土体材料为均质、各向同性的连续介质，假设其为理想弹塑性材料。

根据地质勘察报告，武汉江城之门项目计算模型的相关参数如表1所示。

基坑土层的材料参数　　表1

地层岩性	重度 (kN/m³)	弹性模量 (MPa)	泊松比	摩擦角 (°)	黏聚力 (kPa)
①₁ 杂填土	19.0	2.0	0.47	18	8
③₁ 粉质黏土	19.1	16.5	0.42	11	20
③₂ 粉质黏土	18.5	12.0	0.41	9	17
④淤泥质粉质黏土	18.4	10.5	0.39	7	15
⑤粉质黏土夹粉土、粉细砂	18.7	16.5	0.37	10	20
⑥₁ 粉细砂	19.8	51.0	0.33	33	0
⑥₂ 粉细砂	20.5	75.0	0.33	36	0
⑧₁ 泥质砂岩	22.9	132.0	0.3	40	100
⑧₂ 泥质砂岩	25.54	1000	0.25	42	300
钢筋混凝土支撑 C30	25	30000	0.2	—	—
隧道管片结构 C40	25	32500	0.2	—	—
立柱桩 C25	25	28000	0.2	—	—
格构柱	20	25500	0.2	—	—
地下室桩 C50	25	34500	0.2	—	—
筏板 C40	25	32500	0.2	—	—

2.2 三维模型建立

采用 Midas/GTS 软件对基坑开挖、地下结构施工，以及基坑支护结构拆换撑施工过程进行三维数值模拟分析[9]。根据基坑工程支护结构的平面布置图，建立三维有限元计算模型。

土体采用实体单元模拟，服从修正 Mohr-Coulomb 屈服准则[10]。地下结构侧墙也采用实体单元模拟，采用弹性模型。其他支护杆件结构采用一维结构单元模拟，地连墙采用二维板单元模拟。

数值模型计算时，选取如下边界条件：平面 $X=0$ 和 $X=300$ 限制其 X 方向的平动位移自由度；平面 $Y=0$ 和 $Y=330$ 限制其 Y 方向的平动位移自由度；模型底面限制 $X/Y/Z$ 平动自由度。

根据以上内容，建议 Midas/GTS NX 三维分析模型，共划分单元407954个，节点数198538个模型分析过程中，不考虑坑周施工荷载。

图6　模型整体效果

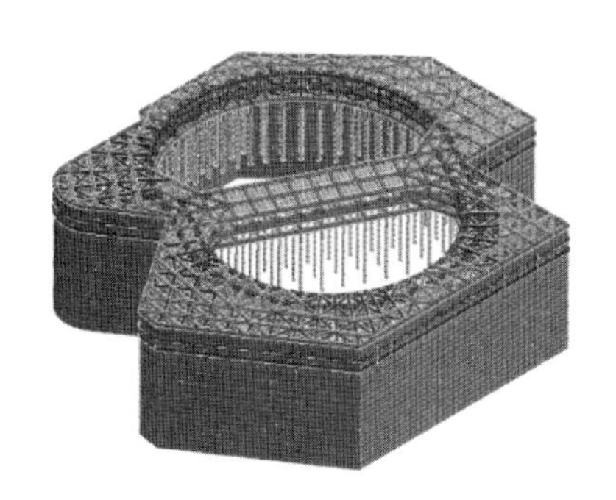

图7　基坑支护结构模型效果

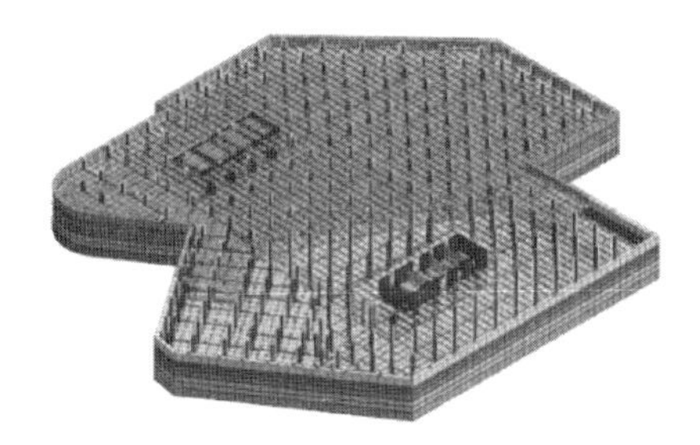

图8　地下结构模型效果

本次模拟主要是分析两种拆换撑方案的合理性和安全性。针对方案1和方案2分别设置如下施工工况分析表。

施工工况分析表　　　　表2

工况设定	方案1
工况1	初始地应力场
工况2	围护结构施工&第一道撑
工况3	开挖1&第二道撑
工况4	开挖2&第三道撑
工况5	开挖3
工况6	负4层右侧结构施工
工况7	拆右侧第三道撑
工况8	负4层左侧结构施工
工况9	拆左侧第三道撑
工况10	负3层右侧结构施工

续表

工况设定	方案1
工况11	拆右侧第二道撑
工况12	负3层左侧结构施工
工况13	拆左侧第二道撑
工况14	负2层右侧结构施工
工况15	拆右侧第一道撑
工况16	负2层左侧结构施工
工况17	拆左侧第一道撑

3　模拟分析结果

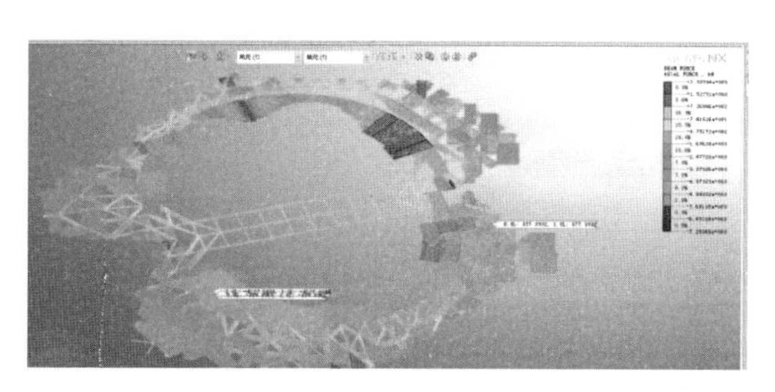

图9　基坑开挖到底支撑最大轴力

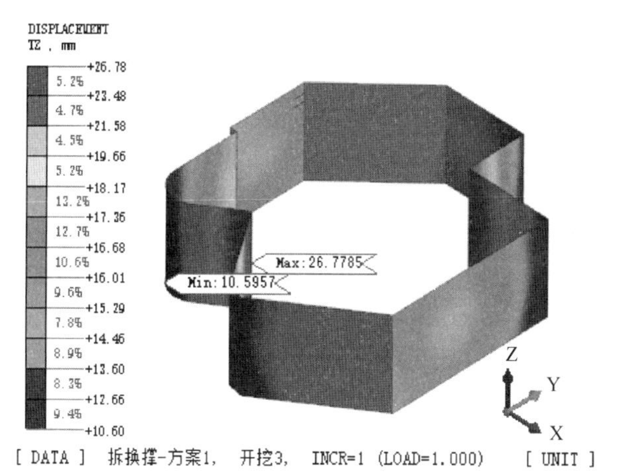

图10　开挖到底地下连续墙最大变形

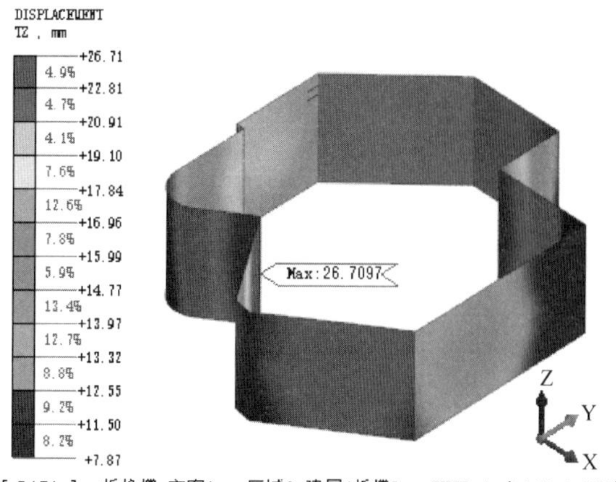

图11　拆换撑工况下地下连续墙最大变形

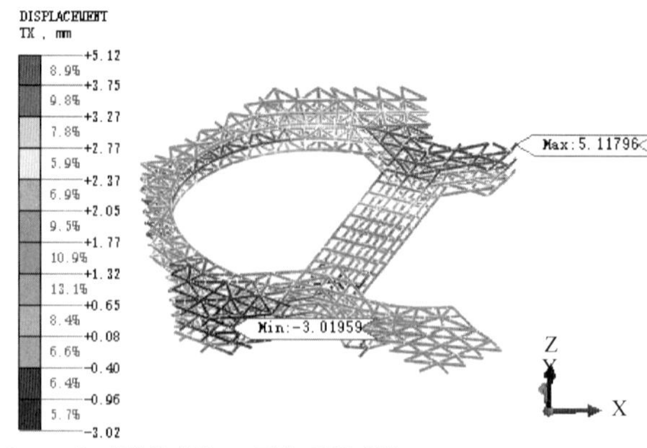

图 12 拆换撑工况下支撑最大变形

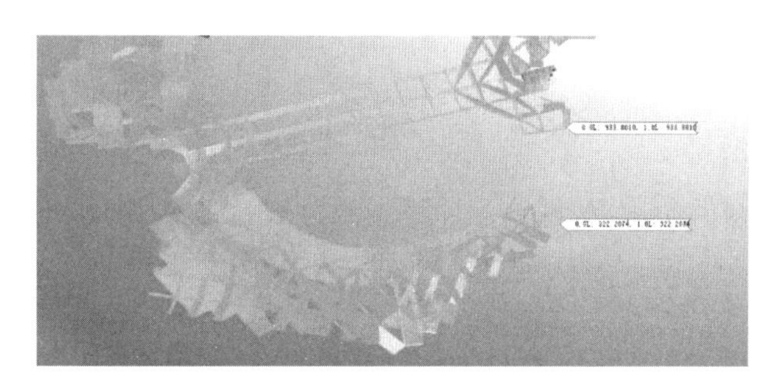

图 13 拆换撑工况下节点最大内力

4 有限元结果分析

根据以上云图反映，在该拆换撑方案下：

（1）基坑开挖到底后，第三道支撑内力最大值为环梁处，最大值约 7300kN，地连墙最大变形为 26.77mm；

（2）拆换撑时地连墙最大变形为 26.7mm；

（3）拆换撑时支撑最大变形为 5.11mm；

（4）拆除第一区域第三道支撑后，在支撑拆除部分与未拆除部分交界处，在支撑梁轴力最大为 933kN。

5 结论

根据有限元分析结果，可以得出：

（1）基坑在开挖到底时，支撑轴力和地连墙变形在设计允许范围之内；

（2）拆换撑时地连墙及支撑变形在设计范围之内；

（3）分区拆撑时，在支撑拆除部分与未拆除部分交界处支撑梁轴力最大为 933kN，远远超出单根立柱的抗剪承受范围；

（4）对于圆环撑方案，在底板和每层楼板未完全闭合的情况下，分区域拆除支撑方案实施后危险性较大，建议在底板和每层楼板未完全闭合的情况下，不得分区拆撑。

参考文献：

[1] 李肖．带水平加强层的超高层钢框架-核心筒结构设计分析[J]．钢结构，2018，33(230)：73-76.

[2] 毋恩喜．超高层钢框架-核心筒加强层设置的探讨分析[J]．四川建筑科学研究，2013，39(4)：47-58.

[3] 陈冬青．深基坑内支撑支护体系在工程中的应用[J]．建筑科学，2015，31(3)：122-125.

[4] 冯晓腊．圆环支撑在武汉地区基坑工程中的应用研究[J]．施工技术，2016，45(S1)：29-32.

[5] 许开军．钢筋混凝土圆环支撑系统在深基坑设计与施工中的应用[J]．岩土工程学报，2014，36(S1)：77-80.

[6] 王志伟．大型深基坑分区拆换撑施工技术[J]．中国港湾建设，2019，39(7)：28-32.

[7] 竺启泽．特殊工况下圆环支撑的拆换撑设计和实践[J]．工程建设，2017，49(8)：56-59.

[8] 王文．基于 Midas 的基坑换撑有限元分析[J]．陕西理工学院学报，2010，26(2)：29-31.

[9] 李治．Midas/GTS 在岩土工程中的应用[M]．北京：中国建筑工业出版社，2013.

[10] 张晋梅，张震，仇荔斐．基于修正 Mohr _ Coulomb 模型考虑非饱和效应的基坑开挖[J]．科学技术与工程，2020，20(24)：3-10.

紧邻地铁环境下超深岩质基坑精细爆破施工技术

钱起飞，高　杨，郑　威
（中建八局第一建设有限公司，山东 济南 250100）

摘　要： 采用精细爆破施工技术，可有效解决紧邻地铁环境下超深岩质基坑开挖问题。距地铁 30m 范围内采用人工静态爆破，距地铁 30～50m 范围内采用浅孔爆破，距地铁 50m 范围外采用深孔爆破，支撑梁下采用侧向斜孔＋深孔爆破，爆破施工过程中产生的大块采用机械方式破碎。延期爆破，深孔爆破采用间隔装药结构，控制单段最大起爆药量，降低对周边环境的影响。邻近重点建（构）筑物、基坑支护结构区域采取减振措施严格控制爆破振动，全程进行变形监测。结果表明，爆破施工未对周边环境、基坑支护结构造成影响和破坏，且爆破碎后岩石块度适中，便于清运，大大加快施工进度，经济效益和社会效益显著。

关键词： 紧邻地铁；超深岩质基坑；精细爆破；施工技术

0　引言

近年来，随着工程机械的发展、工程技术水平的进步，适合地下环境的工程得以兴建。基坑开挖作为地下工程的重点环节，其开挖效率直接影响着工程进度。尤其是对于岩质基坑，破岩往往较为困难，破岩效率严重制约着基坑开挖施工进度，而破岩成本又是基坑施工成本控制的关键[1,2]。

超深基坑在超高层建筑、地铁站厅等建设中较为常见，基坑中石方常以机械或小孔径浅孔爆破方式开挖。上述两种开挖方式宜于维护基坑支护结构及周边环境的稳定，但超深基坑往往开挖量巨大，浅孔爆破巨大的钻孔量和机械开挖不利于成本控制，且较低的工作效率难以满足工期要求[3]。开挖效率较高的深孔爆破尽管有类似施工案例可供参考，但由于对周边环境的影响难于控制而应用较少[4,5]。

本文以深圳岁宝国展中心项目超深基坑石方开挖工程为研究背景，结合人工静态爆破、浅孔爆破、深孔爆破的优势，对石方开挖区域进行划分。针对不同的施工区域采用不同的石方开挖方式，相对机械开挖或这三种方式单独应用更具安全性、经济性、高效性。

1　工程概况

1.1　工程简介

深圳岁宝国展中心项目地处福田区八卦岭商圈，东侧为八卦五街，南邻八卦三路，西邻上步北路，北邻泥岗西路。工程总用地面积 20966.58m²，场地内拟建 4 栋超高层塔楼，5 层地下室，5 层裙楼，总建筑面积 412927.5m²。建成后是集商业商务、公寓、公共设施为一体的地标性超高层高端城市综合体。基坑南侧为地铁 7 号线八卦岭站厅，支护桩距离站厅层边界净距 3m，西侧为规划的地铁 6 号线区间隧道。基坑占地面积 23204.03m²，平均开挖深度 24m 左右，塔楼区域开挖深度达 28m，为超深基坑。基坑支撑体系为钢筋混凝土对撑＋角撑形式，支护体系为 4 道支撑梁＋咬合桩形式。基坑中土石方开挖量约 58 万 m³，其中石方开挖量超过15 万 m³，支撑梁下石方开挖量达 8.5 万 m³，且开挖石方多为中风化花岗岩。

图 1　周边环境示意图

图 2　基坑航拍图

1.2　工程地质及水文地质条件

1. 工程地质条件

根据现场勘察及室内土工试验结果，基坑场地内自上而下分布的地层主要有第四系人工填土层（Q_4^{ml}）、第四系上更新统坡洪积层（Q_3^{dl+pl}）、第四系残积层（Q^{el}），下伏基岩为早白垩世高潭组坪田凸单元（K1Pt）粗粒花岗岩。

2. 水文地质条件

场地地下水主要受大气降水的垂向渗入及地下水侧向径流补给，其中受大气降水量的大小控制而变化幅度较大，年变化幅度为 2～3m，地下水径流方向大致由南向北流动。钻探期间测得孔内稳定水位埋深为0.50～5.50m，标高15.92～22.33m。

2 爆破方案

为达到良好的爆破效果，严格控制爆破危害，根据岩石性质，从工期、工程量、周边环境、经济效益和社会效益等方面综合考虑，选择人工静态爆破、弱松动微差爆破和机械破碎相结合，爆破方式为主、机械破碎为辅的施工方案，具体方案如表1所示。

爆破方案 表1

施工区域	距地铁30m范围内	距地铁30～50m范围内	距地铁50m范围外	支撑梁下
爆破方案	人工静态爆破	浅孔爆破	深孔爆破	侧向斜孔＋深孔爆破

注：爆破施工过程中产生的大块采用机械方式破碎。

3 爆破设计与施工

3.1 爆破设计

1. 人工静态爆破

由现场岩石性质、静态爆破[6]试验初步确定单位体积岩石用药量$q=20\sim25kg/m^3$，爆破参数见表2，炮孔布置如图3所示。在施工过程中根据现场实际情况对单位体积岩石用药量、爆破参数进行动态调整，提高爆破效果，改善技术经济指标。

2. 弱松动微差爆破

由现场岩石性质、爆破试验初步确定炸药单耗$q=0.3\sim0.4kg/m^3$，爆破参数见表3，炮孔布置及起爆网络如图4所示。在施工过程中根据现场实际情况对炸药单耗、爆破参数进行动态调整，提高爆破效果，改善技术经济指标。

人工静态爆破参数表 表2

钻孔形式	布孔方式	爆破器材	装药结构	孔径D（mm）	孔深L（m）	抵抗线W_1（m）	填塞长度l_2（cm）	孔间距a、排距b（m）	单孔药量Q（kg）
垂直钻孔	矩形	静态破碎剂	连续装药	38	1.5	0.35	2	0.35×0.40	装至距孔口2cm

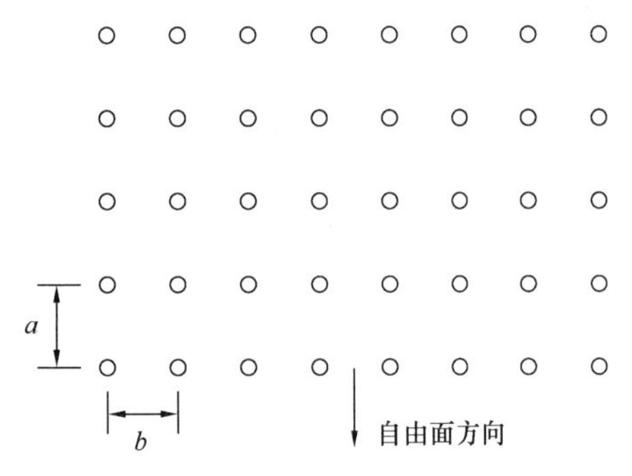

图3 人工静态爆破炮孔布置图

弱松动微差爆破参数表 表3

参数 \ 爆破方案	浅孔爆破	深孔爆破	侧向斜孔＋深孔爆破
钻孔形式	垂直钻孔	垂直钻孔	侧向倾斜钻孔
布孔方式		三角形（梅花形）	
爆破器材	ϕ32乳化炸药、导爆管雷管、四通、起爆器	ϕ60乳化炸药、导爆管雷管、四通、起爆器	ϕ60乳化炸药、导爆管雷管、四通、起爆器
装药结构	连续装药	空气间隔装药	空气间隔装药
孔径D（mm）	42	76	76
钻孔超深h（m）		(5～10)D	
孔深L(m)		$H+h$	
抵抗线W_1(m)		$(0.6\sim0.9)H$	
填塞长度l_2(cm)		$(0.6\sim0.9)W_1$	
孔间距a、排距b(m)		$a=1.5W_1$ $b=a\sin60°$	
单孔药量Q(kg)	第一排孔：$Q=qaW_1H$ 从第二排孔起：$Q=(1.1\sim1.2)qabH$		

注：H为单次石方爆破开挖高度（m）。

3.2 爆破施工

1. 人工静态爆破

（1）静态破碎剂，水灰比越大，膨胀压力越小，反映膨胀时间越长[6]。

（2）将孔内清理干净，注意不得有水或杂物。对于垂直孔，可直接倾倒进去，并用木棍捣实。对于水平孔或斜孔，可用挤压或灌浆泵压入孔内，并用快凝砂浆或泡沫塑料塞子迅速堵口；或者将干稠的胶体（水灰比为0.25～0.28）搓成条塞入孔中用木棍捣实，或将胶体装入塑料袋中，用木棍送入炮孔内。如采用分层（分次）破碎时，当外排孔装药12h后，再装填内排孔。夏季或快速破碎时用草袋、纸板等物覆盖。搅拌后的浆体须尽可能地在浆体发烫前灌入钻孔内。

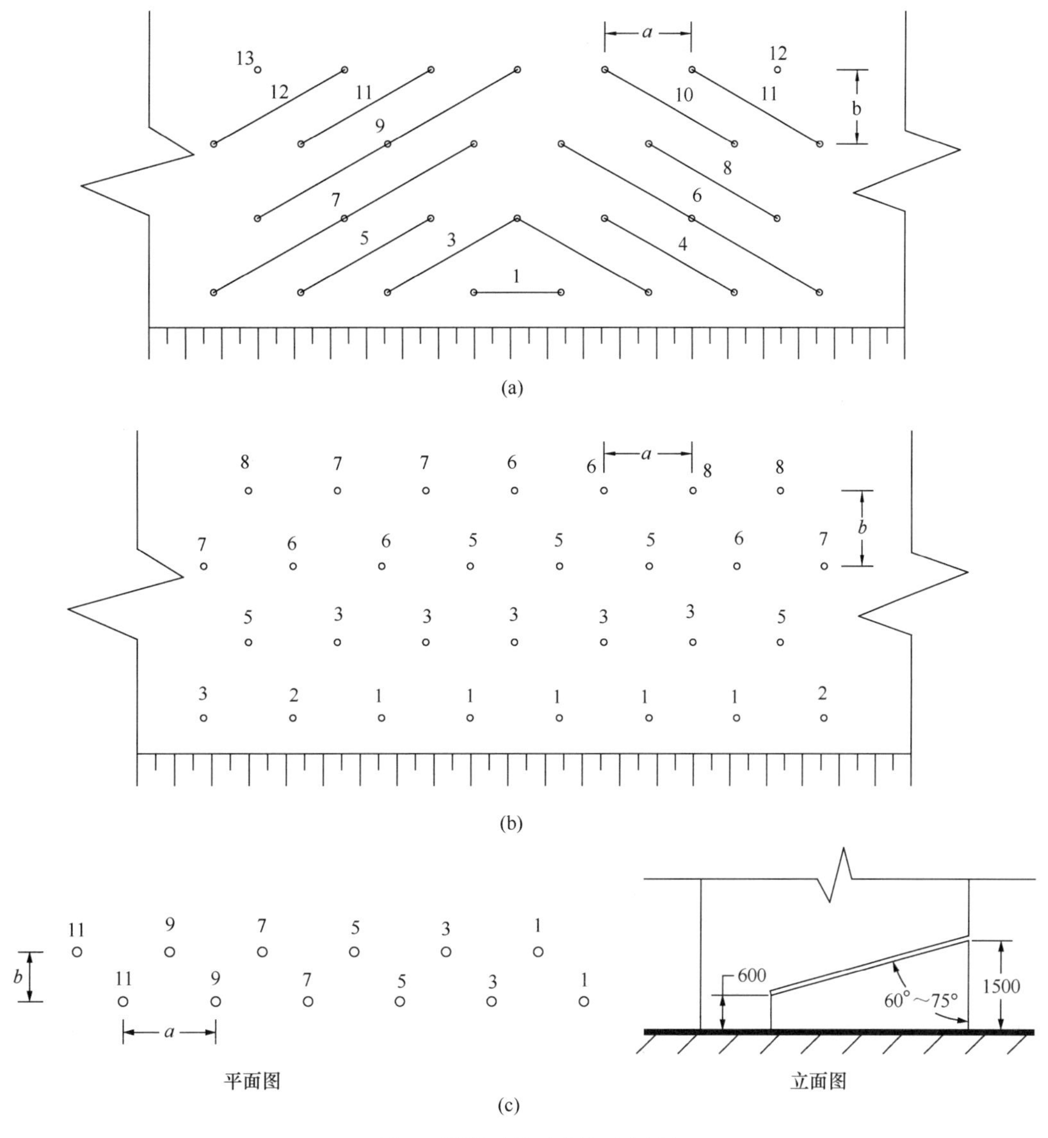

图 4　弱松动爆破炮孔布置图

(a) 浅孔爆破炮孔布置及起爆网络[7]；(b) 深孔爆破炮孔布置及起爆网络[7]；(c) 侧向斜孔＋深孔爆破炮孔布置及起爆网络[8]

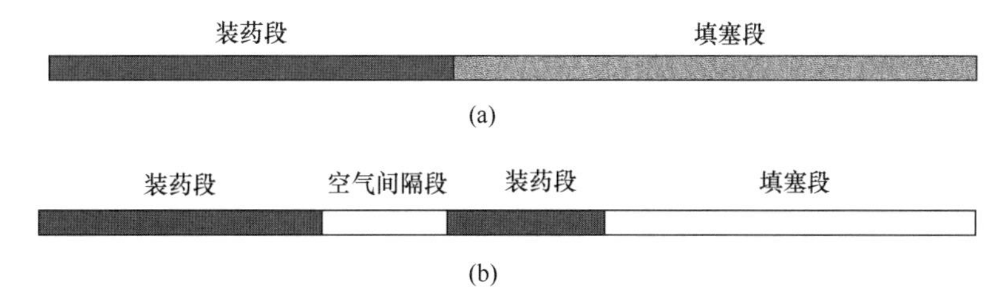

图 5　装药结构

(a) 连续装药结构；(b) 空气间隔装药结构

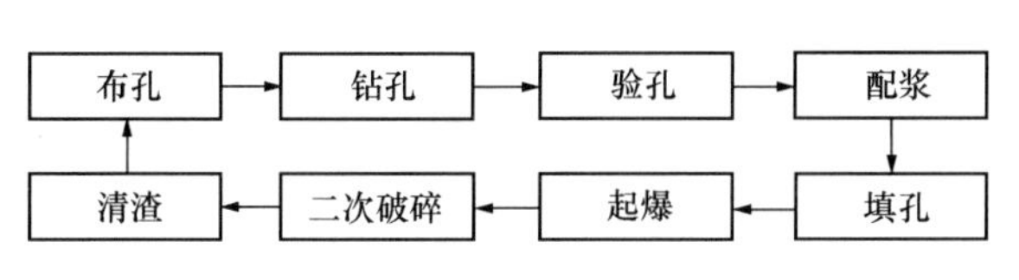

图 6　人工静态爆破施工工艺流程

(3) 待裂纹出现后向孔上喷洒热水，以加快裂缝增大速度。

2. 弱松动微差爆破

(1) 钻孔角度、深度严格按照设计作业，误差不超过 10%[9]。

(2) 前排是产生爆破飞石的主要部位。验孔时，密切注意前排抵抗线、炮孔角度的变化，对于不符合装药要求

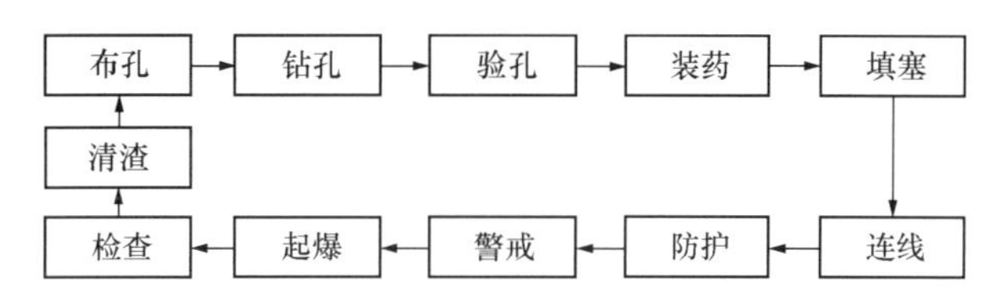

图 7　弱松动微差爆破施工工艺流程

的孔，予以废弃，应重新补孔直至炮孔符合要求。

（3）装药前首先使用炮杆验孔，确保炮孔的深度、角度都符合设计要求；检查爆破器材的质量，对于不符合要求的爆破器材，予以退库；装药时，两人一组，密切注意药柱的高度，防止溶洞的出现，造成安全事故。

（4）堵塞前用炮棍探孔，确保堵塞长度；用砂质黏土每堵塞 30cm 用炮棍捣实；孔内有水时，采用细砂粒、编制网堵塞实。

（5）连线时，检查导爆管雷管外观的完整性；注意孔外接力雷管根聚能穴与传爆方向相反；导爆管的管体捆扎松弛有度，管尾长度预留适中；孔外接力雷管辅压 1 个 5kg 重的砂包，确保起爆时，周围没有小石子弹出。起爆网络连接完毕后，起爆员应及时监督、检查起爆网路直至起爆完毕[9]。

（6）防护覆盖时，首先保护好已经连接好的起爆网路。在防护的过程中，小心谨慎，切忌压伤网路线；工程师予以现场监督防护覆盖，对于易出现飞石的前排、孔口等部位应加强防护。

(a)

(b)

图 8　爆破安全防护

（a）浅孔/深孔爆破；（b）侧向斜孔＋深孔爆破

4　爆破效果

爆破施工过程中，全程对地铁隧道及站厅、周边重点建（构）筑物、基坑支护结构、地表进行变形和爆破振动监测。监测结果表明基坑石方爆破施工未对周边环境、基坑支护结构造成影响和破坏，达到了预期的爆破效果。爆破过程中无飞石产生，爆破后经检查无拒爆药包，岩石破碎后块度适中，爆破效果良好，便于机械铲装。

图 9　爆破效果

5　结语

在紧邻地铁环境下的超深岩质基坑开挖，采用人工静态爆破、弱松动微差爆破和机械破碎相结合，爆破方式为主、机械破碎为辅的开挖方案，不仅能确保爆破施工不会对周边环境、基坑支护结构造成影响和破坏，而且爆破破碎后岩石块度适中，便于清运，大大加快施工进度，取得良好的经济效益和社会效益。

参考文献：

[1]　李玉景，赵文，赵光荣，等．闹市区超深基坑开挖的控制爆破技术[J]．工程爆破，2019(5)：41-45.

[2]　于俊彬，王明．紧邻地铁的超深基坑土方开挖施工技术[J]．建筑施工，2019，41(03)：49-51.

[3]　孙永，张文锡，任书明，等．城区地铁车站基坑分块爆破控制技术[J]．工程爆破，2018，24(06)：32-36.

[4]　张健儿，吕艳斌，王冉，等．微振动爆破技术在超深基坑支护结构拆除中的应用[J]．建筑技术，2020(4)：499-502.

[5]　张卫彪．市区地铁车站基坑明挖段爆破开挖工程实践[J]．工程爆破，2017，23(06)：60-63.

[6]　付虎成．静态爆破在深基坑混凝土中隔墙拆除中的应用[J]．建筑施工，2020，42(07)：1134-1137.

[7]　汪旭光．爆破设计与施工[M]．北京：冶金工业出版社，2011.

[8]　汪高龙，王潇，李跟，等．闹市区深基坑支撑梁拆除爆破技术[J]．工程爆破，2020，26(06)：70-75＋83.

[9]　费鸿禄．爆破理论及其应用[M]．北京：煤炭工业出版社，2018.

某地铁车站深基坑监测数据分析

申文永[1,2]，张克利[1,2]，姚爱敏[1,2]
（1. 北京城建勘测设计研究院有限责任公司，北京 100101；2. 城市轨道交通深基坑岩土工程北京市重点实验室，北京 100101）

摘　要：以北京市某地铁车站深基坑工程为背景，通过对基坑工程从土方开挖至结构施工完成的全过程监测数据进行分析，并挑选特征点进行总结，得出基坑连续墙变形及周围地表沉降变形特征。希望本工程的监测数据分析及结论能给类似的工程提供参考价值，在实际施工过程中应加强各项监测数据的联动分析，如有预警及时发布，应便于采取相应措施控制险情，做到信息化施工。
关键词：深基坑；变形监测；数据分析；信息化施工

0　引言

随着中国城市化进程的加快，交通拥堵问题日渐严峻，许多城市陆续开通了地铁线路，其中深基坑工程作为常见的地铁车站形式之一，得到了广泛应用。由于地铁车站深基坑开挖深度一般较大，开挖过程中所遇到的水文地质环境存在复杂性和不确定性，加上周边环境可能涉及的地下管线、建筑物等复杂因素，深基坑工程仍然是一项高风险、高难度的工程技术热点课题。基坑开挖过程中会造成周边环境沉降和围护结构的变形，基坑监测能够及时发出预警并采取相应措施控制险情，突出了基坑监测在信息化施工中的重要性。

本文以某地铁车站深基坑监测为例，通过对基坑工程从土方开挖至结构施工完成的全过程监测数据进行分析，并挑选特征点进行总结，得出基坑连续墙变形及周围地表沉降变形特征。

1　工程概况

1.1　工程背景简述

本工程为拟建明挖地铁车站，位于北京市朝阳区。

1.2　周边环境情况

车站东侧象限为三个已有建筑，西侧象限为某高速公路。车站明挖基坑邻近的地下管线主要有：6100mm×1800mm 雨水方涵（埋深 6.756m）、ϕ600 上水管（埋深 2.5m）、ϕ150 上水管（埋深 2.5m），其中 6100mm×1800mm 雨水方涵距离车站主体围护结构约 9.35m（盾构井处约 7.35m），目前为雨水、污水合流形式。

1.3　工程地质条件

车站基坑深度范围主要穿越黏质粉土填土①层、杂填土$①_1$层、砂质粉土黏质粉土③层、粉质黏土$③_1$层、粉细砂$③_3$层、砂质粉土黏质粉土$③_4$层、粉质黏土$③_5$层、粉质黏土④层、黏质粉土砂质粉土$④_2$层、粉细砂$④_3$层、中粗砂$④_4$层、粉质黏土⑥层、细中砂$⑥_3$层、粉质黏土$⑥_4$层、砂质粉土$⑥_5$层、卵石圆砾⑦层、中粗砂$⑦_1$层、粉细砂$⑦_2$层、粉质黏土$⑦_3$层，基坑底部主要位于粉质黏土$⑦_3$层中。

根据空洞普查结果，车站主体范围内共存在两处异常，1 号异常位于车站主体西端头北侧，2 号异常位于车站主体北侧、最西侧换乘通道（含）西侧。两处异常长度分别为 17.8m、32.2m，宽度 3m，埋深分别为 1.3～4.0m、1.3～4.1m。

1.4　工程水文条件

车站基坑开挖深度范围内共涉及三层地下水：潜水（二）、承压水（三）、承压水（四）。

潜水（二）：水位埋深为 11.98～12.32m，水位标高为 25.99～26.86m，观测时间为 2016 年 10 月，含水层为粉细砂$③_3$层、黏质粉土砂质粉土$④_2$层、粉细砂$④_3$层及中粗砂$④_4$层。受隔水层粉质黏土$③_5$层的影响，该层水局部具有微承压性。主要接受大气降水及侧向径流补给，以侧向径流、向下越流补给的方式排泄。

承压水（三）：水位埋深为 17.20～18.28m，水位标高 19.88～21.98m，观测时间为 2016 年 10 月，含水层岩性为细中砂$⑥_3$层、砂质粉土$⑥_5$层、上部的中粗砂$⑦_1$层、粉细砂$⑦_2$层，受隔水层粉质黏土$⑥_4$层的影响，该层水具有承压性。主要接受侧向径流补给，以侧向径流、向下越流补给的方式排泄。

承压水（四）：水位埋深为 22.14～22.40m，水位标高 15.76～19.64m，观测时间为 2016 年 10 月，含水层岩性为下部的中粗砂$⑦_1$层、粉细砂$⑦_2$层及黏质粉土砂质粉土$⑦_4$层。主要接受侧向径流补给，以侧向径流、向下越流补给的方式排泄。该层水表现为承压性。

车站基坑地下水处理措施采用坑外阻水，坑内降水措施。

1.5　基坑结构设计

车站主体结构为三层二柱三跨钢筋混凝土矩形框架结构，标准段宽 23.5m，车站底板埋深约 26.15m，顶板埋深约 6m，车站考虑后期一体化下沉广场设计，顶板覆土约 1m，采用明挖法施工（分段、分区、分层、对称开挖）。明挖基坑标准段深 26.899m，盾构井下沉基坑深 28.319m。基坑围护结构采用 800mm 地下连续墙，内支撑采用 5 道钢支撑+1 道换撑的内支撑体系。在雨水方涵一侧的地下连续墙接缝处设置高压旋喷桩，旋喷桩为3根ϕ600@400组成（品字形布置），在围护结构阴角处打设ϕ600@400高压旋喷桩（正方形布置）加固阴角处土体。车站共设置3个出入口，5个安全口，3个无障碍垂梯口，E号出入口设于高速路西侧的绿地内，预留过街出口；F、G号出入口及1、2号风亭设于主体内，位于规划绿地内。

2 基坑监测

2.1 监测范围及内容

本工程监测范围为：车站明挖基坑自身围护结构及施工影响范围内的周边环境。周边环境的监测范围：道路及地表、地下管线的监测范围取车站主体结构周围1倍开挖深度范围，建筑物取1.5倍开挖深度范围。

监测内容包括车站围护结构的墙顶水平位移、墙体水平位移、支撑轴力，以及周边地表、管线、建筑物沉降。

2.2 监测点布置

监测点布置原则如下：

（1）围护结构墙顶水平位移：在基坑短边的中点，长边每40m设一测点。

（2）围护结构墙体水平位移：在基坑短边的中点，基坑长边每40m设一测点，监测点的布设位置宜与墙体顶部水平位移监测点处于同一监测断面。

（3）支撑轴力：沿基坑长边每40m设一组，端部斜撑每端各设2组，测点与墙顶水平位移宜处于同一断面。

（4）地表沉降：①在基坑四周距坑边10m的范围内沿坑边设2排沉降观测点，排距3～8m，点距40m。②对暗挖出入口、换乘通道和风道结构，在结构中线对应地表布设一排测点，测点间距10m。③在工法变化的部位、车站与区间的结合部位以及马头门等处均应布设测点。④道路和地表沉降点应结合地下管线沉降测点布设。

（5）地下管线沉降：①在基坑四周距坑边10m的范围内有重要管线时，将道路和地表测点布设在控制标准更加严格的管线或其对应的地表，排距3～8m，点间距20m；②车站基坑影响范围内存在重要管线时，每40m左右设一个横向监测断面，测点间距5m。

（6）建筑物沉降：对主要影响范围内的建筑物结构四角、拐角处及建筑物连接处进行布点。

监测点布置平面图如图1所示。

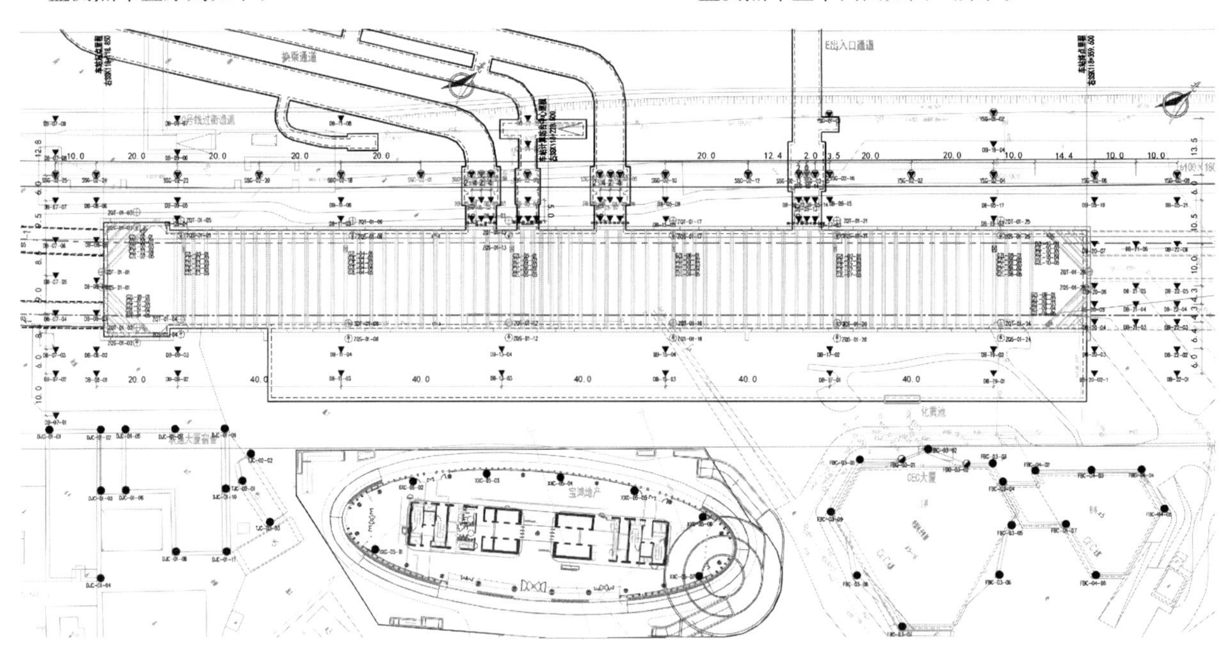

图1 监测点布置平面图

2.3 监测项目控制值

各监测项目控制值如下：

（1）围护结构墙顶水平位移：累计20mm；位移速率：2mm/d。

（2）围护结构墙体水平位移：累计20mm；位移速率：2mm/d。

（3）支撑轴力：按设计要求实施。

（4）地表沉降：累计30mm；沉降速率：2mm/d，隆起10mm。

（5）地下管线沉降：①有压管线：累计10mm，沉降速率1mm/d，斜率0.002；②无压雨、污水管线：累计20mm，沉降速率2mm/d，斜率0.005。

（6）建筑物沉降：累计30mm；沉降速率：2mm/d，差异沉降10mm。

3 监测数据分析

3.1 围护结构墙顶水平位移

主体基坑墙顶水平位移时程曲线如图2所示。

如图2所示，受主体基坑土方开挖施工及基坑周边施

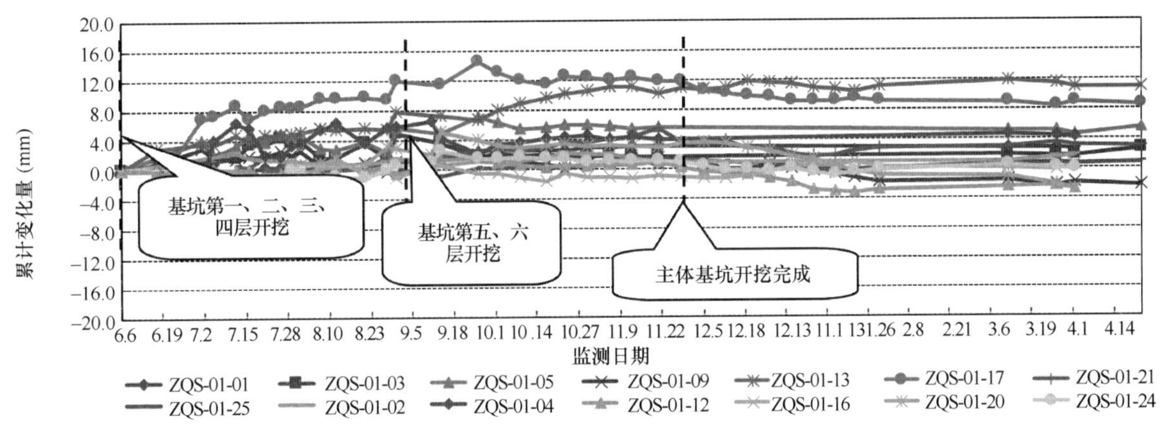

图 2　主体基坑墙顶水平位移时程曲线图

工荷载影响，累计变化量最大的测点为 ZQS-01-13，累计变化量为＋10.9mm（控制值－20～＋20mm），位于基坑第 13 轴北侧。主体基坑开挖完成后，墙顶水平位移趋于稳定，均在正常范围内。

3.2　围护结构墙体水平位移

主体基坑墙体水平位移变化曲线如图 3 所示。

如图 3 所示，受主体基坑土方开挖施工及基坑周边施工荷载影响，累计变化量最大测点为 ZQT-01-24（深 7.5m 处），累计变化量为＋15.7mm（控制值－30～＋10mm），位于基坑第 25 轴南侧。主体基坑开挖完成后，墙体水平位移趋于稳定，均在正常范围内。

3.3　支撑轴力

主体基坑支撑轴力变化时程曲线如图 4 所示。

3.4　地表沉降

主体基坑周边地表竖向位移时程曲线如图 5 所示。

如图 5 所示，受主体基坑土方开挖施工、主体结构施工及基坑周边施工荷载影响，累计沉降变形最大的地表沉降点为 DB-23-08，累计沉降值为－52.0mm（控制值－30～＋10mm），位于基坑中部周边，距基坑周边 3m。其余距离基坑边缘 1 倍埋深以上的监测点，阶段变形在±2mm 范围内，可以认为几乎未受到基坑施工影响。

3.5　地下管线沉降

主体基坑周边管线竖向位移时程曲线如图 6 所示。

如图 6 所示，受主体基坑土方开挖施工、主体结构施工及基坑周边施工荷载影响，累计沉降变形最大的管线沉降点为雨水管的 YSG-02-04，累计沉降值为－11.1mm（控制值－20～＋15mm），位于基坑北部周边、雨水管上方，距基坑周边 14m。其余距离基坑边缘 1 倍埋深以上的监测点，阶段变形在±2mm 范围内，可以认为几乎未受到基坑施工影响。

3.6　建筑物沉降

主体基坑周边建筑物沉降监测点时程曲线如图 7 所示。

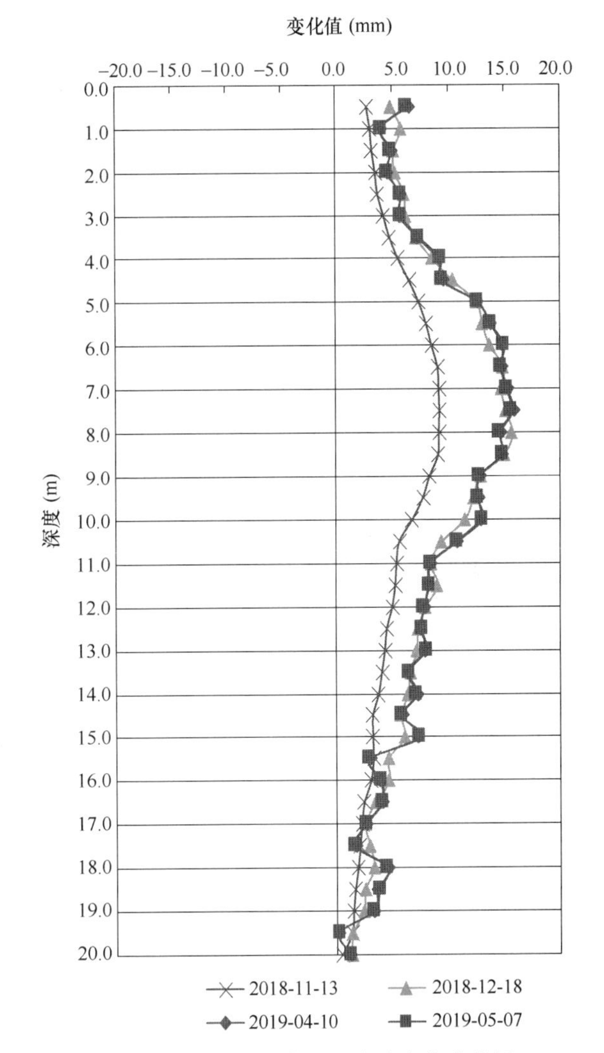

图 3　主体基坑墙体水平位移变化曲线图

如图 7 所示，受主体基坑土方开挖施工、主体结构施工及基坑周边施工荷载影响，累计沉降变形最大的建筑物沉降点为某大楼的 DJC-01-09，累计沉降值为－2.1mm（控制值－30～＋10mm），距基坑周边 12m。所有测点的累计变形在－2～＋4mm 之间，平均值 0.3mm，可以认为几乎未受到基坑施工影响。

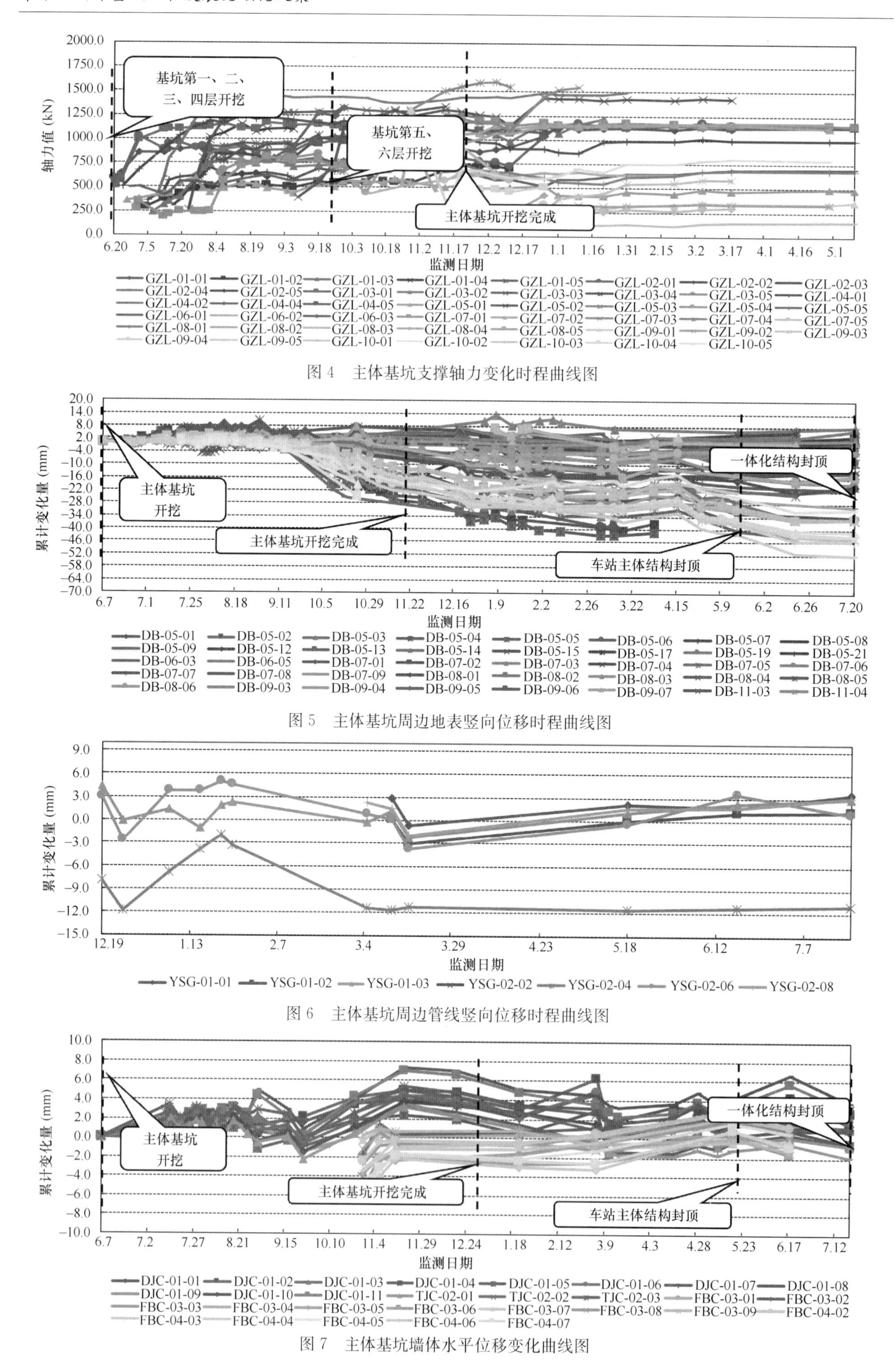

图4　主体基坑支撑轴力变化时程曲线图

图5　主体基坑周边地表竖向位移时程曲线图

图6　主体基坑周边管线竖向位移时程曲线图

图7　主体基坑墙体水平位移变化曲线图

3.7 特征点数据分析

（1）沉降数据

选取主体基坑周边部分累计沉降超控制值的测点（DB-15-05、DB-23-01～DB-23-09）进行分析，时程曲线图如图8所示。

通过对所有沉降数据求平均值进行分析，得出土方开挖后平均沉降为5.2mm，结构施工完成后平均沉降为8.8mm。可以看出主体基坑在土方开挖及结构施工过程中，地面沉降分布规律如下：主体基坑开挖引起的地表沉降增加量占总沉降量约59%，结构施工期间随着钢支撑的拆除、基坑周边机械荷载、路面下方大量杂填土造成的固结沉降等的变化导致地表沉降增加量占总沉降量约41%。

（2）支撑轴力

选取支撑轴力最大值监测点GZL-07-01绘制时程曲线图，如图9所示。

结合图9和实际工况，支撑轴力最大值监测点GZL-07-01变化较大阶段，是由于底板混凝土为混凝土泵车泵送的浇筑方式，浇筑混凝土时，混凝土泵车、混凝土罐车同时停靠在基坑边缘，对基坑边缘的土产生压力，导致围护桩承受的侧向土压力增大，钢支撑受力增大。当底板混凝土浇筑完成后基坑周围没有荷载时，轴力趋于平稳。

（3）墙顶水平位移

选取墙顶水平位移最大值监测点ZQS-01-13绘制时程曲线图，如图10所示。

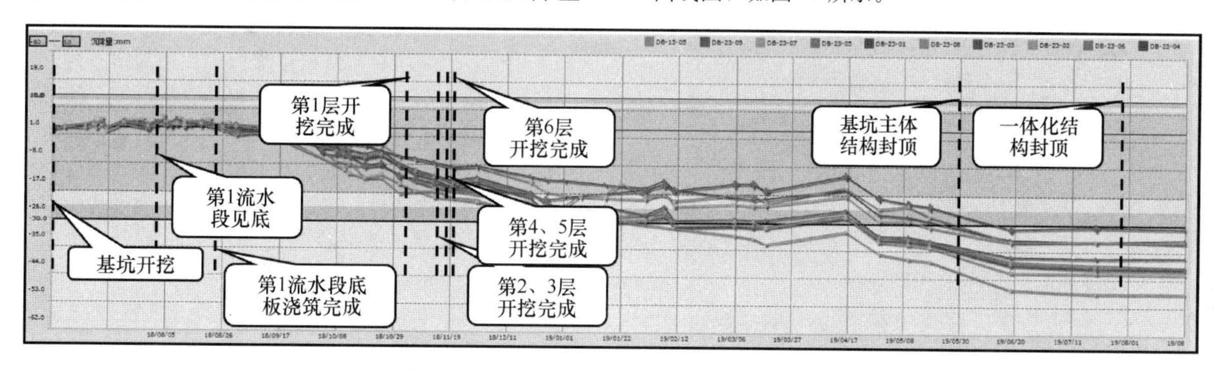

图8 主体基坑周边沉降监测点时程曲线图

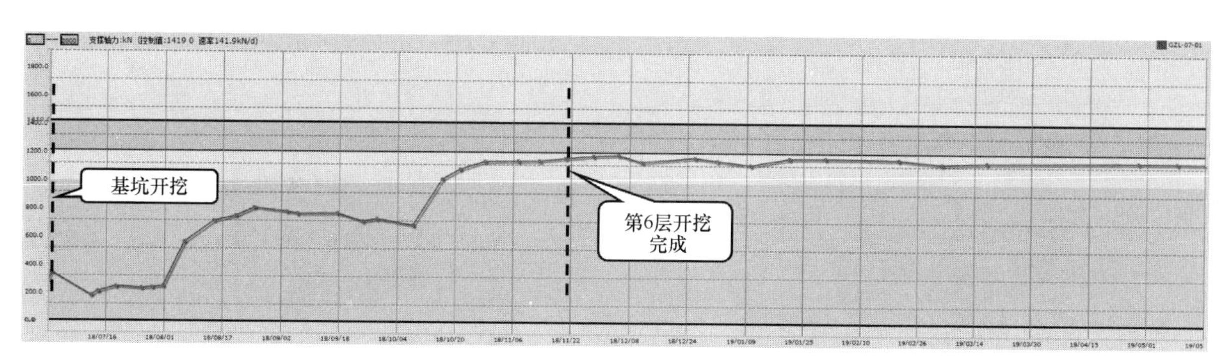

图9 主体基坑支撑轴力最大值时程曲线图

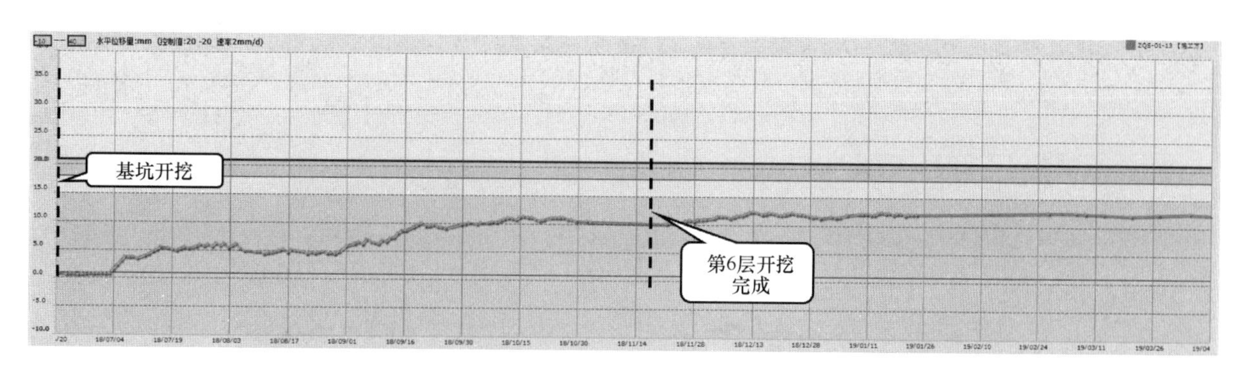

图10 主体基坑墙顶水平位移最大值时程曲线图

结合图10和实际工况，墙顶水平位移最大值监测点ZQS-01-13变化较大阶段，主要发生在基坑开挖过程中，约占总变形量的84%，开挖期间随着土方开挖的深度加深和基坑周边施工荷载的变化，产生墙顶水平位移。当底板混凝土浇筑完成后基坑周围没有荷载时，墙顶水平位移趋于平稳，最终所有监测点位移值均在正常范围内。

（4）墙体水平位移

选取墙体水平位移最大值监测点ZQT-01-24绘制时

程曲线图，如图 11 所示。

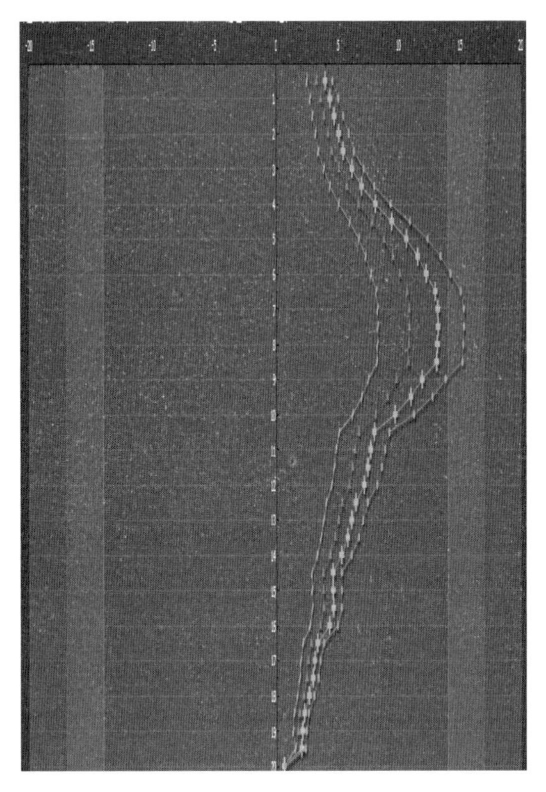

图 11　主体基坑墙体水平位移最大值时程曲线图

结合图 11 和实际工况，墙体水平位移最大值监测点 ZQT-01-24 的变形规律如下：随着基坑开挖深度加深，地下连续墙的墙体水平位移不断地增加，并且水平位移的最大值随着开挖深度的加深而加大，在开挖至坑底时，水平位移值达到最大。整个墙体水平位移曲线呈现出中间大两头小的弓形曲线，最大位移值发生在深度 7.5m 处，为 15.7mm。

4　结论

通过对各项监测数据的特征点进行数据分析，得出结论如下：

（1）基坑开挖过程中，对周边环境造成的沉降值是主体基坑土方开挖施工、主体结构施工及基坑周边施工荷载影响共同作用的结果。对于距离基坑边缘 1 倍埋深以内的监测点，沉降主要受土方开挖影响；对于距离基坑边缘 1 倍埋深以上的监测点，沉降变形较小，基本不受基坑施工影响。

（2）通过对支撑阻力的变化状况进行深入观察，然后结合实际施工情况分析，可得出如下结论：在每层土体开挖过程中，刚施工完成的轴力增加幅度最大。同时在安装第一层支撑后，支撑轴力维持稳定或有所降低。主体基坑开挖完成后，钢支撑轴力趋于稳定，均在正常范围内。

（3）墙顶水平位移开挖期间随着土方开挖的深度加深和基坑周边施工荷载的变化，产生墙顶水平位移。当底板混凝土浇筑完成后基坑周围没有荷载时，墙顶水平位移趋于平稳，最终所有监测点位移值均在正常范围内。

（4）墙体水平位移经多个监测点分析可得，地下连续墙从墙顶向基坑外侧（或内侧）变形，然后墙中部向基坑内侧变形，最后墙底嵌固端基本不变形。随着基坑开挖深度加深，地下连续墙的墙体水平位移不断地增加，并且水平位移的最大值随着开挖深度的加深而加大，在开挖至坑底时，水平位移值达到最大。

以上为该车站深基坑工程的各项监测数据分析成果及结论，希望能给类似的工程提供参考价值，在实际施工过程中应加强各项监测数据的联动分析，如有预警及时发布，应便于采取相应措施控制险情，做到信息化施工。

参考文献：

[1]　城市轨道交通工程监测技术规范 GB 50911—2013[S]．北京：中国建筑工业出版社，2014.

[2]　建筑基坑工程监测技术标准 GB 50497—2019[S]．北京：中国计划出版社，2020.

[3]　建筑基坑支护技术规程 DB 11/489—2016[S]．北京：北京市质量技术监督局，2016.

[4]　黄钟晖，杨磊．广西大学地铁车站深基坑变形监测数据分析[J]．工程地质学报，2013，21(03)：459-463.

悬臂桩支护在北京某地铁明挖区间中的应用分析

谷　雷，姚爱敏，王　林
（北京城建勘测设计研究院有限责任公司，北京 100101）

摘　要：本文以北京某地铁区间明挖基坑实际工况为例，根据实际监测数据、现场巡视结合理论分析论证了悬臂桩支护性能特点。根据分析得到结论：悬臂桩支护相比桩锚支护，桩顶水平位移变化较大，在实际工程中应加强对悬臂桩的监测及巡视，严格控制悬臂桩上方地表荷载。本案例对类似工程可提供一定的经验。

关键词：基坑支护；悬臂桩支护；坑边堆载

0　引言

“19 世纪是桥梁的世纪，20 世纪是高层建筑的世纪，而 21 世纪则是人类开发和利用地下空间的世纪”。[1] 随着城市化发展不断加快，地下空间作为一种尚未被充分利用的资源，日益受到重视和利用，由此产生了大量的深基坑工程。基坑支护种类多样，各有优缺点，应根据项目实际情况，采取安全可靠、经济合理、施工便利的支护形式。悬臂桩作为一种常用深基坑支护方式，具有施工简单、经济合理等特点，在实际工程中被广泛采用。但相比桩锚支护，也存在不受锚索约束，随基坑土方开挖深度增大，围护桩顶部水平位移变化较大等缺点。本文结合北京某地铁区间实际工程案例，研究和探讨了悬臂桩支护在基坑支护工程中的特点[2-9]。

1　工程概况

1.1　项目概况

某区间明挖基坑长 216.8m，西端头宽 35.8m，深 11.95～18.8m；东端头宽 22.2m，深 20.343m；南侧放坡开挖段基坑宽 29.026～35.8m，平台宽 6.6～7.5m，如图 1 所示。区间为矩形框架结构，围护结构形式分为钻孔灌注桩＋锚索、地下连续墙＋锚索、地下连续墙＋钢支撑、放坡＋土钉、悬臂桩、双排桩＋锚杆支护 6 种。

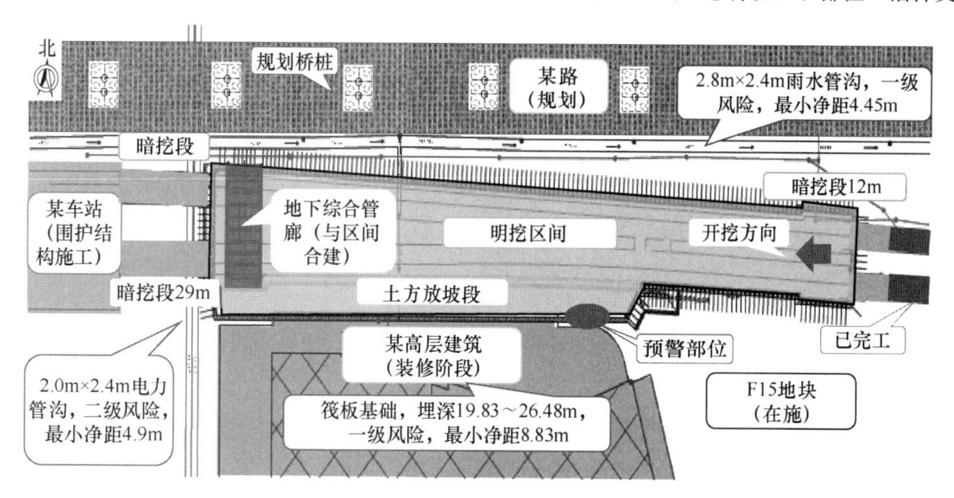

图 1　基坑平面图

1.2　周边环境条件

基坑南侧邻近某高层建筑；北侧邻近 2800mm×2400mm 雨水管沟；东侧距已完成的暗挖区间结构 12m；西侧与某在施车站毗邻。

1.3　水文地质条件

区间明挖基坑依次穿越填土①层、粉土填土①层、粉土②层、粉土黏土②层、圆砾②层及卵石⑤层。主要为圆砾②层、卵石⑤层，局部为中粗砂⑦层。基底位于卵石⑤层。基坑深度范围内主要分布有 1 层地下水，地下水类型为潜水，水位标高 21.13～21.82m，如图 2 所示。

2　基坑支护方案

围护结构形式分为钻孔灌注桩＋锚索、地下连续墙＋锚索、地下连续墙＋钢支撑、放坡＋土钉、悬臂桩、双排桩＋锚杆支护 6 种，如图 3 所示。（1）地下连续墙厚 0.8m，共 14 幅，墙深 41.07m，嵌固深度 16m。区间底板结构以上部分不设钢筋笼，采用 C15 素混凝土回填，后期凿除，结构底板以下的管廊段采用钢支撑支护。（2）围护桩为 ϕ1000@1400mm 或 ϕ1000@1600mm 钻孔灌注桩两种，嵌固深度 6～15m。（3）基坑自上而下设置 4～5道锚索，北侧为可拆卸锚索，其他为普通锚索，锚索

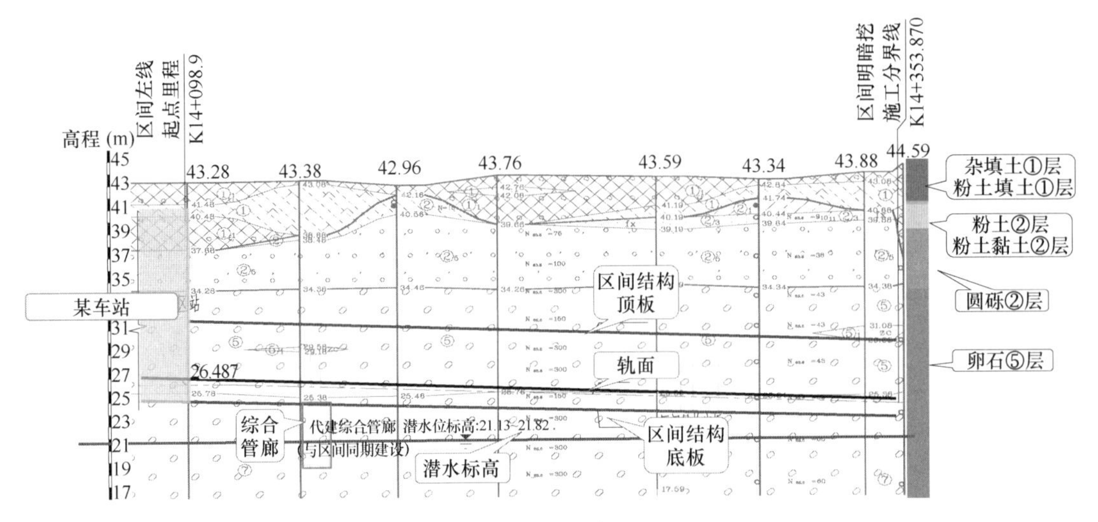

图 2　水文地质剖面图

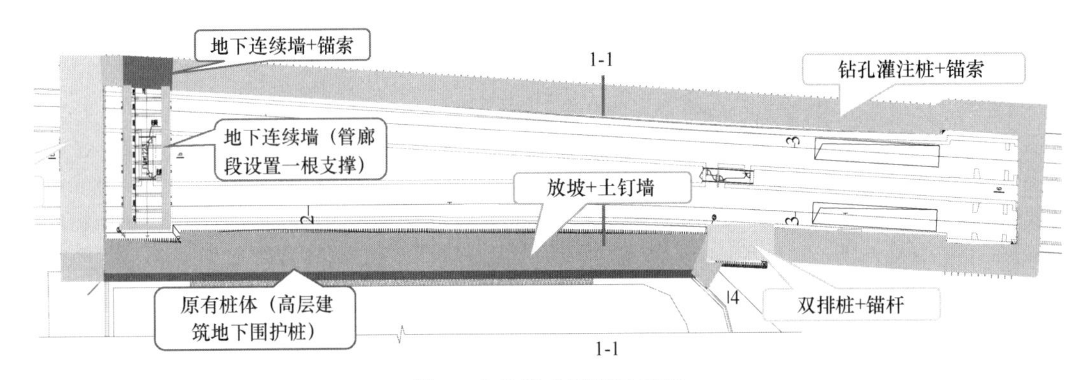

图 3　支护形式平面示意图

长度 12.5～32.5m，水平间距 1.6m，锚索孔径 150mm（局部锚杆，长度 9m）。(4) 插入土体土钉钢筋采用 C20，间距 1.25m×1.25m 梅花布置，插入土体深度 5～7.8m，外露 10cm 与水平加强筋进行焊接。

该基坑支护形式复杂多样，本文重点分析悬臂支护部分。图 4 1-1 剖面中，基坑北侧采用“钻孔灌注桩＋锚

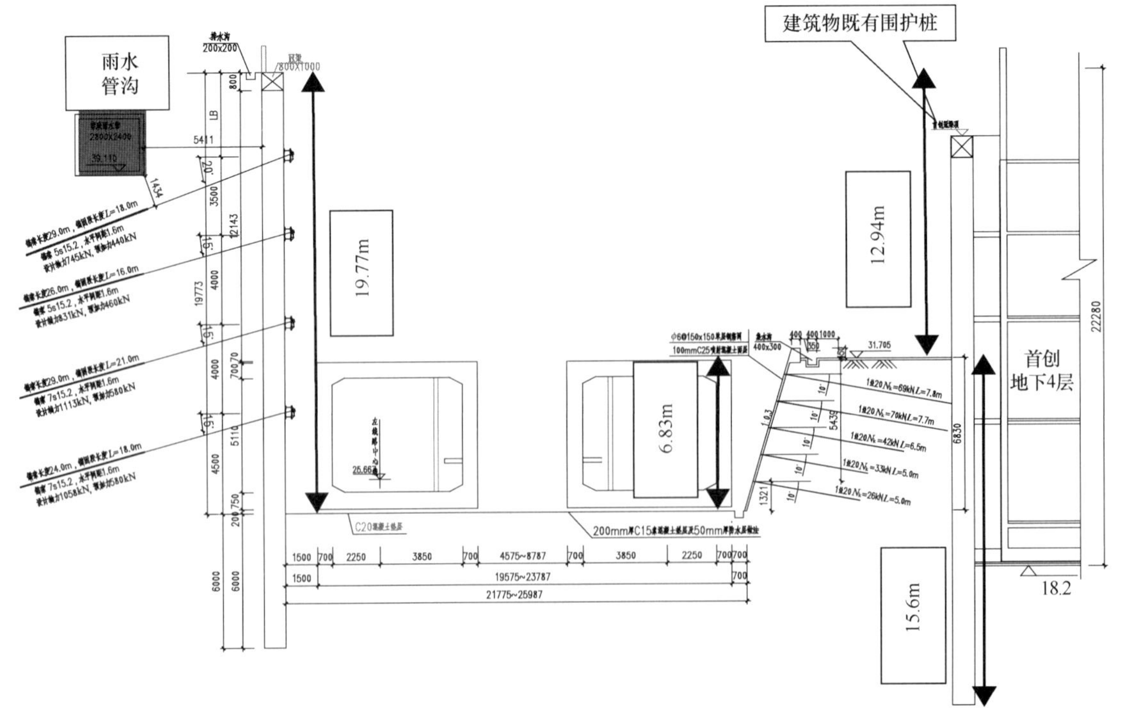

图 4　1-1 剖面图

索”支护体系，围护桩长 25.455/27.423m，嵌固深度 6/7m，桩间距 1.6m，桩径 1m，自上而下设置 4/5 道可拆卸锚索。南侧采用既有围护桩悬臂支护（地面以下 12.9m）＋“放坡＋土钉”支护体系，高层建筑物围护桩桩径 1m，间距 1.5m，桩间采用挂网喷混进行支护，开挖至结构顶板标高后预留平台，平台宽 6～7.55m，平台预留后向下放坡开挖至结构底板，坡面采用网喷混凝土＋土钉进行支护。

3 实际施工中遇到的问题

基坑南侧与高层建筑物之间地面堆载，出现开裂，裂缝最宽处达两指宽，见图 5 和图 6。

图 5 地面裂缝

图 6 地表堆载

受基坑堆载和土方开挖影响，悬臂桩桩顶水平位移当日变化＋8.3mm，累计＋10.7mm，触发橙色监测预警。

4 原因分析

为了解不同支护形式桩顶水平位移变化情况，选取 3 组测点进行对比分析，测点位置如图 8 所示，相关参数见表 1。

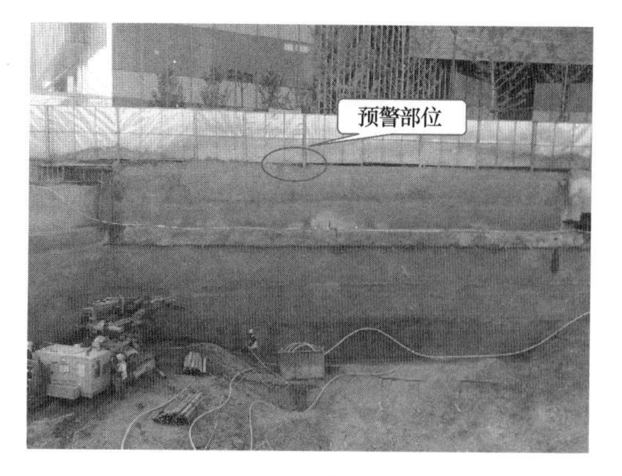

图 7 预警时基坑内状况

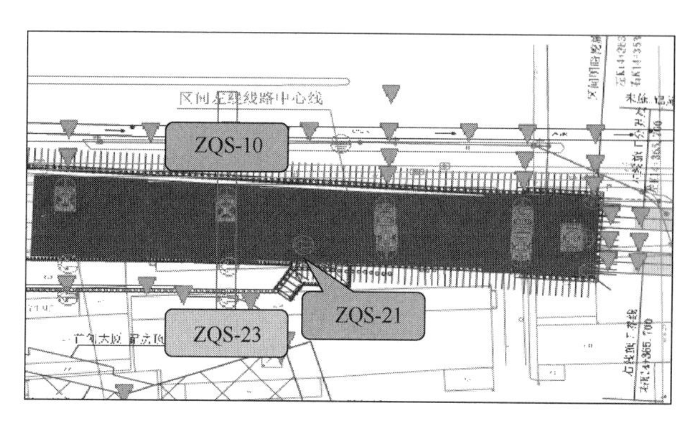

图 8 测点布置示意图

监测点相关参数表　　表 1

测点编号	支护形式	预警状态	该侧基坑开挖进深（m）	累计变形（mm）
ZQS-23	悬臂桩支护	橙色	8	＋8.23
ZQS-10	桩锚支护	正常	8	＋1.47
ZQS-21	双排桩＋锚杆	正常	8	＋1.50

注：表格中预警状态、基坑开挖进深和累计变形按 ZQS-23 发生橙色监测预警当日统计。

对同监测断面，南北两侧不同支护形式的桩顶水平位移变化量进行对比，相比预警点 ZQS-23，同断面北侧桩锚支护的围护桩桩顶水平位移测点 ZQS-10 预警当日累计变化量为＋1.47mm，变化趋势平稳，时程曲线图见图 9。

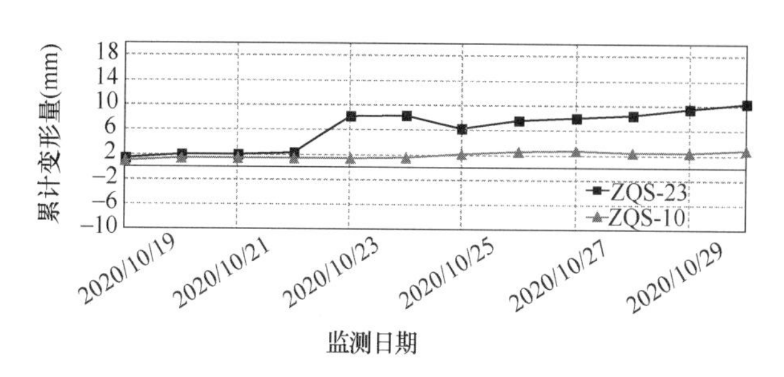

图 9 时程曲线对比图（ZQS-23 和 ZQS-10）

对同侧不同支护形式的桩顶水平位移变化量进行对

比，相比预警点 ZQS-23，同侧双排桩＋锚杆支护的围护桩桩顶水平位移测点 ZQS-10 预警当日累计变化量为＋1.50mm，变化趋势平稳，时程曲线图见图 10。

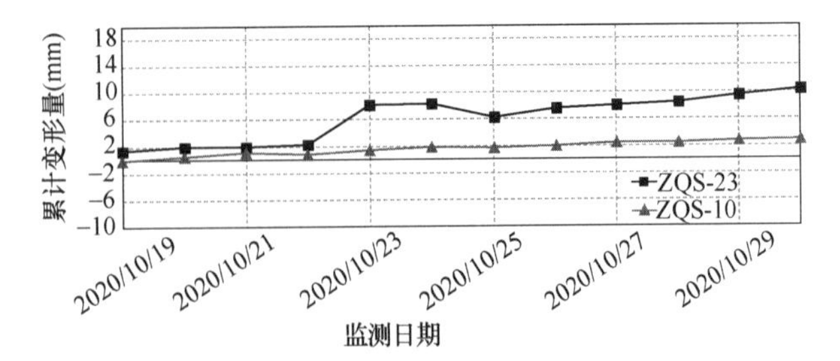

图 10　时程曲线对比图（ZQS-23 和 ZQS-21）

悬臂式围护桩受基坑上方荷载 q 和土压力作用，如图 11所示，若 O 点为反弯点，围护结构后受到主动土压力 E_{a1}，O 点以下围护结构受到被动土压力 E_P，围护结构前产生主动土压力 E_{a2}。悬臂式支护结构主要依靠嵌入坑底土内的深度与结构的抗弯能力，来维持基坑壁的稳定与结构的安全。根据监测数据对比分析和理论分析，可得出结论，相比桩锚支护和双排桩＋锚杆的支护形式，悬臂桩支护不受锚索约束，随基坑土方开挖深度增大，围护桩顶部水平位移变化较大。根据图 11 所示，若基坑上方荷载 q 增大，则围护桩顶所受弯矩增大，桩顶水平位移增大[10]。

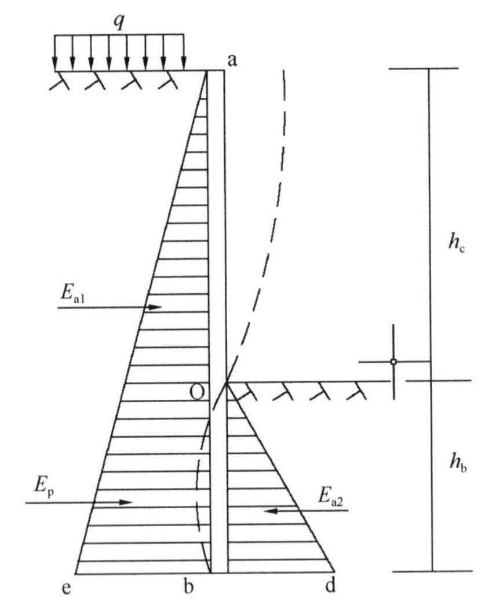

图 11　悬臂式围护桩受力分布示意图

5　处置措施

对基坑南侧开裂部位进行封堵处理，防止雨水通过裂缝下渗，增大风险隐患。灌浆量需适度，防止灌入太多泥浆，增大侧压力。

基坑南侧悬臂段外侧地面设置隔离带，严格控制地面荷载。

考虑到既有悬臂桩无法安装测斜管，在悬臂桩上增设水平位移测点，及时掌握桩体变形情况，加强监测及巡视。

图 12　裂缝处挖开后灌浆处理

图 13　南侧沿绿化带设置警戒带

通过处理后，桩顶水平位移变化趋势保持稳定，裂缝未出现扩大，确保了基坑的安全。

6　结论

（1）本文通过监测数据比较分析，得出结论，相比桩锚支护，悬臂桩支护不受锚索约束，随基坑土方开挖深度增大，围护桩顶部水平位移变化较大。

（2）通过实际工程结合理论分析，悬臂桩受坑边堆载反应明显，应严控地面荷载。

（3）通过基坑在开挖中遇到的实际问题，分析了原因并做出处置措施，给类似工程提供了经验。

参考文献：

[1]　关宝树，国兆林．隧道及地下工程[M]．成都：西南交通大学出版，2000.

[2]　冯科明等．常见基坑事故类型及应急处置[C]//第十届深基础工程发展论坛论文集，2020.

[3]　孔德森，张杰，王士权，等．基坑支护倾斜悬臂桩受力变形特性试验研究[J]．地下空间与工程学报，2020，16(1)：160-168.

[4]　李嵩．深基坑组合支护体系变形规律及设计研究[D]．成都：成都理工大学，2019.

[5]　黄雪峰，张蓓，章小华，等．悬臂式围护桩受力性状与土压力试验研究[J]．岩土力学，2015，000(002)：340-346.

[6] 陶文成，苑举卫，卫海．悬臂式围护桩在某支护工程中的应用[J]. 江苏建筑，2020，203(01)：95-98.

[7] 悬臂支护基坑开挖引起周边地表移动变形的规律研究[D]. 西安：西安科技大学，2018.

[8] 黄春花．悬臂桩基坑开挖与支护的数值模拟[D]. 西安：长安大学，2013.

[9] 石坚，田汉儒，黄春花，等．悬臂桩基坑支护影响因素的分析研究[J]. 铁道建筑，2011，000(011)：88-89.

[10] 李芬祥．深基坑桩锚支护的数值模拟分析[D]. 马鞍山：安徽工业大学，2013.

桩锚支护深基坑监测成果与分析

贾子健[1]， 姚爱敏[2]
(1. 北京城建勘测设计研究院有限责任公司，北京 100101；2. 城市轨道交通深基坑岩土工程北京市重点实验室，北京 100101)

摘　要： 本文以某墙锚支护深基坑工程为研究对象，主要针对锚杆拉力监测数据进行分析研究。采用锚杆计及频率接收仪进行监测，通过本工程锚杆拉力监测量测数据不断反馈，能够准确地掌握锚杆拉力变化情况及支护体系状态；通过分析监测结果，能够随时掌握锚杆的工作状态，对发现的安全隐患采取相应的措施从而保证工程安全，以达到指导工程施工和指导其他工程支护结构设计的目的。
关键词： 深基坑；基坑监测；墙锚支护；锚杆拉力

0　引言

在当今环境中，为了缓解城市交通的压力以及对城市长远规划的空间利用，国内如北京、上海、南宁、苏州、无锡等各大城市先后开始兴建地下铁路轨道设施。由此带来的深基坑本身、周边环境的安全问题越来越复杂，基坑开挖过程中的现场监测工作也日益受到重视。

同时，在基坑工程实践中常常发现，与设计值相比，实际工程的工作状态往往存在一定的差异，有时差异的程度较大。基于上述情况，可以认为基坑工程的设计预测和预估能够大致描述正常施工条件下围护结构与相邻环境的变形规律和受力范围，但必须在基坑开挖和支护施筑期间开展严密的现场监测，以保证工程的顺利进行。本文通过对北京市某地铁区间盾构井深基坑监测实例和结果分析，说明墙锚支护体系深基坑监测过程中支护结构变形的一些特点，为类似深基坑工程的监测积累经验。

1　工程概况

1.1　工程简介

本项目基坑大致呈矩形，内净空长 97.3m×宽 29.3m，基坑标准段深度 26.055m，盾构井段深度 27.562m。基坑位于绿地内，周边无大型建筑物，基坑西北侧邻近 6.1m×1.8m 雨水方涵，距开挖边线水平距离约 9.746m。基坑采用 800mm 地下连续墙＋7 道锚杆支护体系，支护剖面见图 1。该基坑主要特点有：（1）基坑开挖深，最深达

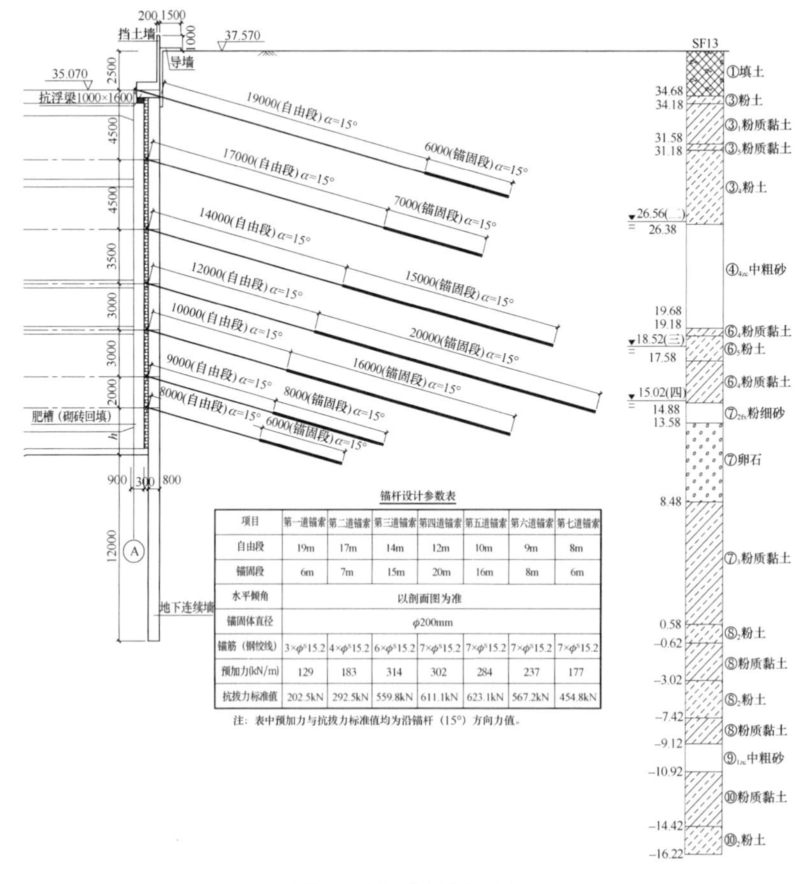

锚杆设计参数表

项目	第一道锚索	第二道锚索	第三道锚索	第四道锚索	第五道锚索	第六道锚索	第七道锚索
自由段	19m	17m	14m	12m	10m	9m	8m
锚固段	6m	7m	15m	20m	16m	8m	6m
水平倾角	以剖面图为准						
锚固体直径	ϕ200mm						
锚筋（钢绞线）	$3\times\phi^s15.2$	$4\times\phi^s15.2$	$6\times\phi^s15.2$	$7\times\phi^s15.2$	$7\times\phi^s15.2$	$7\times\phi^s15.2$	$7\times\phi^s15.2$
预加力(kN/m)	129	183	314	302	284	237	177
抗拔力标准值	202.5kN	292.5kN	559.8kN	611.1kN	623.1kN	567.2kN	454.8kN

注：表中预加力与抗拔力标准值均为沿锚杆（15°）方向力值。

图 1　基坑支护剖面图

28.0m；(2) 地下连续墙＋7道锚杆支护体系。

1.2 工程地质与水文地质

本工程开挖范围主要穿越填土①层、粉土③层、粉质黏土③$_1$层、粉质黏土③$_5$层、粉土③$_4$层、粉细砂④$_3$层、中粗砂④$_4$层、粉质黏土⑥层、粉土⑥$_5$层、粉质黏土⑥$_4$层、中粗砂⑦$_1$层、粉细砂⑦$_2$层、卵石⑦层、粉质黏土⑦$_3$层。

本工程基坑开挖范围内共涉及四层地下水：上层滞水（一）、潜水（二）、层间水（三）、承压水（四）。

上层滞水（一）：水位埋深为3.43～6.86m，水位标高为30.63～34.59m，含水层为杂填土①$_1$层及黏质粉土砂质粉土③$_4$层，该层水分布不均匀，水量较小，主要接受大气降水及管道渗漏补给，以蒸发、侧向径流、向下越流补给的方式排泄。

潜水（二）：水位埋深为6.83～11.80m，水位标高26.56～30.08m，含水层为粉细砂③$_3$层、黏质粉土砂质粉土④$_2$层、粉细砂④$_3$层及中粗砂④$_4$层。受隔水层粉质黏土③$_5$层的影响，该层水局部具有微承压性。主要接受大气降水及侧向径流补给，以侧向径流、向下越流补给的方式排泄。

层间水（三）：水位埋深为13.10～19.50m，水位标高18.52～23.35m，含水层岩性为黏质粉土砂质粉土⑥$_2$层、粉细砂⑥$_3$层及黏质粉土砂质粉土⑥$_5$层，受隔水层粉质黏土⑥$_4$层的影响，该层水局部具有微承压性。主要接受侧向径流补给，以侧向径流、向下越流补给的方式排泄。

承压水（四）：水位埋深为17.21～23.00m，水位标高15.02～21.23m，含水层岩性为卵石圆砾⑦层、中粗砂⑦$_1$层、粉细砂⑦$_2$层及砂质粉土黏质粉土⑦$_4$层。主要接受侧向径流补给，以侧向径流、向下越流补给的方式排泄。

基坑地下水采用连续墙阻水方式进行处理，基坑开挖前需进行坑内降水，将地下水位逐渐降至坑底以下0.5～1.0m。

2 监测数据分析

2.1 监测概况

基坑工程是一个系统工程，涉及地质、水文及气象等条件及土力学、结构、施工组织和管理等学科各方面。在

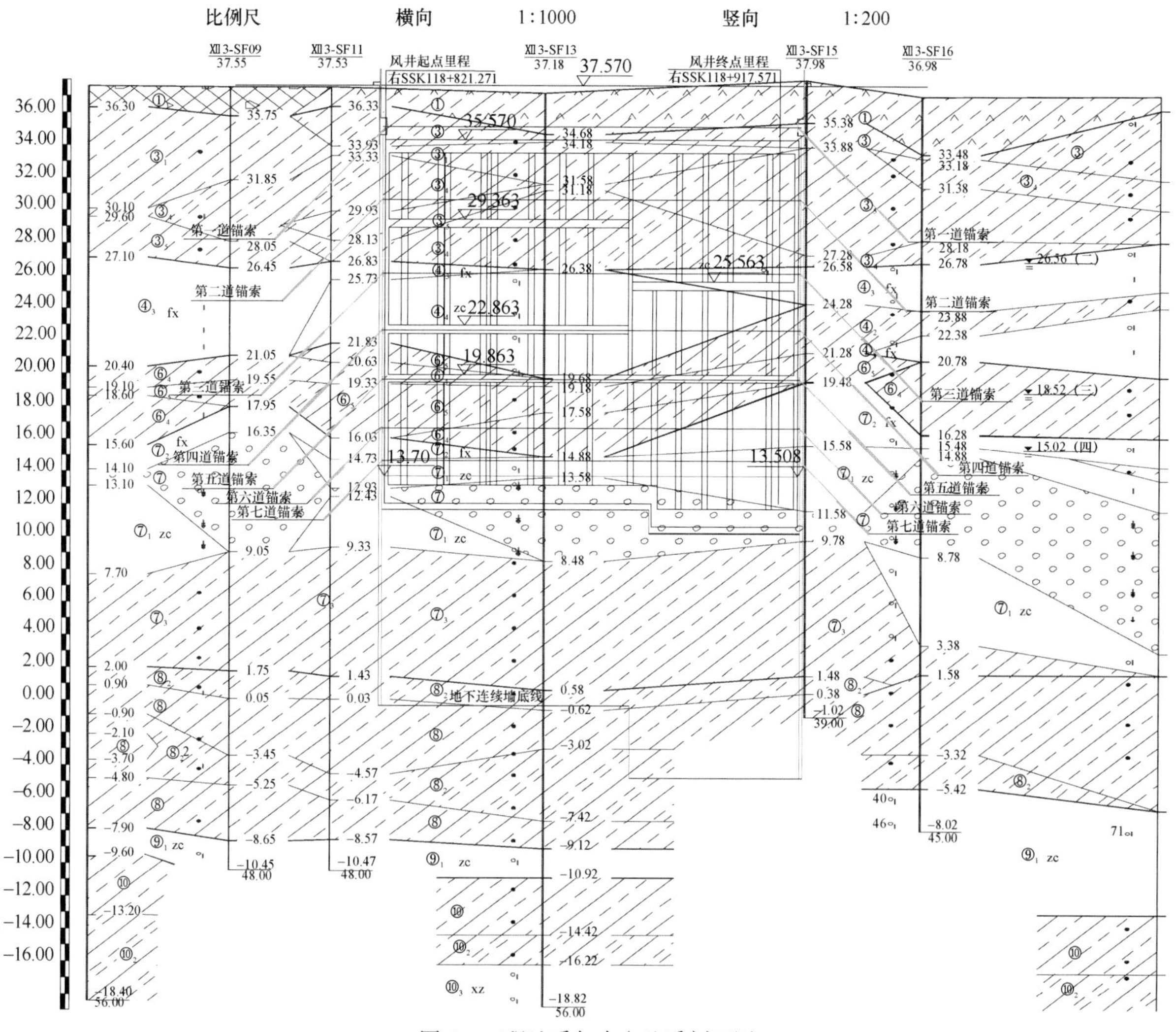

图2 工程地质与水文地质剖面图

基坑开挖过程中，土体性状和支护结构的受力状况在不断变化，用传统的固定不变的介质本构模型及参数来描述不断变化的土体性状是不合适的。

因此在基坑和结构施工过程中，需要制定详细的监测方案，对围护结构、支撑、主体结构、周边环境等进行系统的跟踪监测，通过分析监测数据指导施工的进行，进一步掌握基坑工程施工过程中基坑及周边环境的实际工作状态，以便及时发现和改进施工过程中的缺陷，优化施工设计，调整施工工艺，确保结构安全、经济、可靠和施工的顺利进行。

2.2 监测方法与测点布置

锚杆测力计采用 MSJ-201 型测力计，采用 XP02 型频率读数仪进行测读，测精度达到1.0%F·S，并记录温度。

本基坑工程共设置 7 道锚杆，沿基坑长边每 20m 设置 1 组锚杆监测点，短边中点设置 1 组锚杆监测点。选择断面 ML-02 与 ML-03 锚杆为分析对象，每个断面锚杆自上而下编号为 01、02、03、04、05、06、07，具体布点方式见图 3。

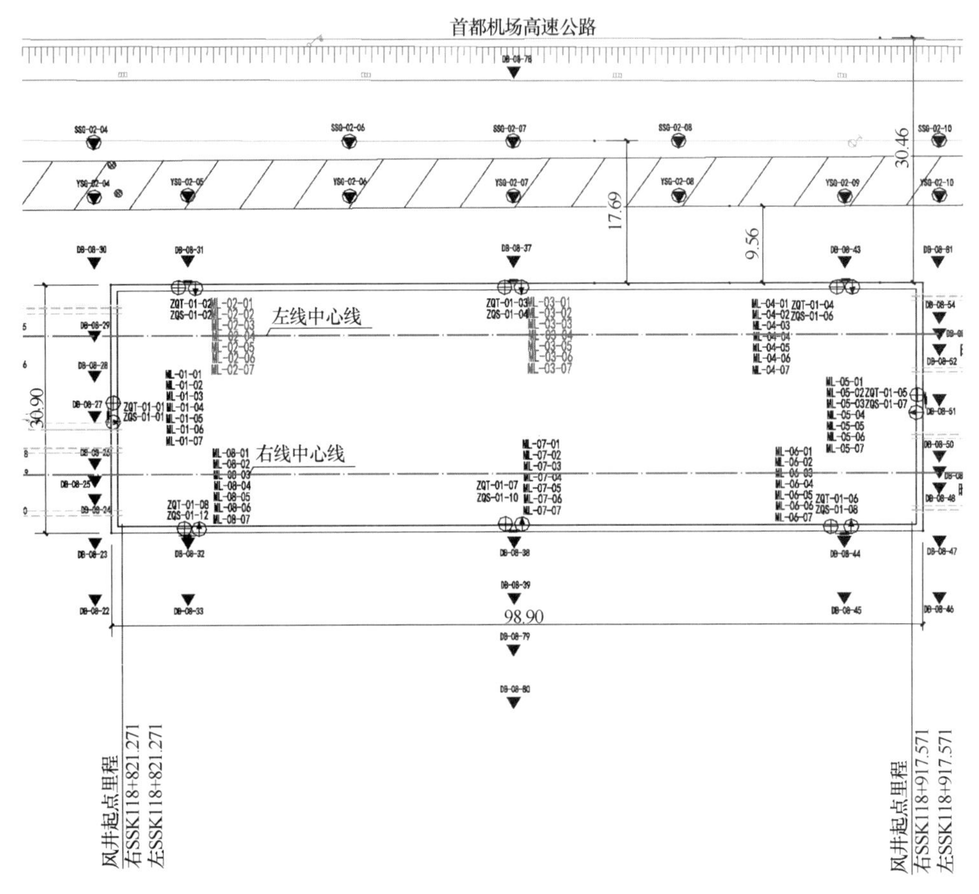

图 3　基坑锚杆监测点平面布置图

3 锚杆拉力变化分析

3.1 典型锚杆拉力变化

以图 3 中锚杆监测点 ML-03-03 拉力变化为例，锚杆拉力变化特征及其反映的土体与支护结构的相互作用过程，具体变化见图 4。

如图 4 所示，锚杆拉力随时间的变化大致分为四个阶段：(1) 急速上升阶段；(2) 缓慢上升阶段；(3) 快速上升阶段；(4) 平稳段。每个阶段的曲线特点及其对应的原因分析如下。

(1) 急速上升阶段

2018 年 11 月 18 日，基坑第三道锚杆完成锚杆计的安装，并进行张拉锁定，锁定时拉力初始值为 317kN，待开挖一段时间后，第三道锚座出现渗漏水现象，造成基坑围护结构后土体挤压，导致主体土压力增大，为了达到平衡，卸下的这一部分由地下连续墙承担，一部分由锚杆计承担，导致锚杆拉力急速上升。

(2) 缓慢上升阶段

本阶段内施工单位针对锚座渗漏水情况进行二次封堵；同时，在基坑周边打设注浆孔，针对渗漏水范围进行地面深孔注浆。渗漏水情况得到有效控制，随着基坑开挖，在此期间，支护体系发生水平位移，同时锚杆钢绞线产生塑性变形，支护体系位移量小于钢绞线塑性变形量，导致锚杆拉力逐渐增大，增长速率较小。

(3) 快速上升阶段

2019 年 3 月 11 日，基坑开挖至第四道锚杆（深约 15m），随基坑的开挖并且第四锚杆钻孔施工处在中粗砂层、粉细砂层且含水量较丰富，孔口伴有渗水、流砂现

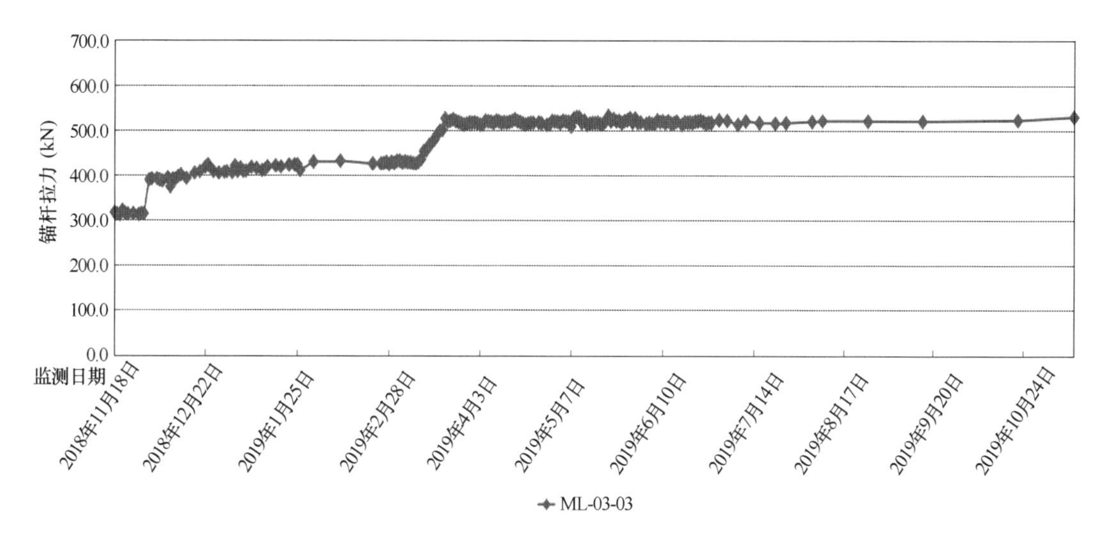

图 4　基坑锚杆监测点变形

象。作用于支护结构的主动土压力增加，导致第三道锚杆拉力逐渐增大。

（4）平稳段

本阶段随着第四道锚杆施工完成并进行张拉后，锚杆拉力逐渐稳定，测点的锚杆拉力不再随下层土方开挖而大幅度增加，拉力值仅有较小的波动，表示此时锚杆拉力已趋于稳定。

3.2　典型断面锚杆拉力变化

选取图 3 中锚杆监测断面 ML-02（图 5）与 ML-03（图 6）拉力变化分析。

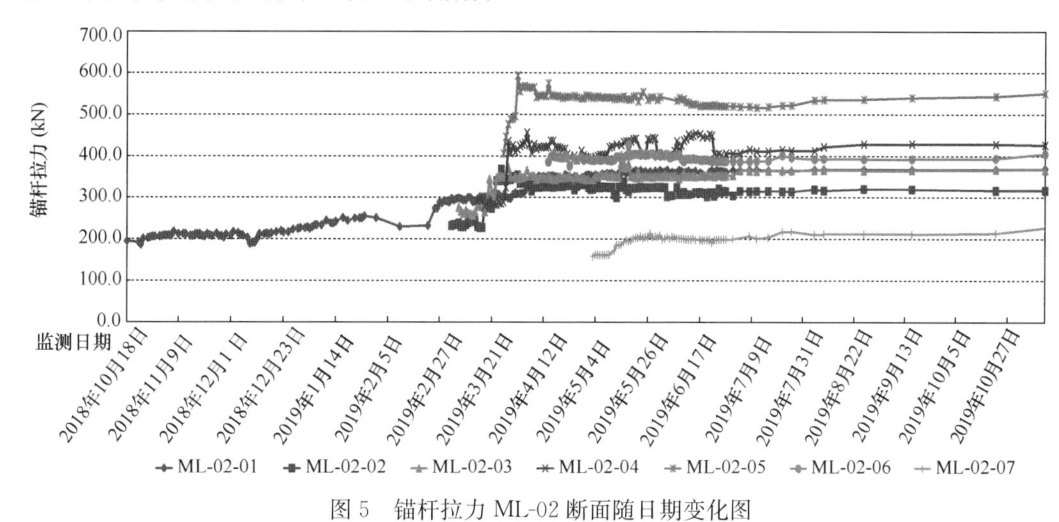

图 5　锚杆拉力 ML-02 断面随日期变化图

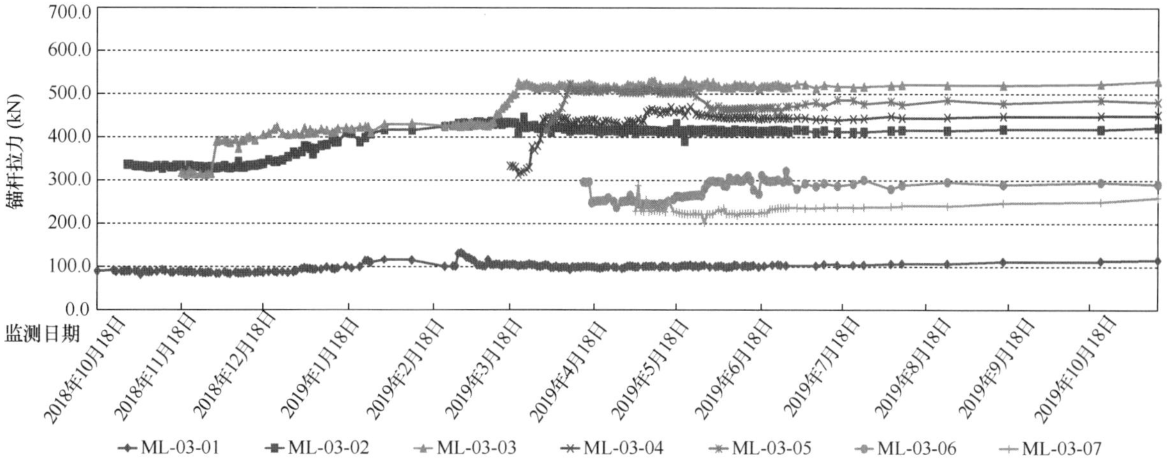

图 6　锚杆拉力 ML-03 断面随日期变化图

由图5、图6总体反映基坑自上而下锚杆拉力随基坑开挖深度增加的动态变化，综合图4可以了解到锚杆拉力在开挖过程中支护结构与土体之间的相互作用。

4 结论

锚杆拉力的监测对于保证深基坑工程的安全具有重大意义，对锚杆拉力值进行现场监测，对锚杆拉力的工作状态与变化趋势进行分析判断，有助于对工程安全的风险掌控。通过本工程锚杆拉力监测量测数据不断反馈，能够准确地掌握锚杆拉力变化情况及支护体系状态；通过分析监测结果，能够随时掌握锚杆的工作状态，对发现的安全隐患采取相应的措施从而保证工程安全，以达到指导工程施工和指导其他工程支护结构设计的目的。

通过对图5与图6各道锚杆拉力整体趋势的分析，可以得到以下结论：

（1）在富水砂层中进行锚杆成孔施工时，支护体系后水土流失，形成空洞，导致上层锚杆拉力变化异常，施工单位应根据现场情况及时采取有效措施，减少锚杆施工时水土流失；同时，在施工期间还需定期空洞普查，必要时采取钻孔注浆加固。锚杆施工完成后，应对锚座渗漏水位置进行二次封堵。

（2）本工程基坑开挖范围较大，地质条件复杂多变且含水丰富，地下连续墙刚度大、整体性好，墙锚支护结构虽然施工空间较少，可缩短工期；但是锚杆成孔时在一定程度上破坏了地下连续墙原有性能，扰动基坑周边土体稳定性，最终导致锚杆拉力增大。

（3）对于采用墙锚支护体系的基坑，锚杆拉力是反映支护体系安全的基本指标。锚杆拉力相对设计预应力有较大增加的位置，一般也是地质条件较差、存在工程隐患的位置，应给予充分关注。

参考文献：

[1] 城市轨道交通工程监测技术规范 GB 50911—2013[S]. 北京：中国建筑工业出版社，2014.
[2] 杜明性．地铁4号线西四站深基坑支护结构监测及优化探讨[D]. 北京：中国地质大学，2007.
[3] 陈忠汉，程丽萍．深基坑工程[M]. 北京：机械工业出版社，1998.
[4] 廖珊珊，方大勇，李思平．广州某超深基坑监测成果分析[J]. 广东水利水电，2011(04)：53-55。

基坑支护工程中桩间土横压筋工艺改善应用

钱俊懿[1,2]，刘文彬[1,2]
（1. 北京城建勘测设计研究院有限责任公司，北京 100101；2. 城市轨道交通深基坑岩土工程北京市重点实验室，北京 100101）

摘　要：北京某基坑支护项目，由于填土层较厚、地下管线较多，且基坑经历冬季，常规桩间支护压筋做法略有缺陷等原因，采用植筋胶对桩间支护横压筋做法进行了改善，合理地避免了该做法的缺陷，排除了桩间土脱落造成的安全隐患，并减少了二次修复费用。该方法具有广泛的推广价值。

关键词：植筋胶；横压筋；基坑

0　引言

在基坑工程中，常常用到排桩的支护形式，由于护坡桩之间往往存在一定的间距，桩与桩之间就会留出一部分土体外露，而往往这部分土体未能有效支护，也会引起土体损失。特别是存在地下水或受地面雨水入渗影响时，还会造成桩后土体流空，直至地面塌陷等问题。随着基建力度的大大加强，基坑工程也越来越多，越来越深，采用这种支护形式的项目数量也逐年增长。因此对桩间土体的支护也需要额外注意，但现有规范中对该部分支护内容的介绍比较简单[1]，设计过程中也往往采用类似设计内容。基坑内外存在水头差，容易造成桩间土的流失，即使设计了止水帷幕，但由于各种原因，桩间仍会有局部渗水的情况，也将造成桩间土破坏或损失。但在支护结构设计中，有些设计人员对桩间土的保护不够重视，忽视对桩间土的保护或采取的措施不当，致使基坑开挖时造成一些问题或事故[2]。不同工程地质条件和不同支护方案下的不同工程，桩间土的流失机理和桩间土保护不当所造成的影响各不相同，桩间土的保护应当根据不同情况区别对待，通过深基坑支护措施来保证工程及周边环境安全[3]。

1　植筋技术加固原理

植筋的实质就是将混凝土与后放置的钢筋紧紧地连接，从而达到共同受力的作用。施工顺序是：打孔—清孔—注胶—插筋[6]。本文中叙述的改善即是利用植筋胶的作用，让插入孔中的钢筋与护坡桩混凝土之间能够更好、更紧密地连接。

2　工程实例

北京某基坑工程，位于北京市二环至三环中间，周边老旧小区较多，场地狭小，老城区地下管线不明，周边邻近既有建筑物，西侧离建筑物最近距离为 1m。该基坑支护深度为 15.37～16.77m。支护类型主要以桩锚为主，部分区域因无法施工锚杆，而采用钢支撑。桩间土采用挂钢筋网，锚喷混凝土的支护方式。周边情况如图 1 所示。常规设计方案如图 2 所示。常规桩间支护横压筋做法[4]：平行于桩间土面，在桩间土两侧护坡桩上对应标高打孔 10cm，再将钢筋插入到成孔中，最后将两根钢筋进行搭接焊，焊接长度满足规范要求。

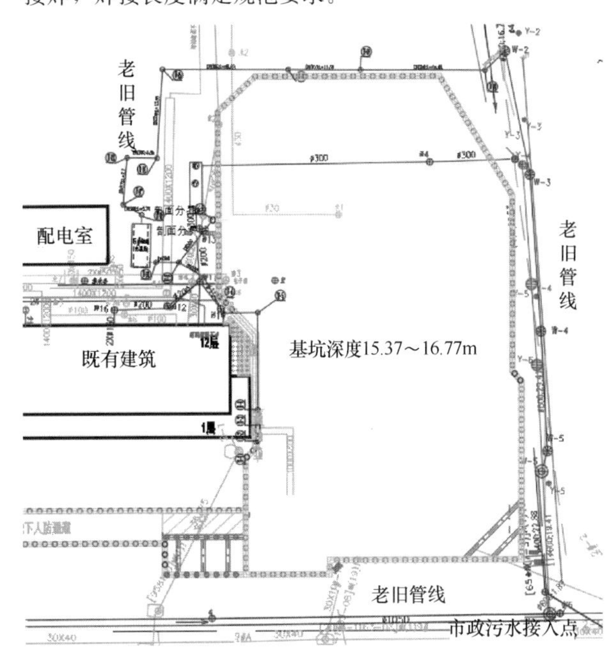

图 1　周边情况图

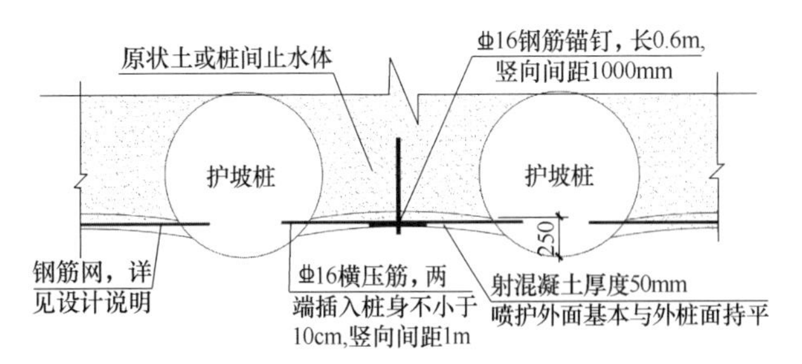

图 2　常规桩间防护设计方案

本项目依据勘察报告得知，勘察 40.0m 深度范围内揭露地层共划分为 8 层，场地地层按自上而下的顺序描述如下：①层素填土、①$_1$ 层杂填土、②层粉质黏土、②$_1$ 层砂质粉土、③层黏质粉土、④层砂质粉土、④$_1$ 层黏质粉土、④$_2$ 层粉质黏土、④$_3$ 层粉砂、⑤层细砂、⑥层卵石、⑦层粉质黏土、⑦$_1$ 层黏质粉土、⑦$_1$ 层黏质粉土、⑧层卵石。勘察期间本场地测得 1 层地下水，地下水类型为潜水，主要赋存于⑧层卵石中。稳定水位埋深为34.20～34.40m（标高18.83～19.46m）。拟建场地地质剖面及相对位置关系见图3。

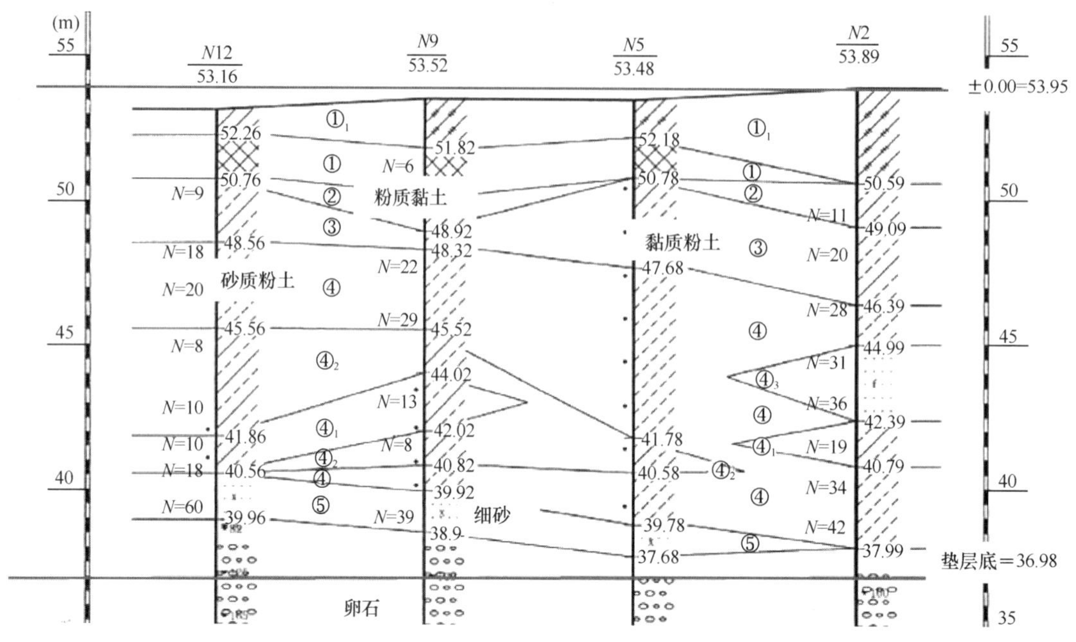

图3　地质剖面及相对位置关系图

3　桩间支护横压筋改善原因

（1）根据勘察报告得知：现场填土层较厚，局部填土层厚度达到3.3m。施工场地周边都是老旧社区，地下管线复杂且大都老化严重。场地东侧及北侧均有一条现场正在使用的雨水和污水管线。管线较多，部分老化，也是桩间渗水的前提条件。桩间渗水未及时支护容易造成桩间坍塌，如图4所示。基坑支护过程中，由于填土层越厚，渗漏水水源越多，水的渗流路径越广，受影响的桩间支护越多，桩间容易出现渗水。而桩间渗水后，就会引起桩间土体流失，造成地面塌陷等安全事故。

图4　桩间未及时支护渗水

（2）项目经历冬季，桩间有渗漏水时，渗漏水就会因为温度降低造成桩间冻胀，很有可能会造成桩间支护的横压筋被挤出。待春天来临，温度升高后，桩间渗水的冻胀逐渐化冻，被冻胀拉出的横压筋可能会造成桩间脱落。桩间脱落不仅对现场下方施工人员的安全有重大隐患，而且对其修复需要额外增加相应费用（例如脚手架搭设费用，机械、人员二次进场费用，额外的材料费），最后修复时往往处于结构施工阶段，现场场地局限。

（3）常规做法存在以下缺陷：

1）按照常规横压筋做法（图2）施工，由于图纸中设计的横压筋埋入护坡桩中的部分平行于坡面，因此需要采用电钻平行于坡面进行成孔，而电钻使用由于工具的原因，成孔需要10cm左右的工作面。其次成孔外侧还需要留有钢筋保护层，整体喷射混凝土厚度往往要达到13cm。远远超设计要求的5cm。这也就造成施工成本增加量巨大，而甲方单位仍会按照图纸要求的5cm进行支付，需要额外投入大量成本。

2）为了成孔贴近坡面，减小施工成本，只能与坡面成角度成孔（图5），但有角度后横压筋很容易被拉出，压筋效果相比平行的较差。其次，若桩间存在渗漏水，渗

图5　常规做法

漏水的冻胀也会给桩间支护一个向外侧的侧向力，侧向力转到横压筋上，转化为了拉力。而常规设计中横压筋仅是插入到孔中，钢筋与护坡桩无粘结力，横压筋受拉力作用后很容易被拉出，随之造成较大的安全隐患。

4 桩间支护横压筋改善做法

（1）用冲击钻钻孔，钻头直径应比钢筋直径大 5mm 左右，如钢筋选用 ϕ25 钢筋，钻头选用 ϕ30 的钻头。钻头始终与柱面保持垂直，与坡面成角度成孔。

（2）锚孔可采用压缩空气、吸尘器、手动气筒及专用毛刷等工具，清理孔内粉尘。锚孔清孔完成后，若未立即安装植筋，应暂时封闭其孔口[5]。洗孔是植筋施工中最为重要的部分，由于成孔后，孔内会残留很多灰粉、灰渣，若这些灰粉、灰渣不清理，会影响植筋的锚固质量。方法是：用压缩空气，吹出孔内浮尘。除产品试验报告及产品说明书有规定外，锚孔应保持干燥[5]。

（3）取一组强力植筋胶，装进套筒内，安置到专用手动注射器上，慢慢扣动扳机，排出铂包口处较稀的胶液废弃不用，然后将螺旋混合嘴伸入孔底，如长度不够可用塑料管加长，然后扣动扳机，扳机孔动一次注射器后退一下，这样能排出孔内空气。为了使钢筋植入后孔内胶液饱满，又不能使胶液外流，孔内注胶达到 80%即可。孔内注满胶后，应立即进行植筋操作。

（4）植筋前要把钢筋植入部分用钢丝刷反复刷净，清除锈污，再用酒精或丙酮清洗。钻孔内注完胶后，把经除锈处理过的钢筋立即插入孔口，然后慢慢单向旋入，不可中途逆向反转，直至钢筋伸入孔底，留出搭接长度。

（5）两根钢筋进行单面搭接焊。

改善后的做法如图 6、图 7 所示。

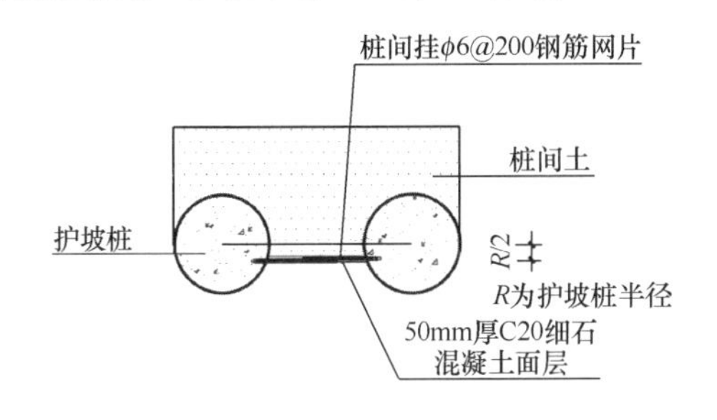

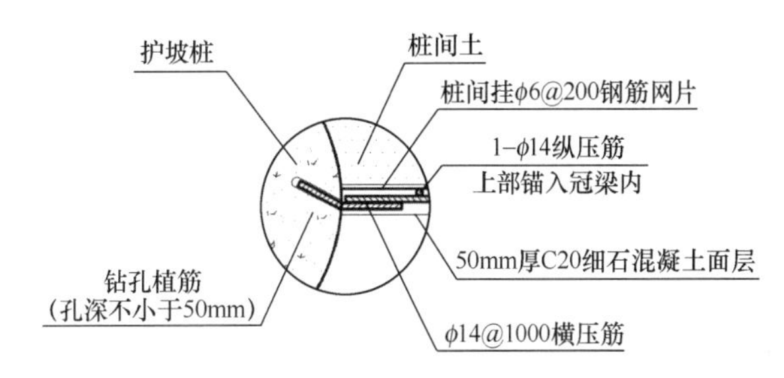

图 6 改善后做法示意图

图 7 改善后做法

5 常规做法与改善做法的比较

（1）经济性比较

对常规做法及改善后做法产生的费用进行了比较，详见表 1。

通过对以上经济性进行比较，改善后做法相对于常规做法，节省了约 6 万元，约 20%的费用。可见改善后做法在整个基坑施工和维护过程中，能够减少一定的成本，并减少了脱落后需要二次修补及搭设脚手架的费用。

（2）安全性比较

采用植筋胶加强方法后，现场出现因冻胀造成的桩间脱落情况减少；排除了人员在下方作业时被高处坠物伤害的隐患，并减少了二次高空作业修补桩间的需求。

常规做法与改善做法经济性比较　　表 1

序号	项目	费用（万元）	备注
1	采用植筋胶加强做法	24	
2	喷射 13cm 厚做法费用	40	保证成孔方向与剖面水平，喷射厚度增加至 13cm
3	常规喷射 5cm 厚做法费用	30	一次喷射费用 20 万元，脱落后二次喷射及脚手架搭设等费用 10 万元

（3）社会性比较

采用植筋胶加强措施后，现场排除桩间脱落、塌陷的安全隐患，建设单位心里放心，迎来回头客。

6 结束语

通过采用植筋胶对桩间支护横压筋的增强，不仅增强了压筋与护坡桩的粘结力，提高了压筋的抗拔力，也规避了作业人员因成孔角度造成压筋抗拔力变小的风险，最后还能有效避免桩间支护脱落，排除隐患，减小后期修复费用。对填土层比较厚尤其存在上层滞水、老旧管线、需要经历冬季的项目都可以采用桩间支护横压筋、植筋胶加强，既可以排除安全隐患，又可以保证施工质量，还能得到甲方的好评。

参考文献：

[1] 中国建筑科学研究院．建筑基坑支护技术规程 JGJ 120—2012[S]. 北京：中国建筑工业出版社，2012.

[2] 沈保汉. 桩基与深基坑支护技术进展[M]. 北京：知识产权出版社，2006.

[3] 王保军. 桩锚支护结构中桩间土保护研究[J]. 人民黄河，2011，33(8)：122-123.

[4] 许世雄，刘向科，胡宏飚. 基坑围护桩桩间挂网喷浆不同做法的应用探讨[J]. 岩土工程技术，2016，30(03)：140-142.

[5] 中国建筑科学研究院. 混凝土结构后锚固技术规程 JGJ 145—2013[S]. 北京：中国建筑工业出版社，2013.

[6] 潘诚勇. 浅析后锚固植筋在施工中的常见问题与解决办法[J]. 中文科技期刊数据库(引文版)工程技术，2019，(03)：274-274.

复杂条件下逆作法深基坑围护360°全回转清障拔桩施工技术

邱国梅
（江苏威宁工程咨询有限公司，江苏 南京 210001）

摘　要： 南京首建中心位于南京秦淮区中心城区，地理位置优越，是市中心不可多得的黄金地段。该工程在半逆作法深基坑围护施工过程中，施工单位不断发现大体积超深的障碍物，这些障碍物严重影响着隔离桩和二墙合一的地下连续墙的施工。清障成为复杂条件下逆作法深基坑施工的难点！召开多次专题会议、经过多轮方案的技术经济比选，最终确定采用国内领先，国际首创的360°全回转清障拔桩施工技术！同时取得了理想的效果，为类似项目提供了较为成功的经验。

关键词： 地下障碍物；360°全回转清障技术；拔桩

0　引言

南京首建中心位于南京秦淮区中心城区，是市中心不可多得的黄金地段。该工程在半逆作法深基坑围护施工过程中，不断发现大体积超深的障碍物，全现场范围内最终发现多达4处，这些障碍物严重影响着深基坑围护设计图中的隔离桩和二墙合一的地下连续墙施工！而地勘报告中并没有说明场地内有大体积超深障碍物，而开发商拿这块地时更没有想到，三通一平后交给施工单位的场地最终需要两个半月时间、花费550万元来清障。前面深基坑围护施工进展一直很顺利，地下障碍物的突然出现曾令各参建单位一筹莫展，不知何处下手，经施工单位咨询上海地铁施工专家的意见后，迅速到南京市档案馆调阅原地块上拆除的房屋的基础图，了解到地下障碍物的真实情况，同时结合现场探障，确定地下清障需拔除旧桩248根！项目周边环境非常复杂，紧邻南京地铁3号线常府街站、区级民国文物建筑，周边三面紧邻居民住宅楼，深基坑施工周围敏感度非常高。采用何种施工清障技术来处理是本工程深基坑围护施工遇到的难题。在经历若干清障方案的比选与研究后，最终确定采用国内领先、国际首创的360°全回转钻机进行地下清障拔桩技术！也取得了理想的效果，为类似项目提供了较为成功的经验。

1　南京首建中心深基坑围护设计概况

1.1　工程概况

南京首建中心总建筑面积约53554m²，其中地上建筑面积约30726m²，地下建筑面积约22828m²，地下为两层地下室。其中南侧1号楼为7层，地上建筑面积为14264m²，高度35m；北侧2号楼为5层建筑，地上建筑面积为15661m²，高度为24m；东侧为3号楼3层，地上建筑面积为801m²，高度为15.5m。1号楼、2号楼、3号楼是框架结构、地下室为框架-剪力墙结构。

1.2　深基坑围护设计

本工程基坑面积11606m²，基坑周长582m，基坑开挖深度11.93m。基坑支护采用半逆作法施工，基坑周边

图1

图2

采用地下连续墙（两墙合一）作为竖向围护结构，地下连续墙两侧设置三轴搅拌桩/双轴搅拌桩作为槽壁加固，地连墙宽800mm。地下连续墙划分为A、B、C、D、E、F、G七类共42种槽段，总计99幅，槽段接头采用H型钢接头。为保护周围民宅先施工隔离桩，再施工槽壁加固桩，之后施工地下连续墙，最后施工坑内加固桩。

2 南京首建中心地下障碍物情况

2.1 本工程场地内障碍物的位置图

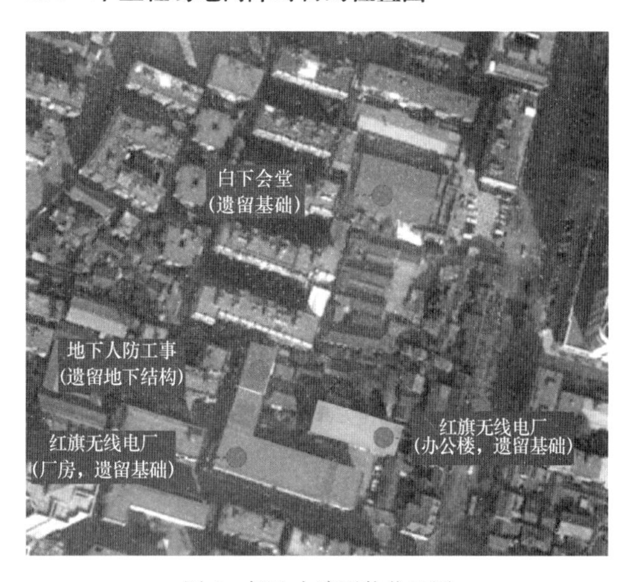

图3 场地内障碍物位置图

2.2 本工程场地内障碍物的明细情况表

编号	场内障碍物类别	范围	体量	当前状态
1	红旗无线电厂厂房遗留障碍桩及承台	基坑南侧LMN段	障碍桩227根，桩顶标高为−3m，桩长23m，障碍桩是直径ϕ800钻孔灌注桩。其中17根与基坑围护设计地下连续墙及槽壁加固平面位置冲突。另有10根障碍桩与坑内一柱一桩，抗拔桩位置冲突	与围护结构冲突的障碍桩拟采用360°全回转设备拔除。与工程桩冲突的障碍桩因建设单位通知调整设计位置，未进行拔桩
2	地下人防工事	基坑西南角MNP段	东西宽约11m，南北长约26m，占地275m²，地下室顶板厚400mm，深度约4.5m，底板厚度250mm	已按基坑围护清障设计方案回填低强度等级混凝土，采用直径1.5m的360°全回转设备钻孔3处，地下连续墙以外北侧新增隔离桩处钻孔3个
3	红旗无线电厂办公楼遗留障碍桩及承台	红旗无线电厂北侧	根据航拍图及以往资料，地上为4层楼，地下遗留障碍桩21根，桩顶标高为−3m，桩长23m，是直径ϕ800钻孔灌注桩	与围护结构冲突的障碍桩拟采用360°全回转设备拔除
4	白下会堂遗留基础	基坑北侧QR段	深度为地面以下3m，宽度为2.2m的遗留基础结构。范围为沿地下白下会堂四周	

续表

2.3 本工程场地内主要障碍物过程发现相关资料

1. 西南角MNP段地下钢筋混凝土人防工事障碍概况

2018年10月3日，施工西南角MNP段隔离桩前开挖沟槽过程中探到一处地下障碍，破除400mm厚混凝土板后发现为一处较大面积的地下室结构。现场清理表土后发现地下室顶板尺寸为东西宽约11m，南北长约25m，面积约为275m²。在地下室顶板开口处测量底板面至该地库顶板面高差为4.5m，底板厚度250mm。后抄测顶板标高平均为8.906m（吴淞高程）。根据本工程勘察报告，在该范围内共有4处勘探孔（K15-10.130m、B2-9.980m、B10-9.950m、S27-10.010m，平均原地面标高10.020m），相关地质剖面图中未示意该处障碍。发现该处障碍物后破除局部顶板并进行抽水以观测地下水位上升情况，经观测记录后回填硬质建筑垃圾以便施工隔离桩行走设备。

鉴于该处地下钢筋混凝土人防工事与基坑围护结构MNP段槽壁加固三轴/双轴及地下连续墙相碰撞，在处理完毕前无法开展施工。且北侧及西侧均为邻近小区围墙（北侧距离围墙最近约1m、距离小区住宅楼最近约7m；西侧距离围墙最近约2.4m、距离小区住宅楼最近约8m），对环境影响控制要求较高。

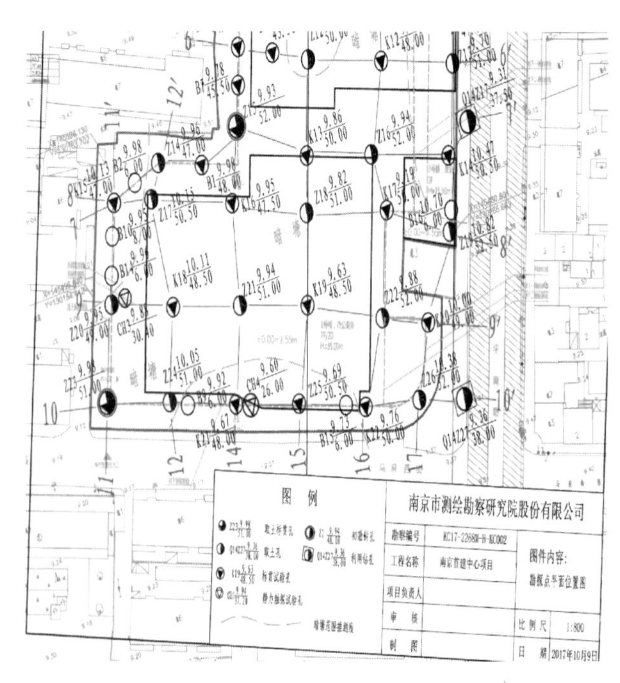

图4

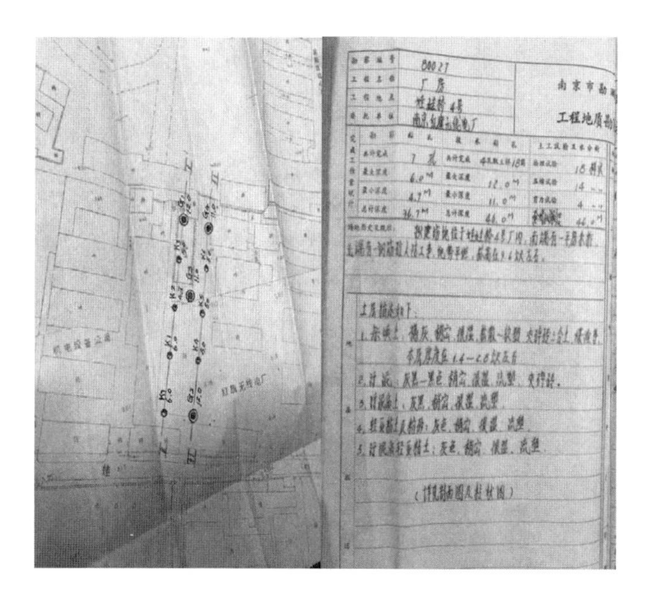

图 5

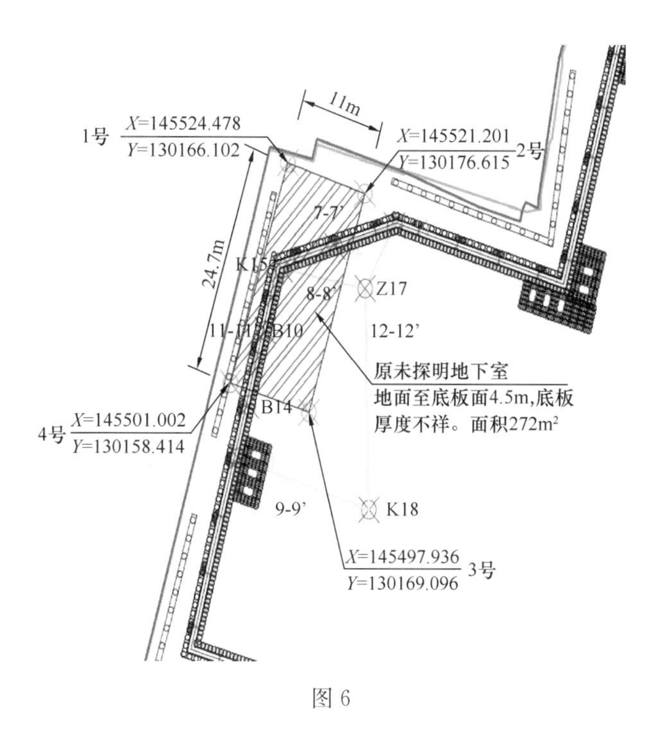

图 6

类型	编号	坐标（92城市坐标系）	
		北N (m)	东E (m)
人防地下室角点	RF1	145524.478	130166.102
	RF2	145501.002	130158.414
	RF3	145497.936	130169.096
	RF4	145521.201	130176.615

图 7　西南角 MNP 段地下钢筋混凝土人防工事位置地质勘察资料

图 8　西南角 MNP 段地下钢筋混凝土人防工事障碍现场

图 9　西南角 MNP 段地下钢筋混凝土人防工事障碍降水观察地下水位情况

2. 西北角 QR 段白下会堂遗留基础障碍现场图片

基坑西北角 QR 段存在原建筑柱基础障碍，现场清理表土、将高于地面部分（含高于地面的柱、悬空的梁）破碎后，发现 5 根柱埋置较深（具体深度不详，对其中一根柱破碎至地面以下 1.5m，仍未见柱底），目前探明 5 根柱间存在一条基础地梁（具体尺寸不详）。后抄测基础地梁顶标高平均为 9.057m（吴淞高程）。鉴于该处原建筑柱基础与基坑围护结构 QR 段槽壁加固三轴/双轴及地下连续墙相碰撞，在处理完毕前无法开展施工。

(a)

(b)

图10　西北角QR段白下会堂遗留基础障碍表层土清理

图11　西北角QR段白下会堂遗留基础地下连续墙（内边线）定位灰线

3. 红旗无线电厂厂房遗留障碍桩及承台现场

2018年10月18日，在开挖围护结构南侧JL段地下连续墙试成槽区域（编号DL-78、DL-79、DL-80槽段）内侧双轴桩顶导槽过程中发现在SZ552（中心坐标E＝130221.449；N＝145454.942）沿围护边线向西16.6～19m范围地下存在一处承台。现场测量承台为方形，各边均长3m，高2.3m，承台标高范围为现场地面标高以下1～3.3m。现场目前场地标高测量为9.236m。

破除该承台结构及顶面中心单柱（配筋混凝土）后，发现承台底暴露出3根桩的端头，初步判断为采用预制混凝土方桩的5根桩承台，桩长不详，桩中心与双轴及地下连续墙冲突。

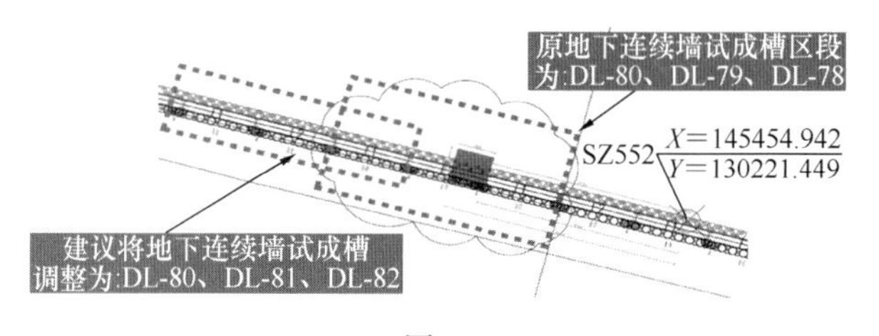

图12

图13　承台破除后暴露预制桩端部现场

3　南京首建中心360°全回转清障总体情况

本工程待清障旧桩数量较大、深度较深且位置相对集中，对周边环境、道路地面沉降及后续地下连续墙的施工质量有一定的影响，必须进行保护性拔桩施工。经咨询专家并讨论采用RT-200H型360°全回转钻机清除地下障碍物施工工法进行拔桩清障！并采取可靠的技术措施将不利影响降至最小。

本工程基坑西南角MNP段地下人防工事采用360°全回转清障施工，而基坑南侧LMN段（红旗无线电厂厂房遗留障碍桩）、红旗无线电厂办公楼遗留障碍桩采用清障拔桩施工技术。

3.1　实际清障施工进度

实际清障施工进度：69d。2018年11月25日到2019年2月15日。

3.2　地下障碍物清障

关于地下障碍物清障，总承包单位中建八局发出10

份工程联系单，召开3次内部专题讨论会议，1次建设单位组织的专家咨询会议，总包单位中建八局组织召开1次全回转清障施工方案专家评审会议。特别值的提到的是2018年11月12日从解决全回转清障设备选择、清障拔桩过程施工对周围环境存在影响（三面紧邻民宅）、清障复杂施工技术安全风险降到最低的工作角度出发，建设单位邀请到上海隧道专家、上海逆作法专家到首建中心实地考察现场并召开了专家咨询会议，提出了好的意见和建议。

3.3 根据建设单位、施工单位、监理单位共同认定清障工程施工投入设备清单

序号	机械或设备名称	型号规格	数量	进场时间	出场时间	备注
1	全回转钻机	RT-200H	1	2018.12.15	2019.5.10	1号机
2	全回转钻机	RT-200H	1	2018.12.20	2019.1.30	2号机
3	全回转吊锤	2t	1	2018.12.15	2019.5.10	压实
4	履带式起重机	SCC2500C（100t）	1	2018.12.15	2019.5.10	1号机
5	履带式起重机	SCC2500C（80t）	1	2018.12.20	2019.1.30	2号机
6	挖掘机	PC130-7	2	2018.12.15	2019.5.10	搞头
7	挖掘机	PC300-7	1	2018.12.15	2019.5.10	挖土
8	自卸汽车	K29	10	2018.12.15	2019.5.10	运土
9	泥浆泵	3PNL	2	2018.12.15	2019.5.10	抽水
10	铲车	$3m^3$	1	2018.12.15	2019.5.10	倒土
11	空气压缩机	OTS-1500x4-160	8	2018.12.15	2019.5.10	破除
12	风镐	G20型	16	2018.12.15	2019.5.10	破除
13	汽车泵	37m	1	2018.12.18	2018.12.19	混凝土
14	抽水泵	扬程120m	4	2018.12.18	—	抽水
15	焊机	焊接钢筋	2	2018.12.20	—	钢筋

4 360°全回转施工清障拔桩技术

360°全回转钻机施工清障拔桩技术属于日本全回转全套管工法，此工法的国内首次应用在2003年上海轨道交通4号线董家渡区间隧道塌陷区地下障碍物清理中。此工法被沪建交〔2008〕1160号文认定为《2007—2008年度

图14 南京首建中心360°全回转清障拔桩的现场一

图15 南京首建中心360°全回转清障拔桩的现场二

上海市级工程建设施工工法》。该设备可以在不破坏周边土体的情况下将地下废旧钢筋混凝土结构清除，桩基础无遗留拔除或置换，也可进行钻孔灌注咬合桩硬咬合的围护施工。

本工程采用360°全回转钻机将地下废旧钢筋混凝土结构清除、桩基础无遗留拔除。

4.1 360°全回转地下障碍物清障的原理

全回转设备是能够驱动钢套管进行360°回转，并将钢套管压入和拔除的施工机械。该设备在作业时产生下压力和扭矩，驱动钢套管转动，利用管口的高强刀头对土体、岩层及钢筋混凝土等障碍物进行切削，利用套管的护壁作用，然后用液压冲抓斗将钢套管内物体抓出，在套管内进行清障拔桩作业。清障完成后，进行钢套筒内回填水泥土施工。

4.2 360°全回转清障拔桩施工的优点

1. 安全、可靠，对土体扰动小

全回转清障施工工法在钢套管内进行清障拔桩及回填施工，对地下原状土不破坏或破坏小，对地下土体不产生扰动或产生很小的扰动。由于钢套管对孔壁的支撑，在钢套管周边的土体应力尚未释放时，就已经将障碍物清除并及时回填，对周边的构筑物无影响。

2. 施工速度快、质量高，且适用范围广泛

该工法可根据工程需要进行各类拔桩、清障施工，如各种形式、各种规格、环境复杂、各种难度的旧钻孔灌注桩、预制桩、预应力管桩、地下残留旧钢筋混凝土、块石等障碍物。

3. 风险小、保障后续工程施工

全回转清障工艺和咬合桩工艺原理基本相同，操作简单。全回转清障施工工法对障碍物进行切割清障或将旧桩完整拔除，一般情况下能顺利达到施工目的。即使遇到特殊情况，采用履带式起重机悬挂小型液压冲抓斗进入钢套管内将剩余的断桩或障碍物抓出，100％确保清障彻底。

4. 节能环保、优质高效

本工法在拔桩的过程中，不会产生任何泥浆，且施工设备噪声低，无论白天还是夜间均可以进行清障施工，减少对总工期的影响！具有较好的经济效益和社会效益。

5. 快速经济、降低工程造价

本工法清障拔桩是钢套管360°旋转切割切削，相比其他施工方法，受环境因素限制小，无需增加其他辅助设施，清障、拔桩的施工效率高、风险低，具有良好的经济效益。

4.3 360°全回转套管钻机设备RT-200H型

根据南京首建中心工程特点，结合障碍物的特殊性，选用引进日本生产的RT-200H型360°全回转套管钻机进行地下障碍物的清除。套管旋转沉入、360°旋转钻进，清障安全性能好，无振动、无扰动、无影响，不会对邻近建筑物造成影响，既环保又安全。套管对四周土体及邻近建筑物无影响和扰动，保证了清除桩体的质量。

1. 设备组成

RT-200H型全回转套管钻机主要配置有RT-200H全回转套管钻机主机、相应型号数量的套管、液压动力站、操控室、反力配重、路基板及定位钢板、冲抓斗、反力叉、楔形锤及十字冲锤。另需80t履带吊、EX200挖掘机、高压清洗机等机械配合施工。双壁钢套管底端镶嵌钛合金刀头，具备很强的切割切削能力，可将地下抛石、残留旧桩、旧钢筋混凝土、钢桩等障碍物一并清除。

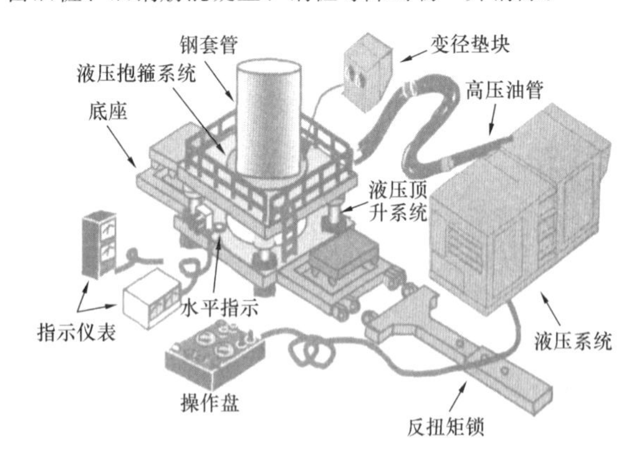

图16 全回转全套管钻机系统

2. 套管结构

选用外径为1.5m的套管进行地下障碍物的清除，套管有两方面功能：一方面将顶部驱动设备提供的扭矩和压入力传递给刀头，另一方面在钻进的过程中还起到支护孔壁，防止孔壁坍塌的作用。套管为厚度48mm的钢质桶式结构，根据需要钻进的深度情况分长度不同的若干节。该工程所用套管长度有6m、4m、2m、1.5m四种。最底部一节长度为1.5m，在管口布置刀头，其他套管的中间为桶身，两头为套叠式接头。相邻两节靠螺栓和剪力键连接传递荷载。套管主体材质为16Mn钢，两端接口材质为24Mn钢。套管管壁分三层，内外两层各为20mm钢板，中间层为8mm的钢网片。

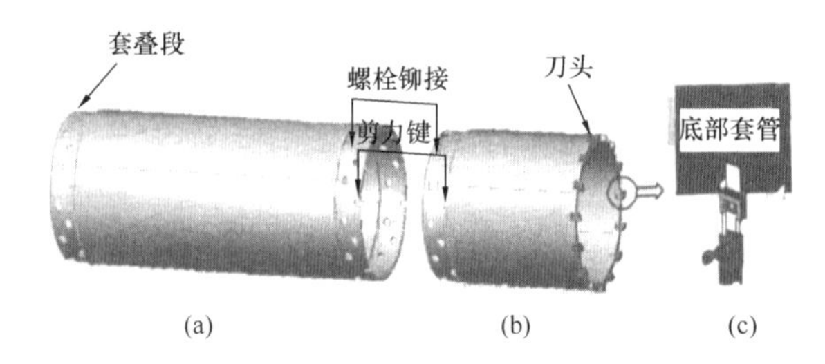

图17 套管及刀头结构

（a）标准段；（b）底部套管；（c）刀头细部

3. 冲抓斗

冲抓斗是套管钻进后进行桶内土体和障碍物清理的重要设备部件之一。随着套管的钻进，套管内的土体和被刀头切割后的地下障碍物需要通过抓斗抓取出来。抓斗有两扇可以活动的斗叶，整个冲抓过程中斗叶在闭合与张开两种状态之间转换。

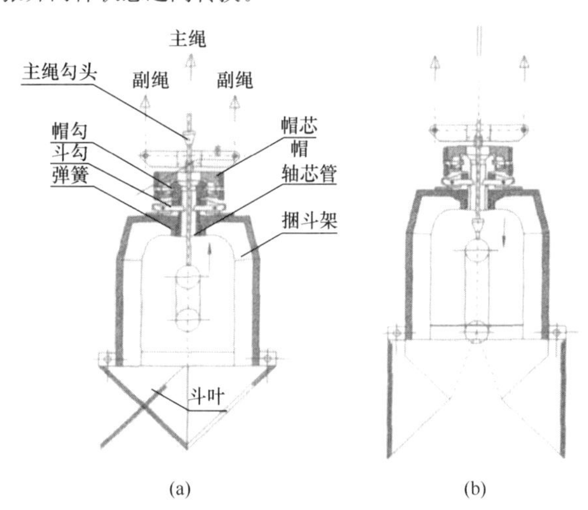

图18 冲抓斗的两种状态

（a）斗叶闭合状态；（b）斗叶张开状态

图19 冲抓斗

4. 设备参数

全回转全套管钻机　　　　表 1

类型		RT-200H
适用桩外径		ϕ1000～ϕ2000mm
回转扭矩		2950/1740/1010kN·m (301/177/103t·m)
低速瞬时扭矩		3130kN·m (319t·m) (只7s有效)
回转速度		0.9/1.5/2.5min－1 (0.9/1.5/2.5r.p.m.)
压入力		590(可变)+250(自重)kN (60(可变)+26(自重)tf)
拉拔力		3450kN (352tf)
瞬时拉拔力		3940kN (402t) (只3s有效)
压拔行程		750mm
辅助夹具可夹质量		200t(根据夹面的状态进行变化)
质量	本体	34.1t
	含辅助夹具	35.8t

液压动力站　　　　表 2

类型		RTP-3H
发动机型号		日野P11C-UP型 (带涡轮增压、符合建筑机械的3次排气标准值)
发动机功率		243kW (330PS) /1850min (发动机单体测出值)
燃油消耗量		213g/(kW·h)(额定输出时)
回转用泵	类型	可变型
	最大流量	288L/min×2 回转用泵
	最高使用压力	34.3MPa (350kgf/cm²)
压拔夹紧用泵	类型	可变型
	最大流量	320L/min
	最高使用压力	31.4MPa (320kgf/cm²)
水平油缸用泵	类型	齿轮泵
	最大流量	61L/min
	最高使用压力	20.6MPa (210kgf/cm²)
质量		6.9t(不含燃料)
控制方式		远距离操作(遥控)

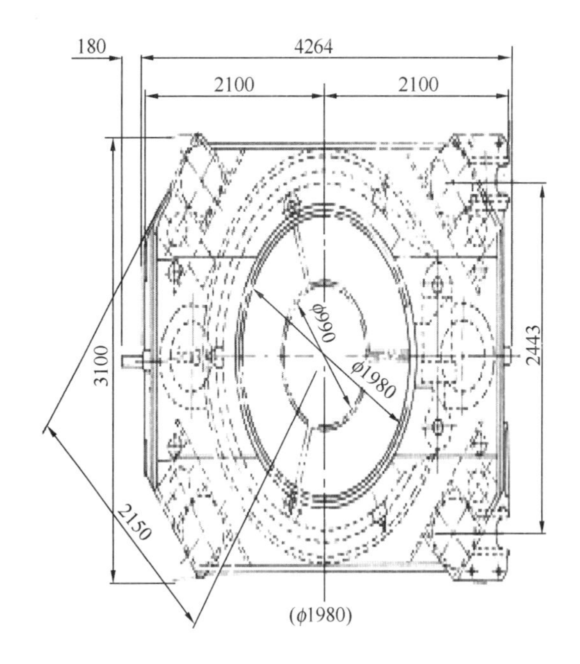

图 20　回转钻机主机断面图

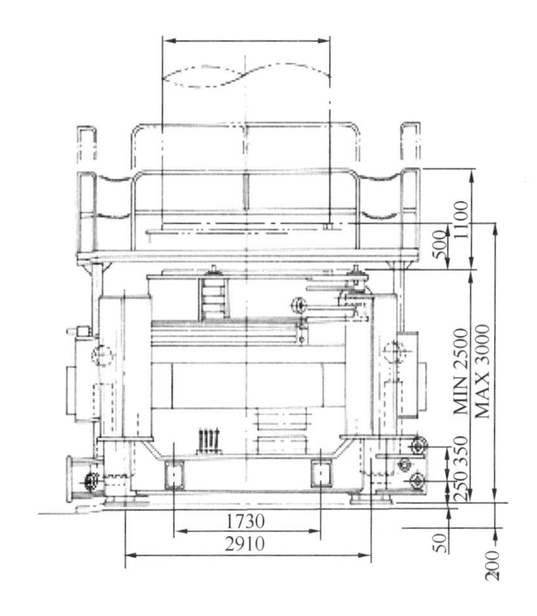

图 21　钻机主机尺寸图

4.4　全回转设备就位注意事项

全回转钻机极其配套设备均较重，同时有履带吊行走，场内地形应较平整，地基基础需满足履带吊行走要求，尤其注意钻机平台，必要时进行换填及施作钢筋混凝土路面平台，平台尺寸稍大于主机尺寸。

本工地需清除桩深度较深，将产生较大反作用力，全回转钻机基础需钢筋混凝土硬化，钢筋混凝土基础采用30cm厚钢筋混凝土浇筑（钢筋布设 ϕ12@200），并铺设四块 6000mm×2000mm×200mm 的路基箱（图 22）。

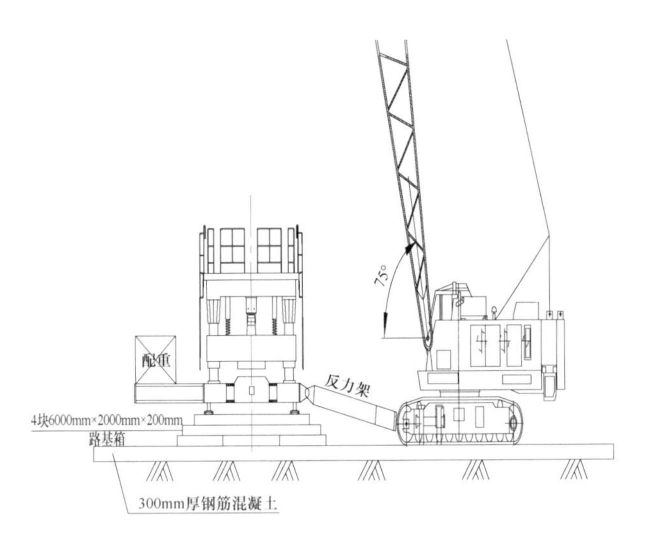

图 22　全回转钻机基础

4.5　清障拔桩施工流程

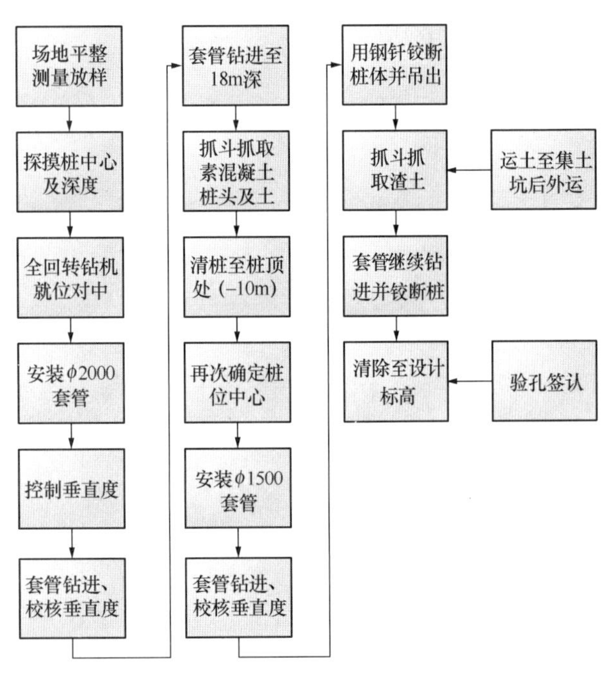

图 23　清障拔桩施工流程

4.6　桩孔施工流程

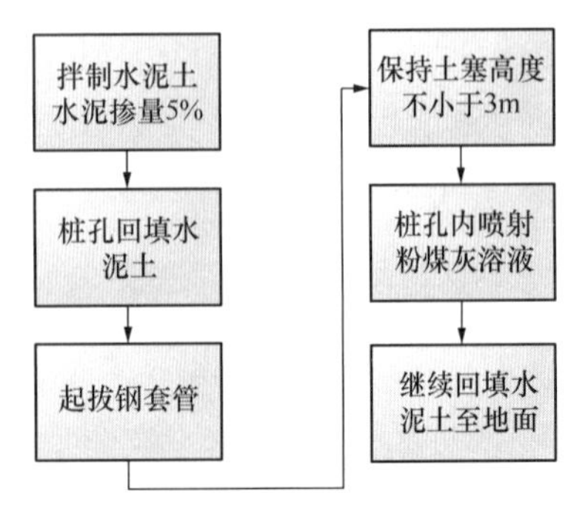

图 24　桩孔施工流程

5　清障拔桩难点处理和重要事项

5.1　测量定位

清障部位及主要设备作业部位地面平整压实，然后由测量人员对需清除的桩位具体位置精确放样，并做好标记。

5.2　设备定位

根据桩位中心位置将钻机精准就位，特别注意定位钢板安放和钻机就位。定位钢板安放必须平整，且孔位中心与需清障的桩位中心精确重合，定位钢板的 4 个定位基点必须全部在路基板的中心，定位钢板的孔位中心可通过两根细线确定，安放时与预先测量好的需清障桩位中心重合即可。安放钻机时，钻机 4 个支腿全部安放入定位钢板的 4 个基点，安放到位后，可通过钻机的垂直监控系统或经纬仪确定钻机的垂直度，通过调整 4 个支腿油缸使钻机安放水平。

5.3　桩径较大的桩处理办法

碰到地下是大桩径钻孔灌注桩，考虑桩径大、桩身自重大，对拔桩设备有一定的影响，此时可以借助靠管拔桩的方法，将靠管偏心插入套管桩侧抵靠在套管内壁与老桩和切削刀具相背的一面，旋转套管从而将老桩截断拔除。

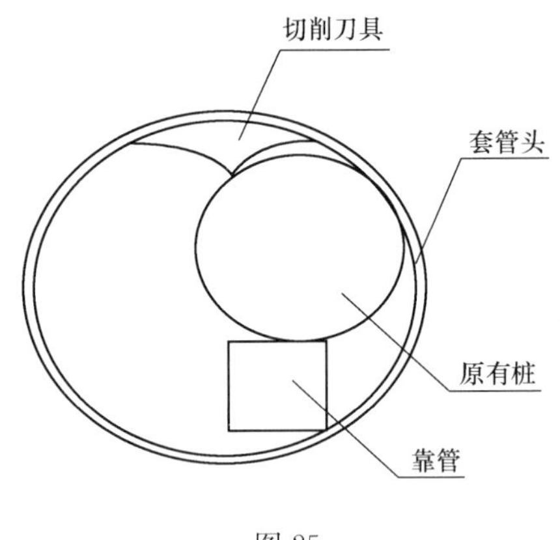

图 25

5.4　桩身倾斜的处理办法

工程中存在桩倾斜的问题。对于倾斜大且桩身完全在套管内的老桩，可直接拔除。如果碰到一些倾斜较大的桩，除了拔桩设备自身调整垂直度外，还可以将上半截桩身截断拔除回填后，二次定位拔除剩余老桩。

5.5　断桩的处理办法

对于其他拔桩方式，断桩的处理是个难点，但对于全套管拔桩而言，将桩截断分阶段拔除正是该工艺的核心所在，故此，断桩的处理完全可以体现该工艺的优势。

5.6 拔桩存在的施工风险处理

1. 钢套管打设不下

钢套管打设过程中，如果遇到原桩上部与下部倾斜度不一致，且相差较大，或桩头扩径比较严重 ϕ1500 钢套管根本无法打设，则改用 ϕ2000 钢套管进行打设。

2. 闷管现象

在桩体上拔过程中，由于各种原因桩头可能闷死在套筒内，遇到这种情况可采用高压旋喷在桩体和钢套管之间插入，利用高压水柱将桩体和钢套管完全分离后吊出桩体。

3. 地面沉降超过极限值

在拔桩过程中可能引起管涌现象而导致地面产生沉降时，可设置 4 台大流量离心泥浆泵，通过高压水管往套管内注水，注水高度为±0.000，待沉降值稳定后再使用全回转钻机增加钻进一节非标定制的 3m 长套管（确保套管土塞达到 5m 厚度），然后采用泥浆泵将套管内泥水抽干后，再进行拔桩作业。或者及时向桩孔内回填泥土。

4. 坍孔控制

确定混凝土障碍物完全被清除后，立即进行管道内回填施工。回填一般采用 C15 混凝土，为避免坍孔等现象发生，回填作业随起拔套管同时进行，即套管正式起拔前，先在套管内回填一定高度的水泥土，再边拔套管边回填，始终保持套管内填土面高于套管底面一定高度，最终回填到地坪标高。

5.7 清障拔桩施工质量注意事项

（1）钢套管垂直度偏差不大于 1/100。

（2）钻机就位时，将底座转盘调整水平，转盘中心和护筒中心三者应位于同一铅垂线上，偏差不得大于 1cm。

（3）散装水泥的各项指标必须达到规定的质量要求。

6 全回转清障拔桩的周边环境监测

6.1 周边监测

采用全回转清障工法后，为保证安全，第三方监测单位需对周边建筑物、周边道路、管线及时进行沉降监测，地下障碍物处理期间监测频率为每天监测一次。施工单位、建设单位、监理单位需及时掌握清障各主要工序施工阶段引起的沉降动态数值状况。

6.2 现场对周边建筑物巡查

项目实施前，对周边建筑物初始状态进行检查并记录。日常巡视采用人工巡视。巡查的具体步骤如下：首先，现场踏勘、记录并观测周边建筑物已有裂缝的分布位置，裂缝的走向、长度。其次，对新发生的建筑物裂缝及时观测，分析裂缝形成的原因，判断裂缝的发展趋势。观测时使用读数显微镜（可精确到 0.1mm）量出特征裂缝的距离及裂缝长度，求得裂缝的变化值。定期对监测范围内的特征裂缝进行巡视，对于新发现的裂缝，做好记录，及时埋设观测标志尽快量测。

南京首建中心采用 360°全回转清障拔桩平均施工进度为每天两根，全过程处于安全、稳定、快速、优质的可控状态。

7 结论

针对深部地下障碍物，尤其是旧桩的清障技术成为岩土工程施工方面的一项新兴的技术和产业，清除障碍物的施工机械及施工工艺也随着行业发展而不断推陈出新。实践证明 360°全套管清障拔桩施工工艺是一种先进实用的拔桩方法，已在全国广泛应用于清障旧桩的拔除施工。尤其在超大城市、一线城市市中心区域，周围环境复杂，重大风险源多的情况下，其独特的工艺优势以及适用性更为明显，据不完全统计，2020 年我国拔桩数量超过 2 万根，相信在未来城市的地铁、桥梁施工中，360°全回转套管钻机清障技术有更大、更广阔的使用空间！希望此文为以后类似工程提供借鉴经验。

参考文献：

[1] 王良岗，王良飞. 地下清障施工技术[J]. 浙江建筑，2002(3)：32-33.

[2] 王君. 全回转钻机清障施工技术[J]. 城市建设理论研究，2013(26)：1-8.

动态设计在某基坑项目中的应用

张 启[1,2]， 冯科明[1,2]， 王天宝[1,2]， 高云征[1,2]
（1. 北京城建勘测设计研究院有限责任公司，北京 100101；2. 城市轨道交通深基坑岩土工程北京市重点实验室，北京 100101）

摘 要：随着城市化进程的加速，大城市寸土寸金，从而建筑大楼地上往更高处、地下往更深处延伸。尤其是旧城改造中，原有楼房拆迁改造的情况下，基坑周边环境复杂，周边可利用场地有限，必须根据现场实际情况将原有招投标设计方案变更为安全可靠、经济合理的可操作方案，以达到保障安全，且能缩短工期的目的。本文以某基坑项目为例，根据信息化施工、动态设计的原则进行了设计与施工的全过程配合，第三方基坑监测数据表明，基坑支护体系本身及周边环境的各项监测指标均在安全可控范围内。

关键词：基坑工程；动态设计；基坑监测

0 引言

近年来，城市发展进程进一步加快，越来越多的人口涌入城市，城市的土地资源已经满足不了人口的需求。因此，对土地资源的开发利用必须向纵深方向延伸，建筑大楼地上往更高处建，地下往更深处发展。地下管廊、车库、地下商业街等地下空间开发的建设涌现在城市的各个角落[1]。伴随大量深基坑工程出现，尤其是旧城改造中寸土寸金，充分利用土地资源这就要求见缝插针。随着现场周边场地变化及现场突发情况出现，要满足施工安全有序进行，就需要设计与施工人员密切配合，采取信息化施工、动态设计的原则[2-5]，在保障安全前提下，采取经济合理的可实施的支护形式，从而确保基坑安全和周边环境的正常。

1 工程概况

1.1 工程地点

拟建场地位于北京市南郊，场地位置见图 1。

图 1 拟建工程地理位置示意图

1.2 工程规模

本施工地块分为还建楼和商业两部分，还建楼位于地块西段，商业部分位于地块东段，两部分设置通道连接，间距约为 3.8m（图 2）。本项目涉及范围为商业部分基坑支护，又进一步分为北段养老设施部分和南段办公楼部分。其中养老设施，地上 8 层，地下 2 层；办公楼，地上 19 层，地下 4 层。

1.3 周边环境

场地西侧现状为空地，规划为还建楼，基础埋深与本工程基本持平，本工程不需考虑该部位的基坑支护，采用放大坡处理；场区西北规划有密闭式垃圾收集站，但要等本工程施工完成肥槽回填后再行施工；场地北侧为造甲村四号路，地下室结构外边线距离红线约为 7.85m；场地东侧为相邻地块的代征绿地，现状为空地，地下室结构外边线距离红线最近处约为 3m；场地南侧为造甲村二号路，

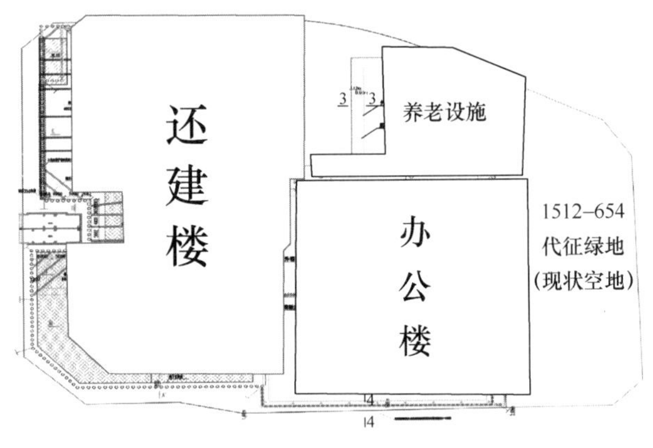

图 2 拟建场地分布图

地下室结构外边线距离红线为 2.7～4.1m。

1.4 工程地质、水文地质条件

1. 工程地质条件

根据地质勘察报告得知：拟建场地内揭露地层主要为人工堆积层、新近沉积层和第四纪沉积层及上第三纪上新统（N2）黏土岩、砂岩、砾岩层，自上而下简述如下。

（1）人工堆积层

① 杂填土层：褐黄色、灰褐色，松散—稍密，稍湿，成分以建筑垃圾、炉灰为主，粒径一般为 20～60mm，含量约占 30%。此层分布不均。局部为采砂坑回填形成。

①₁素填土层：黄褐色，稍密，稍湿—湿，以黏质粉土为主，含砖渣、灰渣，植物根，局部为砂质粉土素填土。

（2）新近沉积层

② 中砂层：黄褐色，灰褐色、灰黄色，中密—密实，含有氧化铁、云母片，局部中砂含量高，下部含有少量的砾石。

②₁粉砂层：黄褐色，稍密—中密，含云母。

③卵石层：杂色，中密—密实，稍湿，成分以微风化的安山岩为主，含少量石英质砂岩、辉绿岩。卵石粒径一般为 20～60mm，最大约 80mm，亚圆形，中粗砂充填，含量 25%～35%。

（3）第四纪沉积层（Q_4^{al+pl}）

④卵石层：杂色，中密—密实，湿，成分以微风化的安山岩为主，含少量石英质砂岩、辉绿岩。卵石粒径一般为 50～90mm，最大约 120mm，中粗砂充填，含量20%～30%

⑤卵石层：杂色，湿，中密—密实，成分以微风化的安山岩为主，含少量石英质砂岩、辉绿岩。卵石粒径一般为 50～90mm，最大约 150mm，中粗砂充填，含量20%～30%。

⑥卵石层：杂色，密实—饱和，湿，成分以微风化的安山岩为主，含少量石英质砂岩、辉绿岩。粒径一般为 50～100mm，最大约 200mm，中粗砂充填，含量20%～30%。

（4）古近纪沉积岩层

⑦强风化黏土岩层：紫红色，褐红色，软岩，半胶结，岩芯呈柱状，一般柱长 8～20cm，最长 30cm，手掰易碎，捶击响声暗哑，钻进平稳，岩芯浸水后易崩解成土状，含少量云母及中粗砂粒，局部含少量砾石。

⑦₁强风化砂岩层：棕褐色，青灰色，原岩结构略清，细粒结构，块状构造，岩芯成柱状、短柱状，泥质胶结为主局部为砂质胶结，呈半胶结状态。

⑦₂强风化砾岩层：灰褐色，原岩结构略清，泥质胶结为主，局部砂质胶结，呈半胶结状态，岩芯成柱状、短柱状。

2. 水文地质条件

勘察期间，地下水位埋深约为 25m，远低于槽底，可以不需考虑地下水对基坑的影响。但考虑永定河补水等对地下水的抬升作用，避免出现地下水高于槽底的情况，故在槽底施工应急井。

本工程典型的地质剖面图如图 3 所示。

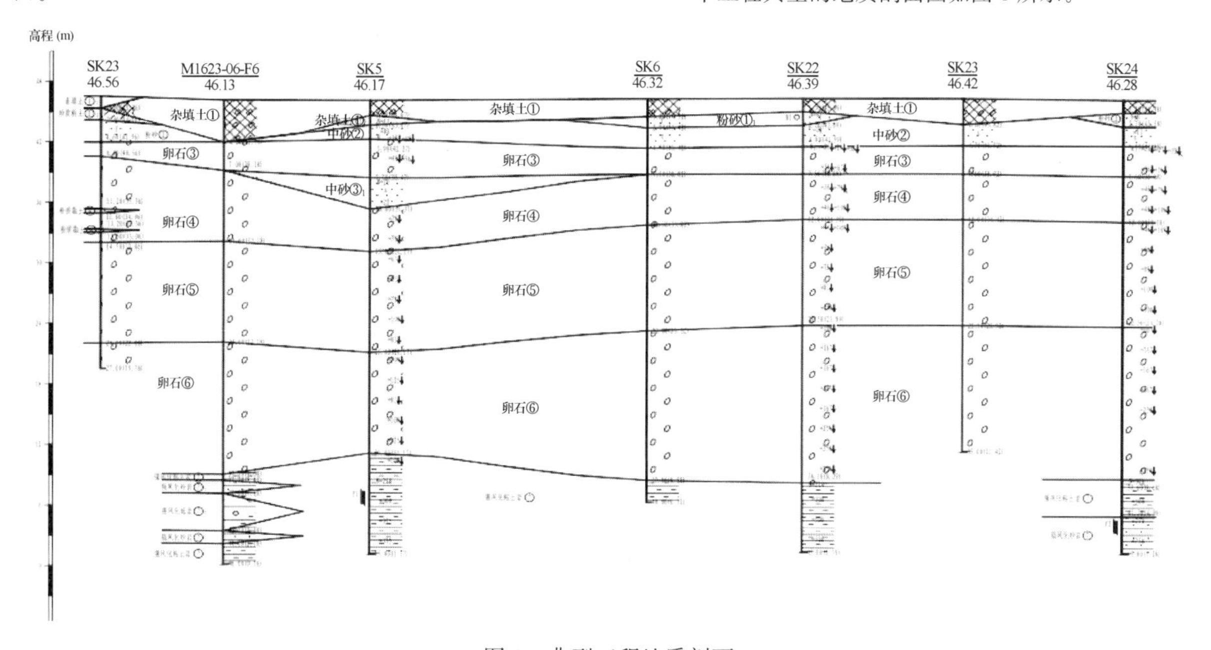

图 3 典型工程地质剖面

2 基坑支护设计变更

考虑工程地质条件、水文地质条件、周边环境条件、基坑深度等因素，将基坑支护划分为 6 个不同的支护剖面。受论文篇幅所限，本文只叙述有关变更的部分。原设计图纸，东侧 1-1 剖面，基坑深 16.9m，基坑支护采用上部（10m）锚杆复合土钉墙，共 7 步，其中 2 道预应力锚杆，5 道土钉，坡比 1∶0.3，下部（6.9m）采用桩锚支护体系，桩嵌固深度 5.1m，1-1 剖面原设计示意图如图 4 所示。

根据总包单位施工部署，需要在基坑东侧铺设施工道路，由于现场周边环境所限，道路铺设于基坑外 2m。施工期间，最大行车重量达 100t，由于施工荷载超大，车辆容易把薄层素混凝土路面压裂，影响基坑安全。建议路面加设两层钢筋网片，网片规格不小于 ϕ22@200。同时，建议减少上部复合土钉墙高度，采用上部（5.5m）土钉墙，下部（11.4m）桩锚支护体系。变更后的 1-1 剖面示意图如图 5 所示。

从安全方面进行比选，变更后方案较原设计方案，安全系数略有增加；上部复合土钉墙变更为 3 步土钉，下部桩锚部分增加一道预应力锚杆，工期提升约 25%；原方案与变更后方案相比，减少了上部复合土钉墙相应数量，即上部预应力锚杆、土钉、土钉墙锚喷面数量，除此之外，土方开挖量也减少了，一来一回，后期土方回填量也

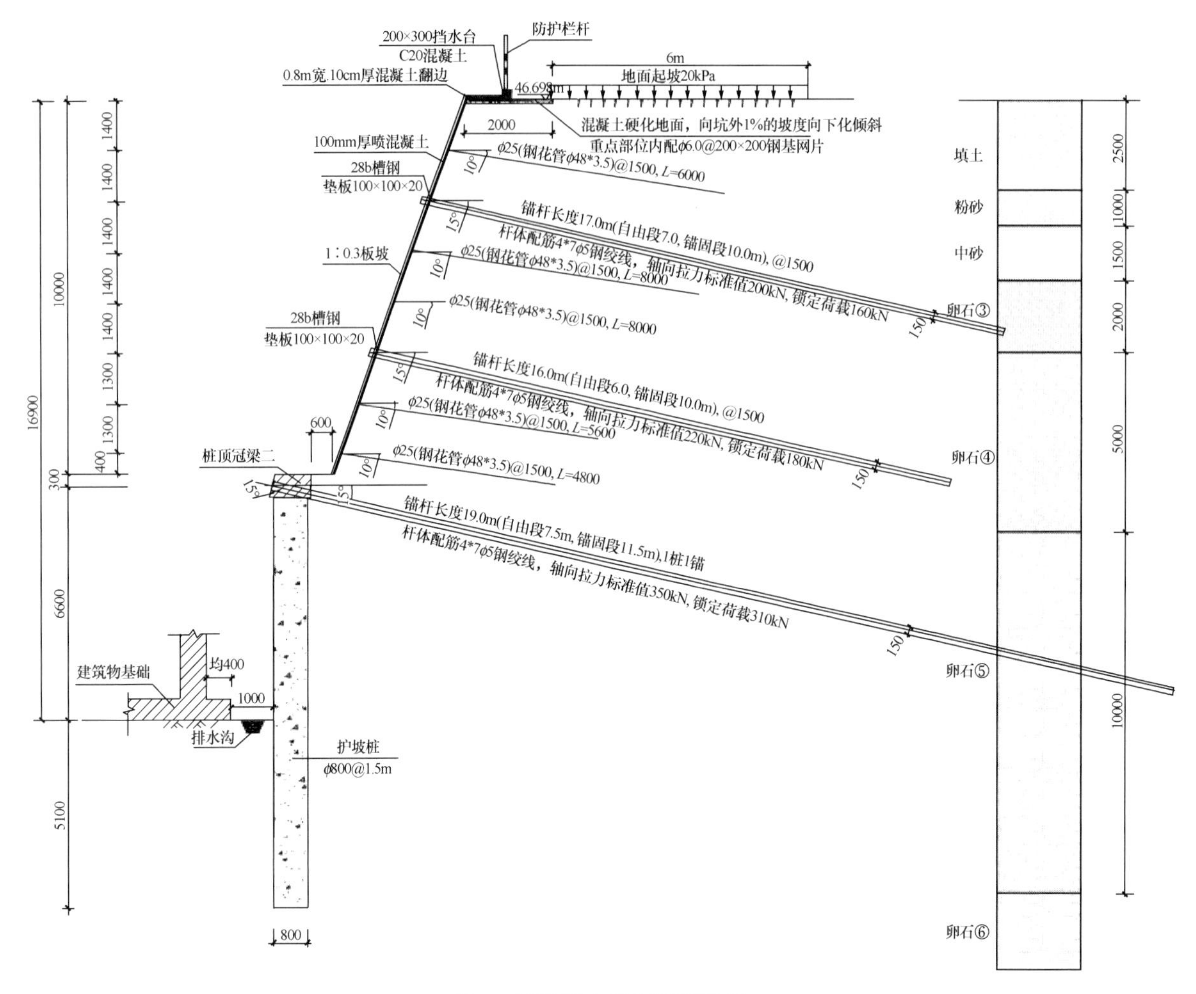

图4　原设计方面剖面示意图

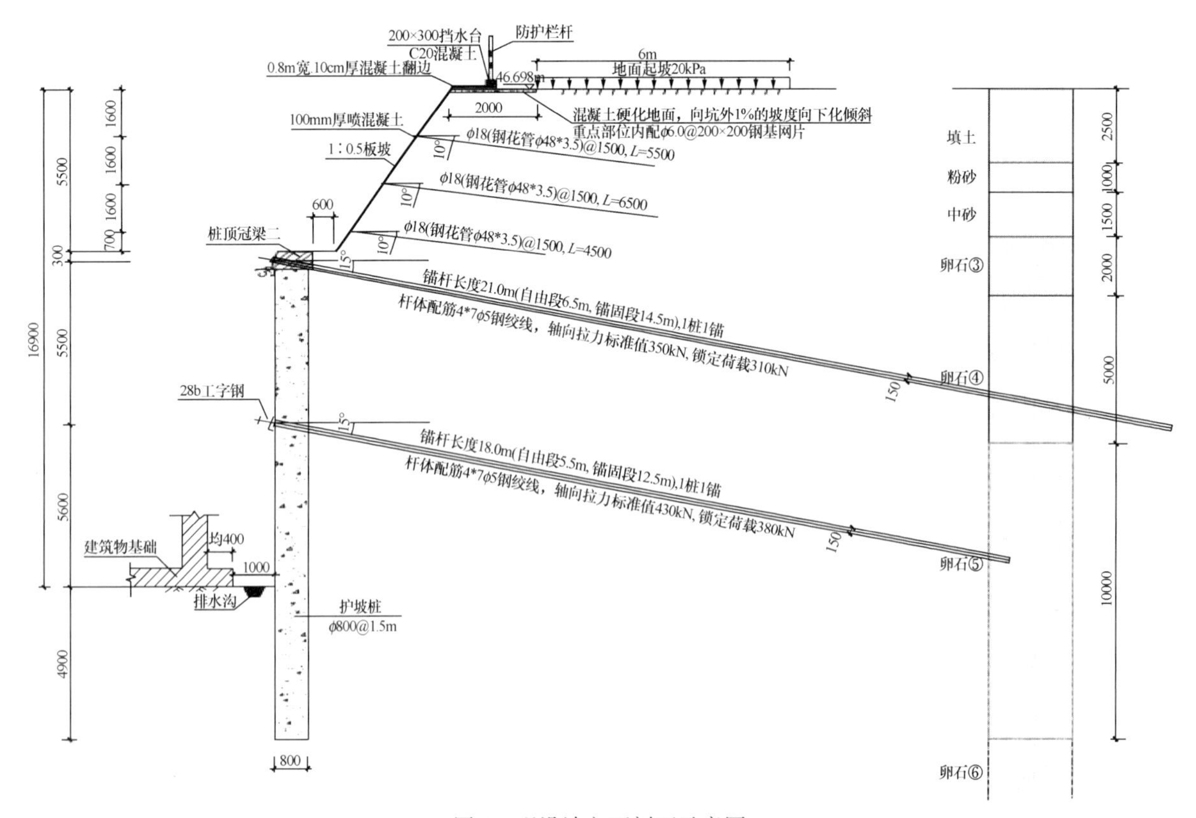

图5　现设计方面剖面示意图

相应减少。增加了下部桩锚相应数量、护坡桩方量，桩间护壁增加了一道预应力锚杆，费用仅增加了约 20 万元。

从安全、工期、经济等进行比选，甲方采取了变更后的方案。从基坑监测资料反馈，各项监测指标[6,7]均在合理可控范围内，且竣工工期得到甲方认可。

3 护坡桩钢筋笼上浮及处置措施

3.1 事情经过

12 号护坡桩采用旋挖钻机成孔泥浆护壁，终孔后清渣，及时下放安装钢筋笼及导管，进行水下灌注商品混凝土。浇筑完毕，工人在拔导管过程中不小心将钢筋笼带上来约 2m。

3.2 补救措施

现场发生该孔内事故后，项目部立即汇报总包、监理和甲方，并向公司汇报。待桩头凿平，立即组织桩基检测单位进行桩身完整性检测，根据检测单位报告显示，12 号桩为Ⅰ类桩。结合现场实际，计划采取如下措施保证此部位基坑支护体系的安全和坑内施工人员的安全。

根据设计要求，桩间原设计两道预应力锚杆，第一道锚杆长度 21m，第二道锚杆长度 18m。考虑此特殊情况，锚杆施工时，在与 12 号桩相邻桩间，各增加一根锚杆，标高为第二道锚杆往下 3.5m 位置。锚杆长度 15m，其中自由段 5m，锚固段 10m。杆体配筋 4 束 1860 钢绞线，并用 28b 钢腰梁作为腰梁，并且在 12 号桩顶冠梁上增设桩顶水平位移、竖向位移监测点进行监测，如图 6 所示。

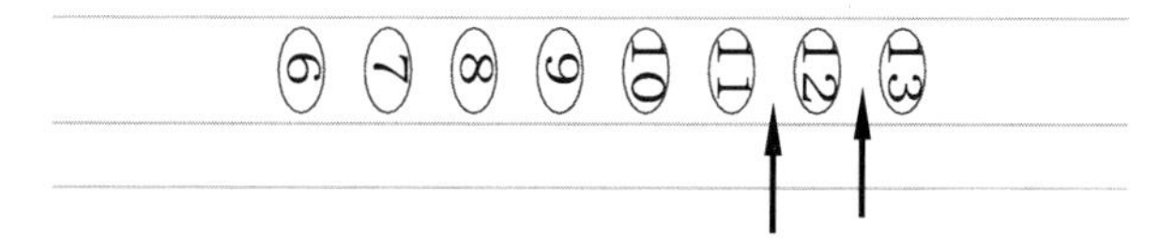

图 6 增加锚杆位置

最终该措施经基坑原设计单位负责人签字认可后组织实施，根据第三方监测资料显示，基坑开挖及使用期间，该点各监测项目指标均在可控范围之内，满足基坑安全要求。

4 结束语

（1）在我们多年从事的基坑支护施工中，总会由于这样、那样的问题引起设计变更。几乎没有一个工程项目不需要进行设计变更的，这也提醒我们，一定要搞好信息化施工、动态设计，并留有处置时间。

（2）土方开挖必须无条件地配合支护结构施工，严禁超挖。

（3）基坑施工过程中对各项监测项目进行监测，并加强有施工经验的老工程师的人工巡视，及时反馈监测信息。

（4）基坑开挖过程中出现的问题，要及时分析并处理，根据现场的突发情况，采取安全、经济、合理的补强措施，从而确保基坑的安全稳定。

参考文献：

[1] 刘国彬，王卫东．基坑工程手册：第 2 版[M]．北京：中国建筑工业出版社，2009.

[2] 张洪林．深基坑动态设计及信息化施工技术[D]．淮南：安徽理工大学，2014.

[3] 杨学林．基坑工程设计、施工和监测中应关注的若干问题[J]．岩石力学与工程学报，2012，31(11)：2327-2333.

[4] 许利东，曹慧，陈明，徐宇光，杨周林．动态设计在深基坑设计施工中的技术研究[J]．施工技术，2018，47(S1)：189-192.

[5] 王腊梅．深基坑工程动态设计和信息化施工的应用研究[D]．长沙：中南大学，2008.

[6] 建筑基坑支护技术规程 DB 11/489—2016[S]．北京：北京住房和城乡建设委员会，2016.

[7] 建筑基坑支护技术规程 JGJ 120—2012[S]．北京：中国建筑工业出版社，2012.

基于 Midas GTS NX 的深基坑支护工程模型概化及参数选取研究

邵　勇，李光诚，范　然，张玉山，孔凡水
（湖北省城市地质工程院，湖北 武汉 430070）

摘　要：从支护结构的概化（立柱约束、支撑杆件）和模型特性参数的选取对比（界面单元参数、土体刚度模量参数）等 4 个基坑支护工程建模较为重要的方面，建立了初始模型和模型 2～模型 5 共 5 个 Midas GTS NX 有限元分析模型。分别提取了 5 个模型分析结果中的地铁隧道变形、隧道上方岩土体沉降、支护结构变形、坡顶处位移、背后土体变形及坑底变形的最大绝对值，并与基坑监测报告和地铁运营监测报告中的监测数据进行了比较。同时，通过 CORREL 函数对模型分析结果与监测数据的相关度进行了分析，为有限元分析建模的简化方法提供了实例验证支撑。

关键词：Midas；模型；概化；参数

0　引言

Midas GTS NX 三维岩土分析和隧道有限元数值模拟是目前较为流行和公认的一种前沿基坑工程数字化技术，其可以对周边环境进行数值模拟，最大程度的考虑岩土和周边环境的复杂性，在基坑变形分析、支护结构内力分析、降水分析、应力—渗流完全耦合分析、基坑—周围环境影响性评价、基坑—相邻基坑施工方案比选、基坑—鱼腹梁支护、基坑—多支护组合等基坑工程岩土分析中具有较强的能力，尤其是在一些复杂深基坑支护工程中，应采用三维有限元数值模拟对传统的荷载结构法基坑支护方案进行评价验证，以保证基坑支护方案的准确性、经济性和效益性。

GTS NX 的有限元建模分析，不能太复杂，如果建出来的模型节点数和方程数非常多，不仅会造成计算效率非常低，甚至会导致模型分析出错。因此建模应遵循把握重点、简洁明了、思路清晰的原则，不能过分追求每一个局部的超精细化。因此在建模的过程中，应在“适度简化”的前提下，尽可能地将工程周边的情况反映在模型中，程序将会根据输入的数据，输出整个分析范围的实际应力场和应变场。因此，在建模的时候，充分考虑周围的工况，并将基坑工程的实际情况如实地还原出来即可。为了切实了解使用 Midas GTS NX 进行深基坑支护工程建模过程中，模型概化程度以及参数选取对分析结果的影响，本文将通过建立 5 个不同概化程度的有限元模型，从支护结构的概化（立柱约束、支撑杆件）和模型特性参数的选取对比（界面单元参数、土体刚度模量参数）等 4 个基坑支护工程建模较为重要的方面进行研究探讨，为有限元分析建模的简化方法提供实例验证支撑。

1　初始模型建立

1.1　工程概况

本项目为武汉市内某房地产项目，工程分 A、B、C 三个地块分期建设，本文选取的是一期 C 地块。基坑平面总体呈三角形，西、南两边邻市政道路，东边在场地内部为折线形边，北边在场地内部为一短边，基坑挖深为 12.70～15.70m。基坑西邻地铁 6 号线，基坑内边线距地铁区间隧道最近 23.65m，区间隧道顶板埋深 18.0～21.0m。东邻地铁 4 号线，基坑内边线距地铁区间隧道最近 16.26m，区间隧道顶板埋深 10.0～11.30m。基坑与轨道交通线的平面关系图如图 1 所示。

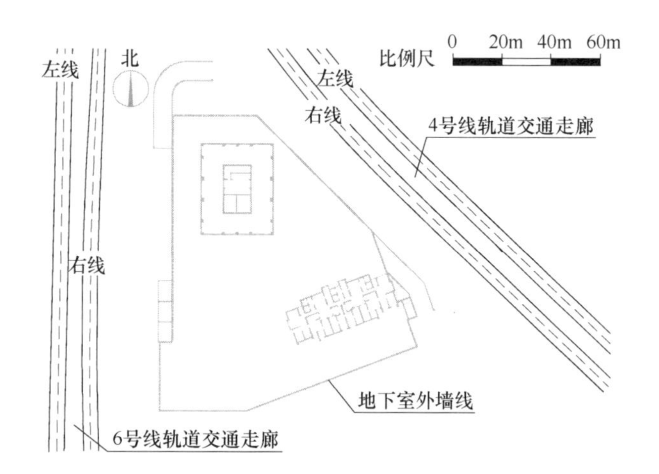

图 1　基坑与轨道交通线平面关系图

1.2　本构模型的确定

能考虑软黏土硬化特征、能区分加荷和卸荷的区别且其刚度依赖于应力历史和应力路径的硬化类模型，如 MMC 模型或 HS 模型（即修正摩尔-库仑模型），能同时给出较为合理的墙体变形及墙后土体变形情况，适合于敏感环境下的基坑开挖数值分析[1]。对于敏感环境条件下的基坑数值分析，从满足工程需要和方便易用的角度出发，本项目选取 HS 模型。

1.3　地层剖分及初始土体模型参数选取

根据勘察报告给出的土层参数值，层号②$_1$ 和③$_b$ 的粉质黏土较为接近，合并为“粉质黏土一”。层号②$_2$、③和③$_a$ 的粉质黏土较为接近，合并为“粉质黏土二”。地势相对平坦，各地层起伏不大，建模时采用平面分割实体

基金项目：湖北省地质局科技项目（编号：KJ2019-35）。

的方式剖分地层。

王卫东等采用反分析法确定了敏感性最强的小应变参数，从而初步完整地获取了上海典型土层土体 HS-Small 模型（即修正摩尔-库仑模型）参数[2]。针对武汉地区天然老黏性土，司马军利用高压固结仪和 GCTS 动三轴仪进行了固结试验、三轴剪切试验和小幅值动三轴试验研究，分别获得了压缩指标、强度参数和小应变刚度[3]。结合以上研究基础和 GTS NX 理论手册的常规建议，确定了本研究的初始土层特性参数，见表 1。

初始土层特性参数表　　表 1

土层名称	泊松比	重度 （$kN \cdot m^{-3}$）	割线模量 E_{50}^{ref} （MPa）	切线模量 E_{oed}^{ref} （MPa）	卸载模量 E_{ur}^{ref} （MPa）	压缩模量 E_s （MPa）	黏聚力 c （kPa）	内摩擦角 φ （°）	膨胀角 （°）	厚度 （m）
填土	0.28	18	40	40	120	10	10	10	0	4.5
淤泥质黏土	0.3	16.7	10	10	30	2.5	10.5	4.5	0	2
粉质黏土一	0.25	18.3	24	24	72	6.0	22	12	0	2
粉质黏土二	0.25	19	40	40	120	10	34	16	0	20
强风化泥岩	0.25	21	184	184	552	46.0	30	16	0	4
中风化泥岩	0.2	24	400	400	1200	100	70	25	0	—

1.4 支护方案初始概化

本项目采用单排桩 ＋两层混凝土内支撑 ＋ 桩顶放坡支护，同时在内支撑节点处设置立柱桩，土体被动区采用喷混桩加固。

（1）支护桩

不同分段区域的桩长、桩径和桩间距差别不大，统一简化为直径 1200mm，桩间距 1400mm，桩长 24m，桩身混凝土强度等级 C30，支护桩设计参数见表 2。在程序中使用 2D 板单元模拟，板单元厚度使用刚度等效公式（1）确定为 955mm。

$$等效刚度法：(D+d)h^3/12=\pi d^4/64 \quad (1)$$

式中，D 为桩径；d 为桩间距；h 为等效板单元厚度。

支护桩设计参数表　　表 2

支护分段	地面高程 （m）	冠梁顶高程 （m）	桩顶高程 （m）	桩径 （mm）	桩间距 （mm）	桩长 （m）
A～B	25.00	23.50	22.70	1000	1200	24.20
B～B1	25.00	23.50	22.70	1200	1400	27.70
B1～C	25.00	23.50	22.70	1200	1400	24.20
C～C1	25.00	23.50	22.70	1200	1400	30.20
C1～D	25.00	23.50	22.70	1200	1400	24.20
D～E	25.30	25.00	24.20	1200	1400	26.20
E～F	24.60	23.50	22.70	1200	1400	24.20
F～G	24.20	23.50	22.70	1000	1200	24.20
G～H	24.20	23.50	22.70	1200	1400	25.20
H～A	24.20	23.50	22.70	1000	1200	24.20

（2）桩顶放坡

放坡高度 1.20～2.00m，统一为 1.5m，坡率 1∶1.2，坡面采用喷锚网护坡，挂厚 2mm 钢板网，喷 C20 混凝土，厚 60～80mm。

（3）一、二层内支撑

设两道混凝土内支撑，均为十字对顶＋角撑形式，第一道内支撑支于冠梁，支撑混凝土强度 C30。第二道内支撑支于腰梁，混凝土强度为 C40，水平内支撑体系由冠梁、腰梁、支撑梁等组成，一、二层内支撑杆件尺寸见表 3、表 4。在程序中使用 1D 梁单元模拟支撑及围檩（冠梁、腰梁），其中两层内支撑混凝土强度统一简化为 C35，截面 800mm×800mm。冠梁及腰梁混凝土强度统一简化为 C35，截面 1000mm×1000mm。

一层撑杆件　　表 3

部位名称	冠梁（mm）	冠梁（mm）	腰梁（mm）	对撑、角撑（mm）	角撑（mm）	连杆（mm）	栈桥梁（mm）	栈桥梁（mm）
编号	GL1	GL2	WL1	ZC1-1	ZC1-2	ZC1-3	ZQL	ZQL（a）
尺寸	1200×800	1400×800	1000×800	800×800	600×800	600×600	800×1000	800×1000

二层撑杆件　　表 4

部位名称	腰梁（mm）	对撑（mm）	对撑、角撑（mm）	角撑（mm）	连杆（mm）
编号	YL1(YL2)	ZC2-1	ZC2-2	ZC2-3	ZC2-4
尺寸	1100×900	1000×900	800×900	600×800	600×600

（4）立柱

竖向立柱桩设计支撑自重按 1/2 分担法确定，桩竖向承载力标准值＝支撑自重＋立柱自重＋偏心荷载。支撑桩径取 900mm，净长 15m。由于格构柱和立柱基础穿越多层土层，需要分别建立 1D 植入式梁单元和 1D 梁单元进行模拟，建立起来较为复杂，容易导致其与 3D 模型实体单元发生不耦合现象，且支撑结构的竖向位移不是重点的期望结果，因此在模型初始概化阶段暂不设置立柱梁单元，也不设置 TZ 方向的位移约束代替支撑立柱。

1.5 地铁隧道

隧道坡度变化很小，因此 6 号线隧道埋深统一为 22m（放坡底面距隧道轴心），管片外半径 3.1m，内半径 2.75m，厚度 0.35m，使用 C50 混凝土。4 号线隧道埋深统一为 12m（放坡底面距隧道轴心），管片外半径 3.0m，内半径 2.7m，厚度 0.3m，使用 C50 混凝土。

1.6 分析范围

在建模时，需确定合理的分析范围，取“有限区域”的范围进行分析即可。建模时，为了消除边界效应，需把基坑的影响区域包含进去，可根据规范条文确定基坑的影响区域[4]。参考《城市轨道交通工程监测技术规范》GB 50911—2013 第 3.2.2 条（及条文说明）的详细规定。在本项目中，基坑的开挖深度取 13.5m，则充分考虑基坑的影响区，从基坑边界到模型边界的尺寸不能小于 3 倍的 H，也即不能小于 40.5m。深度范围取［3 倍的基坑深度，2 倍的立柱深度］max，确定深度方向取 50m 即可。

2 支护结构的概化及模型特性参数的选取

从支护结构的概化和模型特性参数的选取对比等 4 个方面，结合模型运算结果与实际监测结果的拟合情况，共建立了包括初始模型在内的 5 个模型，见表 5。

不同概化程度的模型

（○表示选择，×表示不选择） 表 5

概化内容	增加立柱约束	调整界面单元模量参数	支撑单元属性参数细化	调整土体刚度模量参数
初始模型	×	×	×	×
模型 2	○	×	×	×
模型 3	○	○	×	×
模型 4	○	○	○	×
模型 5	○	○	○	○

2.1 支护结构的概化

本项目采用单排桩＋两层混凝土内支撑 ＋ 桩顶放坡支护，同时在内支撑节点处设置立柱桩，土体被动区采用喷混桩加固。

（1）初始概化基础上增加立柱约束

在初始概化模型中设置立柱约束，如图 2 所示，以此来分析其对模型变形协调的贡献作用及对模型分析结果的影响，主要为初始模型和模型 2 之间的对比。

（2）支撑单元属性参数细化

分别建立一、二层支撑单元，按表 3 和表 4 将初始模型中统一截面尺寸和强度的支撑体系细化为 ZC1-1～ZC1-3、ZC2-1～ZC2-4 七种不同强度和截面尺寸的支撑杆件，如图 3 所示。在维持其他模型单元网格及各项参数不变的情况下，再次运行计算，以此分析关于支撑体系的简化模拟是否可行和合理，主要为模型 3 和模型 4 之间的对比。

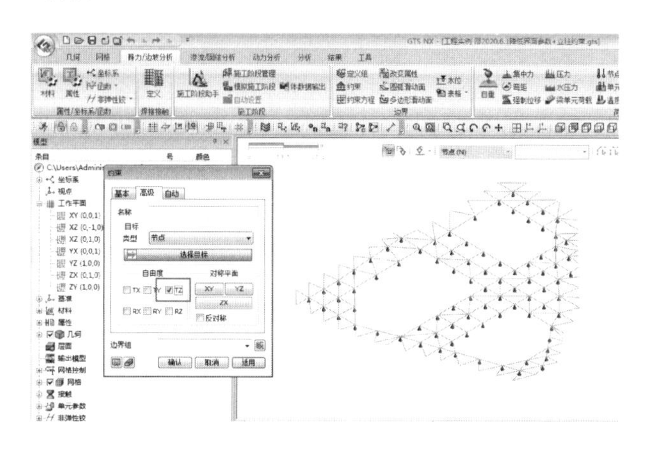

图 2 TZ 位移约束代替支撑立柱

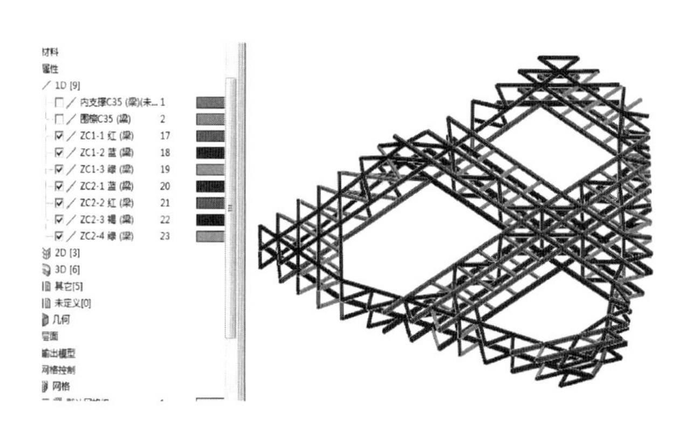

图 3 支撑单元的细化建模

2.2 模型特性参数的选取

（1）调整界面单元模量参数

对于有限元分析，共节点则变形协调，但结构和土层之间实际存在相互错动，因此需要建立界面单元来模拟它们之间的接触关系[5]。利用预先生成的板桩（板单元），在开挖侧和背面土体两侧生成界面单元，界面单元在生成的同时，会在相应位置上自动分离连接的节点，并在其之间生成具有法向和切向刚度的单元，见图 4。由于界面材料自动按各地层生成的界面单元剪切刚度模量较大，将其按表 6 调整至合适的范围区间（1/100～1/1000 的法向刚度模量）后，分析其对模型结果的影响，主要为模型 2 和模型 3 之间的对比。

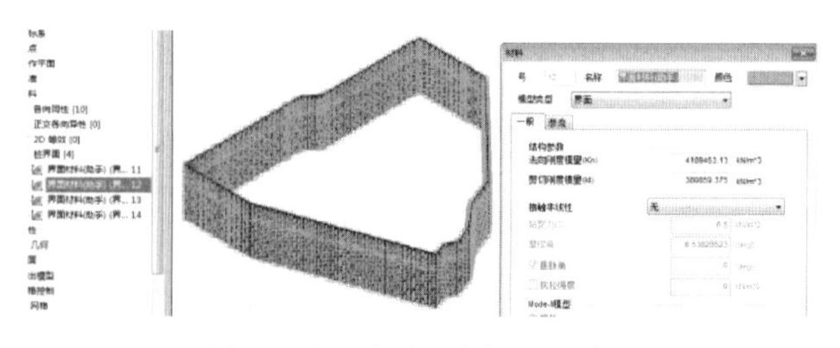

图 4 界面助手生成的界面单元

调整界面单元模量参数　　表 6

界面单元段	界面单元（填土段）（kN・m⁻³）	界面单元（淤泥质黏土段）（kN・m⁻³）	界面单元（粉质黏土一段）（kN・m⁻³）	界面单元（粉质黏土二段）（kN・m⁻³）
原始法向刚度模量	3432000	4189453	825000	2059200
原始剪切刚度模量	312000	380859	75000	187200
调整剪切刚度模量	34320	41894	8250	20592

（2）调整土体刚度模量参数

在 GTS NX 的基坑分析中，最常涉及的土体刚度模量有：弹性模量 E、三轴试验割线刚度 E_{50}^{ref}、主压密加载试验的切线刚度 E_{oed}^{ref}、卸载弹性模量 E_{ur}^{ref}[4]。在模拟基于一般施工阶段分析过程中开挖引起的加载和卸载时，使用卸载模量 E_{ur}^{ref} 能够更接近实际的岩土行为。实际工程中，大多勘察报告仅在物理力学性质表中提供 0.1～0.2MPa 压力区间的压缩模量，一般也不提供综合固结试验（压缩试验）成果 e-p 曲线，因此需要查阅文献资料中类似项目和相关区域的工程项目信息，根据总结概括出的具有区域适用性的参数数据来取值[4]。基于此，按表 7 将初始土层特性参数表 1 中的 E_{ur}^{ref} 取值由原来的 3 倍 E_{50}^{ref} 提高到 7 倍 E_{50}^{ref}，保持原模型中其他参数不变，再次运行计算，以此分析判断是否存在设置了过小的卸载模量导致隆起过大抵消了部分沉降的情况发生，主要为模型 4 和模型 5 之间的对比。

调整土体刚度模量参数　　表 7

岩土分层	填土（kN・m⁻³）	淤泥质黏土（kN・m⁻³）	粉质黏土一（kN・m⁻³）	粉质黏土二（kN・m⁻³）
切线刚度	40000	10000	24000	40000
原始卸载模量	120000	30000	72000	120000
调整卸载模量	280000	70000	168000	280000

3　模型总览及分析结果的提取、比对分析

3.1　模型计算结果提取

将表 5 所列的共 5 个模型的运算结果，按照图 5 所示分别提取地铁隧道变形、隧道上方岩土体沉降、支护结构变形、坡顶处位移、背后土体变形及坑底变形的最大绝对

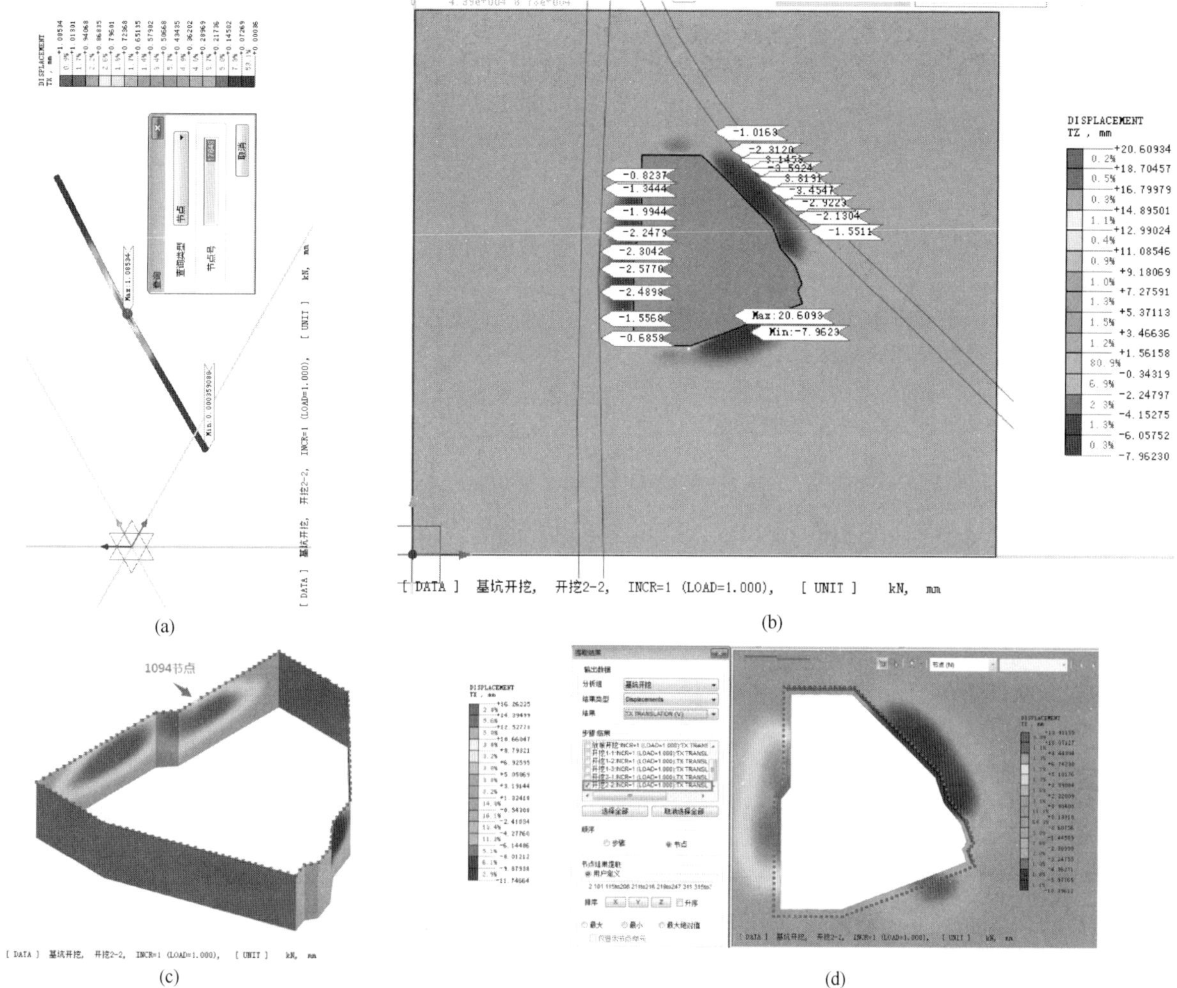

(a)　(b)　(c)　(d)

图 5　模型计算结果提取（一）

（a）地铁隧道变形；（b）隧道上方岩土体沉降；（c）支护结构变形；（d）坡顶处位移

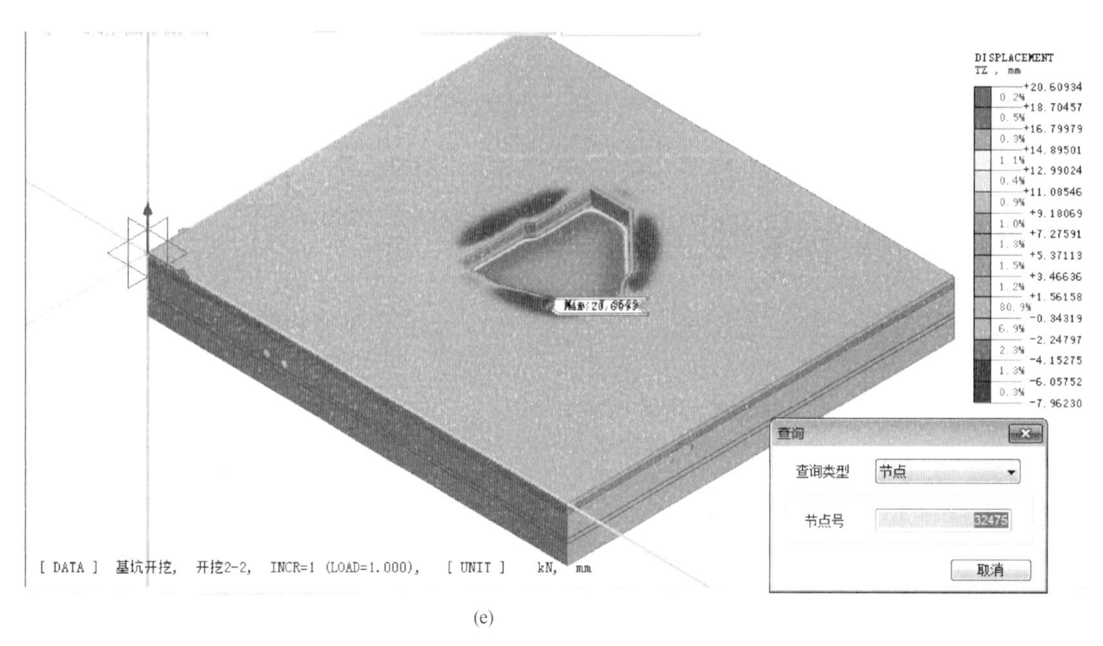

(e)

图5 模型计算结果提取（二）

（e）背后土体及坑底变形

值，并与基坑监测报告和地铁运营监测报告中的监测数据对应罗列于表8中。通过CORREL函数相关度分析，将模型计算结果与监测数据进行相关度分析，并按相关程度由低到高排列至表9中。

3.2 模型概化及参数选取对计算结果的影响分析

（1）立柱约束

从表8中初始模型和模型2的数据对比可以看到，增加立柱约束后，支护结构水平位移最大值基本不变，但其发生位置由桩顶移动至桩身某处，且桩顶水平位移得到了有效控制，坡顶处的水平位移和沉降也因此有所降低。增加立柱约束后被动土压力的改变，使4号线左线及其上方土体沉降增加，并使其更趋近于监测值。总体来看，增加立柱约束后的计算结果与监测数据的相关度由60%上升到了65%。因此，立柱作为与内支撑横梁、围护结构统一的整体[6]，在模型概化时如不设置立柱梁单元，其竖向约束是十分必要的；否则，会出现如图6所示的支撑体系变形失衡，与实际情况严重不符，所以在模型概化时，保证支护体系重要部分的完整性是非常重要的。

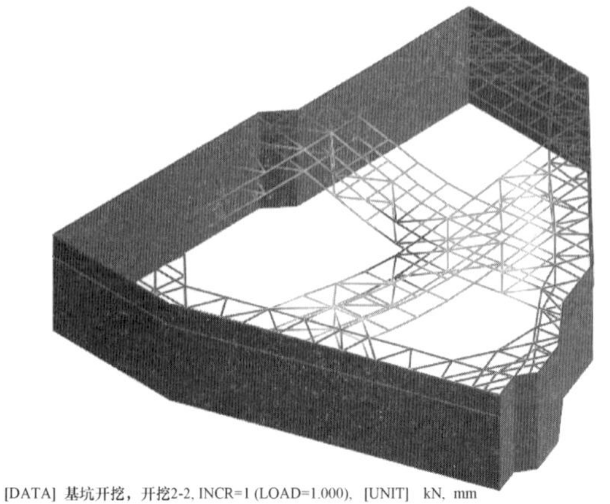

图6 不设竖向约束的支撑体系变形失衡

（2）支撑单元属性参数细化

从表8中模型3和模型4的数据对比可以看到，支撑体系细化后，地铁隧道管片的水平和竖向变形值、隧道上方岩土体沉降值、支护结构水平位移值、桩顶位移值、背后土体水平位移及沉降值、坡顶处水平位移及沉降值和坑内土体隆起值均没有发生明显变化，且表9中两个模型的CORREL函数相关度均为66%，因此可知2.1中关于支撑体系的简化模拟是可行的和合理的，并不会造成岩土体、支护结构或者地铁隧道水平及竖向位移值的显著变化。这样不仅可以简化模拟流程，减少出错率，还能提高建模效率，也充分体现了把握重点、简洁明了、思路清晰的建模原则。

（3）界面单元模量参数

从表8中模型3和模型4的数据对比可以看到，降低界面单元剪切刚度模量后，土体的变形和桩墙的变形协调差异化增大，导致地铁隧道、岩土体及支护结构的位移均发生了小幅增加，且与监测数据的CORREL函数相关度上升了1个百分点，因此合理的界面单元参数对消除岩土体与桩墙之间的被迫协调变形有一定的作用，更能准确反映相邻材料变形不一致所产生的相对错动。

（4）土体刚度模量参数

从表8中模型4和模型5的数据对比可以看到，增大土体卸载模量参数后的模型，坑内土体隆起最大值降低明显，虽然因此释放了坑周原有沉降，但只引起了背后土体沉降值略有增加，坡顶处最大沉降值有一定程度的增加。岩土体沉降幅度的变化，也相应引起了支护结构及背后土体水平向的位移变化。由图7可以看出，增大土体卸载模量后，背后土体的沉降范围略有缩小，导致地铁隧道进一步脱离沉降范围区，从而使地铁隧道的竖向变形值减小。总体来说，增大土体卸载模量参数后的模型5与模型4相比，其与监测数据的 CORREL 函数相关度上升了 3 个百分点，达到了 69%，因此本模型中 E_{ur}^{ref} 取经验高值更合理一些。

不同概化程度及调整参数后的模型计算结果与监测数据一览（mm）　　表 8

结果类型	地铁隧道管片变形			隧道上方岩土体沉降	支护结构水平位移	桩顶水平位移	背后土体水平位移及沉降		背后土体（坡顶处）水平位移及沉降		坑内土体隆起
	线路	Max TX/TY	MaxTZ	MaxTZ	Max TX/TY	MaxTX	Max TX/TY	MaxTZ	Max TX/TY	MaxTZ	MaxTZ
监测结果	4 号线左线	1.08	1.09	7.15	—	6.70	—	—	6.40	5.63	—
	6 号线右线	1.05	1.10	7.51							
初始模型	4 号线左线	1.70	0.48	2.62	14.99	14.99	14.97	7.57	11.52	5.93	19.53
	6 号线右线	0.97	0.19	2.10							
模型 2	4 号线左线	1.99	0.79	3.36	15.02	10.62	14.99	7.09	8.58	4.09	20.20
	6 号线右线	1.02	0.19	2.33							
模型 3	4 号线左线	2.16	0.86	3.80	16.26	11.78	16.23	7.96	9.64	4.87	20.61
	6 号线右线	1.09	0.21	2.60							
模型 4	4 号线左线	2.12	0.84	3.70	16.25	11.64	16.22	8.00	10.04	4.97	20.60
	6 号线右线	1.09	0.21	2.60							
模型 5	4 号线左线	1.39	0.64	3.55	13.81	10.60	13.77	8.57	9.68	6.34	11.94
	6 号线右线	0.67	0.16	2.20							

模型计算结果与监测数据相关度　　表 9

模型	比对数据（mm）									CORREL 函数相关度
监测	1.08	1.09	7.15	1.05	1.10	7.51	6.70	6.40	5.63	—
初始模型	1.70	0.48	2.62	0.97	0.19	2.10	14.99	11.52	5.93	60%
模型 2	1.99	0.79	3.36	1.02	0.19	2.33	10.62	8.58	4.09	65%
模型 3	2.16	0.86	3.80	1.09	0.21	2.60	11.78	9.64	4.87	66%
模型 4	2.12	0.84	3.70	1.09	0.21	2.60	11.64	10.04	4.97	66%
模型 5	1.39	0.64	3.55	0.67	0.16	2.20	10.60	9.68	6.34	69%

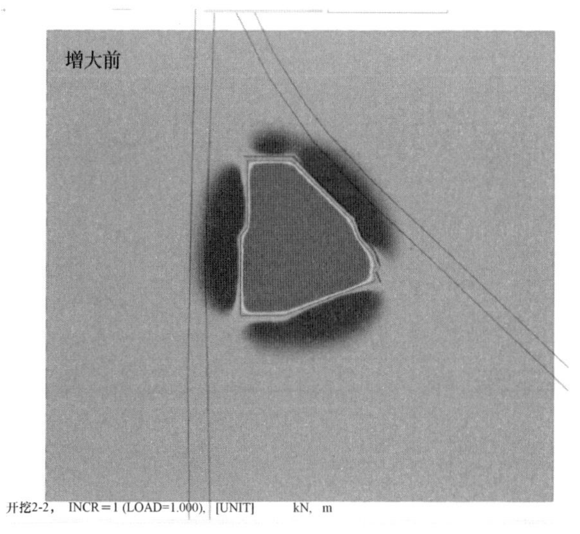

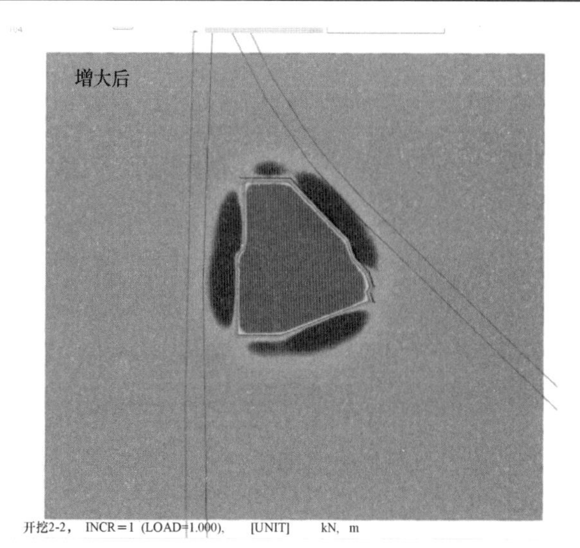

图 7　增大土体刚度模量后沉降范围的减小

4 结论

文章从立柱约束、支撑单元属性参数细化两个支护结构的概化方面，和模型界面单元参数、土体刚度模量参数两个特性参数的选取对比方面，结合模型运算结果与实际监测结果的拟合情况，共建立了包括初始模型在内的5个模型，通过对模型分析结果的提取、比对分析，得出以下结论：

（1）在模型概化时如不设置立柱梁单元，其竖向约束是十分必要的，保证支护体系重要部分的完整性是非常重要的。

（2）对支撑体系的简化模拟是可行的和合理的，并不会造成岩土体、支护结构或者地铁隧道水平及竖向位移值的显著变化。这样不仅可以简化模拟流程，减少出错率，还能提高建模效率，也充分体现了把握重点、简洁明了、思路清晰的建模原则。

（3）合理的界面单元参数对消除岩土体与桩墙之间的被迫协调变形有一定的作用，更能准确反映相邻材料变形不一致所产生的相对错动。

（4）对于在GTS NX的基坑分析中最常涉及的土体刚度模量，在区域统计数据结果较为缺乏时，需要反复调试模型确定参数。

（5）由于本项目仅考虑了C地块基坑施工的影响，没有将后施工的B地块基坑引起的二次水平位移抵消和竖向位移叠加效应考虑在内，导致模型分析结果中的地铁隧道竖向变形值偏小，支护结构及背后土体的水平位移值则偏大。总体来看，经过初始模型至最终模型5的不断优化，模型构建、参数选取、分析结果基本合理。

参考文献：

[1] 徐中华，王卫东．敏感环境下基坑数值分析中土体本构模型的选择[J]．岩土力学，2010，31(01)：258-264+326.

[2] 王卫东，王浩然，徐中华．上海地区基坑开挖数值分析中土体HS-Small模型参数的研究[J]．岩土力学，2013，34(06)：1766-1774.

[3] 司马军，马旭，潘健．武汉老黏性土小应变硬化模型参数的试验研究[J]．水利与建筑工程学报，2018，16(03)：93-97+112.

[4] 马路寒．GTS NX在深基坑工程中的应用：从入门到精通[M]．北京：北京迈达斯技术有限公司，2018：19-20.

[5] 北京迈达斯技术有限公司．三维基坑施工阶段分析[M]．北京：北京迈达斯技术有限公司，2018：16.

[6] 李凡月．基于最小二乘的深基坑立柱竖向位移预测[J]．工程技术研究，2020，5(08)：255-256.

基于某工程实例的深基坑支护设计分析

张玉娟[1,2]， 冯科明[1,2]， 孟艳杰[1,2]， 曹羽飞[1,2]
（1. 北京城建勘测设计研究院有限责任公司，北京 100101；2. 城市轨道交通深基坑岩土工程北京市重点实验室，北京 100101）

摘　要：深基坑工程作为建筑工程中一项非常重要的工作，不仅具有复杂性，而且对技术要求也非常高。所以对深基坑支护结构进行合理设计，是确保其工程进度、质量和造价都能达到预期标准的最直接途径。本文以实际工程为载体，围绕深基坑支护方案设计要点，从基坑周边环境、地勘资料、工筹要求、工期、经济性以及季节性影响等多方面入手，详细介绍了岩土基坑支护设计从前期资料整理及考虑因素、方案选型到具体设计理念的全过程思路，同时针对本项目辨识出的危险源提出了具有针对性的防护措施。希望能为今后的类似工程提供设计思路和借鉴。

关键词：深基坑工程；复杂周边环境；地下水控制；支护方案比选；风险识别与防护

0　引言

随着我国城市化进程的加快，城市内部的基坑工程也越来越复杂，尤其是在一些大型城市，建设用地资源日趋紧张，基坑随之变得深度更深，形状更复杂[1-3]。目前，在北京地区已将基坑支护设计作为危险性较大工程的专项设计。基坑支护需满足以下功能要求：(1) 保证基坑周边建（构）筑物、地下管线、道路的安全和正常使用；(2) 保证地下结构的施工空间。因此在做深基坑支护设计的过程中，充分考虑各种影响因素是极其重要的。下面，结合具体工程案例谈一谈此方面的体会[4-6]。

1　案例

1.1　工程概况

本工程拟建场地位于北京市，基坑周长约 600m，包括 A、B 两个地块，拟建建筑物为框架-剪力墙结构；基础形式为筏形基础；1 号楼、4 号楼、5 号楼及 6 号楼采用 CFG 桩复合地基，其余为天然地基。基坑开挖深度：7.18～18.58m，基坑设计使用年限为 1 年。

1.2　工程地质条件

根据勘察报告得知，拟建工程揭露范围内的地层为：人工填土层，新近沉积层、一般第四系冲洪积层，岩性主要以黏性土、粉土、砂土为主，详见图 1。

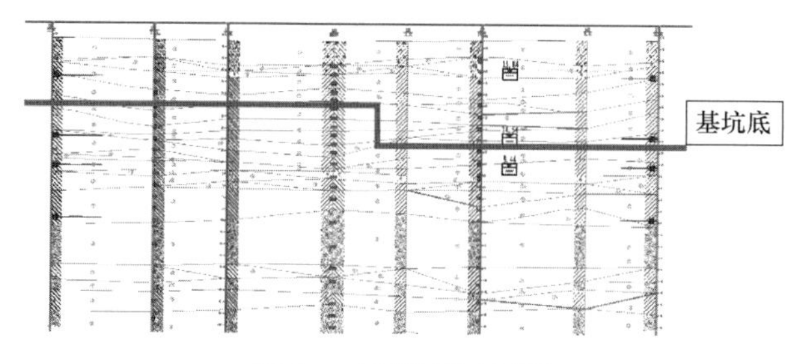

图 1　工程地质展开图

1.3　地下水位情况

根据勘察资料得知，本项目具体水位观测情况详见表 1。

地下水位观测情况一览表（2019 年 3 月）　表 1

地下水类型	初见水位埋深（m）	初见水位绝对标高（m）	稳定水位埋（m）	稳定水位绝对标（m）
潜水（一）	5.5～7.7	23.46～25.84	5.3～6.8	24.01～25.94
层间水（二）	16.0～17.8	13.02～15.37	15.4～17.1	13.52～15.97
层间水（三）	21.0～23.5	7.66～10.43	20.7～22.2	8.42～10.89
层间水（四）	30.00～34.0	−3.19～1.33	29.50～33.1	−2.29～2.16

1.4　水土腐蚀性

该场地内地下水和地基土对混凝土和钢筋均具有微腐蚀性。

1.5　液化性

根据地质勘察资料可知，本场地内 20.0m 深度范围内地基土不液化。

1.6　周边环境条件

根据建设单位提供资料，本基坑周边环境复杂，具体情况介绍如下。

场地东侧现存路灯线、电力、上水、雨水、污水、热力、自来水管线及综合管廊；场地南侧和北侧，地下管线埋深浅，基坑支护对地下管线基本无影响；场地西侧为规划市政管线如电力、通信、给水、中水、雨水以及污水管线等，埋深 1.0～6.8m，预计在基坑使用期间进行施工；基坑西北角处现有市政给 A 地块预留的热力管井、雨水、污水，且热力管井无法改移。

根据甲方工筹安排，考虑 6 号楼基础范围内预计主体结构施工至地上 15 层后（结构荷载 220kPa）再回填低跨肥槽，因此对 6 号楼西侧及南侧剖面进行支护体系加强。

本工程地块内有同时建设的地铁区间，开挖深度 23.051～24.098m，局部剖面支护桩紧邻地铁支护桩。

本基坑范围内局部单体采用CFG桩复合地基，相应剖面根据CFG桩间距进行支护桩间距的合理布置，且保证支护体系的安全可靠。

2　基坑支护设计

2.1　设计方案比选

1. 地下水控制方案比选

本工程可以降水，但由于工期紧张，且对已建地铁及各种管线工后沉降有影响，综合考虑采用止水方案。

2. 支护结构形式比选

目前，北京市基坑支护结构形式常用的主要有以下几类：简易放坡支护、土钉墙支护、复合土钉墙支护、悬臂桩支护、桩锚支护、桩撑支护等。

由于本基坑土质相对较软、基坑宽度大、止水应考虑水压力的因素进行支护方案选型。总体支护方案采用桩锚支护体系；受综合管廊、管线影响较大部位采用双排桩支护体系；坑内高低跨高差均大于3m，采用桩锚支护、预留肥槽土钉墙以及双排桩等进行支护。

2.2　支护设计

1. 地下水控制措施

由于本工程与地铁某线明开区间同时开挖，基坑使用期较长，根据地下水控制方案比选，采用止水设计方案。止水设计采用基坑外围止水＋基坑内疏干的方式。坑外采用止水帷幕，止水帷幕采用三轴搅拌桩 ϕ650@900，套接一孔，局部接槎位置采用高压旋喷桩咬合，旋喷桩直径800mm，咬合不小于350mm，具体做法如图2所示。坑内布置疏干井，坑外设置观测井。

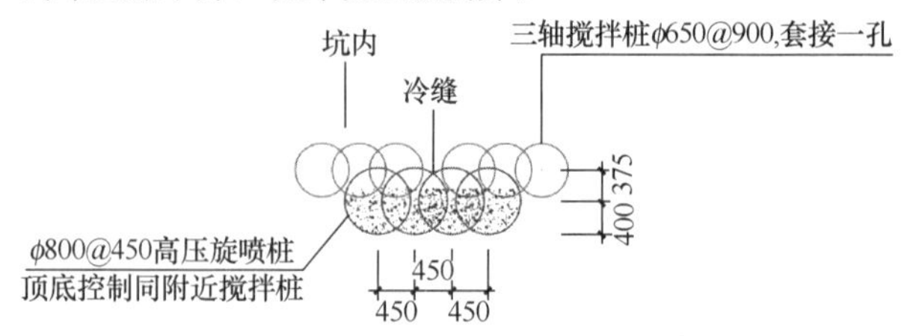

图2　三轴搅拌桩冷缝处理大样图

2. 基坑支护方案设计

根据本项目周边环境和基坑自身的复杂性，本基坑侧壁支护安全等级分别为一级、二级和三级，典型剖面介绍如下。

（1）西北角热力管井支护设计

西北角邻近市政热力管井，井室与结构外墙最近距离1485mm，本剖面采用1000mm灌注桩，间距1400mm，背后设置800mm背拉桩，2道锚索避开热力井室，锚索采用锚杆钻机施工，后期二次压力注浆保证足够的抗拔力，详见图3。

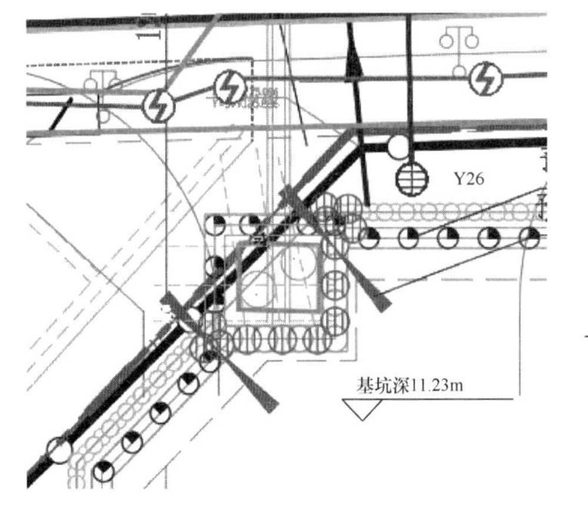

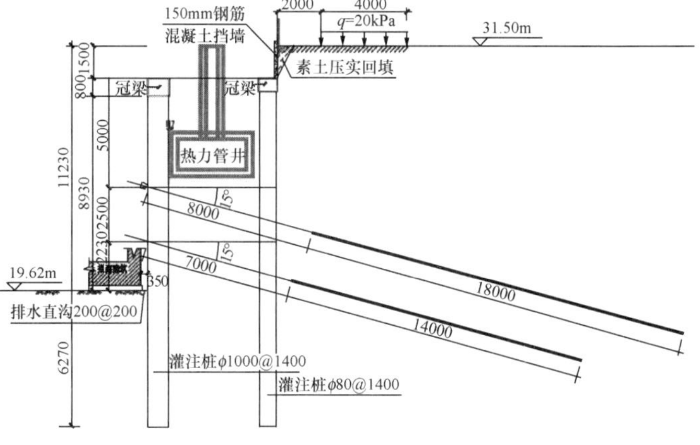

图3　西北角典型平剖面支护图

（2）东侧邻近综合管廊剖面

东侧剖面距综合管廊10.5～12.4m，采用双排桩支护体系，前排桩直径为1000mm，间距1.5m；后排桩直径为1000mm，间距1.5m，排距2.5m，前后排桩采用1.1m钢架梁连接，设置3道压力分散型锚索，详见图4。

（3）地铁基坑高低跨支护剖面

紧邻地铁基坑高低跨部位，基坑开挖深度7.48m，地铁开挖深度24.053m，地铁基坑采用桩锚支护，灌注桩 ϕ800@1200，桩外设置1000mm高压旋喷桩，搭接250mm。基坑采用悬臂桩支护体系，桩径 ϕ800@1400，基坑支护桩与地铁支护桩之间设置800mm厚混凝土板，应在地铁支护桩施工完成后立即浇筑C25混凝土板，且沿本剖面通长设置，详见图5。

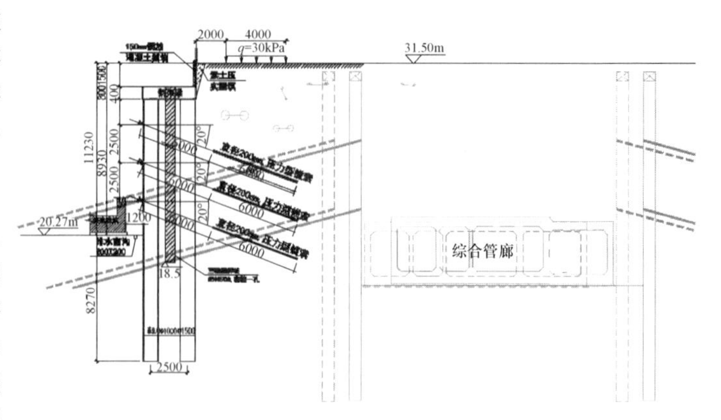

图4　东侧典型平剖面支护图

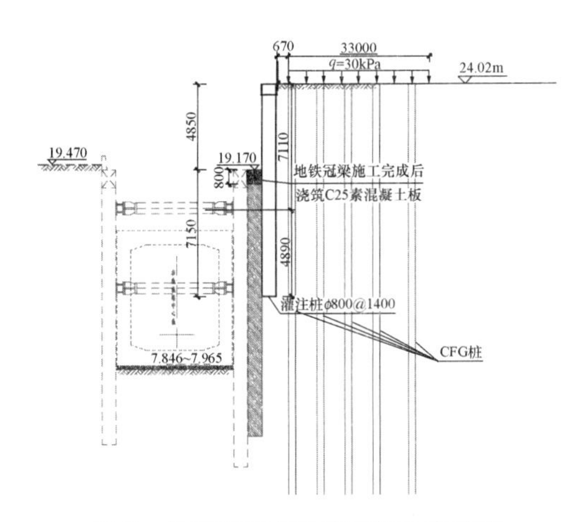

图 5　地铁基坑高低跨平剖面支护图

（4）坑内 6 号楼高低跨预先施工部位支护剖面

因工筹安排，建设方要求 6 号楼预先施工至地上 15 层（荷载 220kPa），考虑主体结构变形协调以及周边基坑支护体系的安全性，特对 A-A、B-B、C-C 以及 D-D 剖面进行加强支护，支护平面图详见图 6。

A-A 剖面基坑深 7.05m，采用桩锚支护，灌注桩直径 ϕ800@1550，两道锚索，支护剖面详见图 7。

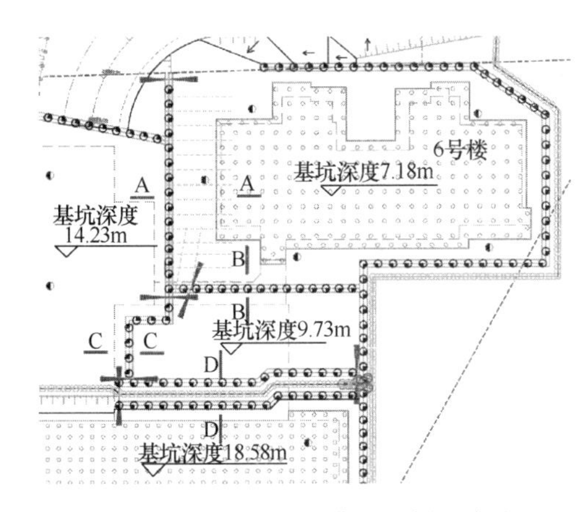

图 6　6 号楼高低跨处典型平剖面支护图

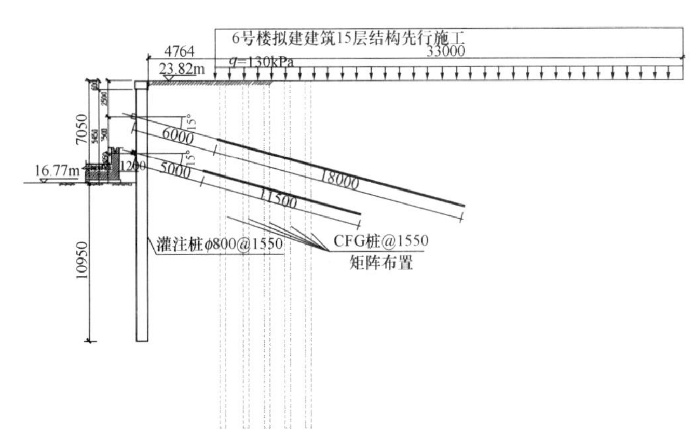

图 7　A 平剖面支护图

B-B 剖面基坑开挖深度 2.55m，采用悬臂桩支护，灌注桩直径 ϕ800@1400，支护剖面详见图 8。C-C 剖面基坑开挖深度 4.5m，采用桩锚支护，灌注桩直径 ϕ800@1600，一道锚索，支护剖面详见图 9。D-D 剖面基坑开挖深度 8.84m，采用双排桩支护，前后排灌注桩直径均为 ϕ800@1600，支护剖面详见图 10。基坑施工过程中应严格按设计要求以及监测规范对各监测项目进行监测，并及时反馈，做到信息化施工、动态设计，确保基坑施工的安全。

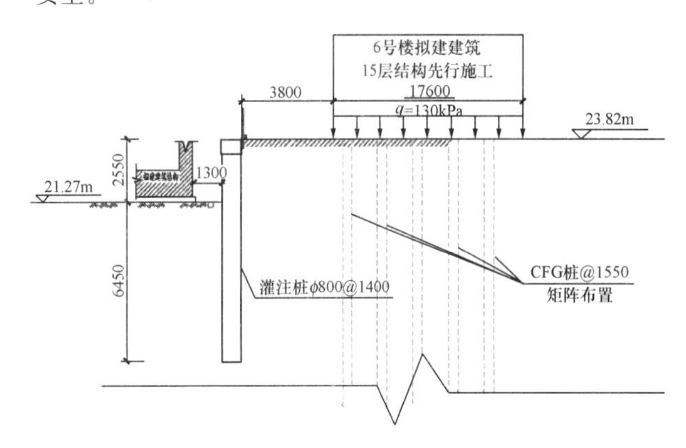

图 8　B-B 平剖面支护图

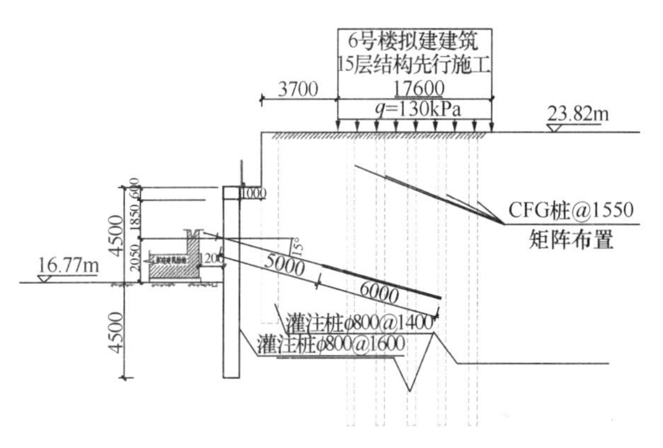

图 9　C-C 平剖面支护图

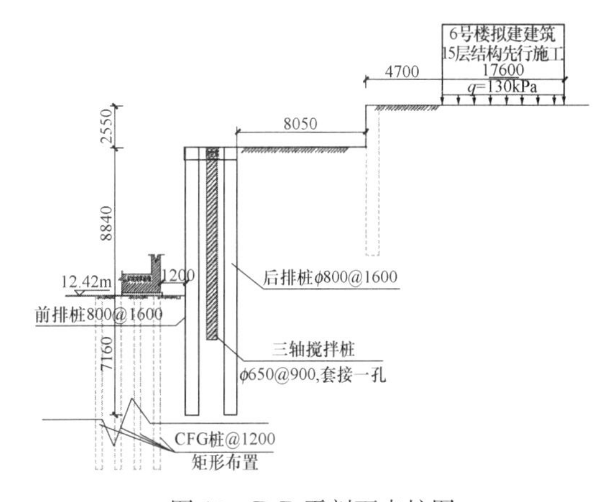

图 10　D-D 平剖面支护图

3　风险识别与防护

深基坑工程支护设计过程中不仅需要保证支护结构自身的安全稳定，还需兼顾基坑周边建（构）筑物的安全和正常使用。根据本项目的复杂性，经综合分析，主要风险源及防护措施如下：

(1) 本工程基坑开挖影响范围内存在较多的管线，施工前应进行仔细探测并核实，必要时进行改移或其他防护措施，以免造成管线的破坏。

(2) 本项目采用三轴搅拌桩进行地下水控制，施工时应保证与地铁止水帷幕之间做好冷缝连接，以免漏水。

(3) 由于甲方工筹安排，6号楼先行施工至地上15层，考虑6号楼地块位于高低跨的高跨部位且采用CFG桩复合地基，考虑强荷载作用下土体侧限压力影响，特对6号楼西侧和南侧剖面进行加强处理，施工时应注意合理施工，保证设计强度，同时应加强监测，直至主体结构施工完成。

(4) 考虑基坑开挖的“时空效应”，开挖时要严格控制每步开挖土方的空间尺寸，并尽量减少每步开挖中一部分基坑未支护前的暴露时间，基坑开挖做到分层分块，每层厚度不得超过2m，放缓开挖速度，严格按信息化数据指导施工。

(5) 施工过程中应严格按设计要求和施工方案建立相应的位移监测点，如观测点累计位移量出现异常或达到报警值，应立即停止施工，及时通过有关技术人员进行处理。

4 结论

本文通过对典型基坑支护设计项目的设计过程的阐述，详述了基坑支护理论及选型的重要性，在细化设计的同时，简单归纳基坑支护设计时应注意的几点事项：

(1) 基坑开槽图是基坑支护设计的基础。开槽图整理过程应综合各层地下室、车库以及附属结构的基础图，集水坑、电梯井等的深度和做法，同时应考虑地基处理方式对基坑肥槽宽度的需要。基坑内部高低跨处肥槽留设应根据结构做法进行设计。

(2) 周边环境对基坑支护方案选型起着决定性的作用。基坑设计应充分考虑管线埋深、距基坑水平距离以及支护形式，规划管线的施工时间是否在本基坑服务期间内，周边建（构）筑物的埋深、支护形式以及特殊要求等。

(3) 设计时应考虑基坑内部不同地块之间施工的先后顺序对基坑围护结构强度的要求。

(4) 地铁施工由北向南穿过本基坑，因此，设计过程中应与地铁支护设计紧密配合，冠梁连接，止水帷幕封闭，合理安排施工先后顺序等。

(5) 基坑支护方案往往根据基坑自身开挖深度、工程地质、水文地质条件、周边环境以及工筹要求等进行选型，它不仅需要满足基坑支护结构自身的安全稳定性也应充分保证基坑周边建（构）筑物的安全运行，同时也应经济、合理。

参考文献：

[1] 杨金健，喻久康，方宇．岩土工程基础施工中深基坑支护施工技术的应用探析[J]．工程技术：引文版，2016(39)：147.

[2] 于大鹏，李哲兴．岩土施工中的深基坑支护设计要点分析[J]．科技创新与应用，2016(29)：242.

[3] 庄奇锐．工程建设中深基坑的支护与岩土勘察技术探讨[J]．广东科技，2007(S2)：260.

[4] 尤文贵，陈冰雪．浅析建筑工程深基坑支护施工技术要点[J]．2018，12：21-26.

[5] 安胜．建筑工程深基坑支护施工施工技术要点[J]．2018，12：22.

[6] 全长红．探讨岩土工程施工中深基坑支护问题的分析[J]．工程技术，2015(24)：72.

紧贴既有建筑深基坑支护技术的实践与探索

赵春亭[1]， 刘永鑫[1]， 张启军[2]

（1. 西北综合勘察设计研究院青岛分院，山东 青岛 266001；2. 青岛业高建设工程有限公司，山东 青岛 266001）

摘　要：紧贴既有建筑开挖深基坑，对既有建筑的保护是支护的重点和难点，通常采用桩锚支护或地下连续墙支护，青岛某基坑采用了微型桩＋锚杆支护，微型桩起竖向超前支护作用，锚杆施加预应力控制位移，既有建筑安全运行，支护方法获得了成功。通过实例介绍该方法的设计与施工要点，为该类情况下基坑支护技术的应用提供了宝贵的理论和实践经验。

关键词：微型桩；超前支护；预应力锚杆；爆破振动；监测

0　引言

随着经济建设的发展和城市化进程的加快，城区建筑密度越来越大，根据建设需要，越来越多的建筑需要紧贴既有建筑开挖建设，如何保护好既有建筑成为支护的重点和难点。基坑支护的发展就是在实现其基本功能的前提下，不断探索一些更加经济、有效的支护技术，从而提高经济效益及社会效益。

青岛某基坑酒店紧贴原酒店楼房建设，原酒店楼房四层，独立浅基础，持力层为强风化流纹斑岩（或安山玢岩）。针对该类基坑情况，通常采用桩锚支护，但该工程一方面采用大直径灌注桩的空间不足，另一方面岩石地层灌注桩施工需要使用冲击钻，冲击钻的冲击振动很大，容易对原建筑产生扰动破坏。在该基坑中我们采用了微型桩、预应力锚杆、肋梁喷网等支护技术，成功地代替了桩锚支护，实践证明该支护结构安全度达到了要求，与桩锚支护相比造价大大节省[1]，为该类情况下使用的基坑支护技术提供了宝贵的经验。

1　工程概况

该工程拟建场区位于青岛技术开发区，南侧紧邻的原有酒店，20 世纪 80 年代建设，裙房四层，客房区为一L 形板楼，高度近 60m，选型简单，采用独立浅基础，埋深约 3m，以强风化基岩作为持力层。拟建筑物采用框-剪结构，筏形基础。基坑开挖深度 12.5m。

根据勘察资料，基坑边坡岩土性质自上而下基本为填土层、强风化岩、中等风化岩，各层描述如下：

①层素填土，主要由风化砂、粉土等回填而成，层厚 4.70～6.70m，松散。

②层流纹斑岩强风化带，岩石坚硬程度等级为软岩，层厚 0.3～5.50m，岩体质量等级Ⅴ级。

$②_1$ 层安山玢岩强风化带，层厚 1.15～5.70m，属较软岩，岩体质量等级Ⅴ级。

③层流纹斑岩中等风化带，岩石坚硬等级为坚硬石，岩体质量等级Ⅳ级。

$③_1$ 层安山玢岩中等风化带，属较坚硬岩，岩体质量等级Ⅳ级。

根据野外钻探及物探资料，结合区域地质资料分析，拟建场区地形平坦，地面标高 6.02～6.68m，虽存在较薄层填土，但未发现其他不利于场地稳定的不良地质现象。拟建场区场地稳定性良好，建筑适宜性良好。

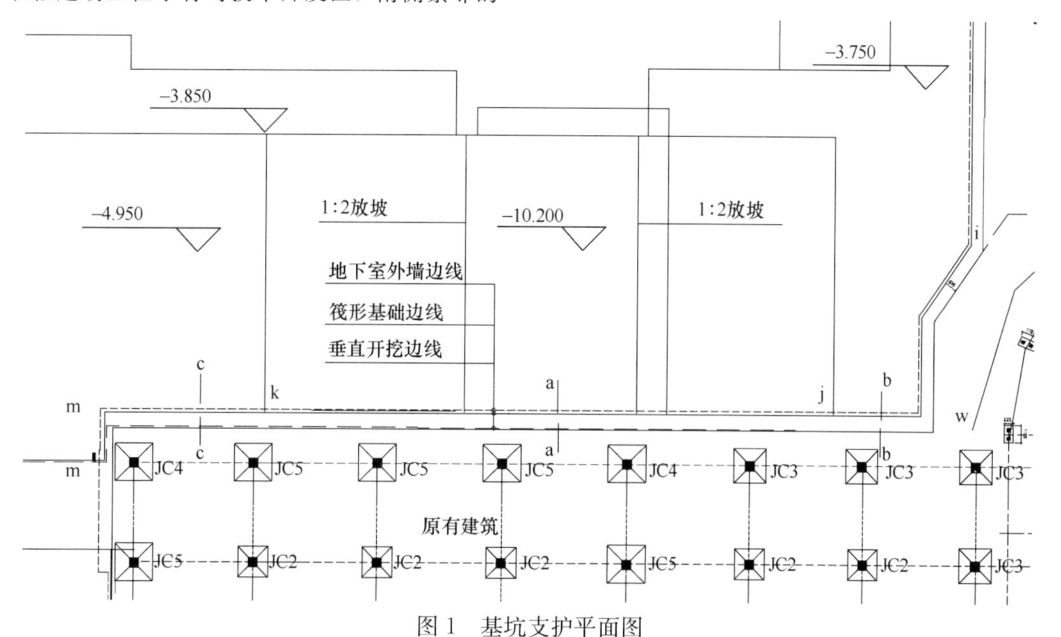

图 1　基坑支护平面图

岩土层主要物理力学指标汇总表　　表 1

层号	土层名称	重度 (kN/m³)	黏聚力 (kPa)	内摩擦角 (°)	粘结强度 (kPa)
①	素填土	17	4	15	13
②	强风化流纹斑岩	23	2	32	135
③	中风化流纹斑岩	26	21.3	50	400
②₁	强风化安山玢岩岩	21	2	30	135
③₁	中风化安山玢岩	25	6.2	50	400

地下水主要赋存于素填土中的潜水及下卧基岩中的风化裂隙水，埋深 3.4～4.1m，水位变幅约 0.5m。

2　基坑支护设计

2.1　方案论证

方案设计时提出了两套方案供建设方选择：

（1）桩锚方案，打设钻孔灌注桩后分层锚杆支护，该方案安全性高，但由于系岩石地层，灌注桩只能采用冲击钻，桩径通常不小于 800mm，南侧局部根本无法布置桩位，而且冲击成孔容易对原建筑产生扰动破坏。该方案费用还相当高，经分析不能采用。

（2）微型桩+锚杆支护方案，开挖前首先采用微型桩超前支护[2]，保证开挖过程中不出现塌滑，并成为竖向支护结构的主要受力构件，然后分层开挖，分层锚杆支护。经分析该方案切合实际，若精心施工，安全可靠，经济性好，最终选定了该方案。

2.2　区段划分

根据基坑开挖深度的不同，分为 a-a、b-b、c-c 三个断面，详见图 2。

2.3　设计计算

（1）计算模式

选取基坑最深的 a-a 段进行计算，采用桩锚支护模式。

（2）计算基本信息

① 内力计算方法：增量法；

② 计算依据的规范：《建筑基坑支护技术规程》JGJ 120—2012；

③ 基坑侧壁重要性系数 γ_0：1.1；

④ 嵌固深度：1.0m；

⑤ 桩顶标高：−1.9m；

⑥ 桩径：120mm，间距 800mm；

⑦ 混凝土强度等级：C30；

⑧ 冠梁截面：900mm×500mm；

⑨ 坡顶计算荷载：旧楼荷载取 15kPa/层，经计算，靠近基坑柱基荷载 402.91kPa，第二柱基荷载 1048.0kPa。

（3）岩土层物理力学参数选取

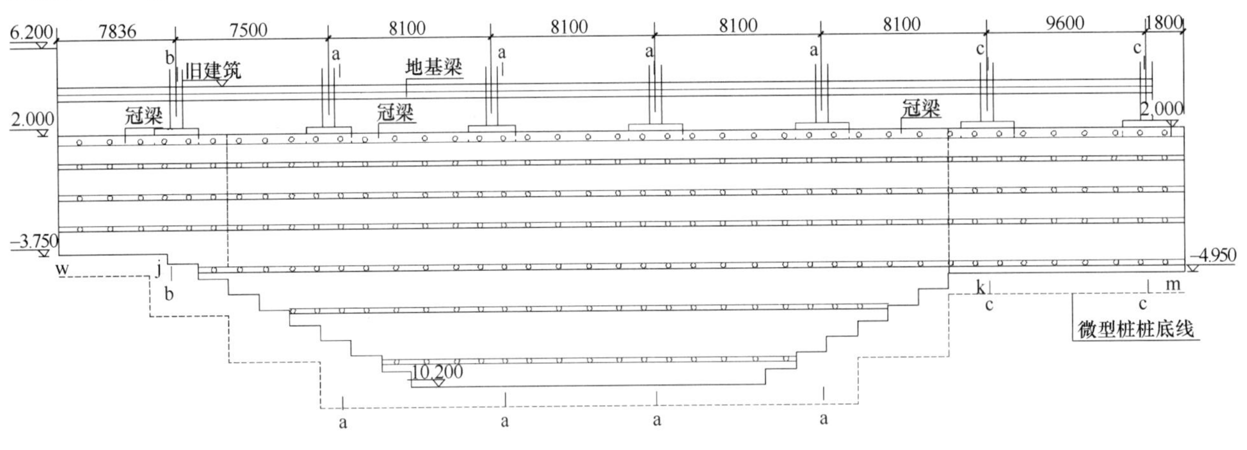

图 2　支护立面图

岩土层物理力学参数选取表　　表 2

层号	土层名称	层厚 (m)	重度 (kN/m³)	浮重度 (kN/m³)	黏聚力 (kPa)	内摩擦角 (°)	与锚固体摩擦阻 (kPa)	黏聚力水下 (kPa)	内摩擦角水下 (°)
①	杂填土	5.70	17.0	7.0	4.00	15.00	13.0	0.00	10.00
②	强风化岩	5.30	21.0	11.0	2.00	45.00	135.0	0.00	45.00
③	中风化岩	10.00	25.0	15.0	6.20	55.00	400.0	0.00	55.00

（4）岩土侧压力计算模型

基坑开挖范围主要为强风化岩，可按均质散粒结构考虑，采用矩形分布的土压力模型（图 3），水土合算。

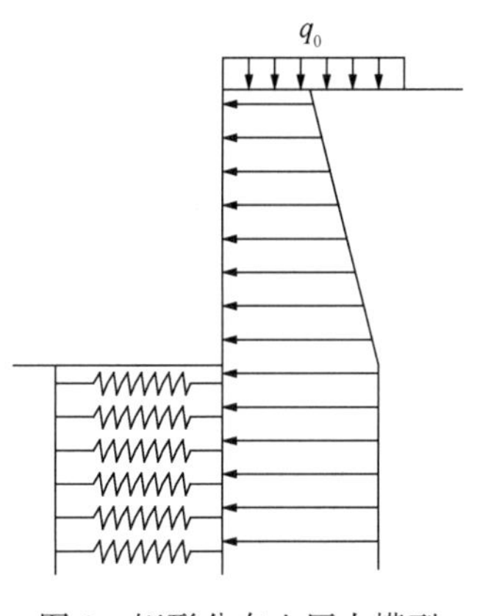

图 3 矩形分布土压力模型

（5）计算结果

① 内力计算结果

计算基坑内侧最大弯矩 14.86kN·m，基坑外侧最大弯矩 15.51kN·m，最大剪力 116.72kN。计算结果详见图 4。

② 微型桩型号计算

计算桩身配置纵筋，等效选用 12 号工字钢。最大弯矩处截面正应力 $\sigma = M/(\gamma \cdot W_x) = 15.5 \times 1000/(1.05 \times 77.5) = 190 < 215\text{N/mm}^2$，符合要求。

③ 锚杆计算结果

锚杆杆体采用 2 支 1860 级高强度低松弛钢绞线，锚杆参数详见表 3，剖面图见图 5。

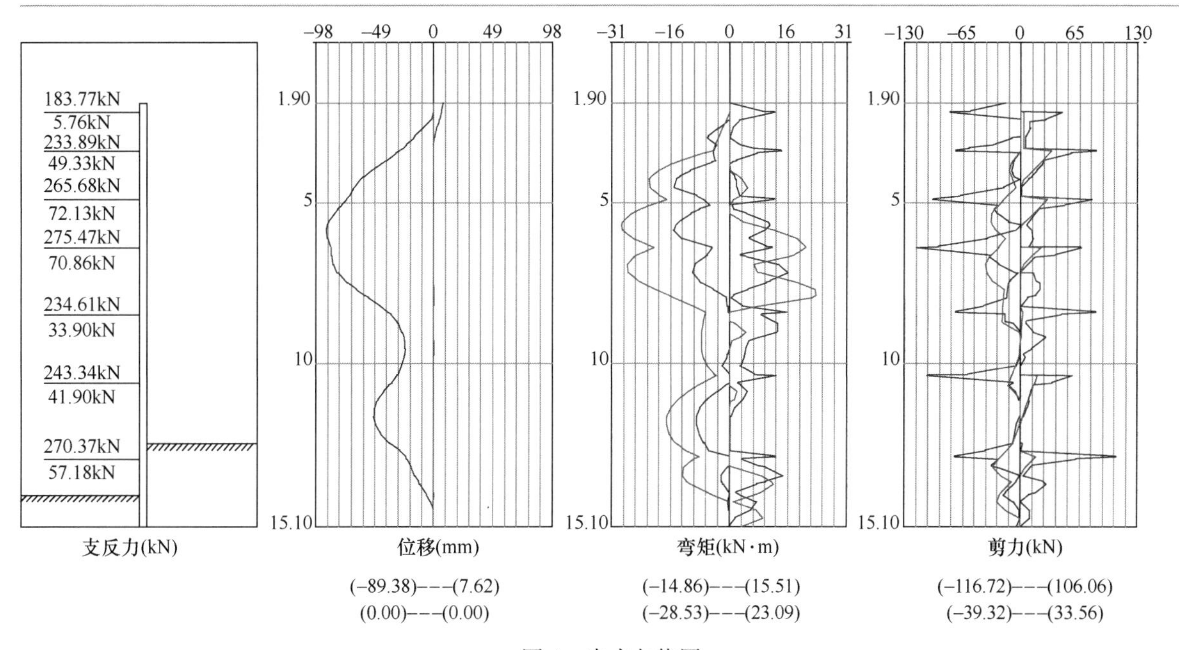

图 4 内力包络图

锚杆参数表 **表 3**

层号	锚杆配筋	入射角（°）	预加力（kN）	锚固直径（mm）	自由段（m）	锚固段（m）	锚杆长度（m）	锚杆内力（kN）
①	3s15.2	18.00	80	150	8.0	7.0	15	252.69
②	3s15.2	20.00	120	130	7.0	8.0	15	321.59
③	3s15.2	20.00	160	130	6.0	6.0	12	365.32
④	3s15.2	20.00	180	130	6.0	4.0	10	378.77
⑤	2s15.2	20.00	180	110	6.0	4.0	10	322.59
⑥	2s15.2	20.00	180	110	5.0	4.0	9	334.59
⑦	2s15.2	20.00	180	110	5.0	4.0	9	371.76

（6）整体稳定验算

整体稳定性采用瑞典条分法计算，整体稳定安全系数 $K_s = 3.971$。

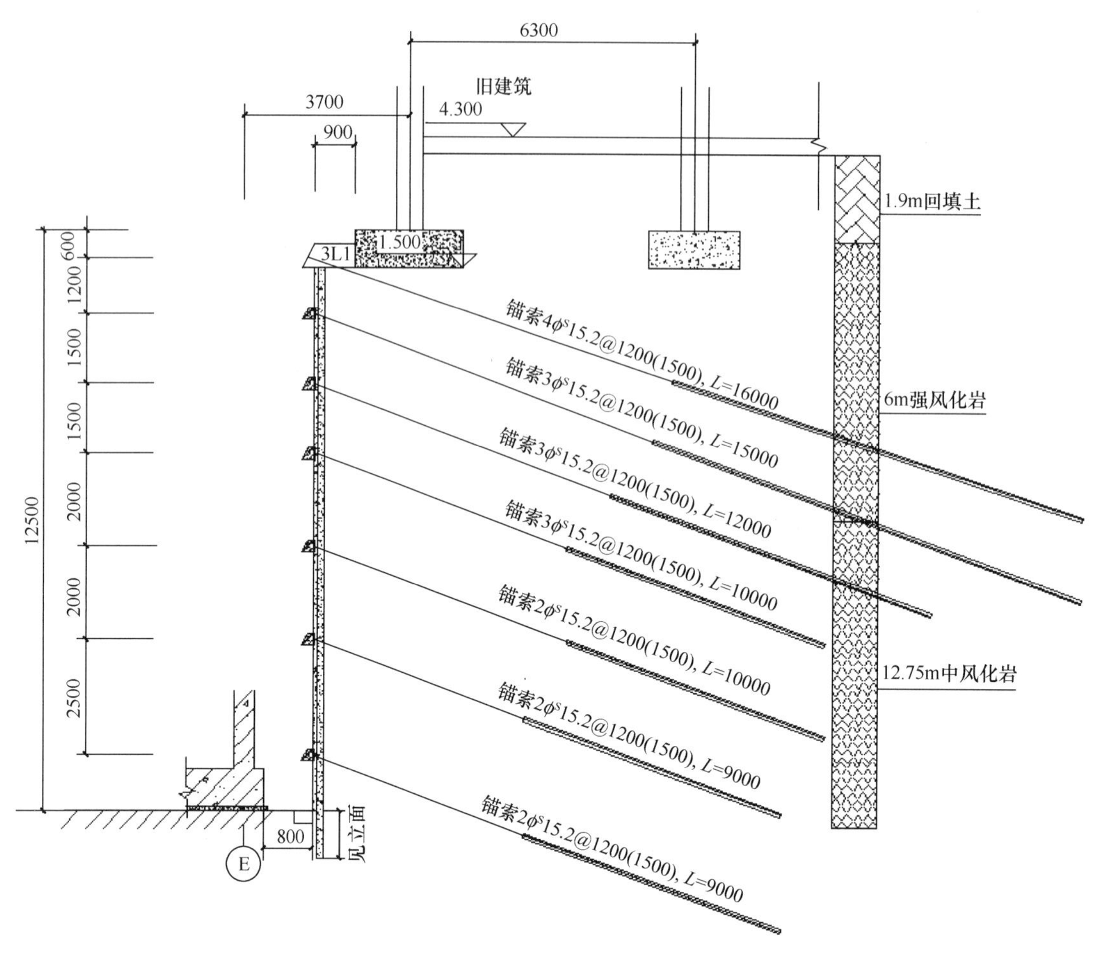

图5 a-a 支护剖面图

3 施工工艺及质量控制

3.1 施工工艺

微型桩⟶冠梁⟶第一层锚杆⟶第一层土方开挖⟶第二层锚杆 ……⟶最后一层土石方开挖⟶最后一层锚杆支护⟶结束。

3.2 微型桩施工质量控制

必须保证桩的垂直度，微型桩桩身垂直度误差通常应控制在1.0%以内，该工程由于与地下室距离太近，设计要求按0.5%以内控制，控制关键阶段在引孔钻机就位时及钻进1m深度内的调整，首先要选择稳定性好的钻机，钻机就位后应采用水平尺调整垂直度。在钻进过程中，特别是开孔1m深度范围内应随时复核调整。

工字钢长度不足连接采用对接焊后两侧绑焊钢板的方法，钢板尺寸120mm×40mm×10mm。采用三脚架卷扬配合人工吊装入孔，工字钢端部焊接ϕ6.5圆钢长1m吊环，以备孔超深上提固定。

注浆材料为水泥浆，水泥采用P·O32.5级，水灰比0.45～0.55。注浆管要求连接牢固、可靠，注浆管插至距孔底30～50cm为宜。注浆开始后注浆管应始终保持在液面以下至少2m，注浆宜连续不断，中间间断时间不宜超过15cm。浆液冒出孔口后即可停止，过一段时间后补注饱满。

3.3 锚杆施工质量控制

锚杆施工保证钻孔孔径、长度，注浆采用纯水泥浆，水灰比0.45～0.55，锚杆的自由段套管严禁挤压破损，注浆管插入孔底封孔压力注浆，以充填基岩裂隙，待锚固段浆体及腰梁混凝土强度达到15MPa后，方可安排预应力张拉。

锚索张拉先做张拉试验，验证超张拉比例。经现场张拉试验，若要达到设计要求，超张拉力一般为锁定力的1.6～1.8倍。轴力计处的锁定力必须满足设计要求，设置完毕后加强保护，防止外力触碰造成损害。

4 基坑监测情况

4.1 监测点布置

根据规范要求，对坡顶建筑物柱基进行沉降监测，监测点的平面布置见图6。

4.2 监测成果

建筑物柱基沉降监测表明，累计差异沉降值在规范允许范围内，但施工期间局部位移较大，分析系因基坑爆

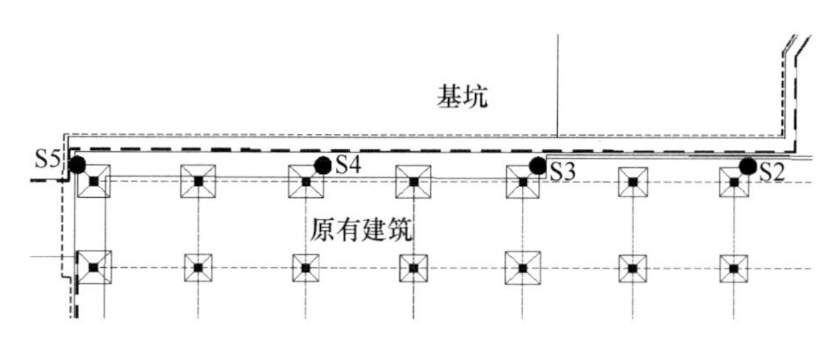

图6　基坑监测平面布置图

破振动过大，造成岩土体松动，侧压力加大。后安排张拉班对预应力锚杆进行了重新张拉，并适当加大张拉值，取得了较好的效果，此后位移变化较小。

5　总结与体会

（1）紧邻既有建筑的岩石基坑，采用微型桩＋锚杆支护，经过精心设计、精心施工，变形控制在规范允许之内，旧建筑能够正常使用，代替了传统桩锚支护结构，与桩锚支护相比造价大比例节省。该工程的成功为基坑支护技术的拓展提供了宝贵的设计和施工经验。

（2）根据实测资料，预应力锚索按照超张拉1.2倍锁定后，预应力的锁定值达不到设计要求，普遍偏小，因此也直接导致了基坑变形相对偏大[3]。建议其他工程采用该方案时应根据现场试验确定超张拉倍数，确保锁定预应力达到设计要求，有效控制变形。

（3）基坑监测表明，基坑爆破后建筑物柱基沉降明显[4]，因此，对紧邻建筑物的岩石基坑来说，岩石爆破的控制技术尤其关键，需要采用浅孔小药量爆破，必要时应果断采取静态破碎技术，避免对坡顶建筑结构造成破坏性影响。

参考文献：

[1]　张芳茹，张启军. 紧邻地下管线条件下深基坑支护设计与施工[J]. 现代矿业，2009(5)：134-137.

[2]　孟善宝. 钢管桩在深基坑支护中的应用[J]. 城市建设理论研究，2014(25)：3207-3208.

[3]　张启军，冯雷等. 岩质基坑过大变形分析与加强支护设计[C]//中国岩土锚固协会第21次学术研讨会论文集. 北京：人民交通出版社，2012：146-151.

[4]　何小勇，张芳如. 钢管桩结合预应力锚杆在超深基坑支护工程中的应用[J]. 现代矿业，2009(10)：123-126.

超深基坑高承压水头减压控制的案例分析

田贵中[1]，兰世雄[2]，李军锋[1]
（1. 北京城建勘测设计研究院有限责任公司，北京 100101；2. 中交隧道工程局有限公司，北京 100000）

摘　要：为疏解北京非首都功能和推进京津冀协同发展，北京城市副中心的建设如火如荼。为治理“大城市病”，构建海绵城市，高水平规划建设北京城市副中心，地下空间的开发利用显得尤为重要，与此同时涌现出了较多的超深基坑地下水控制问题。砂性土质含水层与高承压水头是该地区工程地质、水文地质条件特点，也是令建设者们十分重视和非常担心的关键点。多少沉痛的教训告诉我们，一旦出现高承压水头下的突涌、流砂情况而得不到及时解决，问题可能将是致命性的。减压降水作为地下水控制更加经济和可靠的方案，在该地区有较为广泛的应用。通过梳理案例工程中有效的地下水控制方案，采用原位抽水试验数据对比理论预期的方法，总结分析在工程中遇到的问题和经验，笔者希望能为工程同行提供建设参考，同时也为副中心建设贡献自己的绵薄力量。

关键词：地下空间；超深基坑；高承压水头；减压降水

0　前言

面对富含多层地下水的深基坑，建设者们往往多采用厚重且超深的地下连续墙结构，既作为支护挡土构件又作为连续帷幕隔水。本地区的超深基坑建设面临多层地下深厚砂性含水层和超高承压水头的问题，深厚的地下连续墙会带来巨大的工程造价，而且往往不能完全解决隔水的问题，其存在的质量通病往往带来更大的地下水问题隐患。特别是地下深部的特厚高承压水头含水层，要采用地下连续墙方案将其完全阻隔是不易实现的。且不说经济性如何，就可靠性而言，行业专家们更青睐减压降水的方案，或者是有更加保障的地下连续墙绕流影响下的减压降水控制方案。

1　工程背景

1.1　工程概况

北京市东部地区某工程，因改造线路与现状或规划条件多条管涵和地铁项目交叉穿越，且工程自身线路断面尺寸较大，所以本项目埋深较大，前期盾构竖井开挖深度达43.4m，为北京地区少见的超深基坑工程。竖井基坑逆作法施工，平面内部净空为长58.0m，宽28.0m，围护结构采用1.5m厚地下连续墙，地下连续墙深度73.4m，标准段施工幅宽6.0m，竖向设置6道钢筋混凝土梁撑或板撑。地下连续墙将基坑开挖深度范围内的含水层完整阻隔，而基底下承压水（六）层，水头绝对标高为0.25m，较基底高22.65m，尚需考虑水位年变幅2～3m，基坑开挖到一定深度后基底存在突涌风险。地下连续墙对承压水（六）层有一定的阻隔绕流作用，工程针对该层地下水设置了坑内降压管井，进行减压降水。盾构竖井围护平面和减压降水井设置情况详见图1盾构竖井平面布置图。

1.2　工程地质、水文地质概况

工程位于北京市东部，属于冲洪积平原地貌，境内地表河渠水系纵横，属潮白河和北运河两大河系。根据勘察成果文件，勘察深度100m范围内地层均为黏性和砂性的细颗粒地层，砂性土质以粉细砂层为主，地层富水，深部砂层为高水头承压水，水文地质条件详见表1。承压水

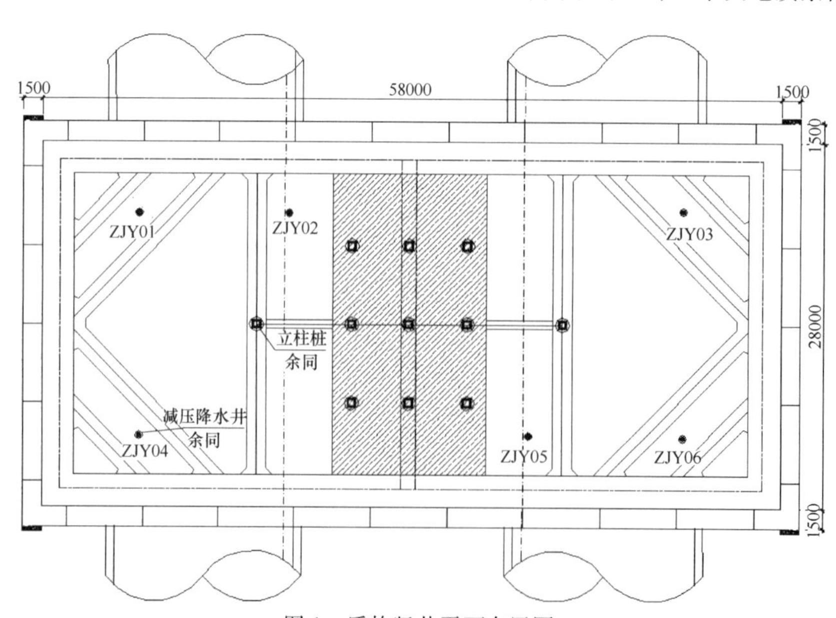

图1　盾构竖井平面布置图

（六）层含水层为粉细砂⑦层和粉细砂⑧层，在区域上为一层含水层，但在竖井平面范围内，据勘察钻孔揭露的情况，两层之间存在一定的隔水夹层，层间为“天窗”式水力联系。

工程水位地质特性　　　　表 1

地下水类型	水位/水头埋深（m）	水位/水头标高（m）	观测时间	主要含水层	综合渗透系数（m/d）
潜水（二） 层间潜水（三） （局部承压性）	9.2～10.7	10.4～10.5	2019.10	粉细砂③层、粉细砂④层	70
承压水（四）	11.2～12.3	9.4～9.9	2019.10	粉细砂⑤$_5$层	55
承压水（五）	14.7～15.2	6.6～7.1	2020.3	细砂⑥$_5$层、粉土⑦$_3$层	—
承压水（六）	20.5～20.9	−0.2～−0.1	2020.3	粉细砂⑦层、细砂⑧层	15

1.3　地下水控制风险分析

工程竖向地质断面情况，如图 2 所示工程地质概化模型图。

地下水控制风险主要表现为：

（1）基坑开挖深度范围内，地下连续墙已将上部的（二）、（三）、（四）含水层完整阻隔，由于开挖深度较大，且含水层呈现高承压水头，地下连续墙幅间连接方式和墙缝渗漏问题需要进行特别处理。此外地下连续墙在深厚粉细砂层中成槽，应保障成槽防塌孔和浇筑连续性，防止墙身质量问题造成突涌空洞。

（2）粉细砂层⑦和⑧层厚度较大，地下连续墙未将其

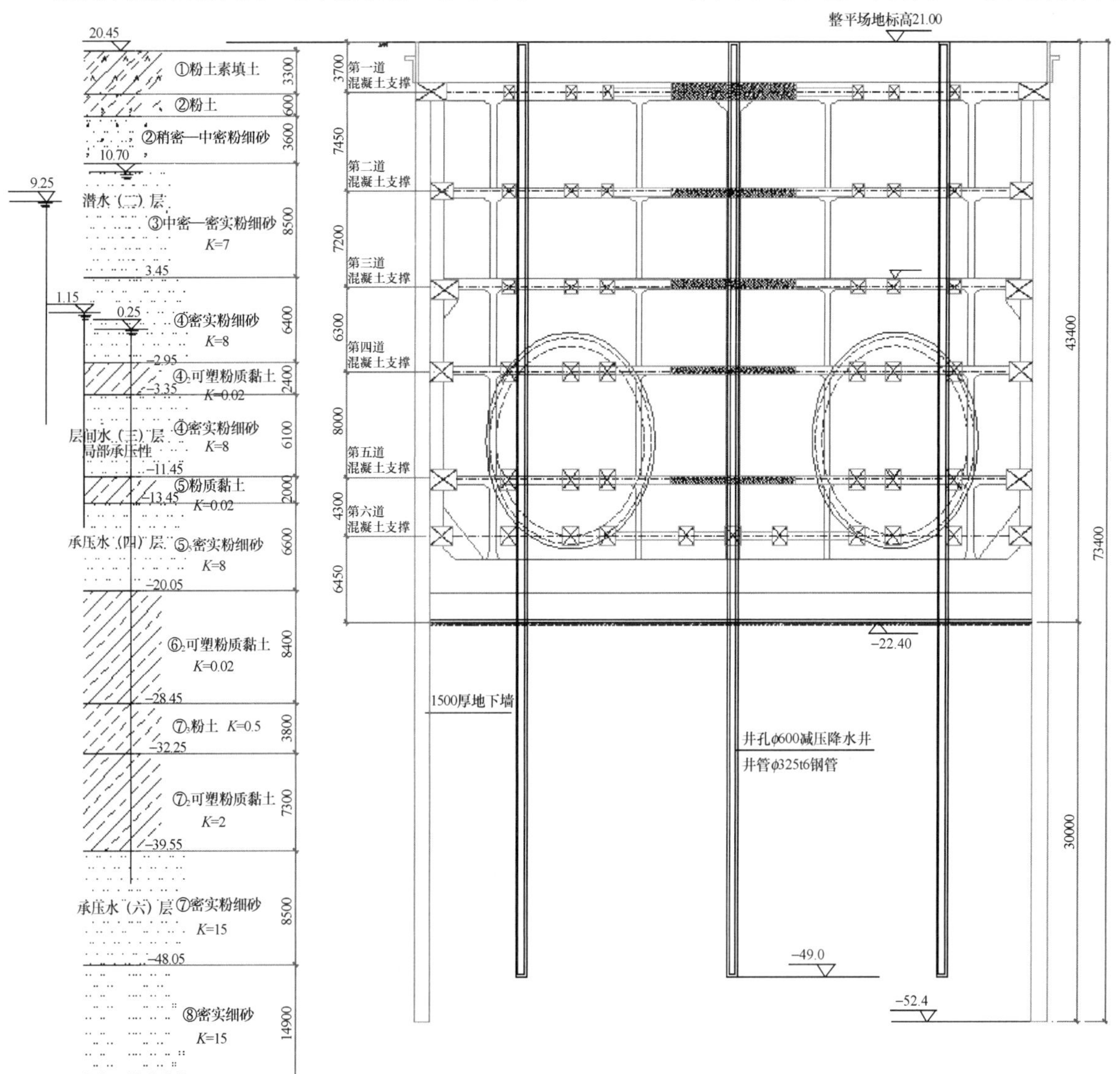

图 2　工程地质概化模型图

中的承压水（六层）完整阻隔，对含水层渗透具有绕流作用，但该层承压水的水头高度约为 39.75m，水头压力较大，需验算其开挖工况下的基底抗突涌稳定性。

2 减压降水方案

本工程采用坑内布置减压管井的方案，基坑内利用施工间隙共布设 6 眼降水井，平面上基本均匀布置。方案形成悬挂式止水帷幕结合坑内减压降水的墙井系统，可有效减小抽水量与坑外承压水头降深[1]。同时，基坑内减压方案既有利于工程造价的经济性，又有利于环境保护，减少水资源浪费。但采取坑内减压方案，应特别注重降水井的成井质量，既要保障管井降水能力满足承压水头的控制要求，又要防止目标含水层以上的井管外的密封质量，以免造成降水井打穿基底下隔水层引发井管外向基坑内渗透冒水。

2.1 基坑开挖基底抗突涌验算

基底抗突涌按下式进行验算[2]：

$$\frac{D\gamma}{(\Delta h + D)\gamma_w} \geqslant K_{ty} \tag{1}$$

式中：K_{ty}——突涌稳定性安全系数；K_{ty}不应小于 1.1；

D——承压水含水层顶面至坑底的土层厚度，m；

γ——承压水含水层顶面至坑底土层的天然重度（kN/m^3）；对成层土，取按土层厚度加权平均的天然重度；

Δh——基坑内外的水头差（m）；

γ_w——水的重度（kN/m^3）。

通过验算，基底突涌稳定性安全系数 $K_{ty}=0.789<1.1$，不满足抗突涌要求。

2.2 管井降水方案计算

基坑内部涌水量按如下公式计算[2]：

$$Q = k\frac{\Delta h}{L}A \tag{2}$$

式中：k——渗透系数（m/d），取 15m/d；

L——渗透路径（m），取 60m；

Δh——基坑内外的水头差，m，按降至结构底板下 1.0m 考虑，取 23.6m；

A——基坑内部过水面积（m^2），取 $1624m^2$。

计算基坑内部涌水量为 9581.6 m^3/d。

过滤管的进水能力按如下公式计算[2]：

$$q_g = \pi n D_g l v_g \tag{3}$$

式中：q_g——过滤管的进水能力（m^3/s）；

n——过滤管进水面层有效孔隙率，按过滤管面层孔隙率的 50%计算，取 0.1；

v_g——允许过滤管进水流速（m/s），不得大于 0.03 m/s；

D_g——过滤管外径（m），取 0.3m；

l——过滤管有效进水长度（m），减压降水取 7.5m。

过滤管计算的进水能力为 $1831.25m^3/d$。

单井出水能力按如下承压水完整井公式计算[2]：

$$q = \frac{2\pi k M s_w}{\ln\frac{R}{r_w} + \sum_{j=1}^{n-1}\ln\frac{R}{2r_0\sin\frac{j\pi}{n}}} \tag{4}$$

式中：q——单井出水量（m^3/d）；

r_w——降水井半径（m）；

M——承压水含水层厚度（m）；

s_w——降水井水位降深（m）；

n——降水井数量。

经计算，单井出水量 $q=1684.9m^3/d$，小于过滤管的进水能力，满足单井出水量小于过滤管的进水量。按计算情况，基坑内布置 6 眼降水井即可满足减压降水要求。

需要注意的是，方案设计时计算水头降深达到 11.49m 时，即可满足基底抗突涌要求，但此情况下水头高度仍然高于基底 11m 以上，分析可能存在以下的安全隐患问题：

（1）管井内液面高于基底，需保证降水管井在开挖过程中始终耸立在基坑内，应做好管井的稳定加固措施，同时后期回填封闭降水井存在一定的施工难度[3]。

（2）地下连续墙与土层之间存在一定的施工缝隙，地层中亦会存在一定的裂缝薄弱带。降水管井自身存在井损问题，加之粉细砂层渗透性较差。在高承压水头压力下，地层中的水汇入管井具有一定的渗透压差，承压水就会顺着裂缝和缝隙进入基坑内，造成基底抗突涌失效[4]。

鉴于以上隐患，建议将承压水水头降深至基坑底部 1m 以下更为稳妥。

3 减压降水抽水试验

为验证基坑内的减压降水井是否可以达到承压水（六）层的水头控制目标，基坑开挖之前进行了现场减压抽水试验[5]。

3.1 试验方案布置

如图 1 所示盾构竖井平面布置图中的降水井位置，试验采用 ZJY02、ZJY03 和 ZJY05 号 3 个减压降水井作为抽水井，将 ZJY04 和 ZJY06 作为水位观测孔。抽水井采用流量 $20m^3/h$ 潜水泵，观测井水位观测每 5min 计数一次直至稳定。减压抽水井均匀布置在基坑内部，减压观测孔分距在基坑东西两侧，试验数据足以支持判断是否可以实现竖井内承压水头控制目标。此外为保证试验的有效性，在正式试验开始之前，抽水井和观测井进行过与试验安排相反的抽水验证，同样可以得到有效降深，则证明降水井与粉细砂⑦层形成了类似于“U”形管的构造。

3.2 试验过程及数据

试验选择在与其他施工工序无交叉的夜间进行，竖井内减压井井口标高约 10.5m，试验时为了方便快速统计，读取距井口的水位埋深信息进行记录。

试验前先量测 ZJY04 和 ZJY06 的初始水位读数，即实测承压水（六）层水头标高。经量测，ZJY04 号井内实测水头标高为－2.05m，ZJY06 号井内实测水头标高为－2.20m，实测水位比勘察给定水位 0.25m 低约 2.0m，存在一定的水位变幅。试验于夜间 00：05 分启动 ZJY03 号和 ZJY05 号减压降水井，由于校泵原因 ZJY02 号减压降水井于 02：25 滞后启动。开启水泵抽水后，随即开始进行水位观测，经现场试验，形成了如表 2 所示减压抽水试验数据表。试验结束，经过约 5h 后，水位恢复至初始水位。

减压抽水试验数据表　　　　表 2

ZJY06 号水位观测井					ZJY04 号水位观测井				
量测时间	埋深（m）	标高值（m）	变化值（m）	备注	量测时间	埋深（m）	标高值（m）	变化值（m）	备注
23:43	12.70	－2.20	—	初始水位	23:43	12.55	－2.05	—	初始水位
0:07	17.00	－6.50	4.30	2 眼井抽水	0:17	24.00	－13.50	11.45	2 眼井抽水
0:09	17.80	－7.30	0.80	2 眼井抽水	0:22	25.60	－15.10	1.60	2 眼井抽水
0:15	20.70	－10.20	2.90	2 眼井抽水	0:27	27.50	－17.00	1.90	2 眼井抽水
0:20	23.20	－12.70	2.50	2 眼井抽水	0:32	30.00	－19.50	2.50	2 眼井抽水
0:25	25.00	－14.50	1.80	2 眼井抽水	0:37	30.00	－19.50	0.00	2 眼井抽水
0:30	27.15	－16.65	2.15	2 眼井抽水	0:42	31.10	－20.60	1.10	2 眼井抽水
0:35	28.65	－18.15	1.50	2 眼井抽水	0:47	32.15	－21.65	1.05	2 眼井抽水
0:40	30.09	－19.59	1.44	2 眼井抽水	0:52	33.20	－22.70	1.05	2 眼井抽水
0:45	31.48	－20.98	1.39	2 眼井抽水	1:02	34.90	－24.40	1.70	2 眼井抽水
0:50	32.81	－22.31	1.33	2 眼井抽水	1:12	36.20	－25.70	1.30	2 眼井抽水
0:55	33.68	－23.18	0.87	2 眼井抽水	1:22	37.20	－26.70	1.00	2 眼井抽水
1:00	36.48	－25.98	2.80	2 眼井抽水	1:32	38.30	－27.80	1.10	2 眼井抽水
1:24	38.36	－27.86	1.88	2 眼井抽水	1:42	38.30	－27.80	0.00	2 眼井抽水
3:38	45.10	－34.60	6.74	2 眼井抽水	1:52	38.30	－27.80	0.00	2 眼井抽水
—					2:37	38.30	－27.80	0.00	2 眼井抽水
					2:47	39.60	－29.10	1.30	3 眼井抽水
					2:57	40.80	－30.30	1.20	3 眼井抽水
					3:07	41.00	－30.50	0.20	3 眼井抽水
					3:17	41.40	－30.90	0.60	3 眼井抽水
					3:22	41.60	－31.10	0.20	3 眼井抽水

3.3 试验分析与结论

试验数据绘制水位标高随时间的变化曲线，如图 3 所示水位观测降深曲线。

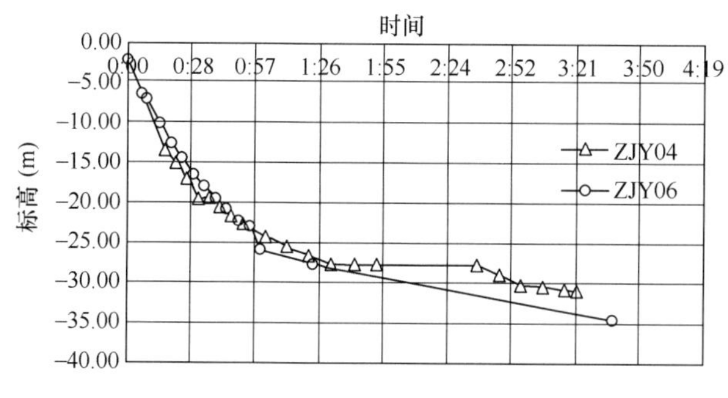

图 3　水位观测降深曲线

减压抽水试验较好地反应承压水减压降深的情况，出乎意料的是，在短时内的抽水即可实现减压降深目的。在 2 台水泵抽水的情况下，水位趋于稳定，2：25 第三台水泵开启后，水位再次出现下降趋势。在 2 台水泵抽水情况下将承压水水头降深至标高－28m 左右，已降至基底标高－22.4m 以下。

反观试验分析原因，承压水含水层渗透系数可能较勘察成果给定值偏小，地下连续墙对粉细砂⑦层含水层的渗透增加了渗透路径。再者，粉细砂⑦层可能与其下部深厚的细砂⑧层之间有“天窗”式水力联系，其间隔水夹层造成了补给范围有限。总之，经过现场试验，验证了坑内减压降水方案可达到承压水减压控制目标要求，且具有较好的抽水能力储备。

4　结论

综上方案计算和试验验证，案例工程采取坑内减压降水方案，行之有效且安全储备充足。北京东部地区地下高承压水头对深基坑开挖存在突涌隐患，直接关系工程的建设安全，采取有效可行的地下水控制方案显得尤为重要。同行建设者们可将文中的方案思路和试验数据，作为处理同类问题的参考指导。面对高承压水头的减压控制，选择适合项目特点的地下水控制方案，不再“谈虎色变”。

此外，总结施工过程中的一些经验教训，施工过程中应保证降水井的成井孔径或建议调整为更大孔径的管井，可以有效减小井损，提高降水井汇水能力，同时有利于过滤段反滤层较好的设置和管外密封效果。设计计算涌水量较实际偏大，短时内得到了较好的水头降深效果，因设计未考虑地层中隔水夹层的有利因素，抑或勘察得出的渗透系数较实际偏大，但这些仅仅局限在案例工程中，建设者们还是要充分重视勘察成果，同时充分考虑自身工程特点进行具体分析。

参考文献：

[1] 李瑛，陈东等. 悬挂式止水帷幕深基坑减压降水的简化计算方法[J]. 岩土力学，2021，42 (03)：826-832+862.
[2] 城市建设工程地下水控制技术规范 DB 11/1115—2014[S]. 北京：北京市规划委员会，2014.
[3] 黄栋，顾强等. 承压水深基坑降水封井施工技术应用[J]. 建筑技艺，2019(S1)：132-134.
[4] 周保东. 渗透通道特征和过水能力研究[J]. 河北煤炭，1999(S1)：16-19.
[5] 冯军伟，王延辉等. 深基坑工程多层承压水的抽水试验研究[J]. 工程勘察，2020，48(05)：41-46.

复杂环境下深基坑内斜井降水的设计与施工

刘文彬[1,2]， 冯科明[1,2]， 马 健[1,2]
（1. 北京城建勘测设计研究院有限责任公司，北京 100101；2. 城市轨道交通深基坑岩土工程北京市重点实验室，北京 100101）

摘 要：随着城市建设的迅速发展和建设用地的日益减少，深基坑周边建筑物、道路、市政管线、地下构筑物等对降水管井施工的影响也越来越显著，现场作业空间常常不能满足降水井施工的要求，导致管井降水方案难以实施。针对上述工程问题，本文依托实际工程通过现场试验解决了降水斜井施工中的斜向成孔、井管沉放及斜向拔管等关键技术问题，总结了一套完整的斜井施工工艺，可为类似深基坑工程的降水设计与施工提供参考。

关键词：复杂环境；深基坑；降水斜井；施工技术

0 引言

深基坑开挖时判定地下水水位高于基底标高时，管井降水是深基坑工程常用的地下水控制措施[1-3]。深基坑管井降水设计通常是在基坑没开挖之前，在其支护结构外侧 1.0～2.0m 范围内以一定间距沿基坑周边布设一定数量的管井，联网抽排达到控制基坑内地下水水位的目的。但随着城市建设的迅速发展和建设用地的日益减少，深基坑周边的建筑物、道路、市政管线、地下构筑物等对降水管井施工的影响也越来越显著，现场作业空间常常不能满足降水井施工的要求，导致管井降水方案难以实施，从而给深基坑工程的地下水控制带来诸多问题[4-7]。

斜井降水可利用由基坑内侧向支护结构外侧斜向成孔、放置井管、填充滤料后形成的管井通过抽降坑外地下水的方式实现降低坑内水位以满足地下结构安全施工的需要。在复杂多变的地质条件下，斜井施工对钻孔排渣、拔套管及井管安装等关键工序均提出了更高的要求，本文结合工程实例对斜井降水技术在深基坑工程中的应用进行探讨。

1 工程概况

拟建基坑南北向长 315.15m，东西向宽 94.70m，开挖深度为 23.20～24.90m，勘察报告显示开挖深度范围内无地下水影响。基坑支护采用桩锚支护结构，护坡桩 ϕ1000@1600，自上而下布置 5 道预应力锚杆，各层锚杆间距均为 1 桩 1 锚。基坑东、南侧紧邻市政道路，北侧紧邻既有地铁线路，西侧为公园用地，周边管线杂多、施工空间小，基坑南侧、西侧及北侧西段仅可占用场内道路施工降水井，基坑东侧与北侧东段地面无降水井施工空间，基坑工程周边环境如图 1 所示。

1.1 工程地质条件

根据勘察资料，拟建场地自上而下依次为：

房渣土、碎石填土①层，黏质粉土素填土、粉质黏土素填土①$_1$层；

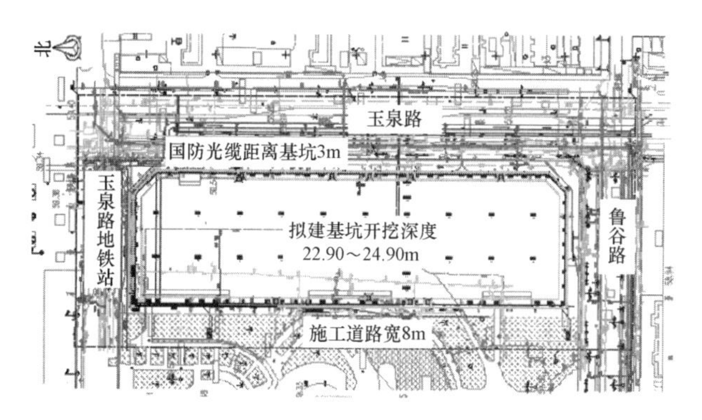

图 1 基坑工程周边环境图

黏质粉土、粉质黏土②层及黏质粉土、砂质粉土②$_1$层；

粉质黏土、黏质粉土③层及黏质粉土、砂质粉土③$_1$层；

卵石、圆砾④层，卵石混黏性土④$_1$层，细砂、中砂④$_2$层及粉质黏土、黏质粉土④$_3$层；

卵石、圆砾⑤层，粉质黏土、黏质粉土⑤$_1$层，细砂、中砂⑤$_2$层及砂质粉土、黏质粉土⑤$_3$层；

粉质黏土、重粉质黏土⑥层，卵石混黏性土⑥$_1$层，细砂、中砂⑥$_2$层及黏质粉土、砂质粉土⑥$_3$层；砾岩⑦层（强风化—全风化）及黏土岩⑦$_1$层（全风化—强风化）。

1.2 水文地质条件

勘察期间于第四系地层中实测到 1 层地下水，其稳定水位埋深 26.00m（基底以下 1.1～2.8m），地下水类型为潜水。基坑支护结构施工完成局部开挖至近基底标高开始施工部分抗浮锚杆后，受永定河生态补水影响，坑内地下水水位上升至基底以上 5.0m。

1.3 降水设计方案

综合分析详勘资料、地下水成因、现场施工场地条件、地下管线情况、周边建（构）筑物影响等多方面因素，结合主体结构施工安排，确定采用管井降水方案，降水设计方案如表 1 所示[8]。

降水管井设计一览表 表1

施工部位	井类型	井径（mm）	井管种类	管径（mm）	井间距（m）	井深（m）	数量
基坑东侧	斜井	273	U-PVC	200/192	4.0～6.0	12	62
基坑南侧	竖井	273	U-PVC	200/192	3.2～6.4	31	25
基坑西侧	竖井	273	U-PVC	200/192	3.2～6.4	31	59
北侧西段	竖井	273	桥式钢管	200	3.2～6.4	31	12
北侧东段	斜井	273	U-PVC	200/192	4.0～6.0	12	7
坑内疏干井	竖井	273	U-PVC	200/192	30.0	9	18

斜井数量共计69眼，倾斜角度为基坑外45°，斜井井深12m，井口标高以40.43m控制（第五道腰梁下0.5m左右），井底标高按31.94m控制，斜井底端进入强风化砾岩层1.0～2.0m。

基坑南侧、西侧及北侧西段具备抽排水条件后，基坑东侧及北侧东段临时采用明排措施，与其他部位降水井联网抽排坑内积水，抽排至标高为40.03m（埋深19.40m）时，回填级配砂石填筑降水斜井施工平台，为降水斜井施工提供条件。降水斜井及施工平台位置如图2所示。

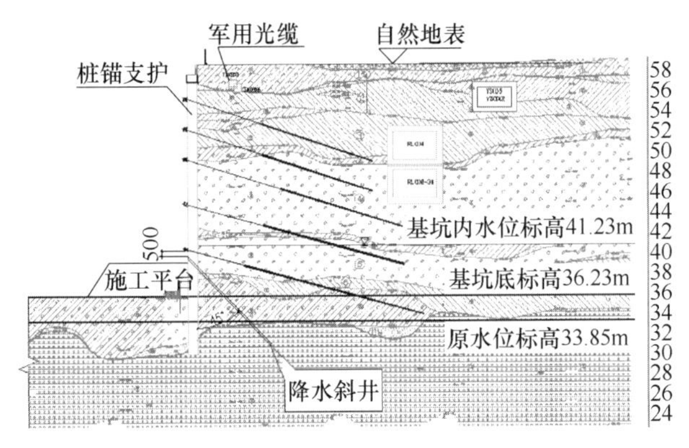

图2 降水斜井及施工平台位置示意图

2 降水斜井施工

根据降水设计方案，降水斜井需穿过卵石圆砾⑤层、重粉质黏土⑥层、卵石混黏土⑥$_1$层，进入砾岩⑦层，地质条件比较复杂。为保证基坑周边环境及地下结构施工的安全，根据工程地质条件选择对侧壁扰动较小的施工机械。潜孔锤钻机成井工艺具有适用地层广、钻进效率高、成孔质量好、施工噪声小等优点，不仅可以解决复杂地层的成孔问题，而且可以跟管钻进防止斜井塌孔[9]。因此，降水井施工采用潜孔锤钻机，施工工艺流程如图3所示。

2.1 斜向成孔

降水井成孔采用如图4所示土星-800型潜孔锤履带全方位钻机，钻机技术参数见表2。

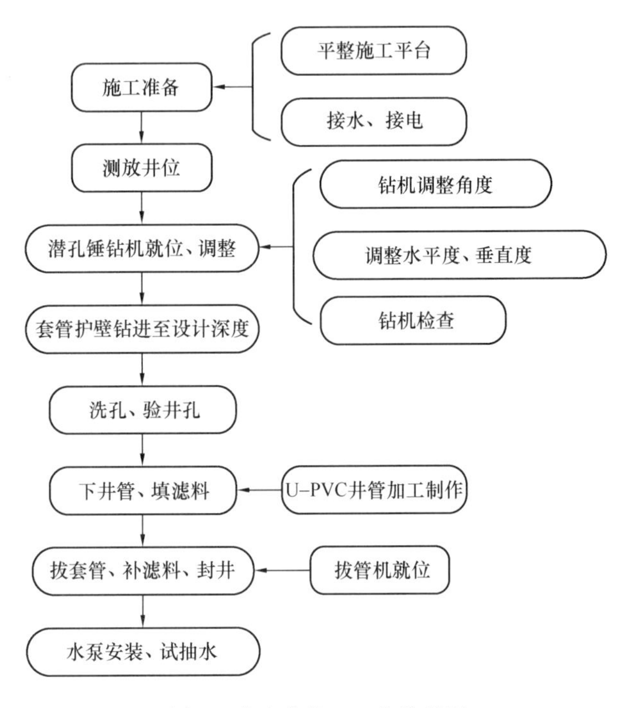

图3 降水井施工工艺流程图

钻机技术参数表 表2

钻机指标	技术参数	钻机指标	技术参数
电动机功率	75kW	冲击频率	1800～2300次/min
行走速度	4km/h	冲击功	600N·m
接地比压	0.45daN/cm	给进力	100kN
爬坡能力	20°	起拔力	160kN
动力头转速	50～120r/min	运输尺寸	4000mm×1800mm×2000mm
扭矩	5000/10000N·m	钻机重量	9000kg

降水井采用潜孔锤钻机成孔时使用高压气排渣（泥），钻至设计深度提钻后，钻孔内压力急剧下降，地下水带着泥砂进入套管。若是直井，进入套管的泥砂会逐渐沉淀在井底，对成井和抽排水影响不大，但对于斜井，泥砂沉淀在套管内，不仅影响井管的安装，还会在拔套管时将井管带出井孔。因此，洗孔时应在气压逐步降低的同时操作钻杆在套管内上下运动，尽可能将进入套管的泥砂通过水流、气流排出。

2.2 下井管填滤料成井

井管采用外径 200mm、内径 192mm 的 U-PVC 管现场加工制作，滤水段在管壁上沿径向分段切割长 250mm 宽 5mm 的矩形缝，间距 5mm，每段长度 500mm，分段间隔 100mm，井管外侧缠裹 1 层 60～80 目尼龙网。井管采用承插口连接、自攻螺钉紧固，外部再用胶带缠裹密封。井管外部等间距设置对中定位支架，保持井管在井孔内处于居中位置。滤料选用粒径 3～7mm 的碎石，含泥（石粉）量不得大于 3%，人工使用铁锹缓慢填充至设计高度。

2.3 斜向拔管

潜孔锤钻机配套使用的拔管机大多通过液压施加竖向作用力，并借助地面提供的反作用力起拔，无法调整角度满足斜向拔管的需要。受工期限制，现场临时采用双足液压千斤顶制作了如图 5 所示的拔管装置。拔管装置前端用环形抱箍锁住套管，后端用倒链调整千斤顶的竖向位置，两侧油缸同步工作以保持千斤顶作用力与套管中心线方向一致。尽管自制的拔管装置基本解决了斜向拔管问题，但今后需进一步研制斜向拔管施工机械以提高施工效率。拔管并补填滤料后用黏土封孔。

图 4 土星-800 型潜孔锤钻机施工

图 5 斜向拔管装置

3 施工质量保证措施

降水斜井施工及维护降水的质量保证措施如表 3 所示。

施工质量保证措施　　表 3

施工内容	检验标准/允许偏差	保证措施	检验方法
斜井成孔	成孔角度<1%，孔深±20mm，孔底沉渣厚度≤5‰井深	成孔过程中加强钻杆角度和钻进深度测量与控制，成孔后用测绳量测深度和沉渣厚度，保证成孔深度和角度，若沉渣厚度超标，则再次进行清孔	角度测量仪测钻杆角度，孔深及沉渣厚度用测绳量测
下井管	井管在孔内居中 插入深度≤200mm	检查井管质量和对中定位支架数量，接头处用纱网及铁丝绑扎结实，匀速、缓慢下井管到设计深度后固定，管口伸出基坑侧壁 300～500mm	井管加工质量目测；井管位置、露出长度钢卷尺测量
填滤料	填料量 0～+10%	填料前检查滤料质量，滤料粒径 3～5mm，含泥（石粉）量<3%，沿井管四周均匀填入，上下抽拔套管、孔内注入高压水气协助填充滤料，拔套管补充滤料后，井口下 1～2m 用黏土填实封死	实际填料量与理论填料量对比，检查滤料填用量
拔套管	—	匀速、缓慢拔套管，固定井管出露端，防止井管被套管带出	目测
安装水泵	出清水，水泵安装位置符合要求	安装水泵前测量实际井深及井内水位，严格按要求下泵，泵底部距井底不得小于 1.0m，水泵下到预定深度用绳索吊住在孔口，安装完毕将井口封住	测绳测井深，水位计测水位
抽水运行	基坑内水位低于基坑底标高>1.0m	降水期间对设备进行定期检查维修，设专人监测、记录地下水位变化情况，确保基坑施工过程中，地下水位保持在基坑底以下至少 1.0m 以下（确保满足规范要求）	检查水位观测记录、巡视记录和设备维护记录

4 斜井降水实施效果

基坑降水期间，利用周边 YJ145、YJ158、YJ02、YJ15、YJ25、YJ40、YJ56、YJ64、YJ70 降水井进行地下水动水位监测，水位监测曲线如图 6 所示。监测结果显示：自 2019 年 9 月开始抽降，地下水水位显著下降，

2019年11月1日全面联网抽降以后，地下水动水位基本控制在24.90m以下；局部深挖的集水坑、电梯井施工完成后，基坑工程又经历了2020年4月启动的永定河春节生态补水，6月份地下水动水位略有回升，但仍然控制在24.30m以下且趋于稳定，满足了后续施工要求，基坑降水效果如图7所示。

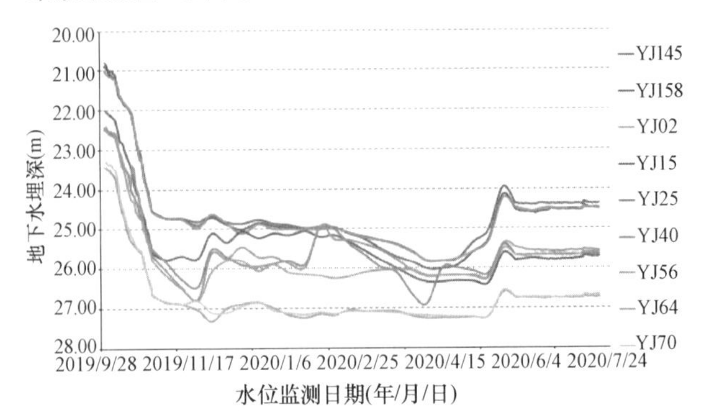

图6 基坑水位监测曲线

图7 基坑降水效果图

5 结语

总结本项目基坑降水过程中的施工经验及问题，对深基坑内斜井降水有以下几点认识：

（1）深基坑内降水斜井充分利用了基坑周边的下部空间，不仅彻底解决了地表施工空间不足的问题，而且规避了破坏管线、构筑物等地下设施的安全风险。

（2）深基坑内降水斜井在保证降水效果的同时，大大减少了降水井施工深度，节约成本。

（3）受施工机具的限制，降水斜井施工过程中泥浆的控制与集中处理、套管的起拔、滤料的填充等工序仍存在一些问题和不足，成孔钻机、拔管机、新型井管及施工工艺尚有待做进一步的研究和改进，才能使降水斜井在更多领域得到广泛应用。

参考文献：

[1] 来桂霖．基坑降水技术在建筑工程施工中的应用[J]．决策探索(中)，2020(12)：39-40.

[2] 刘恂．哈尔滨市某综合楼项目基坑降水工程施工方法研究[J]．林业科技情报，2020，192(04)：132-134.

[3] 王宏仕．水电站深基坑管井井点布置及降水方案[J]．水电站机电技术，2020，43(11)：87-88.

[4] 宋克英，冯科明，马健．复杂环境条件下的洞内管井降水技术研究[J]．岩土工程技术，2014，28(006)：296-299.

[5] 霍光明．复杂环境条件下的深基坑降排水技术应用研究[J]．甘肃科技纵横，2020，302(08)：53-55+71.

[6] 李铁生，郝志宏，李松梅，等．复杂环境条件下洞桩法暗挖车站导洞内降水方案研究——以北京地铁8号线王府井站为例[J]．隧道建设，2015，35(6)：559-559.

[7] 李岗，谷爱民，张晓伟．管井井点降水在基坑工程中的应用[J]．岩土工程技术，2002(2)：110-114.

[8] 刘文彬，马健，冯科明，等．一种深基坑内降水斜井：中国，202021795274.1[P]．2021-02-19.

[9] 杨明超，李贺，常清伟．潜孔锤钻机在砂卵石地层降水工程中的应用[J]．市政技术，2017，135：78-80+85.

GFRP 筋与钢筋地连墙在基坑开挖中的变形差异研究

张克利， 姚爱敏， 田中胜
（北京城建勘测设计研究院有限责任公司，北京 100101）

摘　要：基于北京地铁 12 号线工程某车站明挖基坑的实测数据，使用“控制变量法”针对同一基坑工程的两个端头地下连续墙，对比分析了 GFRP 筋＋钢筋地下连续墙与普通带肋钢筋地下连续墙在基坑开挖过程中变形特点及其差异。结果如下：GFRP 筋＋钢筋地下连续墙与普通钢筋地下连续墙的整体变形趋势一致，在同一工程地质条件下，支护结构一致，相同开挖深度的 GFRP 筋＋钢筋墙的累计变形比普通钢筋墙大；GFRP 筋＋钢筋墙体挠曲相对普通钢筋墙较大，说明该类型墙体的整体抗挠曲强度略有减小；GFRP 筋＋钢筋墙与普通钢筋墙对应的地表变形趋势一致，断面沉降均为“凹槽”状，GFRP 筋＋钢筋墙对应的地表沉降累计变形相对较大。研究结论能够为 GFRP 筋墙在基坑开挖过程中更好的主动控制其变形提供借鉴。

关键词：GFRP 筋地下连续墙；基坑工程；变形监测；地表沉降

0　引言

随着当前城市化进程不断深入，轨道交通作为缓解城市日益严峻的交通压力以及节能减排的重要手段而在越来越多城市中加快建设。盾构法与明挖法成为广泛使用的城轨交通施工的主要工法[1,2]，GFRP 筋由于其强度大、质量轻、易切割、耐腐蚀[3,4]等特点被越来越多的运用到地铁车站盾构门的地下连续墙中，也受到国内外专家学者的研究和讨论。

本文所选车站的主体基坑大里程东端头采用 GFRP 筋与钢筋地下连续墙共同作为支护结构，为盾构始发提供切割便利[5]；与之对应的小里程西端头地下连续墙除未使用 GFRP 筋外，在开挖深度、开挖工序、工程地质、水文地质、支撑形式[6]等施工环境上几乎完全一致，为此使用“控制变量法”限制其他影响地下连续墙变形的因素，针对 GFRP 筋＋钢筋墙[7]与普通钢筋墙在基坑开挖过程中的变形进行密切监测，使用同一剖面的墙体水平位移、地表沉降等数据分析两种不同形式配筋墙的变形特点及区别。

对此，本文基于北京地铁 12 号线某典型车站明挖基坑实测数据，结合北京地铁多年的建设实践，对比分析 GFRP 筋墙与普通钢筋地下连续墙在基坑逐步开挖过程中的变形特点及其差异，旨在为 GFRP 筋墙的施工过程中更好的主动控制其变形，为类似工程提供借鉴，实现更好的应用效果。

1　工程概况

1.1　基本概况

车站主体采用明挖法施工，主体基坑总长 215.0m，标准段宽 21.7m，小里程扩大端基坑宽 25.2m，大里程盾构井下沉基坑宽为 27.4m，标准段深 25.1m，盾构下沉段深 26.53m，为地下三层岛式站台车站，基坑围护结构采用 800mm 钢筋混凝土地下连续墙＋素混凝土墙，钢筋混凝土地下连续墙长 38.5m，入土深度 13.4m，墙底插入稳定隔水层；内支撑采用 5 道钢支撑＋1 道换撑的内支撑体系，第一道钢支撑选用 ϕ609×16 钢管撑，其余钢支撑选用 ϕ800×20 钢管撑，基坑平面与剖面图见图 1。

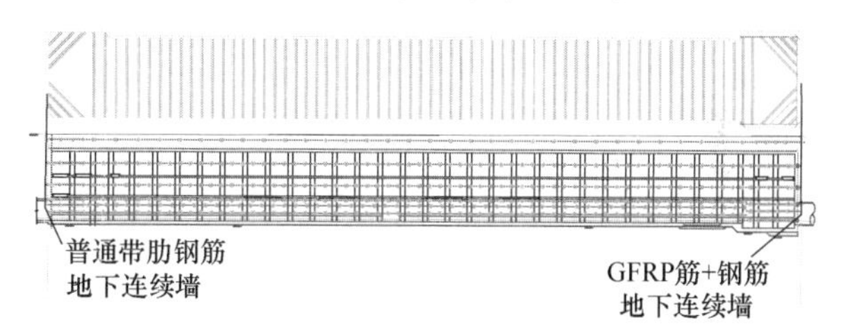

图 1　基坑结构概况

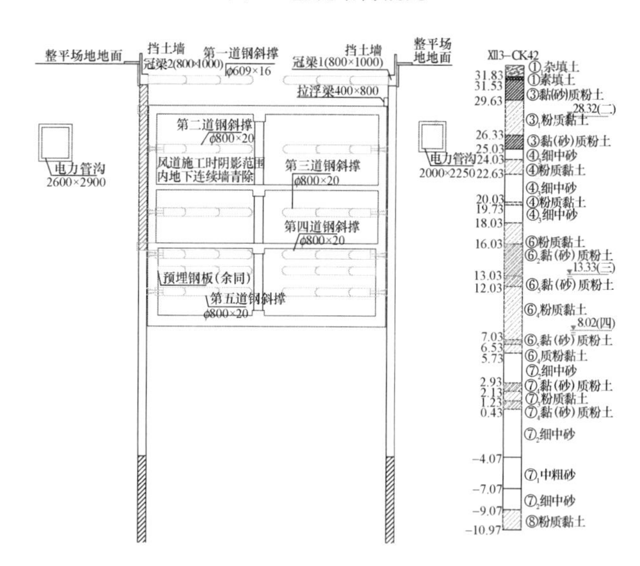

图 2　基坑横断面图

基坑开挖范围内共涉及三层地下水。基坑开挖前需进行坑内疏干，将地下水位逐渐降至坑底以下 0.5～1.0m，施工期间根据现场情况对层间滞水进行疏干，确保基坑无水作业，基坑开挖过程中坑内积水随开挖顺序分层分段降至开挖面下 0.5～1.0m。

本基坑小里程开挖端头地下连续墙未使用 GFRP 筋，小里程端为矿山法区间，大里程端头地下连续墙使用 GFRP 筋与钢筋共同作为墙体支护结构，GFRP 筋的材料参数见表 1，该端头对应区间为盾构区间。研究范围为开

注：GFRP 为玻璃纤维增强塑料。

挖至第三道支撑下约5m的开挖过程，对基坑两端不同地下连续墙造成的变形。东端头GFRP筋+钢筋地下连续墙是为了盾构始发洞门处便于切割而设计的，深度约为15m，以上为普通钢筋，15m以下为普通钢筋，约在第三道支撑与第四道支撑之间位置进行了两种钢筋的连接。

1.2 工程地质与水文地质

车站基坑深度范围主要穿越砂质粉土素填土①层、杂填土①$_1$层、黏质粉土砂质粉土③层、粉质黏土③$_1$层、粉细砂③$_3$层、粉质黏土④层、黏质粉土砂质粉土④$_2$层、细中砂④$_3$层、粉质黏土⑥层、黏质粉土砂质粉土⑥$_2$层、粉细砂⑥$_3$层、粉质黏土⑥$_4$层、黏质粉土砂质粉土⑥$_5$层、卵石⑦层、中粗砂⑦$_1$层、细中砂⑦$_2$层、粉质黏土⑦$_3$层、黏质粉土砂质粉土⑦$_4$层、粉质黏土⑧层、黏质粉土砂质粉土⑧$_2$层、细砂⑧$_3$层。基坑底板主要位于粉质黏土⑥$_4$层中。工程地质剖面图见图3，具体地层物理力学特性见表2。

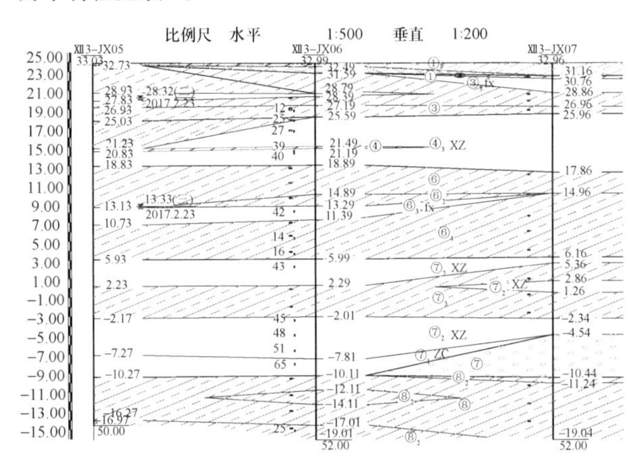

图3 工程地质剖面图

GFRP筋材料力学性能指标 表1

直径 (mm)	抗拉强度 K (MPa)	抗剪强度 V (MPa)	弹性模量 E (GPa)	极限拉应变 ε (%)
20	529.8～585.1	121.3～138.7	40.3～44.2	1.36～1.69

地层物理力学指标 表2

岩层	天然密度 (kPa)	黏聚力 (kPa)	内摩擦角 (°)	压缩模量 (MPa)	泊松比
填土	1.59～1.89	19.66～19.74	13.89～15.34	5.67～7.45	0.24～0.31
粉细砂	1.92～2.18	—	25.32～31.08	18.36～28.91	0.23～0.25
粉质黏土	1.57～1.94	29.64～56.37	17.37～28.59	7.41～10.24	0.28～0.33
黏土	1.97～2.08	38.25～56.48	16.38～20.49	8.67～13.41	0.26～0.32

车站基坑开挖深度范围内共涉及三层地下水：潜水（二）、层间水（三）、承压水（四）。

潜水（二）：水位埋深为3.10～5.30m，水位标高为28.32～29.92m，含水层主要为黏质粉土砂质粉土③层、粉细砂③$_3$层、细中砂④$_3$层，主要接受大气降水及侧向径流补给，以侧向径流及越流方式排泄，随着隔水层粉质黏土③$_5$层、④层底的起伏，该层水表现为微承压性。

层间水（三）：水位埋深为17.90～19.70m，水位标高为13.33～15.78m，含水层为黏质粉土砂质粉土⑥$_2$层、粉细砂⑥$_3$层，受隔水层的起伏变化，该层水表现为微承压性。

承压水（四）：水头埋深为26.50～26.70m，水头标高为6.52～6.98m，卵石⑦层、中粗砂⑦$_1$层、细中砂⑦$_2$层，受隔水层的起伏变化，该层水表现为承压性。

1.3 基坑开挖工序

基坑土方开挖顺序应与设计工况相一致并遵循时空效应原理，即“分层分段开挖、先撑后挖，严禁超挖”的原则。开挖总体步骤如下：

（1）第一步：冠梁及挡墙达到设计强度后，第一层土方开挖至冠梁下0.5m，架设第一道钢支撑，并施加预应力。

（2）第二步：第二层土方开挖，第二层土方开挖分三小层开挖，每层2.2m，中间拉槽，两侧放坡，放坡比例为1：1，最终开挖至第二道钢支撑下0.5m位置。

在距离地下连续墙1.5m范围内开挖至支撑下1m位置以便安装钢支撑，并施加预应力。

（3）第三步：第三层土方开挖，第三层土方开挖分两小层开挖，每层3m，中间拉槽，两侧放坡，放坡比例为1：1，最终开挖至第三道钢支撑下0.5m位置；

在距离地下连续墙1.5m范围内开挖至支撑下1m位置以便安装钢支撑，并施加预应力。

（4）第四步：第四层土方开挖，第四层土方开挖分两小层开挖，每层2.0m，中间拉槽，两侧放坡，放坡比例为1：1，最终开挖至第四道钢支撑下0.5m位置。

在距离地下连续墙1.5m范围内开挖至支撑下1m位置以便安装钢支撑，并施加预应力。

本文仅探讨开挖至第四道支撑架设位置，剩余第五至第七步开挖步骤不再赘述。

2 监测数据分析

2.1 监测方法与测点布置

沉降使用Trimble DINI03电子水准仪观测，精度每公里往返中误差±0.3mm，墙体水平位移使用测斜仪，精度0.2mm/0.5m，支撑轴力使用频率读数仪精度为≤1.0%F·S。

地表沉降监测断面位于基坑中部且垂直基坑边线布置，每个监测断面有5个测点，点间距2～10m不等，针对GFRP筋+钢筋墙与普通钢筋墙变形监测的具体布点方式见图4和图5。

2.2 数据分析

数据分析选择了墙体水平位移和地表沉降两个重要

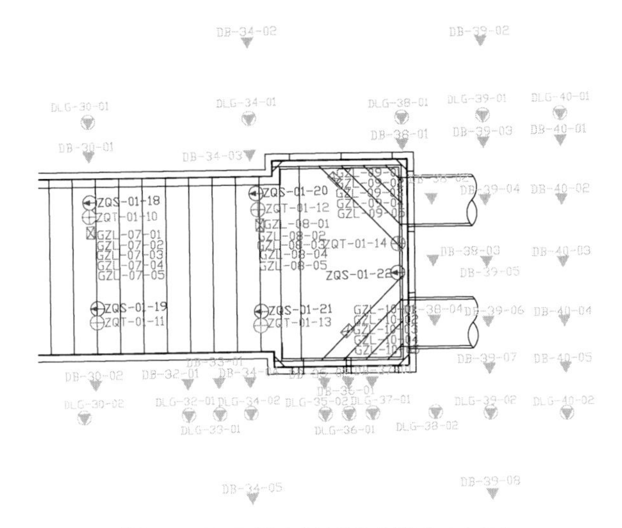

图 4　GFRP 筋＋钢筋墙监测点布置图

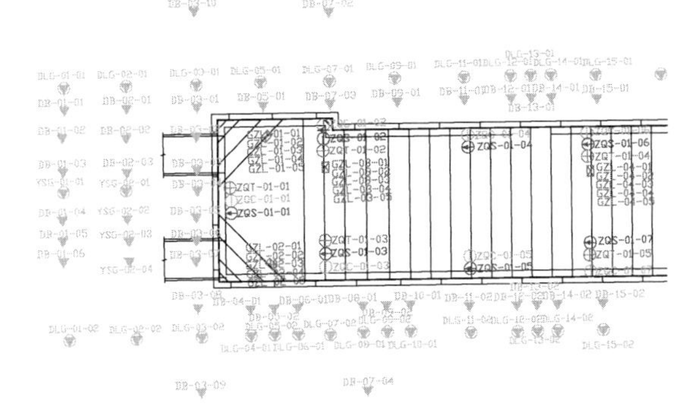

图 5　普通钢筋墙监测点布置图

监测指标，选取了基坑开挖至 15.0m 深度的连续 4d 的监测数据。该深度是 GFRP 筋与钢筋连接的位置，随着基坑开挖，地下连续墙的变形逐渐从地下连续墙中的钢筋变形变化为 GFRP 筋的变形。

（1）墙体水平位移

墙体水平位移是监测围护结构变形的最佳指标之一[8]，通过分析墙体水平位移监测数据与地下连续墙的支护形式，分析墙体的变形特点，为类似工程中地下连续墙的施工，及开挖过程中对地下连续墙变形的控制提供依据。基于基坑实测数据，选取了东端头与西端头的连续 4d 的监测数据，分析基坑土体开挖从地下连续墙的钢筋到 GFRP 筋连接位置再到 GFRP 筋的变形，分析西端头仅适用钢筋的地下连续墙的累计变形，及其变形速率，对比两者的差异，为今后使用相同方法配筋的地下连续墙变形提供数据支持。

由图 6 及图 7 可知，在同一工程地质条件下，支护结构一致，相同开挖深度的 GFRP 筋＋钢筋墙的累计变形比普通钢筋墙大，GFRP 筋＋钢筋墙的累计变形为 37.2mm，普通钢筋地下连续墙最大累计变形为 22.4mm，约为 GFRP 筋＋钢筋墙最大变形的 60.2%；GFRP 筋＋钢筋墙最大水平位移值出现在开挖深度以上 7m 位置，与普通钢筋墙的位置相近；从整体变形来看，GFRP 筋＋钢筋墙体挠曲相对普通钢筋墙较大，说明该类型墙体的整体抗挠曲强度略有减小，因此在墙体变形外侧受到拉应

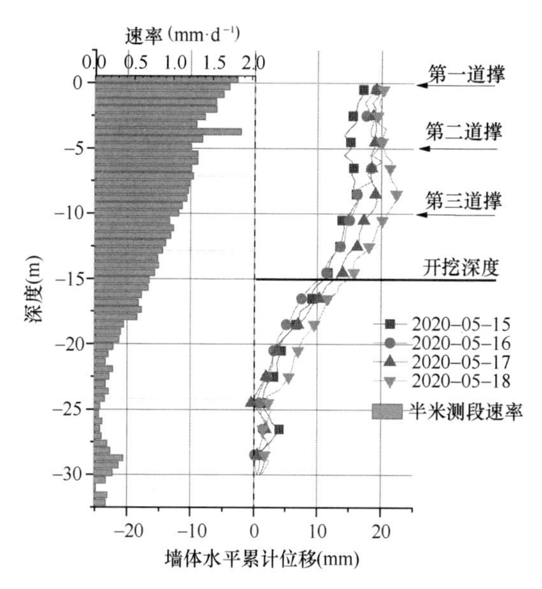

图 6　普通钢筋混凝土墙变形及平均变形速率

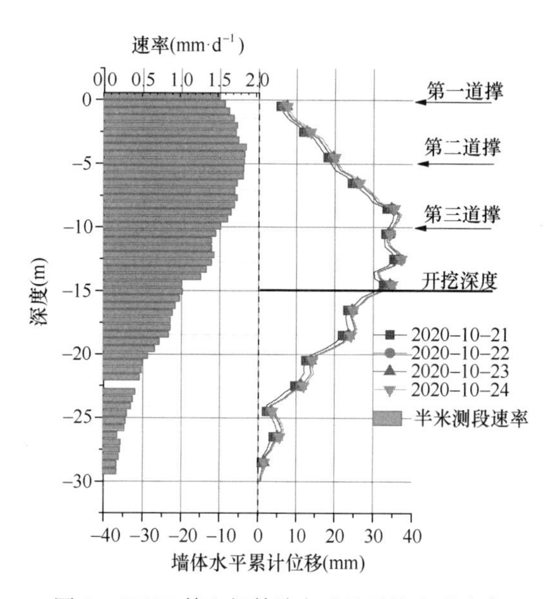

图 7　GFRP 筋＋钢筋墙变形及平均变形速率

力的位置容易产生拉张裂缝；墙体中部的较大变形在一定程度上“缓解了”墙顶的水平位移；在变形速率来看，普通钢筋墙的“整体性”较好，刚度较大，整个墙体变形速率从墙顶至坑底逐渐减小，而 GFRP 筋＋钢筋墙的变形速率则是先增大后减小的变化特征。

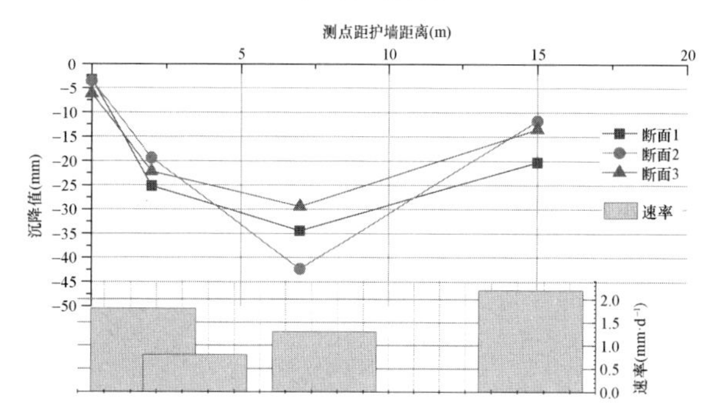

图 8　GFRP 筋＋钢筋墙对应地表沉降及平均速率

（2）地表沉降

为了进一步分析与墙体水平位移对应的地表沉降特点，在基坑的东、西端头分别选取了3个监测断面，将同时监测的地表沉降实测数据绘制成折线图，对比分析GFRP筋＋钢筋墙与普通钢筋地下连续墙的变形及连续4d内的平均变形速率。

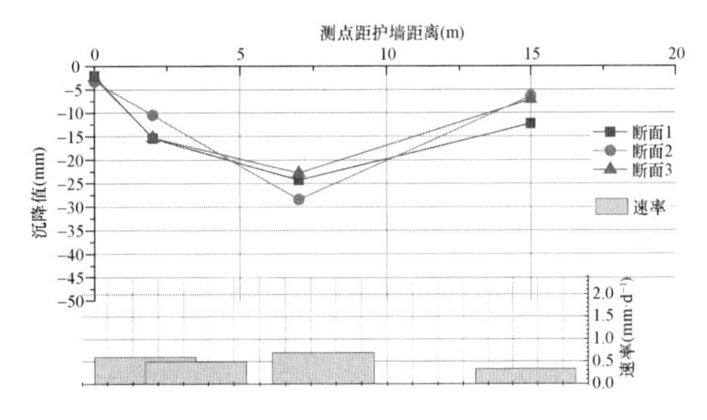

图9　普通钢筋墙对应地表沉降及平均速率

由图8和图9可知，GFRP筋＋钢筋墙对应的地表沉降累计变形相对较大，最大累计沉降量为－42.3mm，普通钢筋墙的最大累计沉降量为－28.4mm，是GFRP筋＋钢筋墙的67.1％；二者对应的地表变形趋势一致，断面沉降均为“凹槽状”，中间断面“断面2”的沉降比两侧断面大，最大沉降值出现在第二个地表沉降监测点处，距离护墙15m的第三排测点均比距离7m的第二排测点沉降小；从地表沉降变形速率来看，普通钢筋墙对应的地表沉降监测断面各点平均变形速率均比GFRP筋＋钢筋墙要小，说明GFRP筋＋钢筋墙的柔性相对较大，支护强度相对较弱。

3　结论

本文基于北京地铁12号线工程某基坑的实测数据，针对同一基坑相同地质条件、同一开挖深度、相同支护形式的GFRP筋＋钢筋地下连续墙与普通带肋钢筋地下连续墙的变形特点和差异进行了深入分析，总结了两种地下连续墙的变形特点。主要得出以下结论：

（1）GFRP筋＋钢筋墙与普通钢筋地下连续墙的整体变形趋势一致，在同一工程地质条件下，支护结构一致，相同开挖深度的GFRP筋＋钢筋墙的累计变形比普通钢筋墙大。

（2）从整体变形来看，GFRP筋＋钢筋墙体挠曲相对普通钢筋墙较大，说明该类型墙体的整体抗挠曲强度略有减小，因此在墙体变形外侧受到拉应力的位置容易产生拉张裂缝。

（3）GFRP筋＋钢筋墙与普通钢筋墙对应的地表变形趋势一致，断面沉降均为“凹槽”状，GFRP筋＋钢筋墙对应的地表沉降累计变形相对较大。地下连续墙的变形在基坑工程施工中受到多种因素干扰，GFRP筋＋钢筋墙随基坑开挖深度增加、支护形式改变的变形特点还有待进一步研究。

参考文献：

［1］　王立刚．超深地连墙GFRP筋在地铁盾构井中的应用［J］．安徽建筑，2017，24(02)：149-151.

［2］　逯建栋．含玻璃纤维筋地连墙笼体的制作及吊装施工［J］．广东土木与建筑，2015，22(08)：52-54.

［3］　Wiciak Piotr，Polak Maria Anna，Cascante Giovanni. Wave propagation in glass fibre-reinforced polymer（GFRP）bars subjected to progressive damage—Experimental and numerical results［J］. Materials Today Communications，2021，27.

［4］　Zhao Jun，Luo Xin，Wang Zike，Feng Shuaikai，Gong Xinglong，Shumuye Eskinder Desta. Experimental Study on Bond Performance of Carbon-and Glass-Fiber Reinforced Polymer（CFRP/GFRP）Bars and Steel Strands to Concrete［J］. Materials，2021，14(5).

［5］　Gao Kui，Xie Hua，Li Zhao，Zhang Jiarui，Tu Jianwei. Study on eccentric behavior and serviceability performance of slender rectangular concrete columns reinforced with GFRP bars［J］. Composite Structures，2021，263.

［6］　Natasa Jeremic，Shamim A Sheikh. Performance of Glass Fiber-Reinforced Polymer Bent Bars［J］. ACI Structural Journal，2021，118(2).

［7］　白晓宇，刘雪颖，张明义，井德胜，郑晨．GFRP筋及钢筋抗浮锚杆承载特性现场试验及荷载-位移模型［J/OL］．复合材料学报：1-13［2021-03-31］．https：//doi.org/10.13801/j.cnki.fhclxb.20210223.003.

［8］　陈旭元，李平．高温下GFRP筋和混凝土黏结性能试验研究［J］．混凝土，2021(01)：43-46.

厚砂层土钉墙支护局部坍塌原因及处理

李四维[1,2]， 冯科明[1,2]

（1. 北京城建勘测设计研究院有限责任公司，北京 100101；2. 城市轨道交通深基坑岩土工程北京市重点实验室，北京 100101）

摘　要：本文介绍了某大面积深基坑工程，工程地质情况以厚砂层为主，无地下水影响；基坑支护设计采用土钉墙支护形式。在施工过程中，虽然基坑开挖不深，但却因开挖面积过大，支护不及时，边坡邻边长期有土堆载等不良因素，出现了基坑边坡坍塌的现象。通过现场坍塌的部位及坍塌的形式，从土力学原理和现场施工管理的角度，对基坑坍塌破坏机理和原因进行了分析；边坡稳定性受基坑邻边堆载，基坑开挖面层及土钉支护的时间和空间效应等几个因素的影响明显；另外土钉的节点制作也是一个辅助因素。根据基坑坍塌先兆，及时疏散了作业人员，对基坑坍塌部位进行了事中应急处理，事后对坍塌部位进行了专家分析会以及二次支护设计与施工。在后续的基坑施工中，通过对该基坑面层的预处理和后处理两种方式，加强土方开挖要求和对基坑支护的时空效应控制，加强土钉节点制作，一定程度上有效地防止了基坑坍塌的再次发生；并通过加强现场监测和巡视力度，加强施工管理，有效地保障了基坑安全，为今后类似工程提供参考和借鉴。

关键词：厚砂层；土钉墙；局部坍塌；原因及处置

0　绪论

基坑工程的快速发展致使基坑向深（开挖深度深）、大（开挖面积大）、紧（施工场地紧凑，周围建筑物密集）、差（场地工程地质条件差）的方向发展，由此而导致的各种基坑工程事故相对增多[1-3]。土钉墙支护作为简单的支护形式，经济，应用较广，但支护强度较弱。土质不好，有地下水的情况，支护不及时，边坡堆载，施工组织不到位等多种原因易造成基坑坍塌，带来安全隐患，造成人员伤亡和财产损失以及不良社会影响。

1　工程概况

1.1　项目概述

本工程位于北京市大兴区，为某产业园项目。本工程由 16 栋楼和 1 层纯地下车库及下沉庭院组成。

工程自然地面场地平均高程 37.18～36.98m，场地地势平坦。基坑面积较大：基坑周长约 875m、开挖面积约 44218.7m^2。相对于自然地坪，基坑开挖深度为 6.06～8.46m，基坑深度超过 5m，属于危险性较大的分部分项工程。

本基坑主要采用土钉墙支护。基坑支护设计使用年限为 1 年。

1.2　场地周边环境条件

本场地周边环境条件较为简单，拟建场地内总包单位已进行了施工道路路面硬化，南北两侧已搭建完办公区和生活区临建房；根据总包提供的施工总平面布置图和现场实际情况调查，大部分道路距离拟开挖基坑上口线不足 2m，部分临建房距离基坑在一倍开挖深度范围之内。

基坑西侧作为施工主要道路和材料堆放、加工场地，施工荷载较大，堆放荷载按照 30kPa 进行考虑。基坑东侧为主要出土马道，具体如图 1 所示。

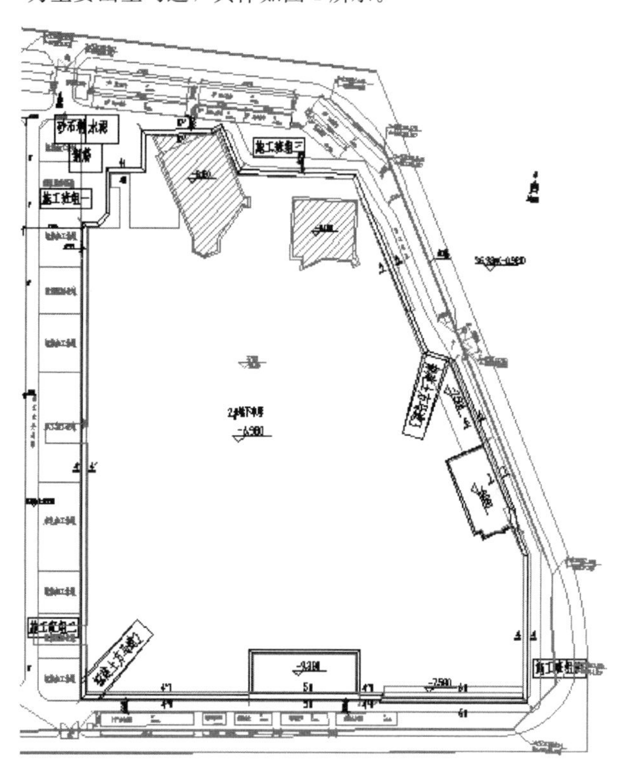

图 1　基坑平面布置图

1.3　工程地质与水文地质条件

1. 工程地质情况

依据岩土工程勘察报告，勘察深度 25.00m 范围内，按照地层沉积年代、成因类型、地层岩性及其物理力学性质对地层进行划分，共划分为人工填土层（Q^{ml}）、新近沉积层（$Q_4^{2+3al+pl}$）、第四纪晚更新世冲洪积层（Q_4^{1al+pl}）三大类。根据钻探资料及室内土工试验结果，按地层岩性及其物理力学性质进一步分为 13 个大层。具体各土层岩性及分布特征概述如下。

（1）人工堆积层

黏质粉土粉质黏土填土①层：褐黄色，中密，稍湿—湿，以黏质粉土填土为主，局部为粉质黏土填土，含灰渣、砖块、植物根等。

层底标高：35.46～37.17m。

（2）新近沉积层

粉细砂②层：褐黄色，N=9～26，松散—中密，湿，中低压缩性，含云母、氧化铁。

砂质粉土②$_1$层：褐黄色，稍密—中密，稍湿，中压缩性—中低压缩性，含云母、氧化铁。

粉质黏土②$_2$层：褐黄色，湿，可塑，中压缩性，含云母、氧化铁、少量姜石。

层底标高：28.29～32.21m。

（3）第四纪全新世冲洪积层

粉质黏土重粉质黏土③层：褐黄色，S_r=82.1%～99.7%，很湿，I_L=0～0.64%，可塑—硬塑，E_s=4.2～10.0MPa，中高压缩性—中压缩性，含云母、氧化铁。

黏质粉土砂质粉土③$_1$层：褐黄色，密实，稍湿—湿，中低压缩性—低压缩性，含云母、氧化铁。

粉细砂③$_3$层：褐黄色—灰黄色，中密—密实，稍湿，低压缩性，含云母、氧化铁、有机质。

层底标高：23.21～27.19m。

粉细砂④层：褐黄色—灰黄色，N=20～59，中密—密实，稍湿—湿，低压缩性，含云母、氧化铁、有机质，局部夹中砂薄层。

粉质黏土④$_1$层：褐黄色，很湿、可塑—硬塑，中低压缩性，含云母、氧化铁。

黏质粉土砂质粉土④$_2$层：褐黄色，密实，稍湿—湿，低压缩性，含云母、氧化铁、砂砾。

层底标高：17.19～21.58m。

粉质黏土重粉质黏土⑤层：褐黄色，S_r=84.8%～99.7%，很湿，I_L=0～0.64%，可塑—硬塑，中低—低压缩性，含云母、氧化铁。

黏质粉土砂质粉土⑤$_1$层：褐黄色，密实，湿，中低压缩性，含云母、少量氧化铁，结构差。

粉细砂⑤$_2$层：褐黄色，密实，湿，低压缩性，含云母、氧化铁。

2. 水文地质情况

（1）场区地下水情况

根据勘察报告，在深度25m范围内，存在一层地下水，地下水类型为层间水（三）。

拟建场地内的地下水详细情况见表1。

基坑地下水特征表　　表1

地下水类型	稳定水位埋深（m）	稳定水位标高（m）	观测时间	含水层
层间水（三）	18.79～20.79	16.38～18.20	2013.11.5～2013.12.21	粉细砂⑤$_2$层、黏质粉土砂质粉土⑤$_1$层

（2）地下水对本工程的影响及其控制措施

勘察报告显示，基坑开挖深度范围内不涉及地下水。地下水对基坑边坡开挖、基槽干槽作业、支护结构稳定性没有影响。

3. 工程地质与水文地质纵断面图

根据勘察报告，选取本工程典型的地质纵断面图，具体如图2所示。

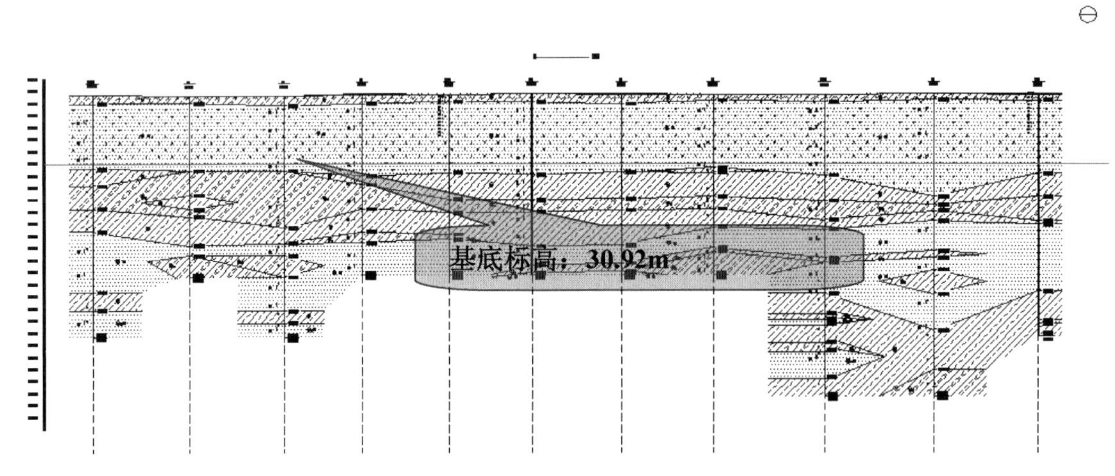

图2　典型地质纵断面图

1.4　基坑支护设计

本基坑深度范围内无地下水，基坑支护范围内地层主要为第四纪新近沉积层的粉细砂②层，该层粉细砂厚度为5.5m，占整个基坑深度的91%，为基坑支护主要面对的单一地层。该地层的性质决定了基坑支护的参数和施工方法。根据勘察报告得知，该粉细砂②层较为松散，中低压缩性，对于基坑边坡稳定性极为不利。

根据工程地质条件、水文地质条件、场地周边环境条件及基坑周边使用条件，依据《建筑基坑支护技术规程》JGJ 120判定本工程基坑侧壁安全等级为三级。

根据北京市有关规定，本基坑支护使用期为1年，属临时性支护。

选取典型的支护剖面4-4剖面，基坑深度为6.06m，为2号车库内剖面；1∶0.3放坡，4道土钉，土钉钢筋水平间距1.50m，竖向间距为1.30～1.40m；具体表现如图3所示。

其中支护土层的参数如表2所示。

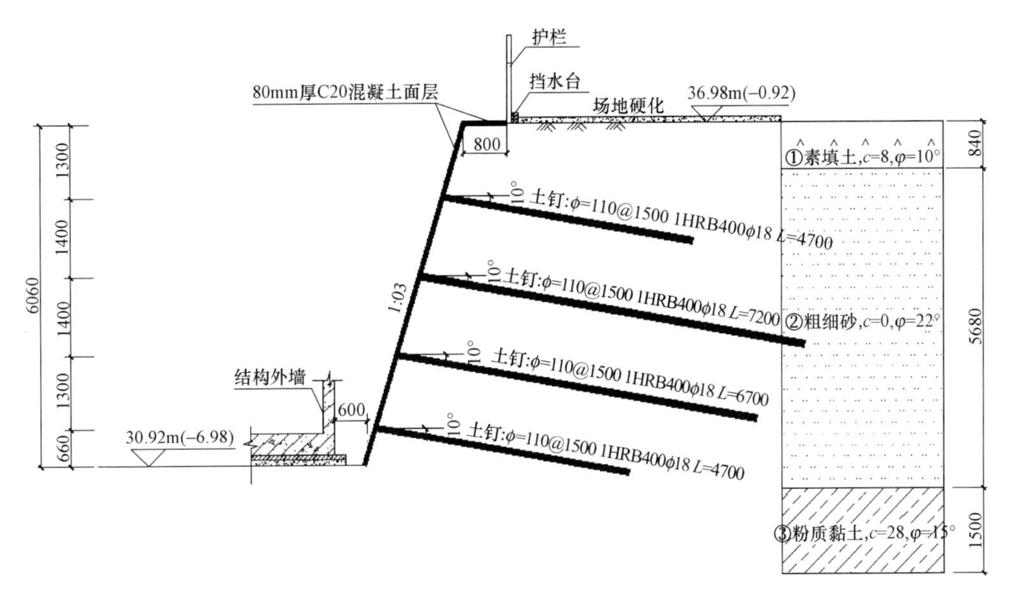

图 3　典型基坑支护剖面

土层参数表　　表 2

编号	地层名称	平均厚度（m）	密度（g/cm³）	黏聚力（kPa）	内摩擦角（°）
①	素填土	0.84	1.75	8	10
②	粉细砂	5.68	2.0	0	22
③	粉质黏土	1.5	1.99	28	15

由上表可知，②层粉细砂约占了基坑深度范围的86%，其工程地质性质对基坑支护起到了决定性的作用。

2　局部坍塌原因分析及处置

2.1　事故经过描述

在基坑东侧（轴线位置 2C-t～2C-n/20-F4）靠近马道口的部位，基坑开挖面长约 36m，开挖深度为 3.3m（图 4）；该部位边坡已于 9 月 4 日施工完成第一道土钉，并完成第一步土钉墙面层支护；9 月 8 日开挖至第二道土钉下 600mm 位置；因该部位靠近马道口，第二步边坡开挖 11d 内未进行支护，并于 9 月 15 日（工作面开挖第 7d）在第一步土钉墙面层以下与砂土层交接部位出现了局部坍塌；在未进行有效支护的第 11d，即 9 月 19 日，局部坍塌部位的砂土逐渐滑落，并横向连成一片（图 5）；在当天傍晚 6 点半左右，边坡沿着基坑上口挡水台向下出现了整体垮塌（图 6）。

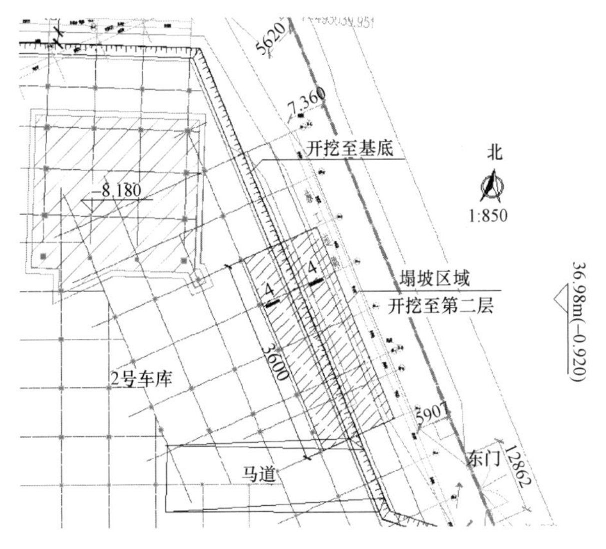

图 4　基坑塌坡区域示意图

图 5　基坑塌坡前破坏面整体形成

2.2　应急处置

砂土出现滑落并形成规模时，现场管理人员立即组织施工作业人员撤离现场，并在该区域设置警戒线，防止人员过往；当基坑出现坍塌后，立即通知建设单位，监理和总包单位相关人员，并通知土方单位调动挖掘机在现场待命；组织专家进行现场实地考察，并召开专家会分析原因，为进一步边坡处理提供建议。

图6　基坑塌坡区域现场

2.3　基坑塌坡原因分析

(1) 基坑开挖深度仅3m，但是仍然出现了沿基坑长度方向36m的基坑坍塌，其边坡破坏面如图7所示，滑动破坏面出现在第一步支护面层和第一道土钉以下未支护的裸露土部位，并由此向上延伸到翻边硬化部位。

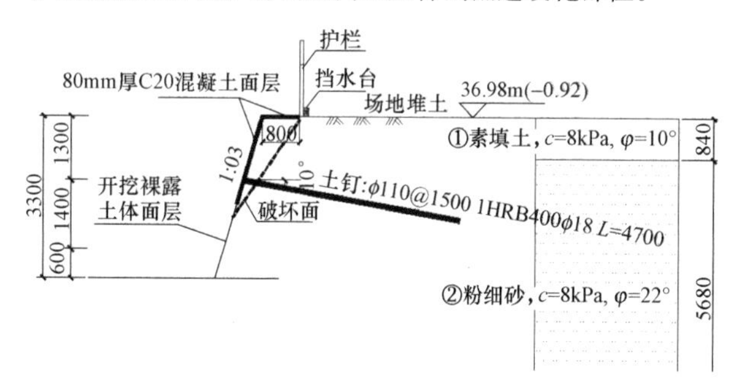

图7　基坑边坡滑动破坏面示意图

(2) 现场边坡上1.5m范围内有堆土痕迹，经核实，该处作为土方马道口临时堆土场，曾经在开挖后临时堆放2m多高的堆土，并有挖掘机在此反复碾压，攒土作业，静荷载和动荷载并存。

(3) 经踏勘发现，现场的第一步土钉钢筋被坍塌的土体及坡面拽出，土钉水泥浆杆体仍保留在坡面上，拽出的钢筋多位于杆体下部，说明：①土钉注浆质量尚可；②土钉钢筋并未在土钉水泥浆体中间，而是靠近杆体下侧，如图8所示，因支架制作不到位的细节，导致土钉钢筋在土钉杆体底部，土钉钢筋保护层厚度不足，钢筋与浆体的握裹力得不到保障。

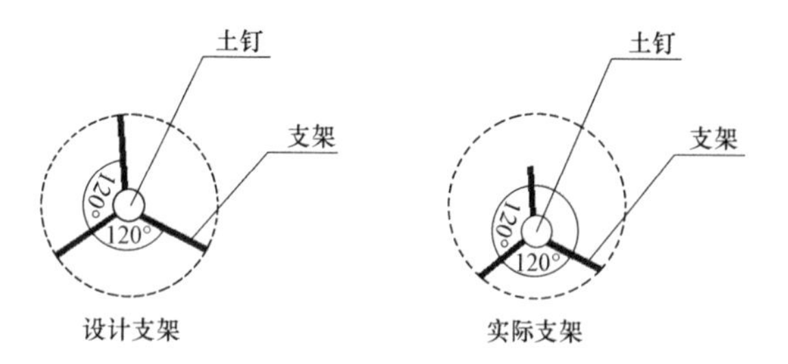

图8　实际支架与设计支架制作差异对比

进一步分析其塌坡原因，主要有以下几方面：

① 工程地质条件差：在开挖深度2～3m处，土质为粉细砂②层，$N=9\sim26$，土质极其松散，开挖后3d左右表层砂土即出现滑落，土体自稳性很差。

② 开挖长度过大且作业面不足：土方一次性开挖出边坡230m长，未有效利用土体的空间效应进行分段开挖，造成无法在较短时间内及时封闭支护；且土钉施工为人工洛阳铲成孔，所需工作面较大，而土方未能提供足够的土钉成孔施工作业面，造成土钉支护工作不能及时跟进。

③ 历史堆载过大：在开挖第二步土方预留土台阶段（开挖深度$h=1.8\sim3.2$m），距离该处基坑上口线1.5m以外的部位存放堆土，约2m高，其竖向均布荷载P约为40kPa；如图9所示。

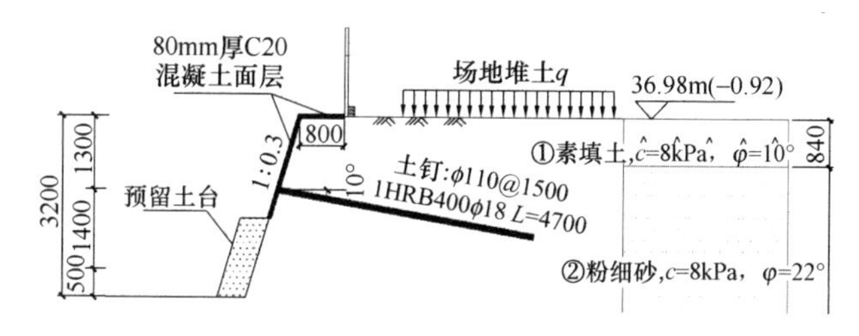

图9　土方堆土荷载示意图

根据摩尔库仑和朗肯土压力原理[4]进行估算，其土体单元受力如图10所示。

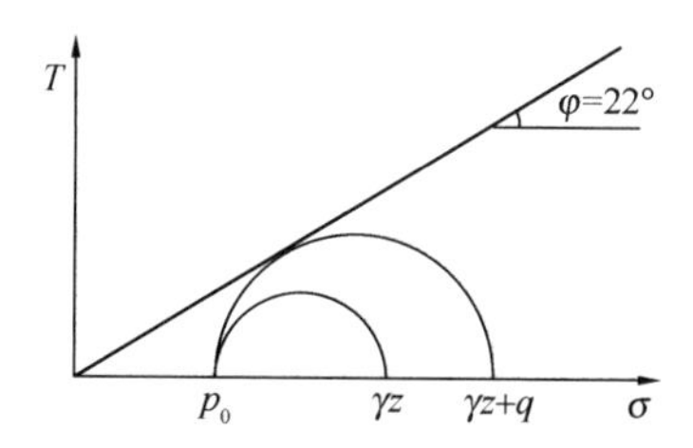

图10　土体上部超载受力状态

对于一定深度Z部位（$h=1.8\sim2.2$m）的土体单元，若上部荷载逐渐增加，直至土体达到极限平衡条件：

$$\sigma_1=\gamma z+q=\gamma z\times\tan^2(45^\circ+\phi/2)$$
$$=\tan^2(45^\circ+22^\circ/2)\gamma z$$
$$=2.2\gamma z \tag{1}$$

此时$q_{\max}=1.2rz=43$kPa；由此可知，上部土方堆载已经使得支护完成的第一步土钉墙下未正式支护的预留土台的部位出现了极限平衡状态。

④ 面层支护不及时：虽开挖深度不深，且预留了0.5m宽的预留土台，但未支护时间较长，土体应力已逐渐释放，如图11所示。

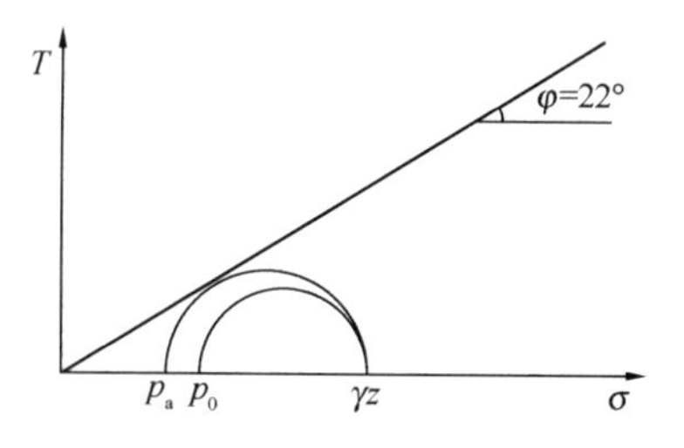

图11　土体侧部卸载受力状态

在松散的砂土中，黏聚力c值几乎为0，当预留土台为其提供的侧向土压力小于主动土压力$K_a\gamma z$时，

$$\sigma \leqslant \sigma_a = K_a \gamma z = \gamma z \times \tan^2(45° - \varphi/2) = 0.45\gamma z \quad (2)$$

基坑边坡达到极限平衡状态，当修坡（预留土台挖除）完成后，极易形成土体剪切破坏，造成边坡局部坍塌；土体局部破坏形成规模时，即形成了土钉墙整体坍塌；就会出现土体的破坏。

由此可知，对于砂质土层，面层的支护至关重要。

在基坑深度 2～3m 范围内，在竖向荷载超载以及侧向土体没有支护的双重不利情况下，极易达到土体破坏平衡点并出现土体剪切破坏。

⑤ 支护细节不到位：第一步土钉杆体钢筋因保护层钢筋加工不到位，与水泥浆体结合时，不居中，因而未能产生足够的握裹力，锚固力不足，在基坑变形过大甚至出现坍塌时，钢筋从土钉杆体底部拽出。

2.4 处理措施

针对现已塌坡部位，施工现场采用如下措施进行处理：

（1）将已塌坡深度范围内第一步和第二步土钉部位的土体按照 1∶0.5 的坡度进行修坡、成孔、土钉安设、钢筋编网和锚喷工作。

（2）塌坡部位以下未进行开挖的部位（第三、第四步土钉）仍按照原支护设计方案执行，即按照 1∶0.3 的坡度进行修坡，并进行土钉安设、编网和锚喷工作；并与第一步和第二步土钉墙之间预留土台。

（3）塌坡区域与相邻未受影响的基坑支护区域采用八字形过渡处理。

具体见图 12、图 13。

（4）对本基坑其他部位后续施工时，严格控制开挖长度，每次开挖不超过 20m，对于开挖坡面面层，进行了面层的固化，即在砂土表层修坡完成后立即用水泥浆淋洒在砂层坡面上，通过水泥与砂层的胶合，形成一定的胶砂

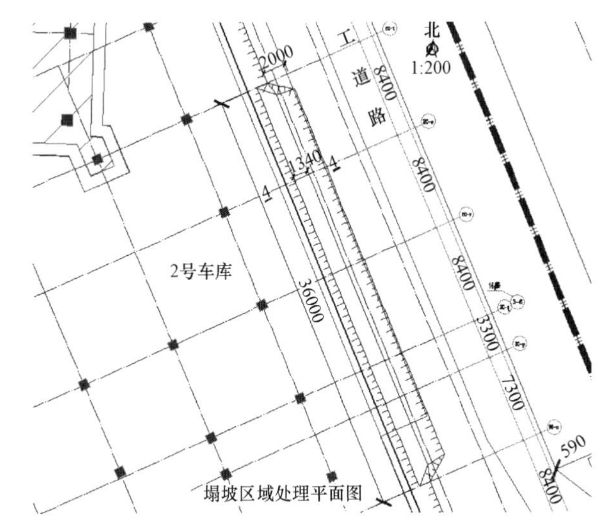

图 12 塌方处理后基坑支护平面图

强度，改良了表层土体的工程力学性质，增加了土体表面层的抗拉强度，等同于增加了土体表层的自身强度，且随着时间推移，其抗拉强度不断增加，以 P·O 42.5 级水泥为例，其 3d 胶砂强度理论值能达到 22MPa 以上，其抗拉强度按照 11.5% 的抗压强度经验取值[5]，约为 2.53MPa，坡面表层形成厚度约 5mm 的水泥砂浆面层，面层强度，即类似黏聚力为：

$$c = 2.53\text{MPa} \times 1000 \times 0.005\text{m} = 12.65\text{kN/m}^2 \quad (3)$$

面层强度的提高，加上砂层本身具有的黏聚力[6]作为安全储备，可以提高面层土体的抗剪强度，经计算，该面层强度足以抵抗 1.4m 高的边坡塌坡；对于 3～6m 范围内深层砂质土体边坡，在短期内（现场实测 1 个月内）可防止出现土体的局部塌坡，如图 14 所示。

（5）经过后期对坍塌处理的边坡进行坡顶水平位移和沉降观测，发现该部位基坑变形已稳定。

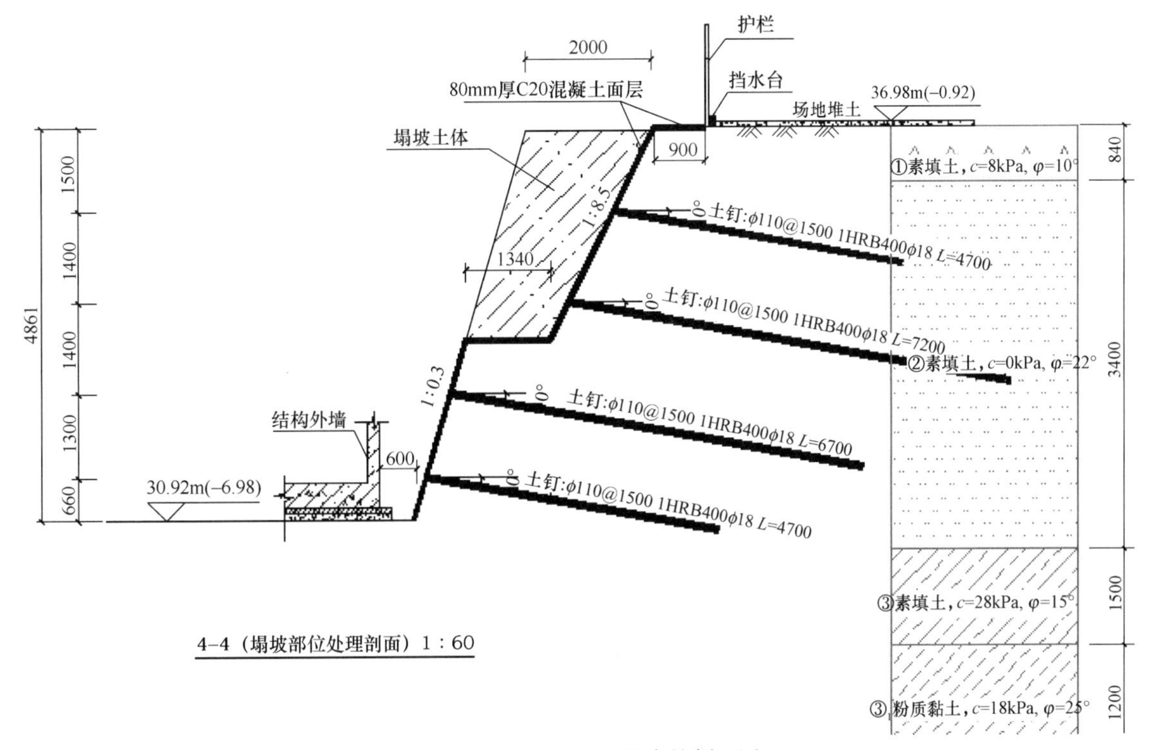

图 13 塌坡处理后基坑支护剖面图

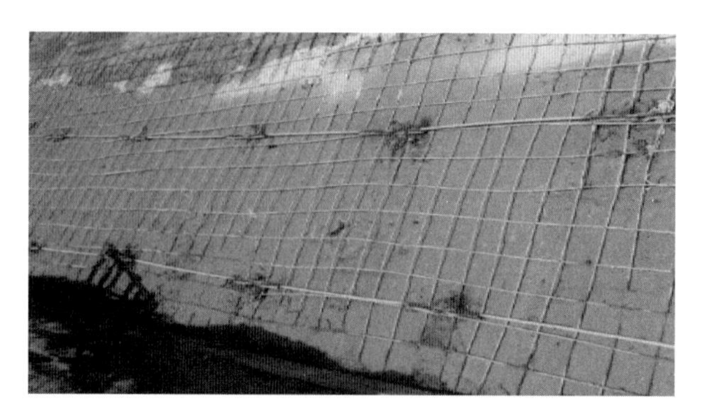

图 14　水泥浆处理坡面临时支护

3　结论与建议

(1) 基坑开挖与支护需相互配合，充分考虑土方开挖与基坑支护的空间效应，基坑开挖需分段分层开挖，每段开挖长度不应超过 20m，每层开挖深度不超过 1.5m，严禁为了抢工、挖料等而出现大范围大面积开挖和超挖现象。

(2) 基坑开挖需为基坑支护提供足够的作业空间，以便基坑支护能够及时进行。

(3) 基坑支护应遵循时间效应，对开挖裸露面及时进行支护，尤其对于厚砂地层，裸露面不得超过 2d。

(4) 为防止开挖裸露面层坍塌，可以在坡面上完成修坡并绑扎钢筋后立即浇洒水泥浆，再进行土钉成孔和土钉安放及注浆工作，防止土体开挖后因砂土松散导致局部塌方现象；水泥浆的面层固化，也可用于工期小于 20d 的临时支护结构，如管沟、化粪池、调蓄池等快速回填的小市政工程。

(5) 基坑上口线以外 2m 范围内严禁堆土、重车反复行驶等超载现象的发生，即使基坑开挖深度不超过 3m。

(6) 注重细节，加强土钉注浆质量和土钉支架的制作，保证土钉主筋位于注浆体中间部位，以使土钉与浆体受力均匀，充分发挥钢筋与水泥浆间的握裹力。

(7) 加强信息化施工，加强监测和日常巡视，可以及时发现基坑异常变形，为基坑坍塌事故的发生做出提前预判，并采取相应措施避免坍塌事故扩大。

参考文献：

[1] 刘建航，侯学渊．基坑工程手册[M]．北京：中国建筑工业出版社，1997.

[2] 李钟．深基坑支护技术现状及发展趋势[J]．岩土工程界，2001，4(1)：42-45.

[3] 史佩栋．我国深基坑工程技术现状[J]．铁道建筑技术，1998，(5)：18-22.

[4] 陈国新，樊良本，陈甦．土质学与土力学(第二版)[M]．北京：中国水利水电出版社，2006.

[5] 混凝土结构设计规范 GB 50010—2010[S]．北京：中国建筑工业出版社，2011.

[6] 熊宗喜．砂卵石地层基坑预应力锚索复合土钉支护技术研究[D]．北京：中国地质大学，2014.

深基坑支护结构变形规律试验研究

宁秉正，赵明城，于　浩，张晓辉，芦　凯
（中建八局第一建设有限公司，山东 济南 250100）

摘　要： 深基坑稳定性问题一直以来都是研究深基坑工程课题的重点研究方向，本文结合工程实例，通过对实际工程中深基坑支护结构的内力以及变形在施工过程中的变化进行监测，并根据监测获得的数据反馈到实际的施工中，对工程施工过程中基坑出现过大的位移、变形时进行及时预警，避免工程安全事故的发生。另外，通过对整个施工过程中深基坑支护体系的监测，以期能够为研究桩锚支护体系在深基坑工程中的应用起到参考的作用。

关键词： 深基坑；桩锚支护；变形监测；内力监测

0　工程背景

1. 工程简介

本工程为济南丁家村改造项目的商业工程部分，位于奥体西路与工业南路交叉口，见图1，本工程分为一期和二期，项目一期和项目二期分别由中建八局二公司和中建八局一公司所承建。丁家村保障房项目东侧为奥体西路主体施工完成的地铁R3线丁家庄东站，南侧为正在施工的中信泰富CBD项目，西侧为规划2号路，目前已施工完毕，各种管线也已铺设。基坑形状为不规则矩形，基坑东西方向长度约269.50m，南北方向宽约88.00m；基坑周长约为650.00m。该项目拟建的历下区丁家村城中村改造村民保障用房项目包括T1、T2、T3、T4、商业及地下车库。其中在项目基坑中由西北至东南方向规划代建一条地铁联络线，与地铁3号线既有丁家庄东站连通接驳，该位置基坑深度约25.5m。本项目基坑开挖深度范围6～25.5m。综合基坑深度、周边环境、地层条件等因素，本工程基坑支护结构的安全等级：基坑周边区域为一级；基坑内侧联络线东西两侧区域为二级。

图1　丁家村保障房项目场地平面布置图

2. 工程地质条件

工程场区地貌单元属山前坡洪积裙。在勘察深度范围内，场地地层自上而下由第四系人工堆积层填土（Q^{ml}）、第四系全新统—上更新统坡洪积层（Q_4^{dl+pl}～Q_3^{dl+pl}），奥陶系石灰岩（O）组成，共分5层，大致为填土、粉质黏土、碎石、胶结砾岩、泥灰岩，见图2。场地地下水为深层基岩、岩溶裂隙水，流向大致自南向北，地下水水位埋深30.0～35.0m。

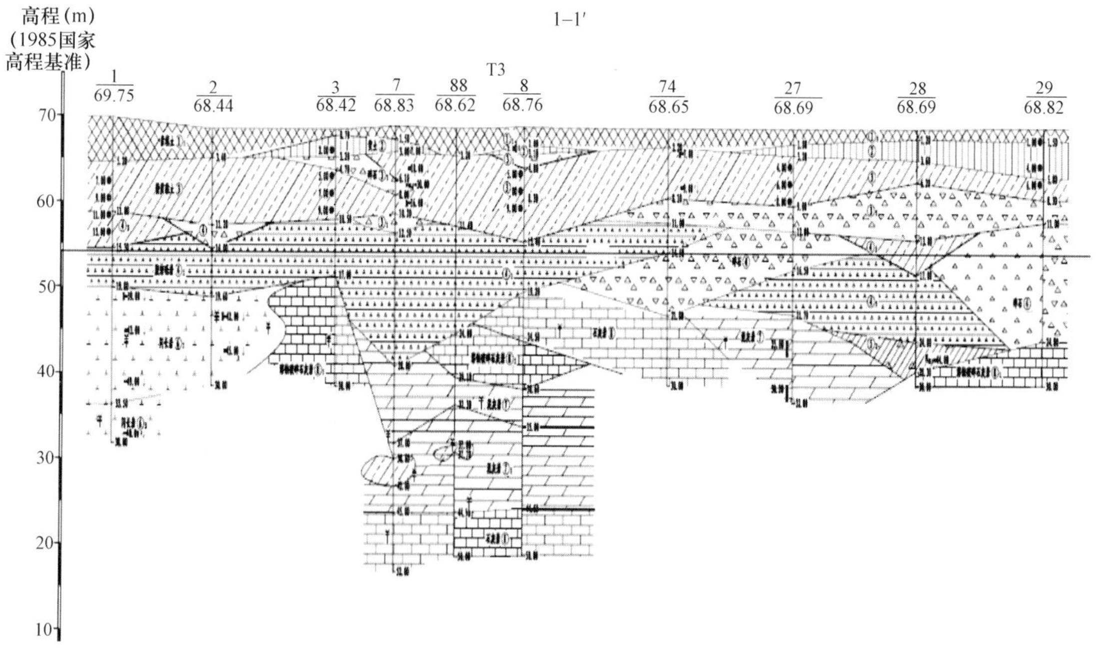

图2　场地地层结构剖面图

1 基坑支护方案

本项目基坑支护工程为临时性工程，基坑侧壁是由填土、黏性土组成，基坑支护设计使用期限为2年。根据现场实际情况，整个基坑采用多种支护形式相结合的方式，本基坑支护采用桩锚、桩+混凝土内支撑、土钉墙及天然放坡支护形式。基坑北侧、南侧、西侧采用桩锚支护，典型支护类型如图3所示。地铁连通接驳处基坑采用桩+混凝土内支撑支护结构体系，如图4所示。

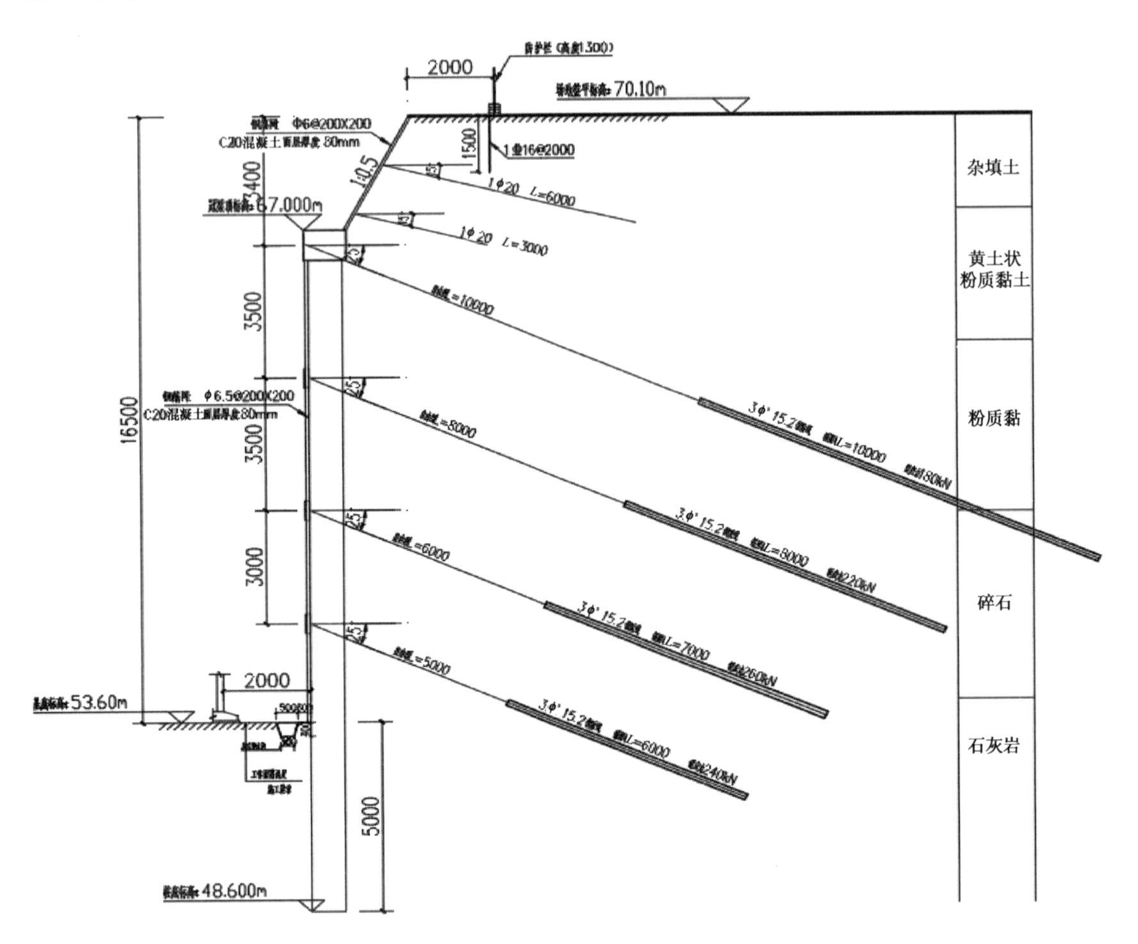

图3 桩锚支护剖面图

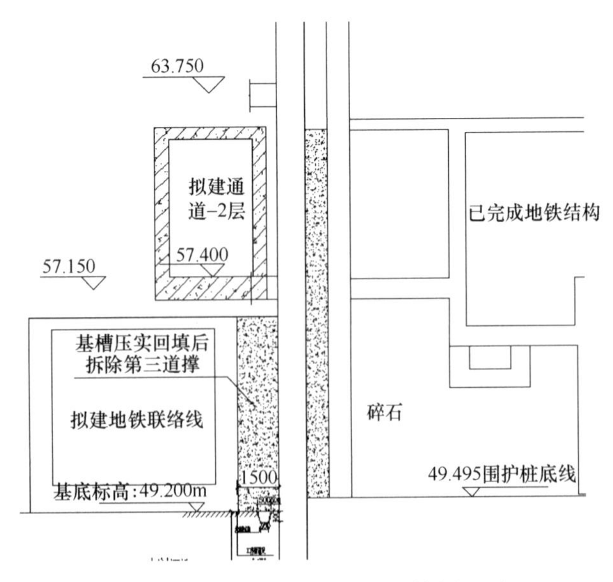

图4 地铁通道接驳处支护结构剖面图

2 基坑变形监测方案

2.1 基坑监测的目的

基坑支护工程作为一项危险系数较大的系统性工程，施工过程中应遵循动态化、信息化的原则，确保整个施工过程中基坑以及周边环境的安全，通过对丁家村保障房项目深基坑的长期且周期性的变形及支护体系内力监测，以期能够对工程施工过程中基坑出现过大的位移、变形时进行及时预警，避免工程安全事故的发生，另外通过在施工工程中对基坑变形监测获得的数据进一步的指导下一步施工，实现整个基坑工程的信息化施工。具体如下：

(1) 实现该工程安全生产的系统化、信息化以及规范化，有效规避风险，避免人员伤亡和损害周边环境，降低工程经济成本和工期损失，为工程的安全生产提供保障服务。

(2) 为工程建设风险管理提供支持，通过监测工作、安全巡视和监测管理服务工作，较全面地掌握各工点的施工安全控制程度，为风险管理提供基础数据，对施工过程实施全面监控和有效控制管理。

（3）在施工过程中对周边环境、工程本体实施独立、公正的监测工作，基本掌握周边环境、支护结构体系的动态，获取监测数据，为建设、监理、设计、施工单位提供参考依据。

2.2 基坑监测内容及要求

依据本工程的相关设计文件及要求，并根据基坑支护方案中提出的监测控制值及报警值确定原则并参考有关规范与标准，本工程监测预警等级分为2级，如表1所示。当监测数据达到监测报警值的累计值或当检测项目的变化速率连续3d超过该值的70%，应及时进行预警（表1）。

监测内容及预警值　　表1

监测内容	支护结构	基坑安全等级					
		一级			二级		
		累计值（mm）		变化速率（mm/d）	累计值（mm）		变化速率（mm/d）
桩顶水平位移	桩锚	25	0.15%	2			
	双排桩、内支撑	20	0.12%	2			
	悬臂桩	35	0.35%	3			
桩顶竖向位移	桩锚	15	0.15%	2			
	双排桩、内支撑	10	0.07%	2			
	悬臂桩	25	0.15%	2			
深层水平位移	桩锚	25	0.15%	2			
	双排桩、内支撑	20	0.12%	2			
桩顶水平位移	土钉墙				35	0.3%	3
桩顶竖向位移	土钉墙				20	0.2%	2
周边道路竖向位移		15		2			
东侧地铁站		20		2			
锚索轴力		$70\%f_1$					
支撑轴力		$70\%f_2$					
地下管线	燃气、热力	10		1			
	电信、电力	15		2			
	污水、雨水管道	15		2			
地裂缝		持续发展					

注：f_1为锚索预应力设计值；f_2为内撑承载能力设计值，按5000kN考虑。

2.3 基坑监测点的布设

本工程基坑监测点包括了3个观测基准点（编号JZ1～JZ3），23个支护桩内深层水平位移监测点（编号CX1～CX23），51个桩顶水平位移及竖向位移监测点（编号G1～G51），内撑锚杆轴力监测点21个（编号NCZL1～NCZL21）、10个周边道路竖向位移监测点（编号L1～L10），52个周边管线竖向位移监测点（编号GX1～GX52），7个周边建筑物竖向位移监测点（编号CJ1～CJ7）。本文主要针对丁家保障房项目（二期）的基坑支护结构监测数据进行分析，因此截取丁家村保障房项目（二期）中监测点的布置位置，见图5。

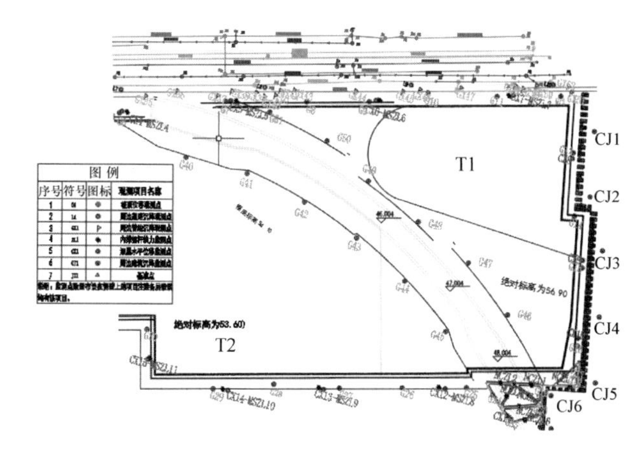

图5　丁家村保障房项目（二期）监测点布置平面图

3 监测结果分析

根据现场实际情况，本工程基坑监测所进行的主要监测项有：支护桩深层水平位移、支护桩顶水平位移、支护桩顶竖向位移、内撑锚杆内力变化、周边管线沉降、周边道路以及建筑物沉降。

通过对获得的各项监测数据的研究和分析，得出基坑开挖过程中基坑桩锚支护体系的变形、内力的变化规律以及这两者与土体之间的相互影响规律，为现场的基坑施工提供指导意义。

3.1 支护桩深层水平位移监测结果分析

为了了解在土方开挖过程中不同深度的土体水平位移以及土体对支护桩的影响规律，结合本工程中部分布设的监测点的支护桩深层水平位移监测结果，绘制了距开始监测不同时间下的不同位置监测点支护桩的深度与该深度下支护桩的水平位移之间的关系曲线，如图 6 所示，并根据各测点的支护桩深层水平位移量的变化曲线作出如下分析：从图中可以发现，由于基坑开挖，土体应力场发生变化，桩身各处受到土体应力的作用产生变形。

在基坑开挖初始阶段，桩身各处变形较小，这是因为土体开挖深度不深，土体产生的侧向土压力较小，并且支护桩嵌固土体深度深，对土体有很强的约束能力，因此支护结构产生的侧向变形还很小，而随着基坑土方开挖的进行，土体开挖深度较深，支护桩在土体嵌固的部分变短，土体重新达到平衡状态需要支护桩提供更大的约束力，因此桩身各处的水平位移量会有明显的增大。另外，从图 6 中还可以看出，在桩顶位置，随着基坑的开挖，桩身水平位移累计变化量有较大的变化并且桩身水平位移变化的速率较大而随着桩身所处深度越大，随着基坑的开挖，该深度下桩身的水平位移累计变化量越小且桩身的水平位移变化的速率明显减小，这是因为支护桩底部嵌固在土体里，桩嵌固端对支护桩起到了良好的约束作用，从而减小了桩身的水平位移。

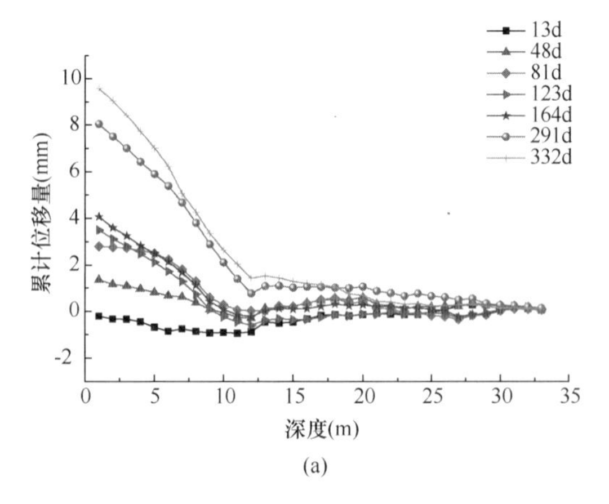

图 6 支护桩深层水平位移（一）

（a）CX4 支护桩深层水平位移

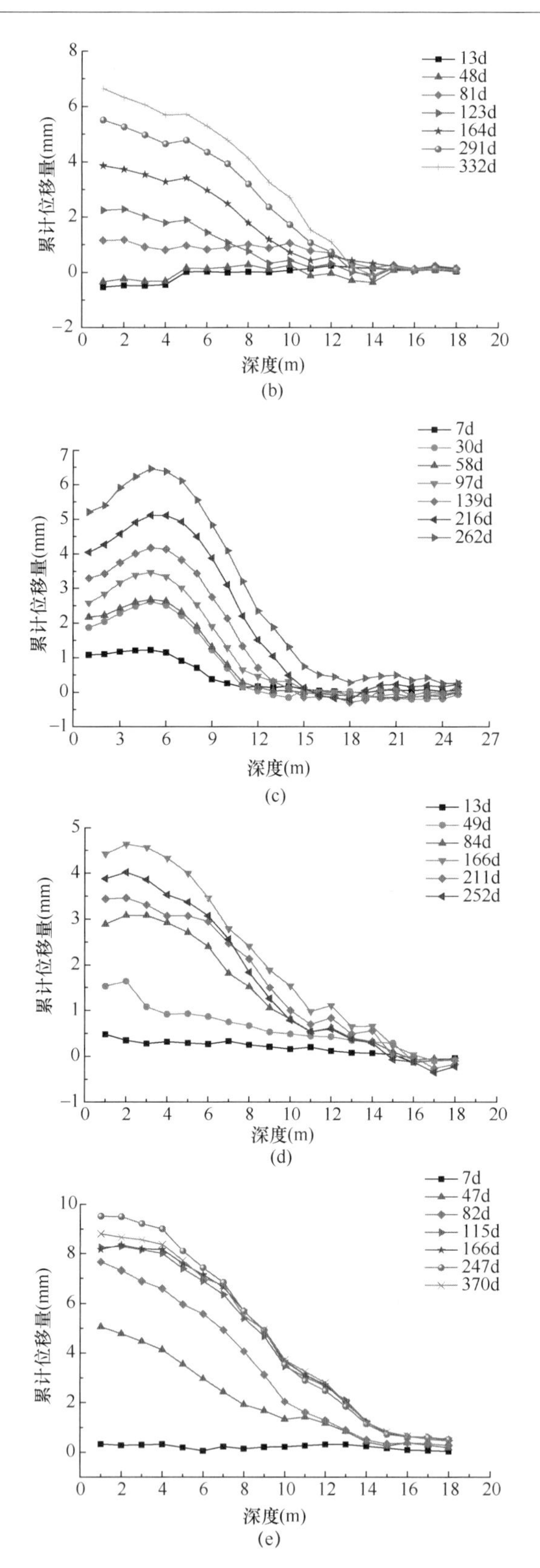

图 6 支护桩深层水平位移（二）

（b）CX6 支护桩深层水平位移；（c）CX8 支护桩深层水平位移；（d）CX12 支护桩深层水平位移；（e）CX13 支护桩深层水平位移

3.2 支护桩顶竖向位移及水平位移监测结果分析

在本节分析中选取部分监测点绘制出桩顶竖向位移累计变化量随基坑开挖时间的变化曲线图，如图 7 所示。

从图中可以看出，选取的监测点的桩顶竖向位移随着基坑开挖的进行的变化趋势是相似的，即随着基坑开挖，桩顶的竖向位移会逐渐增大，这是因为随着基坑的开挖，土体在固结沉降的过程中带动支护桩发生竖向沉降并反映到监测结果，即支护桩竖向位移不断增大，另外，支护桩的侧向变形也能够引起支护桩顶产生竖向位移增大。但是图中支护桩顶的累计竖向位移最大值为5.21mm未超过预警值20mm且竖向位移变化速率小于3mm/d，因此可以判断，基坑在该阶段属于稳定阶段。另外，桩顶竖向位移随基坑开挖时间的变化曲线显示，桩顶竖向位移并非线性增大，而是随着基坑开挖的进行，桩顶竖向位移增大的速率会变缓。

从图8可以看出，随着基坑的开挖，支护桩顶水平位移的变化趋势与竖向位移的变化趋势相似，即随着基坑的开挖，桩顶水平位移呈现出非线性增长的趋势，基坑开挖初始阶段，桩顶水平位移增长的速率较大；而在基坑开挖的后期，桩顶水平位移的增长速率变缓。

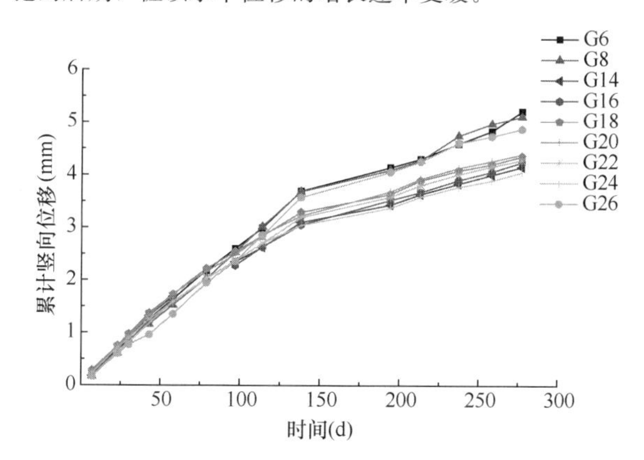

图7　支护桩顶竖向位移

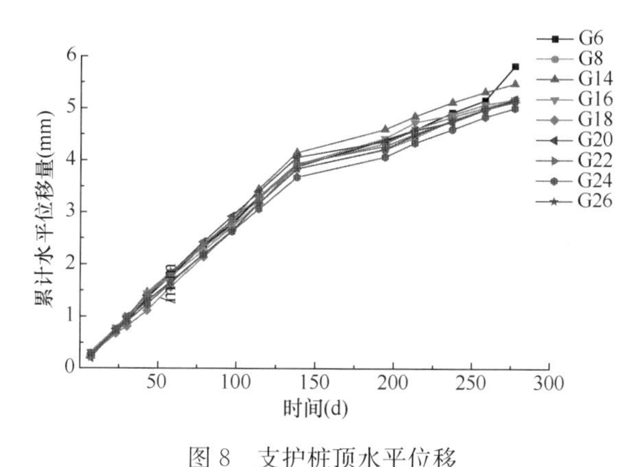

图8　支护桩顶水平位移

3.3　内撑锚杆轴力变化监测结果分析

在基坑开挖过程中内撑锚杆轴力的变化曲线见图9。从图中可以看出，在基坑开挖初始阶段，内撑锚杆轴力变化的程度较大，这种变化表现为随着基坑的开挖，内撑锚杆轴力逐渐增大，而基坑开挖后期或结束后，内撑锚杆轴力的变化趋于平稳，这是因为基坑土体开挖引起内撑锚杆轴力急剧变化；然后，随着开挖结束，内撑锚杆、土体和其余支护结构之间又重新达到了新的平衡状态，内撑锚杆轴力逐渐恢复稳定状态。

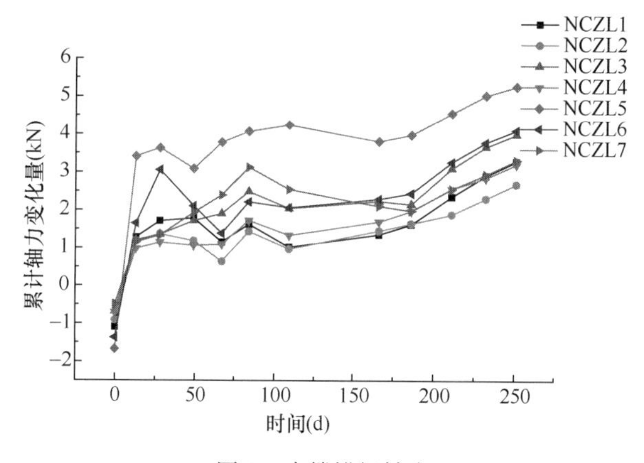

图9　内撑锚杆轴力

3.4　管道竖向变形监测结果分析

基坑开挖的过程对周围已经铺设的管道的变形会产生一定的影响，因此本节中给出了在基坑开挖过程中，项目周边管道的竖向变形随基坑开挖过程的变化曲线图，如图10所示，图中可以看出，随着基坑开挖的进行，各管道竖向位移监测点得到的结果的变化趋势是相似的，即管道的竖向位移量逐渐增大，但都小于管道变形的预警值。另外从图6中还可以看出，选取的观测点中管道的竖向位移变化曲线都会出现一处拐点，拐点之前，随着基坑开挖的进行，管道的竖向位移量增长较快；而在拐点之后，随着基坑的开挖，管道的竖向位移量增长变缓。

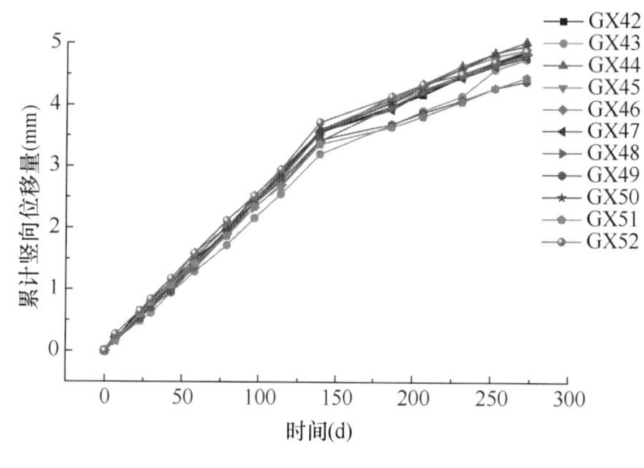

图10　管道竖向变形

3.5　周边建筑物及道路竖向变形监测结果分析

图11、图12给出了随着基坑的开挖，周边建筑物（地铁站）及道路竖向位移量的变化曲线图，从图中可以看出，随着基坑的开挖，周边建筑物（地铁站）及道路竖向位移量的变化趋势是相似的，即随着基坑开挖的进行，周边建筑物（地铁站）及道路的竖向位移都会随之增大，并且呈现出接近线性的变化趋势；但是，都小于相对应的预警值，这说明基坑的开挖对周边建筑物（地铁站）及道路沉降的影响在安全范围之内。

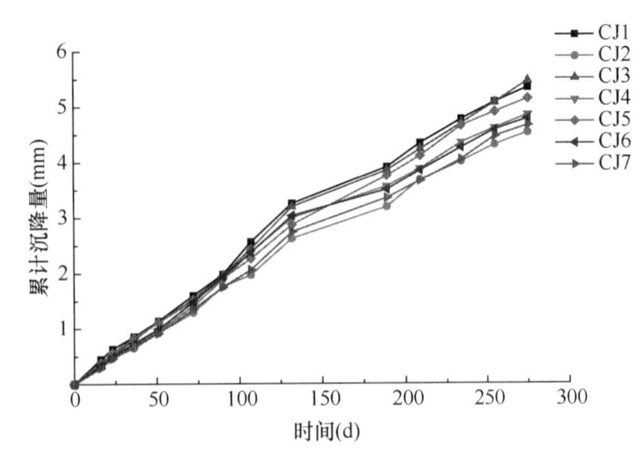

图 11　周边建筑物（地铁站）竖向位移

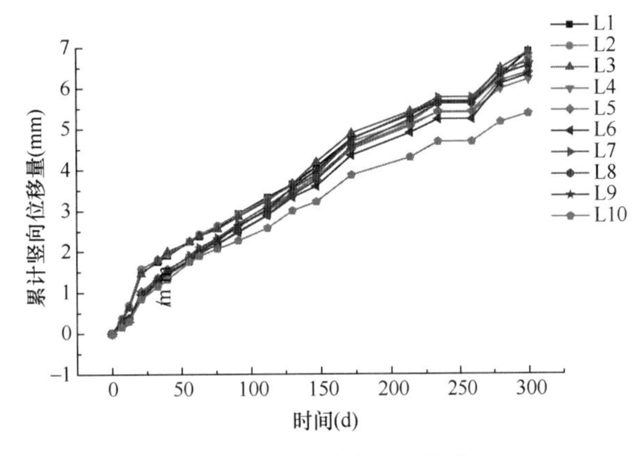

图 12　周边道路竖向位移

4　结论

本文通过对监测点长期且周期性监测获得的数据，研究与分析了基坑开挖过程中支护桩顶水平位移、支护桩顶竖向位移、支护桩深层水平位移及内撑锚杆内力、基坑周边管线沉降、项目周边道路以及建筑物沉降的变化规律，主要得出如下结论：

（1）随着基坑的开挖，土体中的应力场会产生变化，进而在土体应力的作用下桩身各处会发生变形。并且在基坑刚开始开挖阶段，桩身各处变形量较小，随着基坑土方开挖的进行，桩身各处的水平位移量明显增大。另外，在桩顶位置，随着基坑的开挖，桩身水平位移累计变化量有较大的变化，而桩身所处深度越大，随着基坑的开挖，该深度下桩身的水平位移累计变化量越小。

（2）支护桩顶的竖向位移和水平位移都会随着基坑土方开挖的进行呈现出非线性的增长趋势，基坑开挖初始阶段，桩顶的竖向位移和水平位移增长的幅度较大，而随着基坑开挖的进行，桩顶的竖向位移和水平位移增长的速率变缓。

（3）在基坑开挖初始阶段，内撑锚杆轴力变化的程度较大，这种变化表现为随着基坑的开挖，内撑锚杆轴力逐渐增大，而基坑开挖后期或结束后，内撑锚杆轴力的变化趋于平稳。

（4）随着基坑开挖的进行，管道的竖向位移量逐渐增大，但都小于管道变形的预警值。另外，管道的竖向位移变化曲线会出现一处拐点，拐点之前，随着基坑开挖的进行，管道的竖向位移量增长较快，而在拐点之后，随着基坑的开挖，管道的竖向位移量增长变缓。

（5）基坑开挖对周边建筑物（地铁站）及道路沉降的影响是相似的，随着基坑开挖的进行，周边建筑物（地铁站）及道路的竖向位移都会随之增大，并且呈现出接近线性的变化趋势，但是都小于相对应的预警值。

参考文献：

[1]　姚显瑞，赵帅权．岩土工程基坑支护设计及应用研究[J]．世界有色金属，2019(03)：201-203.

[2]　马可，陶铸，宋德鑫，范钦建等．浅述内支撑体系在某深基坑工程中的应用[J]．江苏建筑，2019(02)：98-100.

[3]　鄂勇．深基坑工程中喷锚支护施工技术应用[J]．建材发展导向，2019，17(08)：36-37.

[4]　胡敏云．深基坑护壁桩桩间距确定方法探讨[J]．中国公路学报，2000，14(2)：27-29.

[5]　汪良文．深基坑支护结构与坑内加固技术分析[J]．江西建材，2018(14)：101-102.

[6]　段永凯．桩锚支护深基坑变形规律研究[J]．现代城市轨道交通，2019(04)：26-29.

完全可回收锚杆拉拔试验的数值模拟与影响因素分析

钱起飞， 高　扬， 王正超
（中建八局第一建设有限公司，山东 济南 250100）

摘　要：为分析影响完全可回收锚杆抗拔力的因素，最终得到最优锚杆设计参数，应用 ANSYS 有限元分析软件建立完全可回收锚杆三维有限元模型。通过数值模拟分析，探讨不同螺旋段长度、杆体直径、螺距、牙型角组合下完全可回收锚杆的受力机理和破坏形式，最终得出最优锚杆参数组合。结果表明，锚杆直径增大会降低锚杆的锚固效果，螺旋段长度增加与剪应变不成明显的正比关系。锚杆主应力随着螺距的增加而增大，随着牙型角增加，锚杆主应力先增大后减小，在 45°达到最大值；完全可回收锚杆的最优参数组合为：螺旋段长度 285mm，杆体直径 18mm，螺距 60mm，牙型角 45°。
关键词：完全可回收锚杆；拉拔试验；影响因素；数值模拟

0　引言

随着锚杆支护理论和技术的发展，各种各样的锚杆被设计并广泛应用于工程实践中，尤其是地下工程、井巷工程。锚杆的大量使用，使得地下、井巷埋藏着大量锚杆，严重制约了地下空间的使用。为适应发展趋势和节约资源，锚杆的回收利用是一项重要发展任务。

近年来，国内外广大专家学者对可回收锚杆进行了大量的研究。但针对可回收锚杆的研究，往往参考发明专利，依据经验进行锚杆参数的设计，理论分析较少。在工程应用中，通过现场试验与数值模拟结合的方式解决问题更加全面，当现场试验实施比较困难时，数值模拟可以直观的解决一系列复杂问题，且成本低廉。

依托某巷道为工程背景，应用有限元分析软件 ANSYS 建立完全可回收锚杆三维有限元模型，通过数值模拟分析，讨论不同螺旋段长度、杆体直径、螺距、牙型角组合下完全可回收锚杆的受力机理及破坏形式，最终得出最优锚杆设计参数，为完全可回收锚杆的设计提供理论依据。

1　有限元模型

1.1　有限元模型建立

运用有限元分析软件 ANSYS 建立模型（图 1），其中

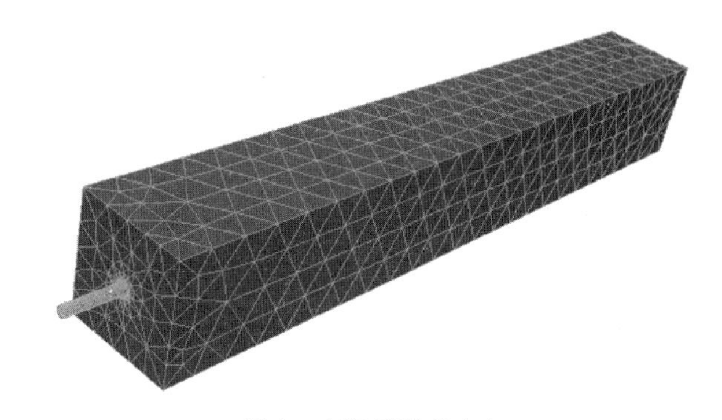

图 1　有限元模型建立

锚杆总长度 1800mm，螺旋段长度 285mm，杆体长度 1435mm，尾部螺纹段 80mm，杆体直径 18mm，围岩模型尺寸为 400mm×400mm×1800mm，锚杆-围岩选择 solid-164 实体单元类型，采用四面体类型划分网格。

1.2　材料参数选择

依托某巷道为工程背景，围岩材料选择 D-P 模型，围岩、锚杆材料参数如表 1 所示。

1.3　边界条件及求解控制

将六面体围岩的其他 5 个面全部约束，对锚杆端面主节点逐级施加位移荷载直到围岩破坏，从而模拟锚杆拉拔全过程。围岩单元采用 Lagrange 算法，锚杆单元采用 ALE 算法。

材料参数　　**表 1**

材料类型	弹性模量 E（MPa）	泊松比 μ	密度 ρ（kg·m^{-3}）	黏聚力 c（MPa）	内摩擦角 θ_1（°）	膨胀角 θ_2（°）	切线模量 E_1（MPa）
围岩	500	0.36	1630	19	28	18	—
锚杆	210	0.30	7850	—	—	—	6.1×10^3

2　结果分析

为研究完全可回收锚杆不同螺旋段长度、不同直径对锚杆拉拔的影响，仅改变锚杆螺旋段长度、直径，应用 ANSYS 软件建模进行拉拔试验分析，获取锚杆-围岩的主应力、位移以及剪应变，分析锚杆-围岩与主应力、位移、剪应变之间的关系。各工况如表 2 所示。

各工况锚杆参数表 表2

工况	编号	螺旋段长度（mm）	直径（mm）	牙型角（°）	螺距（mm）
A	A1	285	18	45	60
	A2	285	20	45	60
B	B1	300	18	45	60
	B2	300	20	45	60
C	C1	315	18	45	60
	C2	315	20	45	60

2.1 锚杆-围岩主应力分析

A、B、C各工况下锚杆-围岩主应力云图如图2所示。分析图2可知，随着拉拔力增加，锚杆、围岩主应力均增大。对比分析A1/A2、B1/B2、C1/C2工况可知，在确保螺旋段长度不变情况下增大锚杆直径，锚杆、围岩主应力均增大。

2.2 锚杆-围岩位移分析

A、B、C各工况下锚杆-围岩位移云图如图3所示。分析图3可知，随着拉拔力的增加，锚杆位移增大，围岩位移云图呈椭球状分布，锚杆螺旋段尾部与围岩发生最大位移。对比分析A1/A2、B1/B2、C1/C2工况可知，在确保螺旋段长度不变情况下增大锚杆直径，除工况B外，锚杆、围岩位移均增大。

2.3 锚杆-围岩剪应变分析

A、B、C各工况下锚杆-围岩剪应变云图如图4所示。分析图4可知，随着拉拔力的增加，锚杆剪应变增大，最大剪应变发生在螺旋段尾部，原因是螺旋段与围岩摩擦系数大、咬合力大。围岩发生最大剪应变位置与锚杆相同，螺旋段从内向外剪应变随之增大。螺旋段长度增加与剪应变不成明显的正比关系。对比分析A1/A2、B1/B2、C1/C2工况可知，在其他条件不变情况下，增大锚杆直径，锚杆、围岩剪应变均增大，因此锚杆直径增大会减小锚杆锚固力及剪应变。

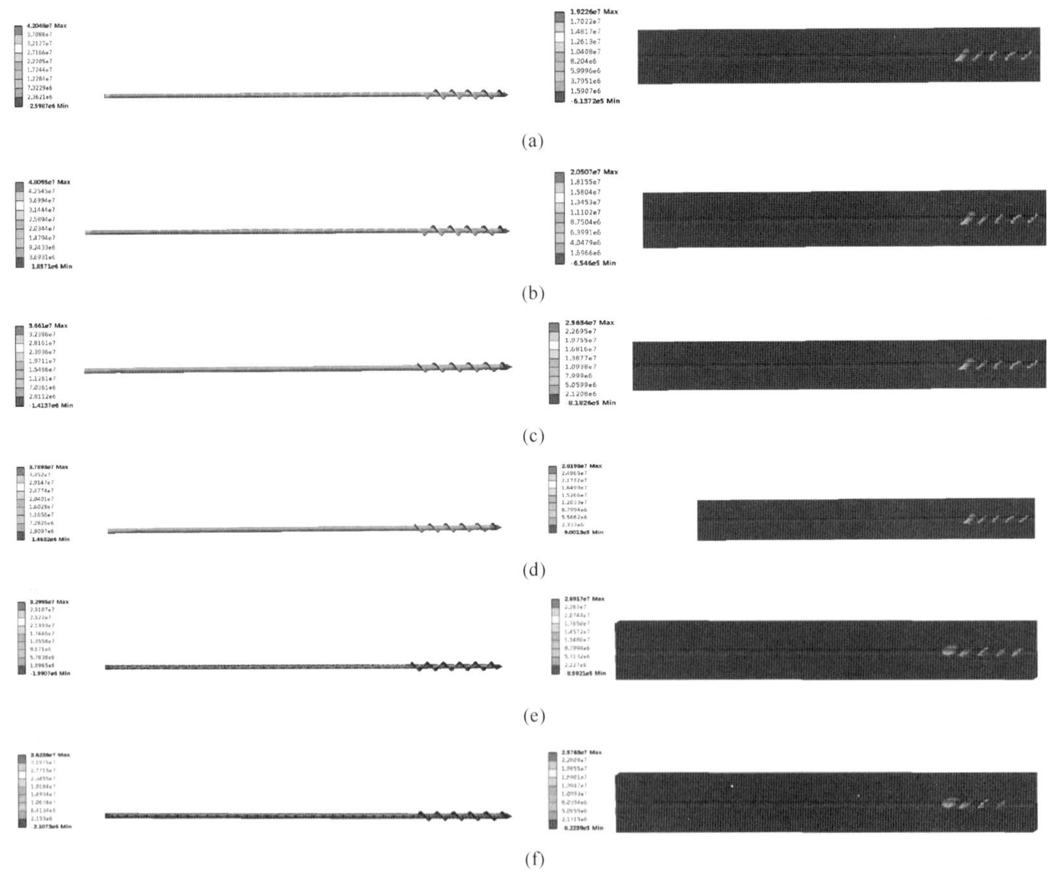

图2 A、B、C各工况下锚杆-围岩主应力云图

(a) A1工况；(b) A2工况；(c) B1工况；(d) B2工况；(e) C1工况；(f) C2工况

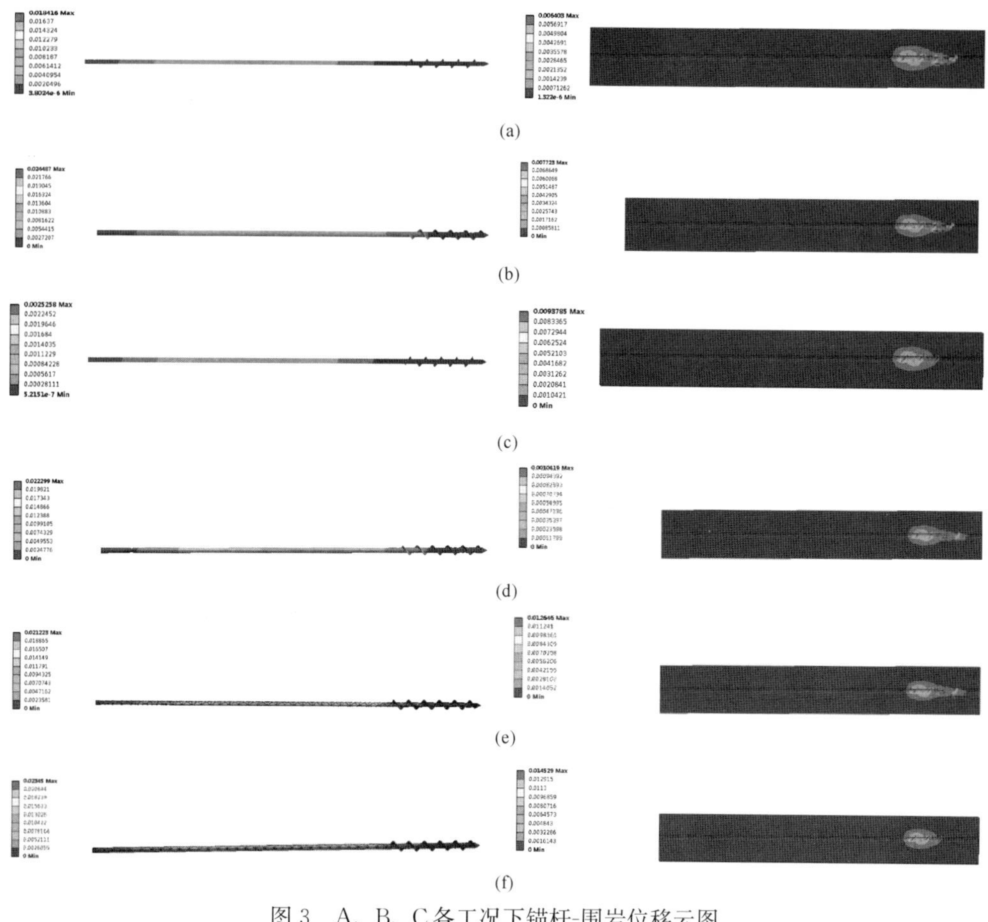

图 3　A、B、C 各工况下锚杆-围岩位移云图

(a) A1 工况；(b) A2 工况；(c) B1 工况；(d) B2 工况；(e) C1 工况；(f) C2 工况

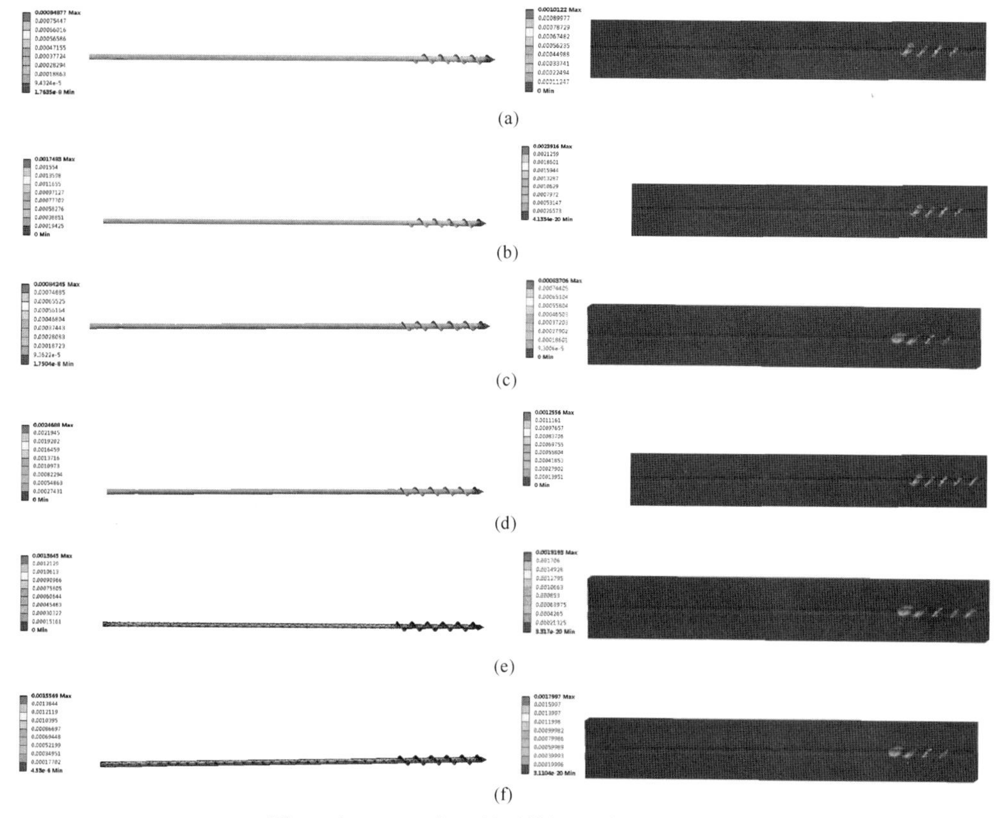

图 4　A、B、C 各工况下锚杆-围岩剪应变云图

(a) A1 工况；(b) A2 工况；(c) B1 工况；(d) B2 工况；(e) C1 工况；(f) C2 工况

2.4 锚杆-围岩优化分析

表3为各工况锚杆具体参数表。分析表3可知，A工况锚杆最大主应力大于B、C工况，达到48MPa；A工况锚杆最大位移小于B、C工况，且在主应力较大情况下，A1锚杆发生的位移较小。A、B、C三种工况最大剪应变均不超过2.4，A1工况锚杆最大剪应变为0.8，说明A工况锚杆承受拉拔力最好。对比分析A1、A2工况可知，尽管A2工况锚杆最大主应力大于A1工况，但A1工况最大位移和最大剪应变均小于A2工况，因此，A1工况锚杆参数最优。

各工况锚杆具体参数　　表3

螺旋段长度(mm)	直径(mm)	主应力(MPa)	位移(mm)	剪应变
285	18	42.0	18.0	0.8
	20	48.0	24.0	1.7
300	18	36.6	25.3	0.8
	20	37.0	24.0	2.4
315	18	32.9	21.2	1.3
	20	36.2	23.4	1.5

表4为各工况围岩具体参数表。分析表4可知，A工况围岩最大主应力小于B、C工况，达到20.5MPa；A工况最大位移小于B、C工况，且A1工况最大位移小于A2工况；最大剪应变3种工况均在0.8～1.9之间。由此分析得出：A1工况最优，与前述分析结果一致。

各工况围岩具体参数　　表4

螺旋段长度(mm)	直径(mm)	主应力(MPa)	位移(mm)	剪应变
285	18	19.2	6.0	1.0
	20	20.5	7.7	2.3
300	18	25.6	9.0	0.8
	20	28.0	10.0	1.2
315	18	26.9	12.6	1.9
	20	25.7	14.5	1.7

3 A1工况下牙型角和螺距分析

通过上述分析可知，A1工况锚杆参数最优，但是，只考虑螺旋段长度和直径具有不确定性，锚杆应力应变以及围岩应力应变影响是多方面，而螺纹具体参数也影响最终结果。因此在A1工况基础上，对锚杆螺距和牙型角进行模拟分析，讨论锚杆的主应力分布情况。具体分组如表5所示。

A1工况下分组情况　　表5

工况	编号	螺距(mm)	牙型角(°)	锚杆主应力(MPa)
A1	1	30	30	38.0
			45	38.9
			60	38.4
	2	45	30	41.4
			45	45.2
			60	39.6
	3	60	30	39.8
			45	42.0
			60	41.3

3.1 A1工况下各分组结果分析

图5为A1工况下锚杆主应力云图。分析图5可知，随着螺距增加，锚杆主应力增大；随着牙型角增加，锚杆主应力先增大后减小，且在45°达到最大值。因此，A1工况下螺距60mm，牙型角45°为最优选择。

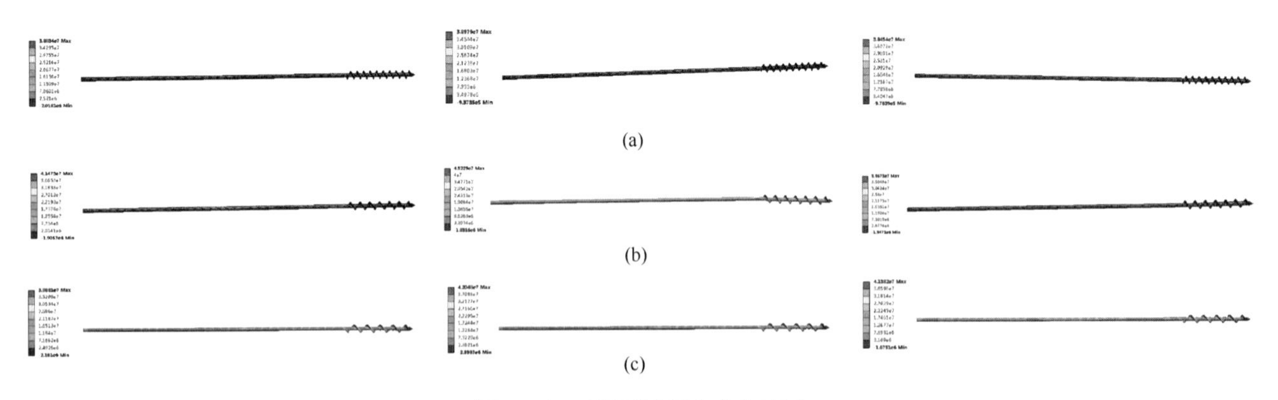

图5　A1工况下锚杆主应力云图
(a) A1-1工况；(b) A1-2工况；(c) A1-3工况

3.2 A1工况下锚杆失效

根据前述分析可知，A1工况下，牙型角45°，螺距为45mm、60mm时，锚杆主应力大于其他工况。因此，在此基础上进行锚杆失效分析，分析结果如图6所示。由图6可知，当牙型角为45°，螺距为45mm时，拉拔力增加达到80kN时，锚杆在螺旋段发生失效破坏，此时锚杆主应力达到58.1MPa；当牙型角为45°，螺距为60mm时，拉拔力增加达到 75kN 时，锚杆在螺旋段发生失效破坏，此时锚杆主应力达到 60.8MPa。根据失效破坏判定当牙型角为 45°，螺距为 60mm 时，锚杆参数为最优选择，与上述分析结果一致。

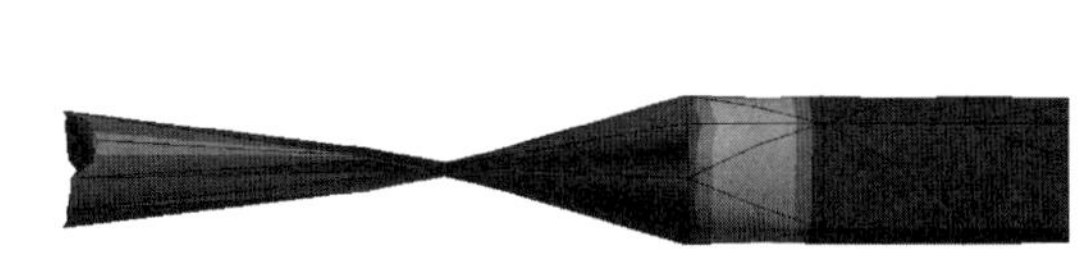

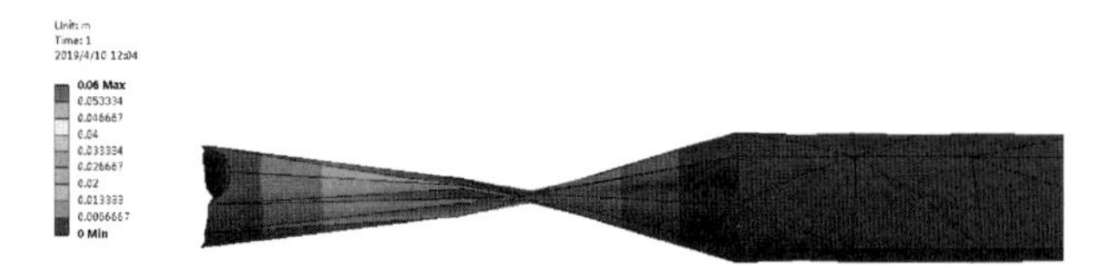

图 6　A1 工况下锚杆失效分析云图

4　结论

通过上述分析，主要得出以下结论：

（1）随着拉拔力的增加，锚杆、围岩主应力均增大；锚杆位移增大，围岩位移云图呈椭球状分布，锚杆螺旋段尾部与围岩发生最大位移；锚杆剪应变增大，最大剪应变发生在螺旋段尾部，围岩发生最大剪应变位置与锚杆相同，螺旋段从内向外剪应变随之增大。

（2）在确保螺旋段长度不变情况下增大锚杆直径，锚杆和围岩的主应力、位移、剪应变均增大，因此锚杆直径增大会降低锚杆的锚固效果。螺旋段长度增加与剪应变不成明显的正比关系。

（3）锚杆主应力随着螺距的增加而增大，随着牙型角增加，锚杆主应力先增大后减小，在 45°达到最大值。

（4）完全可回收锚杆的最优参数组合为：螺旋段长度 285mm，杆体直径 18mm，螺距 60mm，牙型角 45°。

参考文献：

［1］ 孟祥瑞，张若飞，李英明，等．全长锚固玻璃钢锚杆应力分布规律及影响因素研究[J]．采矿与安全工程学报，2019，36(04)：678-684.

［2］ 尹延春，赵同彬，谭云亮，等．锚固体应力分布演化规律及其影响因素研究[J]．采矿与安全工程学报，2013，30(05)：712-716.

［3］ 庞有师，刘汉龙，陈育民．可回收式锚杆拉拔试验的数值模拟与影响因素分析[J]．解放军理工大学学报(自然科学版)，2009，10(02)：170-174.

［4］ 李兆平，李文涛，王建．可回收锚索锚固段应力分布及锚固长度研究[J]．北京交通大学学报，2011，35(4)：57-61.

［5］ 庞有师，刘汉龙，等．新型可回收锚杆锚固段应力分布规律[J]．解放军理工大学学报，2009，10(5)：461-466.

［6］ 任非凡，李状．新型锚杆研究进展及适用性分析[J]．工程勘察，2016，44(09)：1-5+16.

［7］ 龚医军．新型可回收式锚杆抗拔试验及数值模拟研究[D]．南京：河海大学，2007.

一种超深基坑支护结构钢管立柱与主体结构冲突处理技术创新

双子洋，高　杨，张建雄
（中建八局第一建设有限公司，山东 济南 250100）

摘　要： 为解决支护结构与主体结构冲突的问题，本技术选用三维扫描、BIM碰撞检测以及有限元计算的方法，制定多方案协同处理不同影响的钢管立柱，并采取新型立柱托换方式进行施工，有效处理了支护结构钢管立柱与结构主体冲突问题，同时能够缩短施工工期，降低施工成本，是科技创新推动工程技术发展的重要体现。

关键词： 支护结构；主体结构；协同处理；立柱托换；科技创新

0　引言

近年来，随着城市更新的浪潮在各大城市中掀起，重点商圈低层建筑逐渐被超高层建筑替代。在寸土寸金的城市中心地段，地下空间的开发利用朝着更深、空间更大的方向快速发展。目前已有不少建筑基坑或地铁车站[1-4]基坑深度为25～35m，水平钢筋混凝土内支撑3～5道，钢立柱的高度[5]基本上与基坑深度相当。随着城市轨道交通线网的飞速发展和一级地下空间开发利用的增多，越来越多的基坑面临与既有运营地铁隧道交汇的问题。例如基坑支撑结构拆除施工会引起地铁及周边建筑土体的应力场和变形场发生变化，导致地下隧道结构变形。同时，由于各种原因，支护结构钢管柱将会与主体结构柱发生冲突，对支撑的拆除以及主体结构的施工带来更大的技术挑战。

1　工程概况

本文以岁宝国展中心地下室及一区工程为例，结合目前超深基坑工程行业拆换撑工艺与方法，通过理论与实践相结合，形成一套超深基坑的支护结构钢管立柱与主体结构冲突处理技术，为类似深基坑工程设计及施工提供参考。

该工程地处福田区八卦岭商圈，位于上步北路与泥岗西路交汇处，包含4座塔楼建筑，塔楼最高高度为258m，地下总建筑面积约为10.83万m^2。该工程共有5层地下室，平均开挖深度24m，塔楼区域大面开挖深度达28m，属于超深基坑工程。同时，基坑紧邻地铁施工，南侧为正在运营的地铁7号线，西侧为正在施工的地铁6号线，故支护体系具有体量大、结构复杂的特点。由于建筑方案调整，该工程在地下室的支护结构与主体结构发生冲突，影响结构施工，同时支撑结构的拆除作业特别需要注意对地铁隧道的保护。因此，该工程需要拆换撑方式方法达到更高的要求，对于旧工程技术的创新优化问题亟待解决。

2　技术应用分析

本技术首先利用三维扫描技术获取1∶1的现场点云数据，通过Trimble realworks进行业内数据处理自动拼接，将点云连接成体，导入BIM中将其与主体模型对比进行碰撞检测，形成碰撞报告。在碰撞报告中发现在内支撑结构中存在17根钢管立柱与主体结构存在不同程度冲突。

根据钢管立柱桩与主体结构冲突类型考虑三种拆换撑施工方法，一是对不受支撑体系影响的结构柱施工，可直接将钢管立柱进行拆除，拆除后进行结构柱施工；二是对非塔楼区域内钢管立柱与结构柱冲突的部位，采用预留洞口、后做结构柱的方式；三是对塔楼区域内钢管立柱与结构柱冲突的部位，采用换撑的方式，待格构柱将支撑梁应力分担后，拆除当前层高高度的钢管立柱，而后进行结构柱施工。

图1　三维扫描点云模型

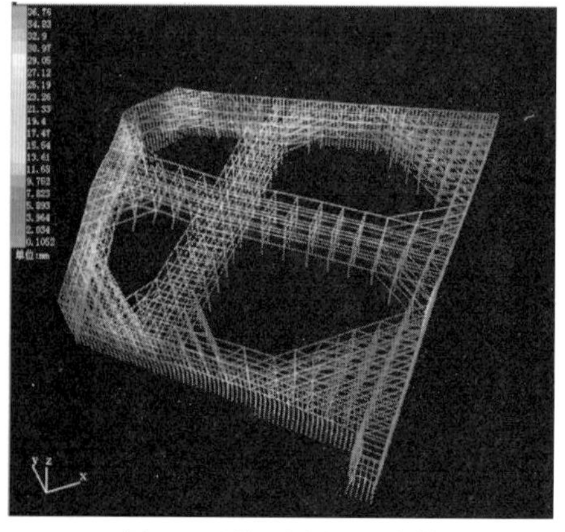

图2　碰撞后有限元计算

2.1 立柱拆除

利用有限元分析方法对各个冲突钢管立柱进行受力分析计算，发现在118号钢管立柱上各个受力情况均接近最小值，综合分析施工工况和土侧压力情况，在拆除该立柱后进行整体受力体系分析以及对悬挑支撑梁进行局部分析，并模拟拆除该柱后的整体与局部受力情况，判断直接拆除立柱不会对基坑支护安全造成影响。

从受力体系分析，该位置立柱为栈桥和角撑两个受力体系共用立柱，由于综合考虑施工工序、施工进度和平面布置后，此栈桥不再作为运输通道，且可以提前插入拆除施工。同时由于该位置角撑为十字对撑区域位置，主要横向土侧压力受力通过对撑进行传递，角撑主要作用是分散不同方向的侧向压力，而基坑支护体系整体已完成施工，支护体系已经相对趋于稳定，故拆除该位置立柱不会对整体支护体系造成影响。

2.2 预留施工缝后施工立柱

混凝土结构施工时不能连续浇筑完成，根据施工规范和方案要求留设施工缝，施工缝设在结构受剪力较小且便于施工的部位：柱的第一道水平施工缝留在承台部位，在楼层比梁底低10mm处及在楼板顶面处；墙留在门窗洞口过梁跨中的1/3范围内。有主次梁的楼板，宜顺着次梁方向浇筑，施工缝留在次梁跨中的1/3范围内，板留在板跨的1/3处，楼梯的施工缝留在楼梯段的1/3的部位。

部分位置由于不具备直接拆除条件，可采取预留施工缝的方式，将该柱位置及周边楼板不予施工，洞口可作为材料吊料口，待地下室结构施工至负一层后，拆除所有基坑支护体系结构后，完成该位置立柱及楼板。

图3 楼板预留钢管立柱

2.3 使用新型换托方式进行换托

根据现场施工条件及立柱分布，自主设计新型立柱托换结构进行立柱托换施工，主要结构由基础、柱脚、格构柱、托梁、活络头和千斤顶6大部分组成，使用BIM进行模拟拼装。各部分结构通过计算进行优化细化，同时出具CAD图纸进行指导构件加工。具体实施效果如图6所示。

图4 钢管立柱周边架体保留

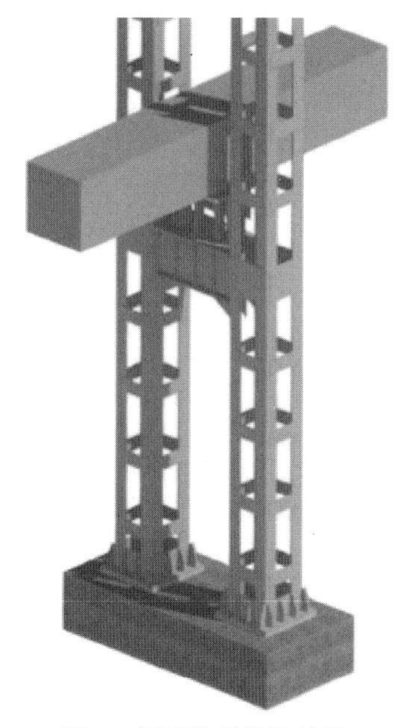

图5 新型换托构造效果

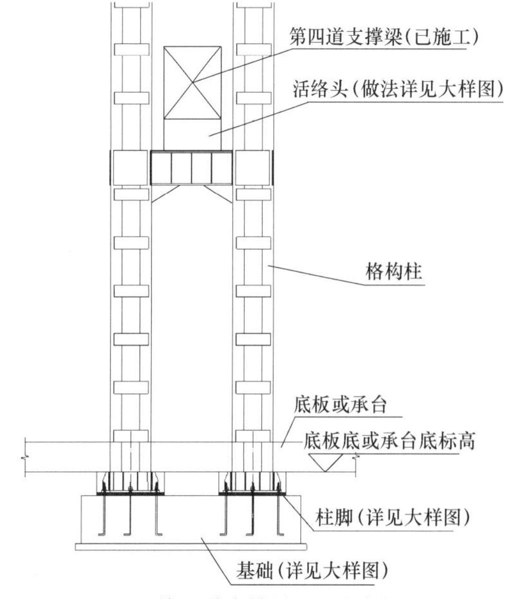

图6 第四道支撑梁以下的剖面图

3 技术应用效果

3.1 旧技术费用计算

超深基坑支护结构钢管立柱与主体结构冲突处理通常采取拆除冲突钢管柱及重设钢管柱的方式，费用计算如下：

17 根 × 3256 元/根 + 17 根 × 28086 元/根 ≈ 53.28 万元；

现场经费合计（按 4 个月计算）为 9.35 万元；合计金额 62.63 万元。

3.2 新技术费用计算

本技术采用预留洞和立柱托换的方式，费用计算如下：

（1）预留洞口留设不产生额外费用，即产生费用为后期拆除钢管柱费用，13 根×3256 元/根≈4.2 万元。

（2）立柱托换费用包含拆除钢管柱和格构柱施工两部分，4 根×3258 元/根+4 根×12156 元/根≈6.2 万元。

现场经费合计（按 3 个月计算）=1.2 万元；合计金额 11.6 万元。

3.3 应用效果

根据以上计算分析，本技术实际产生效益为 51.03 万元。同时工期预计缩短一个月，规避工期罚款金额 90 万元，该项技术在解决工程难题的同时不仅加快工程进度，产生经济效益，而且受到业主方的肯定，同时也为行业类似工程提供了技术参考。

4 结束语

面对支护结构钢管立柱与主体结构冲突的施工难题，本技术选取三种方案协同处理不同影响情况下的钢管立柱，采用新型立柱托换方式进行立柱托换施工，有效处理了支护结构钢管立柱与结构主体冲突问题，同时能够缩短施工工期，降低施工成本。该项技术创新更好地推进了工程进度、提升工程质量，是土木行业进行科技升级的一个缩影，在类似的深基坑工程中具有较高的推广价值。

参考文献：

[1] 安关峰，宋二祥．广州地铁小谷岛站基坑支护设计与监测分析[J]. 岩土力学，2006，27(2)：317-322.

[2] 殷一弘．邻近地铁车站的深基坑工程设计与实践[J]. 地下空间与工程学报，2018，14(S1)：263-269.

[3] 邓旭，郑虹，宋昭煌，等．邻近新建地铁车站的深基坑工程的变形分析[J]. 地下空间与工程学报，2018，14(S1)：270-277.

[4] 郭永发，杨翔，叶林，等．某基坑支护方案对相邻地铁区间的影响分析[J]. 地下空间与工程学报，2015，11(3)：726-731.

[5] 卢永存．建筑结构逆作区一柱一桩工程施工技术[J]. 建筑施工，2005，27(10)：35-42.

深基坑坑中坑支护及土方开挖施工技术

陈进财
（中建八局第一建设有限公司，山东 济南 250100）

摘　要：伴随我国经济的高速发展，高层、超高层地标性建筑在全国各地拔地而起。高层及超高层建筑施工首先要解决的难题就是如何在复杂的地质条件下、如何在狭小拥挤的城市中进行深基坑施工的问题。在基坑开挖的末端阶段，通常会进行坑中坑施工，这一阶段的施工质量，会对施工整体效果造成影响。故本文结合深圳粤海置地大厦项目坑中坑施工概况，对深基坑工程坑中坑支护施工问题进行综合分析，并提出合理的建议，希望为相关行业提供借鉴[1]。
关键词：坑中坑；支护；土方开挖；监测

0　工程概况

1. 项目概况

粤海置地大厦项目位于深圳市罗湖区东昌路1号，建筑面积为25.5万m^2，建筑高度为303m。结构形式为三道伸臂桁架＋钢管混凝土柱钢筋混凝土梁框架-钢筋混凝土核心筒结构。塔楼区域为桩筏基础，桩径1.4～5.1m，筏形基础主要厚1.2～1.5m，核心筒基础最大厚度为4.0m；基坑开挖深度为18.8m。支护形式为咬合桩＋三道内支撑体系。

2. 地质概况

根据钻探揭露，拟建场地内上覆地层有第四系人工填土（石），第四系全新统冲洪积黏土层、上更新统冲洪积黏土（含有机质）、冲洪积漂石层及第四系中更新统坡残积砾质黏性土。下伏基岩为蓟县系一青白口系混合岩。

3. 水文地质条件

本场地地表水不发育，仅为周边道路排水沟渠中临时滞水。根据赋存介质的类型，场地地下水主要有两种类型：一是第四系地层中的孔隙潜水，主要赋存于填土（石）层、冲洪积细砂层中；二是基岩裂隙水，主要赋存于强、中等风化带中。本场主要以孔隙潜水为主。本次勘察期间测得其混合稳定地下水位埋深变化于2.1～5.3m之间，标高在28.35～31.88m。

据场地NZK5、NZK43钻孔内取得水样的水质分析结果，按《岩土工程勘察规范》GB 50021—2001有关规定综合判定：在Ⅱ类环境中场地内地下水对混凝土结构具微腐蚀性，在强透水性下，地下水对混凝土结构具有弱腐蚀性，在弱透水性下，地下水对混凝土结构具有微腐蚀性；对混凝土结构中的钢筋具有微腐蚀性。

地下水的补给类型主要为降雨和地表水渗入补给型，局部越流补给型。该场地范围内地表水不发育，主要为山间暂时性滞水。第四系孔隙水，主要受大气降水补给，少量由地表水体下渗补给。基岩裂隙水含水层主要由上覆第四系地层垂直补给。

地下水运动主要受地形、地貌控制，场地地貌中，地形起伏较大，地下水水平运动较快，地下水渗流方向依地势由高往低径流，根据20世纪80年代老地形图显示，原始地形的地表水径流方向为从西北到东南方向，后期场地内进行开挖截排水后，场地地下水径流方向与原始径流方向一致。

4. 坑中坑概况

本项目的“坑中坑”指的是塔楼局部筏形基础需挖深部分。面积为17.15m×20.75m＝355.86㎡。地下水位标高在28.35～31.88m，水位高，水压大，需注意降排水。坑中坑的南、北、东三面采用放坡＋喷锚支护形式，放坡系数为1∶0.27。坑中坑西面利用原有结构桩＋钢撑的支护形式，桩间为300mm厚钢筋混凝土挡墙。基坑顶部绝对标高11.700m处设置4道圆钢管对撑。沿坑底周边设临时排水沟和集水井，利用污水泵进行排水。

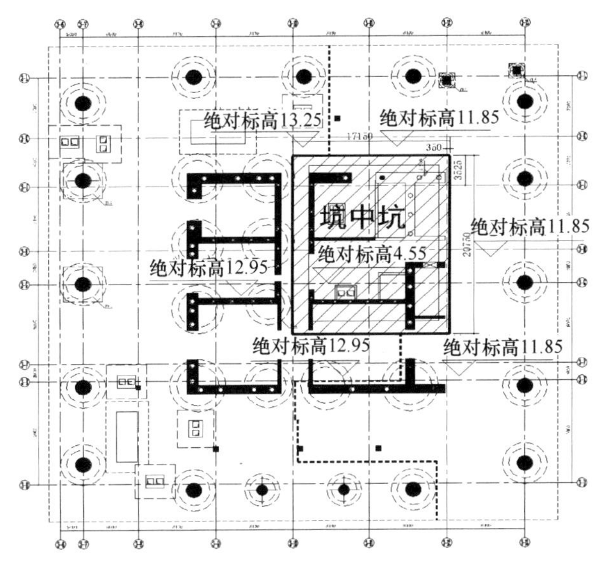

图1　坑中坑平面定位图

1　施工重难点分析

1.1　基坑开挖深度大，边坡易失稳

本工程开挖深度为18.10～28.20m，边坡易发生坍塌现象，属超过一定规模的危险性较大分项工程。

1.2　石方破碎难度大

坑底1.4m深度范围内为中风化岩层，硬度大，破除体量大。

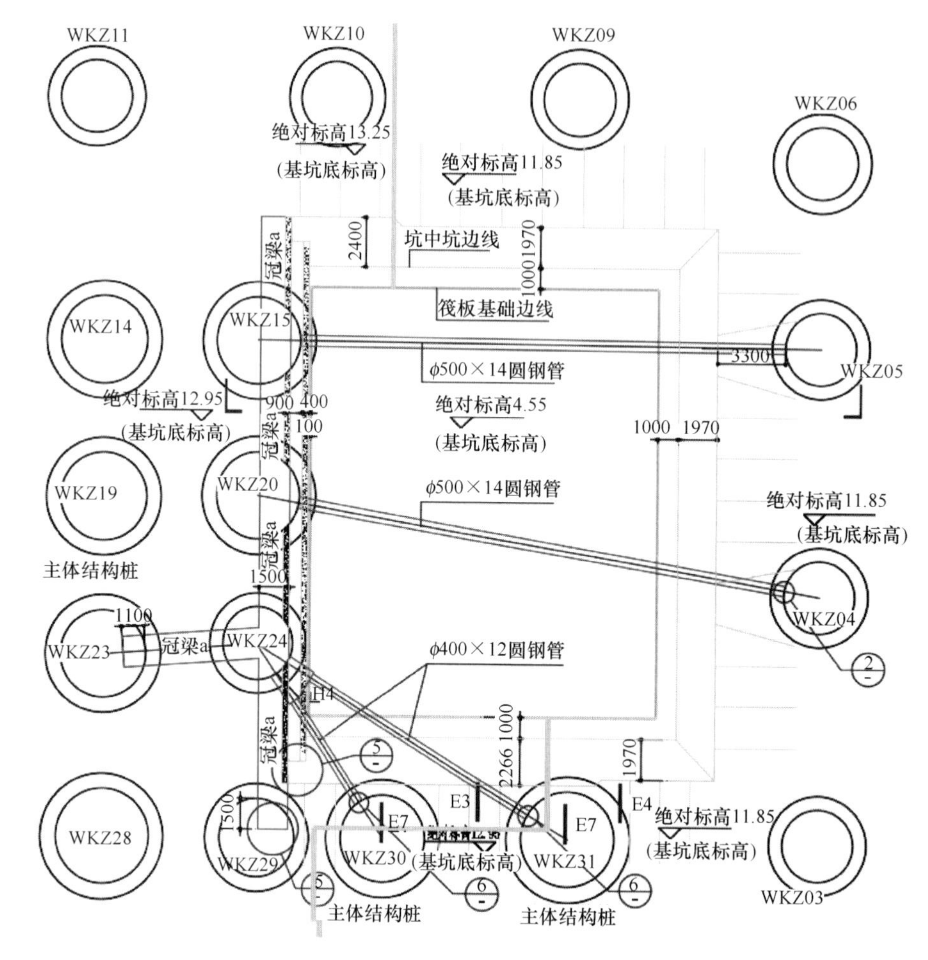

图 2　坑中坑支护平面图

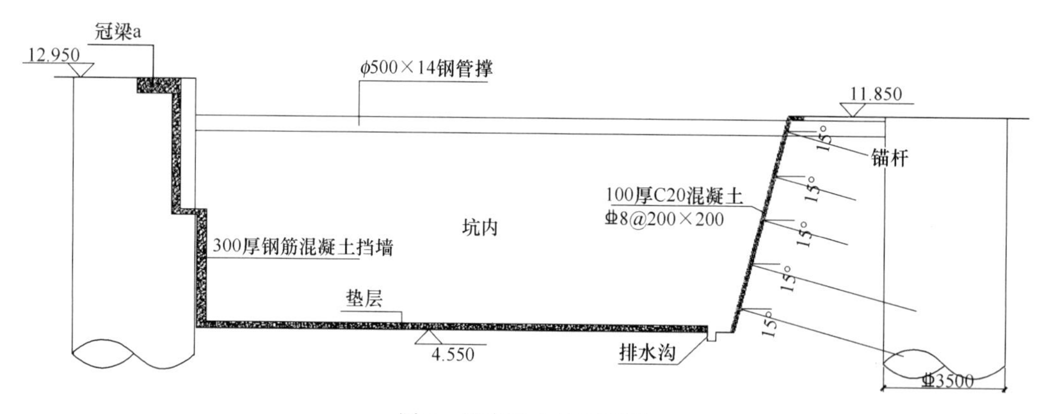

图 3　坑中坑支护剖面图

1.3　工程桩易偏移

坑中坑西侧紧挨 3 根工程桩，坑中坑土方开挖后造成工程桩一侧卸载，在不平衡的土压力作用下，工程桩易发生倾斜偏移。

1.4　降排水问题

根据地质勘察报告显示地下水位较高，水位标高在 28.35～31.88m 之间，影响土方开挖进度和安全[2]。

2　施工关键技术

2.1　土方开挖施工技术

1. 施工工艺流程

定位放线→开挖至第一道挡墙中部位置→施工冠梁及第一道挡墙上半部分→施工钢撑→施工锚杆→坡面钢筋网绑扎→坡面喷混凝土→开挖至第一道挡墙底部位置→施工第一道挡墙下半部分→施工锚杆→坡面钢筋网

绑扎→坡面喷混凝土→开挖至第二道挡墙中部位置→施工第二道挡墙上半部分→施工锚杆→坡面钢筋网绑扎→坡面喷混凝土→开挖至基坑底标高以上 0.3m→施工第二道挡墙下半部分→施工锚杆→坡面钢筋网绑扎→坡面喷混凝土→人工扦土→验槽→浇筑垫层。

2. 施工要点

(1) 分层开挖

① 土方开挖应遵循“开槽支撑、先撑后挖、分层开挖、严禁超挖”的原则，按方案施工工艺流程顺序分层开挖，上层支护结构强度达到设计强度 80%后方可进行下层土方开挖，以确保开挖过程中基坑的稳定。

② 土方开挖时应采用机械开挖（由挖掘机配合镐头机）至垫层底以上 300mm，验槽合格后，人工清理整平至设计基底标高，土质硬度较大部位采用风镐机及水钻机配合人工清槽。机械开挖时应采用水准仪随时跟进开挖工作面测量开挖标高。当基槽（坑）管沟挖至距离坑底 0.5m 时，应沿基槽（坑）壁每隔 2～3m 打入一根小木桩，并抄上标高，以此作为清底的标高依据。

③ 人工检底至设计基底标高时，应该及时浇筑混凝土垫层封底并进行地下结构的施工。若无法及时浇筑混凝土垫层应及时采用塑料薄膜覆盖，防止暴晒。基坑裸露时间不得超过 2d。

④ 基坑内开挖出的土石方采用长臂挖掘机配合自卸汽车转运走，水位线以下放置抽水泵抽水。基坑周边堆载不得超过设计荷载允许值，不得堆土、堆料、放置机具。施工现场开挖的土方应保证及时运出施工场地，当开挖的土方无法及时运出施工场地时，在土质良好的情况下，可将弃土堆至距基坑边缘 3m 以外堆放，且高度不宜超过 1.5m，并保证不影响后序的开挖工作。

⑤ 土方开挖期间，挖土机械不应碰撞支护体及工程桩，应注意对支护体及工程桩的保护。

⑥ 土方开挖机械进出口通道所处的基坑边应铺设路基材料（如厚钢板）扩散压力，必要时施工单位应进行加固，不得直接碾压支护结构[3]。

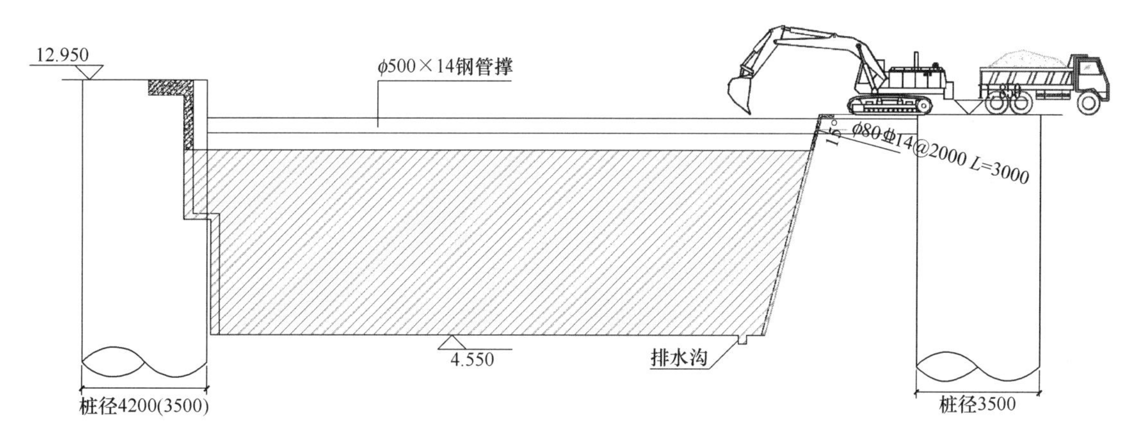

图 4　首层开挖阶段

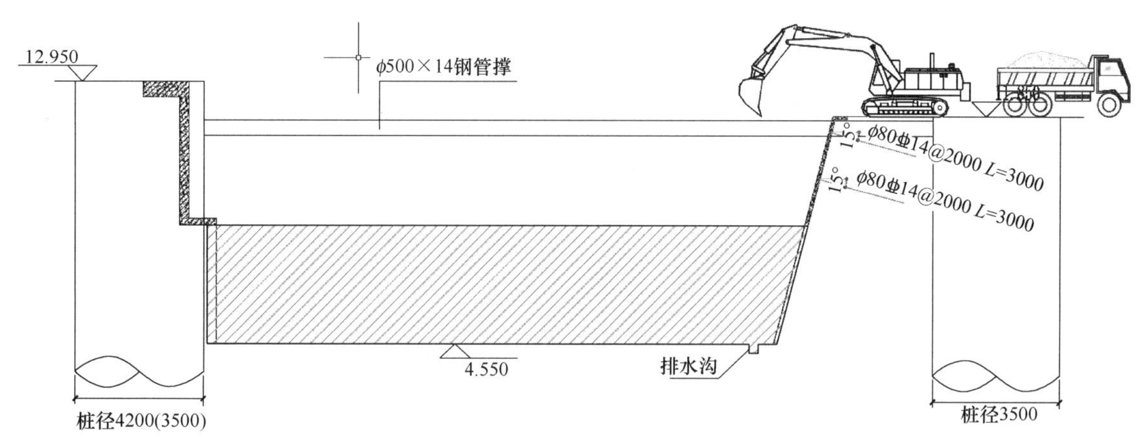

图 5　开挖 1/2 阶段

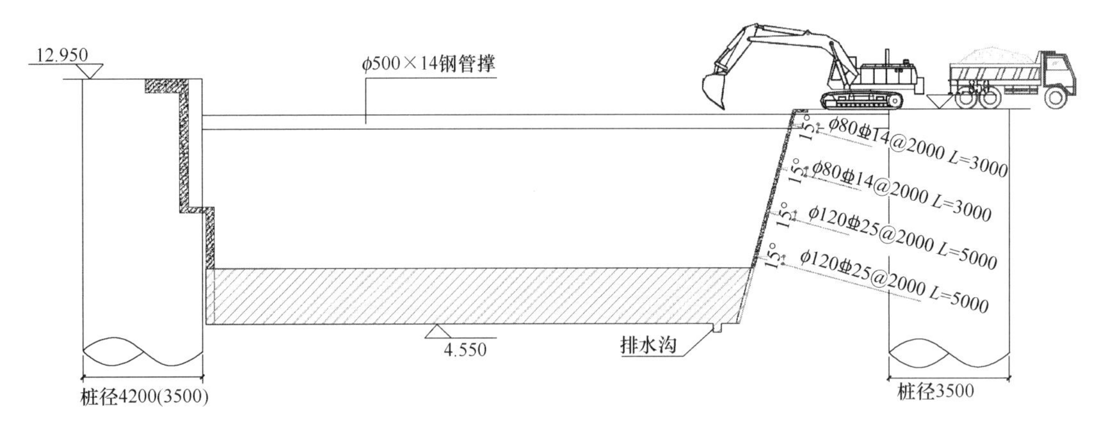

图6　长臂挖机收土阶段

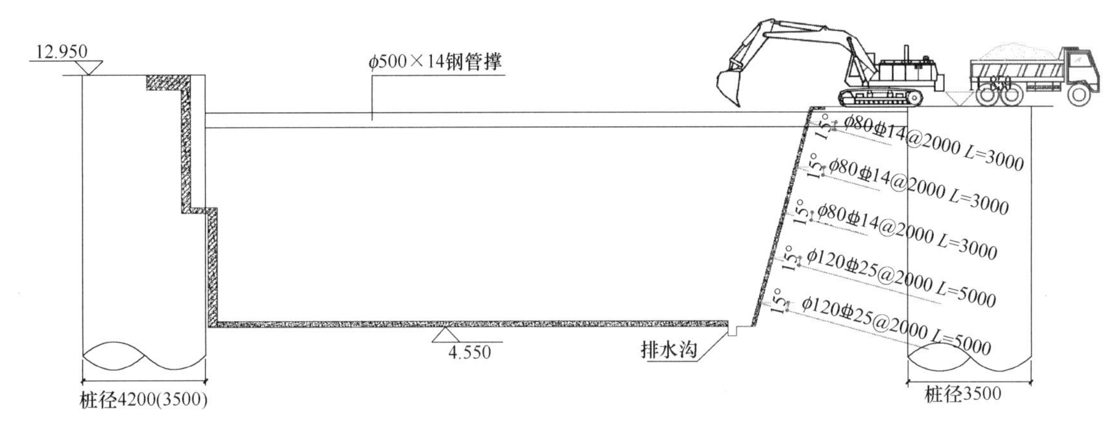

图7　最后一层开挖阶段

(2) 石方开挖

采用挖掘机液压破碎锤，配合人工风镐及水钻进行石方分层破碎。按照设计边坡坡度进行分层破碎，挖掘机配合清除岩块，破碎将至设计坡面时，停止机械破碎，采用人工、风镐整修石面，最后挖机进行全断面整修坡面，不允许出现亏坡或坡比过大的情况。

2.2　施工降排水施工技术

坑底四周设环形排水沟（480mm×320mm），坡度1%，将雨水及地下渗水导流排入集水井（1000mm×1000mm×1000mm，在东北及东南角各设一个），以在施工期间及时使用抽水泵泵送至地下室基坑顶排水沟，通过沉砂池（3000mm×1500mm×1000mm）排出场外。排水沟及集水井采用240mm×115mm×53mm（10.0MPa）普通混凝土实心砖、M7.5湿拌砌筑砂浆砌筑，内侧采用20mm厚M7.5湿拌抹灰砂浆抹平，基坑底面不得有凹坑。

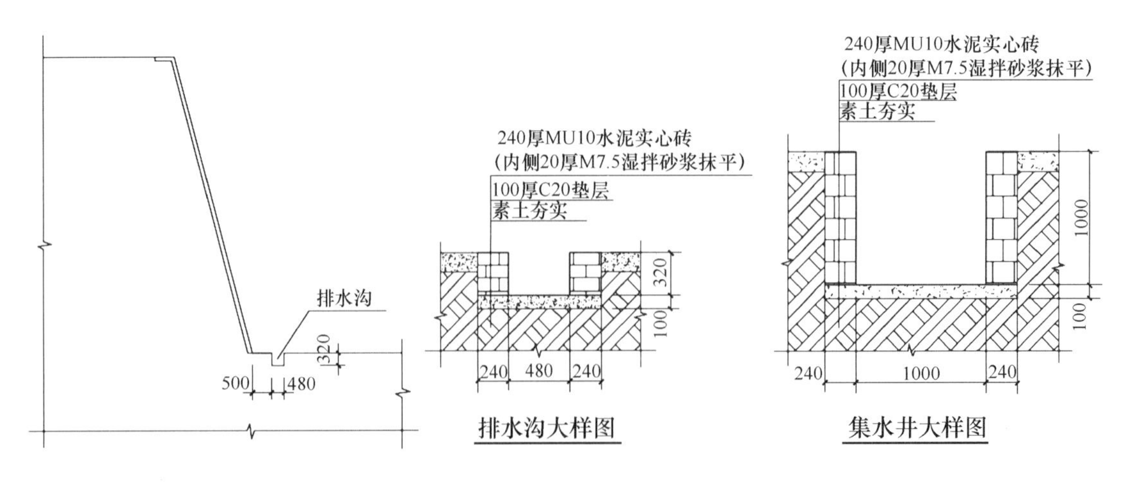

图8　基坑底排水沟详图

汛期应派专人对水土保持设施重点检查，对造成淤积和雨水拥堵的地方及时进行疏通，保证过水的顺畅。一次降雨后应对坑内积水进行及时的抽排，并通过周边排水沟道将积水导出；裸露坡面应采用彩条布进行临时的遮盖防护，减轻雨滴直接击溅及面层冲刷。降雨过后对项目区内部排水设施有损坏的区域应及时修复，并对整个排水系统进行清淤，保障整个排水系统的顺畅[4]。

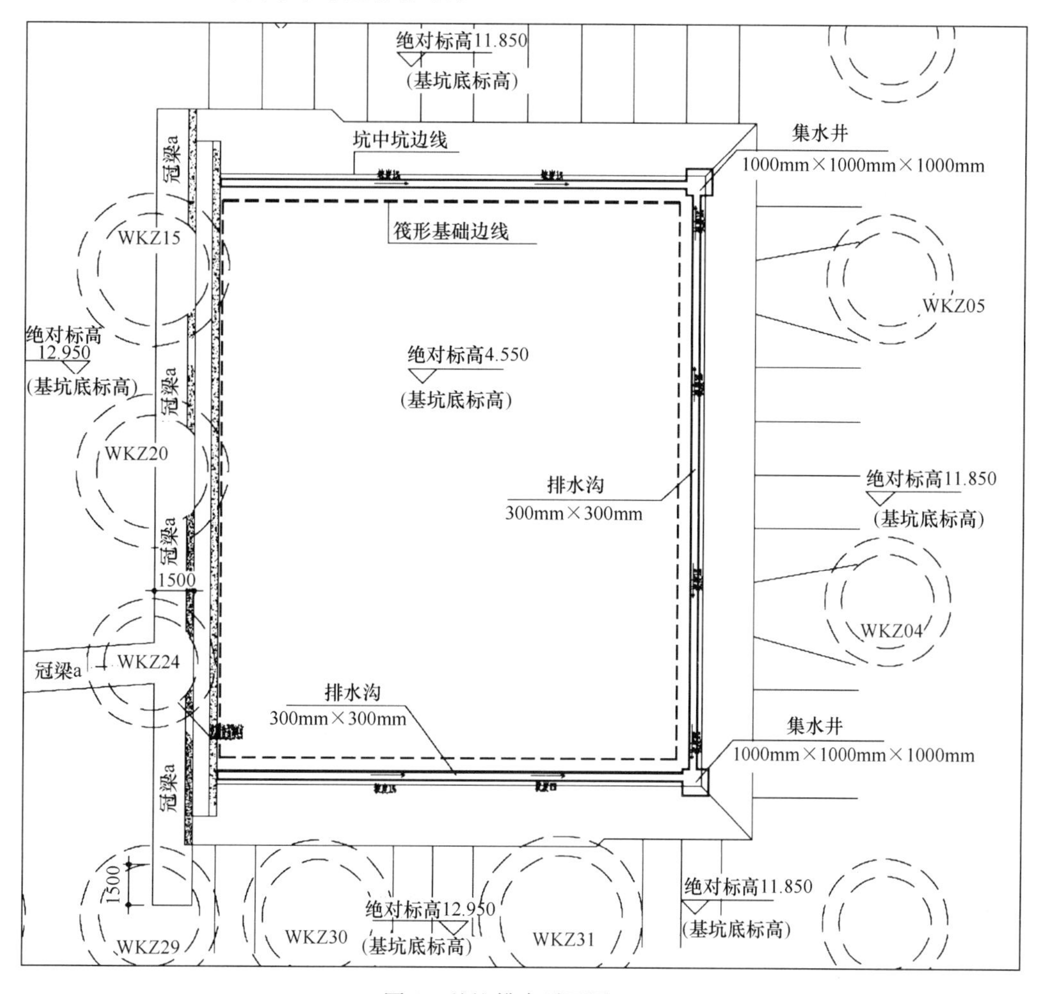

图9 基坑排水平面图

2.3 钢支撑施工技术

1. 钢支撑加工

钢支撑设计为500mm×14mm、400mm×12mm两种规格。钢支撑加工应分节制作，分节长度详见表1。现场应根据每个横断面相应位置基坑宽度确定每道钢支撑的总长。分节制作并焊接形成单根（总长）钢支撑，加工时对各管节进行编号并在管壁上标注长度。

钢支撑设计图纸工程量数量表　　表1

序号	名称	规格（mm）	单位	数量	每节长度
1	圆钢管	500×14(外径×壁厚)	m	24.00	12(共2节)
			t	4.03	2.02
2	圆钢管	500×14(外径×壁厚)	m	24.37	12/12.37
			t	4.09	2.02/2.07
3	圆钢管	400×12(外径×壁厚)	m	12.66	12.66
			t	1.46	1.46
4	圆钢管	400×12(外径×壁厚)	m	5.89	5.89
			t	0.67	0.67

2. 钢支撑拼装

钢支撑的拼装采用3号塔吊L630在基坑外地面进行，拼装前必须平整地面，并分别在管节接头位置摆放两根方木，以便拼接时栓接操作；拼接时要在现场量取每个横断面相应位置基坑的实际宽度，以便钢支撑拼接总长符合要求。拼装后两端支点中心线偏心不大于20mm。

3. 钢支撑吊装

钢支撑在基坑旁预拼装完成后，吊入基坑内，两端初步点焊固定后再开展大面积施焊。同时钢支撑与工程桩钢筋之间通过钢丝绳进行软连接，组成钢支撑防脱落设施。安装后钢支撑两端支点中心线偏心不大于50mm。

钢锚板与桩护壁的间隙采用M20湿拌地面砂浆注满。

钢支撑安装前，沿各根钢管下方连续搭设盘扣式脚手架作为钢管支撑及操作平台。脚手架纵距600mm，横距600mm，步距1500mm，纵向沿钢管长度方向通长连续搭设，横向为3跨（即1800mm），对称布置于钢管两侧，架体高度3350mm。

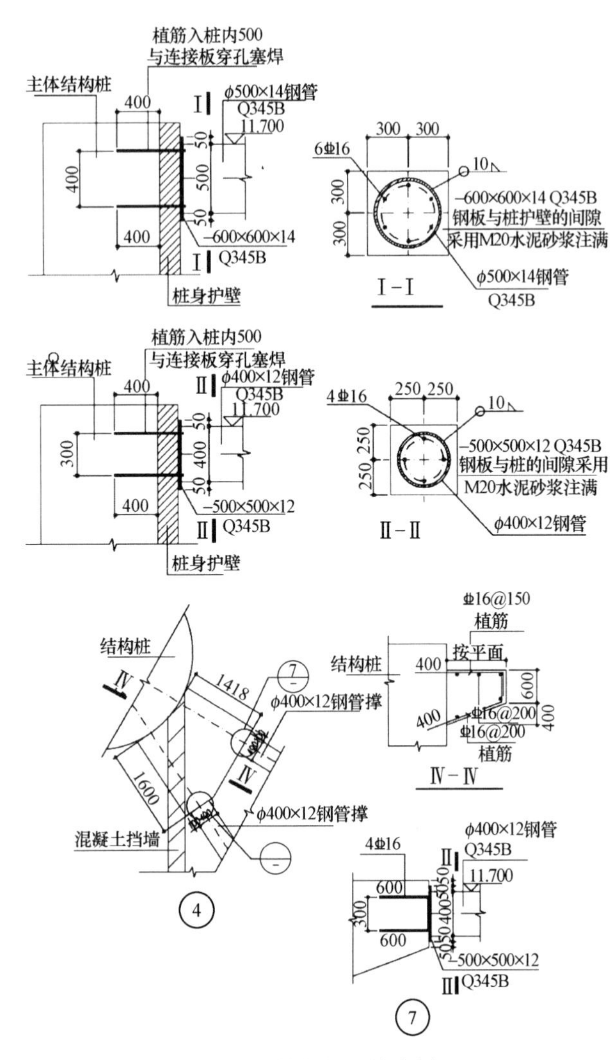

图 10　钢管与桩连接大样图

4. 钢支撑拆除

当筏板及结构底板施工至钢撑下部少于 500mm 且达到设计强度、筏形基础侧面外防水施工完成，采用 C20 素混凝土回填并达到设计强度时，钢支撑可拆除。

2.4　冠梁及挡土墙施工技术

1. 施工工艺流程

定位放线→植筋施工→钢筋绑扎→模板安装→验收→混凝土浇筑。

2. 施工要点

挡土墙模板采用扣件式钢管脚手架单边支模方式，次楞采用木方，主楞采用双钢管，螺杆采用对拉螺栓，墙模采用扣件式钢管顶托进行顶撑，水平间距 1500mm。抛撑根部埋设短钢管顶紧。挡土墙与工程桩交界处钢筋植入桩内 300mm（竖向间距 450mm），预留端头与单头螺栓焊接，并利用山形卡扣紧主楞双钢管。

在施工现场内进行钢筋的开料加工，然后进行钢筋绑扎，待钢筋绑扎完成后。准备工作：钢筋加工前必须严格按放样料单进行加工，加工后按区段部位堆放，且要挂牌。绑扎前必须对钢筋的型号、直径、形状、尺寸和数量进行检查。

上端挡土墙钢筋安装时需注意预留下端挡土墙钢筋插筋。

2.5　喷锚与基坑回填施工技术

1. 喷锚施工

喷射混凝土强度为 C20，设计厚度 100mm；喷锚强度达到设计强度的 70%后方可进行下一层开挖喷锚作业。施工流程为：测量放线→钻机钻孔→锚杆机安装→锚固注浆→泄水孔设置→挂网→喷射混凝土。

2. 基坑回填

坑中坑主体基础结构施工完成后应及时进行周边基坑回填，不得长期暴露，回填材料采用 C20 素混凝土。回填前，应清除松散土层、杂物，挖除淤泥，排干积水。

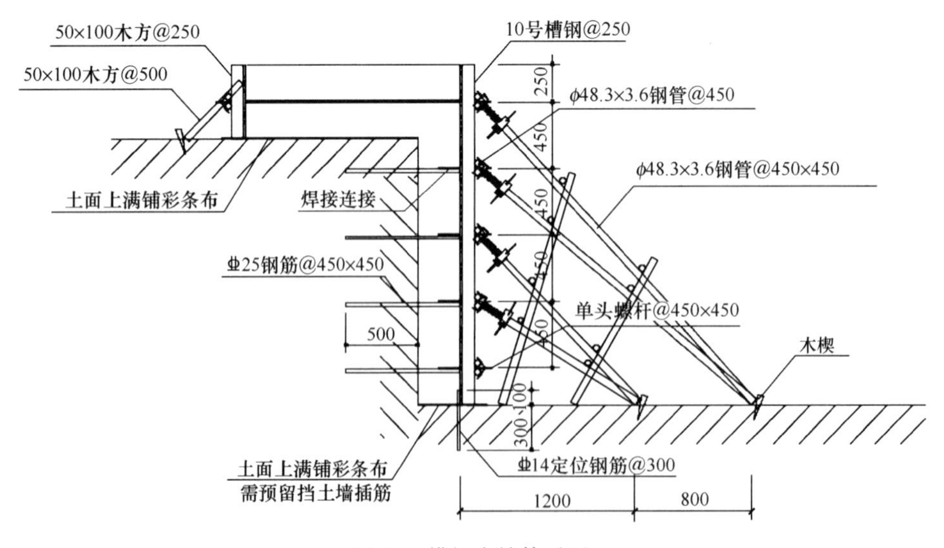

图 11　模板支撑体系图

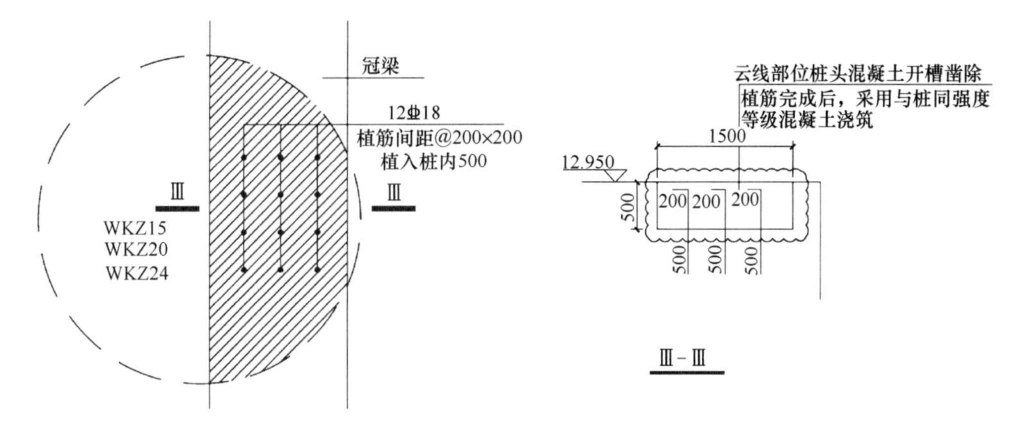

图 12　冠梁及挡墙与工程桩的连接大样图

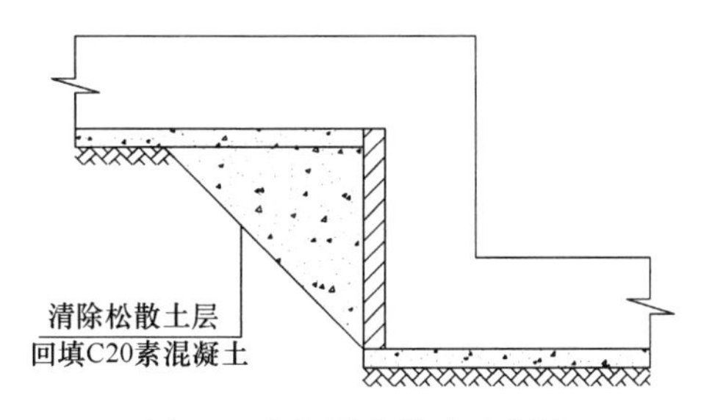

图 13　底坑周边做法示意图

2.6　基坑监测施工技术

本项目基坑类别为一级。坑中坑开挖深度大于 10m，时间大于 15d 实行动态设计和信息化施工，因此监测工作时间间隔应为 2 次/d，以确保基坑的安全和地下室施工的顺利进行。

基坑工程监测控制值及报警值　　　　表 2

序号	检测项目	控制值（mm）	报警值（mm）	变化速率（mm/d）
1	基坑顶面水平位移	40	35	≤3
2	基坑顶面竖向位移	30	25	≤3
3	邻近工程桩水平位移	40	35	≤3
4	邻近工程桩竖向位移	30	25	≤3
5	挡土墙水平位移	40	35	≤3
6	挡土墙竖向位移	30	25	≤3
7	坑底隆起	35	30	≤3
8	地下水位	1500	1000	≤500

3　结语

随着建筑行业不断发展，超高层项目不断增多，基坑开挖深度也越来越深。坑中坑施工成为深基坑施工的一项重点。通过对坑中坑土方开挖、支护施工、基坑降排水和基坑监测等方面进行分析与探究，提出可行且经济效益高的解决方案，实施效果良好，可为类似项目提供参考。

参考文献：

[1]　黄鹭君．某深基坑工程坑中坑支护施工问题综合分析[J]．绿色环保建材，2020(01)：148-151.

[2]　蔡广福．坑中坑施工方案技术要点[J]．江苏建材，2020(01)：37-40.

[3]　余平，王良波等．特殊条件下超深坑中坑降水与支护综合施工技术[J]．工程质量，2012，30(12)：49-53.

[4]　龚可军，曾政等．深基坑坑中坑开挖及回填施工技术[J]．城市住宅，2020，27(05)：200-204.

同一围护结构基坑工程中先浅后深施工的问题及技术应用

张　彬，李　鹏，吴一涵，乔小伟
（中建八局第一建设有限公司，山东 济南 250100）

摘　要：工程建设中，对地下空间进行开发越来越深入，基坑群的施工面临着施工筹划和相互保护的技术难题，尤其是根据当前行业中各种建设需求，一些特殊情况下，要求同一围护结构基坑中“先浅后深”，施工风险更大。在项目实施中，通过实施同一围护结构基坑中“先浅后深”施工，发现问题，解决难点，积累了一些经验，可以作为后续工程建设中“先浅后深”技术运用的参考。

关键词：相邻基坑；同一围护；先浅后深；施工技术

0　引言

随着建设工程施工技术日趋成熟，国内施工企业实力稳定增长，工程建设领域内，出于设计、场地、政策、效益等的施工特殊要求也层出不穷。被不断打破的，不仅是技术壁垒，也有曾经工人的施工规则和定式思维，国内建筑行业正不断面临着新的挑战。其中，在城市化大进程中，随着人们对地下空间的探索，基坑工程施工技术不断丰富，但仍有众多问题需要我们共同摸索与解决。

根据建筑地基基础工程施工质量验收标准 GB 50202—2018 第 9.1.3 条，“土石方开挖的顺序、方法必须与设计工况和施工方案相一致，并应遵循‘开槽支撑，先撑后挖，分层开挖，严禁超挖’的原则”。一般工程中，基坑工程开挖遵循原则，由浅到深分层施工。本文旨在通过作者经历的工程项目实例，对长三角地区基坑工程中“同一围护内相邻基坑先浅后深施工”的特殊工况进行总结，分享经验以供参考。

实例工程概况：天际花园 E 地块项目位于湖州市吴兴区，建筑面积 65402.56m²，基坑面积约 13186m²，基坑四周约 443m。该工程分为东侧住宅和西侧的商业两部分，其中东侧两栋住宅分别为 16 层及 24 层，并含 1 层地下室；西侧商业区地上 4～6 层，地下为 2 层地下停车库，住宅地下室与 1 层车库相连通。住宅地下室底板厚 800mm，板面标高－7.7m；地下车库底板厚 500mm，板面标高－4.3m。住宅与商业区工程桩均采用预应力混凝土管桩。

1　水文地质情况及基坑围护设计情况

（1）地质情况

本区大地构造单元属扬子准地台（Ⅰ1）次级构造钱江台褶皱带（Ⅱ2）北东，安吉—长兴陷皱带（Ⅲ3）武康—长兴区域性的学川—湖州北东向深大断裂与湖州—南浔东西向深大断裂在本地交汇，造成幔源超基性岩体入侵，故此在该地地质构造条件复杂，岩体分布复杂。第四纪以来本区以差异性升降运动为特征。场地原主要为旱地和民居点，现为荒地和菜地，地表植被不发育。地面黄海高程 4.26～5.07m，地形较平坦。

依据钻孔地质编录、室内土工试验成果，结合静探及现场原位测试成果，将场地地下 98m 以内浅地基土划分 10 个岩土工程层。现自上而下叙述如下：

① 层杂填土（Q^{ml}）：杂色，松散，成分以建筑垃圾为主，含少量黏性土及生活垃圾。性质不均，场地均有分布，层厚 2.20～4.10m。

②₁ 亚层粉质黏土（Q_4^{2al}）：浅灰—灰黄色，软塑状为主，湿—饱和，粉质含量较高，干强度中等，韧性中等，中等压缩性。场地局部缺失，层厚 0.70～2.90m，层顶埋深 2.20～4.10m。渗透系数 $k_h=3.1\times10^{-6}$ cm/s，$k_v=2.2\times10^{-6}$ cm/s。

②₂ 亚层粉质黏土夹粉土（Q_4^{2m}）：灰色，饱和，软塑—流塑状，局部为淤泥质粉质黏土，含少量有机质及白云母细片，中等—高压缩性。场地局部分布，层顶埋深 3.50～5.30m，层厚 0.40～2.60m，渗透系数 $k_h=1.7\times10^{-6}$ cm/s，$k_v=1.3\times10^{-6}$ cm/s。

②₃ 亚层黏质粉土（$Q_4^{2al\text{-}l}$）：灰色，很湿，稍密状，局部夹粉质黏土，含少量有机质及白云母细片，干强度低，韧性软，摇振反应迅速，场地大部分布，中等压缩性。层顶埋深 3.50～7.50m，层厚 3.30～7.30m。标准贯入实测击数 6～9 击、平均 7.5 击。渗透系数 $k_h=6.7\times10^{-6}$ cm/s，$k_v=5.2\times10^{-6}$ cm/s。

②₄ 亚层黏质粉土（$Q_4^{2al\text{-}l}$）：浅灰色，很湿，中密状为主，局部稍密状，可见水平层理，含白云母细片，韧性软，摇振反应快，全场地分布，中等压缩性。层顶埋深 8.00～12.50m，层厚 1.00～5.10m。标准贯入实测击数 15～16 击、平均 15.4 击。渗透系数 $k_h=5.40\times10^{-5}$ cm/s，$k_v=3.90\times10^{-5}$ cm/s。

②₅ 亚层黏质粉土（$Q_4^{2al\text{-}l}$）：灰色，很湿，稍密状，含白云母细片，呈水平层理，局部夹黏性土薄层，摇振反应迅速，韧性软，场地局部分布，中等压缩性。层顶埋深 12.90～15.50m，层厚 1.00～3.50m。标准贯入实测击数 7～9 击、平均 8.2 击。

③ 层淤泥质粉质黏土（Q_4^{2m}）：灰色，饱和，流塑状，局部为粉质黏土，含少量有机质及腐殖质，场地北侧见大量白色贝壳碎片，局部夹粉土，高压缩性。全场地分布，层顶埋深 10.30～17.50m，层厚 7.80～19.00m。

④ 层粉质黏土（$Q_4^{1al\text{-}l}$）：灰黄色，饱和，可塑状，含铁锰质渲染，粉质明显，干强度中等，韧性中等，中等压缩性。场地大部分布，层顶埋深 23.40～30.50m，层厚 1.60～7.10m。

⑤ 层粉质黏土夹粉土（Q_4^{1al-l}）：灰黄、浅灰、灰褐色，饱和，软塑状，局部相变为黏土，局部夹粉土，可见白云母细片及有机质，干强度中等，韧性中等，中等压缩性。场地均有分布，层顶埋深 26.40～33.00m，层厚 0.60～8.80m。

⑥ 层黏土（Q_3^{2al}）：黄绿、灰黄色，硬可塑状，饱和，局部为粉质黏土，黏性一般，局部粉质较多，干强度中高，韧性中硬，中等压缩性。场地大部分布，层顶埋深 29.30～36.00m，层厚 0.80～7.80m。

⑦₁亚层含砂粉质黏土（Q_3^{2al}）：灰褐色，软可塑状，饱和，局部夹砂，含少量白云母细片，干强度中等，韧性中硬，中等压缩性。场地大部分布，层顶埋深 34.30～39.50m，控制层厚 1.00～7.60m。

⑦₂亚层黏土（Q_3^{2al}）：青灰色，硬可塑状，饱和，局部底部含砾，场地大部分布，干强度高，韧性高，中等压缩性，层顶埋深 37.20～41.40m，控制层厚1.10～7.40m。

⑧ 层含角砾黏土（Q_3^{1al-pl}）：灰黄、棕红色，硬塑状，饱和，含砾 10%～30%，粒径一般 0.2～1.0cm，成分为强风化角砾岩、灰岩，见铁锰质渲染，干强度中等，韧性中硬，中等压缩性。场地大部分布，层顶埋深39.30～46.20m，控制层厚 0.30～9.00m。重Ⅱ修正击数 7.7～10.7 击、平均 9.0 击。

⑨₁亚层全风化苦橄玄武岩（ωβ）：灰黄、黄褐、青灰色，原结构基本破坏，岩石风化呈黏性土状或砾砂状，手可掰开。场地局部控制，层顶埋深 38.60～49.50m，揭示层厚 0.20～55.50m，工程力学性质较好。重Ⅱ修正击数 7.2～12.3 击，平均 9.6 击，属极软岩。

⑨₂亚层强风化苦橄玄武岩（ωβ）：黄褐—青灰色，岩芯呈碎块—短柱状，矿物成分显著变化，组织结构大部分破坏，岩性软，易击碎。锤击声哑，手可掰碎。节理裂隙发育，遇水易崩解。场地局部控制，层顶埋深 54.00～75.60m，控制层厚 2.90～15.10m，工程力学性质良好。重Ⅱ修正击数 19.5～23.80 击，平均 20.9 击，属极软岩。

⑨₃亚层中风化苦橄玄武岩（ωβ）：青灰色，含围岩角砾，斑状结构，斑晶以碱性橄榄石为主，杏仁状构造，杏仁体为方解石集合体，围岩为石灰岩，岩芯呈柱状、短柱状，组织结构部分破坏，节理裂隙较发育，裂隙闭合，无充填物，裂隙面与轴心夹角为 15°～60°。属极软岩，易击碎。场地局部控制，层顶埋深 65.50～81.50m，控制层厚 5.10～6.90m，工程力学性质良好。岩石单轴饱和抗压强度 2.0～10.2MPa，平均 4.94MPa，属软岩。

⑩₁亚层全风化石灰岩（P_2^h）：灰色、灰红色，原结构基本破坏，岩石风化呈黏土状或砾砂状，手可掰开。场地局部控制，层顶埋深 41.80～52.00m，揭示层厚3.30～45.00m，工程力学性质较好。重Ⅱ修正击数 8.1～12.0 击，平均 9.8 击，属极软岩。

⑩₂亚层强风化石灰岩（P_2^h）：灰红—灰白色，岩芯呈柱状或短柱状，矿物成分显著变化，组织结构大部分破坏，岩性软，易击碎。锤击声哑，手可掰碎。节理裂隙较发育，完整性差，可见少量被红土充填的溶沟、溶槽，溶蚀作用一般。场地局部控制，层顶埋深 47.1～47.4m，揭示层厚 4.00～4.70m。工程力学性质好。重Ⅱ修正击数 27.0～28.1 击，平均 27.5 击，属软岩。

⑩₃亚层中风化石灰岩（P_2^h）：青灰色或灰白色，岩芯呈柱状或短柱状，节理裂隙较发育、呈“X”形，节理密集，裂隙中见方解石脉充填，局部硅化明显，锤击声较清脆。场地局部控制，层顶埋深 45.10～57.60m，控制层厚 0.50～8.90m，工程力学性质良好。岩石单轴饱和抗压强度 23.4～57.6MPa，平均 39.15MPa，属较坚硬岩。

⑩₄ 亚层夹溶洞，溶洞大小不一，为全充填溶洞，溶洞堆积物主要为灰黄色硬塑黏土，夹含有 1.5cm 左右的砾石，含量在 10%左右。

（2）地下水情况

场地区地下水主要为松散岩类孔隙潜水、基岩裂隙水及溶蚀裂隙水。拟建场地勘探深度内主要分布有 3 个地下水含水层：

① 上部孔隙潜水：赋存在①层、②层、③层土孔隙中，主要接受大气降水及地表水补给，富水性弱，且不均匀，涌水量贫乏，单井日涌水量小于 100t。向河流排泄和天然蒸发为主要排泄方式，钻探时测得稳定地下水位埋深 1.10～1.60m。

② 下部基岩裂隙水：主要赋存于强风化基岩裂隙中，风化裂隙连贯性较差，富水性弱，主要接受上游山区下渗地下水的侧向补给为主，以深井抽水为主要排泄方式。

③ 溶蚀裂隙水：在石灰岩分布段的风化溶蚀带的岩溶溶隙中，由于本地石灰岩埋深大，岩溶溶蚀现象不发育，但因岩溶作用的不均匀性，本次勘察未必能完全探明，如地税局大楼施工勘察中就发现了 1/5 结构柱下有岩溶发育，岩溶水相对较丰富，漏水现象严重。

基坑围护设计情况：本基坑工程按东西两侧分为深浅两个基坑，住宅区基坑开挖深度为 6.3m，为浅坑，编号为 1 号基坑；商业区基坑开挖深度为 8.1～8.4m，为深坑，编号为 2 号基坑。

基坑围护采用 SMW 工法桩：三轴水泥搅拌桩 ϕ850@600 内插 H700×300×13×24 型钢作为支挡结构兼作止水帷幕。深浅坑间开挖深度相差 2m，设计为三轴水泥土搅拌桩复合土钉墙。

SMW 工法桩顶部设置混凝土冠梁，并设置一道水平混凝土支撑。由 1 号基坑角撑、2 号基坑角撑及南北向对撑组成。

根据常规施工方法应为“先深后浅”，但由于工程建设要求，需要尽早完成东侧住宅区域地下室，采取“先深后浅”的施工方法无法完成工期节点。鉴于以上原因，基坑工程采用“先浅后深”施工方法，确定总体施工顺序为：开挖浅坑—浅坑地下室施工—深坑首层土开挖浇筑支撑—住宅地上结构施工—深坑开挖进行底板浇筑。

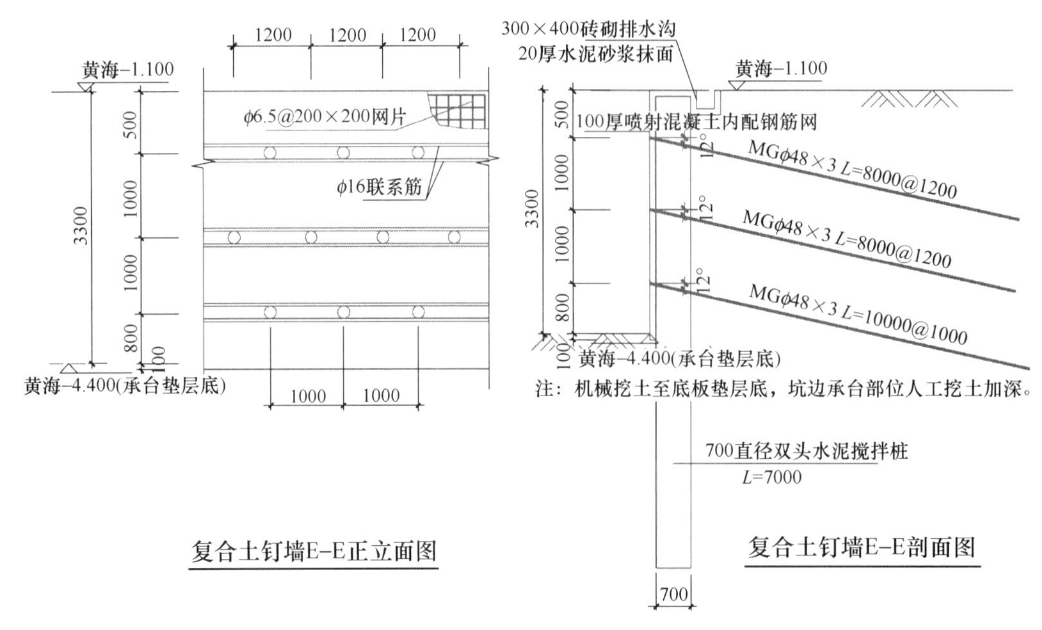

图 1 复合土钉墙节点

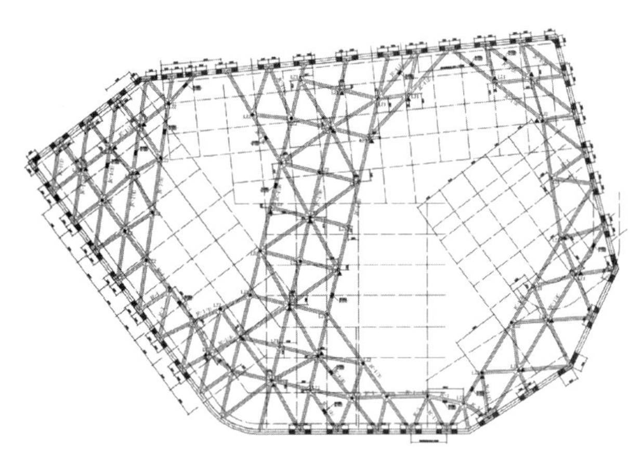

图 2 支撑平面布置图

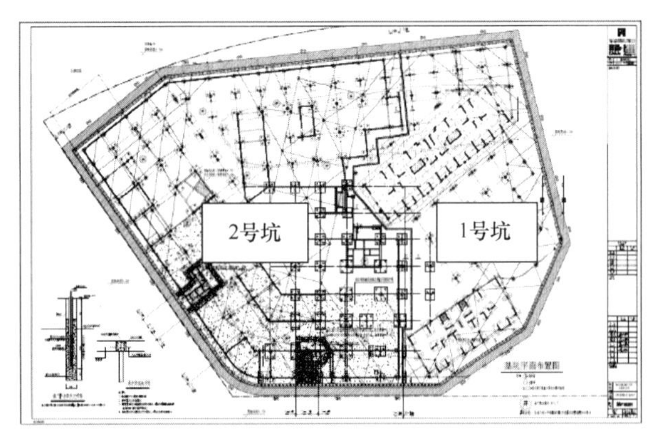

图 3 基坑平面图

2 “先浅后深”施工中的问题及分析

(1) 场地限制：“先浅后深”造成了材料堆场、加工场地的严重制约。

本工程场地狭小，本可利用分区流水部署提供材料堆场及加工场地，但因“先浅后深”施工，打乱了场地部署。住宅非标准层施工时，2 号基坑进行土方开挖，无法利用 2 号基坑场地；2 号基坑地下室施工时，大量材料也无法利用 1 号基坑作为堆场。

(2) 狭长后浇带：“先浅后深”接茬位置形成不规则后浇带区域。

深浅坑交界位置形成的后浇带标高因施工误差及结构沉降等因素，难以准确控制标高；后浇带区域底板防水受到甩茬钢筋及 B2 层地下室肥槽回填影响，污染严重，接茬困难。后浇带区域留置了大量结构，且此区域材料转运、混凝土浇筑等都受到已有结构的限制，施工困难，施工队伍也无法组织流水。且此后浇带的存在，增加了底板渗漏的风险。

(3) 土方回填：“先浅后深”基坑施工使得东侧 B2 层地下室外墙肥槽回填困难。

二层地下室东侧肥槽回填土极为困难，后浇带区域狭长，B2 层地下室完成时，无法立即进行肥槽回填，但后期回填时，因结构施工完成，机械难以操作，车辆无法自由通行，浪费了大量机械台班进行土方倒运。

(4) 基坑安全：住宅区域结构施工时，水泥土搅拌桩挡土墙出现水土流失。

随着 1 号基坑区域住宅主体结构施工进行，住宅区域结构荷载越来越大，而 2 号基坑正在进行土方开挖、底板浇筑等施工，受到天气等影响，水泥土搅拌桩复合土钉墙出现了水土流失。

(5) 水：降雨、施工用水等大量汇入深坑。

本工程位于湖州市吴兴区，雨季长，降水多，夏季多发台风天气。在 2 号基坑土方开挖、基础施工、地下室结构施工、地上结构施工等各个阶段中，在深浅坑后浇带顶板封闭前，基坑内大量降水汇入 2 号基坑及 B2 层地下室中，对施工造成了极大的影响。

（6）脚手架问题：对于深浅坑之间的区域，脚手架搭设困难，施工中存在安全风险。

3 “先浅后深”问题解决思路及策划建议

（1）场地部署：为保证“先浅后深”施工时的场地需求，可调整整体进度节点安排，以本项目为例，可考虑在住宅施工至5层时，周转材料已全部投入楼层内后开始深坑区域土方开挖，在住宅施工至约10层时，深坑区域大底板浇筑完成。同时，在深浅坑区域内分别组织分区流水，保证材料及加工场地。

（2）设计优化：对于“先浅后深”接茬位置形成的不规则后浇带区域，在允许的前提下，应提前策划调整设计情况，增大结构与后浇带的水平距离，既能减小住宅结构对后浇带区域结构施工的影响，也能降低住宅结构对深浅坑间支护结构的压力。对于底板防水形式，考虑采用高分子自粘胶膜防水卷材，降低对防水施工条件的需求。对于沉降后浇带等设计，考虑结合“先浅后深”后浇带进行结合与优化。

（3）人员组织：进行留置区域结构施工时，因工序多，工程量少，提前梳理工序，列好通知清单，确保每一步的作业人员衔接。每一工序完成后，由总承包单位组织验收及工作面移交。

（4）考虑施工机械的策划：对主要通道区域的地下室顶板，在结构施工时提前进行加固，以便车辆通行；整体施工安排上，提前完成汽车坡道的施工，以便深浅坑区域地下室施工时，车辆及其他机械的使用。在进行塔吊布置时，对于后浇带区域材料运输，考虑已有结构产生的盲区情况。

（5）进行外脚手架布置设计时，可以考虑在邻近深浅坑后浇带区域设置独立的悬挑式脚手架。并根据后浇带区域结构情况，调整悬挑层位置，以确保深浅坑结构施工时，对外架拆除需求降到最小。

（6）深浅坑交界区域设置临时截水沟及集水坑，组织集水明排，截断浅坑区域水流进入深坑的路线，并便于及时排出。

（7）在深坑开挖时，优先进行距交界带较远区域，保留交界区域土体。在交界区域土体开挖后，集中劳动力、材料、机械组织，尽快完成底板及传力带施工，降低深浅坑交界支护结构安全风险。

4 施工问题的解决措施

（1）场地限制

① 浅坑区域的裙房暂缓施工，作为材料堆放场地；

② 充分利用浅坑区域地下室顶板，作为加工场、堆场；

③ 场外租赁周转材料堆放场地；

④ 尽早组织肥槽回填，增加可用场地。

（2）狭长后浇带区域

① 优化设计，保证后浇带区域位于浅坑范围，降低施工难度；

② 对此区域按照标准后浇带做法施工；

③ 深坑与浅坑两侧底板及地下室结构施工时，留置施工缝应尽量平直、规整，并对施工缝钢筋、防水卷材、止水钢板钉设木盒进行保护；

④ 深坑区域楼板施工时，加强对前期浅坑底板面标高的复核，确保连接平顺。

（3）土方回填

① 采用大型挖掘机送土，小型挖掘机下坑，进行该区域土方回填及平整；

② 沿狭长后浇带选取多个卸土位置，减少回填土倒运距离。

（4）基坑安全

① 严格控制深坑交界位置的复合土钉墙和施工质量；

② 控制浅坑主楼施工进度，及时插入深坑区域底板施工；

③ 对深浅坑交界区域地面初步硬化，防止水土流失。

（5）水：降雨、施工用水等大量汇入深坑

① 深坑区域地下室完成后，及时组织外墙防水及回填土施工；

② 狭长后浇带区域设置截水沟、集水坑等明排措施。

（6）脚手架问题

① 对后浇区域地面进行合理硬化，确保脚手架基础；

② 对结构邻近后浇区域一侧，搭设悬挑脚手架进行施工，并对下方地下室设置防护栏杆，禁止随意通行；

③ 2号基坑商业建筑施工期间，控制留置施工缝的位置与后浇带区域的距离，在顶板以上结构施工时退界，提前搭设支模架，铺设模板作为工作面使用。

5 结论

“先浅后深”的施工方法，原本是违背常规施工方法的工序倒置做法，但随着科技的进步、施工技术的成熟、新型材料的研发及设计思路的开拓，“先浅后深”的困难及弊端逐步得以解决，而通过“先浅后深”施工对项目建设带来的效益却非常巨大，尤其在目前行业中，工程建设资金紧张，负债率高。通过“先浅后深”的施工方法，可以缓解项目建设的经济压力，降低经济风险。在今后的项目建设中，在符合的条件下，“先浅后深”的施工方法不失为一种值得考虑的途径。

但是目前“先浅后深”施工的实施中，设计上的策划与考量还需要更加深入，通过设计的优化，可以大大地降低现场施工难度，减少“先浅后深”施工方法带来的负面问题。

参考文献：

[1] 卞飞亚，费学均，李克建，等．“先浅后深”深基坑支护的设计与施工[J]．建筑技术，2005，36(12)：926-927.

[2] 潘伟强．共用围护相邻基坑“先浅后深”施工技术[J]．地下工程与隧道，2013(04)：27-31.

[3] 汪健雄．泵闸工程深基坑先浅后深施工技术[J]．城市建设理论研究(电子版)，2017(22)：189-191.

[4] 张娇，王卫东，李靖，徐中华．分区施工基坑对邻近隧道

变形影响的三维有限元分析[J]. 建筑结构，2017(02)：90-95.
[5] 袁家雄. 深浅不一且形状又极不规则的超大面积深基坑施工技术[J]. 城市建设理论研究(电子版)，2017，39(09)：1330-1331.
[6] 彭丽云，李焱，刘德欣. 两侧双基坑开挖对密贴既有线路基变形的影响[J]. 建筑结构，2019(S2)：942-948.
[7] 周亚丽，金雪莲，竺明星. 先浅后深深基坑工程的设计与分析[J]. 建筑结构，2020，50(23)：123-127+17.

深基坑开挖对临近地铁隧道影响的数值模拟分析

李 刚[1,2]，陶宏亮[1]， 蔡明俊[1]
（1. 武汉中太元岩土工程有限公司，湖北 武汉 430070；2. 武汉路通市政工程质量检测中心，湖北 武汉 430000）

摘 要：本文采用岩土、隧道结构专用有限元分析软件 Midas/GTS NX 分析武汉地区某临近地铁线路的深基坑工程对临近地铁隧道的影响。通过分析计算地面沉降、围护结构水平位移、地铁隧道内力、地铁隧道位移得到一般规律。研究成果对该区域类似新建工程的数值模型确定、模型参数选取和对临近建筑物的影响分析起到一定的借鉴意义。

关键词：深基坑开挖；有限元分析；沉降值；地铁隧道

0 引言

随着城市化进程的加快，城市地铁建设方兴未艾，地铁沿线的建筑物如雨后春笋一般拔地而起。而临近地铁的建筑物施工对地铁隧道的影响成为工程界关心的问题，由于基坑开挖导致地铁产生附加内力和变形，可能会严重影响地铁列车的运行[1]。出于对地铁运营安全和周边环境保护的考虑，基坑工程开挖前要对其临近的地铁线路进行安全影响评估，确定施工过程及完工后地铁线路及周围区域沉降和变形值低于规定的允许值。

根据以往的经验，工程中常用弹塑性的 Mohr-Coulomb 模型[2]和 Druker Prager 模型[3]等本构模型进行基坑开挖分析。文章采用修正摩尔-库仑模型，可以模拟基于幂函数的非线性弹性和弹塑性模型的组合行为，模型中通过分别定义加载弹性模量和卸载弹性模量，优化因开挖（移除荷载）导致的地面隆起现象。另外，还可以通过不抗滑剪切承载力相关的等效塑性应变定义剪切硬化。当土体发生剪切硬化时，求解器会重新计算剪胀角，剪切屈服面会扩张到摩尔-库仑的破坏面，以此来有效模拟土体的剪切硬化效应。

1 工程概况

1.1 基坑支护结构布置

案例项目位于武汉市汉阳大道与五麟路交汇处，该项目紧邻地铁 4 号线，临近地铁侧基坑采用钻孔灌注桩＋一层内支撑支护。坡顶标高为 27.3m，基坑深度 9.7m，支护桩直径 800mm，桩间距 1400mm，桩长 13.00m，支撑中心标高为 24.95m。支护桩桩顶直立放坡 2.0m，采用槽钢进行支护。坡面及桩间土采用土钉挂网喷混凝土封闭，防止流土及雨水渗入。支护桩中心线距离五七区间地铁控制线约 15.068m，距离地铁隧道结构外轮廓线约 19.591m。

1.2 工程地质条件

根据勘察报告，基坑地层参数见表 1。

数值模拟计算参数表　　表 1

土层名称	天然重度 r(kN/m³)	黏聚力 c(kPa)	内摩擦角 φ(°)	f_{ak} (kPa)	$E_{s1\text{-}2}$ (MPa)
①杂填土	19.1	8.0	18.0		
②粉质黏土	18.8	23.0	13.0	120	6.0
③粉质黏土	19.0	31.7	15.3	240	10.0
③$_2$ 黏土	19.0	39.0	16.5	400	15.0
③$_{2a}$粉质黏土	18.6	31.4	15.1	230	
④粉质黏土	19.0	31.4	15.1	230	9.7
⑤粉质黏土夹砂、砾石	18.4	21.0	12.5	130	6.5

2 参数取值与计算模型

2.1 修正摩尔-库仑本构参数取值

根据武汉地区经验，修正摩尔-摩仑本构模型非线性刚度参数取值如表 2 所示。

修正摩尔-库仑本构模型非线性刚度参数经验取值　　表 2

区域	E_{50}^{ref}	E_{oed}^{ref}
武汉	(0.9～1.0) E_s	(0.9～1.2) E_{50}^{ref}
区域	E_{ur}^{ref}	m
武汉	(2～5) E_{50}^{ref}	(0.5～1.0)

2.2 建立模型

根据基坑与临近地铁隧道区间的平面和立体关系以及基坑工程支护结构设计及施工特点，简化为二维模型进行分析计算[4]，选取靠近地铁一侧的一个断面进行有限元计算分析。Midas 平面有限元模型中，采用平面应变单元模拟地层，采用梁单元模拟围护结构及区间隧道结构，本构模型为弹性模型，按照工程设计方案中构件实际截面特性确定，支护桩根据刚度等效原则确定截面尺寸。计算模型范围以基坑外轮廓为基准，外扩一定距离后（约 3 倍基坑深度）而建立。有限元模型的边界条件为：模型底部约束竖向位移，模型左右两侧约束水平向位移，上部边界为地表自由面，自重荷载取重力加速度，路面荷载取25kPa的均布荷载。

基坑开挖工序　　表3

阶段序号	模拟工序介绍
工况1	初始地应力形成
工况2	位移置零，地铁隧道结构完成，考虑道路荷载
工况3	支护桩施工完成
工况4	基坑开挖至第一道内支撑处并施工第一道内支撑
工况5	基坑开挖完第二层土
工况6	基坑开挖至坑底
工况7	施工换撑梁
工况8	拆除第一道支撑

3　工程实例分析

根据业主提供的断面尺寸建立有限元分析模型。分析断面简图如图1所示。

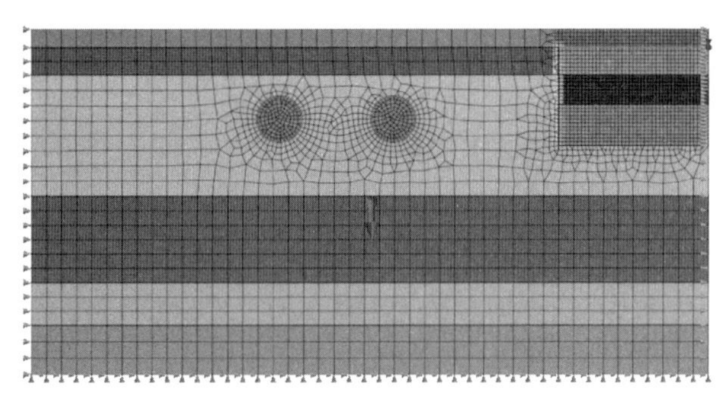

图1　分析断面简图

3.1　基坑边道路沉降

通过有限元模型分析基坑周边道路沉降，以向下位移为负。

结合图2，基坑周边道路随着基坑开挖深度的增加，沉降越来越大，最大值达到23mm，比施工完第一道内支撑要多8mm。在1倍基坑开挖深度范围内的道路沉降是最多的，在3倍基坑范围以外的土体沉降很小并趋于平稳。在强影响区域，需要加强保护措施，随着基坑深度的增加，保护范围也需要不断地增加。

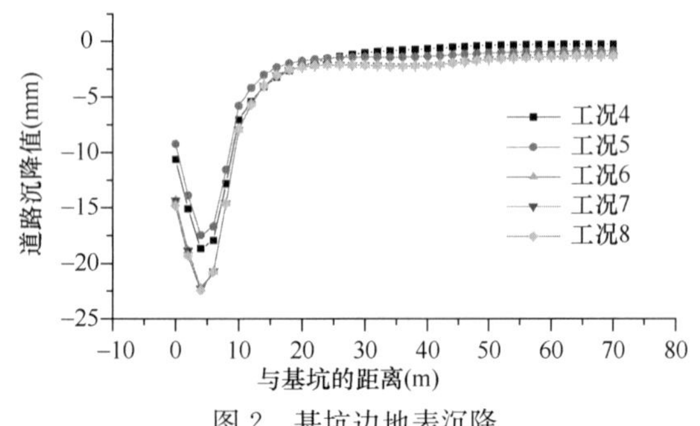

图2　基坑边地表沉降

图3显示，基坑周边水平位移影响的范围在横断面上呈三角形分布，其角度是$45°+\frac{\overline{\varphi}}{2}$。

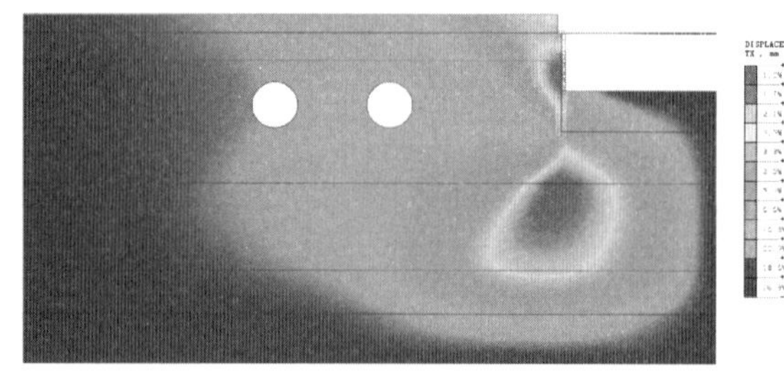

图3　基坑开挖到底水平位移图

3.2　基坑维护结构变形

通过有限元模型分析基坑维护结构的变形，以指向基坑的方向为正。

由图4可见，最大水平位移为8.8mm，武汉地区常用基坑设计软件天汉计算位移为8.1mm，两者非常接近，变形满足要求。最大变形发生在坑底以上3m左右的位置，这是由于坑底土质较好，嵌固能力强。

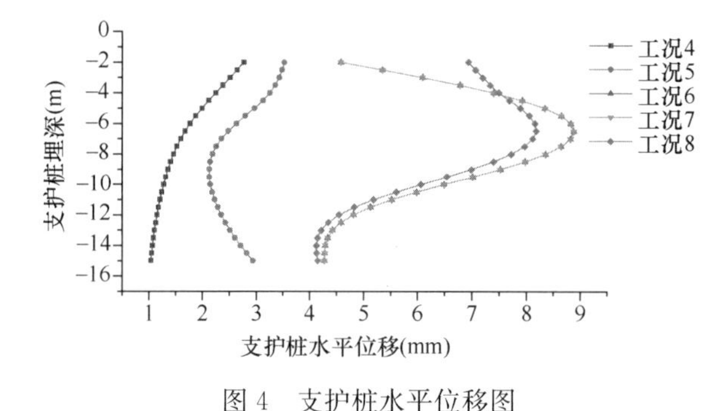

图4　支护桩水平位移图

3.3　隧道内力

基坑开挖首先要保证地铁结构的安全。选取地铁区间隧道内力在基坑开挖前后变化对比详见图5～图10。

图5　基坑开挖前区间结构弯矩计算结果

图6　基坑开挖后区间结构弯矩计算结果

图 7　基坑开挖前区间结构剪力计算结果

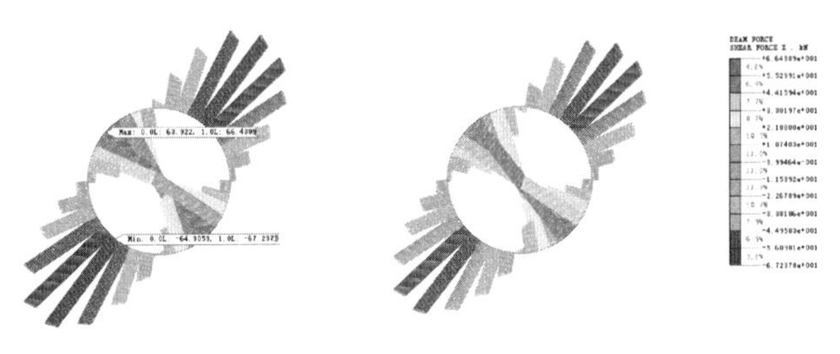

图 8　基坑开挖后区间结构剪力计算结果

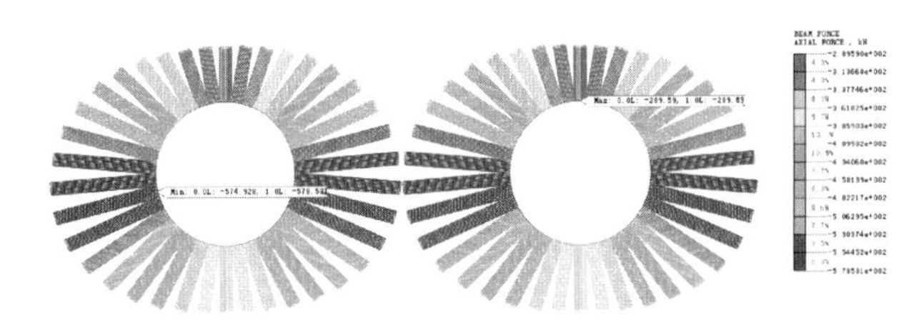

图 9　基坑开挖前区间结构轴力计算结果

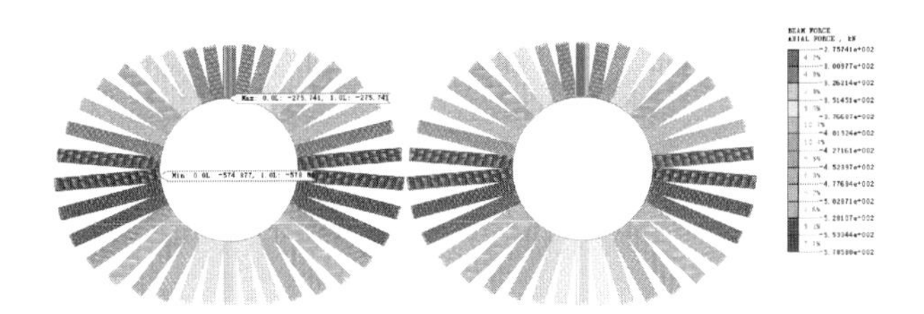

图 10　基坑开挖后区间结构轴力计算结果

地铁隧道内力计算结果　　表 4

内力	开挖前	开挖后	变化率
弯矩（kN·m）	79.1	88.6	12.0%
剪力（kN）	59.5	67.2	12.9%
轴力（kN）	578.5	578.5	0%

根据数值模拟计算结果，弯矩和剪力变化最大，轴力变化最小。这是由于隧道左右两侧原本外界条件相当，但是由于基坑开挖而导致一侧卸载，使隧道受力不均匀，而隧道本来受弯矩和剪力较小，稍有变化对其影响较大。结合地铁隧道竣工图，施工引起的既有结构内力变化在结构承载力允许范围内，既有结构受力安全。

3.4　隧道位移

基坑开挖既要保证地铁隧道结构安全，也要保证地铁运营安全。通过有限元模型分析隧道位移，其中横向位移以向基坑方向为正，沉降以向下为负。

如图 11、图 12 所示，当完成基坑土体开挖后，地铁隧道都发生向基坑方向的位移，最大水平变形为 2.672mm（向基坑方向）；地铁隧道都发生不同程度的沉降，最大沉降变形为 1.859mm（沉降），基坑开挖对隧道的影响满足要求。

如图 11 所示，靠近基坑的隧道横向位移大于远离基坑的，且靠近基坑的隧道下部位移大，上部位移小，远离基坑的隧道左侧位移小，右侧位移大。

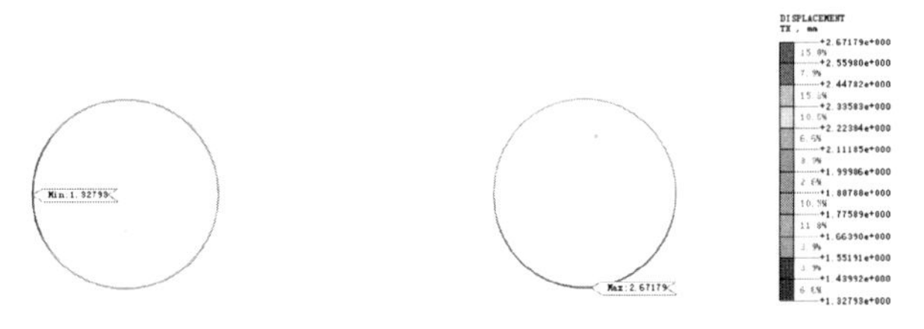

图 11　基坑开挖到底隧道横向位移云图

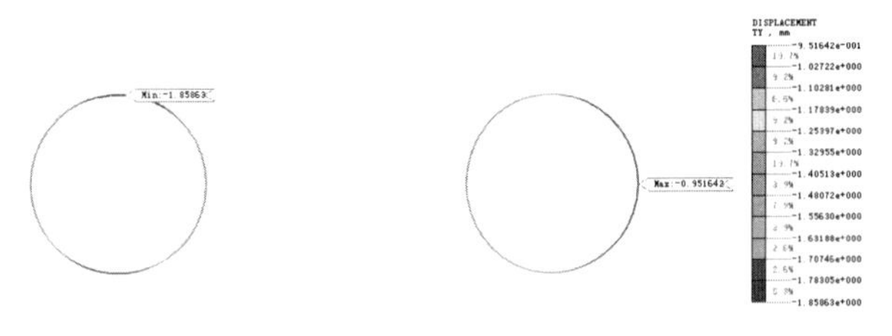

图 12　基坑开挖到底隧道沉降位移云图

如图 12 所示，远离基坑的隧道位移大于靠近基坑的位移。远离基坑的隧道上部沉降多，下部沉降小，靠近基坑的隧道左侧沉降多，右侧沉降小。

取隧道横向位移和沉降最大的点进行分析，如图 13、图 14 所示，发现基坑开挖到底的过程中隧道横向位移和沉降基本呈线性分布，并且开挖到底以后竖向位移不再增加[5]。

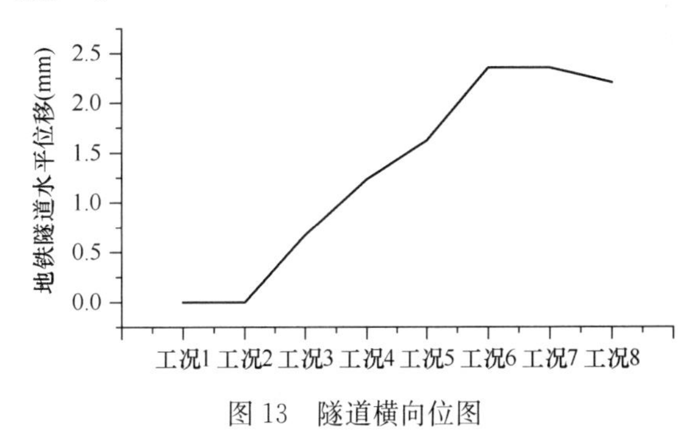

图 13　隧道横向位图

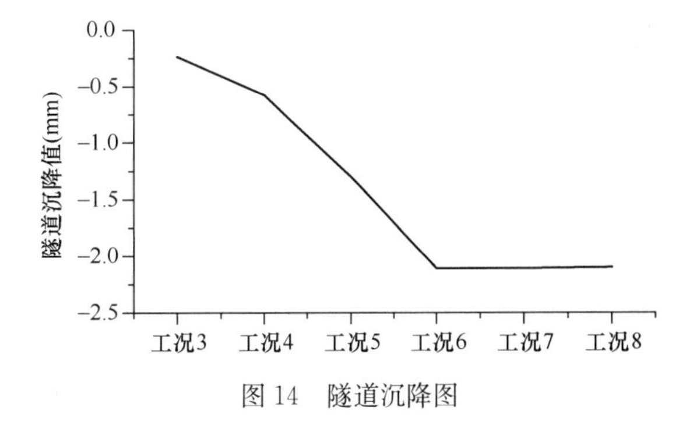

图 14　隧道沉降图

4 结论

通过对武汉地区长江三级阶地临近地铁深基坑工程的数值模拟，得出如下结论：

(1) 在1倍基坑开挖深度范围内的道路沉降是最多的，在3倍基坑范围以外的土体沉降很小并趋于平稳。隧道处在强影响区范围之外，所以此基坑开挖对隧道影响较小，满足地铁运营要求。

(2) 发现基坑开挖到底的过程中隧道横向位移和沉降基本呈线性分布，并且开挖到底以后竖向位移不再增加。

(3) 本文未考虑地铁列车运营对地铁隧道结构的影响。

参考文献：

[1] 张玉成，杨光华，姚捷等．基坑开挖卸荷对下方既有地铁隧道影响的数值仿真分析[J]．岩土工程学报，2010，32(S1)：109-115.

[2] 曲勰，黄茂松，吕玺琳．基于非局部Mohr-Coulomb模型的土体渐进破坏分析[J]．岩土工程学报，2013(03)：523-530.

[3] 郭海，张庆贺，郭健．时间硬化与Druker-Prager耦合蠕变模型的应用研究[J]. 结构工程师，2008(03)：117-121.

[4] 蔡伟红．城市隧道基坑工程现场实测研究与数值分析[D]. 天津：河北工业大学，2008.

[5] 蔡武林．深基坑开挖对临近地铁车站及区间影响的数值模拟分析[J]．水利与建筑工程学报，2016，14(06)：222-226.

第二部分

桩与连续墙工程

桩基悬臂式挡墙组合结构设计理论研究

谢　康[1,2]，周　珩[2]，张　乐[2]，陈晓斌[1]，苏　谦[2]，王业顺[1]
（1. 中南大学，湖南 长沙 410075；2. 西南交通大学，四川 成都 610031）

摘　要： 桩基悬臂式挡墙可有效解决软土地基或高填方地基存在的承载力不足、地基不均匀沉降、支挡结构变形不协调及工程直立收坡不美观等技术难题。但目前桩基悬臂式挡墙设计成套理论还不够体系化。结合桩基悬臂式挡土墙的受力状态和变形模式，提出了桩基悬臂式挡土墙的设计理论以及特殊工况条件下稳定性检算内容和计算方法，最后选取典型工点，验证了设计理论的合理性。研究结果表明：提出桩基悬臂式挡土墙结构设计的高宽比建议值为1.6～2.0，横向桩间距建议值为3～4倍桩径，纵向桩间距建议值为3～5倍桩径；悬臂段后填土为黏性土采用库仑理论，砂性土则采用郎金理论计算土压力；研究成果可为桩基悬臂式挡墙的推广应用提供参考。

关键词： 桩基悬臂式挡墙；设计理论；受力特性；原位试验

0　引言

山区铁路在修筑过程中，往往会碰到高填方路基及陡坡路堤，轻型支挡结构因其造价低、可因地制宜的优点而受到广泛推广[1]。然而我国山区普遍具有复杂的地形地貌，地质条件也不尽相同，其对新型支挡的设计和施工要求越来越高，同时工程上正面临着诸多难题[2]：难以分析结构的受力机理、确定设计参数等。为了满足这种需求、解决相关难题，亟需提出一种适用于复杂山区陡坡路堤、直立收坡的新型支挡结构。

目前，重力式挡土墙、加筋土挡土墙、悬臂式挡土墙、土钉墙板式挡土墙、短卸荷板式挡土墙、预应力锚索和抗滑桩等在路基边坡工程中被广泛应用[3-5]。其中，作为轻型支挡结构物的悬臂式和扶壁式挡土墙具有良好的外观形式，而其稳定性也可以利用墙底板以上填筑土体（包括荷载）的重量和墙身自身的重量来维持，其挡土高度较高、自重轻、厚度小，同时造价较低，对地基承载力的要求也不高，近年来挡土墙在铁路、公路等项目中应用越来越广泛[6]。

在实际工程中，很多情况下为了凸显挡土墙的优越性可以适当地对悬臂式、扶壁式挡土墙做改进[7-9]。桩基础悬臂式、扶壁式挡土墙实质上是“挡土部分为悬臂式挡土墙，基础部分采用钢筋混凝土钻孔灌注桩或打入桩等[10]”的一种新型支挡结构形式。其以桩基作为挡土墙结构的基础，解决了一般悬臂式挡土墙必须依靠增大基础尺寸来提供抗倾覆滑移反力和减小地基承载力的问题，进而能够减小挖方段的开挖量。桩基础处理能够提供较高的竖向地基承载力。因此采用支挡体系的挡土墙与桩基础结合，将能使挡土墙的适用范围扩大一步。设计中挡土墙的基底应力、抗倾覆稳定性及抗滑稳定性等结构特性不再由底板尺寸和基底土特性决定，而是由桩基础来支撑挡土墙并抵抗挡土墙的倾覆及滑动。目前桩基悬臂式挡墙的研究多在于理论计算和数值模拟：任庆昌[11]对底板受力和力学分析方法、基础桩的内力和变形分析方法以及底板抗冲切的计算方法进行了深入探讨；姚裕春等[10]开展双排桩基悬臂式挡土墙的结构参数影响分析，对桩基悬臂式挡墙设计得出了几点重要结论：（1）双排桩基横向排间距宜为3～4倍桩径或桩宽，且不宜超过6m；（2）双排桩基上部悬臂式挡土墙的悬臂高度应保持在1.6～2.0倍的底板宽度内；（3）桩基的受力和结构变形对悬臂式挡土墙底板厚度并不敏感，但是过大的板厚不利于结构安全；周珩等[12,13]则对桩基悬臂式挡墙的受力机理进行了数值计算以及参数分析，并且研究了在软土地基中桩基悬臂式挡墙的应用，着重对踵板长度、锚固深度、排间距和土体弹性模量对结构变形、内力的影响进行了分析，同时提出了建议：1.6～2.0是结构设计高宽比的合适范围，并根据线路的变形控制指标与地基情况采取合适的软土加固措施；刘杰[14,15]则结合数值模拟，通过整体考虑各因素对结构的影响，进而优化了设计参数，得出较合理的结果。

前人对于桩基悬臂式挡墙多在于其计算理论和结构选型分析，而系统化针对桩基悬臂式挡墙设计检算成套理论鲜有涉及。故本文结合双排桩基悬臂式挡土墙的受力状态和变形模式，通过系统分析，提出了双排桩基悬臂式挡土墙的设计理论以及特殊工况条件下稳定性检算方法，最后选取典型工点，对其安全性深入分析，进而为桩基础悬臂式挡土墙的工程应用推广提供理论基础。

1　桩基悬臂式挡墙组合体系设计思路

1.1　组合结构承载机理

双排桩基悬臂式挡土墙实质上是“挡土墙部分为悬臂式挡土墙，基础部分采用双排钢筋混凝土钻孔灌注桩、挖孔桩或打入桩等”的一种新型支挡结构形式，其综合了悬臂式挡土墙与桩基托梁结构的技术特点，其特征在于由上部的挡土墙结构、下部的钢筋混凝土桩基与填土组成联合支挡结构，结构如图1所示。

基金项目：国家自然科学基金（51608533）。

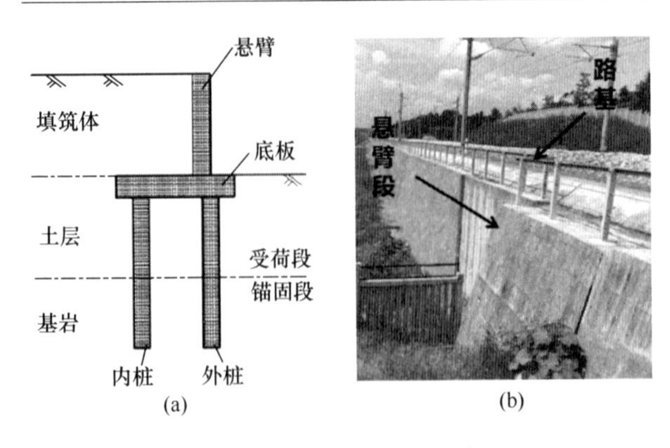

图 1 桩基悬臂式挡土墙

（a）断面图；（b）现场

1.2 组合支挡结构设计流程

由于组合结构沿线路纵向结构与受力对称，故可将各排构件投影于外力作用平面来分析与计算（纵向取单跨宽度计算）。

本文提出双排桩基悬臂式挡土墙设计由两部分组成：结构截面尺寸拟定、钢筋混凝土结构设计。通过试算法确定结构各部件的断面尺寸，具体是首先拟定挡土墙部分截面的试算尺寸，然后计算其承受的土压力，并全部进行稳定性验算，最终确定踵板的宽度以及桩基的尺寸，结构设计流程如图 2 所示。

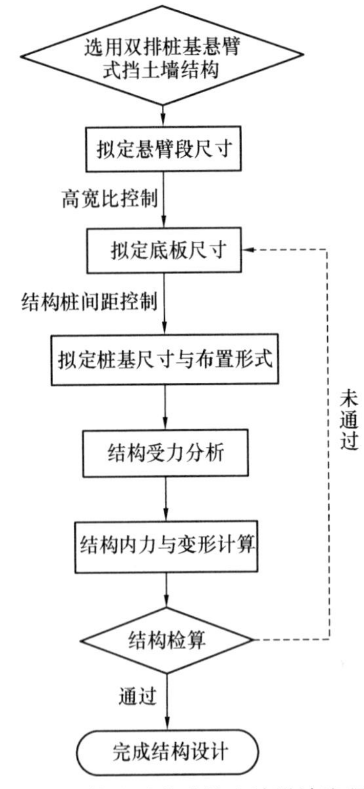

图 2 桩基悬臂式挡土墙设计流程

2 桩基悬臂式挡墙设计方法

2.1 结构关键参数分析

基于桩基悬臂式挡土墙计算理论[13]，编写了双排桩基悬臂式挡土墙计算程序。根据该结构形式与受力变形特征可知，挡土墙高度与踵板宽度之比（以下简称高宽比）、桩间距以及地基土参数等为关键设计参数[12]。因此通过建立结构模型，以单一变量原则对高宽比、桩间距等参数进行了参数敏感性分析，计算模型如图 3 所示。

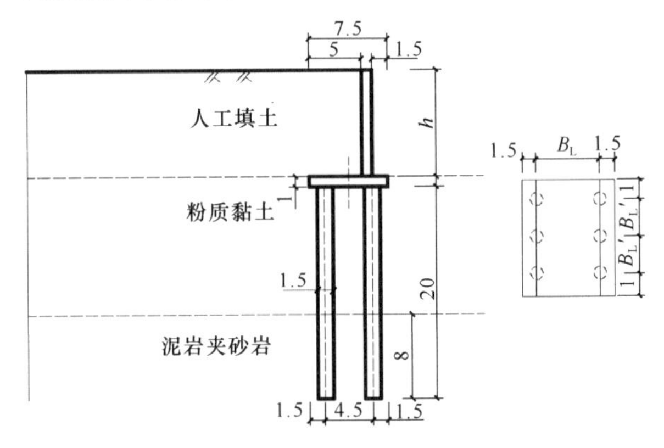

图 3 计算模型图

1. 高宽比计算分析

结构高宽比为挡土墙高度与踵板宽度之比，高宽比直接影响结构的受力与变形：当高宽比过大时，结构受到较大的倾覆弯矩，且过窄的踵板不利于双排桩的布置；当高宽比过小时，结构受到较大的竖向力，将极大增加挡土墙底板与桩基的受力，且过宽的踵板会导致挡土墙底板产生较大的挠曲变形，不满足挡土墙底板相对刚度的假定。

为分析结构合适的高宽，分别取墙高 $h=7$m、8m、9m、10m、11m、12m 和 13m，B_L 为 4.5m，B'_L 为 3.5m，计算高宽比为 1.4、1.6、1.8、2.0、2.2、2.4 与 2.6 时的结构受力变形，结果如图 4 所示。

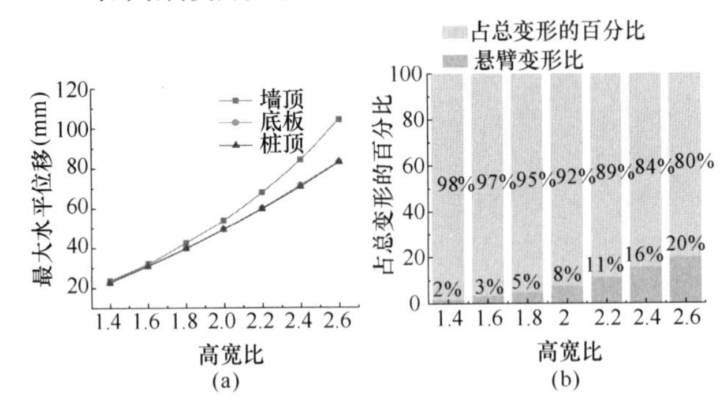

图 4 不同高宽比组合结构变形特征

（a）水平位移值；（b）结构悬臂与桩基水平位移之比

分析结构水平位移值可知，结构水平位移随高宽比的增长呈放大趋势，桩顶与底板水平位移量呈线性增加，由于悬臂段的挠曲变形，墙顶水平位移量呈抛物线形增长，因此结构水平位移主要由桩基水平变形与悬臂段水平变形为主。当高宽比小于 1.6 时，桩基水平变形量占总变形量的 95%以上，结构悬臂段未发挥作用。因此，在设计时高宽比取值不宜过小，否则该结构上部悬臂式挡土墙的设计将失去意义。综上所述，综合考虑结构内力与变形受高宽比的影响，建议双排桩基悬臂式挡土墙结构设计高宽比为 1.6～2.0。

2. 横向桩间距

双排桩基悬臂式挡土墙结构横向桩间距为内外排桩的中心距，在挡土墙结构尺寸不变的前提下，以底板中轴线对称移动内外排桩的位置，分别取横向桩间距 B_L 为 3m、4.5m、6m 与 7.5m（即 2 倍、3 倍、4 倍与 5 倍桩宽），墙高 h 为 11m，B'_L 为 3.5m 时，分析横向桩间距对结构受力与变形的影响，计算结果如图 5 所示。

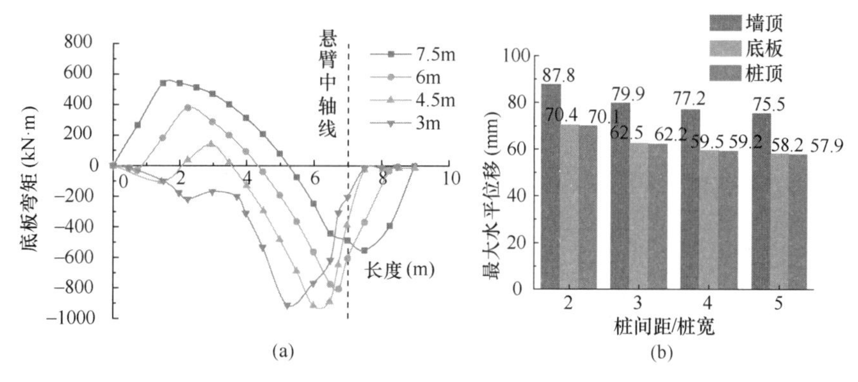

图 5　不同横向桩间距组合结构变形特征

（a）底板横向板带弯矩；（b）结构水平位移值

底板弯矩随着桩间距的增大，由负弯矩为主向正弯矩为主转变。在底板长度不变的前提下，当桩间距过小时，底板存在较长悬臂段，当桩间距过大时，底板存在较长跨中段，底板受力均不合理。因此综合考虑弯矩变化趋势，建议横向桩间距取值为 3～4 倍的桩基或桩宽。由结构水平位移量变化趋势可知，结构最大水平变形位于墙顶位置，其值随横向桩间距的增大而减小，此时挡墙高度固定，悬臂段水平量随着横向桩间距增加而减小，说明横向桩间距越小，底板的旋转变形量越大，为保证结构稳定性建议桩间距不宜过小。综上所述，结合横向桩间距对结构内力与变形的影响，建议内外排桩横向桩间距取值为 3～4 倍桩径或桩宽。

3. 纵向桩间距

双排桩基悬臂式挡土墙结构纵向桩间距为结构沿线路方向各排桩的中心距，结构桩基沿纵向多排等距布置，在挡土墙结构尺寸不变的前提下，分别取纵向桩间距 B'_L 为 3m、4.5m、6m 与 7.5m（即 2 倍、3 倍、4 倍与 5 倍桩宽），墙高 h 为 11m，B_L 为 6m 时，分析纵向桩间距对结构受力与变形的影响，如图 6 所示。

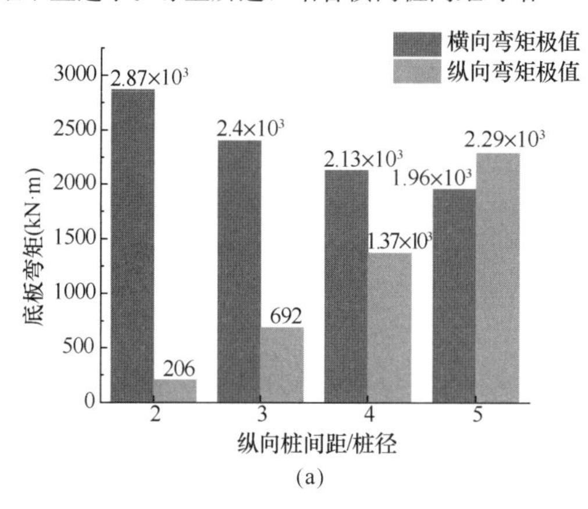

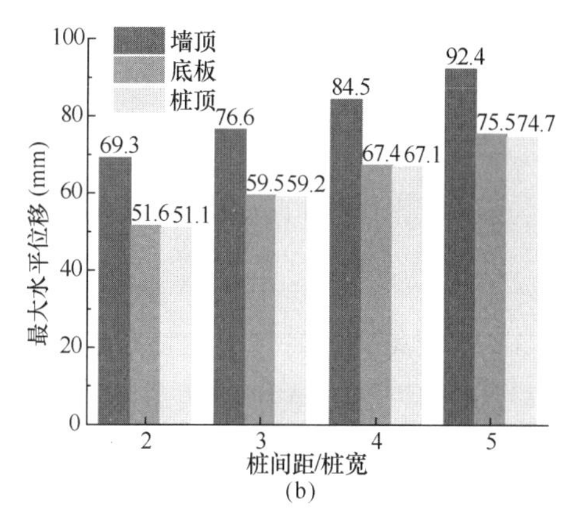

图 6　不同纵向桩间距组合结构变形特征

（a）底板弯矩极值；（b）结构水平位移值

由于底板与桩基组成空间框架结构，底板沿纵向与横向均受弯矩作用，当纵向桩间距增大时，底板沿横向每延米范围内弯矩极值逐渐减小，沿纵向每延米范围内弯矩极值逐渐增大，且纵向弯矩增长速率较大。当纵向桩间距大于 4～5 倍桩径时，底板弯矩值最小。分析结构水平位移值可知，结构水平位移随纵向桩间距的增长呈线性增大，这是由于单幅结构上部荷载随纵向桩间距的增长等比例增大所致。综上所述，结合结构受力与经济性指标，建议纵向桩间距为 3～5 倍桩径或桩宽，设计时应核算底板在沿线路纵向与横向的两个方向的弯矩值。

2.2　挡土墙悬臂段计算方法

初步拟定出试算的墙身截面尺寸，墙高 h 是根据工程需要确定的，墙顶宽不小于 30cm。墙背与墙面取竖直面，因而定出挡土墙悬臂段的截面尺寸。

在我国现行规范中，对挡土墙悬臂段及桩基受荷段的土压力计算一般采用库仑土压力理论或者朗肯土压力理论[16-18]。当墙后填土分别为砂性土（$\rho_{砂}=20\text{kN}\cdot\text{m}^3$，$\varphi_{砂}=20°$）、黏性土（$\rho_{黏}=20\text{kN}\cdot\text{m}^3$，$\varphi_{黏}=20°$，$c_{黏}=20\text{kPa}$），采用库仑理论（综合内摩擦角法）和朗肯理论，

分别计算悬臂高度 h 为 6m、9m、12m 的悬臂式挡墙，考虑宽高比为 0.3、0.4、0.5、0.6、0.7 时，作用在挡墙悬臂段的水平土压力合力值，结果如图 7 所示。

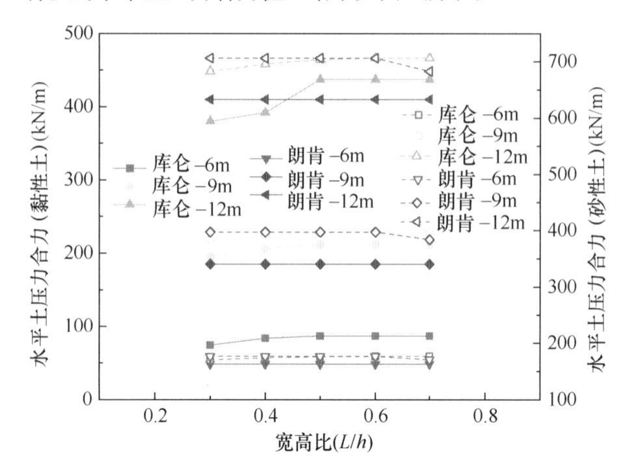

图 7　悬臂式挡墙水平土压力值

由图 7 可知，若墙后填土为黏性土，当踵板宽度较小时，朗肯土压力略大于库仑土压力，当踵板宽度较大时，库仑理论考虑第二破裂面，库仑土压力与朗肯土压力相等。从设计安全的角度出发，建议选用朗肯土压力理论计算墙后土压力值。

同样若墙后填土为黏性土时，建议选用换算综合内摩擦角法的库仑土压力理论计算墙后土压力值。计算时以墙踵下边缘与悬臂上边缘连线的斜面作为假想墙背。当该连线的倾角大于临界角时，墙后填土中将出现第二破裂面，则应按第二破裂面理论计算土压力。

2.3　空间框架结构设计方法

首先根据挡土墙高度以及合适的高宽比（1.6～2.0），初步拟定墙踵板宽度以及整个挡土墙底板宽度，接着根据地层地质情况拟定桩基布置形式以及受荷段长度与锚固段长度。

1. 外荷载计算

将底板上部所有外荷载（包括挡土墙悬臂段传递的内力、结构自重以及土压力等）换算为作用在底板底面中心点的竖向合力 N，水平合力 H 以及换算弯矩 M。

2. 空间框架结构内力计算

空间框架结构由挡土墙底板、桩基受荷段和桩基锚固段组成，受力与变形情况复杂，结构内力计算需结合边界条件与协调变形条件，从整体到局部再到整体反复计算，计算流程如下：

（1）考虑空间框架整体结构，计算上部荷载在挡土墙底板中心的竖向合力 N、水平合力 H、换算弯矩 M，以及内外排桩基受荷段的土压力强度 $q_{1内}$、$q_{2内}$、$q_{1外}$、$q_{2外}$，如图 8 所示。

（2）分别考虑各排桩受荷段，计算由桩周外荷载引起的受荷段顶部剪力 Q_q、弯矩 M_q 与受荷段底部的剪力 Q_{10}、弯矩 M_{10}。

（3）考虑空间框架整体结构，根据结构尺寸与地基土层情况推导桩顶刚度系数 ρ_1、ρ_2、ρ_3 和 ρ_4；其值可参照

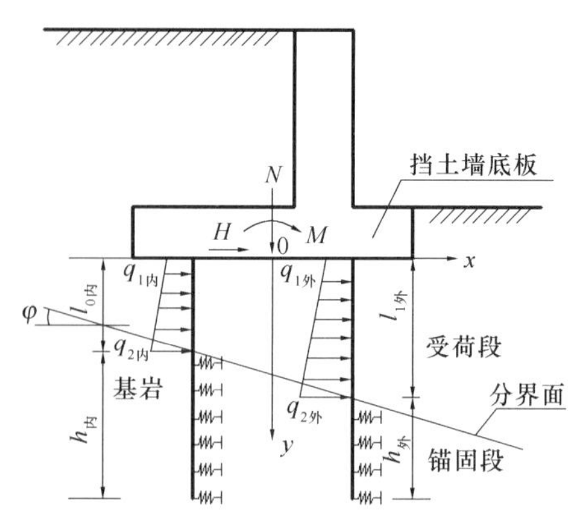

图 8　桩基受荷段计算模型图

《公路桥涵地基与基础设计规范》JTG 3363 桩基础进行计算。

（4）考虑空间框架整体结构，求解挡土墙底板的水平位移 a、竖向位移 b、底板绕坐标原点 O 的转角 β。

（5）分别考虑单桩结构，计算各桩顶（与底板连接处）的轴向力 N_i、横向力 Q_i 和弯矩 M_i，再将 Q_i、M_i 与 Q_q、M_q 相加起来，得到各桩顶的剪力 Q 和弯矩 M，以及桩基锚固段顶部的剪力 Q_0 和弯矩 M_0。

（6）分别考虑各桩锚固段，按锚固段计算方法求出任一深度处的桩基截面中的剪力、弯矩和构件侧面岩土体的横向压应力。

（7）根据底板上部外荷载和各桩桩顶处轴力与弯矩计算底板内力。

2.4　软弱土地基工况稳定性检算

以桩基托梁式挡土墙为代表的桩承式支挡结构往往不需要进行抗滑移稳定性检算、抗倾覆稳定性检算与地基承载力检算。但当支挡结构在软弱土地区应用时，仍有发生滑移以及倾覆破坏的可能性。因此从桩基悬臂式挡土墙结构受力与变形的角度出发，提出桩基悬臂式挡土墙结构的稳定性检算方法。

1. 抗剪切检算

由桩基悬臂式挡土墙受力特点可知，悬臂式挡墙与桩基形成稳定刚架结构抵抗上部荷载与变形。当挡墙发生水平滑移破坏时，桩基势必在桩顶位置发生水平剪切破坏，因此桩基悬臂式挡土墙结构抗滑移稳定性检算的实质为桩基桩顶水平抗剪强度检算，如图 9 所示。

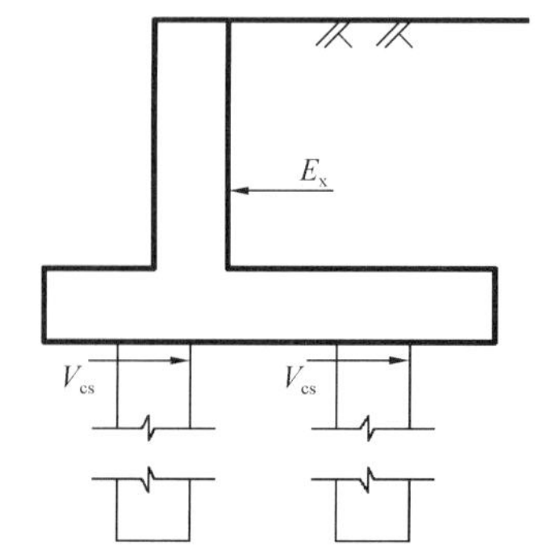

图 9　桩基悬臂式挡土墙抗剪切检算图

桩基悬臂式挡土墙滑动稳定系数 K_c 为：

$$K_c = \frac{\sum nV_{cs}}{E_x} \tag{1}$$

式中：V_{cs}——桩基础斜截面受剪承载力值；

n——单幅挡土墙桩基数量；

E_x——单幅挡土墙水平土压力和。

2. 抗倾覆稳定性检算

当桩基悬臂式挡土墙有倾覆的可能性时，假定该结构绕外桩桩顶转动，此时内桩由受压状态向受拉状态转换，由结构上部挡土墙自重、土体自重与内桩抗拔力提供抗倾覆力矩，由挡土墙水平土压力提供倾覆力矩，如图 10所示。

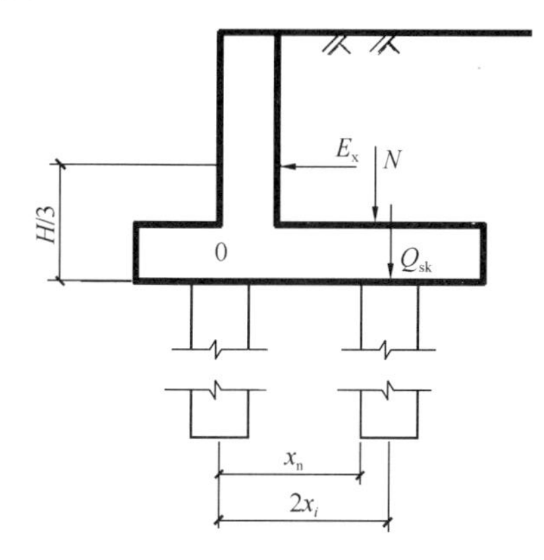

图 10　桩基悬臂式挡土墙抗倾覆稳定性检算图

桩基悬臂式挡土墙滑动稳定系数 K_0 为：

$$\sum M_y = Q_{sk} \cdot 2x_i + N \cdot x_n \tag{2}$$

$$\sum M_0 = E_x \cdot \frac{H}{3} \tag{3}$$

$$K_0 = \frac{\sum M_y}{\sum M_0} = \frac{6Q_{sk}x_i + 3Nx_n}{E_x H} \tag{4}$$

式中：M_y——抗倾覆力矩；

M_0——倾覆力矩；

N——挡墙自重与底板上部土体自重竖向合力；

x_n——合力 N 距外桩桩顶水平距离；

E_x——挡墙悬臂段水平土压力合理；

Q_{sk}——单桩总极限侧摩阻力。

根据《建筑桩基技术规范》JGJ 94—2008 中相关规定：

$$Q_{sk} = u\sum q_{sik} l_i \lambda_i \tag{5}$$

式中：u——桩周长；

q_{sik}——桩周第 i 层土的极限侧阻力；

l_i——桩周第 i 层土的厚度；

λ_i——桩周第 i 层土的抗拔折减系数。

2.5　结构承载力设计

1. 正截面设计

桩基悬臂式挡土墙结构桩基主要承受结构传递的竖向荷载与弯矩。一般情况下，桩基按受弯构件设计，根据《混凝土结构设计规范》GB 50010 中相关规定，定于矩形截面构件，其正截面受弯承载力的计算公式如下：

$$M \leqslant \alpha_1 f_c bx\left(h_0 - \frac{x}{2}\right) \tag{6}$$

式中：M——弯矩设计值；

α_1——系数；

f_c——混凝土轴心抗压强度设计值，按《混凝土结构设计规范》GB 50010—2010 第 4.1.4 条采用；

b——矩形截面的宽度；

x——混凝土受压区高度；

h_0——截面有效高度。

2. 斜截面设计

桩基悬臂式挡土墙结构底板与悬臂连接处、底板与桩基连接处等位置属于结构薄弱环节，在结构承载力设计时还需对这些位置进行斜截面设计。根据《混凝土结构设计规范》GB 50010 中相关规定，对于普通混凝土矩形截面，当仅配置箍筋时，其斜截面的受剪承载力应符合以下规定：

$$V \leqslant 0.7f_t bh_0 + 1.25f_{yv}\frac{A_{sv}}{s}h_0 \tag{7}$$

$$A_{sv} = nA_{sv1} \tag{8}$$

式中：V——构件斜截面上的最大剪力设计值；

A_{sv}——配置在同一截面内箍筋各肢的全部截面面积；

n——在同一截面内箍筋的肢数；

A_{sv1}——单肢箍筋的截面面积；

s——沿构件长度方向的箍筋间距；

f_{yv}——箍筋抗拉强度设计值，按《混凝土结构设计规范》GB 50010—2010 表 4.2.3-1 中的 f_y 值采用。

3　案例分析

3.1　工程概况

悬臂挡土墙最大墙高 9.5m，钻孔灌注桩的参数如下：桩径 1.5m，桩长约 20m，桩横向间距 4.8m，纵向间距 3.5m，挡土墙踵板宽度 4.4m，趾板宽 2.0m，代表性横断面如图 11 所示。

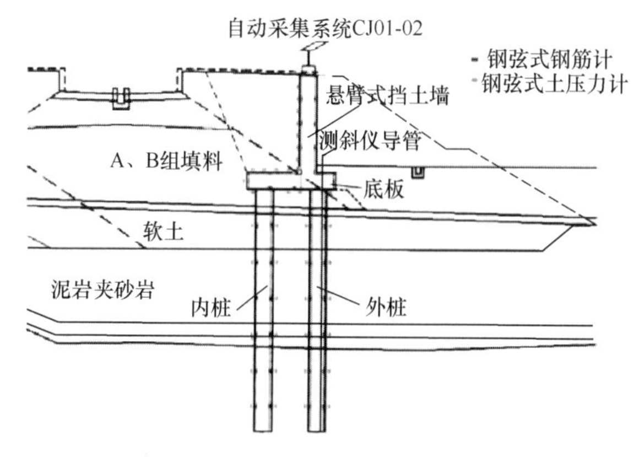

图 11　代表性横断面

3.2　稳定性检算

根据双排桩基悬臂式挡土墙结构计算理论，本小节选取试验段桩基悬臂式挡土墙结构及岩土体参数进行结构受力与变形试算。

（1）挡墙悬臂段受力

根据计算理论，假设挡墙后侧填料参数为 $\gamma=21\text{kN/m}^3$，$\varphi=25°$，$c=20\text{kPa}$，挡墙悬臂段土压力选用库仑土压力理论计算，取挡墙后侧填土表面均布荷载换算土柱高度 $h_0=1\text{m}$，则沿线路方向单位长度范围内挡墙悬臂段土压力合力 E 为：

$$E=\frac{1}{2}\gamma H^2 K_a\left(1+\frac{2h_0}{H}\right)=240\text{kN/m}$$

（2）空间框架结构段受力

取双排桩基悬臂式挡土墙结构单跨范围内（沿线路方向长度 $L=10.08\text{m}$）的下部空间框架结构进行计算，换算上部荷载为：

水平合力 $H=EL=2422.81\text{kN}$、竖向合力 $N=14122.03\text{kN}$、底板中心处弯矩 $M=-3125.91\text{kN}\cdot\text{m}$。

内力和位移计算方法 **表 1**

序号	指标	计算方法
1	桩计算宽度 b_1	$b_1=K_f\cdot K_0\cdot K\cdot d=0.9(d+1)k$
2	桩变形系数 α	$\alpha=\sqrt[5]{\frac{mb_1}{EI}}$
3	桩顶刚度系数 ρ_1，ρ_2，ρ_3，ρ_4	$\rho_1=\frac{1}{\frac{l_0+\xi h}{EA}+\frac{1}{C_0A_0}}\rho_2=\frac{\delta_2}{\delta_1\delta_2-\delta_3^2}$ $\rho_3=\frac{\delta_3}{\delta_1\delta_2-\delta_3^2}$ $\rho_4=\frac{\delta_1}{\delta_1\delta_2-\delta_3^2}$
4	群桩刚度系数 γ_{bb}，γ_{aa}，$\gamma_{a\beta}$，$\gamma_{\beta\beta}$	$\gamma_{bb}=\sum(\rho_1\cos^2\varphi+\rho_2\sin^2\varphi)$ $\gamma_{aa}=\sum(\rho_1\sin^2\varphi+\rho_2\cos^2\varphi)$ $\gamma_{a\beta}=\sum[(\rho_1-\rho_2)x\cdot\sin\varphi\cdot\cos\varphi-\rho_3\cos\varphi]$ $\gamma_{\beta\beta}=\sum[(\rho_1\cos^2\varphi+\rho_2\sin^2\varphi)x^2+2x\rho_3\sin\varphi+\rho_4]$
5	底板位移 α，b，β	$\alpha=\frac{\gamma_{\beta\beta}(H-\sum Q_q)-\gamma_{a\beta}(M-\sum M_q)}{\gamma_{aa}\gamma_{\beta\beta}-\gamma_{a\beta}^2}b=\frac{N}{\gamma_{bb}}$ $\beta=\frac{\gamma_{aa}(M-\sum M_q)-\gamma_{a\beta}(H-\sum Q_q)}{\gamma_{aa}\gamma_{\beta\beta}-\gamma_{a\beta}^2}$
6	桩基内力	$N_i=(b+\beta x)\rho_1$ $Q_i=\alpha\rho_2-\beta\rho_3$ $M_i=\beta\rho_4-\alpha\rho_3$

注：详细计算可参照《公路桥涵地基与基础设计规范》JGJ 3363。

（3）稳定性检算

检算内容 **表 2**

检算指标	公式	控制值	
K_c	$\sum\frac{nV_{cs}}{E_x}$ $V_{cs}=\alpha_{cv}f_th_0+f_{yv}\frac{A_{sv}}{s}h_0$	1.3	1.986（满足要求）
K_0	$\frac{\sum M}{\sum M_0}=\frac{6Q_{sk}x_i+3Nx_n}{E_xH}$	1.5	2.33（满足要求）

综上所述，该工点桩基悬臂式挡土墙结构满足稳定性检算。

4 结论

结合桩基悬臂式挡土墙的受力状态和变形模式，通过系统分析，提出了桩基悬臂式挡土墙结构的设计理论及计算方法，并通过案例验证了计算方法的合理性，得到以下结论：

（1）通过结构受力和变形计算分析，提出了双排桩基悬臂式挡土墙结构设计的高宽比建议值为1.6～2.0，结构横向桩间距建议值为3～4倍桩径或桩宽，纵向桩间距建议值为3～5倍桩径或桩宽；

（2）提出了适用于双排桩基悬臂式挡土墙土压力计算方法建议：黏性土填料采用库仑理论，砂性土填料采用朗肯理论计算土压力；

（3）提出双排桩基悬臂式挡土墙设计分为结构截面尺寸拟定及钢筋混凝土结构设计两部分。确定结构各部件的断面尺寸是通过试算法进行的，其做法是先拟定挡土墙部分截面的试算尺寸，计算作用其上的土压力，通过全部稳定性验算来最终确定踵板的宽度以及桩基的尺寸。

参考文献：

[1] 李海光．新型支挡结构设计与工程实例[M]．北京：人民交通出版社，2011.

[2] 周珩．桩基悬臂式新型支挡结构受力机理与设计计算[D].

成都：西南交通大学，2013.
[3] 姚裕春，李安洪，苏谦．陡坡椅式桩板结构受力模式及计算方法分析[J]. 铁道工程学报，2016，33(8)：71-76.
[4] 刘国楠，胡荣华，潘效鸿，等．衡重式桩板挡墙受力特性模型试验研究[J]. 岩土工程学报，2013，35(1)：103-110.
[5] Reese L C. Analysis of laterally loaded piles in weak rock [J]. Journal of Geotechniacl and Geonvironmental Engineering，1997，123(11).
[6] 焦峰．扶壁式挡土墙结构的最优设计[D]. 兰州：兰州理工大学，2004.
[7] 姚裕春，袁碧玉．铁路高填方下沉式站房收坡结构选择创新方法分析[J]. 高速铁路技术，2018(1)：16-20.
[8] 姚裕春，李安洪，袁碧玉，等．桩基悬臂式、扶臂式挡土墙[P]. 201220442371. 1.
[9] 姚裕春，袁碧玉．无砟轨道铁路陡坡路基加固结构创新方法分析[J]. 高速铁路技术，2015，6(04)：31-35.
[10] 姚裕春，苏谦，周珩，李井元．双排桩基悬臂式挡墙受力及变形特征研究分析[J]. 铁道工程学报，2018，35(06)：11-15.
[11] 任庆昌．桩基悬臂式挡墙在路基帮宽工程中的应用[J]. 铁道工程学报，2015，32(02)：43-47+63.
[12] 周珩，苏谦，杨智翔，郭春梅．软土地基双排桩基础悬臂式挡土墙受力变形的现场测试及数值模拟分析[J]. 铁道建筑，2019，59(03)：88-91.
[13] 周珩，苏谦，姚裕春，杨威．双排桩基悬臂式挡土墙结构计算方法研究[J]. 铁道科学与工程学报，2019，16(03)：654-663.
[14] 刘杰．高边坡双排桩与悬臂式挡墙组合结构受力特性研究[D]. 衡阳：南华大学，2018.
[15] 刘杰，杨仕教，严谭路，罗辉．路堤高边坡桩锚与悬臂式挡墙联合支护特性分析与监测[J]. 南华大学学报(自然科学版)，2017，31(04)：6-11.
[16] 黄旺，杨建军，黄娟．几种挡土墙主动土压力理论对比及墙体应力分析[J]. 长沙理工大学学报(自然科学版)，2017，14(03)：29-34.
[17] 何小花，王玉杰，陈祖煜，孙洪月．分层土挡土墙库仑主动土压力计算方法及应用[J]. 水利学报，2014，45(S2)：202-208.
[18] 孙超，史迪菲，原利明．挡土墙主动土压力理论与有限元理论分析比较[J]. 吉林建筑大学学报，2015，32(06)：19-21.

海工环境下 PHC 预制桩基础防腐误区的探讨

姜正平[1,2]

（1. 苏州科技大学，江苏 苏州 215011；2. 广东宏基管桩有限公司，广东 中山 528427）

摘 要：本文主要针对当前海工环境下 PHC 预制桩基础防腐误区进行探讨，并根据 PHC 管桩应用环境和施工特征，提出海工环境下预制桩基础防腐蚀的综合措施建议，为进一步研究解决耐久性问题奠定了基础。

关键词：海工环境；PHC 管桩；腐蚀

0 引言

预制桩基础是一种综合造价低、管控可靠、施工快速、围挡要求低的施工方式，自 20 世纪 80 年 PHC 管桩引入国内以来，已被广泛应用于各类建设工程中。由于 PHC 管桩在我国应用历史较短，且大部分 PHC 管桩埋于土壤里难于检测，加之其服役环境并不恶劣，即使存在耐久性问题也隐蔽性极强[1,2]。现有工程认识水平多认为 PHC 管桩的使用寿命应该能达到 50～100 年，这基本是基于 PHC 管桩混凝土保护层厚度的基础上进行的推测，而现有调查结果表明，一些海港工程中 PHC 管桩基础，尤其是高承台基础结构，存在严重的耐久性问题[3]，但其耐久性问题对其设计使用寿命的影响仍缺乏相关研究。对于已经大量使用在土壤环境中的 PHC 管桩，有关实际耐久性状态和安全性能也缺少足够的调查和研究。因此，长期以来，PHC 管桩基础的抗侵蚀能力仍未明确，其耐久性问题未得到足够的重视，人们对其认识也不够深入明确。随着我国海洋战略和沿海滩涂开发的推进，建立在海水腐蚀环境下的实体工程越来越多，如跨海大桥、海港码头、海上石油平台等。这些工程的基础都位于有海水腐蚀的环境中，海洋环境下 PHC 管桩耐久性问题亟需得到正视。本文主要针对当前海工环境下 PHC 预制桩基础防腐误区进行探讨，提出个人见解，以期提高同行对相关问题的重视。

1 海工环境预制桩基防腐误区分析

PHC 管桩使用预应力钢棒，桩身混凝土长期处于高应力状态，与普通非预应力钢筋相比，预应力钢棒一旦发生腐蚀将会引起更严重的安全问题，因此防止钢筋锈蚀是确保 PHC 管桩耐久性的关键。混凝土设计规范中[4]，钢筋的保护主要取决于混凝土保护层厚度。目前 PHC 管桩耐久性设计一直沿用普通混凝土结构的相关规定，其混凝土保护层最小厚度为 40mm，而日本相关标准规定对 PHC 管桩的混凝土保护层最小厚度远低于我国标准要求，其规定如下：PHC 管桩必须要符合《预制预应力混凝土制品》JIS A5373 的规定；PHC 桩的钢筋外侧保护层最小厚度按 15mm 考虑，满足此规定时可以认为耐久性能够满足要求[5,6]。造成这种情况的原因之一，主要是由于人们对 PHC 管桩的混凝土有效性认识不够到位，对其防腐能力存在一定误区。具体探讨如下：

（1）误区一：常规方法（锤击/静压）施工的厚混凝土保护层的 PHC 管桩能够防腐。

目前我国 PHC 管桩的施工主要采用锤击法（液压锤/柴油锤）和静压法，这些施工方法存在效率高、综合成本低的优点，但却很难保证钢筋混凝土保护层的完整性，尤其最后一节桩，其承受的锤击数最多或压力最大，必然存在保护层开裂的隐患。尽管构件受力是可以带裂缝服役，但材料防腐要求是不允许带裂缝，这就导致设计人员通过提高混凝土保护层厚度的措施，以期确保 PHC 管桩的耐久性，但锤击/静压施工时 PHC 管桩的混凝土厚保护层真的能防腐吗？这一问题仍有待商榷。

为此，我们在研究过程中将管桩切割成不同长径比的试件，通过万能试验机对其进行轴心加载，图 1 为轴向加载试验过程中 PHC 管桩试件破坏状态。从图 1 可看出，与其他柱状构件一样，PHC 管桩受压破坏形式表现为侧向膨胀剥落或失稳断裂（图 2），同时从图 1（b）中可知钢筋约束范围外的混凝土已剥落，而钢筋约束范围内的混凝土基本完好。这意味着钢筋混凝土柱状构件的有效承载面积是（箍筋）约束范围以内的混凝土截面积，同样截面积的 PHC 管桩其保护层越厚，箍筋约束范围以内的混凝土截面积就越小，其承载力（抗压或者抗锤击）就越小，在同样的施工静压力（锤击力）作用下，其保护层（不受钢筋约束）的开裂就越严重。因此，在锤击/静压施工条件下，PHC 管桩混凝土保护层越厚，越容易开裂，

(a)

(b)

图 1 轴向加载试验过程中 PHC 管桩试件破坏状态

（a）试验中；（b）试验后

一旦开裂，保护层基本上是“名存实亡”。我国所谓的“50～60mm厚保护层防腐管桩”经静压或锤击施工后，其防腐能力未必比日本标准的15mm厚保护层的薄壁管桩更有效。

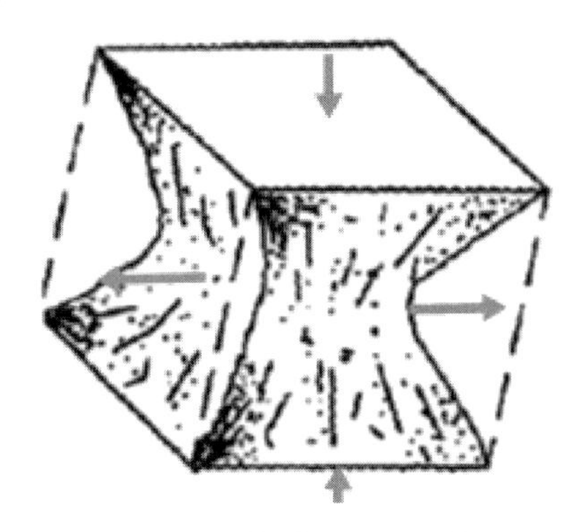

图2 构件受压破坏形式

电通量是混凝土耐久性能常用的表征手段之一，也从侧面反映出混凝土密实度情况。因实际工程中PHC管桩难以取到直径100mm（厚度50mm）且不带钢筋的电通量试件（试样带钢筋无法直接测试电通量），为表征PHC管桩锤击后桩身混凝土密实度劣化情况，在研究过程中我们先进行了C20～C90八个强度等级的混凝土电通量与其吸水率的对应关系（表1），再通过测量经锤击后PHC管桩芯样的吸水率，简单估算其电通量，其结果见表2。C20～C60是从商品混凝土搅拌楼取的一般商品混凝土，C70、C80、C90是生产PHC管桩的混凝土（经过压蒸工艺）。电通量试验采用100mm×100mm×50mm和ϕ100mm×50mm两种试件。其中，表2的未锤击（0次）100mm×50mm试件是从抽筋离心管桩上取芯，PC棒间隔抽走，取芯的1.5m范围内无环筋。

C20～C90强度等级混凝土的显空隙率和电通量　　表1

混凝土强度等级	养护方式	标养28d或压蒸后1d实测强度（MPa）	48h吸水率（显空隙率）（%）	100mm×100mm×50mm试件的电通量C	ϕ100×50mm（抽筋离心管桩取芯）试件的电通量（C）
C20	标护	24.8	6.33	4412	—
C30	标护	34.7	5.80	3315	—
C40	标护	44.7	4.67	3152	—
C50	标护	53.2	3.79	2871	—
C60	标护	64.4	3.11	1598	—
C70	压护	75.4	2.91	1177	929.8
C80	压蒸	86.7	2.33	894.8	699.1
C90	压蒸	95.3	1.97	787.5	621.3

从表2可以看出，管桩出厂时的密实度（电通量）是符合海工要求的（1000以下），锤击620次后就基本不符合要求了，锤击920次、1220次后电通量快速增长，锤击后桩身混凝土劣化情况是不可忽视的。当然本次试验严谨不够，但目前锤击/静压施工完成后PHC管桩桩身混凝土保护层有效性的研究仍处于空白，需要引起重视，要定量表征锤击后混凝土劣化情况还需进一步系统深入研究。

PHC管桩经不同锤击数锤击后的混凝土吸水率及推测电通量　　表2

锤击数（次）	48h吸水率（显空隙率）（%）	推测电通量（C）（立方体试件/圆柱形试件）
0	2.33	实测：894.8 / 699.1
620	2.87	推测：1135 / 895.3
960	3.95	推测：2812 / 2218
1220	5.51	推测：3403 / 2685

注：管桩实体取出的芯样含钢筋无法测电通量，因此我们只能根据吸水法测出的显空隙率，用插值法推测电通量。

（2）误区二：现浇混凝土构件与预制混凝土构件的混凝土保护层有效性混淆。

现在设计界、工程界对现浇混凝土、预制混凝土桩的钢筋保护层同样存在着严重的认识误区，把现浇混凝土与预制混凝土的设计、施工情况混淆，PHC管桩的耐久性设计基本沿用了普通混凝土结构的相关规定，也未完全考虑PHC管桩属于预制构件的情况。而日本标准是根据现浇和预制两个工艺分别对混凝土保护层提出要求。表3、表4分别为日本相关标准中提出的现浇混凝土构件和预制混凝土构件的保护层厚度。

从日本标准可以看出：现浇混凝土钢筋的实际保护层由“保护层厚度35～55mm”＋“施工误差5～15mm”两部分组成，实际厚度达40～70mm。工厂预制的混凝土钢筋的保护层只要求8～20mm，客观反映了现浇工况与工厂工况的不同，一般工厂预制混凝土的等级（强度/密实度）也高于现浇的，其抵抗腐蚀介质的渗入能力和可靠性都高于现浇方式。按混凝土现浇方式采用增加保护层厚度思路设计的厚保护层的PHC管桩反而会适得其反，在锤击/静压施工条件下，保护层越厚，箍筋以内受约束的有效承载面积越小，在同样的锤击/静压桩力度和强度施工后，保护层开裂越严重。对100mm壁厚的PHC管桩采用40～60mm混凝土保护层，锤击/静压施工后，最后一节（收锤）桩，其保护层的护筋作用“名存实亡”，开裂的保护层使腐蚀介质与钢筋零距离接触。

日本土木学会混凝土示方书保护层要求参考值[6]　　表3

分类	最小值c（mm）	施工误差Δc（mm）	保护层要求$c+\Delta c$（mm）
柱	45	15	60
梁	40	10	50
板	35	5	40
桥脚	55	15	70

工厂混凝土制品保护层最小值[6]　　表4

分类		大气中、与水或土直接接触，需要考虑耐久性	与大气隔绝，埋设在其他混凝土之中，不需要考虑耐久性
区分	成型方法		
可更换	振动成型	20mm	10mm
	离心成型	15mm	10mm
不可更换	振动成型	12mm	8mm
	离心成型	9mm	8mm

（3）误区三：外掺阻锈剂可以提高 PHC 管桩的防腐性能。

外掺阻锈剂是混凝土结构中常用的防腐措施之一，但在采用蒸压养护的 PHC 管桩中使用阻锈剂是否仍然有效，还需进一步研究验证。近十年来，苏州科技大学和广东宏基集团公司通过产学研合作，围绕 PHC 管桩的耐腐蚀性能进行了大量研究，主要研究内容如下：

① 研究了无机类、有机类阻锈剂对管桩混凝土的阻锈作用；

② 研究了不同混凝土保护层厚度（25mm 和 45.5mm）对 PHC 管桩中钢筋锈蚀性能的影响；

③ 研究了不同碱度（通过调整水泥用量、掺合料、外加碱和管桩压蒸工艺对改变碱度）情况下，混凝土试钢筋锈蚀性能；

④ 研究了硫酸盐侵蚀环境下，普通混凝土与 C80PHC 混凝土中钢筋锈蚀性能。

图 3～图 5 是我们十多年来研究工作的部分图片与结果，图 3 为研究过程中，钢筋在混凝土中埋置示意图与实物图，图 4 为部分试验过程图，图 5 不同混凝土保护层厚度、不同碱度对 PHC 管桩中钢筋锈蚀性能的影响结果。

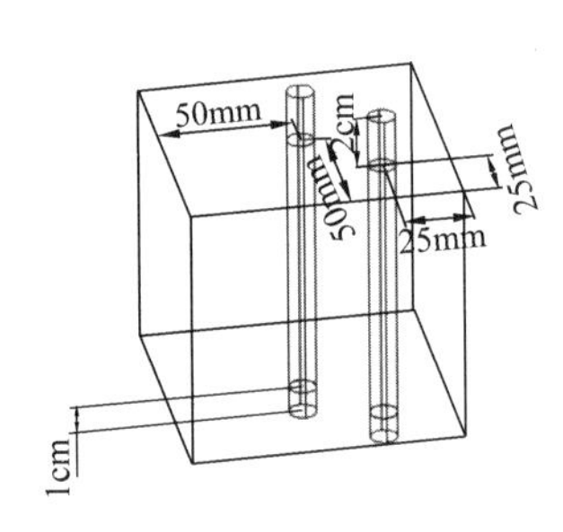

图 3　研究中钢筋混凝土试件示意图与实物图

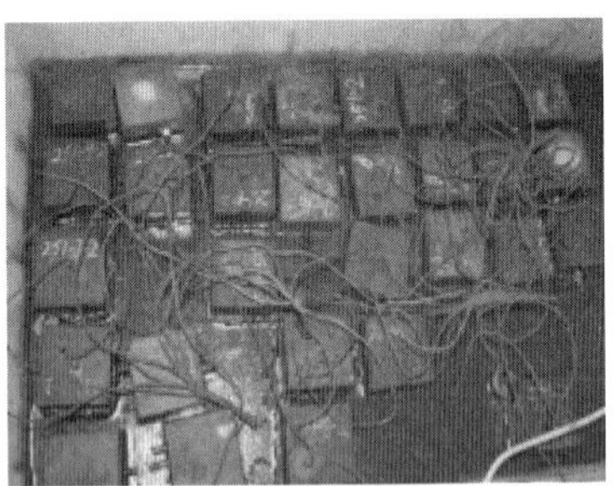
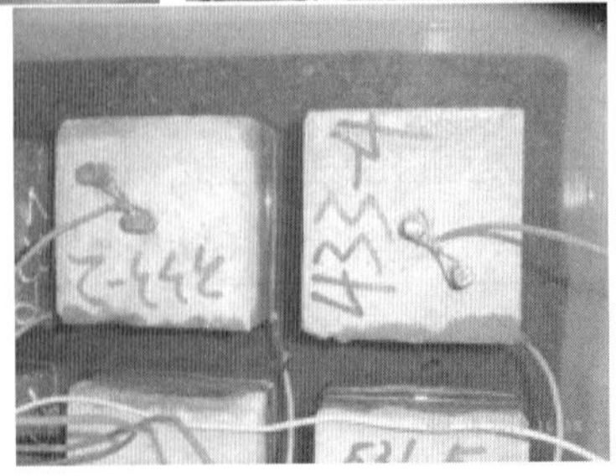

图 4　试验过程图

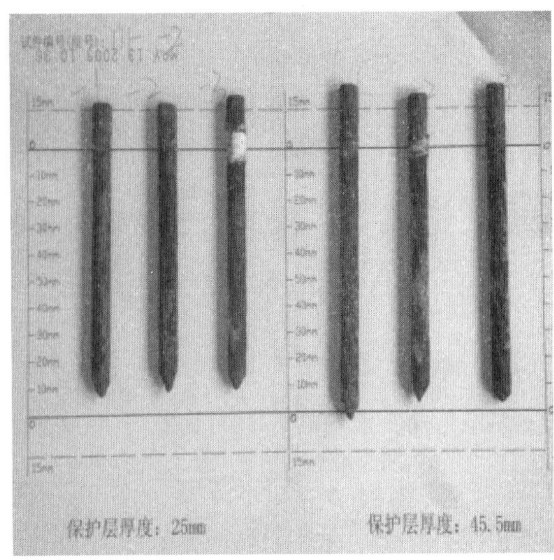

(a)

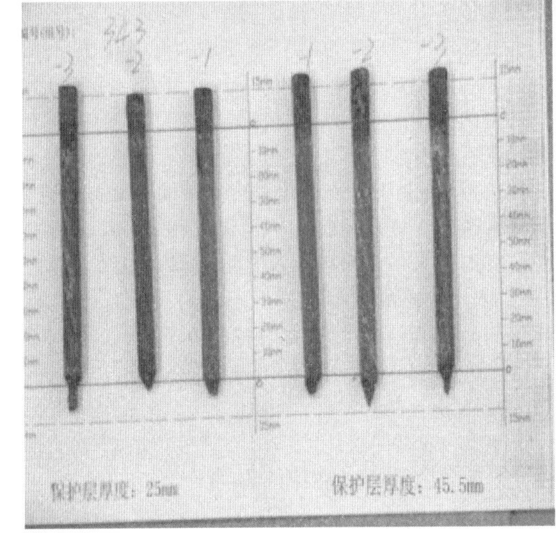

(b)

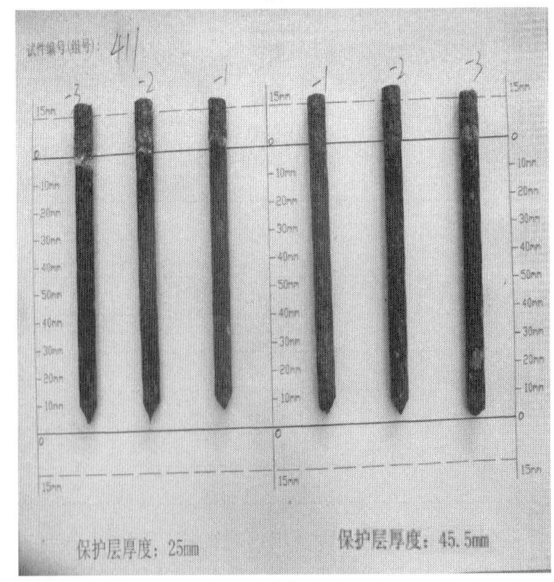

(c)

图 5　不同混凝土保护层厚度、不同碱度对 PHC 管桩中钢筋锈蚀性能的影响结果（一）

（a）掺磨细砂压蒸混凝土的钢筋锈蚀情况；
（b）纯水泥压蒸混凝土的钢筋锈蚀情况；
（c）掺粉煤灰压蒸混凝土的钢筋锈蚀情况

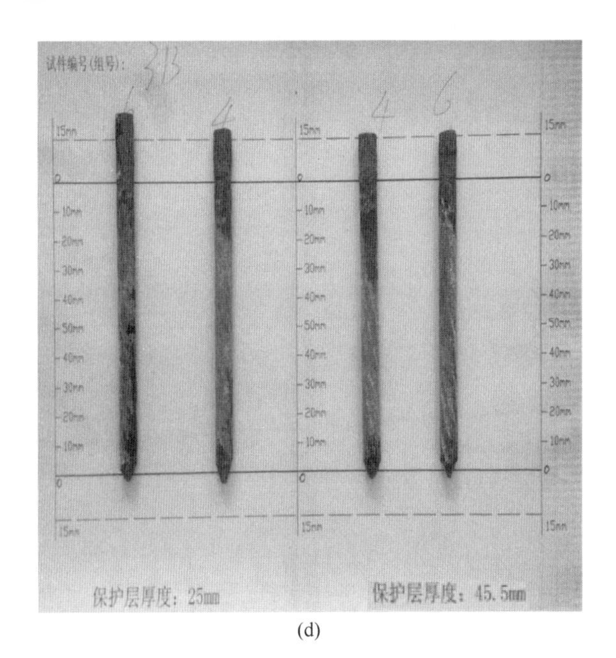

(d)

图5　不同混凝土保护层厚度、不同碱度对PHC管桩中钢筋锈蚀性能的影响结果（二）

(d) 掺磨细矿渣粉压蒸混凝土的钢筋锈蚀情况

经对钢筋锈蚀、碳化、阻锈剂、硫酸盐腐蚀等问题进行研究后，有下列几点体会：

（1）对于钢筋混凝土结构，最好的阻锈剂便是保持混凝土自身碱度。对常规混凝土，亚硝酸与碱度一样，阻锈效果良好，但亚硝酸钠毒性很大；而对于PHC管桩，经蒸压养护后，PHC管桩中的阻锈剂近乎失效。

（2）碳化、硫酸盐腐蚀，并不是对所有混凝土都有害无益。对强度等级低于C35的混凝土，混凝土密实度较低，碳化、硫酸盐腐蚀确定是有害无益；对C60～C90强度等级的高密实度混凝土，碳化、硫酸盐反应可以通过堵塞微细孔而进一步提高混凝土表层区域的密实度且保持其完整性“不胀裂崩溃”，增大有害介质进入钢筋界面及混凝土内部的难度；而对C35～C60强度等级的中等密实度混凝土，利弊并存难定其主流作用。

（3）碱度对混凝土的阻锈性能和抗硫酸盐腐蚀性能的影响是相互矛盾的。混凝土内部（钢筋周边）的pH值控制在11.5～12.4之间，能够比较好地满足海工混凝土钢筋阻锈和抗硫酸盐腐蚀的要求。

总之，海工环境下PHC管桩防腐的关键在于确保沉桩结束后混凝土保护层的完整性，而不是一味地提高混凝土保护层厚度，日本对其使用了50～65年的离心成型的薄壁管桩（保护层厚度15.4～26.3mm）开挖后破开混凝土保护层，其钢筋保护良好，并未锈蚀[5]。这在一定程度上说明PHC管桩只要能保证桩身混凝土保护层完好，即使只有10～20mm的厚度，也可以保障裸身桩能够长久抵抗滨海城市一般腐蚀介质的侵蚀。当前，锤击/静压施工方法对厚度40～60mm的PHC管桩桩身混凝土保护层的摧毁是必然的。

2　海工环境下预制桩基础防腐蚀的综合措施建议

海工环境下的预制桩基础，主要应做好管桩端板接头处的防腐保护问题，要保证桩身保护层的完整性而不必纠集保护层多厚。

若采用锤击/静压施工的，尽量避免使用保护层厚度超过40mm的所谓“耐腐蚀桩”。若采用引孔植桩法施工，其保护层厚薄不限，只要承载力符合要求即可。也可从以下两个角度综合考虑：

（1）对于滨海城市建筑物、道桥的基础，地下水有一定的腐蚀性，但不是海水，此时可采用引孔植桩法施工的普通PHC桩，能够保证桩身混凝土保护层完好性，同时还需注意处理好端头板连接处金属件的后浇混凝土的防腐保护。如果基础承载力不大，施工锤击数较少或静压力较小，也可以用锤击/静压法施工，但端板接头处需要用乙烯基鳞片涂料做防腐处理。

（2）对于直接接触海水的构筑物基础，可采用扩孔植桩法施工，既要保障桩的保护层完好，又要将桩整体埋入混凝土中，桩外侧混凝土厚度不小于100mm，并做填芯处理，填芯混凝土强度等级C40，并需加入无机阻锈剂（如硝酸钙）。若用水泥石灰土代替填充混凝土，则桩侧水泥石灰土的厚度应该在500mm以上，当然桩身外侧的包裹材料也需根据各工程的实际情况进行针对性设计。

3　结论

随着我国海洋战略和沿海滩涂开发的推进，建立在海水腐蚀环境下的实体工程越来越多，PHC管桩耐久性问题也日益突出，现有的PHC管桩耐久性研究较少，人们对其也存在一定误解。本文主要针对当前海工环境下PHC预制桩基础防腐误区进行探讨，并根据PHC管桩应用环境和施工特征，提出海工环境下预制桩基础防腐蚀的综合措施建议，为进一步研究解决耐久性问题奠定了基础。

参考文献：

[1]　张季超，唐孟雄等．预应力混凝土管桩耐久性问题探讨[J]．岩土工程学报，2011，33(S2)：490-493.

[2]　马旭．预应力高强混凝土管桩基础耐久性研究[D]．广州：广州大学，2013.

[3]　金舜，匡红杰，周杰．我国预应力混凝土管桩的发展现状和发展方向[J]．混凝土与水泥制品，2004，(1)：27-29.

[4]　中华人民共和国住房和城乡建设部．混凝土结构设计规范 GB 50010—2010[S]．北京：中国建筑工业出版社，2015.

[5]　张日红．日本离心成型混凝土管桩耐久性能相关研究调查简介[C]//中国硅酸盐学会钢筋混凝土制品专业委员会、中国混凝土与水泥制品协会预制混凝土桩分会2017—2018年度年会暨学术交流会，2018：12-22.

[6]　公益社团法人日本道路協会．“道路橋示方書 同解説 Ⅳ下部構造編”，2017.

扩体桩的作用机制与工程理论

周同和[1]，张　浩[2]，郭院成[2]，张亚沛[2]
（1. 郑州大学综合设计研究院有限公司，河南 郑州 450002；2. 郑州大学，河南 郑州 450001）

摘　要：扩体桩是一种新型而有效的桩基形式，采用长螺旋置换土体灌注扩体材料后植入预制桩的方法，极大拓展了预制桩工程适用条件和应用范围。以水泥砂浆—混凝土预制桩扩体桩为例，通过理论与工程实践分析，揭示了扩体桩的作用机制，提出了该桩型单桩承载力计算方法及计算参数。结果表明，混凝土预制桩与扩体材料之间具有足够的剪切强度保证两者的共同作用，桩土相互作用界面由传统预制桩相对光滑的“混凝土—土”界面转变为“包裹材料—土”粘结强度界面；扩体材料对内部预制桩的桩端阻力具有约束增强作用；针对不同工艺和扩体材料特点，需考虑扩体组合桩侧阻力和桩端阻力的发挥进行单桩承载力计算；通过试验和数值分析，验证模型和理论方法的可行性。研究成果可供工程设计参考。

关键词：扩体桩；作用机制；承载力；侧阻力系数

0　引言

近年来，基础设施建设发展速度快、建设规模大、营建标准高，对地基基础提出了更为严格的安全、经济、绿色、环保的要求。钻孔灌注桩、预制桩等传统桩型虽然广泛应用于各领域的基础工程中，但其自身缺陷带来的诸多问题亦不容忽视。例如：钻孔灌注桩存在成桩工艺复杂、质量控制要求高和工程造价高等缺点，尤其采用泥浆护壁工艺时泥浆外运的环境问题直接限制其推广应用；预制桩超越硬土层困难，易引起爆桩，且作为一种挤土桩，其对周围土体的扰动问题，以及施工中易引起已压入桩的上浮、偏移和翘曲等问题不容忽视。

扩体桩作为一种新的桩基类型，由混凝土预制桩外包裹水泥土混合料、水泥砂浆混合料、低强度等级混凝土等固结体而组成[1]，如图 1 所示。预制桩与外包裹固结体共同承担上部荷载，具有较高的单桩承载力、良好的抗渗性和经济环保等优势，可应用于桩基工程、基坑支护、软土地基处理等领域，受到了工程界和学术界的广泛关注。

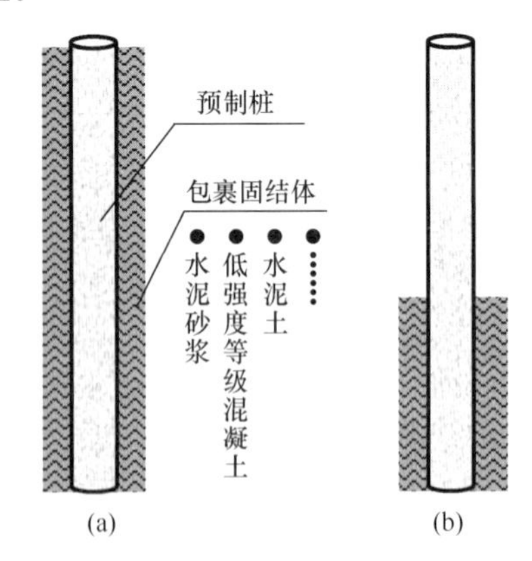

图 1　扩体组合桩示意图
（a）全长扩体型；（b）下部扩体型

广义上的扩体桩包含了已有的混凝土芯水泥土搅拌桩[2-4]、劲性搅拌桩[5,6]、高喷插芯组合桩[7,8]等水泥土复合桩型，其结构特点与 SWM 工法型钢水泥搅拌桩、日本肋型钢管水泥土桩及欧美 Pin Pile 也较为相似[9]。自 20 世纪 70 年代日本首次研发应用 SWM 工法型钢水泥土搅拌桩以来，国内外对此类在水泥土搅拌桩中插设混凝土桩或型钢的组合截面桩开展了大量的理论、试验和数值模拟研究[2-11]。研究成果表明：（1）内芯混凝土桩是主要承载构件，内芯混凝土桩与外包水泥土界面通常具有足够的剪切强度将荷载有效的传递到桩周土体中[5,7,8,10,12]；（2）水泥土复合桩桩土界面侧摩阻力普遍比混凝土桩土界面摩阻力高[3,5]；（3）内芯混凝土桩与外包水泥土几何尺寸组合中，混凝土桩长度的影响效应高于其横截面积的尺寸效应；且外包水泥土强度对组合桩承载性能和破坏模式影响显著[10]。

已有的水泥土复合桩通过内芯混凝土桩和外包水泥土的协配工作可较好的发挥刚性混凝土的承载力和水泥土对桩周土体的加固效应。然而，受搅拌工法（干喷、湿喷）和高压旋喷工法的限制，此类组合桩多适用于相对软弱的软土地基，对硬黏土层、密实砂土层地基则成桩困难。周同和等[13,14]通过引入长螺旋压灌浆工艺和取土喷射搅拌扩孔（机械扩孔）工艺，研发了扩体桩（以水泥砂浆—混凝土预制桩为典型代表）的全置换植入法的施工工艺（图 2），并进一步提高外围包裹材料的强度（不小于 10MPa），将扩体桩应用于饱和软黏土等不宜直接采用预制桩的土层，以及硬黏土、密实粉土、密实砂土、卵石等直接采用预制桩施工较为困难的土层，拓展了组合截面桩的工程应用领域。

目前，既有研究成果多集中于采用深层搅拌法或高压旋喷法形成的就地搅拌水泥土桩中插入预制桩的水泥土组合桩。为了进一步促进组合桩的应用，完善并发展组合桩的工程应用理论，本文针对长螺旋压灌浆工艺下桩截面材料相对均一、扩体材料强度相对较高（不小于 10 MPa）的扩体组合桩开展作用机理分析，提出其抗压承载力理论模型及计算参数，并通过现场试验与数值分析验证计算方法的可行性，为其在工程中的推广应用提供科学依据。

基金项目：国家自然科学基金项目（51608490）；河南省高等学校重点科研项目（16A560009）。

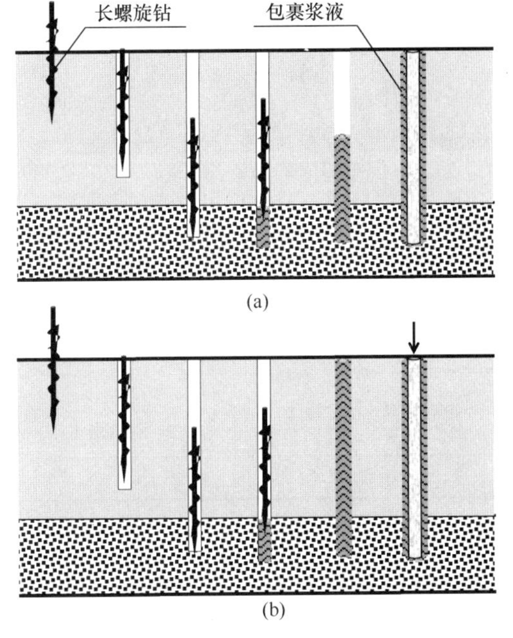

图 2 长螺旋压灌扩体材料后植入成桩工艺

(a) 非全长压灌法；(b) 全长压灌法

1 作用机理

扩体桩采用长螺旋成孔后压灌水泥砂浆混合料或低强度等级混凝土，然后静压、锤击打入或高频振动插入预制混凝土桩的施工工艺，具有施工速度快、经济、绿色环保等优点，可以更好发挥预制桩良好的承载性能，极大的拓展其工程应用范围。施工中，扩体材料为预制桩植桩提供了良好的施工条件，降低桩身损伤程度；受荷工作时，包裹在预制桩周围的扩体材料不仅对桩身混凝土具有约束作用，而且可进一步增强扩体桩的桩侧阻力和桩端阻力。

1.1 桩侧作用机制

扩体桩具有预制桩—包裹材料和包裹材料—周围土体两个相互作用界面。在上部荷载作用下，刚性预制桩首先承担了较大部分的荷载，并通过剪应力的形式传递给包裹材料，然后包裹材料通过与土体的相互作用再将荷载传递至周围土体。已有水泥土组合桩试验研究表明，当水泥土达到某一强度 f_{cu}时，芯桩与水泥土之间的极限侧摩阻力值至少可以达到 $0.194f_{cu}$，而实际工程中水泥土组合桩与周围土的极限侧摩阻力约 50kPa，小于芯桩与水泥土之间的剪切强度。因此，可认为芯桩与包裹材料（水泥土）共同作用。Wonglert 等[10]通过模型桩和数值模拟也得出了类似的结论：当芯桩周围水泥土强度较大时（>0.69MPa），剪切塑性区主要出现在水泥土周围土体和芯桩桩端处，如图 3 所示。本文所涉及扩体桩的包裹材料强度不小于 10MPa，预制桩与包裹材料的剪切强度更大，两者共同作用效应更为显著。

由此可见，在扩体桩的荷载传递中，包裹材料的存在实质上是将传统预制桩相对光滑的“混凝土—土”相互作用界面转变为“包裹材料—土”相互作用界面，该工况下桩侧阻力则由剪切滑移摩阻力转变为“包裹材料—土”界面的粘结强度，如图 4 所示。

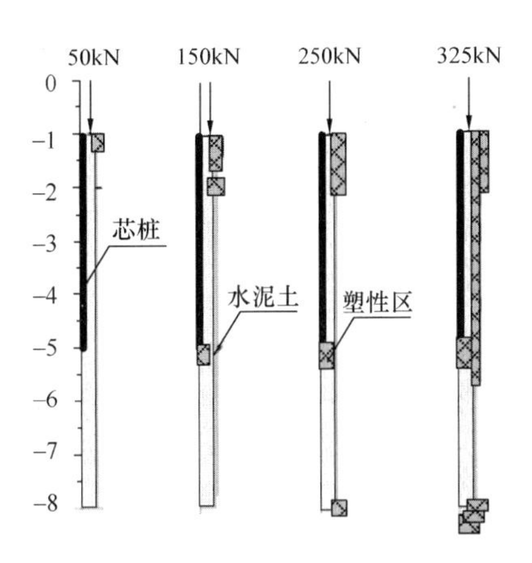

图 3 组合截面桩塑性区开展[10]

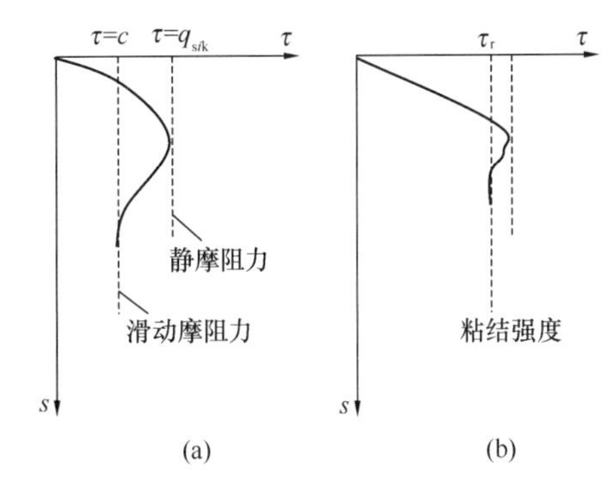

图 4 组合截面桩界面强度示意图

(a)“混凝土—土”界面；(b)“包裹材料—土”界面

同时，针对此类扩体组合桩，由于预制混凝土桩的植入（或锤击，或高频振动插入）而存在一定的挤密效应[15]，使得包裹材料和桩周土在一定程度上被挤密，部分包裹材料渗入桩周土体当中，桩土界面粘结强度进一步增强，桩土界面侧阻力增大。

1.2 桩端作用机制

扩体桩中包裹材料对桩端阻力具有增强作用。如图 5 所示，预制桩与包裹材料的共同作用，不仅可将包裹材料的横截面积视为增加了桩端持力面积；而且随着桩顶荷

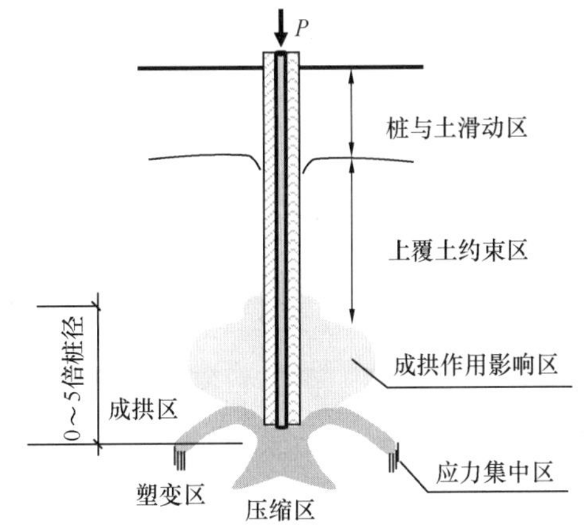

图 5 扩体组合桩桩端作用机制

载的增大，桩端荷载逐渐增大，持力层塑性区逐渐开展，而包裹材料的存在对桩端土塑性区的开展还具有一定的约束，因此对桩端阻力的发挥具有增强作用。同时，随着桩端土塑性区的开展，桩端0～5倍桩径范围会形成“土拱效应”，进而对桩端附近侧摩阻力具有较大的增强作用。

2 设计计算方法

2.1 单桩承载力计算

基于上述作用机理，并结合大量试桩和工程经验统计分析，考虑成桩工艺的影响，提出了扩体桩单桩承载力的计算方法。

(1) 全置换方法形成包裹材料，$A_D \geqslant 2A_p$ 或预制桩采用高频振动植入时，桩端阻力计算采用组合截面，考虑包裹材料压缩模量小于预制桩，需对桩端阻力进行折减。

$$Q_{uk} = \pi D \sum \beta_{si} q_{sik} l_i + \beta_p A_D q_{pk} \quad (1)$$

(2) 当包裹材料厚度较小 ($A_D < 2A_p$)，或预制桩桩端穿越包裹材料底部时，桩端阻力采用预制桩截面计算，且无需对桩端阻力进行折减。

$$Q_{uk} = \pi D \sum \beta_{si} q_{sik} l_i + A_p q_{pk} \quad (2)$$

(3) 就地搅拌（深层搅拌水泥土、双向搅拌、高压喷射搅拌、MJS等方法）形成的包裹材料，考虑桩身强度、直径等可能随土层发生变化，侧阻力估算时采用组合桩平均直径；考虑桩端可能形成低强度水泥土，桩端阻力计算采用预制桩桩端面积。

$$Q_{uk} = \pi \sum \bar{D}_i \beta_{si} q_{sik} l_i + \beta_p A_D q_{pk} \quad (3)$$

式中，D、$\bar{D}_i$ 分别为扩体组合桩直径、直径平均值；l_i 为桩长范围内第 i 土层厚度；A_D 为桩底组合截面截面积；A_p 为预制桩截面积；q_{sik} 为第 i 土层极限侧阻力标准值；q_{pk} 为桩端阻力极限值，可根据标贯击数按《高层建筑岩土工程勘察标准》JGJ/T 72确定；β_{si} 为第 i 土层侧阻力系数，可按表1中经验取值；β_p 为桩端阻力发挥系数，可按式(4)计算选取：

$$\beta_p = \frac{E_p A_p + E_s (A_D - A_p)}{E_p A_D} \quad (4)$$

其中，E_p 为预制桩弹性模量；E_s 为包裹材料弹性模量，水泥土可取无侧限抗压强度的100倍。

桩侧阻力系数　　表1

土类	淤泥 淤泥质土	黏性土粉土	粉砂细砂	中砂
β_{sj}	1.0～1.1	1.2～1.5	1.3～1.6	1.4～1.7
土类	粗砂砾砂	砾石卵石	全风化岩 强风化岩	
β_{sj}	1.6～2.0	2.0～2.5	1.2～1.5	

2.2 桩身强度验算

包裹材料采用水泥浆、水泥浆混合料、水泥砂浆混合料，芯桩为混凝土桩时，可仅考虑芯桩作用。包裹材料采用混凝土时，可按组合截面计算桩身承载力。组合截面桩身强度验算，宜按下式进行：

$$Q \leqslant \varphi_1 A_{p1} f_{c1} + \varphi_2 A_{p2} f_{c2} \quad (5)$$

式中，f_{c1}、f_{c2} 分别为桩身两种混凝土轴心抗压强度设计值，按现行国家标准《混凝土结构设计规范》GB 50010取值；A_{p1}、A_{p2} 分别为芯桩与外围混凝土桩身横截面积；φ_1、φ_2 为与成桩工艺、工作条件相关的系数，采用长螺旋旋挖方法时取0.70～0.85。

3 工程案例

3.1 工程概况

郑州市农投国际中心项目场地位于郑东新区龙湖区域，场地土层分布及物理力学指标如表2所示。

土层主要物理力学指标　　表2

层号	土层名称	平均层厚(m)	含水率(%)	孔隙比	塑性指数	锥尖阻力(MPa)	侧壁摩阻力(kPa)	标贯击数(击)
①	粉土	1.4	21.1	0.944	8.6	1.76	30.50	6
②	粉质黏土	1.3	24.3	0.835	13.1	0.65	19.61	4
③	粉土	0.8	22.0	0.861	8.5	1.34	27.35	5
④	粉质黏土	2.3	26.3	0.853	13.5	0.71	19.73	4
⑤	粉质黏土	2.2	25.3	0.753	14.1	0.92	27.80	4
⑤$_1$	粉土	0.5	21.1	0.770	8.4	3.46	39.09	—
⑥	粉土	2.4	21.3	0.786	8.0	4.33	67.01	12
⑦	淤泥质粉质黏土	2.6	34.7	1.017	13.4	0.80	15.00	4
⑧	粉土	1.5	20.1	0.659	8.3	3.83	93.80	12
⑨	粉砂	7.2	—	—	—	18.87	173.25	36
⑩	细砂	6.6	—	—	—	—	—	49

项目包括场地内1栋10F办公楼（地下3层，与整体地下车库相连），1栋2F裙房（地下3层，与整体地下车库相连），3层整体地下车库。经分析比较，基础形式采用组合截面复合桩基础，其中主楼采用桩长12m、直径900mm的全长扩体组合桩，芯桩PHC管桩直径600mm，外围包裹水泥砂浆厚150mm；裙房采用桩长12m的下部扩体组合截面桩，下部扩体段直径800mm，芯桩PHC管桩直径400mm，扩体段外围包裹水泥砂浆厚200mm。成桩采用长螺旋引孔喷射注浆后植桩工艺。全长扩体段包裹材料采用水泥砂浆混合料，配比如表3所示，设计强度15MPa。下部扩体桩水泥土设计强度10MPa。

水泥砂浆混合料配合比（kg/m³）　表3

水泥	砂	粉煤灰	水
200～300	1200～1300	100	250～300

3.2 现场载荷试验

为了校验扩体桩的竖向承载性能，现场进行了2组（主楼3根、裙房3根）单桩抗压静载试验。试验严格按照《建筑基桩检测技术规范》JGJ 106—2014和《建筑桩基技术规范》JGJ 94—2008进行，采用慢速维持荷载法。

试验测得主楼3根桩（ZL-1、ZL-2和ZL-3）的荷载-沉降曲线如图6（a）所示，其中ZL-2号桩桩头出现压坏现象；裙楼3根桩（QL-1、QL-2和QL-3）的荷载-沉降曲线如图6（b）所示。

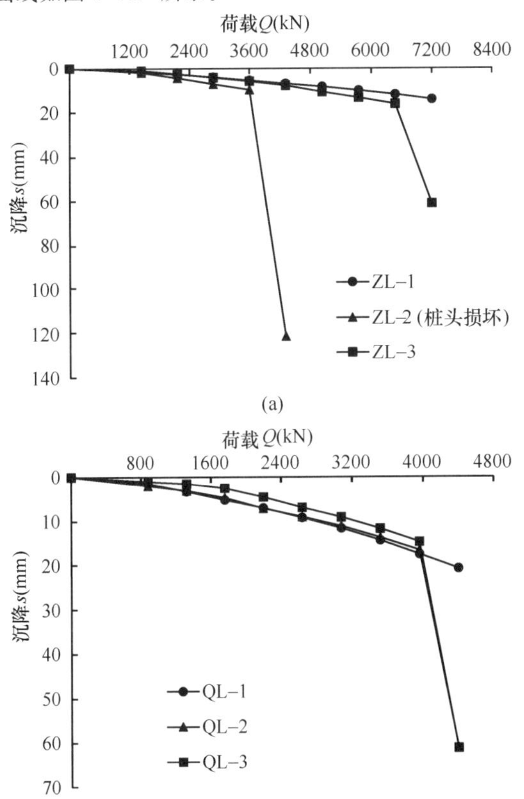

图6　荷载-沉降（Q-s）曲线
（a）主楼试桩（PHC600～900）；
（b）裙房试桩（PHC400～800）

根据试验所得的Q-s曲线综合判定试验桩的极限承载力，其中主楼ZL-1号桩最大加载荷载7200kN时，并未出现破坏现象，对应沉降14.19mm；ZL-3号桩由于荷载7200kN时，本级沉降是上级沉降的5倍，判断其破坏，取破坏荷载的上级即6480 kN为其极限承载力，对应沉降16.28mm。裙楼QL-1号桩最大加载荷载4400kN时，并未出现破坏现象，对应沉降20.76mm；QL-2号桩和QL-3号桩于荷载4400kN时，本级沉降是上级沉降的5倍，判断其破坏，取破坏荷载的上级即3960kN为其极限承载力，对应沉降分别为16.63mm、14.75mm。单桩承载力特征值下的沉降仅为5mm左右，可以看出扩体预制桩有较高的承载力和较小的沉降。

采用本文单桩承载力估算方法对现场试验桩进行计算，其中考虑包裹材料水泥砂浆对扩体预制桩侧摩阻力和桩端阻力的影响，桩侧阻力系数和桩端阻力发挥系数根据本文表1结合工程经验选取。两组基桩采用公式（1）计算的结果分别为试验值的96.7%和97.4%，说明试验条件下，采用本文方法进行扩体预制桩承载力估算基本可行。

抗压承载力结果对比（kN）　表4

试验结果				本文方法	误差
ZL-1	ZL-2	ZL-3	平均值		
7200	—	6480	6840	6621.7	3%
试验结果				本文方法	误差
QL-1	QL-2	QL-3	平均值		
4400	3960	3960	4106.7	4000.2	2.6%

3.3 有限元模拟

以该项目主楼扩体桩（PHC600～900）静载试验为原型，采用Abaqus有限元软件建立数值模型，考虑桩身荷载影响范围，建立深度方向60m（$>3L$）、水平方向半径20m（$>10d$）的三维圆柱体模型。数值分析中PHC管桩、外包水泥砂浆及承压钢板均按线弹性体考虑，桩周土体为弹塑性体，屈服准则符合Mohr-Coulomb准则。为简化模型结合现场地质情况将计算模型范围内土层简化为上部粉土和下部砂土，土层及其他材料参数见表5。

材料参数　表5

名称	弹性模量（MPa）	泊松比	内摩擦角（°）	黏聚力（kPa）
粉土/粉砂	30	0.3	20	10
砂土	80	0.2	40	5
管桩	40000	0.15		
水泥砂浆	10000	0.15		
载荷板	300000	0.2		

单元划分时，受荷应力比较集中的PHC管桩、外包的水泥砂浆及其下部土体的网格相对较密，周围土体网格相对稀疏，有限元计算网格划分如图7所示。数值计算结果与现场实测结果的对比如图8所示，各级荷载作用下沉降量的发展趋势与实测值较为一致。

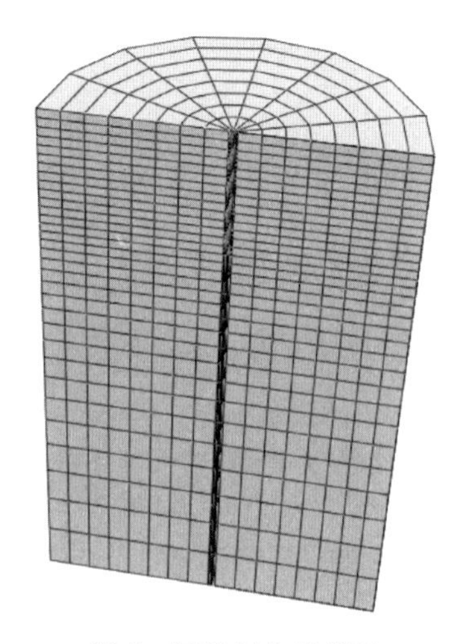

图 7　网格划分示意图

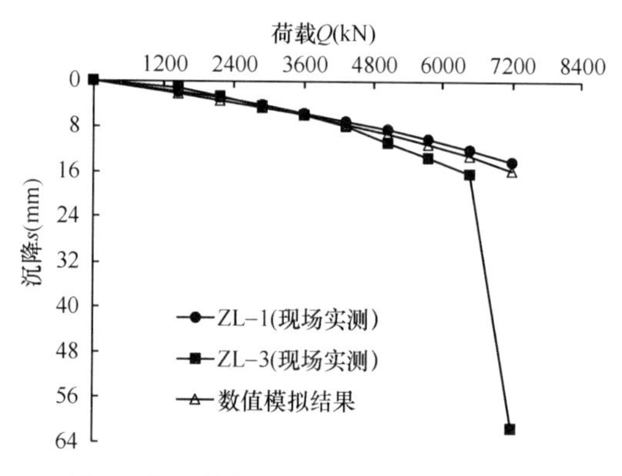

图 8　各级荷载下计算的 Q-s 曲线（ZL）

基于此，利用数值模型分析扩体预制桩的竖向承载机制，图 9 和图 10 分别是各级荷载作用下不同深度处 PHC 管桩和外部水泥砂浆的轴向力分布曲线。可以看出，PHC 管桩的轴向力分布沿桩身埋深呈降低趋势，但上部减小趋势并不明显，接近桩端附近，桩身轴力急剧减小；而水泥砂浆扩体轴向力沿深度呈近乎线性降低，随着上部荷载的增加，该减小趋势明显，但至桩端附近又呈现出急剧增加的变化趋势。

高刚度的 PHC 管桩在相对较高强度（15～20MPa）

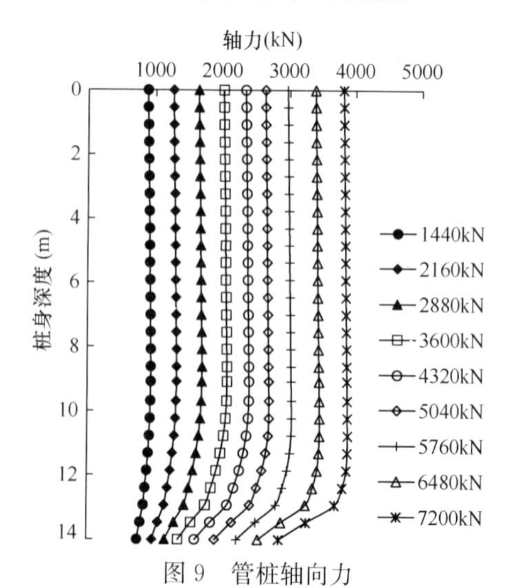

图 9　管桩轴向力

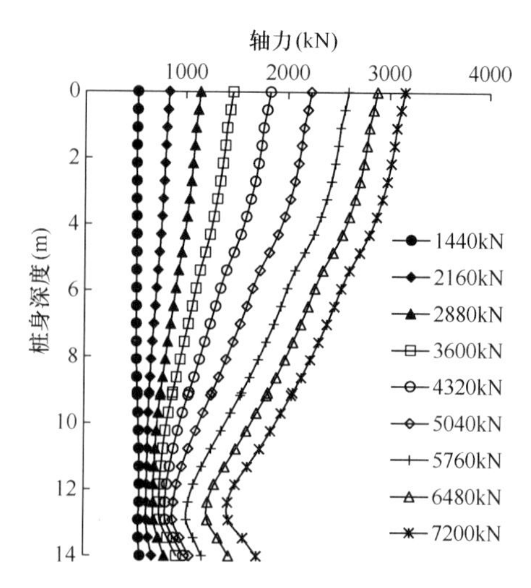

图 10　水泥砂浆轴向力

水泥砂浆的包裹作用下，在加载初期即可将上部荷载向深部传递，加之两者之间的剪切强度较高，两者呈现出共同作用的受力变形特征，PHC 管桩轴力通过与水泥砂浆包裹层的共同作用，将荷载有效的传递至周围土层中，表明较高强度包裹材料的设置可以将传统预制桩相对光滑的“混凝土—土”相互作用界面转移至“包裹材料—土”的粘结强度界面。

在桩端附近，由于管桩应力水平较高，桩端变形相对较大，其与水泥砂浆包裹层的相对位移的趋势明显，因此荷载由管桩向水泥砂浆包裹层的传递效果增大，管桩桩身应力急剧减小，而水泥砂浆应力急剧增大，进一步验证了包裹材料对桩端阻力增大效应的作用机制。

4　结语

长螺旋引孔压灌浆工艺的引入和包裹材料强度的进一步提高，极大拓展了预制桩的工程应用范围。本文针对扩体预制桩的作用机制和工程实践理论开展了研究，主要结论：

（1）扩体桩中刚性预制桩与包裹材料具有共同作用强的特点，包裹材料不仅可以将预制桩荷载有效转移至周围土体，而且对桩端阻力发挥也有增强作用；

（2）考虑包裹材料对预制桩侧阻力和桩端阻力的增强效应，根据不同工艺和扩体材料与预制桩组合特点，建立扩体预制桩单桩承载力的估算方法；

（3）扩体桩桩侧阻力系数和桩端阻力发挥系数的选取与桩身组合结构形式、土层条件、包裹材料性能、施工工艺等条件相关，仍有待进一步的研究和更多工程经验的积累。

参考文献：

[1]　郑州大学综合设计研究院有限公司，等．根固混凝土桩技术规程[S]. 2019.

[2]　Dong P, Qin R, Chen Z Z. Bearing capacity and settlement of concrete-cored DCM pile in soft ground[J]. Geotechnical and Geological Engineering, 2004, 22(1): 105-119.

[3]　李俊才，邓亚光，宋桂华，等．素混凝土劲性水泥土复合桩

承载机制分析[J]. 岩土力学，2009，30(1)：181-185.

[4] 张永刚，李俊才，邓亚光，等．管桩水泥土复合桩挤土效应现场试验[J]. 地下空间与工程学报，2015，11(3)：601-606.

[5] 丁永君，李进军，刘峨，等．劲性搅拌桩的荷载传递规律[J]. 天津大学学报，2010，43(6)：530-536.

[6] 钱于军，许智伟，邓亚光，等．劲性复合桩的工程应用与试验分析[J]. 岩土工程学报，2013，35(z2)：998-1001.

[7] 刘汉龙，任连伟，郑浩，等．高喷插芯组合桩荷载传递机制足尺模型试验研究[J]. 岩土力学，2010，31(5)：1395-1401.

[8] 任连伟，刘希亮，王光勇，等．高喷插芯组合单桩荷载传递简化计算分析[J]. 岩石力学与工程学报，2010，29(6)：1279-1287.

[9] Xanthakos P P，Abramson L W，Bruce D A. Ground Control and Improvement[M]. New York：John Wiley and Sons，Inc，1994.

[10] Wonglert A，Jongpradist P. Impact of reinforced core on performance and failure behavior of stiffened deep cement mixing piles[J]. Computers and Geotechnics，2015，69：93-104.

[11] Raongiant W，Meng J. Field testing of stiffened deep cement mixing piles under lateral cyclic loading[J]. Earthquake Engineering and Engineering Vibration，2013，12(2)：261-265.

[12] Wang A，Zhang D，Deng Y. Lateral response of single piles in cement-improved soil：numerical and theoretical investigation[J]. Computers and Geotechnics，2018，102：164-178.

[13] 周同和，宋进京，高伟，等．一种水泥砂浆复合桩的施工方法：中国，CN201810338681.0[P]. 2018-09-07.

[14] 周同和，宋进京，高伟，等．一种取土喷射搅拌水泥土桩施工方法：中国，CN20180440490.5[P]. 2018-09-18.

[15] 张石友，孙海建，赵自文．混凝土芯桩水泥土搅拌桩复合地基现场试验研究[J]. 地下空间与工程学报，2016，12(6)：1702-1709.

本文已被“地下空间与工程学报”录用，拟于2021年内刊登。

周期排桩在高铁中的隔振性能研究

陈晓斌[1,2]，唐　豪[1]
（1. 中南大学土木工程学院，湖南 长沙 410083；2. 重载铁路工程结构教育部重点实验室，湖南 长沙 410075）

摘　要：排桩屏障是在高铁振动传播路径上设置的一种重要隔振手段，基于周期性原理，对排桩进行合理设计，能极大地减弱振动波的传播。本文利用有限元软件COMSOL multiphysics计算了三维周期性排桩的复频散曲线，讨论了土体密度、弹性模量、排桩密度和弹性模量对衰减域的影响。结果表明：土体密度的增加会减小衰减域范围，降低振动衰减的程度；土体弹性模量的增加总体上会增加衰减域范围，减振程度先降低后增加，到35MPa之后基本保持不变；排桩密度的增加会增大衰减域范围，提高减振程度；排桩弹性模量在150MPa程度的范围内变化时对衰减域基本没有影响。

关键词：高速铁路振动；声子晶体；隔振性能；数值模拟；带隙特性

0　引言

近年来，随着我国高速铁路建设的加快，高速列车所引发的环境振动已成为土木工程和环境工程领域的一个特别关注的问题。目前采用的减振措施主要从振源、敏感目标和振动传播路径三个方向出发，在振源上隔振主要采用设置减振轨道的方法，在敏感目标上隔振主要是在建筑物上设置隔振装置，但当轨道已经铺设完成或建筑物已经建成，难以施工减振装置时，在振动传播路径上设隔振屏障成为一种必要的隔振手段[1-3]。有学者[4-6]对高速列车引起的地面振动频率进行了研究，发现地面振动频率主要集中在50Hz以下，因此，在振动传播途径上主要对0～50Hz频率的振动波进行隔离。

周期排桩由于具有衰减域特性于近年被引入减振工程中，位于衰减域内的振动波会得到很大的衰减。本文针对高铁振动特征频率，计算了三维周期排桩的复频散曲线，研究了土体密度、排桩密度和弹性模量对周期排桩衰减域的影响，期望研究结果能为高速铁路的排桩隔振设计提供参考。

1　周期排桩衰减域计算

1.1　周期性边界

周期介质中的波动物理场 $u(r)$ 可以写成式（1）和式（2）的形式：

$$u(r)=e^{i(k-r)}u_{k}(r) \tag{1}$$

$$u_{k}(r)=u_{k}(r+R) \tag{2}$$

式中，$i=\sqrt{-1}$；k 为第一布里渊区内的波矢；r 为位置矢量；$u_{k}(r)$ 是与正格子周期性相同的周期函数；R 为平移矢量。

对于周期排桩，可取周期结构中的一个原胞，在边界施加周期性边界条件，即可模拟无限周期的结构，如图1所示。

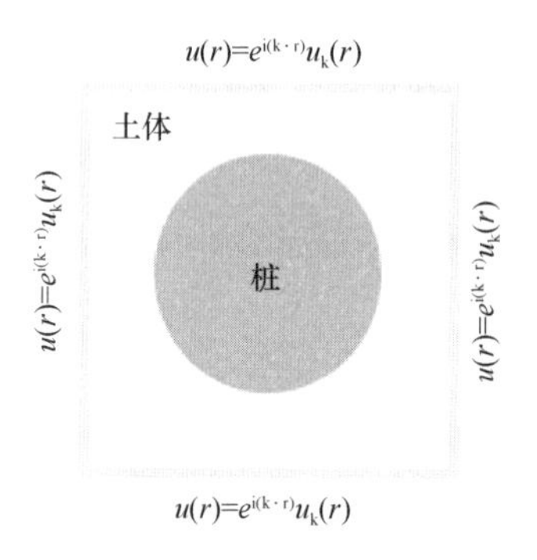

图1　周期排桩结构原胞模型

1.2　COMSOL PDE模块系数求解

在线弹性、无阻尼、各向同性的介质中弹性波动方程为：

$$\nabla\{(\lambda(r)+2\mu(r))(\nabla\cdot u)-\nabla\times[\mu(r)\nabla\times u]\}=\rho(r)\omega^{2} \tag{3}$$

式中，$\nabla=\left[\frac{\partial}{\partial x},\frac{\partial}{\partial y},\frac{\partial}{\partial z}\right]$ 为微分算子；λ、μ、ρ 为Lame常数及介质密度；$u=[u_{x},u_{y},y_{z}]$ 为位移矢量；ω 为入射波圆频率。

COMSOL PDE模块中的系数型偏微分控制方程为：

$$\Lambda^{2}e_{a}u-\Lambda d_{a}u+\nabla\cdot(-c\nabla u-\alpha u+\gamma)+\beta\cdot\nabla u+\alpha u=f \tag{4}$$

式中，Λ 为特征值；e_{a}、d_{a}、c、α、γ、β、α 均为根据控制方程确定的系数；f 为根据边界条件确定的表达式。

当求解周期排桩复频散曲线时，令 $\Lambda=-ik$，由于排桩在 z 方向上不具有周期性，因此 $k_{z}=0$，同时 $k_{x}=k\cos\theta$，$k_{y}=k\sin\theta$，其中 θ 为波矢与 X 轴的夹角。将方程（3）进行一定的变换并与方程（4）进行对比，得到偏微分方程（4）的非零系数矩阵分别为：

$$\theta_{x}=\begin{bmatrix}-(\lambda+2\mu)\cos^{2}\theta-u\sin\theta & -(\lambda+\mu)\sin\theta\cos\theta & 0\\ -(\lambda+\mu)\cos\theta\sin\theta & -(\lambda+2\mu)\sin^{2}\theta-\mu\cos^{2}\theta & 0\\ 0 & 0 & -\mu\cos^{2}\theta-\mu\sin^{2}\theta\end{bmatrix}$$

$$c=\begin{bmatrix}\begin{pmatrix}\lambda+2\mu&0&0\\0&\mu&0\\0&0&\mu\end{pmatrix} & \begin{pmatrix}0&\lambda&0\\\mu&0&0\\0&0&0\end{pmatrix} & \begin{pmatrix}0&0&\lambda\\0&0&0\\\mu&0&0\end{pmatrix}\\ \begin{pmatrix}0&\mu&0\\\lambda&0&0\\0&0&0\end{pmatrix} & \begin{pmatrix}\mu&0&0\\0&\lambda+2\mu&0\\0&0&\mu\end{pmatrix} & \begin{pmatrix}0&0&0\\0&0&\lambda\\0&\mu&0\end{pmatrix}\\ \begin{pmatrix}0&0&\mu\\0&0&0\\\lambda&0&0\end{pmatrix} & \begin{pmatrix}0&0&0\\0&0&\mu\\0&\lambda&0\end{pmatrix} & \begin{pmatrix}\mu&0&0\\0&\mu&0\\0&0&\lambda+2\mu\end{pmatrix}\end{bmatrix}$$

$$\alpha=\begin{bmatrix}\begin{pmatrix}-(\lambda+2\mu)\Lambda\cos\theta\\-\mu\Lambda\sin\theta\\0\end{pmatrix}&\begin{pmatrix}-\lambda\Lambda\sin\theta\\-\mu\Lambda\cos\theta\\0\end{pmatrix}&\begin{pmatrix}0\\0\\-\mu\Lambda\cos\theta\end{pmatrix}\\\begin{pmatrix}-\mu\Lambda\sin\theta\\-\lambda\Lambda\cos\theta\\0\end{pmatrix}&\begin{pmatrix}-\mu\Lambda\cos\theta\\-(\lambda+2\mu)\Lambda\cos\theta\\0\end{pmatrix}&\begin{pmatrix}0\\0\\-\mu\Lambda\sin\theta\end{pmatrix}\\\begin{pmatrix}0\\0\\-\lambda\Lambda\cos\theta\end{pmatrix}&\begin{pmatrix}0\\0\\-\lambda\Lambda\sin\theta\end{pmatrix}&\begin{pmatrix}-\mu\Lambda\cos\theta\\-\mu\Lambda\sin\theta\\0\end{pmatrix}\end{bmatrix}$$

$$\beta=\begin{bmatrix}\begin{pmatrix}(\lambda+2\mu)\Lambda\cos\theta\\\mu\Lambda\sin\theta\\0\end{pmatrix}&\begin{pmatrix}\mu\Lambda\sin\theta\\\lambda\Lambda\cos\theta\\0\end{pmatrix}&\begin{pmatrix}0\\0\\\lambda\Lambda\cos\theta\end{pmatrix}\\\begin{pmatrix}\lambda\Lambda\sin\theta\\\mu\Lambda\cos\theta\\0\end{pmatrix}&\begin{pmatrix}\mu\Lambda\cos\theta\\(\lambda+2\mu)\Lambda\cos\theta\\0\end{pmatrix}&\begin{pmatrix}0\\0\\\lambda\Lambda\sin\theta\end{pmatrix}\\\begin{pmatrix}0\\0\\\mu\Lambda\cos\theta\end{pmatrix}&\begin{pmatrix}0\\0\\\mu\Lambda\sin\theta\end{pmatrix}&\begin{pmatrix}\mu\Lambda\cos\theta\\\mu\Lambda\sin\theta\\0\end{pmatrix}\end{bmatrix}$$

$$a=\begin{bmatrix}-\rho\omega^2&0&0\\0&-\rho\omega^2&0\\0&0&-\rho\omega^2\end{bmatrix}$$

将上述确定的PDE系数输入软件中，将频率取遍所需要计算的范围，即可得到每一频率对应的波矢实部和虚部，从而得到三维周期排桩的复频散曲线。

2 影响性因素分析

2.1 计算方案

假定桩、土均为各向同性的线弹性材料，且桩土界面位移、应力连续，建立计算模型。为了研究不同土体密度、弹性模量和不同排桩密度、弹性模量对衰减域的影响，设置了23种排桩类型。在土体密度和弹性模量中，考虑了土体密度在1500kg/m³到2100kg/m³之间变化，土体弹性模量在5MPa到65MPa之间变化的情况，此时排桩排布形式为三角形排布，桩长为6m，半径为0.65m，原胞晶格常数为2m，设置为数值计算方案中的因素1和因素2。为了研究排桩密度和弹性模量对衰减域的影响，考虑了排桩密度在3784kg/m³到8784kg/m³之间变化，排桩弹性模量在100MPa到250MPa之间变化的情况，分别设置为数值计算方案中的因素3和因素4。采用正交计算，设计方案如表1所示。

计算方案　　表1

因素	水平	备注
土体密度	7	1500kg/m³(1号)、1600kg/m³(2号)、1700kg/m³(3号)、1800kg/m³(4号)、1900kg/m³(5号)、2000kg/m³(6号)、2100kg/m³(7号)
土体弹性模量	7	5MPa(8号)、15MPa(9号)、25MPa(10号)、35MPa(11号)、45MPa(12号)、55MPa(13号)、65MPa(14号)
排桩密度	6	3784kg/m³(15号)、4784kg/m³(16号)、5784kg/m³(17号)、6784kg/m³(18号)、7784kg/m³(4号)、8784kg/m³(19号)
排桩弹性模量	4	100MPa(20号)、150MPa(21号)、200MPa(22号)、250MPa(23号)

由于排桩底部是无限半空间土体，弹性波可以自由无反射地传播下去，因此本文在模型底部引入完美匹配层（PML），可以吸收传播到桩底的弹性波，更真实地计算出周期排桩中弹性波的衰减效果。模型中的材料参数如表2所示。

材料参数　　表2

材料	弹性模量(MPa)	泊松比	密度(kg/m³)
土	20	0.3	1800
钢	207000	0.3	7784
完美匹配层	20	0.3	1800

2.2 土体密度的影响

不同土体密度数值计算的复频散曲线虚部图如图2所示。

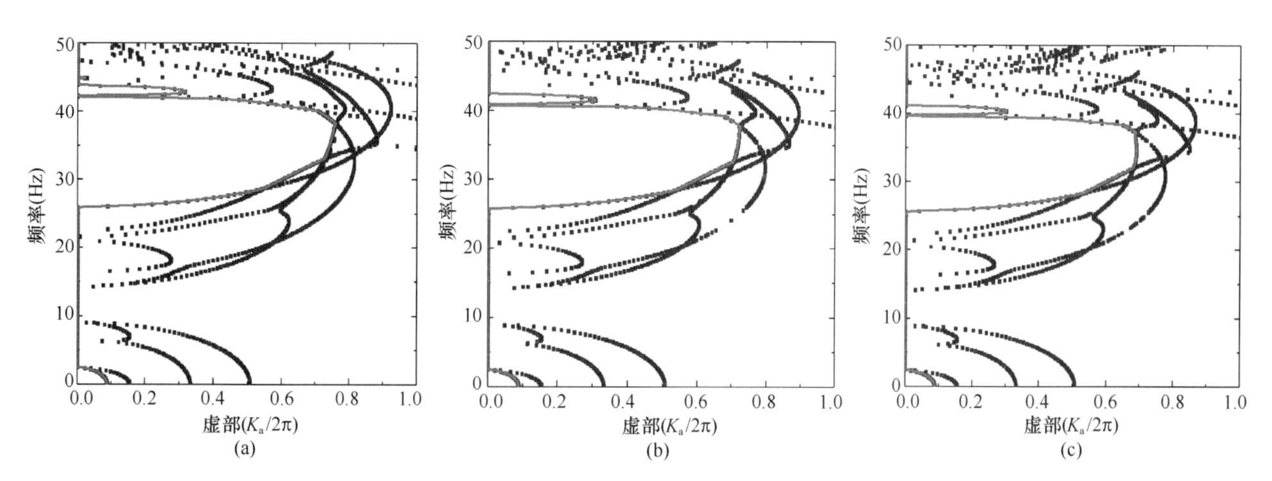

图2　不同土体密度的数值计算结果（一）

(a) 1500kg/m³；(b) 1600kg/m³；(c) 1700kg/m³

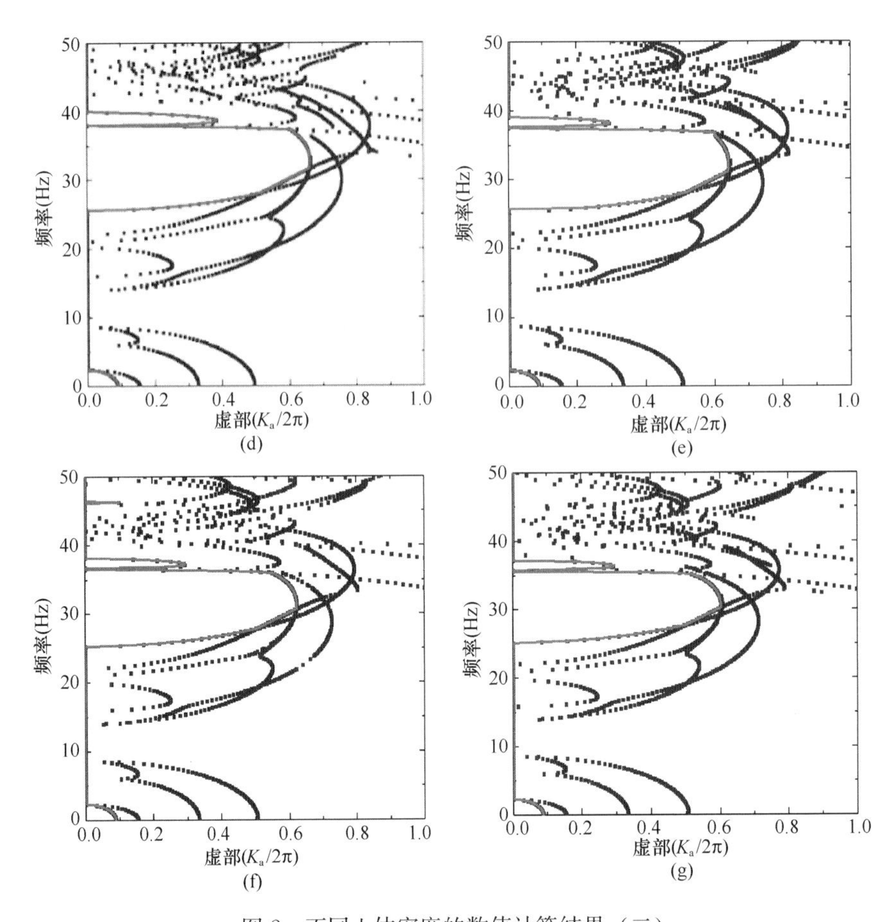

图2 不同土体密度的数值计算结果（二）

(d) 1800kg/m³；(e) 1900kg/m³；(f) 2000kg/m³；(g) 2100kg/m³

图3给出了不同土体密度下排桩的最大衰减域分布范围、峰值衰减频率及峰值衰减频率的衰减大小。从图中可以看出在土体密度从1500kg/m³到2100kg/m³的增长过程中，周期排桩的衰减域范围不断减小，从1500kg/m³时的26.3～42Hz和42.5～44Hz减小到2100kg/m³时的25.3～35.2Hz、35.4～37.2Hz。同时，随着土体密度的增大，衰减域的起始频率基本不受影响，但截止频率逐渐变小。在土体密度较小的时候，土体所形成的基质与周期性排列在其中的排桩的密度相差较大，此时更利于布拉格散射中衰减域的产生。在土体密度为1500kg/m³时，衰减域起始频率在26.3Hz开始打开，在2.5～26.3Hz、42～42.5Hz和42.5～50Hz开始出现相应的振型，能产生对应的能带，说明在理想情况下，振动波能无损耗地传播过去。而在衰减域范围内，周期结构中对应的振型产生了布拉格散射，振动波会产生一定程度的衰减。随着土体密度的增大，它与排桩密度的差值逐渐减小，同时不利于衰减域的产生。当土体密度为2100kg/m³时，衰减域的起始频率只有略微减小，在25.3Hz时开始产生，但截止频率减小较大，为37.2Hz。说明土体与排桩密度差异的减小在振动频率较高时会引起相应振动模态的产生，抑制了高频振动波的衰减，从而减小衰减域的范围。

从峰值衰减频率的衰减大小来看，土体密度从1500kg/m³到2100kg/m³的增加过程中，其衰减值逐渐减小，在1500kg/m³到1600kg/m³和1700kg/m³到2100kg/m³过程中，衰减值的减小趋势较为平缓，但在1600kg/m³到1700kg/m³处时，衰减相对大小从0.72减小到了0.64，减小最大，因此土体密度在1600kg/m³时，衰减域处产生的振动衰减相对较大且衰减域的范围也较大。

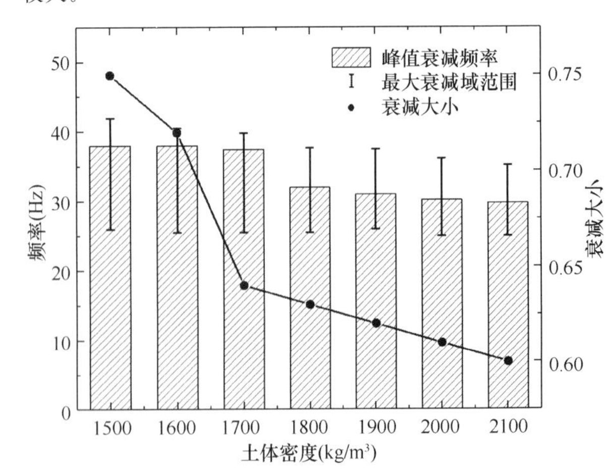

图3 不同土体密度的最大衰减域范围及其衰减大小

2.3 土体弹性模量的影响

不同土体弹性模量数值计算的复频散曲线虚部图如图4所示。

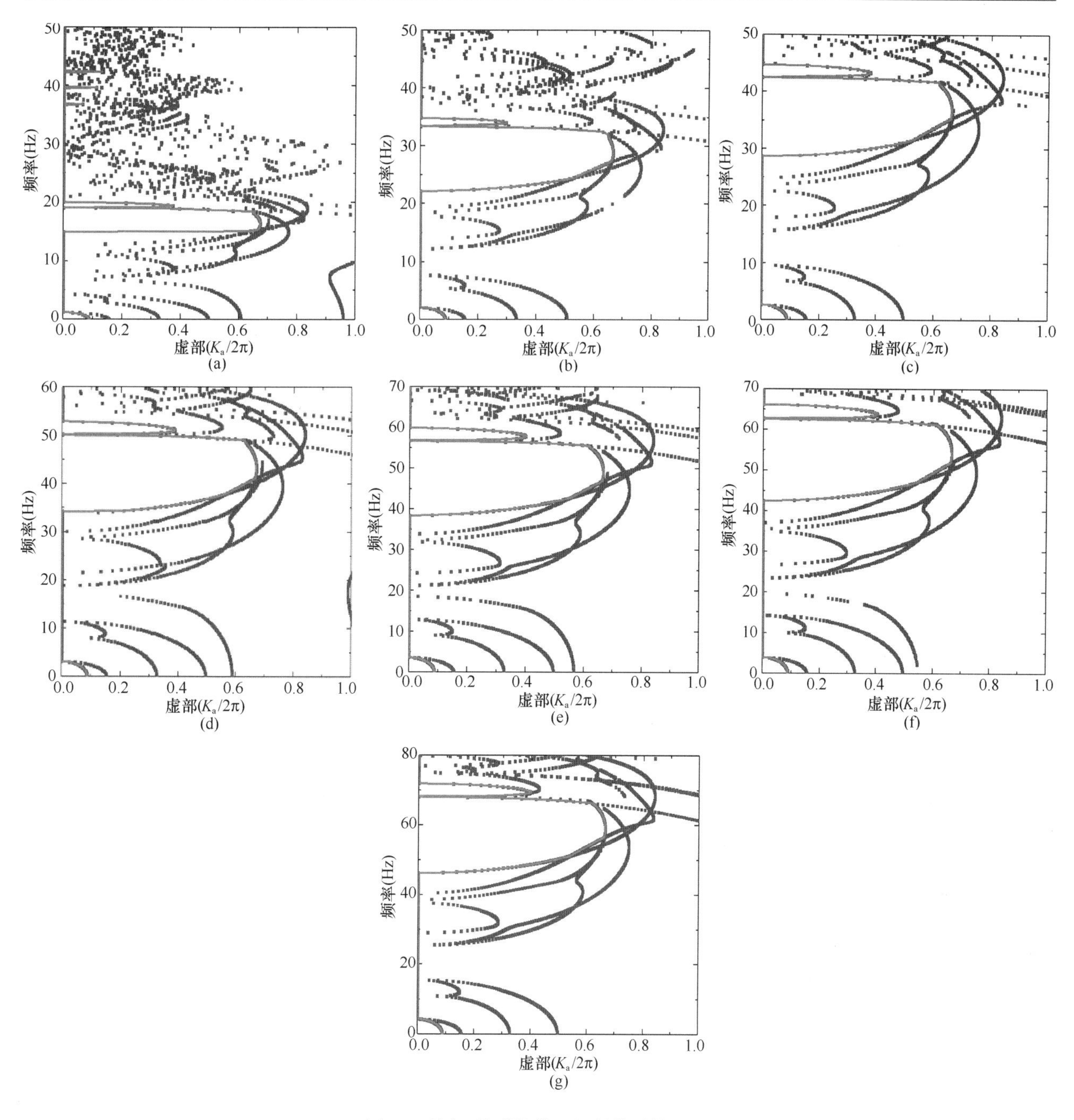

图 4　不同土体弹性模量的数值计算结果

(a) 5MPa；(b) 15MPa；(c) 25MPa；(d) 35MPa；(e) 45MPa；(f) 55MPa；(g) 65MPa

图 5 给出了不同土体弹性模量下排桩的最大衰减域分布范围、峰值衰减频率及峰值衰减频率的衰减大小。研究了土体弹性模量从 5MPa 到 65MPa 变化时周期排桩的复频散曲线变化情况，从图中可以看出在土体弹性模量从 5MPa 到 65MPa 的变化过程中，周期排桩的起始频率和截止频率都不断增大，且衰减域范围也不断增大。当土体弹性模量为 5MPa 时，衰减域范围为 12.8～19.2Hz 和 19.4～20Hz，减振频率集中在低频区域。当土体弹性模量增加到 65MPa 时，衰减域范围为 47～68.2Hz 和68.3～72Hz，减振频率大幅度提高。随着土体弹性模量的增加，在低频区域更难产生衰减域。当土体弹性模量较小时，周期结构在低频区域对应的振型发生了布拉格散射而产生衰减域，随着土体弹性模量的增加，衰减域所对应的频率也

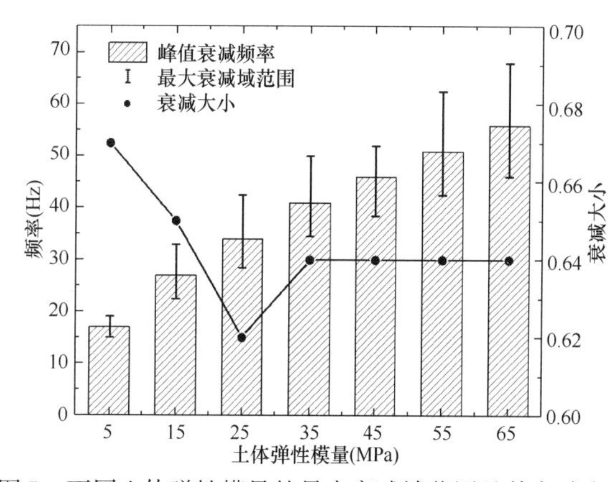

图 5　不同土体弹性模量的最大衰减域范围及其衰减大小

不断提高。同时，衰减域范围总体上呈上升趋势。

随着土体弹性模量从5MPa到65MPa的增加，峰值衰减域频率所对应的相对衰减值先减小再略微增加，后随着土体弹性模量的增加基本上保持不变，当土体弹性模量在5～25MPa时，弹性模量越低，振动的衰减效果越好，但土体弹性模量过低在外力的作用下会导致土体发生的变形过大，引发一系列的工程问题，因此在工程上土体弹性模量不宜取值过小。当土体弹性模量为25MPa时，振动衰减达到最小值，接着在25～35MPa时，振动衰减逐渐增大到0.64，在35MPa之后，振动衰减值维持在0.64附近基本保持不变。

2.4 排桩密度的影响

不同排桩密度数值计算的复频散曲线虚部图如图6所示。

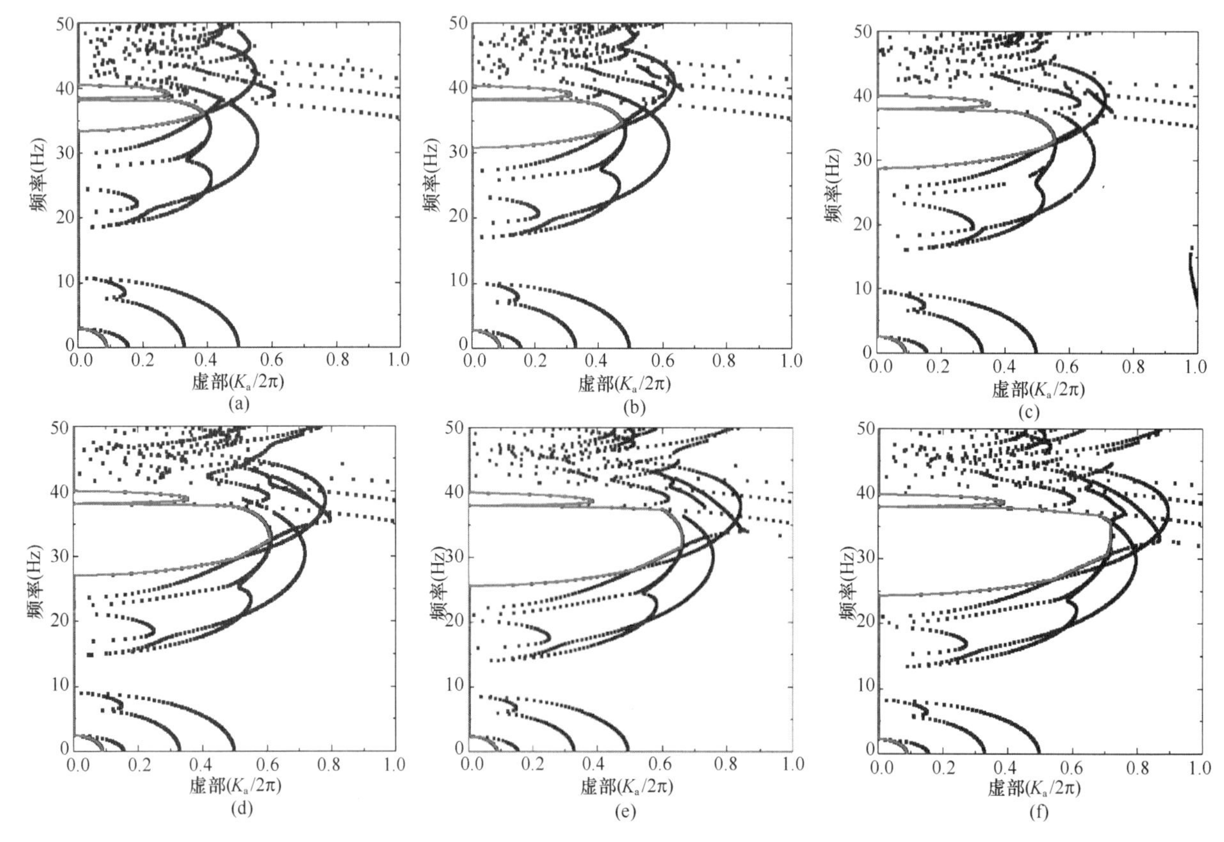

图6 不同排桩密度的数值计算结果

(a) 3784kg/m³；(b) 4874kg/m³；(c) 5784kg/m³；(d) 6784kg/m³；(e) 7784kg/m³；(f) 8784kg/m³

图7给出了不同排桩密度下排桩的最大衰减域分布范围、峰值衰减频率及峰值衰减频率的衰减大小。从图中可以看出，当排桩的密度在3784～8784kg/m³之间变化时，衰减域的宽度随着排桩密度的增加而增加，但衰减域的扩大主要是由于起始频率的下降引起的，而截止频率基本不受排桩密度变化的影响，在排桩密度的变化过程中，截止频率只有略微的减小，从3784kg/m³时的38Hz减小到了8784kg/m³时的37.6Hz，由此可以看出，排桩密度的增加可以拓宽低频衰减域，即排桩密度的增加对高阶振动模态基本没有影响，但会对更低频的振动波产生衰减作用。当排桩密度在3784kg/m³时，衰减域在33Hz开始产生，在3～33Hz之间，振动波能无损耗地传播过去，而当排桩密度增加到8784kg/m³时，起始频率下降到了38Hz，即在2～38Hz之间振动波才能无损耗地传播过去。在排桩密度从3784kg/m³到8784kg/m³的变化过程中，峰值衰减频率所对应的衰减大小不断增加，从3784kg/m³时的0.38增加到了8784kg/m³时的0.7。因此，排桩密度的增加不仅可以扩大衰减域范围，也可以大幅提高振动衰减的大小。

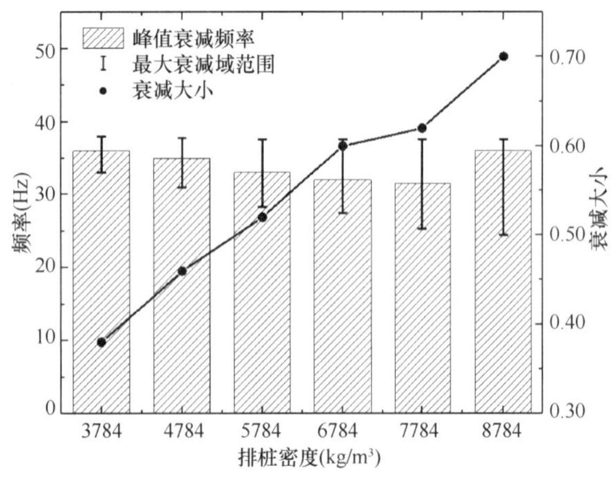

图7 不同排桩密度的最大衰减域范围及其衰减大小

2.5 排桩弹性模量的影响

不同排桩弹性模量数值计算的复频散曲线虚部图如图8所示。

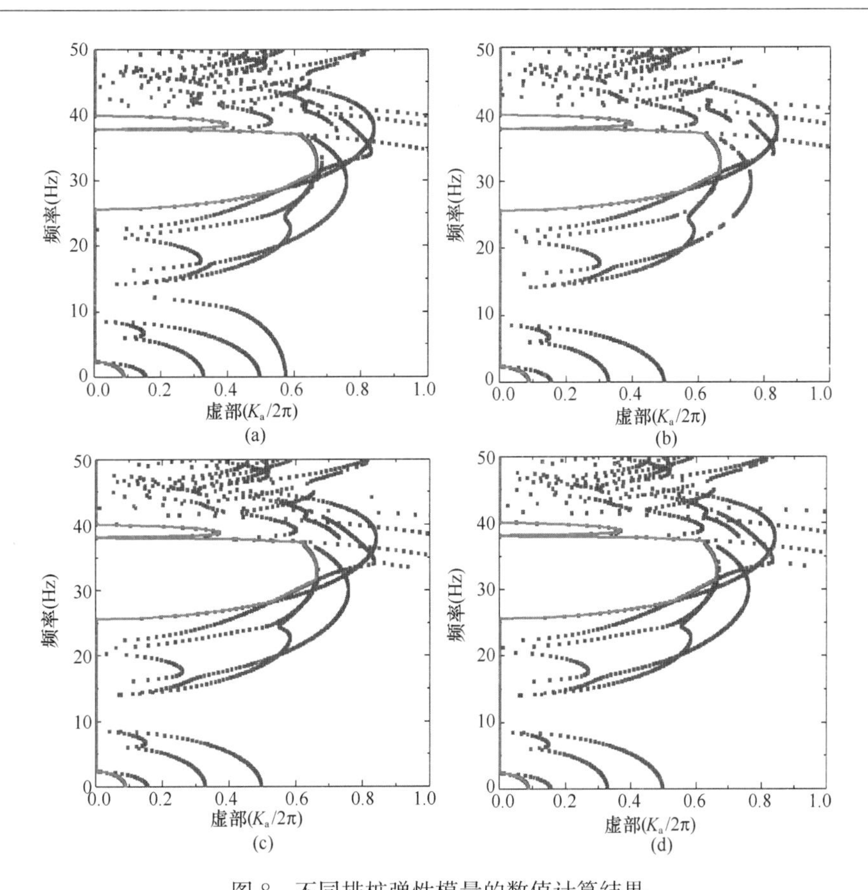

图 8　不同排桩弹性模量的数值计算结果

(a) 100MPa；(b) 150MPa；(c) 200MPa；(d) 250MPa

图 9 给出了不同排桩弹性模量下排桩的最大衰减域分布范围、峰值衰减频率及峰值衰减频率的衰减大小。在排桩弹性模量从 100MPa 到 250MPa 的变化过程中，周期结构的衰减域、峰值衰减频率和峰值衰减频率所对应的衰减大小都基本上没有发生变化，说明当排桩的弹性模量改变 150MPa 大小时对周期结构的衰减域影响很小，即周期排桩在 150MPa 范围内改变时不会对振动波在土体内部的反射、散射和衍射作用产生太大的影响，因此基于布拉格散射理论，衰减域也不会发生很大的变化。当排桩弹性模量在 100MPa 到 250MPa 之间变化时，衰减域范围保持在 25.5～35.8Hz，峰值衰减频率保持为 32Hz，峰值衰减频率的衰减大小保持为 0.64。

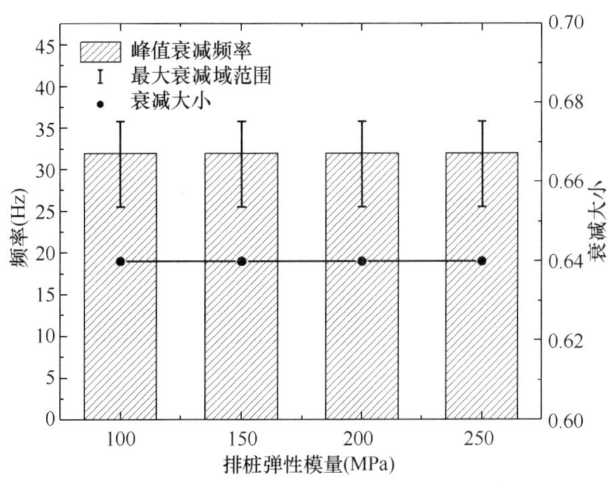

图 9　不同排桩弹性模量的最大衰减域范围及其衰减大小

3　总结

通过对三维周期排桩的复频散曲线计算发现土体密度的增加会降低衰减域的截止频率，减小衰减域范围，降低振动衰减的程度；土体弹性模量的增加会增加衰减域的起始频率和截止频率，峰值衰减频率的衰减大小先降低，到 25MPa 之后开始增加，到 35MPa 之后基本保持不变；排桩密度的增大会降低衰减域的起始频率，增加衰减域范围，提高减振程度；排桩弹性模量在 150MPa 的范围内变化时，对衰减域的范围、起止频率、峰值衰减频率和峰值衰减频率对应的衰减大小基本没有影响。该计算结果能为高速铁路的排桩隔振设计提供参考。

参考文献：

[1]　罗普俊．正六边形布置的周期性排桩屏障模型试验及其减振影响因素分析[D]．北京：北京交通大学，2018.

[2]　姜博龙．基于带隙理论的轨道交通隔振周期排桩研究[D]．北京：北京交通大学，2019.

[3]　杨园野．饱和土体中层状连续屏障隔振研究[D]．南昌：华东交通大学，2017.

[4]　彭也也，贺玉龙，宋喆，等．成渝高速铁路某路堤段地面三向振动测试分析[J]．中国测试，2020，46(2)：34-39.

[5]　刘泳钢，杨荣山．板式无砟轨道交通引起的环境振动数值分析[J]．路基工程，2012，(5)：75-78.

[6]　孟祥连，周福军．西宝高铁黄土地区路基振动效应空间分析研究[J]．铁道工程学报，2017，34(8)：28-33.

某预应力管桩承载力差异分析

李　斌，王欣华
（天津市勘察设计院集团有限公司，天津 300191）

摘　要： 根据现行桩基规范，单桩承载力特征值由桩侧阻力及桩端阻力组成，未考虑地下水变化对承载力的影响，特别是打入桩突破隔水层而进入承压含水层，随着桩顶不断贯入，桩端不断反复冲击承压含水层，在承压水头及超孔隙水压力的联合作用下，地下水沿桩侧向上渗入，致使桩土之间摩阻力降低。

关键词： 承载力；承压水；桩端持力层

0　前言

预应力混凝土管桩具有桩身强度高、质量可靠、施工速度快等优点，受到业主的青睐，但在应用中也遇到同一场地承载力差异较大的现象，给项目设计处理造成很大困难。本文通过对某一场地预应力管桩承载力差异原因分析，提出可能影响承载力的因素，希望对设计施工有所帮助，也希望业内专家、学者就此展开讨论。

1　场地地质条件

拟建场区地处华北平原，场地原为耕地，地势较平坦。地层及物理力学指标列于表1。本场区浅部11.0m以上地下水属潜水类型，11.0m以下地下水属承压水类型。稳定水位埋深在13.4～14.0m。

地层物理力学指标　　表1

地层编号	岩性	含水量 w（%）	重度 γ（kN/m³）	厚度（m）	孔隙比 e	塑性指数 I_P	液性指数 I_L	压塑模量 E_{s1-2}（MPa）	地层描述
①	人工填土			0.3～1.1					褐色，以黏性土为主，含植物根系及少量灰渣等杂质，呈松散状态
②₁	粉土	21.3	18.8	0.4～3.6	0.72	7.0	0.54	8.94	黄褐色，湿，稍密状态，含锈染，夹砂斑及粉质黏土薄层
②₂	粉质黏土	22.0	19.9	0.5～4.6	0.65	10.7	0.47	4.78	黄褐色，可塑状态，含锈染，夹黏土薄层
②₃	粉土	20.6	19.9	0.5～4.2	0.64	8.9	0.52	6.80	黄褐色，湿，稍密状态，含锈染，砂黏混杂，局部夹粉质黏土薄层
②₄	粉质黏土	24.4	19.8	0.6～5.5	0.71	10.6	0.66	5.88	黄褐色，可塑状态，含锈染，夹粉土薄层
②₅	粉土	21.4	19.8	0.5～3.8	0.65	7.6	0.55	9.88	黄褐色，湿，中密状态，含锈染，砂黏混杂，局部夹粉砂薄层
③₁	粉质黏土	20.5	20.2	0.6～3.5	0.59	10.6	0.58	6.04	灰黄色，可塑状态，含锈染，夹黏土薄层，局部夹粉土薄层
③₂	粉土	20.6	20.5	0.5～3.8	0.59	7.6	0.53	9.63	褐黄色，湿，密实状态，土质不均
③₃	粉质黏土	21.2	20.3	0.6～4.4	0.61	10.7	0.58	6.33	褐黄色，可塑状态，含有机质，多夹黏土薄层，土质不均
③₄	粉土	20.6	20.6	0.8～6.5	0.58	7.8	0.52	9.56	黄褐色，湿，密实状态，土质不均，含锈染，夹粉质黏土、粉砂薄层
③₅	粉质黏土	22.7	20.2	0.8～5.0	0.64	10.6	0.57	5.51	褐黄色，可塑状态，多夹粉土薄层，土质不均
③₆	粉土	21.4	20.3	0.5～5.3	0.62	8.7	0.58	8.60	褐黄色，湿，密实状态，土质不均，含锈染，夹粉砂、粉质黏土薄层
③₇	粉质黏土	21.7	20.4	1.0～5.3	0.61	10.5	0.70	5.59	褐黄色，可塑状态，含锈染，含姜石，多夹粉土薄层，土质不均
③₈	粉土	20.8	20.3	0.8～4.4	0.62	7.7	0.55	8.98	黄褐色，湿，密实状态，土质不均，含锈染，夹粉砂、粉质黏土薄层
③₉	粉质黏土	24.2	19.9	2.0～10.2	0.69	10.7	0.59	5.87	黄褐色，可塑状态，含锈染，含姜石，多夹粉土薄层，土质不均
③₁₀	粉砂	16.1	19.8	5.0～12.0	0.54			10.78	灰褐色，饱和，密实状态，土质不均，主要成分为石英、长石
③₁₁	粉质黏土	23.6	20.0	1.1～3.8	0.67	11.1	0.55	5.28	黄褐色，可塑状态，含锈染，含姜石，夹黏土薄层，土质不均

2 工程概况

本项目桩基础采用预应力高强混凝土管桩，桩径600mm，桩端持力层为③$_{10}$粉砂层，桩端设开口桩尖，施工采用锤击法，设计控制贯入度标准 30～50mm/10 击。正式施工前在紧邻拟建物的场外打 3 根试桩，施工桩长31m，桩顶高出地面约 0.5m，桩端进入③$_{10}$粉砂层深度约为 1.2m。成桩 7d 进行抗压静载荷试验，试验结果列于表2。从 3 根试桩静载荷试验结果看，加载均未达到极限破坏，沉降较均匀。

试桩抗压静载试验数据　　表 2

试验编号	桩径（mm）	有效桩长（m）	最大加载值（kN）	沉降量（mm）	单桩竖向抗压极限承载力（kN）	单桩竖向抗压承载力特征值（kN）
1	600	30.5	5440	28.76	5440	2720
2	600	30.5	5440	19.51	5440	2720
3	600	30.5	5440	19.63	5440	2720

基础形式设计为独立承台，承台下多布 3 根桩，施工按贯入度控制，施工桩长 27～31m 不等，依据勘察报告桩端进入③$_{10}$粉砂持力层 0.89～2.41m 不等，成桩 14d 后进行静载荷抗压试验，检测 11 根桩，极限承载力最小的2160kN，最大的 5400kN。各桩检测及桩端持力层情况列于表 3。

各桩检测及桩端持力层情况表　　表 3

检验桩号	持力层	桩端进入持力层深度（m）	单桩竖向抗压极限承载力（kN）	最后 1m 锤击数	持力层上覆土层情况
场外试桩 1	③$_{10}$粉砂层	0.05	5440	12	③$_{9}$ 粉质黏土，厚度约 0.8m
场外试桩 2	③$_{10}$粉砂层	0.55	5440	37	③$_{9}$ 粉质黏土，厚度约 1.2m
场外试桩 3	③$_{10}$粉砂层	0.59	5440	49	③$_{9}$ 粉质黏土，厚度约 1.2m
102	③$_{8}$ 粉土层	2.24	3780	89	③$_{7}$ 粉质黏土，厚度约 2.0m
70	③$_{10}$粉砂层	1.52	3240	73	③$_{8}$ 粉土，厚度约 3.3m，③$_{9}$ 粉质黏土缺失
6	③$_{10}$粉砂层	1.37	2160	100	③$_{8}$ 粉土，厚度约 4.1m，③$_{9}$ 粉质黏土缺失
71	③$_{10}$粉砂层	1.55	2700	92	③$_{8}$ 粉土，厚度约 3.3m，③$_{9}$ 粉质黏土缺失
63	③$_{10}$粉砂层	1.30	3240	92	③$_{8}$ 粉土，厚度约 3.2m，③$_{9}$ 粉质黏土缺失
199	③$_{10}$粉砂层	1.58	2700	99	③$_{8}$ 粉土，厚度约 4.1m，③$_{9}$ 粉质黏土缺失
135	③$_{10}$粉砂层	1.60	4600	90	③$_{8}$ 粉土，厚度约 1.3m，③$_{9}$ 粉质黏土缺失
393	③$_{10}$粉砂层	2.07	5400	86	③$_{9}$ 粉质黏土，厚度约 1.7m
141	③$_{10}$粉砂层	2.98	3600	97	③$_{8}$ 粉土，厚度约 2.4m，③$_{9}$ 粉质黏土缺失
402	③$_{10}$粉砂层	2.41	4200	61	③$_{8}$ 粉土，厚度约 2.0m，③$_{9}$ 粉质黏土缺失
372	③$_{10}$粉砂层	1.05	5400	50	③$_{9}$ 粉质黏土，厚度约 2.0m

场外试桩布置比较集中，且未加载至破坏故承载力离散性较小，从 11 根工程桩抗压静载荷试验结果来看，极限承载力离散性很大。施工由于按贯入度控制，桩端进入持力层的深度不一，但多在 2 倍桩径以上，承载力却相差 150%之多。

3 承载力差异分析

3.1 施工工艺因素

研究表明由于桩打入土中时的挤土作用，在地表浅部形成隆起，产生径向裂隙，打桩引起的桩体侧向晃动，使地表以下约 8d（d 为桩径）范围内桩侧摩阻力基本丧失，再向下（8～16）d 范围内的桩侧摩阻力有所降低。接近桩底端附近，由于桩端阻力的影响，侧向应力有所松弛，或出现径向张裂缝，或部分土随桩一起向下移动，使近桩端（3～5）d 范围的桩侧摩阻力有所降低。本项目采用锤击法沉桩，最后 1m 锤击数在 50～100 击，随着锤击桩顶明显发生反弹及桩身侧向晃动，桩土之间形成的环形裂缝宽度 2～5cm，部分桩头被击碎。锤击数越高，桩顶反弹幅度越大，桩土之间的间隙越大。另外，沉桩及接桩时垂直度偏差也是造成上部桩土之间裂隙的原因之一。

3.2 桩端承压水因素

桩端持力层③$_{10}$粉砂层厚度 2.0～10.2m，为本场地主要承压含水层，因③$_{9}$ 粉质黏土层局部地段缺失，故与上覆③$_{8}$ 粉土含水层存在水力联系，③$_{7}$ 粉质黏土与③$_{11}$粉质黏土作为相对隔水层。当桩端穿过③$_{8}$ 粉土含水层直接进入③$_{10}$粉砂主要承压含水层时，在桩锤冲击作用下，桩端及桩身挤压周围土体，土粒间孔隙减小，孔隙水压力增加，由于③$_8$粉土层和③$_{10}$粉砂层中的含水层本身具有承压性，③$_{10}$粉砂层渗透性较好，桩端受密实粉砂层的阻力影响，桩端在锤击应力波的作用下发生反弹，桩侧出现径向张裂缝，桩端土不断被挤密的同时孔隙水压力也急剧增加，土层中的承压水在压力水头与孔隙水压力的联合作用下或沿底部桩侧裂隙向上渗入，使桩体与桩侧土之间形成一层水膜，类似承压水的通道，在承压水头的作用下短时间内无法消除，从而使此段桩侧阻力大大减小。③$_{10}$粉砂层上覆土层为③$_9$粉质黏土层时，由于粉质黏土的渗透系数小，对下覆承压水向上渗流起到阻隔作用，或是承压水及该层土中的孔隙水在粉质黏土层底向四周扩散或绕流，打桩形成的近桩底的桩侧裂隙未被地下水渗入及扰动，随着孔隙水压力消散，桩土结合紧密，对桩侧阻力影响较小。

从静载荷检测结果看，3 根场外试桩、393 号和 372 号桩，桩端持力层③$_{10}$粉砂层之上均分布有③$_9$粉质黏土层，地层条件与场外试桩接近，故 393 号、372 号桩承载力接近场外试桩的承载力。其他 9 根工程桩的桩端持力层③$_{10}$粉砂层之上③$_9$粉质黏土层均缺失，上覆土层为③$_8$粉土层，承载力均未达到场外试桩标准。呈现上覆③$_8$粉土层厚度薄时承载力较高的趋势，说明③$_8$粉土层和③$_{10}$粉砂层的侧阻力受承压水的影响较大。

综上所述，由于本场地土层为黏性土与砂性土交互分布，局部地层缺失且分布不均匀，桩端持力层的承压水及孔隙水在沉桩时向上的渗流可能在桩身与桩周土之间形成水膜或扰动缝隙，致使桩身与桩周土结合不甚紧密是造成承载力降低，影响范围与桩端以上的土层性质有关，桩周黏性土层对地下水的渗入具有阻隔作用，故承压水及孔隙水沿桩侧向上渗入的范围不一，表现在单桩竖向承载力差异较大。另外，由于沉桩垂直度偏差，打桩引起桩体侧向晃动形成的径向裂隙不一，也是造成承载力差异的原因。

4 结束语

预制桩打入穿透相对隔水层进入承压含水层，由于桩端阻力的影响，桩侧应力松弛或形成径向张裂缝，承压水在水头压力及超孔隙水压力的作用下沿桩周向上渗流，最终形成一种新的地下水平衡状态。地下水渗入一方面使土的摩阻力降低，另一方面地下水与桩侧形成一层张力水膜，对摩擦力的影响较大。承压水沿桩身渗入高度与土层分布组合及桩身贯入回弹因素等有关。承压水对打入桩承载力影响研究较少，尚需进一步调查试验研究。

参考文献：

[1] 中华人民共和国行业标准．建筑桩基技术规范 JGJ 94—2008[S]. 北京：中国建筑工业出版社，2008.

[2] 徐至钧，张晓玲，张国栋．新型桩挤扩支盘灌注桩设计施工与工程应用[M]. 北京：机械工业出版社，2007.

[3] 徐至钧，李智宇．预应力混凝土管桩基础设计与施工[M]. 北京：机械工业出版社，2005.

[4] 张雁，刘金波．桩基手册[M]. 北京：中国建筑工业出版社，2009.

大直径旋挖灌注桩硬岩小钻阵列取芯钻进施工技术

杨 静，雷 斌，游 玲，雷 帆，陈 涛
（深圳市工勘岩土集团有限公司，深圳 518063）

摘 要：文章针对大直径旋挖灌注桩使用分级扩孔工艺钻进硬岩时需要配备各种不同直径的入岩筒钻和捞渣钻斗，钻进和清渣过程中需频繁更换钻头，增加旋挖钻机起钻的次数；并且随着分级钻头直径的加大，其在硬岩中的扭矩也将增大，出现钻进速度慢，效率低的情况，研究采用一种“小钻阵列取芯、大钻整体削平”的钻进方法，即当旋挖钻进至硬岩时，采用小直径入岩筒钻，按照阵列依次取芯、旋挖钻斗捞渣，最后采用设计桩径筒钻整体一次性削平的钻进工艺，大大提升了钻进效率，取得了显著成效。
关键词：大直径旋挖灌注桩；硬岩小钻阵列取芯；大钻整体削平；施工技术

0 引言

对于大直径旋挖灌注桩硬岩钻进，通常多采用分级扩孔钻进工艺，即采用从小直径取芯、捞渣，逐步分级扩大钻进直径，直至达到设计桩径，如直径 2.6m 的灌注桩旋挖入岩，一般从小孔逐步扩大分级扩孔施工，具体分级钻进情况见图 1。

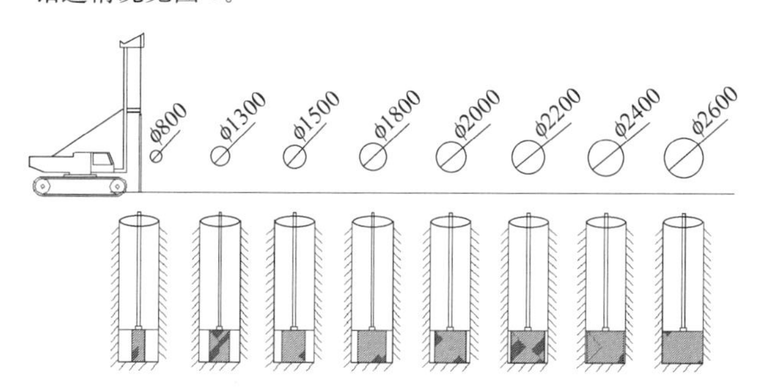

图 1 旋挖硬岩钻进分级扩孔级数、级差示意图

旋挖桩硬岩分级扩孔工艺，钻进时需要配备各种不同直径的旋挖入岩筒钻和捞渣钻斗，钻进和清渣过程中需频繁更换钻头，增加了旋挖钻机起钻的次数，直接影响钻进效率；同时，随着分级钻头直径的加大，其在硬岩中的扭矩也将增大，其钻进速度慢，钻进效率低。为解决大直径旋挖灌注桩入硬岩钻进存在的上述问题，经过现场试验、优化，总结出一种旋挖硬岩“小钻阵列取芯、大钻整体削平”的钻进方法，即当旋挖钻进至硬岩时，采用一种小直径截齿筒钻，按照阵列依次取芯、旋挖钻斗捞渣，最后采用设计桩径筒钻整体一次性削平的钻进工艺，大大提升了钻进效率，取得了显著成效。

1 工程概况

1.1 工程位置及规模

微众银行大厦桩基础工程项目位于深圳市南山区前海合作区的桂湾二路与桂湾三路之间，场地东侧为十一号临时路，北侧为桂湾二路，西侧为创新六路（规划路），南侧为创新十五街（规划路），占地面积约 10221m²。项目规划拟建 2 栋超高层建筑物（27F），建筑高度为 144m，裙楼暂定 4 层。拟设置 4 层地下室，基坑开挖深度11.7～21.7m，基坑支护周长 395m。

1.2 工程地质条件

场地原始地貌单元为滨海滩涂，后经填海造地成为待建用地。拟建场地地层的主要岩性特征自上而下分述如下：素填土、填石、杂填土、淤泥 、粉质黏土、粗砂、砂质黏性土、全风化混合花岗岩、土状强风化混合花岗岩、块状强风化混合花岗岩、中风化混合花岗岩及微风化混合花岗岩。

1.3 桩基设计情况

本工程基础采用大直径钻孔灌注桩，设计桩径有 1400mm（68 根）、2200mm（32 根）、2400mm（29 根），共计 129 根。分为抗压桩、抗拔抗压桩两种桩型，以微风化混合花岗岩为持力层，最小桩长不小于 6m，且进入持力层不小于 1.0m。微风化饱和单轴抗压强度 76.8MPa。

1.4 现场施工情况

项目由深圳市工勘岩土集团有限公司承建，于 2018 年 12 月开始施工，2019 年 4 月结束全部桩基施工。针对场地内设计桩径 2.2m 及以上的桩基施工存在的大桩径、深入岩等问题，创新使用“大直径旋挖灌注桩硬岩小钻阵列取芯”的施工方法，有效解决了施工的关键技术难题，加快了施工进度、节省了成本并如期完成桩基础施工且验收合格。

2 大直径旋挖灌注桩硬岩小钻阵列取芯钻进施工技术

2.1 工艺原理

1. 大扭矩钻头快速钻进

在旋挖钻进硬岩时，钻头的直径越大，其克服硬岩内进尺的阻力越大，所需要的钻进扭矩越大。因此，本技术采用小直径阵列取芯钻进的方法，利用大扭矩旋挖钻机进行小断面钻进，有效克服硬岩中的钻进阻力，可大大加快钻进效率。

2. 临空面破碎

根据对旋挖钻进岩石破碎理论研究，当旋挖钻头附近存在自由面时，钻头钻进侵入时围岩容易发生侧向的破碎，有利于提高钻头的入岩效率。本技术采用小钻阵列依次取芯钻进，减小了相邻钻孔的入岩难度，提高了后序取芯孔的钻进效率。

3. 小直径阵列孔布设原则

研究的“小钻阵列取芯、大钻整体削平”钻进方法，其小钻阵列取芯孔的布设与硬岩强度、旋挖钻机扭矩、灌注桩设计桩径等相关。

根据实际施工经验，对不同灌注桩设计桩径，对不同强度硬岩中的布孔方式进行了原则性设计，阵列取芯孔布设可采用“梅花形布孔”或者“近相切‘环形布孔’”的方式，最大限度地减少中心区和周边区未取芯部位的硬岩对后续大钻整体钻进的影响。具体布孔方式见表 1，实际钻进施工中，可根据现场使用的旋挖钻机的功率和工况进行调整。

阵列孔布设　　表 1

设计桩径（mm）	岩石抗压强度					
	岩石抗压强度<40MPa			岩石抗压强度>40MPa		
	陈列孔径	大断面孔径	布孔排列	阵列孔径	大断面孔径	布孔排列
2200	1000	2200	1 2 3；1000；2200	1000	2200	1 2 3 4；1000；2200
2500	1200	2500	1 2 3；1200；2500	1200	2500	1 2 3 4；1200；2500
2800	1400	2800	1 2 3；1400；2800	1200	2800	1 2 3 4；1200；2800
3000	1500	3000	1 2 3；1500；3000	1400	3000	1 2 3 4；1400；3000

4. 阵列钻孔回次进尺控制

硬岩钻进根据阵列孔直径大小、硬岩强度和使用的旋挖筒式钻头的形式（截齿或牙轮），一般阵列小钻回次进尺控制在 1.0～1.4m，大断面整体钻头钻进进尺约 1.0m。

2.2 工艺流程

大直径旋挖灌注桩硬岩小钻阵列取芯钻进施工工艺流程见图 2。

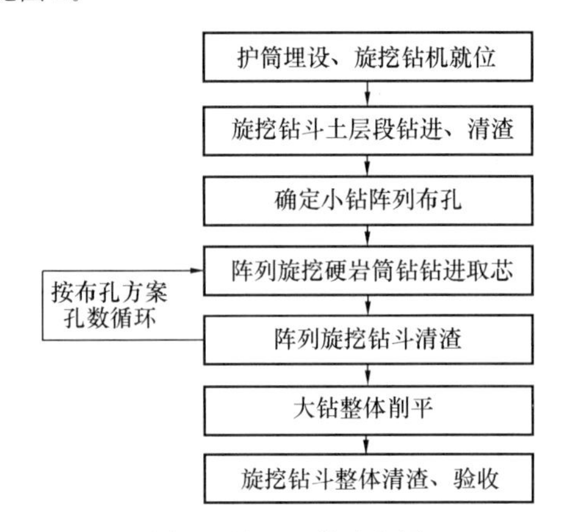

图 2　施工工艺流程图

2.3 适用范围

（1）适用于入中、微风化岩的大直径灌注桩钻进。

（2）考虑到目前旋挖钻机扭矩和钻头入岩能力的提升，一般实际工程中硬岩全断面钻进可达 1.2～1.6m，为此，采用硬岩小钻阵列取芯法适用于桩径 2.2m 及以上的旋挖灌注桩成孔。

（3）考虑到阵列取芯孔准确定位，一般阵列钻进深度不超过 50m。

2.4 操作要点

以微众银行大厦桩基础工程项目桩径 2.2m 灌注桩硬岩钻进为例。

1. 护筒埋设、旋挖钻机就位

（1）护筒埋设：桩位放点后，在护筒外 1.0m 范围内设桩位中心十字交叉线，用作护筒埋设完毕后的校核，如图 3 所示。

图 3　护筒埋设

（2）旋挖钻机就位：场地处理平整、坚实，并在钻机的履带下铺设钢板，钻机采用十字交叉法对中孔位，如图 4 所示。

（3）旋挖钻机型号选择：根据设计灌注桩桩径、嵌岩深度及强度，选择旋挖钻机型号需满足相应扭矩要求。

图 4　旋挖钻机就位

2. 旋挖钻斗土层段钻进、清渣

（1）土层包括强风化岩及以上的地层采用旋挖钻斗钻进。

（2）土层钻进按设计桩径 2.2m 一径到底，直至强风化底、中风化岩面。

（3）土层钻进过程中，采用优质泥浆护壁；钻进至持力层岩面后，及时采用清渣平底钻斗反复捞取渣土。

3. 确定小钻阵列布孔

（1）小钻阵列布孔方式选择见表 1。

（2）微众银行大厦桩基微风化饱和单轴抗压强度平均达 76.8MPa，本项目在微风化硬岩层钻进时，选择采用 4 个 1.0m 直径筒钻沿桩身依次钻 4 个取芯孔的阵列布孔方案，具体钻孔阵列孔布孔方式如图 5 所示。

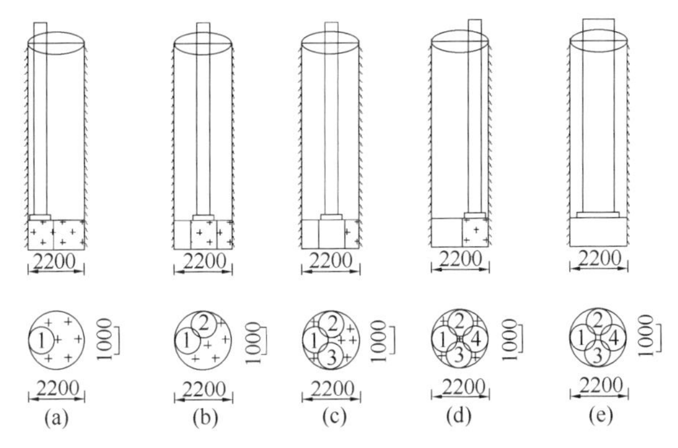

图 5　桩径 2.2m 灌注桩硬岩小钻阵列取芯钻进布孔示意图

4. 阵列旋挖硬岩筒钻钻进取芯

（1）采用直径 1.0m 的旋挖截齿筒式钻头，为确保取芯长度，旋挖钻头长度不少于 1.6m，如图 6 所示。

（2）钻进时，按布设的孔位依次钻进，并采用优质泥浆护壁，现场钻进准备如图 7 所示，钻进情况如图 8 所示。

（3）阵列孔钻进时，控制钻压，保持钻机平稳；当钻进至设计入岩深度后，微调筒钻位置，将岩芯扭断取出，如图 9 所示。

图 6　旋挖截齿钻筒图

图 7　旋挖钻机小阵列孔钻进准备图

图 8　直径 1.0m 旋挖筒钻阵列孔钻进

（4）完成第一个阵列孔钻进后，调整旋挖钻机位置，逐个进行其他阵列孔取芯钻进。为保证阵列孔的准确定位，防止后钻阵列孔串位、发生孔斜，一般阵列钻进深度不超过 50m，钻进过程中加强观测钻孔垂直度，如图 10 所示。

图9　直径1.0m旋挖筒钻取芯

图10　直径1.0m旋挖筒钻阵列孔移位依次钻进

（5）当阵列孔全部取芯钻进完成后，如果钻孔中心存在岩柱，则采用旋挖钻筒再一次入孔，并对中钻进，以消除后续大钻全断面钻进时的阻碍。

5. 阵列旋挖钻斗清渣

（1）阵列孔钻凿取芯作业后，孔内残留较多岩渣时，则及时进行孔底清渣。

（2）阵列孔清渣采用专用的旋挖清渣钻斗，如图11所示。

图11　旋挖钻斗清渣

6. 大钻整体削平

（1）把阵列旋挖1.0m的小直径筒钻换成设计桩径的2.2m大直径筒钻。安装好之后，把筒钻中心线对准桩位中心线，如图12所示。

图12　直径2.2m的筒钻整体钻进

（2）旋挖钻机大钻钻进过程中，注意控制钻压，轻压慢转，并观察操作室内的垂直度控制仪，确保钻进垂直度；当大钻钻进至满足设计入岩深度后，报监理工程师现场检验并终孔。旋挖钻斗最后整体钻斗下挖削平硬岩如图13所示。

图13　旋挖整体钻斗下挖

7. 旋挖钻斗整体清渣、终孔验收

（1）在终孔后，换2.2m直径的钻斗反复捞渣，尽可能清除孔内沉渣，经反复2～3个回次将岩块钻渣基本捞除干净，如图14所示。

（2）终孔后，用测绳测量终孔深度，作为灌注混凝土前二次验孔的依据。

（3）验收完毕后，进行钢筋笼安放、混凝土导管安装作业，并及时灌注桩身混凝土成桩。

2.5　工艺特点

1. 硬岩钻进效率高

通常采取的分级扩孔硬岩旋挖钻进后期扭矩逐渐加

图 14 旋挖钻机整体钻斗清孔捞渣

大，钻进速度慢、钻进效率低，本技术硬岩始终采用小直径截齿筒钻取芯钻进，钻进过程始终处于小扭矩状态，硬岩钻进速度快、钻进效率高。

2. 优化现场管理

采用硬岩分级扩孔钻进，需要准备各种不同直径的截齿和捞渣钻头，对钻头的使用量非常大，本技术只需大、小两种旋挖钻头就能解决硬岩钻进，大大减少了钻头的种类和数量，优化了施工现场的管理。

3. 降低综合成本

采用本钻进施工工艺，加快了成孔进度，减少了施工机具投入，有效降低了施工综合成本。

2.6 实施效果评价

1. 社会效益

本施工技术在实际工程项目施工中，无论在施工效率还是在工程质量控制上，都突显出优越性，解决了传统大直径旋挖灌注桩入硬岩采用的分级扩孔钻进施工方法需要频繁更换钻头，增加旋挖钻机起钻的次数，直接影响钻进效率的问题，提供了一种创新的大直径旋挖灌注桩入硬岩的施工技术，在质量、成本、效率上都得到很大的提升，得到了设计单位、监理单位和业主的一致好评，取得了显著的社会效益。

2. 经济效益

经济效益主要对大直径旋挖灌注桩入硬岩分别采用“分级扩孔”与“小钻阵列取芯，大钻整体削平”的施工方法进行比较。以微众银行大厦桩基础工程项目为例，本项目共完成直径 2200mm 钻孔灌注桩 32 根、直径 2400mm 钻孔灌注桩 29 根，平均桩长 50m，总方量约 12640m^3，其中入岩方量约 380m^3。

(1) 工期比较

针对本项目特点，本项目进场两台旋挖钻机。如采用大功率旋挖钻“分级扩孔”施工技术，2200mm 桩径 2.5d 终孔灌注 1 根，2400mm 桩径 3d 终孔灌注 1 根，工期约 86d。采用“小钻阵列取芯，大钻整体削平”施工技术，2200mm 桩径 7d 终孔灌注 3 根，2400mm 桩径 8d 终孔灌注 3 根，工期约 76d。工期约节省 86－76＝10d，钻进效率较分级扩孔约提高 11.6%，可节省可观的资金成本，提前创造经济效益。

(2) 费用比较

“小钻阵列取芯，大钻整体削平”与“分级扩孔”施工技术均采用旋挖钻机成孔，故费用只需分析本技术因工期缩短 10d 所节省的费用，具体如下：

① 员工工资

每台钻机配备人员如下：1 名现场管理，每月工资 1.2 万元；4 名辅助工，每人每月工资 0.6 万元；1 名电工，每月工资 0.8 万元。每台钻机 10d 节约员工工资约 (1.2＋4×0.6＋0.8)×10/30＝1.47 万元。

② 旋挖机械租赁费

机械每台每月租赁费约 36 万元（含操作员工资），则每台机械 10d 约节省 36×10/30＝12 万元。

③ 耗材费

油耗及牙轮损耗约节省 10%，每台机械 10d 约节省耗材费 1 万元。

以上，采用“小钻阵列取芯，大钻整体削平”的施工技术比“分级扩孔”每台机械 10d 可节约 1.47 万元＋12 万元＋1 万元＝14.47 万元，两台合计约 28.94 万元。具有显著的经济效益。

3 结语

近年来，大直径旋挖灌注桩硬岩小钻阵列取芯钻进施工技术应用于多个施工项目，取得了良好的效果。通过实践表明，在设计要求大直径桩基进入硬岩的条件下，本施工技术较好地解决了大直径入硬岩成孔施工困难的问题，实现了提高钻进效率的目标，是钻孔灌注桩施工方法的突破和创新，扩大了大直径灌注桩桩基的使用范围，尤其是对超高层建筑、大型桥梁桩基础等工程施工来说，具有现实的指导意义和推广价值。

参考文献：

[1] 李榛，王晶，周曦等．大直径、嵌硬岩旋挖灌注桩施工关键技术[J]. 建筑科学，2015：1-5.

[2] 中华人民共和国住房和城乡建设部．建筑桩基技术规范 JGJ 94—2008[S]. 北京：中国建筑工业出版社，2008.

长螺旋钻机泵压灌注流态水泥土静压预制桩在污染土中应用研究

崔建波[1,2]，孙会哲[1,2]，王长科[1,2]，陆洪根[1,2]，武文娟[1,2]，张春辉[1,2]
（1. 中国兵器工业北方勘察设计研究院有限公司，河北 石家庄 050011；2. 河北省地下空间岩土工程技术创新中心，河北 石家庄 050011）

摘　要：长螺旋钻机泵压灌注流态水泥土静压预制桩技术是由预制桩和桩周水泥土所构成的一种新型组合桩基，解决了石家庄地区坚硬黏土和厚砂层预制桩施工问题。预制桩外侧水泥土固化后形成保护层具有抗渗性好、强度高的特点，可提高预制桩耐久性。本次试验将组合桩应用于污染土场地，在预制桩内埋设应变计，通过静载荷试验，测试其极限承载力并量测极限状态下桩的应变，研究其受力状态。通过试验证明：（1）该种工艺在污染土场地可行，施工前应试桩；（2）污染土影响水泥土强度，现场取芯强度为试块的 0.21 倍；（3）承载力极限状态下，管桩侧摩阻力平均值及最大值为水泥土芯样强度的 0.17 倍和 0.61 倍，试块强度的 0.035 倍和 0.12 倍；（4）建议设计时考虑水泥土和管桩整体受力，有利于发挥水泥土材料性能。

关键词：压灌水泥土；预制管桩；污染土；静载荷试验；桩身内力

0　引言

预制管桩在工厂生产，较传统灌注桩具有生产速度快、环境污染可控等优点，符合国家倡导绿色建筑、装配式的政策导向。随着预制管桩在全国推广应用，在华北地区的硬黏土、粗粒土地区施工时适用性差，常出现沉桩困难、沉桩深度达不到设计要求等问题[1]。

长螺旋压灌水泥土桩指将地基土或者客土和水泥按比例拌和成浆，使用长螺旋钻机成大孔，压灌流态水泥土浆，再通过静压机压入或沉入预制管桩。这种工艺，水泥土在地面拌和，质量可控，形成的水泥土固化物强度高于原土，且固化物抗渗性好[2]，可以提高预制管桩耐久性。另外流态水泥土还能起到护壁作用，解决了预制管桩成桩难的问题，在石家庄地区的硬黏土和中厚砂层地层中得到应用。

本文试验利用某污染土场地试桩，通过在一组试验管桩内外侧水泥土中埋设应变计，测试不同压力下预制桩的应变，分析其受力状态。

1　试验场地地质条件

经调查，场地为废弃的垃圾场，原为 4.0～10.0m 深坑，周边皮革厂约 20 年前一直在往该场地排放污水，目前，附近工厂已停止往该场地排放污水。现污水坑已经回填至现地面，回填物主要为废旧皮革，少量建筑垃圾和生活垃圾，充填粉质黏土及细砂。场地钻出土如图 1 所示。

图 1　场地钻出土

根据岩土勘察报告，由于皮革厂污水排放，污水垂向及侧向渗透，勘察深度及平面范围内均为污染土，根据土的易溶盐分析成果报告及土壤电阻率测试结果，场地土对钢筋混凝土结构具弱腐蚀性，对钢筋混凝土结构中的钢筋具弱—中等腐蚀性，对钢结构具强腐蚀性。

桩身范围内地层情况如表 1 所示。

场地地质条件　　表 1

土层	厚度（m）	颜色	湿度	状态/密实度	地层描述
杂填土①	0.50～15.80	黑色—灰绿色	稍湿—湿	松散	土质不均，以工业废料旧皮革为主，充填粉质黏土及生活垃圾
素填土①$_1$	0.50～10.50	褐黄色—黄褐色—灰褐色—灰白色	稍湿	松散—稍密	土质不均，以粉质黏土和砂土为主，局部可见少量砖块
粉质黏土②	1.20～6.40	褐黄色—灰褐色—灰黑色—黑色		可塑—软塑	土质不均匀，含粉土团块，局部可见细砂及姜石，姜石一般粒径 1～2cm，有异味

续表

土层	厚度（m）	颜色	湿度	状态/密实度	地层描述
粉土③	0.70～3.70	灰褐色—灰黑色—黑色	稍湿—湿	中密—密实	土质不均匀，局部夹粉质黏土薄层，局部可见少量锰氧化物，有异味
粉质黏土④	0.50～5.70	灰褐色—黑色		可塑	土质较均匀，局部土质发生钙化，有异味
粉细砂⑤	0.50～4.70	褐黄色—灰白色—黑色	稍湿	中密—密实	砂质较纯，分选一般，局部夹粉土团块，旧皮革回填地段有异味
细砂⑥	2.50～8.30	褐黄色—灰白色—黑色	稍湿	密实	砂质较纯，分选一般，矿物成分以石英、长石为主，有异味

2 试验方案

（1）组合桩内力研究

本次研究设计 2 组试验桩，长度分别为 19m、12m，参数见表 2。

现场采用长螺旋钻机成 800mm 直径孔至设计深度，压灌流态水泥土，而后通过静压机压入 400mm 直径预制管桩，待 28d 后进行静载荷试验，测试其极限承载力，并量测分级荷载下桩身和水泥土应变，计算其内力。

试桩参数表 **表 2**

桩长（m）	试验桩编号	管桩型号	水泥土桩直径（mm）	管桩直径（mm）	持力层	备注
12	1～3	PHC-400（95）-AB-12	800	400	粉质黏土④	
19	4～6	PHC-500（100）-AB-9、10	800	500	细砂⑥	两节管桩组成

19m 桩为工程桩试桩，单桩承载力极限标准值按设计标准值的 1.5 倍考虑；12m 桩单桩极限值参照前期非污染场地试验结果估算。每组中选取一根进行水泥土和管桩复合承载力测试，载荷板按组合桩外径确定（即 800mm），测试时整平桩头地表，管桩桩头略高，用砂找平。另外两根进行管桩承载力测试，测试时整平桩头地表，管桩桩头略高。

受施工现场静载荷荷载块和工期较紧影响，实际单级加载量根据本组第一个试验结果调整。通过试验验证 19m 桩均满足设计要求，未达到极限状态，12m 桩均达到极限状态。本次实际静载荷试验加载情况见表 3，现场如图 2～图 4 所示。

载荷试验统计表 **表 3**

桩号	估算单桩承载力标准值（kN）	加载对象	载荷板直径（mm）	单级加载（kN）	实际加载级数	单桩承载力测试值（kN）
1	2600	水泥土及管桩复合	800	200	14 级	2600
2	2600	预制管桩	400	300	11 级	2638
3	2600	预制管桩	400	300	10 级	2962
4	3600	水泥土及管桩复合	800	200	19 级	3800
5	3600	预制管桩	500	300	13 级	3900
6	3600	预制管桩	500	300	13 级	3900

图 2 成品桩

图 3 现场静载荷试验

图 4　应变数据采集

（2）水泥土影响研究

现场水泥土配比为水泥掺量 20%，水灰比 1∶2.20，使用 P·O32.5 级硅酸盐水泥土。取现场拌和好的水泥土制作 70.7mm×70.7mm×70.7mm 试块，标准养护 90d，测其无侧限抗压强度。

采用长螺旋钻机成孔，压灌水泥土，90d 后采用钻机取芯，芯样直径 100mm，制作成 ϕ100mm×100mm 圆柱体，测其无侧限抗压强度。

3　应变计埋设

本次测试采用的是深圳工讯 MAS-EM30 型内埋式应变计（振弦式），在预制桩生产前，在预制桩钢筋笼上安装振弦式应变计，电缆汇集到桩头，埋设后如图 5 所示。

图 5　内埋式应变计

本次共在 3 根 12m 长的预制管桩内埋设应变计，一根桩 6 个断面，一个断面 3 个应变计如图 6 所示，共埋设 54 个应变计，损坏 5 个，成功率 90.7%。其中，损坏情况统计表见表 4。

应变计损毁统计表　　　　表 4

损坏情况	数量（个）	备注
开路	4	数据采集仪提示开路
断路	1	数据采集仪提示断路及搬运过程中电缆被压断
合计	5	

在预制桩外侧相同断面安装应变计，每个断面 3 个应变计，均匀分布。

表 4 中开路的原因推断为管桩制作过程中离心成型工艺中离心机的旋转使得混凝土中粗集料如石子砸中应变计的安装块或保护管，使保护管弯曲，钢弦受拉甚至拉断，造成测量时开路。而这在现阶段生产工艺下不可避免，采用什么方式可以最大限度地减小损失是今后试验方向之一。断路的原因则是因为成型管桩运输过程中压断端头的电缆，此类问题可以避免。

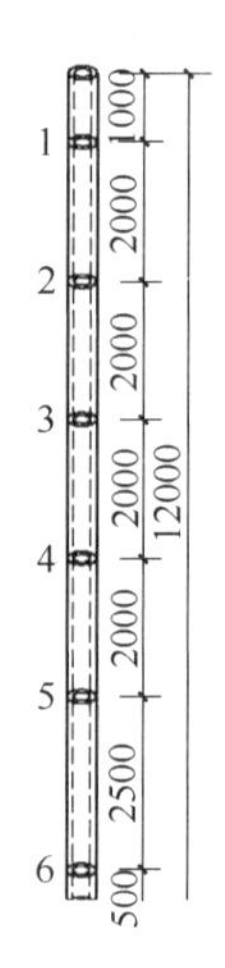

图 6　埋设断面图

4　静载荷试验分析

1 号桩进行预制桩和水泥土复合承载力测试，2 号、3 号桩进行预制桩承载力测试。在每级荷载施加 30min 后采集该级荷载下的桩身和水泥土应变值。

根据静载荷试验报告，1 号桩加载至 2800kN 时，桩顶累计沉降量为 26.68mm，曲线出现陡降，管桩桩头压裂，停止试验。取前一级荷载 2600kN 为单桩竖向抗压极限承载力。

2 号桩加载至 3000kN 时，桩顶累计沉降量 64.68mm，下级荷载 3300kN 时，桩顶累计沉降量为 98.25mm。曲线为缓变性，取 40mm 对应的荷载值 2638kN 为单桩竖向抗压极限承载力。

3 号桩加载至 2700kN 时，桩顶累计沉降量为 24.48mm，下级荷载 3000kN 时，桩顶累计沉降量为 42.23mm。曲线为缓变性，取 40mm 对应的荷载值 2962kN 为单桩竖向抗压极限承载力。

测试结果如表 5 所示。

极限承载力统计表　　　　表 5

桩号	极限承载力（kN）	备注
1 号	2600	管桩桩头破碎
2 号	2638	
3 号	2962	管桩桩头破碎

桩头破坏如图 7 所示。

1. 预制管桩及水泥土应变测试结果分析

图 7　桩头破坏图片

统计每级荷载下桩身及水泥土中应变计的频率值，根据测试值及公式得出测试断面应变，计算不同截面的应变值。

$$\varepsilon = K(f_i^2 - f_0^2) + K_T(T_i - T_0) \tag{1}$$

式中，ε 为测点应变值；f_i 为当前荷载下频率值；f_0 为初始振动频率；K 为应变计标定系数；K_T 为应变计温补系数；T_i、T_0 为测量时温度。

通过公式（1），计算各断面应变计的应变值，计算平均值，得到不同深度下桩身和水泥土应变。如图 8～图 13 所示，其中应变值为负值表示受压，正值为受拉。

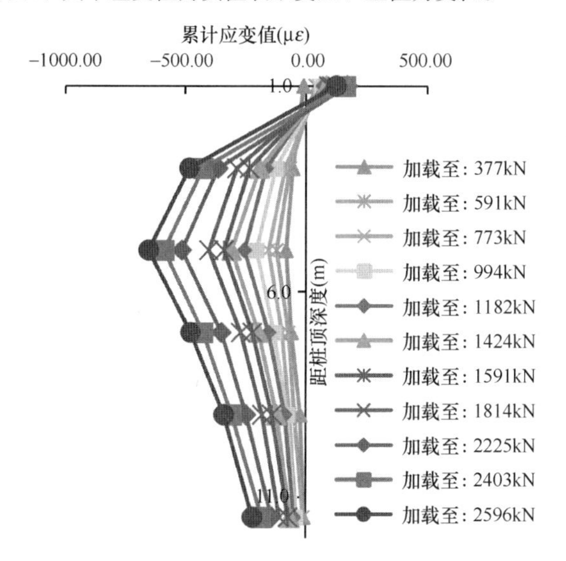

图 8　1 号桩不同加载荷载桩身累计应变随桩身变化曲线

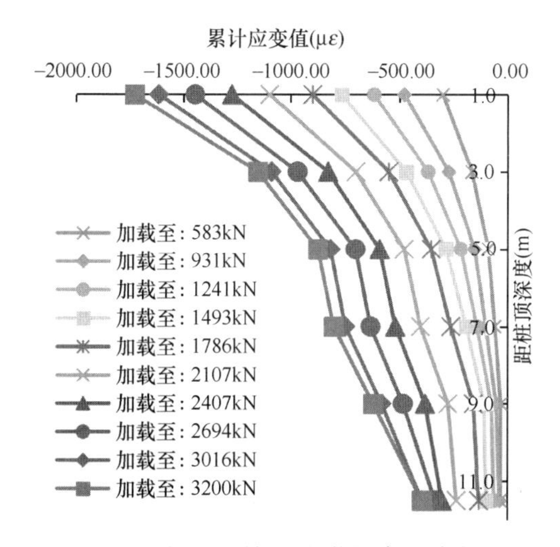

图 9　2 号桩不同加载荷载桩身累计应变随桩身变化曲线

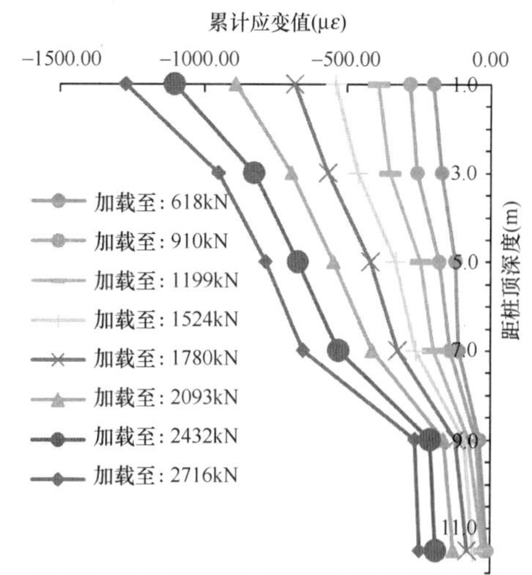

图 10　3 号桩不同加载荷载桩身累计应变随桩身变化曲线

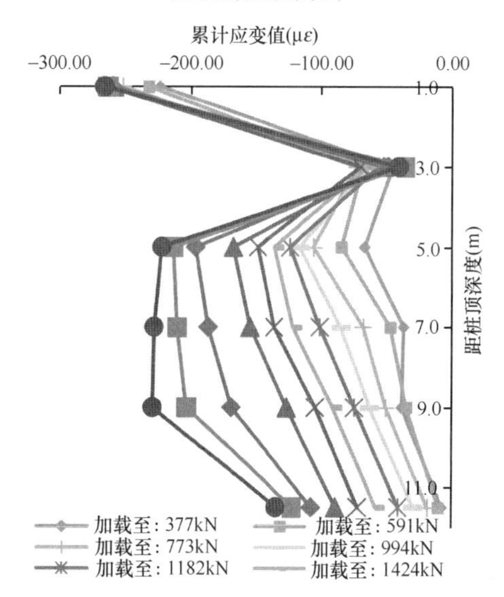

图 11　1 号桩水泥土累计应变不同加载荷载值随桩身变化曲线

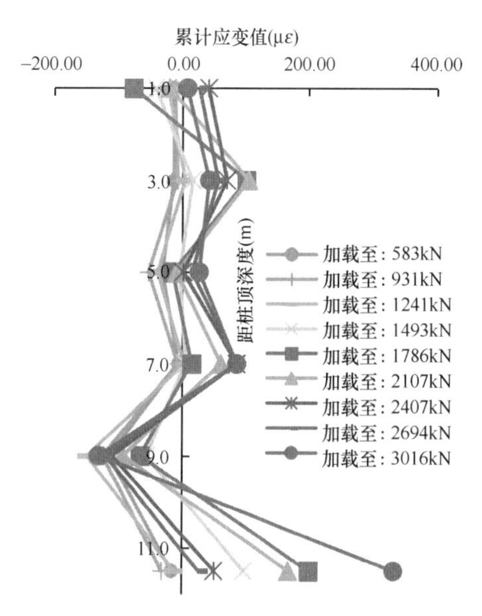

图 12　2 号桩水泥土累计应变不同加载荷载值随桩身变化曲线

通过分析桩身及水泥土应变曲线，可得到结论如下：

（1）水泥土和预制桩整体进行载荷试验时，水泥土与预制管桩共同承受上部荷载。由于应变计线缆影响载荷板下放的非圆形的钢垫块如图 14 所示，造成预制管桩浅部不均匀变形，1 号桩 1m 处截面另外两个应变计损坏，对试验结果产生影响，出现桩身受拉的假象。

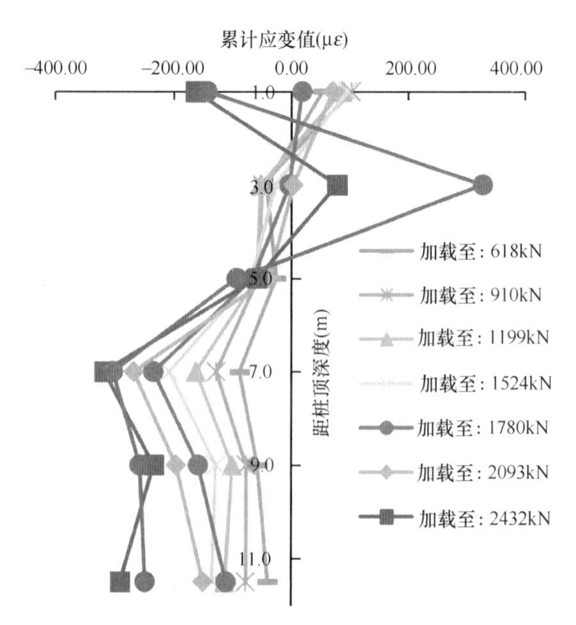

图 13　3 号桩水泥土累计应变不同加载荷载值随桩身变化曲线

图 14　钢垫板

桩外侧水泥土整体呈现受压状态，比较好地发挥水泥土抗压性能。3m 位置应变减小，判断因为污染土场地，此处为杂填土层，存在局部软弱土，侧摩阻和土压力较小，水泥土被压碎。

（2）载荷试验只压预制桩时，桩身整体呈现受压状态。桩顶应变大，桩端应变小，与一般场地应变分布类似。9m 到 12m 部分桩身应变较小，所受轴力小，3 号桩表现尤为明显。

2 号桩桩端水泥土无砂层，桩端水泥土强度相对较弱，随着荷载增大，桩端两侧水泥土表现拉应变，判断预制桩端刺入水泥土中，水泥土受拉。水泥土应变整体呈现与预制桩变形协调变化，水泥土出现拉压交替现象，不利于发挥水泥土抗压性能，对耐久性也有影响。1 号、3 号桩水泥土桩端为压应变，分析与地层情况有关，根据现场钻探反应，在桩端分布有砂层，砂层与水泥土形成物强度较高，呈现端承现象。

通过以上分析，荷载作用位置对组合型桩内力状态有影响，设计时应引起注意，明确与基础连接方式。

2. 预制管桩轴力及摩阻力结果分析

根据《建筑基桩检测技术规范》JGJ 106—2014[3] 附录 A 中关于计算桩身轴力及桩侧摩阻力的规定。

$$Q_i = \overline{\varepsilon_i} \cdot E_i \cdot A_i \tag{2}$$

式中：Q_i——桩身第 i 断面处轴力（kN）；

$\overline{\varepsilon_i}$——第 i 断面处应变平均值；

E_i——第 i 断面处桩身材料弹性模量（kPa）；

A_i——第 i 断面处桩身截面面积（m^2）。

$$q_{si} = \frac{Q_i - Q_{i+1}}{u \cdot l_i} \tag{3}$$

式中：Q_i——桩身第 i 断面处轴力（kN）；

q_{si}——桩身第 i 断面与第 $i+1$ 断面间侧阻力（kPa）；

u——桩身周长（m）；

l_i——第 i 断面与第 $i+1$ 断面间的桩长（m）。

$$q_n = \frac{Q_n}{A_p} \tag{4}$$

式中：Q_n——桩端处轴力（kN）；

A_p——桩身面积（m^2）；

q_n——桩端端阻力（kPa）。

受条件所限，本次试验未取得水泥土和预制桩的弹性模量，计算过程采用桩身 C80 混凝土弹性模量，计算截面应力，计算桩身轴力进而得到预制桩摩阻力在各级荷载所用下沿深度变化曲线如图 15 所示。

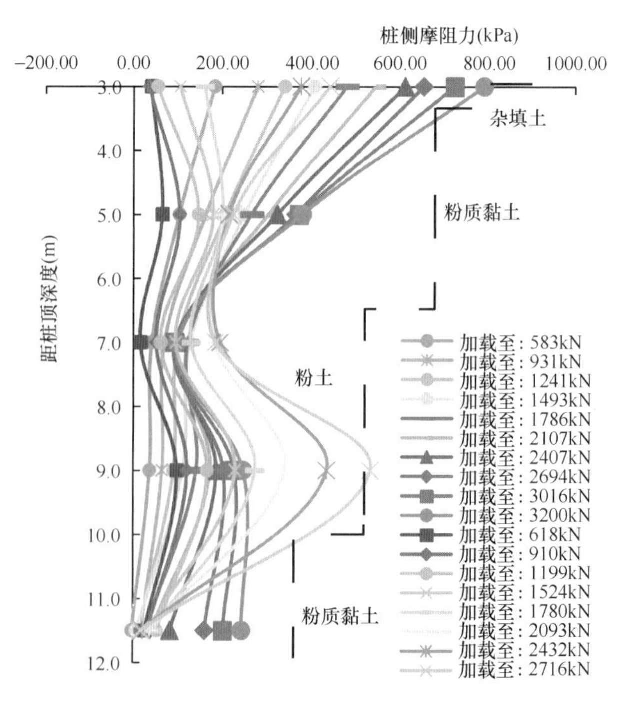

图 15　桩极限侧摩阻力不同荷载下分布曲线

注：摩阻力负值表示受拉，正值表示受压。

由曲线可以得出桩侧摩阻力不为定值，而是变值，桩侧摩阻力在桩顶和3/4桩长处出现峰值，管桩与水泥土在这两处相对位移较大，摩阻力较大。管桩桩身应变上大下小，达到极限状态时，桩下部侧摩阻力可能未到极限状态。

5 污染土对水泥土强度影响

标准养护下90d水泥土试块平均强度 $f_{70.7}=6.4$MPa。钻取芯样测试其强度，芯样强度平均值 $f_{\phi100}=1.18$MPa，根据王珍兰等人[4]的研究成果，换算到试块强度 $f'_{70.7}=1.18\div0.9=1.31$MPa，可见受到受污染土影响，芯样强度为0.21倍试块强度。

本次试验2号桩达到极限状态时，桩侧摩阻力平均摩阻力为221.23kPa，最大摩阻力792.91kPa。平均摩阻力为芯样强度的0.17倍，90d试块强度的0.035倍；最大摩阻力为芯样强度的0.61倍，90d试块强度的0.12倍。

6 结论

本次试验研究了长螺旋钻机泵压灌注流态水泥土静压预制桩技术在污染土场地的受力状态，得到以下结论，以期为后续工程提供借鉴：

（1）通过现场试桩，长螺旋钻机泵压灌注流态水泥土静压预制桩技术在污染土场地可行，组合桩受力状态与其他场地类似，但应在正式施工前进行试桩。

（2）受污染土影响，水泥土强度折减较大，芯样强度为0.21倍试块强度。

（3）组合桩极限承载状态时，水泥土提供的侧摩阻力平均值为221.23kPa，最大值为792.91kPa，分别为90d芯样强度的0.17倍和0.61倍，为试块强度的0.035倍和0.12倍。

（4）水泥土和管桩整体受压对水泥土发挥抗压性能有利，建议设计时采取措施使水泥土和管桩整体受压。

参考文献：

[1] 郭杨，乐腾胜．硬黏土地区绿色混凝土管桩关键技术与应用[J]，安徽建筑，2018(6)：7-10.
[2] 张海云，彭第．长螺旋压灌水泥土桩桩体材料性能试验研究[J]，工程勘察，2018(S1)：345-350.
[3] 中华人民共和国住房和城乡建设部．建筑基桩检测技术规范 JGJ 106—2014[S]. 北京：中国建筑工业出版社，2014.
[4] 王珍兰，陈艳丽，储冬冬，等．水泥土无侧限抗压强度的尺寸效应[J]. 粉煤灰综合利用，2016(5)：48-48.

全套管全回转钻机钢套管导向法（SCG 工法）后插钢立柱关键施工技术研究

黄　新[1]，胡祥辉[2]
（1. 深圳市正大建业建筑工程有限公司，深圳 518109；2. 深圳百勤建设工程有限公司，深圳 518000）

摘　要：针对现有钢立柱施工技术不足之处，创造性地提出钢套管导向法施工技术，即用全套管全回转钻机将钢套管精准定位并插入一定深度使之对下插的钢立柱起导向和约束其水平与垂直位移的作用。在钢立柱上一定位置设置两个定位盘，每个定位盘与钢套管内径间隙10mm，保证竖向长度范围内钢立柱平面位置偏差最多10mm，以达到1/1000误差精度要求。该工法应用于深圳地铁16号线龙南站与龙平站，广州地铁11号线上涌公园站钢立柱施工，实践证明此种工法具有定位准、垂直度控制精度高、成孔速度快、无需超缓凝混凝土、下插过程无需监测与纠偏、可用旋挖机压入等显著优点。在地铁建设与建筑工程领域具有显著的高效性与经济效益，值得推广。

关键词：导向法；钢套管；钢立柱；全套管全回转钻机；地铁；垂直度

0　引言

钢立柱在城市地铁建设与超高层建筑桩基支撑体系中广泛应用并取得了一定成果。如北京地铁六里桥站与菜市口站采用人工法施工钢立柱[1,2]，为以后类似项目提供了施工经验；当地面不具备施工基坑围护结构条件时改为先行在暗挖的导洞内施工围护结构然后再开挖基坑施工，PBA工法钢立柱施工技术应运而生[3,4]；杭州地铁武林广场站率先采用HPE法施工钢立柱在当时取得巨大成就[5]，后在地铁及相关领域全面推广此种工法，同时HPE工法也在逐步完善与改进[6-8]；在超高层建筑施工中，广州恒基中心[9]与万科滨海置地大厦[10]采用改进（或类似）的HPE法施工钢立柱，其中万科滨海置地大厦的钢立柱直径达到1.6m，为大直径大型钢立柱施工积累了宝贵的经验。

目前常用钢立柱后插法工艺有四种：（1）人工挖孔桩安装钢立柱；（2）导向架安装钢立柱；（3）全套管全回转钻机平台垂直插入钢立柱（HPE法）；（4）全套管全回转钻机钢套管导向定位法。

人工挖孔桩安装钢立柱法施工周期长、工序复杂，且施工过程中需要人工到孔底进行混凝土的凿除与定位器安装，存在诸多不安全因素，单根钢立柱施工周期10～20d，施工成本较高，存在一定的局限性。

导向架安装钢立柱法施工速度较快，但钢立柱垂直度较难控制，钢立柱发生倾斜时回调困难，一般采用气囊法调节垂直度，调节时间较长且钢立柱的插入垂直度无法保证。

全套管全回转钻机垂直插入钢立柱法（HPE），其主要特点为安装速度慢（1机2天1根）、垂直度安装精度高达1/500～1/1000、施工时安全系数高（无需人工到孔底凿浮浆及混凝土与安装定位器）等；无需导向架，垂直度偏差信息化、可视化，节约能源降低施工成本，但对于带有牛脚和托盘的钢立柱前期不能抱压，垂直下放时垂直度和水平位置不可控；不能流水施工，占用设备时间长，在桩基混凝土未初凝时全套管全回转钻机一直要在原位压住钢立柱不能移位。

全套管全回转钻机钢套管导向定位法，其主要特点为安装速度快，下插钢立柱可在1h内完成、垂直度安装精度高达1/500～1/1000、人员投入少（全机械施工）、施工时安全系数高（无需人工到孔底凿浮浆及混凝土与安装定位器）等；钢套管导向、垂直度偏差数字化、信息化、可视化，节约能源降低施工成本，可流水施工。缺点：需额外增加2套导向定位钢套管形成施工流水。

针对HPE法存在的水平位置及垂直度误差大、施工时间长、施工过程移位等问题，本文创造性地提出一种钢立柱导向法施工技术，综合导向架法施工速度快和HPE法垂直精度高的优点，又避免导向架法不能调节垂直度，HPE法水平位置及垂直度误差大、施工时间长、施工过程移位等缺点。旨在为钢立柱施工提供一种更精确、高效、经济的施工方法。

1　钢套管导向法施工技术

1.1　导向法施工原理

钢立柱导向法施工技术根据两点定位原理，采用全套管全回转钻机压入定位精准且垂直度满足要求的钢套管，通过钢立柱上两块定位板约束钢立柱的水平位置和竖向垂直度使之达到偏差小于$H/1000$的要求，在柱下桩基混凝土浇筑后立即将底端封闭的永久性钢立柱垂直插入下部桩基设计位置。

精度控制具体是通过全套管全回转钻机将钢套管精准定位并插入一定深度，并在钢立柱一定位置设置两个间隔10m的定位盘，每个定位盘与钢套管内径间隙10mm，即竖向10m长度范围内钢立柱平面位置偏差最多10mm，即1/1000误差精度要求。

1.2　钢立柱优化

钢立柱原始设计长度为柱顶标高至底标高，未对吊点与定位方式等进行设计。另外钢立柱通常在地面施工，还有一部分空桩需考虑。因钢立柱导向法施工技术是在地面定位并控制垂直度，故施工前需要对原设计进行优化，即需对钢立柱空桩部分接长并超出地面一定高度、并在钢立柱上部间隔 10m 位置设置两个定位盘（既定位精准又方便后续填砂石）、在钢立柱顶部设置吊点。定位盘与吊点大样见图 1。

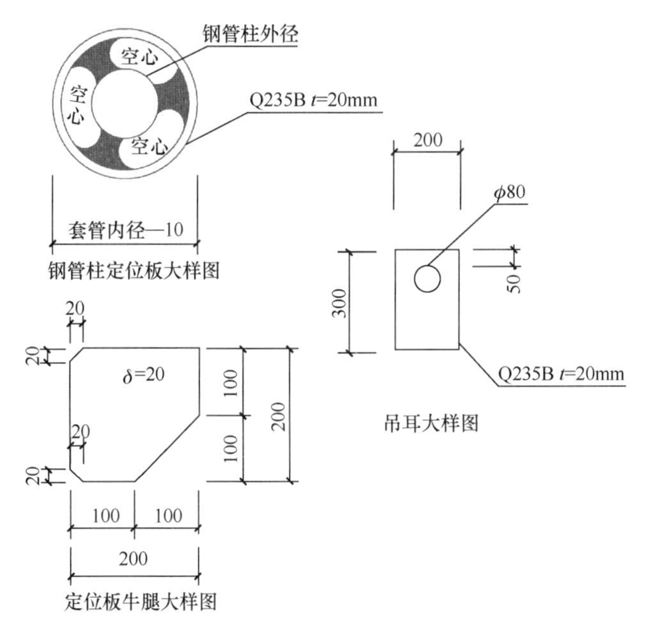

图 1　定位板与吊耳大样图

1.3　导向法施工机械设备

施工机械设备选取需满足条件：一是定位精准，二是桩基成孔速度快。

结合岩土施工领域现有机械设备情况以及施工经验，最终选择全套管全回转钻机与旋挖钻机进行钢立柱施工。前者主要用于桩基精准定位与钢套管下插，后者主要用于桩基快速成孔。另外现场还需配置两台吊车。

1.4　导向法施工步骤

场地平整与硬化→放线定位→DTR 回转平台就位→全套管全回转钻机就位→全套管全回转钻机垂直压入钢套管→检测压入钢套管的垂直度→吊开全套管全回机→旋挖钻机就位土层采用旋挖钻机配捞砂斗钻进成孔→岩层采用旋挖钻机配牙轮钻头及入岩筒钻分级扩孔钻进→检测成孔的垂直度→第一次清孔→吊放钢筋笼→下放导管→第二次清孔→浇灌混凝土至设计标高→吊放钢立柱→钢立柱下沉至设计标高→钢立柱外侧填筑砂石→钢立柱内浇灌混凝土→桩孔混凝土终凝后拔出钢套管→施工下一根钢立柱桩。

2　导向法施工应用

2.1　项目概况

深圳地铁 16 号线龙南站位于龙岗区深汕公路和兴东大街交叉路口，沿深汕公路东西向跨路口设置，为地下二层岛式车站。车站主体基坑长 202.3m，标准段宽 21.m，主体基坑开挖深度 17.5～18.3m。车站主体采用盖挖逆作法施工，中间竖向支撑体系为直径 800mm 钢立柱，柱下为直径 1500mm 独立桩基。车站共设置 27 根永久钢立柱，钢立柱最长 25.05m，加上配件最大重量 11.2t。

钢立柱参数表　　　　表 1

车站名称	钢立柱直径(mm)	钢立柱壁厚(mm)	桩基直径(mm)	最大长度(m)	最大重量(t)
龙南站	800	20	1500	25.05	11.2
龙平站	800	20	1600	22.7	9.4
	600	20	1300	17.2	5.3

龙平站为深圳轨道交通 16 号线与规划 21 号线换乘站，采用通道换乘，龙平站为地下三层三跨岛式站台，主体基坑长 184.18m，标准段基坑宽度 22.9m，基坑开挖深度 25.68～26.34m。其中 16 号线位于龙平东路与龙园路十字路口沿龙平东路地下设置，龙平东路、龙园路路面车流量大，交通繁忙，车站主体采用明挖法（车站北半幅设置临时铺盖板作为施工场地）施工。车站设置直径 800mm 与 600mm 永久钢立柱共计 14 根，钢立柱最长 22.7m，加上配件最大重量 9.4t。两个车站钢立柱具体参数如表 1 所示。

2.2　钢立柱施工

两个车站钢立柱下部桩基最大直径为 1600mm，故本次采用直径 1800mm 壁厚 40mm 长 12m 的钢护筒。钢立柱总体施工方案为：首先采用全套管全回转钻机精准定位，然后下 12m 长的钢护筒，上部采用专用抓斗取土，下部采用旋挖钻机泥浆护壁成孔，待桩基混凝土浇筑完毕后立即下插钢立柱。

因钢立柱在专业生产厂家一次加工成型，验收合格后运至施工现场，故本文不对钢立柱的加工细节与相关要求进行介绍。

1. 施工前准备

钢立柱施工期间，有大功率旋挖钻机、履带吊车、全套管全回转钻机等在施工场地内作业，为保证施工安全，防止吊车倾覆，出现安全事故，防止桩孔受到挤压后变形坍塌，需要对施工场地进行混凝土硬化处理。

2. 全回转钻机对中就位

测量定位施放桩中心点后，将全套管全回转钻机定位板吊放对中桩位，定位板的定位器中心与基础桩桩位中心在同一垂直线上，然后吊装全套管全回转钻机就位，全套管全回转钻机根据定位器就位对中。全回转操作平台可实现桩心的精准对位，并有 4 独个立伸缩的夹紧装置。就位对中后，全套管全回转钻机可手动、自动调整水平度。

3. 压入钢套管

就位对中后，手动调节全套管全回转钻机的垂直度，并重新复核中心位置，满足要求后即可压入钢套管，一边压入钢套管一边用全站仪监测套管的垂直度，钢套管下压到 12m 后，可以停止压入钢套管，并用超波检验套管的垂直度，如不合格则进行纠偏，满足精度要求后将全套管全回转钻机吊开施工下一桩位。

4. 成孔

套管深度范围内采用冲抓斗成孔，孔径 1.8m，套管以下部分采用旋挖钻机成孔，孔径同柱下桩基础孔径。成孔过程中实时监测成孔垂直度，若不满足要求，则立马进行纠偏处理。

5. 钢立柱吊放

根据起重量、起吊高度以及现场实际情况，采用双机两点抬吊方式吊装（图 2），其中主吊位于钢立柱顶部的两个吊耳上，副吊位于钢管底部位置的抱管钢丝绳上。然后主吊缓慢起吊，副吊一同缓慢上升，在钢立柱起吊的过程中，钢立柱底端始终以地面为轴心旋转上升，当钢立柱与地面呈 60°时，副吊退出，由主吊缓慢将钢立柱竖直吊起。将永久性钢立柱垂直缓慢放入起导向作用的钢套管内，利用钢立柱的自重下放到孔内一定深度后，不能自动下沉时，采用旋挖机缓慢压入，因为有定位板的约束，钢立柱的位移在水平和垂直方向上仅 10mm 偏差，满足钢立柱精度要求。下插完成后为防止钢立柱上浮，可用钢筋将钢立柱焊接在钢套管壁上（图 3），直至混凝土初凝后解除。

图 2　钢立柱起吊

6. 钢立柱四周碎石回填

钢立柱垂直插入后，即可对钢立柱四周进行碎石或砂回填，在钢立柱外侧设置溜槽，回填时碎石在钢立柱四周均匀填入，防止单侧填入过多造成钢立柱偏位、弯曲，边回填边将孔内泥浆排除。碎石回填至钢立柱设计标高以下 300～500mm。

7. 钢立柱内灌注混凝土

钢立柱四周回填后，钢立柱内自密实混凝土采用导管法进行浇筑，浇筑过程中注意控制好桩顶标高。待桩孔内混凝土终凝后，再次对钢管顶部以上周边进行碎石回填。

图 3　抗浮措施

2.3　施工效果

将钢立柱导向法施工技术应用于龙南站与龙平站，达到了以下效果：

（1）从成孔到钢立柱混凝土浇筑完毕需 2d 时间，其中钢立柱从起吊至下插完毕平均用时 1h；

（2）施工现场熟练掌握此种工法以后，柱下桩基采用常规混凝土，无需采用超缓凝混凝土；

（3）仅需对压入钢套管与旋挖成孔过程进行垂直度监测与纠偏，下插钢立柱过程无需监测与纠偏，插入钢立柱完成后可实测位置及垂直度，达不到设计要求还可以调节；

（4）当浮力与混凝土阻力大于下插力时，可采用旋挖钻机缓慢压入并保证垂直度；

（5）基坑开挖后经复测（开挖效果见图 4），垂直度偏差＜1‰，水平位置偏差＜2cm，均满足设计要求。

图 4　开挖效果

3 结论

钢立柱导向法施工技术经实际应用与检验同现有施工技术相比，具有定位准、垂直度控制满足要求、成孔速度快、无需超缓凝混凝土、下插过程无需监测与纠偏、可用旋挖机压入等显著优点。在地铁建设与建筑工程领域具有显著的高效性与经济效益，值得推广。

参考文献：

[1] 冯金英，肖双全，胡敏. 地铁车站钢管柱细部节点施工技术[J]. 铁道建筑，2012，05：74-77.

[2] 李彪. 地铁车站盖挖逆作法钢管柱施工技术[J]. 施工技术，2008，37(S2)：80-83.

[3] 肖昌军. 北京地铁 10 号线劲松站 PBA 工法钢管柱安装施工技术[J]. 施工技术，2008，12(20)：237-238.

[4] 陈丽敏. PBA 工法钢管柱施工技术[J]. 国防交通工程与技术，2012(S1)：101-103.

[5] 仇航. HPE 工法垂直插入钢管柱施工工艺及监理控制要点[J]. 建设监理，2010，09(135)：60-61.

[6] 张凤龙. HPE 地面液压垂直插入钢管柱施工技术[J]. 建筑施工，2011，37(7)：546-549.

[7] 刘昌波. 地铁车站钢管柱关键施工技术[J]. 施工技术，2018，04(506)：91-94.

[8] 梁桥欣，冯永飞，白冰等. 地铁车站大直径深长钢管混凝土柱施工关键技术研究[J]. 施工技术，2018，47(13)：111-115.

[9] 魏倩，汪浩，吴延宏等. 上下同步施工逆作法一柱一桩垂直度控制施工技术[J]. 施工技术，2017，46(13)：85-88.

[10] 陈枝东，张领帅. 后插大直径大型钢管柱垂直度控制[J]. 施工技术，2018，47(7)：49-52.

TRD 工法在国内基坑围护工程中的典型优势应用

项　敏
（苏州德泓建设工程有限公司，上海 201821）

摘　要： 目前国内基坑围护工程止水帷幕主要采用三轴搅拌桩，但随着大城市轨道交通、高架隧道等的大量建设，紧邻这些重要建筑物的新建项目基坑围护工程对止水帷幕的要求越来越高，普通三轴搅拌桩已无法适应这种工程条件，而近几年来已在国内成功应用的 TRD 工法正好可以满足这种大深度、低净空以及高安全性的要求。本文以近几年 TRD 工法行业案例数据为背景，分享比较有代表性的案例，63m 超深 TRD 止水帷幕和高压线下低净空 TRD 开槽接插 H 型钢等，展望未来更多应用的方向。

关键词： 等厚度水泥土连续搅拌墙工法；TRD 工法；止水帷幕

0　引言

随着很多城市开始大规模的地铁建设，TOD 模式（公共交通导向型开发）及城市地下空间综合开发利用得到越来越多的重视，对应的深基坑设计也在往更大、更深、更复杂的方向发展。工程建设中会遇到各种敏感环境（图 1），如何保证安全高效完成基坑工程成了当前非常重要的任务。

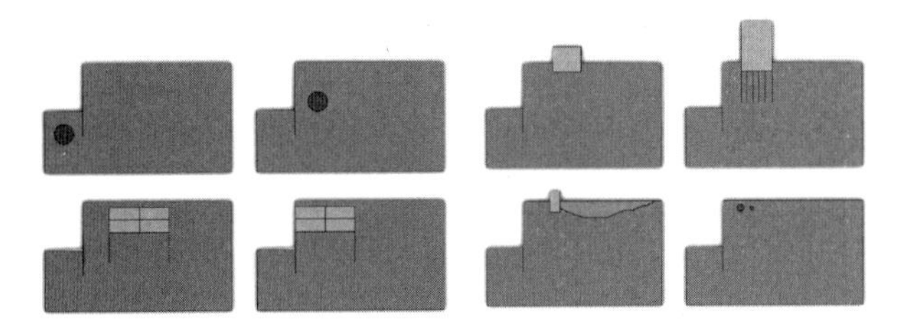

图 1　深基坑敏感区域示意图

笔者从事基础工程行业约 16 年，主要涉及基坑围护、桥墩围堰等工程的止水帷幕的研究、推广和应用工作。主要的工法有：拉森钢板桩、组合钢板桩、高压旋喷桩、SMW 工法、MJS 工法、CSM 工法以及 TRD 工法等。根据多年实际参与和收集的案例经验及学者专家的论文资料等，本文主要介绍 TRD 工法在基坑围护中的应用。

1　TRD 工法

1.1　TRD 工法原理

TRD 工法（Trench-Cutting & Re-mixing Deep Wall Method），又称超深等厚度水泥土地下连续搅拌墙工法，其基本原理是利用链锯式刀具箱竖直（垂直）打入地层中，然后作水平横向运动，同时由链条带动刀具作上下的回转运动，搅拌混合原土并灌入水泥浆，形成一定强度等厚度的止水墙（图 2、图 3）。

TRD 工法由日本于 20 世纪 90 年代初开发研制，是能在各类土层和砂砾石层中连续成墙的成套先进工法设备和施工方法。主要应用在各类建筑工程，地下工程，护岸工程，大坝、堤防的基础加固、防渗处理等方面。

图 2　TRD 工法示意图

图 3　TRD 工法设备箱体、被动轮、链条及刀头

2005 年 TRD-Ⅲ 首次引进中国，2014 年国家行业标准《渠式切割水泥土连续墙技术规程》JGJ/T 303 实施。2017 年 TRD 工法被列入《建筑行业 10 项新技术》。

TRD 工法适应黏性土、砂土、砂砾及砾石层等地层，在标贯击数达 50～60 击的密实砂层、无侧限抗压强度不大于 5MPa 的软岩中也具有良好的适用性。可广泛应用于超深止水帷幕、型钢水泥土搅拌墙、地墙槽壁加固等领域[1]。

1.2 TRD工法应用形式

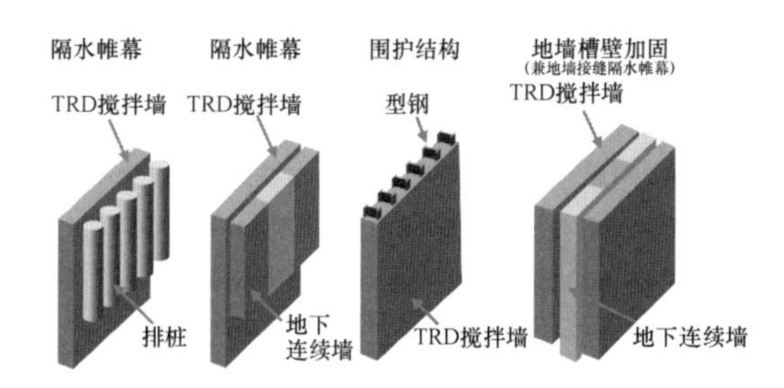

图4　TRD工法的应用形式示意图

1.3 TRD工法施工工序

在国内的工程实践中该工法多采用TRD工法施工三步法（图5）：第一步横向前行时注入切割液切割，一定距离后切割终止；第二步主机反向回切，即向相反方向移动；移动过程中链式刀具旋转，使切割土进一步混合搅拌，此工况可根据土层性质选择是否再次注入切割液；第三步主机正向回位，箱式刀具底端注入固化液，使切割土与固化液混合搅拌。

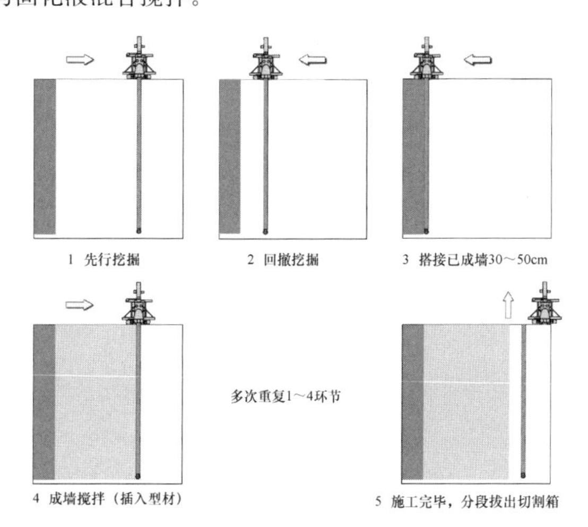

图5　三步施工法示意图

在不同的地质条件下，TRD施工难易程度会有所不同。可采用一步施工法（切喷同时）、两步施工法（一切一喷）和三步施工法（两切一喷），施工方法的选用应综合考虑土质条件、墙体性能、墙体深度和环境保护要求等因素。当切割土层较硬、成墙较深、墙体防渗要求高时宜采用三步施工法；施工长度较长、环境保护要求较高时不宜采用两步施工法；当土体强度低、墙体较浅时可采用一步施工法[2]。

下切割箱示意如图6所示。

① 测量放样，开挖导向槽，如遇表层杂填土含有石块需进行换填。

② 吊放预埋箱。

③ 桩机就位，切割箱与主机连接。将切割箱吊放入预埋穴，TRD主机移动至预埋穴位置连接切割箱，再返回预定施工位置，进行切割箱的自行打入挖掘工序。根据设计深度，将一节一节相连接的切削箱体垂直向下压入地中。

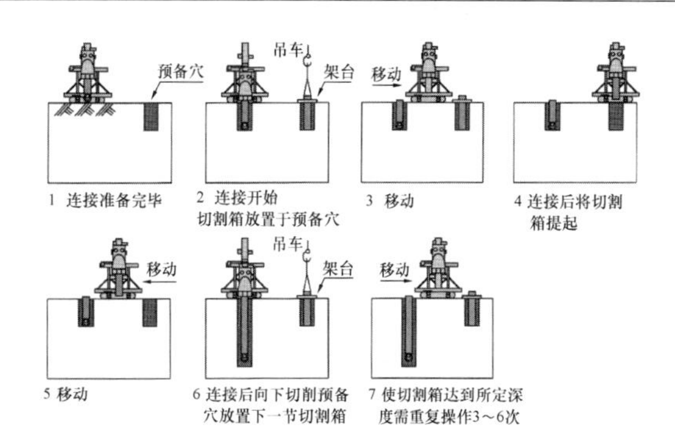

图6　下切割箱示意图

④ 切割箱被自行打入到设计深度后，安装测斜仪。通过安装在切割箱内部的多段式测斜仪，可进行墙体的垂直精度管理，通常可确保1/250以内的精度。

⑤TRD工法成墙。测斜仪安装完毕后，主机与切割箱连接，注入固化液，使其与挖掘液混合泥浆强制混合搅拌，形成等厚的TRD水泥土搅拌墙。挖掘液注浆压力宜控制在1～1.5MPa，固化液注浆压力2MPa。

⑥置换土处理。将TRD水泥土搅拌墙施工过程中产生的废弃泥浆统一堆放，集中处理。

1.4 TRD工法优势

1. 施工深度大

最大深度80m，墙宽550～1200mm，国内已有多个深度达60～70m施工案例。

2. 适应地层广

与传统工法比较，适应地层范围更广。可在砂、粉砂、黏土、砾石等一般土层及N值不超过50的硬质地层（鹅卵石、黏性淤泥、砂岩、石灰岩等）施工。

3. 成墙质量好

连续性刀锯向垂直方向一次性的挖掘到设计深度，然后进行混合搅拌及横向水平推进，在复杂地层也可以保证成墙品质均一。与传统工法比较，水泥土墙上下搅拌均匀，止水效果好，离散性小、可连续性施工，无接缝（不存在咬合不良），确保墙体高连续性和高止水性。

4. 稳定性高

主机高度约为12m，重心低，稳定性好，与传统工法比较，机械的高度和施工深度没有关联，稳定性高、通过性好。侧翻事故为零！施工过程中切割箱一直插在地下，绝对不会发生倾倒（设备高度如图7所示）。

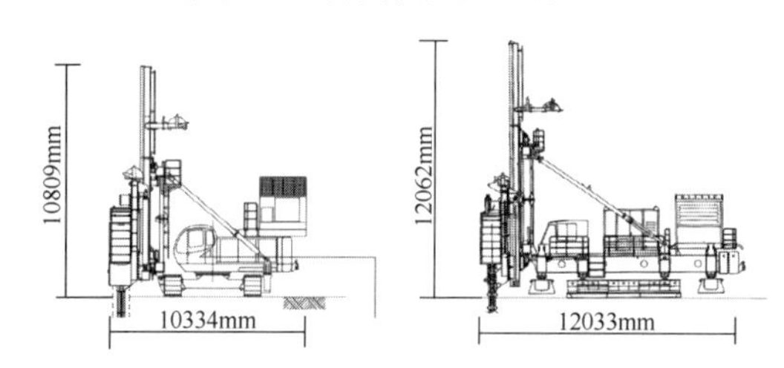

图7　常见TRD设备尺寸

5. 施工精度高

实时检测设备对施工过程中的各类参数，进行监控。实现了施工全过程对TRD工法墙体的垂直精度控制，这是目前其他传统工法无法做到的。通过施工管理系统，实时监测切削箱体各深度 X、Y 方向数据，实时操纵调节，确保成墙精度。

6. 墙体等厚

成墙连续、等厚度、无缝连接，是真正意义上的“墙”而绝不是“篱笆”。可在任意间距插入 H 型钢等芯材，可节省施工材料，提高施工效率。

7. 周边土体影响较小

TRD 工法在搅拌成墙过程中喷注水泥浆液过程中压力比 SMW 工法较小，特别是基坑围护紧邻保护建筑物或者管线、地铁的时候，对周边土体影响较小。

2 应用案例

2.1 超深止水帷幕：南京清凉门大街（63m 深）

南京清凉门大街项目位于南京市江东北路以西，清凉门大街以北，用地面积 39574m^2，含 3 栋写字楼、1 栋公寓，整体设置 3 层地下室，东侧和南侧与地铁相接（地下连续墙与地铁车站共用围护结构）。基坑支护结构安全等级为一级，重要性系数 1.1。基坑开挖面积约 25000m^2，周长约 640m。

场地内承压水分为上下两层：承压水上段主要由②$_{4a}$层粉砂构成，含水层厚度 1.6～7.2m，由东往西方向，含水层渐少；承压水下段主要由②$_5$ 层粉砂、③$_{4e}$层含卵砾石中粗砂层构成，厚度 4.7～12.80m。两层承压水之间分布有厚度 1.6～11.5m 厚的②$_4$、②$_{5a}$层粉质黏土形成相对隔水层，该隔水层在场地附近可能存在天窗，导致上下两层水连通。

基坑分别采用地下连续墙和灌注桩作为围护墙体，灌注桩外侧采用 TRD 工法深层搅拌水泥土墙作为止水帷幕。TRD 止水帷幕靠近建筑物侧最大深度达 63m，桩端进入⑤$_1$ 层强风化泥质砂岩不小于 1.5m（图 8）。

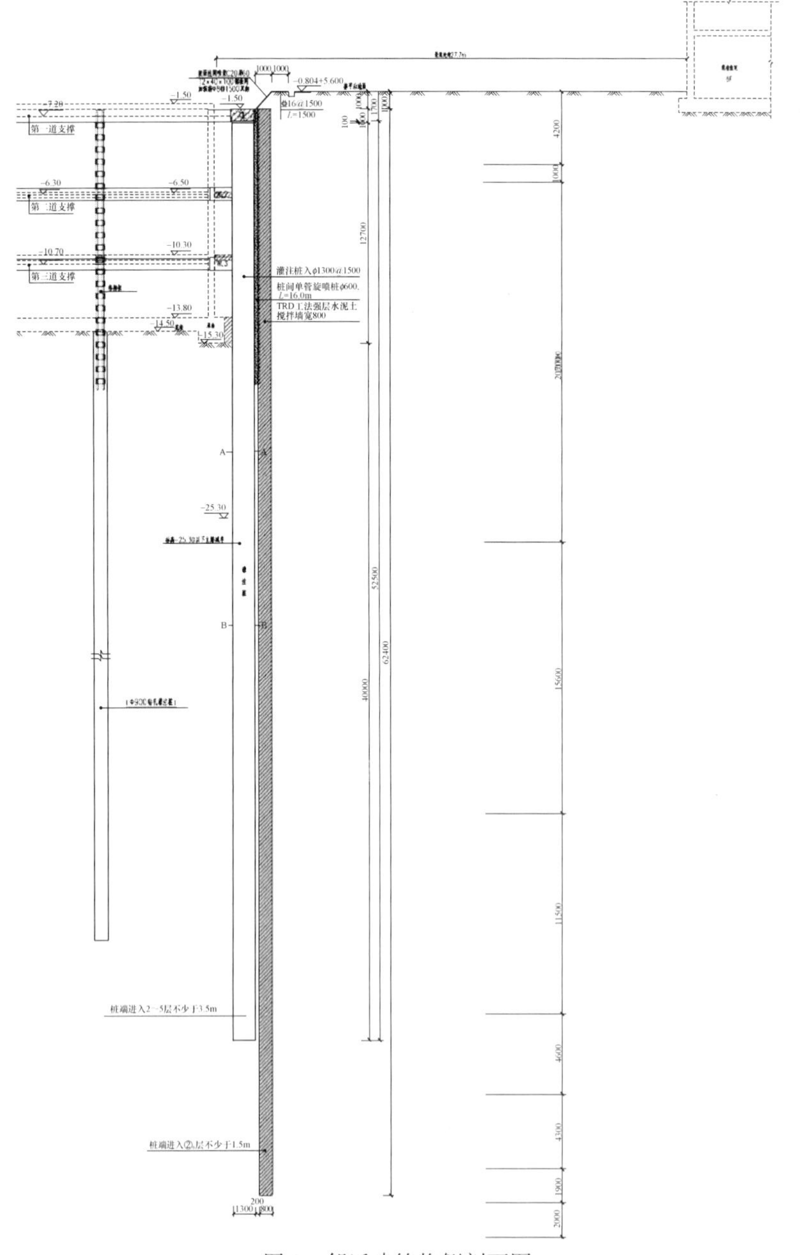

图 8　邻近建筑物侧剖面图

该项目 TRD 施工已经于 2021 年初完工，使用的是日本三和 TRD-EN 型，63m 深度早上 6 时施工至晚上 10 时，两天成墙 9m。

2.2 低净空案例：南通轨道交通（12m 低净空）

南通轨道交通 1 号线能达商务区站附属 1 号风亭及 2 号出入口围护结构，位于 110kV 高压线下方。根据施工单位建议因旋喷桩成桩质量不确保，止水帷幕质量不可控等原因，原钻孔桩部分工法由 ϕ800@1000 钻孔灌注桩＋双排双高压三重旋喷桩止水帷幕调整为 TRD＋内插型钢。

TRD 工法开槽、回撤后注入水泥浆，同步插入 H 型钢，因高压线安全距离限高，使用自制定位架现场焊接 H 型钢，该项目接近收尾阶段，开挖效果理想，确保了基坑及周边管线安全（图 9、图 10）。

图 9　高压线下 TRD 设备施工，焊接 H 型钢

图 10　开挖效果

3 市场应用情况

3.1 已有案例地区

经过这几年项目试点，得到了很多业内专家，设计单位的认可。陆续在以下地区得到了应用：北京、天津、哈尔滨、沈阳、燕郊、青岛、锦州、淮安、太原、上海、杭州、苏州、宁波、湖州、温州、金华、南京、南通、南昌、九江、黄山、武汉、郑州、长沙、濮阳、衡阳、广州、珠海、潮州、昆明、阜阳、厦门等。

3.2 全国 TRD 施工方量统计

2018 年起，TRD 工法在国内开始快速增长，2019 年施工方量突破了 100 万 m^3（图 12），2019 年底北京副中心绿心三大建筑项目，TRD 设备克服了复杂的砂层地质，做到了 48～50m 深的止水帷幕，该项目总共施工方量超过 10 万 m^3，也是截至 2020 年最大 TRD 项目[3]。2020 年上海硬 X 射线项目 4 号工作井，TRD-80E 成功完成 69.4m 深的超深止水帷幕（图 11）。

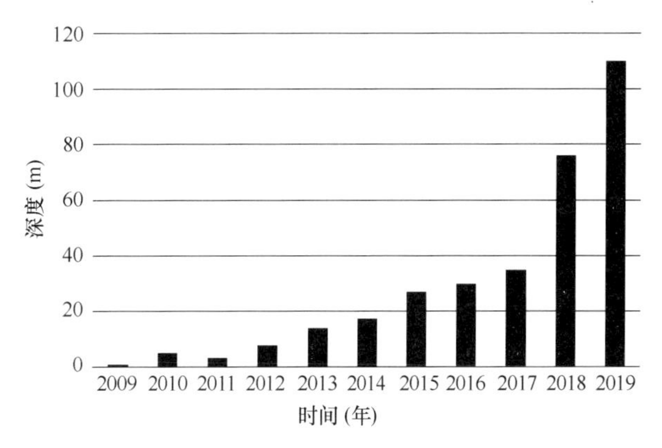

图 11　TRD 工法每年总施工方量

注：数据来源 TRD 工法网（TRDgf.com）统计。

3.3 TRD 设备机型统计

截至 2020 年底国内 TRD 工法设备数保有量超过了 60 台。现国内可以提供 TRD 设备主机厂家有：日本三和机材（TRD-E/TRD-EN）、铁建重工（LSJ60）、抚挖重工（CMD850/CMD950）、上海工程机械厂（TRD-60E/TRD-60D/TRD-70E/TRD-80E）。厂家设备型号参数如图 12 所示。

	TRD-III	LSJ60	CMD850 CMD950	TRD-60E TRD-60D	TRD-EN TRD-70E	TRD-80E
电动机				√	√	√
柴油机	√	√	√	√		
步履式				√	√	√
履带式	√	√	√			
最大深度 (m)	60	60	60	60	70	80
成墙厚度 (mm)	550～850					900～1200

图 12　TRD 设备机型统计表

4 结语

基于笔者对于整个TRD工法行业的走访、数据汇总及综合分析，得出以下结论：

（1）随着TRD工法在各地的应用，特别是对地铁管线、既有建筑物、河道及市政管线周边的深基坑。证明了该工法的确能保证止水效果，减少基坑围护施工中漏水、降水带来的工程风险。

（2）随着TRD整机设备的国产化日渐成熟，相关易损件（如链条、刀头等）的配套供应商不断增加，采购国产TRD工法设备的施工单位以及采用TRD工法的工程项目逐渐增多，相比早期推广阶段单纯依靠日本进口设备和配件的成本将会大幅下降，成本的下降又将反过来推动TRD工法在市场上得到更多的应用。

（3）TRD工法在遇到转角施工时，需要重新起拔切割箱体，原先采用的日本施工方式需要4～5d时间，经过国内施工团队的改进优化，完成转角施工的起拔和重新下钻的时间可以缩短至1～2d，且较好地解决了转角处易漏水的风险。

（4）未来TRD工法将会迎来更加细分的市场，例如软土地区需要做到深度70m以上的超深止水帷幕，而浅层需要小型化的TRD设备用于高品质的止水帷幕。目前多家施工企业和设备厂家都已经开始做相关的设计和生产工作，相信不久的将来会有更多型号的TRD工法设备出现在市场上。

参考文献：

[1] 王卫东，邸国恩．TRD工法等厚度水泥土搅拌墙技术与工程实践[J]．岩土工程学报，2012，34(S)，628-633.

[2] 孙志振，李宁．TRD工法在上海地铁砂质粉土地层中的应[J]．施工技术，2017(S2)：1105-1108.

[3] 郭双朝，张澍，张振，等．TRD工法在北方地区的适用性分析[J]．建筑技术，2020(5)：569-571.

基于荷载传递法桩承式加筋路堤桩土应力比简化计算方法

张　玲，岳　梢，周　杰，赵明华
（湖南大学土木工程学院，湖南 长沙 410082）

摘　要：桩承式加筋路堤桩土应力比是其设计计算的重要参数。本文基于荷载传递法，考虑路堤土拱效应、筋材的张拉膜效应以及桩土荷载分担作用，引入路堤"土柱模型"并简化复合地基中桩土界面摩阻力规律，建立了桩承式加筋路堤受力变形简化分析模型，通过桩承式加筋路堤各组成部分的变形协调及静力平衡条件，得到桩土差异沉降及桩土应力比计算公式，并通过相关算例验证本文方法的可行性。

关键词：桩承式加筋路堤；复合地基；桩土应力比；土拱效应；荷载传递

0　引言

桩承式加筋路堤是在桩体复合地基桩顶平面上（或桩帽上）铺设土工材料加筋垫层，竖向桩体和桩间土体组成双向增强复合地基，共同工作，协调变形，来承担上部路堤填土荷载的一种路堤形式。因其具有施工方便、工期短、侧向变形和工后沉降小等突出优点，已在淤泥、淤泥质等饱和软黏土地基工程中得到了广泛的应用，并取得了良好的加固效果[1-3]。

国内外很多学者基于 Terzaghi[4] "活动门"试验，从理论分析[5-11]、数值模拟[12]、现场或室内试验[13-17]等对桩承式加筋路堤的承载能力和荷载传递机制进行了大量研究。桩土应力比作为反映复合地基工作性状、承载能力的重要参数之一，是桩承式路堤研究的一个重点。例如：Hewlett 等[13]基于室内模型试验提出球形土拱假设，分析了四边形布桩时的桩土应力比，但未考虑存在加筋体时的情况。饶为国等[8]将水平加筋垫层变形简化成抛物线形，利用其竖向平衡方程得到了不同布桩形式下的桩土应力比计算式；刘吉福[9]假定路堤中存在等沉面，提出"土柱模型"，根据桩、土沉降差推得路堤下单一竖向增强体复合地基的桩、土应力比公式；但两者都没有考虑桩帽对桩土应力比的影响。陈云敏等[18]基于单桩等效处理范围内堤身土体受力平衡，改进了传统的 HEWLETT 极限状态空间土拱效应分析方法，求得了桩体荷载分担比计算的解析表达式，并分析得出桩帽宽度对桩体荷载分担比有主要影响，但此方法没有考虑加筋垫层的作用。赵明华等[10]基于柔性桩一桩承式路堤的变形机理，提出了路堤一桩一土协调变形的双等沉面荷载传递模型，建立了能充分考虑桩承式路堤各组成部分之间协调变形特性的理论方法，但此方法涉及迭代，较为复杂。总体来说，桩承式加筋路堤的桩土应力研究已取得一些研究成果，但由于路堤荷载作用下水平加筋体—桩—桩间土相互作用的复杂性，上述各种方法都是在各自假定的基础上提出的，有其合理性但也尚存在进一步改进的地方。合理确定桩承式加筋复合地基桩土应力比的理论研究尚有待进一步深入。

基于此，本文拟建立一个简化方法来计算桩承式加筋路堤桩土应力比。从等沉面概念出发，基于"土柱模型"，考虑路堤土拱效应、筋材张拉膜效应以及桩土分担作用，基于静力平衡和变形协调条件以及桩上土柱、加筋体、桩体以及桩间土之间的荷载传递机理，建立了桩承式加筋路堤受力变形简化分析模型，通过计算桩土差异沉降，推导得出桩土应力比，并通过算例验证本方法的正确性。

1　计算模型的建立与分析

桩承式加筋路堤主要由路堤、加筋垫层、桩、桩周土组成，本文取路堤中心处的桩及其影响范围内的土体为研究对象进行分析。由于桩承式加筋路堤承载变形机理非常复杂，为了简化其受力变形分析过程，结合前人研究成果，作如下基本假定：

（1）填土、桩及桩间土为均质各向同性的理想弹性体，土体满足 Mohr-Coulomb 强度准则，且土柱不发生横向变形仅发生竖向变形；

（2）引用"土柱模型"（图 1）考虑路堤土拱效应，内外土柱刚度相同，并假设内外土柱界面上的拖拽力（即侧摩阻力）自路堤等沉面呈线性增加；

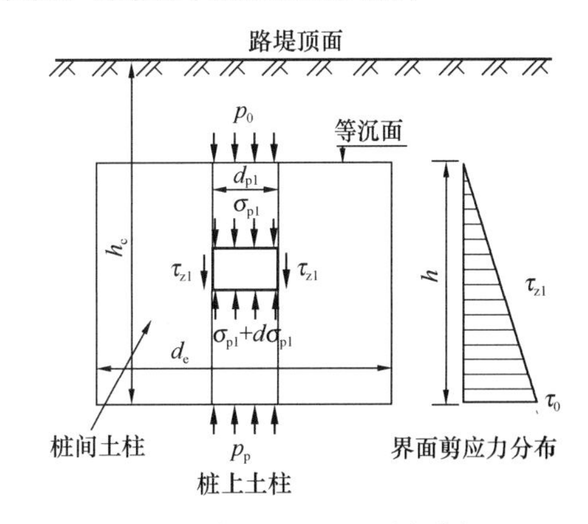

图 1　路堤"土柱"受力分析

（3）桩端坐落在坚硬岩层上，桩侧摩阻力沿全桩长呈负摩阻，且负摩阻力沿深度线性衰减。

1.1　路堤土拱效应分析

因桩体压缩模量高于桩间土的压缩模量，在路堤荷载作用下，桩顶面处会产生桩土差异沉降，且桩顶沉降量小于桩间土沉降量[9]。桩土差异沉降使桩间土上部填土（以下简称桩间土柱）相对于桩顶填土（以下简称桩上土柱）向下移动或移动趋势，从而在内外土柱之间产生一个拖拽力，使外土柱的部分荷载转移至内土柱上，这种路堤中的荷载传递转移、应力重分布现象即路堤中的土拱效应。在内外土柱界面拖拽力的作用下，内外土柱差异沉降随高度增加而减小，最终趋于零，内外土柱差异沉降为零的平面即为路堤等沉面。

基于等沉面概念，由于桩土刚度差异，路堤荷载作用下桩土间产生相对位移，即桩相对于桩间土出现向上刺入变形的趋势。由于路堤填料自身的抗剪强度，等沉面以下桩顶上部填土与桩间上部填土间相对位移趋势将促使桩间上部填土产生向下的剪应力 τ_{z1}，并通过该剪应力 τ_{z1} 将自身的部分荷载转移到桩顶上部填土上。

根据假设（2），桩上土柱与桩间土柱界面上的拖拽力（即侧摩阻力 τ_{z1}）[19]如图 1 所示，即为：

$$\tau_{z1}=\frac{z_1}{h}\tau_0 \tag{1}$$

式中，h 为等沉面的高度；z_1 为距等沉面的距离；τ_{z1} 为距等层面 z_1 时对应的剪应力，τ_0 为土工加筋垫层顶面（即路堤底面）处桩间土柱与桩上土柱间的剪应力，可按下式计算[9]：

$$\tau_0=\beta(c_e+K_e p_p\tan\varphi_e)=\beta(c_e+fp_p) \tag{2}$$

式中，c_e、φ_e 为路堤填土黏聚力和内摩擦角；K_e 为路堤填土的侧向土压力系数，$K_e=1-\sin\varphi_e$；β 为侧向摩擦力发挥程度系数，与内外土柱间相对位移大小相关，在桩顶面附近为1，均匀沉陷面为0，为了简便，这里取 $\beta=1$[9]；f 为内摩擦角有关的系数，$f=(\sin\varphi_e-\sin^2\varphi_e)/\cos\varphi_e$；$p_p$ 为作用在桩上土柱加筋垫层上的路堤荷载。

由图 1 中 dz 微段桩上土柱竖向应力平衡可得：

$$\sigma_{p1}(z_1)=p_0+\gamma_e z_1+\frac{\tau_0}{r_{p1}h}z_1^2 \tag{3}$$

式中，$\sigma_{p1}(z_1)$为等沉面下 z_1 深度处桩上土柱的竖向应力；p_0 为作用在等沉面上的路堤荷载；γ_e 为路堤填土重度；r_{p1} 为桩上土柱半径。

若不考虑路堤顶面以上路面结构板或车辆荷载等的影响或是路堤高度 h_e 中已包含了车辆荷载等的折算路堤高度，则有：

$$p_0=\gamma_e(h_e-h) \tag{4}$$

式（3）中令 $z_1=h$，得：

$$p_p=\gamma_e h_e+\frac{\tau_0 h}{r_{p1}} \tag{5}$$

并将式（2）代入，可解得：

$$h=\frac{\tau_0-\beta(c_e+f\gamma_e h_e)}{\beta f\tau_0}r_{p1}=\frac{\tau_0-e}{\beta f\tau_0}r_{p1} \tag{6}$$

式中，$e=\beta(c_e+f\gamma_e h_e)$。

根据桩土竖向荷载平衡关系式：

$$m_1\sigma_{p1}(z_1)+(1-m_1)\sigma_{s1}(z_1)=p_0+\gamma_e z_1 \tag{7}$$

联立式（3）可得：等沉面下 z_1 深度处桩间土上填土的竖向应力 $\sigma_{s1}(z_1)$为：

$$\begin{aligned}\sigma_{s1}(z_1)&=\frac{p_0+\gamma_e z_1}{1-m_1}-\frac{m_1}{1-m_1}\sigma_{p1}(z_1)\\&=p_0+\gamma_e z_1-\frac{m_1}{1-m_1}\frac{\tau_0}{r_{p1}h}z_1^2\end{aligned} \tag{8}$$

式中，m_1 为复合地基面积置换率，$m_1=\gamma_{p1}^2/\gamma_e^2$；$\gamma_e$ 为等效半径，$\gamma_e=1.05l$（等边三角形布桩，l 为桩间距），或 $\gamma_e=1.128l$（正方形布桩）[20]。

式（6）中令 $z=h$，并将式（4）、式（5）代入，可解得：作用在桩间土加筋垫层上的路堤荷载 p_s 为：

$$p_s=\gamma_e h_e-\frac{m_1}{1-m_1}\cdot\frac{\tau_0 h}{r_{p1}} \tag{9}$$

路堤等沉面下 h 高度内由拖拽力 τ_{z1} 引起的桩上土柱的压缩变形与桩间土柱的拉伸变形之和等于桩土差异沉降 Δs[9]

$$\begin{aligned}\Delta s&=\int_0^h\frac{\sigma_p(z)-\sigma_s(z)}{E_e}\mathrm{d}z\\&=\frac{1}{1-m_1}\cdot\frac{\tau_0}{3E_e r_{p1}}\cdot h^2\end{aligned} \tag{10}$$

简化得：

$$\Delta s=\frac{(\tau_0-e)^2}{\alpha\tau_0} \tag{11}$$

式中，$\alpha=\dfrac{3(1-m_1)E_e\beta^2f^2}{r_{p1}}$；$E_e$ 为路堤填土的压缩模量。

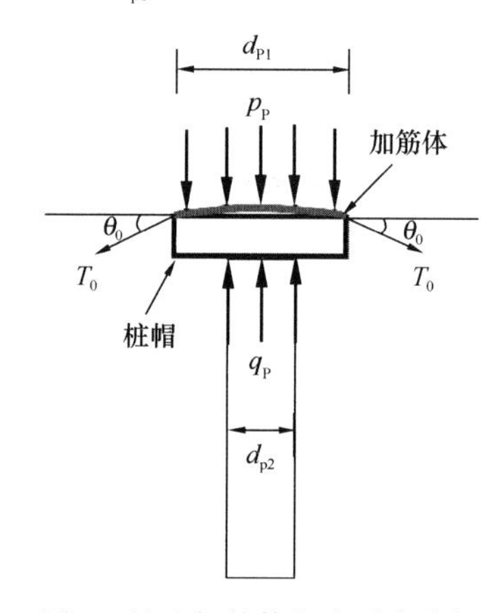

图 2　桩上加筋体竖向受力分析

1.2　筋材张拉膜效应分析

根据桩上加筋体竖向力的平衡可得平衡方程（忽略桩帽下土体提供的部分抗力）：

$$p_pA_{p1}+U_{p1}T_0\sin\theta_0=q_pA_{p2} \tag{12}$$

式中，A_{p1} 为桩上土柱面积，A_{p2} 为桩身面积；T_0 为加筋体拉力，U_{p1} 为桩帽周长，θ_0 为加筋体与水平方向夹角；q_p 为桩顶应力。

本文假定桩土差异沉降较小，θ_0 较小，即有：

$$\sin\theta_0\approx\theta_0=\left.\frac{\mathrm{d}w_s}{\mathrm{d}r}\right|_{r=r_{p1}} \tag{13}$$

$$\varepsilon_0=\sqrt{1+\theta_0^2}-1\approx\frac{1}{2}\theta_0^2 \tag{14}$$

由以上两式可得加筋体拉力 T_0 表达式：

$$T_0=E_g\varepsilon_0=E_g\left(\sqrt{1+\theta_0^2}-1\right)\approx\frac{E_g}{2}\theta_0^2 \tag{15}$$

式中，ε_0 为加筋体正常工作状态下的应变；E_g 为其拉伸刚度。

此时 τ_0 可表示为：

$$\tau_0 = G_e \frac{dw_s}{dr}\bigg|_{r=r_{p1}} = G_e\theta_0 \tag{16}$$

式中，G_e为路堤填土的剪切模量，其与路堤填土的压缩模量E_e以及弹性模量E的关系如下：

$$E_e = \frac{1-\nu_e}{(1-2\nu_e)(1+\nu_e)}E \tag{17}$$

$$G_e = \frac{E}{2(1+\nu_e)} \tag{18}$$

由以上两式可得：

$$G_e = \frac{1-2\nu_e}{2(1-\nu_e)}E_e \tag{19}$$

对式（12）变形，并结合式（5）、式（13）、式（15）、式（16）可得：

$$\begin{aligned} q_p &= \frac{A_{p1}}{A_{p2}}p_p + \frac{U_{p1}}{A_{p2}}T_0\sin\theta_0 \\ &= \frac{A_{p1}}{A_{p2}}\left(\gamma_e h_e + \frac{\tau_0 h}{r_{p1}}\right) + \frac{U_{p1}E_g}{2A_{p2}}\left(\frac{\tau_0}{G_e}\right)^3 \end{aligned} \tag{20}$$

1.3 桩土相互作用分析

桩帽下竖向力的平衡条件为：

$$m_2 q_p + (1-m_2)q_s = \gamma_e h_e \tag{21}$$

其中，$m_2 = \frac{r_{p2}^2}{r_e^2}$，$r_{p2}$为桩身半径，$q_s$为加筋垫层下桩间土的平均应力。

由式（21）可得：

$$q_s = \frac{\gamma_e h_e}{1-m_2} - \frac{m_2}{1-m_2}q_p \tag{22}$$

将式（20）代入式（22）得：

$$\begin{aligned} q_s &= \frac{\gamma_e h_e}{1-m_2} - \frac{m_2}{1-m_2}\left(\frac{A_{p1}}{A_{p2}}p_p + \frac{U_{p1}}{A_{p2}}T_0\sin\theta_0\right) \\ &= \frac{\gamma_e h_e}{1-m_2} - \frac{m_2}{1-m_2}\left[\frac{A_{p1}}{A_{p2}}\left(\gamma_e h_e + \frac{\tau_0 h}{r_{p1}}\right) + \frac{U_{p1}E_g}{2A_{p2}}\left(\frac{\tau_0}{G_e}\right)^3\right] \end{aligned} \tag{23}$$

根据前面假定，桩身与桩间土柱间的侧摩阻力τ_{z2}为：

$$\tau_{z2} = \left(1-\frac{z_2}{l_p}\right)\tau_0 \tag{24}$$

式中，z_2为桩顶往下的计算深度。

对z_2深度下桩体进行受力分析可得：

$$\sigma_{p2}(z_2) = q_p + \gamma_p z_2 + \frac{U_{p2}}{A_{p2}}\left(z_2 - \frac{z_2^2}{2l_p}\right)\tau_0 \tag{25}$$

式中，$\sigma_{p2}(z_2)$为加筋体下z_2深度处桩的竖向应力；U_{p2}为桩身周长。

对整段桩长进行积分可得桩体沉降w_p（桩假定为嵌岩桩）：

$$\begin{aligned} w_p &= \int_0^{l_p}\frac{\sigma_{p2}(z_2)}{E_p}dz \\ &= \frac{q_p l_p}{E_p} + \frac{\gamma_p l_p^2}{2E_p} + \frac{U_{p2}l_p^2}{3E_p A_{p2}}\tau_0 \end{aligned} \tag{26}$$

式中，E_p为桩体弹性模量。

同理可得：

$$\sigma_{s2}(z_2) = q_s + \gamma_s z_2 - \frac{m_2}{1-m_2}\frac{U_{p2}}{A_{p2}}\left(z_2 - \frac{z_2^2}{2l_p}\right)\tau_0 \tag{27}$$

式中，$\sigma_{s2}(z_2)$为加筋体下z_2深度处桩间土的竖向应力。

$$\begin{aligned} w_s &= \int_0^{l_p}\frac{\sigma_{s2}(z_2)}{E_s}dz \\ &= \frac{q_s l_p}{E_s} + \frac{\gamma_s l_p^2}{2E_s} - \frac{m_2}{1-m_2}\frac{U_{p2}l_p^2}{3E_s A_{p2}}\tau_0 \end{aligned} \tag{28}$$

式中，w_s为桩间土体沉降，E_s为桩间土的压缩模量。

将式（28）与式（26）相减可得沉降差Δs：

$$\begin{aligned} \Delta s = w_s - w_p &= l_p\cdot\left(\frac{q_s}{E_s} - \frac{q_p}{E_p}\right) \\ &+ \frac{l_p^2}{2}\cdot\left(\frac{\gamma_s}{E_s} - \frac{\gamma_p}{E_p}\right) \\ &- \frac{l_p^2 U_{p2}}{3A_{p2}}\cdot\left[\frac{m_2}{E_s(1-m_2)} + \frac{1}{E_p}\right]\tau_0 \end{aligned} \tag{29}$$

将上式简化可得：

$$\Delta s = c - a\tau_0^3 - b\tau_0 \tag{30}$$

式中：$\chi = l_p\cdot\left(\frac{m_2}{E_s(1-m_2)} + \frac{1}{E_p}\right)$；

$$a = \frac{U_{p1}}{2A_{p2}}\cdot\frac{E_g}{G_e^3}\cdot\chi;\ b = \left(\frac{1}{\beta f}\cdot\frac{A_{p1}}{A_{p2}} + \frac{l_p U_{p2}}{3A_{p2}}\right)\cdot\chi;$$

$$c = \left(\frac{\gamma_s}{2E_s} - \frac{\gamma_p}{2E_p}\right)\cdot l_p^2 + \frac{\gamma_e h_e}{E_s(1-m_2)}\cdot l_p + \left(\frac{e}{\beta f} - \gamma_e h_e\right)\cdot\frac{A_{p1}}{A_{p2}}\cdot\chi$$

根据变形协调条件，式（10）与式（29）相等，联立可得：

$$\alpha a\tau_0^4 + (\alpha b + 1)\tau_0^2 - (\alpha c + 2e)\tau_0 + e^2 = 0 \tag{31}$$

最终就是求解此一元三次方程，由相关数学知识[21]可知会有4个解，略去存在的虚数解并将剩余解代入式（6），结合等层面高度$0<h<h_e$这一判定条件，所得解即为所求。

1.4 桩土应力比计算

根据所得τ_0，代入式（6）得到对应的土拱高度h，再将τ_0和h代入式（5）、式（9）即得p_p、p_s。相比可以得到加筋垫层上桩土应力比n_1：

$$n_1 = \frac{p_p}{p_s} \tag{32}$$

同理，将τ_0和h代入式（20）、式（22）即得q_p、q_s，进而可得水平加筋体下部桩土应力比n_2：

$$n_2 = \frac{q_p}{q_s} \tag{33}$$

2 算例分析

2.1 算例1

选用申苏浙皖高速公路K25＋100和K25＋135的现场测试数据验证本文理论的合理性。具体参数如下：路堤顶面宽度为35.0m，高度为4m，坡倾为1∶1.5。路堤填料主要由混有亚黏土的碎石组成，内摩擦角为35°，平均重度γ_e为22kN/m³。桩位采用三角形布桩，桩径分别为0.3m，0.4m，壁厚均为5.0cm，桩间距分别为2.0cm，2.5m，桩长均为14.0m，桩端未打穿淤泥层。管桩托板为正方形，宽度分别为0.9m，1.0m，采用C30混凝土现浇。在桩托板顶面铺设了一层高强度钢塑土工格栅，其最大延伸率为6%，抗拉强度为120kN/m[1]。其他参数见文献［14］、［17］。

桩土应力比实测值与计算值对比　　表1

试验段	桩间距（m）	桩帽面积（m^2）	实测结果	文献［14］值	本文计算值
K25+100	2	0.9	12	12	14.1
K25+135	2.5	1	7	10	8.4

从表1中可以看出，用本文的简化算法算出的桩土应力比与实测结果较为接近，并与相关文献［14］的计算结果比较，在桩径、桩间距较大时更加接近实测值，桩土应力比较实测值偏大，因为本文理论存在一些简化，桩径与桩帽相近时，计算结果更为精确。

2.2　算例2

为了进一步验证本文简化解的正确性，与离心模型试验值进行对比验证。具体参数如下：试验采用三角形布桩，选用试验编号T1数据，桩长为30cm。离心加速度取80g（g为重力加速度），考虑模型箱的边界效应合理确定材料。路堤填土采用细砂，重度$\gamma_e=19.5\ kN/m^3$，黏聚力$c_e=1.2kPa$，内摩擦角$\varphi_e=30.6°$，弹性模量$E_e=20MPa$，泊松比$\nu_e=0.3$；地基土采用上海最为常见的粉质黏土，$\gamma_s=19.1\ kN/m^3$，$c_s=3.8\ kPa$，$\varphi_s=29.6°$，$E_s=20MPa$，$\nu_s=0.35$；刚性桩和桩帽均采用铝合金材料，$E_p=30GPa$，$\nu_p=0.30$；加筋体采用直径为0.1mm的铁丝，其抗拉强度为1760kN/m[1]，$\nu_g=0.3$。其他参数见文献［12］。

桩土应力比实验值与计算值对比　　表2

模型编号	桩帽覆盖率（%）	文献［14］值	本文计算值
T1	45	40	41.5

从表2可知：本文方法计算所得的桩土应力比均和文献基于长桩离心模型试验结果参数分析值接近，再一次验证了本文方法的可行性。

3　结论

本文针对桩承式加筋路堤桩土应力比提出一种简化计算方法。基于荷载传递法，假定加筋体与水平面的夹角较小以及桩端位于持力层，考虑路堤土拱效应、筋材的张拉膜效应以及桩土荷载分担作用，引入路堤“土柱模型”并简化复合地基中桩土界面摩阻力规律，建立了桩承式加筋路堤受力变形简化分析模型，得到路堤底面处桩间土柱与桩上土柱间的剪应力的一元四次方程，通过求解方程以及剔除不合理解，得到最终唯一解，随之得到桩土应力比。通过现场实测值以及离心试验参数分析值验证了本简化理论的正确性。

本文基于路堤—桩—土共同作用下的荷载传递简化计算方法对桩帽覆盖率较小时，具有较好的适用性；当桩帽覆盖率较大时，可能会给计算带来一定的误差，还有待进一步研究。

参考文献：

［1］ Briançon L, Simon B. Pile-supported embankment over soft soil for a high-speed line[J]. Geosynthetics International, 2017, 24(3): 293-305.

［2］ HAN J, GABR M A. Numerical Analysis of Geosynthetic-Reinforced and Pile-Supported Earth Platforms over Soft Soil [J]. Journal of Geotechnical Geoenvironmental Engineering, ASCE, 2002, 128(1): 44-53.

［3］ 陈仁朋，徐正中，陈云敏．桩承式加筋路堤关键问题研究[J]. 中国公路学报，2007，20(2)：7-12.

［4］ Terzaghi K T. Theoretical Soil Mechanics[M]. New York: Wiley, 1943.

［5］ Zhang C, Zhao M, Zhou S, et al. A Theoretical Solution for Pile-Supported Embankment with a Conical Pile-Head[J]. Applied Sciences, 2019, 9: 2658.

［6］ Zhang L, Zhou S, Zhao H, et al. Performance of Geosynthetic-Reinforced and Pile-Supported Embankment with Consideration of Soil Arching[J]. Journal of Engineering Mechanics, 2018, 144: 06018005.

［7］ 蒋德松，张承富，赵明华，杨超炜．路堤下桩网复合地基桩土应力比计算[J]. 湖南大学学报(自然科学版)，2019，46(09)：123-132.

［8］ 饶为国，赵成刚．桩-网复合地基应力比分析与计算[J]. 土木工程学报，2002，35(2)：74-80.

［9］ 刘吉福．路堤下复合地基桩、土应力比分析[J]. 岩石力学与工程学报，2003，22(04)：674-674.

［10］ 赵明华，张承富，刘长捷．基于双等沉面的柔性桩承式路堤荷载-沉降分析[J]. 湖南大学学报(自然科学版)，2021，48(01)：1-9.

［11］ Zhang C, Zhao M, Zhao H, et al. Simplified Model of Column-Supported Embankment to Account for Nonuniform Deformations of Soils[J]. Journal of Engineering Mechanics, 2020, 146(7): 04020060.

［12］ 黄茂松，李波，程岳．长短桩组合路堤桩荷载分担规律离心模型试验与数值模拟[J]. 岩石力学与工程学报，2010，29(12)：2543-2550.

［13］ Hewlett W J, Randolph M F. Analysis of piled embankments[J]. Ground Engineering, 1988, 21(3): 12-18.

［14］ 李波，黄茂松，叶观宝．加筋桩承式路堤的三维土拱效应分析与试验验证[J]. 中国公路学报，2012(01)：13-20.

［15］ 曹卫平，陈仁朋，陈云敏．桩承式加筋路堤土拱效应试验研究[J]. 岩土工程学报，2007，029(003)：436-441.

［16］ 夏唐代，王梅，寿旋，等．筒桩桩承式加筋路堤现场试验研究[J]. 岩石力学与工程学报，2010，029(009)：1929-1936.

［17］ 徐正中，陈仁朋，陈云敏．软土层未打穿的桩承式路堤现场实测研究[J]. 岩石力学与工程学报，2009，28(011)：2336-2341.

［18］ 陈云敏，贾宁，陈仁朋．桩承式路堤土拱效应分析[J]. 中国公路学报，2004，17(004)：1-6.

［19］ 俞缙，周亦涛，鲍胜，等．柔性桩承式加筋路堤桩土应力比分析[J]. 岩土工程学报，2011，33(005)：705-713.

［20］ 龚晓南．地基处理手册(第三版)[M]. 北京：中国建筑工业出版社，2008.

［21］ 樊正恩．一元四次方程的一种新解法[J]. 数学学习与研究：教研版，2009(4)：95.

降低基础钢筋损耗率浅析

毕　磊，李青峰
（中建八局第一建设有限公司，山东 青岛 266000）

摘　要：随着我国经济的发展和城市建设的需要，建筑行业得到了飞速发展，大体积钢筋混凝土结构占据了建筑结构的主导地位。由于对基础承载力的要求，其中地下基础结构钢筋配筋率大，在施工过程中由于建筑行业普遍存在的粗放式管理模式，导致钢筋损耗率高居不下。如何合理利用钢筋，降低钢筋损耗率，是建筑项目盈利高低的关键点。如何降低损耗率是目前一直困扰多数建筑公司的难题，本文主要探讨了钢筋配筋率较大的地下基础钢筋降低损耗率的措施。

关键词：建筑；基础；钢筋；损耗率；措施

0　引言

随着建筑市场竞争日益加剧，建筑材料价格不断攀升，钢筋作为施工的重要主材，材料需求量大，资金投入多，合理控制成本、有效地减少材料损耗已经成为建筑企业创造利润的有效途径之一。从整体来说，地下基础钢筋配筋率高，钢筋直径较大，钢筋构造复杂，实现基础钢筋损耗率的降低具有一定的难度，但是从经济效益来讲具有更大的提升空间。因此，本文选取邵哥庄 04 地块已施工主楼基础及车库共 1755t 钢筋为调查对象，结合工作中的实践经验从现场管理制度、不同规格搭配进料和翻样下料三个环节的控制工作，对降低地下基础钢筋损耗率、提高钢筋利用率进行分析探讨。

1　项目工程概况及设计特点

红岛安置房东部组团位于青岛市城阳区红岛街道，由 4 大社区安置房改造工程组成，分别为小庄社区安置房建设项目、邵哥庄社区安置房建设项目、前阳社区安置房建设项目和后阳社区安置房建设项目。总建筑面积 103.03 万 m²，共由 11 个地块组成，规划 123 栋 13～17 层高层住宅及周边相关配套，目前已有 7 个地块开工，开工面积 65 万 m²。已开工地块钢筋总用量约 4.7 万 t，其中地下车库钢筋总用量约 2.6 万 t，钢筋用量大。针对如此大体量、大规模的建设工程，钢筋损耗率的控制是项目成本控制的重要一环，也是对项目部管理水平和技术能力的考验。

其中，主楼筏形基础厚度 600～850mm，地下车库筏形基础厚度 400mm，车库独立基础厚度以 3200mm×3200mm×800mm 为主。

2　现状调查

根据现场调查，钢筋损耗主要在两个方面，一是成为废料；二是不合理应用到构件中；本次调查以此为方向，选取邵哥庄 04 地块已施工主楼基础及车库共 1755t 钢筋为调查对象，以钢筋损耗去向为导向，形成施工现场钢筋损耗调查统计表 1 和排列图 1。

模拟工况　　表 1

序号	现状问题		损耗标准	损耗数量（t）	总体占比	损耗占比
1	废料	直条废料	不能再应用于主体工程的直条	5.74	1.44%	41%
2		盘条废料	不能再应用于主体工程的盘条	1.26	0.32%	9%
3		半成品废料	不能再应用于主体工程的半成品	3.92	0.99%	28%
4	不合理应用		应用在构件中，超出图纸和规范要求之外的钢筋	1.96	0.49	14%
5	其他		不在以上要求之列的钢筋	1.12	0.28	8%
6	合计			14	3.52%	100%

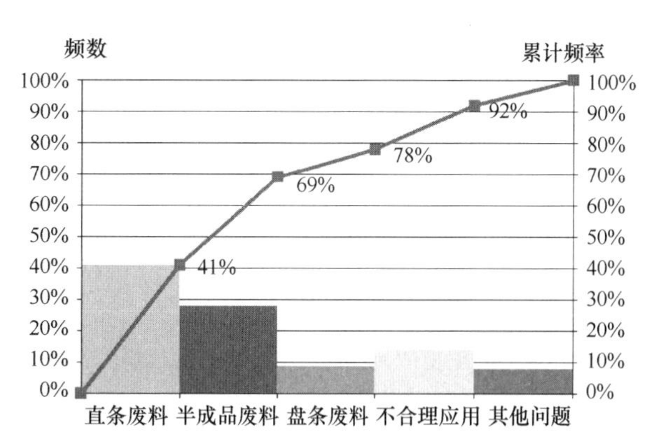

图 1　钢筋损耗影响因素分类统计排列图

根据以上调查得出结论：现场钢筋损耗总体占比 3.52%，其中直条废料和半成品废料分别占钢筋总损耗的 41%和 28%，是导致钢筋损耗的主要症结，是降低钢筋损耗率要解决的主要问题。

3　钢筋损耗控制目标

在保证工期、工程质量、控制成本的前提下，将直条废料和半成品废料减少85%，现场钢筋可实现钢筋损耗总体占比=3.52%×(1－41%×85%－28%×85%)=1.46%，制定钢筋材料的损耗率允许值为1.46%。项目建造过程中采用有效控制措施降低了钢筋损耗率，符合绿色施工标准，达到节约资源和控制成本的目的。

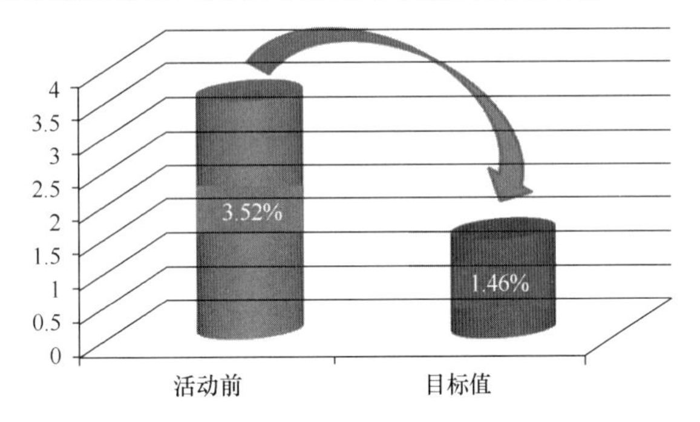

图2　降低基础钢筋损耗率目标柱状图

4　降低钢筋损耗率精细化管理措施

4.1　制定后台钢筋和现场钢筋安装的管理制度

(1) 建立半成品码放制度

配料成型以后浇带、楼层、施工区段为一个单位制配；每个加工区旁的码放区分为主筋、箍筋、附加筋三个区，并设置明显标识牌，标识牌上应注明构件名称、部位、钢筋型号、尺寸、直径、根数、加工人员姓名；焊接、机械连接成型后，分施工段、楼层或自分段自成一体逐一码放整齐，挂牌标明施工区段、楼层及楼座号以便于发放；制作箍筋与拉钩吊运筐，箍筋与拉钩制配完毕，应按直径、尺寸大小每20只为一个单位用绑扎丝两头绑扎（柱箍筋与拉钩按每根柱所需数量捆绑），分类码放并直接入筐。

(2) 建立零料、废料管理制度

用钢管搭设分隔架，用于存放零料，同规格每30cm长短范围为一格，以一头平齐，需要时以方便挑拣；零料进行二次利用，无法用于主体结构的零料可用在加固预埋件、吊环、止水钢板的加固、二次结构预埋、墙体根部定位筋、马凳、制作成排水沟盖等；钢筋废料池内不得有≥300mm长的钢筋头。

(3) 建立责任人制度

设置后场加工责任人、钢筋吊运责任人、前场安装责任人，责任人职责见表2。

责任人职责表　　表2

序号	责任人	职责
1	后场加工责任人	(1) 合理规划加工区布置，避免占用空间和现场混乱； (2) 掌握现场施工进度以及后场加工状况； (3) 检查每个工人手中制作的构件数量是否按照料单完成，避免遗漏； (4) 对各道加工工序的构件尺寸进行复尺检查（构件净身尺寸、弯钩角度及长度、几何尺寸、弯锚长度、直螺纹丝头与闪光对焊接头质量等）
2	钢筋半成品吊运责任人	(1) 合理安排吊运，避免吊运导致的半成品混乱，各构件掺杂在一起造成工人找不到所需半成品钢筋； (2) 控制现场钢筋吊运顺序，掌握现场和加工区动态，避免吊运过程将所需构件顺序颠倒，导致滞后施工和现场混乱； (3) 与前场负责人和后场负责人沟通，起到前后场信息沟通桥梁的作用
3	前场安装负责人	(1) 掌握整个项目的进度计划和施工安排，对作业面的工人进行合理的统筹布置； (2) 提前熟悉图纸和料单，避免遗漏构件； (3) 随时检查工作部位的钢筋成型质量，避免返工； (4) 下班前清点施工区域半成品材料是否齐全，如发现缺失需记录并与半成品吊装责任人和后场加工责任人及时沟通解决

建立前后场交接台账制度，台账分类见表3。

台账分类表　　表3

序号	台账类型	关系人	时间
1	原材料进场签收台账	后场加工责任人	每次钢筋进场
2	半成品交接台账	后场加工责任人、前场安装责任人	每日下班后
3	吊运清单	半成品吊运责任人	每日下班后
4	半成品签收清单和台账	前场安装责任人、半成品吊运责任人、后场加工责任人	每日下班后

4.2　制定9m和12m规格钢筋搭配方式进料

钢筋计划量必须有翻样数据支持，并进行组合分析，组合分析步骤如下：

(1) 总进度计划：根据总进度计划，确定一个月合理的现场施工形象进度。

(2) 广联达云翻样：建立工程模型，形成钢筋工程量与初步钢筋料单（图3）。

(3) 广联达钢筋现场管理：模型导入广联达钢筋现场管理软件，进行原材料提量，形成原材料提量明细。

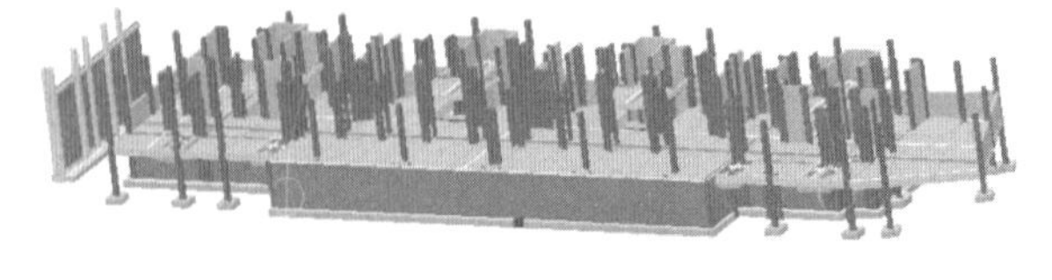

图3　广联达云翻样模型

(4) 形成下月钢筋计划量，进料前可形成理论上9m和12m规格钢筋最合理搭配进料计划。

（5）钢筋现场月盘点：盘点现场 9m 和 12m 的各型号钢筋余量。

4.3 建立从钢筋翻样到钢筋下料的整体体系

钢筋计划量必须有翻样数据支持，并进行组合分析，组合分析步骤如下。

（1）对钢筋翻样工和下料操作工进行技术培训，培训分为两个方面：

① 技术交底，结合项目特点，针对施工中容易混淆的节点做法，运用公司的三维可视化钢筋图集（图 4），进行针对性地交底。

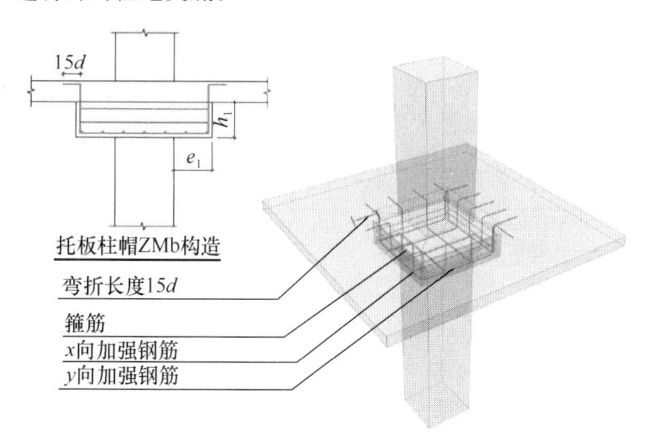

图 4　三维可视化模型

② 组合下料方法，钢筋翻样工程师总结 10 种下料方法，组织钢筋翻样和下料人员学习方法的原理和应用：长短料组合下料法；相乘计算钢筋下料法；相加计算钢筋下料法；混合计算钢筋下料法；上下层钢筋结合下料法；箍筋形式换用、不受力钢筋少用或不用的钢筋下料法；一步到位钢筋下料法；改接头钢筋下料法；废短钢筋头降格使用下料法；无短头起头钢筋下料法。

（2）翻样料单对钢筋尺寸按照模数进行科学优化、合理搭配。

模数可分为单组合模数和双组合模数，单组合模数为可被直条钢筋长度整除的数字(包括 1、2、3、4、6、9、12)，双组合模数为两数相加可被直条钢筋长度整除的数字(例如 5+4、5+7、10+2 等)。翻样时，钢筋长度应尽量靠近上述模数尺寸。

（3）钢筋料单体现钢筋后台组合下料方法。

根据将要施工的工程部位进行翻样，形成料单。运用广联达钢筋现场管理软件加工管理工程形成加工方案。钢筋翻样工程师根据构件类型、零料和废料产生量，选择最有利的方案作为后台加工参考方案。后台加工人、负责人以料单和加工参考方案为依据，结合现场情况，合理规划下料尺寸，减少废料。综合以上，形成最优下料方案。

5　目标完成情况

经过以上措施实施之后，对 SGZ-04 地块北侧加工区作为跟踪调查对象，自 2018 年 12 月 24 日新一批各型号钢筋进场 120t，2019 年 1 月 23 日加工区钢筋剩余 32.12t，对此加工区钢筋损耗进行盘点，结果如表 4 所示。

效果检查表　　　表 4

序号	现状问题		损耗标准	损耗数量（t）	总体占比	损耗占比
1	废料	直条废料	不能再应用于主体工程的直条	0.30	0.35%	24.5%
2		盘条废料	不能再应用于主体工程的盘条	0.26	0.29%	20.5%
3		半成品废料	不能再应用于主体工程的半成品	0.15	0.17%	12.2%
4	不合理应用		应用在构件中，超出图纸和规范要求之外的钢筋	0.28	0.32%	22.8%
5	其他		不在以上要求之列的钢筋	0.25	0.28%	20%
6	合计			1.24	1.41%	100%

通过执行上述降低基础钢筋损耗率措施，公司要求钢筋损耗率 3%，执行后钢筋损耗率为 1.41%，平均每吨钢筋节约成本为：4600×(3%−1.41%)=73.14 元/t。

6　结论

钢筋作为建筑工程结构不可或缺的主材之一，特别是对于大型建筑工程项目来讲，尤其大型地下基础工程，钢筋的需求数量大，采购成本高，利用率高低将直接决定着项目经济效益。作为钢筋使用工程中的重要环节，做好制度管理、长度规格搭配、钢筋翻样及下料过程中的相关工作，能够大幅减少钢筋损耗，提高钢筋利用率，从而可实现绿色施工节材目标，降低施工成本，提高生产效益。

参考文献：

[1] 能林．论施工现场钢筋工程精细化管理[J]．四川建筑，2012，32(2)：275-277.

[2] 马景龙，王静涛，张伟等．浅析零损耗墙柱钢筋下料方法[J]．门窗(工程科技)，2011(07)：149-150.

[3] 高凤军．论建筑工程施工质量控制的重点[J]．城市建设理论研究：电子版，2013(02)：1-4.

自平衡法静载试验在人工挖孔桩中的应用

邢关猛
（中建八局第一建设有限公司，山东 济南 250000）

摘　要：在桩体端部预先埋设荷载箱，将荷载箱的加压管以及所需的其他测试装置（位移杆及护管、应力计等）从桩体引到地面，然后灌注成桩。到休止龄期后，由加压泵在地面通过预先埋设的管路，对荷载箱进行加压加载，使得荷载箱产生上、下两个方向的力并传递到桩身。通过对加载力与参数（位移、应力等）之间关系的计算和分析，可以获得桩基承载力、桩端承载力、侧摩阻力、摩阻力转换系数等一系列数据。

关键词：人工挖孔桩；自平衡法；荷载箱；桩基承载力

0　前言

人工挖孔桩单桩实体载荷试验单桩承载力较高，传统的堆载试验法或锚桩法非常困难，再加上需要有足够的场地，对于大吨位桩基承载力检测仍采用堆载、锚桩常规试验方法已不可能。我单位结合项目实例，针对场地小、工期紧、桩基承载力较大的特点，在桩基检测中运用自平衡法测桩，保证了桩基承载力的检测质量和工期并节约了资金。

1　工程概况

本工程为中国移动（山东青岛）数据中心二期，由3号厂房、4号厂房、5号厂房及动力中心4栋单体建筑组成，位于青岛市高新开发区，岙东路以西，新悦路以北。3号厂房地上4层，4、5号厂房地上5层，动力中心地下1层、地上1层。总建筑面积74200.7m^2。

拟建建筑物上部结构类型均为钢筋混凝土框架结构，基础形式均采用桩基础。工程基桩为端承桩，采用人工挖孔灌注桩，桩端持力层为5层中风化砂岩 $q_{pk}=8000$kPa。桩长8～11m，桩径为800mm、900mm、1100mm、1200mm，嵌岩深度1.6m。拟采用自平衡法静载试验对工程试桩进行桩基承载力检测。

2　自平衡法静载试验方法

2.1　试验原理

自平衡法又称通莫静载法，其检测原理是将一种特制的加载装置——通莫荷载箱，在混凝土浇筑之前和钢筋笼一起埋入桩内相应的位置（具体位置根据试验的不同目的而定），将加载箱的加压管以及所需的其他测试装置（位移等）从桩体引到地面，然后灌注成桩。由加压泵在地面向荷载箱加压加载，荷载箱产生上下两个方向的力，并传递到桩身。由于桩体自成反力，我们将得到相当于两个静载试验的数据：荷载箱以上部分，我们获得反向加载时上部分桩体的相应反应系列参数；荷载箱以下部分，我们获得正向加载时下部分桩体的相应反应参数。通过对加载力与这些参数（位移等）之间关系的计算和分析，我们可以获得桩基承载力等一系列数据。这种方法可以为设计提供数据依据，也可用于工程桩承载力的检验[1]。

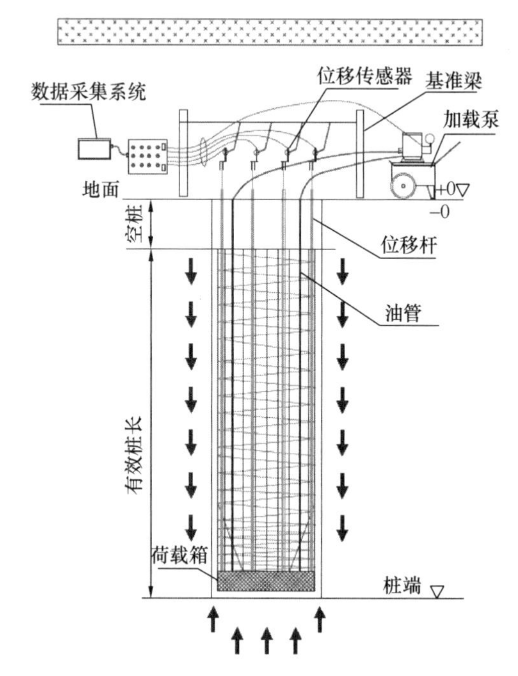

图1　试验原理示意图

2.2　试验的特点

（1）大吨位试验的可靠性。采用特制荷载箱，只需很小的油压（一般不超过20MPa）就能产生所需要的加载力，大大增加了试验的可靠性。

（2）桩底沉渣对试验的影响。如果采用老式的荷载箱，进行水下灌注混凝土时，沉渣易滞留在荷载箱下部造成两方面的后果：①荷载箱下部行程是“虚”的，不代表桩身的实际位移；②沉渣在混凝土灌注过程中，会滞留在荷载箱箱体内部，影响试桩用作工程桩的质量，造成隐患。

（3）位移测量的准确性。通莫测桩法采用位移丝绑定的方式，可以优化测量点，并且在每个测量截面上多点测量，能准确反映桩体在加载力作用下的位移。

（4）试验桩用作工程桩的保障。非封闭式荷载箱打开后，会在荷载箱箱体内部产生不可预见的断层；而且，由于其不可预见性，无法获知试验后补浆的效果，造成质量隐患。

（5）荷载箱自重轻，便于施工单位安装。

2.3 适用范围

（1）大吨位桩基的承载力检测。

（2）堆载试验无法进行检测的地方。

（3）工期要求紧的桩基承载力检测。

2.4 试验装置

（1）加载系统

1）包括加载泵站、荷载箱以及加压管。

2）采用荷载箱，其特点为：

① 设计时，荷载箱的形状、布局形式等参数充分考虑注浆、声测、补浆等任务预留实施空间。

② 根据项目资料，荷载箱放置在桩端，中心无通孔，端面无需设计锥形体。

③ 荷载箱直径和加载面积的设计，充分兼顾加载液压的中低压力和桩体试验后的高承载能力。

④ 荷载箱通过内置的特殊增压技术设计，以很低的油压压强产生很大的加载力，从而能够极大地降低加载系统的故障率。

（2）荷载箱的安装埋设

为保证桩基质量和试桩的成功，埋设荷载箱时，将有以下安全措施：

① 为保证桩体因加载产生应力集中而破坏，荷载箱附近钢筋笼箍筋适当加密。

② 由于荷载箱直接放置在桩端，我们要求桩端中心不小于 1m 直径范围内凿平。在下放钢筋笼前需要先在桩端中心凿平位置处铺设 3～5cm 厚的高强度细石混凝土，然后再下放钢筋笼。

（3）高压油泵

最大加压值为 60MPa，加压精度为每小格 0.5MPa。

（4）位移测量装置

① 项目的数据采集，采用电脑读数或百分表读数方式进行。

记录内容包括：油压、荷载箱上部位移、荷载箱下部位移、桩顶位移等。

② 位移传感器：采用位移丝外套护管的方式，以简化安装过程并提高检测精度。检测点截面引出若干组位移丝（通常 2～3 组），到桩顶后，用一特定装置将这些位移丝进行固定，并读取这些位移的平均值。位移值由位移传感器进行测量，其读数精确到 0.01mm。

位移传感器固定结构的设计和安装如图 2 所示。

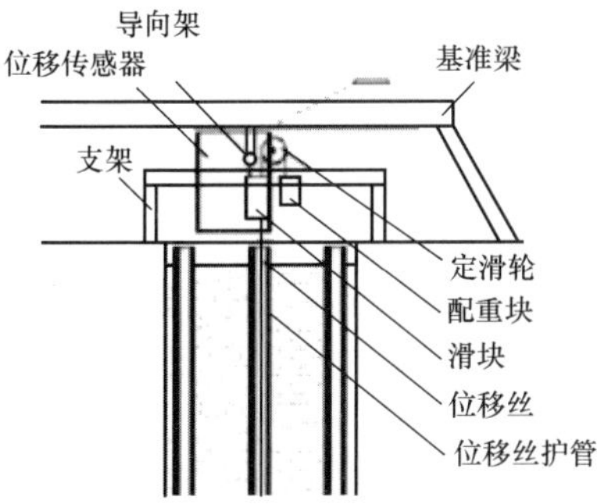

图 2　位移传感器设计示意图

2.5 试验方法

（1）加载方法

① 以流体为加载介质，向埋设于桩基内一定深度位置的荷载箱中加压，从而对荷载箱上下两部分桩体同时施加载荷。当采用多个荷载箱加载时，液压站以并联油路对多个荷载箱同时加压。为保证试验数据和试验结论的可比性，加载具体方法（包括加载级别、加载时间、稳定状态判断条件、停止加载条件以及卸载步骤等）应符合相关试验规范的规定。

② 试验时，采用电脑监控系统对各种试验参数同步进行如实记录。

（2）试验加/卸载方法

根据国内规范和相关设计要求，采用慢速载荷维持法进行加载。

加载：分 9 级加载，每级加载为预估承载力的 1/10。

卸载：分 5 级卸载，每级卸载为加载级别的 2 倍。

加载数据记录：每级加载后在第 1h 内观察第 5min、15min、30min、45min、60min 的位移值，以后每隔 30min 观察一次，以判断稳定状态。

卸载数据记录：每级卸载后，每隔 15min 记录一次残余沉降。卸载至零后，3h 记录一次数据。

终止加载条件：

① 某级荷载作用下，位移量大于前一级荷载作用下位移量的 5 倍。但位移能相对稳定且上、下位移量均小于 40mm 时，宜加载至位移量超过 40mm。

② 某级荷载作用下，位移量大于前一级荷载作用下位移量的 2 倍，且经 24h 尚未达到相对稳定标准。

③ 已达到设计要求的最大加载量。

④ 当荷载-位移曲线呈缓变型时，可加载至位移量 60～80mm；在特殊情况下，根据具体要求，可加载至累计位移量超过 80mm。

图 3　试验现场

2.6 单桩竖向抗压极限承载力的确定

实测得到荷载箱上段桩的极限承载力 $Q_{u上}$ 和荷载箱接触端面的极限承载力 $Q_{u下}$，按照《桩承载力自平衡法测试技术规程》DB45/T 564—2009 中的承载力计算公式得到单桩竖向抗压极限承载力：

$$Q_u = Q_{pk} \tag{1}$$

式（1）中

$$Q_{pk} = \psi_p \times Q_{u下} \times (A_{pd}/A); \tag{2}$$

式中：Q_u——单桩竖向抗压承载力极限值（kN）；

$Q_{u下}$——下段桩的极限承载值（kN）；

A——荷载箱承压底板面积（m^2）；

A_{pd}——桩底面积（m^2）；

ψ_p——大直径桩端阻力尺寸效应系数，按《建筑桩基技术规范》JGJ 94 中相关规定取值。

5-48 号桩单桩自平衡静载试验汇总表 **表 1**

序号	荷载(kN)	历时(min)		下桩(mm)		上桩(mm)		桩顶(mm)	
		本级	累计	本级	累计	本级	累计	本级	累计
0	0	0	0	0.00	0.00	0.00	0.00	0.00	0.00
1	650	120	120	0.09	0.09	0.00	0.00	0.00	0.00
2	975	120	240	0.10	0.19	0.10	0.10	0.00	0.00
3	1300	120	360	0.10	0.29	0.06	0.16	0.00	0.00
4	1625	120	480	0.27	0.55	0.04	0.20	0.05	0.05
5	1950	120	600	1.10	1.65	0.13	0.33	0.04	0.09
6	2275	120	720	2.17	3.82	0.21	0.54	0.05	0.14
7	2600	120	840	1.33	5.15	0.35	0.90	0.20	0.34
8	2925	120	960	1.81	6.96	0.39	1.28	0.26	0.60
9	3250	120	1080	1.78	8.74	0.51	1.79	0.34	0.94
10	2600	60	1140	−0.02	8.72	−0.02	1.77	0.00	0.94
11	1950	60	1200	−0.04	8.68	−0.06	1.71	−0.04	0.90
12	1300	60	1260	−0.08	8.60	−0.32	1.39	−0.06	0.83
13	650	60	1320	−0.20	8.40	−0.36	1.02	−0.17	0.67
14	0	180	1500	−0.43	7.97	−0.24	0.79	−0.31	0.36
下桩最大沉降量：8.74mm				下桩最大回弹量：0.77mm				下桩回弹率：8.8%	
上桩最大上拔量：1.79mm				上桩最大回弹量：1.01mm				上桩回弹率：56.3%	
桩顶最大上拔量：0.94mm				桩顶最大回弹量：0.58mm				桩顶回弹率：61.5%	

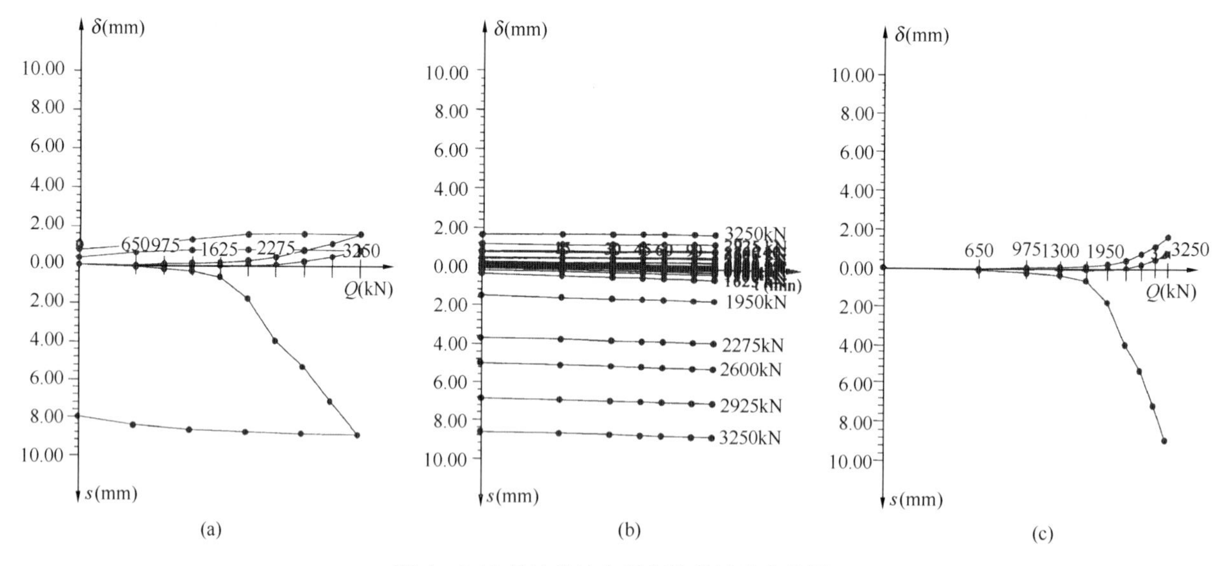

图 4　5-48 号桩单桩自平衡静载试验曲线图

（a）Q-s 曲线；（b）s-lg$t$ 曲线；（c）s-lg$Q$ 曲线

3　试验后注浆要求(针对试验桩兼做工程桩)

试验后，利用补浆管（也可以利用声测管）对荷载箱加载后桩体间隙进行补浆处理，并保证补浆部分的桩体强度不低于桩体设计参数[2]。具体如下：

（1）通过预埋的注浆管进行压水清洗，一管中压入清水，待另一管中流出的污水变成清水时，开始对荷载箱处的缝隙进行压浆。

（2）压入的水泥浆水灰比为 0.6～0.5，并掺入 7%的膨胀剂和1%减水剂，水泥采用P·O42.5级水泥。

(3) 补浆量以从一根注浆管压入，另一根注浆管冒出新鲜水泥浆为准。然后封闭管头采用压力补浆，压力2～4MPa，建议持续1h时间，压浆水泥量0.2～0.5t（以压浆压力、压浆量双重控制）。

(4) 压浆浆液强度应不低于桩身混凝土强度。

参考文献：

[1] 陈健，黄音，等．单桩静载试验与自平衡法的比较[J]．科学咨询(科技·管理)，2020，717(12)：55-56.

[2] 殷开成，王磊，等．工程桩自平衡试验后注浆处理与应用分析[J]．中国港湾建设，2021，41(01)：34-38.

可控强度水泥土组合桩技术研究

孙永梅[1,2,3]， 程海涛[2,3]， 刘　彬[2,3]， 白冬冬[2,3]

（1. 山东建研科技发展有限公司，山东 济南 250031；2. 山东建科特种建筑工程技术中心有限公司，山东 济南 250031；3. 山东省建筑科学研究院有限公司，山东 济南 250031）

摘　要：本文介绍了一种使芯桩底端的水泥土桩强度增强且质量可控的可控强度水泥土组合桩，通过采用注浆袋代替无芯桩段水泥土的方式，实现了芯桩底端的桩身质量可控，强度提高，缩短了芯桩预制桩长度，造价低，节约成本。而且，注浆材料可以采用建筑垃圾颗粒，实现废物再利用，绿色、环保，具有社会效益。

关键词：注浆材料；强度可控；组合桩

0　引言

管桩水泥土复合基桩是由高喷搅拌法形成的水泥土桩与同心植入的芯桩组合而成，并根据构造要求在芯桩空腔内植入一定长度的混凝土，如图1所示[1]。这种新桩型融合了水泥土桩和芯桩各自的优点，既利用芯桩承担荷载，又利用大直径水泥土桩提供侧摩阻力，单桩承载力显著大于相同规格尺寸的水泥土桩、灌注桩。但芯桩底端的水泥土桩强度仍然较低且质量不可控，而且在桩型设计时，为了充分发挥单桩承载力，芯桩桩长一般采用0.8～0.9倍的水泥土桩长，甚至等长，这导致成本相对增加。为解决现有技术存在的缺陷，本文介绍了一种使芯桩底端的水泥土桩强度增强且质量可控的可控强度水泥土组合桩。

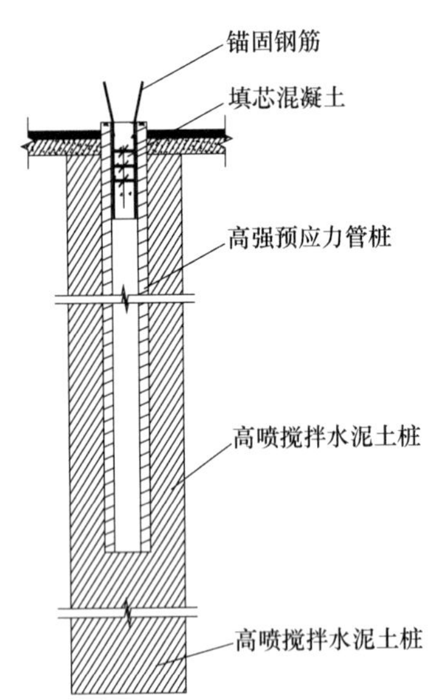

图1　管桩水泥土复合基桩结构

本文结合德州某实际工程实例，介绍了可控强度水泥土组合桩的设计情况，并根据《水泥土复合管桩基础技术规程》JGJ/T 330—2014 分析了该桩型的安全性和经济性。

1　工程资料

1.1　工程概况

山东德州某桩基工程42地块住宅楼为主体地上27F，地下2F，剪力墙结构。建设场地属于黄河冲积平原，地层自上而下分布包括①层杂填土、②层粉土、②1层粉质黏土、③层粉质黏土、④层粉土、⑤层粉质黏土、⑤1层粉土、⑥层粉土、⑥1层粉质黏土、⑥2层粉砂、⑦层粉砂、⑦1层粉质黏土、⑧层粉质黏土、⑧1层粉砂、⑧2层粉土、⑨层粉质黏土、⑨1层粉砂、⑨2层粉土、⑩层粉质黏土。各层土的物理力学指标如表1所示。地下水稳定水位埋深3.37～7.13m。

各层土的物理力学指标　　表1

层号	名称	含水量 w (%)	重度 γ (kN)	孔隙比 e	液限 w_L (%)	塑限 w_p (%)	黏聚力 c (kPa)	内摩擦角 φ (°)	冲击(击)
②	粉土	24.2	19.1	0.714	27.2	18.9	15.0	24.3	5.5
②1	粉质黏土	25.4	18.6	0.794	30.8	17.6	29.2	9.7	3.3
③	粉质黏土	31.1	17.7	0.969	35.2	20.6	24.2	6.2	2.2
④	粉土	25.7	19.2	0.72	28.6	19.4	15.6	26.8	8.1
⑤	粉质黏土	23.9	18.8	0.751	29.1	16.1	31.2	10.5	4.6
⑤1	粉土	25.5	19.2	29.5	20.4	—	—	—	11
⑥	粉土	25.0	19.3	0.702	28.7	19.8	15.0	28.7	12.6
⑥1	粉质黏土	25.7	19.0	0.765	33.2	20.4	32.7	11.5	—
⑥2	粉砂	—	—	—	—	—	—	—	20.1
⑦	粉砂	—	—	—	—	—	—	—	31.1
⑦1	粉质黏土	25.3	19.2	0.739	33.4	20.5	35.9	13.3	11.7
⑧	粉质黏土	23.4	19.3	0.699	32.6	19.8	37.6	13.7	16.1
⑧1	粉砂	—	—	—	—	—	—	—	35.3
⑧2	粉土	26.4	19.7	0.689	29.4	20.2	17.5	28.6	27.0
⑨	粉质黏土	25.1	19.5	0.702	34.9	22.1	40.7	15.4	20.5
⑨1	粉砂	—	—	—	—	—	—	—	35.0
⑨2	粉土	24.8	19.6	0.671	29.2	20.2	15.8	28.0	30.2
⑩	粉质黏土	26.8	19.5	0.732	38.7	23.7	42.4	15.8	23.9

基金项目：泉城产业领军人才（2018015）；济南市高校20条资助项目（2018GXRC008）。

1.2 设计资料

设计使用水泥土复合管桩，外围水泥土桩直径850mm，桩长25m，水泥掺量500kg/m³，桩端持力层为⑦层粉砂；芯桩为高强预应力混凝土管桩，型号为UHC500AB100，桩长23.5m；工程桩单桩竖向极限承载力标准值为6200kN。

2 桩型设计

2.1 桩型构造

可控强度水泥土组合桩包括外围水泥土桩、芯桩预制桩、连接板和注浆袋，如图2所示。芯桩预制桩设置在外围水泥土桩内，底部与连接板连接，连接板直径为500mm。注浆袋包括注浆管和土工袋，注浆袋注浆后的袋体长度不超过芯桩预制桩的长度，不短于500mm。注浆后的袋体直径不小于850mm。注浆管采用中空钢花管，与连接板同心螺纹连接，长度与注浆袋注浆后的长度相等。

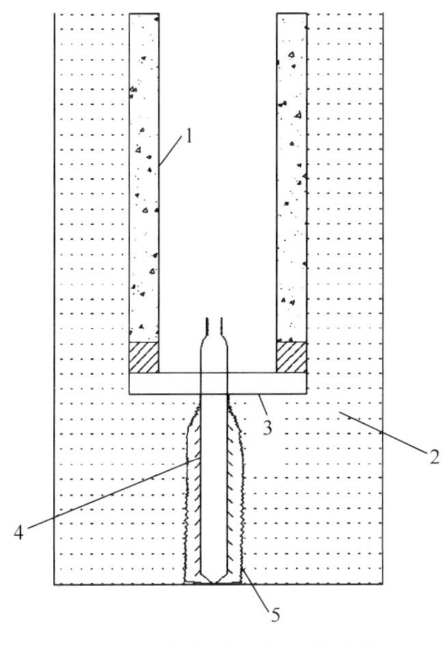

图2 可控强度水泥土组合桩

1—芯桩预制桩；2—外围水泥土桩；
3—连接板；4—注浆管；5—土工袋

2.2 注浆体材料及强度

注浆袋中注入的浆体材料强度不低于2MPa，材料可采用水泥浆、水泥土、建筑垃圾与水泥浆混合浆体。本文中，注浆体材料强度分别为2MPa、3MPa、4MPa、5MPa、6MPa、7MPa。

3 对比分析

对于可控强度水泥土组合桩，外围水泥土桩直径850mm，桩长25m，水泥掺量500kg/m³，桩端持力层为⑦层粉砂，当非芯桩段注浆体强度分别为2MPa、3MPa、4MPa、5MPa、6MPa、7MPa，芯桩段仍采用型号为UHC500AB100的超高强混凝土管桩时，根据《水泥土复合管桩基础技术规程》JGJ/T 330—2014，可以计算出桩长分别为 23.5m、21.6m、19.64m、17.74m、15.84m、13.14m。

将该工程中的水泥土复合管桩和可控强度水泥土组合桩的桩型设计进行对比，结果如表2所示。

两种桩型的对比分析　　表2

工况	注浆体强度(MPa)	芯桩长度(m)	缩短芯桩长度(m)	节约水泥量(kg)	节约成本(元)
1	2	23.5	0	280	134
2	3	21.6	1.9	550	663
3	4	19.64	3.86	730	1161
4	5	17.74	5.76	804	1595
5	6	15.84	7.66	782	1984
6	7	13.14	10.36	673	2499

从表2中看出，采用可控强度水泥土组合桩可以缩短芯桩长度、节约水泥量，进而节约成本。将不同注浆体强度下（不同工况下）缩短的芯桩长度、节约的水泥量和节约的成本绘制成图，如图3所示。

从图3（a）、图3（c）中可以看出，在一定范围内，随着注浆体强度的增强，缩短的芯桩长度和节约的成本不断增大，从图3（b）中可以看出，在一定范围内，随

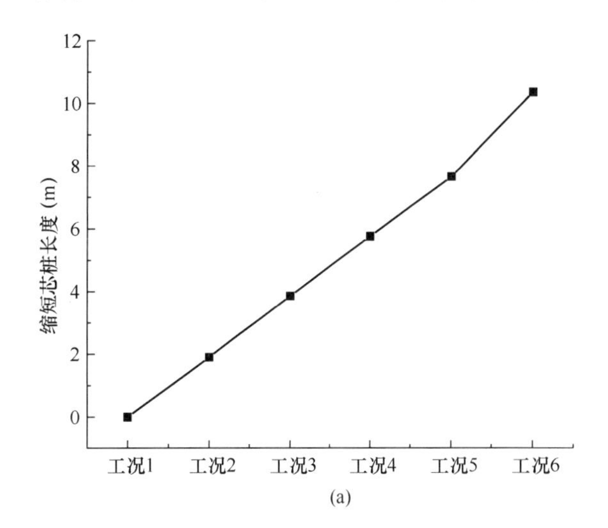

(a)

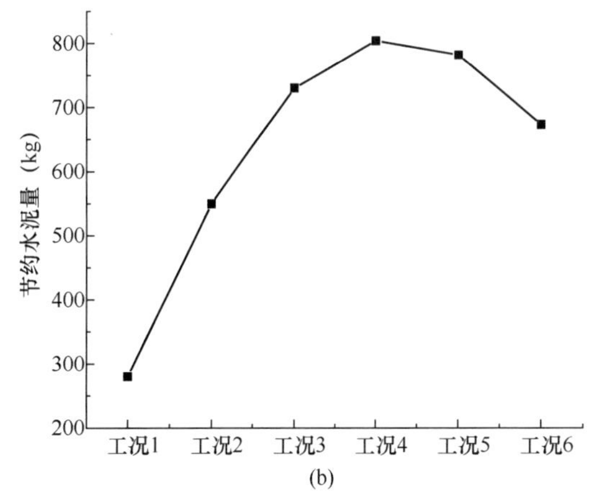

(b)

图3 两种桩型的经济对比（一）

（a）缩短芯桩长度（m）；（b）节约水泥量（kg）；

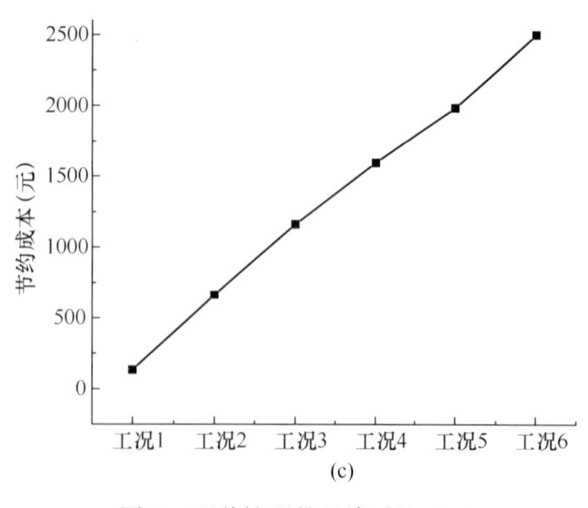

图 3 两种桩型的经济对比（二）
（c）节约成本（元）

着注浆体强度的增强，节约的水泥量先增加后减少，这是因为缩短的芯桩长度在工况 4 后增速变大，水泥用量也相应增加。

综上所述，可控强度水泥土组合桩具有较大的应用价值。

4 结论

（1）可控强度水泥土组合桩采用注浆袋代替无芯桩段水泥土的方式，实现了芯桩底端的桩身质量可控，强度提高，缩短了芯桩预制桩长度，造价低，节约成本。

（2）可控强度水泥土组合桩中的注浆材料可以采用建筑垃圾颗粒，实现废物再利用，绿色、环保，具有社会效益。

参考文献：

[1] 宋义仲，程海涛，卜发东等．管桩水泥土复合基桩工程应用研究[J]. 施工技术，2012(05)：89-91.

[2] 水泥土复合管桩基础技术规程 JGJ/T 330—2014[S]. 北京：中国建筑工业出版社，2014.

[3] 宋义仲，卜发东，程海涛等．管桩水泥土复合基桩承载性能试验研究[J]. 工程质量，2012，30(05)：12-16.

新型深层载荷板试验设计及分析

陈新奎[1]， 谢礼飞[1]， 戴国亮[2]
（1. 南京东大自平衡桩基检测有限公司，江苏 南京 210096；2. 东南大学土木工程学院，江苏 南京 210096）

摘　要： 本文介绍了江苏某长江大桥锚碇基础的深层载荷板试验。试验在地表进行堆载，采用双套管的方法，其中内套管填充混凝土，作为试验的传力柱，在设计标高处完成了试验。根据试验中传力柱的长度以及自重，对沉降量和荷载进行了修正。试验在设计标高实施，故此进行承载力计算时，无需再进行深度修正。

关键词： 深层平板载荷试验；锚碇基础；荷载-沉降曲线；地基承载力

0　引言

随着我国桥梁建设技术的飞速发展，桥梁建设朝着大跨度、深基础方向发展。通过载荷板试验，可以准确地确定地基承载力，能够在设计阶段优化设计，节省建造材料及工程整体造价。

载荷板试验是一种地基土的原位测试方法，可用于测定承压板下应力主要影响范围内岩土的承载力和变形模量。浅层平板载荷试验适用于浅层的地基土，应用较为广泛，可用来检测原状土[1]、复合地基[2]、碎裂岩石[3]等地基的承载力，也可以采用 4m×4m[4]、6m×6m[5]等超大尺寸平板来检测特殊地基的承载力。

深层平板载荷试验可用于测定深部地基及大直径桩桩端在承压板压力主要影响范围内土层的承载力。文献[6]中利用上部土体自重提供反力，在某工程中 30 余米深度处进行了深层载荷板试验。文献[7]中提出了一种改进的深层载荷板试验硐结构和试验装置，并通过实际应用验证了该方法的可行性。

传统的深层平板载荷试验是将承压板通过承压管下入孔底，地上千斤顶通过传力柱向承压板施加压力，从千斤顶的表压显示传力柱的荷载，孔底承压板的位移是在地表测量传力柱的下沉量得到的，传力柱沉降量通过安置于地表钢板上方对称安装的两只百分表进行测读得到。如图 1 所示。

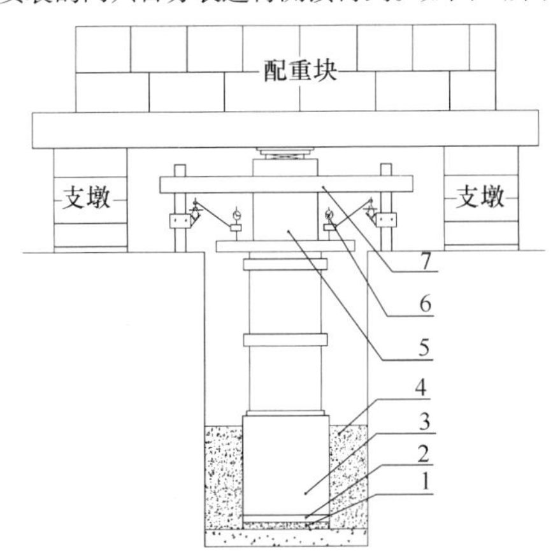

图 1　传统深层载荷板试验示意图

1—砂垫层；2—刚性承压板；3—混凝土柱（钢柱）；4—砂填满；5—油压千斤顶；6—百分表；7—基准梁。

本文介绍了江苏龙潭长江大桥锚碇基础深层载荷板试验的设计方案以及测试结果，相关测试项目可有所参考。该方案是采用双套管的方法，内套管直径与载荷板试验直径相同，将内套管内灌注混凝土后直接将钢管组合柱作为试验的传力柱。

1　工程概况

南京龙潭长江大桥主桥长约 2700m，主孔跨径 1560m。桥塔基础为大直径钻孔桩基础。北岸锚碇为重力式结构，南岸为沉井锚碇基础。

为确定北锚碇重力式基础基底持力层土体承载力特性，且保证北锚碇基础基底土体不被扰动，在北锚碇基础外围开展 3 个点的深层载荷板试验。3 个试验点布置如图 2 所示。

拟建北锚碇基础的持力层为弱胶结含砾砂岩，基底深度为 25m。

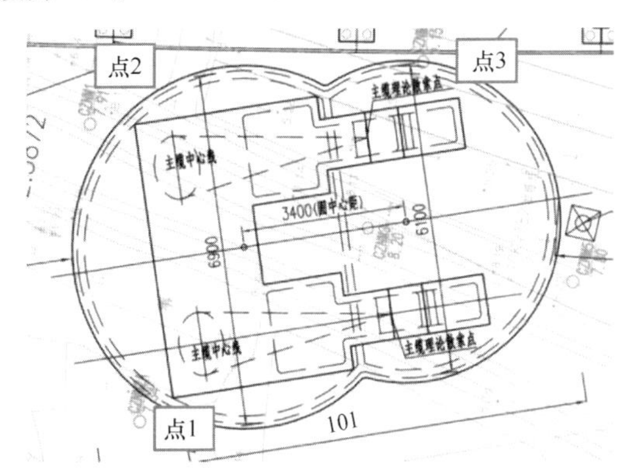

图 2　试验点位布置图

2　试验设计

深层荷载板直径为 0.8m（面积为 $0.5m^2$）。该试验在地表进行堆载，采用双套管的方法。双套管深层载荷板法是通过内套管桩基将荷载传递到深部地基土层，在地面加载获取深部地基土的地基承载力。双套管桩基包括一内套筒和一同轴套设于内套筒外的外套筒，内套管内部浇筑混凝土形成钢管混凝土传力柱，所采用的外套筒的直径略大于内套筒的直径，使内外套筒之间形成间隔空间，从而获得深部地基土地基承载力。该方法具有结构简单、操作便捷、适应性强的特点。双套管传力柱试验系统示意图如图3所示。

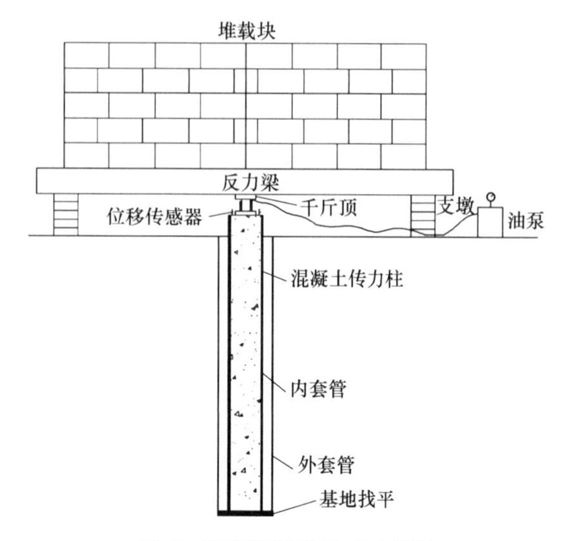

图3 双套管试验系统示意图

外套管管底高于试验标高0.5m，以免扰动试验土体。在内外套管之间填充2m高的砂土，尽量还原土体的实际受力状态。内外套管直径分别为0.8m和1.0m。内外套筒长度示意图如图4所示。内外套管施工如图5所示。

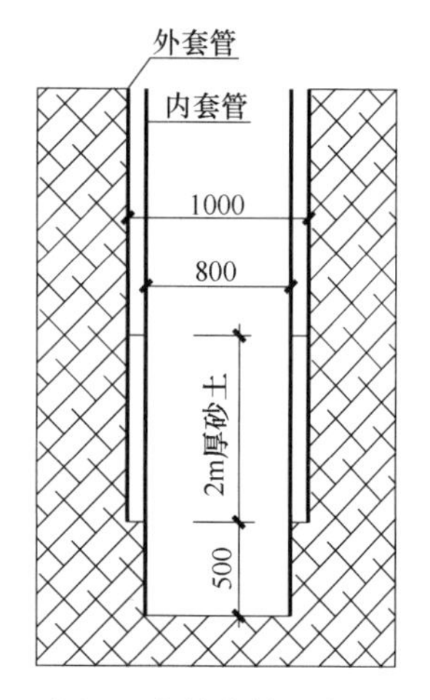

图4 内外套管示意图

图5 内外套管现场施工图

3 现场检测

每个试验点位设计要求加载值不同，具体参数如表1所示。试验标高处持力层均为弱胶结含砾砂岩。试验采用慢速维持荷载法进行。

试验点位加载值 表1

试验点号	传力柱直径（mm）	传力柱长（m）	设计加载要求
3	800	25	≥2400kPa
2	800	25	≥4000kPa
1	800	25	≥4000kPa

3.1 加卸载分级

根据《公路桥函地基与基础设计规范》JTG 3363—2019[8]，试验加荷等级可按预估极限承载力的1/10～1/15分级施加。本次试验的加卸载分级如下：

（1）试验点3预估最大加载值为2400kPa；将其均分10级加载；每级卸载量为加载时分级荷载的2倍。

（2）试验点2预估最大加载值为4000kPa；每级加载量取240kPa，预计加载级数17级；卸载分为5级进行。

（3）试验点1预估最大加载值为4000kPa；每级加载量取300kPa，预计加载级数14级；卸载分为5级进行。

3.2 终止加载条件

根据国内相关规范[8-11]中关于深层载荷板试验和岩石地基载荷板试验的规定，本次试验确定的终止加载条件如下（出现下述现象之一可以终止加载）：

（1）沉降s急骤增大，荷载-沉降（p-s）曲线上有可判定极限承载力的陡降段，且沉降量超过0.04d（d为承压板直径）。

（2）在某级荷载下，24h内沉降速率不能达到稳定。

（3）本级沉降量大于前一级沉降量的5倍。

（4）当持力层土层坚硬，沉降量很小时，最大加载量不小于设计要求2倍。

3.3 试验过程

（1）试验点3配重约150t，当加载至2640kPa时，位移达到稳定标准且满足设计要求的最大加载量，同时已达堆载配重加载极限，故终止加载。

（2）试验点2配重略大于240t，当加载至4320kPa时，位移达到稳定标准且满足设计要求的最大加载量，同时已达堆载配重加载极限，故终止加载。

（3）试验点1配重略大于240t，当加载至4500kPa时，位移达到稳定标准且满足设计要求的最大加载量，同时已达堆载配重加载极限，故终止加载。

图6 现场测试图片

4 检测结果分析

4.1 传力柱压缩量修正

因传力柱有一定长细比，在试验过程中会产生一定压缩量，故此将地面测得的沉降值扣除传力柱压缩量，可得基底对应沉降。

假定传力柱为两端受力的一维弹性杆件，长 25m；取内套管钢管外径 800mm，壁厚 16mm；混凝土强度等级为 C40；由下式计算传力柱在各级荷载作用下的压缩量：

$$\Delta l = \frac{PL}{EA} \tag{1}$$

4.2 传力柱自重产生荷载及沉降修正

在试验开始前，传力柱自重便已作用于基底处，故此应计入承载力部分，其量值大小按自重计算。取钢管混凝土重度 24.5kN/m^3，高度 25m，持力层按不透水考虑。此部分荷载对应压力大小为 612.5kPa。

在试验开始前，因传力柱自重作用下产生的沉降已经完成，无法测量；此部分沉降取加载初期同等应力水平下的沉降值（刚度相同）。

计入传力柱压缩量、荷载修正后的各测点荷载-沉降曲线如图 7 所示。

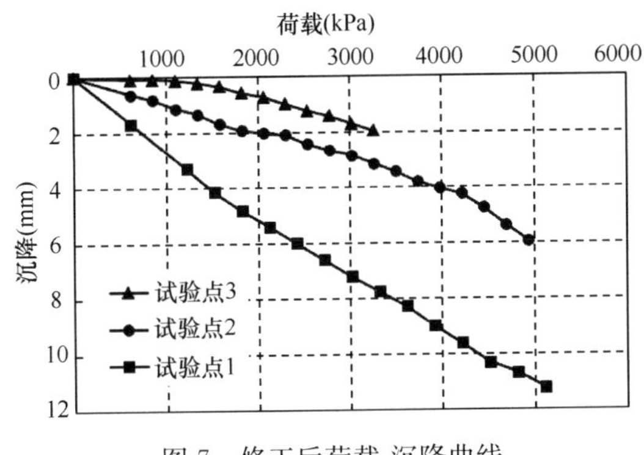

图 7　修正后荷载-沉降曲线

4.3 深度修正

因本试验在设计标高实施，故此进行承载力计算时，无需再进行深度修正。

4.4 修正后承载力

由于试验点 3 配重小，结果不具有代表性。地基承载力基本容许值取试验点 2、1 结果的最小值，这符合上述规范中岩基载荷试验的要求。修正后的承载力列于表 2 中。

试验点承载力表　　表 2

试验点	极限承载力（kPa）	试验点承载力特征值（kPa）	地基承载力特征值（kPa）
3	3252.5	1626	2466
2	4932.5	2466	
1	5112.5	2556	

5 结论

本文介绍了一种新式的深层载荷板试验方法，相较于传统方法，该方法具有结构简单、操作便捷，适应性强的特点，且对持力层土体扰动较小。通过试验，主要得出以下结论：

（1）进行深层载荷板试验时，需要对传力柱进行压缩量的修正，每级在地面测得的沉降量需扣除该级荷载下传力柱的压缩量才是实际的沉降量。

（2）采用本文中双套管传力柱方法进行试验时，需考虑传力柱自重作用下的荷载和沉降量，此部分荷载取传力柱的自重，沉降可取加载初期同等应力水平下的沉降值（认为加载初期试验土体刚度不变）。

（3）在设计标高进行试验，在计算承载力时，无需再进行深度修正。

（4）本次试验的终止加载条件均达到了设计要求的最大加载量，实际此时的沉降量较小，修正前的沉降量均小于 10mm，这与终止加载条件中沉降量超过 0.04d 的标准相差较大，可认为勘察报告提供的数据偏安全。

参考文献：

[1] 杨光华，王俊辉．地基非线性沉降计算的原状土切线模量法[J]．岩土工程学报，2006，28(11)：1927-1931.

[2] 刘志军，陈平山，胡利文，等．水下深层水泥搅拌法复合地基检测方法[J]．水运工程，2019，552(02)：155-162.

[3] 王明明，刘俊伟，汪大洋，等．断层岩岩体承载力和变形特性研究[J]．科学技术与工程，2020，20(23)：9546-9550.

[4] 崔梦麟，李焕兵，胡胜刚，等．垃圾土大尺寸平板载荷试验与变形特性[J]．长江科学院院报，2021，38(02)：114-118.

[5] 程永辉，胡胜刚，陈航．基于超大尺寸平板载荷试验的垃圾填埋场变形特性研究[J]．岩石力学与工程学报，2020，39(S1)：2076-3084.

[6] 武丹丹，杨成斌，王江涛．深层平板载荷试验在某工程中的应用[J]．建筑结构，2015，045(01)：91-93.

[7] 张力，王笑．深层载荷板试验构造和装置研究[J]．建筑结构，2018(S1)：830-832.

[8] 公路桥涵地基与基础设计规范 JTG 3363—2019[S].

[9] 岩土工程勘察规范 GB 50021—2001[S]．北京：中国建筑工业出版社，2001.

[10] 建筑地基基础设计规范 GB 50007—2011[S]．北京：中国建筑工业出版社，2011.

[11] 建筑地基检测技术规范 JGJ 340—2015[S]．北京：中国建筑工业出版社，2015.

嵌入软岩的地下连续墙锚碇基础承载特性研究

程　晔[1,2]，罗　灯[1,2]，陈旭浩[3]，过　超[4]
（1. 南京航空航天大学 土木与机场工程系，江苏 南京 211106；2. 江苏省机场基础设施安全工程研究中心，江苏 南京 210000；3. 盐南高新区管委会，江苏 盐城 224000；4. 中交公路规划设计院有限公司，北京 100088）

摘　要：传统的重力式锚碇基础设计不考虑围护结构对基础承载力的贡献，而地下连续墙作为围护结构由于自身的结构特性，会在锚碇基础的承载时发挥一定作用。针对虎门二桥东锚碇基础，采用有限元方法分析了施加缆力前后锚碇基础的承载特性，并对地下连续墙在锚碇基础中荷载分担比和锚碇最大水平位移的影响因素进行了研究。结果表明：缆力的施加导致锚碇基础的水平剪力和弯矩均迅速增大并重新分布，地下连续墙始终承担了一定比例的荷载；施加缆力后锚碇基础和地下连续墙的内力的峰值点或拐点均位于强风化软岩层与中风化软岩层分界面处；地下连续墙的墙厚对地下连续墙在锚碇基础中的内力比影响最大；岩层弹性模量和地下连续墙的嵌岩深度对锚碇最大水平位移控制作用影响大。

关键词：锚碇基础；地下连续墙；承载特性；数值模拟

0　引言

近些年来，大跨径桥梁日益增多，悬索桥作为大跨径桥梁的主选方案，相关的研究越来越受到重视。锚碇是地锚式悬索桥重要组成部分，有重力式锚和隧道锚两种，悬索桥多数情况下采用重力式锚碇[1]。锚碇对悬索桥的稳定起着至关重要的作用，早期的悬索桥多建立在硬质岩层上，验算时假定其不会发生可见的滑移[2,3]；随着锚碇基础的建造逐渐从岩层地基扩大到软土地基，其位移控制变得越发重要[4]。

地下连续墙由于具有刚度大、强度高和防渗性能好等特点，往往成为基坑围护结构的首选类型[5]。国内外很多学者（Potts[6]等、Clough[7]等、Long[8]等、丁勇春[9]）对地下连续墙做了大量研究，得到了有关土压力的分布、建筑物的变形以及地面沉降等方面的规律。地下连续墙除了作为围护结构外，也可以与后浇混凝土结构结合共同受力。从1997年虎门大桥西锚碇采用地下连续墙围护结构开始[10]，地下连续墙在锚碇基础应用越来越多，主要平面形式有矩形和圆形。圆形地下连续墙由于其结构特点具有拱效应，能有效减小墙体的竖向受力和水平位移[11,12]。

徐国平[13]等对嵌入砂砾岩的武汉阳逻长江大桥南锚碇的圆形地下连续墙进行了设计与计算方法的分析，发现共同受力理论的计算结果与监测结果更加接近。王琨[14]等利用有限元法，对嵌入弱风化砾岩的珠江黄埔大桥南汊悬索桥锚碇的基坑支护施工过程进行了仿真分析，并与现场监测结果对比发现，圆形嵌岩地下连续墙的拱效应能够有效减小墙体竖向应力、侧向位移以及墙后地面沉降。刘玉涛[15]等用有限元方法模拟了嵌入弱风化砾岩的某大桥锚碇基础深基坑的开挖过程，结果表明圆形地下连续墙的拱效应有效地减少了墙体的侧移，而墙体嵌岩部分拉应力和压应力都很大。罗林阁[16]等依托嵌入中风化花岗岩的西江特大桥地下连续墙锚碇设计方案，开展了相同试验条件下地下连续墙-重力式复合锚碇基础与不考虑地连墙嵌固效应的常规锚碇基础两组模型试验，结果表明在地下连续墙嵌入深部中风化基岩时，复合锚碇基础的竖向位移和水平位移均明显小于常规锚碇基础。

综上所述，目前对于采用地下连续墙作为围护结构的锚碇基础，其在设计中一般不作为基础中的受力构件来考虑。现有的研究已证实了地下连续墙与锚碇复合共同承载荷载作用，但对于嵌入软岩的地下连续墙复合锚碇基础的承载特性及影响因素还缺乏系统研究。本文以虎门二桥坭洲东锚碇为依托，对嵌入软岩的圆形地下连续墙锚碇基础在施加缆力前后的内力和位移的变化进行分析，并对相关的结构设计参数、岩体参数对锚碇基础承载特性的影响规律进行研究。

1　工程概况

虎门二桥是广东省内一座连接广州市南沙区与东莞市沙田镇的过江通道，主线全线采用桥梁方案，跨越坭洲水道、大沙水道采用两座大跨径悬索桥，其中坭洲水道桥为（548＋1688)m的双塔双跨钢箱梁悬索桥。

坭洲东锚碇位于东莞市沙田镇福禄村境内，采用的是重力式圆形地下连续墙锚碇基础，为直径90m的圆形结构。地下连续墙的厚度为1.5m，顶面标高＋1.20m，底部标高－34.80～－36.80m。根据地质钻孔资料，各土层的物理力学参数见表1。

各土层参数　　表1

土层名称	厚度(m)	重度(kN·m⁻³)	黏聚力(kPa)	内摩擦角(°)	外摩擦角(°)	剪胀角(°)	弹性模量(MPa)	泊松比μ
①层淤泥质土	16	16.5	8	5	4	—	2.2	0.4
②层粉黏、粉砂、砾砂互层	10	19	—	25	20	—	38	0.35
③层强风化中砂岩	3	19.9	50	20	16	—	500	0.27
④层中风化中砂岩、泥质粉砂岩	13	22.5	550	30	24	2	2000	0.25
⑤层微风化中砂岩、泥质粉砂岩	58	23	800	38	30.4	8	10000	0.2

2 有限元数值模型

利用有限元软件 ABAQUS 建立锚碇基础及周围各层土体的模型，模拟地下连续墙锚碇结构施加缆力前后的过程。采用实体单元 C3D10 模拟锚碇各部分结构和土体。土体的本构关系采用 Mohr-Coulomb 弹塑性模型，各土层的参数见表 1。由于实际施工条件的影响，地下连续墙的墙背较粗糙，模拟中设定墙土外摩擦角 α 设置为填土内摩擦角 φ 的 0.8 倍。锚碇各部分结构厚度及的混凝土材料参数见表 2，混凝土的泊松比 μ 均设置为 0.2，重度均设置为 25kN/m³。在进行本文的模拟分析前，通过模拟西锚碇施工开挖过程，将模拟值与实测值进行对比验证了模型的可靠性[17]。

锚碇基础计算模型　　表 2

结构体		厚度（m）	混凝土强度	E（GPa）
地下连续墙		1.5	C35	31.5
内衬墙		2	C35	31.5
锚碇	底板	6	C30	30
	顶板	6	C30	30
	填芯	17	C20	25.5

3 锚碇基础承载特性分析

锚碇基础施工完成后，在施加缆力前，上部锚块质量较大且存在偏心；而施加缆力后，锚碇上部突然承受巨大的缆力作用。所施加缆力按东锚碇最不利荷载组合（恒+活+温度+风）取值 483.6MN，入射角 20.533°。为了分析地下连续墙在复合锚碇基础中的荷载分担作用以及锚碇的稳定性，在锚碇施加缆力前后，对地下部分的锚碇基础水平截面上的内力以及锚碇产生的水平位移进行分析。如图 1 所示，地下连续墙嵌入了锚碇底板底面以下的软岩中。故锚碇基础的内力在锚碇底板底面以上部分为复合锚碇基础（含地下连续墙）整体水平截面的内力，底板底面以下为地下连续墙，故将其内力作为锚碇基础的内力。

3.1 锚碇基础与地下连续墙的水平剪力和弯矩分析

图 1 为施加缆力前后锚碇基础剪力 G_a 与地下连续墙剪力 G_w 随埋深 h 的变化曲线。施加缆力前，G_a、G_w 均随 h 的增大先增大后减小，G_a、G_w 在 h=26m 左右时分别达到最大值 24MN、7.95MN，峰值点埋深均位于②土层与③岩层分界面。施加缆力后，G_a 随 h 的变化曲线形态发生很大变化，G_a 在地面处为最大值 897.6MN，随着 h 的增大先逐渐缓慢减小，在③层强风化中砂岩与④层中风化中砂岩、泥质粉砂岩分界面（h=29m）以下，G_a 随 h 的增大快速减小；而 G_w 随 h 的变化曲线形态与施加缆力前基本一致，随 h 增大先增大后减小。在 h=29m 附近达到最大值 100MN，G_w 最大值位置从 26m 下移至 29m。

图 2 为施加缆力前后锚碇基础弯矩 M_a 和地下连续墙弯矩 M_w 随埋深 h 的变化曲线。施加缆力前，由于锚碇的上部锚块偏心，锚碇基础在 h=0m 处承受弯矩 M_a 为最大

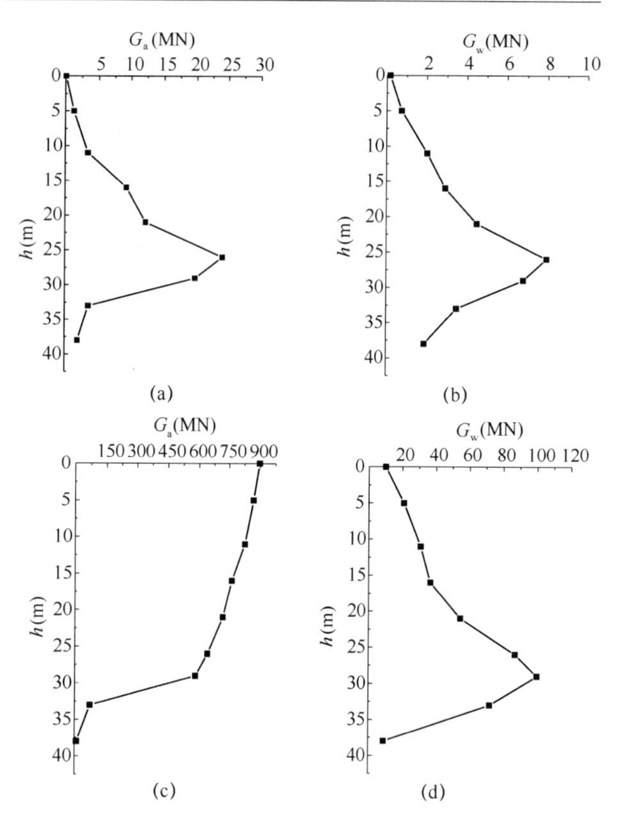

图 1　锚碇基础、地下连续墙的剪力 G_a、G_w 随埋深 h 的变化曲线

（a）施加缆力前 G_a-h 变化曲线；（b）施加缆力前 G_w-h 变化曲线；（c）施加缆力后 G_a-h 变化曲线；（d）施加缆力后 G_w-h 变化曲线

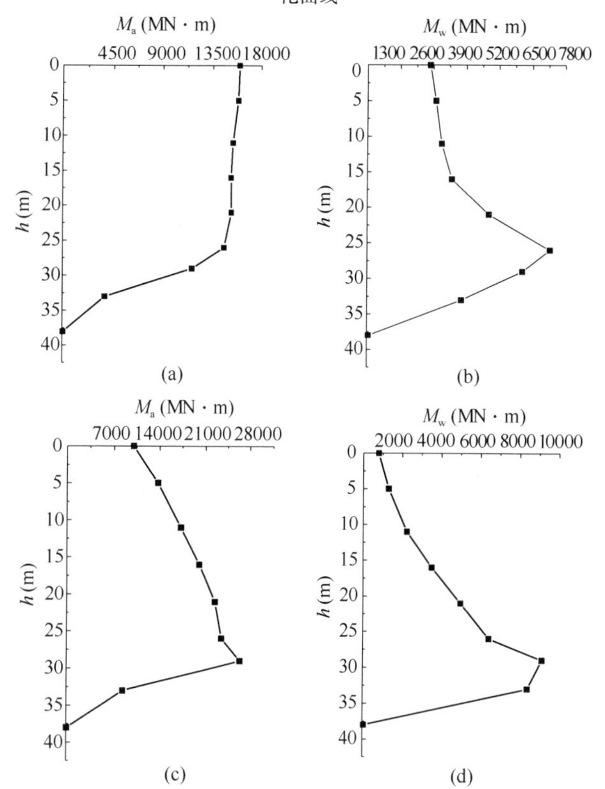

图 2　锚碇基础、地下连续墙的弯矩 M_a、M_w 随埋深 h 的变化曲线

（a）施加缆力前 M_a-h 变化曲线；（b）施加缆力前 M_w-h 变化曲线；（c）施加缆力后 M_a-h 变化曲线；（d）施加缆力后 M_w-h 变化曲线

值 16000MN·m；随着 h 的增大，M_a 逐渐减小，到土层与岩层分界面处（h=26m）减小至 14580MN·m，其后迅速减小接近至 0；而 M_w 随着 h 的增大先增大后减小，在 h=26m 左右达到最大值 7205MN·m，随后迅速减小接近至 0。而施加缆力后，随着 h 的增大，M_a、M_w 均先增大后减小，在 h=29m 处 M_a、M_w 分别达到最大值 26430MN·m、9135MN·m。

由图 1 和图 2 可以发现，缆力的施加使得锚碇基础及地下连续墙的剪力与弯矩均迅速增大，并导致锚碇基础中的剪力和弯矩重新分布，而地下连续墙的内力在施加缆力前后随埋深的增大始终先增大后减小。由于强风化泥岩质地松软，承载能力相对较弱，在锚碇基础剪力和弯矩较小时尚能起到一定的嵌固作用。随着剪力和弯矩的增大，地下连续墙嵌入④层中风化软岩的部分发挥作用，因此基础剪力和弯矩的拐点出现在 h=29m。

3.2 锚碇基础与地下连续墙的轴力分析

图 3 为施加缆力前后锚碇基础轴力 F_a 和地下连续墙轴力 F_w 随埋深 h 的变化曲线。施加缆力前后，随 h 的增大，F_a、F_w 都先增大后减小，且最大值均出现在 h=29m 处。这是因为锚碇自重较大，而④层中风化软岩以上各土层所对应锚碇基础的侧向摩阻力相对较小，因此轴力随埋深不断增大；之后随着④层中风化软岩中侧向摩阻力的增大以及锚碇底板以下岩层的支撑，轴力迅速减小。对比施加缆力前后 F_a 和 F_w 的大小可以发现，由于缆力竖直方向的分力较小，施加缆力后 F_a 和 F_w 均小幅减小。

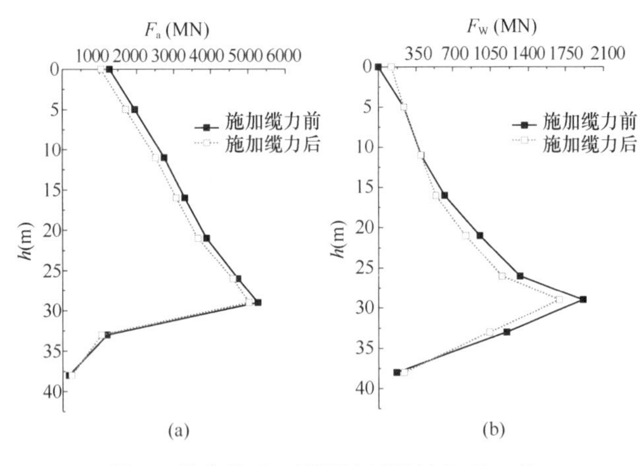

图 3 锚碇基础、地下连续墙轴力 F_a、F_w 随埋深 h 的变化曲线

（a）施加缆力前后 F_a-h 变化曲线；（b）施加缆力前后 F_w-h 变化曲线

3.3 锚碇基础远、近桥端水平位移分析

图 4 为施加缆力前后锚碇基础远桥端水平位移 s_f、近桥端水平位移 s_c 随埋深 h 的变化曲线。近桥端和远桥端方向如图 1 所示。位移值以靠近桥端为正，远离为负。“前”代表施加缆力前，“后”代表施加缆力后。

施加缆力前，地表处两端的位移值均为－1mm。随着 h 的增大，s_f 方向始终远离桥端，s_f 绝对值先减小后增

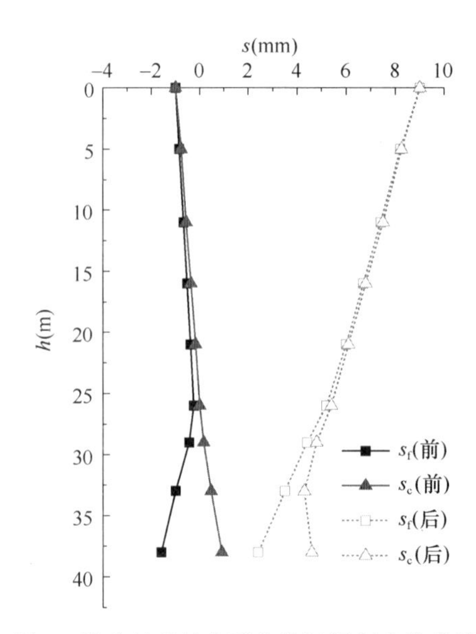

图 4 锚碇基础的水平位移随埋深变化曲线

大，h=24m 时，s_f 达到绝对值最小值，h=38m 时，s_f=－1.6mm 达到绝对值最大值；而 s_c 从－1mm 减小至 0 后又增大至 0.91mm。

施加缆力后，锚碇整体向近桥端产生了水平向位移，地表处两端的位移值均从－1mm 变为 9mm。随着 h 的增大，s_f 近似线性减小；s_c 先减小后增大，在 h 为 33m 时，s_c 达到最小。施加缆力前后锚碇基础的最大水平位移 s_{max} 均位于地表处，且都在安全范围 20mm 内。

虽然锚碇基础的整体刚度很大，但不是完全的刚体，s_f、s_c 的值沿埋深并不完全一致，两者的差值随 h 的增大而逐渐增大，尤其在 h 超过 29m 后。这是因为在④层中风化软岩的嵌固段，地下连续墙发挥作用，但其结构刚度相对于底板底面以上的复合锚碇部分较小，故而这个部分在施加缆力前后近桥端和远桥端水平位移差随深度增加而增大，发生较大变形。

从图 5 可以看出，缆力施加后锚碇地表处的水平位移增加最大，Δs_f 和 Δs_c 均为 10mm。随着埋深的增大，

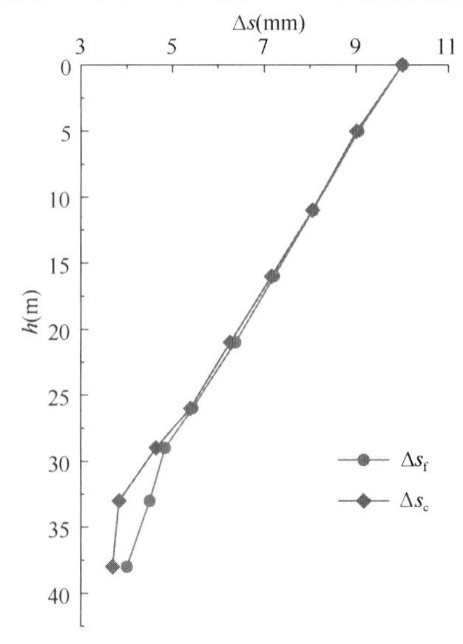

图 5 施加缆力后锚碇位移变化值 Δs 随埋深 h 的变化曲线

土层的侧向约束逐渐发挥，锚碇水平位移增量均逐渐减小。

3.4 地下连续墙在锚碇基础中的内力比

为了分析地下连续墙在锚碇基础中的承载作用，计算锚碇底板底面以上部分的地下连续墙和锚碇基础随埋深 h 的变化对应的剪力、弯矩和轴力比值，如图 6 所示。可以发现，施加缆力前地下连续墙在锚碇基础中内力比相对较大，尤其是剪力和弯矩的比值，这表明仅在锚碇存在偏心的自重荷载作用下时，地下连续墙承受较多的荷载。除了施加缆力前的剪力外，地下连续墙在锚碇基础中所占的内力比随埋深的增大而增大。

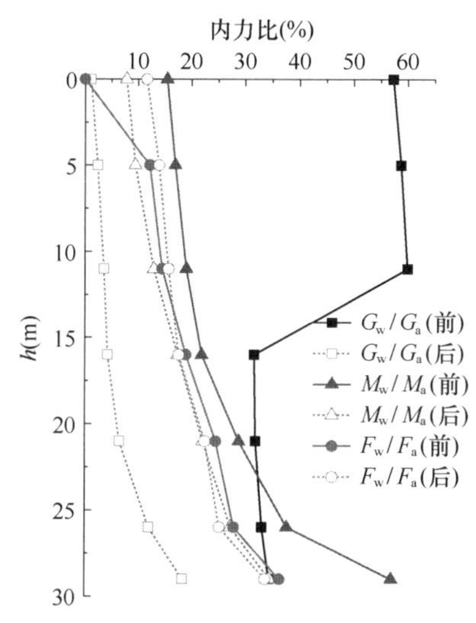

图 6 地下连续墙和锚碇基础内力比随埋深 h 的变化曲线

4 锚碇承载特性影响因素分析

为了分析相关结构设计参数及岩土特性对地下连续墙在锚碇基础中的荷载分担作用和锚碇基础地表最大水平位移 s_{max} 的影响规律，以嵌岩深度 $h_r=9$m，地下连续墙墙厚 $t=1.5$m，地下连续墙的嵌入的④岩层的弹性模量 $E=2000$MPa 为基本工况，计算施加缆力后 $h=29$m 处地下连续墙与锚碇基础的内力比值以及地表处锚碇最大水平位移 s_{max}。在此基础上，按控制变量法分别研究 h_r、t 以及 E 等参数的变化对锚碇基础承载特性的影响规律。

4.1 嵌岩深度对锚碇基础承载特性的影响

分别选取嵌岩深度 h_r 为 7m、8m、9m、10m、11m，其他参数保持不变，计算得到的地下连续墙与锚碇基础的剪力 G、弯矩 M、轴力 F 的比值及锚碇水平位移最大值 s_{max} 随 h_r 变化的结果如图 7 所示。可以发现，随着 h_r 的增大，G_w/G_a-h_r 近似呈线性增大关系；M_w/M_a-h_r、F_w/F_a-h_r 均近似呈抛物线增大关系，对轴力的变化影响相对稍小些；s_{max}-h_r 近似呈抛物线减小关系。即 h_r 的增大使得地下连续墙在锚碇基础中承受更多的内力，且锚碇位移更小。

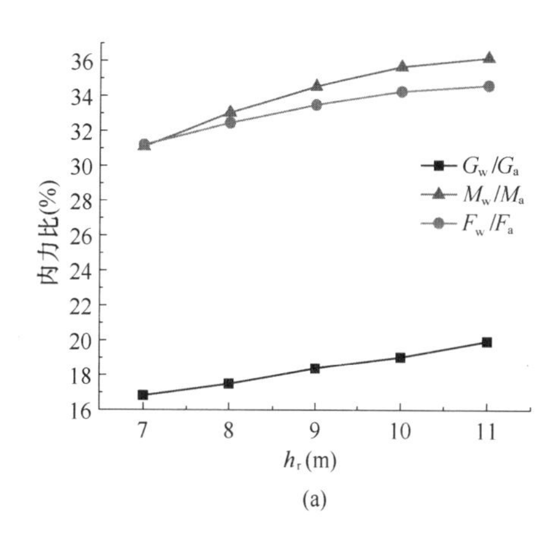

(a)

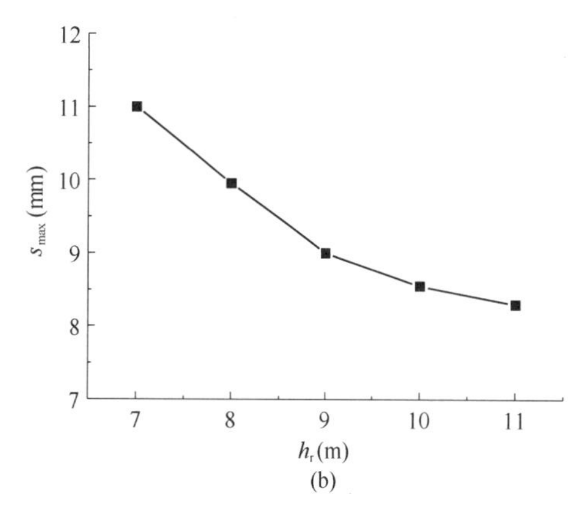

(b)

图 7 内力比及锚碇最大水平位移 s_{max} 随嵌岩深度 h_r 的变化曲线

(a) 各内力比随 h_r 的变化曲线；(b) s_{max}-h_r 变化曲线

4.2 地下连续墙墙厚对锚碇基础承载特性的影响

分别选取地下连续墙墙厚 t 为 1.1m、1.3m、1.5m、1.7m、1.9m，其他参数保持不变，计算得到的地下连续墙与锚碇基础各内力的比值及 s_{max} 随 t 变化的结果如图 8 所示。可以发现，随着 t 的增大，G_w/G_a-t 近似呈抛物线增大关系；M_w/M_a-t、F_w/F_a-t 均近似呈线性增大关系；s_{max}-t 近似呈线性减小关系。即 t 的增大使得地下连续墙在锚碇基础中承受更多的内力，而锚碇位移小幅减小。

4.3 岩层弹性模量对锚碇基础承载特性的影响

分别选取④岩层弹性模量 E 为 1000MPa、1500MPa、2000MPa、2500MPa、3000MPa，其他参数不变，计算得到的地下连续墙与锚碇基础的各内力比值及 s_{max} 随 E 变化的结果如图 9 所示。可以发现，随着 E 的增大，G_w/G_a-E 近似呈抛物线减小关系；M_w/M_a-E、F_w/F_a-E 近似呈近似线性减小关系；s_{max}-E 近似呈抛物线减小关系。即 E 较小时地下连续墙在锚碇基础中承受更多的内力，而 E 较大时，锚碇位移更小。

4.4 各因素对锚碇基础承载特性的影响

为了能合理分析各因素对地下连续墙在锚碇中承载特性的影响程度，将各因素的取值归一化并计算相对应

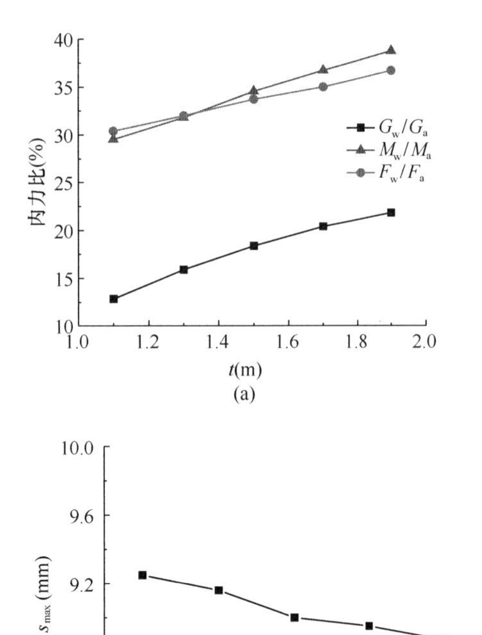

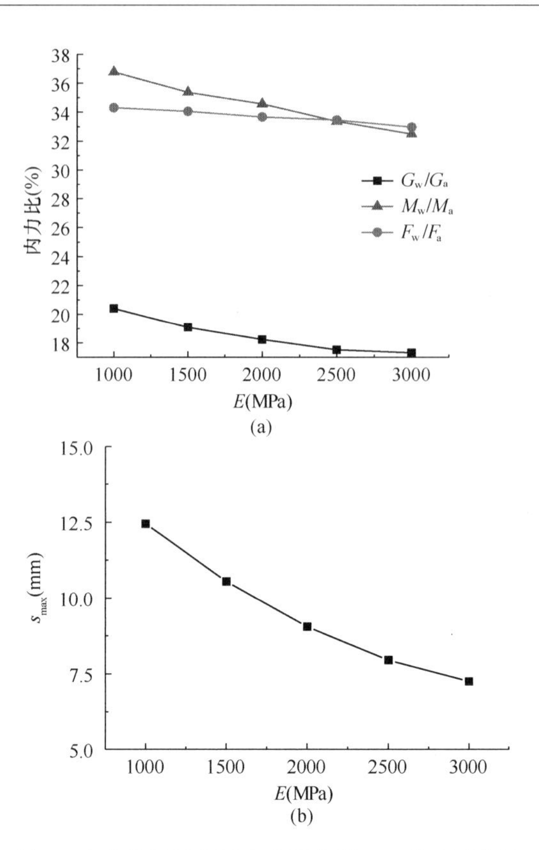

图 8　内力比及锚碇最大水平位移 s_{max} 随墙厚 t 的变化曲线

（a）各内力比随 t 的变化曲线；（b）s_{max}-t 变化曲线

图 9　内力比及锚碇最大水平位移 s_{max} 随岩层弹性模量 E 的变化曲线

（a）各内力比随 E 的变化曲线；（b）s_{max}-E 变化曲线

的各内力比与 s_{max} 的最大差值，然后用各内力比与 s_{max} 的最大差值分别除以归一化后各因素的取值的最大差值，结果如表 3 所示。

从表 3 可以发现：

（1）地下连续墙在锚碇基础中承担内力的大小受各因素影响程度从大到小的顺序依次均为 t、h_r、E；

（2）锚碇最大水平位移受各因素影响程度从大到小的顺序依次为 E、h_r、t。这主要是因为锚碇近似为一个刚体，而墙体厚度、顶板底板板厚对锚碇的刚度或岩层的嵌固作用影响较小，对锚碇的水平位移影响也较小。

各因素对地下连续墙在锚碇基础中承载性能的影响　　表 3

影响因素	取值归一化	$\frac{\Delta(G_w/G_a)}{x_{max}-x_{min}}$ (%)	$\frac{\Delta(M_w/M_a)}{x_{max}-x_{min}}$ (%)	$\frac{\Delta F_w/F_a}{x_{max}-x_{min}}$ (%)	$\frac{\Delta s_{max}}{x_{max}-x_{min}}$ (mm)
地下连续墙嵌岩深度 h_r	0.63～1	8.5	13.8	9.2	7.3
地下连续墙墙体厚度 t	0.58～1	23.5	22.0	15.0	0.72
岩层弹性模量 E	0.33～1	4.6	5.8	1.9	7.8

5　结论

采用有限元方法，模拟分析了施加缆力前后锚碇基础的承载特性，以及影响地下连续墙锚碇基础承载特性的因素，主要结论如下：

（1）缆力的施加使得锚碇基础的剪力和弯矩迅速增大，并重新分布，而地下连续墙的内力在施加缆力前后随埋深增大均先增大后减小。

（2）施加缆力后锚碇基础和地下连续墙的内力的峰值点或拐点均位于③层强风化软岩与④层中风化软岩分界面处；地下连续墙嵌入中风化软岩层的部分发挥了较大承载作用。

（3）施加缆力前的锚碇基础在地表处向远桥端产生的水平位移为 1.0mm，在施加缆力后其地表水平位移向近桥端增大了 10mm。对于限制锚碇基础的整体水平位移，嵌入④层中风化软岩的地下连续墙发挥了作用，但其结构刚度相对较小，故而发生较大的变形。

（4）墙体厚度、嵌岩深度的增大，使得地下连续墙在锚碇中内力比增大；而岩层弹性模量的增大，使得地下连续墙在锚碇中内力比减小。各因素对地下连续墙与锚碇内力比影响从大到小分别是，地下连续墙的厚度、嵌岩深度、岩层弹性模量。

（5）嵌岩深度、墙体厚度、岩层弹性模量的增大都有助于减小锚碇的水平位移，增加锚碇的安全稳定性。其中影响最大的是岩层弹性模量，其次为嵌岩深度。

参考文献：

[1] 刘明虎. 悬索桥重力式锚碇设计的基本思路[J]. 公路，1999(07)：16-23.

[2] 铁道部大桥工程局桥梁科学研究所编. 悬索桥[M]. 北京：科学技术文献出版社，1996.

[3] 钱冬生，陈仁福. 大跨悬索桥的设计与施工[M]. 成都：西南交通大学出版社，1999.

[4] 李家平，李永盛，王如路. 悬索桥重力式锚碇结构变位规律研究[J]. 岩土力学，2007(01)：145-150.

[5] 徐中华，王建华，王卫东. 上海地区深基坑工程中地下连续墙的变形性状[J]. 土木工程学报，2008(08)：81-86.

[6] POTTS D M，FOURIE A B. A Numerical Study of the Effects of Wall Deformation on Earth Pressures[J]. International Journal for Numerical and Analytical Methods in Geomechanics，1986，10(04)：383-405.

[7] W C G，D O T. ASCE Conference on Design and Performance of Earth Retaining Struct[C]，New York：Geotechnical Special Publication，1990.

[8] LONG M. Database for Retaining Wall and Ground Movements due to Deep Excavations[J]. Journal of Geotechnical and Geoenvironmental Engineering，2001，127(03)：203-224.

[9] 丁勇春. 软土地区深基坑施工引起的变形及控制研究[D]. 上海交通大学，2009.

[10] 周建军，饶思礼，张有光，等. 虎门大桥西锚碇大型混合基础的设计与施工[J]. 桥梁建设，1995(02)：44-47.

[11] 刘明虎. 圆形地下连续墙支护深基坑结构受力特点及对比分析[J]. 公路交通科技，2005(11)：100-103.

[12] 孙文怀，裴成玉，邵旭. 圆形基坑地下连续墙支护结构监测分析[J]. 施工技术，2006，35(11)：15-17，63.

[13] 徐国平，刘明虎，刘化图. 阳逻长江大桥南锚碇圆形地下连续墙设计[J]. 公路，2004(10)：11-14.

[14] 王琨，张太科，陈顺超. 广州珠江黄埔大桥悬索桥锚碇基坑支护受力和变形特性分析[J]. 西南大学学报(自然科学版)，2010，32(07)：133-138.

[15] 刘玉涛，徐伟，郭慧光. 某大桥锚碇基础深基坑开挖模拟[J]. 福建工程学院学报，2004(01)：39-43.

[16] 罗林阁，崔立川，石海洋，等. 地连墙-重力式复合锚碇基础承载性能试验研究[J]. 岩土力学，2019，40(03)：1049-1058.

[17] 程晔，袁鹏，陈旭浩，等. 地下连续墙锚碇基础在开挖过程中性能分析[J]. 特种结构，2020，37(03)：101-106.

基于软土地层中 PHC 管桩的应用探索

张 启[1,2]， 冯科明[1,2]， 王天宝[1,2]
(1. 北京城建勘测设计研究院有限责任公司，北京 100101；2. 城市轨道交通深基坑岩土工程北京市重点实验室，北京 100101)

摘 要：软土作为一种特殊岩土，主要的特点是承载力较低，作为持力层只能用于采用筏板基础形式的低层建筑，且建成后沉降较大。PHC 管桩选用高强度的带肋钢筋，其桩身强度高，抗弯、抗裂性能好；桩身防腐性能好；适应多种地层；施工周期短，采用静压方式沉桩时，绿色文明施工较好。本文以 PHC 管桩在天津某软土工程项目中的应用为例，选定合理的桩型、桩长，考虑管桩的土塞效应，通过验算单桩竖向承载力特征值满足上部结构荷载要求。结合竣工后第三方检测单位提供的桩身完整性检测和单桩竖向载荷试验结果，桩身完整性及单桩承载力均满足设计要求。PHC 管桩作为基础桩，在软土中同样具有一定的应用价值。

关键词：软土；PHC 管桩；完整性；承载力

0 序言

随着城市建设的高速发展，城区改造和新建建筑施工越来越受到场地限制；另外人工费的快速增加和环保施工的要求，也越来越要求在施工中推进预制构件的生产和应用，装配式结构和预制桩越来越受到施工方的青睐，PHC 管桩应运而生。PHC 管桩的主筋选用高强度的带肋钢筋，其桩身强度高，抗弯、抗裂性能好；桩身防腐性能好，设计选用范围广，适应多种地层；施工周期短，绿色文明施工较好。工程施工选用 PHC 管桩也越来越多。PHC 管桩不仅作为支护桩用于深基坑工程中[1]，而且在桩基中得到广泛应用[2-4]。PHC 管桩施工主要采用静压法和锤击法，具体需根据地层、周边环境、工期等要求选择合适的施工工艺。

本文结合天津某软土项目，根据第三方检测单位现场进行的桩身完整性检测试验结果和单桩承载力荷载试验，单桩承载力和桩身完整性均满足设计要求，所以，笔者认为 PHC 管桩作为基础桩在软土地层的应用有一定的推广价值。

1 案例

1.1 项目概况

拟建建筑包括 2 栋 31 层住宅(4、5 号楼)，高度 93.5m；4 栋 15 层住宅(1、2、3、6 号楼)，高度 45.50m；1 栋 11 层住宅(12 号楼)，高度 32.95m；5 栋 7 层住宅(7、8、9、10、11 号楼)，高度 21.50m，高层住宅均拟采用剪力墙结构；1 栋 2 层行政超市(13 号楼)，高度 8.20m；1 栋 1 层供热站(14 号楼)，高度 4.85m；2 栋 1 层变电站(15、16 号楼)，高度 4.85m，均拟采用框架结构；高层住宅及所围区域有 1 层地下车库，深约 5.40m，地库及 7～15 层住宅底板标高约－2.400m，31 层住宅底板标高约－2.700m，室外地坪 2.60～3.00m。

本次拟建建筑物采用桩基础。其中 7 层和 11 层住宅、供热站、变电站及周边地下车库采用预应力管桩。

1.2 工程地质条件

依据勘察报告得知，钻孔揭露地层最大深度为 45m，按地层沉积年代、成因类型，将土层划分为人工填土层(Q^{ml})、新近冲积层($Q_4^{3N}al$)、全新统中组海相沉积层(Q_4^2m)、全新统下组陆相冲积层(Q_4^1al)、上更新统第五组陆相冲积层(Q_3^eal)、上更新统第三组陆相冲积层(Q_3^cal)、上更新统第二组海相沉积层(Q_3^bm)、上更新统第一组陆相冲积层(Q_3^aal)八大层。自上至下依次为③$_2$层淤泥质黏土、③$_3$层淤泥质粉质黏土、⑥$_1$层粉质黏土、⑥$_3$层粉土、⑧$_2$层粉土、⑨$_1$层粉质黏土、⑨$_2$层粉土。

施工现场典型地层剖面如图 1 所示，主要地层参数见表 1。

主要地层参数 表 1

地层编号	岩土名称	孔隙比 e(平均值)	液性指数 I_L(平均值)	极限侧阻力标准值 q_{sik}(kPa)	极限端阻力标准值 q_{pk}(kPa)	层厚约(m)
③$_2$	淤泥质黏土及淤泥	1.395	1.16	14	—	4.10
③$_3$	淤泥质粉质黏土	1.066	1.21	22	—	4.90
⑥$_1$	粉质黏土	0.783	0.69	60	—	5.00
⑥$_3$	粉土	0.646	0.49	66	—	3.60
⑧$_2$	粉土	0.663	0.37	70	—	5.90
⑨$_1$	粉质黏土	0.705	0.39	70	—	2.10
⑨$_2$	粉土	0.662	0.48	66	3000	2.50

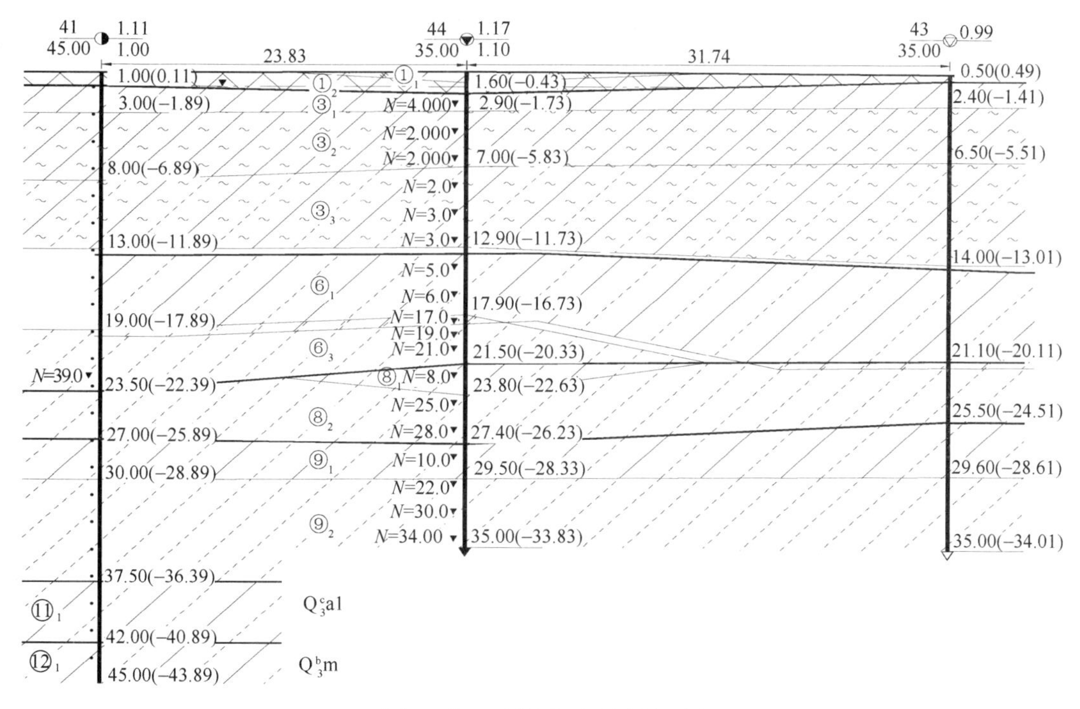

图1 施工现场典型地层剖面图

2 设计简介

拟建场地位于古河道上，埋深2.50～14.00m段以淤泥质土为主，且发育具液化势的饱和粉(砂)土，属对建筑抗震的不利地段，场地稳定性差，工程建设适宜性差，应对液化粉土及软土采取有效处理措施，故本次拟建物不建议采用浅基础，而采用桩基础。

根据结构要求，单桩竖向极限承载力特征值不小于1260kN。桩基础一般选用预应力管桩或钻孔灌注桩，考虑现场周边环境、工期及造价，桩基础选用预应力高强度混凝土管桩。本项目选用桩型为PHC 500-100-AB，桩长24m，桩顶位于③₃层淤泥质粉质黏土，桩端进入⑨₂层粉土(图2)。

2.1 由土的物理力学指标与承载力参数估算PHC管桩单桩竖向极限承载力标准值[5,6]

$$Q_{uk}=u\sum q_{sik}\cdot l_i+q_{pk}\cdot(A_j+\lambda_p A_p)$$

式中，Q_{uk}为单桩竖向极限承载力标准值(kN)；u为桩身周长(m)；q_{sik}为桩侧第i层土的极限侧摩阻力标准值(kPa)；l_i为桩穿越第i层土的厚度(m)；q_{pk}为桩端土极限端阻力标准值(kPa)；A_j为空心桩桩端净面积(m^2)；λ_p为土塞效应系数；A_p为空心桩敞口面积(m^2)。

本案例中，桩端进入持力层深度/钢管桩外径等于5，所以λ_p取0.8。

由此可得：

$$A_j=3.14/4\times(0.5^2-0.3^2)=0.1256\text{m}^2$$

$$A_p=3.14/4\times0.3^2=0.0707\text{m}^2$$

$$Q_{uk}=2560\text{kN}$$

2.2 预应力管桩单桩竖向极限承载力特征值[5,6]

$$R_a=Q_{uk}/K$$

式中，R_a为单桩竖向极限承载力特征值(kN)；K为安全系数，取为2。

由此可得：

$$R_a=2560/2=1280\text{kN}$$

所以，本设计方案满足单桩竖向极限承载力特征值不小于1260kN的要求。

3 施工控制要点

由于附近有居民楼，为避免产生较大的噪声，因此采取静压法进行沉桩。沉桩过程中，采用经纬仪进行桩身垂直度的监控。

接桩时，入土部分管桩的桩头宜高出地面0.5～1.0m，采用CO_2保护焊进行焊接，焊缝应饱满、连续，且根部必须焊透。焊接接头应在自然冷却后，才能继续沉桩。

截桩采用锯桩器，并采取有效措施防止桩头开裂。若截桩时出现较严重的裂缝应继续下移截桩，将裂缝段去除。

浇灌填芯混凝土前，应先将管桩内壁浮浆清理干净，采用内壁涂刷水泥净浆的方法，以提高填芯混凝土与管桩桩身混凝土的整体性。桩芯底部用托板固定，混凝土强度与承台强度同等级，桩顶填混凝土高度为3.5m。

4 成果检验与分析

根据设计与规范要求，随机抽取足够数量的PHC管桩进行桩身完整性检测和单桩竖向抗压静载荷试验[7]。

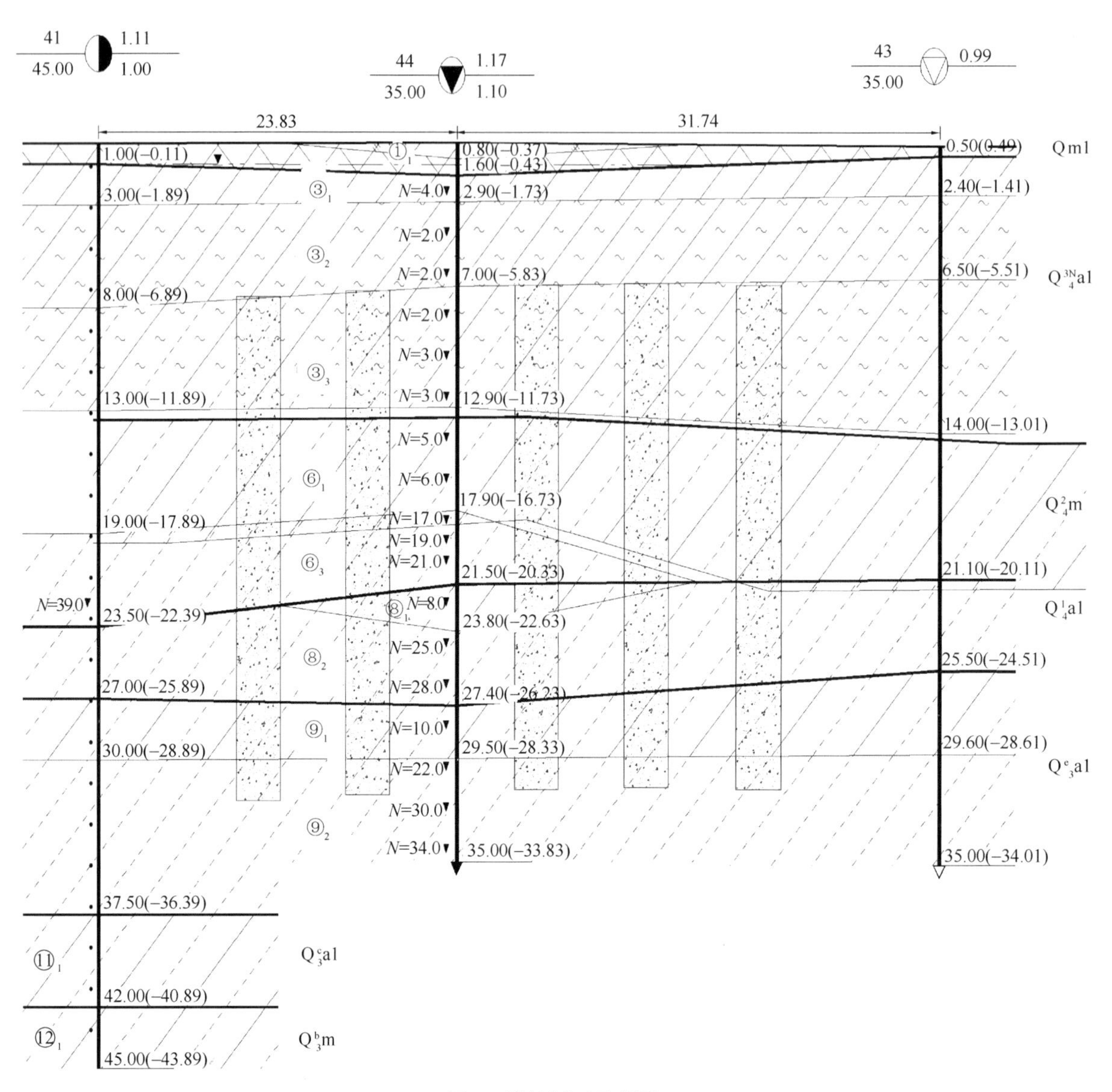

图 2 管桩剖面示意图

4.1 单桩竖向静载荷试验

单桩竖向抗压静载荷试验是模拟桩竖向抗压受力过程。对 PHC 的 AB 型桩，采用临界荷载更为严格和合理，不允许出现裂缝[8]。试验采用慢速维持荷载法，加载共分 10 级，分级荷载为 252kN，首级加载值为分级荷载的 2 倍，即 504kN，最终加载至特征值的 2 倍，即 2520kN。卸载级数为加载级数的一半。参见表 2。

根据试验记录，绘制荷载随沉降的关系曲线及沉降与时间的关系曲线，单桩竖向抗压静载试验汇总表见表 3。鉴于篇幅有限，本次分析选取一桩进行分析。

静载荷试验加、卸荷级率表 表 2

荷载级别	0	1	2	3	4	5	6	7	8	9
加载(kPa)	0	504	756	1008	1260	1512	1764	2016	2268	2520
卸载(kPa)	0	504		1008		1512		2016		2520

基桩载荷试验数据 表 3

序号	荷载(kN)	历时(min)		沉降(mm)	
		本级	累计	本级	累计
0	0	0	0	0.00	0.00
1	504	120	120	0.52	0.52
2	756	120	240	0.54	1.06
3	1008	120	360	0.89	1.95
4	1260	120	480	1.26	3.21
5	1512	120	600	1.58	4.79
6	1764	120	720	1.64	6.43
7	2016	120	840	2.15	8.58
8	2268	120	960	2.06	10.64
9	2520	120	1080	2.35	12.99
10	2016	60	1140	−0.41	12.58
11	1512	60	1200	−0.69	11.89

续表

序号	荷载(kN)	历时(min)		沉降(mm)	
		本级	累计	本级	累计
12	1008	60	1260	−0.90	10.99
13	504	60	1320	−1.46	9.53
14	0	180	1500	−1.85	7.68
最大沉降量：12.99mm；最大回弹量：5.31mm；回弹率：40.9%					

试验桩，加载值达到2520kPa时，累计沉降达到12.99mm。根据图3中的荷载沉降 Q-s 曲线、s-lg$t$ 曲线与 s-lg$Q$ 曲线可知，单桩竖向承载力特征值满足设计要求。

4.2 桩身完整性检测

采用低应变反射波法对桩身结构完整性进行检测[9]。低应变桩身完整性检测结果如图4所示。

根据实测曲线的时间、相位、频率、振幅等信号特征及桩身波速取值分析[10]，所有的桩都为Ⅰ类桩，满足规范要求。

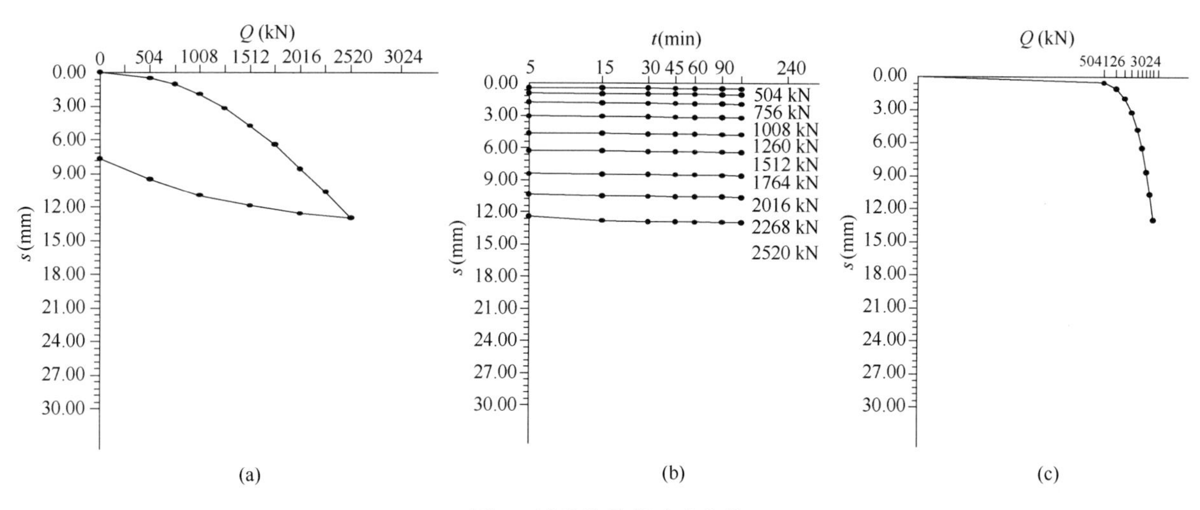

图3 试验桩荷载试验曲线

(a) Q-s 曲线；(b) s-lg$t$ 曲线；(c) s-lg$Q$ 曲线

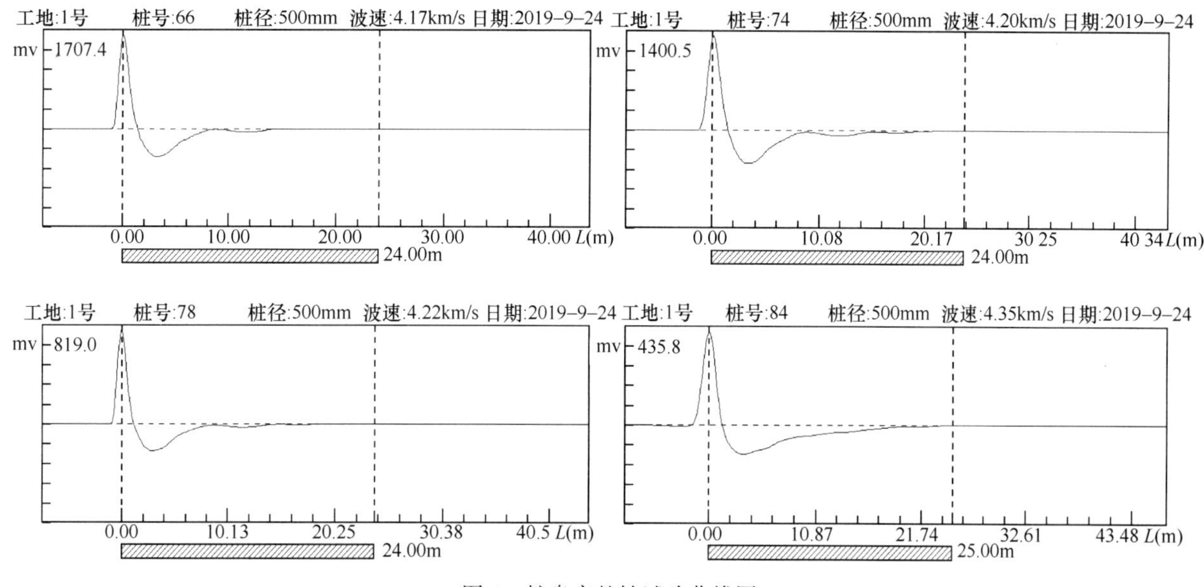

图4 桩身完整性试验曲线图

5 结语

通过多个项目的成功实践，有以下几点认识：

(1) PHC管桩进入施工现场前，需检查PHC管桩的外观质量、出厂合格证及质量检测报告。

(2) 施工时需对桩身垂直度进行控制。桩长较长时需对PHC管桩进行接桩，接桩时控制好焊缝质量且需对焊缝进行探伤检测。

(3) 截桩须采用锯桩器，确保截桩质量。开挖后，管桩桩顶填芯混凝土高度必须满足设计要求。

(4) 根据桩身完整性检测和单桩静荷载试验结果，进行桩基础施工验收后，方可进行下一工序。

(5) 与其他工艺相比，静压PHC管桩施工效率高、周期短、现场施工不会造成过多环境污染，经济效益高，工程应用前景广阔。

参考文献：

[1] 赵升峰，黄广龙，马世强等. 预制混凝土支护管桩在深基坑工程中的应用[J]. 岩土工程学报(S1)，2014：91-96.

[2] 王刚，赵建粮，王烁. PHC与CFG复合桩在郑州航空港区的应用[J]. 探矿工程(岩土钻掘工程)，2020(03)：59-63.

[3] 李俊华，黄汉林. 预应力高强度混凝土管桩在地基补强工程中的应用[J]. 工程勘察，2020，48(01)：34-39.

[4] 何小林，和礼红，范伟. 预应力管桩在番禺某工地软基处理中的的应用[J]. 土工基础，2012(03)：14-16.

[5] 建筑桩基技术规范 JGJ 94—2008[S]. 北京：中国建筑工业出版社，2008.

[6] 预应力混凝土管桩技术规程 DB 29-110—2010[S]. 天津：天津市城乡建设和交通委员会.

[7] 严四甫，王四安. 单桩竖向抗压静载试验在平PHC管桩工程检测中的运用[J]. 资源环境与工程，2019，137(03)：122-125+139.

[8] 侯胜男，刘陕南，蔡忠祥，黄绍铭. 预应力管桩单桩水平承载力的试验判定标准探讨[J]. 岩土工程学报，2013，35(S1)：378-382.

[9] 史兴华. 低应变反射波法在预应力混凝土管桩检测中的应用[J]. 铁道标准设计，2004(06)：62-64.

[10] 建筑基桩检测技术规范 JGJ 106—2014[S]. 北京：中国建筑工业出版社，2014.

基于狭窄场地微型钢管桩复合土钉墙的应用

冯科明[1,2]， 黄学刚[1,2]
（1. 北京城建勘测设计研究院有限责任公司，北京 100101；2. 城市轨道交通深基坑岩土工程北京市重点实验室，北京 100101）

摘 要：某拟建建筑基坑，周边环境条件较为复杂，按照“安全可控，经济合理”的原则，对不同的基坑开挖深度，不同的周边环境条件，采取了不同的支护形式，合理确定了基坑不同部位不同的基坑侧壁安全等级，并分别设置了对应的变形预警值和控制值。实施结果表明，本设计确保了基坑施工安全及周边环境条件的安全正常使用。实践证明：微型钢管桩结合预应力锚杆支护，在特别狭窄的环境条件下，是一种可供选用的支护形式。
关键词：狭窄场地；微型钢管桩；复合土钉墙

0 序言

随着城市化进程的加快，城区的土地就变得寸土寸金。旧城改造的项目也越来越多，基坑也越来越深。受周边既有环境条件的限制，很少情况可以采用坡率法开挖[1]，除基坑较浅的情况下采用放坡土钉墙支护[2-4]外，一般采用复合土钉墙支护[5-7]，当然，也会采取多种支护的组合支护形式[8,9]。北京地区常用的复合土钉墙一般采用以下两种形式：微型钢管桩加预应力锚杆支护，以及放坡土钉墙加锚杆支护。本文结合具体案例对微型钢管桩加预应力锚杆支护的施工要点和监测措施作一简单的阐述，供同行参考。

1 工程简介

1.1 工程规模

本项目总建筑面积 6.6 万 m^2，其中地下建筑面积 2.4 万 m^2，地上建筑面积 4.2 万 m^2。拟建建筑主要为教学用房、地下室及科研用房。基坑东西长约 145m，南北长约 120m，开挖深度 5.60～16.30m，开挖面积约 13000m^2。基坑安全等级主要为一级，局部地段为二级。

1.2 周边环境情况

本基坑项目场地西侧为道路，距离基坑边缘 25.2m，道路中间有埋深各自不同的多种管线；西南侧还紧邻在建建筑物（地上 7 层、地下 3 层、框架-剪力墙结构，筏板基础），距离基坑边缘最近 3.8m。东侧紧邻道路，道路中间有埋深各自不同的多种管线，道路一侧是既有建筑物（地上 5 层，地下 1 层，砖混结合，筏板基础），基坑边缘距离既有建筑物 19.3m。北侧为绿化带，绿化带外侧为道路，道路中间有埋深各自不同的多种管线。基坑边缘距离汽车坡道 10.0～14.8m。

1.3 工程地质、水文地质概况

1. 工程地质条件

根据岩土工程勘察报告得知：按地层沉积年代及成因类型将最大勘探深度范围内土层划分为人工填土层、新近沉积土层、一般第四纪沉积土层，并按地层岩性及其工程性质对各土层做出进一步划分，现对各土层分述如下：

①层黏质粉土—粉质黏土素填土：黄褐色、局部黑灰色，稍湿，稍密。

①$_1$层杂填土：杂色，稍湿，稍密。主要由砖渣、灰渣、水泥块等建筑垃圾构成，局部含生活垃圾，成分较为混乱。

②层粉质黏土：浅灰—褐黄色，湿—很湿，可塑，局部硬塑，含云母片、氧化铁条纹。

②$_1$层粉细砂：褐黄色，稍湿—湿，中密，主要成分为石英、长石，含少量云母片。

②$_2$层砂质粉土—黏质粉土：褐黄色，稍湿—湿，中密，含云母片、氧化铁条纹。

②$_3$层黏土—重粉质黏土：褐黄色，很湿，可塑—软塑。含氧化铁条纹。

③层粉质黏土：褐黄色，很湿，可塑—硬塑，含云母片、氧化铁条纹，偶见姜结石。

③$_1$层黏质粉土：黄褐—褐黄色，稍湿—湿，中密—密实，含云母片、氧化铁条纹。

③$_2$层粉砂：褐黄色，密实，主要成分为石英、长石，含少量云母片。

④层粉质黏土—重粉质黏土：褐黄色，很湿，可塑—硬塑，局部软塑，含云母、氧化铁条纹，偶见姜结石，局部含砂粒。

④$_1$层黏土：褐黄色，很湿，可塑—硬塑，含氧化铁条纹。

④$_2$层黏质粉土：褐黄色，湿，中密—密实，含云母片、氧化铁条纹，偶见姜结石。

2. 水文地质条件

根据岩土工程勘察报告得知：勘探深度范围内观测到两层地下水：

第一层地下水类型为潜水，其稳定水位埋深为 5.800～6.400m，水位标高为 42.100～43.350m，含水层主要为③$_1$层黏质粉土、③$_2$层粉砂；

第二层地下水类型为层间潜水，水位埋深为 15.000～16.500m，水位标高为 32.080～33.450m，含水层主要为⑤$_1$层粉砂、⑤$_2$层黏质粉土、⑥层卵石。

本项目工程地质、水文地质典型剖面见图 1。

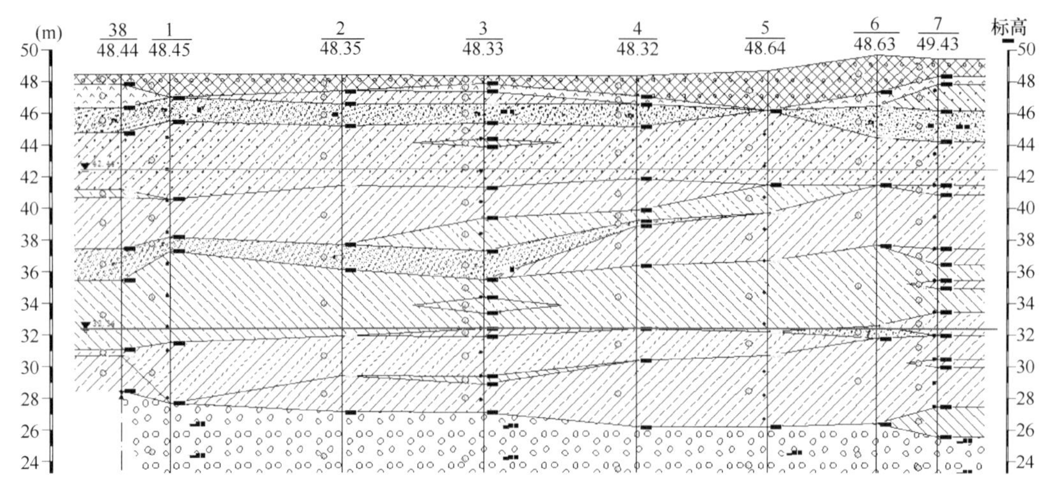

图1　典型地质剖面图

1.4　基坑支护设计概述

基坑开挖深度5.60～16.30m，分别采用多种支护形式，本文主要介绍微型钢管桩＋预应力锚杆复合土钉墙支护方案。

基坑支护深度为7.60m，采用“微型钢管桩＋预应力锚杆复合土钉墙”联合支护体系，直立开挖，微型钢管桩长10m，桩间距0.5m，桩径150mm，成孔后插入外径102mm，壁厚5mm的钢管，注入M20水泥浆；土钉墙共设3道土钉及2道预应力锚杆。

土钉成孔角度均为10°，孔径100mm，水平间距1.5m，主筋采用1Φ20 HRB400钢筋，第一、三、五道土钉分别长8.8m、8.8m、5.8m，土钉墙坡面布置ϕ8@200钢筋网，水平加强筋为1Φ18HRB400钢筋，与土钉焊接，喷射面层混凝土强度等级为C20，厚度80mm；第二、四道为预应力锚杆，成孔角度均为12°，孔径150mm，水平间距1.5m，采用1束1860级钢绞线，长度分别为13m和11m，张拉锁定在一根18a的槽钢上。支护剖面见图2。

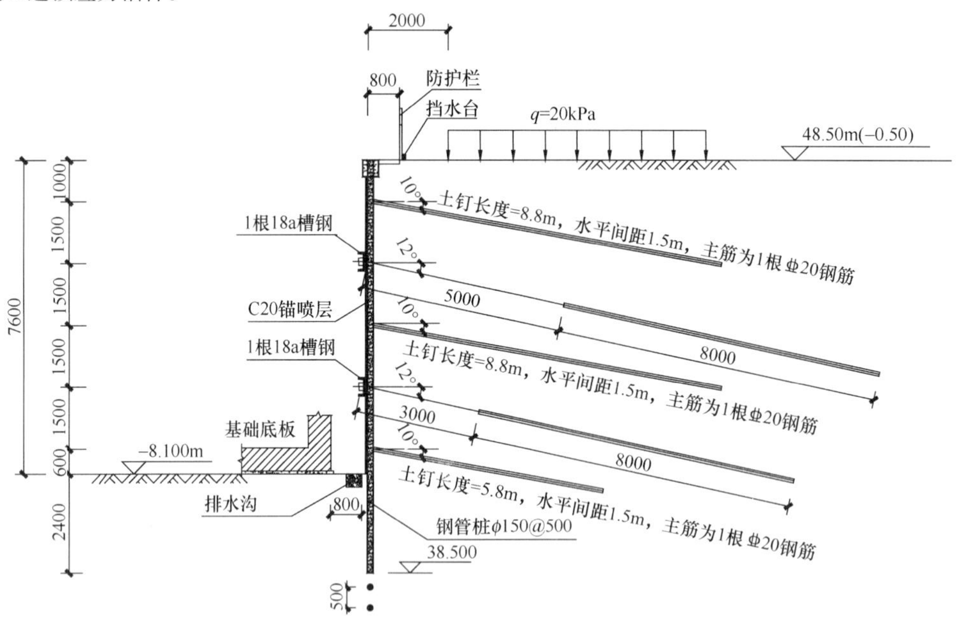

图2　微型钢管桩＋预应力复合土钉墙剖面图

2　支护施工要点

2.1　微型钢管桩复合土钉墙施工工艺流程

定位放线—钻机就位—钢管加工—钻孔—验孔—钢管安放—注浆—养护—冠梁施工—第一步土方开挖—挂网喷射混凝土—土钉、锚杆、喷射混凝土交叉施工—开挖至基底。

由于土钉与锚杆施工属于常规工艺，这里就不一一展开叙述，本文主要介绍微型桩施工要点。

2.2　微型钢管桩支护施工质量控制措施

1. 成孔

为控制桩位偏差，成孔前先用仪器精确定出桩位，每个桩位用钢钎打孔，灌上白灰，钻机对位时，钻头尖对准白灰点方可开钻；为保证桩径满足设计要求，开钻前要用尺子测量钻头尺寸，发现钻头磨损严重，立即补焊钻头或调换新钻头；为保证钻孔的垂直度，需用水平尺前后、左右调整好钻机的平整度。

钻进过程中根据地层情况控制进尺，确保垂直度满足要求；并随时观察土质变化，对照复核地质报告，出入较大时应及时与监理单位、勘察单位、基坑支护设计等联系，验算复核计算书，必要时采取相应的变更措施。

若采用泥浆护壁成孔，成孔至设计标高后，空转钻机换浆洗孔，目测孔内泥浆不再浑浊后，方可放置钢管。

2. 钢管加工

钢管材料采取 Q235 钢材，选用无缝钢管。

钢管底部加工 2 个 V 形缺口，高 70mm，宽 50mm。

钢管下部 6m 范围内，每间隔 1m 对称打孔 2 个，孔径 20mm，相邻上下排小孔呈对称正交布置。

钢管之间连接时，应先在四周用 4 根 ϕ20 钢筋电焊固定，满焊钢筋，再采用坡口焊接钢管接口，并确保钢管通长顺直。

应采取可靠的定位措施，确保钢管在钻孔中居中，定位器应沿钢管纵向均匀布置，且竖向间距不应大于 3m。

3. 水泥浆液配制

水泥浆液要严格按照设计水灰比进行配制，水泥浆在搅拌机内至少搅拌 3min 后才可以放入储浆桶；开始注浆后要随时搅拌水泥浆，确保注浆浆液均匀。

如果因设备出故障或其他原因致使浆液搅拌时间超过 30min，为不影响微型桩桩身质量，要将浆液废弃。

4. 注浆

成孔后及时下入钢管，注浆管下至孔底后随接注浆，注浆从孔底开始，待孔口钢管外侧水泥浆溢出为止。

注浆后，由于浆体的凝固收缩和渗透，要及时进行管内多次补浆，以保证注浆体饱满。

5. 施工检查

施工过程中，对每个施工班组及时检查施工记录，重点检查孔深、孔径、孔间距、钢管长度及直径、水灰比、水泥用量、单桩注浆量等。

3 微型钢管桩复合土钉墙变形监控措施

根据工程的具体情况，成立专业监测领导小组，由项目经理、项目技术负责人、监测负责人组成，从组织上保证监测的顺利进行，使施工完全纳入信息化控制之中。

监测组由具有丰富施工经验、监测经验及有结构受力计算、分析能力的技术人员担任组长，在组长指导下进行日常监测及资料分析、整理工作。为高效完成监测工作，施工过程中严格执行以下措施：

（1）成立监测管理小组，由领导及有经验的专业监测人员组成，制定监测方案，使监测工作按计划、有步骤地进行。

（2）监测人员建立质量责任制，确保监测质量；并且人员要相对固定，保证数据资料的连续性。

（3）测试元件及监测仪器必须是正规厂家的合格产品，测试元件要有合格证，监测仪器要定期校核、标定，监测期间要在标定的有效期限内，并保证日常维护，不损坏。

（4）制定切实可行的测点埋设、保护措施，并将其纳入工程的施工进度控制计划之中。

（5）观测前，采用增加测回数的措施，保证初始值的准确性。对基准点，每三个月进行一次复核。

（6）量测数据均要经现场检查，室内两级复核后方可上报；且量测数据的存储、计算、管理均用计算机系统进行。

（7）设定变形监测预警值和控制值，当发现超过预警值时，应书面报告监理；当发现超过控制值时，应立即口头通知监理，并迅速书面报告监理，建议监理召开紧急会议，分析原因并采取应急补救措施。

4 实施效果分析

对微型钢管桩＋预应力锚杆复合土钉墙的坡顶沉降和水平位移进行监测，确保基坑施工与周边环境的正常安全使用。坡顶沉降控制值 30mm，预警值 24mm；水平位移控制值 30mm，预警值 24mm；监测频率 1 次/d。坡顶沉降采用天宝 Dini03 电子水准仪，精度 1mm；坡顶水平位移采用拓普康 ES-602G 全站仪，精度 1mm。

基坑开挖过程中坡顶沉降逐渐增大，开挖完成后变形逐渐趋于稳定，坡顶沉降变化情况见图 3。从各监测点数据分析，变形稳定后坡顶沉降为 15～21mm，最大沉降发生在基坑坡顶中部，变形稳定值为 21mm。基坑施工过程中，坡顶最大沉降值未达到监测预警值，基坑处于安全状态。

基坑开挖过程中坡顶水平位移逐渐增大，开挖完成后变形逐渐趋于稳定，坡顶水平位移变化情况见图 4。从各监测点数据分析，变形稳定后水平位移为 11～21mm，最大水平位移发生在基坑坡顶中部，变形稳定值为 21mm。基坑施工过程中，坡顶最大水平位移值未达到监测预警值，基坑处于安全状态。

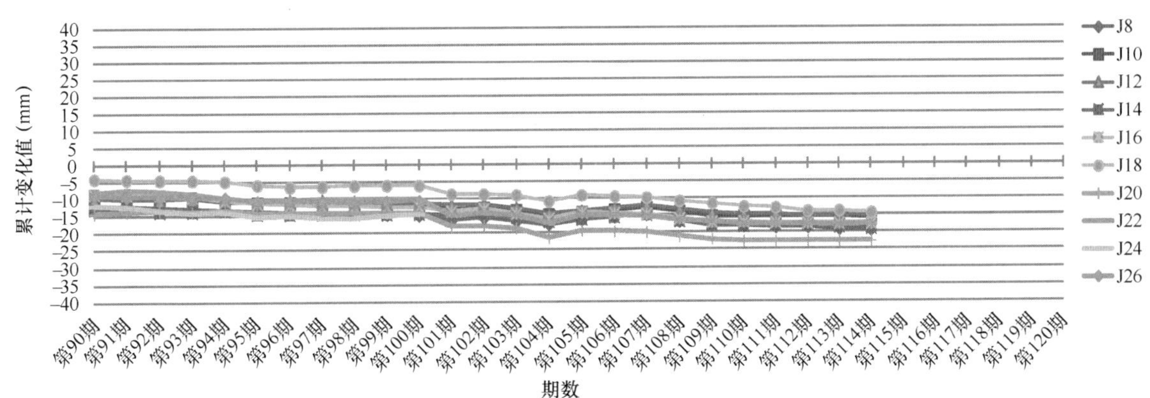

图 3　坡顶沉降监测曲线

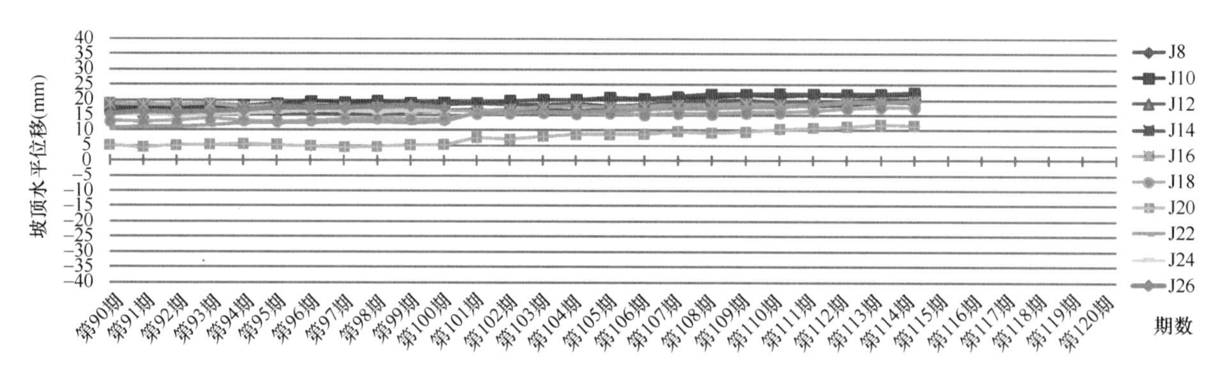

图 4　坡顶水平位移监测曲线

注："+"表示向基坑内位移，"—"表示向基坑外位移。

5　结语

（1）在场地狭窄的情况下开挖基坑，可以考虑采用微型钢管桩加预应力锚杆的支护形式，微型桩主要考虑将它用作超前加固，一般不参与计算，作为安全储备。土压力主要由预应力锚杆和土钉来抵抗。为了充分发挥微型钢管桩的作用，一般采取直立开挖的形式，所以，为了控制坡体变形，常和预应力锚杆配套使用。

（2）对深基坑复合支护体系中微型桩作用机理进行研究，通过基坑监测数据、数值模拟分析结果表明：微型桩的存在，不仅有效减少了基坑水平位移，也改变了水平位移的分布形式，特别是对基坑中上部水平位移有较强的抑制作用。同时，微型桩可减少土钉轴力，使得土钉最大轴力位置远离面层；从基坑塑性区域来看，微型桩的存在能够有效限制基坑底角及基坑壁的剪切破坏，抑制基坑顶部后缘的张拉破坏[10]。

（3）实践证明，微型钢管桩加预应力锚杆复合土钉墙支护，对于场地受限的条件，是可以值得信赖的一种安全、适用、经济、更合理的支护形式[11]。

参考文献：

[1]　孙召葆．坡率法在深基坑支护中的应用实例[J]．浙江建筑，2008，25(07)：24-27.

[2]　陈学文．房建工程深基坑土钉墙支护方式的施工技术及质量管理探讨[J]．工程技术研究，2020，5(24)：146-147.

[3]　朱群羊．土钉墙支护在深基坑围护中的受力研究[J]．低温建筑技术，2020，269(11)：120-124.

[4]　刘洋等．土钉墙技术在深基坑支护中的应用探讨[J]．居舍，2020(28)：47-48.

[5]　孙廉光．房建基坑工程钢管桩结合土钉墙施工技术[J]．工程机械与维修，2021(01)：134-136.

[6]　李倩．房建基坑支护工程的钢管桩结合土钉墙施工技术[J]．浙江水利水电学院学报，2020，32(05)：56-59＋68.

[7]　张文丽．复合土钉墙在深基坑支护中的应用[J]．建材与装饰，2020，607(10)：28-29.

[8]　丁鹏．深基坑土钉墙与桩锚组合支护的研究[D]．郑州：华北水利水电大学，2020.

[9]　沈元红．组合结构支挡体系在杂填土层深基坑支护中的应用分析[J]．建筑技术开发，2020，47(05)：146-147.

[10]　李小慧．深基坑复合支护中微型桩的作用机理研究[J]．四川水泥，2020(06)：327.

[11]　刘建维等．微型桩复合土钉墙对狭小深基坑的应用分析[J]．中国安全生产科学研究，2019，15(S1)：108-112.

重庆地区嵌岩桩承载力计算方法探讨

刘海军，王　新，刘兴国
（中国建筑西南勘察设计研究院有限公司，四川 成都 310000）

摘　要：岩石地基嵌岩桩承载力计算，是山区建筑基础设计最为关键的过程。基于现行规范计算方法，以重庆某大型商业综合体典型嵌岩桩设计为例，总结分析了各方法适用范围和计算条件，归纳了其承载力综合系数计算公式，运用该公式研究了各方法计算结果差异，结果表明：（1）重庆地标计算结果最大，相比其他规范提高了1.5～2.7倍；（2）各方法承载力综合系数均随h_r/d增大而增加，当h_r/d为1～5时，其计算结果增量在1.4～2.0倍，加大嵌岩深度能有效提高承载力；（3）当采用人工挖孔时，公路规范计算值为桩基规范的1.04～1.27倍，该方法在公路行业使用多年，其可靠性已得到验证，值得在建筑工程中推广。
关键词：嵌岩桩；单轴抗压强度；综合系数；承载力；深径比

0　引言

嵌岩桩是山地建筑中最常用的基础形式，具有单桩承载力大、使用条件限制少、施工周期短等特点[1]。随着城市化建设品质提升，建筑工程朝着超大、超高、超深方向发展，对嵌岩桩承载性能和计算方法提出了新的要求。近年来，各地积累了丰富的嵌岩桩工程资料，对其承载性状的认识进一步深化，许多学者基于嵌岩桩设计理论的试验测试研究取得了丰厚的成果。史佩栋[2]通过大量现场实测资料，提出了确定嵌岩桩承载力的经验公式；霍少磊[3]等基于石英砂岩地层嵌岩桩桩基现场试验，采用曲线拟合方法预测单桩承载力，与实测值进行对比分析；谢一凡[4]对软岩地层中如何通过调整扩大桩端承载面积和增加嵌岩深度来提高单桩承载力进行探讨；蔡行[5]基于自平衡静载试验，分析了嵌岩桩轴力、侧阻力和端阻力随荷载的变化规律及对极限抗压承载力的影响。本文基于现行规范有关嵌岩桩承载力计算方法，总结了按岩石单轴抗压强度综合确定和端阻、侧阻叠加计算方法的特点，归纳出各方法的承载力综合系数计算公式，结合典型山地建筑工程，分析了各方法计算结果的差异。

1　嵌岩桩承载力计算方法

1.1　建筑地基基础设计规范

桩端嵌入完整及较完整硬质岩中，且入岩较浅、桩长较短时，按式（1）估算单桩承载力特征值[6]：

$$R_a = q_{pa}A_p \tag{1}$$

式中：A_p——桩端截面积（m^2）；

q_{pa}——桩端岩石承载力特征值（kPa），根据岩石饱和单轴抗压强度折减或岩石地基载荷试验确定。

该方法主要用于硬质岩石地基嵌岩桩计算。在计算过程中，桩端岩石承载力按浅基础地基承载力特征值考虑，未考虑嵌固作用，结果相对保守。另外，在软硬相间岩石地基中，采用其他计算方法时，可能出现软岩地段桩基承载力比硬岩地段大的情况，与工程经验有出入。

1.2　高层建筑岩土工程勘察标准

对嵌入中等风化和微风化岩石中的嵌岩桩，可根据岩石的坚硬程度、单轴抗压强度和岩体完整程度，按式（2）估算单桩极限承载力[7]：

$$Q_u = q_{pr}A_p + u_r q_{sr} h_r \tag{2}$$

式中：q_{pr}——岩石极限端阻力（kPa），根据大直径桩端阻力载荷试验确定；

q_{sr}——岩石极限侧阻力（kPa），按表1地区经验验证后确定；

u_r——嵌岩段桩身周长（m）；

h_r——嵌岩段长度（m）。

嵌岩桩岩石极限侧阻力、端阻力经验值　表1

风化程度	单轴抗压强度（MPa）	完整程度	极限侧阻力（MPa）	极限端阻力（MPa）
中等风化	5～15	破碎	0.3～0.8	3～9
中等风化或微风化	15～30	较破碎	0.8～1.2	9～16
微风化	30～60	较完整	1.2～2	16～32

注：1. 表中极限侧阻力、端阻力适用于孔底残渣厚度为50～100mm的钻孔、冲孔、旋挖灌注桩；对于残渣厚度小于50mm的钻孔、冲挖灌注桩和无残渣挖孔桩，其极限端阻力可按表中数值乘以1.1～1.2取值；
2. 对于扩底桩，扩大头斜面及以上直桩部分1.0～2.0m不计侧阻力（扩大头直径大取大值，反之取小值）；
3. 侧阻力、端阻力可根据饱和单轴抗压强度按内插法求取；
4. 对于软质岩，单轴抗压强度可采用天然值。

该方法考虑了嵌固段侧阻力对嵌岩桩承载性能的影响，且岩石极限桩端阻力采用大直径桩端阻力载荷试验确定，相比式（1）计算结果更为合理。另外，规范提供了各种岩石的极限侧阻力经验值，方便查阅使用，能有效指导工程设计。

1.3　建筑桩基技术规范

桩端置于完整、较完整基岩的嵌岩桩单桩竖向极限承载力，由桩周土总极限侧阻力和嵌岩段总极限阻力组成。根据岩石单轴抗压强度确定单桩竖向极限承载力标准值时，按式（3）计算[8]：

$$Q_{uk} = \xi_r f_{rk} A_p \tag{3}$$

式中：ξ_r——桩嵌岩段侧阻和端阻综合系数，与嵌岩深径比 h_r/d、岩石软硬程度和成桩工艺有关，可按表 2 取值；

f_{rk}——岩石饱和单轴抗压强度标准值（kPa），黏土岩可采用天然值。

桩嵌岩段侧阻和端阻综合系数 ξ_r　　表 2

嵌岩深径比 h_r/d	0	0.5	1.0	2.0	3.0	4.0	5.0	6.0	7.0	8.0
极软岩、软岩	0.60	0.80	0.95	1.18	1.35	1.48	1.57	1.63	1.66	1.70
较硬岩、坚硬岩	0.45	0.65	0.81	0.90	1.00	1.04	—	—	—	—

注：1. 较软岩（15～30MPa）可内插取值；
2. 当岩面倾斜时，以坡下方嵌岩深度为准；h_r/d 为非列表值时，可内插取值；
3. 表中数值适用于泥浆护壁成孔，对于干作业（清底干净），ξ_r 应取列表数值的 1.2 倍。

式（3）考虑了荷载传递特征，综合计算嵌固力，未把侧阻力和端阻力进行简单叠加，其结果与桩实际承载性能相对吻合。嵌岩桩的原位测试也表明，桩的端、侧阻极限值难以同时充分发挥，且侧阻力先达到极限状态[9]，证实采用阻力综合系数较为合理。值得探讨的是，三轴状态下的岩石强度要高于单轴抗压强度，严格来讲采用三轴强度较为合理，特别是软岩地区，采用单轴强度可能低估桩基承载性能。

1.4 公路桥涵地基与基础设计规范

支撑在基岩上或嵌入基岩内的钻（挖）孔桩、沉桩的单桩轴向受压承载力容许值 $[R_a]$，可按式（4）计算[10]：

$$[R_a] = c_1 A_p f_{rk} + c_2 u_r h_r f_{rk} \tag{4}$$

式中：c_1、c_2——根据清孔情况、岩石破碎程度等因素而定的端阻、侧阻发挥系数，按表 3 取值。

嵌岩桩侧阻与端阻发挥系数　　表 3

岩石情况	c_1	c_2
完整、较完整	0.6	0.05
较破碎	0.5	0.04
破碎、极破碎	0.4	0.03

注：1. 当嵌岩深度≤0.5m 时，c_1 乘以 0.75 的折减系数，c_2=0；
2. 对钻孔桩，系数 c_1、c_2 在列表值乘 0.8 使用；
3. 中风化岩石，系数 c_1、c_2 在列表值乘 0.75 使用。

对式（4）进行数学变换，可得与式（3）类似的形式：

$$[R_a] = \left(c_2 + 4c_2 \frac{h_r}{d}\right) A_p f_{rk} \tag{5}$$

1.5 建筑桩基础设计与施工验收规范

干作业成孔且清底干净的嵌岩桩，嵌入完整、较完整岩石段总极限阻力标准值，根据现场载荷试验确定时，可按式（6）、式（7）计算[11]：

$$\frac{h_r}{d} < 1.0,\ Q_{uk} = f_{uk} A_p \tag{6}$$

$$\frac{h_r}{d} \geqslant 1.0,\ Q_{uk} = 1.2\beta f_{uk} A_p \tag{7}$$

式中：f_{uk}——现场岩基载荷板试验所得桩端地基极限承载力标准值（kPa）；

β——考虑嵌固力影响后的承载力综合系数，当 $h_r/d<1.0$，$\beta=1$；当 $h_r/d\geqslant1.0$，β 根据桩型按表 4 取值。

圆状承载力综合系数　　表 4

h_r/d	1	2	3	4	≥5
β	1.105	1.21	1.315	1.42	1.525

式（6）中，当嵌岩较浅时与式（1）计算方法一致，仅桩端极限承载力取值方法有差异。对于 $h_r/d<1.0$，大量工程经验表明由岩基承载力不足引发的桩基质量安全问题还未出现。为充分发挥桩端岩石承载力，更多工程通过岩基载荷试验获取桩端地基极限承载力来确定嵌岩桩承载力。据统计[11]，相同条件下式（7）计算结果一般比式（3）提高 1.5～2.0 倍，当嵌岩深度较大，与式（4）计算结果接近，且与单桩静载试验结果接近。

2 实例分析与讨论

2.1 工程实例

江津万达文旅商综合体是重庆主城南区的重要城市综合体项目，总体量 76 万 m^3，由万达广场购物中心、莲花石文化街区、西江月轻度假式洋房三大业态构成。场地位于温塘峡背斜东翼，岩层产状 202°∠15°，地层为侏罗系上统遂宁组（J_{3sn}）的泥岩、砂岩，上覆 3～15m 的填土和粉质黏土。商业建筑基础采用嵌岩桩，机械旋挖成孔，较完整的中风化泥岩作为持力层，岩石天然单轴抗压强度为 5.4MPa，地基承载力特征值 2160kPa，岩基载荷试验极限承载力标准值为 11040kPa。以 $d=1.5$m、$h_r/d=3$ 典型桩基为例，不同计算方法结果如表 5 所示。

各方法计算结果　　表 5

公式序号	公式	计算条件	单桩承载力特征值（kN）
(1)	$E_a=q_{pa}A_p$	q_{pa}=2160kPa，d=1.5m	R_a=3815
(2)	$Q_u=q_{pr}A_p+u_r q_{sr} h_r$	h_r/d=3，q_{pr}=3000kPa，q_{sr}=300kPa	$R_a=Q_u/2$=11657/2=5828
(3)	$Q_{uk}=\xi_r f_{rk} A_p$	f_{rk}=5.4MPa，ξ_r=1.35×1.2=1.62	$R_a=Q_{uk}/2$=15451/2=7725
(5)	$[R_a] = \left(c_1 + 4c_2 \frac{h_r}{d}\right) A_p f_{rk}$	c_1=0.36，c_2=0.03	R_a=6867
(7)	$Q_{uk}=1.2\beta f_{uk} A_p$	β=1.315，f_{uk}=11040kPa	$R_a=Q_{uk}/3$=30770/3=10256

从表4可知，式（7）计算的嵌岩桩承载力最大，达10256kN，分别是式（1）～式（3）和式（5）的2.69倍、1.76倍、1.33倍、1.49倍。另外，式（2）因计算参数取值不确定性因素多，且计算结果相对建筑桩基要小，建议一般不采用此方法。采用机械成孔时，式（3）计算结果为式（5）的1.12倍；但采用人工挖孔时，式（5）计算结果为式（3）的1.1倍，成孔方式对式（5）计算结果影响较大。式（7）是在大量工程资料基础上，结合桩基载荷试验成果总结的经验方法，计算成果在重庆地区应用较多。

2.2 分析与讨论

上述实例表明，对于中风化软岩地层，嵌岩桩承载力采用不同的计算方法，其结果差异较大。除式（2）计算方法参数获取较困难外，其余方法均可归结到承载力综合系数、单轴抗压强度、桩底面积和嵌岩深径比4个定量指标，且较容易获得。目前，嵌岩桩成孔主要采用机械旋挖和人工挖孔，岩石地基一般为干作业，机械成孔嵌岩桩承载力综合系数，见表6。

嵌岩桩承载力综合系数取值 **表6**

序号	计算公式	承载力综合系数	h_r/d				
			1.0	2.0	3.0	4.0	5.0
(1)	$R_a = q_{pa}A_p = \psi_r f_{rk} A_p$	ψ_r	0.2～0.5				
(3)	$Q_{uk} = \xi_r f_{rk} A_p$	ξ_r/K	0.58	0.71	0.82	0.89	0.95
(5)	$[R_a] = \left(c_1 + 4c_2 \dfrac{h_r}{d}\right) A_p f_{rk}$	$c_1 + 4c_2 \dfrac{r}{c}$	0.48 (0.60)	0.62 (0.75)	0.72 (0.90)	0.84 (1.05)	0.96 (1.20)
(7)	$Q_{uk} = 1.2\beta f_{uk} A_p = 1.2\beta N f_{rk} A_p$	$1.2\beta N/K$	0.66～1.10 0.88	0.73～1.21 0.97	0.79～1.31 1.05	0.85～1.42 1.14	0.92～1.53 1.22

注：1. $N = f_{uk}/f_{rk}$，为同点位岩石载荷试验和单轴抗压强度比值，重庆地区取1.5～2.5，一般取2.0；

2. 均按单桩承载力特征值考虑，《建筑桩基技术规范》JGJ 94—2008中$K=2$，重庆标准《建筑桩基础设计与施工验收规范》DBJ 50-200—2014中$K=3$；

3. 括号内数值为采用人工挖孔成孔。

表7表明，式（1）的综合系数根据岩石完整程度在0.2～0.5之间取值，没考虑嵌固作用，其值不随h_r/d变化而变化，在硬岩地基中其计算结果均比其他方法小，计算结果偏保守。式（3）、式（5）式（7）的承载力综合系数随h_r/d增大而增加，证明岩石嵌固作用发挥着极为重要的作用，采用人工挖孔时，式（7）的综合系数最大，式（5）系数次之，式（3）最小，重庆地区采用式（7）计算嵌岩桩能获得最大承载性能，基础成本能得到较好控制。

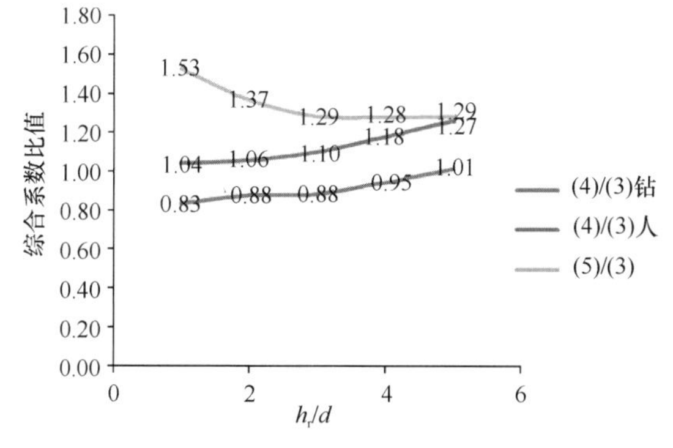

图1 各种方法承载力综合系数比值

以式（3）计算结果为标准，若采用人工挖孔，在$h_r/d=3$时，式（5）计算结果提高10%，式（7）计算结果提高达30%。重庆标准《建筑桩基础设计与施工验收规范》DBJ 50-200—2014中式（7）的承载力综合系数随h_r/d增大而减小，主要是因为采用岩石极限荷载，充分发挥岩石抗压承载性能。当h_r/d取1～5时，式（5）计算结果相比式（3）能提高4%～27%，且该方法在公路工程中使用多年，其可靠性已得到许多工程验证，值得在建筑工程中推广。

另外，采用机械成孔时，式（5）计算的承载力比式（3）结果小，在0.83～1.01倍之间，表明式（5）受成孔方式影响较大。采用重庆标准《建筑桩基础设计与施工验收规范》DBJ 50-200—2014中式（7）设计，单桩承载力至少能提高50%，特别是在1～3倍嵌岩深径比时，嵌岩桩承载性能能得到充分发挥。在软岩地区采用式（3）进行嵌岩桩设计时，建议采用式（5）进行校核，减少设计变更；有条件时尽可能进行岩基载荷，采用重庆标准《建筑桩基础设计与施工验收规范》DBJ 50-200—2014中式（7）设计，提高嵌岩桩单桩承载力。

3 结论

（1）现行规范嵌岩桩承载力计算主要考虑嵌岩段荷载传递特征和岩石工程特性，按岩石单轴抗压强度指标确定或端阻、侧阻叠加计算，归结为承载力综合系数、单轴抗压强度、桩底面积和嵌岩深径比4个定量指标。

（2）当h_r/d在1～5范围内时，现行规范各方法承载力综合系数随hr/d值增大而增加，表明岩石嵌固作用发挥着极为重要的作用，相同条件下计算结果增量均在1.4～2.0倍，加大嵌岩深度能有效提高嵌岩桩单桩承载力。

（3）采用人工挖孔时，公路桥涵方法计算结果是桩基的1.04～1.27倍，该方法在公路工程中使用多年，其可靠性已得到许多工程验证，值得在建筑工程中推广。

(4) 岩石地基采用桩基规范进行嵌岩桩设计时，可用公路桥涵方法进行校核，减少设计变更；有条件时尽可能进行岩基载荷试验，采用重庆标准《建筑桩基础设计与施工验收规范》DBJ 50-200—2014，提高嵌岩桩单桩承载力。

参考文献：

[1] 王卫东，吴江斌，聂书博．武汉绿地中心大厦大直径嵌岩桩现场试验研究[J]．岩土工程学报，2015，37(11)：1945-1953.

[2] 史佩栋，梁晋渝．嵌岩桩竖向承载力的研究[J]．岩土工程学报，1994，16(04)：32-38.

[3] 霍少磊，邓会元，余奇异等．嵌岩桩基竖向承载特性现场试验研究[J]．建筑结构，2020，50(S2)：690-695.

[4] 谢一凡，朱寿增，谢宝成．嵌岩桩在软质岩石地层中的单桩承载力计算[J]．土工基础，2020，34(06)：671-674.

[5] 蔡行，黄质宏，穆锐等．贵州地区中风化泥岩嵌岩桩承载特性分析[J]．贵州大学学报(自然科学版)，2020，37(05)：102-107.

[6] 建筑地基基础设计规范GB 50007—2011[S]．北京：中国建筑工业出版社，2011.

[7] 高层建筑岩土工程勘察标准JGJ/T 72—2017[S]．北京：中国建筑工业出版社，2017.

[8] 建筑桩基技术规范JGJ 94—2008[S]．北京：中国建筑工业出版社，2008.

[9] 张永兴．岩石力学[M]．北京：中国建筑工业出版社，2015.

[10] 公路桥涵地基与基础设计规范JTG 3363—2019[S]．北京：人民交通出版社，2019.

[11] 建筑桩基础设计与施工验收规范DBJ 50-200—2014[S]．重庆：重庆科学技术出版社，2014.

浅覆盖层陡岩面水中桩基础施工技术研究

郭　飞，　李沛洪，　刘焕滨
（广州市第二市政工程有限公司，广东 广州 510060）

摘　要：针对浅覆盖层陡岩面上修筑桥梁桩基础技术难题，本文结合毛家园大桥地质条件及工程特点对浅覆盖层地质条件下水中桩基础施工技术进行研究。主要从冲孔钢平台搭设方法、钢护筒引孔埋设施工方法及桩锤改造施工工艺有针对性地研究浅覆盖层地质条件下水中桩基础施工技术。对钢平台搭设和受力情况进行研究，运用钢平台进行陡岩水中桩施工。研究结果表明：采用“板凳墩”形式搭设水上钢平台可满足施工平台需要；通过冲孔桩机引孔施工、导向架制作安装、钢护筒安装、护筒底混凝土浇筑等工艺有效保证水中桩基础施工质量及安全；同时，增加桩锤重量和冲击力可缩短成孔时间提高施工效率。

关键词：桥梁工程；浅覆盖层陡岩；桩基础；钢平台；钢护筒引孔；桩锤

0　前言

桩基础是桥梁结构的重要组成部分，对整座桥梁发挥着重要支撑作用，其施工质量直接关系到整座桥梁稳定性、安全性及使用寿命。桥梁桩基础位于最底端深入地表以下属于隐蔽工程，由于地质水文情况等不可预见的因素较多，水中桩基础施工难度较高，施工过程易出现质量问题。因此有学者对桥梁桩基础进行研究，柯杰、姚清涛、李柏霖等对浅覆盖层地质条件下的桥梁桩基础施工技术进行探讨[1-3]，黄宇、欧阳效勇、唐顶峰等对水中桩基础施工技术进行研究[4-6]。参考已有研究成果[7-11]，本文结合怀化毛家园大桥工程浅覆盖层、陡岩面等地质条件及工程特点，通过整合一系列浅覆盖层陡岩面冲孔钢平台搭设、浅覆盖层陡岩面钢护筒引孔埋设、桩锤改造增重等施工技术，系统分析总结了浅覆盖层陡岩面水中桩基础施工的技术要点和施工工艺。通过该技术的应用，解决了浅覆盖层陡岩面条件下水中桩基础施工的技术难题，为水中桩基施工的质量、安全及工期提供了保障。

1　工程概况

毛家园大桥位于怀化高新区，桥梁呈东西走向跨越舞水河。工程全长 750m（K0＋000～K0＋750），桥梁全长为 307.24m，结构形式为连续梁桥，采用预制 T 梁，桥跨为 40m＋2×50m＋40m＋4×30m，桥宽 32m。其中，桥梁的桩基础工程施工是本工程重点和难点之一。全桥共计 10 个墩台，其中 1 号墩、2 号墩、3 号墩为水中桥墩，其余墩台位于岸上，所有墩台桩基采用冲孔灌注成孔。1 号墩、2 号墩、3 号墩采用圆柱式端承桩，每墩下设 4 根，桩径 2.5m，桩长 31～35m，混凝土强度等级为水下 C30。根据地质勘查报告及现场实勘，桥位所在河床面覆盖层较浅或无覆盖层，且 1 号墩桩位于裸岩面陡坡上，平均坡度为 30°，局部达到 40 °。桥位处河水深度平均为 6m。该不利地质条件影响着整个水中桩基础工程施工质量和安全，因此本文对毛家园大桥工程浅覆盖层陡岩面冲孔钢平台搭设、钢护筒引孔埋设、桩锤改造增重等方面进行研究，以达到提高水中桩基础工程的施工水平。

2　施工钢平台搭设研究

针对浅覆盖层陡岩面地质条件，采用“板凳墩”形式搭设水上钢平台。钢平台上部采用贝雷梁作为承重主梁，下部构造采用钢管桩支墩，纵横向采用槽钢剪刀撑与平撑连系，钢管桩顶面在剖口设置工字钢作为横向枕梁，使平台钢管桩形成整体“板凳墩”，增加侧向刚度。以下重点研究钢平台搭设方法。

2.1　钢平台构造

（1）1 号墩、2 号墩、3 号墩基础施工采用钢平台，顶面设计标高同栈桥桥面标高，每个桩基钢平台长 30m，宽 10m。（2）基础及下部构造：采用 ϕ630×8mm 钢管桩支墩，共设 8 排支墩，支墩排间间距为 4.0m 和 4.5m 交错布置，每排横向布设钢管桩 3 根，间距 4.4m。由于河床覆盖层浅，故钢管桩纵、横向之间均采用槽钢剪刀撑与平撑连接，使钢管桩连成整体，增加侧向刚度。钢管桩顶面在剖口设置工字钢作为横向枕梁。在钢护筒放至设计要求位置并固定后，钢平台和钢护筒利用型钢连成整体，以增加平台的稳定性。（3）主梁：采用贝雷梁作为承重主梁。横向布置 8 排贝雷架，其横向间距为（0.9＋1.3＋0.9＋1.3＋0.9＋3.4＋0.9）m，贝雷架间设支撑架及 2 根型钢剪刀撑横向连系。（4）平台面系：按横向 30cm 间距的工字钢作为横向分配梁。平台面（孔位除外）铺设 8mm 厚防滑钢板。（5）护栏：护栏高度为 120cm，立柱和扶手采用 ϕ50×3mm 钢管。立柱按纵向间距 1.5m 设置。钢平台构造如图 1 所示。

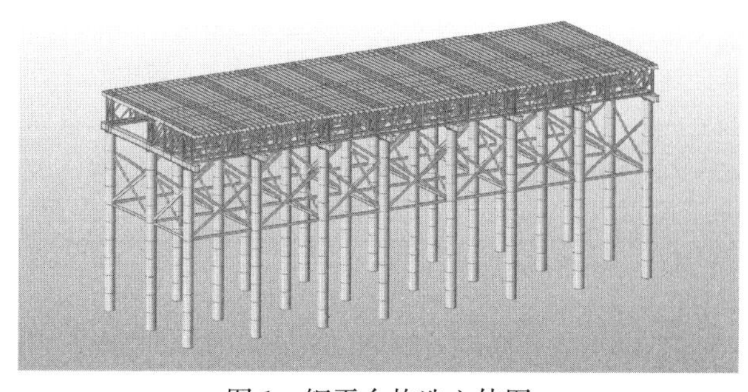

图 1　钢平台构造立体图

2.2 钢管桩插打施工工艺

针对浅覆盖层地质条件进行钢管桩插打，采用汽车式起重机吊起钢管桩，全站仪测量定位后，用振动锤夹具夹起钢管桩到设计桩位后逐渐放松吊机钢丝绳，直至桩落于河床面，确定桩位与桩的垂直度满足要求后，开启振动锤振动直至将桩无法继续打入为止。钢管桩插打顺序为从下游向上游并测定水流速度，计算管桩下插位置；直至吊车工作半径不能满足钢管桩插打距离时，架设已插钢管桩区域贝雷梁及分配梁并铺设面板作为工作平台继续插打剩余桩基，以此类推，完成平台钢管桩插打工作。

除第一根钢管桩外，其他钢管桩均及时与已插打的桩利用剪刀撑连接。剪刀撑采用槽钢制作，并采用钢管桩间双面满焊方法，焊缝高度为5mm。若剪刀撑下部处于水下，采用抱箍与钢管桩连接。钢管桩插打时定位偏差≤0.1m，倾斜度≤1%。钢管桩插打完毕一个区域后，立即标定钢管桩顶面设计高程。切割钢管桩，切割后桩顶误差不得大于10mm。针对位于陡岩面上1号钢平台，提前根据现场水深计算钢管桩长度，横向每排先插打近岸侧钢管桩。首排插打完成的钢管桩及时与钢便桥采用型钢进行连接固定。钢管桩插打施工过程如图2所示。

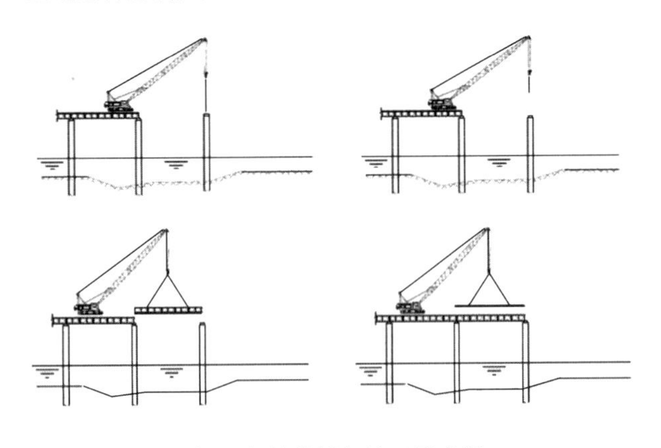

图2 钢管桩插打施工示意图

2.3 钢管桩纵横向连接

为了保证钢平台整体性和稳定性，应进行钢管桩桩间纵横向连系（剪刀撑、平撑）加固。按照已经插打完成的钢管桩间距和设计的横梁长度确定槽钢和工字钢下料长度。纵横向连系和桩顶横梁安装采用人工在操作平台上操作。纵横向连系和桩顶横梁采用汽车吊安装。桩间纵横向连系（剪刀撑、平撑）必须与钢管桩身满焊连接，焊接完成后，提升操作平台至合适高度，用气割枪沿测量确定的桩头标高割除多余钢管桩，并在钢管桩管口预留出桩顶横梁缺口，以便于将桩顶横梁工字钢与钢管桩焊接。钢平台工字钢接长用$\delta=10$mm钢板双面搭接焊，帮接焊长度不小于15cm，焊接焊缝必须符合要求。通过以上施工工艺，将整个钢平台所有钢管桩基础连成一个整体，形成“板凳墩”，如图1所示。

2.4 钢平台受力分析

毛家园大桥工程钢平台采用MIDAS CIVIL桥梁结构计算软件进行受力分析。按照钢平台部件进行建模并施加荷载，简要分析贝雷梁组件受力情况、钢管支墩受力情况以及钢管桩强度和稳定性。

(1) 贝雷梁组件应力及挠度分析

经计算最大组合应力值：$\sigma_{max}=146\text{MPa}<[\sigma]=273\text{MPa}$，满足荷载要求；跨中最大挠度值为$3\text{mm}<L/400=11\text{mm}$，满足要求；贝雷梁组件应力和挠度结果如图3、图4所示。

图3 贝雷梁组件应力分布图

图4 贝雷梁挠度变化图

(2) 钢管支墩计算

列出部分钢管桩支撑支反力如表1所示（包括钢管自重）。

钢管桩支撑支反力　　表1

节点	4041	4042	4043	4087	4088	4089	4409	4410
荷载(kN)	249.40	268.40	103.92	290.48	337.42	170.23	320.08	373.87
节点	4411	4455	4456	4457	4501	4502	4503	4547
荷载(kN)	192.55	272.94	318.14	160.48	272.88	318.03	160.44	320.06
节点	4548	4549	4593	4594	4595	4639	4640	4641
荷载(kN)	373.79	192.48	290.51	337.46	170.26	249.37	268.47	103.95

表1中，钢便桥钢管桩的最大支反力为373.9kN。

(3)钢管桩强度及稳定性计算

① 钢管桩支撑墩刚度计算：钢管支撑墩的最大支反力408.5kN，钢管桩最大长度10m。

钢管回转半径$r=\dfrac{\sqrt{(D^2+d^2)}}{4}=0.2199$；式中，$D=0.63$，$d=0.614$。

长细比 $\lambda=\frac{l_0}{r}=10/0.2199=45.5<[\lambda]=150$，刚度满足要求。

② 钢管桩支撑临界应力计算

此类钢管为 b 类构件，轴心受压杆件，Q235 材质，查《钢结构设计标准》GB 50017：稳定系数 $\varphi=0.876$，钢管截面积 $A=15632.5\text{mm}^2$，$[\sigma]=215$。

$$[N]=A\varphi[\sigma]=2944\text{kN}$$

$N=373.9\text{kN}<[N]$，钢管桩支撑的稳定承载力满足要求。

3 浅覆盖层陡岩面钢护筒引孔埋设

3.1 冲孔桩机引孔施工工艺

针对河床覆盖层浅及 1 号墩位于陡岩面条件下，采用钢护筒引孔埋设技术，先采用 $\phi3.0$m 冲击锤在裸岩面上无护筒情况下冲击引孔 2m，再安放 $\phi2.8$m 钢护筒，接着浇筑 2m 厚度 C25 水下混凝土将钢护筒埋入，待混凝土形成强度后用 $\phi2.5$m 冲击锤进行桩基正常成孔，引孔施工工艺流程见图 5，护筒埋设引孔见图 6。该引孔工艺操作简便、安全性高，采用已有打桩设备更换桩锤即可。使用本技术有效克服了河床面没有覆盖层或覆盖层较浅、岩面凹凸不平，护筒底面不能采用常规振动锤打入河床，冲孔施工过程中容易出现漏浆等不良施工条件影响，该技术有效保证水中桩基础施工质量及安全。

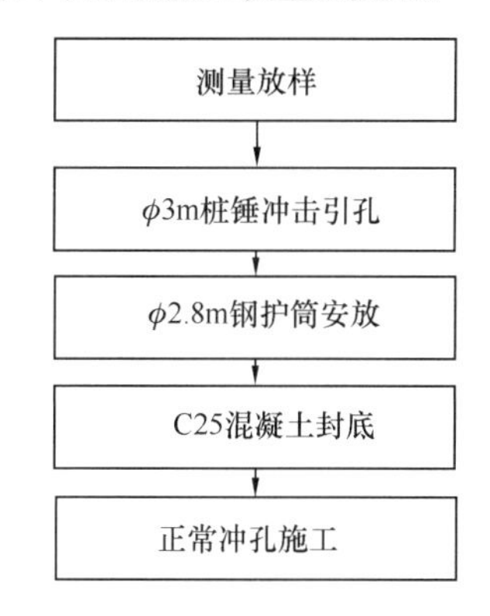

图 5　引孔施工工艺流程图

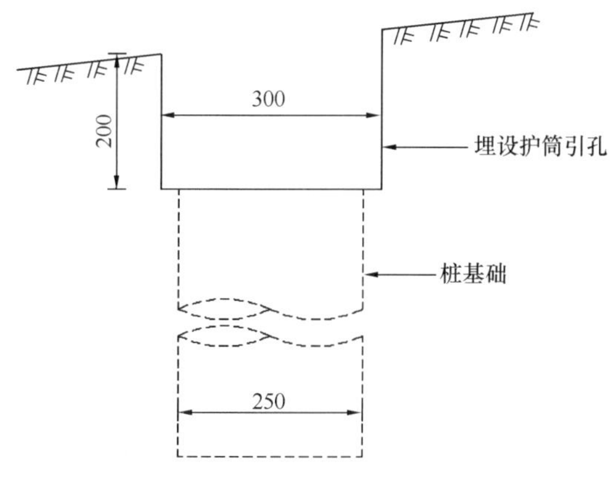

图 6　护筒埋设引孔示意图

3.2 钢护筒埋设前导向架制作与安装

钢护筒的垂直度关系到成孔质量和精度。为保证钢护筒埋设符合要求必须设置导向架。导向架采用槽钢并形成双层"井"字形构造。顶层井字架借助冲孔钢平台井口型钢予以固定，底层导向架焊于距钢管桩顶以下 5.5m 位置，与冲孔钢平台相同位置处的钢管桩平撑相连。通过导向架倒链收放速度和高度调整钢护筒顶面高程。钢护筒井字架布置见图 7。

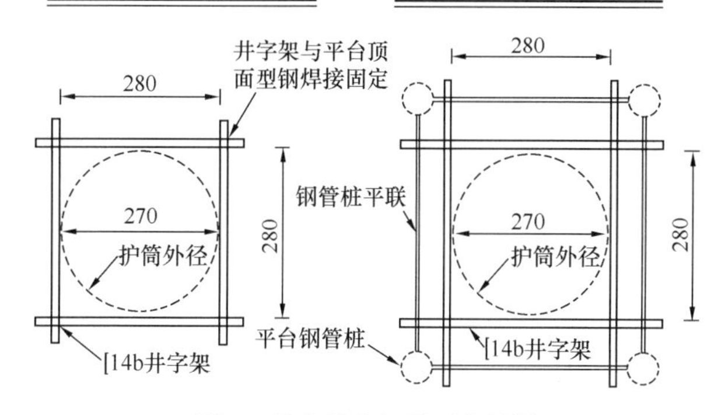

图 7　井字导向架平面布置图

3.3 钢护筒安装

当导向架安装完成后复核桩位中心，确定桩中心与导向架中心在同一位置后进行钢护筒安装。钢护筒安装采用汽车吊施工，将钢护筒吊起穿入二层导向框架，如采用在井口分层接高护筒安装形式，则第一节安装时高出平台面 80～100cm，使工字钢焊支撑点固定于钻孔平台工字钢上，再起吊下节进行安装。在对接口处两节护筒端部凸、凹处平焊具有一定厚度带栓孔钢板，将撬棍穿过栓孔伸到凸出部位，人力撬动使端部凸凹对齐进行焊接。对接完成后在焊缝周围竖向打 6～8 块连接片。当钢护筒对接长度满足平台至河床高度要求后，利用活动导向架倒链提起护筒，保持护筒顶面在同一水平位置，放松倒链使护筒落至河床，检查护筒平面位置和垂直度，保证钢护筒准确就位。

3.4 护筒底混凝土固结

钢护筒准确就位后，复核钢护筒平面位置及垂直度，满足要求后则将护筒平衡吊起 50cm，用工字钢焊四个支撑点固定在钻孔平台工字钢，利用桩基水下混凝土导管浇筑 C25 水下混凝土，每根桩灌注水下混凝土深度 2m，总方量 15m^3。混凝土浇筑完成后(在混凝土初凝前)用振动锤通过液压钳将钢护筒紧紧夹住，放松护筒和钢平台固定装置，振动锤通过液压钳将荷载传递于钢护筒。吊车将钢护筒上下抽动并振动，使钢护筒外壁与引孔孔壁间充满混凝土，并派潜水员用袋装黏土沿护筒周边堆码堵漏。护筒底混凝土固结见图 8。

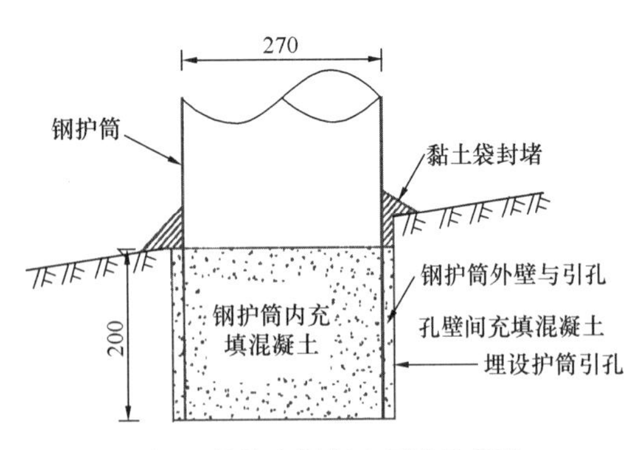

图 8　护筒底混凝土固结示意图

4　桩锤改造施工工艺

针对本工程工期较短且需在汛期来临前完成水中桥墩全部施工，采用对桩锤进行改造增加重量的方式提高冲孔效率。采用氧割将 ϕ3m 桩锤锤脚最外沿进行氧割进而改造为 ϕ2.5m 桩锤，使用改造后的桩锤进行 ϕ2.5m 桩基正常成孔。通过本地区市场了解，普通 ϕ2.5m 桩锤最大质量一般不超过 10t，本项目已有 ϕ3m 桩锤重量为 14t。通过以上工艺改造的 ϕ2.5m 桩锤质量为 13t，重量比常规 ϕ2.5m 桩锤增加了 4～5t。在钢护筒安装完成后，换用该桩锤进行正常冲孔。该工艺可以加大桩锤冲击力，极大地缩短了成孔时间，提高了施工效率，降低了水中桩基础工程的工期成本和人力投入。

5　结论

(1)针对浅覆盖层陡岩面上水中钢平台施工工艺，研究了钢平台构造情况以及钢管桩插打工艺，并对钢平台进行了稳定性分析，结果表明钢平台满足稳定性要求。

(2)通过研究冲孔桩机引孔施工、导向架制作安装、钢护筒安装、护筒底混凝土浇筑等工艺，保证了钢护筒施工质量，为端承桩施工作准备。

(3)采用氧割工艺将 ϕ3m 桩锤改造为 ϕ2.5m 桩锤并增加了桩锤重量，改造后的桩锤增加了锤击冲击力，提高了浅覆盖层陡岩面上水中端承桩施工效率。

参考文献：

[1] 柯杰，姚清涛，唐衡. 裸岩或浅覆盖层条件下嵌岩桩基施工技术研究[J]. 施工技术，2018，7：53-56.
[2] 姚清涛，陈建荣，孙立军. 长江深泓区浅覆盖层大悬臂嵌岩钢护筒施工技术[J]. 公路，2015，12：94-98.
[3] 李柏霖. 浅覆盖层条件下大埋深水中承台施工技术研究[D]. 武汉：湖北工业大学，2017.
[4] 黄宇，孟源，费志高. 深水浅覆盖层钢板桩围堰整体稳定性分析设计及施工[J]. 公路，2018，4：134-137.
[5] 欧阳效勇. 桥梁深水桩基施工关键技术[M]. 北京：人民交通出版社，2006.
[6] 唐顶峰，刘学青，杨大伟. 水中桩基础冲击钻施工清孔工艺研讨[J]. 湖南交通科技，2017，1：141-144.
[7] 李龙龙，檀瑞青. 桥梁施工中水上钢平台设计与施工[J]. 市政技术，2016(S2)：60-62.
[8] 李玉友，刘洪春. 搓管机在软弱且覆盖层较厚地层桩基础施工中的应用[J]. 公路，2015，9：70-72.
[9] 任青，高战士，吕洪勇. 层状地基中大直径端承桩的竖向振动特性研究[J]. 岩石力学与工程学报，2014(S2)：4193-4202.
[10] Gerolymos，Nikos，Gazetas，George. Phenomenological model applied to inelastic response of soil-pile interaction systems. Gerolymos[J]. Soils and Foundations，2005.
[11] 王伟，杨敏. 端承长桩下长短桩基础的受荷过程分析[J]. 建筑结构，2007，3：97-99.

该论文曾于 2020 年 8 月刊登在《公路》期刊上。

大直径灌注桩后补注浆对桩基承载力性能影响的试验研究

杨朝旭，唐玮骏，周　浩
（中建八局第一建设有限公司，山东 济南 250100）

摘　要：本文以横琴某项目为依托，在相同地质条件内选取 6 根灌注桩进行静载试验及 15 根灌注桩进行高应变试验，分别对后补注浆作业前后工程桩的承载力进行研究。试验表明：大直径灌注桩在后补注浆后，其极限承载力提高了约 130%；同时，灌注桩后补注浆对桩侧摩阻力的提高作用不大，主要通过提高桩基的端承力来提高桩基的极限承载力，且在一定水泥用量和注浆压力下，随着水泥浆用量的增加，其承载力越大。
关键词：大直径；灌注桩；后补注浆；承载力

0　引言

近年来，由于大直径（$D\geqslant$800mm）泥浆护壁钻孔灌注桩在施工时对环境影响小，适应不同持力层的场地，单桩承载力高及造价相对较低等优点，被广泛运用于桩基工程中[1]。现代注浆技术采用高压喷射注浆用水或浆液切割土层形成空隙使浆液与土层搅拌固结成型，改善桩基受力性能，提高桩基承载力，减小桩基沉降[2]。根据已有研究，后注浆工艺对桩基极限承载力的提升幅度一般在 30%～150%之间，经济效益可观，在实际工程中被广泛应用[3]。已有灌注桩后注浆技术承载力研究均是在成桩 3d 进行的，而对成桩后长时间未进行后注浆作业，而通过采用后补注浆方式来提高桩基承载力的试验研究较少。

本文通过对大直径灌注桩进行后补注浆，讨论后补注浆的施工工艺及控制要点，并通过静载试验研究后补注浆前后对桩基承载力的影响，为以后的相关实际工程和试验研究提供参考。

1　工程与地质概况

1.1　工程概况

横琴某项目总建筑面积 246037.00m^2，建筑层数为主楼 16 层，总高度 69.6m，裙楼 3 层，总高度 24m，地下 2 层。场内共布置 2453 根灌注桩，其桩径 1.0m，混凝土强度等级为 C40，桩长 60m，持力层为粗砾砂，基础形式为桩＋承台，每根工程桩内预留 3 根桩端注浆管（2 根注浆和 1 根备用）、3 根桩侧注浆管（2 根注浆和 1 根备用）和 1 根声测管。每根桩端注浆量不小于 2100 kg（纯水泥，非水泥浆），每根桩侧注浆量不小于 900kg（纯水泥，非水泥浆）。

1.2　水文地质条件

根据勘察报告，地质土层自上而下可分为：冲填土（Q_4^{ml}）厚度 0.6～2.30m、淤泥层（Q_4^{mc}）厚度 13.5～30.10m，黏土层厚度 1.00～10.90m、粉质黏土混粗砂层厚度 1.4～5.4m，粗砂砾层厚度 16.90～42.20m，砂质黏性土层厚度 0.3～9.1m，全风化花岗岩 0.7～6.00m，强风化花岗岩 0.4～8.00m。场地地下水主要有潜水和承压水两种类型，潜水稳定水位埋深为 0.00～0.46m，承压水主要赋存在粗砾砂及基岩裂隙中。场地内冲填土属中等—强透水层，淤泥层、黏土及粉质黏土混粗砂属微透水层，砂质黏土属中透水层，粗砾砂属强透水层。

2　后补注浆施工方法

2.1　施工工序

工程桩施工完成后未及时进行后注浆，因放置时间较长，大部分的注浆管已堵塞，需要重新清通原有工程桩中预留注浆管。施工顺序如图 1 所示。

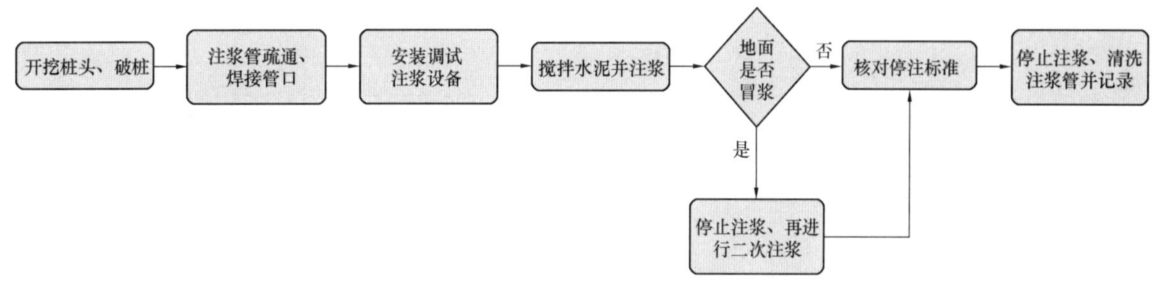

图 1　后补注浆施工顺序

2.2　后补注浆施工工艺

1. 注浆管清孔

本次后补注浆作业是在灌注桩成桩后 2 年开始施工的，因此桩内注浆管清孔是本次试验的难点。清孔包括桩端和桩侧清孔，桩端注浆管采用清孔机器清通，桩侧注浆管采用高压注浆泵注入清水清理，含粉砂的地下水从注浆管中冒出时停止清孔。

2. 注浆作业

压浆管路系统连接：高压注浆管用三通与压浆导管进行连接。桩端注浆管采用 $\phi57\times3.5$（Q235B），桩侧注浆管采用 $\phi38\times3.2$（Q235B），采用螺纹丝口连接。接口处严密，保证注浆压力的准确性。

3. 注浆要求

注浆材料采用 P·O 42.5 级水泥浆，水灰比取 0.55，水泥浆应二次搅拌，搅拌时间不少于 2min。搅拌完毕，经过 3mm×3mm 滤网过滤进入盛浆池后再进行注浆。注浆时流速不能过大，且不超过 40L/min。

清孔效果影响到水泥浆在桩端的扩散半径，进而影响桩基的承载力。根据 Jianyu Yang 等[4]的试验研究，后注浆施工过程中，水泥浆的扩散半径与灌浆压力、水灰比、渗透系数和灌浆量之间具有良好的幂函数关系，故试验中水灰比取 0.55、注浆量 3t 纯水泥和注浆压力取 5MPa。

4. 终止注浆

注浆总量和注浆压力均达到设计要求或注浆总量已达到设计值的 80%，且注浆压力超过设计值 5MPa，可终止注浆。当出现地面冒浆或周围桩孔串浆时，应改为间歇注浆，间隔时间不宜过长通常为半小时。若压力达到但注浆量远小于设计值，停止注浆，记录桩号对其进行二次劈裂后再次注浆。

3 试验结果分析

在相同地质条件内，选取 6 根大直径灌注桩进行静载试验及 15 跟大直径灌注桩进行高应变试验，分别对后补注浆工艺前后工程桩的承载力及注浆量进行研究。

3.1 灌注桩承载力分析

根据静载试验得出荷载-位移（Q-s）曲线，如图 2 所示。由图 2 可知：

（1）试验桩 GC-1247、GC-985 和 GC-1295 加载到 19000kN 时，累计沉降量在 20～35mm，且 Q-s 曲线平缓，无明显陡降段，其极限承载力均为 19000kN。

（2）试验桩 GC-843 加载到 15200kN 时，累计沉降为 95.64mm。试验桩 GC-842 加载到 11400kN，沉降急剧增加，累计沉降为 101.62mm。试验桩 GC-1276 加载到 7600kN 时，曲线陡降，累计沉降为 88.68mm。极限承载力依次分别为 9500kN、9500kN 和 5700kN。

对比可知，通过后补注浆技术，桩基的极限承载力明显提高，极限承载力从 5700～9500kN 提高至 19000kN，提高幅度最大约 130%。原因是水泥浆与桩端粗砾砂胶结在一起，形成坚硬的持力层，且随着桩端水泥浆注入量越多，胶结程度越好，其沉降变形量越少。

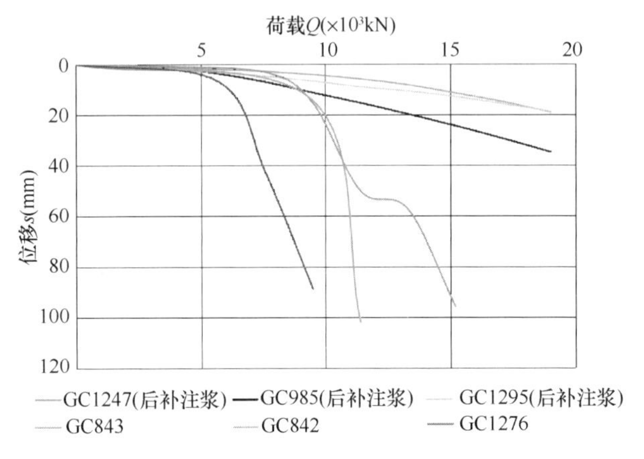

图 2　试验桩荷载-位移（Q-s）曲线图

3.2 灌注桩注浆量分析

高应变试验采用武汉岩海 RS-1616K（S）高应变打桩分析仪来获取试验桩波形曲线，再利用实测曲线拟合法和 Case 法等分析手段得到试验桩的承载力、端阻力及摩阻力[5]。同时，结合后补注浆的水泥用量记录，试验桩的承载力与水泥用量关系如图 3 所示。

由图 3 可知，当水泥用量在 0～5.7t 时，摩阻力曲线在 8%以内波动，变化较小，表明后补注浆对提高桩侧摩阻力的作用不大。由于桩侧注浆管在灌注桩内，高压水泵通常不能有效地对桩侧注浆管进行劈裂，进而很难明显提升桩侧摩阻力。

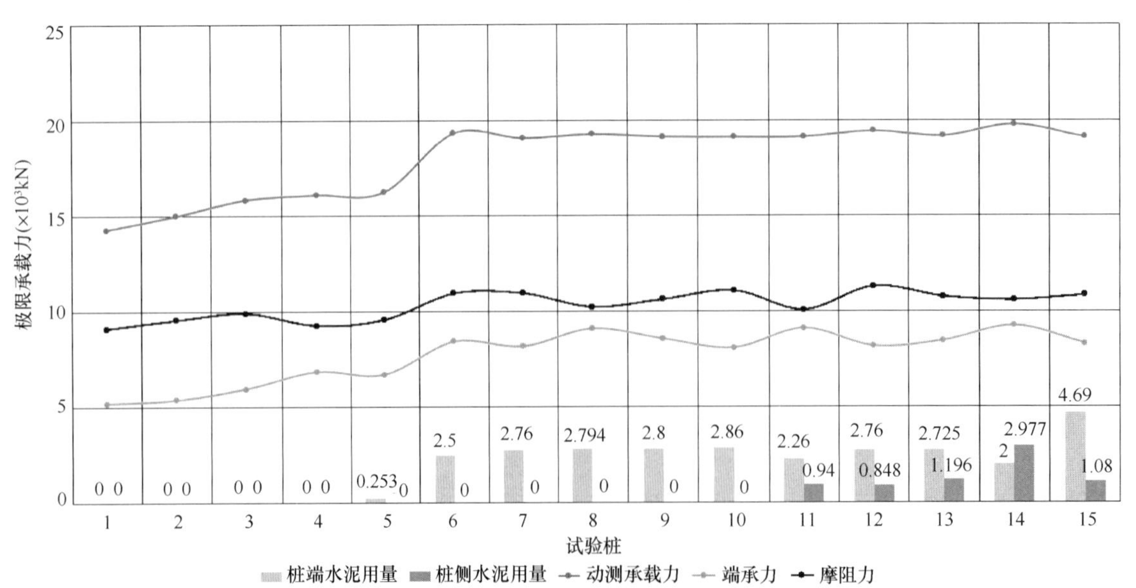

图 3　高应变试验桩承载力与水泥用量的关系图

当水泥用量在0～2.8t时，端承力曲线呈线性增加，超过2.8t时，端承力曲线变化趋于平缓。由于桩端注浆管端部低于桩底0.5m，水泥浆能到达桩底，并与桩底粗砾砂胶结在一起，形成坚硬的持力层；在一定范围内随着桩端水泥注入量越多胶结程度越好，其端承力越高。因水泥用量达到2.8t时，桩端范围内的水泥浆浓度达到饱和，难以通过增加水泥用量来提高端承力。

4 结论

通过静载试验和高应变试验对后补注浆前后的大直径灌注桩承载力性能进行研究发现：通过后补注浆后灌注桩的极限承载力能显著提高，提高的幅度最高约为130%，且主要是通过提高灌注桩的端承力来提高其极限承载力；水泥用量在0～2.8t时，端承力随着水泥用量越多，提高幅度越大；水泥用量的数量对提高摩阻力作用不大。

参考文献：

[1] 白晓宇，牟洋洋，张明义，等. 风化岩基大直径灌注桩后注浆承载性能试验研究[J]. 土木与环境工程学报，2019，41(02)：1-10.

[2] 肖华溪. 深厚软土桩基后注浆技术试验与研究[D]. 长沙：中南大学，2009.

[3] 钟杰，李粮纲，金宗川，等. 滨海软土中超长后注浆灌注桩承载性能研究[J]. 建筑结构，2020，50(11)：108-133.

[4] J. Yang，Y. Cheng，and W. Chen，Experimental Study on Diffusion Law of Post-Grouting Slurry in Sandy Soil[J]. Advances in Civil Engineering，2019 (2019)，10.1155/2019/3493942.

[5] 广东省建筑科学研究院集团股份有限公司. 建筑地基基础检测规范 DBJ/T 15-60—2019[S]. 北京：中国建筑工业出版社，2019.

复杂地质条件下深基坑注浆式微型钢管桩锚喷支护施工工艺及质量控制

郭收田，崔玉军，贾桂刊，徐　娟，毛红庆
（中启胶建集团有限公司，山东 青岛 266300）

摘　要：随着城市建设的高速发展，建筑施工周期要求越来越短，因此，在深基坑支护设计和实践中，不仅要确保基坑及周边建筑物的安全稳定、地下建筑的顺利实施，而且要求快速地完成支护结构施工，为主体施工创造条件。此工艺施工简便、快捷、安全性好、绿色环保、成本低。

关键词：微型钢管桩；锚喷支护；稳定；安全

0　引言

微型钢管桩结合喷锚支护，是以青岛地区为代表的岩土地区基坑工程的一种特有的支护方式，工程支护体系采用微型钢管桩＋预应力锚杆支护、土钉墙＋简单喷护方案，微型钢管桩—锚杆支护技术由于其优越性，弥补了传统桩支护的缺点，使得这一新技术具有更宽的使用范围，应用空间更广阔。岩土边坡稳定问题一直是岩土工程界广泛关注的问题，注浆微型钢管组合桩作为一种新型抗滑结构，以其施工方便、使用能力强等优点在边坡加固和滑坡治理尤其是一些应急、抢修工程中都得到了广泛应用。采用该工艺可快速成孔，而且钢管桩放入钻孔内的时间快，从而提高了工作效率。

该种支护结构弥补了纯喷锚支护的安全性不足的缺陷，又弥补了大直径桩在中风化岩层以下困难且造价较高的不足，是一种安全经济的支护方式。从而解决了深基坑造价高、占地面积大、施工困难的难题。

1　复杂地质条件下深基坑注浆式微型钢管桩锚喷支护施工工艺

1.1　工艺流程

平整场地→注浆钢管制作焊接→测量放线→孔距定位→机械开挖循环集水坑、水沟和水坑→钻孔机就位钻孔（每 2m 接钻杆一次）→清洗钻孔→注浆机安装→安装注浆管→拌制水泥浆→注水泥浆→多次加压注浆→安装下放钢管→养护。

1.2　操作要点

1. 平整场地

根据现场的实际情况，首先应平整现场的施工场地，安装钻孔机的基础如果不稳定，施工中易产生钻孔机倾斜、桩倾斜和桩偏心等不良影响，因此要求安装地基稳固。对地层较软和有坡度的局部地基，可用推土机推平，再垫上钢板或枕木加固。在设计桩位上将钻机放平放稳，使钻杆垂直，对准桩位钻进，随时注意并校正钻杆的垂直度。采用 50 型铲车平整场地，根据设计要求放出基坑边线及定出桩位，使用 ϕ100 洛阳铲对施工区域每隔 5m 进行探测；在确定地下无障碍物时，开挖泥浆坑放水准备；安装钻机进行成孔作业；待施工完毕后泥浆外运至施工区域外，检查并保护成桩。

2. 注浆钢管制作焊接

根据施工方案要求的深度进行下料，对于超过 6m 的进行加强焊接。对注浆钢管的焊接满足一级焊缝要求，必须清除桩端部的浮锈、油污等脏物，保持干燥，焊条应烘干，焊接质量应符合国家现行标准《钢结构工程施工质量验收标准》GB 50205 和《建筑钢结构焊接技术规程》JGJ 81 的规定。

图 1　钢管桩施工

图 2　第一根支护桩灌桩沉管

3. 测量放线

工程施工放线主要包括基坑上口开挖线的测量、放样；基坑边坡坡脚线的测量、放样；基坑边坡坡顶标高的测量；施工过程中基坑边坡每排锚杆孔口标高测量、放样；集成边坡每排锚杆水平距离的量测。施工前根据设计要求的间距、排距及设计提供的标高进行测量放线。工程定位放线严格按照工程测量规范的要求进行，确保测量的精度满足规范要求。

4. 孔距定位

根据设计的孔洞直径、间距、排距使用筷子打入地下进行定位；定位后应确保定位的准确且不得移动。

5. 微型桩定位

微型桩定位后采用人工开挖循环集水坑、水沟和水坑：因本工艺采用湿成孔，每间隔 3m 需要开挖 1m×1m×1m 的循环水池；水沟长度为微型桩设计长度端部加 2m，深度为 0.5m，宽度为外排微型桩加 1m（即 2.7m）；根据微型桩定位，在成孔位置上安装钻孔机底盘，采用长度 1m，6 根直径 20mm 钢筋地锚固定，确保其稳定。

6. 就位钻孔

钻孔至预定深度并空钻清底。孔的顺序也应事先规划好，既要保证下一个桩孔的施工不影响上一个桩孔，又要使钻机的移动距离不要过远和相互干扰。将钻孔机安放在指定位置，安放水平，防止倾斜；将钻杆抬至钻机旁，水管与钻杆接在一起，启动钻机与水管，慢慢钻进；每进深 2m，需要接一次钻杆，直至得到设计有效深度。

7. 钻孔

钻孔前按设计方案要求将钢管接长，搭接部位要用套筒搭接焊，套筒高度不小于钢管直径两倍，套筒壁厚不小于钢管壁厚，在套筒周边焊接，焊缝应饱满，并应检查钢管的垂直度，焊工必须有焊工证，施焊前应试焊；端部采用 6mm 钢板封闭，并在下部 4～6m 处钻出浆口，直径 10mm，间距 300mm，出浆孔呈梅花形交错布置；采用胶带封口，得到一定压力后自动开封。钻机就位后开动空压机和钻机（ZGJX-4300），使潜孔钻机的钻头对准定好的钢管桩点位开始成孔，钻孔直径不小于 180mm，锚孔的垂直度偏差应小于垂直深度的 1%，成孔深度应大于钢管长度 50mm。

8. 清孔

成孔过程中的细小砂粒及细小的碎石屑，在钻进的过程中随着气流排出孔外，当深度每达到一根钻杆的长度或设计要求的深度时（即换钻杆时）都要进行清孔。此时钻机应停止钻进，向外拔出钻杆用强大的气流将碎屑吹出锚孔，将此动作反复地进行以确保锚孔底部的碎屑全部吹出锚孔。

注水泥浆前要对桩孔进行清孔，使孔内泥浆全部排出，要求孔底沉渣厚度不大于 50mm。

9. 注浆机安装

在现场指定位置固定注浆机，电源由指定的配电箱接入，采用 $6m^2$ 三相五线制电缆，把拌制的水泥浆放入 6mm 钢板焊接制成的 1m×1m×1m 灰槽内，然后由注浆机注浆。注浆管需装设压力表，注浆压力为 0.5MPa，水灰比控制在 0.45～0.5，注浆后暂不拔管，直至水泥浆从管外流出为止，拔出注浆管，密封钢管端部，加压数分钟，待水泥浆再次从钢管外流出为止。

10. 安装注浆管

细石填充完毕后，要及时进行注浆，注浆管由注浆机只接入到下入孔内的钢管上，接口采用丝口连接，注浆管采用橡胶管输送。

11. 拌制水泥浆

水泥浆采用专用机械进行拌制，水灰比控制在 0.45～0.5，把拌制的水泥浆放入钢制的 1m×1m×1m 灰槽内，然后由注浆机注浆。

12. 注水泥浆

注浆管需装设压力表，注浆压力为 0.5MPa，水灰比控制在 0.45～0.5，注浆后暂不拔管，直至水泥浆从管外流出为止，拔出注浆管，密封钢管端部，加压数分钟，待水泥浆再次从钢管外流出为止。为保证注浆达到设计深度，端头用长度 1m，直径为 ϕ25 的钢管固定，并插入孔底注浆，保证注浆管插入孔底。

13. 多次加压注浆

因一次注浆难以达到冲盈系数要求，得到注浆压力为 0.5MPa，需要多次间隙注浆，一般为 3～5 次，直至细石填充中翻浆为止。确保注浆质量。

14. 安装下放钢管

一次注浆完成后，采用汽车吊起吊钢管桩时，钢管应顺利地缓缓地放入锚孔中，每根钢管安装完毕要进行标高的超测，钢管的上表面标高应符合设计要求，高度统一，高于设计标高的都要进行锤击下降，直至标高达到要求为止。待孔清洗后及时在孔内安装预先制作好的钢管，钢管露出地面 200mm。便于接入注浆管。

钢管桩桩施工允许偏差：

垂直度允许偏差≤1.0%；

桩位允许偏差<100mm。

15. 冠梁施工

冠梁钢筋绑扎及模板安装完成后，经监理单位进行钢筋及模板的验收，验收合格后方可进行混凝土的浇筑。

16. 锚杆施工

先抄测锚杆的标高确定锚杆的位置，孔位的允许偏差为±50mm。成孔直径为 130mm，入射角为 15°（具体部位的入射角度按照设计要求）。预应力锚杆使用3ϕ^s15.2 的钢绞线，间距为 2m。先扎好钢管支架固定住成捆的钢绞线，再打开包装铁片，避免钢绞线伤人。

图 3　预应力锚杆

图4 喷射混凝土面层

17. 张拉

采用液压张拉机（或电动张拉机）对预应力锚杆进行张拉，张拉时的实际张拉力应达到设计要求的张力，并且压力表的指示数据在5min内必须保持不变，即不掉压力。

18. 喷射混凝土

喷射时应正确控制风压和保证喷料的均匀性，若料流过小则水灰比过大，易形成风压喷射混凝土的脱落。若料流过大则水灰比过小，易形成混凝土分层现象，影响面层混凝土强度。喷射时喷嘴应尽可能地与受喷面保持垂直，掌握适当的喷速、适中的水量，以增加混凝土的密实度，减少回弹量。喷水保温养护，养护时间为7d。

2 微型钢管桩结合喷锚支护主要特性

2.1 安全性

该支护体系由微型钢管桩和锚杆（锚索）两大部分组成。锚杆（锚索）是利用土体的自稳力，通过钻孔、注浆、施加预应力，进一步增强了土体的强度和稳定性。

2.2 简便、快捷

微型钢管桩打孔机械小，移动方便快捷，灌注水泥浆方便，施工速度快且成型快。

2.3 绿色、高效、环保、无污染

施工现场水泥浆在钢管内对环境无影响，施工机械绿色环保，且现场配备大型雾炮机进行降尘处理。

2.4 施工成本低

施工混凝土用量低，且开挖时进行垂直开挖，减少了土方的开挖与回填方量，施工速度快，施工成本低。

2.5 占地面积小

微型钢管桩进行垂直支护，锚喷结构与之辅助，现场可进行垂直开挖，施工现场占地面积小，大大地解决了场地狭小的问题。

3 结论

采用该技术可克服高压旋喷桩、水泥土搅拌桩、长螺旋钻孔灌注桩、土钉墙、锚杆支护等存在的现有技术的不足。该技术绿色、环保、高效，提供一种注浆式微型钢管桩，其加固效果明显，能够从多方面提高被加固体的竖向承载力及边坡稳定性，可有效减少不均匀沉降的发生，同时兼具施工干扰小、无污染、施工工艺简单和造价低等特点。为社会创造了良好的环保效益，具有极高的推广价值。

参考文献：

[1] 建筑工程施工质量验收统一标准 GB 50300—2013[S]. 北京：中国建筑工业出版社，2013.

[2] 建筑地基基础工程施工质量验收标准 GB 50202—2018[S]. 北京：中国计划出版社，2018.

[3] 建筑基坑支护技术规程 JGJ 120—2012[S]. 北京：中国建筑工业出版社，2012.

秸秆（降解）排水板技术与桩间土工程桩的关系及应用

常　雷[1]，余海龙[2]，李楷兵[3]，潘明一[4]，李德光[5]
（1. 深圳厚坤软岩科技有限公司，深圳 518031；2. 浙江昌屹建设有限公司，浙江 舟山 316100；3. 北京楷泰建设工程有限公司，北京 1022182；4. 浙江宏宇工程勘察设计有限公司，浙江 舟山 316100；5. 江苏中联路基工程有限公司，江苏 建湖 224700）

摘　要：如何使深厚软基、吹填造地及高填方土地基处理后，工后沉降小（可控）、差异沉降小（可控稳定），如何使深厚软基处理后的复合地基整体稳定、整体抗水平推力大、整体承载力高、造价低、工期短，是团队一直在潜心研究、工程实践、创新，验证后创立的一套可行、可靠的技术及施工工法。其主要核心是：（1）先采用国际先进的秸秆（降解）排水板技术对深厚软地基进行处理，使深厚软基地基承载力特征值达到 80kPa 以上，工后秸秆排水芯板在预设定时间内逐渐降解、芯板排水通道功能逐渐失效再排水，解决了多年来深厚软基处理工程中采用传统塑料（白污染）排水板处理后还在排水、水泥搅拌桩施工时易缠机的施工困局；（2）当深厚软基处理后地基承载力特征值达到 80kPa 以上时，再植入直径为 1000mm 的大直径刚性复合桩施工，使桩间土与植入的大直径刚性复合桩匹配协同后，形成整体稳定的刚柔复合厚壳层，其具有整体承载力高、整体抗水平力大、整体稳定的特点。刚柔复合厚壳层的形成可使现场减少软基出土量 70％以上，上述刚柔性技术的叠加应用可为投资方节约综合成本 20％以上，“变废为宝”省材又环保。

关键词：秸秆（降解）排水板；桩与桩间土的协同作用；深厚软基刚柔复合厚壳层；软淤泥变废为宝

0　引言

当前，我国基础建设及软地基处理项目仍处持续发展时期，在对待 10m 及以上深厚软弱地基处理时，往往受现行规范[1-7]的约束，另一方面施工方受发包方整体项目“成本”的控制，导致施工单价不合理低下。现阶段施工单位“均能”按图施工，但现实反映的结果是质量不达标、工程事故频发、过度地压缩施工成本、工期一延再延且工程“均能验收过关”。当深厚软基处理工程验收“过关”后开始使用时，地基及附属构筑物沉降开始变大、差异沉降超标，甚至还没使用就开始大修、大补、返工。

如何才能避免上述现象的发生？唯有技术创新才能合理降低施工成本，才能满足现有市场的“苛求条件”。团队经过大量现场的试验、科研、施工、工程应用，总结出了一套可行可用的实操方法，那就是依据现场实际地质条件变化，动态的依据现有规范[1-7]去创新设计、提交可行的施工方案，并在深厚软基处理中先采用新型的秸秆（降解）排水板技术工法施工，使其地基承载力特征值达到 70～120kPa 时，再植入大直径长短刚性复合桩，使桩间土与大直径刚性复合桩协同作用，各自发力，形成具有承载力高、抗水平力大、整体稳定的刚柔复合厚壳层复合地基，其工后沉降小于等于 100mm（可控）、差异沉降小于等于 1/800（可控稳定），复合地基整体稳定、整体抗水平推力大、整体承载力高可达 200～500kPa，可完成造价低、工期短的目标。

1　深厚软基中水与土的关系

深厚软基土是指天然含水量大、孔隙比大于等于 1.5 的土。软基土中 60％～200％的空间为水所占据，其中的：①60％～70％为自由水；②20％～30％为吸附水；③5％左右为结晶结合水。海滨淤泥黏土矿物以蒙脱石（微晶）和伊利石为主，湖河淤泥黏土矿物则是以高岭石和伊利石为主包含有机质，所以说深厚软基淤泥土中的自由水、吸附水必须通过主动排水的方法排除掉它，才能保障工后的地基承载力特征值达到 70kPa 以上的标准，才能使工后的复合地基沉降值小、差异沉降值小，才能避免复合地基位移、滑坡、垮塌事件的发生。

2　新型秸秆（降解）排水板技术和工法

2.1　新型秸秆（降解）排水板创新与研发

秸秆（降解）排水板是在国家大环保“绿水青山就是金山银山”的战略方针引导下，是在国内大量过剩植物秸秆被焚烧污染环境的困境下，是在多年生产塑料排水板的基础上，经团队各科研人员通过多年的不断研发、创新和数百次试验，成功开发出的一款世界级可降解无污染环保型植物秸秆排水板（秸秆排水板国际专利申请号：P00201912513；秸秆排水板国内专利申请号：201930385742.4），并具备自主产权的第一台世界级秸秆排水板自动化生产线（320 型秸秆排水板生产线设备国内专利申请号：201910688340.0），如图 1 所示。

图 1　320 型秸秆排水板生产线设备现场图

2.2　新型秸秆（降解）排水板主材料及工艺

秸秆（降解）排水板主体芯板为粉碎后的植物秸秆短纤维、废木材短纤维，加上植物胶复合粘接压制成型如

图 2所示，芯板正反面设有口琴状齿槽，外置大孔径防淤堵热熔土工布，形成抗压、抗弯、抗折强度大，纵向排水量大于等于 40cm³/s 的整体热熔排水板如图 3 所示，秸秆排水板在设定的降解期（1年、2年、3年、5年……）内降解掉，失去再排水功能。

图 2　秸秆排水板秸秆原材料及粉碎后短绒纤维图

图 3　秸秆可降解大孔径热熔整体排水板图

2.3　新型秸秆（降解）排水板的特点

秸秆（降解）排水板打入到软弱土层早期具有很好的排水功能，约在一年以后自身降解破损停止继续排水功能，解决了传统排水板加固地基工后继续排水固结沉降的技术隐患，能很好满足水泥土搅拌桩、预制管桩及其他基础工程施工的便利快捷要求。

2.4　新型秸秆（降解）排水板的生产线及检测报告

秸秆（降解）排水板通过不同地区超软土的试验效果良好，该产品已通过权威机构的检测如图 4 所示，其物理和力学性能指标符合国家技术标准，且成本低于传统产品的 10%以上。

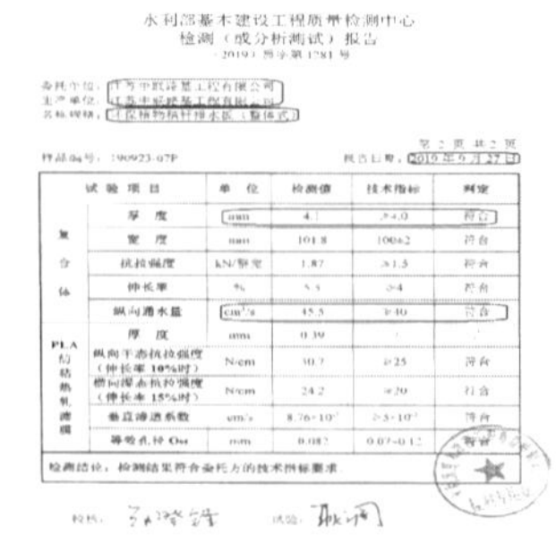

水利部基本建设工程质量检测中心
检测（成分析测试）报告

第 2 页 共 2 页

样品编号：190923-07P　　报告日期：2019年9月27日

试验项目		单位	检测值	技术指标	判定
复合体	厚度	mm	4.1	≥4.0	符合
	宽度	mm	101.8	100±2	符合
	抗拉强度	kN/每宽	1.87	≥1.5	符合
	伸长率	%	5.5	≥4	符合
	纵向通水量	cm³/s	45.5	≥40	符合
PLA纺粘热轧滤膜	厚度	mm	0.39	—	—
	纵向干态抗拉强度（伸长率10%时）	N/cm	30.7	≥25	符合
	横向湿态抗拉强度（伸长率15%时）	N/cm	24.2	≥20	符合
	垂直渗透系数	cm/s	8.76×10[illegible]	≥5×10[illegible]	符合
	等效孔径 O95	mm	0.082	0.07~0.12	符合
检测结论：检测结果符合委托方的技术指标要求。					

图 4　秸秆可降解大孔径热熔整体排水板生产线及检测报告图

2.5　新型秸秆（降解）排水板技术工法及应用领域

（1）在深厚软基或吹填造地上建造港口、堆载码头、高速公路、高铁、市政道路、机场陆域，需占用大片土地，建设之多，这就要求地基基础承载力及工后沉降各指标均能满足上部工程使用功能的要求。然而建造前，深厚软基或吹填造地的地基基础承载力及沉降指标均不能满足上部工程使用功能的要求，就需对深厚软基或吹填造地进行地基处理。若采用各类桩型在其上植入施工，其地基承载力特征值必须满足大于等于 70kPa 的指标，否则直接植入桩体就会造成桩基失败，土体就会加剧沉降、移位、垮塌事件的发生。解决上述问题的方案之一，就是在深厚软基或吹填造地地基处理上，采用稳定、可靠、性价比高的软基处理方案，新型秸秆（降解）大孔径热熔整体排水板施工工法即满足上述要求还环保，如图 5 所示。

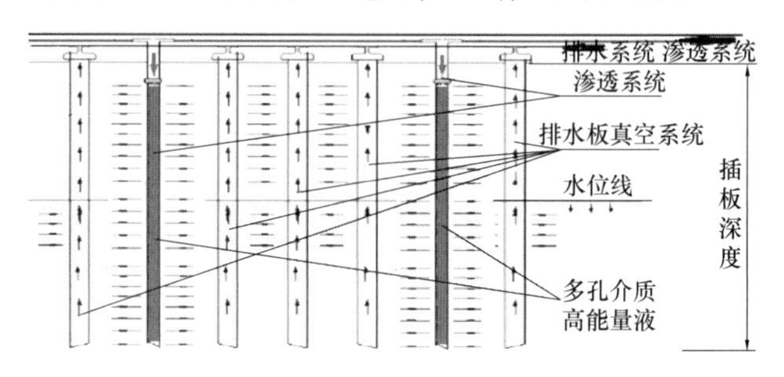

图 5　新型秸秆（降解）排水板真空预压处理工艺示意图

（2）采用秸秆（降解）大孔径热熔整体排水板真空预压施工后的效果示意如图 6、图 7 所示。

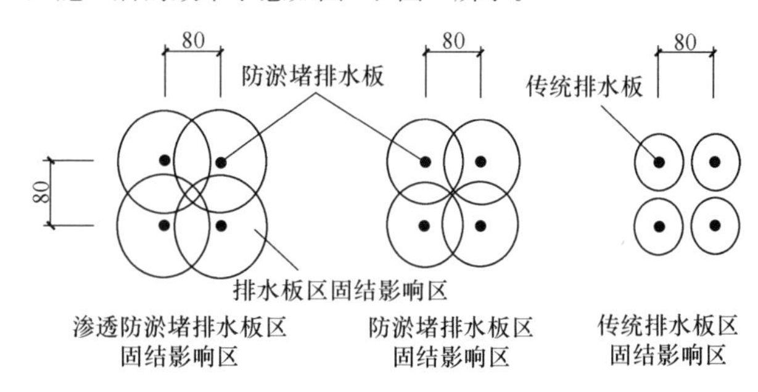

图 6　秸秆大孔径热熔整体排水板与传统排水板固结影响区的比较

图 7　秸秆（降解）大孔径热熔整体排水板真空预压后的现场图

3　新型秸秆排水板与桩间土的关系

（1）采用新型秸秆（降解）大孔径热熔整体排水板真空预压施工，使深厚软基、吹填造地处理前的液限范围值土（土体为流动状态）如图 8 所示，处理后转变为塑限范围值土（开挖土体不流动）如图 9 所示。

图 8　深厚软基土处理前为液限值的土
（土体为流动状态）

图 9　深厚软基土处理后为塑限值范围的土
（开挖土体不流动）

（2）采用新型秸秆（降解）大孔径热熔整体排水板真空预压施工处理后的原位深厚软基土或疏浚吹泥吹填深厚软基土层地基承载力特征值达 70～120kPa，工后沉降在 10～20cm，十字板抗剪强度在 C_u22～28kPa。

（3）当新型秸秆（降解）大孔径热熔整体排水板打入深厚软基地下完成排水地基固结度 U_t 达到设计要求值后，芯板自然降解破损与桩间土融为一体，排水功能丧失，解决了传统塑料排水板加固地基工后芯板继续排水的工程隐患。

（4）由于新型秸秆（降解）排水板在预定时间内 1 年、2 年、3 年……后具有自然降解性，为深厚软基处理的工程后期如：基坑开挖，搅拌柱，预制管桩的施工提供了非阻碍不交缠的工地，提高了施工效率。

4　深厚软基工程植入桩后失败的原因

在深厚软基工程中，往往地基未做处理或处理后地基承载力特征值小于 40kPa 时就开始植入桩，此时桩周土未能提供足够摩擦力去支撑桩身，再加之植入的是挤土桩，雪上加霜，加快了工后大沉降、大位移、垮塌事件的发生，究其原因是深厚软基中的“水”处理不到位，植入桩时产生的施工附加应力和能量藏在深厚软基土中，未能及时有效的释放出造成的后果，如图 10 所示。

图 10　深厚软基中失败的桩基现场图

5　如何发挥出深厚软基中桩间土与桩的协同作用

5.1　深厚软基工程地基土的物理指标要求

（1）当在深厚软基、吹填造地上及高填方土地基上建造港口、堆载码头、高速公路、高铁、市政道路、机场路基时，除需占用大片土地建设之外，更重要的是复合地基承载力特征值大于等于 240kPa，工后沉降指标小于等于 20cm。

（2）当上述“生”地委托给设计单位进行设计时，设计人员均是依据工程的使用功能、原位的地质勘探报告、现有规范[1-7]，进行地基承载力设计、抗沉降抗拔桩设计，进行基础方案的比选，对深厚软基地基的处理，包括真空预压处理，刚柔复合地基施工处理等方案。

（3）在深厚软基工程中桩与桩间土是刚柔复合协同的一对关系，对深厚软弱淤泥土、疏浚吹填软泥土、高填方土，均要进行地基预处理，处理后的地基承载力特征值要达到大于等于 70kPa，植入刚性桩后才能使桩与桩间土协调复合作用达到复合地基承载力特征值 240kPa 以上，才能达到工程设计、功能、质量、安全、稳定的要求。

5.2　深厚软基处理后纯柔性厚壳层与工程的关系

（1）当软地基承载力特征值小于等于 40kPa、工后沉降小于等于 50cm 时，场地仅能提供工程材料车运输使用。

（2）当软地基承载力特征值为大于等于 50kPa、工后沉降小于等于 40cm 时，仅能建造一层轻型厂房使用。

（3）当软地基承载力特征值为大于等于 60kPa、工后沉降小于等于 30cm 时，可建造二层轻型厂房使用。

（4）当软地基承载力特征值为大于等于 70kPa、工后沉降小于等于 20cm 时，可建造五层轻型厂房使用。

5.3　刚柔复合厚壳层复合地基形成的原理

刚柔复合厚壳层复合地基是由深厚软基处理后的纯柔性复合厚壳层＋大直径非挤土长短刚性复合桩＋疏桩顶设置的桩帽盖板＋碎石褥垫层＋土拱共同协同复合作用后形成的具有承载力高、抗水平力大、整理稳定的刚柔复合厚壳层复合地基，如图 11 所示。

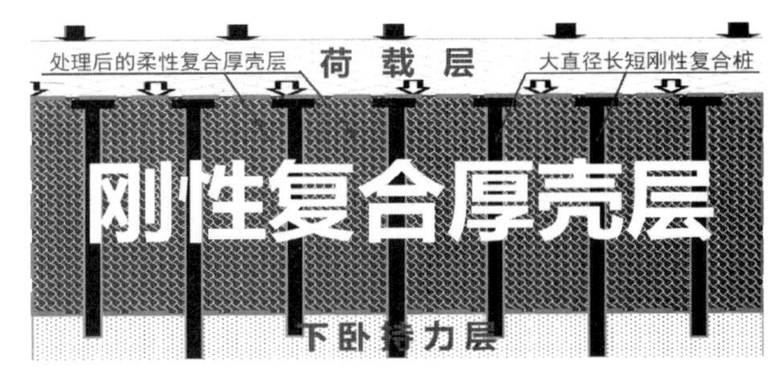

图 11　刚柔复合厚壳层复合地基形成机理图

5.4　刚柔复合厚壳层复合地基形成后的作用

（1）当深厚软基地基处理后地基承载力特征值大于等

于70kPa、工后沉降小于等于20cm时，植入大直径刚性复合非挤土或少挤土桩，并穿透软基层进入下一个桩持力层后，形成的具有承载力高、抗水平力大、整体稳定的刚柔复合厚壳层复合地基，其地基承载力特征值在200～500kPa之间，工后沉降在3～100mm之间。

（2）刚柔复合厚壳层复合地基形成后起到有序传递合理分配上部荷载、承上启下纽带作用，大直径刚性复合桩承受着大部分竖向压力和水平推力，大大降低了桩间土因超荷载带来的不利影响、导致复合地基沉降和差异沉降过大、移位和垮塌事件的发生。

（3）刚柔复合厚壳层复合地基形成后无须再进行二次回填预超压土，既省钱、省时、省力、省地、费用低又环保避免二次清淤运输再污染环境，还为日后复合基础的处理节省了大量时间和费用。

5.5 刚柔复合厚壳层复合地基的设计及应用的领域

（1）刚柔复合厚壳层复合地基的设计就是依据工程地质报告及规范[1-7]进行深厚软基处理设计，深厚软基处理后，再依据新地质报告中各项指标，依据桩顶以上所有附加荷载、功能和使用要求，参照《复合地基技术规范》GB/T 50783—2012,《现浇混凝土大直径管桩复合地基技术规程》JGJ/T 213—2010等规范[1-7]制定出植入大直径刚性复合疏桩单桩承载力、桩距、桩长的计算、沉降及下卧层验算，最终确定出复合地基和桩基各自的持力层，来满足不同工程的需要。

（2）当深厚软基处理后地基承载力特征值达到70kPa以上时，植入大直径长短非挤土刚性复合桩，待刚性桩身混凝土强度达到70%时，在刚性桩顶上浇筑混凝土桩帽盖板，使桩间土之上高达6～8m的路基填土荷载及路面荷载，通过“土拱”碎石垫褥层把80%的荷载传递给桩帽盖板接力，再传递给大直径刚性复合桩，使大直径刚性复合桩桩群＋处理后的桩间土＋碎石垫褥层＋土拱共同协同作用，形成具有承载力高、抗水平力大、整体稳定的刚柔复合厚壳层复合地基满足不同工程的需要，现场桩帽盖板和“土拱”如图12所示。

图12 大直径刚性复合疏桩顶设置桩帽盖板施工图

（3）采用刚柔复合厚壳层复合地基后的原位试验数据及图形，如图13所示

图13（a）揭示出植入的大直径非挤土刚性复合桩在不破坏原位桩间土时附加荷载大部分由其承担即承担80%～90%的附加荷载，图13（b）揭示随附加荷载的不断增加桩间土压力曲线从开始到施工结束始终变化稳定平缓，说明外附加荷载未超桩间土本身的承载能力，让桩间土只承担10%～20%的附加荷载，做到桩中有土、土

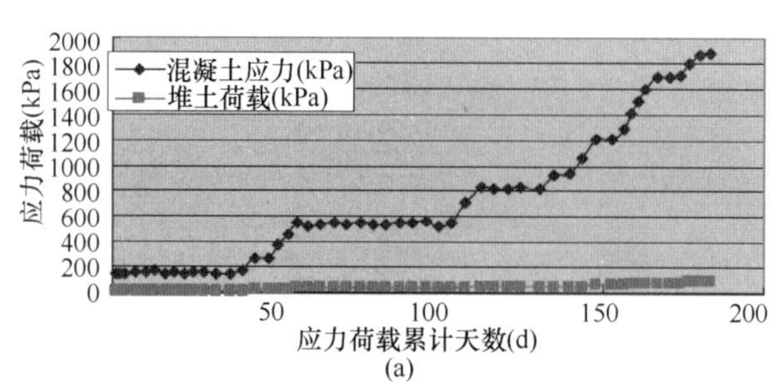

(a)

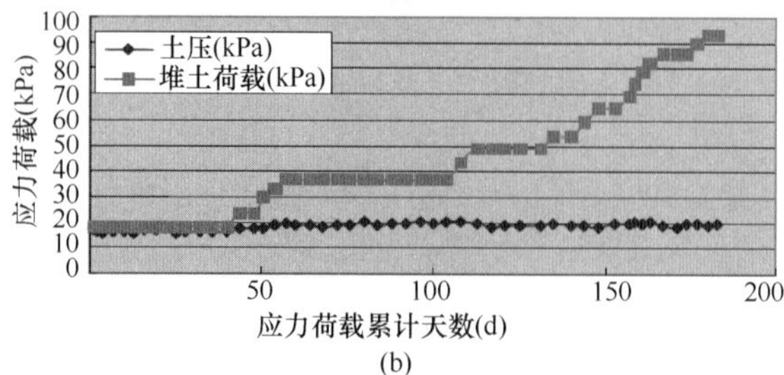

(b)

图13 大直径刚性桩顶应力及桩间土压力随附加荷载变化曲线图

（a）桩顶端钢筋力应力变换曲线图；（b）桩间土压力随时间变化曲线

中有桩相互协调平衡作用。这种工艺能大大发挥出大直径刚性复合桩疏桩最佳承载能力，也能大大降低桩间土因超荷载带来的不利影响，避免工后沉降和差异沉降过大带来的移位和垮塌事件的发生。

（4）刚柔复合厚壳层复合地基形成后应用的领域，如图14所示。

图14 刚柔复合厚壳层复合地基形成后应用的领域图

6 结论

（1）深厚软基刚柔复合厚壳层复合地基技术，是先采用秸秆（降解）大孔径热熔整体排水板真空预压施工处理后，使深厚软基、吹填造地处理前的液限范围值土（土体为流动状态）如图8所示，处理后转变为塑限范围值土（开挖土体不流动）如图9所示，后再植入大直径刚性复合桩，既不破坏桩间原位土同时又改良提高了桩间原位土的物理指标性能，增大了桩间土的摩擦力，大大增强了桩身承载力的发挥，桩与桩间土协同作用后形成具有承载力高、抗水平力大、整体稳定的刚柔复合厚壳层复合地基，工后沉降值在3～100mm（可控）、差异沉降值变小于等于1/800（可控），可避免工后复合地基土体位移、滑坡、垮塌事件的发生。

（2）刚柔复合厚壳层复合地基技术提供的是一种质量稳定安全、新型、环保、省材、省力省时、综合成本低、“0”伤亡的技术和工艺。此技术可广泛应用在港口、码头货运堆场、高速公路高填方路基、机场货运场、海边石化储油基地中，为典型的绿色环保工艺及施工工程。

参考文献：

[1] 复合地基技术规范 GB/T 50783—2012[S]. 北京：中国计划出版社，2010.
[2] 真空预压法加固软土地基施工技术规程 HG/T 20578—2013[S]. 北京：中国计划出版社，2014.
[3] 现浇混凝土大直径管桩复合地基技术规程 JGJ/T 213—2010[S]. 北京：中国建筑工业出版社，2010.
[4] 劲性复合桩技术规程 JGJ/T 327—2014[S]. 北京：中国建筑工业出版社，2014.
[5] 水运工程地基设计规范 JTS 147—2017[S]. 北京：人民交通出版社股份有限公司，2018.
[6] 公路软土地基路堤设计与施工技术规范 JTJ 017—96[S]. 北京：人民交通出版社，1997.
[7] 吹填土地基处理技术规范 GB/T 51064—2015[S]. 北京：中国计划出版社，2015.

真空排水管桩工程特性与适用范围研究

唐晓武[1]，林维康[2]，梁家馨[2]，邹　渊[2]，李柯毅[2]
(1. 浙江大学 滨海和城市岩土工程研究中心，浙江 杭州 310058；2. 浙江大学 滨海和城市岩土工程研究中心，浙江 杭州 310058)

摘　要：软土地基处理是许多建筑（包括隧道，高速公路等）中需要解决的热点问题之一。本文首次提出了一种带有侧孔和包裹土工布的预制管桩，旨在同时实现地基处理与桩基础的作用。管桩上的小孔为真空提供了排水通道，以加速固结并降低挤土效应。包裹的土工布减少了打桩过程中的摩擦，并具有防滤作用，以确保排水通道的长期稳定性。固结后，对排水管桩进行灌浆，形成高承载力的复合地基，具有良好的时间效益，经济效益和环境效益。首先介绍其结构，以及不同地区的施工过程，然后通过数值模拟与室内试验分析其排水固结能力、抗液化能力以及承载力特性，最后分析其适用范围，结果表明：排水管桩在真空与带有反滤膜的情况下，承载力是普通管桩的3倍以上，桩顶位移减小一半，如不带有反滤膜则会发生小孔淤堵现象，影响承载力的提升；排水管桩可以在30d之内初步固结，并且土壤的抗剪强度增加到先前值的3.5倍左右。与无孔桩相比，有孔桩的刚度降低不明显；排水管桩在地震作用下具有很强的抗液化能力；排水管桩适用范围广，能在大坝填筑、海岛复垦以及土遗址保护中应用。

关键词：排水管桩；地基处理；桩基工程；承载力特性；抗液化；固结排水

0　引言

2020年新型冠状病毒肺炎在全球蔓延，为确保供应链稳定，产业链向全球化、多元化和本土化三者兼顾重构，处于航运结点的滨海地区将迎来再次开发。中国本土疫情基本阻断后，习总书记首个考察点即为宁海舟山港及临港工业区。不仅中国粤港澳大湾区、长三角城市群和京津冀核心区需深层次开发，而且全世界沿海工业区亦会二次开发。另一方面，大规模开发不可避免地对环境造成或多或少的破坏，新冠病毒从动物界传播至人类，促使人类再度思考如何与自然和谐共处这一恒久命题。作为岩土工作者，开发与自然相适应乃至共生的技术，可能会成为未来很长一段时间内所共同追求的理念。

“一带一路”海上结点城市均存在滨海港口，越来越多以平方公里为单位的大型物流中心、保税仓库、工业厂房等将建设在这类滨海软黏土地区。为了达到抢占市场和加快投资回报的目的，这些工程往往施工周期短、施工面积大，标准化程度高且需较高的可靠性。软土作为一种典型的不良工程土体，存在渗透性差，抗剪强度低，压缩性高等问题。为此，普遍的处理工序是先地基处理后打设工程桩，如预制管桩与塑料排水板联合处理法[1-4]。此外，一些横向跨度大的工程，不仅存在软土地层，也会存在可液化砂土地层，甚至出现如广东省汕头—梅州高速公路工程中的可液化砂土与淤泥质软黏土互层地层[5]，目前对于这类工程的地基处理方法包含振冲法[6]、碎石桩法[7]、强夯法[8]、强夯与排水板联合法[9]等多种处理方法[10-12]。上述方法具有较好的处理效果，但仍需针对不同地层分区分工艺治理，不具通用性，往往同一工程采取多种地基处理方法，增大了工程量。且有研究表明[13-15]地基硬化后打设工程桩，挤土效应明显，会极大地减慢开发速度，提高工程造价。因此针对滨海工程中的软黏土、砂土、砂土软土混合土的地基处理与桩基工程一体化亟待研究。

为缩短工期，提高效率，目前国内外众多岩土科技工作者在探索地基处理与桩基工程相互利用的方法，按照排水通道与桩体结合程度大致可分为以下三类：(1) 分离型：排水通道与桩体分离。主要利用桩体打设的能量、真空或堆载预压使水分通过排水体排出，而后孔压消散使土体固结[16,17]。(2) 组合型：桩体外表或周围存在排水通道。(3) 一体型[18]：桩体自身存在排水通道，依靠自身透水能力排水。

综上所述，针对地基处理与桩基工程相互利用的研究已取得了一定的进展，排水通道与桩体结合程度逐步加强，但各类方法均存在一定的不足，主要集中在以下几点。(1) 分离型：仅通过桩体挤压排水，排水效率低；挤土效应明显；排水体与桩体分部施工，施工工期长。(2) 组合型：施工工艺复杂；桩体摩擦面积小，桩侧摩阻力低。(3) 一体型：无法直接作为工程桩；存在小孔淤堵问题。砂土软土混合地基处理方法仍停留在分区处理，工程量大、工期长、成本大，挤密振冲强夯易产生不均匀沉降。因此地基处理与桩基工程一体化仍有较大研究空间。

为进一步推动地基处理绿色、高效、可持续发展，促进地基处理与工程桩一体化，本文提出了一种新型的排水管桩。介绍了该管桩的结构、施工过程，通过数值模拟与室内模型试验验证其排水固结、抗液化、承载能力。该管桩具有快速的排水固结和高承载能力，可以在不同的工程条件下以不同的设计使用。管桩上的小孔为真空提供了排水通道，以加速固结并降低挤压效果。包裹的土工布减少了打桩过程中的摩擦，并具有防滤作用，以确保排水通道的长期稳定性。固结后，对排水管桩进行灌浆，形成高承载力的复合地基，具有良好的时间效益，经济效益和环境效益。排水管桩可以开发成一些特殊的设计，用于大坝的填筑和岛屿的填海。提出的创新性管桩设计能够满足高承载力和在软土上快速固结的需求，同时兼顾了桩基础和复合地基的双重作用。

1 排水管桩的结构与施工过程

1.1 排水管桩结构

排水管桩的结构如图1所示。桩体上有均匀分布的小孔，为真空和灌浆提供了排水通道。包裹的土工布减少了打桩过程中的摩擦，并具有防滤作用，以确保排水通道的长期稳定性[19]。在土体较软时打入，利用打桩扰动与自身排水通道减少挤土效应，外接真空泵加速排水固结，在土变硬后直接作为工程桩使用，形成桩体复合地基共同承接上部荷载，达到“软打硬用”的效果，兼改良土质、增设竖向增强体并最后形成复合地基。使地基共生排水管桩的施工和使用完美结合，提高整体承载力的同时大大缩减了工期。

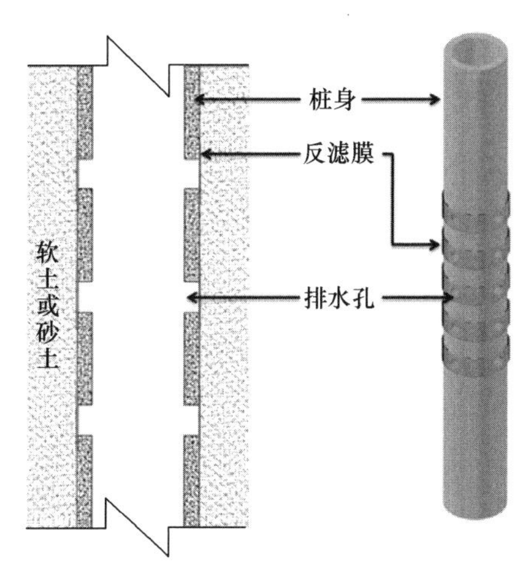

图1 排水管桩的结构设计

1.2 排水管桩的施工过程

排水管桩的施工过程如下：首先采用通用型预制管桩打桩机打设排水管桩，接着使用密封接头抽真空，桩周土通过反滤膜与排水孔排水固结，对于软黏土区和互层区，抽真空后刺穿反滤膜，使得桩周土侧向回流，同时竖向自然回填。对于可液化砂土区，抽真空排水后砂土已紧密，如刺穿后侧向砂土回流，反而破坏了结构性，因此仅需竖向回填，不需刺穿反滤。最后回填到设计标高作为工程桩使用。对于抗拔需求较高的工程，排水完成后使用注浆机通过预留外侧开孔向管桩外侧注浆，实现对周围土体承载力提高，控制不均匀沉降，提高桩基抗侧、抗拔等多种效果。相较于塑料排水板+预制管桩的处理方法，本项目排水管桩适合多种地质情况：软黏土区、砂土区、多种土体交互区，实现“一桩打天下”，且施工过程中不使用排水板等辅助排水设备，沉桩时噪声小，固结排水后排水桩亦可当作工程桩使用，最大限度地节约资源与减少对环境负面影响，全过程绿色施工，符合可持续发展战略。施工流程如图2、图3所示。

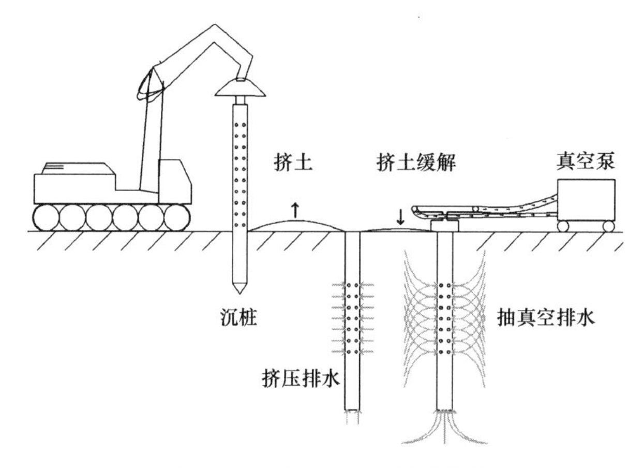

图2 排水管桩施工：通用阶段

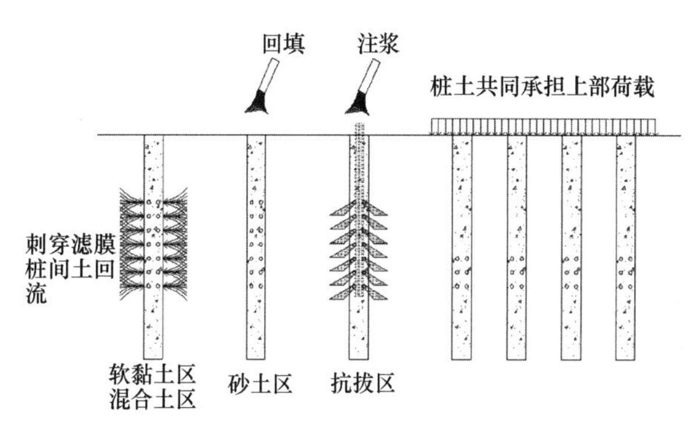

图3 排水管桩施工：分区特用阶段

2 排水管桩的工程特性

2.1 排水管桩承载力特性

为研究排水管桩的承载力特性，进行室内缩尺试验，桩身采用PVC材料，长度45cm，直径3.2cm，软土参数如表1所示。试验分为4组，分别为普通管桩、无膜抽真空管桩、带膜不真空管桩、带膜真空管桩，真空时间为24h，真空度为一个大气压。

试验土样的基本物理参数 **表1**

含水量（%）	土粒相对密度	重度（$kN\cdot m^{-3}$）	饱和度（%）	液限（%）	塑限（%）
80.41	2.71	13.75	85.7	54	25

承载力试验遵循下述原则，每级加载时间不小于20min，当出现下述情况之一时模型桩可视为达到极限状态，终止试验，并取上一级荷载作为单桩极限承载力：(1)在某级荷载下的沉降量为上一级荷载下沉降量的5倍；(2)加载量已满足试验研究所需最大荷载；(3)某级荷载作用下桩顶沉降—荷载曲线出现明显拐点；(4)某级荷载作用下桩顶急剧下沉，以至无法读取位移数据；(5)桩顶总沉降量大于10mm，且无陡降趋势。

图4为4种不同类型排水管桩抗压承载力对比，结果表明，真空+膜的排水管桩抗压承载力为177.1N，相比于普通管桩极限抗压承载力54.9N，提升幅度在3倍以上，同时桩顶位移仅为普通管桩的一半，因此真空+膜的

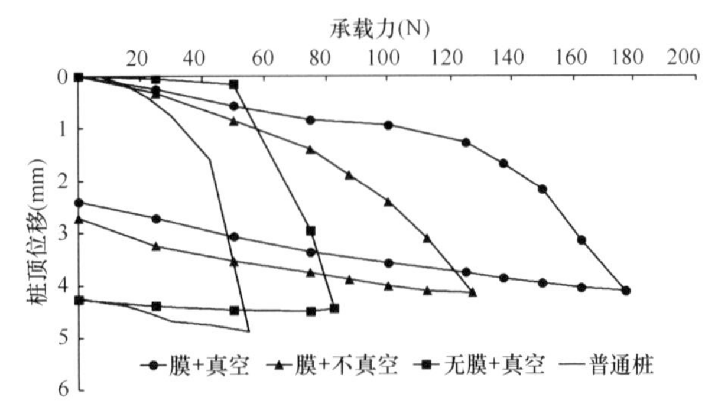

图 4 不同类型排水管桩抗压承载力对比

排水管桩在承载能力与抗变形能力的提升十分显著。此外，试验过程中，无膜＋真空的排水管桩发生了小孔淤堵现象，导致排水通道性能失效，从而降低了承载力的提升，无膜＋真空的排水管桩承载力比普通管桩高，但为真空＋有膜的排水管桩承载力的 71.18%，因此有反滤膜和真空是增强排水管桩承载力的重要因素。

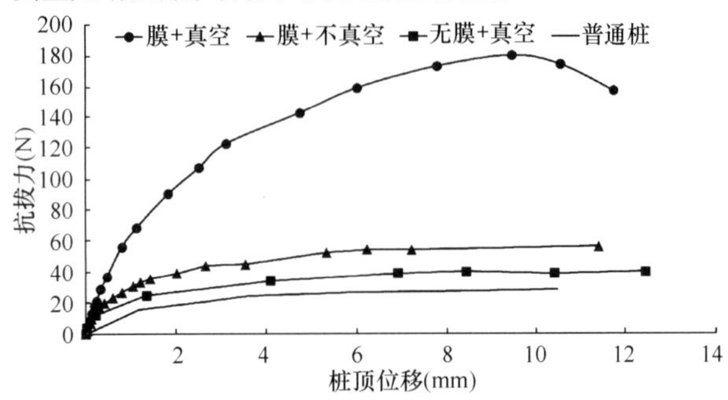

图 5 不同类型排水管桩抗拔承载力对比

图 5 为不同类型排水管桩抗拔承载力对比，结果表明，真空且带膜排水管桩桩顶位移 10.2mm 时发生滑移现象，而普通桩在 1.6mm 时就产生滑移。发生滑移时，真空且带膜排水管极限抗拔承载力为 184.5N，普通桩极限抗拔承载力为 28.5N，抗拔承载力提升约 6 倍。带膜不真空，无膜抽真空的排水管桩比普通管桩的抗拔承载力提升不明显。

2.2 排水管桩固结排水特性

当打桩时，土工布有助于降低植入阻力。植入后，土工布的过滤用于分离土壤和水，以确保排水。当固结达到一定程度时，土工布被刺穿，从孔中挤出的土壤和周围的土壤被压实以提供更高的侧向摩擦力，从而可以有效地提高桩基的承载力。

为对比砂井、碎石桩、不排水桩和开孔管桩 4 种处理方法的处理效果，采用昆明机场红黏土软基处理工程数据进行理论计算对比，计算方法参考杨晓秋[20]在《多功能管桩工程特性研究》中提出的方法。

结果表明，当排水管桩被抽成真空时，它可以在 30d 之内初步固结，并且土壤的抗剪强度增加到先前值的 3.5 倍左右。与无孔桩相比，有孔桩的刚度降低不明显。群桩的承载能力是传统桩基处理的两倍，这主要是由于桩间土的强度大大提高。

如图 6 所示，对几种软土处理的固结进行了比较。与其他处理方法相比，排水管桩的固结时间最短，这意味着排水管桩对地基的固结有明显的改善作用。

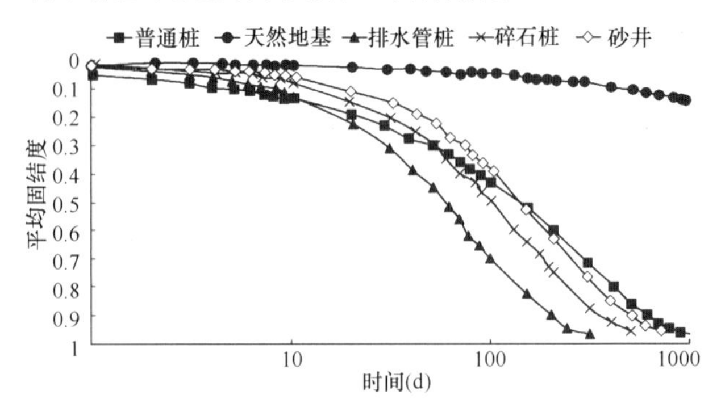

图 6 不同桩的固结效果比较

2.3 排水管桩抗液化特性

唐晓武等[21]通过数值方法研究了排水管桩基础的孔隙压力消散，如图 7 所示。结果表明，动载荷的频率越高，孔隙压力的累积越快。负载频率影响初始孔隙压力的幅度，但不影响孔隙压力振荡的衰减率。证明了排水管桩复合地基在地震作用下具有很强的抗液化能力。

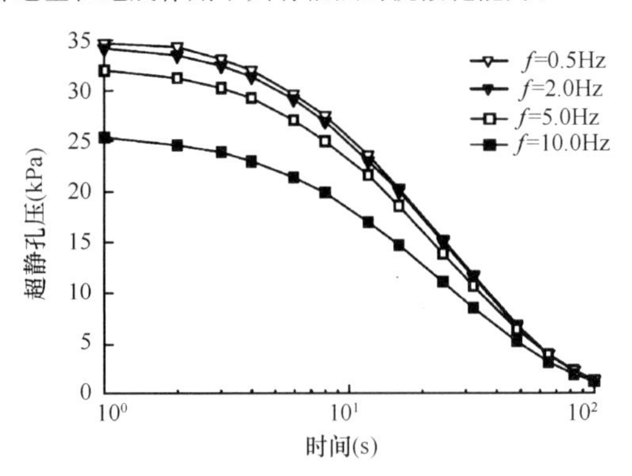

图 7 在不同加载频率下的孔隙压力振荡包络线

3 排水管桩的应用

排水管桩的应用范围较广，能在大坝填筑、海岛复垦以及土遗址保护[22-24]中应用，以大坝填筑为例，在沿海地区大坝充填过程中，软土底部会发生较大的侧向位移，这会对桩基的施工产生不利影响。目前，通常采用换土，排水固结和挡土墙的方法来减少由于大坝充填而引起的土壤侧向位移，这些都有一定的局限性。换土方法只能处理一定深度的软土，其下伏地层的沉降和侧向位移较大，不容忽视。

为此提出一种漂浮式管桩及其在大坝填筑中的施工方法。由注浆排水管桩和保持结构组成，以更有效地减少大坝软土地基的侧向位移。每个注浆排水管桩都连接有两条斜锚索和一条水平锚索，如图 8 所示。斜锚索锚固在软土地基的基岩中。水平锚索水平延伸至路堤，并锚固至路堤的锚。对于保持结构，将注浆排水管桩和钢板桩彼此连接，并分为中间部分和中间部分的两端。中段主要由注浆排水管桩和钢板桩组成，它们平行于路堤排成一排。在中间部分的两端，桩的布置更改为延伸到路堤的两个分支（图 9）。

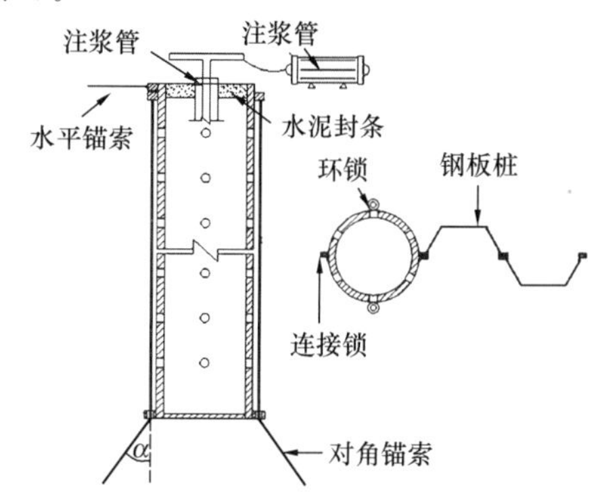

图 8 用于大坝填充的排水管桩的纵向截面（左）和横截面（右）

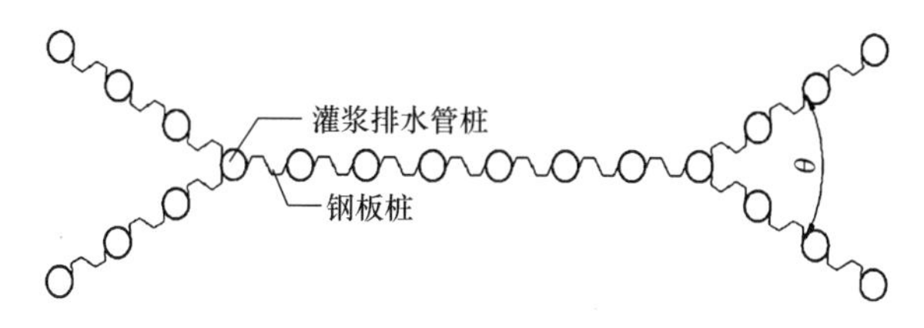

图 9 固定结构的俯视图

基于 Plaxis 3D 的舟山海沿岸桥梁工程进行了数值分析。在图 10 中，左侧为中心堤，右侧为垂直于中心堤的东岸，阴影部分为碎石桩加固的土壤。桥桩号为 1 号至 8 号。最近的桥桩 7 号和 8 号受东岸开垦区路堤填充的影响。如果在围堰施工完成后立即进行桩基础施工，则桩基础沿桥梁的横向位移将增加 17%。围堰会影响桥梁的稳定性。利用上述桩基，建立了三维模型，研究了侧向位移，其支护结构位于 6 号和 7 号桩上。

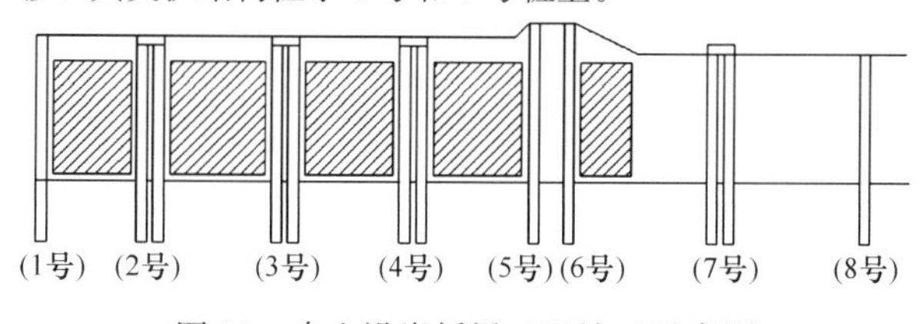

图 10 舟山沿岸桥梁工程施工示意图

图 11 为 7 号桩的横向位移曲线的比较。可以看出，7 号桩顶部的负位移略大于原始桩的负位移，并且与最大

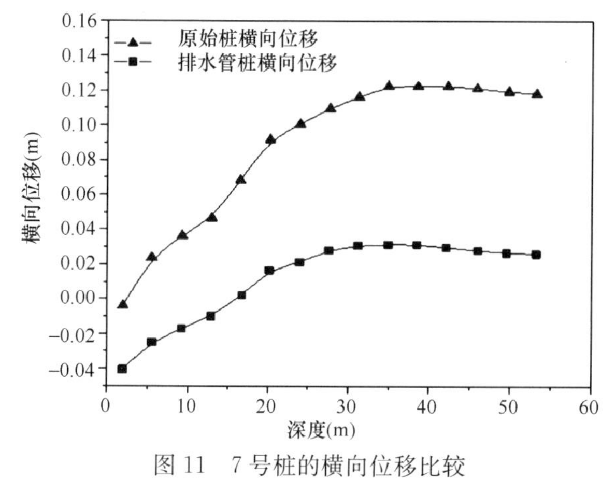

图 11 7 号桩的横向位移比较

节点位移减小的原始桩相比，桩的其他部分的位移显著减小，减少约 75%。排水管桩和保持结构的设计通过锚索将一部分载荷传递到基础上，从而提高了保持结构的稳定性，以防止保持结构倾覆。施工后管桩的空间位置是固定的，可以有效地减少大坝填筑过程中侧向位移对桥桩基础的影响。

4 结论

本文提出了一种排水管桩，该桩在管桩上有侧孔，土工布包裹在外面。当土壤较软时打桩，然后将桩周围的土壤在真空负压下排干并固结。缩短了固结时间，提高了地基的承载力，将桩基和复合地基的优点结合在一起。在可变载荷下，孔隙压力消散更快，具有一定的抗液化能力。通过室内试验与数值模拟，主要得出以下结论：

（1）排水管桩的单桩抗压承载力是普通管桩的 3 倍以上，其位移为普通管桩的一半；单桩抗拔承载力为普通管桩的 6 倍；反滤膜和真空是提升排水管桩承载力的重要条件。

（2）排水管桩在 30d 之内初步固结，并且土体的抗剪强度增加到先前值的 3.5 倍左右。与无孔桩相比，有孔桩的刚度降低不明显。排水管桩在地震作用下具有很强的抗液化能力，孔隙水压力消散较快。

（3）对于大坝填筑工程，排水管桩能平均减少 75% 的侧向位移；排水管桩和保持结构的设计通过锚索将一部分载荷传递到基础上，从而提高了保持结构的稳定性，以防止保持结构的倾覆。

参考文献：

[1] 吴燕开，方磊，李新伟，等．预应力管桩联合塑料排水板加固软土地基技术探讨[J]．岩石力学与工程学报，2006，25(S2)：3572-3576.

[2] ROWE R K. Pile foundation analysis and design: Book review[J]. John Wiley, 1981, 18(03): 472-473.

[3] WROTH C P, RANDOLPH M F, CARTER J P. Driven piles in clay-the effects of installation and subsequent consolidation[J]. Géotechnique, 1979, 29(04): 361-393.

[4] PESTANA J M, HUNT C E, BRAY J D. Soil Deformation and Excess Pore Pressure Field around a Closed-Ended Pile [J]. Journal of Geotechnical and Geoenvironmental Engineering, 2002, 128(01): 1-12.

[5] 李青松．加强型袋装砂井综合治理可液化砂土—淤泥质软黏土互层地基机理研究[D]．长沙：中南大学，2010.

[6] BROWN R E. Vibroflotation compaction of cohesionless soils[J]. ASCE J Geotech Eng Div, 1977, 103(12): 1437-1451.

[7] ZHANG C L, JIANG G L, LIU X F, WANG Z M. Lateral displacement of silty clay under cement-fly ash-gravel pile-supported embankments: Analytical consideration and field evidence[J]. Journal of Central South University, 2015, 22(4): 1477-1489.

[8] 杨建国，彭文轩，刘东燕．强夯法加固的主要设计参数研究[J]．岩土力学，2004，25(08)：1335-1339.

[9] 郑刚，龚晓南，谢永利，李广信．地基处理技术发展综述[J]．土木工程学报，2012，45(02)：127-146.

[10] 焦丹，龚晓南，李瑛. 电渗法加固软土地基试验研究[J]. 岩石力学与工程学报，2011，30(S1)：3208-3216.

[11] RAONGJANT W，JING M. Field testing of stiffened deep cement mixing piles under lateral cyclic loading[J]. Earthquake Engineering and Engineering Vibration，2013，12(2)：261-265.

[12] HARADA K，OHBAYASHI J. Development and improvement effectiveness of sand compaction pile method as a countermeasure against liquefaction[J]. Soils and Foundations，2017，57(6)：980-987.

[13] BERGADO D T，BALASUBRAMANIAM A S，et al. Prefabricated vertical drains (PVDs) in soft Bangkok clay：a case study of the new Bangkok International Airport project [J]. Canadian Geotechnical Journal，2002，39(02)：304-315.

[14] HUNT C E，PESTANA J M，BRAY J D，et al. Effect of Pile Driving on Static and Dynamic Properties of Soft Clay [J]. Journal of Geotechnical and Geoenvironmental Engineering，2002，128(01)：13-24.

[15] INDDRTNA B，SATHANANTHAN I，RUJIKIATK-AMJORN C，et al. Analytical and Numerical Modeling of Soft Soil Stabilized by Prefabricated Vertical Drains Incorporating Vacuum Preloading[J]. International Journal of Geomechanics. 2005，5：114-124.

[16] 秦康，卢萌盟，蒋斌松. 砂井联合水泥土搅拌桩复合地基固结解析解[J]. 岩土力学，2014，35(S2)：223-231.

[17] HAN W J，LIU S Y，ZHANG D W，et al. Field behavior of jet grouting pile under vacuum preloading of soft soils with deep sand layer[M]. GeoCongress 2012：State of the Art and Practice in Geotechnical Engineering. 2012：70-77.

[18] 王翔鹰，刘汉龙，江强，陈育民. 抗液化排水刚性桩沉桩过程中的孔压响应[J]. 岩土工程学报，2017，39(04)：645-651.

[19] 唐晓武，俞悦，周力沛，李姣阳，王恒宇. 一种能排水并增大摩阻力的预制管桩及其施工方法：CN201510150002.3[P]. 2015-08-19.

[20] 杨晓秋. 多功能开孔管桩工程特性研究[D]. 杭州：浙江大学，2018.

[21] 唐晓武，柳江南，杨晓秋等. 开孔管桩动孔压消散特性的理论研究[J]. 岩土力学，2019，40(09)：3335-3343.

[22] 唐晓武，梁家馨，杨晓秋，李嘉诚，俞悦，唐佳洁. 一种用于填海筑岛能排水的多功能管桩的施工装置：CN201820536616.4[P]. 2019-03-05.

[23] 唐晓武，柳江南，俞悦，梁家馨，唐佳洁. 一种浮式管桩及其堤坝挡土结构：CN201820299926.9[P]. 2019-01-01.

[24] 唐晓武，俞悦，赵文芳，唐佳洁，柳江南. 一种用于遗址保护的注浆机：CN201820536351.8[P]. 2019-01-01.

微型钢管桩在基坑支护中的设计要素分析

刘文峰[1,2]， 吉龙江[1,2]， 赵洪兴[1,2]

（1. 山东省物化探勘查院，山东 济南 250013；2. 山东省深基建设工程总公司，山东 济南 250013）

摘 要：本文阐述了微型钢管桩在基坑支护工程中的设计计算原理，对微型钢管桩的桩身截面、桩身强度、嵌固深度、整体稳定性以及桩的细部构造计算等设计要素进行了详细分析，指出目前微型桩的计算模式主要存在“微型桩复合土钉墙”和“桩锚”两种，认为在软土地层中，采用“微型桩复合土钉墙”计算模型比较贴合工程实际，在硬土地层或土岩结合地层中，采用“桩锚”计算模型比较恰当。

关键词：微型钢管桩；基坑支护；设计要素；荷载

0 引言

微型钢管桩是在微型桩和钢桩的基础上发展而来的。微型桩的直径一般小于300mm，长细比较大（一般大于50），钻机成孔后采用压力注浆成桩。其主要特点有：施工机具小，适用于狭窄的施工作业区；对土层适应性强；施工振动、噪声小，在环境公害受到严格控制的市区作业尤其适用；桩位布置形式灵活；可以采用二次压力注浆，与同体积灌注桩相比，承载力优势明显。钢桩具有取材便利、机械化施工快的优点，钢材的抗压、抗拉强度高，材质的离散性小，富于延性，是优质的建筑材料，同时能够提供可靠的承载力，因此使用量不断扩大，在基坑及边坡加固中的应用也逐渐增多；鉴于以上特点，微型钢管桩在基坑支护工程中的应用越来越多。

1 微型钢管桩在基坑支护工程中的设计计算

关于微型桩的设计计算主要分为复合土钉墙模式和桩锚模式。

在复合土钉墙体系中，微型桩由于并不需要其具有抗弯作用，所以通常使用钻孔中间放置加强体的方式，其主要作用是为了提高微型桩体的强度和刚度，所以不少研究者认为不必对其进行抗弯强度校核。其设计计算同复合土钉墙整体计算一并进行，包括内部稳定性验算和整体稳定性验算。聂振军、李海深对微型桩＋土钉复合型支护内部稳定性进行了探讨，在抗滑力矩中考虑了土体的抗滑力矩，土钉拉力、剪力产生的抗滑力矩以及微型桩的抗剪作用产生的抗滑力矩，并指出土钉剪力对稳定安全系数的影响较小[1]。赵勇认为，当开挖深度较大或者坑底的微型桩构造强度太低时，除了对土钉进行验算外，还需要对微型桩进行抗弯和抗剪折验算[2]。王少杰等在此基础上通过试验方法证明了注浆体对于提高微型桩抗弯能力具有重要作用[3]。

何世达等[4]认为目前对于采用微型桩支护的基坑，存在“桩锚”“喷锚＋抗滑加固”两种计算模式，应仔细分析支护结构的受力情况，选取合适的模式计算，必要时还可用两种模式互相验算[4]。MacHin、Steven 等[5]都将微型桩和桩间土作为复合整体，按照重力式挡土墙设计，为微型桩的设计计算提供了一个新的思路，但还有待进一步完善。此外，关于微型桩的设计计算模式还有数值模式，包括有限差分法和有限元法等。研究者运用不同的软件，如 FLAC、PLAXIS、ANSYS、SnEpFem 土钉墙有限元分析软件、ABAQUS、LPILE 等，对微型桩复合结构进行数值模拟，通过数值模拟与实测数据比较，得到了许多有用的结论。刘明林等[6]采用非线性动力有限元软件 ABAQUS 对某基坑实例进行了数值模拟，模拟结果显示微型钢管桩能有效地阻止基坑变形，模拟结果略大于实测结果，两者都满足规范要求。肖武权[7]利用有限元分析方法，对某微型钢管桩＋锚杆基坑支护结构进行了施工过程受力及变形分析，并与实测结构进行了对比，得出结论：（1）基坑施工过程中水平位移沿微型钢管桩桩身呈不对称的 V 形，最大位移位于基坑顶附近，由于钢管桩弹性模量大，限制了桩体位移，水平位移值较小。（2）微型钢管桩的受力十分复杂，是受拉、受压、受剪、受扭及其组合作用的综合体现。开挖面以上钢管桩主要承受拉力，开挖面以下桩身开始变为承受压力。钢管桩所受剪力、弯矩主要在地面与开挖底面下 1m 左右范围变化，各施工阶段最大弯矩值出现在开挖面附近。钢管桩所受轴力、转角的性质与大小也随施工过程而变化。

在实际工程应用中，微型钢管桩的受力状态复杂，在土层中的受力状态以复合土钉墙受力形态分析比较准确，在土岩结合地层（钢管桩下部嵌入岩石中）中的受力变形特征比较符合桩锚支护形态。在软土地层中，采用“微型桩复合土钉墙”计算模型比较贴合工程实际，在硬土地层或土岩结合地层中，采用“桩锚”计算模型比较恰当。

2 微型钢管桩在基坑支护中的设计要素

微型钢管桩设计前所需的资料主要有：拟开挖场地的岩土工程勘察（详细勘察）报告，场地及场地周边既有地下管线、地下构筑物的类型、位置、尺寸、埋深等；场地周边既有建筑物的结构类型、层数、位置、基础形式和尺寸、埋深、使用年限、用途等，场地周边道路的类型、位置、宽带、道路行驶情况、最大车辆荷载等，基坑开挖与支护结构使用期内施工材料堆放区、加工区、办公区等临时荷载要求。

微型钢管桩的设计要素主要有桩身截面、桩身强度、嵌固深度计算、整体稳定性验算、桩的细部构造计算等。

微型钢管桩在基坑支护结构体系中主要承载水平荷载，所谓水平荷载，也就是垂直于桩轴方向的荷载，桩顶部即要求产生向变位，同时桩会产生弯曲。因此桩的水平承载力应满足以下两个要求：桩体发生的弯曲应力不应超过桩材的容许弯曲应力；桩头的水平位移量不应超过上部结构确定的容许应变量。承受水平荷载的桩，其承载力主要取决于桩身刚度、土的水平抗力和桩的埋深。

承受水平荷载的桩，一般可按弹性地基梁的理论来求解，桩被当作竖梁，其变形微分方程为：

$$EI\frac{d^4y}{dx^4}+P=0 \quad (1)$$

假定 $$P=E_s\cdot y=E'_sb\cdot y \quad (2)$$

式中：E_s——基床反力系数，是单位宽度上单位变形所需单位长度的力；

EI——桩身抗弯刚度（$kN\cdot m^2$）。

目前的计算方法主要有 C 法、经典 C 法、m 法，均是围绕如何假定 E_s，亦即在不同点以上，E 是深度 x 的某种函数的假定而展开的。

$$E'_s=E'_{st}\left(\frac{x}{t}\right)^n \quad (3)$$

式中：t——反弯点深度（m）；

E'_s——该点的基床反力系数（kN/m^3）。

若假定 $n=0$，则为 C 法，据此 E 沿深度不变，此法称为张有龄法。

若假定 $0<n<1$，则为经典 C 法，E_s-x 曲线向上凸。

若假定 $n=1$，则为 m 法。此法 E'_s 与深度成正比，亦即 E'_s-x 曲线为直线。

经工程实测资料检验，经典 C 法较符合实际。

C 法中常用的变形系数 α 的定义是：

$$\alpha=4.5\sqrt{\frac{Cb}{EI}} \quad (4)$$

式中：$C=\frac{E'_{st}}{t^{0.5}}$；

b——桩径（m）；

E——桩材料的弹性模量（kN/m^2）；

I——桩截面的惯性矩（m^4）。

水平荷载下垂直单桩的承载-变形问题是一个三维空间中桩-土相互作用问题，其水平荷载特性不仅与桩身材料强度有关，而且在很大程度上取决于桩侧土的抗力特性，当桩顶受到外力或产生位移时，带动桩身一定范围桩段也产生横向变位，导致桩侧土弹性压缩，从而产生桩土界面的作用力。这样，桩顶作用效应便通过桩周土体的被动压缩而传递到桩周土体中，桩身变形和剪力随深度递减。水平荷载下的微型钢管桩的承载-变形过程分为弹性、弹塑性和破坏三个阶段。

桩身强度计算考虑的问题：桩身在水平荷载作用下产生的应力应在桩身钢材的容许应力范围内，如果钢管桩设置在强污染环境下还应考虑腐蚀问题。

分别对钢管桩的截面压应力和压曲稳定进行验算。

（1）容许压应力的验算公式为：

$$\sigma_c=\frac{N_c}{A} \quad (5)$$

式中：σ_c——压应力（kPa）；

A——桩净截面面积（cm^2）；

N_c——轴向压力（kN）。

（2）对弯曲、剪切校核

应力计算有弯曲应力和剪切应力计算。

① 弯曲应力的计算：

$$\sigma=\frac{N}{A}\pm\frac{M}{I}y \quad (6)$$

式中：σ——弯曲应力（kPa）；

I——桩的有效截面惯性矩（cm^4）；

M——弯矩（$kN\cdot cm$）；

N——轴向荷载（kN）；

y——距重心的距离（cm）。

② 剪切应力的计算

圆环形状钢管的截面剪力计算公式为：

$$\tau_{max}=\alpha\cdot\frac{\sigma}{A} \quad (7)$$

式中：τ——剪切应力（kPa）；

A——净截面积（cm^2）；

$\sigma=\frac{最大应力}{平均应力}$，$\alpha=\frac{4(D^2+Dd+d^2)}{3(D^2+d^2)}$。

其中，D 和 d 为钢管的外径和内径，单位为 cm。

微型钢管桩在基坑支护设计中的嵌固深度一般应满足以下各式（计算示意图 1）：

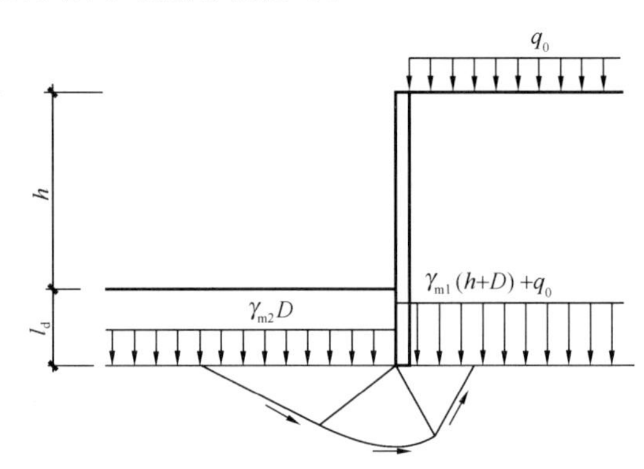

图 1 嵌固深度计算示意图

$$\frac{\gamma_{m2}l_dN_q+cN_c}{\gamma_{m1}(h+l_d)+q_0}\geqslant K_{he1} \quad (8)$$

$$N_q=\tan^2\left(45°+\frac{\varphi}{2}\right)e^{\pi\tan\varphi} \quad (9)$$

$$N_c=(N_q-1)/\tan\varphi \quad (10)$$

式中：K_{he1}——抗隆起安全系数；基坑安全等级为一级、二级、三级的支护结构，K_{he1} 分别不应小于 1.8、1.6、1.4；

γ_{m1}——基坑外挡土构件底面以上土的重度（kN/m^3）；对地下水位以下的砂土、碎石土、粉土取浮重度；对多层土取各层土按厚度加权的平均重度；

γ_{m2}——基坑内挡土构件底面以上土的重度（kN/m^3）；对地下水位以下的砂土、碎石土、粉土取浮重度；对多层土取各层土按厚度加权的平均重度；

l_d——挡土构件的嵌固深度（m）；

h——基坑深度（m）；

q_0——地面均布荷载（kPa）；

N_c、N_q——承载力系数；

c、φ——挡土构件底面以下土的黏聚力（kPa）、内摩擦角（°）。

注：D 为基坑底面至软弱下卧层顶面的土层厚度。

微型钢管桩的整体稳定性根据现行规范采用圆弧滑动条分法进行验算，应满足以下各式要求：

$$\min\{K_{s,1},K_{s,2},\cdots,K_{s,i},\cdots\}\geqslant K_s \tag{11}$$

$$K_{s,i}=\frac{\sum\{c_jl_j+[(q_jl_j+\Delta G_j)\cos\theta_j-u_jl_j]\tan\varphi_j\}+\sum R'_{k,k}[\cos(\theta_j+\alpha_k)+\psi_v]/s_{x,k}}{\sum(q_jb_j+\Delta G_j)\sin\theta_j} \tag{12}$$

式中：K_s——圆弧滑动整体稳定安全系数；安全等级为一级、二级、三级的锚拉式支挡结构，K_s 分别不应小于 1.35、1.3、1.25；

$K_{s,i}$——第 i 个滑动圆弧的抗滑力矩与滑动力矩的比值；抗滑力矩与滑动力矩之比的最小值宜通过搜索不同圆心及半径的所有潜在滑动圆弧确定；

c_j、φ_j——第 j 土条滑弧面处土的黏聚力（kPa）、内摩擦角（°）；

b_j——第 j 土条的宽度（m）；

θ_j——第 j 土条滑弧面中点处的法线与垂直面的夹角（°）；

l_j——第 j 土条的滑弧段长度（m），取 $l_j=b_j/\cos\theta_j$；

q_j——作用在第 j 土条上的附加分布荷载标准值（kPa）；

ΔG_j——第 j 土条的自重（kN），按天然重度计算；

u_j——第 j 土条在滑弧面上的孔隙水压力（kPa）；基坑采用落底式截水帷幕时，对地下水位以下的砂土、碎石土、粉土，在基坑外侧，可取 $u_j=\gamma_w h_{wa,j}$，在基坑内侧，可取 $u_j=\gamma_w h_{wp,j}$；在地下水位以上或对地下水位以下的黏性土，取 $u_j=0$；

γ_w——地下水重度（kN/m^3）；

$h_{wa,j}$——基坑外地下水位至第 j 土条滑弧面中点的垂直距离（m）；

$h_{wp,j}$——基坑内地下水位至第 j 土条滑弧面中点的垂直距离（m）；

$R'_{k,k}$——第 k 层锚杆对圆弧滑动体的极限拉力值（kN）；应取锚杆在滑动面以外的锚固体极限抗拔承载力标准值与锚杆杆体受拉承载力标准值（$f_{ptk}A_p$ 或 $f_{yk}A_s$）的较小值；

α_k——第 k 层锚杆的倾角（°）；

$s_{x,k}$——第 k 层锚杆的水平间距（m）；

ψ_v——计算系数；可按 $\psi_v=0.5\sin(\theta_k+\alpha_k)\tan\varphi$ 取值；

φ——第 k 层锚杆与滑弧交点处土的内摩擦角（°）。

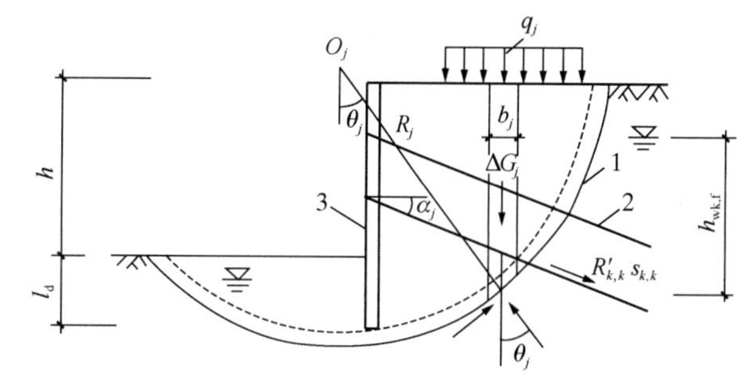

图 2　整体稳定性验算示意图

1—任意圆弧滑动面；2—锚杆；3—钢管桩

应用微型钢管桩或微型钢管桩联合支护设计时，通常在其顶部设置一道冠梁，冠梁是桩顶的水平连系梁，能很好地保证排桩的整体稳定性。冠梁在钢管桩支护结构中的主要作用有两个：(1) 应力分配作用。对于个别或部分受力不强的支护桩，利用冠梁把支护桩上受到的大的力分配给相邻的桩，使其他的支护桩进入帮扶工作，将离散的支护桩组合起来，共同作用，使暂时未进入受力状态的桩及时进入工作状态，进行应力的重新分配。(2) 提高支护结构整体刚度和稳定性。设置冠梁后使原来各自独立的竖向围护构件形成了一个闭合的连续的抵抗水平力的整体，其刚度对围护结构的整体刚度影响很大，因此冠梁是支护结构的必要构件。

在考虑冠梁在支护结构中的空间效应影响时，比较精确的计算方法是将基坑支护按照完全的三维方法建模进行数值模拟。简化的计算方法是将冠梁对支护桩的作用简化为在桩顶的水平弹簧，采用这种方法计算支护结构变形时，关键是弹簧刚度的取值合理。在实际工程计算中要根据冠梁端部的约束形式来确定是简支还是固支或其他形式，一般情况下可考虑是介于简支和固支之间的连接方式，用水平弹簧代替支撑，同时根据施工实际条件，通过调节弹簧的刚度来确定计算分析的模型。

3　结论与建议

(1) 目前微型桩的计算模式还不完善，主要是由于存在“微型桩复合土钉墙”和“桩锚”两种不同的设计计算模式。结合工程实践，在软土地层中，采用“微型桩复合土钉墙”计算模型比较贴合工程实际，在硬土地层或土岩结合地层中，采用“桩锚”计算模型比较恰当。

(2) 微型钢管桩在基坑支护中的应用越来越多，但是理论研究相对滞后，迄今为止还没有针对微型钢管桩的规范条款，其作用机理、变形破坏理论和设计计算模型仍有待完善，需要大量工程实践来验证。

参考文献：

[1] 聂振军，李海深．微型桩＋土钉复合型支护内部稳定性的探讨[J]．土工基础，2009，23(03)：47-49.

[2] 赵勇．微型桩复合土钉墙面层的受力分析与作用机理研究[D]．北京：中国地质大学，2008.

[3] 王少杰，刘福胜，段绪明，等．抗弯功能微型桩试验研究与应用[J]．建筑科学，2009，25(11)：73-75.

[4] 何世达，周友华．微型钢管桩在南宁市鼎盛大厦基坑支护中应用[J]. 岩土工程界，2006，9(10)：47-48.

[5] Steven Van Shaar，Katy Cottingham，Andrew Walker，et al. Design of an arnchored，cast-in-place，backfilled retaining wall[C]//Earth Retention Conference 3-Proceedings of the 2010Eanh Retention Conference：Geotechnical Special Publication，ASCE，2010.

[6] 刘明林，胡永生，王伟德．微型钢管桩复合土钉墙支护效果分析[J]. 矿业研究与开发，2013，33(02)：43-45.

[7] 肖武权．微型钢管桩-锚杆在基坑支护中应用研究[J]. 工业建筑，2013，43(S1)：497-504.

咬合桩止水帷幕的施工技术和管理要点

冯科明[1,2]，张　启[1,2]，钱俊懿[1,2]
（1. 北京城建勘测设计研究院有限责任公司，北京 100101；2. 城市轨道交通深基坑岩土工程北京市重点实验室，北京 100101）

摘　要：随着城市化进程的加快，使得建筑向上和向下延伸。基坑越深，不仅支护难度越来越大，而且受地下水的影响也越来越大。以前常规的做法是，遇水则降水，将地下水位在施工期间降至基底下 0.5～1.0m，使得基础施工顺利进行。但是，随着区域性地面沉降的加剧，以及人们对水资源保护的认识越来越重视，各地相继出台了限制降水的措施，桩间止水帷幕就应运而生。不过，随着基坑深度的增加，受到地层影响及施工设备能力限制，桩间止水也出现了许多问题。地下连续墙此时就显示出了优越性，不过其成本和较为复杂的施工工艺也令人生畏。能不能找到一种既经济又实用的止水工法，这是岩土工程界都在努力找寻的方向。本文介绍了一种笔者工作中接触到的咬合桩止水方案，对其施工技术及管理要点、辅助措施、施工检测等做了简单的阐述，仅供同行遇到同类问题时参考和实践中进一步改进。
关键词：咬合桩；止水帷幕；技术要点；管理要点

0　前言

随着各地相继出现区域性的地面沉降[1-3]，以及引黄入京项目的成功实施，人们对水资源的保护意识越来越强，使得基坑工程中原本常用的价廉物美的以降水控制地下水的方法[4-6]受到较多的政策限制，继而基坑采用止水帷幕的方式[7-9]来控制地下水就越来越多。当然地下连续墙止水是比较成熟的工艺，但是，地下连续墙仅作为止水墙时，一般认为成本太高，而且只有和内支撑相配合，才更显出其优势，否则，由于锚杆施工需要穿过地下连续墙，造成地下水渗漏，严重时会引起地面沉降，管线断裂。所以利用基坑支护桩辅助桩间旋喷，或者注浆止水就应运而生。但是，实际操作中当基坑超过一定深度以后，受施工机械能力的影响，主要是桩位偏差不易控制，所以采用桩间止水的基坑，开挖时止水效果也不尽如人意。人们在总结经验教训的基础上，开发出了咬合桩止水工艺[10-12]。近日，结合收集到的北京地区的一施工案例，对其施工技术与管理要点进行阐述，希望同行在对类似基坑项目的止水设计与施工时作一参考。

1　项目概况

1.1　地层情况

依据勘察报告得知，地层自上而下依次为：

①层素填土：黄褐色，松散—稍密，稍湿—湿，粉土为主，土质不均。

①$_1$ 层杂填土：杂色，松散—稍密，稍湿—湿，成分较杂。

③层粉土：褐黄色，密实，稍湿，属中压缩性土，局部夹黏性土或细砂薄层。

④层粉质黏土：褐黄色，很湿，可塑，属中高—中压缩性土。

⑤层卵石—圆砾：杂色，密实，饱和，最大粒径大于15cm，一般 3～7cm。

⑥层粉质黏土：褐黄色，很湿，可塑，属中低压缩性土，夹粉细砂、粉土或黏土薄层。

⑦层卵石—圆砾：杂色，密实，湿—饱和，最大粒径大于 15cm，一般 2～8cm。

⑨层卵石：杂色，密实，饱和，亚圆形，最大粒径大于 18cm，一般 2～8cm。

⑪层卵石：杂色，密实，饱和，亚圆形，最大粒径大于 15cm，一般 4～8cm。

1.2　水文地质条件

依据勘察报告，钻孔最大深度为 65m 范围内，主要赋存有两层地下水，其类型分别为层间潜水（三）和层间潜水（四）。

层间潜水（三）：含水层岩性为⑤层卵石—圆砾等，水位标高为 36.75～37.64m，水位埋深为 11.20～13.90m，主要接受侧向径流补给，以侧向径流和人工开采的方式排泄。

层间潜水（四）：含水层岩性为⑦层卵石、⑨层卵石、⑪层卵石等，标高 18.66～20.90m，埋深 27.80～31.99m，主要接受侧向径流及越流补给，以侧向径流和人工开采的方式排泄。

1.3　止水帷幕设计

本项目采用咬合桩作为止水帷幕。

（1）咬合桩采用硬咬合工艺，由 ϕ1000@1200 素混凝土桩（Ⅰ序桩）和 ϕ1000@1200 钢筋混凝土桩（Ⅱ序桩）组成。咬合桩（Ⅰ桩）：C5 塑性混凝土；咬合桩（Ⅱ桩）：C30 混凝土。咬合桩嵌固深度 9m。参见图 1。

（2）考虑到桩长较长，为改善因桩身偏差引发的咬合质量，特地对Ⅱ序桩采用现浇钢筋混凝土后压浆工艺，Ⅰ桩与Ⅱ桩迎土侧接缝之间预埋注浆管，规格 $DN32\times2.75$，且应与钢筋笼加劲筋绑扎固定。

1.4　技术要点

（1）咬合桩（Ⅰ桩）技术要点

1）泥浆护壁成孔时，宜采用孔口护筒，其设置应符

图 1　咬合桩平面布置

合下列规定：

① 护筒埋设应准确、稳定，护筒中心与桩位中心的偏差不得大于 20mm；

② 护筒可用 4～8mm 厚钢板制作，其内径应大于钻头直径 100mm，上部宜开设 1～2 个溢浆孔；

③ 护筒的埋深：在黏性土中不宜小于 1.0m，砂土中不宜小于 1.5m。护筒下端外侧应采用黏土填实；其高度尚应满足孔内泥浆面高度的要求。

2）采用 M7.5 膨润土砂浆浇筑，为提高塑性，防止后期与Ⅱ桩共同受力产生裂缝，单方膨润土砂浆添加 14kg 聚丙烯纤维及 14kg 泵送剂。

3）Ⅰ桩渗透系数≤1×10^{-6}cm/s。

（2）咬合桩（Ⅱ桩）技术要点

1）本条同Ⅰ桩 1）。

2）钻孔达到设计深度，灌注混凝土前，孔底沉渣厚度满足设计与规范要求。参见成孔质量要求参数表 1。

成孔质量要求参数表　　表 1

序号	项目	允许偏差	检验方法	检测频率
1	孔径	30mm	尺量	全测
2	垂直度	0.5%	超声波测径仪	
3	孔深	不小于设计孔深	测绳量测	
4	桩位	±10mm	对照轴线用钢尺检测	
5	沉渣厚度	50mm	测绳量测	

（3）成孔工艺应根据工程特点和地质条件合理选用，成孔应连续施工，成孔完成至浇筑混凝土的间隔时间不宜大于 4h。如超时，则需在灌注前进行二次清孔。

（4）Ⅰ桩和Ⅱ桩间隔布置，严格按相关图纸提供的咬合桩施工顺序（先Ⅰ桩后Ⅱ桩，隔三钻一）进行施工，以降低安全风险。Ⅱ桩钻进应在相邻Ⅰ桩终凝后切割成孔，且Ⅱ桩切割的相邻Ⅰ桩之间的强度差值不大于 3MPa。

（5）浇筑桩顶冠梁混凝土前，必须清除桩顶的残渣、浮土和积水，保证桩嵌入冠梁的长度满足设计要求。

（6）垂直度是咬合桩止水成功的关键，应严格按设计要求控制。

（7）Ⅱ桩施工时应按规范要求留置试块，每根桩不得少于两组。

（8）桩身质量检查应检测桩身完整性，检测数据不宜少于总桩数的 20%；当判定为桩身缺陷可能影响桩的水平承载力时，应选择部分有代表性的桩体进行钻芯法补充检测。检测数量不宜少于总桩数的 2%[13]。

2　施工管理

2.1　工艺流程

施工工艺流程如图 2 所示。

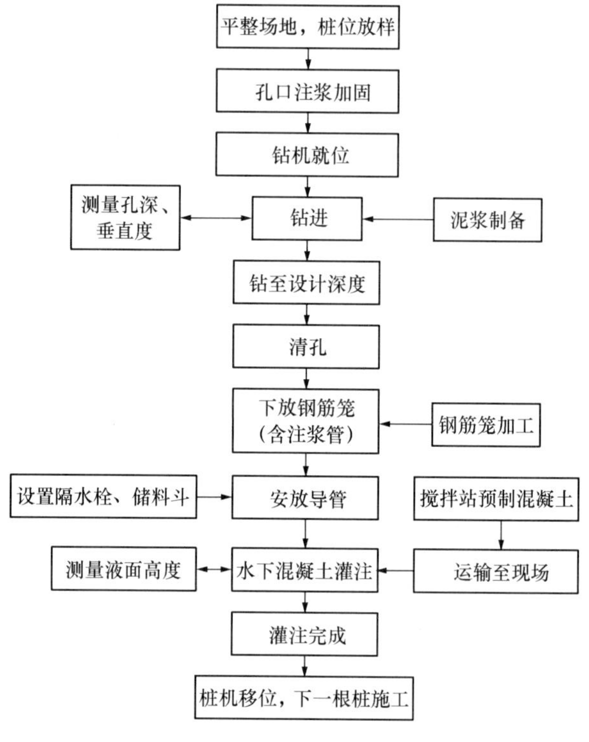

图 2　工艺流程图

咬合桩施工时，需采用“跳三打一”的方式施工，施工相邻桩位时保证搭接长度为 300mm。

2.2　施工方法

（1）施工前先对桩位进行复核，即以桩位为中心，定出相互垂直的十字控制桩线；

（2）埋设孔口护筒，中心偏差不超过 2cm；

（3）钻机对位、钻进，至终孔深度；

（4）成孔质量检验：主要内容包括孔深、孔径、垂直度和沉渣厚度。成孔质量检测项目及要求见表 2。

成孔质量检测项目及要求　　表 2

检查内容	孔深	孔径	垂直度	沉渣厚度
检验工具	测绳	井径仪	成孔质量检测仪	测绳
允许偏差	+300mm	±50mm	0.5%	50mm

2.3 压浆加强措施

为了增强咬合桩止水效果，在桩底及两桩之间采取咬合桩压浆加强措施。

一般在Ⅱ序桩成桩 14d 后开始压浆。注浆的浆液为水泥浆，水灰比 0.8～1.0，压浆采用低速慢压的方法，使桩端或桩周土体被水泥浆液逐步填充。

3 效果检测

常用的施工检测手段有以下几种。

3.1 完整性检测

采用小应变法检测咬合桩的完整性，存在疑问时采取抽芯法。

3.2 渗透试验

取样进行室内渗透试验，检验桩身止水效果。

3.3 开挖检验

开挖前布置坑外观测井。基坑开挖时，一边检查坑内咬合桩外观质量，一边监测观测井水位，水位不变则说明止水效果良好；否则，就要采取坑内回填，坑内坑外局部加固。

4 结束语

通过对咬合桩止水帷幕施工技术和管理要点的分析研究，我们有以下几点认识：

（1）咬合桩止水帷幕，采用素桩（不采用钢筋）和钢筋混凝土桩交替设置，与地下连续墙相比，其充分利用了桩间土的“自然拱”效应，节约了大量钢筋，如图 3 所示，所以在一定深度范围内（目前桩工机械能力范围内）是一种相对经济、实用的止水方案，既可以与内支撑相配合，也可以和锚杆相配合；如果配合内支撑方案，无须在止水帷幕上开孔，因此止水效果更好。如图 4、图 5 所示。

图 3　地下连续墙钢筋笼

图 4　咬合桩与钢管支撑

图 5　咬合桩与钢筋混凝土支撑

（2）咬合桩止水帷幕的止水效果，关键在于咬合，在同样的施工技术条件下，与选用的成桩设备、成桩工艺有着密切的关系。如采用全套管钻机（贝诺特）施工，如图 6所示，要比采用旋挖钻机施工控制孔斜能力更强，因此止水效果更佳。

图 6　贝诺特灌桩机

(3) 咬合桩止水帷幕的止水效果，理论上与支护深度成反比，支护深度越深，其施工偏差就越大（《建筑地基基础工程施工质量验收标准》GB 50202—2018 规定：咬合桩成孔垂直度允许偏差为 1/300），咬合效果将受到影响。为此，当支护深度较深时在素桩与钢筋混凝土桩结合部位特意设置桩底、桩侧注浆管，在成桩后进行桩底、桩侧后压浆，一定程度上可以作为弥补咬合效果的辅助手段。

(4) 咬合桩止水效果还与需要止水目标含水层的性质有关，如果是潜水，止水效果较好；如果是承压水，且水头较高，成桩过程中承压水对成桩质量，尤其是Ⅰ桩影响较大，可能对止水效果产生不利影响，设计与施工时必须引起高度重视，必要时可采用减压的方式来减轻承压水对成桩的不利影响[14-16]；或优先考虑采用地下连续墙止水工艺。

参考文献：

[1] 蔡千序，陈琼，杜伟吉. 区域地面沉降的主要因素研究[J]. 现代测绘，2018(06)：8-11.
[2] 钟卓. 超采地下水引发的区域地面沉降动态风险评估及区划研究[J]. 水利规划与设计，2020(10)：46-52.
[3] 狄胜同，贾超，张少鹏，等. 华北平原鲁北地区地下水超采导致地面沉降区域特征及演化趋势预测[J]. 地质学报，2020，94(05)：1638-1654.
[4] 来桂霖. 基坑降水技术在建筑工程施工中的应用[J]. 决策探索(中)，2020(12)：39-40.
[5] 刘恂. 哈尔滨市某综合楼项目基坑降水工程施工方法研究[J]. 林业科技情报，2020，52(04)：127-129.
[6] 王宏仕. 水电站深基坑管井井点布置及降水方案[J]. 水电站机电技术，2020，43(11)：87-88.
[7] 袁晓渊，司黎晶，王子凯. 钻孔桩和高压旋喷桩在城市河道深基坑支护中的应用[J]. 水利建设与管理，2020，40(12)：48-52.
[8] 王飞，张亮，龚晓南，等. 潜孔冲击高压旋喷桩在基坑止水帷幕中的应用[J]. 施工技术，2020，49(19)：12-14，26.
[9] 杨新武. 深厚砂卵石地层旋喷桩止水帷幕施工技术[J]. 中外建筑，2020(09)：176-178.
[10] 邹紫霆，庞星宇. 深基坑围护结构咬合桩止水帷幕施工分析[J]. 砖瓦，2020(08)：110-111.
[11] 陈淑芳. 咬合桩在卵石层解决围护桩桩间挡土止水问题的应用实践[J]. 西部探矿工程，2020，32(03)：33-36.
[12] 黄向平，刘家才，顾宽海. 塑性混凝土咬合桩在临海基坑工程中的应用[J]. 水运工程，2018(06)：252-256.
[13] 建筑基坑支护技术规程 JGJ 120—2012 [S]. 北京：中国建筑工业出版社，2012.
[14] 潘广灿，张金来. 郑州市东区某长螺旋成孔 CFG 桩工程质量事故原因[J]. 岩土工程界，2005，8(07)：58-59.
[15] 马秉务，詹美萍，卢涛. 长螺旋钻管内泵压 CFG 桩施工过程中窜孔问题研究[J]. 岩土工程界，2004，7(12)：50-52.
[16] 马健成，骆剑峰. 卸压孔减少承压水对钻孔灌注桩影响的工程应用[J]. 浙江建筑，2015，32(05)：28-30.

微型桩在超深岩石基坑中的研究与应用

张昌太[1]， 赵春亭[2]， 张启军[1]
（1. 青岛业高建设工程有限公司，山东 青岛 266101；2. 西北综合勘察设计研究院青岛分院，山东 青岛 266041）

摘 要：通过某基坑支护工程实例，介绍了超深岩石基坑在邻近高层建筑物及管线条件下，采用微型桩结合预应力锚杆的复合支护方法，安全、快速、经济、环保，成功地解决了技术难题，为基坑支护技术的发展积累了丰富的实践经验。
关键词：微型桩；预应力锚杆；爆破；监测

0 前言

随着城市化进程的加快、汽车工业的发展，大城市楼房地下车库越来越深，使得深基坑支护安全技术越来越成为建筑过程中的关键技术。城区深基坑通常邻近建筑物垂直开挖，对变形控制要求较高，常规一般采用大直径灌注桩加锚杆支护[1]，该方案技术成熟，安全度高，但对于上部土层、下部岩层的深基坑来讲，灌注桩的施工一方面效率极低，泥浆污染和振动污染很大；另一方面成本极高，建设方难以承受。基坑支护的发展就是不断探索一些新的支护技术，安全、经济、快速、环保是岩土工程师共同的目标。青岛镇海路7号岩石超深基坑中采用了微型桩＋预应力锚杆的方法进行支护[2]，取得了成功，为该类基坑支护的设计和施工积累了丰富的经验。

1 工程概况

1.1 工程概况

本工程位于青岛中央商务区，场区紧邻万达广场，位于青岛市CBD地段。由商务楼、住宅楼、商业设施及地下室组成。基坑开挖深度22～26m，是青岛市中央商务区最深的基坑，基坑周长约440m，基坑安全等级为一级。

1.2 工程地质与水文地质条件

1. 工程地质条件

场区由第四系全新统填土层构成，场区基岩为燕山晚期中粗粒花岗岩，以及呈脉状产出的煌斑岩和花岗斑岩。现按地质年代由新到老、标准地层层序自上而下分述如下。

①层素填土

较为广泛的分布于整个场区。层厚0.40～4.10m，褐色—黄褐色，松散，稍湿；以回填粗砂、花岗岩风化碎屑、碎石块为主，碎石直径2～20cm，含少量黏性土颗粒，局部地段夹水泥块。

①$_1$层杂填土

主要分布于场区北侧及东侧，为近期回填而成。层厚1.00～4.00m，层底标高37.12～41.91m。杂色—褐色，稍湿，松散—稍密，以回填碎石土、混凝土块、砖块等建筑垃圾为主，充填砂土及黏性土。

⑯层花岗岩强风化带

根据野外鉴别，结合岩体声波测试，本场区的强风化花岗岩仅揭露了上、下两个亚带，现分述如下：

⑯上层花岗岩强风化上亚带

较为广泛的分布于整个场区。揭露厚度：0.70～4.00m，粗粒结构，块状构造。主要矿物成分为长石、石英、云母；岩质疏松，矿物间连接微弱，风化裂隙密集发育，裂隙面上见铁锰渲染，矿物蚀变强烈，长石高岭土化严重，岩芯松散，手搓成砂土—粗砂状。该带岩石属极破碎的极软岩，岩体基本质量级别Ⅴ级。

⑯下层花岗岩强风化下亚带

广泛分布于整个场区。揭露厚度：0.80～8.00m，结构构造及矿物成分同上。矿物蚀变及岩石风化程度较上部减弱，矿物间连接较弱，岩样一般呈角砾状，局部呈碎块状，风化裂隙发育，节理面明显，岩样手掰可碎，手掰成角砾状。该带岩石属极破碎的极软岩，岩体基本质量级别Ⅴ级。

⑰层花岗岩中等风化带

广泛分布于整个场区。揭露厚度：2.00～13.50m，结构、构造、矿物成分同上。岩芯呈碎块—饼状—短柱状，构造节理及风化裂隙较发育，见有水平节理，节理呈闭合—微张开状，节理面见铁染现象，长石部分蚀变、褪色，锤击易沿节理面裂开，该段岩体完整性指数K_v＝0.3～0.5，属破碎—较破碎的软岩—较软岩，岩体基本质量等级Ⅳ～Ⅴ级。

⑰$_1$层煌斑岩中等风化带

主要揭露于场区29、34号孔。垂直揭露厚度：6.40～6.50m，结构、构造、矿物成分同上，矿物蚀变中等，节理较发育，岩体被节理切割成碎块。岩芯多呈碎块状—块状，构造节理较发育，节理面见有铁锰质渲染，岩样锤击可碎。揭露段岩体完整性指数K_v＝0.3～0.45，属较破碎的较软岩，岩体基本质量等级Ⅳ级。

⑱层花岗岩微风化带

广泛分布于整个场区。揭露厚度：3.40～26.70m，结构、构造、矿物成分同上，暗色矿物较少。矿物蚀变轻微，见有长石风化斑点，风化裂隙不发育，构造节理较发育，节理面与水平面夹角多为60°～80°，延展性较好，节理面平直、光滑，无充填物，节理闭合—紧闭，岩芯多呈块状—短柱—长柱状，岩石坚硬，锤击声脆，不易碎。该层岩体完整性指数K_v约为0.70，属较完整的坚硬岩，岩体基本质量等级Ⅱ级。

2. 地下水

场区地下水以基岩裂隙水为主，局部分布有少量的上层滞水。上层滞水主要分布于填土中，主要由地表水入渗及周边管道渗漏而成，水量小且分布不稳定，无稳定水位。地下水主要接受补给区及大气降水的补给。初步分析受场区周边建筑施工及基坑开挖排水的影响，场区水位比常年水位下降 1～3m。根据区域调查资料，受季节影响，场区地下水位年变幅可达 2m。

1.3 基坑周边环境条件

本工程基坑东侧拟建建筑外墙线距离三鸣小区居民楼约 18.5m，三鸣小区内埋有雨水、污水管道，埋深在 1.5～2.0m；基坑南侧拟建建筑外墙线距离档案馆约 25.6m，档案馆北侧埋有雨水、污水管道，埋深在 1.5～2.0m。基坑坡顶上部覆土部分挖至设计标高后再进行支护施工；基坑南侧拟建建筑物外墙距离鹏欢花园 3 号楼约 21m，距离现状挡土墙约 13m，3 号楼北侧埋有雨水、污水管道，有线电视管线，热力管道，现状挡土墙上有两条正在施工的热力管道；基坑西侧拟建建筑物外墙距离规划 17 号线约 3m，该部位施工难度较大，需要两家施工单位相互配合施工对锚支护；基坑北侧拟建建筑物外墙线距离规划 16 号线约 12m，规划 16 号线上有凯景施工单位现状板房和热力中转站板房。

其周边环境情况如图 1 所示。

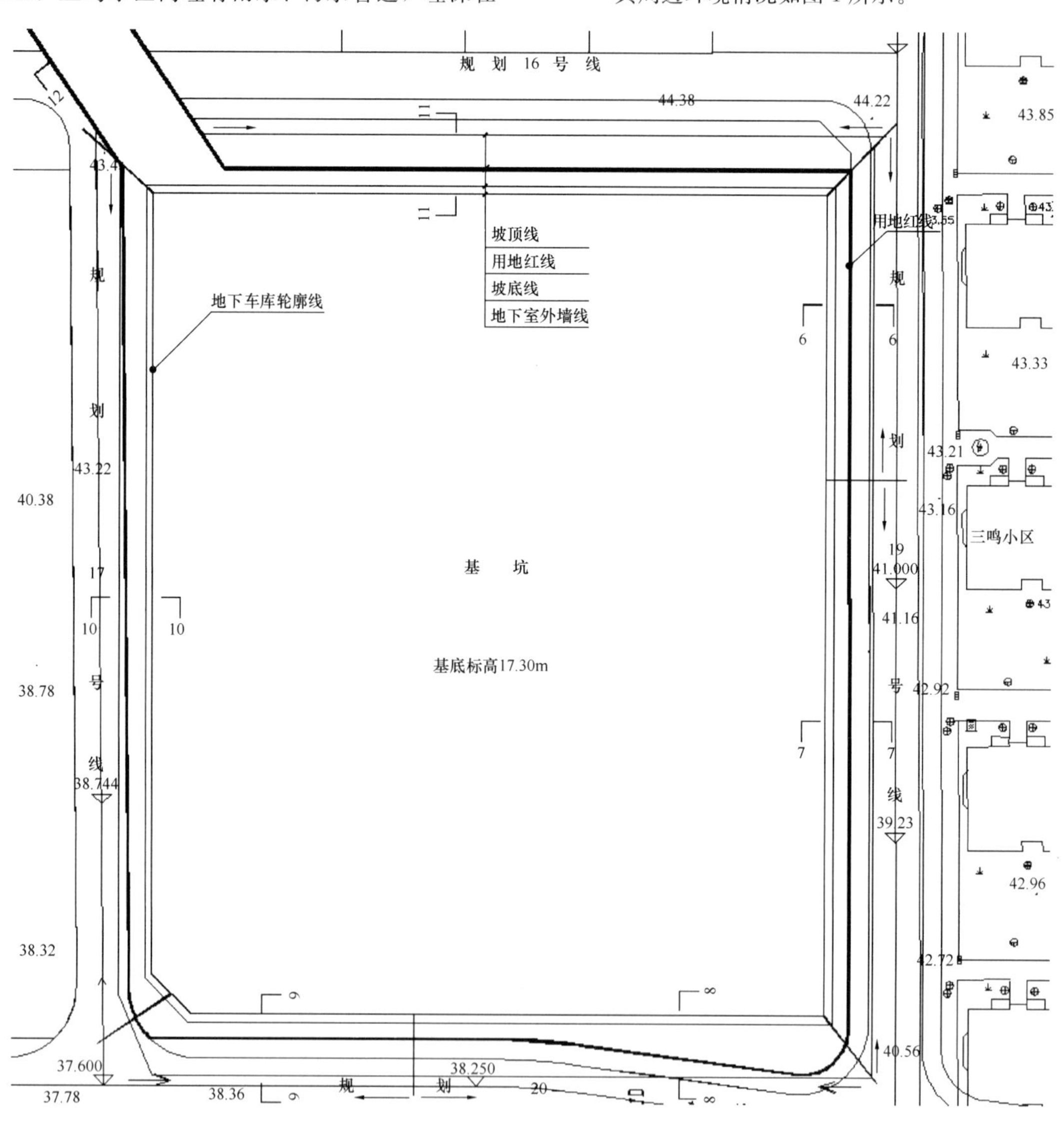

图 1 基坑环境平面图

2 基坑支护设计

2.1 方案论证

该基坑是青岛市中央商务区最深的基坑，难点在于基坑四周无放坡空间，东侧和南侧邻近使用中建筑物，北侧、西侧为在建建筑物，基坑均比本基坑浅。基坑方案讨论阶段，该基坑对变形控制要求较高，常规一般采用大直径灌注桩加锚杆支护，该方案技术成熟，安全度高，但对于本基坑上部土层、下部岩层的地质条件来讲，灌注桩施工必须采用冲击钻，一方面效率极低，泥浆污染和振动污染很大，另一方面成本极高，建设方难以承受。后经设计、施工技术人员及有关专家反复论证，最终确定采用微型桩＋预应力锚杆进行支护。

2.2 基坑支护设计典型断面

根据基坑不同的周边环境及地质条件把四周分为6个单元，其中典型断面为6单元、10单元，这两个断面介绍如下。

1. 支护6单元

6支护单元位于该基坑的东侧，基坑深度达到26.2m，开挖边线三鸣小区居民楼仅13m，之间有小区道路，道路之下使用中污水管、雨水管道等各种管线，基坑侧壁回填土约2m，向下依次为强风化花岗岩约10m、中风化花岗岩约2m、下部微风化花岗岩。

由于基坑深度很大，如果选择从地表直接打孔至基底以下，一是施工难度大，垂直度稍有偏斜，底部移位太大，肯定会造成土建工作空间不足的问题；二是钢管桩要承受的水平方向的剪力和弯矩较大。后经反复论证，决定充分考虑上部空间，放一部分坡，做格构梁支护下部设一排微型桩，控制基坑垂直开挖，微型桩范围上部以较大吨位的预应力锚索为主，旨在控制基坑变形，下部设粘结性锚杆，降低造价，支护图详见图2。

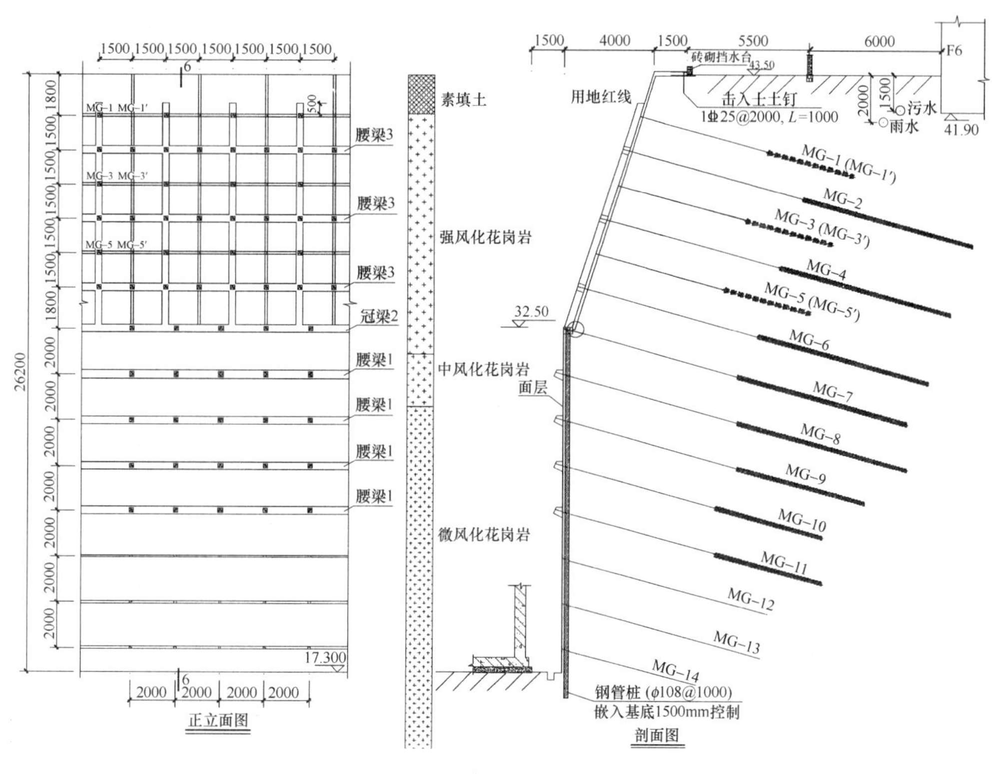

图2　6单元支护剖面图

2. 支护10单元

10支护单元位于该基坑的西侧，紧靠在建民建大厦，与镇江路7号基底高差3.5m，中间拟预留土，镇江路7号侧高度15.2m，基坑上部回填土挖除，主要为强风化花岗岩约10m、中风化花岗岩约2.7m、以下微风化花岗岩。该部位采用两侧打设微型桩，两侧均直立开挖，分层施工对穿锚索支护，详见图3。

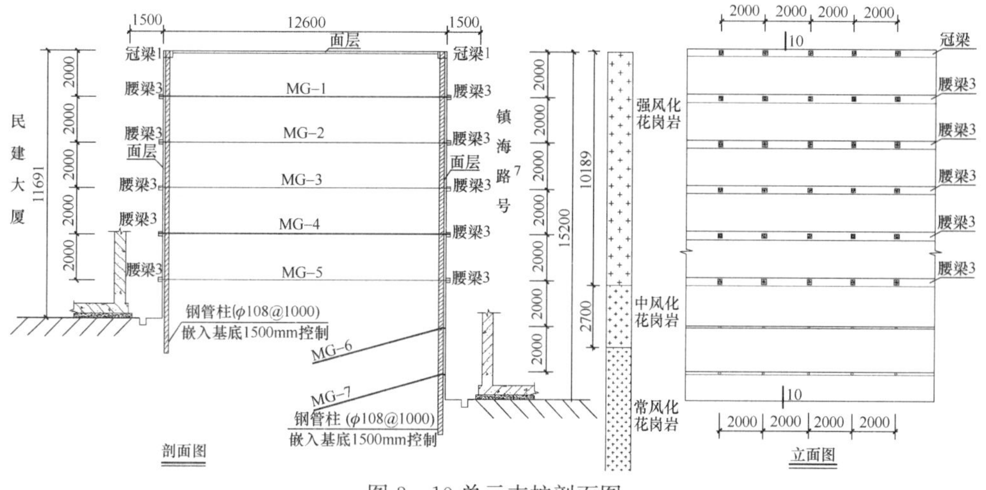

图3　10单元支护剖面图

3　施工过程中主要问题及解决办法

3.1　钢管桩施工问题及解决

钢管桩设计孔径 150mm，桩芯钢管直径 108mm，采用高风压潜孔钻施工，由于钢管过长，吊装过程中不可避免地发生弯曲，下入孔内时大部分难以到位，外露较多，处理起来非常麻烦。经研究，钻头改为 160mm 后，钢管下入均较顺利。

靠近北侧 11 单元处，上部回填土厚度大，有塌孔、卡钻等情况，回填土部分采取同心跟管钻具跟管后[6]，在套管内重新下入普通冲击钻具钻孔的方法进行了解决。

3.2　腰梁及面层施工

腰梁设计采用现浇工艺，因截面较小，每次需要的混凝土方量较小，商混厂家难以派送，支模工序也麻烦复杂，施工时进行了喷射混凝土腰梁试验，锚索张拉能够承受的拉力约 350kN，低于设计荷载 350kN 的预应力锚索可以采用喷射腰梁，可以大大加快施工速度，但高于该值的仍需采用现浇腰梁。

该基坑以风化花岗岩地层为主，节理裂隙发育，开挖需要爆破，采用常规爆破后，坡面凹凸不平，差别很大，面层设计厚度 100mm，实际施工该厚度很大部分不能覆盖钢筋网，现场进行了加厚，保证钢筋网的保护层厚度。

3.3　工序衔接的调整

由于基坑进度要求很紧，锚杆主要材料水泥强度需要较长时间才能达到张拉要求，基坑下半部对于设有钢管桩超前支护的部位，调整工序如下：

（1）锚杆注浆、腰梁均掺加高效早强剂，使锚固体及腰梁尽快上强度。

（2）当层锚杆注浆及腰梁施工完毕 1d 后，锚索锚具安装到位，即可开挖下一层。

（3）在下一层锚杆及腰梁施工过程中，当层锚杆必须按设计张拉完毕。

（4）基坑施工过程中加强基坑监测，若有异常现象，及时通知设计人员。

通过以上工序调整，大大加快了施工速度。基坑监测表明：在此期间，基坑位移正常，安全稳定。

4　监测结果

4.1　监测内容及平面布置

监测内容主要包括支护结构水平位移监测、沉降观测、周边建筑物沉降监测、锚杆轴力监测，具体布置观测点如图 4 所示。

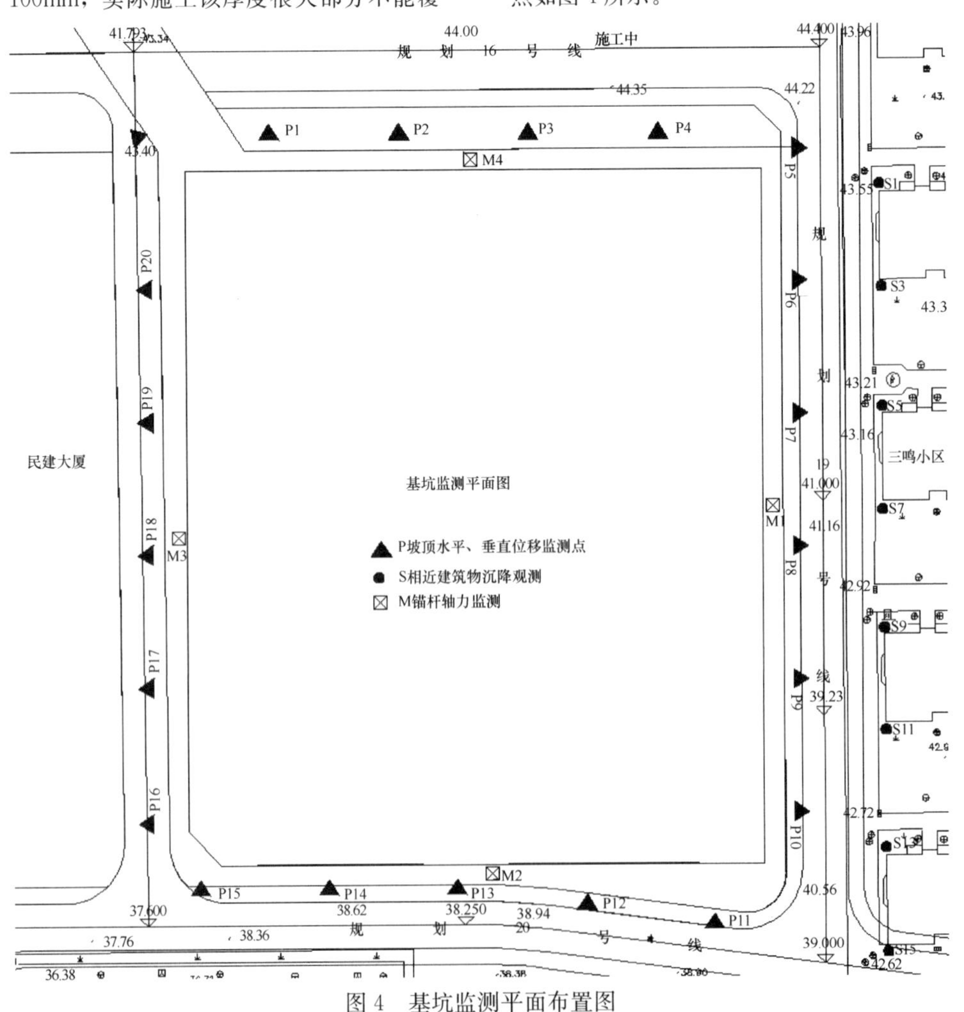

图 4　基坑监测平面布置图

4.2 监测成果

1. 坡顶水平位移监测结果

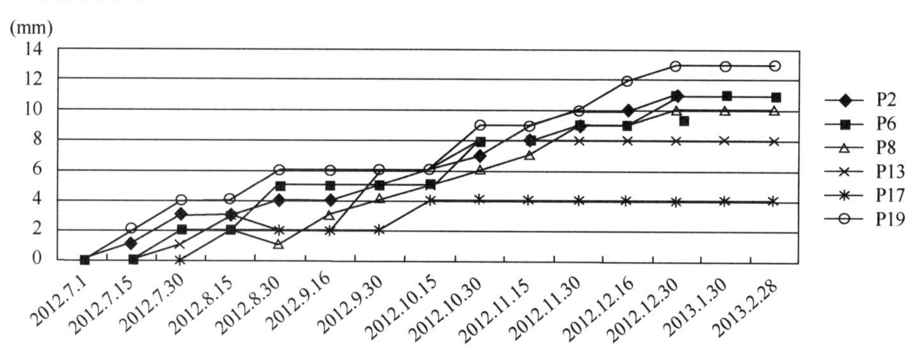

图 5 坡顶水平位移监测折线图

2. 坡顶沉降监测结果

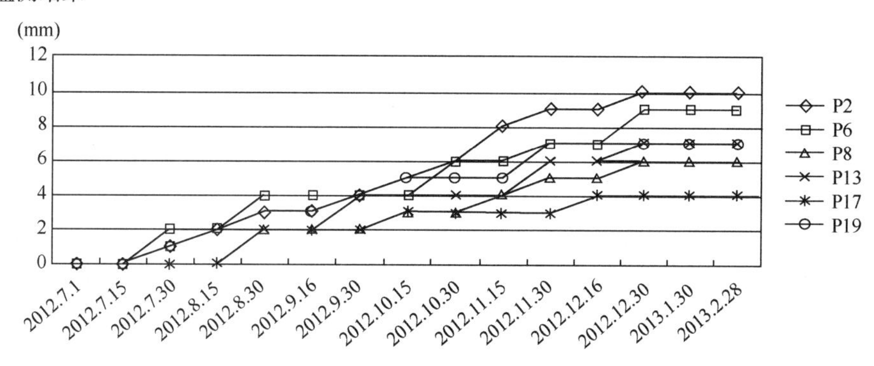

图 6 坡顶沉降监测折线图

3. 邻近建筑物沉降监测结果

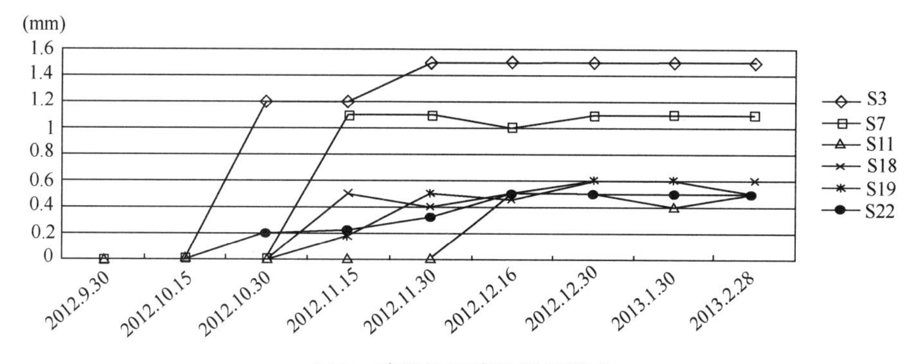

图 7 建筑物沉降监测折线图

4. 锚杆轴力监测结果

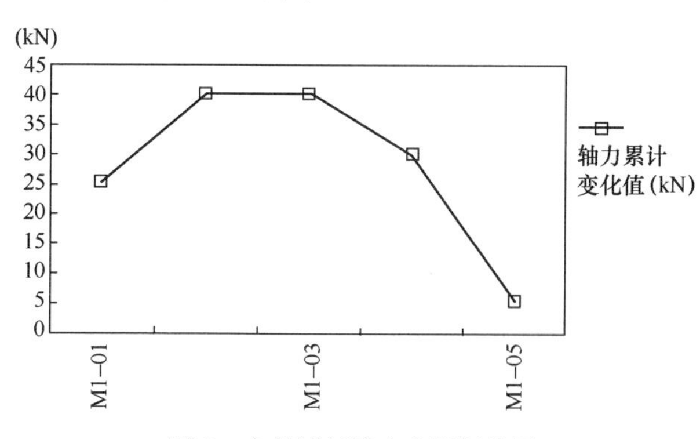

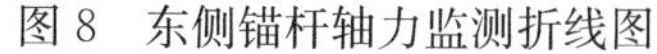

图 8 东侧锚杆轴力监测折线图

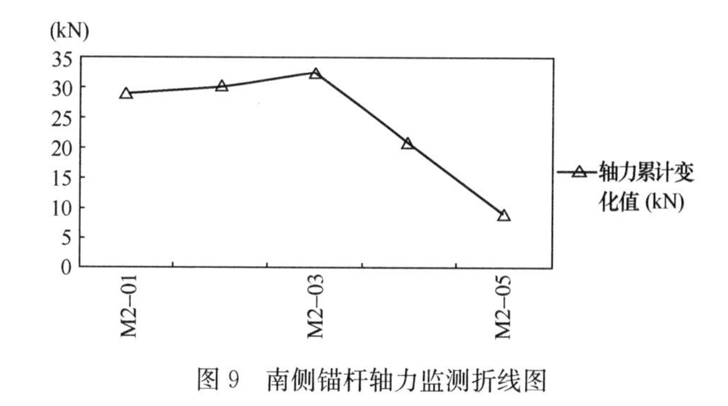

图 9 南侧锚杆轴力监测折线图

基坑监测表明，基坑坡顶水平位移、垂直位移、建筑物沉降位移值均在规范允许范围内，2012 年 12 月底施工完毕，位移趋于稳定。

施工期间锚杆轴力监测表明，锚杆轴力普遍有增加及减小的振荡现象，分析系开挖后土压力增大、爆破时侧壁瞬时压力加大等原因造成锚杆轴力加大，而邻近或下层锚杆张拉造成锚杆预应力损失，监测轴力变小，后期锚杆轴力表现平稳，说明基坑侧壁趋于稳定。

5 总结与体会

（1）该基坑深度较大，周边环境条件复杂，特别是基坑东侧和南侧，距离使用中建筑物较近，对基坑变形的要求很高[3]。在本基坑中采用了微型桩超前支护、预应力锚杆分层支护的方法，取得了成功，基坑位移在规范允许范围内，为该类基坑的支护积累了丰富的设计和施工经验。

（2）该工程实例表明，岩石深基坑采用较大吨位预应力锚杆是十分必要的[4]，本基坑位移控制理想，大吨位预应力锚杆发挥了重要作用。

（3）岩石基坑的变形控制重点还在于对基坑爆破的控制[5]，基坑跟踪监测表明，基坑未爆破期间，坡顶位移及建筑物沉降均没有变化或变化甚微，但每次基坑爆破后，基坑坡顶沉降量大，容易开裂，基坑变形发展[6]。因此，对变形要求高的岩石基坑，与建设单位、监理单位一起对基坑爆破作业进行严加的控制，必要时果断采取静态破碎、油锤破碎等措施，是相当必要的。

（4）对于设有微型桩等超前支护桩的岩石基坑，在进度要求很紧的情况下，基坑的下半部可以局部进行提前开挖下一层。但在下一层锚杆及腰梁施工过程中，当层锚杆必须按设计张拉完毕。在实施该工序调整时要加强基坑监测，若有异常现象，应马上停止。

参考文献：

[1] 张芳茹，张启军．紧邻地下管线条件下深基坑支护设计与施工[J]．现代矿业，2009(05)：134-137.

[2] 孟善宝．钢管桩在深基坑支护中的应用[J]．城市建设理论研究，2014(25)：3207-3208.

[3] 张启军，盖方杰．微型桩在紧贴既有建筑基坑中的应用[J]．施工技术，2010(S1)：30-32.

[4] 何小勇，张芳如．钢管桩结合预应力锚杆在超深基坑支护工程中的应用[J]．现代矿业，2009(10)：123-126.

[5] 张启军，冯雷等．岩质基坑过大变形分析与加强支护设计[C]//中国岩土锚固协会第 21 次学术研讨会论文集．北京：人民交通出版社，2012：146-151.

[6] 张启军，孟宪浩等．注浆固结＋双排钢管桩复合支护结构在深基坑中的应用[C]//中国岩土锚固协会第 25 次学术研讨会论文集，北京：人民交通出版社，2016：322-366.

淤泥质地层中全护筒长螺旋灌注桩的应用实践

林西伟[1]，徐梁超[1]，郭　雨[2]，刘永鑫[1]
（1. 青岛业高建设工程有限公司，山东 青岛 266022；2. 济阳县水务工程处，山东 济南 251400）

摘　要：灌注桩作为支护体系重要的受力构件，对支护工程的成败起决定作用。淤泥质地层中，因淤泥自稳性状差，成孔过程中不断挤压长螺旋桩机叶片，致使桩机钻进摩阻力增大，无法按照设计意图实现。利用限制螺旋叶片接触面积、降低钻进摩阻力的原理，通过预打设全长钢护筒，起到了限制螺旋叶片接触面积、降低钻机摩阻力的作用，快速经济的解决了这一难题，为淤泥质地层中灌注桩的施工技术提供了宝贵的实践经验。

关键词：淤泥质地层；全长钢护筒；长螺旋；灌注桩；高频振动

0　引言

在淤泥质地层中，基坑支护工程的灌注桩，一般采用泥浆护壁旋挖法或者螺旋钻孔法施工。但是当淤泥地层呈现流塑状态时，泥浆护壁法无法形成有效的护壁，会造成孔内缩颈、坍塌等问题。采用螺旋钻孔法在钻进过程中，受到周围流塑状态的淤泥挤压，形成巨大的摩阻力，致使钻机无法进尺，周边地表出现塌陷、裂缝等现象。

桩锚支护体系中，灌注桩作为超前支护措施和主要受力构件，对基坑支护的成败起到了决定性作用。因此，对于淤泥质地层中灌注桩成孔方法的选择至关重要。

1　工程概况

本项目位于某市高新区宝源路以西、河东路以南。拟建二层地下室，地下室周长约 1020m，基底标高 −4.56～−3.11m，最大开挖深度约 7.6m，基底位于淤泥质土层需超挖 1m 厚度淤泥质土并换填粗颗粒土，考虑开挖工况最大开挖深度 9.6m。设计基坑安全等级二级。基坑边坡整体采用灌注桩＋预应力锚杆支护体系，基坑支护结构主要有灌注桩、高压旋喷桩、锚杆、喷护面层等。

灌注桩主要穿过地层依次：素填土、淤泥质粉质黏土、粉质黏土、粗砾砂等地层。

2　工程地质条件

本次地质勘察报告，共揭示了 7 个主层、6 个亚层，地层描述以层及亚层为单位。将各岩土层分布特征及其物理力学性质按标准层层序分述如下。

根据填土填料成分、物理力学性质的不同，划分为 3 个亚层，分别描述如下：

①$_1$ 层粗颗粒杂填土

杂色，稍湿，松散—稍密。以近期堆填的建筑垃圾为主，含砖块尼龙带，局部见块石，粒径 3～40cm，含少量黏性土。

①$_2$ 层黏性土素填土

褐色—黄褐色，稍湿—饱和，以软塑—可塑状态的黏性土为主，局部含淤泥，夹中细砂及碎石砖块少量，碎石砖块粒径 1～10cm。

①$_3$ 层淤泥填土

灰褐色—灰黑色，稍湿—饱和。以流塑状态的淤泥为主，含松散淤泥质砂，偶含贝壳碎屑，底部见有块石，粒径 5～15cm。

⑥层淤泥质粉质黏土

灰黑色—灰色，流塑—软塑，手捏有滑腻感，局部相变为粉土、粉细砂，切面较光滑，干强度低，见贝壳碎片，含少量有机质。地基承载力特征值 f_{ak}＝50kPa，压缩模量 $E_{s1\text{-}2}$＝1.8～3.6MPa。

⑥$_1$ 层含淤泥粉细砂

灰黑色—灰色，松散，饱和。见贝壳，有腥臭味，以长石、石英为主，局部相变为粉土，淤泥含量 10%～20%。地基承载力特征值 f_{ak}＝80kPa，变形模量 E_0＝5.0MPa。

⑦层粉质黏土

黄色—黄褐色，可塑，切面稍有光泽，韧性一般，偶见铁锰氧化物结核，局部相变为粉土。地基承载力特征值 f_{ak}＝170kPa，压缩模量 $E_{s1\text{-}2}$＝5.5MPa。

⑨层中细砂

棕色—黄褐色，饱和，中密—密实，以长石、石英为主，分选中等—好，级配一般，含黏性土 5%～15%，局部相变为粉土。该层地基承载力特征值 f_{ak}＝280kPa，变形模量 E_0＝20MPa。

⑨$_1$ 层黏土

黄色—黄褐色，可塑—硬塑，切面有光泽，韧性高，局部含姜石 5%～10%，粒径 1～3cm，局部黏粒含量偏高，相变为黏土，见条带状高岭土。

⑩层粉质黏土

灰色—灰黑色，可塑，切面稍有光泽，韧性较高。

⑫层粗砾砂

黄色—褐黄色，饱和，密实；以长石、石英为主，分选性差，级配较好，局部黏粒含量较高，底部含砾石，含量 5%～10%，粒径 1～4cm。该层地基承载力特征值 f_{ak}＝350～400kPa，变形模量 E_0＝20～25MPa。

⑫$_1$ 层粉质黏土

黄色—黄褐色，可塑，切面有光泽，韧性高，干强度高，该层含铁锰氧化物，含高岭土较多。

⑮层安山岩全风化带

褐黄色，斑状结构，块状构造。原岩矿物以斜长石、角闪石为主，含少量黑云母及辉石，矿物蚀变严重，长石全部高岭土化，岩芯手搓呈粉土状。

⑯层安山岩强风化带

紫褐色，斑状结构，块状构造。原岩矿物以斜长石、角闪石为主，含少量黑云母及辉石，矿物蚀变强烈，长石部分高岭土化。岩芯手搓呈砂土状—角砾状。

⑰层安山岩中等风化带

紫褐—青褐色，斑状结构，块状构造，主要矿物成分为角闪石和斜长石，沿节理面见次生矿物，取芯多为块状—短柱状，锤击声较脆，可碎。

3 出现的问题

按照设计文件要求，正式施工前，需要根据地层条件进行灌注桩成孔工艺试验。设计灌注桩桩径 800mm，桩长约 12.0m，现浇 C30 商混。依据设计文件和本地区的工程经验，我们选用了 110kW 双动力头长螺旋桩机进行工艺试验。在试验至桩深 6～7m 位置处，发现灌注桩无法进尺，周边地面围绕正在成孔的位置也开始出现塌陷、环向裂缝现象。多次更换试桩位置后，依旧出现上述类似问题，工艺试验宣告失败。比较换成泥浆护壁旋挖法，依旧无法解决流塑状态的淤泥问题。大型设备进出场费用高昂，本着节约的原则，需要采用一种简便的方案解决该类问题。

4 原因分析技处理方案设计思路

经技术人员现场分析研究，发现长螺旋桩机无法正常进尺的原因在于周边流塑状态的淤泥质土无法自稳，不断涌向已成的空孔内，随着钻杆不断进尺，螺旋叶片接触面越来越大，产生的摩阻力也随之增大，致使钻机无法正常进尺。由于流塑状态淤泥质土不断向空孔内补给，造成周边地面出现不同程度的塌陷、环向裂缝。

技术人员利用限制螺旋叶片接触面积、降低钻进摩阻力的原理，预先打设全长钢护筒作为通道，限制淤泥质土与螺旋叶片的接触面积，可以有效降低摩阻力。通过预打设全长护筒降低摩阻力的方法，能够达到灌注桩按照设计文件顺利施工的目的。

5 处理工艺及要点

5.1 工艺流程

平整场地→桩位放样→桩位放样复测验收→组装设备→预打设全长钢护筒→全护筒验收→长螺旋桩机组装→钻孔机就位→全护筒内钻至设计深度停止钻进→边提升钻杆边用混凝土泵经由内腔向孔内泵注超流态混凝土→提出钻杆放入钢筋笼→成桩→桩头处理。

图 1 预打设全长钢护筒图

图 2 护筒内灌注桩成孔图

5.2 技术要点

(1) 场地抄平、放线：场地正式施工前，必须进行机械整平、压实场地，高差不大于±50mm。全护筒桩位放样，放样过程中误差控制≤10mm。由于全护筒的桩位及垂直度决定了灌注桩及止水帷幕的成败，因此，应当特别注重全护筒的桩位偏差和垂直度偏差控制。通过施工前、过程中、施工完毕后复测桩位及垂度偏差，综合三次控制，桩位累积偏差≤10mm，垂直度累积偏差≤1/100。

(2) 预打设全长钢护筒：设计全长钢护筒采用 Q235 级钢材制成，长度 12.0m，内径 900mm，壁厚 12mm。采用挖掘机液压振动锤利用其高频振动，以高加速度振动全护筒，将机械产生的垂直振动传给护筒，导致护筒周围的土体结构因振动发生变化，强度降低。护筒周围土体液化，减少护筒内外侧与土体的摩擦阻力，然后以挖机下压力、振动液压锤与护筒自重将桩沉入土中至设计标高。

(3) 制作钢筋笼：钢筋笼主筋与加劲箍筋必须焊接，钢筋笼下端 500mm 处主筋宜向内侧弯曲 15°～30°。钢筋笼在加劲筋位置对称设置四处 ϕ100mm 的圆形钢筋保护层垫块，达到 50mm 混凝土保护层效果。

（4）灌注桩成孔灌注：开钻时，钻头对准桩位点后，启动钻机下钻，下钻速度要平稳，严防钻进中钻机倾斜错位；钻机就位前对桩位进行复测，施工时钻头对准桩位点，稳固钻机，通过水平尺及垂球双向控制螺旋钻头中心与钻杆垂直度，确保钻机在施工中平正，钻杆下端距地面100～200mm，对准桩位，压入土中，使桩中心偏差不大于规范和设计要求的10mm。钻进中，当发现不良地质情况或地下障碍物时，应立即停钻，并报建设单位与设计单位确定处理方法、修改工艺参数或重改桩位、桩长等。进场后混凝土的坍落度达到180～220mm，可以适当提高砂率，石子采用细石，提高混凝土和易性，使石子在混凝土中悬浮，以避免混凝土离析，减少钢筋笼下沉时的黏阻力。钻机钻至设计孔底标高后混凝土泵开始压筑混凝土，然后边压注边提钻，始终保持泵入孔中混凝土量大于钻杆上提体积量。提钻压混凝土泵送施工时，要严格控制钻杆提升速度，确保提钻速度与混凝土浇筑速度相协调。提钻杆前，要求钻杆内的混凝土高度高出地面。同时，要计算每盘泵入混凝土方量（每盘0.44m^3），施工时，通过混凝土泵送对钻杆产生的上顶力，调整提钻速度，保证钻杆及叶片对混凝土有一定的挤压作用。

（5）安放钢筋笼：利用吊车将钢筋笼竖直吊起，垂直于孔口上方，然后扶稳旋转依靠自重和人工下入孔中，如下沉阻力大则吊用振动器振动压入，使其达到设计标高。钢筋笼依靠自重沉入混凝土中应连续，如遇下沉阻力过大，要及时拔出钢筋笼，重新成孔插入，钢筋下沉直至露出地面小于1m时，方可在端头以带配重的振动器振动压入，并用水平仪监控桩顶标高。

（6）全护筒拔除：振动锤产生强迫振动，破坏护筒与周围土体间的粘结力，依靠附加的起吊力克服拔桩阻力将桩拔出。拔护筒时，先用振动锤将锁口振活以减小与土的粘结，然后边振边拔。全护筒的拔除时间宜为混凝土浇筑完毕初凝前，目的：①终凝后的混凝土与钢护筒产生巨大胶结力和摩阻力，拔除护筒异常困难，极有可能会出现全护筒无法拔除的现象；②终凝后拔除全护筒过程中，液压振动锤高频振动会损伤桩身混凝土，产生环向裂缝；③护筒占用部分体积，拔除应当及时进行补灌混凝土，防止桩头标高回落至设计标高以下。

6 实施效果

通过采用限制淤泥质土接触面积、降低摩阻力的原理，利用预打设全护筒作为限制淤泥质土接触面积、降低螺旋叶片摩阻力措施，使得长螺旋灌注桩顺利实施，顺利地完成了本项目的基坑支护工程。

经过具有相应检测资质的检测单位检测后，抽检的132根灌注桩中，只有1根灌注桩为Ⅱ类桩，其余全部为Ⅰ类桩，抽检灌注桩质量全部合格。该应用实践的成功实施，不仅保证了基坑工程的正常运行及周边环境的安全，也受到了建设单位、监理单位及相关政府职能部门一致好评。

161501340651

青岛市建筑材料研究所有限公司

地基基础检测报告

鲁建检字第02006号　　共47页　第1页　　JCS/BG-02.0001

委托单位	青岛茂章置业有限公司	报告编号	25DADJ20200174
样品名称	混凝土灌注桩	规格型号	Φ=800mm
工程名称	青岛金茂智慧新城C7地块项目	样品编号	低应变：D1#～D132#
建设单位	青岛方庚置业有限公司	工程地点	青岛市高新区
设计单位	青岛腾远设计事务所有限公司 天津华汇工程建筑设计有限公司	检测地点	工程现场
勘察单位	青岛市勘察测绘研究院	检测类别	委托检测
监理单位	山东琴港工程建设监理有限责任公司	委托日期	2020.06.19
施工单位	中建三局第三建设工程有限责任公司	检测日期	2020.06.19-2020.08.29
实验室地址	高新区检测部：青岛市高新区红岛嘉苑26号	联系方式	0532-87838815
检测项目	低应变法检测桩身完整性	抽样人	委托单位
抽样数量	低应变：132根	抽样基数	659根
检测依据	设计资料、《建筑基桩检测技术规范》JGJ106-2014、《建筑基坑支护技术规程》JGJ120-2012		

检测结论

低应变动力检测：

根据《建筑基桩检测技术规范》JGJ106-2014判断：所测132根桩，除1根桩为Ⅱ类桩（轻微缺陷桩），其余131根桩均为Ⅰ类桩（完整桩）。

具体检测数据及图表详见报告。

检测单位检测专用章（盖章）

签发日期：2020年10月29日

检测说明	/

批准：　　审核：　　主检：

图3　灌注桩低应变检测报告

图4　灌注桩施工完毕效果图

7 结论

本基坑工程作为淤泥质基坑的典型代表，采用限制螺旋叶片接触面积、降低钻机摩阻力原理能够有效解决本地区淤泥质地层中灌注桩成孔困难问题，取得了良好的施工效果。得出了如下结论。

通过借鉴全回转全套管成孔工艺，利用钢板桩施工机械预先打设全长护筒，解决因淤泥质土与螺旋叶片产生的巨大摩阻力，然后再用长螺旋工艺施工灌注桩。几种工艺巧妙的结合，使得棘手问题迎刃而解，但是不单单是几种工艺的拼凑。需要技术人员丰富的施工经验与大量的试验数据相结合才能产生良好的效果。

该地层中灌注桩工艺的成功实施，为后续类似工程的建设提供了可靠的决策依据和技术指标，新颖的技术理念推动新技术发展，同时，我们应当总结经验，做到施工安全、合理，避免造成不必要的经济损失。

参考文献：

[1] 建筑桩基技术规范 JGJ 94—2008[S]. 北京：中国建筑工业出版社，2008.
[2] 建筑基桩检测技术规范 JGJ 106—2014[S]. 北京：中国建筑工业出版社，2014.
[3] 建筑地基处理技术规范 JGJ 79—2012[S]. 北京：中国建筑工业出版社，2013.

钻芯法检验桩基混凝土抗渗性能试验研究

胡建树[1]， 王广超[2]， 卜发东[2,3]，王　涛[2]， 程海涛[2,3]
（1. 山东泉景建设有限公司，山东 济南 250021；2. 山东省建筑科学研究院有限公司，山东 济南 250031；3. 山东建科特种建筑工程技术中心有限公司，山东 济南 250031）

摘　要：依据现有的混凝土抗渗性能检测技术规范，按照规范要求在现场对钻孔灌注桩的混凝土进行钻芯取样，将钻取的圆柱形芯样进行灌浆处理等制作成符合混凝土抗渗性能试验要求的试件，将加工后的试件安置于抗渗仪上密封加压开展抗渗检测试验，以此检验桩基混凝土的抗渗性能。钻芯法检验桩基混凝土的抗渗性能相比预留试块法能够有效地提高检验结果的可靠性。

关键词：桩基混凝土；钻芯法；灌浆材料；抗渗性能

0　引言

抗渗性能是混凝土耐久性各项指标中极为重要的一项，混凝土抗渗性能直接影响着混凝土结构的正常使用年限并对混凝土结构的安全性产生影响[1]。对于桩基础而言，地下水的存在使得桩基混凝土面临更为严峻和复杂的渗水环境，因而桩基混凝土的抗渗性能检验也显得尤为重要。现有的混凝土抗渗试验仪所使用的的混凝土试样大多为圆台形试样，但在现场钻取混凝土芯样时由于钻机和操作的原因所取得的芯样为圆柱形芯样。为此，本文参考相关规范，将现场钻取的圆柱形桩基混凝土芯样进一步加工处理制作出符合抗渗仪要求的圆台形试样并进行抗渗性能检验试验。这种通过现场钻芯取样检验桩基混凝土抗渗性能的方法避免了预留试块法中试块和实际桩基混凝土不一致的情况，因此相比于浇筑时预留试块的方法能够有效地提高检验结果的可靠性。

1　试验依据

桩基混凝土抗水渗透检验有两种试验方法[2,3]：渗水高度法和逐级加压法。本文采用逐级加压法检验桩基混凝土的抗渗性能。试件的尺寸为标准的圆台体，圆台的上顶面直径为 175mm，下底面直径为 185mm，高度为 150mm。抗水渗透试验以 6 个试件为一组，试验时将同组的 6 个试样安置于抗渗试验仪上进行密封，对密封好的试样逐级增加水压，根据试样的渗水情况判定混凝土的抗渗等级。

2　主要试验设备和检验流程

2.1　主要试验设备

本文钻芯法检验桩基混凝土抗渗性能的主要试验设备为：钻芯机、混凝土切割机、打磨机、抗渗试模、混凝土抗渗仪。

2.2　试验流程

本文钻芯法检验桩基混凝土抗渗性能的主要检验流程为：现场钻芯—芯样加工—标准抗渗试件制作—抗渗试验。

3　钻芯法检验桩基混凝土抗渗性能试验过程

3.1　现场钻芯

桩基混凝土芯样的钻取宜符合如下要求[4]：（1）受力较小的部位；（2）具有代表性的部位；（3）便于操作的地方；（4）避开主筋、预埋件和管线等的位置。根据《混凝土结构现场检测技术标准》GB/T 50784—2013，每个受检区域取样不宜少于 1 组，每组宜由不少于 6 个直径为 150mm 的芯样构成。本文的桩基混凝土抗渗性能检验钻取的芯样直径为 150mm，高度大于 200mm，钻取完的芯样应及时做好编号和记录存底，如图 1 所示。

图 1　现场钻取混凝土芯样

3.2　芯样加工

用混凝土切割机对现场钻取的非标准芯样进行切割，切割完后的芯样高度稍大于 150mm，然后用打磨机磨平切割后芯样的上下端面，注意在芯样切割及打磨过程中

基金项目：泉城产业领军人才（2018015）；济南市高校 20 条资助项目（2018GXRC008）；山东省重点研发计划（2017GSF22104）。

应控制力度避免试件出现裂缝或较大的缺失。最终加工处理后的混凝土芯样为标准的直径 150mm、高度 150mm 的圆柱体，见图 2。

图 2　加工后圆柱形混凝土芯样

3.3　标准抗渗试件制作

根据标准混凝土抗渗试验规范要求，标准抗渗试样为顶面直径 175mm、底面直径 185mm 和高 150mm 的圆台体，而加工处理后的芯样为直径和高度均为 150mm 的圆柱体，因此需要利用灌浆材料对圆柱体试样的四周进行填充将其制成标准的圆台体抗渗试样，如图 3 所示。

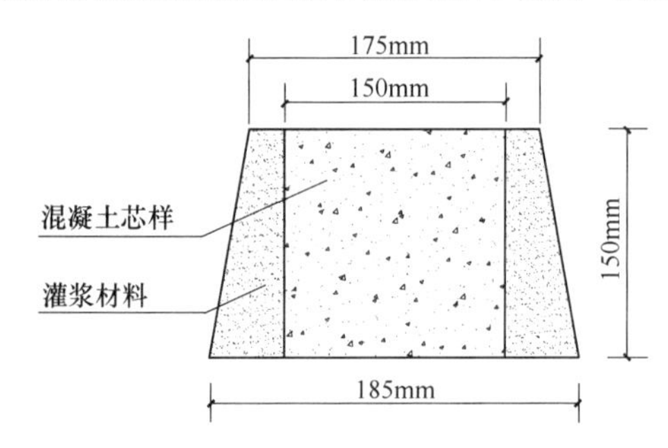

图 3　标准抗渗试件的制作

为保证抗渗试验结果准确可靠，用于填充的灌浆材料应符合如下要求[5,6]：

（1）灌浆材料的硬化速度须满足试验周期的要求；

（2）灌浆材料硬化后不能透水或经处理后不透水；

（3）灌浆材料硬化后的强度须满足试验要求；

（4）灌浆材料与芯样的粘结必须严密，以防抗渗试验中水从两者结合处渗出或芯样被水压出而导致试验失败。

本文桩基混凝土抗渗性能检验采用的灌浆材料为低渗透水泥砂浆，可以较好地满足上述 4 点要求。

制作标准抗渗试件时，将现场钻取的圆柱形芯样放置于标准圆台体抗渗试模的正中心，在其四周填充灌浆材料并捣实，静置等待灌浆材料硬化并与芯样粘结为一个整体。为便于硬化后试样的脱模，标准圆台体抗渗试模内壁需预先涂刷机油或脱模剂。将脱模后试样的上下端面用钢丝刷刷干净，即可得到由低渗透性灌浆材料和现场混凝土芯样粘结而成的标准圆台体抗渗试件。

3.4　抗渗试验

为防止水从抗渗试样和试模之间的空隙中渗出而导致试验失败，在安装试样前应在抗渗试件非渗水的四周均匀涂刷融化后的石蜡，并利用压力机将涂刷石蜡的抗渗试件压入试模中，以此填充抗渗试样和试模之间的空隙，如图 4（a）所示，确保水仅通过混凝土芯样的上下端面渗透。将抗渗试样和试模整体安装于混凝土抗渗仪上并拧紧螺栓密封好，如图 4（b）所示。试验过程中，若水从试样周边等非芯样上端面处渗出或出现漏水情况，则应停止试验重新密封。

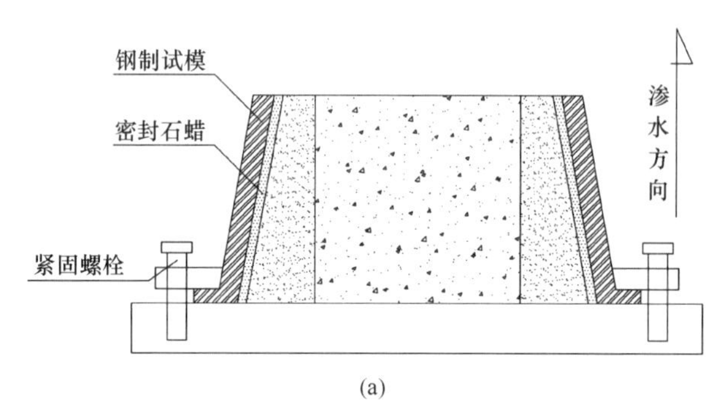

(a)

(b)

图 4　标准抗渗试件的密封及安装

（a）试件的密封；（b）试件的安装

试验时，水压应从 0.1MPa 开始，以后应每隔 8h 增加 0.1MPa 水压，并应随时观察试件端面渗水情况。当 6 个试件中有 3 个试件表面出现渗水时，或加至规定压力（设计抗渗等级）在 8h 内 6 个试件中表面渗水试件少于 3 个时，可停止试验，并记下此时的水压力[2]。

4　混凝土试验结果处理和分析

混凝土抗渗等级的推定值可按下列规定确定[3]：

（1）当停止试验时，6 个试件中有 2 个试件表面出现渗水，该组混凝土抗渗等级的推定值可按下式计算：

$$P_e = 10H \quad (1)$$

（2）当停止试验时，6 个试件中有 3 个试件表面出现渗水，该组混凝土抗渗等级的推定值可按下式计算：

$$P_e = 10H - 1 \quad (2)$$

（3）当停止试验时，6 个试件中少于 2 个试件表面出现渗水，该组混凝土抗渗等级的推定值可按下式计算：

$$P_e > 10H \quad (3)$$

式中，P_e 为结构混凝土在检测龄期实际抗渗等级的推定值；H 为停止试验时的水压力（MPa）。

5 结语

本文系统地介绍了通过现场钻芯取样检验桩基混凝土抗渗性能的方法，详细地阐述了现场钻芯、芯样加工、标准抗渗试件制作和抗渗试验的具体操作过程，介绍了利用现场混凝土芯样制备标准抗渗试样的加工处理过程，并根据相关规范给出了通过抗渗试验结果推定混凝土抗渗等级的依据。由于检验的混凝土取自实体工程，因而钻芯法相比于预留试块法能够避免预留试块和实际桩基混凝土不一致的情况，相比于后者能够有效地提高桩基混凝土抗渗性能检验结果的可靠性。本文所述的钻芯法检验桩基混凝土的试验方法已在实际工程中得以应用，该方法可以给相关检测单位提供一定的指导和借鉴。

参考文献：

[1] 易成，谢和平，孙华飞，高伟. 混凝土抗渗性能研究的现状与进展[J]. 混凝土，2003(02)：7-11+34.
[2] 普通混凝土长期性能和耐久性能试验方法标准 GB/T 50082—2009[S]. 北京：中国建筑工业出版社，2010.
[3] 混凝土结构现场检测技术标准 GB/T 50784—2013[S]. 北京：中国建筑工业出版社，2013.
[4] 钻芯法检测混凝土强度技术规程 JGJ/T 384—2016[S]. 北京：中国建筑工业出版社，2016.
[5] 于立. 关于实体混凝土抗渗性能检测的试验研究[J]. 工程建设与设计，2010(03)：26-28.
[6] 曾耀新. 实体混凝土抗渗性能检测的试验研究[J]. 科技资讯，2010(14)：66.

一种地下连续墙施工泥浆系统集中控制与监测平台

黄均龙，冯　师，祝　强，戴　咏，刘晓东
（上海隧道工程有限公司，上海 200333）

摘　要： 本文介绍的一种地下连续墙施工泥浆系统集中控制与监测平台，由无线传输模块、从站箱、主站、工控机、PLC、触摸屏、按钮组、泥浆液位仪与在线泥浆密度计等组成。主站与多个从站箱组成一个局域网，通过编制的软件，在集中监控台的按钮组或触摸屏上，对地下连续墙施工循环泥浆系统中的泥浆净化设备与泥浆输送泵，实现无线集中监控与检测记录泥浆密度、槽段泥浆液位及抓斗成槽机施工深度，并在异地电脑上监视集中监控台上的监控画面与检测数据保存。

关键词： 地下连续墙；循环泥浆系统设备；在线泥浆比重计；无线传输模块；集中监控

0　引言

地下连续墙广泛应用于土木工程各个领域中的深基坑围护工程，而施工泥浆系统是地下连续墙施工中的一个重要组成部分。地下连续墙施工中，拌制的新鲜泥浆、循环使用的成槽护壁泥浆、清孔与置换泥浆等泥浆指标控制，将影响地下连续墙的施工质量[1]。

目前，地下连续墙施工系统中泥浆输送泵与泥浆净化设备分布范围较广，这些设备都安排专门人员分散就地操控，并采用人工拆管与接管改变管路走向，来达到泥浆棚内各泥浆池间的泥浆输送，施工现场的泥浆指标也没有实现自动检测与记录。因此，泥浆棚内泥浆管路布置比较凌乱，拌制的新浆、成槽泥浆、清孔与置换泥浆、槽内泥浆标高等泥浆指标很难管控。

由于地下连续墙属于隐蔽工程，施工质量要求高，施工过程中上道工序被下道工序所掩盖，无法再次进行质量检查。而目前地下连续墙施工泥浆质量监管手段落后，加上一些施工人员工作责任心不强等原因（特别是分包施工），使得槽内塌孔、基坑开挖暴露的地下墙墙体混凝土施工质量不达标、墙体露筋与漏水等施工缺陷时有发生。为此，上海隧道工程有限公司研制了一套地下连续墙施工泥浆系统集中控制与监测平台，以改变目前地下连续墙施工泥浆系统设备分散控制和泥浆密度无自动检测记录的状况，实现地下连续墙施工泥浆系统运行远程无线集中监控和关键工序泥浆密度等数据自动检测记录，并做到这些数据的远程传输与保存，从而提高地下连续墙施工泥浆质量监管技术。

1　地下连续墙施工泥浆系统概述

1.1　地下连续墙施工泥浆系统概况

地下连续墙施工泥浆系统一般由拌浆系统（清水池、拌浆机、新浆池组成）、新浆或置换泥浆贮存筒仓组、调浆池、成槽循环泥浆池、废弃泥浆池、泥浆输送泵、黑旋风泥浆净化设备、双轮铣配套泥浆净化设备、管路、阀门与废弃泥浆脱水干化设备等组成。

现有地下连续墙施工泥浆系统大致分为 4 种状况：一是满足 1 套抓斗成槽机地下连续墙施工；二是满足 2 套抓斗成槽机地下连续墙施工；三是满足 1 套铣槽机施工（包括 1 套抓斗成槽机），实施铣接法施工或抓—铣法地下连续墙施工；四是满足 2 套铣槽机施工（包括 2 套抓斗成槽机），实施铣接法施工或抓—铣法地下连续墙施工。

由于地下连续墙工程规模、施工场地大小与工期要求的不同，实际应用的地下连续墙施工泥浆系统中，其泥浆池（筒仓）数量与布置形式、泥浆净化设备布置形式，是根据场地形状与大小布置，没有统一模式。一般施工泥浆池组有一排布置、两排布置与三排布置，黑旋风泥浆净化设备布置在施工泥浆池的一端，双轮铣配套泥浆净化设备根据场地大小、布置在施工泥浆池的附近或远处，泥浆贮存筒仓组原则上布置在施工泥浆池的附近。各泥浆净化设备与泥浆输送泵，都有专用的配套电气控制箱进行独立分散控制，这些电气控制箱未使用 PLC 等逻辑控制器，无法直接实现设备控制信号远程传输与集中监控。

1.2　统一泥浆棚内泥浆池数量与管路布置

为使研制的地下连续墙施工泥浆系统集中控制与监测平台适用于各种工地现场的泥浆池布置，并减少泥浆输送泵控制数量，需对使用泥浆系统集中控制与监测平台的工地现场泥浆池数量与泥浆池间泥浆输送管路进行统一调整，并规范泥浆管路布置。

上海市某地铁车站总长约 565m，标准段宽度 39.1m，采用共计 321 幅的 1.2m 厚地下连续墙围护结构，地墙深度有 107.5m、85m 与 65m 三种，使用 3 台双轮铣与 3 台液压抓斗机进行抓-铣法地下连续墙施工。在施工场地的东西两端各设置一套抓-铣法地下连续墙施工泥浆系统，泥浆池由预制式钢板构件装配而成，泥浆池最小单元尺寸为长×宽×高＝6m×6m×2.25m，理论容量为 $81m^3$，它们可以相互组合扩大成 1 个大容量的泥浆池。东端的泥浆池组由 24 个小单元组成 13 个泥浆池，为两排布置，在其西端另设置一个泥浆箱，其上安放一套黑旋风泥浆净化设备；西端的泥浆池由 18 个小单元组成 9 个泥浆池，为一排布置，在其东端也另设置了一个泥浆箱，其上也放置黑旋风泥浆净化设备。

此工地上的一套泥浆系统，拟使用新研制的地下连续墙施工泥浆系统集中控制与监测平台。为此，在使用前需将上述 2 种泥浆池数量统一调整成 7 个，它们分别为泥浆输出池、循环泥浆池 1、循环泥浆池 2、循环泥浆池 3、2 个新浆池与 1 个清水池，并统一泥浆输送的管路布置。

规范后的泥浆池间泥浆输送管路只有一根 4 寸泥浆输送总管，泥浆输送总管由 5 种管路组件与消防软管连接而成。除新浆池中只设一个与池内泥浆泵连接的带气动阀输出泥浆支管的管路组件，其余泥浆池中都有一个带气动阀输入泥浆支管与输出泥浆支管的管路组件，两排泥浆池的泥浆输送管路布置如图 1 所示。在各泥浆池上方设置了液位仪以显示泥浆池内液位高度。新浆拌制与新浆池内的新浆输入以及将新浆输送至泥浆贮存筒仓等工作，都由拌浆工就地操作。东西两端泥浆系统中的废弃泥浆池，设置在废弃泥浆脱水干化设备附近，它们之间的泥浆输送与设备控制有专人操作。

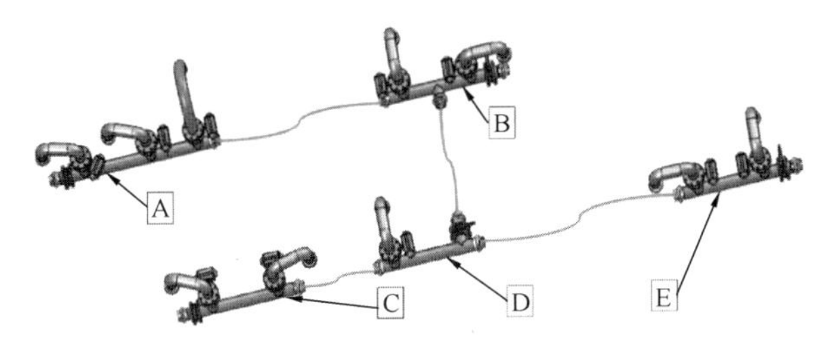

图 1　两排泥浆池的泥浆输送管路布置示意图

2　地下连续墙施工泥浆系统集中控制与监测平台

2.1　平台架构

地下连续墙施工泥浆系统集中控制与监测平台主要由 18 个从站箱、1 个主站—集中监控台、液位仪、泥浆相对密度计与泥浆系统设备等组成。平台采用了 RTU 工业无线远程测控终端产品，使主站与多个从站形成一个无线局域网，实现了开关量、模拟量的双向无线远程传输。平台架构由设备层、就地控制层、从站层、主站层、集中监控层、网络服务层与异地远程监视层等组成，如图 2 所示。

2.2　平台功能

该地下连续墙施工泥浆系统集中控制与监测平台适用于不同工地现场的地下连续墙施工泥浆系统远程无线集中控制与监测。

1. 集中控制的设备

集中控制的地下连续墙施工泥浆系统设备有：

（1）黑旋风泥浆净化设备及设备底部贮浆箱内泥浆输送泵。

（2）双轮铣配套泥浆净化设备。

（3）双轮铣施工循环泥浆调速泥浆输送泵。

（4）双轮铣施工循环泥浆贮浆箱补浆泵。

（5）地下连续墙施工槽段补浆泵，并在此泥浆输送泵就地控制状态下，在施工槽段旁通过遥控按钮，实现补浆泵的远程遥控。

（6）筒仓泥浆输出的调速泥浆输送泵。

（7）各泥浆池内泥浆输送泵，包括泥浆池间泥浆输送管路上的气动阀门。

2. 监测内容

集中监测内容有：

（1）经黑旋风泥浆净化设备净化后的泥浆密度，以及底部贮浆箱内泥浆液位。

（2）双轮铣配套泥浆净化设备净化前后的泥浆密度，以及底部循环泥浆贮浆箱内泥浆液位。

（3）地下连续墙施工槽段内的泥浆液位。

（4）泥浆贮存筒仓内泥浆液位。

（5）泥浆棚内各泥浆池的泥浆液位。

（6）新拌泥浆、调制泥浆、成槽泥浆与清孔/置换泥浆的密度。

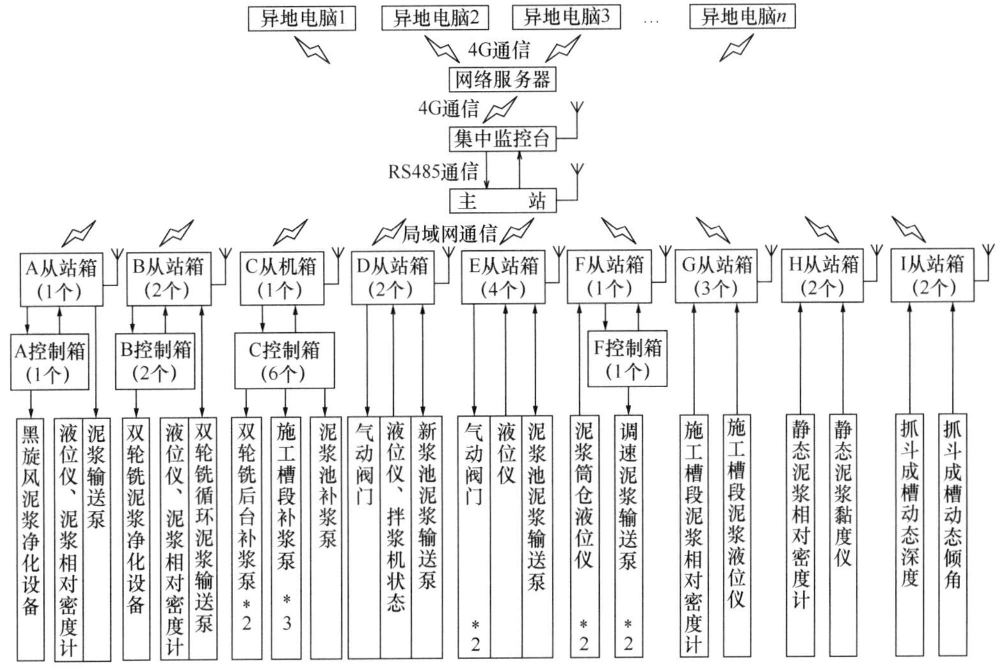

图 2　地下连续墙施工泥浆系统集中控制与监测平台架构示意图

（7）抓斗成槽机已施工深度、成槽机的动态深度与动态倾角。

（8）拌浆机工作状态。

3. 记录保存内容

（1）施工槽段主要工况记录画面。

在监控触摸屏上，按图3表式人工点击实时工况按钮以显示记录地下连续墙施工工况。绿色灯亮表示目前某槽段的地下连续墙施工正处在此工况。实际表式中只能有一个工况的绿色灯亮，以便记录保存某槽段地下连续墙各施工工况的起始时间及采取的施工工艺。

施工槽段主要工况显示　　槽段编号　×××××××

1	成槽施工	7	吊放钢笼
2	刷壁施工	8	接头处理
3	一扫施工	9	二次清孔
4	清孔施工	10	沉渣检测
5	换浆施工	11	混凝土浇捣
6	二扫施工		

图3　地下连续墙施工工况记录示意图

（2）黑旋风泥浆净化设备净化后的泥浆密度记录与历史曲线画面。

（3）双轮铣配套泥浆净化设备净化前后的泥浆密度记录与历史曲线画面。

（4）槽段泥浆液位、成槽泥浆密度、清孔/置换泥浆密度记录与历史曲线画面。

（5）拌制/调制泥浆密度指标检测记录与历史曲线画面。

（6）抓斗成槽机施工深度、倾角数据记录与历史曲线画面。

（7）拌浆机工作状态记录与历史曲线画面。

4. 监控内容的异地监视与记录保存

通过网络服务器、4G网络与编制的软件，在异地电脑上重现集中监控台监控触摸屏上画面，实现以上监控内容的异地监视与数据记录保存。

2.3　从站箱设计

1. 无线传输模块

经选型测试，平台采用了科易联RTU工业无线远程测控终端模块与无线数据传输模块（图4），使主站与18个从站形成一个无线局域网，实现了开关量、模拟量的双向无线远程传输。

（1）KYL-808无线开关量传输模块

KYL-808无线开关量传输模块，能实现8路继电器开关量输出与8路无源开关量输入的无线实时传送，与集中监控台中主站无线数传模块的开关量输入/输出实时关联，各个通道互相独立。即主站作为发射模块输入开关闭合或断开，从站KYL-808作为接收模块相对应的输出继电器同步闭合或断开；当从站KYL-808作为发射模块输入开关闭合或断开，则主站作为接收模块相对应输出继电器同步闭合或断开。

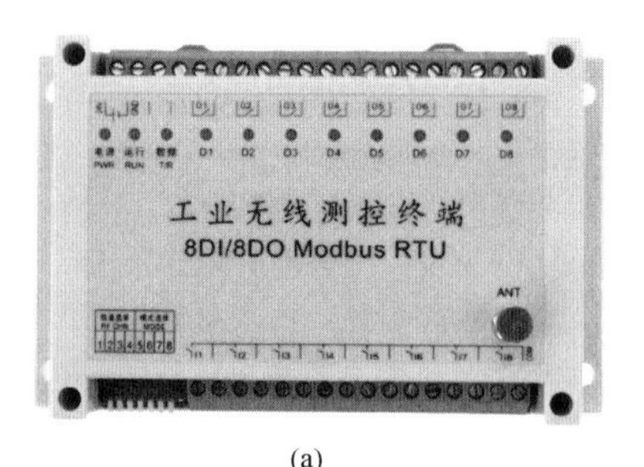

(a)

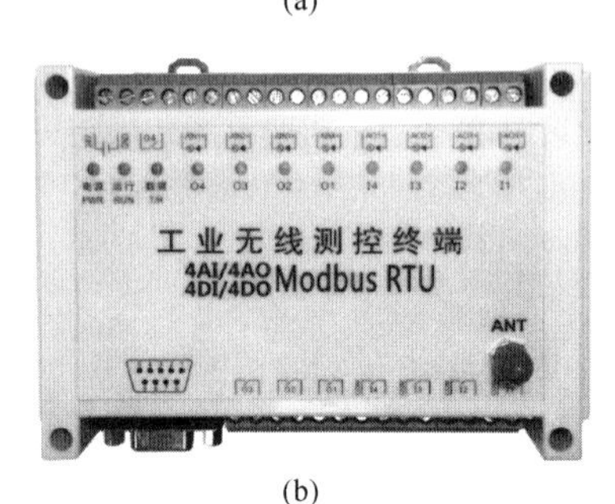

(b)

(c)

图4　无线传输模块产品示意图

（a）KYL-808模块产品外形图；

（b）KYL-824模块产品外形图；

（c）KYL-320P模块产品外形图

本应用功能：

① 无线接收来自于集中监控台的控制开关量信号，并对相应设备进行有线控制。

② 有线接收来自于控制设备工作状态的开关量信号，并无线传输到集中监控台。

（2）KYL-824无线模拟量/开关量传输模块

KYL-824无线模拟量/开关量传输模块，能实现4路模拟量与4路开关量双向无线实时传送，与主站无线数传模块的模拟量/开关量的输入与输出实时关联，各个通道互相独立。即主站作为发射模块输入模拟量，从站KYL-824作为接收模块相对应输出此模拟量；当从站KYL-824作为发射模块输入模拟量时，则主站作为接收模块相对应输出此模拟量。4路模拟量为0～5V电压或4～20mA电流，4路开关量为继电器开关量输出与4路无源开关量输入。

本应用功能：

① 无线接收来自于集中监控台的控制开关量信号，并对相应设备进行有线控制。

② 有线接收来自于控制设备工作状态的开关量信号，并无线传输到集中监控台。

③ 有线接收来自于液位仪与泥浆密度计的模拟量信

号，并无线传输到集中监控台。

④ 无线接收来自于集中监控台的模拟量信号，并对调速泥浆泵进行有线调速控制，从而实现调速泥浆泵的远程无线调速控制。

(3) KYL-320P 无线数传模块

KYL-320P 无线数传模块是一种高功率、高接收灵敏度的传输模块，能够适应障碍物众多、环境复杂、干扰严重的使用环境，在空旷地能实现 8km 通信距离的数据无线传送。其载波频率选择 450MHz，传输速率选择 9600bps。

KYL-320P 无线数传模块在本应用中，既作为主站独立使用，也作为从站 KYL-808、从站 KYL-824 的外置无线数据传输模块，以增强从站数据无线传送能力，确保从站数据无线传送的可靠性。

(4) 以上模块工作电源为 DC24V，具有电源反接保护，CPU 配有电源监视电路和看门狗电路，以及电源运行、接收、发射状态指示，无线通信中断报警输出，继电器报警输出，支持 Modbus 通信协议。

2. A 从站箱

(1) 主要组成

A 从站箱由 KYL-808 传输模块、KYL-824 传输模块、KYL-320P 无线数传模块、变压器、开关电源、继电器、模拟量信号隔离器、断路器、接触器、热继电器、选择开关、按钮与指示灯等组成（图 5）。

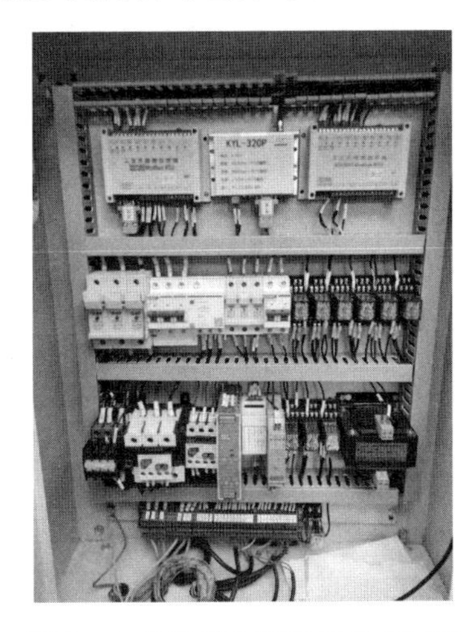

图 5　A 从站箱内部元器件布置图

(2) 主要功能

① 通过无线接收来自集中监控台的控制开关量信号，以及与 A 从站箱连线的原黑旋风泥浆净化设备控制箱，有线控制黑旋风泥浆净化设备上的振动筛与旋流器入料渣浆泵。

② 通过无线接收来自集中监控台的控制开关量信号，以及 A 从站箱内的电动机控制回路，有线控制黑旋风泥浆净化设备底部贮浆箱内泥浆输送泵。

③ 有线接收黑旋风泥浆净化设备与泥浆输送泵工作状态信号，并无线传输到集中监控台。

④ 有线接收黑旋风泥浆净化设备底部贮浆箱内泥浆液位信号，并无线传输到集中监控台。

⑤ 有线接收黑旋风泥浆净化设备净化后的泥浆密度信号，并无线传输到集中监控台。

3. B 从站箱

(1) 主要组成

B 从站箱由 KYL-808 传输模块、KYL-824 传输模块、KYL-320P 无线数传模块、变压器、开关电源、继电器、模拟量信号隔离器、断路器、选择开关、按钮与指示灯等组成（图 6）。

图 6　B 从站箱内部元器件布置图

(2) 主要功能

① 通过无线接收来自集中监控台的控制开关量信号，以及与 B 从站箱连线的原双轮铣配套泥浆净化设备的 2 个控制箱，有线控制双轮铣配套泥浆净化设备上的 3 个振动筛与 2 个旋流器入料渣浆泵。

② 通过无线接收来自集中监控台的控制开关量信号与模拟量信号，以及与 B 从站箱连线的双轮铣施工循环泥浆调速泥浆输送泵原控制箱，有线控制双轮铣槽机施工循环泥浆调速泥浆输送泵。

③ 有线接收双轮铣配套泥浆净化设备与循环泥浆调速泥浆输送泵的工作状态信号，并无线传输到集中监控台。

④ 有线接收双轮铣配套泥浆净化设备底部贮浆箱内泥浆液位信号，并无线传输到集中监控台。

⑤ 有线接收双轮铣配套泥浆净化设备净化前后的泥浆密度信号，并无线传输到集中监控台。

4. C 从站箱

(1) 主要组成

C 从站箱由 KYL-808 传输模块、KYL-824 传输模块、KYL-320P 无线数传模块、变压器、开关电源、继电器、断路器、转换开关、按钮与指示灯等组成（图 7）。

(2) 主要功能

① 通过无线接收来自集中监控台的控制开关量信号，以及与 B 从站箱连线的 6 个泥浆输送泵原控制箱，有线控制 2 个泥浆输出池内向双轮铣配套泥浆净化设备底部循环泥浆贮浆箱补浆的泥浆输送泵、3 个泥浆输出池内向地下连续墙施工槽段补浆的泥浆输送泵，以及 1 个从循环泥浆池向泥浆输出池内补浆的泥浆输送泵。

② 有线接收这 6 个泥浆输送泵工作状态信号，并无线传输到集中监控台。

图7　C从站箱内部元器件布置图

5. D从站箱

(1) 主要组成

D从站箱由KYL-824传输模块、KYL-320P无线数传模块、变压器、开关电源、继电器、模拟量信号隔离器、断路器、接触器、热继电器、选择开关、按钮与指示灯等组成（图8）。

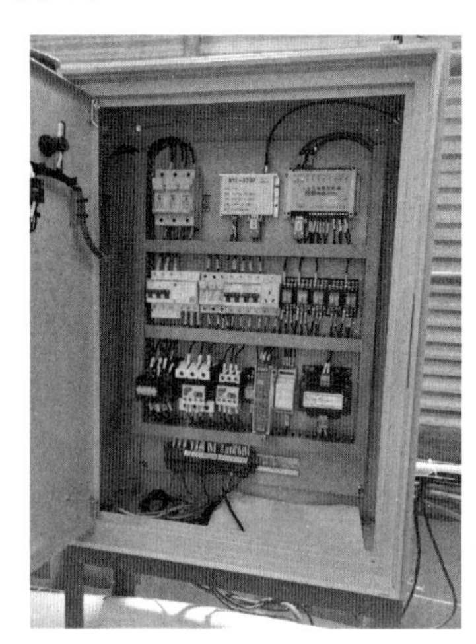

图8　D从站箱内部元器件布置图

(2) 主要功能

① 通过无线接收来自集中监控台的控制开关量信号，以及D从站箱内的气动阀门与电动机联锁控制回路，控制新浆池内的泥浆输送泵。

② 可就地控制新浆池内的泥浆输送泵与泥浆输出管上气动阀门。

③ 有线接收新浆池内的泥浆输送泵与泥浆输出管上气动阀门工作状态信号，并无线传输到集中监控台。

④ 有线接收新浆池内泥浆液位信号，并无线传输到集中监控台。

⑤ 有线接收拌浆机工作状态信号，并无线传输到集中监控台。

6. E从站箱

(1) 主要组成

E从站箱由KYL-824传输模块、KYL-320P无线数传模块、变压器、开关电源、继电器、模拟量信号隔离器、断路器、接触器、热继电器、选择开关、按钮与指示灯等组成。

(2) 主要功能

① 通过无线接收来自集中监控台的控制开关量信号，以及E从站箱内的气动阀门与电动机联锁控制回路，控制泥浆池内的泥浆输送泵。

② 通过无线接收来自集中监控台的控制开关量信号，以及E从站箱内的另一个气动阀门控制回路，控制泥浆池泥浆输入管气动阀门的打开与关闭。

③ 可就地控制泥浆池泥浆输入管气动阀门的打开与关闭。

④ 可就地控制泥浆池泥浆输出管气动阀门与泥浆输送泵。

⑤ 有线接收泥浆池内的泥浆输送泵与2个气动阀门工作状态信号，并无线传输到集中监控台。

⑥ 有线接收循环泥浆池或泥浆输出池内泥浆液位信号，并无线传输到集中监控台。

7. F从站箱

(1) 主要组成

F从站箱由KYL-824传输模块、KYL-320P无线数传模块、变压器、开关电源、继电器、模拟量信号隔离器、断路器、选择开关、按钮与指示灯等组成（图9）。

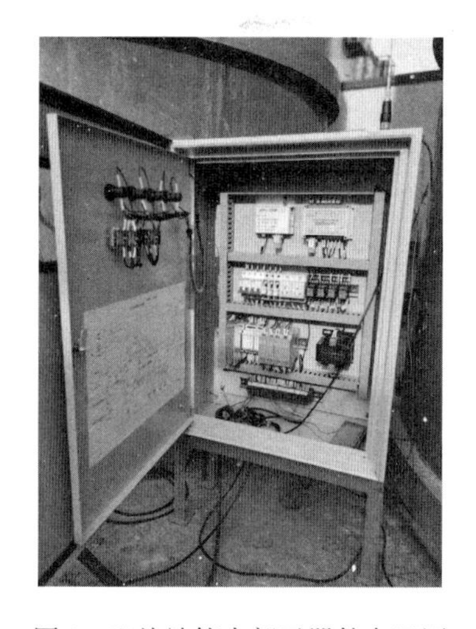

图9　F从站箱内部元器件布置图

(2) 主要功能

① 通过无线接收来自集中监控台的控制开关量信号与模拟量信号，以及与F从站箱连线的原筒仓泥浆输出的调速泥浆输送泵控制箱，包括连接电控柜内变频器的调速信号通信端口，可无线控制2台调速泥浆输送泵。

② 有线接收筒仓泥浆输出的调速泥浆输送泵工作状态信号，并无线传输到集中监控台。

③ 有线接收2组筒仓内泥浆液位信号，并无线传输到集中监控台。

8. G从站箱

(1) 主要组成

G从站箱由三位选择开关、开关电源、KYL-806模拟量无线模块、模拟量信号隔离器与AC220V电源插座等组成，从站箱面板如图10所示。

图 10　G 从站箱面板示意图

（2）主要功能

① 有线接收输入地下连续墙施工槽段内的成槽泥浆、清孔泥浆与置换泥浆这三种动态泥浆的密度信号，并无线传输到集中监控台。

② 有线接收地下连续墙施工槽段内的泥浆液位信号，并无线传输到集中监控台。

9. H 从站箱

（1）主要组成

H 从站箱由开关电源、KYL-806 模拟量无线模块与 AC220V 电源插座等组成，从站箱面板如图 11 所示。

图 11　H 从站箱面板示意组成图

（2）主要功能

① 有线接收新拌泥浆与调制泥浆这两种静态泥浆的密度信号，并无线传输到集中监控台。

② 有线接收新拌泥浆与调制泥浆这两种静态泥浆的黏度信号，并无线传输到集中监控台。

10. I 从站箱

（1）主要组成

I 从站箱由数据处理器、KYL-806 模拟量无线模块、开关电源与 AC220V 电源插座等组成。

（2）主要功能

通过 CAN 总线接收抓斗成槽机上的成槽施工深度与倾角数据，经处理后以 RS485 通信传到 KYL-806 传输模块，并无线传输到集中监控台。

11. 从站箱主要特点

（1）设置了开关量输出隔离中间继电器。

（2）设置了模拟量输入隔离器。

（3）具有设备控制功能的从站箱为双层门结构，控制按钮与信号灯设置在内门上。

（4）具有设备控制功能的从站箱设有“就地/远控”选择开关。当选择“远控”时，此“远控”状态信号无线传输至集中监控台，此时集中监控台的远程无线控制功能才能有效。

2.4　主站—集中监控台

（1）主要组成

主站—集中监控台由琴式前开门控制台、43 寸监控触摸屏、工控机、PLC、4G TDU 无线数据终端、变压器、开关电源、断路器、按钮与指示灯等组成。

（2）主要特征

① 集中监控台为琴式前开门控制台结构（图 12）。

② 43 寸监控触摸屏嵌入在上部斜面上，显示液位仪与泥浆比重计参数，控制一部分泥浆输送泵。

③ 水平台面上设置一个摇动式按钮/指示灯组控制台板，控制泥浆净化设备与一部分泥浆输送泵。

④ 电源按钮、电源指示灯与急停按钮设置在摇动式按钮/指示灯组控制台板右上角。

⑤ 主站 KYL-320P 无线数传模块等电器零部件放在集中监控台内。

⑥ 通过 4G DTU 无线数据传输终端模块，将工控机处理后的数据，传输到云端服务器，实现异地电脑监视集中监控台监控触摸屏上画面，以及数据记录保存。

图 12　琴式前开门结构集中监控台

（3）监控触摸屏功能

① 通过监控触摸屏的触摸按钮，能控制泥浆棚内各泥浆池的泥浆输入管气动阀门、泥浆输出管气动阀门与泥浆输送泵，实现泥浆棚内各泥浆池之间的泥浆输送。

② 显示黑旋风泥浆净化设备底部贮浆箱内泥浆液位，显示双轮铣配套泥浆净化设备底部贮浆箱内泥浆液位，显示泥浆棚内各泥浆池的泥浆液位，以及显示泥浆筒仓内泥浆液位。

③ 显示黑旋风泥浆净化设备净化后的泥浆密度，显示双轮铣配套泥浆净化设备净化前后的泥浆密度。

④ 显示输入地下连续墙施工槽段内的成槽泥浆、清

孔泥浆与置换泥浆的三种泥浆密度，以及施工槽段内的泥浆液位。

⑤ 如图 13 所示静态泥浆的密度与黏度。

泥静态浆指标检测记录

记录时间	×××年××月××日××：××		
新拌泥浆	调制泥浆	槽段泥浆	清孔/置换泥浆
密度 ×.×× g/cm³	密度 ×.×× g/cm³	密度 ×.×× g/cm³	密度 ×.×× g/cm³
黏度 ×.××	黏度 ×.××	黏度 ×.××	黏度 ×.××

图 13　静态泥浆的密度与黏度记录示意图

注：在线泥浆黏度计前期测试误差很大，还有待于选型。

⑥ 显示抓斗成槽机已施工深度、成槽机的动态深度与动态倾角。

⑦ 在监控触摸屏上记录与显示以上监测数据的历史曲线。

⑧ 监控触摸屏画面见图 14。

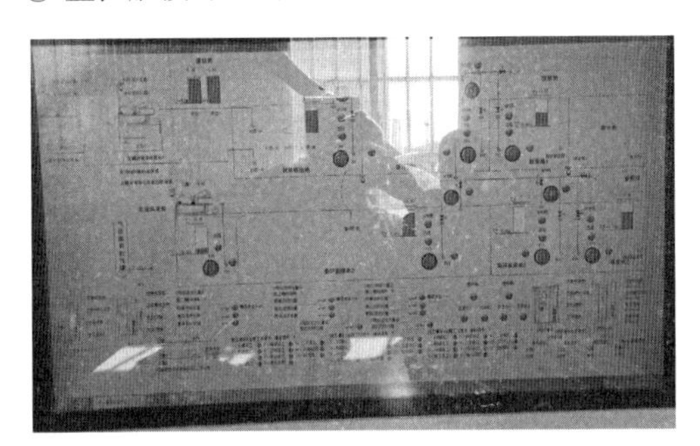

图 14　监控触摸屏画面见图

（4）台面按钮/指示灯组功能

① 实现集中监控台供电电源控制。

② 控制黑旋风泥浆净化设备、双轮铣配套泥浆净化设备、双轮铣施工循环泥浆调速泥浆输送泵、双轮铣施工循环泥浆贮浆箱补浆泵、施工槽段补浆泵以及泥浆筒仓内泥浆输出的调速泥浆输送泵。

（5）控制台板上按钮/指示灯组布置如图 15 所示。

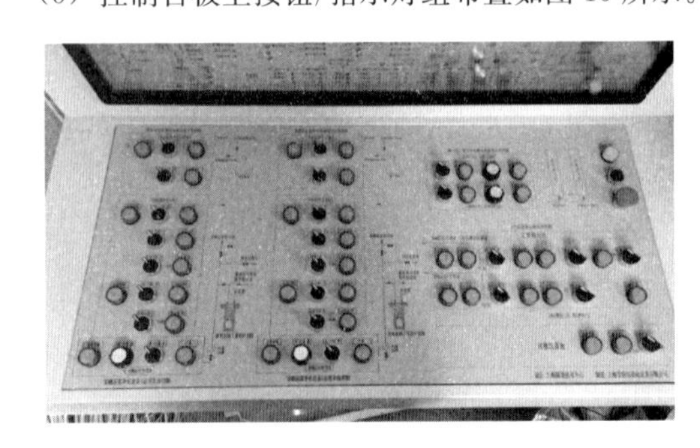

图 15　控制台板按钮/指示灯组

（6）主站—集中监控台与设备控制/液位传感器/泥浆相对密度计之间信号传输过程

主站—集中监控台与控制/液位传感器/泥浆相对密度计之间信号传输过程如图 16 所示。

2.5　在线泥浆相对密度计

在此地下连续墙施工泥浆系统集中控制与监测平台中，选用了三种在线泥浆相对密度计，其中压力式在线泥浆相对密度计与音叉式在线相对密度计是选购产品，称重式在线泥浆相对密度计是联合研制产品。

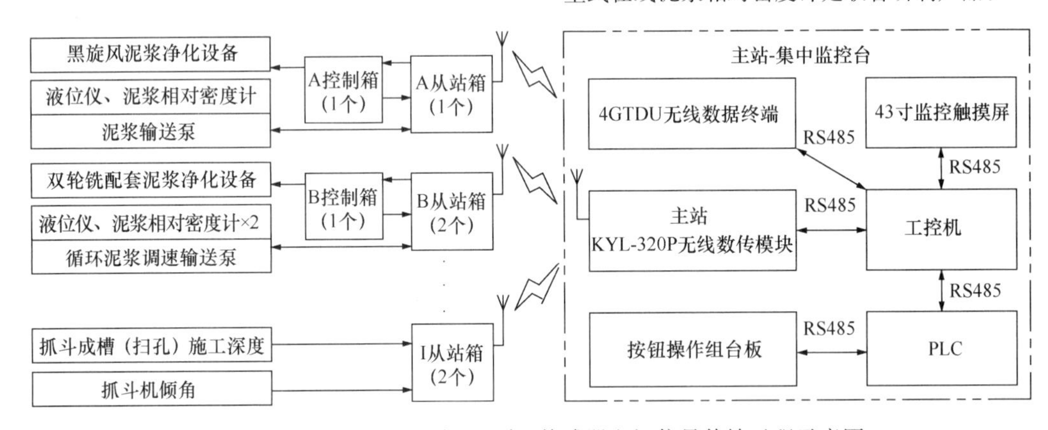

图 16　主站—集中监控台与设备/传感器之间信号传输过程示意图

1. 压力式在线泥浆相对密度计

（1）产品组成

产品由压力传感器、泥浆罐、底部进浆管、上部泄浆管和 3 个支撑杆等组成，其外形如图 17 所示。

（2）产品原理

在泥浆罐底部设置的一个压力传感器，能测出一定深度处的泥浆压力，然而利用静止液体某一深度的压力公式 $P=\rho h$，求得液体的密度。

（3）产品特点

① 由压力传感器和泥浆罐组成，结构简单，但外形尺寸较大。

② 不直接显示泥浆密度值，需与上位机配套使用。

③ 检测精度受温度影响大，需经常调零标定。

④ 调零与标定过程较简单。

⑤ 检测动态泥浆密度时，需引入一根测试管与一根放浆管，流入的泥浆要有一定的水头压力，且泥浆的流入速度会对检测精度有影响。

⑥ 价格低。

2. 音叉式在线密度计

（1）产品组成

音叉式在线密度计产品由 T 形圆柱体表头部件、（法兰）连接体与音叉式探棒等组成，表头部件由表头壳体、

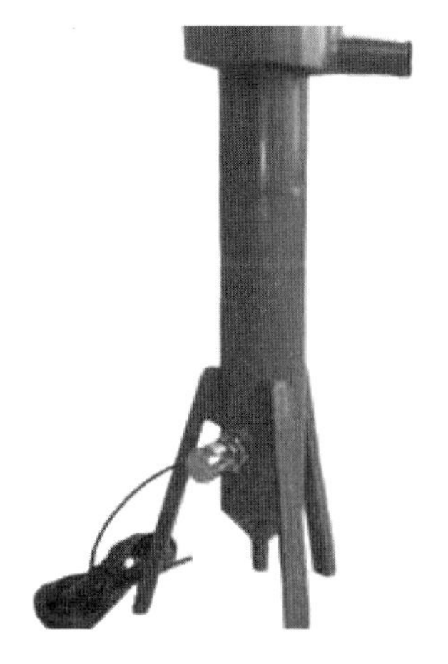

图 17　压力式在线泥浆相对密度计外形图

壳体后盖、频率检测模块、信号放大电路、处理器、触摸式液晶显示屏、电源接线座与数据输出接线座等组成，其外形如图 18 所示。

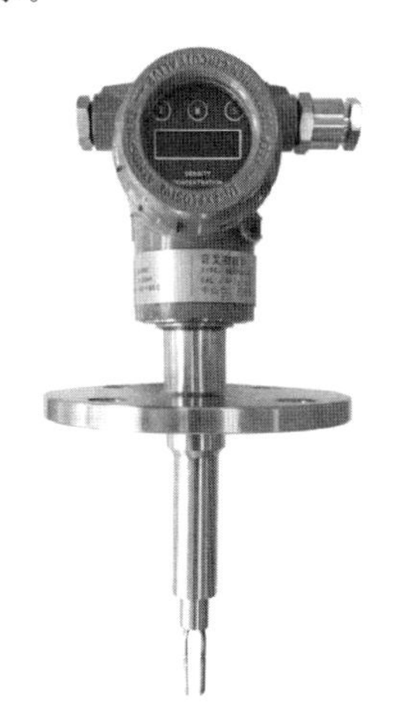

图18　音叉式在线相对密度计外形图

（2）产品原理

使用声波频率信号源对金属音叉进行激励，并使音叉处于中心频率下自由振动，此频率与音叉体接触液体的密度有着相联对应关系，因而通过对频率的分析计算测量出液体的密度。

（3）产品特点

① 外形尺寸较小。

② 只要将探头放入泥浆内就能显示此泥浆的密度值。

③ 检测精度 1%～2%。

④ 调零与标定过程较烦琐。

⑤ 具有检测泥浆密度的信号输出。

⑥ 检测动态泥浆密度时，需配置与主管路连接的测试分路组合管，测试分路管中泥浆流速，需小于 0.5m/s，探头需经常清洗。

⑦ 价格较高。

3. 称重式在线泥浆密度计

（1）产品组成

称重式在线泥浆密度计由小方盒表头部件、1 根吊绳与 1 个探头等组成。表头部件由表头壳体、壳体后盖、称重传感器、内部处理器模块组、液晶显示屏、电源开关、操作键组、数据输出接头、内部电池充电接头组成，称重传感器与探头通过吊绳相连接，其外形如图 19 所示。

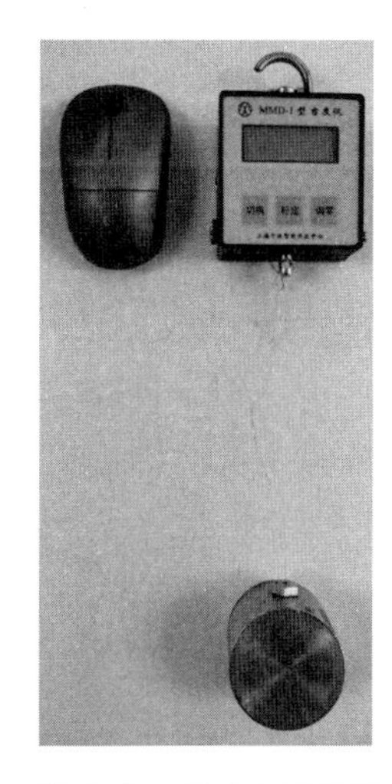

图 19　称重式在线相对密度计外形图

（2）产品原理

根据阿基米德定律公式 $F_{浮}=\rho_{液}\cdot V_{排}$ 与称重式在线泥浆密度计探头在液体中受力平衡的公式 $F_{称重}=G_{探头}-F_{浮力}$，得出液体密度 $\rho_{泥浆}=k(G_{探头}-F_{称重})/V_{探头}$，式中，$k$ 为一变量，在称重式泥浆密度计标定时自动生成。

（3）产品特点

① 外形尺寸小。

② 只要将探头放入泥浆内就能显示此泥浆的密度值。

③ 检测精度 1%～2%。

④ 调零与标定过程简单。

⑤ 具有检测泥浆密度的信号输出。

⑥ 价格适中（扣除开发费用后）

⑦ 动态泥浆密度检测同压力式在线泥浆密度计。

3　结语

此地下连续墙施工泥浆系统集中控制与监测平台具有以下特点：

（1）实现无线集中监控循环泥浆系统中的泥浆净化设备与泥浆输送泵。

（2）实现地下连续墙施工中泥浆密度指标在线检测与远程显示记录。

（3）实现地下连续墙抓斗成槽机施工深度远程显示记录。

（4）实现地下连续墙施工槽段泥浆液位在线检测与远程显示记录。

（5）实现异地电脑同步监视施工现场循环泥浆系统运行状态与保存现场在线检测的数据。

（6）改善施工泥浆系统运行作业环境。

（7）提高施工泥浆质量监控手段。

参考文献：

[1]　李坤发. 地下连续墙施工中泥浆的质量控制[J]. 百科论坛电子杂志，2019(03)：18-19.

水泥土搅拌桩植入 PRC 管桩在软土地区深基坑中的应用

李国宝， 杨仁文， 任永结
（天津市博川岩土工程有限公司，天津 300191）

摘　要：在靠近沿海软土地区，土体比较松软，且地下水埋深较浅，深基坑距用地红线（周围浅基础、既有建筑或者道路管线等）往往比较近，限制条件比较多，往往不具备放坡开挖的条件，如何把支护结构在保证安全合理、经济可控、工期满足进度要求的前提下实施是考验我们岩土设计人的一个难题。本文根据项目的实际特点，与预应力管桩厂全力合作，采用水泥土搅拌桩植入 PRC 管桩结合一道钢管水平支撑进行支护，通过基坑开挖及全过程的监测，验证本支护形式的安全可靠、经济合理，为本支护形式在以后的基坑中运用推广积累了一定的经验。

关键词：软土地区；PRC 管桩；全过程监测；运用推广

0　引言

天津地处华北软土地区，且地下水比较丰富。因此，深基坑距用地红线（周围浅基础、既有建筑，或者道路管线等）往往比较近，基坑施工时限制条件也比较多，往往不具备放坡开挖的条件。如何把支护结构在保证安全、经济、合理、工期满足进度要求的前提下实施是考验我们岩土设计人的一大难题。本文以上述条件为背景，深浅基础距离比较近，且有时存在地上、地下结构同时施工，对支护结构提出了更为苛刻的要求。

1　工程概况

1.1　项目基本情况

拟建项目为一生产车间，地上 2 层、地下为大部 1 层设备基础，框架结构，基础为承台基础，PHC500-100-AB 预应力混凝土管桩。本基坑总周长约 180m，基坑总面积约为 1500m²。该场地的±0.000 相当于大沽标高为 5.800，现地坪大沽标高为 4.000，相当于建筑标高 −1.800。基坑底建筑标高为 −8.700，基坑深度为 6.9m，周围浅部基底标高为 −3.300。本项目的难点在于深、浅基础距离较近，为 1025～2200mm，且 5.40m 的高差也比较大，且工程桩为高强预应力混凝土管桩，基坑施工过程中变形时极易对浅部工程桩产生影响。

1.2　项目工程地质条件

本次勘察最大揭露深度范围内地层除表层人工填土（Q_4^{ml}）外，主要为第四系全新陆相冲击（Q_4^{al}）、全新统海相沉积（Q_4^{m}）及上更新统陆相冲击（Q_3^{al}）形成的淤泥质土、黏土、粉质黏土、粉土，按照成因、岩性特征及物理力学性质主要分为 10 层，从整体上看，土层水平分布较均匀，土体计算参数见表 1。

土层物理力学性质指标统计表　　表 1

土层	厚度 (m)	w (%)	γ (kN/m³)	e	I_l	I_P	c (kPa) 直快	φ (°) 直快	c' (kPa) 固快	φ' (°) 固快	m
①₂ 素填土	0.4	45.6	17.3	1.380	0.78	20.7	19.5	12.2	20.6	11.9	2.5
③粉质黏土	3.1	32.0	18.5	0.953	0.73	16.8	15.4	11.1	16.5	11.4	3.8
④粉质黏土	4.2	27.6	18.5	0.954	0.94	15.9	11.5	8.7	13.5	11.1	3.2
⑤粉质黏土	3.8	35.8	18.2	1.041	1.05	16.6	9.8	6.8	10.7	7.9	3.5
⑥粉质黏土	3.8	36.9	18.1	1.069	1.04	16.6	10.7	7.7	10.1	7.1	3.5
⑦粉质黏土	2.5	34.1	18.5	0.987	0.81	16.5	10.9	7.8	14.0	10.6	4.2

注：表中 c、φ 为直快标准值，c'、φ' 为固快标准值，（ ）内为根据勘察报告的经验值，其余指标均为平均值。

2　原支护设计方案的可行性分析

本基坑深为 6.90m，项目难度在于旁边浅基础与深坑基础距离太近，净距只有 1025～2200mm，因此常规做法施工排桩＋一排水泥土搅拌桩不可行，场地空间无法满足施工要求。后经过我方与业主单位人员沟通，我方拟采用 SMW 工法（三轴水泥土搅拌桩内插 500×300×11×18 型钢）冠梁＋一道钢筋混凝土内支撑进行支护，上部退台卸荷。支护剖面如图 1 所示。

但是本结构对基础沉降、变形较为苛刻，型钢在拔除时空隙不容易被水泥浆所填充密实，因而引起一定的变形，且不好控制；此外，型钢拔除也需要耗费一定的时间，在一定程度上增加了施工工期；后来，业主单位考虑

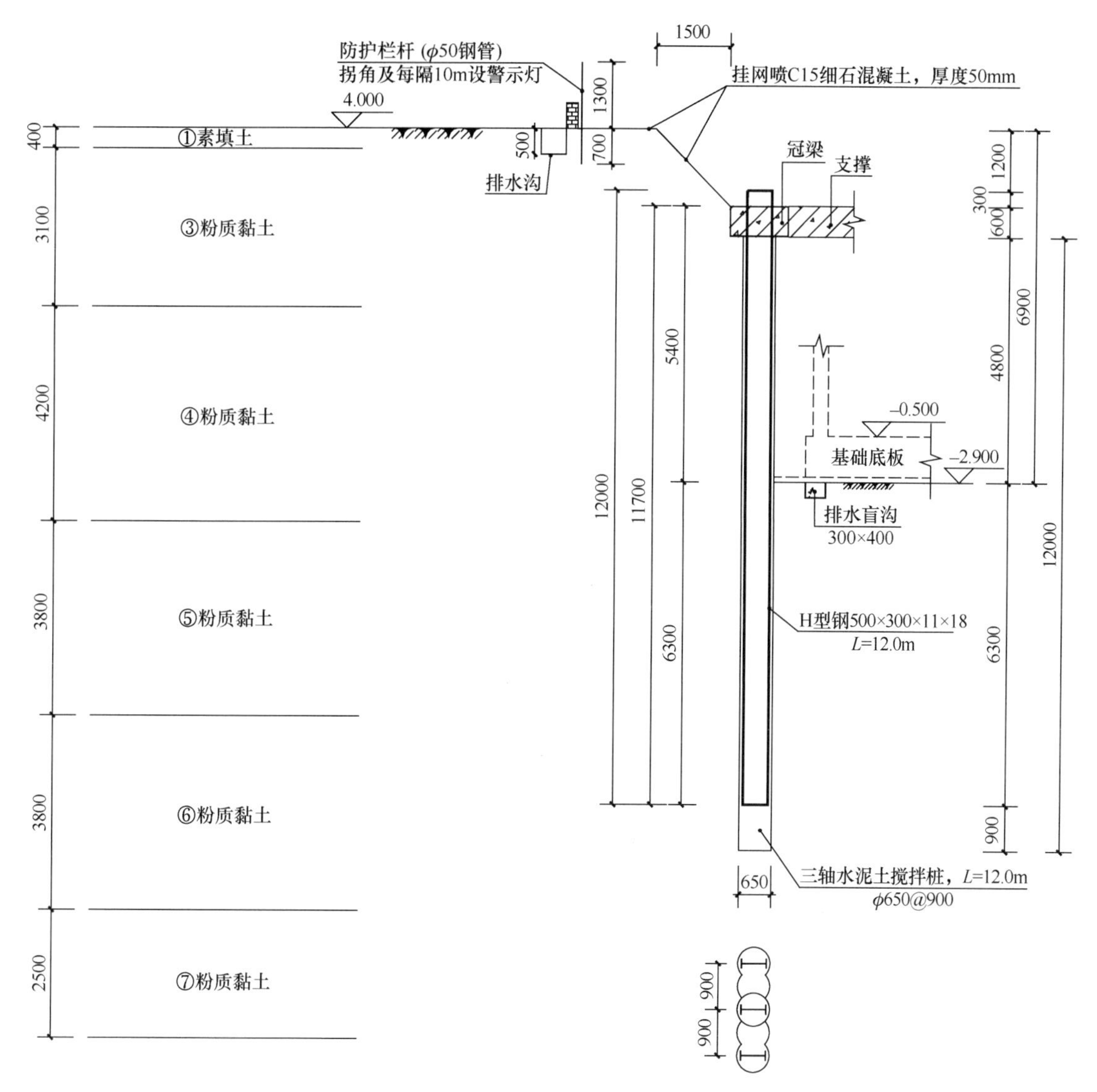

图1　原支护剖面图

到加快施工速度，抓紧投产，地下、地上结构同时施工，如此一来，深基础结构施工至地坪，拔除型钢工作面已不具备。考虑到上述因素，本支护方案采用SMW工法桩已不是特别适用。

3　调整后的支护设计方案

3.1　调整后的设计方案

结合本项目的实际情况，我方通过理论计算分析，采用三轴水泥土搅拌桩内插入PRC管桩进行支护更适合本项目的基坑支护，在保证基坑安全的同时，还可节省一定的工期，具体支护方案如图2、图3所示。

3.2　调整后方案与之前方案的优劣分析

根据对前后两个方案的对比分析，二者在安全、经济、工期、适用性等方面有以下特点，现对比如下。

(1) 基坑整稳变形方面

经复核计算两种支护形式均满足支护设计相关规范要求，为了保证该基坑工程在安全状态下顺利开挖、施工，建设单位委托了第三方对本基坑支护桩水平位移基坑开挖过程中相应部位进行了基坑监测，变形值如图4、图5所示。

选取2个监测点对支护结构的深层水平位移的计算结果与开挖实际监测结果进行比较分析，如图4、图5所示。根据分析，2个监测点位的计算结果均与监测结果较为接近，监测点桩顶水平位移均与实际监测数据相差小于15%。桩身最大水平位移均发生在坑深约2/3位置处，且各监测点的计算误差均不大于10%。由于现场的施工荷载随机性很大，且计算过程中理想的简化为均布荷载，因此计算结果和实际监测数据必然存在一定的误差。然而根据以往经验，10%～20%的变形计算误差仍是比较可接受的结果。

在支护结构的水平位移变形、整体稳定、抗倾覆等方面，二者均满足要求。

(2) 经济性方面

SMW工法桩的优势在于型钢在结构施工至±0.000m之后可以拔除回收，进行重复利用，按可回收考虑SMW

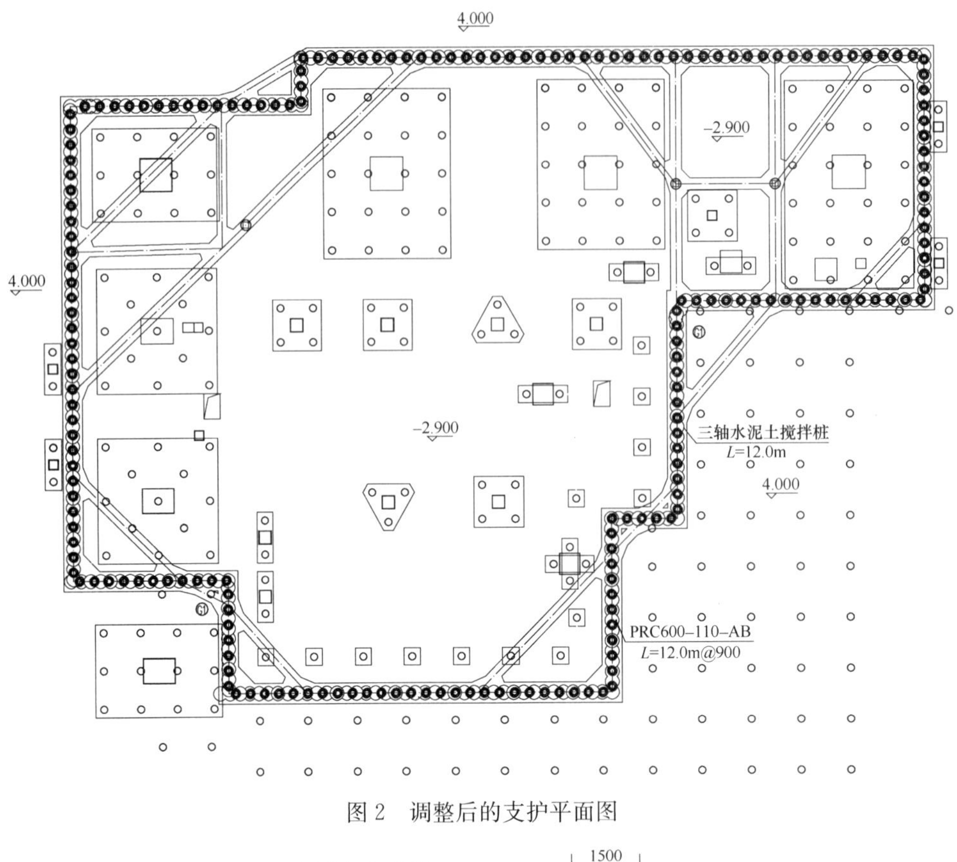

图 2　调整后的支护平面图

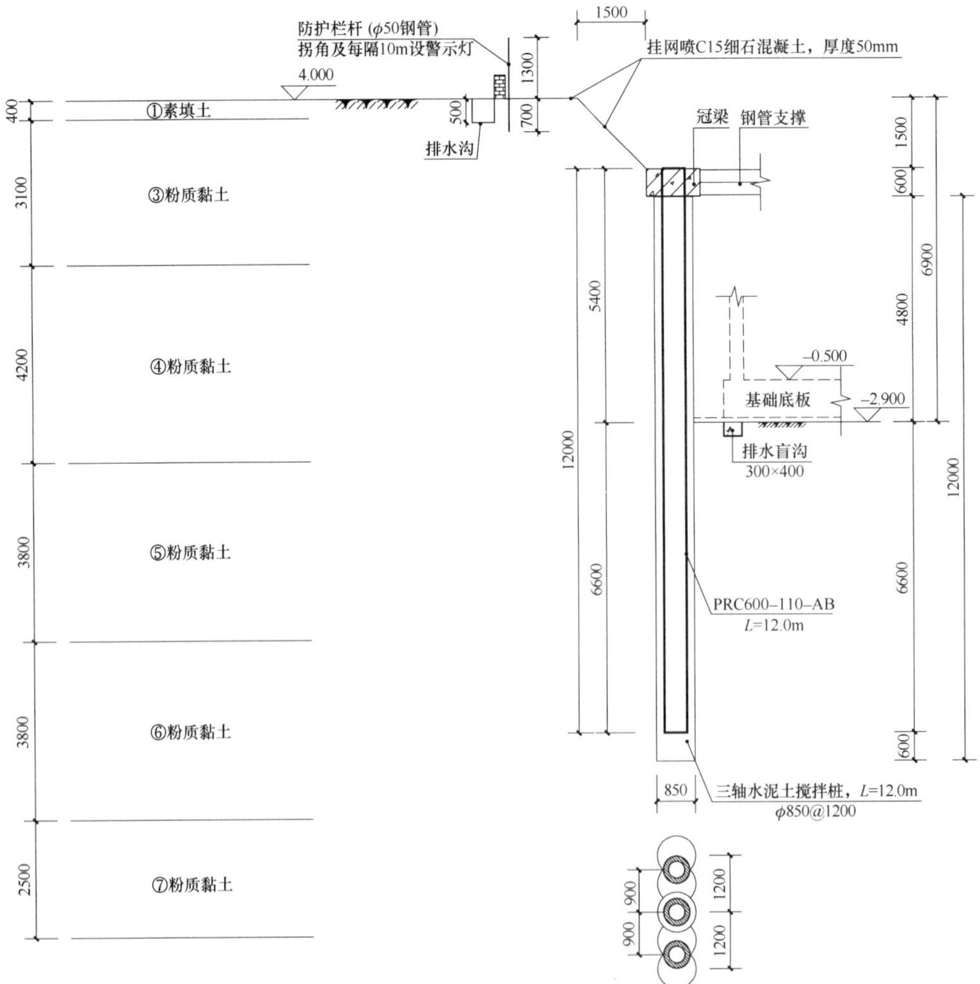

图 3　调整后的支护剖面图

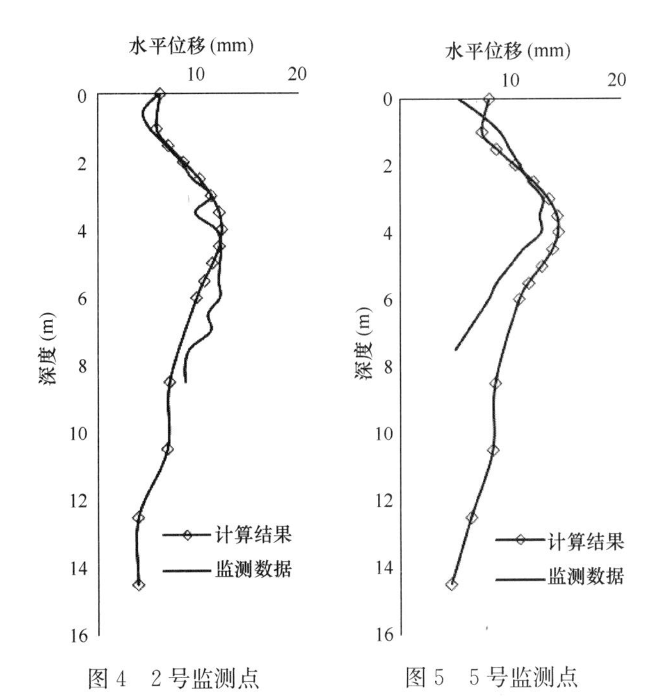

图4　2号监测点　　　　图5　5号监测点

工法桩支护比水泥土搅拌桩内插PRC管桩造价低约15万元，但本项目基坑四周有浅基础，主体结构施工至±0.000m之后导致型钢不具备条件拔除。因此一来，前者支护造价比后者高约67万元，故在此项目中采用水泥土搅拌桩内插PRC管桩更具有优势。

（3）支护结构施工工期

不考虑拔除的情况下二者的施工时间基本是相同的，但考虑到H型钢的回收，拔除型钢、对空隙进行封堵需14～18d的时间，因此，采用水泥土搅拌桩内插PRC管桩比SMW工法桩进行支护工期更短，更具有优势。

（4）适用性

考虑到H型钢需要回收，SMW工法桩对场地条件的要求比搅拌桩内插PRC管桩要高，尤其本项目基坑四周有浅埋基础，浅部基础结构施工后现场将不具备条件拔除型钢，因此，SMW工法桩支护造价将大大增加；此外，拔除型钢将使得周围土体产生变形，影响四周的基础，故SMW工法桩不适用于本基坑的支护。

4　结论

采纳优化后的方案实施后，基坑开挖比较顺利，基坑实际监测结果与理论计算比较吻合，计算数值与监测数据较为接近，理论计算结果可靠有效，对实际工作具有指导作用。为以后基坑支护采用水泥土内插PRC管桩提供了很好的参考。

参考文献：

[1]　天津市工程建设标准．建筑基坑工程技术规程DB 29-202—2010[S]．天津：天津市城乡建设和交通委员会．
[2]　中华人民共和国行业标准．建筑基坑支护技术规程JGJ 120—2012[S]．北京：中国建筑工业出版社，2012．
[3]　预应力混凝土管桩技术标准JGJ/T 406—2017[S]．北京：中国建筑工业出版社，2018．
[4]　型钢水泥土搅拌墙技术规程JGJ/T 199—2010[S]．北京：中国建筑工业出版社，2010．
[5]　中华人民共和国国家标准．建筑基坑工程监测技术标准GB 50497—2019[S]．北京：中国计划出版社，2020．

抗拔桩嵌岩段孔壁泥皮旋挖伸缩钻头清刷施工技术

童　心，雷　斌，黄　凯
（深圳市工勘岩土集团有限公司，深圳 518063）

摘　要：文章介绍了抗拔桩嵌岩段孔壁泥皮旋挖伸缩钻头清刷施工技术的工艺原理、操作流程及特点，针对抗拔桩嵌岩段孔壁泥皮如何有效清除的难题，提出通过安装在旋挖钻头底部的刷头的伸出、收缩，实现刷壁器对嵌岩段孔壁泥皮的有效清刷，同时避免了刷壁钻头对土层段孔壁的扰动影响，从而实现保证成桩质量、提高桩基承载力。该施工技术便于操作、安全可靠、质量可控，多个项目的实际应用证明其具有显著的社会效益和经济效益，为今后类似桩基质量提升处理提供参考。
关键词：伸缩刷壁器；旋挖钻进；抗拔桩；嵌岩段孔壁泥皮清刷；施工技术

0　引言

当建筑物上部结构荷重不能平衡地下水浮力时，结构的整体或局部会受到向上浮力的作用，如建筑物的地下室结构、地下大型水池、污水处理厂的地下生化池等，为确保建（构）筑物的使用安全，须设置抗拔桩。抗拔桩依靠桩身与土层或岩层的摩擦力来抵抗竖向抗拔力，当桩端嵌入岩层时，摩擦力主要由岩层段提供。

目前，灌注桩通常采用旋挖钻机成孔，钻进过程中采用泥浆护壁，为确保孔壁稳定，泥浆相对密度维持在1.10～1.20。护壁泥浆一般由膨润土、纯碱、水及添加剂按比例配制，通常情况下，泥浆在孔壁上会形成一定厚度的泥皮，泥皮吸附在孔壁上可提高孔壁稳定性，但对于抗拔桩而言，泥皮的存在相当于在桩身与孔壁间添加了一层润滑剂，一定程度上使抗拔桩承载力降低。

为了改善泥皮对嵌岩段孔壁的附着影响，一些项目在旋挖钻头筒身上安置钢刷，对孔壁进行刷壁操作，刷壁钻头见图1；但由于钢刷为固定式安装，其从孔口深入至孔底的过程中会对全长孔壁进行不同程度的刷壁操作，对土层段的刷壁操作会产生较多的泥渣掉落堆积在孔底，从而影响对岩层段的刷壁效果；同时，由于安装位置较高的影响，其对孔底段的部分岩层无法实施有效刷壁。

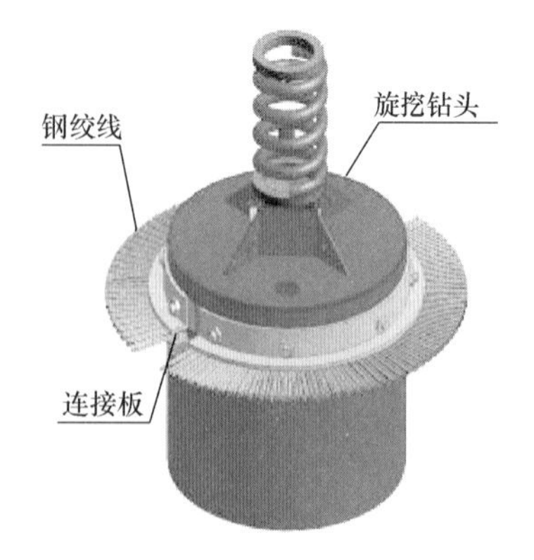

图1　旋挖刷壁钻头

针对上述问题，研究发明了一种桩孔内岩壁泥皮的清刷钻头，并应用于前海嘉里（T102-0261宗地）等多个项目桩基础工程施工中，通过安装在旋挖钻头底部的刷头的伸出、收缩，实现刷壁器对嵌岩段孔壁泥皮的有效清除，同时避免了刷壁钻头对土层段孔壁的清刷扰动影响，从而达到保证成桩质量的目的，提高桩基承载力，取得了显著效果。

1　工程概况

1.1　工程规模及桩基设计情况

前海嘉里（T102-0261宗地）项目位于深圳市南山区前海深港合作区核心地段、前湾片区东北、桂湾河水廊道公园南侧，该地区北侧为紫荆西街（待建），东侧为嘉里地块二期基坑，地铁9号线航海路车站折返段区间位于场地东北角。根据规划方案，整体设4层地下室，本项目用地红线占地面积约1.7万m^2，基坑周长约533m，面积约1.58万m^2，深度18.0～18.3m。

桩基础采用旋挖钻孔灌注桩或冲击成孔灌注桩，非塔楼桩端持力层为中风化岩，塔楼桩端持力层为微风化岩，其中抗拔桩桩径为ϕ1600mm、ϕ1800mm、ϕ2000mm、ϕ2200mm、ϕ2400mm，桩端持力层为微风化岩，桩端入持力层深度大于1.0m。

1.2　现场施工情况

本工程采用抗拔桩嵌岩段孔壁泥皮旋挖伸缩钻头清刷技术进行施工，通过采用一种制作简易、操作方便的旋挖伸缩刷壁钻头，有效清除了抗拔桩嵌岩段孔壁上附着的泥皮，保证了桩基承载力，对提升建筑结构安全性能起到重要作用，取得了较好的社会效益和经济效益，得到建设单位、设计单位和监理单位的一致好评。

2　抗拔桩嵌岩段孔壁泥皮旋挖伸缩钻头清刷施工技术

2.1　工艺原理

1. 刷壁钻头设计技术路线

考虑到刷壁器要实现对嵌岩段孔壁的刷壁操作，则刷壁器的刷头伸出时的直径需略大于桩孔设计直径；同时，刷头直径又得小于桩孔直径，这样方可实现随钻头下放过程中与土层段无接触。因此，刷壁器刷头应具有伸缩开合的功能。

为了实现此功能，设想利用摩擦力、作用力和反作用力的原理，研制出一种具有伸缩功能的刷壁钻头；考虑到开合是完全相反的两个动作，则可通过钻头顺时针旋转、逆时针旋转的操作，从而完成刷壁器的张开、收缩，实现刷壁器的使用功效。

2. 刷壁钻头结构

伸缩刷壁器安装在旋挖钻头筒身的底部，刷壁器由底板、限位挡板和刷头三部分组成，具体见图 2、图 3，以直径 ϕ800mm 抗拔桩刷壁钻头为例说明。

图 2　刷壁钻头实物

图 3　伸缩刷壁器结构组成图

（1）旋挖钻头筒身

1）结构：①筒身为圆柱状，是刷壁器与钻杆的中间连接部分，其由切除旋挖钻筒底部改造而成；②筒身直径与刷壁钻孔的直径一致或略小；③筒身长度与通常采用的旋挖钻头的长度一致，一般为 1.2m。

2）作用：筒身通过其顶部接头与旋挖钻机钻杆连接，底部与刷壁器底板焊接相连。

（2）刷壁器底板

1）结构：①底板由 3cm 厚钢板制成，直径 ϕ800mm，底板上刻印有 3 道限位挡板安装凹槽，凹槽深 3mm，宽度 30mm，3 道凹槽相交形成的等边三角形中心点与底板圆心重合；②底板正中间开设 ϕ150mm 泄压孔，以防钻头随钻杆深入桩孔时因钻头内部浸入泥浆缓慢导致下放钻头进程受阻，从而影响施工效率；③距离底板圆心 250mm 处按照限位挡板安装凹槽位置均布 3 个刷头安装孔，直径 ϕ100mm，用于后续安装刷头。底板三维图见图 4。

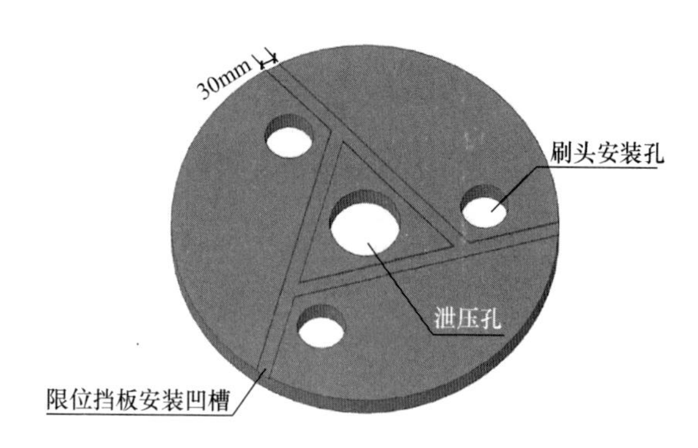

图 4　底板三维图

2）作用：①底板将限位挡板、刷头等集成于一体，形成伸缩刷壁器整体；②与钻头焊接相连，使伸缩刷壁器固定于钻头底部，由钻杆带动下放至桩孔底进行刷壁施工操作。

（3）刷壁器限位挡板

1）结构：限位挡板为形状规则的扁平状长方体钢块，由 28mm 厚钢板制成，长 560mm、高 140mm，置入底板凹槽并进行焊接相连，完成牢固拼接。底板上安装限位挡板三维图见图 5。

2）作用：刷壁器在孔底刷壁施工时，限位挡板对刷头形成转动限制，以此实现刷头的伸缩功能。

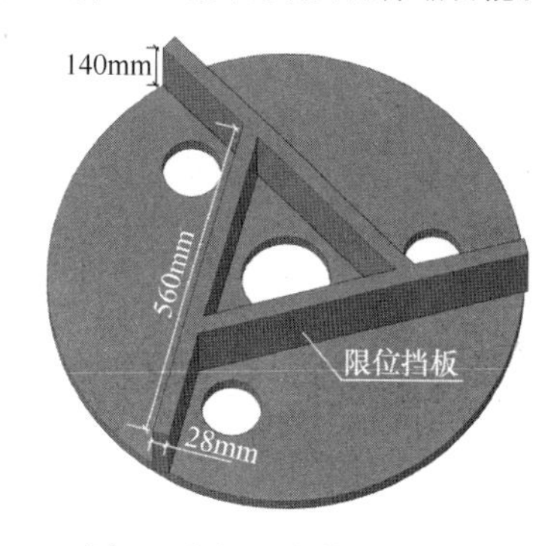

图 5　底板上安装限位挡板

（4）刷壁器刷头

1）结构：刷头由刷柄和钢丝绳刷毛组成。

① 刷柄由厚钢块制成，钢块长 300mm、宽 120mm、高 150mm，其与底板通过螺栓轴销连接，螺栓中加设安全卡销拧紧固定，以防刷壁器工作时刷柄脱离底板掉落，刷柄可绕固定螺栓轴销 360°转动，具体见图 6、图 7；

图 6　厚钢块制成刷柄

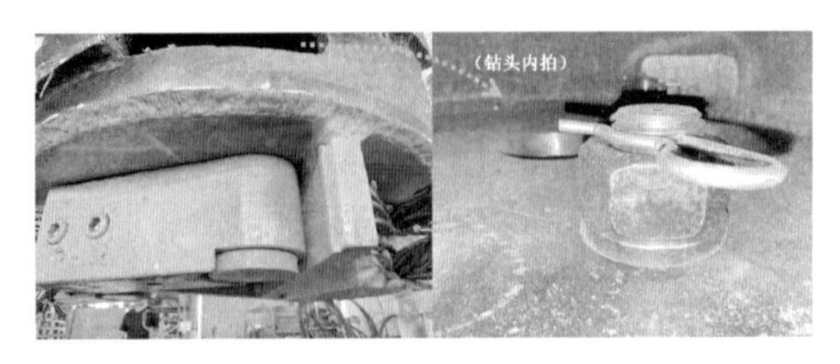

图 7 刷柄通过螺栓轴销与底板固定

② 刷柄短边侧面上开设 2 个钢丝绳安装孔，直径 ϕ30mm，两孔距离 70mm，刷柄长边侧面上开 2 个直径 ϕ30mm 紧固钢丝绳螺栓插入孔，刷柄短边侧面需纵向进深切割 200mm，以便后续将钢丝绳顺利插入安装孔，具体见图 8；

③ 钢丝绳刷毛为刷壁时接触孔内岩层壁的部分，各刷柄 2 个安装孔内各插入 1 股 ϕ26mm 钢丝绳，钢丝绳由两颗膨胀螺栓从侧面螺栓插入孔拧入固定，避免刷壁时钢丝绳松动脱落。钢丝绳置入安装完成后，人工将钢丝绳散开呈清扫刷头状。

伸缩刷壁器三维图见图 9。

2）作用：刷柄带动钢丝绳刷对岩层孔壁进行泥皮清刷。

3. 刷壁钻头工作原理

（1）筒身顺时针旋转，刷头向外展开伸出

将伸缩刷壁器焊接于钻头底部，以刷头收缩状态随钻杆伸入桩孔，下放至孔底。顺时针方向旋转刷壁钻头。在孔底摩擦力的作用下，刷头与钻头形成相对运动，使刷头表现为“自动外伸”，直至刷头完全张开；继续保持该方向转动钻头，刷壁器始终为伸展状态触碰到孔底岩层侧壁，完成泥皮清刷操作，具体见图 10。

图 8 钢丝绳安装孔、紧固钢丝绳螺栓插入孔及纵向进深切割展示图

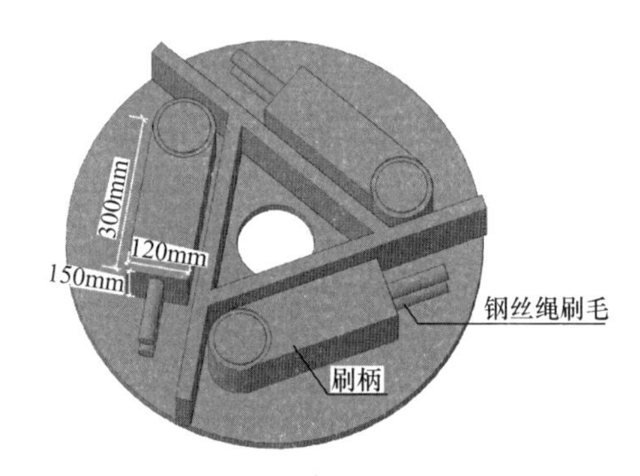

图 9 伸缩刷壁器三维图

→

→

图 10 刷壁器刷头展开全过程（图中虚线箭头为钻头旋转方向）

当完成该层岩壁的泥皮清刷后，保持刷头状态，提升钻杆一定高度，重复进行上层岩壁的泥皮清刷，直到完成孔内整段岩层壁泥皮的清除。

（2）刷头往内返回收缩

刷头收缩为伸出的反向运动，分析同理：完成嵌岩段孔壁泥皮清除后，将钻头重新下放至桩孔底部，逆时针方向旋转刷壁钻头，在孔底摩擦力的作用下，刷头与钻头形成相对运动，使刷头表现为“自动内缩”，直至刷头完全收缩。此时提钻出孔，即可有效避免刷壁器可能产生的对土层段孔壁的不良影响。

→

→
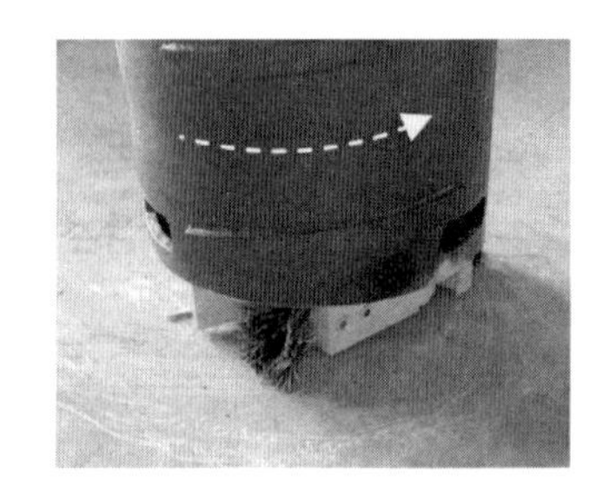

图 11 刷壁器刷头收缩全过程（图中虚线箭头为钻头旋转方向）

2.2 工艺流程

抗拔桩嵌岩段孔壁泥皮旋挖伸缩钻头清刷施工工艺流程见图12。

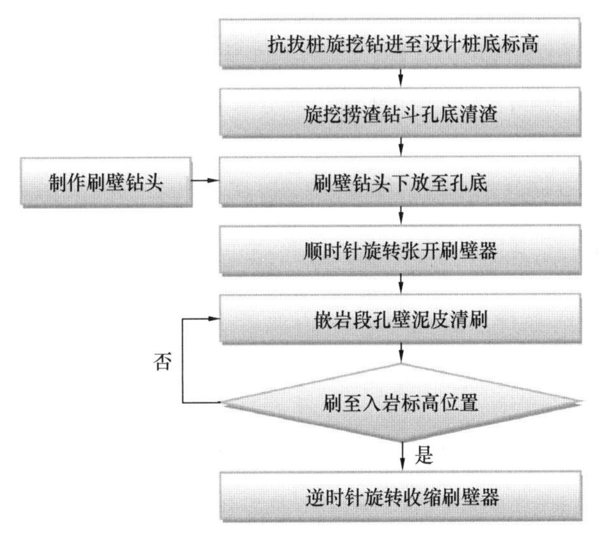

图12 抗拔桩嵌岩段孔壁泥皮旋挖伸缩钻头清刷施工流程图

2.3 适用范围

适用于采用旋挖钻机钻进的直径 $\phi800\sim\phi1200$mm 的抗拔桩施工。

2.4 操作要点

1. 抗拔桩旋挖钻进至设计桩底标高

（1）采用全站仪对桩孔实地放样，并进行定位标识，由测量监理工程师复测确认无误。

（2）预先钻孔竖直吊放压入定位护筒，定位护筒还可有效保证孔壁稳定，防止出现坍塌问题。

（3）钻机安装对中后，连接启动泥浆循环系统开始钻孔。

（4）土层段采用旋挖钻斗钻进，当钻头顺时针旋转时，钻屑进入钻斗，装满近一斗后将钻头逆时针旋转，底板由定位块定位并封死底部开口，提升钻头至地面卸土。

（5）岩层段更换截齿筒钻钻进，依靠截齿切削破岩，再更换捞渣钻斗清渣，通过钻筒的旋转切削、捞渣反复循环操作，直至钻进成孔至设计入岩深度；同时，捞渣作业进行多次循环施工，确保清孔效果，为下一步岩层段刷壁做准备。

2. 旋挖捞渣钻斗孔底清渣

（1）桩基施工终孔后，采用旋挖捞渣钻斗进行桩底清孔操作。

（2）将捞渣钻斗放入孔底后正向旋转钻杆，一边旋转一边下压，多圈旋转后停止转动，提钻出渣。

（3）如发现钻头内钻渣较多，须进行二次清孔，直至彻底清理干净，以确保孔底沉渣厚度符合要求。

3. 制作刷壁钻头

（1）旋挖钻头筒身制作。对钻头底部进行切割，使底部形成平滑切割面，便于后续与刷壁器底板进行焊接相连。

（2）在加工车间使用钢板材料预制伸缩刷壁器的底板和限位挡板。

（3）将带有限位挡板的刷壁器底板与钻头筒身通过满焊的方式进行焊接相连。

（4）制作刷柄，将其安装在刷壁器底板上，并在刷柄上插入钢丝绳刷毛，人工将钢丝绳散开呈清扫刷头状，注意佩戴好防护手套，以防钢丝绳锋利伤人。

（5）完成旋挖刷壁钻头整体制作后，将其运送至施工项目现场。

4. 刷壁钻头下放至孔底

（1）将旋挖刷壁钻头吊运至桩基施工位置附近。

（2）拆卸旋挖钻机的捞渣钻头，更换为旋挖伸缩刷壁钻头。

（3）刷壁钻头安装就位后，在现场进行展开收缩试运转，确保其在孔内刷壁时的顺利开合。

（4）刷壁器3个刷头呈内缩状态，随钻杆下入至桩孔内。

5. 顺时针旋转张开刷壁器

（1）刷壁钻头整体下放至孔底硬岩处，旋挖钻机加压使钻头对孔底施以压力，使刷壁器3个刷头充分与桩孔底壁接触。

（2）顺时针旋转刷壁钻头，3圈后使刷壁器3个刷头充分展开伸出。

6. 嵌岩段孔壁泥皮清刷

（1）继续保持顺时针方向旋转钻头，进行最底层嵌岩段孔壁泥皮清刷施工，一层岩壁清刷根据现场地层情况需3～5min。

（2）完成第一层岩壁泥皮清刷后，提升钻杆向上一层岩壁进行清刷施工，提升高度约10cm，持续保持顺时针方向旋转钻头实施刷壁，以此类推至刷壁至入岩标高位置处。

7. 逆时针旋转收缩刷壁器

（1）孔内嵌岩段孔壁全部完成清刷操作后，重新将刷壁钻头整体下放至桩孔底部，同时对桩底施以压力，使刷壁器3个刷头充分与桩孔底壁接触。

（2）多圈逆时针旋转旋挖刷壁钻头，使刷壁器3个刷头向内收缩，然后将旋挖刷壁钻头提出钻孔，提钻过程中，钢丝绳刷毛与桩孔侧壁无直接接触，有效避免了刷毛可能破坏扰动桩孔内土层侧壁从而导致的塌孔等桩身质量风险。

（3）提钻出孔后刷壁器上沾满渣土泥皮，用清水冲洗刷头，可见由于刷壁作用，钢丝绳刷毛呈单一方向弯曲，表明刷头与硬岩壁接触效果良好。

（4）冲洗干净的刷壁器可再次入孔进行嵌岩段孔壁泥皮清刷操作，反复多次后观察提出孔口的刷壁器钢丝绳刷毛上是否有泥皮残余，由此判断是否完成岩壁泥皮清刷施工。

2.5 实施效果评价

1. 社会效益

通过前海嘉里（T102-0261宗地）等多个项目桩基础

工程施工的实践应用证明，抗拔桩嵌岩段孔壁泥皮旋挖伸缩钻头清刷施工技术通过采用一种制作简易、操作方便的旋挖伸缩刷壁钻头，有效清除了抗拔桩嵌岩段孔壁上附着的泥皮，提高桩基承载力，保证成桩质量，对提升建筑结构安全性能起到积极作用。本技术在装置制作、现场操作、施工质量控制、安全性能保障等方面都突显出了独特的优越性，为提升建筑结构安全性能提供了一种创新、实用的工艺技术，得到建设单位、设计单位和监理单位的一致好评，取得了显著的社会效益。

2. 经济效益

经济效益分析主要将本技术与不进行岩壁泥皮清刷进行对比，以某项目为例说明，该项目抗拔桩共 141 根，平均有效桩长 34.98m，桩端入中风化花岗岩，平均入岩深度 1.21m。

（1）抗拔桩嵌岩段孔壁泥皮旋挖伸缩钻头清刷施工技术

为使旋挖伸缩刷壁钻头更好地发挥出其泥皮清刷功效，项目配置旋挖伸缩刷壁钻头 2 个，加工所用筒身、各式钢板（块）、螺栓轴销等构配件成本费及人工费共计 4 万元，刷壁钻头运送至项目施工现场花费 0.2 万元，其余未增加相关配合机械、设备等费用，则采用伸缩刷壁钻头新增成本共计 4.2 万元。

（2）不进行嵌岩段孔壁泥皮清刷

按通常采用的旋挖钻机钻进成孔的方法，未增加额外施工成本，但因岩壁泥皮的存在，无法有效保证抗拔桩承载力，后续通常需采用加大抗拔桩直径或增加入岩深度的方法来保证桩身抗拔力，延长了工期，增加施工投入成本，经济效益低。

（3）经济效益综合比较

综合上述两种施工方法的经济效益分析，对比分析详见表 1。

两种施工方法经济效益对比　　表 1

序号	施工方法	新增施工成本	综合评价
1	抗拔桩嵌岩段孔壁泥皮旋挖伸缩钻头清刷施工技术	旋挖伸缩刷壁钻头制作、运送 4.2 万元	便捷高效、保证成桩质量、提升建筑结构安全性能
2	不进行嵌岩段孔壁泥皮清刷	无	难以保证抗拔桩承载力，延长工期，增加施工投入，经济效益低

3 结语

灌注桩采用旋挖钻机钻进成孔时辅以泥浆护壁，泥浆在孔壁上形成一定厚度的泥皮以提高孔壁稳定性，但对抗拔桩而言，泥皮的存在相当于在桩身与孔壁间添加了一层润滑剂，一定程度上使抗拔桩承载力降低。为了改善泥皮对嵌岩段孔壁的附着影响，提出通过安装在旋挖钻头底部的刷头的伸出、收缩，进行嵌岩段孔壁泥皮清刷，经过一系列现场试验、工艺完善及研究总结、参数优化，最终形成了系统的抗拔桩嵌岩段孔壁泥皮旋挖伸缩钻头清刷施工技术，制定了标准的工艺流程及操作要点，取得了显著成效，实现了方便快捷、高效经济、质量可控的目标，达到预期效果。

参考文献：

[1] 王清江．桩基旋挖施工清孔钻头：中国，CN201520180471.5[P]. 2015-10-28.
[2] 彭雪平，周雷靖．摩擦型冲(钻)孔灌注桩桩侧泥皮问题实例分析及处理[J]. 电力建设，27(02)：15-17.
[3] 中南大学．多向喷射气动潜孔锤钻头：中国，CN201711162651.0[P]. 2018-03-23.
[4] 中国石油大学(北京). 减压提速的钻头水力结构和钻头：中国，CN201010282192.1[P]. 2011-01-12.

载体桩在济南南北康工程中的应用

谭向阳，王凤灿，王庆军
（山东鲁中基础工程有限公司，山东 桓台 256401）

摘　要：济南南北康项目地处杂填土地区以及岩溶地区，通过方案论证和试验桩的试验及不同方案间的经济与技术比较，最终采用载体桩基础。本文结合这一实例，详细介绍了载体桩的设计、施工，以及针对杂填土及岩溶地区该工艺的优势，为杂填土及岩溶地区的桩基设计提供新的设计思路和设计经验。

关键词：载体桩；水泥砂拌合物；杂填土；岩溶

0　前言

载体桩是一种特殊形式的桩基，包括两部分：桩身和载体。载体桩从受力原理分析，桩身相当于传力杆，载体相当于无筋扩展基础，上部荷载通过桩身传递到载体，再通过载体内水泥砂拌合物挤密土体影响土体逐级扩散，最终传递到载体下持力层。载体桩核心为土体密实，通过填料夯实桩端土体形成载体。它有施工速度快、承载能力高、施工质量好、造价低、保护环境等优点。现以济南南北康项目为例简述其工艺与性能。

1　工程概况

拟建场地位于济南市市中区，包括5栋18层住宅楼、配套及车库。根据工程地质勘察资料揭示，该场区为大面积人工填土，填土厚度变化较大，揭露的厚度为1.1～18.4m，成分复杂、以建筑垃圾及生活垃圾为主，粒径大小不一，且分布不均，有较大石块及混凝土路面。拟建场区勘察深度范围内未发现地下水，不过场地具备集中汇水的条件，附近有排水管道，回填土中集存大量水。

另外，根据现场钻探揭露，场区中风化石灰岩岩溶较发育，多数呈溶孔、溶洞和大裂隙状，少数为蜂窝状，大部分岩溶被黏性土或黏性土混碎石充填，根据《建筑岩土工程勘察设计规范》DB 37/5052—2015中第6.9.2条，钻孔岩溶率＞10%，该场地岩溶发育等级为中等—强发育。

在勘察深度范围内（44.0m），根据《济南市区岩土工程勘察地层层序划分标准》DB 37/T 5131—2019，场地地层自上至下大致分为6层，现自上而下分述如下：

①₁ 层杂填土（Q_4^{ml}）

杂色，稍密，以建筑垃圾及生活垃圾为主，粉黏土充填，开口有厚度不等的混凝土路面。场区普遍分布，厚度1.10～18.40m，平均9.44m；

①₂ 层素填土（Q_4^{ml}）

黄褐色，可塑，以粉质黏土为主，含少量碎石、砖屑。场区普遍分布，厚度1.30～7.80m，平均3.66m；

⑨₂ 层粉质黏土（Q_4^{al}）

黄褐色，可塑—硬塑，含粉粒，含少量铁锰氧化物，干强度中等，韧性中等。场区普遍分布，厚度1.00～7.70m，平均3.49m；

⑩层粉质黏土（Q_4^{al}）

黄褐色，可塑—硬塑，含少量铁锰氧化物，稍有光泽，干强度中等，韧性中等。场区普遍分布，厚度1.30～8.50m，平均4.77m；

⑬层黏土（Q_2^{3al+pl}）

棕红色，硬塑，有光泽，含铁锰氧化物，干强度高，韧性高。场区普遍分布，厚度3.10～7.30m，平均4.83m；层底标高111.30～119.52m，平均114.32m；

⑭₆ 层黏土（Q_2^{3al+pl}）

棕色，可塑—硬塑，含大量铁锰氧化物，含风化颗粒，局部含碎石、砾石，干强度高，韧性高。场区普遍分布，厚度1.60～9.00m，平均5.54m；

㉟₁ 层中风化石灰岩（破碎状）

青灰色，隐晶质结构，中厚层构造，节理裂隙发育，裂隙方解石充填，岩芯呈碎块状，岩溶发育，采取率70%，*RQD*=0。场区普遍分布，厚度0.80～0.90m，平均0.85m；

㉟₂ 层中风化石灰岩

青灰色，隐晶质结构，中厚层构造，节理较发育，岩芯呈短柱状及柱状，局部有轻微岩溶现象，采取率85%，*RQD*＝30。场区普遍分布，厚度2.00～3.90m，平均2.95m；

㊶溶洞

中风化灰岩溶洞内充填物以粉质黏土为主，土黄色，可塑，含灰岩碎块或薄层灰岩。

各土层及其物理性质如表1所示。

土层物理性质　　表1

层号	地层	建议承载力特征值 f_{ak}（kPa）	压缩模量建议值 $E_{s1\text{-}2}$（MPa）	变形模量建议值 E_0（MPa）
⑨₂	粉质黏土	140	6.48	—
⑩	粉质黏土	160	6.78	—
⑬	黏土	200	7.51	—
⑭₆	黏土	210	8.37	—
⑭₃	漂石	350	—	视为不可压缩层
㉟₁	中风化石灰岩（破碎状）	900	—	视为不可压缩层
㉟₂	中风化石灰岩	2000	—	视为不可压缩层
㊶	溶洞充填土	200	8.00*	—

2 桩基方案技术经济分析

2.1 桩基础的技术对比

在充满大块的杂填土上采用桩基础，泥浆护壁钻孔灌注桩成孔难度大，且容易造成塌孔、缩径、桩位偏差大以及成孔不垂直等问题，混凝土桩身质量难以保障。其次，钻孔灌注桩是靠桩身侧摩阻和端阻来提供承载力，对本工程地质而言，杂填土没有侧摩阻，钻孔灌注桩需入岩且需要较大直径，因场区内中风化岩溶的发育状况未完全揭露，钻孔灌注桩需一桩一勘，查明各桩持力层埋深及岩溶情况，确定入岩深度。这样，会大大增加桩基造价且延长工期，并且施工中产生较多的泥浆需要处理。而载体桩恰好克服了以上难点，用较短的桩长提供了较高的承载力。

载体桩为端承桩，关键部位就是桩端的载体，桩的竖向承载力主要靠载体来提供，不考虑侧摩阻力。故可以减小桩径及桩长，且载体桩持力层选在距离风化岩较远的黏土层，避免了一桩一勘，降低工程造价。载体桩成孔工艺先进，采用柱锤冲击成孔，可穿透建筑垃圾、砖块、混凝土块等杂填土；钢护筒护壁，在冲击成孔过程中，钢护筒全程跟进护壁，确保成孔质量，保证桩身不缩径、不断桩；同时载体桩具有沉降变形小、综合造价低廉、施工速度快、不产生泥浆污染等特点。

2.2 现场载体桩试桩与分析

为了验证载体桩工艺在本场地的适用性，为设计提供数据，施工前在现场进行了载体桩试桩，载体桩具体施工参数见表 2，载体桩选择具有代表性的 3 根桩进行静载试验，试验结果见表 3，单桩承载力均满足要求，试验结果表明载体桩的施工参数合理，因此在实际工程设计和施工中应用了载体桩。

载体桩施工参数　　表 2

桩长（m）	桩径（mm）	三击贯入度（cm）	桩端持力层	水泥砂浆拌合物填料量（m^3）	承载力特征值（kN）
22	500	5～9	⑬黏土	0.5～0.7	1700kN

载体桩静载试验结果表　　表 3

试桩桩号	试验类型	终止荷载（kN）	最终沉降量（mm）	承载力特征值（kN）
1 号	单桩竖向抗压	3400	5.96	1700
2 号	单桩竖向抗压	3400	9.36	1700
3 号	单桩竖向抗压	3400	4.25	1700

2.3 地基基础方案经济比较

在本工程场地，桩基础方案选择钻孔灌注桩和载体桩两种，现将两种方案就 2 号楼一栋楼进行经济对比，对比数据如表 4 所示，由表中数据可知载体桩比钻孔灌注桩节省造价明显。

2 号楼两方案经济对比　　表 4

桩基方案	分项名称	单桩承载力特征值	桩长（m）	桩数（颗）	持力层	桩径（mm）	工程量	单位	单价（元）	合计（元）	节约（元）	节约造价（%）
灌注桩	一桩一勘						5016.00	m	70.00	2335650.24	968010.24	41.44%
	灌注桩	1750kN	28	152	中风化岩	600	1202.75	m^3	1650.00			
载体桩	载体桩	1700kN	15	174	黏土	500	174.00	颗	7860.00	1367640.00		

该项目载体桩共 1037 根，桩长 13～16.5m，单桩承载力特征值 1700kN。

3 施工过程中解决的难题

解决了穿越夯实建筑垃圾大块的难题。利用护筒中柱锤的冲击能，将建筑垃圾大块一锤一锤地击碎并挤向周围，及时将护筒跟进，这样反复操作，就能有效地穿越建筑垃圾大块等硬层，全护筒跟进保证不塌孔，且对杂填土产生进一步的挤密作用。

4 载体桩的原理与技术特点

载体桩的技术核心为侧限约束下的土体密实，通过填料夯实使桩端一定范围内的土体得到最有效的挤密。使夯实后的填充料与挤密的土体形成具有扩散受力特性的扩展基础。

载体桩具有以下主要特点：

（1）通过填料夯实使桩端宽 2～3m，深 3～5m 范围内的土体得到最优密实。

（2）在同一施工场地，在不改变桩长、桩径的前提下，可根据不同的设计要求，通过调整施工参数来调节载体等效计算面积从而得到不同的承载力。

（3）提高桩基承载力，一般是相同桩径、桩长的普通灌注桩承载力的 3～5 倍。并且可通过调整施工控制参数调节单桩的承载能力。

（4）施工工艺简单、质量易控制，减少了工程量，缩短了工期。施工速度快，施工过程安全文明。

（5）施工时干作业成孔，无泥浆污染，绿色、环保。

（6）在合适的地质条件下，一般比普通基础方案可节约造价 10%～30%。

（7）适用范围广泛，黏性土、粉土、砂土、碎石土、残积土、强风化岩、全风化岩及中风化岩都可作为载体桩的持力层。

5 载体桩填料量的发展

载体桩通过填料夯实，达到一定三击贯入度后再填料，形成载体，显著增加单桩承载力，这是载体桩技术的核心。一方面，填料作为介质夯实挤密了桩端的地基土，同时填料夯实也增加了桩端的受力面积，形成等效计算面积的扩展基础受力。载体桩通过桩身将上部荷载传递到桩端，再通过夯实的填充料传递到桩端地基土。当单桩承载力要求不高时，填料的成分对单桩承载力影响不大。但当单桩承载力要求较大时，若填料强度有限，但直杆段的荷载较大时，载体核心的强度不够可能造成破坏，从而影响单桩承载力的使用。填料定义为挤密桩端地基土体而填入的材料，包括碎砖、碎混凝土、水泥拌合物、碎石、卵石及矿渣等。施工时最初填入的填料被挤入周围地基土中，起到挤密桩端土的效果，后一阶段填料受周围土体的约束被夯击成细颗粒或粉末位于载体中核心区域。当单柱承载力较高时，往往在直杆段端部单位面积压力较大，普通填料形成的载体核心区受压强度有限，不满足承载力要求。最新载体桩施工技术将填料由碎砖、碎混凝土块等变为水泥砂拌合物，采用水泥砂拌合物作为填料，由于水泥砂颗粒小，施工时不会被夯碎，而且水泥砂拌合物硬化后接近混凝土，强度较高，在一定程度上提高了单桩承载力。另一方面，采用水泥砂拌合物后能提高施工工效。原来常规载体桩施工采用碎建筑垃圾，每次填料都必须将柱锤提升出护筒，然后通过接近地面的填料口向护筒内填入。当桩长较短时，提锤消耗时间不是太长，但若桩长较长时，每次为填料提升柱锤将消耗大量的时间，降低了功效。采用水泥砂拌合物作为填料，由于填料颗粒较小，施工时填料可通过柱锤与护筒的孔隙进入护筒底，减小了护筒提升的距离，工效大大提高。且采用自动化的设备，施工时严格控制柱锤出护筒的距离，减小柱锤夯击土体的影响范围，增加桩端土体的挤密效果，保证了载体质量。

6 结语

（1）在工程桩的施工中，利用护筒中重锤的冲击能，成功解决了穿越建筑垃圾大块的难题，达到了对该层进行进一步的挤密。且载体桩不考虑侧摩阻，在杂填土地区有较大的经济优势。

（2）在岩溶地区采用常规钻孔灌注桩入岩需一桩一勘，采用载体桩选在上部距离风化岩较远的持力层，可以节约一桩一勘费用。

（3）比常规地基处理方法节省造价 10%～30%，具有显著的经济效益和社会效益。

（4）载体桩的施工方法有利于保护环境，具有施工速度快、成桩质量好、沉降小且均匀等特点。

参考文献：

[1] 载体桩技术标准 JGJ/T 135—2018[S]. 北京：中国建筑工业出版社，2018.

[2] 建筑桩基技术规范 JGJ 94—2008[S]. 北京：中国工业出版社，2008.

[3] 建筑地基基础设计规范 GB 50007—2011[S]. 北京：中国工业出版社，2012.

[4] 北京波森特岩土工程有限公司. 载体桩技术标准实施指南（内部资料），2018.

TRD在北京某工程中的应用

苏长龙[1,2]，彭志勇[3]，马　健[1,2]，冯科明[1,2]，张启兵[1,2]，付文斌[1,2]

（1. 北京城建勘测设计研究院有限责任公司，北京 100101；2. 城市轨道交通深基坑岩土工程北京市重点实验室，北京 100101；3. 北京城建集团有限责任公司，北京 100088）

摘　要：TRD是一种新型水泥土地下连续墙的施工方法，在我国东南沿海、沿江、沿河区域广泛应用，适用的地质条件一般为软土地层。但也适用于N值不大于110击的软、硬质土层，中粗砂质土层，还可在颗粒直径小于100mm的卵砾石层和单轴抗压强度不大于10MPa的软岩中施工。北方地区应用少，可借鉴的案例和经验数据不多，工程位于通州区小圣庙，北侧距离北运河1200m，地下水位高，南侧附近存在局部污染性地下水源，因此地下水控制采用止水帷幕的方式，目的是切断承压水层与基坑内的水力联系，形成一个封闭空间，保证基坑内降排水过程中不引起基坑外侧的水位变化，达到防止外侧污染源扩散的目的。介绍了TRD工法超深止水帷幕的施工工艺、优缺点、质量控制措施及检测要求，实施效果表明：TRD工法成墙质量均匀，水泥掺量均一，强度和抗渗性好，质量可靠。

关键词：TRD工法；北京地区；止水帷幕；防渗检测

0　引言

随着国民经济的发展，我国已进入基础设施建设的飞速发展时期，对工程质量和工期要求越来越高，激发了新技术的发展和应用。超大、超深基坑已经广泛出现于各类建筑工程中，水泥土搅拌桩（墙）围护结构要满足高水位地区深基坑工程地下水控制的需要，截断或部分截断承压水层与深基坑的水力联系，控制由于基坑降水而引起的地面过度沉降或污染源的扩散，确保深基坑和周边环境的安全。常用的基坑工程截水帷幕有水泥土搅拌桩、地下连续墙等形式。常规的三轴水泥土搅拌桩最长约30m，无法应用于埋置深度超过30m的承压含水层隔断，多采用地下连续墙部分或全部隔断承压水。且对于高水位的密实砂层或软岩采用常规的水泥土搅拌桩截水帷幕施工存在困难。当前，亟需解决深基坑30～60m承压水层深度范围和部分标贯值在30击以上密实砂层甚至无侧限抗压强度不大于10MPa的软岩中施工水泥土搅拌桩的难题。TRD工法作为列入《建筑业10项新技术（2017版）》的新工法，已广泛应用于地下车站、地下室、水库堤岸等工程的止水帷幕工程，取得了良好的治理效果。

1　工程概况

1.1　基坑概况

本工程场区北侧为北运河，西侧为东六环，东南侧为东方化工厂旧址。厂区内存在小圣庙及运河古迹，场区周边无重要建筑物，场地基本平坦。基坑工程周长约1340m，开挖深度7.8～31.8m，基坑开挖面积约76420m^2。该工程包括博物馆东馆、共享设施6、共享设施8及预留地铁线路2（局部）。工程平面图如图1所示。

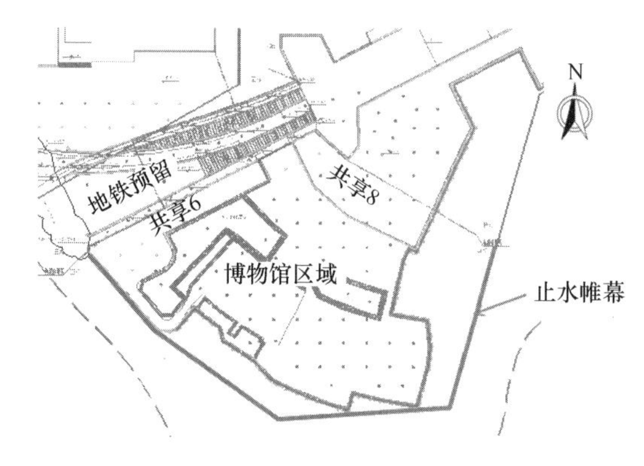

图1　工程平面图

1.2　工程地质和水文地质条件

1. 工程地质条件

根据岩土工程勘察资料，在最大勘探深度（80.00m）范围内的地层，划分为人工堆积层、新近沉积层和第四纪沉积层三大类，并按地层岩性及工程特性进一步划分为12个大层及亚层。

（1）人工堆积层

表层为一般厚度0.50～3.60m的人工堆积层主要包括①层黏质粉土素填土、砂质粉土素填土，①$_1$层房渣土及①$_2$层粉砂素填土、细砂素填土。

（2）新近沉积层

人工堆积层以下为②层新近沉积的粉砂、细砂，②$_1$层黏质粉土、砂质粉土，②$_2$层重粉质黏土、粉质黏土及②$_3$层有机质黏土；③层黏质粉土、砂质粉土，③$_1$层粉质黏土、重粉质黏土，③$_2$层细砂、粉砂及③$_3$层有机质黏土。

（3）第四纪沉积层

新近沉积层以下为第四纪沉积的④层细砂、中砂，④$_1$层黏质粉土、砂质粉土及④$_2$层粉质黏土、重粉质黏土；⑤层重粉质黏土、粉质黏土（普遍含有姜石），⑤$_1$层砂质粉土、黏质粉土及⑤$_2$层黏土；⑥层细砂、中砂，⑥$_1$层砂质粉土、黏质粉土及⑥$_2$层粉质黏土、重粉质黏土；⑦层粉质黏土、重粉质黏土，⑦$_1$层黏质粉土、砂质粉土，⑦$_2$层细砂、中砂及⑦$_3$层黏土；⑧层细砂、中砂，⑧$_1$层粉质黏土、重粉质黏土，⑧$_2$层黏质粉土、砂质粉土及⑧$_3$层有机质黏土；⑨层粉质黏土、重粉质黏土，⑨$_1$层黏质粉土、砂质粉土，⑨$_2$层细砂、中砂及⑨$_3$层有机质黏土；⑩层粉质黏土、重粉质黏土，⑩$_1$层黏质粉土、砂质粉土，

⑩₂层细砂、中砂及⑩₃层黏土；⑪层粉质黏土、重粉质黏土，⑪₁层黏质粉土、砂质粉土，⑪₂层细砂、中砂及⑪₃层黏土；⑫层粉质黏土、重粉质黏土及⑫₁层黏质粉土、砂质粉土。如图2所示。

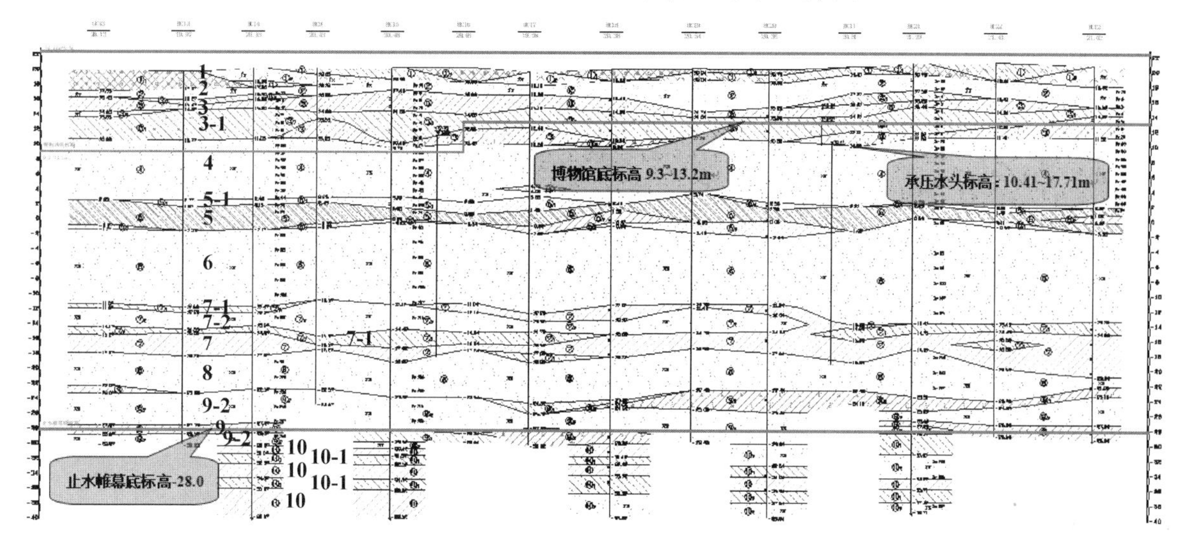

图2 工程地质剖面图

2. 水文地质条件

根据勘察报告，共测得4层地下水，如表1所示。

地下水水位量测情况一览表 表1

地下水序号	地下水类型	地下水稳定水位（头）		含水层所在层位及主要岩性
		埋深（m）	标高（m）	
第1层	上层滞水	5.50～7.60	13.83～15.31	③层黏质粉土、砂质粉土
第2层	潜水	6.40～8.60	11.41～14.01	③₂层细砂、粉砂及④层细砂、中砂
第3层	承压水	7.10～10.10	10.35～13.31	⑥层细砂、中砂
第4层	承压水	8.70～10.50	10.41～11.71	⑧层细砂、中砂

1.3 设计概况

（1）止水帷幕为水泥土连续墙，墙厚0.8m，深度49.0m，长度617.0m，帷幕底进入⑨层隔水层，帷幕底标高－28.00～－29.50m。

（2）挖掘液拌制采用钠基膨润土，每立方米被搅拌土体掺入40kg膨润土，水灰比W/B为1.3，施工过程按1000kg水、50～200kg膨润土拌制浆液。

（3）挖掘液混合泥浆流动度宜控制在190～240mm。

（4）固化液拌制采用P·O42.5级水泥，每立方米被搅拌土体掺入不少于25%的水泥，水灰比1.2，施工过程每750kg水、625kg水泥拌制浆液。

（5）固化液混合泥浆流动度宜控制在180～220mm。

2 TRD工法概述

2.1 TRD工法止水帷幕工艺原理

（1）等厚度水泥土搅拌连续墙与目前传统的单轴或多轴螺旋钻孔机所形成的柱列式水泥土搅拌连续墙工法不同。等厚度水泥土搅拌连续墙首先将链锯型切削刀具插入地基，掘削至墙体设计深度，然后注入固化剂，与原位土体混合，并持续横向掘削、搅拌，水平推进，构筑成高品质的水泥土搅拌连续墙。

（2）等厚度水泥土搅拌连续墙通过动力箱液压马达驱动链锯式切割箱，分段连接钻至预定深度，水平横向挖掘推进，同时在切割箱底部注入固化液，使其与原位土体强制混合搅拌。

（3）该工法将水泥土搅拌墙的搅拌方式由传统的垂直轴螺旋钻杆水平分层搅拌，改变为水平轴锯链式切割箱沿墙深垂直整体搅拌。

2.2 TRD工法施工工序

等厚度水泥土搅拌连续墙施工工艺：切割箱自行打入挖掘工序、水泥土搅拌墙建造工序、切割箱拔出分解工序。

水泥土搅拌墙建造工序之3循环的施工方法：先行挖掘、回撤挖掘、成墙搅拌，即锯链式切割箱钻至预定深度后，首先注入挖掘液先行挖掘、松动土层一段距离，然后回撤挖掘至原处，再注入固化液向前推进搅拌成墙。以下为等厚度水泥土搅拌连续墙各施工工序图如图3～图5所示[2]。

2.3 TRD工法止水帷幕施工要点

（1）施工前，根据设计图纸及坐标基准点，精确计算出围护墙中心线角点坐标，进行坐标数据复核；利用测量

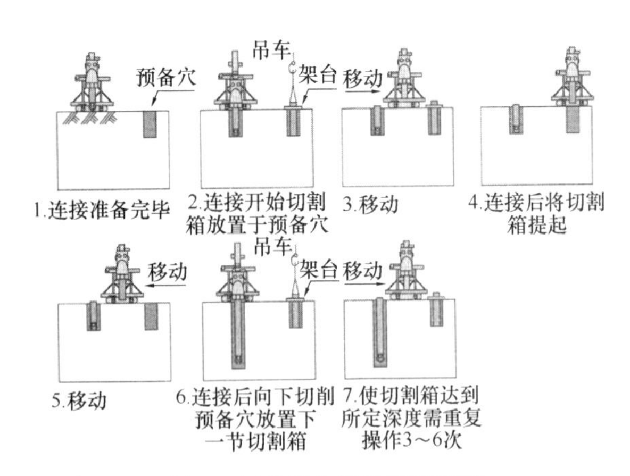

图 3　切割箱自行挖掘工序图

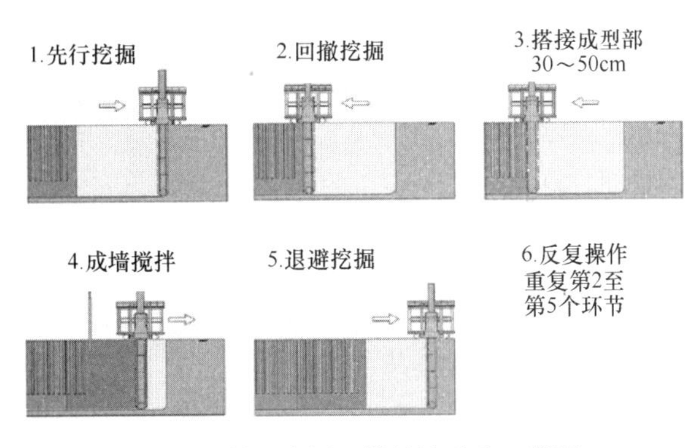

图 4　循环水泥土搅拌墙建造工序图

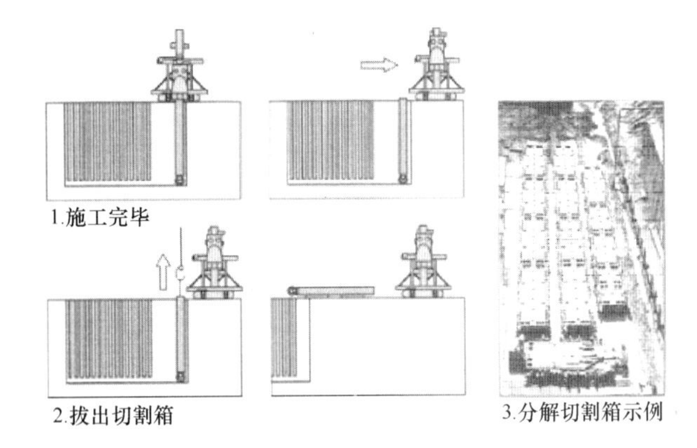

图 5　切割箱拔出分解工序图

仪器进行放样，同时做好护桩，通知相关单位进行放线复核。

（2）施工前利用水准仪实测场地标高，利用挖掘机进行场地平整；对于影响 TRD 工法成墙质量的不良地质和地下障碍物，应事先予以处理后再进行 TRD 工法围护墙的施工；同时应适当提高水泥掺量。

（3）局部土层松软、低洼的区域，必须及时回填素土并用挖机分层夯实，施工前根据 TRD 工法设备重量，对施工场地进行铺设钢板等加固处理措施，钢板铺设不应少于 2 层，分别平行与垂直于沟槽方向铺设，确保施工场地满足机械设备地基承载力的要求；确保桩机、切割箱的垂直度。

（4）施工时应保持 TRD 工法桩机底盘的水平和导杆的垂直，施工前采用测量仪器进行轴线引测，使 TRD 工法桩机正确就位，并校验桩机立柱导向架垂直度偏差小于 1/250。

（5）根据等厚度水泥土搅拌墙的设计墙深进行切割箱数量的准备，并通过分段续接切割箱挖掘，打入到设计深度。本工程为满足 50.5m 深度要求，共需要选配 14 节切割箱，由下至上排列分别是：1 节 3.65m 被动轮＋13 节 3.65m 切割箱，总长 51.1m，余尺 0.6m。

（6）切割箱自行打入时，在确保垂直精度的同时，将挖掘液的注入量控制到最小，使混合泥浆处于高浓度、高黏度状态，以便应对急剧的地层变化。

（7）施工过程中通过安装在切割箱体内部的测斜仪，可进行墙体的垂直精度管理，墙体的垂直度不大于 1/250。

（8）测斜仪安装完毕后，进行水泥土墙体的施工。当天成型墙体应搭接已成型墙体约 30～50cm；搭接区域应严格控制挖掘速度，使固化液与混合泥浆充分混合、搅拌，搭接施工中须放慢搅拌速度，保证搭接质量。为保证接缝质量，施工时每到转角处都应向墙体外侧多施工不少于 1m，形成“十”字形的转角接头。搭接施工示意图如图 6 所示。

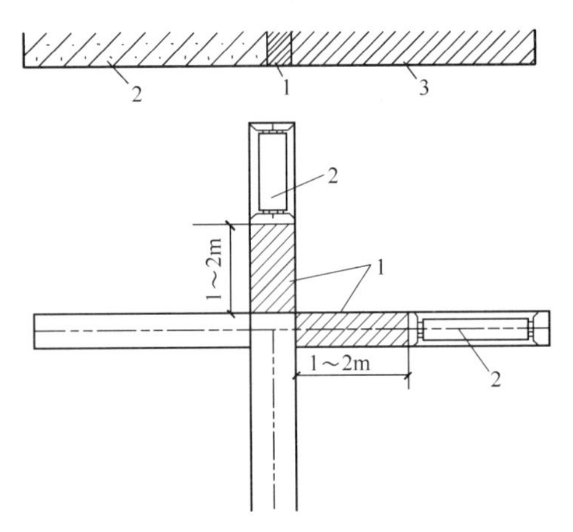

图 6　搭接施工示意图

1—搭接部分 50cm；2—已成型墙体；3—新成型墙体

（9）TRD 工法成墙搅拌结束后或因故停滞，切割箱体应远离成墙区域不少于 3.4m，并注入高浓度的挖掘液进行临时退避养生操作，防止切割箱被抱死。

（10）一段工作面施工完成后，进行拔出切割箱施工，利用 TRD 主机依次拔出，时间应控制在 3h 以内，同时在切割箱底部注入等体积的混合泥浆。

（11）拔出切割箱时不应使孔内产生负压而造成周边地基沉降，注浆泵工作流量应根据拔切割箱的速度作调整。

（12）加强设备的维修保养，特别是在硬质地层作业，钻具磨耗大，要准备各类备件，及时更换镶补，确保正常施工。同时，必须配置备用发电机组，在市电供给不正常的情况下，一旦停电可及时恢复供浆、压气、正常搅拌作业，避免延误时间造成埋钻事故。

2.4 TRD工法止水帷幕优缺点

1. TRD工法优点

(1) 施工深度大，最大深度可达70m。

(2) 适应地层广，对硬质地层（硬土、砂卵砾石、软岩石等）具有良好的挖掘性能。

(3) 成墙品质好，在墙体深度方向上，可保证均匀的水泥土质量，强度提高，离散性小，截水性能好。

(4) 高安全性，重心低，稳定性好，适用于高度有限制的场所，整机高度不大于11.0m。

(5) 连续成墙，接缝较少，墙体等厚，可插入H型钢、组合钢箱、钢管、钢筋混凝土预制构件等劲性构件，形成等厚度劲性水泥土搅拌墙，芯材间隔可根据需要自由调节[3]。

(6) 噪声、振动较小。

2. TRD工法缺点

仅能直线施工，灵活性差。

3 TRD工法止水帷幕施工质量控制措施

3.1 主控项目

(1) 固化液拌制选用的水泥原材料的技术指标和检验项目应符合设计要求和国家现行标准的规定。

检验方法：查产品合格证及复试报告。

(2) 挖掘液、挖掘液混合泥浆、固化液、固化液混合泥浆，水灰比、TF值（流动度）应符合设计和施工工艺要求，浆液不得离析。

检验方法：浆液流动度用流动仪检测，浆液湿密度用比重计检测。

(3) 等厚度水泥土搅拌墙墙体强度应符合设计要求。等厚度水泥土搅拌墙墙体强度采用试块试验并结合28d龄期后钻孔取芯综合确定。

试验数量及方法：每台班制作水泥土试块3组，采用水中养护测定28d无侧限抗压强度。

3.2 一般项目

等厚度水泥土搅拌墙成墙允许偏差应符合如表2所示[1]。

TRD工法水泥土搅拌墙成墙质量及允许偏差值　　表2

序号	检查项目	允许偏差	检查方法
1	墙深偏差（mm）	±50	自行打入后卷尺检查
2	墙位偏差（mm）	50	挖掘时激光经纬仪、卷尺检查
3	墙厚偏差（mm）	20	卷尺检查
4	墙体垂直度	≤1/250	自行打入后多段式倾斜仪监控

4 TRD工法止水帷幕施工质量检测

检测要求28d龄期无侧限抗压强度大于0.8MPa，进行钻芯取样检测，钻芯间距小于50m，厚度大于3m的土层试块数大于2组，厚度大于10m的土层试块数不小于3组，每组试块3个抗压试件；钻孔取样检测孔应均匀分布于基坑周边，取样完成后应及时注浆填充。本工程共计取点13个，如图7所示。

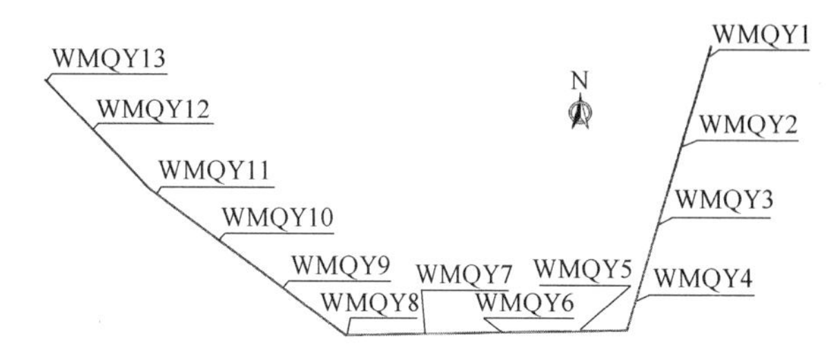

图7　现场取样平面布置图

本项目TRD工法止水帷幕28d龄期后，经原位抽芯检测，水泥土芯基本连续，表面粗糙，水泥分布均匀，胶结良好，如图8所示。由抽样孔芯样强度试验统计表知TRD水泥土墙墙身相对均匀，墙身强度在1.50～4.90MPa之间，满足设计强度要求，如表3及图9所示。由图9和表3可知，芯样在不同地层的强度曲线可以看出，在④层、⑥层、⑨层地层中强度普遍较高，在②层、③₂层、⑤层、⑦层强度偏低，在②层离散性较大。其中④层、⑥层、⑨层地层为细砂、中砂层，为含水层，芯样强度较高；⑤层、⑦层为黏土、粉质黏土、重粉质黏土地层，为隔水层，含水较少，但芯样强度最低值2.0MPa，满足设计要求；②层含水为上层滞水，含水量分布不均，芯样强度离散性较大。说明各含水层墙体强度较高，帷幕止水效果较好。

图8　现场取芯

取样点5处芯样强度随深度变化表　　表3

试件编号	取样深度（m）	所处地层	强度（MPa）（25%水泥掺量）
1	3	②层粉砂、细砂	2.8
2	6	②层粉砂、细砂	2.2
3	9	③$_2$层粉砂、细砂	2.4
4	12	④层细砂、中砂	3.9
5	16	④层细砂、中砂	3.5
6	22	⑤层黏土、重粉质黏土	2.1
7	28	⑥层细砂、中砂	4.2
8	38	⑦层粉质黏土、重粉质黏土	2.0
9	47	⑨层细砂、中砂	4.9

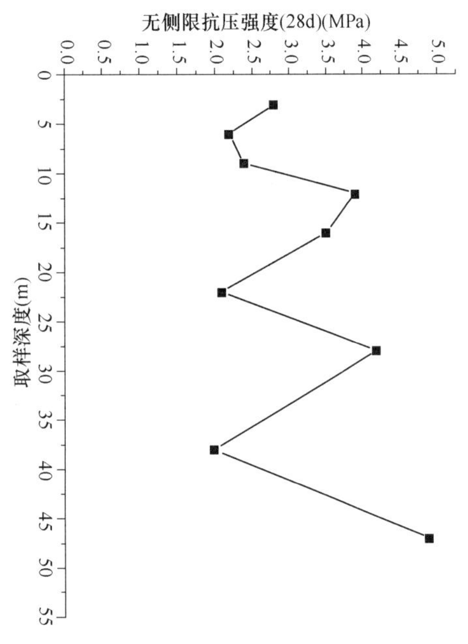

图9　TRD成墙钻孔取芯无侧限抗压强度

5　地下水位监测

根据最新一期（2021年3月24日）水位监测显示，水位累计变形量为－533～630mm，系大气降水所致。说明整体止水效果良好。

6　开挖验证

在现场开挖、坑内降水后，检查发现，桩间支护干燥无水，说明止水帷幕切断基坑外的压水层与基坑内的水力联系，效果良好，如图10所示。

图10　基坑开挖后效果图

7　结论

本工程的实施表明，在北方地区，采用超深TRD工法作为隔水帷幕，墙体垂直度及成墙质量均有保证，TRD工法是一条可有效截断或部分截断承压水层与深基坑水力联系的可靠途径。说明TRD工法满足了深大基坑工程长期大面积降压的安全和环境保护要求，值得借鉴和推广。

参考文献：

[1]　渠式切割水泥土连续墙技术规程JGJ/T 303—2013[S]. 北京：中国建筑工业出版社，2014.

[2]　雷超，胡雨辰，周鹏辉. TRD工法水泥土搅拌墙在某基坑支护工程中的应用[J]. 长江工程职业技术学院学报，2019，36(01)：1-5.

[3]　王卫东，邸国恩. TRD工法等厚度水泥土搅拌墙技术与工程实践[J]. 岩土工程学报，2012(S1)：628-633.

[4]　郭双朝，张澍，等. TRD工法在北方地区的适用性分析[J]. 建筑技术，2020，51(05)：569-571.

[5]　田丁，安思璇，等. 北京地区采用TRD止水帷幕工法的固化液掺量研究[J]. 建筑技术，2020，51(05)：566-568.

[6]　周铮. TRD工法超深止水帷幕施工及质量控制[J]. 地基基础，2016，38(06)：699-701.

[7]　李星，谢兆良，李进军，等. TRD工法及其在深基坑工程中的应用[J]. 地下空间与工程学报，2011(05)：945-950.

[8]　余伟. TRD工法在深基坑围护结构中的应用[J]. 建筑施工，2012，(12)：1130-1132.

[9]　宋自杰，华士辉，尤雪春. 深大基坑围护的TRD工法实施关键问题及对策[J]. 建筑施工技术，2014，35(12)：1325-1326.

[10]　黄成. TRD工法在基坑支护工程中的应用效果分析[J]. 建筑技术，2010(12)：1145-1147.

破碎积岩区超大直径旋挖桩套挖技术研发

张　童，董　爽，王怀海，米旺龙，赵荣基
（中建八局第一建设有限公司，山东 济南 250100）

摘　要：对于处于破碎积岩区的超大直径灌注桩（3m），按传统施工方式一般采用人工挖孔，因开挖需要隔桩施工，故需较长的工期，无法安排大量人员进行抢工，且爆破存在较大安全隐患。为了解决以上难题，组织专家论证、理论计算，现场实践、形成了一套对于破碎积岩区机械成孔的施工方法，经过加工、提炼形成了本技术工法。该工法经工程实践检验，安全可靠，工期短，实施效果良好。该工法能够有效解决破碎积岩区超大直径桩施工危险性大、工期长、可借鉴经验少的难题，该技术经国内查新，国内未见文献报道，且得到了山东省等专家的高度评价。该工法已在2020年《第26届华东六省一市土木建筑工程建造技术交流会论文集》（上册）第85～88页发表。
关键词：破碎积岩区；超大直径灌注桩；机械成孔

0　引言

该技术应用于中央商务区360m超高层A-1地块（北地块）项目，中央商务区360m超高层项目建筑高度360m，建筑面积22.63万m^2，建筑层数地下3层，地上62层，采用型钢混凝土框架柱＋钢框架梁＋钢筋混凝土核心筒结构形式。

工程特点：（1）单桩承载力特征值最高9000kN，最大桩直径3000mm，在岩石层成孔；（2）桩基施工工期紧，为了确保按期完工，对施工设备必须进行合理选择，选择合适地质条件的旋挖设备；同时，减少场内交叉施工影响，保证最大限度地利用施工场地形成流水连续作业的条件。

在整个施工过程中，大直径岩石成孔是施工的重难点。成孔速度是确保工期目标的关键因素。旋挖成孔后孔壁的稳定性必须要确保人工在孔底安全清除桩底沉渣。本工程地质较复杂，岩溶发育，探明桩端以下$3D$且≥5m深度范围内有无空洞、软弱夹层及基底沉渣清理是施工重点。单桩承载力高，控制成孔质量及混凝土浇筑质量是施工控制重点。

针对以上情况，采取应对措施：（1）配备2台360型旋挖设备，24h不间断成孔，确保进度要求。制定质量控制措施，强化质量过程控制，有效遏制质量通病的发生。（2）施工前采取一桩一勘确定桩底下无夹层及空洞，成孔后采用雷达探测确定桩底以下$3D$或5m范围内实际情况，进而采取下一步应对措施。（3）配置安全护筒，保障清渣人员安全及清渣效果。（4）钢筋加工人员选择有大直径钢筋笼加工经验的队伍，加工场地布置在基坑东侧，减少交叉施工队进度的影响。（5）制定控制桩位偏差、桩底沉渣、混凝土浇筑、钢筋笼加工、成品保护等专项措施并保证落实。

1　工法特点

1.1　施工效率高

3m直径桩采用2.4m、2.8m、3m直径钻头依次机械钻孔，形成套挖的工艺。为解决在岩石区钻头扭力值不足的问题，采用每2.5m高度一循环进行机械成孔。机械化代替人工挖孔，提高效率。

1.2　安全稳定

仅适用人工进行桩底清槽，均采用机械作业，大大提高安全性。

1.3　质量可靠

由于采用机械套挖成孔，避免了人工爆破对周围岩石的扰动。采用超前钻、物探、全景相机质量复核等手段，保证桩基持力层符合设计要求。

2　适用范围

适用于破碎积岩等岩石区超大直径桩（3m）机械成孔且工期紧、质量要求高的工程。

3　工艺原理

首先，使用超前钻确定待施工桩的初步成孔长度，桩基车首先采用2.4m钻头进行初步成孔，然后使用2.8m钻头进行扩孔，最后使用3m钻头成孔。每2.5m高度一循环成孔，直至成孔深度达到超前钻确定的初步成孔深度，借助物探及观察手段确定持力层是否符合设计要求。若符合要求，即对岩石缝隙进行注浆；否则，需进一步开挖成孔，直至岩石符合设计要求。

4　施工工艺流程及操作要点

4.1　施工工艺流程（图1）

4.2　施工顺序

（1）先进行试成孔作业。确认钻机施工参数、地质情况。

（2）试成孔后施工试桩。按设计要求桩位进行试桩施工，进行物探，确认基底持力层岩层情况；进行工程桩位置处的岩基载荷试验及深层平板岩基载荷试验，确认单桩承载力。

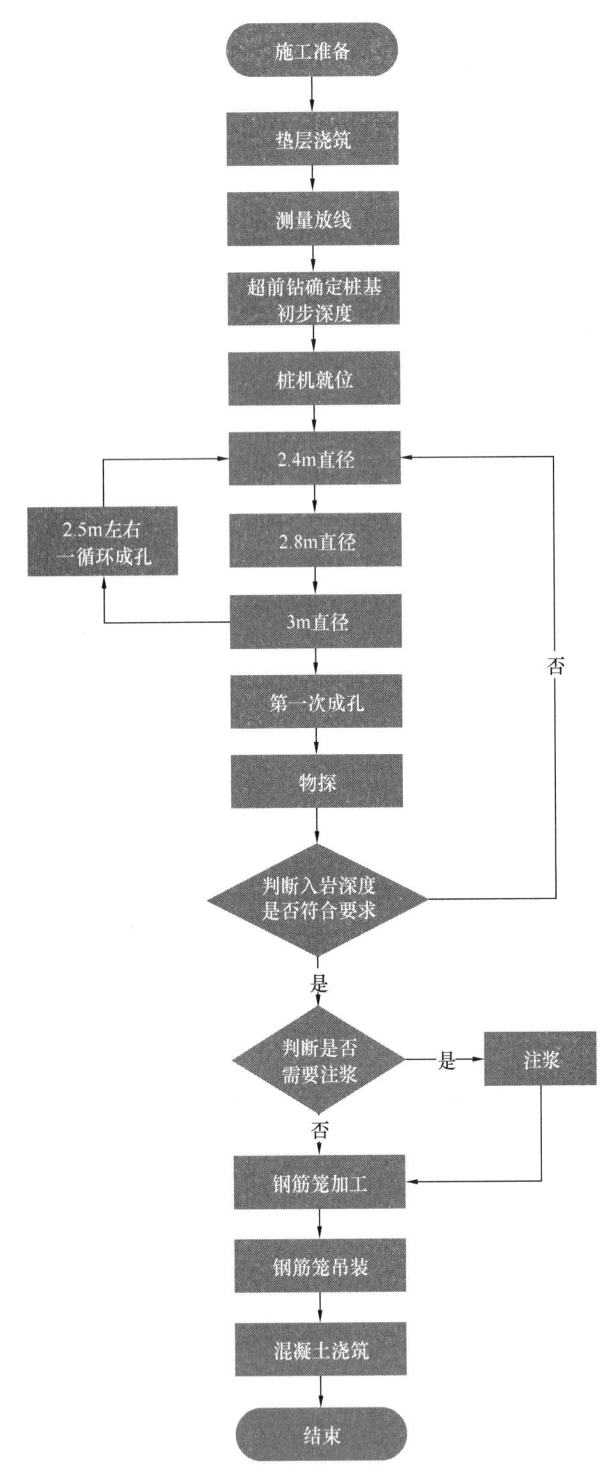

图1 3m直径灌注桩工艺流程图

4.3 垫层浇筑

土石方开挖到桩顶设计标高后，进行垫层混凝土浇筑，垫层浇筑需控制好标高。

4.4 测量放线

放线流程：首先定桩心坐标，然后弹十字墨线；修建止水台：宽、高各200mm，直径＝桩径＋200mm，后将控制桩引到止水台上；标识井口高程、桩号、桩径（图2）。

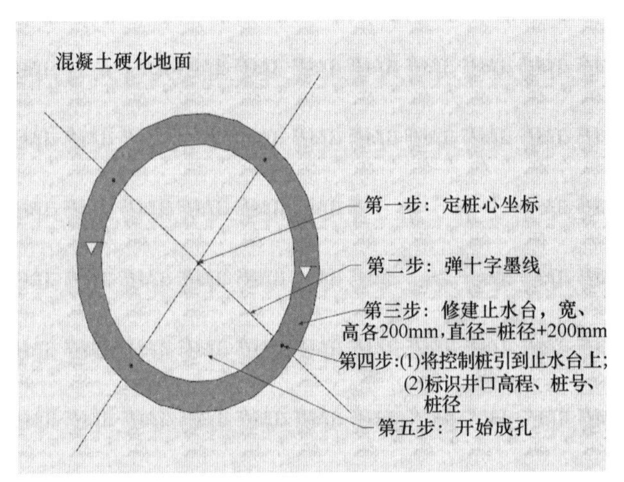

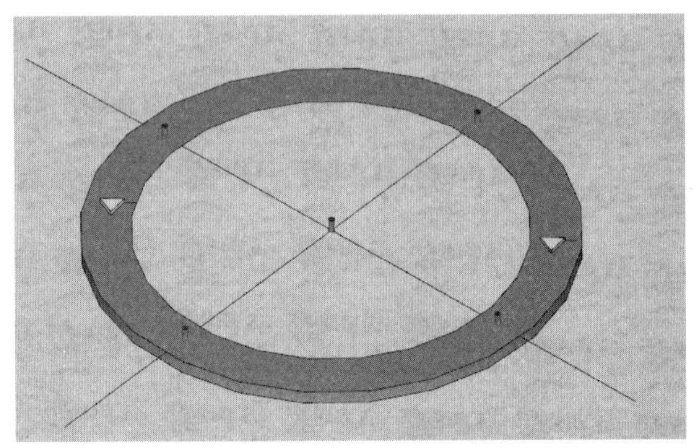

图2 测量放线步骤图

1. 一次定位

专业测量人员根据设计单位提供的设计图纸坐标和建设单位提供的控制点坐标，使用全站仪，准确地测放基线、基点及桩位，桩位测量偏差不得大于10mm，并用水泥钉钉入地表层。经施工单位全面自检，监理工程师复核后，桩位交于施工机组妥善保护、使用。

2. 二次定位

旋挖钻机施工前由专业测量人员对原定桩位进行复核，桩位偏差要求小于10mm。沿桩周外侧砌筑20cm高砖砌挡台，把桩位引线引致砖台上沿，钻机定位时“十字线”交叉点即是桩位中心，定位对中后，经监理工程师验收签发开工通知单后施工班组方可施工。

井口放线流程见图3。

图3 井口放线流程图

4.5 超前钻确定桩基初步深度

测量放线完成后，进行超前钻，超前钻为一桩三钻，辅助地球物理探测方法对桩端以下 3D 且不小于 5m 范围溶洞发育情况及破碎带进行探测，当桩端 3D 或 5m 以内存在影响桩端承载力的溶洞及破碎带时，超前钻深度相应加长，加长深度在地勘部门的配合下最终确定。

图 4　超前钻确定初步成孔深度

4.6 机械就位

3m 直径装机采用 SD360R 型旋挖钻机，钻机应平稳、定位坐标应准确、钻杆应垂直（垂直度偏差不得大于 1%），钻机定位后采用全站仪复核钻杆的垂直度与仪表显示是否一致。

图 5　SD360R 钻机

4.7 钻孔

1. 钻机成孔

3.0m 直径桩：从中心至外圈钻径依次为 2.4m、2.8m、3.0m 分 3 次扩孔。2.5m 左右高度一循环，根据桩长+入岩深度双指标进行钻孔深度控制。达到设计要求的孔底标高及入岩深度即可终孔。

直径 3.0m 桩基成孔流程见图 6～图 10。

2. 孔底沉渣清理方法

（1）孔底清渣，首先用旋挖钻机平底钻头尽可能的挖出大部分钻渣，孔底的岩石粉末及小直径的渣土平底钻头不易挖出，采用人工清除的方式。

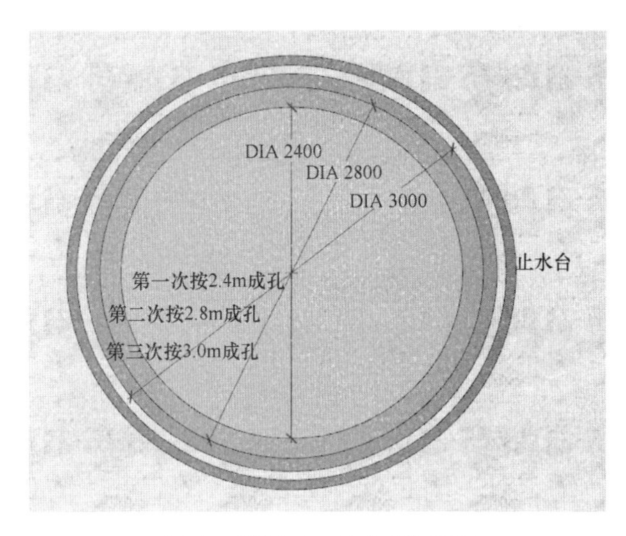

图 6　直径 3.0m 桩基成孔流程

图 7　2.4m 钻头初成孔

图 8　2.8m 钻头扩孔

（2）人工清孔时，人员上下使用专门制作的人工清孔安全护筒，此护筒内包含专用的爬梯、工具存放处、照明及送风装置等。根据桩孔深度每节之间连接至桩孔深度，

图 9　3m 钻头成孔

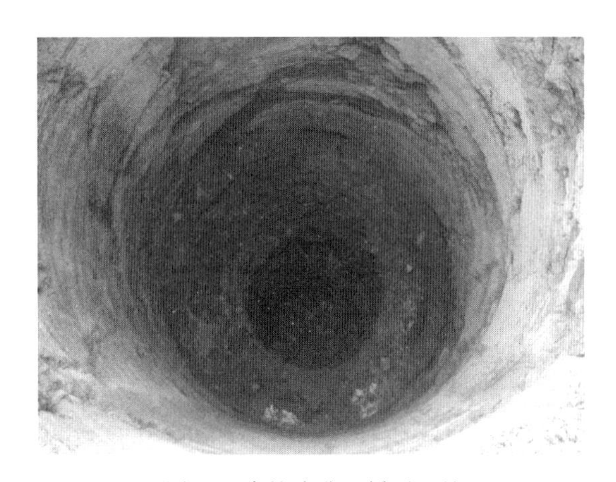

图 10　套挖成孔一循环工况

采用吊车吊装至孔内，清孔完成后吊至下一桩孔。

（3）人工清孔井架。每三人一组，一人在孔底清渣装入橡皮桶，一人在井口处负责提运，一人负责旁站指挥，见图 11。

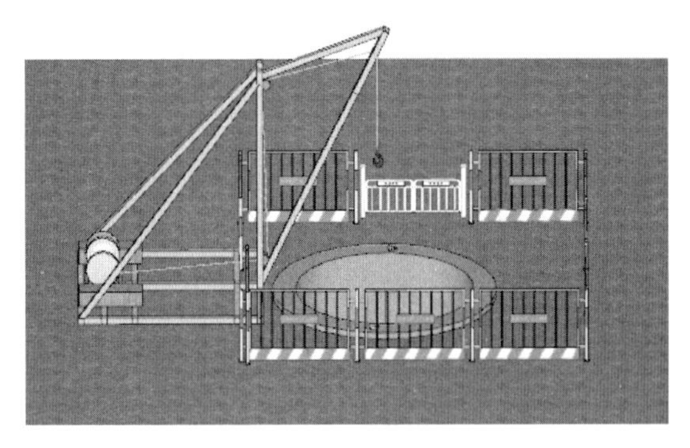

图 11　人工清渣井架

3. 孔壁松动碎石清理

孔壁碎石有时会发生在两层土（石）交界处。对孔壁松动碎石，采用人工清除，防止孔底清渣过程中坠落。清除后孔壁出现凹坑深度在 10cm 内，面积在 10cm×10cm 可以不用处理；超过者可以用 C20 混凝土人工填塞、顺井筒压实抹面处理。

4. 沉渣清理标准

清渣标准：本工程承载力要求非常高，清渣的控制直接关系到端承桩的承载力，因此清渣的彻底与否直接关系到工程的成败，因此必须制定严格的清渣标准。清理孔底沉渣采用人工的方式进行，成孔后派遣熟练的操作工下到孔底，进行清渣处理：

（1）首先，清理孔底表层浮渣，将钻机成孔过程中掉落的大块、渣石等编织袋收集并运出孔外，直至将此层浮渣清理干净为止；

（2）清理松动的岩石，通过敲击等方式判断孔底岩石是否已经松动，如果松动，采用风镐、电锤配合镐头等工器具进行破除、剔凿，直至露出新鲜的岩面；

（3）清理完毕后将剩余的细小颗粒碎块及岩石粉末进行收集清扫并运出孔外，清渣结束。

4.8　物探

每根桩第一次成孔后均需要进行物探，物探后设计确认持力层满足设计要求后方可进行下一步。若不满足要求，需根据物探结果再次确定钻孔深度，进行二次循环成孔流程。直到符合要求，方可进行下一步工艺。

图 12　初步成孔后进行物探

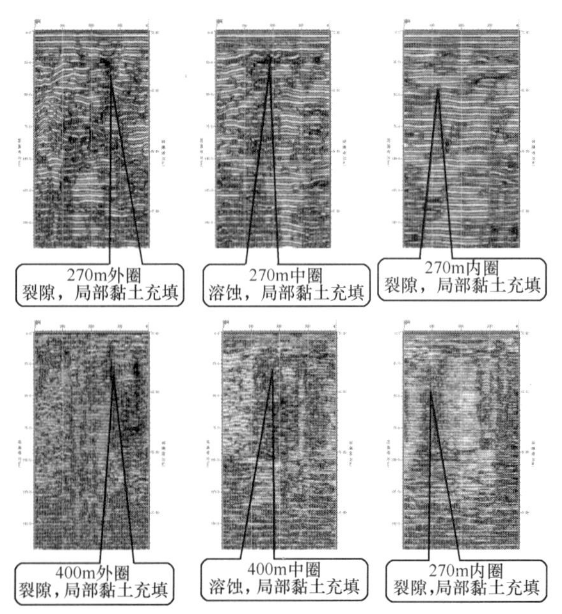

图 13　物探确定是否达到入岩深度

4.9 桩底下溶洞、裂缝、破碎带处理

如按照设计桩长成孔后，雷达探测发现桩底存在溶洞、裂隙或破碎带时如采用注浆处理，处理方案如下：

1. 注浆材料

注浆材料为水泥砂浆，配合比采用灰：砂＝1：0.6，砂浆强度要求不小于M30。

2. 终注要求

终注条件暂定需满足：

（1）终注浆压力不小于5MPa；终注压力下连续10min注入率不大于10L/min。施工时，现场进行工艺性试验，确定终注控制参数。

（2）注浆处理后，待浆体强度不小于80%试块强度时，需进行取芯检测，注浆段取芯率需不小于95%，取芯所得的砂浆强度等级不低于M15。

3. 注浆工艺

清除溶洞、裂缝、破碎带内土渣，采用BW-100/5注浆泵注浆，注浆管为ϕ20mm聚乙烯注浆管，细小裂缝先用冲击钻冲孔。

注浆时将注浆管底端先插至溶洞、裂缝底部，注浆压力、注入量满足终注条件时将导管以匀速缓慢抽出，边注边抽，待孔口返出水泥浆后，停止注浆。

4.10 钢筋笼制作及吊装

1. 钢筋笼制作要求

（1）钢筋笼长度应待桩成孔完毕、实测孔深后方可加工。

（2）钢筋笼采用整体制作，整体吊装。钢筋接长采用直螺纹套筒连接，同一截面接头数不超过50%；加强筋与主筋焊接，螺旋筋与主筋逐点绑扎连接。

2. 钢筋笼制作成型

钢筋笼加工先在成型机的胎盘上安放主筋，然后在主筋上焊接加强筋与螺旋筋。

加强筋与主筋连接采用点焊连接，点焊时从加强筋侧面点焊，以免烧伤主筋，加强筋除与主筋点焊连接外，还应与每道主筋焊接处增加一道三角支撑筋，以免吊装时内箍筋焊点脱落。

外螺旋筋与主筋采用绑扎连接，绑扎时需全数逐点绑扎，采用18号扎丝，扎丝长度满足扎丝钩拧缠绕2～3转后，两端长出10mm。

本工程最长钢筋笼为18m，其他在10m左右，钢筋笼长度较短，采用整体制作，整体吊装工艺。

3. 声测管安装

为了检测成桩质量，在钢筋笼内侧根据设计要求均匀布置通长超声波检测管。检测管应顺直，接头可靠，声测管安装随钢筋笼逐节绑扎定位，声测管与加强箍筋焊接相连，采用套管焊接接长，并在安装过程中进行水密性试验，确保不漏浆。

（1）声测管接长

声测管规格尺寸为内径50mm（壁厚3.0mm），采用套管焊接接长，套管长度10～12cm，上下接头插入套管内不小于4cm，然后进行焊接连接，焊缝饱满、密实，无砂眼、漏焊，见图14。

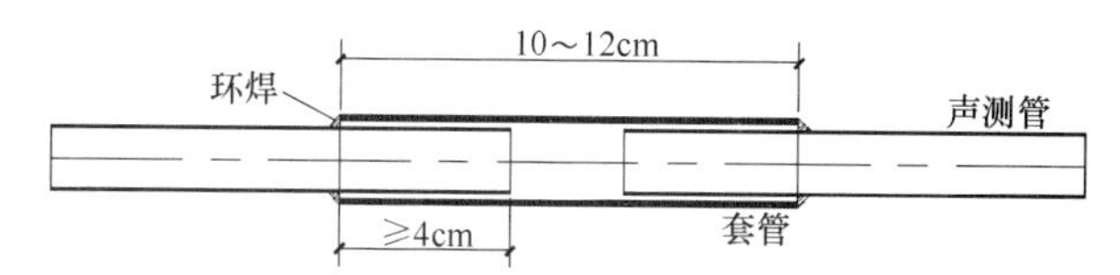

图14 声测管连接示意图

（2）声测管成品购入，成品管有专门的一端封死的底节管，因此无需采用封底措施，根据桩长不同选购一部分专用底节。

（3）上口外漏长度0.5m（在桩顶锚固筋内），管口采用成品橡胶帽进行保护，避免管体堵塞，橡胶帽套入管口处，用绑扎丝与锚固筋绑扎牢固，防止混凝土振捣时松动脱落现象的发生。

4. 钢筋笼安装

钢筋在钢筋加工场地分段加工完毕后，吊至桩孔附近平整处，尽量避免长距离运输，以防造成钢筋笼变形。

桩身钢筋笼安装采用50t汽车式起重机吊装安放。钢筋笼设置3个起吊点，以保证钢筋笼在起吊时不变形，见图15。起吊后吊车副钩慢慢下降，主钩慢慢升起，空中旋转成垂直状态。为保证下放质量，吊放时应缓慢下放，

图15 钢筋笼及声测管安装

不得碰撞孔壁，要对准孔口，缓缓下降，不得旋转。当钢筋笼下放遇阻时须查明原因，严禁强行下放。

4.11 混凝土浇筑

1. 对原材要求

采用C45商品混凝土，混凝土到场后坍落度要求180mm，有较好的和易性，混凝土运到灌注点不能产生离析现象。

混凝土浇筑前须重新检查成孔深度并填写混凝土浇筑申请，合格后方可浇筑。

(1) 人工挖孔灌注桩混凝土环境类别为2b类；

(2) 灌注桩混凝土材料最大水胶比0.42；

(3) 混凝土配置中不应含有氯化物的外加剂，混凝土中氯离子的最大含量不大于0.06%；

(4) 灌注桩混凝土宜采用非碱性活性骨料，混凝土内的总含碱不超过3.0kg/m³。

2. 浇筑灌注架设置

浇筑时采用灌注架，见图16。

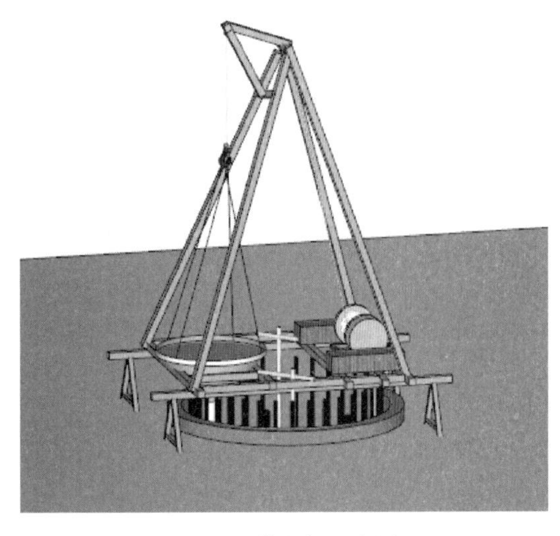

图16 灌注架示意图

3. 混凝土浇筑要求

(1) 设计要求：由于桩径较大，混凝土浇筑时需进行有效振捣，以保证混凝土质量。单桩连续性浇筑，不得中断。

(2) 对桩身混凝土采用按1.0m分层浇筑振捣的方法，振捣时每个孔设置2个振捣手，利用长度15～20m振动棒。

(3) 为防止混凝土下落过程中发生离析，混凝土浇筑采用串筒法浇筑（串筒采用水下混凝土浇筑导管）。浇筑工艺按照干成孔浇筑要求。

(4) 直径3m桩振捣点按图17进行设置，共20个点。

(5) 每浇筑1m高度混凝土用振捣棒充分振捣密实，振捣过程中严禁振捣棒碰触钢筋笼，防止钢筋笼发生位移。振捣过程中，振捣棒略上下抽动，上层插入下层50～100mm。

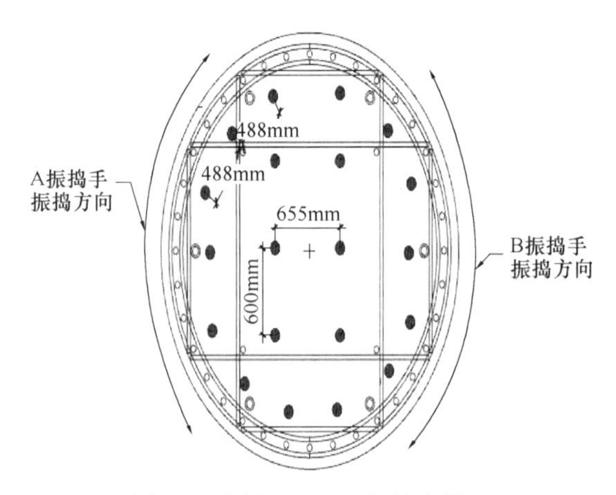

图17 直径3000mm振捣点设置

(6) 振捣时间要掌握好，以混凝土粗骨料不再显著下沉并开始泛浆为准，避免因过振导致混凝土出现离析现象。

(7) 干成孔混凝土超灌高度灌注至桩顶以上0.2m，该高度用于桩顶处表面浮浆的清理。

5 材料与设备

主要设备机具及辅助设备见表1、表2。

主要材料一览表 **表1**

序号	材料名称	规格型号	用量
1	声测管	50×3mm	3025.5m
2	钢筋	HRB400-10～32	421t
3	直螺纹连接头	HRB400-16～32	1244个
4	混凝土	C45	4410

主要设备一览表 **表2**

序号	机械设备名称	型号规格	数量（台）	产地
一	施工主要设备			
1	旋挖钻机	SD360R	2	三一
2	直螺纹滚丝机	HGS-40	2	河北
3	交流电焊机	BN-300	8	淄博
4	钢筋弯曲机	GW40	1	济南
5	钢筋切断机	GQ40	1	济南
6	振捣棒	ZN50，20m长	6	常德
7	吊车	QY50	1	徐州
8	汽车泵	臂长39m	1	三一
二	测量、试验仪器			
1	全站仪	GTS102N	1套	广州
2	水准仪	DS3	1套	广州
3	地质雷达	LTD	1套	由委托检测单位提供
4	桩基检测仪器	RS-1616	1套	

6 质量控制

6.1 轴线与标高

施工前熟悉设计图纸、施工验收规范，根据现场设置的工程控制网点，测放各桩的中心坐标及开挖位置，经复验无误后现场做出明显标识。

6.2 钻机就位

开挖控制点标识完成后，即可进行桩机就位。钻头要对中、钻孔要垂直，钻桩平台要水平。

6.3 钻孔

钻具连接要牢固、铅直，初期钻进速度不要太快，在孔深4.0m以内，不要超过2m/h，以后不要超过3m/h。钻孔应连续进行，因故停钻时，应将钻头及钻杆提出至孔外以防埋钻。钻至设计深度时，要由监理工程师在现场与施工单位有关人员共同判断并准确测定孔径、孔深。

6.4 检测孔深、倾斜度

检测孔深、孔径和倾斜度，其中孔径和孔深须达到设计要求。倾斜度不得大于1%。检查工具可用圆钢筋笼吊入孔内，垂直度就是此时钢丝绳偏离桩中心的距离与检孔器下去的深度之比。

6.5 清孔

清孔应分两次进行。第一次清孔在成孔完毕后立即进行，第二次清孔是在下放钢筋笼和浇筑混凝土的导管安装完毕后进行，此时孔底沉渣厚度小于50mm。从停止清孔到开始浇筑混凝土的时间应控制在1.5～3h，一般不超过4h；否则，要重新清孔。

6.6 钢筋笼吊装

为保证钢筋笼外混凝土保护层的厚度符合设计要求，在其下端及中间每隔2m在一横截面上设置10个圆形钢筋层垫块。钢筋笼吊装之前，检测钻孔内有无坍塌和孔壁有无影响钢筋安装的障碍物，如凸出尖石、树根等，以确保钢筋笼的安装。钢筋笼吊装时对准孔位，尽量竖直轻放、慢放，遇障碍物可慢起慢落和正反旋转使之下落，无效时，立即停止下落，查明原因后再安装。不允许高起猛落，强行下放，防止碰撞孔壁而引起坍塌。入孔后牢固定位，中心容许偏差不大于5cm，并使钢筋笼处于悬吊状态。准确计算钢筋笼的置放位置，要保证伸进承台部分的钢筋长度。为防止钢筋笼上浮，应采取固定措施，在钢护筒顶加焊固定撑杆。

6.7 安装导管

导臂采用丝扣连接，在导管外壁应逐节编号，便于浇筑过程中的长度计算。吊装前先试拼，导管进场后应先组拼好进行水密性试验，合格后方可使用。开始灌注时，导管底口离孔底0.3～0.5m。

6.8 浇筑混凝土

桩身混凝土灌注采用垂直导管施工方法，然后吊装混凝土灌注架。开始灌注时，拔球后，保证埋深不小于1.0m；正常灌注时，保证导管埋入混凝土深度不小于2～4m，并连续灌注完成。桩头标高要求灌注桩顶应比设计高0.5～1.0m。

7 总结

本文对于处于破碎积岩区的超大直径灌注桩施工具有很好的指导与借鉴作用。此项技术针对破碎积岩区的超大直径灌注桩施工的危险性大、工期长、可借鉴经验少等难点给出解决。根据现场的实际应用情况，此项施工工艺已形成了一套成熟的技术，对同类型施工具有指导性意义。

参考文献：

[1] 朱长亮，李晓雪．粉砂岩地层大直径桩分级旋挖成孔施工技术[J]．建筑施工，2012，34(02)：89-90，94.

[2] 王彦虎，李相周，李晶晶．复杂地质超深入岩大直径旋挖钻孔灌注桩施工技术研究与应用[J]．交通科技，2016(06)：37-39，54.

[3] 梁森，袁誉飞，舒波，陈锐，谭智杰．超大直径超深桩基施工技术[J]．建筑构，2020，50(S2)：910-915.

[4] 魏珂，吴懿，王胜昌，吴锋．超长大直径旋挖钻孔扩底桩应用技术[J]．四川筑，2019，39(06)：252-254.

[5] 陈益贵．大直径、超深旋挖灌注桩在强风化下带的施工技术分析[A]．//中国土木工程学会2019年学术年会论文集[C]．中国土木工程学会，2019：8.

[6] 李京屹．建筑工程大直径旋挖桩施工技术研究[D]．广州：华南理工大学，2018.

[7] 赵青青．大直径超长60m旋挖桩施工技术[J]．黑龙江科学，2015，6(05)：33-35.

[8] 邱志雄，黄磊．大直径超长旋挖桩桩端注浆承载特性试验研究[J]．中外公路，2014，34(04)：24-29.

[9] 单明，舒昭然，刘忠昌．恒隆市府广场大直径旋挖桩承载力试验研究[J]．建筑结构，2010，40(S2)：595-599.

[10] 肖博法，陆耀辉．珠三角地区软土地质中的超深超大直径钻孔灌注桩施工技术[J]．建筑施工，2019，41(01)：47-48+55.

某工程旋挖成孔灌注桩单桩承载力估算参数取值探讨

陈战江[1,2]，朱　磊[1,2]，付　军[2,3]，徐再修[4]

（1. 山东省建筑工程质量检验检测中心有限公司，山东 济南 250031；2. 山东省组合桩基础工程技术研究中心，山东 济南 250031；3. 山东省建筑科学研究院有限公司，山东 济南 250031；4. 济南未来居置业有限公司，山东 济南 250013）

摘　要： 本文通过对静载试验桩实测单桩承载力值与勘察报告中提供的基桩设计参数建议值估算的单桩承载力值进行对比分析，得出本工程采用旋挖成桩，单桩承载力估算时，在规范取值的基础上宜折减0.85，为以后该地区的基桩设计参数选取提供了很好的参考价值。

关键词： 静载试验；单桩竖向抗压承载力；基桩设计参数

0　工程概述

赣南地区某住宅项目，建筑地上18层，结构形式为框剪结构，基础采用桩基础，设计桩直径1000mm，桩长14.0m左右，桩端持力层为全风化泥质粉砂岩（K_2），单桩竖向抗压极限承载力值5000kN。

桩基工程在承载力验收检测中，完成单桩竖向抗压静载试验6根，所测6根单桩竖向抗压承载力值均不满足设计要求。试验终止条件和单桩竖向抗压极限承载力的确定均按《建筑基桩检测技术规范》JGJ 106—2014执行。静载试验汇总结果见表1。

静载试验汇总结果　　表1

序号	桩号	桩径（m）	桩长（m）	设计极限承载力（kN）	载荷试验极限承载力（kN）
1	338	1.0	14.20	5000	3440
2	363	1.0	14.21	5000	3481
3	120	1.0	13.09	5000	3950
4	332	1.0	14.11	5000	3317
5	351	1.0	14.19	5000	3615
6	371	1.0	14.13	5000	3059

1　地层岩性特征

①层素填土（Q_4^{ml}）：紫红色、灰褐色，稍湿，稍密，主要为泥质粉砂岩风化碎块及黏土组成，层厚0.60～7.30m，平均厚度3.16m。

②层粉质黏土（Q_4^{el+dl}）：褐黄色、棕黄色，可塑，层厚1.70～5.10m，平均厚度2.92m。实测标贯击数标准值12击。

③$_1$层全风化泥质粉砂岩（K_2）：紫红色，岩石风化剧烈，岩芯呈土柱状、半岩半土状，层厚2.25～30.40m，平均厚度12.34m。标贯击数标准值14击。

③$_2$层强风化泥质粉砂岩（K_2）：紫红色，粉砂质结构，岩质软，岩石风化强烈，裂隙发育，岩芯呈柱状、块状、碎块，块径3～9cm，轻击易断，遇水易软化，层厚0.75～30.30m，平均厚度10.21m。

④$_1$层强风化粉砂岩（K_2）：褐红色，粉砂质结构，岩石风化强烈，裂隙发育，岩芯呈碎块状，短柱状，块径3～9cm，层厚5.90～31.15m；层顶面标高129.68～159.60m，平均标高142.59m。

④$_2$层中风化粉砂岩（K_2）：褐红色、褐灰色，岩芯较破碎，呈块状，少量呈柱状、短柱状，层厚1.00～7.30m，平均厚度3.43m。

2　单桩承载力不足分析

本工程试桩在持续加载下沉降类型均为缓降型，分析为基桩发生了刺入剪切破坏。刺入剪切破坏是均质土中摩擦桩的破坏形式，桩周和桩端以下均为中等强度的岩土层，其沉桩曲线是一条切线斜率缓缓变化的曲线，在逐级荷载下很快沉降稳定，只有继续加荷才能使桩进一步下沉，因此，曲线没有明显的转折点，即没有明确的破坏荷载。5根试验桩均以全风化泥质粉砂岩为桩端持力层，根据勘察报告，全风化泥质粉砂岩的压缩模量平均值为7.44MPa，相当于一般可塑—硬塑状黏性土的压缩模量值，在持续加载时基桩沉降量大不足为怪。

综合分析，本工程桩基承载力不足原因为基桩桩长过短，桩端持力层土质偏软造成沉降过大，致使单桩极限承载力不满足设计要求。

3　静载桩单桩竖向抗压承载力估算结果

按《建筑桩基技术规范》JGJ 94—2008第5.3.6条，计算大直径桩单桩极限承载力标准值，公式为：$Q_{uk}=Q_{sk}+Q_{pk}=u\sum\psi_{si}q_{sik}l_i+\psi_p q_{pk}A_p$，桩径1000mm，侧阻力效应系数$\psi_s$取0.956，端阻力尺寸效应系数$\psi_p$取0.945。各基桩岩土层厚度及相关参数按勘察报告取值，基桩设计参数见表2，静载桩单桩竖向极限承载力估算结果见表3。

基金项目：泉城产业领军人才（2018015）；济南市高校20条资助项目（2018GXRC008）。

基桩设计参数建议值　　表 2

层号	岩土名称	平均层厚（m）	冲、钻孔灌注桩	
			桩的极限侧阻力标准值 q_{sik}（kPa）	桩的极限端阻力标准值 q_{pk}（kPa）
①	素填土	3.16		
②	粉质黏土	2.92	64	
③1	全风化泥质粉砂岩	12.34	90	1400
③2	强风化泥质粉砂岩	10.21	140	2000
④1	强风化粉砂岩	13.64	160	2200
④2	中风化粉砂岩	3.43	f_{rk}=6.22MPa	

静载桩单桩竖向极限承载力估算结果　　表 3

桩号	素填土 q_{sik}=0	粉质黏土 q_{sik}=64kPa	全风化泥质粉砂岩 q_{sik}=90kPa	端阻力标准值（kN）	单桩竖向极限承载力标准值 Q_{UK}（kN）
桩长	侧阻力标准值（kN）	侧阻力标准值（kN）	侧阻力标准值（kN）		
ZK338	0.96	2.7	10.54	1038	4404.2
14.20	0	518.7	2847.5		
ZK363	2.37	0	11.84	1038	4236.8
14.21	0	0	3198.8		
ZK120	0	0	13.09	1038	4574.5
13.09	0	0	3536.5		
ZK332	5.21	3.9	5	1038	3138.1
14.11	0	749.3	1350.8		
ZK351	2.14	2.1	9.95	1038	4129.5
14.19	0	403.4	2688.1		
ZK371	2.07	0	12.06	1038	4296.2
14.13	0	0	3258.2		

4 静载试验实测承载力与估算承载力对比分析

将静载试验实测的单桩竖向抗压承载力值与根据勘察报告提供的桩基设计参数估算的单桩竖向抗压承载力值做对比，见表 4、图 1。

静载试验承载力检测值与单桩承载力估算值对比表　　表 4

序号	桩号	设计极限承载力（kN）	静载试验实测极限承载力 $Q_{试}$（kN）	基桩设计参数估算极限承载力 $Q_{估}$（kN）	$Q_{试}/Q_{估}$
1	338	5000	3440	4404.2	0.781
2	363	5000	3481	4236.8	0.822
3	120	5000	3950	4574.5	0.863
4	332	5000	3317	3138.1	1.057
5	351	5000	3615	4129.5	0.875
6	371	5000	3059	4296.2	0.712

由表 4 和图 1 可知，按勘察报告中基桩设计参数估算出来的单桩极限承载力标准值，1 个值比较吻合，其余 5 个值偏大，估算偏大的占 83%，$Q_{试}/Q_{估}$按数理统计方法，平均值为 0.85，标准差 0.12，变异系数 0.14，标准值 0.76，呈现出较好的规律性。换言之，勘察报告中所建议的单桩极限侧阻力标准值、极限端阻力标准值参数偏大，如能都乘以 0.85 这个系数，就和静载荷试验结果大致吻合。

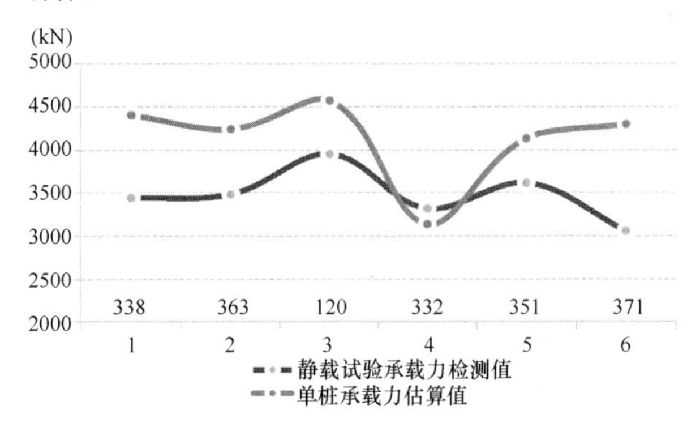

图 1　静载试验承载力检测值与单桩承载力估算值关系曲线

勘察报告中单桩极限侧阻力标准值、极限端阻力标准值乘以 0.85 的系数进行修正，同时按《建筑桩基技术规范》JGJ 94—2008 第 5.3.5 条相关经验取低值列于表 5（例：粉质黏土桩的极限侧阻力标准值 q_{sik}（kPa）54/68，54 为本工程修正后取值，68 为规范低值）。

修正后基桩设计参数建议值　　表 5

层号	岩土名称	冲、钻孔灌注桩	
		修正后桩的极限侧阻力标准值 q_{sik}/规范低值（kPa）	桩的极限端阻力标准值 q_{pk}/规范低值（kPa）
②	粉质黏土	54/68	
③1	全风化泥质粉砂岩	76/80	1190/1000

表 5 说明本工程场地的岩土层单桩极限侧阻、端阻值比桩基规范上的低值还要低。根据基桩低应变曲线和桩基抽芯检测结果显示，基桩未见明显断桩、夹泥、缩颈等现象，所以可以排除施工质量差的原因。

5 结语

本文通过对静载试验桩实测单桩承载力值与勘察报告中提供的基桩设计参数建议值估算的单桩承载力值进行对比分析，得出本工程采用旋挖成桩，单桩承载力估算时，在规范取值的基础上宜折减0.85，为以后该地区的基桩设计参数选取提供了很好的参考价值。

参考文献：

[1] 建筑桩基技术规范 JGJ 94—2008[S]. 北京：中国建筑工业出版社，2008.
[2] 建筑基桩检测技术规范 JGJ 106—2014[S]. 北京：中国建筑工业出版社，2014.
[3] 岩土工程勘察规范 GB 50021—2001(2009年版)[S]. 北京：中国建筑工业出版社，2009.
[4] 本书编委会．工程地质手册[M]. 北京：中国建筑工业出版社，2018.
[5] 贺诗选，张娇，李强．根据试桩成果反分析灌注桩的设计参数[J]. 探矿工程（岩土钻掘工程），2012，39(08)：61-64.

静压沉管灌注桩技术应用

李文洲[1,2,3]， 张秋英[4]， 周洪福[5]
（1. 山东省建筑科学研究院有限公司，山东 济南 250031；2. 山东建科特种建筑工程技术中心有限公司 ，山东 济南 250031；3. 山东省组合桩基础工程技术研究中心，山东 济南 250031；4. 济南天下第一泉风景区服务中心，山东 济南 250000；5. 山东兴鸿房地产开发有限公司，山东 济南 250000）

摘　要：对静压沉管灌注桩的关键技术进行了研究，对静压沉管灌注桩的内力进行了详细的研究分析，探讨了极限承载力、极限侧阻力和极限端阻力设计计算值和实测值之间存在的内在关系；通过对静压沉管灌注桩极限承载力设计计算值和静载试验结果的对比分析，提出了静压沉管灌注桩承载力计算的取值建议。

关键词：静压沉管灌注桩；极限承载力；静载试验；内力测试；桩身轴力；极限侧阻力；极限端阻力

0　引言

传统意义上的沉管灌注桩主要是指锤击或振动沉管灌注桩，由于其地层适应性差且容易出现桩身质量问题，近年来工程应用数量不是很多。静压预应力混凝土管桩由于其自身的优点近年来工程应用越来越多，但是当存在硬土层或硬夹层时（中密或密实中粗砂地层中），它的应用受到一定的限制。静压沉管灌注桩吸取了静压预应力管桩和传统锤击（振动）沉管灌注桩的优点，采用改进后的液压静力压桩机进行抱压式施工，改进后的压桩机具有沉管和拔管的功能，适用于直径为400～800mm的管桩进行沉入和拔出，具有低噪声、无振动、无泥浆排放和环境污染、功效快、承载力直观且可预见、对孤石和硬土层穿透力强的特点，绿色环保、经济节约、成桩质量优良，适合旧城改造和房屋密集住宅区的施工，有显著的技术、经济和社会效益等优点，逐渐得到社会的普遍认可和广泛应用[1]。但是，目前国家和省内尚无该技术的设计标准，致使设计人员在对该种桩型进行承载力设计计算时只能参考类似标准，设计取值不统一，差异性较大，出现单桩极限承载力标准值过高或过低的现象，给业主造成浪费或给工程留下安全隐患。本文对静压沉管灌注桩的承载性状进行了研究，提出了静压沉管灌注桩承载力计算参数的取值建议，供设计人员参考使用。

1　静压沉管灌注桩的沉桩机理和施工工艺

1.1　沉桩机理

静压沉管灌注桩沉桩施工时，桩尖“刺入”土体中时原状土的初应力状态受到破坏，造成桩尖下土体的压缩变形，土体对桩尖产生相应阻力。随着桩贯入压力的增大，当桩尖处土体所受应力超过其抗剪强度时，土体发生急剧变形而达到极限破坏，土体发生塑性流动（黏性土）或挤密侧移和下拖（砂土），在地表处，黏性土体会向上隆起，砂性土则会被拖带下沉。在地面深处由于上覆土层的压力，土体主要向桩周水平方向挤开，使贴近桩周处土体结构完全破坏。由于较大的辐射向压力的作用也使邻近桩周处土体受到较大扰动影响，此时，桩身必然会受到土体的强大法向抗力所引起的桩周摩阻力和桩尖阻力的抵抗，当桩顶的静压力大于沉桩时的这些抵抗阻力时，桩将继续“刺入”下沉。反之，则停止下沉[2]。

随着桩的沉入，桩与桩周土体之间将出现相对剪切位移，由于土体的抗剪强度和桩土之间的粘着力作用，土体对桩周表面产生摩阻力。当桩周土质较硬时，剪切面发生在桩与土的接触面上；当桩周土较软时，剪切面一般发生在邻近桩表面处的土体内，黏性土中随着桩的沉入，桩周土体的抗剪强度逐渐下降，直至降低到重塑强度。静压沉管灌注桩施工完成后，土体中孔隙水压力开始消散，土体发生固结，强度逐渐恢复，上部桩柱穴区被充满，中部桩滑移区消失，下部桩挤压区压力减小，这时桩才开始获得工程意义上的极限承载力。

1.2　施工工艺步骤

场地平整及地上障碍物清理→桩机设备进场安装调试→测量放线定位→桩机设备就位→桩管和桩尖就位→静压沉管→终止压管→放置钢筋笼→浇灌混凝土→拔管→移机→单桩施工完毕，施工设备如图1所示。

图1　施工设备

2 工程地质情况和试验桩设计方案

2.1 工程地质情况

为探讨静压沉管灌注桩极限承载力设计计算值和静载试验值的关系，在德州市运河经济开发区航运路以西，运河滨河路以东某项目现场进行了静载试验和内力测试，该场地各土层物理力学指标推荐值及地基承载力特征值如表1所示。

各土层物理力学指标推荐值及地基承载力特征值　　表1

层号	指标 / 岩性	含水率 w（%）	重度 γ（kN/m³）	孔隙比 e_0	塑性指数 I_P	液性指数 I_L	标贯试验		承载力特征值 F_{ak}（kPa）
							实测值 N 击	修正值 N' 击	
③	粉质黏土	29.7	18.7	0.863	14.5	0.61	4.1	3.7	100
④	粉土	25.7	19.1	0.740	8.1	1.02	8.6	7.3	120
⑤	粉质黏土	28.0	19.1	0.796	14.2	0.53	6.2	4.8	130
⑥	粉土	23.2	19.5	0.671	7.7	0.78	17.8	13.0	160
⑦	粉质黏土	25.6	19.4	0.730	13.8	0.39	10.6	7.3	160
⑦₁	粉土	22.2	19.8	0.636	7.9	0.64	21.2	14.6	180
⑧	粉砂						47.9	29.2	240
⑨	粉质黏土	22.9	20.0	0.649	13.5	0.23	18.9	10.5	180

场地的工程地质剖面图如图2所示。

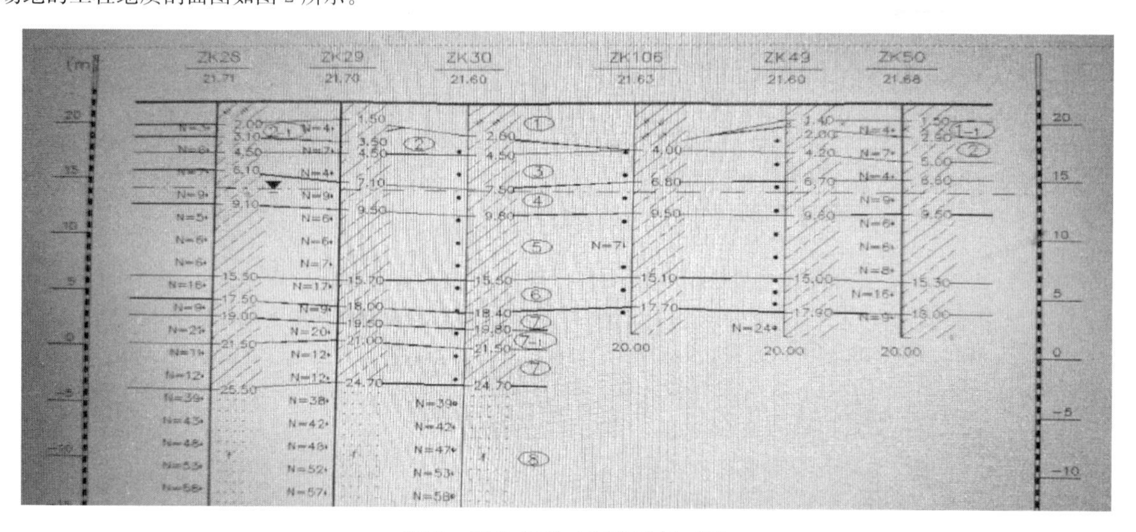

图2　场地典型工程地质剖面图

2.2 试验桩设计方案

试验方案中制作2种规格静压沉管灌注桩，直径分别为0.5m和0.6m。试验场地绝对标高17.670～18.200m，地面高差0.53m，桩顶绝对标高17.500m。钢筋保护层厚度60mm，混凝土强度等级C35。

初步设计时，单桩竖向极限承载力标准值可按式（1）估算：

$$Q_{uk}=\eta u\sum q_{sik}l_i+q_{pk}A_p \tag{1}$$

式中：Q_{uk}——单桩竖向极限承载力标准值（kN）；

η——与桩径相关的桩侧土挤密效应系数，可按《建筑桩基技术规范》JGJ 94—2008表5.3.5-1混凝土预制桩取高值；

u——桩身周长（m）；

q_{sik}——桩侧第 i 层土的极限侧阻力标准值（kPa），可按《建筑桩基技术规范》JGJ 94—2008表5.3.5-2混凝土预制桩取高值；

l_i——桩周第 i 层土的厚度（m）；

q_{pk}——极限端阻力标准值（kPa），可按表2取值；

A_p——桩端面积（m²）。

桩侧土挤密效应系数　　表2

桩径（mm）	400	500	600
η	1.1	1.2	1.3

各种规格灌注桩设计参数和计算承载力如表3所示。

试验桩设计参数和计算承载力　　表 3

桩号	桩径 (mm)	桩顶标高 (m)	桩底标高 (m)	桩长 (m)	极限承载力 (kN)	参考钻孔	桩端持力层
1	600	17.500	−3.200	20.7	5007.7	ZK30	⑦层粉质黏土
2	600	17.500	−4.250	21.75	5234.0	ZK30	⑧层粉砂
3	600	17.500	−5.700	23.2	5546.5	ZK30	⑧层粉砂
7	500	17.500	−7.100	24.6	4387.2	ZK51/ZK52	⑧层粉砂
8	500	17.500	−4.400	21.9	3977.7	ZK131	⑧层粉砂
9	500	17.500	−3.900	21.4	3928.4	ZK82	⑧层粉砂

3 静压沉管灌注桩内力测试方案

3.1 试验目的

通过试验记录施工过程中出现的各种问题，测试静压沉管灌注桩桩身轴力、桩侧摩阻力分布及桩端阻力，验证静压沉管灌注桩设计参数是否合适，为静压沉管灌注桩设计提供合理参数。

3.2 测试原理

首先根据预埋钢筋计计算出钢筋计轴力，即钢筋轴力，然后计算钢筋应变。根据桩身截面等应变假定，即假定桩身截面钢筋与周围混凝土在轴力作用下应相等，计算混凝土应力，即可计算出桩身轴力。根据静力平衡原理，可以计算桩侧摩阻力值。

3.3 钢筋计安装和埋设

振弦式钢筋计一般由连杆、钢套、线圈、钢弦及专用电缆组成，如图 3 所示。

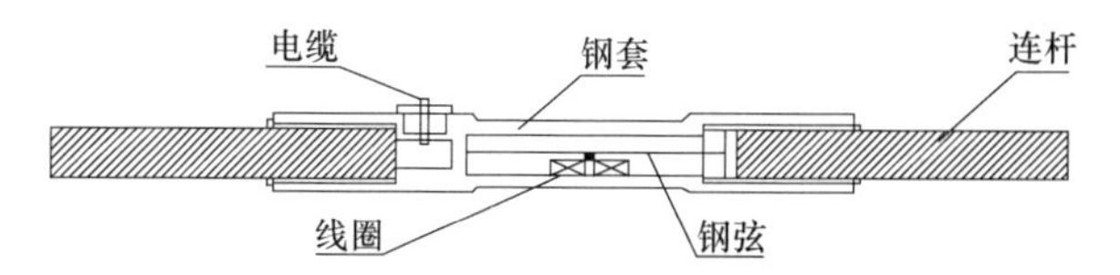

图 3　振弦式钢筋计

按照设计要求制作钢筋笼，钢筋计采用焊接（接触对焊和电弧焊）法直接连接在灌注桩钢筋笼上，其中两根对称通长筋按照钢筋计埋设位置把钢筋截断，以备连接钢筋计。焊接时须采取风冷、水冷方法降温，传感体部分的温升不得超过 70℃。如果过热，损坏环氧防潮层，破坏绝缘性能。

钢筋计埋设在两种不同性质土层的界面处及桩底处，以测量灌注桩在不同土层中的分层摩阻力。钢筋计埋设断面距离桩顶的距离不宜小于 1 倍桩径。同一断面处对称设置两个钢筋计。具体埋设位置如图 4 和表 4 所示。

图 4　钢筋计安装图片

钢筋计埋设位置　　表 4

编号	绝对标高 (m)	线长 (m)	距钢筋笼顶距离 (m)	间距 (m)	土层	编号	绝对标高 (m)	线长 (m)	距钢筋笼顶距离 (m)	间距 (m)	土层
1-1-1	14.100	8	3.4	3.4	③层底	1-1-2	14.100	8	3.4	3.4	③层底
1-2-1	11.800	10	5.7	2.3	④层底	1-2-2	11.800	10	5.7	2.3	④层底
1-3-1	6.100	15	11.4	5.7	⑤层底	1-3-2	6.100	15	11.4	5.7	⑤层底
1-4-1	3.200	18	14.3	2.9	⑥层底	1-4-2	3.200	18	14.3	2.9	⑥层底
1-6-1	−2.900	23	20.4	6.1	⑦层底	1-6-2	−2.900	23	20.4	6.1	⑦层底
2-1-1	14.100	8	3.4	3.4	③层底	2-1-2	14.100	8	3.4	3.4	③层底

续表

编号	绝对标高（m）	线长（m）	距钢筋笼顶距离（m）	间距（m）	土层	编号	绝对标高（m）	线长（m）	距钢筋笼顶距离（m）	间距（m）	土层
2-2-1	11.800	10	5.7	2.3	④层底	2-2-2	11.800	10	5.7	2.3	④层底
2-3-1	6.100	15	11.4	5.7	⑤层底	2-3-2	6.100	15	11.4	5.7	⑤层底
2-4-1	3.200	18	14.3	2.9	⑥层底	2-4-2	3.200	18	14.3	2.9	⑥层底
2-6-1	−3.100	26	20.6	6.3	⑦层底	2-6-2	−3.100	23	20.6	6.3	⑦层底
2-7-1	−3.950	26	21.45	0.85	⑧层中	2-7-2	−3.950	26	21.45	0.85	⑧层中
3-1-1	14.100	8	3.4	3.4	③层底	3-1-2	14.100	8	3.4	3.4	③层底
3-2-1	11.800	10	5.7	2.3	④层底	3-2-2	11.800	10	5.7	2.3	④层底
3-3-1	6.100	15	11.4	5.7	⑤层底	3-3-2	6.100	15	11.4	5.7	⑤层底
3-4-1	3.200	18	14.3	2.9	⑥层底	3-4-2	3.200	18	14.3	2.9	⑥层底
3-6-1	−3.100	30	20.6	6.3	⑦层底	3-6-2	−3.100	30	20.6	6.3	⑦层底
3-7-1	−5.400	34	22.9	2.3	⑧层中	3-7-2	−5.400	34	22.9	2.3	⑧层中
7-1-1	14.220	8	3.28	3.28	③层底	7-1-2	14.220	6	3.28	3.28	③层底
7-2-1	12.220	10	5.28	2	④层底	7-2-2	12.220	10	5.28	2	④层底
7-3-1	6.220	15	11.28	6	⑤层底	7-3-2	6.220	15	11.28	6	⑤层底
7-4-1	4.020	18	13.48	2.2	⑥层底	7-4-2	4.020	18	13.48	2.2	⑥层底
7-6-1	−3.330	23	20.83	7.35	⑦层底	7-6-2	−3.330	23	20.83	7.35	⑦层底
7-7-1	−6.800	30	24.3	3.47	⑧层中	7-7-2	−6.800	30	24.3	3.47	⑧层中
8-1-1	15.220	8	2.28	2.28	③层底	8-1-2	15.220	6	2.28	2.28	③层底
8-2-1	12.720	10	4.78	2.5	④层底	8-2-2	12.720	10	4.78	2.5	④层底
8-3-1	6.220	15	11.28	6.5	⑤层底	8-3-2	6.220	15	11.28	6.5	⑤层底
8-4-1	2.120	18	15.38	4.1	⑥层底	8-4-2	2.120	18	15.38	4.1	⑥层底
8-6-1	−2.780	23	20.28	4.9	⑦层底	8-6-2	−2.780	23	20.28	4.9	⑦层底
8-7-1	−4.100	26	21.6	1.32	⑧层中	8-7-2	−4.800	26	22.3	1.32	⑧层中
9-1-1	15.230	8	2.27	2.27	③层底	9-1-2	15.230	6	2.27	2.27	③层底
9-2-1	12.330	10	5.17	2.9	④层底	9-2-2	12.330	10	5.17	2.9	④层底
9-3-1	6.930	15	10.57	5.4	⑤层底	9-3-2	6.930	15	10.57	5.4	⑤层底
9-4-1	4.130	18	13.37	2.8	⑥层底	9-4-2	4.130	18	13.37	2.8	⑥层底
9-6-1	−1.670	23	19.17	5.8	⑦层底	9-6-2	−1.670	23	19.17	5.8	⑦层底
9-7-1	−3.600	26	21.1	1.93	⑧层中	9-7-2	−3.400	26	20.9	1.93	⑧层中

4 静载试验和内力分析

灌注桩试验主要包括静载荷试验和钢筋计应力测试及内力分析两部分内容。通过静载荷试验测试桩沉降—荷载曲线，得到极限承载力；通过钢筋计应力测试及分析，求得桩身轴力、桩侧摩阻力和桩端阻力分布。

4.1 静载试验

2 号桩（桩径 600mm）加载分级为 12 级，分级加载增量为 500kN，第一次加两级以后逐级等量加载至 5500kN 后，分级加载增量为 250kN，试验桩加载至 5750kN 时，桩顶总沉降量为 54.04mm。9 号桩（桩径 500mm）加载分级为 16 级，分级加载增量为 400kN，第一次加两级，以后逐级等量加载至 4800kN 后，分级加载增量为 200kN，试验桩加载至 5600kN 时，桩顶总沉降量为 46.33mm。依据《建筑基桩检测技术规范》JGJ 106—2014“单桩竖向抗压静载试验”的规定，经综合分析评定，2 号桩单桩竖向抗压极限承载力检测值为 5500kN，9 号桩单桩竖向抗压极限承载力检测值为 5200kN，2 号试

验桩的静载 Q-s 曲线如图 5 所示，9 号试验桩的静载 Q-s 曲线如图 6 所示，各试验桩的静载试验值如表 5 所示。

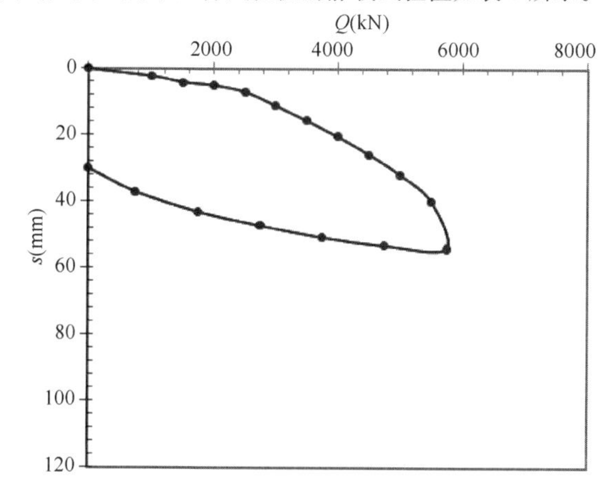

图 5　2 号试验桩静载 Q-s 曲线

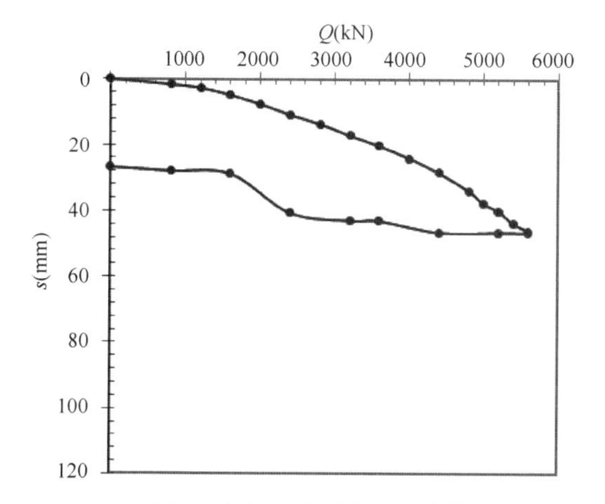

图 6　9 号试验桩静载 Q-s 曲线

各试验桩设计计算值和试验值比较表　　表 5

桩号	桩径（mm）	极限承载力		
		设计计算值（kN）	静载试验值（kN）	静载试验值/设计计算值
1	600	5007.7	5860	1.17
2	600	5234.0	5500	1.05
3	600	5546.5	5500	1.00
7	500	4387.2	5051	1.15
8	500	3977.7	4800	1.21
9	500	3928.4	5200	1.31

通过比较，静压沉管灌注桩承载力静载试验值是计算值的 1.0～1.31 倍。

4.2　钢筋计应力测试和内力分析

首先计算出钢筋计轴力，即钢筋轴力，然后计算钢筋应变。根据桩身截面等应变假定，即假定桩身截面钢筋与周围混凝土在轴力作用下应变相等，计算混凝土应力，即可计算出桩身轴力。桩底处的桩身轴力即为极限端阻力。根据静力平衡原理，可以计算桩侧摩阻力值。

钢筋计应力测试如图 7 所示。

图 7　钢筋计测试

根据静载试验结果和内力测试数据，经数据整理和内力分析后得到 2 号桩和 9 号桩在各级荷载作用下桩身轴力分布如图 8（a）和图 8（b）所示。

桩侧极限摩阻力计算值和实测值如图 9（a）和图 9（b）所示。

桩侧极限摩阻力发挥程度系数如图 10（a）和图 10（b）所示。

其他各试验桩的极限侧阻力设计计算值和内力分析值如表 6 所示。

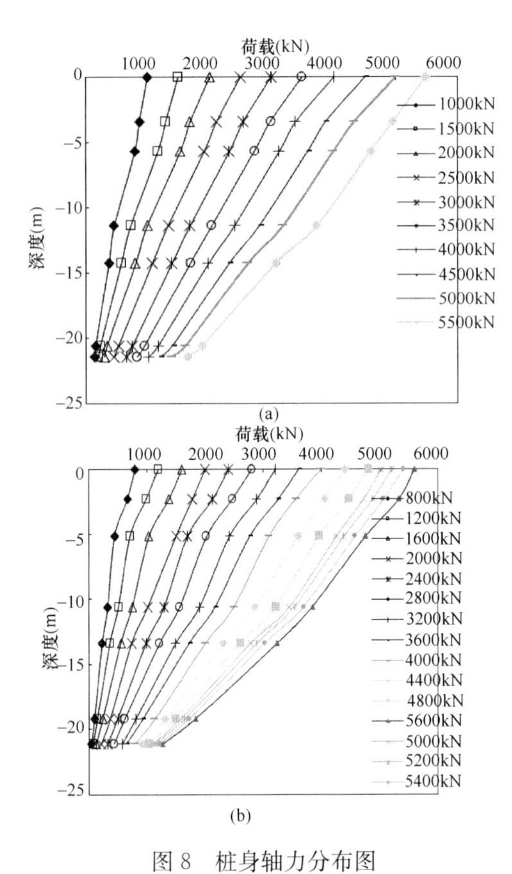

图 8　桩身轴力分布图

（a）2 号桩桩身轴力分布图；（b）9 号桩桩身轴力分布图

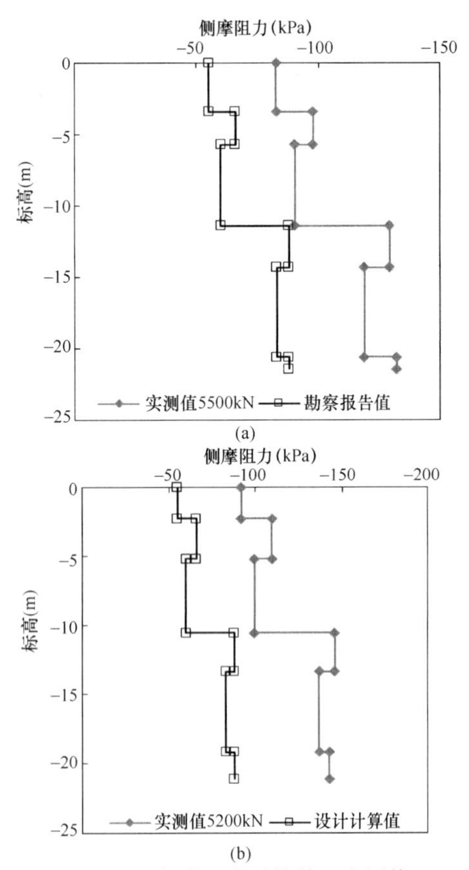

图 9　桩侧摩阻力计算值和实测值

（a）2 号桩侧摩阻力计算值和实测值；（b）9 号桩侧摩阻力计算值和实测值

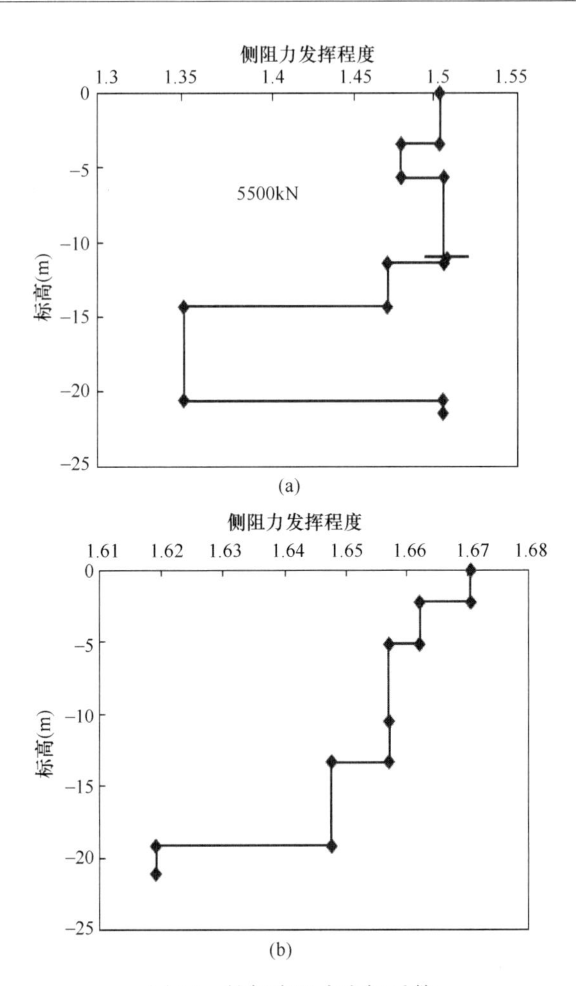

图 10　桩侧摩阻力发挥系数

（a）2 号桩侧摩阻力发挥系数；（b）9 号桩侧摩阻力发挥系数

各试验桩极限侧阻力设计计算值和内力分析值比较表　　表 6

桩号	桩径（mm）	极限侧阻力		
		设计计算值（kN）	内力分析值（kN）	内力分析值/设计计算值
1	600	2765.1	部分钢筋计导线不通，数据无法分析	
2	600	2939.2	3847.9	1.310
3	600	3179.6	4140.0	1.302
7	500	2838.3	3588.7	1.260
8	500	2497.0	3644.0	1.460
9	500	2455.9	3941.2	1.600

桩端阻力实测值如图 11（a）和图 11（b）所示。

其他各试验桩的极端阻力设计计算值和内力分析值如表 7 所示。

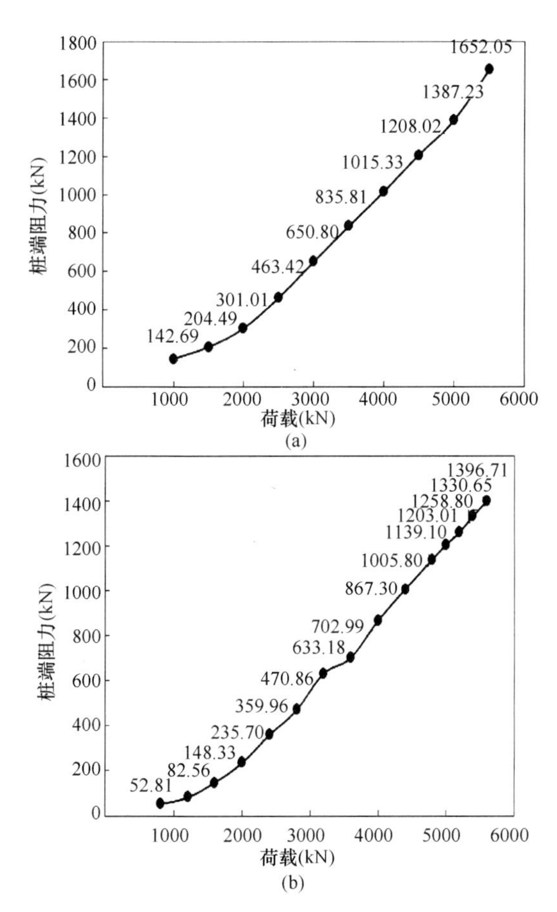

图 11 桩端阻力实测值

(a) 2 号桩端阻力实测值；(b) 9 号桩端阻力实测值

各试验桩端阻力设计计算值和内力分析值比较表　　表 7

桩号	桩径（mm）	极限端阻力		
		设计计算值（kN）	内力分析值（kN）	内力分析值/设计计算值
1	600	1415	部分钢筋计导线不通，数据无法分析	
2	600	1415	1652.0	1.17
3	600	1415	1360.0	0.96
7	500	980	1411.3	1.44
8	500	980	1155.9	1.18
9	500	980	1144.8	1.17

5 结语

（1）静压沉管灌注桩极限承载力初步设计计算式可按式（1）计算；

（2）桩端和桩侧的极限阻力，均按《建筑桩基技术规范》JGJ 94—2008 表 5.3.5 混凝土预制桩取高值；

（3）静压沉管灌注桩的实际承载力约为计算承载力的 1.00～1.31 倍，与桩径相关的挤密效应系数有关，小直径桩的挤密效应小，大直径桩的挤密效应大，ϕ500、ϕ600 的桩挤密效应系数分别取 1.2、1.3 是偏于安全的。

参考文献：

[1] 吴佳温．静压沉管灌注桩技术应用[J]．工程技术，2012(06)：195-196.

[2] 陈海铿．静压桩的沉桩机理和常见问题防治[C]//第十三届泉州市科协年会——泉州市土木建筑学会分会场，2015(11)：284-287.

基于北斗定位在水中管桩的施工技术

王志勇
（山西二建集团有限公司，山西 太原 030013）

摘　要：本文介绍了北方水中码头如何应用北斗定位技术来解决水中小间距、小直径 PHC 管桩的精准定位施工，最大程度减少施工对水库周边环境的污染和破坏，确保水库区域内水土平衡，响应国家关于“绿水青山就是金山银山”的环境保护理念。

关键词：北斗定位；PHC 管桩；水中施工；精准定位

0　引言

目前，PHC 管桩具有在施工过程中产生的噪声比较小，无振动，无污染，工期短，造价低，耐冲击性能好，穿透力强等一系列优点[1]，被广泛应用于港口、码头、公路、高铁、海上风电、大型电厂等建筑工程，PHC 管桩已对其他桩基材料形成了替代之势。本文通过研究 PHC 管桩在大面积水中施工，基于北斗定位技术解决了小间距、小直径 PHC 管桩的精准定位施工。

1　工程概况

本文以山西省沁县水中码头项目为例，项目位于山西省长治市沁县西湖水库南侧的水利风景区内，地基处理采用预制 PHC 管桩，管桩桩长 13m、12m，直径为 300mm 和 500mm，桩基最小间距为 950mm，共计 932 根。桩顶结构采用预制装配式结构，共有预制梁 1945 根，码头管桩布局为异形结构。该水中码头占地面积 2000m^2，建成运营后将成为沁县环湖旅游公路的标志性建筑，主要用于环湖路旅游景区观光游览及每年端午节的赛龙舟活动（图 1）。

图 1　项目效果图

2　主要施工方法

本项目主要施工方法是以应用信息技术领域中基于北斗定位技术对 PHC 管桩进行精准定位施工为研究主线。

本项目主要施工方法是以应用信息技术领域中基于北斗定位技术暨北斗导航系统-GNSS 设备 N6 系列北斗云对水上异形布置、小间距、小直径 PHC 管桩进行精准定位施工为研究主线。考虑到本项目在水中大面积实施过程中，面临 PHC 管桩桩体间距小（桩体间距最小 950mm）、密度大（PHC 管桩 932 根，密度较大）、桩体分布不规则的现状，水上打桩船若不能科学合理地制定打桩路线和顺序，将会导致打桩船无法靠近 PHC 管桩施工，我公司结合 BIM 技术即建筑信息化模型对管桩水上沉桩的施工方法和施工顺序进行模拟演示的辅线思路进行了实施。

2.1　BIM 技术三维仿真模拟演示

我公司技术团队经过多次实地调研、开会讨论和 BIM 模拟演示，最终确定在浅水湖泊水上 PHC 管桩施工中采用北斗高精度桩机引导技术进行水上 PHC 管桩施工。通过对沉桩设备的改进及抱桩器的设置，以此来稳定桩身，增强水上打桩设备的整体稳定性和 PHC 管桩沉桩质量，并依托 BIM 技术即建筑信息化模型对 PHC 管桩水上沉桩的施工方法和施工顺序进行模拟演示，以确定最佳的沉桩顺序，确保了高密度 PHC 管桩桩体在异形结构码头大面积水中施工中实现精准定位施工，减少了返工造成的损失和施工对环境的破坏，节约了工期，提高了水上 PHC 管桩的施工品质（图 2）。

图 2　BIM 技术水上沉桩打桩路线及顺序模拟

2.2　北斗定位技术施工水中管桩

1. 施工工艺流程

施工准备→北斗云基站建立→装船抛锚驻位→喂桩→管桩定位（采用北斗云 APP）→沉桩→生成二维码信息铭牌→互联网云管理→下一根桩施工。

2. 操作工艺要求

打桩船制作安装：通过对材料性能和成本的综合评

价，决定选用聚苯板和竹胶板制作浮箱。采用 50mm×50mm×5mm 角钢焊接成四个 6.0m×1.8m×1.0m（长×宽×高）的框体（间隔 1.0m 增加一条肋），在框体内填充聚苯板，并将聚苯板用彩条布裹紧，然后在聚苯板上面加铺一层 14mm 厚竹胶板，用角钢压紧固定。将四个浮箱用 20a 工字钢在打桩船的两侧分别固定两个。这样桩船的浮力增加了 40t，与湖面的接触面积增加了 43m²（图 3）。聚苯板浮箱比传统钢板浮箱制作简单、节省钢材、节省时间、更有利于环境保护，在本施工中增强了桩船的稳定性，提高了施工质量。

图 3　打桩船制作安装（聚苯板浮箱）

北斗云基站建立：在岸边开阔处架设一台基准站，同时在打桩机上安装一台高精度 GNSS 设备 N6 系列北斗云接收机作为移动站，操作人员可以在北斗云手机 APP 的指挥下快速精准地找到要施工的桩位，而且该北斗导航系统操作简单省时省力，可以消除湖面放线难、人为放线错误等各种因素引起的偏差（图 4）。

图 4　GNSS 设备 N6 系列北斗云

装船抛锚驻位：打桩船、运输船在拖轮配合下进行抛锚定位。

移船吊桩及就位：桩船紧靠着运输船，桩架往前倾斜，使吊索垂直于管桩。吊点位置按设计要求规定。下吊索长度（包括捆绑长度）一般取 0.5～0.6 倍桩长；桩未吊离船仓时，运输船上的起重工负责指挥，起吊过程注意观察管桩两端是否碰到仓壁，打桩船吊起桩身至适当高度（如超越驳船上所有锚机、封舱架等障碍物）后，打桩船退后，横移至设计桩位；慢速升 1 号主钩，降 2 号副钩立桩，同时将桩架收回至前倾 3°，打开上、下背板，再将桩架变幅至后倾 5°，使桩进入抱桩器，关上、下背板，解副钩吊索。通过此操作，解决了吊桩就位时打桩设备倾斜过大的问题。

管桩定位：将上背板升至适当位置，下背板放到水面，使桩稳定后，根据北斗云手机 APP 打桩软件指引打桩移船至桩位准确位置，直至打桩船移船调整至符合图纸坐标要求；通过仪器观测报出桩的垂直度误差，打桩船通过调整平衡车或左、右舱压水调整或通过变幅调整前后垂直度误差。

沉桩：沉桩时，测量班和桩工班跟踪观测，随时掌握桩位和垂直度的变化，根据实际情况，采取措施确保桩位和垂直度符合要求，在斜坡上下桩，一般将桩尖往岸坡前移一定距离下桩，让桩顺斜坡向下滑移，待桩不再滑移时，再移船调整垂直度。在沉桩过程中，垂直度控制是关键，项目部采取在沉桩设备底部设置抱桩器（图 5），以此来稳定桩身。在桩架底部加装抱桩器，工作时抱桩器可以抱住 PHC 管桩，防止管桩在水中晃动，在很大程度上确保了桩身的垂直度（试桩 5 根，检查桩身垂直度偏差，结果均小于 0.8%），加快了施工进度，保证了施工质量。

图 5　抱桩器的设置

设置锤垫：替打顶应设置锤垫（锤垫由硬木制成），桩顶设置有适当弹性的桩垫。桩垫要求厚薄均匀，尺寸尽量与桩顶断面相同。

替打、压锤：桩身靠自重下沉稳定后，复测桩位，确认符合要求后解主吊钩吊索，桩工指挥放下替打，接近桩顶时，暂停、观察桩顶与替打是否对正，如有偏差应移船或变幅桩架使之对正再放下替打。压锤时，桩工时刻密切注意桩位变化，测量工复测桩位，调整好桩位继续压锤。

锤击：压锤后待桩稳定，调整龙口与桩身平行，使桩、替打、锤三者的中心线在同一轴线，测量工复测桩位无误，经现场技术员认可后，桩工班长指挥锤击。锤击过程中应注意滑桩、桩头破碎、桩的贯入度是否已达桩锤使用极限、涌浪等情况，并记录各种原始数据。在锤击过程中测量工全程观测，如出现偏位应及时向现场技术员汇报。

停锤起锤：沉桩以标高控制为主，贯入度作为校核，校核贯入度以设计要求为准。

本项目通过研究大型传统水上沉桩设备的船体构造，使用了拆装简单，安全可靠和大小可调的浮箱船体，在保证打桩设备整体稳定性的前提下，保证其沉桩的施工质量。同时，应用信息技术领域中基于北斗导航系统-GNSS设备N6系列北斗云高精度桩机引导技术对打桩船进行引导施工，将测量、放线、定位、记录、出图于一体。利用安装在打桩设备上的北斗导航系统-GNSS设备N6系列北斗云，及时定位打桩位置及标高，最终实现PHC管桩的精准定位施工（图6）。

图6 北斗导航系统N6系列北斗云水上打桩

3 管桩的施工管理及质量控制

本项目从“智慧建造”管理运营出发，依托互联网动态管理信息技术应用北斗云手机APP打桩软件进行实时动态跟踪定位打桩，实现了施工数据和信息的共享和记录。同时，将生成的施工信息同步生成二维码信息铭牌，贴在每根管桩中，做到每根桩都有自己的“身份证”，便于日后PHC管桩信息追溯和维护管理。

北斗云手机APP打桩软件可以自动从BIM平台导入项目信息和桩位信息，生成桩位平面图和图纸要求；能够自动进行项目施工信息统计；自动生成施工记录表、竣工图；自动生成施工统计信息。施工过程可监控，施工数据可共享，远程查看桩机位置、桩机施工成果。实现精确打桩定位，实时获取打桩数据，不仅能够减少中间人工放线带来的误差，还能避免外界因素对放线和打桩带来的影响（图7）。

在施工检查验收合格后，依托互联网云管理信息技术实现各种信息的收集并生成二维码信息铭牌（该铭牌包含：项目名称、管桩型号、管桩强度、生产日期、执行标准、管桩坐标、桩机型号、打桩日期），通过扫码器进行信息的读取，能够极大地方便施工、检查及后期运营的维护管理工作（图8）。

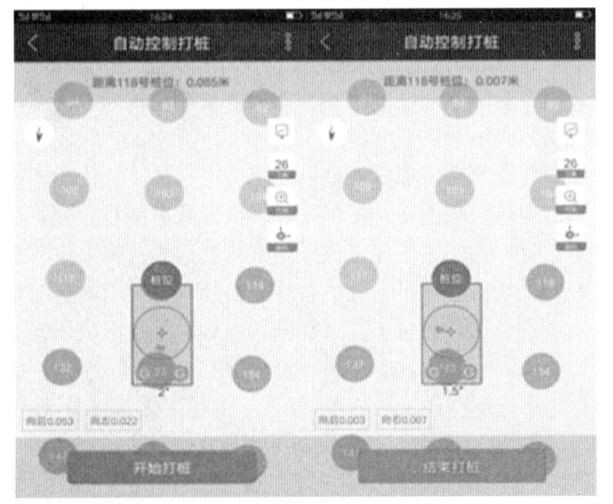

图7 现场北斗云APP的应用

图8 现场北斗云APP的应用

4 结论与展望

陆地打桩尚且不易，水上打桩实施更难。和陆地打桩区别较为明显的是，水上打桩时，水底的情况肉眼无法观测，施工人员既不能在水底做明确标记，在水上全站仪、经纬仪的作用也不能完全施展，打桩工作投入大、效率低，一旦遇到刮风下雨的天气，施工队就更是束手无策。本项目通过基于北斗定位技术施工水中管桩的研究与应用，实现了水中小间距、小直径PHC管桩的精准定位施工，不仅加快了施工进度，而且最大程度减少了施工对湖泊周边环境的污染和破坏，待全部打桩完成后放眼望去，整个湖面的水泥桩整齐划一，如同接受检阅的队伍一般沉稳自信。同时，通过该项目的实施与应用，有效保证了湖泊区域内水土平衡，进一步实现了“绿水青山就是金山银山”的环境保护和生态建设理念。

第三部分

复合地基与地基处理

有桩地基的概念与设计实践案例

孙宏伟
（北京市建筑设计研究院有限公司，北京 100045）

摘　要： 基于桩土协同作用的本质，复合桩基、疏桩基础、减沉桩、沉降控制桩、刚性桩复合地基，可统化为桩土复合的地基，即本文提出的"有桩地基"概念。根据荷载集度和地质条件，基于沉降控制的设计准则，有针对性、有选择性地调整地基刚度，将均匀地基进行非均匀化调整或将不均匀地基进行均匀化调整，形成桩土协同、刚柔相济的地基刚度，再加之变基础刚度以及变相对刚度，实现差异沉降最小化。本文旨在阐述有桩地基的概念并给出代表性的设计实例，以期进一步推动地基基础沉降变形控制设计的实践，并助推岩土工程技术体制的发展。

关键词： 有桩地基；变刚度；差异沉降；沉降控制设计

0　引言

工程经验与教训都反复强调按变形控制的地基基础设计准则，相关研究与实践成果总结可阅文献[1]。即便基础形式采用桩基础，沉降控制亦并非高枕无忧，国内外问题案例并不鲜见。美国旧金山市的千禧大厦 Millennium Tower（亦称为千禧塔）所采用的是典型的桩基础方案（筏形基础和预制方桩），因考虑不周而致严重倾斜，值得土木工程师警醒。在反思讨论地基基础工程问题的过程中，笔者发现对于桩基础、桩基的概念时有误解。笔者尝试对有关概念进行统化分析，将传统概念的桩基础称之为全桩基础，并以"有桩地基"体现桩土协同作用，为了进一步明晰概念，特此撰文阐述有桩地基的概念与设计实例，以期推动地基基础沉降变形控制设计的实践。

1　有桩地基概念

地基与基础紧密相连，并构成一个共同工作的体系。地基类型有两大类，即天然地基和人工地基，其中人工地基通常指的是处理地基和桩基。需要注意的是，在外文资料中 foundation 一词有时其含义有广义和狭义之分，广义者指代地基与基础的整体概念，狭义的概念特指属于建筑结构组成部分的基础，如浅基础 shallow foundation 和深基础 deep foundation。

由《工程艺术大师：卡尔·太沙基》一书可知，国际尊称太沙基教授为土力学之父（the father of soil mechanics）并公认他开创了 soil engineering 领域。这两处的 soil 分别指的是工程意义上的土和地基基础，后者涉及 Soil-Structure Interaction（简写为 SSI）"地基岩土与结构相互作用"。国内不同学者将 interaction 译为共同作用、协同作用，目前仍然是国内外土木工程领域的重点和热点课题。显然，仅从字面来看，在 SSI 体系之中，基础被看作是结构的一部分。

所谓的地基—结构的体系，即岩土—结构的体系，对于其中的"桩"，有两类不同的认识和处理手法，其一是将"桩"作为结构构件，另一类则是将桩土（桩与岩土）视为一体，桩与岩土协同工作，桩起到增强地基刚度的作用。这样看来，桩基并非桩基础的简称，桩基可理解为有桩地基。

传统概念的桩基础是由桩承担全部的荷载，可称为全桩基础或纯桩基础，设计时通常并不考虑桩间土的作用，而实际中，当基础底面下的地基岩土可以提供基底反力时，应以"有桩基础"相称。piled foundation 和 piled raft foundation，可理解为设置有支承桩的（筏形）基础，"piled"体现着桩土协同工作（共同工作）的含义，此时 piles as settlement reducers，即桩的作用在于减小沉降[2]。

复合地基的竖向增强体，所对应的英文词汇为 column，译为桩柱体，而国内已习惯称之为"桩"，例如，将 stone column 译为碎石桩。CFG 桩复合地基的竖向增强体——CFG 桩，并非传统意义上的桩。而已有工程实例以钢筋混凝土桩用作复合地基的竖向增强体。本质上，复合地基的竖向增强体亦与其间地基岩土共同工作，故将其归入有桩地基的范畴。

复合桩基[3]、疏桩基础[4,5]、减沉桩[6-8]、沉降控制桩[9]，均可看做桩土复合的基础，均考虑了基础底面下的桩间土的作用。笔者将其与刚性桩复合地基统化为桩土复合的地基，即"有桩地基"的概念，其核心是桩土协同作用的机理。从天然地基、有桩地基、有桩基础、全桩基础（或称纯桩基础）的荷载-沉降的性状如图 1 所示，以合理的容许沉降量为控制目标，通过调整有桩地基刚度实现总沉降量和差异沉降量均最小化，其中的有桩地基和有桩基础，两者对于桩与桩间土参与共同工作的侧重点有所不同。

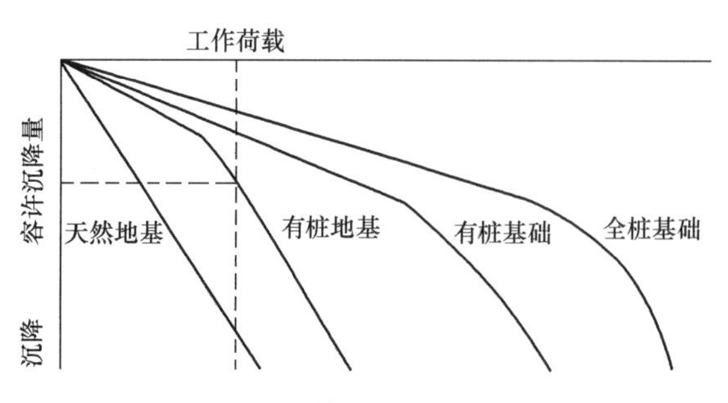

图 1　桩-土-筏形基础的受力模式

2 变刚度设计

源于行业标准《建筑桩基技术规范》JGJ 94—2008施行，变刚度调平设计方法得到工程界关注，其核心技术思路是通过变刚度（optimizing stiffness）使得差异沉降（沉降差）最小化，这是《建筑桩基技术规范》JGJ 94—2008中对于变基桩刚度而调平沉降差的设计方法的注释。

宰金珉先生在文献［10］中系统地论述了地基刚度的人为调整与优化设计，包括地基土刚度调整和桩基刚度调整。

依据工程应用研究和文献调研，结合设计实践，笔者归纳总结变刚度设计方法有三种：（1）变地基刚度；（2）变基础刚度；（3）变相对刚度。

桩为增强地基刚度而布设，设计过程中不仅要关注承载力，更要关注变形验算，因为时时事事要遵循沉降控制的设计准则。而有桩地基则可视为从整体观的角度考虑问题。为了进一步讲明这一概念，结合图2分析旧金山千禧大厦倾斜事故。不少人认为千禧大厦的基桩设计没有问题，根据建筑荷载以及桩数进行核算，基桩平均承担荷载1000kN，据悉单桩容许承载力取值为1300kN，余留23%（近1/4）承载力，故对出现的严重倾斜，深感不解。千禧大厦倾斜事故原因，可以从单桩承载力、群桩承载力、群桩沉降变形等方面进行分析，笔者总结为“重视单桩承载力、忽视群桩沉降量”，同时笔者认为若从桩与地基刚度的角度加以分析，由图2可以看出，设计桩长过短，虽有桩，但实则难以有效增加地基刚度，故有桩地基的刚度有限，难以有效控制沉降变形。

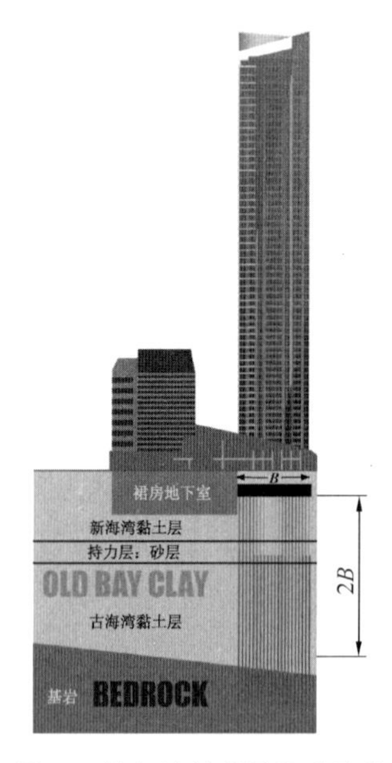

图2 桩与地基配置关系示意

变地基刚度包含变基桩和变竖向增强体的竖向支承刚度。基桩是与承台基础或筏形基础相连接。竖向增强体是与基础相隔离的地基中的桩柱体。需要说明的是，桩以及复合地基的竖向增强体的承载力，均取决于桩体与岩土体相互作用，包括其侧面与岩土之间的摩阻力（亦可称为侧阻力）、其底面与岩土持力层之间的支承力（亦可称为端阻力），侧阻力和端阻力均受制于成桩工艺工法及施工质量，成桩过程影响着桩与岩土界面的特性。设计基桩变刚度调平模式和设计竖向增强体变刚度调平模式分别参见图3和图4。

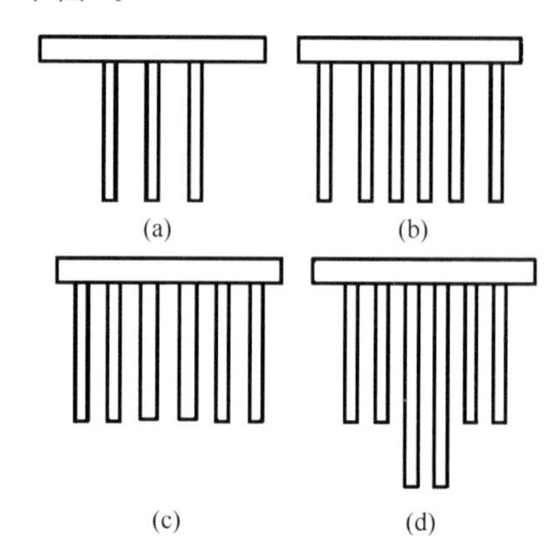

图3 基桩变刚度调平模式

（a）局部增强；（b）变桩距；（c）变桩径；（d）变桩长

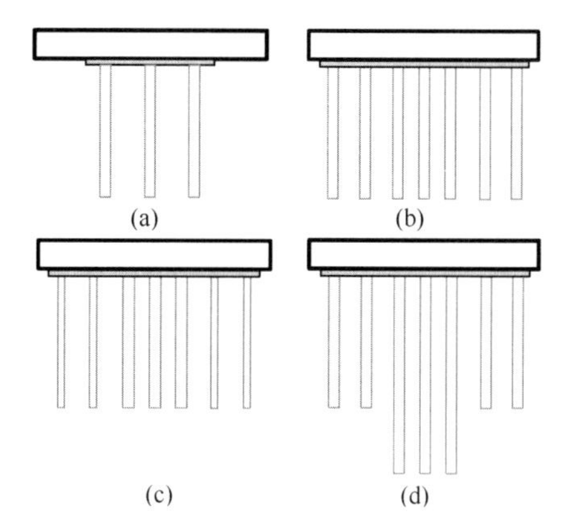

图4 竖向增强体变刚度调平模式

（a）局部增强；（b）变置换率；

（c）变截面积；（d）变长度

地基基础变形控制设计，不仅要控制总沉降量，更关键在于控制差异沉降量。假定地基岩土层是相对均匀的条件，则根据荷载集度，变相对刚度，如图5所示，包含两层含义：其一是地基（含有桩地基）与基础的相对刚度，再者是高低层之间、主裙楼之间的基础的相对刚度，如基础1和基础2的相对刚度，以及地基的相对刚度，如地基1和地基2之间的相对刚度，即需要协调主楼地基

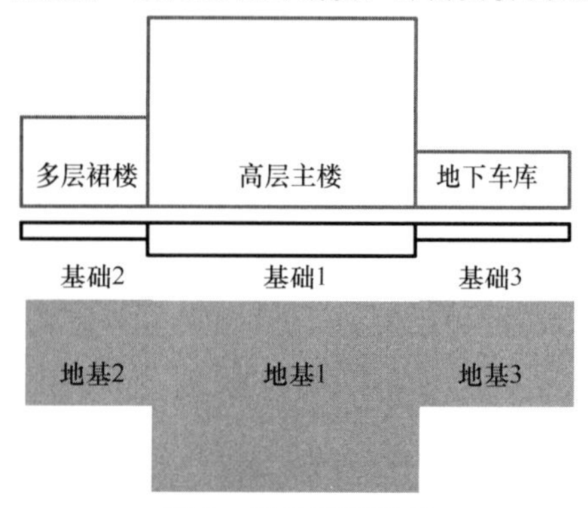

图5 相对刚度示意

（有抗压桩地基）与裙楼地基（有抗浮桩的地基或有抗浮锚杆的地基）之间的竖向支承刚度的相对强弱，以达到控制和协调沉降差异的目标。

3 实践案例

变地基刚度、变基础刚度、变相对刚度，在设计过程中，需要统筹兼顾、因地制宜，不可偏废，方可实现最优化设计。本节以若干工程实例加以说明。

3.1 北京昆仑饭店

建筑设计要求高层与裙房相接部分不设变形缝，由于基础下有厚的黏性土层，采用天然地基相对沉降较大，约为 140mm，为了减少沉降差，在高层部分的箱基下打入预制钢筋混凝土桩，这样沉降量可以减少一半。裙房柱采用独立柱基，独立柱基在两个方向均做了地基梁。独立柱基与高层相连的地基梁，按后期沉降差 3cm 进行设计，为了减小地基梁的内力，在地基梁底填以松散焦渣（图 6）。根据沉降差控制要求，主楼采用预制桩提高地基刚度，而对于裙房的地基刚度则给予适当弱化。

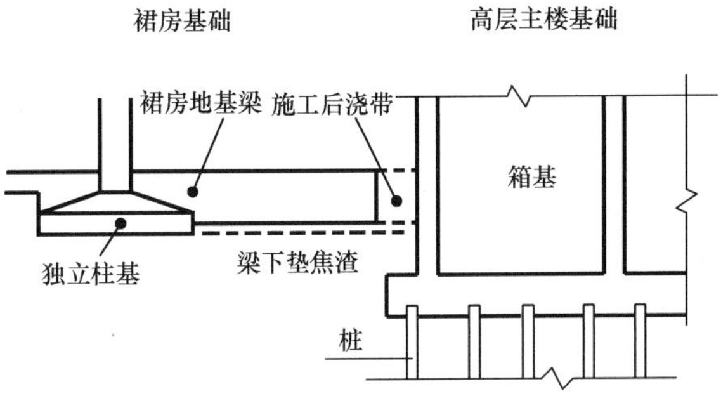

裙房基础 高层主楼基础

裙房地基梁 施工后浇带

箱基

独立柱基 梁下垫焦渣

桩

图 6 高低层之间基础连接

3.2 天津于家堡金融区 03-22 地块

超高层主楼毗邻地铁深基坑，既近又低（图 7），间距仅 0.75m 且地铁基坑底面深于相邻建筑的基底标高，因地铁基坑的深开挖会引起相邻建筑地基的侧限条件，而主楼的建筑荷载对于地铁深基础又构成了超载，故须考虑两者之间的相互影响问题。由地基土—桩—筏形基础相互作用计算分析可知，上部荷载作用下会引起地基土体应力的变化，而且这一变化将会对毗邻的地铁支护体系造成影响，使得作用在地下连续墙上的土压力增大，进而加大地铁基坑支护体系的水平位移，而与此同时，地铁支护体系水平位移的加大又会对地基土体应力场造成影响，进而影响桩—筏板—地基土体系之间的相互作用，造成桩筏基础差异沉降变形的加大。

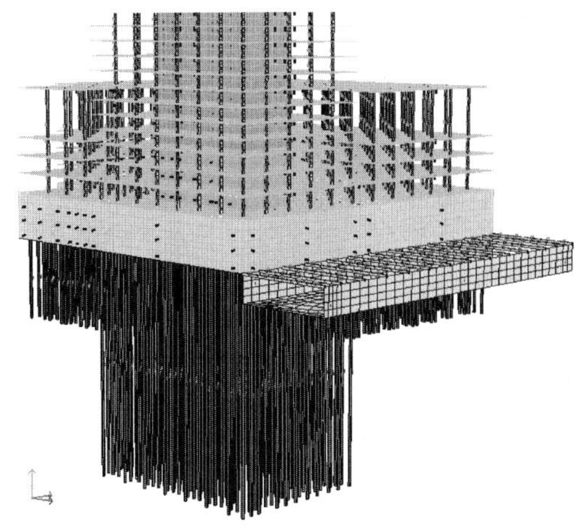

图 7 高层建筑与深基坑相邻工况示意

为针对这一复杂的工况条件，建筑桩基设计时，应用专业数值分析软件进行了详细的计算分析。依据相互影响的数值分析计算成果，为了有效控制地铁深基坑的开挖及支护与超高层建造之间的相互影响，对主楼桩基设计参数进行了调整，以粉砂⑨$_4$层作为桩端持力层且桩长加长到 67.35m[11]，即适当增强基桩支承刚度。沉降观测等值线图见图 8，经过实测验证，实现了更安全的变形控制设计目标，地基基础设计安全可靠、科学合理。

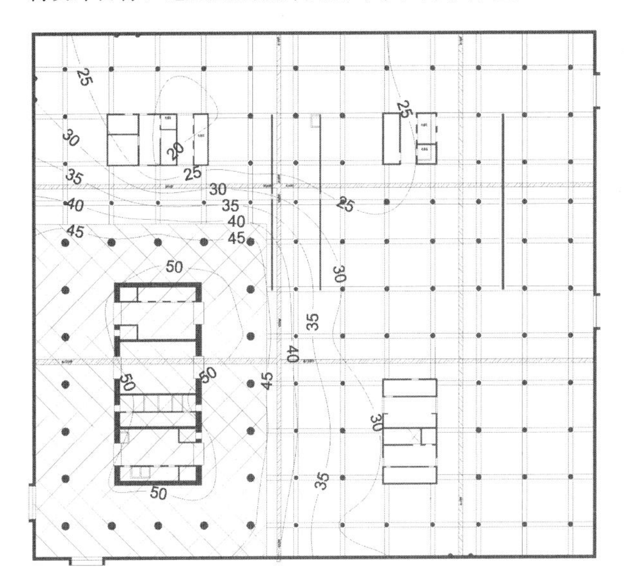

图 8 实测沉降等值线

3.3 石景山 CRD 某项目

工程建设场地邻近的断裂带为八宝山断裂带及其分支断裂，根据岩土工程勘察资料，受断裂带影响场地内基岩埋深及岩性变化很大，岩体破碎、风化程度高，地质条件复杂。局部勘探钻孔发育小型岩溶洞穴，白云岩顶面差异化溶蚀较发育，风化壳充填红色黏土。

设计之初，对于如此复杂的地质条件，建筑物的地基方案通常为人工地基方案，桩基或复合地基，而复合地基方案最常用的是 CFG 桩复合地基，这两类方案各自都有优缺点。桩基方案优缺点：单桩承载力高，桩长较长、进入硬层深度较大，机械成孔施工难度大；CFG 桩复合地基优缺点：长螺旋钻孔压灌 CFG 桩施工简单、成本低、质量可靠，但是长螺旋钻机在卵石、碎石、碎石土、风化基岩层等地层中施工稳定性差，钻进难度大，施工进度慢。较之机械成孔，干作业人工挖孔具有如下特点：（1）成孔直径大，且能扩底，能充分利用土层桩端承载力，单桩承载力很高；（2）施工过程中可直观检验持力层位置和孔底虚土、残渣，确保桩端承载力的发挥；（3）施工设备简单，造价低，施工速度较快。

鉴于本场地当时的地下水位埋藏深，加之预判机械成孔工效制约条件多，在反复讨论过程中，最终形成了以大直径挖孔桩作为增强体的复合地基——有桩地基的方案，竖向增强体与地层配置关系见图 9。设计参数[12]：(1) 由地质条件和土的物理力学指标可以看出，深部发育有溶蚀孔洞，因此桩端应该尽量远离溶洞，考虑到施工的可行性。选择④层或⑥层作为持力层，确定有效桩长为 6.0m。人工挖孔桩桩身直径为 800mm，混凝土护壁厚度为 100mm，桩端扩底直径为 1200mm，扩大头高度为 800mm。(2) 增强体单桩承载力特征值 R_a 取值为 1550kN，计算分析时根据类似地质条件下的经验，适当调整勘察报告中提供的侧阻力标准值和端阻力标准值。(3) 布桩间距为 2.50m，桩身混凝土强度等级 C25。(4) 经核算，基础底板抗冲切满足要求。为了进一步减少基础底板的反向应力集中，采用在桩顶上铺设厚度为 500mm 褥垫层的做法。

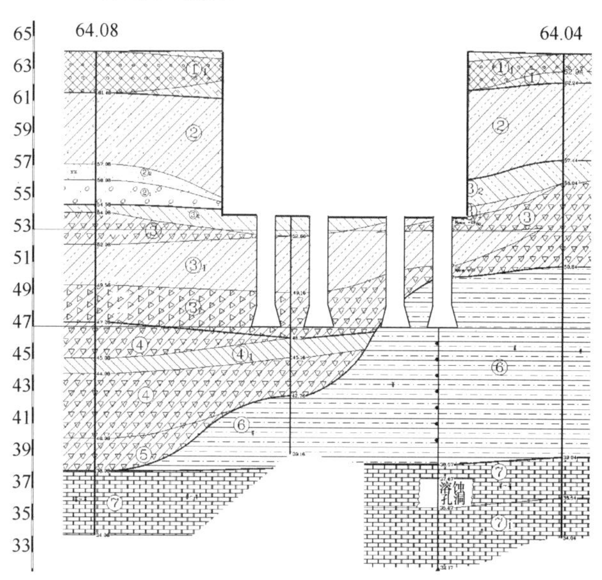

图 9　地层分布与增强体挖孔桩配置关系

3.4　北京银河 SOHO

北京银河 SOHO 由国际知名女建筑师 Zaha Hadid 设计，为典型的大底盘多塔连体结构，塔楼核心筒与中庭荷载差异显著。经过反复计算与分析论证，合理调整筏形基础及上部结构的刚度，同时优化地基支承刚度，最终采用天然地基与局部增强 CFG 桩复合地基的地基设计方案。北京银河 SOHO 建筑结构设计和地基与基础设计分析过程与成果详见文献［13］及［14］。在地基基础设计过程中，岩土工程师与结构工程师密切合作、协同工作。

为更好地控制差异沉降，比选分析了不同基础形式与不同地基类型组合方式，基础形式包括梁板式筏形基础、平板式筏形基础，地基类型包括天然地基和人工地基（钻孔灌注桩、CFG 桩复合地基），即基础刚度与地基刚度的不同组合，并通过地基与结构协同作用分析进行沉降计算比较分析。

鉴于地质条件，在直接持力层之下分布有相对软弱黏性土层，增加筏形基础厚度（即增加基础刚度）的同时将使得地基刚度弱化，故根据荷载集度的分布特点，人为调整地基刚度——通过加设 CFG 桩使得地基刚度局部增强（图 10），将均匀地基调整为不均匀地基，以实现差异沉降最小化。设计以及技术交底过程中，坚持针对 CFG 桩增强体单桩加强承载性状检验，并以增强体单桩静载试验作为地基施工质量检验的主控项目。经过沉降实测验证，地基基础设计方案科学合理、安全可靠。

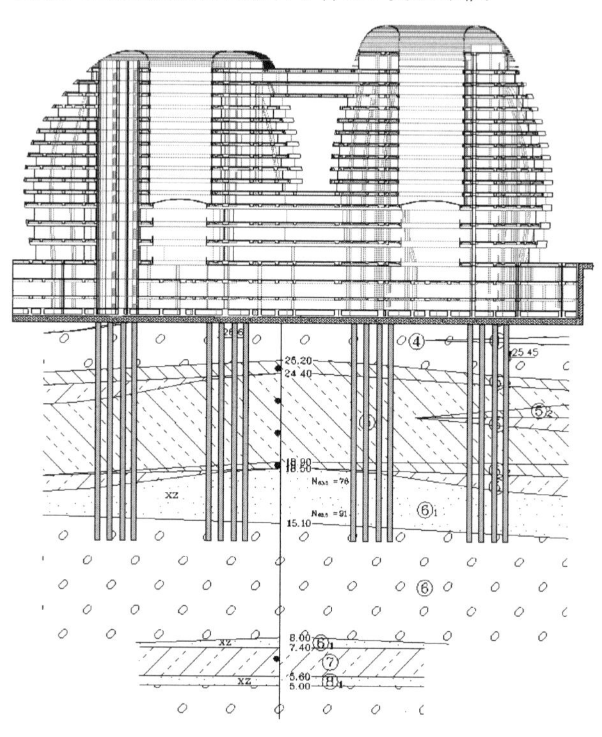

图 10　荷载集度与地基刚度局部增强配置示意

3.5　奥运酒店项目

本工程地上部分由经济型酒店 A 座（地上 16 层），标准写字楼 B 座（地上 14 层）和甲级写字楼 C 座（地上 14 层），五星级酒店 D 座（地上 16 层），本项目的整体空间设计是将首二层的裙房区在室内以商业街的形式贯穿起来，地下部分为两层地下室。本工程为大底盘多塔的形式，高层建筑结构形式趋近于框架－核心筒结构，且核心筒部位荷载较为集中，因此本工程对于高层建筑内部、高层建筑与裙房之间、高层建筑与地下车库之间的差异沉降控制严格。

地基设计参数[15]　　表 1

建筑物部位	A 座		B 座、C 座		D 座	
有效桩长（m）	18	22（核心筒）	16	18（核心筒）	18	22（核心筒）
桩端持力层	第 8 大层（黏性土与粉土层交互）				第 8 大层（黏性土与粉土层交互）核心筒：第 9 层（砂卵石层）	
桩间距(m)	1.4		1.6		1.6	

CFG 桩复合地基系由桩（竖向增强体）与其间地基土共同承担建筑荷载，构成有桩地基。设计时，在满足沉降控制的条件下，尽可能地加大置换率，即加大桩间距，以充分发挥地基土的承载能力，经过不同桩长以及桩间距组合的分析比较，最终采用了两种桩间距：1.4m 和 1.6m，详见表 1；两个桩长组合 16m＋18m 和 18m＋22m，桩长与地层配置关系见图 11。A 座和 D 座同为地上 16 层，但其地质条件有所不同，桩端支承刚度 D 座高于 A 座，因此将相同桩长组合的 A 座的桩间距加密至 1.4m。该项目的地基设计完成于 2006 年，突破了当时 CFG 桩复合地基设计惯例，是先期完成的按变刚度调平设计的代表性项目。

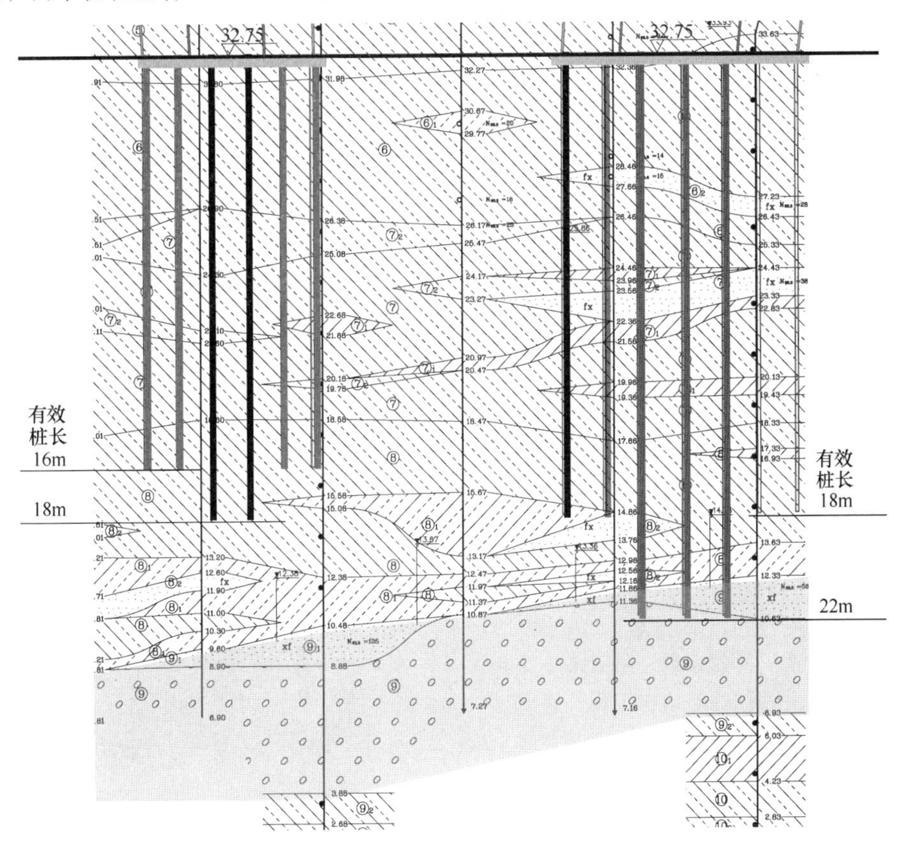

图 11　地层分布与增强体桩长配置关系示意

3.6　复合桩基设计实例

文献［16］给出了变基桩刚度调平设计的实例，即按强化核心筒桩基的竖向支承刚度、相对弱化外围框架柱、桩基竖向支承刚度的总体思路，核心筒采用常规桩基、桩长 25m、桩端持力层为砂层，外围框架采用复合桩基、桩长 15m、桩端持力层为卵石层。

3.7　北京中国尊大厦桩筏基础设计

笔者参与设计的北京中国尊大厦，为超高层建筑地基基础的变刚度设计实践的代表性案例。桩筏基础协同作用三维数值分析与基础设计紧密结合，经过精细建模反复分析计算，最终设计方案保证总沉降与差异沉降均满足设计要求，主塔楼与裙房之间不设置沉降后浇带、不设置抗浮桩，实现了设计创新[17]。综合运用“变基桩刚度、变筏形基础刚度、变相对刚度”，其设计思路详见文献［18］。

4　现实反思

按变形控制是地基基础设计的重要原则，需要考虑桩—土—筏形基础—地下结构的协同作用。上部建筑结构荷载经基础传递至地基，在地基基础设计过程中，结构工程师们非常关注的反力，包括桩顶反力、基底反力（即筏板底土反力、承台底土反力），实为地基基础协同作用的结果。地基岩土性状、基桩支承刚度、基础刚度包括地下结构以及上部结构刚度是相互影响相互制约的，不可孤立地看待。若人为地割裂开来，势必造成认知误区，制约地基基础设计的科学性和合理性，进而影响沉降控制，特别是差异沉降控制设计的可靠性。

由于建筑形式与结构体系复杂、高低错落、荷载集度差异悬殊，加之开挖面积大、埋深大、岩土与地下水条件多变、与邻近深基坑开挖相互影响等因素使得工况条件愈发特殊，在设计分析过程中数值分析成果系综合判断的重要依据，土木工程师的重要任务是努力提高沉降分析的准确度，更有助于正确的工程判断[19]。

“在工程中不断观测和积累数据，在其基础上合理选用参数，再计算和预测以后的变化，往往达到很高的精度。”[20]正如太沙基教授曾讲到岩土工程处于科学与艺术之间，并提出了符合岩土工程特点的观察法（observational method）[21]，足见实测资料的重要性。然而在实际工程中，沉降观测并未得到足够的重视，亟需整改，缺少复杂工况的实测数据将制约今后沉降预测的准确性。无论是设计单位主导的工程总承包或是施工单位主导的工程总承包的模式，建议将沉降观测纳入总承包主导单位的责权范围内，不仅有利于指导信息化施工，而且有助于积累经验、总结提高。

5 结语

在前人研究与实践的基础上，将复合桩基、疏桩基础、减沉桩、沉降控制桩、刚性桩复合地基统化为“有桩地基”，是基于桩土协同作用的本质。

确定安全可靠、科学合理的地基设计方案，需要精心评价岩土性状，正确选定地基参数，把握不同桩法的作用机理，分析比选桩型与承载性状，研判地基压力一变形性状，地质勘测、成桩设备、成桩质量、检验测试等环节并统筹兼顾、综合考虑。嵌岩桩能否归入有桩地基，或可否作为竖向增强体，要具体条件具体分析，重点关注桩体自身压缩变形量、桩体底面处的交界面性状以及和桩端持力层的承载变形特性三个方面。尚应重视成果质量验证并加强反分析，系统地总结工程实践经验。

需要注意的是，本文所提出的有桩地基的概念，旨在强调桩土协同作用，做好按沉降变形控制的地基设计。在设计过程中，进行桩数确定和沉降计算，分别基于荷载的标准组合和准永久组合，进行桩身结构承载力的验算，需要按荷载的基本组合，且结构抗震计算分析时需要采用多种的基本组合，因此岩土工程师与结构工程师密切合作、各出所长、协同设计，才能更好地完成地基基础设计。岩土工程师应积极发挥执业作用，即在地基评价中的主导作用、在地基处置中的核心作用、在地基设计中的协同作用。

鉴于有桩地基与有桩基础的认识见仁见智，本文旨在抛砖引玉，积极推动工程实践，期待业内进一步交流讨论。

参考文献：

[1] 龚晓南 杨仲轩．岩土工程变形控制设计理论与实践[M]．北京：中国建筑工业出版社，2018.

[2] J. Burland, B. B. Broms, V. Mello. Behaviour of foundations and structures. Proc 9th International Conference on Soil Mechanics and Foundation Engineering, Tokyo, 1977, 2: 495-546.

[3] 宰金珉．高层建筑与群桩基础非线性共同作用——复合桩基础理论与应用研究[M]．上海：同济大学出版社，2007.

[4] 管自立．疏桩基础理论与实践[M]．北京：中国建筑工业出版社，2015.

[5] 刘惠珊．疏桩基础在高层建筑中应用前景探讨[A]//第八届土力学及岩土工程学术会议论文集[C]．北京：万国学术出版社，1999：327-330.

[6] 黄绍铭，王迪民，裘捷．减少沉降量桩基的设计与初步实践[A]//第六届土力学及岩土工程学术会议论文集[C]．上海：同济大学出版社，1991：405-410.

[7] 黄绍铭，岳建勇，黄昱挺．采用减沉路堤桩处理大面积地面堆载下软土地基的设计与实践[J]．岩土工程学报，2013(07)：1228-1238.

[8] 黄晓晖，龚维明，穆保岗，黄挺，谢日成．基于均匀设计的带桩帽钢管减沉桩承载性能试验研究[J]．岩土力学，2014(11)：3148-3156.

[9] 沉降控制桩基础技术规程 DB 29-105—2004[S]．天津：天津市工程建设标准，2004.

[10] 宰金珉．高层建筑地基与基础设计中的几个问题[A]//21世纪高层建筑基础工程[C]，北京：中国建筑工业出版社，2000：44-69.

[11] 孙宏伟，沈莉，方云飞，吕素琴．天津滨海新区于家堡超长桩载荷试验数据分析与桩筏沉降计算[J]．建筑结构，2011(S1)：1253-1255.

[12] 曹亮，刘焕存，王妍．人工挖孔扩底灌注CFG桩复合地基的设计与应用．岩土工程技术[J]，2014，28(03)：109-112.

[13] 王旭，陈林，杨洁，束伟农．银河搜候(SOHO)中心结构设计[J]．建筑结构，2011，41(09)：63-68.

[14] 方云飞，孙宏伟，杨洁，池鑫．北京银河搜候(SOHO)中心地基与基础设计分析[J]．建筑结构，2013，43(09)：140-143.

[15] 李伟强，张全益．变形控制原则下的CFG桩复合地基方案优化设计[A]//第十九届全国高层建筑结构学术会议论文[C]，2006：867-872.

[16] 王涛，高文生，刘金砺．桩基变刚度调平设计的实施方法研究[J]．岩土工程学报，2010，32(04)：531-537.

[17] 孙宏伟，常为华，宫贞超，王媛．中国尊大厦桩筏协同作用计算与设计分析[J]．建筑结构，2014(20)：109-114.

[18] 孙宏伟．基于沉降控制的桩筏协力基础变刚度设计实践[A]//王新杰 第九届深基础工程发展论坛论文集[C]．北京：知识产权出版社，2019：291-296.

[19] 孙宏伟．岩土工程进展与实践案例选编[M]．北京：中国建筑工业出版社，2016.

[20] 李广信．岩土工程50讲[M]．北京：人民交通出版社，2010.

[21] K. Terzaghi, R. Peck, Ralph, G. Mesri. Soil Mechanics in Engineering Practice, John Wiley & Sons Inc, 1996: 34+498.

桩网复合地基加固机理现场试验研究及数值模拟

连　峰[1,2]，朱　磊[1,3]，刘　治[1]，付　军[1]，龚晓南[4]
（1. 山东省建筑科学研究院有限公司，山东 济南 250031；2. 山东省组合桩基础工程技术研究中心，山东 济南 250031；3. 山东省建筑工程质量检验检测中心有限公司，山东 济南 250031；4. 浙江大学建筑工程学院，浙江 杭州 310027）

摘　要：通过在广东某环城高速公路深厚软基处理工程中设置两个试验段，研究桩网复合地基的工作机理，深入分析其沉降变形、荷载传递、桩土应力比和网的受力等性状。试验结果表明：桩网复合地基可以有效减少沉降量，可以用于填土高、软土厚度大的路段；长桩区桩土沉降差异较大，短桩区桩土变形比较协调，桩间土的承载力得到一定发挥；桩帽下土的承载作用有限，设计中复合地基置换率可按桩帽尺寸计算；在传递荷载方面，格栅兜提作用要强于土拱的作用，满载时两者各向桩顶传递30%左右的荷载，并在满载期200d内产生10%的变化幅度；采用目前常用的5种方法对填土中的土拱作用进行了计算，与实测结果的比较表明：BS 8006法与Carlsson法比较接近实测值，Hewlett法与Terzaghi法偏大，Guido法偏小，路堤初步设计中宜考虑填土的性质在1.4～2.0中选取深跨比，对于设计标准较高的路堤，深跨比选取到2.0以上是比较安全的；长桩区格栅上、下的桩土应力比相差较大，桩土应力比最大接近80，未达到坚硬持力层上的短桩桩土应力比较小，在14～22之间；格栅兜提作用随桩土沉降差增大而得到发挥，长桩区桩帽边缘处应变最大，为1%，桩间应变最小，短桩区格栅应变均小于3‰，建议选用低刚度格栅以充分发挥土的承载作用。数值模拟结果表明：格栅的最大应变出现在路肩位置，桩帽的存在有助于均匀格栅中的拉力，垫层中多层格栅的作用自下而上依次减退；路肩处桩帽弯矩不平衡，对桩身弯矩产生一定影响，桩身最大弯矩出现在软土与粉砂层交界面处，设计中应注意桩帽连接和桩端嵌固。

关键词：地基处理；桩网复合地基；加固机理；土拱；数值模拟

0　引言

桩网复合地基是“桩—网—土”协同工作、桩土共同承担荷载的地基体系，它能充分调动桩、网、土三者的潜力。已有的研究及实践表明，桩网复合地基特别适合于在天然软土地基上快速修筑路堤或堤坝类构筑物，与其他地基处理方法相比，技术优势非常明显[1-4]。近年来，国内沿海地区如上海、浙江、广东等地高标准公路建设中广泛采用桩网复合地基处理方法解决软土路堤填筑、桥台跳车、新旧路段连接等技术难题，大都取得了较好的效果。在京沪高速铁路沪宁段深厚软基处理中为降低成本、加快工期，也采用这一处理方法，布置成疏桩并严格控制其工后沉降量，以确保行车安全[5]。桩网复合地基具有沉降变形小、工后沉降容易控制、稳定性高、取材方便、质量易控制、工期短、施工方便和便于现场管理等优点，因而受到设计和施工人员的青睐。但目前国内对这一处理方法的研究尚不成熟，设计方法也多偏于工程经验，个别地区曾经出现过如桩间土沉降过大等一系列问题。因此，有必要对这一处理方法进行深入研究。

1　桩网复合地基的两种模式

采用高强度刚性桩应特别注意复合地基的形成条件。由于目前的复合地基理论研究多偏于建筑工程，对柔性荷载下刚性桩复合地基的研究尚不完善，各设计单位对其受力机理的认识也不同，因而导致了设计方法的较大差异。

实际设计中，桩网复合地基一般由6部分组成，即上部填土、加筋褥垫层、桩帽、桩体、桩间土、下卧层。

现场管桩施工一般以最后10击贯入度不小于80mm为控制标准，贯入度控制不仅受到桩端阻力的影响，而且还受到桩侧摩阻力的影响，桩端不一定打穿所有软土进入坚硬持力层，所以现场一般分为两种模式，如图1所示。

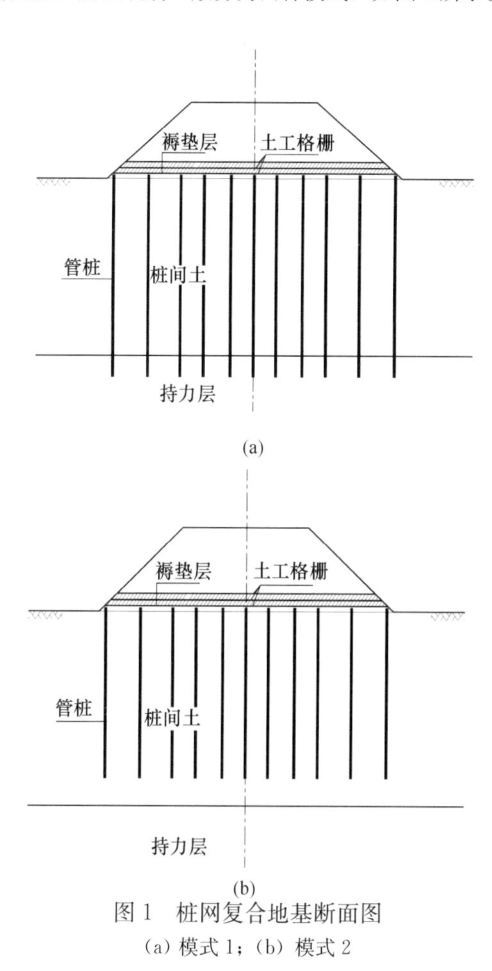

图1　桩网复合地基断面图
（a）模式1；（b）模式2

基金项目：泉城产业领军人才（2018015）；济南市高校20条资助项目（2018GXRC008）。

模式1适用于基岩埋藏较浅的地域，如深圳、东莞等地的海相软淤层厚度为10～15m，实际施工时，一般都将桩端打入基岩中。这种模式可以严格地控制路堤的工后沉降量，但桩土相对位移量较大，不易达到变形协调，也就难以形成复合地基，故称其为“桩承堤模式”。但目前也有文献认为可以形成复合地基，关于这一点还有争论[5-7]。

模式2中管桩进入性质相对较好的土层中，虽然桩间土受压固结下沉，但管桩桩端也有较大的刺入变形，因而两者易于达到变形协调，形成复合地基；缺点是总沉降量较大，不易控制。此模式适用于硬土层和基岩埋深较大的地域，如杭萧地区具有40m厚的上覆软土层，对此模式多有采用。

在广东某环城高速公路深厚软基处理工程中设置了部分试验段，并按上述两种模式分为左、右区，以便了解桩网复合地基在路堤荷载下的承载性状，同时比较两种模式的不同之处，为理论研究和优化设计提供依据。

2 地质概况

本试验段地处珠江三角洲腹地，路线呈东西走向。在地貌单元上属珠江三角洲冲积平原，地势较平坦，区内水系大多由北向南流，水网交错，鱼塘、水沟遍布。地层主要由第四系填土层、冲积层组成，根据勘察资料，地基土自上而下含有以下地层。

（1）填筑土（Q^{ml}）：灰黄—灰色，由碎石、砂及黏土组成，已压实；厚度：1.00～2.80m，平均1.57m。

（2）耕填土（Q^{ml}）：黄褐—灰褐色，由黏粒组成，含少量植物根茎，软塑—可塑；厚度：0.60～2.60m，平均0.99m。

（3）淤泥（Q^{al}）：灰黑色，含少量腐殖质，下部含少量粉细砂，饱和，流塑—软塑；平均含水量47.7%，平均孔隙比1.318，平均压缩系数0.89MPa^{-1}；厚度：2.20～8.7m，平均5.13m；不排水抗剪强度C_u为5.30～13.01kPa，平均8.60kPa；灵敏度系数S_t为3.49～8.03，属高灵敏度、高压缩性软黏性土，本层是主要加固土层。

（4）淤泥质粉砂（Q^{al}）：灰色，含淤泥质，由黏粒及粉粒组成，局部为粉细砂，稍密，很湿，软塑；厚度：12.30～8.10m，平均10.3m。

（5）淤泥质土：土层呈灰色，浅灰色，流塑，含腐殖质，味臭；分布范围广，为本区内另一主要软弱土层；厚度相差较大，为0.4～15.00m，平均厚5.62m，局部夹薄层粉砂。

（6）粉质黏土、黏质砂土（Q^{al}）：灰白、浅灰色、浅黄色，含较多粉细砂，粉质黏土硬塑，黏质砂土中密—密实，很湿；局部夹厚薄不一的粉细砂及淤泥质土，土质不均一，厚度：0.35～8.00m。

3 试验段设计

试验段设计填土高度4.0m，边坡坡率1∶1.5，施工时统一填筑细砂，每层压实厚度不超过50cm。按模式1、2布置为左、右两区。

采用PHC-A400-95型预应力管桩，正方形布设，间距2.4m。左区32m长桩穿透2层软土进入粉质黏土层1m，右区采用12m短桩仅穿透第1层软土进入淤泥质粉砂2m。每根桩桩顶设置1块1000mm×1000mm×350mm的钢筋混凝土桩帽，桩顶设置1块400mm×400mm×4mm的钢板，桩帽设置1层ϕ10@100×100钢筋网，桩帽混凝土强度为C25，桩帽顶铺设一层CATT60钢塑格栅，如图2所示。

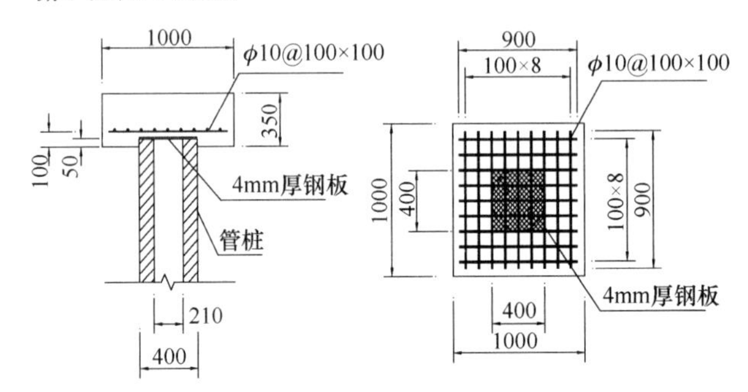

图2 桩帽设计（mm）

4 监测仪器埋设

监测项目有表面沉降、土压力、土工格栅应变、孔隙水压力、侧向位移等。试验段两个分区各布置1～2个监测断面，主要监测断面仪器埋设见图3。

分别在路基左右分区中间的桩帽上布置4个土压力盒，在桩帽下布置1个土压力盒，在桩帽之间土工格栅下面布置2个土压力盒，在桩帽之间土工格栅上面布置1个土压力盒。在桩帽顶部、桩帽边缘、桩帽之间等处的土工格栅上粘贴6片KFR-02-C1-16型电阻式应变计。

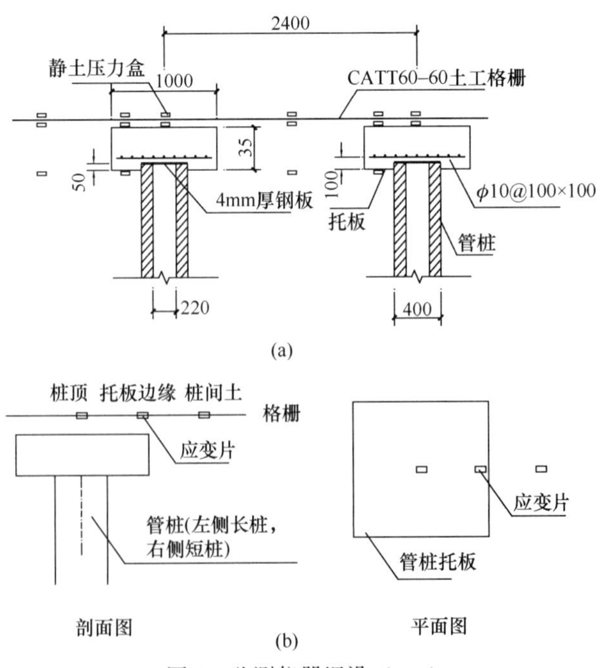

图3 监测仪器埋设（mm）

（a）土压力计埋设位置；（b）应变计粘贴位置

5 试验结果分析

5.1 表面沉降分析

图 4 为管桩区桩土沉降曲线，桩间土沉降范围为 99～113mm，平均 108mm，推算总沉降为 124.3mm。桩顶沉降为 48～77mm，平均 63mm，推算总沉降为 74.3mm。管桩桩顶沉降量约为桩间土沉降的 60%，说明路堤下管桩复合地基不易达到变形协调，桩身存在负摩阻力，不能完全按照常规复合地基的理论进行设计。由图 4 可看到，随着填土荷载的增加，沉降量不断增大。在预压期沉降仍然在发展，在超载预压 1 个月后，桩顶及桩间土的沉降基本趋于稳定。由此可知，按照试验段桩网复合地基的设计参数，管桩复合地基宜超载预压 1 个月，才能取得更好的加固效果。

路基左侧的桩顶沉降和桩间土沉降分别小于和大于路基右侧的对应沉降，也即左区长桩的桩土差异沉降较大，格栅与土可能脱开，影响到桩间土承载力的发挥。右区短桩的桩土差异沉降较小，桩土变形比较协调，有利于桩间土承载力的发挥。造成这种现象的原因有两个：一是路基过宽以及软土沿路基横向分布不均；二是左区的管桩是长桩，长桩施工对第 2 层软土产生施工扰动，加大了第 2 层软土的压缩量，从而也加大了桩土之间的沉降差，使桩、土位移更加不协调。

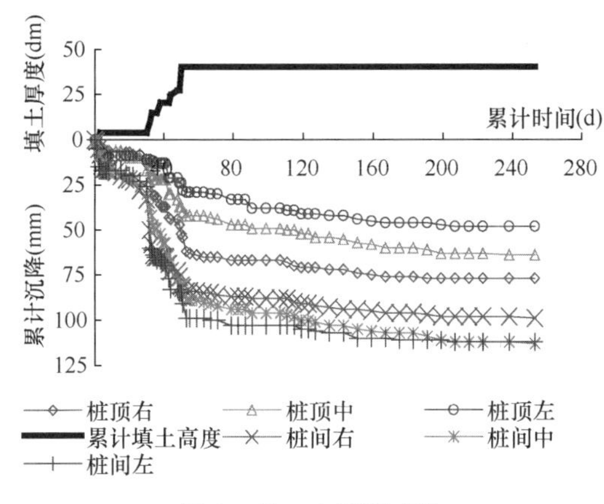

图 4 桩、土沉降变化

5.2 桩、土压力变化规律

图 5 是左、右两区静土压力变化过程曲线图。由图 5（a）可知：随着填砂高度的增加，不同位置处的静土压力均有不同幅度的增长，其中不同位置处桩间土压力数值小，增幅也小，达到峰值后在等载期间均有不同幅度的下降；桩帽上的土压力随着填砂高度的增加快速增长，在等载期间随着沉降的增大而缓慢增长，表明随着沉降的发展，荷载进一步向桩顶转移。从土压力分布来看，桩帽中心土压力大于桩帽边缘土压力，桩帽下的土压力数值最小，长桩区接近于 0kPa，短桩区最大也仅有 10kPa，表明复合地基设计时桩帽下这部分土的承载力可忽略不计或是作为强度储备，置换率可统一按桩帽尺寸进行计算。格栅上桩帽边的土压力在等载后期逐渐下降，而其他位置处的土压力则没有相应的变化，可能是由于随着等载时间的延长，桩土沉降差逐渐增大，致使该土压力盒的位置发生了偏转，造成测试数据不准的缘故。由图 5（b）可以看到，静土压力的变化情况和左区基本一致，不同之处在于桩顶边缘的土压力远远要小于前者，原因在于短桩区的桩土沉降差远小于长桩区，桩帽边缘的土压力变化不如长桩区明显。两区桩帽中心土压力变化基本一致，长桩区在等载后期一直呈增长趋势，而短桩区变化逐渐趋于平稳。

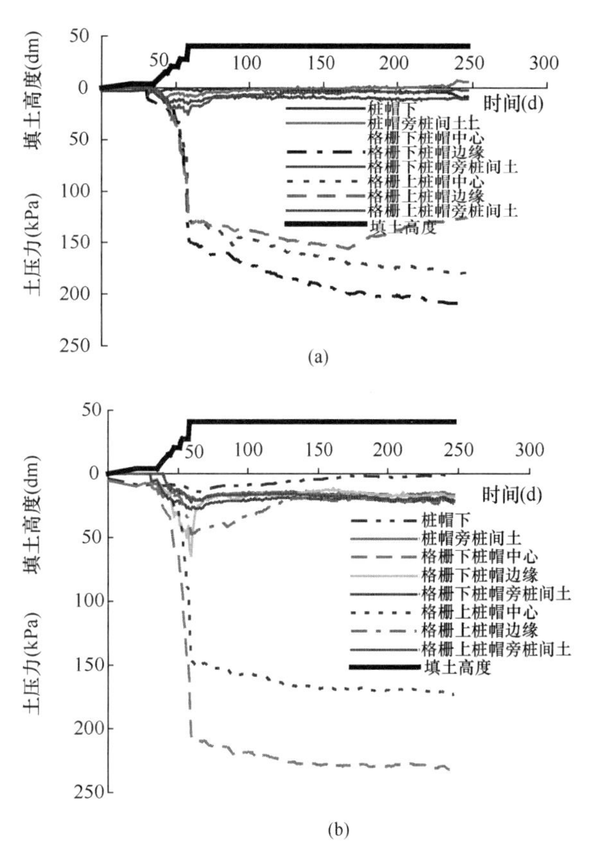

图 5 左、右区静土压力变化过程

（a）左区长桩的桩、土压力变化；

（b）右区短桩的桩、土压力变化

图 6 为格栅上桩、土压力变化曲线。由图可以看到：初期随着堆载的增大，桩、土压力均呈线性增长，堆载强度达到 35kPa 时，由于土拱作用，增加的荷载开始传递到桩上，而桩间土压力增幅很小，后期形成稳定的平台并有所下降。本例中，土拱形成时的填土高度大约是桩净间距的 2 倍。

在试验段设计中，桩顶格栅上下均埋设了土压力盒，经过数据处理，可以得到土拱与格栅分荷比的发展规律，如图 7 所示。加载初期，大部分荷载由格栅传递到桩上，此时填土中的土拱还未形成；随着堆载的增加，土工格栅分担的荷载比例逐渐下降；到了加载中期，由于桩间土的下沉而使荷载比例略有上扬，然后荷载比例继续下降，最后降至 31.46%。在堆载达到 35kPa 时，土拱开始发挥作用，随着堆载的增大和桩间土的下沉，分荷比例迅速增大，后期增幅变缓，最后升至 34.17%。整个加载过程表

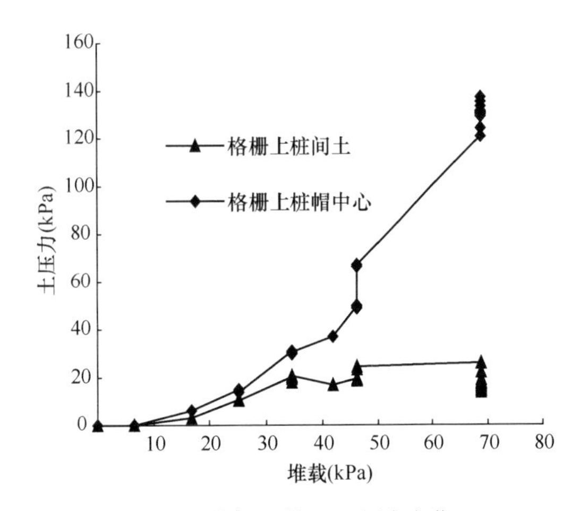

图6　格栅上桩、土压力变化

明，土工格栅与土拱作用相互制约，土工格栅分荷作用更大一些。长时期内，土拱及土工格栅承载作用的变化也一直是设计及工程实践中比较关心的问题，为此对满载后约200d内的土压力数据进行了分析。由图8可知在200d内，土拱分荷比从34.17%缓慢上升到44.97%，土工格栅分荷比由31.46%下降到23.81%。两者变化比例基本相当，表明满载期间两者之间存在着荷载的转换，两者的传递作用基本上互相抵消。

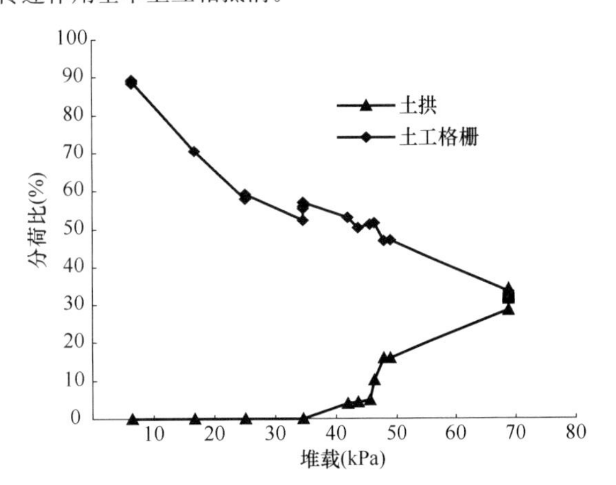

图7　土拱与土工格栅分荷比

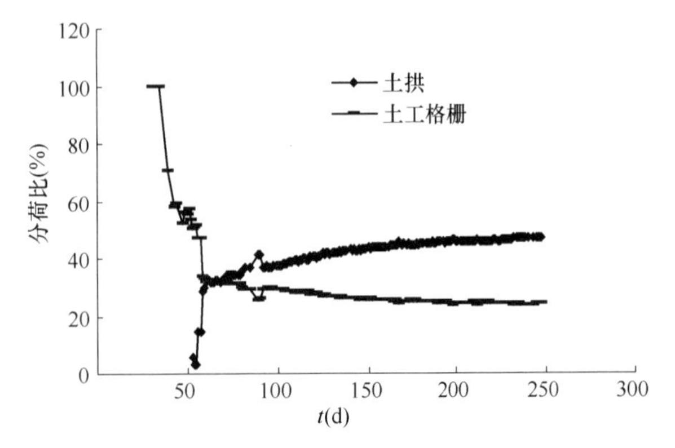

图8　土拱与土工格栅分荷比随时间变化

在土拱效应的理论研究中，Giroud 等（1990），Russell & Pierpoint（1997）和 Kempert 等（1999）都使用应力折减比的概念来量化土拱效应引起的垂直应力减小。应力折减比由下式给出：

$$SRR=\frac{P_r}{P_0}=\frac{P_r}{\gamma H}$$

式中，P_r 是由土工格栅承担的平均垂直应力，P_0 是由上部填土引起的平均垂直应力。

为了进行比较，采用应力折减比，$SRR<1$ 则表明土拱开始发挥作用。目前研究及工程设计中，通常采用的土拱理论计算方法共有5种，即 BS 8006 法、Terzaghi 法、Carlsson 法、Hewlett 法、Guido 法。采用这5种方法对本例进行了计算，并与试验数据处理结果一并绘入图9进行对比。

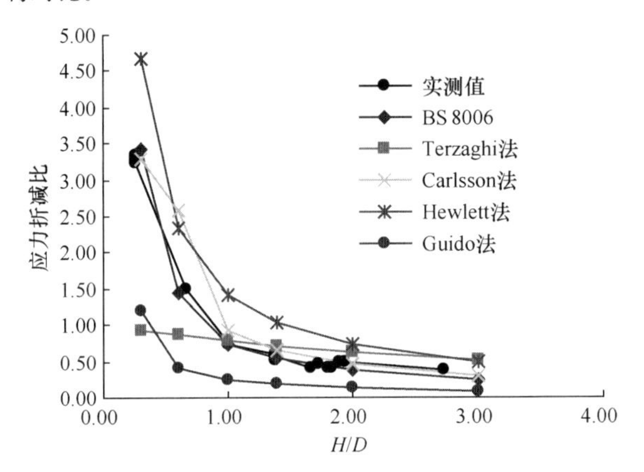

图9　应力折减比理论值与实测值的对比

由图9可知，5种理论方法中 BS 8006 法与 Carlsson 法和实测值比较接近，Guido 法数值偏小，Hewlett 法与 Terzaghi 法偏大，原因在于5种方法对填土中拱的假设不同，Hewlett 法假设土拱的完整形状为空间半球（二维为半圆形），Terzaghi 法假定土拱为曲线拱，而其他几种方法或是基于 Marston 管道理论（如 BS8006 法），或是基于楔体假设（Carlsson 法），前两者考虑比较严密，但比较复杂，后两者相对比较简单，Guido 法因成拱条件最为宽松，因此应力折减比最小。实际填土中的土拱形状就介于 Guido 法与 Hewlett 法之间。

由图9还可知各种方法在深跨比 H/D 较小时计算结果差别较大，表明初期土拱假设条件的选取对结果有较大的影响。在深跨比为1.4时，各种理论方法计算结果及实测数据开始趋于一致，在深跨比为2.0时，除 Guido 法外，数值均相差不大，表明此时土拱已完全形成，假设条件的影响很小。深跨比达到3.0时，各组数据趋于一致。分析表明：深跨比在1.4～2.0变化时，填土中形成土拱。BS 8006 法推荐设计中土拱临界高度取1.4（$s-a$），基于 Carlsson 法的北欧 Nordic 规程推荐设计中临界高度取1.89（$s-a$），实际设计中应考虑填土的性质在1.4～2.0中选取，填砂取大值，粉土或黏土视含水量多少取小值，对于设计标准较高的路堤，深跨比选取到2.0以上是比较安全的。

对应力折减比在满载后200d内的变化情况进行了分析，如图10所示。初期折减比为0.55，在50d内迅速下降至0.10，而后变化幅度很小，表明在满载后的一段时间内，填土中的土拱随时间与桩土沉降的发展不断加强

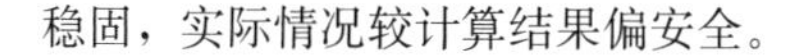
稳固，实际情况较计算结果偏安全。

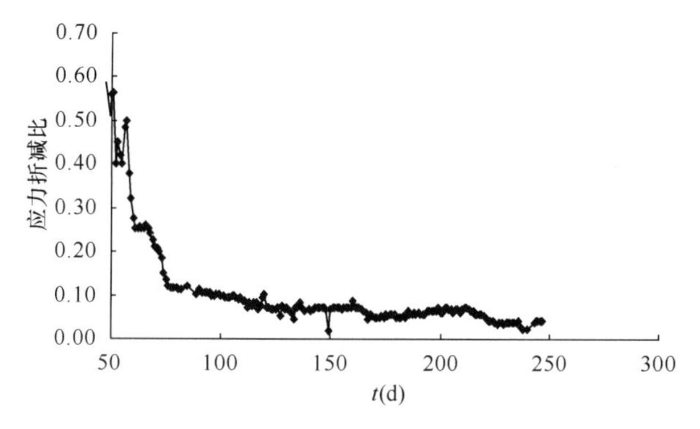

图 10　应力折减比随时间变化

5.3　桩土应力比分析

图 11 为桩土应力比变化曲线图，由图 11 可以看到：随着荷载的增加，不同位置桩土应力比均有不同程度的增大；两区格栅上的桩土应力比变化基本一致，而格栅下左区桩土应力比远大于右区，并且左区应力比跳动较大，右区比较稳定。

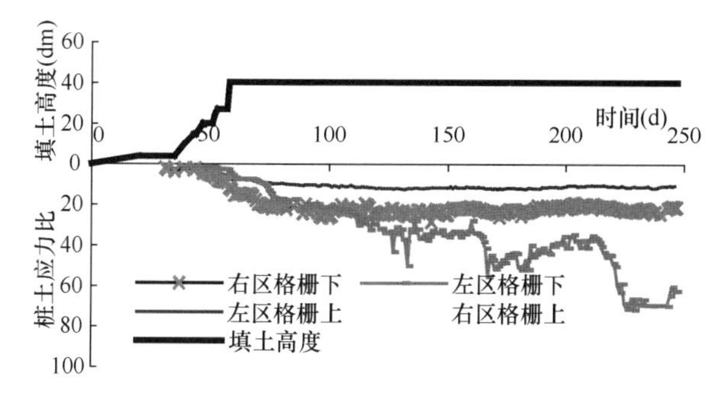

图 11　桩土应力比变化

管桩区的桩土应力比变化过程反映了桩土荷载分配的过程。在加载初期，上部荷载较小，管桩高承载力的特性还未显现出来，桩、土分担的荷载均较小，桩土应力也比较小；随着荷载的增加，由于管桩刚度远大于桩间土刚度，加上格栅的兜提作用，管桩分担的荷载越来越多，桩土应力比也越来越大；在等载期间，桩土沉降差不断调整，桩、土分担荷载在此期间也有一些变化。

由表 1 可知：桩顶荷载最大为 227.18kN；左区格栅向桩顶转移荷载为 59.83kN，占桩顶荷载的 35.7%，右区格栅向桩顶转移荷为 24.8kN，占桩顶荷载的 14 %，可见格栅传递荷载的作用比较明显。表 2 为两区桩土应力比一览表，左区长桩格栅上下桩土应力比相差较大，荷载转移比率也大，而右区短桩则上下相差较小，应力比变化范围在 14～22 之间，说明未达到底部粉质黏土层上的短桩桩土位移更易于协调，形成复合地基。左区达到持力层上的长桩桩土沉降差较大，导致土工格栅的兜提作用和土拱作用发挥充分，桩端间歇性刺入持力层，桩土应力比呈阶梯型增长，最大接近 80，已超出一般复合地基的范围。

管桩区等载期间桩土应力　　表 1

位置		桩顶土压力（kPa）	桩间土压力（kPa）	桩土应力比
左区长桩	格栅上	167.35	10.06	16.63
	格栅下	227.18	4.37	51.98
右区短桩	格栅上	167.27	11.91	14.05
	格栅下	192.07	8.56	22.43

两区桩土应力比　　表 2

分区		桩顶沉降量（mm）	桩间土沉降量（mm）	格栅下桩土应力比	格栅上桩土应力比
管桩	左区	48	112	51.98	16.63
	右区	77	98	22.43	14.05

5.4　桩间土工格栅变形分析

管桩区格栅应变的测试数据虽不稳定，但基本上能反映出格栅应变变化的一些情况。图 12 为两区路基中心部位的格栅应变变化情况，其中右区短桩桩帽顶部处应变片施工损坏。桩帽边缘处格栅应变较大，在 10‰左右，桩间土处格栅应变在 5‰左右，桩顶处格栅的应变处于两者之间，而短桩区格栅应变均在 3‰以下。结合管桩区的沉降数据，长桩区桩顶与桩间土的差异沉降较大，接近 70mm。正是由于桩顶与桩间土的差异沉降导致桩帽边缘

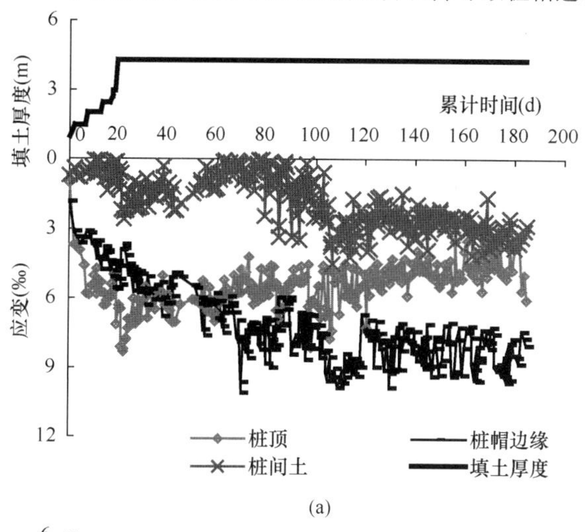

(a)

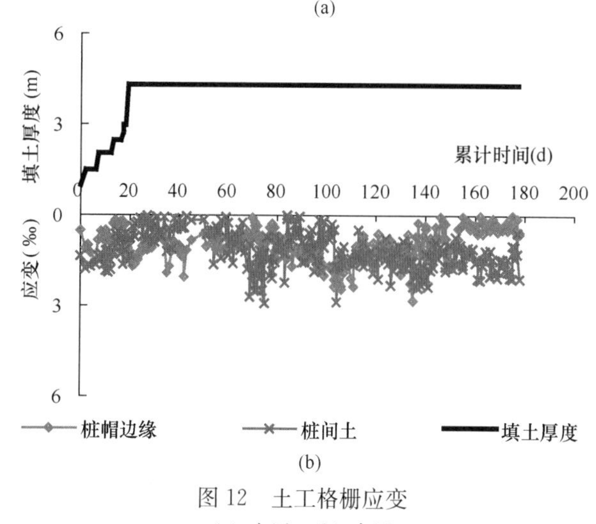

(b)

图 12　土工格栅应变
(a) 左区；(b) 右区

格栅产生了较大的应变，使格栅的抗拉强度得到发挥。

虽然沉降已经稳定，但两区土工格栅的应变仍不足1%。因此，为充分发挥土工格栅的抗拉强度，发挥桩间土的承载力，应在保证满足路堤差异沉降控制要求的前提下优先选用低抗拉刚度的土工格栅。

5.5 孔隙水压力分析

图 13 为孔隙水压力变化情况，由图 13 可知：在填砂期间，左区长桩不同深度处孔隙水压力增长变化并不明显，右区沿不同深度处孔压均有增长，4.5m 处增幅最大，表明右区桩间土分担荷载较大；在后期等载预压期间，右区浅层孔隙水压力消散得很快，表明桩间打设的塑料排水板起到了较好的排水作用。

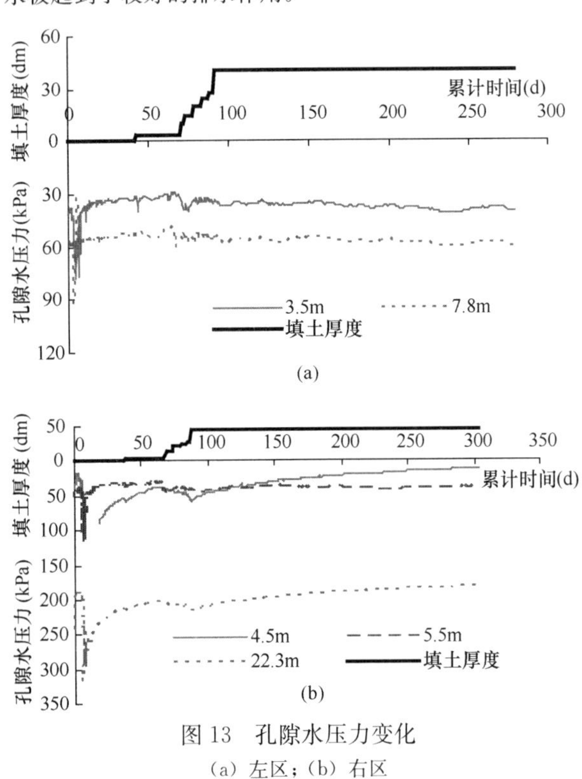

图 13　孔隙水压力变化

(a) 左区；(b) 右区

6　数值模拟分析

限于篇幅，采用有限元程序主要分析了桩网复合地基设计中几个重要问题：沿路基全截面网的拉力分布、桩帽的受弯、桩的受弯。图 14、图 15 为有限元模型尺寸及网格剖分，单元为六节点三角形平面应变单元，填土与地基土层采用 Mohr-Coulomb 模型，桩帽及桩采用线弹性模型。表 3 为计算参数。

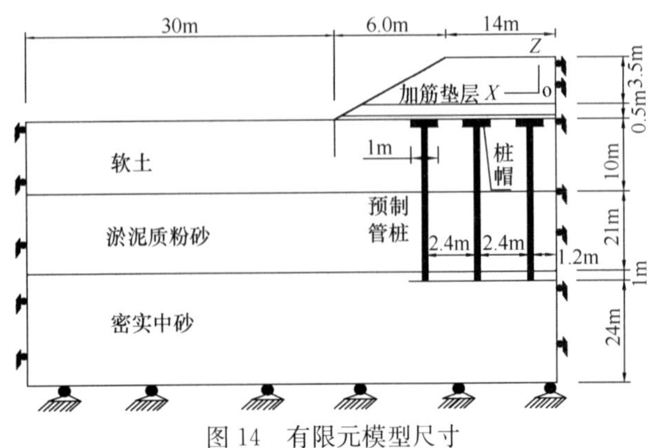

图 14　有限元模型尺寸

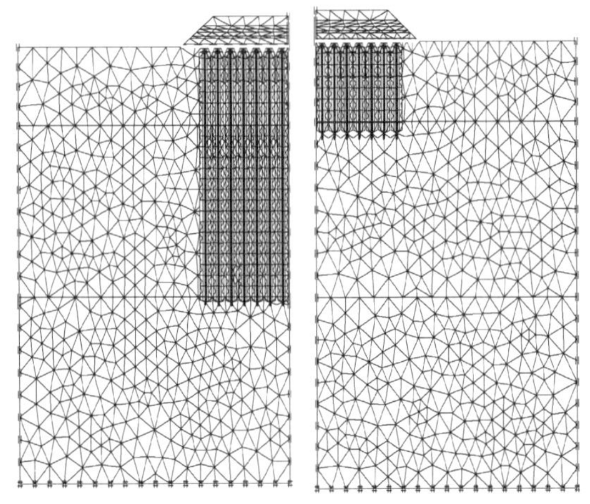

图 15　网格剖分

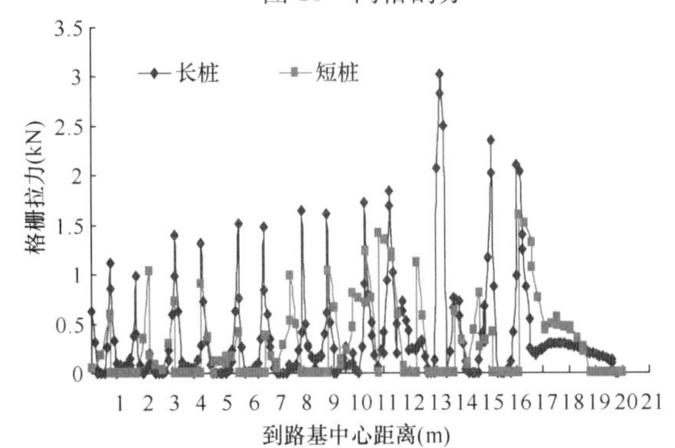

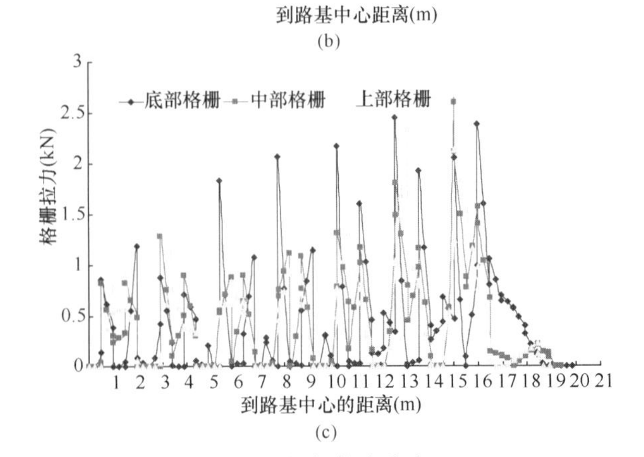

图 16　格栅拉力分布

(a) 带帽桩；(b) 无帽桩；(c) 三层格栅

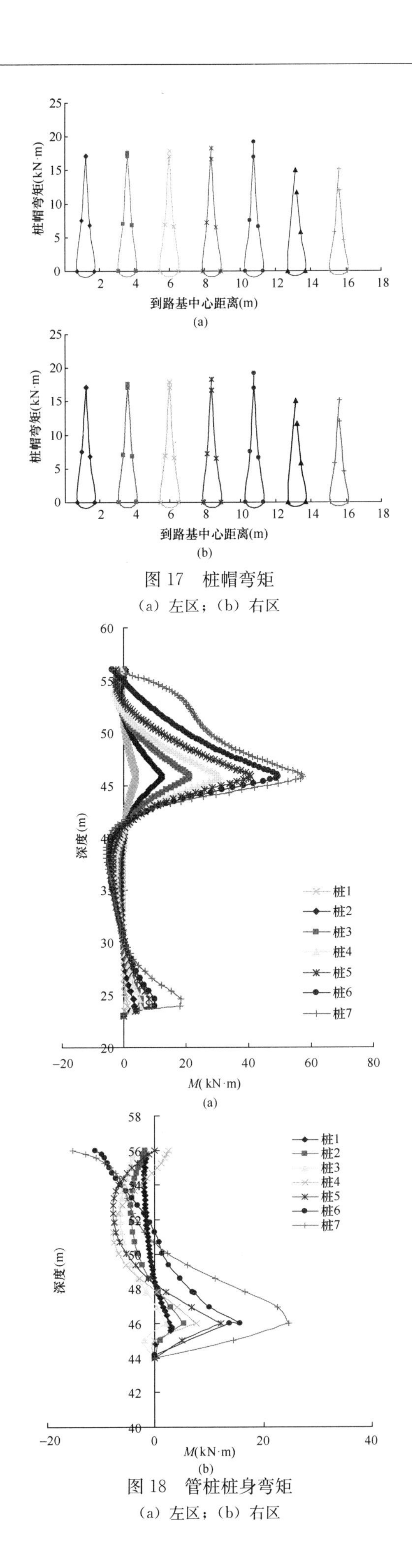

图 17　桩帽弯矩
(a) 左区；(b) 右区

图 18　管桩桩身弯矩
(a) 左区；(b) 右区

计算参数　表 3

路堤填土	高度：4.0m，内摩擦角：30°，黏聚力：0kPa，重度：18kN/m³，压缩模量：30MPa
桩、桩帽	桩径：400mm，桩长：32m 和 12m 两种，桩间距：2.4m，弹性模量：30GPa，桩帽尺寸为 1m×1m，厚度：0.35m，泊松比：0.2
土工格栅	厚度：0.5cm，单位面积质量：400g/m²，泊松比：0.33，抗拉刚度：900kN/m
软土	厚度：10m，内摩擦角：7°，黏聚力：9kPa，压缩模量：3MPa，重度：8kN/m³
淤泥质粉砂	厚度：21m，内摩擦角：15°，黏聚力：10kPa，压缩模量 10MPa，重度：8kN/m³
密实中砂	厚度：29m，内摩擦角：30°，黏聚力：0kPa，压缩模量：55MPa，重度 8kN/m³

格栅的最大应变出现在路肩位置；桩帽的存在有助于均匀格栅中的拉力；垫层中多层格栅的作用自下而上依次减退。路肩处桩帽弯矩不平衡，对桩身弯矩产生一定影响，桩身最大弯矩出现在软土与粉砂层交界面处，设计中应注意桩帽连接和桩端嵌固。

7　结论

(1) 试验结果表明，桩网复合地基可以有效减少沉降量，可以用于填土高、软土厚度大的路段。

(2) 路堤荷载下长桩区桩土沉降不协调，桩间土沉降远大于桩顶沉降。短桩区桩土沉降比较协调，有利于桩间土承载能力的发挥。桩帽顶土压力大于桩帽边缘土压力，桩帽下土压力很小，表明桩帽下土的承载力可忽略不计，复合地基置换率按桩帽尺寸计算。

(3) 在传递荷载方面，格栅兜提作用要强于土拱的作用，满载时各向桩顶传递 30%左右的荷载，并在 200d 满载期内产生 10%的变化幅度。采用目前常用的 5 种方法对填土中的土拱作用进行了计算，与实测结果的比较表明：BS 8006 法与 Carlsson 法和实测值比较接近，Guido 法数值偏小，Hewlett 法与 Terzaghi 法偏大。实际设计中应考虑填土的性质在 1.4～2.0 中选取深跨比，对于设计标准较高的路堤，深跨比选取到 2.0 以上是比较安全的。

(4) 格栅下部的桩土应力比大于格栅上部的桩土应力比，说明加筋体调节桩土分荷比的作用非常明显。长桩区格栅上、下的桩土应力比相差较大，桩土应力比接近 80，不宜视为一般复合地基。未达到坚硬持力层上的短桩桩土应力比较小，在 14～22 之间，可视为复合地基。格栅作用随桩土沉降差增大而得到发挥，设计时应采用格栅下部的桩土应力比。

(5) 在本试验段地质条件下，土工格栅延伸率最大仅为 1%左右，桩帽边缘处应变最大，桩间应变最小。因此，为充分发挥格栅下土的承载作用，建议采用低抗拉刚度的土工格栅。

(6) 数值模拟结果表明：格栅的最大应变出现在路肩

位置；桩帽的存在有助于均匀格栅中的拉力；垫层中多层格栅的作用自下而上依次减退。路肩处桩帽弯矩不平衡，对桩身弯矩产生一定影响，桩身最大弯矩出现在软土与粉砂层交界面处，设计中应注意桩帽连接和桩端嵌固。

参考文献：

[1] Cortlever，N G. Design of Double Track Railway on Au Geo Piling System[C]//Symposium 2001 on Soft Ground Improvement and Geosynthetic Applications. Bangkok：AIT，2001：120-125.

[2] Chris L. Basal Reinforced Piled Embankments with Steep Reinforced Side Slopes[C]//Symposium 2001 on Soft Ground Improvement and Geosynthetic Applications. Bangkok：AIT，2001：143-146.

[3] Han J，Gabr M. A. Numerical Analysis of Geosynthetic-Reinforced and Pile-Supported Earth Platforms Over Soft Soil [J]. Journal of Geotechnical and Geo-Environmental Engineering，2002，128(01)：44-53.

[4] British Standard Institution. BS8006 . Code of Practice for Strengthened Reinforced Soils and Other Fills[S]. London：British Standard Institution，1995.

[5] 饶为国．桩网复合地基原理及实践[M]. 北京：中国水利水电出版社，2004.

[6] 浙江大学土木工程学系．复合地基技术规程[S]. 杭州：浙江省建设厅，2008.

[7] 陈泽松，夏元友，芮瑞等．管桩加固软土路基的工作性状研究[J]. 岩石力学与工程学报，2005，24(02)：5822-5826.

本文部分数据发表于《岩土力学》2009 年第 4 期。

基于复杂场地自重湿陷性黄土处理研究

齐路路[1,2]，**冯科明**[1,2]，**宋克英**[1,2]，**张焱飏**[1,2]
（1. 北京城建勘测设计研究院有限责任公司，北京 100101；2. 城市轨道交通深基坑岩土工程北京市重点实验室，北京 100101）

摘　要： 本文以某自重湿陷性黄土场地为例，针对本场地存在的防空洞、墓穴等地下构筑物，以及挤密桩施作成孔时部分区域出现严重的缩颈情况，分析了原因并提出解决思路，经现场施工验证，措施针对性强，效果显著，最终总结了挤密桩处理自重湿陷性黄土的施工要点和相关经验，可供类似工程设计与施工人员参考。

关键词： 自重湿陷性黄土；挤密桩；地下构筑物；缩颈

0　绪论

随着"十四五规划"的逐步开展，城市轨道交通项目将会在全国各地得到大力推进，而车辆段作为轨道交通车辆存放和检修场地，是项目中必不可少的大型建筑区，一般车辆段的场地都选择在远离城市的区域，或相对僻静之地，大都需要进行地基处理。针对全国不同的区域，不同的地质条件，其地基处理的方式也多种多样[1]。我国西北地区常见较厚黄土，黄土是以粗粉粒为主体骨架的多孔隙结构，此结构因未在负载压力作用下就被固结压密，常处在欠压密的状态，具有中高压缩的特性，在天然含水的情况下受到覆重压力，地层就会极易产生压缩变形，若黄土再受到富水浸入的情况，其承载力会迅速降低，导致地基突然下沉，出现湿陷事件，轻微湿陷将使建筑出现裂缝；严重湿陷则直接导致建筑失去稳定而彻底破坏，所以黄土的湿陷性处理一直是岩土领域关注的难点与热点[2-4]，特别是自重湿陷性黄土，因其仅在上覆土的饱和自重压力作用下受水浸湿，就可以产生显著的附加下沉，湿陷对工程建设的影响尤其重要，而自重湿陷性黄土地基的处理方法有很多[5]。我国从 1960 年初就尝试使用挤密法来处理此类黄土场地，并取得很多成功的案例[6-10]，通过分析和处理解决复杂场地的自重湿陷性问题，达到消除或减轻黄土地基的湿陷特性，从而最大程度预防和规避由地基湿陷而导致的事故，最终保证建筑物安全有序的使用。

1　工程概况

1.1　项目概况

本拟建工程为西安市某轨道交通项目的车辆段，占地约 17 万 m²，原址包含厂区库房、果树林和厂区。本车辆段拟采用上盖开发的形式进行一体化设计，盖上开发包含幼儿园、小学、住宅楼，建筑物类别包含甲类、乙类、丙类，盖下采用桩承基础，经过初设方案的经济比选，本场地要求完全消除自重湿陷性黄土的湿陷性，即消除湿陷性黄土对桩基础产生的负摩阻力。

1.2　地质条件

经勘探揭露，场地内地层自上而下由全新统人工填土（Q_4^{ml}）、上更新统风积（Q_3^{eol}）新黄土、残积（Q_3^{el}）古土壤、中更新统风积（Q_2^{eol}）老黄土及冲洪积（Q_2^{al+pl}）圆砾、卵石、砂层及粉质黏土构成，现自上而下叙述如下。

①层杂填土（Q_4^{ml}）：层厚 0.30～1.20m；

①₂ 层素填土（Q_4^{ml}）：层厚 0.30～3.90m；

③₁₋₁层新黄土（水上）（Q_3^{eol}）：层厚 7.90～12.40m，具中等—强烈湿陷性和自重湿陷性；

③₂ 层古土壤（Q_3^{el}）：层厚为 2.70～4.30m，具轻微—中等湿陷性和自重湿陷性；

④₁₋₁层老黄土（水上）（Q_2^{eol}）：层厚 1.20～11.80m，具轻微—中等湿陷性，中上部具自重湿陷性；

④₄₋₁层粉质黏土（水上）（Q_2^{al+pl}）：层厚 0.50～6.80m，不具湿陷性；

④₅ 层粉土：层厚 0.40～1.70m；

④₆ 层细砂：层厚 0.40～6.00m；

④₇ 层中砂（Q_2^{al+pl}）：层厚 0.80～9.20m；

④₈ 层粗砂（Q_2^{al+pl}）：层厚 3.40～3.60m；

④₁₀层圆砾（Q_2^{al+pl}）：层厚 0.60～15.40m；

④₁₁层卵石（Q_2^{al+pl}）：层厚 0.80～19.00m。

各主要土层含水率指标见表 1。由表可知，具有湿陷性的黄土，其天然含水率均≤24%，饱和度≤65%，采用挤密桩进行湿陷性处理方法可行。

各主要土层含水率指标　　表 1

指标	地层			
	③₁₋₁层 新黄土	③₂ 层 古土壤	④₁₋₁层 老黄土	④₄₋₁层 粉质黏土
天然含水率 w	16.2	17.8	18.4	20.5
缩限含水率 w_P	17.8	18.6	17.7	18.4
饱和度 S_r	41	59.9	53	69.3

1.3　地基处理设计

根据勘察报告得知，本车辆段的地基湿陷等级为Ⅱ级（中等）～Ⅲ级（严重），湿陷黄土最深达到 26m，地基湿陷等级按照Ⅲ级（严重）进行设防。地基处理采用素土挤密桩的复合地基形式：

（1）挤密处理的深度为18m（完全穿透自重湿陷性黄土的底界），桩径为550mm，桩距为1200mm，按照等边三角形布置；

（2）挤密桩孔内填料采用素土，素土宜选用粉质黏土，土料有机质含量不应大于5%，且不得含有冻土、渣土和垃圾，土粒径不应大于15mm，含水率应满足最优含水量要求，允许偏差应为±2%；

（3）挤密桩采用静压预制管桩预成孔，见图1，重锤夯实法进行地基处理，成孔后用不小于1.8t（宜为1.8～2.0t）长圆柱形锤分层夯扩，孔底夯实（不小于6次）。孔内填料分层回填夯实时，填料的平均压实系数 λ_c 不应低于0.97，桩间土经成孔挤密后的平均挤密系数 η_c 不应低于0.93；

图1　静压预制管桩成孔

（4）桩体压实系数以及桩间平均挤密系数均满足以上要求后，即可认为场地消除了湿陷性。

2　问题、分析及处置

2.1　问题

（1）地下构筑物

经过探测，场区内发现多处防空洞及墓穴。

防空洞建成时间约为1950年，为砖砌拱形结构，总长约为1200m，场坪标高为449m，防空洞顶埋深为7.0～8.0m，截面净宽1.5m，净高2.2m，洞内整体现状完好，未发现塌孔，防空洞见图2。

图2　防空洞

墓穴经统计多达1300处，且在场区错综复杂，埋深错落不齐，埋深范围为2.0～10.0m，墓穴见图3。

图3　墓穴

（2）缩颈

根据《湿陷性黄土地区建筑标准》GB 50025—2018的要求：挤密法处理地基施工前，对甲类、乙类建筑或缺乏建筑经验的地区，应在现场选择有代表性的地段进行试验或试验性施工，试验数量不宜少于3组。每组桩数三角形布桩时不应少于7根。本车辆段的试桩区域及典型钻孔见图4。

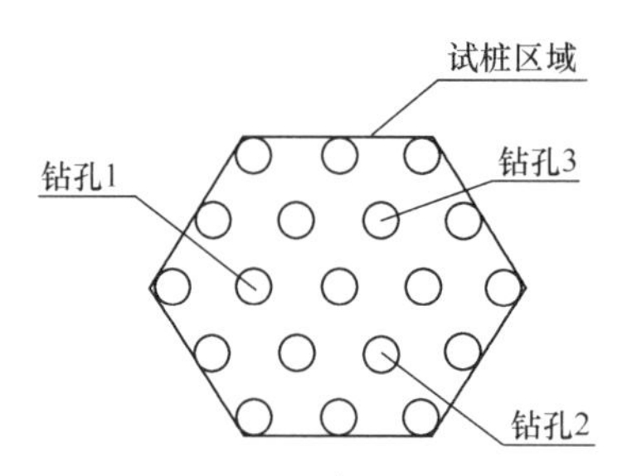

图4　试桩区域及典型钻孔

挤密桩施工工艺为先采用直径450mm的管桩进行静压成孔，再采用直径为325mm和重1.8t锥形锤进行分层回填素土夯扩至直径550mm。根据现场试桩情况，静压成孔后随即出现缩颈现象，缩颈形状为椭圆形，最短边经量测为350mm，非常影响重锤的夯扩处理，缩颈详见图5，缩孔位置开始出现在距离原地面标高8.0～10.0m位置（原地面标高为443m左右），初步取土量测分析，缩颈开始位置为③$_{1-1}$层新黄土（水上）和③$_2$层古土壤的交界处。典型钻孔孔径统计图见图6。

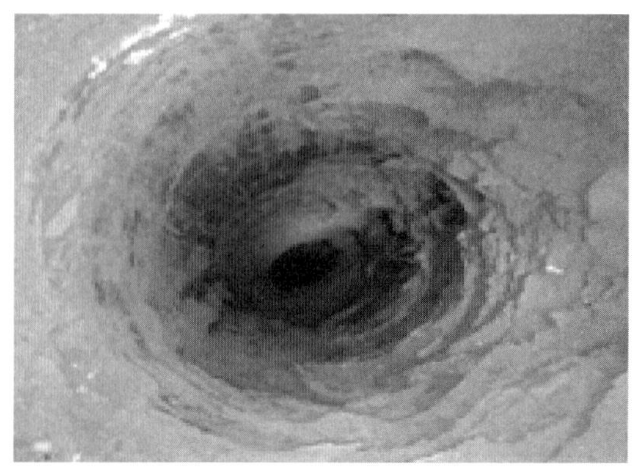

图5　缩颈

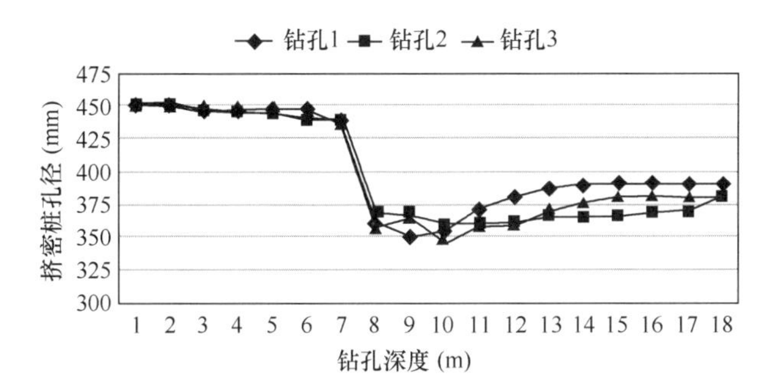

图 6 典型钻孔孔径统计图

2.2 问题分析及处置方案

1. 地下人防

(1) 现状防空洞的走向与结构设计的基础桩不可避免地发生多处交叉，需要将防空洞全线回填，如何保证回填质量，提供基础桩（灌注桩或管桩）计算所需用的侧摩阻力。

(2) 防空洞位置的上方以及下方的黄土层均具有自重湿陷性，如何在保证防空洞回填密实的情况下，防空洞下方的湿陷性黄土也得到有效的处理？

针对问题 (1)，根据《建筑场地墓坑探查与处理技术规程》DBJ 61-57—2010 中第 5.3 条防空洞的处理方法，若需要保证防空洞的密实度，可以采用在防空洞顶钻孔进行注浆的施工工艺，故本方案采用注浆的方法来处理防空洞。

针对问题 (2)，为防止静压机成孔时造成防空洞上方的黄土层下漏，首先将防空洞上方土体进行一定强度的挤密加固，并消除其上方的湿陷性；其次，静压成孔直至自重湿陷性黄土的底界，对其下方湿陷性进行处理；最后，再局部钻孔穿透防空洞顶部进行注浆。

处置方案：防空洞处理前应先沿主线每间隔 200m 或支线始发处设置一道厚度为 250mm 砖墙作为分隔段。具体实施步序按照图 7～图 11 中步序 1～5 进行施工。

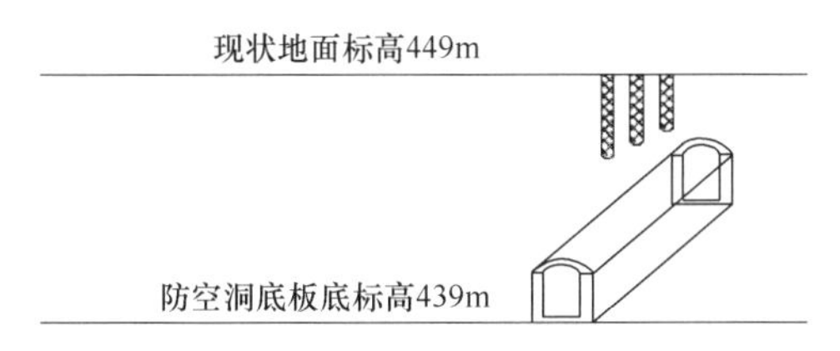

图 7 步序 1：按间距 1.2m 采用静压直接压到防空洞顶部以上 300mm，并重夯至设计标高

方案施工技术要求：

1) 水泥浆采用 P·O42.5 级水泥。

2) 注浆过程中除选取注浆孔外应设置排气孔，排气孔间距宜不大于 5m；注浆见图 12。

3) 砖墙分隔段处的防空洞顶处出现溢浆情况时，视为注浆结束的标准。

4) 注浆过程中，要保持注浆管路畅通，防止因管路堵塞而影响注浆结束标准的判断。

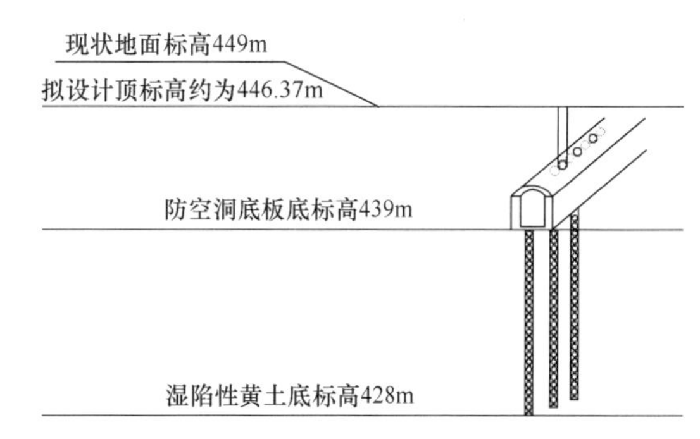

图 8 步序 2：在已施作挤密桩的中心采用静压直接压到自重湿陷性黄土层底位置，并重夯至防空洞底部

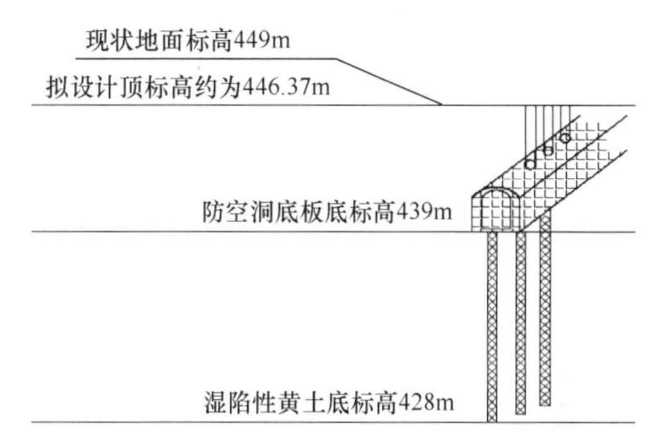

图 9 步序 3：分隔段用 M10 水泥砂浆（添加缓凝剂）进行防空洞的空洞回填

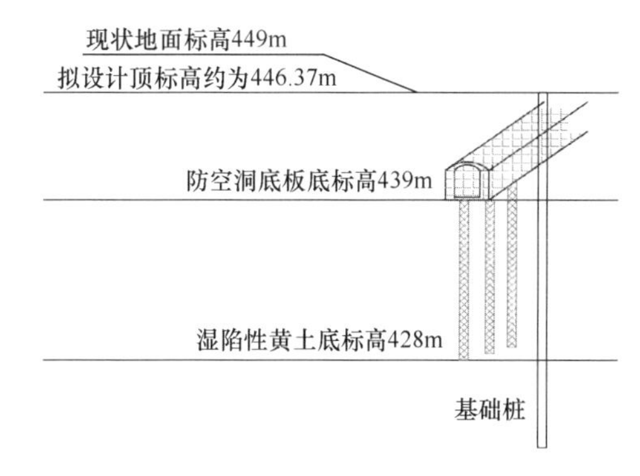

图 10 步序 4：防空洞里面灌实的砂浆达到 60%～80%强度后，施作基础桩

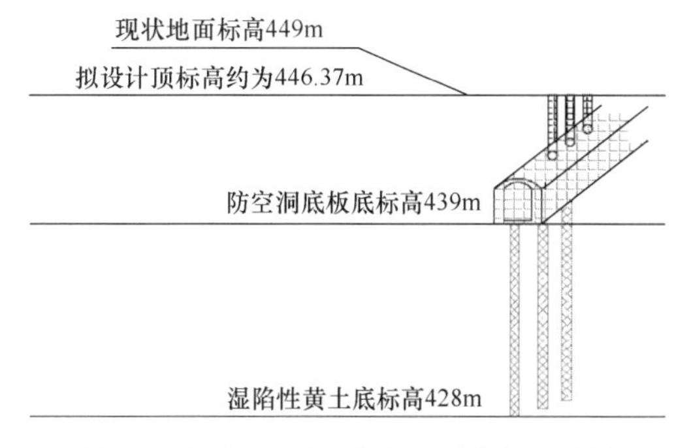

图 11 步序 5：轻夯步序 2 剩余的空洞至设计桩顶标高

图12 注浆

5）若发现浆液流失严重时应立即召集各方协商处理，以确保防空洞满腔的注浆效果。

方案施工注意事项：

1）防空洞采用M10水泥砂浆进行回填时，应保证其回填密实，处理后应采用物探技术进行质量检测，若局部出现较大的空洞区域，应及时进行补浆。

2）合理安排主体结构桩基础与注浆的施工顺序。

2. 墓穴

（1）墓穴开挖均为垂直开挖，且最深多达10m，墓穴的角落如何保证回填质量？

（2）墓穴回填后，其竖向及横向一定范围内的压实回填土均不具备湿陷性。挤密法施工时，如何区别对待墓穴回填影响范围土层和其周边的自重湿陷性黄土？

针对问题（1），常规墓穴回填时宜采用踏步连接的方式，但深度过大时，踏步连接的方式对平面影响范围过大，可对机械进行组装改进，将平板碾组装到长臂吊车上，分多层回填素土对现状垂直墓穴进行碾压轻夯，且墓穴角落处应采用较特殊的回填材料。

针对问题（2），挤密法的方案中关于挤密桩的桩径和桩间距，是结合施工经验以及相关土层的干密度，现场应设计试验段，对墓穴回填影响范围土层下方未处理的自重湿陷性的黄土进行干密度的检测，分析其是否发生变化。

处置方案：

1）墓穴深度未超过5m时，宜回填宜采用踏步连接的方式，坡比1∶1.5～1∶2，采用素土分层压实回填，素土料同钻孔夯填料，分层厚度200～300mm，宜采用平碾，每层压实遍数6～8遍，压实系数应≥0.94；

2）墓穴深度超过5m时，采用改装后的长臂吊车+平板碾，分多层150～200mm回填素土对现状垂直墓穴进行碾压轻夯，且墓穴角落处应采用质量比1∶8的水泥土。

方案施工技术要点：

在施工过程中，应分层取样检验土的干密度和含水量，每50～100m² 面积内不少于1个检测点。工程材料含水率、压实系数均应由有资质的相关单位进行检测，检测要求见《建筑工程施工质量验收统一标准》GB 50300—2013及《建筑地基处理技术规范》JGJ 79—2012。

方案施工注意事项：

1）墓穴回填前应编制合理的应急预案，素土分层压实的施工过程中应进行人员的安全防护；

2）墓穴处理工程中，现场需要进行变形监测。

3. 成孔缩颈

（1）静压成孔后的缩颈情况造成卡锤，无法进行重锤夯扩。

（2）成孔圆形的截面桩缩颈后成椭圆形，短边是卡锤的关键因素。

针对问题（1），挤密桩成孔缩颈的主要原因，一是地层原因，地层含水量过高，超过规范要求的24%；二是施工原因，桩间距过小，施工在成孔后，周边土体应力还未得到有效的释放。地层原因分析：根据场地勘察报告，发现勘察期间处于非丰水期，而在施工期间处于丰水期，并对现场进行施工补勘后发现，$③_{1\text{-}1}$层新黄土（水上）和$③_2$层古土壤明显含水率增大，且交界面处存在一定范围的滞水情况，是此次缩颈事件的主要影响因素。施工原因分析：本次试桩先外排后内排，明显发现内排的缩颈情况更严重，是此次缩颈事件的次要影响因素。

针对问题（2），发现传统静压机的桩头是两个半圆形式的，传统静压机桩头见图13，向下静压时，成为一个平面圆板，静压成一个圆形孔，然而再拔桩时，两个半圆形板会蜷缩起来。遇到较弱的地层，会将原先形成的圆形孔给拉成椭圆形，故建议静压机的桩头板改成4个1/4圆的形状，改良板静压机桩头见图14，这样再进行拔桩时，蜷缩起的桩头均会向上拉，不会形成短边明显的椭圆形的孔。

图13 传统静压机桩头

图14 改良板静压机桩头

处置方案：

1）对于不太严重的缩颈区域，可采用电动洛阳铲进行人工扫孔，且需要将掉落至桩底的虚土清理干净；

2）对于比较严重的缩颈区域，可采用长螺旋进行扫孔；

3）施工顺序，改成由内向外进行；

4）静压机的桩头板需要改成 4 个 1/4 圆形状的组合板。

方案施工技术要点：

有效控制静压机成孔的出入速率，一般控制在 1m/min 左右，并制定有效的成孔流水路线（隔二打一），合理安排成孔的间隔施工时间（不宜小于 24h），成孔后要清底夯实、夯平，并立即夯填，回填一层夯实一层，每次夯击数不少于 8 次，并保证回填料的含水量满足设计及规范要求。雨期或冬期施工，应采取防雨或防冻措施，防止填料受雨水淋湿或冻结。夏季施工应防止填料因暴晒而过干。

方案施工注意事项：

场地在开挖整平时，应避免形成局部低洼汇水区域，且场地应做好截水、排水工作。

3 实施成果

3.1 地下人防区域

根据挤密桩的最终检测报告，该区域的相关参数均满足设计要求，防空洞区域已完全填满，且已消除自重湿陷性黄土的湿陷性。

3.2 墓穴区域

墓穴区域经过分层压实回填后，该区域又重新进行了素土挤密桩的试验段，根据挤密桩的最终检测报告，该区域的相关参数均满足设计要求，已消除自重湿陷性黄土的湿陷性。

3.3 缩颈区域

缩颈区域经过更改静压机桩头的形状，一定程度缓解了卡锤的情况，对于个别缩颈，经电动洛阳铲或长螺旋扫孔处理后，即可分层夯扩回填，根据挤密桩的最终检测报告，该区域的相关参数均满足设计要求，已消除自重湿陷性黄土的湿陷性。

4 结束语

（1）施工前应通过走访并结合物探探测，查明民用水井、墓穴、地窖、防空洞等地下构筑物，并采取针对性的措施进行处理。

（2）对于自重湿陷性黄土的场地，施工期间应进行必要的施工补勘，第一时间了解场地各土层含水量情况，提前预判可能存在的缩颈情况，采取针对性的措施。

（3）挤密桩施工期间，尽可能整平场地，避免形成低洼汇水地段，造成土层含水量升高而导致缩颈。

参考文献：

[1] 中国建筑科学研究院．建筑地基处理技规范 JGJ 79—2012[S]. 北京：中国建筑工业出版社，2013.

[2] 钱鸿缙，王继唐，罗宇生，等．湿陷性黄土地基[M]. 北京：中国建筑工业出版社，1985.

[3] 王吉望．复合地基的研究及计算原理[J]. 岩土工程师，1990，2(01)：18-26.

[4] 石坚．挤密对黄土工程特性的影响[J]. 西北建筑工程学院学报(自然科学版)，1999，16(04)：21-24.

[5] 陕西省住房和城乡建设厅．挤密桩法处理地基技术规程 DBJ 61-2—2006[S]. 西安：陕西省建筑标准设计办公室，2006.

[6] 陕西省住房和城乡建设厅．建筑场地墓坑探查与处理技术规程 DBJ 61-57—2010[S]. 西安：陕西省建筑标准设计办公室，2010.

[7] 余东．湿陷性黄土地基处理方法分析及在工程中的应用[J]. 科学咨询(科技·管理)，2019(10)：39-40.

[8] 杨正华，杨俊．某工程灰土挤密桩缩颈事故处理实例[J]. 河南建材，2012，3：118-119.

[9] 郭明，刘伟，郭亮．西安某工程灰土挤密桩缩颈现象分析及治理[J]. 河南建材，2011，37(20)：62-63.

[10] 姚雪贵，姚志华，周立新，雷愿锋．某机场自重湿陷性黄土场地地基处理试验研究[J]. 建筑技术，2016，47(03)：213-217.

浅析 SDDC 桩不同成孔方式对地基处理效果的影响

李华伟，张　讯
（陕西恒基岩土工程有限公司，陕西 西安 710064）

摘　要：介绍 SDDC 桩作用机理，分析机械钻孔和冲击成孔的优缺点和对地基处理效果的影响。
关键词：SDDC 桩；作用机理；机械钻孔；冲击成孔；桩径；面积置换率

0　前言

随着经济建设的高速发展，工程建设用地存在大量的杂填、素填、软弱、湿陷性等地基，由于地基承载力不能满足上部荷载和沉降变形要求，必须对地基进行处理。孔内深层超强夯法[1]（Super Down hole Dynamic Compaction）即 SDDC 桩法通过动力固结、动力置换的机理，达到固结填土、消除黄土湿陷性、提高地基承载力、改善地基均匀性、减少沉降变形的目的。并且，SDDC 桩具有夯击能量大、施工速度快、桩身材料多样的特点，应用于各类工业和民用建筑。随着设备性能的提升，对填土地基、湿陷性黄土地基的处理深度已超过 40m，具有广泛的适用性。

SDDC 桩成孔方式分为机械钻孔和冲击成孔，工程设计人员和建设单位普遍认为冲击成孔处理效果优于机械钻孔。本文通过多年工程实例和试验数据验证，客观评价两种成孔方式对地基处理效果的影响。

1　SDDC 桩作用机理

SDDC 桩通过圆锥形夯锤在地基深层自下而上分层夯实挤密，以高动能、超压强、强挤密的夯击作业，对回填料强制挤压，形成密实桩体。同时夯锤侧面产生极大的动态被动土压力，使桩间土也被强力挤密加固。桩周土被挤密形成强制挤密区、挤密区和挤密影响区，使地基受到很高的预压应力，处理后地基浸水或加载不会产生明显的压缩变形，提高了地基土的力学性质。

SDDC 桩在高动能、超压强、强挤密的夯击作用下，土体应力缓慢释放，对桩周土产生侧向约束；桩周土受到侧向应力在成桩后缓慢释放，也对桩体产生“咬合”作用，增大桩侧阻力。对于分层地基或软硬不均地基，SDDC 桩形成串珠状，使桩与桩间土形成密实整体。处理后复合地基不仅刚度均匀，而且承载力显著提升。

2　SDDC 桩的成孔方式及特点

按照地基土的类型和处理深度的不同，SDDC 桩成孔方式可分为机械钻孔和冲击成孔。

机械钻孔采用旋挖钻机或大直径螺旋钻机取土成孔，一次钻孔至设计深度，为保证桩端土密实，孔底底夯 2～3 击。成孔深度为钻孔深度＋底夯冲击深度。

机械钻孔的特点：（1）处理深度大。成孔深度由地质情况、设计要求和钻孔设备钻孔能力决定，目前处理深度已经超过 40m。（2）成桩直径大。钻孔后未改变地基土的力学性质，通过高动能夯击挤密，成桩直径可达到 1.6～2.0m。（3）施工速度快。SDDC 桩桩间距 2.6～3.6m，桩径 1.6～2.0m，相对于传统挤密桩，桩数减少 80％～90％。（4）改善地基均匀性。非均匀地基钻孔后，自下而上分层强夯，形成非等径桩体，达到改善地基水平和竖向均匀性。（5）适用范围广。机械钻孔适用于大厚度湿陷性黄土、回填土的处理，也可用于软弱地基的置换处理。

冲击成孔采用 SDDC 圆锥形夯锤对正桩点后，提升至规定高度释放，通过高动能冲击地基，循环施工，直至孔深达到设计要求。

冲击成孔的特点：（1）地基加固效果好。通过夯锤冲击，将地基土强制挤密至桩周，桩间土挤密效果明显。（2）杂填土地基成孔。对于大直径混凝土、建筑垃圾、开山石等杂填地基，钻机成孔困难。采用 SDDC 冲击成孔，破碎填料的同时可形成孔道。（3）处理深度小。通过大量工程实例，一般冲击成孔深度小于 5～6m 比较经济。（4）软弱地基施工难度大。对于软弱地基，冲击成孔缩颈情况较为严重，夯击能量损失大，影响处理效果。（5）施工效率较低。新近回填土冲击成孔易造成塌孔现象，深度超过 6m 成孔时间长或无法达到处理深度，施工降效非常严重。

3　成孔方式对地基处理的影响

根据《建筑地基处理技术规范》[2] JGJ 79—2012 复合地基承载力特征值一般按式（1）估算：

$$f_{spk} = \lambda m \frac{R_a}{A_p} + \beta(1-m) f_{sk} \tag{1}$$

式（1）中面积置换率 m 计算方法如式（2）所示：

$$m = \frac{d^2}{d_e^2} \tag{2}$$

由式（2）可知，复合地基承载力特征值与处理后单桩承载力特征值和处理后桩间土承载力特征值有关，也与面积置换率 m 关系密切。面积置换率 m 的取值受平均桩径和桩的等效圆直径影响，桩径越大，桩间距越小，置换率越大，单桩承载力才能更有效发挥作用。

按照工程实例，SDDC 素土桩单桩承载力特征值一般可取 800～900kN，活性材料桩单桩承载力特征值一般可取 1000～2500kN，而经挤密后桩间土承载力特征值一般取 150～180kPa，因此单桩承载力特征值越高，复合地基承载力特征值提高幅度越大。

机械钻孔对孔周围土体影响小，通过高动能冲击成桩同时对桩间土强力挤密，形成 SDDC 桩桩径可达到 1.6～2.0m。桩间土的挤密在成桩夯扩过程中完成，通过成桩过程中地表出现裂缝及处理后土工试验数据判断，挤密影响范围可由桩边外延达到 3m 左右。机械钻孔根据试桩数据可灵活调整桩间距，处理后复合地基承载力特征值可达到 250～440kPa。

冲击成孔通过将桩位土侧向挤密至孔周围，对桩间土挤密效果明显，但孔周围土体力学性质的大幅度提高也形成一个致密的箍圈，成桩夯扩比较困难，成桩直径 1.5～1.7m。因此成孔过程完成了大部分桩间土的挤密，冲击成孔考虑到相邻桩加固效应在浅层出现应力叠加，桩间距小易出现进尺困难，处理深度受到限制，因此一般选取较大的桩间距，根据地质情况常选用 3.6～4.0m，对复合地基承载力的提高也有不利影响，一般处理后复合地基承载力特征值可达到 180～350kPa。

4 工程实例

根据《岩土工程勘察报告》，地基深度范围以素填土、黄土状粉土构成。地基处理钻孔深度 6m，冲击成孔孔深 6m，处理前各土层物理性质见表 1。

处理前各土层物理性质　　表 1

地层岩性	统计指标	w (%)	γ (kN/m³)	e	I_P	I_L	E_s	δ_s	δ_{zs}
素填土	平均值	12.5	14.9	0.814	10.2	−0.44	10.94	0.032	0.03
黄土状粉土	平均值	11.9	13.2	1.051	9.9	−0.5	12.42	0.066	0.048

从上表可知，地基土为粉土—粉质黏土，含水率偏低，呈坚硬状态，具Ⅲ级（严重）自重湿陷性。SDDC 桩地基处理施工工艺见表 2。

SDDC 桩地基处理施工工艺　　表 2

项	桩距 (m)	孔深 (m)	孔径 (m)	夯击能级 (kN·m)	落距 (m)	成桩击数	分层填料方量 (m³)	平均桩径 (m)	成孔时间 (min)	成桩时间 (min)
机械钻孔/夯实成桩	3.0	6	1.2	1000	10	8	2.5	1.8	10	48
冲击成孔/夯实成桩	3.5	6	1.3	>1000	>10	6	2.5	1.5	45	24

注：本工程设计要求复合地基承载力特征值≥440kPa，施工工艺击数多、落距高，单桩施工时间为 6m 桩施工时间，相对较长。

施工过程情况显示，机械钻孔速度很快，但对应的成桩速度相对较慢，成桩直径大于 1.8m；而冲击成孔速度较慢，对应的成桩速度较快，二次挤密扩径受限，平均成桩直径 1.5m。

经机械钻孔 SDDC 桩处理后桩间土的土工试验数据见表 3。

经冲击成孔 SDDC 桩处理后桩间土的土工试验数据见表 4。

处理后桩间土的土工试验数据（机械钻孔）　　表 3

地层岩性	统计指标	w (%)	γ (kN/m³)	e	I_P	I_L	E_s (0.4～0.5)	δ_s (P=400)	δ_{zs}
素填土	平均值	11.8	18.5	0.442	9.3	−0.71	42.41	0.007	0.002
黄土状粉土	平均值	11.9	17.5	0.534	9.4	−0.67	40.38	0.009	0.002

处理后桩间土的土工试验数据（冲击成孔）　　表 4

地层岩性	统计指标	w (%)	γ (kN/m³)	e	I_P	I_L	E_s (0.4～0.5)	δ_s (P=400)	δ_{zs}
素填土	平均值	12.4	17.9	0.499	8.3	−0.36	40.51	0.001	0.001
黄土状粉土	平均值	11.6	18.1	0.481	8.5	−0.48	44.88	0.002	0.001

两种成孔方法处理后按照《湿陷性黄土地区建筑标准》[4] GB 50025 均已消除地基湿陷性。与处理前数据对比，提高了压缩模量，减小了地基变形，地基土的物理性质有了显著的提高。

机械钻孔成桩直径 1.8m，桩间距 3.0m，面积置换率 m_1=0.327；冲击成孔成桩直径 1.5m，桩间距 3.5m，面积置换率 m_2=0.167。

本工程 SDDC 桩填料为 1∶6 水泥土，要求桩身材料强度 f_{cu}≥4MPa。

根据《建筑地基处理技术规范》[2] JGJ 79—2012 中复合地基增强体强度验算公式（7.1.6-1）

$$f_{cu} \geqslant 4\frac{\lambda R_a}{A_p}$$

SDDC 桩桩径 1.8m 单桩承载力特征值 Ra_1 可取 2543kN，复合地基承载力特征值 f_{spk_1}=448kPa；桩径 1.5m 单桩承载力特征值 Ra_2 可取 1766kN，复合地基承载力特征值 f_{spk_2}=317kPa。

通过数据对比和理论计算，可得到如下结论：

（1）调整 SDDC 桩施工工艺可以使两种不同的成孔方式对桩间土的挤密效果接近。

（2）冲击成孔速度慢，孔深超过 5m 后降效严重，经过成孔冲扩后，成桩挤扩效果较小，但成桩速度快，形成的桩径较小；机械钻孔速度快，夯实成桩和挤密桩间土同时完成，成桩桩径较大，但成桩速度较慢。

（3）成桩直径和桩间距是地基承载力提高的重要因素，桩径越大，桩间距越小，面积置换率越大，单桩承载力更能有效发挥作用，地基承载力提高幅度越大。

（4）冲击成孔方式受处理深度和桩间距影响，对处理后复合地基承载力特征值有一定限制；而采用机械钻孔方式可处理大厚度填土、湿陷性黄土等地基，由于桩径大、间距小，处理后复合地基承载力可得到显著提升。

5 SDDC 桩的成孔方式的选择

SDDC 桩冲击成孔受相邻桩应力叠加效应影响，只能以较大间距布桩，影响 SDDC 桩处理深度和地基承载力，适用于回填深度不大的杂填土、素填土、湿陷性黄土的浅层处理及预处理；机械钻孔虽然采用取土成孔，但通过调整桩间距、增强体材料（增加活性材料）和施工工艺（夯击次数和夯击能），根据土层情况形成非等径桩体和较大的桩径，对于大厚度填土、湿陷性黄土等地基可显著提高地基承载力，并改善地基均匀性。对于某些成分复杂的杂填土地基还需两种方式结合使用方可达到处理效果。

针对工程地质情况和地基处理目的的不同，两种成孔方式合理选择，工程技术人员根据地质情况和设计要求，确定合理的工艺参数，精心施工，才能真正发挥 SDDC 桩的特点和优势。

参考文献：

[1] 管清贤，熊耀湘．浅谈 DDC 和 SDDC 桩作用原理与特性[J]．山西建筑，2006(16)：62-63.
[2] 孔内深层强夯法技术规程 CECS 197：2006[S]．北京：中国计划出版社，2006.
[3] 建筑地基处理技术规范 JGJ 79—2012[S]．北京：中国建筑工业出版社，2013.
[4] 湿陷性黄土地区建筑标准 GB 50025—2018[S]．北京：中国建筑工业出版社，2019.

强夯处理京北黄土的效果分析

张　启[1,2]，冯科明[1,2]，胡海江[1,2]，王天宝[1,2]
（1. 北京城建勘测设计研究院有限责任公司，北京 100101；2. 城市轨道交通深基坑岩土工程北京市重点实验室，北京 100101）

摘　要：随着城市化步伐的加快，工程建设场地必然从中心城区向市郊转移，不可避免地会遇到不良地质作用和特殊性岩土等工程地质问题。随着北京申办冬奥成功，京北就成了一片热土。本次探讨的是京北的一种特殊性土——湿陷性黄土，处理湿陷性黄土的方法有许多种，包括：垫层法；强夯法；挤密法；预浸水法以及组合处理。其中，强夯法是一种既经济又方便的施工方法。强夯法能很好地处理地基土的湿陷性，从而改善地基承载力。笔者以京北实际工程为例，通过第三方现场测试和室内试验对比分析，验证强夯法处理湿陷性黄土的有效性，对类似湿陷性黄土地基处理具有一定的参考价值。
关键词：强夯法；京北黄土；效果分析

0　引言

随着社会主义市场经济的快速发展，城市化建设的步伐越来越快，全国性基础建设工作迅猛发展，建设过程中遇到的地质问题也越来越复杂。不良地质作用（包括：岩溶；滑坡；危岩与崩塌；泥石流；采空区；地面沉降；活动断裂等）的防治[1-3]，特殊岩土（湿陷性土；红黏土；软土；填土；多年冻土；膨胀岩土；污染土等）的治理[4-6]，就成了岩土工程从业人员的日常事务。本文中提及的京北黄土就是一种特殊土，一旦被水浸湿，地基土强度会大大减弱，出现明显沉陷现象，影响建筑物的安全。

处理湿陷性黄土，可以采用许多方法，包括：垫层法；强夯法；挤密法；预浸水法等[7-12]。强夯法是对湿陷性黄土地基较为有效的处理方法，引进我国后得到了很好的推广应用，并且都取得了良好的技术经济效果。

1　实例

1.1　项目概况

项目位于京北，拟建建筑物主要为住宅及其附属设施，总建筑面积约 82850m^2，结构形式为短肢剪力墙结构，基础形式为条形基础。

1.2　地形地貌

场地有条南北向的冲沟，长度约为 900m，深度约为 14m。地貌形态以河川平原为主，北部以平地为主，南部以缓坡为主。

1.3　地层情况

根据勘察报告得知，此次勘探深度范围内的地层按其成因年代为第四纪沉积层，按地层物理力学性质指标可以划分为四个大层，自上而下依次为：

①层素填土：黄褐色，松散—稍密，干，以粉土为主，土质较均匀，整体层厚 0.6～12m，对该层采取分层强夯法进行了加固处理。

②层黄土状粉土：黄褐色，中密，干，局部稍湿，干强度低，韧性低，无光泽，夹有部分薄层状角砾或碎石，黏粒高，局部夹粉质黏土薄层，该层层厚 1.4～8.6m，表现为轻微湿陷性。

②$_1$层碎石：主要以粗砂及粉土填充，局部见块石杂色，磨圆度较差，控制粒径 20～50mm，该层层厚 0.8～4.5m，该层在②层土中呈透镜体状零星分布。

②$_2$层细砂：黄褐色，级配较好，含少量砾石，层厚 2.4～4m，该层在②层土中呈透镜体状零星分布。

③层粉土：黏粒高，局部夹粉质黏土薄层，层厚 0.9～13.3m，该层土在场地分布较广，局部受原冲沟切割缺失。

④层碎石：杂色，磨圆度较差，控制粒径 20～50mm，以粗砂及粉土填充，局部见块石。揭露最大层厚 10m。

1.4　水文地质条件

根据勘察报告得知，勘探孔深范围内未测到地下水。据区域资料推测，该场区地下水埋深大于 100m。

1.5　黄土湿陷性

黄土湿陷性等级Ⅰ级（轻微）～Ⅱ级（中等）。

1.6　场地湿陷类型

场地为非自重湿陷性场地。

2　地基处理设计

根据工程地质条件的不同，将施工区域分为三个类型：

Ⅰ型为次沟回填区域及部分湿陷性区域；

Ⅱ型为湿陷性区域；

Ⅲ型为非湿陷性区域。

针对不同区域采用不同的地基处理方式，具体如下：

（1）Ⅰ型次沟回填区

该区域回填土厚度较大，采用分层强夯处理，一次回填厚度为 6m。

首先对回填区底部原状土进行分区整平，清除有植被的表层土，边坡部分按 1∶1 放台阶。

场地平整后进行土方分层回填，不得采用夹有砖、瓦和石块等的渗水材料，回填土不得含有冻土或膨胀土。当回填土厚度达到设计要求时，即可进行强夯施工。

强夯采取两遍点夯一遍满夯的方式。第一遍夯点间距为 5m，采用正方形布置形式；第二遍夯点位于第一遍夯点之间，强夯设计每遍点夯夯击能为 3000kN・m，夯击数不小于 9 击，且最后两击的平均夯沉量不大于 5cm。待到点夯夯击完成后，采用满夯方式进行夯击，夯击能量为 1000kN・m，满夯每点夯锤彼此搭接 1/4，每点夯击数为 3 击。

完成第一层夯击后，继续回填 6m，进行第二层强夯。强夯的步骤同上。

第二层强夯完成后，回填至设计要求高度再进行第三层强夯。强夯的步骤同上。

为了确保次冲沟的强夯施工，在次冲沟与主冲沟交界处，先对主冲沟进行超填，待次冲沟强夯处理之后，再结合主冲沟边坡治理方案，将主冲沟中多余的土挖除。

图 1　施工现场图

（2）Ⅱ型湿陷区

对于Ⅱ型湿陷性区域，首先清除有植被的表层土，对该区进行场地平整，平整至比设计要求的标高再高出 600mm，然后进行强夯处理。

强夯同样采用两遍点夯一遍满夯的方式。第一遍夯点采用正方形的布置方式。

第二遍夯点布置在第一遍夯点中间，点夯的设计夯击能为 3000kN・m，满夯的设计夯击能为 1000kN・m。点夯夯点间距 6m、夯击数不小于 8 击且最后两击的平均夯沉量小于 5cm。

满夯夯印搭接 1/4。

施工夯点布置如图 2 所示。

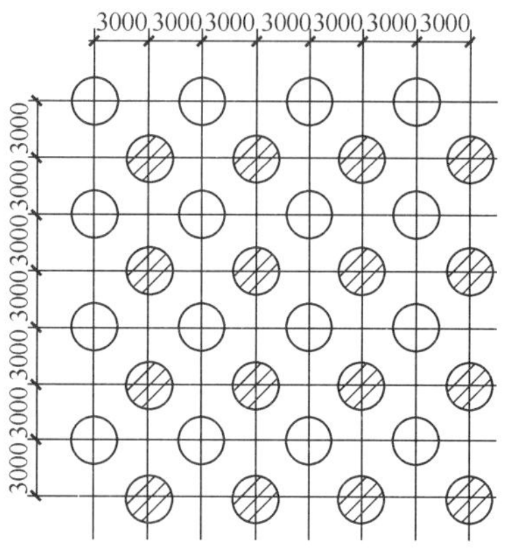

图 2　夯点平面布置示意图

（3）Ⅲ型非湿陷性区域

该区域为非湿陷场地，对于削方区域可不进行地基处理，地基处理主要针对的是该范围内的回填区域。

对于回填深度不大于 2m 的区域，首先对回填区底部原状土进行分区整平，清除有植被的表层土。

对填方部分进行土方分层回填碾压，分层厚度 0.3m，压实系数不小于 0.95。

图 3　分层碾压

对于回填深度大于 2.0m 的区域按Ⅰ区方案处理。

3　效果分析

3.1　荷载试验

根据地基处理设计及相关规范要求，对强夯部位做荷载试验。检测结果是，经过强夯处理，地基承载力特征值不小于 180kPa，满足设计要求。

鉴于文章篇幅有限，选取某一试验点 p-s 曲线如图 4 所示，另一试验点的 p-s 曲线如图 5 所示。

3.2　标准贯入试验

试验采用 63.5kg 自由落锤，落距为 76cm。将贯入器打入 15cm 土层中，然后每打入 10cm 记录下锤击数，打入 30cm 的锤击累计数量为标准贯入锤击数 N。

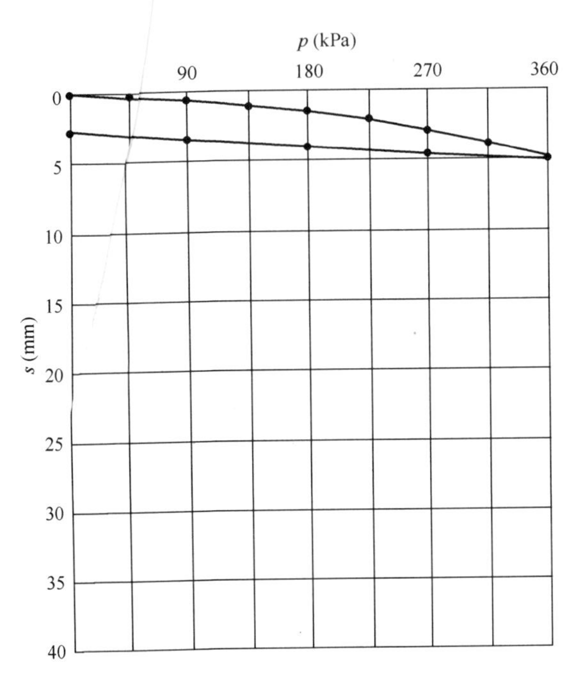

图 4　某试验点荷载试验 p-s 曲线

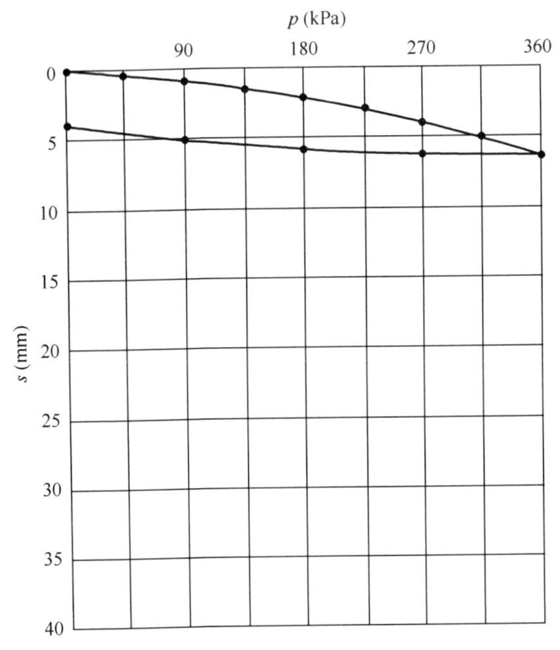

图 5　某试验点荷载试验 p-s 曲线

标准贯入试验结果表明，经强夯处理后，场地的粉土地基密实度和强度与勘察时相比均得到了提高。

3.3　取土及室内土工试验

对于湿陷性区域，强夯处理后进行钻孔取土。钻孔深度不小于 6m，每隔 1m 采取薄壁取土器采取原状土样。

通过室内土工试验，并依据《湿陷性黄土地区建筑标准》GB 50025—2018 对强夯处理后土的湿陷性是否消除进行评价[13]。

室内土工试验结果表明，经强夯处理后的地基，6m 深度范围内土的湿陷系数 δ_s 均小于 0.015，证实其湿陷性已经消除。

4　结语

笔者依据从事多年地基处理的设计与施工管理经验，对强夯法处理湿陷性黄土地基有以下几点认识：

（1）强夯法进行地基处理，优点在于施工工艺简单、工期较短、经济效益好、对环境影响相对较小。

（2）对湿陷性黄土地基采用强夯法进行处理具有一定的有效性，经强夯处理后的地基通过荷载试验、标贯试验、室内土工试验，试验结果均满足设计要求，6m 深度范围内土的湿陷系数 δ_s 均小于 0.015。

（3）经过粗略计算，强夯法与传统的换土垫层和桩基进行比较，工期大约缩短 4 个月，造价节约 50%。因此，无论从技术效益、经济效益还是社会效益角度分析，强夯法都是一种处理湿陷性黄土地基较为有效的地基处理方法。

（4）经后期收集的资料分析，经强夯处理后的黄土地基，其大部分沉降已经完成，故工后沉降很小，同样不均匀沉降不明显，从而确保了建筑物的使用安全。

参考文献：

[1]　刘明戌．某矿区现状不良地质作用与影响边坡稳定的因素[J]．矿冶，2020，29(05)：21-24.

[2]　陈海燕．徐州市区地铁沿线不良地质作用研究[D]．北京：中国矿业大学，2019.

[3]　张秀梅．福州地铁施工常见不良地质问题分析[J]．建材与装饰，2017(49)：258.

[4]　张恒阳．福州地铁勘察常见特殊岩土浅析[J]．山西建筑，2020，46(11)：91-92.

[5]　杨津．特殊岩土工程地质条件特性分析[J]．城市建设理论研究(电子版)，2019(05)：65.

[6]　李庆海．特殊岩土地区深基坑支护结构作用机理及应用研究[D]．成都：西南交通大学，2016.

[7]　宁夏地区黄土的湿陷性危害及治理方法探析[J]．安徽建筑，2020，27(04)：140-141.

[8]　杨校辉，黄雪峰，朱彦鹏，等．大厚度自重湿陷性黄土地基处理深度和湿陷性评价试验研究[J]．岩石力学与工程学报，2014(05)：1063-1074.

[9]　李绮．公路湿陷性黄土地基处理技术应用——以惠深高速公路为例[J]．工程技术研究，2019，4(03)：64-65.

[10]　刘继鹏，闫芳，高一帆．豫西山地强夯法处理湿陷性黄土地基施工技术[J]．施工技术，2017，46(18)：103-106.

[11]　董永超，冯玲玲．强夯法处理湿陷性黄土的应用——以宁夏地区为例[J]．工程技术研究，2017(11)：52-53.

[12]　田兴华，马英俊．强夯法在湿陷性黄土地基中的应用及效果分析[J]．科技信息(科学·教研)，2008(11)：149，189.

[13]　湿陷性黄土地区建筑标准 GB 50025—2018[S]．北京：中国建筑工业出版社，2019.

某项目复合地基承载力不足原因分析及其处理建议

冯科明[1,2]
（1. 北京城建勘测设计研究院有限责任公司，北京 100101；2. 城市轨道交通深基坑岩土工程北京市重点实验室，北京 100101）

摘　要：北京以及周边地区因建筑物所在地基持力层承载力或最终变形满足不了上部结构要求时，设计常建议采用CFG桩复合地基进行地基处理。正常情况下，设计人员参考勘察报告成果，预估CFG桩的特征值进行设计，根据成熟的地区经验，一般不进行试桩验证就直接进入工程桩施工，再从工程桩中随意抽检，其结果也能满足设计对承载力和变形控制的要求。本项目设计人员虽然考虑到桩长范围内存在承压水，也考虑了承压水对CFG桩承载力可能产生的影响，但工程验收时的试桩结果与估算值有较大的偏差。笔者应邀前往，听取了相关方的汇报，查看了原有勘察报告和专项补勘报告、CFG桩设计与验桩资料，进行了原因分析，提出了针对性的措施。承压水地区CFG桩设计与施工人员应对承压水引起高度重视。

关键词：复合地基；承载力；承压水；处理建议

0　前言

随着城市化步伐的加快，北京及其周边地区的高层、超高层建筑越来越多，当采用天然地基时，其持力层承载力以及最终变形等满足不了设计要求的情况下，最早是采用桩基的形式[1-3]，当然可能是钻孔灌注桩，也可能是预制桩；然而现在一般采取地基处理措施来实现设计要求。目前普遍采用的地基处理措施，首选CFG桩复合地基方案，其具有施工机具配套、施工效率高，施工工艺成熟，施工质量有保证，检测方法成熟、简便等优点[4]；当然在存在液化地层时，北京也常用多桩型复合地基来进行处理，其中也不乏CFG桩的身影[5]；也见到在湿陷性黄土地层中使用强夯或灰土桩加CFG桩进行高层建筑地基处理的报道[6,7]。但是，当设计桩长范围内存在承压水，又没对地下水实施控制措施，即成桩过程受到承压水影响时，选用中心压灌CFG桩复合地基处理方案要慎重。下面就以某工程案例来介绍一下承压水可能对CFG桩承载力产生的诸多影响，以引起相关人员的高度重视。

1　工程概况

1.1　建筑物概况

某项目位于北京市郊，包括多栋住宅楼及配套楼，基础形式均为筏板基础，结构类型为钢筋混凝土剪力墙。场地正负零标高相当于绝对标高33.45m，本项目地基处理设计等级为乙级，设计使用年限为50年。

1.2　周边环境

拟建场地原为民房，现已拆除。地基处理范围及其周边20m范围内无地上建筑，地基处理范围内无地下管线，适宜于CFG桩施工。

1.3　地层情况

根据现场勘察及室内土工试验成果，将本次勘察深度50.0m范围内的地层划分为人工填土层、新近沉积层、一般第四纪沉积层及古近纪基岩四大类。并依据地层岩性及其物理力学性质指标将地层进一步划分为11个大层及相应亚层。自上而下依次为：

①层黏质粉土素填土：综合层厚0.30～4.90m，层底标高24.580～34.530m。

②层粉质黏土—黏质粉土：综合层厚0.8～9.90m，层底标高为18.560～25.680m。

③层黏质粉土—砂质粉土：层厚2.30～9.20m，层底标高为15.380～21.100m。

④层粉质黏土—黏质粉土：综合层厚1.90～6.40m，层底标高为10.330～17.510m。

⑤层细中砂：层厚0.40～5.00m，层底标高为7.630～16.200m。

⑥层卵石：综合层厚0.80～10.00m，层底标高为2.500～13.500m。

⑦层粉质黏土：层厚0.30～5.50m，层底标高为−0.480～7.480m。

⑧层卵石：揭露层厚1.50～12.60m，层底标高为−8.310～4.280m。

⑨层粉质黏土：揭露层厚0.60～7.60m，层底标高为−3.320～0.420m。

⑩层卵石：揭露层厚9.50～14.60m，层底标高为−17.920～−17.810m。

⑪层强风化泥岩。

1.4　场地水文地质条件

（1）场地水文地质特征

本次勘察在钻探深度30.0m范围内揭露三层地下水。勘察期间测量地下水稳定水位情况参见表1。

地下水情况一览表　　表1

地下水类型	初见水位（头）埋深（m）	标高（m）	稳定水位（头）埋深（m）	标高（m）
潜水（一）	4.60～10.60	22.640～25.140	3.00～9.20	23.970～26.630

续表

地下水类型	初见水位(头)埋深(m)	标高(m)	稳定水位(头)埋深(m)	标高(m)
潜水(二)	9.10～15.10	16.940～19.890	7.90～13.90	18.940～21.480
承压水(三)	15.5～17.90	11.180～14.570	14.30～16.90	12.580～15.870

(2) 历年水位情况概述

1959年最高地下水位接近自然地表；

近3～5年该场区最高地下水位标高为27.00m左右。

(3) 建议场区抗浮设防水位标高按29.00m考虑。

1.5 场地水和土的腐蚀性评价

(1) 地下水的腐蚀性评价

场地地下水对混凝土结构具有微腐蚀性，在长期浸水条件下对钢筋混凝土结构中的钢筋具有微腐蚀性，在干湿交替条件下对钢筋混凝土结构中的钢筋具有弱腐蚀性。

(2) 土的腐蚀性评价

浅层地基土对混凝土结构有微腐蚀性，对钢筋混凝土结构中的钢筋有微腐蚀性。

1.6 场地地基土液化判别结果

根据勘察报告：当地震烈度达到8度，本场地饱和砂土和粉土不会发生地震液化。

1.7 结构设计对地基处理要求

(1) 修正前的复合地基承载力：前期A、B楼大于等于260kPa。

(2) 最大沉降量为小于等于50mm；整体倾斜小于等于0.0015。

1.8 CFG桩复合地基设计

(1) 筏板基础下CFG桩有效桩长、桩径、桩间距、单桩承载力、复合地基承载力特征值等设计参数详见表2。

CFG桩参数表　　表2

楼号	桩径(mm)	桩长(mm)	间距(mm)	复合地基承载力(kPa)	单桩承载力(kN)
A	400	15.5	1.70	280	700
B	400	15.5	1.60	310	680

楼号	桩数	桩身混凝土强度	沉降(mm)	单桩检测	复合地基检测	桩身完整性检测
A	259	C25	48.37	3	3	52
B	151	C25	47.51	3	3	31

(2) CFG桩身采用商品混凝土，施工时保护桩长不小于500mm，桩顶与基础之间设置褥垫层，其厚度200mm，材料采用级配碎石，最大粒径不大于30mm，褥垫层采用静力压实法，夯填度不应大于0.90，褥垫层铺设范围为混凝土垫层外扩200mm。

(3) CFG桩施工技术要求

① CFG桩施工工艺采用“长螺旋钻进中心压灌成桩”，施工前按设计要求在实验室进行配合比试验，施工时按配合比配制混合料，施工坍落度宜为160～200mm。

② 施工过程中应注意土质变化，如地质条件发生变化，应会同建设单位、勘察单位、设计单位、监理单位及时调整施工技术参数，以确保工程质量。

③ 桩体不允许断桩，严重缩颈等质量事故发生。

④ 成桩过程中抽样做试块，每台机械每台班不少于1组。

⑤ 先清理桩间土，待桩身混凝土强度达到一定强度后将保护桩头凿除。清土和截桩时，不得造成桩顶标高以下桩身断裂或桩间土扰动。

⑥ 承载力检验宜在施工结束后28d进行，其桩身强度应满足试验荷载要求。

⑦ CFG桩验收合格后方可进行褥垫层施工。

2 CFG桩施工、试验、复勘

2.1 CFG桩的施工

施工单位于6月21日开始A楼CFG桩的施工，施工前测量钻杆长度，在桩机基准杆上设置施工桩长标记，按照设计桩长进行施工，至6月29日完成A楼全部CFG桩的施工任务。A楼施工时，施工单位发现施工班组存在钻杆提升压灌混凝土，在钻孔中挤压出较多地下水及细砂这种情况，立即对施工人员加强了技术交底，要求严格控制提钻速度，在达到预定深度后，停止提升钻具。当钻杆芯管充满混凝土后才提钻，严禁先提钻后泵送混凝土。

随着土方开挖，6月24日开始进行B楼CFG桩的施工，至6月29日完成B楼全部CFG桩的施工任务。B楼施工时，同样发生钻杆提升压灌混凝土。在钻孔中挤压出较多地下水及细砂的情况。施工单位做了同样的处理。

2.2 检测

8月1日至8月4日，对A楼CFG桩复合地基进行了检测。检测结果如下：A楼单桩承载力检测一根合格，一根不合格；单桩复合地基检测一组合格，一组不合格。

8月7日至8月20日，对B楼CFG桩复合地基进行了检测。检测结果如下：B楼单桩承载力检测一根合格，一根不合格；单桩复合地基检测两组都不合格。

受篇幅所限，仅以A楼为例，将相关数据及曲线呈现出来，供感兴趣的同行们进行深度分析。

A楼单桩试验结果如表3所示。

单桩试验结果表　　表 3

桩号	设计试验荷载（kN）	实际试验荷载（kN）	最终沉降（mm）	单桩极限承载力（kN）	单桩承载力（kN）
a	1400	1400	3.69	1400	700
b	1400	1050	54.15（未稳）	875	437.5

A 楼单桩复合地基试验结果如表 4 所示。

单桩复合地基实验结果表　　表 4

桩号	设计试验荷载（kPa）	最大试验荷载（kPa）	最终沉降（mm）	承载力实测（kPa）	对应沉降量（mm）
c	560	560	36.16	280	3.12
d	560	560	71.3（未稳）	245	4.44

b 桩试验荷载分级，对应的沉降及累计沉降见表 5；Q-s 曲线如图 1 所示。

b 桩试验参数表　　表 5

荷载（kN）	0	175	350	525	700	875	1050
本级沉降（mm）	0	2.08	2.43	6.81	7.22	12.82	22.79
累计沉降（mm）	0	2.08	4.51	11.32	18.54	31.36	未稳定

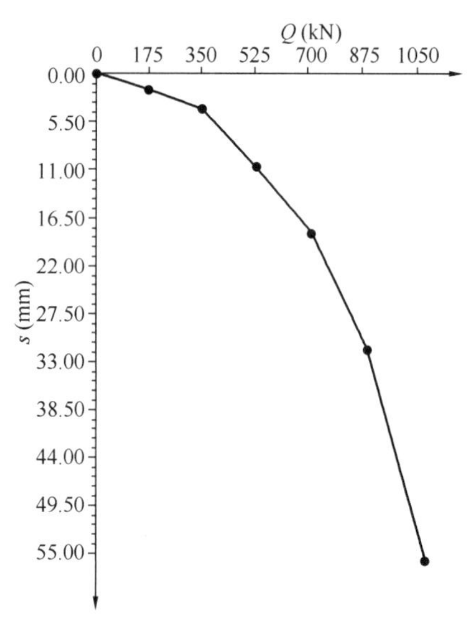

图 1　b 桩试验曲线

d 桩复合地基试验荷载分级，对应的沉降及累计沉降见表 6；Q-s 曲线如图 2 所示。

d 桩试验参数表　　表 6

荷载（kN）	0	75	140	210	280	350	420	490	560
本级沉降（mm）	0	0.65	0.52	1.71	3.12	6.14	13.85	16.27	29.04
累计沉降（mm）	0	0.65	1.17	2.88	6.00	12.14	25.99	42.26	未稳定

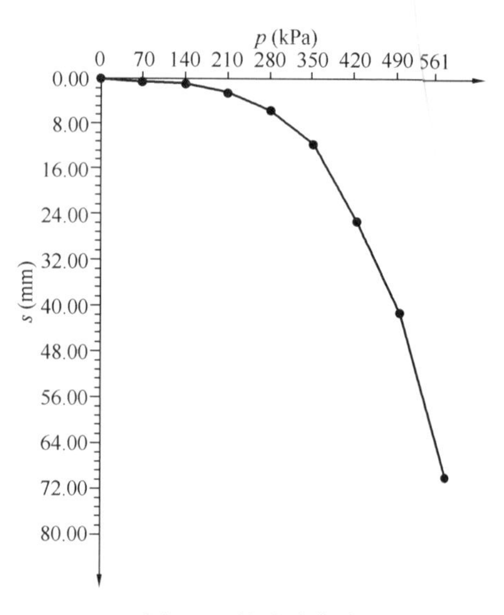

图 2　d 桩试验曲线

2.3 复勘

针对 A 楼、B 楼 CFG 桩静载荷试验检测存在不合格情况，建设单位委托独立的第三方对上述两楼重新进行复勘，A、B 楼各进行一个钻孔复勘，复勘钻孔位置位于检测不合格的 CFG 桩桩位附近。复勘钻孔主要对地层、地下水位进行复勘，对 CFG 桩桩长范围以及桩端以下一定深度内岩土体进行标贯、动力触探等原位测试，同时取土样进行土工试验。过程与成果如图 3、图 4 所示。

(a)

(b)

(c)

图 3　复勘过程图

3 原因分析及建议

进行了上述工作以后，总包单位在项目现场召开了《某项目 CFG 桩存在问题》专家咨询会，与会专家听取了总包单位关于 A、B 楼 CFG 桩施工、检测及复核勘察情

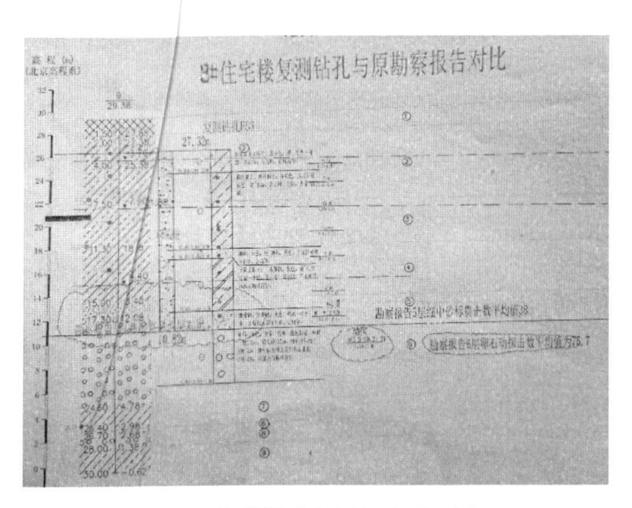

图 4　复勘钻孔与原报告对比图

况的介绍，询问了勘察单位、地基处理设计单位、施工单位和监理单位以及上部结构设计单位有关地基处理设计要求、施工过程控制及施工监理旁站等情况，查看了勘察报告、地基处理设计方案、已完成（A、B 楼）单桩和单桩复合地基承载力静载荷试验资料，询问了检测单位对桩身低应变检测结果、桩体试块强度试验结果等。

根据相关单位反映的情况可知：本项目地基处理是以定桩长控制为原则，又逢雨期施工，施工机械为两台，每台机械各有一个施工作业班组，仅在白天施工。成桩过程出现过冒水流砂现象，施工过程监理旁站监督未发现异常情况，静载荷试验是在清槽后进行，清槽后无桩间土防雨措施，施工过程中制作的桩体混凝土试块强度满足设计要求。

专家组经质询、讨论和分析，一致认为 A、B 楼 CFG 桩检测数据达不到设计要求的主要原因及后续工作建议如下。

3.1　影响单桩承载力因素

（1）有文献[8]认为，在泵压混凝土未初凝时，由于承压水的作用，地下水向孔口方向涌水移动上升，带出混凝土中的水泥浆，从而影响成桩质量；也有文献[9]认为，在钻进地层的过程中，承压水使得饱和的粉土、粉细砂发生液化，从而影响成桩质量。

根据勘察复勘钻孔资料，本工程地下水位勘察前后变化较大，尤其是承压水水头高于原勘察期间实测地下水位较多，且在雨期施工，对 CFG 桩侧及桩端一定范围内黏性土、细砂等土体产生破坏作用，影响桩侧阻力和桩端阻力的发挥而使单桩承载能力降低。

（2）原勘察及复勘揭露地层显示，地层岩性分布存在较大差异，部分土层的物理力学参数也存在差异，尤其是设计桩端持力层区域卵石层顶面标高变化较大，可能导致按设计定桩长控制，部分桩端未进入持力层卵石层，导致桩端阻力发挥欠佳。

（3）施工操作也存在一定的问题。CFG 桩施工过程是边泵送混凝土边提钻，在较高的承压水头作用下，可能导致桩端出现沉渣、虚头及局部桩体强度降低等现象，从而影响单桩承载力。

（4）截桩头期间存在桩间土及桩体保护措施不到位，导致浅部出现较多断桩现象。这一点可由桩身检测单位提供的数据作支撑，断桩率（大部分为浅部）高达 24%～40%。

3.2　影响桩间土承载力因素

（1）施工保护层厚度偏小，雨期施工导致桩间土变软，同时由于地层承压水头较高，且设计、施工未采取有效降排水措施，导致施工过程中桩间土扰动较大，桩间土承载力降低。

（2）雨期施工因施工保护层厚度偏薄，会出现降雨入渗浸泡地基土变软现象，从而使施工荷载对土层扰动而降低桩间地基土强度，导致复合地基承载力降低。

3.3　后续工作建议

（1）全部桩身进行低应变检测，根据低应变检测结果，载荷试验检测按照各栋楼桩身完整性“好、中、差”的选取原则，按规范要求增加载荷试验数量，即单桩、单桩复合地基承载力载荷试验数量均达到每个楼各 6 个；载荷试验点的选择应保证各类桩基本均匀。

（2）将载荷试验及低应变检测结果交由原 CFG 桩复合地基设计单位，由 CFG 桩复合地基处理设计单位根据主体结构要求提出后续处理设计方案，经各方讨论确定后实施。

（3）主体结构设计单位针对 A、B 楼的地基承载力、沉降量再次进行复核，若具备调整条件，根据上述建议复测数据及调整值进行判断是否采用补桩处理方案。

（4）对后期开发项目的 CFG 桩地基处理，设计单位可以从以下几个方面进行设计：

① 有条件时，可以采用泥浆护壁成孔水下灌混凝土工艺[10]，成孔过程中消除了发生渗流的水力条件，成桩质量容易保证，从而确保单桩承载力满足设计要求。

② 针对承压水水头较高且变化较大的情况，通过增设减压井降低承压水水头[11]。

③ 提高 CFG 桩施工作业面，适当增加 CFG 桩施工保护桩长度。

④ 由于较高的承压水对圆砾、细砂层破坏较大，适当加长桩长，确保桩端进入⑥层卵石层，以保证设计单桩承载力的实现。另外，也可以采用正转钻进，反转脱扣的底开钻头，以确保灌注质量。

⑤ 由于场地地质条件的特殊性，是否可考虑对调整后的设计方案进行单桩承载力验证性试验工作。

（5）截桩头应采取专门的桩间土及桩体成品保护措施，清理桩间土时严禁施工机械碰撞桩体，避免因清理桩间土和截桩头作业而造成桩身浅部断桩。

（6）对扰动了的桩间土进行清理，回填褥垫层材料进行置换，以确保桩间土承载力的充分发挥。

4　结语

本案例充分说明，在设计桩长范围内存在承压水或承压水作用的情况下，必然对 CFG 桩的单桩承载力产生不利影响，这一点，对于勘察单位、CFG 桩设计单位、结构设计单位以及业主单位都应该有清醒的认识。条件适宜时，应该优先考虑其他施工工艺，如泥浆护壁成孔水下灌注商品混凝土工艺减轻承压水对承载力的影响，或直接采用桩基方案；也可采取降低承压水水头的辅助措施，来满足单桩承载力的要求；当然在工期或环境保护压力的情况下，也可采用上述专家建议的综合预防措施，达到满足设计要求的目的。

参考文献：

[1] 廖春凡．高层建筑工程桩基础的设计与检验分析[J]．建筑技术开发，2007(04)：35＋92.

[2] 王营等．桩基础施工技术在高层建筑中的应用[J]．科技与企业，2014(13)：257.

[3] 王世忠．高层建筑工程桩基础施工技术分析[J]．中国新技术新产品，2018，3(15)：101-102.

[4] 龚凯．CFG 桩复合地基技术在高层建筑中的应用[J]．城市住宅，2020，6(08)：202-203.

[5] 王之军等．CFG 桩与碎石桩复合桩型在液化地层中的应用[J]．探矿工程，2004(10)：26.

[6] 刘挺等．强夯＋CFG 桩复合地基在具有腐蚀性的湿陷性黄土地区的应用[J]．建筑结构，2020，53(23)：55＋119-122.

[7] 杨隆限．灰土桩＋CFG 桩在湿陷性黄土地区高层建筑中的应用[J]．山西建筑，2014，40(11)：82-83.

[8] 潘文灿．郑州市东区等长螺旋成孔 CFG 桩工程质量事故原因[J]．矿产勘查，2005，8(07)：58-59.

[9] 马秉务等．长螺旋管内泵压 CFG 桩施工过程中串孔问题研究[J]．矿产勘查，2004(12)：50-52.

[10] 建筑地基处理技术规范 JGJ 79—2012 [S]．北京：中国建筑工业出版社，2013.

[11] 马健成等．卸压孔减少承压水对钻孔灌注桩影响的工程应用[J]．浙江建筑，2015，32(05)：28-30.

高速液压夯实技术在湿陷性黄土场地中的应用及分析

胡建树[1]， 房启林[2]， 蒋诗艺[2]， 卜发东[2,3]， 程海涛[2,3]
（1. 山东泉景建设有限公司，山东 济南 250021；2. 山东省建筑科学研究院有限公司，山东 济南 250031；
3. 山东建科特种建筑工程技术中心有限公司，山东 济南 250031）

摘　要：本文在搜集分析前人资料的基础上，通过室内湿陷试验及平板静载荷、重型圆锥动力触探的现场试验，对高速液压夯实湿陷性黄土的夯实效果进行研究。研究结果表明：高速液压夯处理地基后，5m深度以内黄土状粉质黏土湿陷性已消除，且地基承载力特征值均达到设计要求。该研究对于在湿陷性黄土场地选用液压夯替代灰土和普通强夯进行施工具有推广性，有助于高速液压夯实技术在湿陷性黄土等软弱土层中更科学的应用提供参考。

关键词：高速液压夯实；湿陷性黄土；室内湿陷试验；平板静载荷；重型圆锥动力触探

0　引言

自20世纪70年代第一代液压打桩机问世以来，地基夯实技术不断革新，形成了一套新型的液压高速夯实技术。该技术利用液压缸在液压和电控系统作用下将夯锤提升至设定高度，液压系统换向，夯锤在重力和液压系统加力作用下加速下落，最后击打在带缓冲垫的锤垫上，通过锤垫夯实地面[1-3]。

液压高速夯实技术施工成本低、质量高、机动性强、击打频率高，且其夯击强度和能量可调控、夯实效果显著，该技术填补了传统表面压实技术（如碾压、振动夯实等）与传统强夯技术之间的空白。

目前，液压高速夯实技术已被广泛应用于高速公路、港口、车库、粮库等的地基处理，国内外不少学者对高速液压夯实机的地基处理效果进行了相关的研究。张焕新等[4-6]通过现场试验和案例应用分析了高速液压夯实技术对硬实土体（路床等）增强补压的效果；Kristiansen H等[7-9]进行了高速液压夯实技术地基处理后的数值或试验分析，得出该夯实技术在土壤压实处理中具有很好的加固效果。

以上研究主要从地面沉降、压实度与夯击次数的关系，分析了高速液压夯实技术补强路基的最佳夯击能或对土壤夯实效果进行分析，然而对高速液压夯实技术在湿陷性黄土等软弱土层中的应用研究较少。本文结合济南市某安置房建设项目，通过室内及现场试验对高速液压夯实效果进行研究，分析该技术对消除黄土湿陷性的作用，并对其加固效果进行验证。

1　工程概况

济南市某安置房建设项目场区内黄土状粉质黏土湿陷土层厚度为2.30～9.20m，可塑，具中压缩性。

通过探井内取样进行室内湿陷试验分析，依据室内湿陷性试验结果，场区内黄土状粉质黏土的湿陷系数δ_s为0.016～0.023，属轻微湿陷性土层，湿陷等级为Ⅰ$_2$级；其湿陷起始压力P_{sh}为124～142kPa，平均湿陷起始压力为134kPa，湿陷性黄土场地的湿陷类型为非自重湿陷性黄土场地。

从整体上看，该土层随深度的增加，湿陷系数有减小的趋势，而湿陷起始压力有增大的趋势。其工程性质一般，需进行地基处理，本工程选用液压夯替代灰土和普通强夯进行施工。

2　高速液压夯施工

本次试验选取两个楼槽区域进行试夯，分别为试夯区一、试夯区二，面积均为20m×20m。因两个试夯区现已开挖至基础底标高，试夯前将试夯区回填40cm碎石或建筑垃圾，回填料粒径不大于30cm，作为两个试夯区的预留夯沉量，待试夯结束后，分别测量两个试夯区的夯沉量，为以后回填提供合理、可靠的数据。

本次试验设备采用高速液压夯实机THC108，见图1。试夯区采用液压夯机进行地基处理，试夯区一夯板直径1.5m，夯点间距3m×3m，正方形布置；试夯区二夯板直径1.25m，夯点间距2.5m×2.5m，正方形布置。试夯区三遍点夯，点夯夯击能为108kN·m，点夯击数为60～81击；一遍满夯，满夯夯击能为60kN·m，满夯击数均为6～10击。液压夯夯点布置如图2所示。

图1　高速液压夯实机THC108

基金项目：泉城产业领军人才（2018015）；济南市高校20条资助项目（2018GXRC008）；山东省重点研发计划（2017GSF22104）。

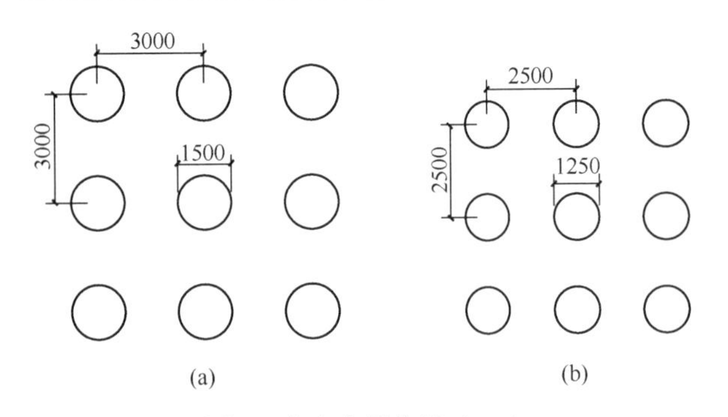

图 2 夯点布置位置（mm）

（a）试夯区一夯点布置；（b）试夯区二夯点布置

3 夯实效果检验

3.1 室内湿陷试验

本工程采用液压夯处理地基后，分别在试夯区一、试夯区二共 2 个探井内各取 5 组土样，探井深度 5m，取样间距 1m。试夯区一取样试验编号为 TJ1-1～TJ1-5，试夯区二取样试验编号为 TJ2-1～TJ2-5。依据湿陷试验结果，对 TJ1-1～TJ1-5 孔、TJ2-1～TJ2-5 孔进行湿陷系数统计，湿陷系数统计见表 1。

探孔内黄土湿陷系数表　　表 1

试验编号 / 项目	TJ1-1	TJ1-2	TJ1-3	TJ1-4	TJ1-5	TJ2-1	TJ2-2	TJ2-3	TJ2-4	TJ2-5
δ_s	0.001	0.001	0.002	0.002	0.012	0.000	0.003	0.000	0.000	0.005
黄土类型	湿陷系数均小于 0.015，判定为非湿陷性黄土									

根据室内湿陷试验结果，其湿陷系数 δ_s 为 0.000～0.012，依据《湿陷性黄土地区建筑标准》GB 50025—2018 第 4.4.1 条规定，判定试夯区一、试夯区二液压夯处理地基后，5m 深度以内黄土状粉质黏土湿陷性已消除，满足《建筑地基基础工程施工质量验收标准》GB 50202—2018 表 6.2.2 湿陷性黄土场地上强夯地基质量检验标准的相关规定。

3.2 平板静载荷试验

本工程对试夯区一、试夯区二的夯实地基进行平板静载荷试验，承压板面积为 2m²，每区域各检测 3 点，共检测 6 点，6 个试验点位承载力特征值见表 2。

试验点位承载力特征值计算结果表　　表 2

试验点位	压板面积（m²）	最大加载值（kPa）	累计沉降量（mm）	承载力特征值（kPa）
1	2	400	15.70	≥200
2	2	400	11.32	≥200
3	2	400	18.90	≥200
4	2	400	25.50	≥200
5	2	400	16.32	≥200
6	2	400	8.53	≥200

根据平板静载荷试验结果，液压夯处理后地基承载力特征值均达到设计要求的 200kPa，累计沉降为 8.53～25.50mm，满足《建筑地基基础工程施工质量验收标准》GB 50202—2018 表 6.2.2 湿陷性黄土场地上强夯地基质量检验标准的相关规定。

3.3 重型圆锥动力触探试验

本工程对试夯区一、试夯区二的夯实地基进行重型圆锥动力触探试验，每区域各检测 3 孔，共检测 6 孔，6 个试验孔位承载力特征值见表 3 和表 4。

试夯区一承载力特征值计算结果表　　表 3

孔数	地层	数据个数 n	平均值（击）	标准差 σ（击）	变异系数 δ	标准值（击）	承载力特征值（kPa）
3	黄土状粉质黏土	72	6.2	1.6	0.26	5.9	≥200
	粉质黏土	108	6.3	1.1	0.17	6.1	≥200

试夯区二承载力特征值计算结果表　　表 4

孔数	地层	数据个数 n	平均值（击）	标准差 σ（击）	变异系数 δ	标准值（击）	承载力特征值（kPa）
3	黄土状粉质黏土	54	6.5	1.6	0.24	6.1	≥200
	粉质黏土	126	10.0	1.9	0.19	9.7	≥200

根据重型圆锥动力触探试验结果和《建筑地基检测技术规范》JGJ 340—2015 中表 8.4.9-2，液压夯处理后地基承载力特征值均达到设计要求的 200kPa，满足《建筑地基基础工程施工质量验收标准》GB 50202—2018 中表 6.2.2 的相关规定。

4 结论

本文在搜集分析前人资料的基础上，通过室内湿陷试验及平板静载荷、重型圆锥动力触探的现场试验，对高速液压夯实湿陷性黄土的夯实效果进行研究，取得了如下认识：

（1）根据室内湿陷试验结果，高速液压夯处理地基后，5m 深度以内黄土状粉质黏土湿陷性已消除。

（2）根据平板静载荷试验结果，高速液压夯处理地基后，地基承载力特征值均达到设计要求的 200kPa，累计沉降为 8.53～25.50mm。

（3）根据重型圆锥动力触探试验结果，高速液压夯处理地基后，地基承载力特征值均达到设计要求的200kPa。

该研究分析了高速液压夯实技术对消除黄土湿陷性的作用，并对其加固效果进行了验证，其研究结果对于在湿陷性黄土场地选用液压夯替代灰土和普通强夯进行施工具有推广性，有助于高速液压夯实技术在湿陷性黄土等软弱土层中更科学的应用提供参考。

参考文献：

[1] 刘本学，郝飞，张志峰等．高速液压夯实机动力学模型试验[J]．长安大学学报：自然科学版，2009，29（01）：95-98.

[2] 周国钧．岩土工程治理新技术[M]．北京：中国建筑工业出版社，2010.

[3] 司癸卯，张成，张燕飞．快速液压夯实机的波动力学分析与应用[J]．中国工程机械学报，2013，10（04）：413-416.

[4] 张焕新，方建勤，黄水泉．液压夯实技术补强高速公路台背路基施工工艺试验研究[J]．公路，2010，6（06）：140-143.

[5] 周荣，宋晓东．高铁高填方路基高速液压夯实施工参数研究[J]．路基工程，2015（05）：56-59，65.

[6] 刘明华，王吉庆．高速液压夯实机补强台背路基的施工工艺及工程应用[J]．公路与汽运，2016，7（04）：217-219.

[7] Kristiansen H，Davies M. Ground improvement using rapid impact compaction [C]. The 13th World Conference on Earthquake Engineering. Vancouver，Canada，2004：496.

[8] Mohammed MM，Hashim R，Salman A F. Effective improvement depth for ground treated with rapid impact compaction [J]. Scientific Research and Essays，2010，5（18）：2686-2693.

[9] Falkner F-J，Adam C，Paulmichl I，et al. Rapid impact compaction for middle-deep improvement of the ground-numerical and experimental investigation [C]. The 14th Danube-European Conference on Geotechnical Engineering. From Research to Design in European Practice. Bratislava，Slovak Republic，2010.

第四部分

深基础综合技术研究与分析

红砂岩崩解速率影响因素及崩解机理研究

尹利洁[1,3]， 刘志强[1,3]， 朱彦鹏[2]， 阚生雷[1,3]
（1. 北京城建勘测设计研究院有限责任公司，北京 100101；2. 兰州理工大学，甘肃 兰州 730050；3. 城市轨道交通深基坑岩土工程北京市重点实验室，北京 100101）

摘　要：兰州地区存在大量遇水软化崩解的红砂岩，给地铁和建筑基坑开挖支护带来了很多工程问题。针对红砂岩崩解的研究主要停留在宏观现象的定性研究，对崩解速率的定量研究有待完善。以兰州地铁 1、2 号线基坑弱透水性红砂岩为研究对象，自制崩解速率测定仪器，结合 XRD 衍射和电镜扫描试验，对 6 个车站基坑红砂岩试样进行崩解速率测定试验，研究不同物理指标对崩解速率的影响，进一步分析红砂岩崩解机理，采用抗转动颗粒接触模型对红砂岩崩解过程进行模拟。结果表明，渗透系数、黏土矿物含量和含水率对红砂岩崩解速率影响较大，干密度和分维数对其影响较小，当砂岩干密度小于 2g/cm³ 时渗透系数和含水率对红砂岩崩解速率的影响起主导作用，当红砂岩干密度大于 2 g/cm³ 时黏土矿物含量对红砂岩崩解速率的影响起主导作用；红砂岩崩解是由颗粒粘结接触遇水断裂造成的，崩解过程为由外及里的界面过程和吸水渗透破坏过程，抗转动颗粒接触模型能有效模拟这一过程，模拟的崩解速率能较好拟合试验结果。
关键词：红砂岩；崩解速率；影响因素；崩解机理；颗粒流

0　引言

第三系红砂岩是兰州地铁工程中遇到的特殊岩土层，其广泛分布于兰州地区西固以东至城关雁滩以西的广大地区，厚度逾千米，是本地区最主要的基岩，也是高层与超高层建筑的持力层，它是在干燥炎热的充分氧化条件下碱性介质中形成的一套河湖相红色碎屑岩。具有时代新、成岩程度低、胶结差的一般特征和遇水后易软化崩解的突出特点[1]。在兰州地区的地铁和建筑基坑支护中遇到了许多涉及红砂岩的工程问题，大多与遇水软化崩解有关[2]。

红砂岩的崩解快慢影响因素及崩解机理一直备受学者和工程人员关注，研究主要集中在：(1) 从红砂岩宏观崩解试验研究红砂岩崩解机理，如曹雪山等[3]对红色泥岩进行多次干湿循环崩解试验基础上指出，泥岩崩解物理指标变化峰值集中在第 7 次干湿循环，7 次干湿循环后这些参数变化均不明显。梁冰等[4]、柴肇云等[5]结合 XRD 衍射试验和压汞试验（MIP）对泥岩矿物成分对红砂岩耐崩解特性的影响进行了试验研究，指出黏土矿物含量对泥岩崩解影响显著。王浪等[6]通过室内耐崩解试验，给出了泥岩耐崩解性与颗粒粒径的关系。张晓媛等[7]、夏振尧等[8]通过崩解试验得出相同干密度下，随初始含水率增加，崩解速率随浸泡时间增加而先增后减的变化规律。黄明等[9]，刘晓明等[10]给出了红砂岩崩解过程的能量计算方法。(2) 从微观层面研究红砂岩遇水崩解机理，建立本构模型和动力学模型研究其崩解过程，如周翠英等[11,12]通过软岩饱水试验，揭示了不同类型软岩微观结构的动态变化规律，通过分析红层软岩软化界面过程特征给出了动力学模型，较好地描述了水岩界面的生成规律。张丹等[13]利用干湿、冷热崩解试验指出分维数能较准确地表征紫色泥岩崩解过程。(3) 利用颗粒流离散元软件对红砂岩崩解过程进行数值模拟分析，如邓华锋等[14]对三峡库区砂岩进行颗粒流模拟分析，给出了不同荷载作用下砂岩颗粒的破坏模式。蒋明镜等[15,16]提出颗粒抗转动接触模型，将其引入颗粒离散元程序，对挡墙被动土压力进行模拟。前人对红砂岩崩解的研究多是定性研究，缺少定量研究，对其崩解剧烈程度缺少定量描述，对影响崩解快慢的因素也缺少量化指标，少有学者利用影响崩解速率这一量化指标的因素研究红砂岩崩解机理，对砂岩颗粒流数值模拟多采用线性接触模型。这些模型虽然适用性较强，但与红砂岩崩解机制有所不符，模拟计算时难免会导致计算误差。

针对兰州地区红砂岩崩解特性的研究有待进一步完善，崩解影响因素及崩解机理研究对后续兰州地铁和建筑的顺利施工具有重要意义，本文通过常规土体试验得到土体常规物理指标，自制红砂岩崩解速率测定装置，给出了崩解速率计算方法，对不同站点不同物理指标状态下的红砂岩崩解速率进行测定，得到了显著影响红砂岩崩解速率的物理指标，并采用抗转动接触模型对红砂岩崩解全过程进行离散元数值模拟。

1　试验概况

1.1　土样特征和矿物组成

兰州地区红砂岩处于西固至城关雁滩区域范围内的第三系地层中，属沉积岩，因砂岩中铁离子氧化产状呈红色，为红砂岩。图 1 (a) 中，基坑内红砂岩呈红褐色—黄褐色，土质较均匀，成岩度不高，兼有土、岩的部分工程特性，具有弱透水性，在开挖暴露工况下遇水易软化崩解。

图 1 (b) 为开挖揭露的新鲜红砂岩，具有显著的砂土结构特征：呈碎屑构造，土质松软均匀，易被挖掘，干强度差，韧性差，在外力扰动下容易崩解剥落。图 1 (c) 为红砂岩在外界施工扰动和遇水条件下已碎裂成散砂状，

基金项目：教育部长江学者创新团队支持计划项目（No. IRT _ 17R51）；甘肃省科技计划（No. 18YF1GA136）；兰州市科技计划项目（2018 年）。

(a)

(b)

(c)

图 1　兰州地铁车站基坑揭露的红砂岩场地特征

(a) 基坑底部红砂岩分布；(b) 开挖揭露的新鲜红砂岩；(c) 红砂岩崩解

呈黄褐色，崩解显著，具有一定的土性特征。

试验用土样分别取自兰州地铁 1 号线（省政府站和西关什字站）、2 号线（邮电大楼站、火车站和公交五公司站）和 3 号线（雁北路站）沿线地铁车站基坑，为新鲜红砂岩原状样，取样深度 10～16m，颜色呈红褐色、黄褐色，易软化，微裂隙及风化裂隙较发育，除雁北路站试样均无明显的水平层理，不同车站基坑颜色、密实度有所差别，西关什字站颜色较深但密实度较小，雁北路站颜色较浅但密实度较大，其他车站颜色和密实度居于两者之间。表 1 所示为现场红砂岩由 XRD 矿物鉴定试验确定的红砂岩矿物含量。

各车站红砂岩矿物成分　　表 1

取样地址	石英 (%)	钾长石 (%)	斜长石 (%)	绿泥石 (%)	云母 (%)	黏土 (%)	方解石 (%)
西关什字	60	10	12	4	8	3	3
省政府	70	10	13	2	3	2	—
邮电大楼	55	15	16	4	3	6	1
火车站	65	15	12	1	2	5	—
公交五公司	60	10	11	5	5	7	2
雁北路 3 号	57	9	17	1	2	10	4

1.2　红砂岩基本物理指标

1. 常规指标

红砂岩崩解速率的影响因素较多，其常规指标的获得尤为重要。本文所取原状样位于基坑底且在地下水位以下，所以原状样近似饱和，可认为含水率 100%，利用该原状样，天然密度通过环刀法测得，烘干后利用天然密度和含水率计算干密度。渗透系数通过变水头渗透试验测得。各车站常规物理指标见表 2。

各岩样常规物理指标　　表 2

参数	取样地址					
	西关	省政府	邮电	火车站	五公司	雁北 3
天然密度 (g/cm^3)	2.05	2.00	2.03	2.04	2.25	2.31
干密度 (g/cm^3)	1.87	1.73	1.82	1.78	2.02	2.19
渗透系数 (m/d)	7.22×10^{-2}	2.66×10^{-1}	6.08×10^{-2}	1.75×10^{-2}	5.22×10^{-4}	8.58×10^{-5}
含水率 (%)	12.04	9.82	11.80	19.04	11.44	7.50

2. 颗粒分析

红砂岩固体颗粒构成红砂岩骨架，粒径大小及不同粒径在红砂岩中所占的百分比对红砂岩的物理力学性质起决定性作用。为分析红砂岩粒径大小及不同粒径在红砂岩中所占的百分比，并绘制颗粒大小分布曲线，对红砂岩进行筛分试验。在 3 个车站深度 15～18m 处分别取样。将取来的红砂岩试样烘至恒重，根据土工试验方法标准[17]，采用孔径大小为 0.075/0.25/0.5/1/2/5/10 的筛分仪对红砂岩进行粒径分析，结果如表 3 和图 2 所示。各车站岩样均属砂类土且颗粒级配均小于 5，级配不良，属均质砂类土。

各车站粒径分析结果　　表 3

地址	小于某粒径累计百分含量(%)							
	<20	<10	<5	<2	<1	<0.5	<0.25	<0.075
五公司	100	91.2	88.3	72	62.9	54.4	35.2	4.3
西关		100	96.5	89.6	84.6	75.5	51.9	5.5
省政府			100	94.7	90.7	82.1	52.3	3.4
邮电				100	96.6	87.6	55.4	1.8
火车站				100	99.7	97.2	82.1	1.9
雁北路			100	96.7	88.9	72.3	48.6	2.3

3. 分维数

分形理论是研究部分以某种形式与整体相似的形状，其已被广泛应用来模拟和描述材料破碎的自相似特性，红砂岩的崩解可认为是材料破碎的过程，满足破碎块度分布的分形性质：

$$N = CR^{-D} \tag{1}$$

式中，R 为砂岩粒径大小；N 为粒径大于等于 R 的颗粒

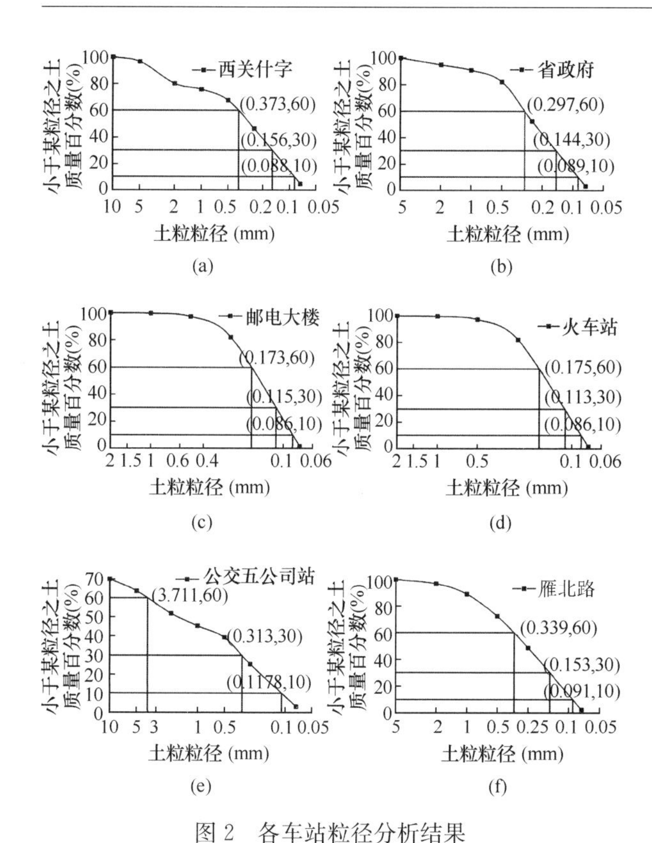

图 2　各车站粒径分析结果

(a) 西关什字站；(b) 省政府站；(c) 邮电大楼站；(d) 火车站；(e) 公交五公司 (f) 雁北路

数量；C 为比例常数；D 为块度分形维数。

红砂岩分形维数可用碎块的尺寸—频率分布进行计算[18]。设红砂岩崩解试样总质量为 M_T，筛孔径为 R，M_r 为粒径小于 R 的砂岩累积质量，M_T、M_r 可通过粒径筛分试验获得

$$M_r/M_T = 1 - \exp[-(R/R_{max})^{\alpha}] \tag{2}$$

式中，α 为质量—频率分布指数；R_{max} 为粒径筛分中最大粒径层平均值，对于颗粒级配良好的红砂岩可认为 $R/R_{max} \ll 1$。M_r/M_T 和 R/R_{max} 均可通过粒径筛分试验获得，利用 $\ln(M_r/M_T)$ 和 $\ln(R/R_{max})$ 散点图进行回归分析可得 α 的值，然后求得相应的分维，各车站分维计算结果见表 4。

各岩样分形维数　　表 4

取样地点	西关	省政府	邮电大楼	火车站	五公司	雁北 3
分维数 D	2.52	2.29	2.73	2.86	2.76	2.61

1.3　红砂岩崩解速率测定试验

现有岩石的崩解试验方案主要集中在测定软弱泥岩的崩解速率，对红砂岩崩解速率的测定试验方案有待完善。本文提出了红砂岩崩解速率测定试验方案，通过崩解速率测定装置测定红砂岩浸水条件下的崩解速率，重点研究干密度、含水率、颗粒级配、分形维数和黏土矿物含量对红砂岩崩解速率的影响。

1. 试验过程

兰州地铁 1 号线具有红砂岩地层的车站，在具有代表性的西关什字、省政府、雁北路 2 号、雁北路 3 号、邮电大楼、火车站、公交五公司等车站现场取样，并用保鲜膜包裹，将岩样按车站分类放置。试验前，西关和省政府站各取 6 个岩样并削样至浑圆状，先利用烘箱烘干称得重量 m_s，然后利用含水率制定装置各制作 6 个不同含水率试样，其他车站各取 2 个岩样并削样至浑圆状将其烘干，称得重量 m_s 且保证在 300～700g 之间，将其分别标注放置，车站地理位置分布如图 3 所示。

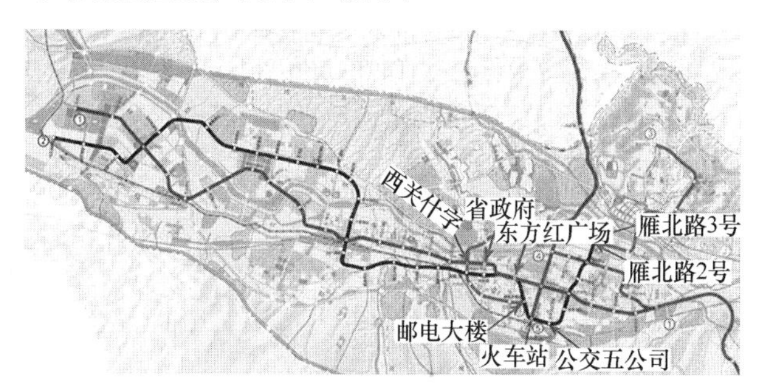

图 3　取土车站地理位置分布图

崩解装置如图 4 所示，装置包括灵敏精密的电子秤、量杯、漏网和托物架组件，量杯用于装入适量自来水并放置在所述电子秤上，托物架组件用于将漏网托放于所述量杯内自来水中，漏网用于放置红砂岩的原状岩样，托物架组件和漏网都与量杯不接触。弧形支杆支撑段与水平面夹角为 60°～70°，其最高点高度高出量杯杯口 5～10mm，电子秤精确到 0.05g，漏网网格孔径大小 5mm。

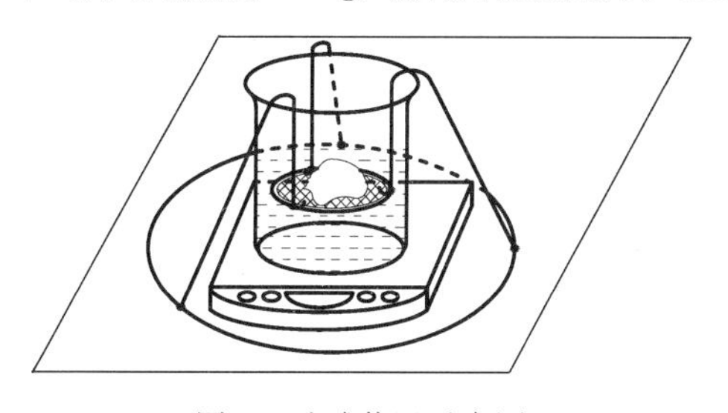

图 4　试验装置示意图

主要试验步骤为：

(1) 将装置放置在水平地面上，放置过程中托物架组件和漏网与量杯不接触，将电子秤读数置 0，见图 5 (a)。

(a)

(b)

图 5　崩解试验

(a) 步骤 (1) 装置图；(b) 步骤 (3) 装置图

(2) 往量杯注入 2/3 体积的水（淹没漏网 10 cm 左右），观察精密电子秤读数（不超过量程的 2/3），然后利用电子秤去皮功能将读数置 0。

(3) 将称过重量的试样缓缓放置在漏网上并开始计

时，开始第 10s、20s、30s、40s、50s、60s、75s、90s、105s、120s、140s、160s、180s、210s、240s 观测并记录一次数据，以后每 30s 记录一次数据，直到 600s 或崩解完成，见图 5（b）。

（4）当崩解时间超过 10min 后，以后每 1min 记录一次数据，当崩解时间超过 20min 后，每 10min 记录一次数据，当崩解时间超过 1h 后，每 1h 记录一次数据，直至崩解完成，若崩解时间超过 24h，以后每 2h 记录一次，直至崩解完成。在观测过程中，若连续 2h 内读数无变化或变化不超过 1g 则认为土样已崩解结束，停止观测。

（5）崩解完成后取残留岩样烘干称得重量 m_r。

2. 试验指标计算

（1）耐崩解性系数计算

耐崩解性系数 I_d 参考《工程岩体试验方法标准》GB/T 50266[19] 进行计算：

$$I_d = \frac{m_r}{m_s} \times 100\% \tag{3}$$

式中，I_d 为耐崩解性系数；m_r 为崩解岩样残余烘干质量；m_s 为崩解前岩样烘干质量。若 $I_d \geqslant 30\%$ 则认为该土样具有耐崩解性，工程性能良好。

（2）崩解速率计算

精密电子秤读数 m(g)：

$$m = \rho_s v - \rho_l v \tag{4}$$

式中，ρ_s 为土样密度；ρ_l 为液体密度；v 为土样崩解体积或土样崩解体排开水的体积：

$$v = m/(\rho_s - \rho_l) \tag{5}$$

崩解土样质量：

$$m_b = \rho_s m/(\rho_s - \rho_l) \tag{6}$$

式中，m_b 为土样崩解质量。

土样崩解速率：

$$u = m_b/t = \rho_s m/[(\rho_s - \rho_l)t] \tag{7}$$

式中，u 为土样崩解速率；t 为每次崩解计数时间间隔。

2 试验结果与分析

2.1 干密度、渗透系数、黏土矿物与崩解速率关系

各车站岩样对应干密度、黏土矿物含量和分维数见表 1、表 2、表 4。兰州地区红砂岩在含水层（卵石层）下，处于完全饱和状态，从现场刚开挖的侧壁上刻槽取样并用保鲜膜封装，可以认为试样是接近原状样并且是饱和的，测得各原状岩样的崩解速率如图 6 所示。

各车站岩样的物理指标和细观指标有所差异，见表 1～表 3。其崩解速率也呈现出较大的差异性：

（1）干密度、渗透系数是确定岩样密实度和工程特性的重要指标，利用现有的试验手段和设备能够轻易地获得这些指标，相对其他指标这几个指标人为影响和误差更小，研究其对红砂岩崩解速率的影响有重要意义。从图 6 可以看出，省政府和西关什字站在饱和状态下崩解速率

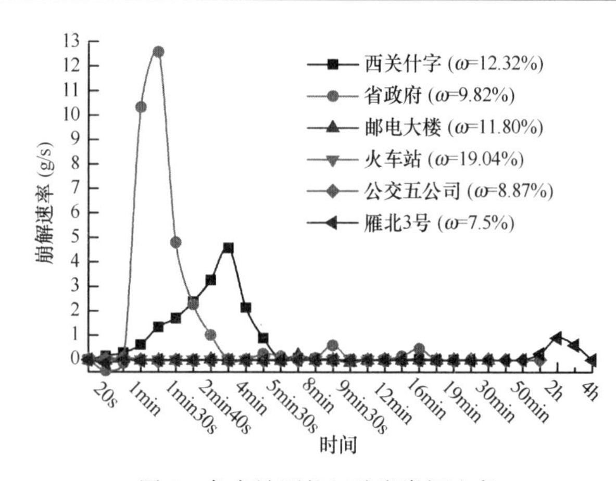

图 6 各车站原状红砂岩崩解速率

均较大，雁北 3 号站次之，邮电大楼、火车站和公交五公司站最次。结合表 2 可知，干密度和渗透系数共同影响红砂岩崩解速率，但渗透系数对崩解速率影响更大，省政府站岩样干密度最小渗透系数最大，其崩解也最剧烈，崩解速率最大，崩解持续时间最短；西关什字站干密度相对较大但小于 2.0g/cm³，其渗透系数小于省政府但大于其他车站岩样，其崩解较剧烈，崩解速率较大，持续时间较短；雁北 3 号站岩样干密度最大，渗透系数最小，其在前 1h 内几乎不崩解，1h 后开始崩解，崩解持续时间长，崩解速率缓慢，这说明雁北 3 号岩样崩解类型与西关什字和省政府站不同，引起其崩解的原因有所差别。

（2）黏土矿物含量可借助现有 XRD 衍射矿物鉴定设备进行测定。由表 1 可见，雁北 3 号站黏土矿物含量最高，西关和省政府站最小，其他车站黏土矿物含量居中。由图 6 可知，雁北 3 号站岩样在干密度较大、渗透系数较小情况下发生崩解是由其黏土矿物含量较高引起的。由图 7 可知，黏土矿物含量较小和较大时均会引起红砂岩崩解，黏土矿物含量为 4.5%～7.5%时，红砂岩峰值崩解速率接近于 0，即崩解缓慢，表明适量的黏土矿物能抑制红砂岩崩解。

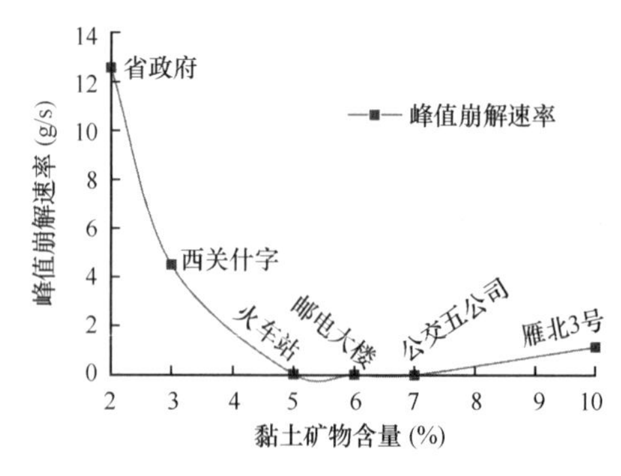

图 7 黏土矿物含量对峰值崩解速率影响

2.2 分维数与崩解速率关系

分维数是岩石细观物理特性的一个重要物理指标，经典几何的整数维数只能反映物体的表观现象，对于红砂岩，分形维数才能刻画岩体的内在特性。分形维数可通过粒径筛分试验测定，其结果见表 3。从图 8 中可以看出，在 2～3 范围内，分形维数越接近 2 红砂岩越容易崩

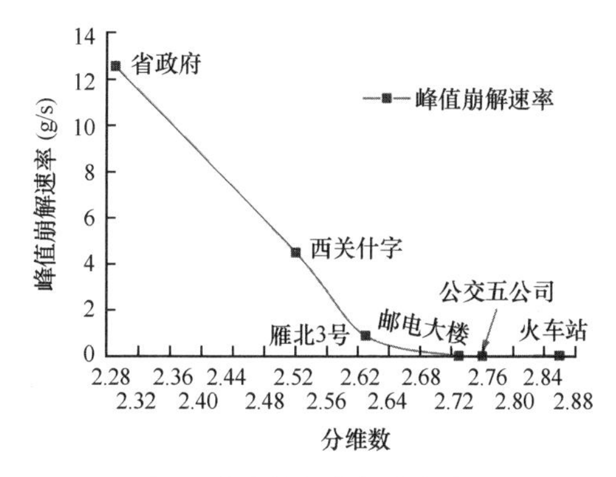

图 8　分维数与崩解速率关系

解，崩解速率越高，分形维数大于 2.7、接近 3 时崩解速率趋近于 0，如省政府站分形维数最小，其崩解速率最大，火车站站分形维数最大，其崩解速率最小，这表明红砂岩内部结构越简单，越容易发生崩解，内部结构越复杂越难崩解。

2.3　含水率与崩解速率关系

所取原状样烘干得到含水率 0，称取一定量水浇在红砂岩上并用保鲜膜包裹 48h 以上得到不同含水率红砂岩，然后对不同含水率的红砂岩在同样试验装置中进行崩解试验，各车站红砂岩岩样含水率与崩解速率关系如图 9 所示。从图中可以看出：(1) 含水率对省政府站和西

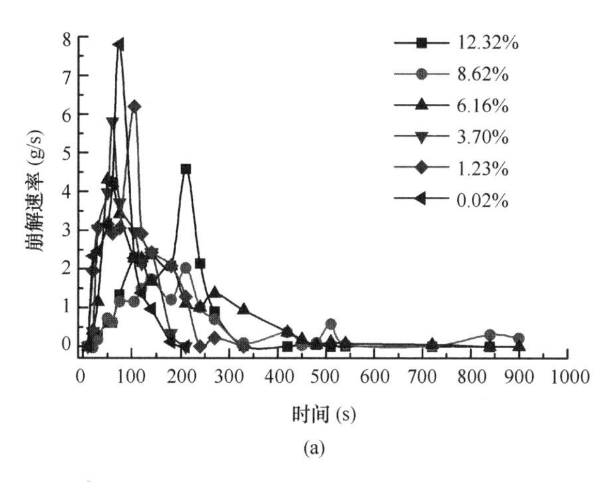

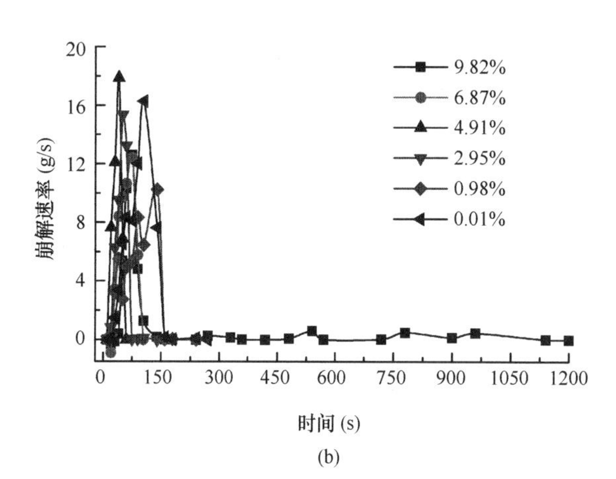

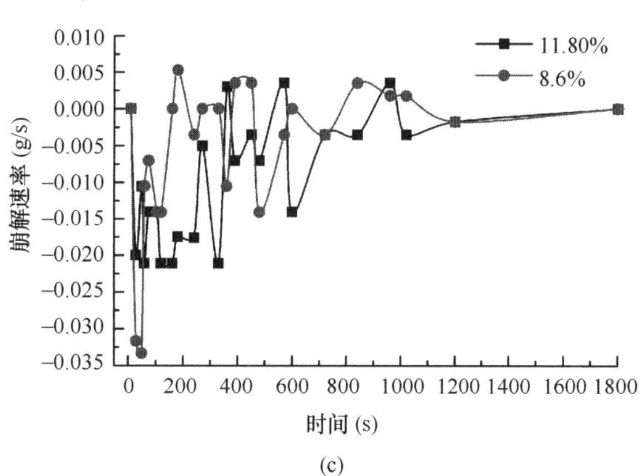

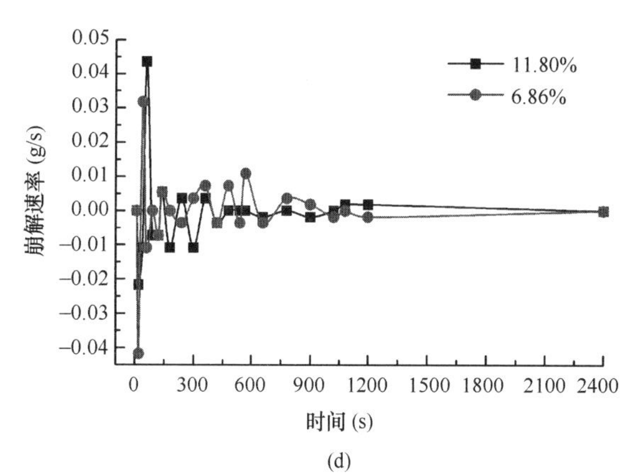

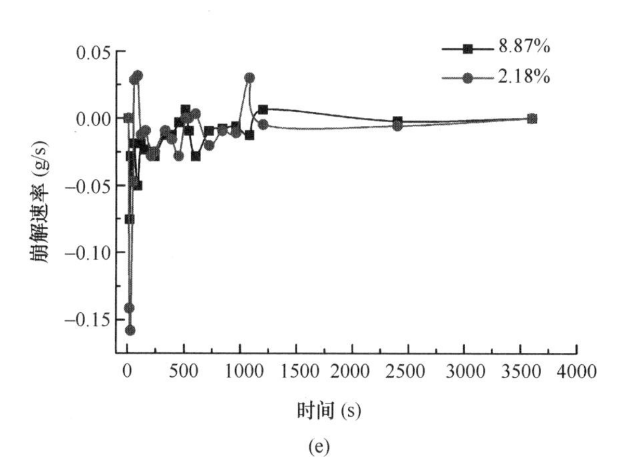

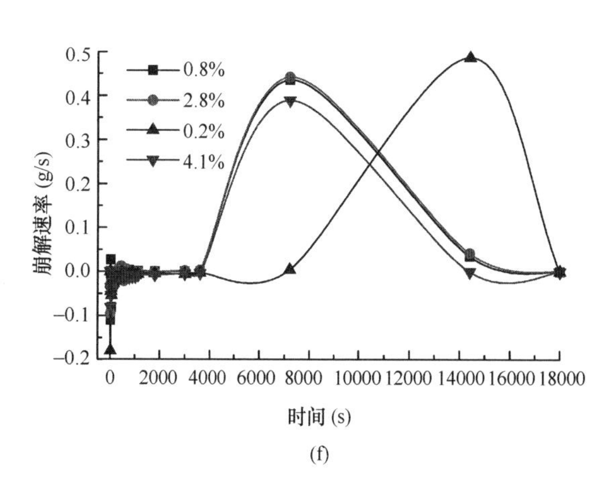

图 9　各车站红砂岩在不同含水率下崩解速率

(a) 西关什字；(b) 省政府；(c) 邮电大楼；(d) 火车站；(e) 公交五公司；(f) 雁北 3 号

关什字站红砂岩崩解速率影响尤为显著，干燥状态下省政府站最大崩解速率达到了16.9g/s，西关什字站最大崩解速率达到7.3g/s，饱和状态下省政府站最大崩解速率达到12.6g/s，西关什字站最大崩解速率达到4.8g/s，崩解速率随含水率的减小而呈现增大趋势；(2) 在不同含水率下西关什字站和省政府站均在20min内完全崩解，崩解剧烈，而雁北3号站在4种含水率下均从1h后开始崩解，干燥时崩解速率峰值在0.5g/s左右，饱和时崩解速率峰值在0.9g/s左右，均在4～5h后完全崩解，崩解缓慢持久；(3) 从省政府站和西关什字站岩样崩解情况来看，崩解速率呈先增大后减小最后趋于0的变化趋势，而干燥时崩解速率更大，崩解更剧烈，持续时间更短，如省政府站含水率为0.01%时，在160s崩解速率停止剧烈变化而趋于0，表明崩解基本完成，饱和状态下崩解速率在240s时才停止剧烈变化趋于0；(4) 从雁北路站崩解情况来看，含水率对其崩解速率具有一定影响，前期由于吸水作用导致岩样质量增加，水溶液质量减少，崩解掉落的颗粒质量不足以抵消砂岩吸水增加的质量，崩解速率呈现负增长；剧烈崩解均发生在1h后，峰值崩解速率均在0.5g/s左右，这表明雁北路站的崩解与其自身的层理构造和黏土矿物含量有关系，含水率对崩解速率的影响有限；(5) 火车站站、邮电大楼站和公交五公司站红砂岩在0～120s由于吸水作用，崩解速率变化较明显，崩解速率均呈现负增长的变化趋势，且含水率越小，变化越剧烈，公交五公司岩样尤为显著，负峰值达到－0.16g/s，火车站站和邮电大楼站本身由于含水率大，负增长峰值速率相对较小，120s后变化趋缓，基本稳定在0g/s左右，变化不大，表明这几个车站红砂岩遇水几乎不崩解。由以上表述可知，含水率对可崩解红砂岩影响显著，含水率越小，崩解速率越大，含水率越大，崩解速率越小，对不可崩解红砂岩影响仅限于崩解前期，吸水负增长阶段，含水率越小，崩解速率负增长越大；含水率越大，负增长越小。

2.4 耐崩解性指数

岩石的耐崩解性是指岩石抵抗软化和崩解的能力，一般用耐崩解性指数确定，本文采用《工程岩体试验方法标准》GB/T 50266[19]的计算方法进行计算，将试验中的测量数据 m_s、m_r 代入式 (3) 可算得各岩样耐崩解性指数见表5。由表可知，西关什字站、省政府站和雁北3号站岩样完全崩解，具有强崩解特性，而邮电大楼站、火车站站和公交五公司站岩样几乎不崩解，耐崩解性指数均在85%以上，根据王浪等[20]的岩石耐崩解性分类方法，可将其归为弱崩解类，具有弱崩解性和较高的耐崩解特性，工程性能相对良好。岩石耐崩解性指数能够有效反映其抵抗软化和崩解的能力，但在工程实践中仅仅依靠耐崩解性指数对岩石耐崩解性和工程特性进行描述是不够全面的，如雁北3号站岩样，该站基坑内岩石工程性能良好，基坑开挖支护相对容易，只需采用钻孔咬合灌注桩+钢内撑+坑内排水措施即可完成支护，但其耐崩解指数却为0。因此，要准确判断岩石的耐崩解性和工程特性，使判断结果可靠，需要结合现场工程实际和室内其他试验综合判断。

3 红砂岩崩解机理分析

3.1 红砂岩崩解主要影响因素

红砂岩崩解速率受多种因素共同影响，影响最大的因素是渗透系数、黏土矿物含量和含水率，干密度和分维数对其影响较小，当砂岩干密度较小且小于2g/cm³ 时，渗透系数和含水率对红砂岩崩解速率的影响起主导作用；当红砂岩干密度较大且大于2g/cm³ 时，黏土矿物含量对红砂岩崩解速率的影响起主导作用。

各岩样耐崩解性指数　　表5

地址	西关	省政府	邮电	火车站	五公司	雁北3号
耐崩解指数(%)	0	0	91.2	89.7	85.8	0

3.2 红砂岩崩解过程及机理分析

对红砂岩进行崩解试验，选择典型崩解岩样对其崩解前后进行电镜扫描试验，图10为省政府站岩样在放大2000倍条件下的电镜扫描图像，通过观察红砂岩组织扫描电镜结果，研究红砂岩崩解过程和机理。由图可知，崩解前岩体表面有较多的砂岩颗粒和絮状连接物，崩解完成后红砂岩颗粒之间的絮状连接物消失，砂岩颗粒从岩体表面脱落，形成较平整的水岩界面。

借助崩解速率影响因素分析结果和电镜扫描试验结果，红砂岩崩解是由外及里的界面过程和吸水渗透破坏过程，可将红砂岩崩解分为3个阶段。初始条件下，通过絮状黏土颗粒将石英等颗粒骨架粘结起来，整体性良好(图10a)。

(a)

(b)

图10　红砂岩崩解前后电镜扫描图片
(a) 崩解前；(b) 崩解后

红砂岩本身存在孔隙和裂隙，水通过浅层孔裂隙渗入到岩体内，浅层黏土矿物吸水膨胀，水进入砂岩颗粒内将空气排出产生冲击颗粒作用力，非水稳性胶结键断裂导致颗粒间原子与离子间作用力减弱，颗粒间粘结力降低，导致表层颗粒脱落。由于黏土矿物水化使得砂岩裂隙发育并延伸到次浅层，导致裂隙增多，水分子扩散速度加快，引起红砂岩崩解速度加快。

随着浸水时间增加，红砂岩继续吸水，水渗入到深层孔裂隙，岩样周围布满溢出的气泡，黏土矿物不断流失，崩解由浅层扩散到次浅层，同时深层砂岩产生自劈裂现象，当岩样饱和时，水停止渗透，岩体内大量胶结键削弱或断裂，颗粒间粘结减弱，岩样进入大量崩解阶段，崩解速率达到最大并持续一段时间。随着崩解量增加，岩样体积减小，与水接触面积减小，崩解速率减小，直至崩解完成，速率趋于零。

4 红砂岩崩解过程数值模拟

4.1 线性抗转动颗粒接触模型

由前述试验和分析可将红砂岩颗粒胶结等效为接触连接，由于红砂岩胶结键遇水迅速软化，发生脆性断裂（图 11a），颗粒几乎不发生转动，故选择颗粒线性抗转动接触模型对红砂岩崩解进行模拟（图 11b）。

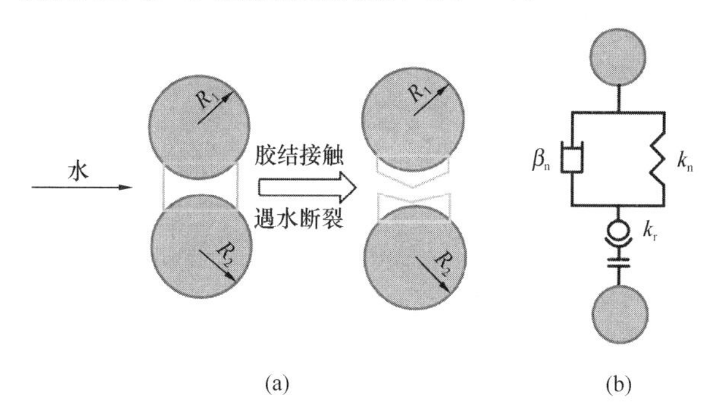

图 11 红砂岩颗粒流崩解模型

（a）崩解模型；（b）抗转动模型

线性抗转动接触模型是在线性接触模型基础上增加转动阻力建立的，可以赋予颗粒与颗粒接触和颗粒与墙面接触，当且仅当颗粒间隙小于等于零时模型激活。激活后颗粒间接触力 F_c 与接触弯矩 M_c：

$$F_c = F^l + F^d \tag{8}$$

$$M_c = M^T \tag{9}$$

式中，F^l 为线性力，可由法向刚度 k_n 计算；F^d 为黏滞力，可由法向阻力系数 β_n 计算；M^T 为抗转动矩。线性力与阻尼力的更新服从线性传递规律，抗转动矩按以下步骤进行迭代更新。抗转动矩增量：

$$M^T = M^T - k_r \Delta\theta_b \tag{10}$$

式中，k_r 为抗转动刚度；$\Delta\theta_b$ 为接触键的相对弯曲旋转增量。抗转动刚度：

$$k_r = k_s \bar{R}^2 \tag{11}$$

式中，k_s 为剪切刚度；$\bar{R}$ 为有效接触半径：

$$\frac{1}{\bar{R}} = \frac{1}{R_1} + \frac{1}{R_2} \tag{12}$$

式中，R_1、R_2 为一个接触两端颗粒半径，当接触类型为颗粒一墙面时，$R_2 = \infty$。抗转动矩的大小按式（13）取值。

$$M^T = \begin{cases} M^T & (M^T \leqslant M^*) \\ M^*(M^T / \| M^T \|) & (M^T > M^*) \end{cases} \tag{13}$$

式中，M^* 为极限抗转动矩：

$$M^* = \mu_r \bar{R} F_n^l \tag{14}$$

式中，μ_r 为抗转动系数，其值等于刚好使颗粒转动的临界抗转动矩与作用于颗粒上的重力产生的转动矩的比值；F_n^l 为当前法向线性接触力。

4.2 模型建立及参数赋值

利用西关什字站红砂岩粒径筛分试验得到的颗粒级配数据建立数值模型如图 12 所示，模型尺寸 0.04m×0.04m×0.04m，形成颗粒 8296 个，接触 31957 个，颗粒模型先利用伺服函数加载使颗粒间接触接近天然状态，根据试验中红砂岩的崩解过程建立 fish 函数对其进行模拟，模拟参数采用西关站红砂岩相关试验参数，见表 6。

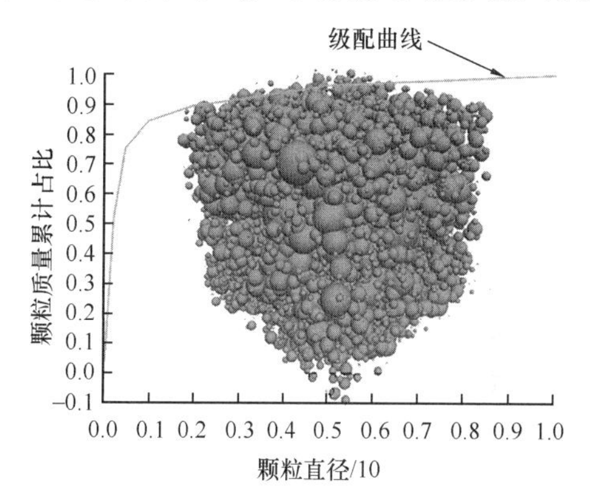

图 12 颗粒计算模型

模拟参数[12] 表 6

参数	量值
颗粒半径(mm)	0.01～10.0
密度(kg/m³)	1900
孔隙率	0.36
弹性模量(MPa)	60
摩擦系数	0.25
抗转动系数	0.05
法向阻尼系数	0.2
法向刚度比	0.2
切向刚度比	0.15

4.3 崩解过程模拟

利用所建模型对红砂岩崩解全过程进行模拟，采用锥面壳体模拟流体，并赋予其向下的速度，当其接触砂岩颗粒并与颗粒建立接触时删除砂岩与砂岩之间的颗粒以此达到模拟红砂岩崩解过程的效果。模拟结果见图 13。

本次模拟时间为 20min，与崩解试验时间基本相近，由图 13 可知，在 0～20s 内，几乎不发生崩解，崩解从 20s 开始越来越剧烈，到 10min 时，崩解放缓，直到颗粒完全崩解，表现为颗粒连接接触全部断裂（图 13f）。整个变形过程基本为由上至下，Z 方向崩解速率远大于 X、Y 方向崩解速率，与试验相近。为了与试验崩解速率进行对

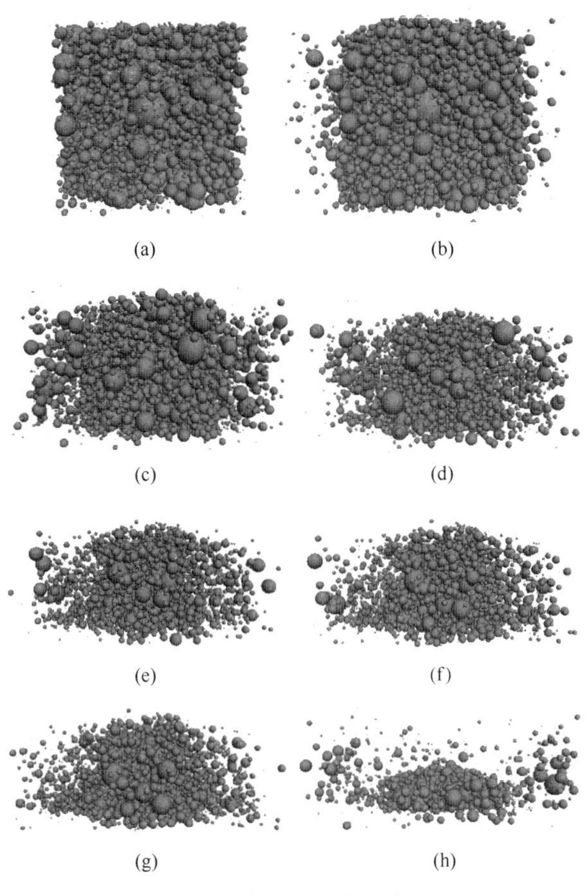

图 13 崩解过程模拟结果

(a) 模拟计算 10s；(b) 模拟计算 20s；
(c) 模拟计算 2min；(d) 模拟计算 3min；
(e) 模拟计算 6min；(f) 模拟计算 8min；
(g) 模拟计算 10min；(h) 模拟计算 20min

比，利用 fish 函数对颗粒模型崩解速率进行近似计算并记录，公式为：

$$u = M\frac{n_1 - n_2}{N}/(t_1 - t_2) \tag{15}$$

式中，u 为崩解速率；M 为颗粒总质量；N 为总颗粒个数；n_1 为 t_1 时刻对应颗粒个数；n_2 为 t_2 时刻对应颗粒个数。

西关什字站试验崩解速率和模拟崩解速率如图 14 所示。从图中可以看出，崩解速率模拟值比试验值偏小，变化趋势基本相近，与模型大小和参数有一定关系。从模拟结果来看，所建抗转动颗粒流接触模型基本能模拟红砂岩崩解全过程，与试验崩解速率变化趋势符合较好。

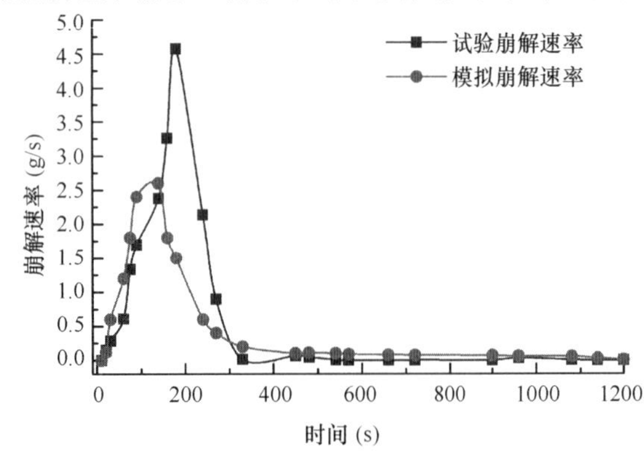

图 14 模拟和试验崩解速率对比

5 结论

(1) 对于兰州地区易崩解的红砂岩岩样，自制红砂岩崩解速率测定装置能较准确测定和计算红砂岩崩解速率，崩解速率测定试验可对红砂岩崩解快慢和剧烈程度定量分析，测得的大量的崩解速率可对红砂岩的特性分析和分类提供有效的数据基础。

(2) 渗透系数、黏土矿物含量和含水率对红砂岩崩解速率影响较大，干密度和分维数对其影响较小，当砂岩干密度较小且小于 $2g/cm^3$ 时，渗透系数和含水率对红砂岩崩解速率的影响起主导作用。当红砂岩干密度较大且大于 $2g/cm^3$ 时，黏土矿物含量对红砂岩崩解速率的影响起主导作用。

(3) 红砂岩崩解是由外及里的界面过程和吸水渗透破坏过程，微观层面表现为颗粒间黏颗粒胶结接触遇水发生脆性断裂，颗粒摆脱原有束缚力而崩落到流体中。

(4) 抗转动颗粒接触模型在利用颗粒流模拟红砂岩崩解时具有一定的合理性，与试验崩解过程基本吻合，模拟所计算崩解速率变化趋势与试验所测符合较好。

参考文献：

[1] 刘亚峰．兰州第三系红砂岩的崩解特性[C]//甘肃岩石力学与工程进展-第四次全国岩石力学与工程学术大会．兰州：兰州大学出版社，1996.

[2] 申培武，唐辉明，汪丁建，等．巴东组紫红色泥岩干湿循环崩解特征试验研究[J]．岩土力学，2017，38(07)：1990-1998.

[3] 曹雪山，额力素，赖喜阳，等．崩解泥化过程中泥岩强度衰减因素研究[J]．岩土工程学报，2019，41(10)：1936-1942.

[4] 梁冰，李若尘，姜利国，等．沉积岩矿物组成对其耐崩解性影响的试验研究[J]．煤炭科学技术，2018，46(05)：27-32.

[5] 柴肇云，张亚涛，张学尧．泥岩耐崩解性与矿物组成相关性的试验研究[J]．煤炭学报，2015，40(05)：1188-1193.

[6] 王浪，邓辉，邓通海，等．泥岩耐崩解性和颗粒粒径相关性的试验研究[J]．长江科学院院报，2017，34(08)：120-124.

[7] 张晓媛，范昊明，杨晓珍，等．容重与含水率对砂质黏壤土静水崩解速率影响研究[J]．土壤学报，2013，50(01)：214-218.

[8] 夏振尧，张伦，牛鹏辉，等．干密度初始含水率坡度对紫色土崩解特性的影响[J]．中国水土保持科学，2017，15(01)：121-127.

[9] 黄明，詹金武．酸碱溶液环境中软岩的崩解试验及能量耗散特征研究[J]．岩土力学，2015，36(09)：2607-2612，2623.

[10] 刘晓明，熊力，刘建华，等．基于能量耗散原理的红砂岩崩解机制研究[J]．中南大学学报(自然科学版)，2011，42(10)：3143-3149.

[11] 周翠英，邓毅梅，谭祥韶，等．软岩在饱水过程中微观结构变化规律研究[J]．中山大学学报(自然科学版)，2003，42(04)：98-102.

[12] 周翠英，黄思宇，刘镇，等．红层软岩软化的界面过程及其动力学模型[J]．岩土力学，2019，40(08)：3189-3196.

[13] 张丹，陈安强，刘刚才．紫色泥岩水热条件下崩解过程的分维特性[J]．岩土力学，2012，33(05)：1341-1346.

[14] 邓华锋，支永艳，段玲玲，等．水-岩作用下砂岩力学特性及微细观结构损伤演化[J]．岩土力学，2019，40(09)：3447-3456.
[15] JIANG Ming-jing，SHEN Zhi-fu，WANG Jian-feng. A novel three-dimensional contact model for granulates incorporating rolling and twisting resistances[J]．Computers and Geotechnics，2015，65：147-163.
[16] 蒋明镜，贺洁．基于颗粒抗转动模型的刚性挡墙被动土压力临界状态离散元分析[J]．岩土力学，2015，36(10)：2996-3006.
[17] 中华人民共和国水利部．土工试验方法标准 GB/T 50123—2019[S]. 北京：中国计划出版社，2019.
[18] 谢和平．分形-岩石力学导论[M]．北京：科学出版社，1995.
[19] 中华人民共和国住房和城乡建设部．工程岩体试验方法标准 GB/T 50266—2013[S]. 北京：中国计划出版社，2013.
[20] 王浪，邓辉，邓通海，等．泥岩耐崩解性和颗粒粒径相关性的试验研究[J]. 长江科学院院报，2017，34(08)：120-124.
[21] 刘嘉英，马刚，周伟，等．抗转动特性对颗粒材料分散性失稳的影响研究[J]. 岩土力学，2017，38(05)：1472- 1480.
[22] 栗润德，张鸿儒，白晓红，等．不同含水量下原状黄土动强度和震陷的试验研究[J]．工程地质学报，2007(05)：694-699.
[23] 赵明华，陈炳初，苏永华．红层软岩崩解破碎过程的分形分析及数值模拟[J]．中南大学学报(自然科学版)，2007(02)：351-356.
[24] 刘晓明，徐汉飞，赵明华．基于分形理论的红层软岩崩解性消除方法研究[J]．湖南大学学报(自然科学版)，2013，40(06)：27-32.
[25] 赵明华，苏永华，刘晓明．湘南红砂岩崩解机理研究[J]．湖南大学学报(自然科学版)，2006(01)：16-19.
[26] IWASHITA K，ODA M. Rolling resistance at contacts in simulation of shear band development by DEM[J]．Journal of Engineering Mechanics，1998，124：285-292.
[27] AI J，CHEN J F，ROTTER J M，et al. Assessment of rolling resistance models in discrete element simulations[J]．Powder Technology，2011，206：269-282.
[28] WENSRICH C M，KATTERFELD A. Rolling friction as a technique for modelling particle shape in DEM[J]．Powder Technology，2012，217：409-417.

该论文曾于2020年8月，发表在《岩土力学》期刊上。

大型圆形沉井锚碇下沉过程中力学特性分析

邓友生[1]， 彭程谱[1]， 万昌中[2]， 孟丽青[1]， 杨 彪[1]
（1. 西安科技大学 桩承结构研究中心，陕西 西安 710054；2. 湖北工业大学 土木建筑与环境学院，湖北 武汉 430068）

摘 要：武汉鹦鹉洲长江大桥北锚碇采用特大圆形沉井，沉井的下沉控制和结构应力的监测是施工过程中的难点。在沉井施工过程中，在沉井侧壁和底部分别安装了大量的侧壁土压力计和钢筋计，用于监测沉井下沉过程中侧壁土压力和沉井底部应力的变化。采用大型有限元计算程序 ADINA 建立三维计算模型，分析了沉井在下沉过程中对周边邻近高层建筑与堤岸构筑物的影响。结果表明：沉井侧壁土压力随沉井的下沉逐渐增大，同时沉井的下沉速度降低，其底部结构的应力减小；沉井的最大拉应力与最大压应力均出现在其初次下沉过程中，其结构底部的刃脚、十字隔墙、十字隔墙与环形井壁结合处均会出现较大拉应力。沉井的周边土体沉降量会随下沉深度而相应地增大。在沉井封底完成后测点的沉降理论计算值与实际监测值比较吻合，计算模型对锚碇沉井下沉过程的沉降控制具有参考作用。

关键词：圆形沉井锚碇；结构监测；侧壁土压力；结构应力

0 引言

大型沉井常因结构尺寸大，其侧摩阻力计算复杂。现行与沉井相关的设计规范所推荐的计算方法是基于大直径桩和中、小沉井，对结构尺寸巨大沉井的适用性有待研究[1-4]。沉井下沉初期，由于底部取土会导致沉井受力类似大跨度梁，使结构处于不利状态[5,6]。沉井下沉过程中，受下沉深度、地质条件等因素影响，其结构内部受力复杂。目前的一些计算模型对沉井结构应力的计算精度不高，特别是在沉井下沉初期，沉井外侧土体对侧壁的压力很小，沉井受力处于不利状态，沉井刃脚、十字隔墙、十字隔墙与环形井壁结合处，都会出现较大拉应力[7,8]。国内外对沉井的研究大都集中于变位控制、稳定性及结构应力控制等问题。王建等[9]通过自行研制的微型摩阻力仪对沉井模型进行了室内模型试验，对沉井侧壁摩阻力在不同下沉深度的变化特征进行了深入研究。对沉井下沉进行室内模型试验，室内模型试验存在尺寸效应，且难以准确模拟现场工况，而原位监测能真实反映现场特征。南京长江四桥排水下沉期间，朱建民等[10]、穆保岗等[11]对矩形沉井结构应力、侧壁摩阻力等监控数据进行了详细分析，监测结果表明，超大型沉井结构受力的最不利工况是下沉初期即开挖形成仅刃脚支撑的大锅底，在沉井侧壁设置凹槽结构可明显降低侧壁压力。黄丁等[12]对某圆形沉井侧摩阻力进行了现场监控，监测结果表明沉井总侧摩阻力与下沉深度呈近似二次曲线关系。朱建民等[13]对马鞍山长江大桥沉井首次接高过程中底部土体应力分布和沉降进行了分析。原位监测能较好地反映出沉井的下沉特征，对控制各自沉井下沉姿态和指导类似工程实践具有一定的意义，采用现场监测的方法对武汉鹦鹉洲长江大桥北锚碇特大圆形沉井施工中侧壁的压力和变位进行监测，基于监测结果对沉井结构的应力和侧摩阻力进行分析；并通过数值试验对沉井下沉和封底进行了三维有限元模拟，建立了合适的计算模型，分析了沉井下沉过程中对邻近周边环境的影响，以保证工程结构的施工安全。

1 工程概况

大桥北锚碇采用沉井基础，沉井截面为圆环形，中间圆孔内设置十字形隔墙，圆环内沿圆周均布有 16 个小直径井孔；沉井外径为 66m，内径为 41.4m，圆孔直径为 8.7m，十字形隔墙厚度为 1.4m；沉井总高为 43m，共分 8 节，第 1 节为钢壳混凝土沉井，高为 6m；第 2～8 节均为钢筋混凝土沉井，其中第 2～6 节高为 5m，第 7、8 节高 6m；为辅助下沉，沉井底部设置刃脚，刃脚高 1.8m，踏面宽 0.2m。为了减小沉井下沉施工对周边环境的影响，在沉井边缘外侧 10m 设置地下连续防护墙，墙深 55m，厚 0.8m，沉井内部结构及地下连续防护墙构造图如图 1

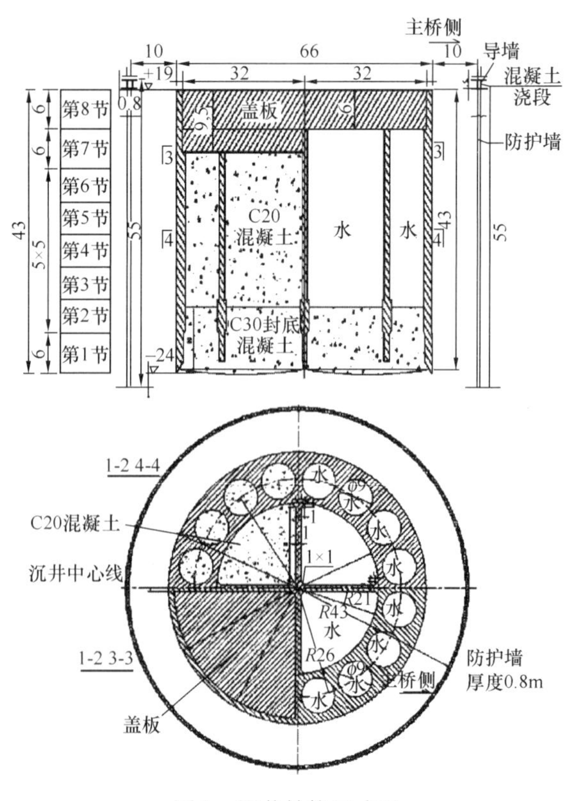

图 1 沉井结构尺寸图

基金项目：国家自然科学基金项目（51878554，41672308，51378182）；陕西省自然科学基础研究计划重点项目（2018JZ5012）。

所示。工程位于武汉市中心区域，沉井西北侧距防护墙约90m为锦绣长江54层楼房，沿桥轴线距防护墙约60m为长江汉阳鹦鹉堤。沉井采用依靠自重吸泥方式下沉，前两节采用排水明挖取土下沉，后6节下沉采用不排水空气吸泥机取土下沉。

沉井下沉使得土体应力重新分布，致使井体周边土体发生变形、位移，引起地表沉陷与土层位移，从而对邻近建（构）筑物、地下设施、长江大堤带来不利影响。为了减小这种影响，沉井节段制作下沉前，完成地下连续防护墙施工，并在江堤及世茂高楼处设置了一系列沉降监测点，对沉井周边土体进行监测，直接观测土体位移情况，指导沉井施工。同时，由于沉井尺寸巨大，下沉初期沉井不受侧壁土压力，其受力类似于大跨度长梁，为保证沉井下沉过程中结构安全，在沉井底部安装了钢板计，用于监测沉井结构应力。

锚碇所处位置毗邻长江，锚碇处覆盖层厚77.8～81.8m，表层为堆填土，由于表层的杂填土和粉质黏土层承载力较小，不能满足前两节沉井预制的地基稳定性要求，对锚碇区地基处理采用水泥搅拌桩复合地基和砂垫层组合形式进行地基加固处理。表1为勘测所得覆盖土层的物理状态及力学参数。

2 监测内容

2.1 下沉过程监测

在施工过程中，北锚碇分3次接高下沉，2011年10月14日开始第1次下沉，第1、2节在10月31日下沉到位，下沉深度10.5m；而后接高第3、4、5节和6、7、8节沉井，并分别于2011年12月24日至2012年1月11日和2012年3月18日至5月5日完成下沉，两次分别下沉17.4m和16.7m。在下沉过程中，每日对沉井顶面标高进行一次测量，图2为沉井下沉深度s随时间t的下沉过程监测曲线。

土层力学参数 **表1**

层号	土名	状态描述	厚度（m）	侧向极限摩阻力（kPa）
①	杂填土	杂色，稍密，含建筑垃圾及生活垃圾	1.8～2.2	18.7～36.2
②	粉质黏土	褐黄色，软塑，局部状粉土及粉砂，切面较光滑	2.9～4.6	13.1～19.9
③	细砂	浅黄色，稍密，矿物成分为石英、长石、含云母碎片	4.6～5.1	45.2～54.8
④	细砂	青灰色，中密，矿物成分为石英、长石、含云母碎片	10～12.6	59.8～62.2
⑤	粗砂	灰色，密实，矿物成分为石英、长石、含云母碎片	12.2～12.7	57.2～80.1
⑥	粗砂	浅黄色，密实，矿物成分为石英、长石、含云母碎片	2.5～4.8	14.97
⑦	砾砂	黄色，密实，矿物成分为石英、长石、含少量细圆砾	11.5～12.5	承载力450kPa

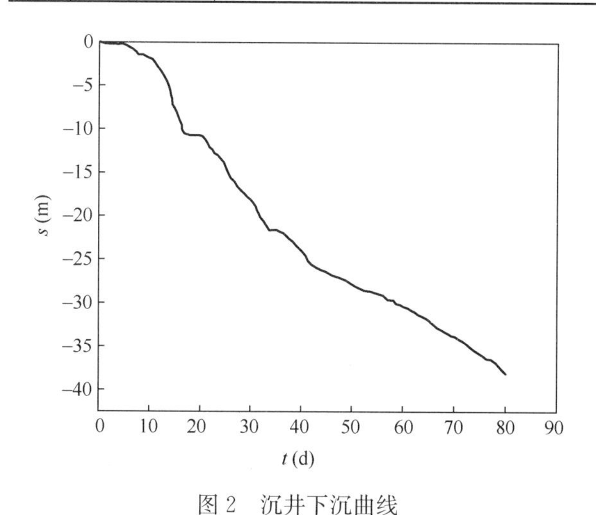

图2 沉井下沉曲线

2.2 沉井侧壁土压力监测

侧壁土压力是沉井下沉过程中的重要参数。北锚碇所处区域地质条件复杂，在下沉过程中易出现下沉困难或下沉过快等现象。另外，侧壁土压力有利于减小沉井底部结构应力。在沉井侧壁安装土压力计，能实时了解沉井在各土层中的侧壁土压力和侧壁摩阻力，更好地控制沉井下沉。工程中，在沉井侧壁安装了20个振弦式土压力计，用字母CY表示，分布位置如图3所示。

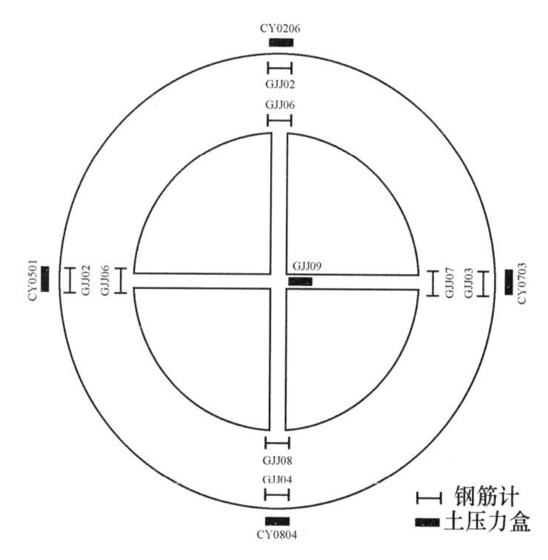

图3 监测仪器布置图

2.3 沉井底部应力监测

北锚碇采用大型圆形沉井，沉井直径达66 m，第1次下沉方式会导致沉井受力类似大跨度梁。而混凝土强度尚未达到设计强度，使结构处于不利状态。对沉井结构进行应力监控是保证施工安全的有效方法，沉井第1节为钢壳混凝土结构，其他 7 节为钢筋混凝土结构，在第 2 节沉井底部安装了 9 个钢筋计，用字母 GJJ 表示，钢筋计分布见图 3。

3 监测数据分析

3.1 下沉曲线

沉井下沉前期的下沉曲线开始较为平缓，而后逐渐加快，如图 2 所示。沉井首次下沉，沉井下沉通道尚未形成，为了避免沉井出现大的偏斜，沉井的下沉速度较慢，在下沉约 5 m 后，沉井姿态趋于稳定，且由于第 1 次下沉为排水取土下沉，沉井底部取土较为简便，故下沉速度加快，最大日下沉量的测量值为 2.3m。

中期下沉较为稳定，速度较快。加之沉井下沉通道已经形成，沉井施工允许适当加快下沉速度。第 2 次下沉为不排水吸泥取土下沉，机械化施工使本阶段的下沉速度较为稳定。但随着下沉深度的增加，沉井侧壁土压力增大，故下沉速度稍低于第 1 次下沉末期的速度。第 3 次下沉速度略微减缓，下沉速度平稳。这主要是由于第 3 次下沉时沉井侧壁土压力加大，同时沉井还承受较大的浮力，使沉井下沉困难；且第 3 次沉井下沉时沉井底部为砾砂和黏土层，吸泥取土速度变慢，也加大了下沉的难度。第 3 次沉井下沉接近预定标高时，为防止超沉，下沉速度减缓。

3.2 侧壁土压力

选取第 1 节和第 2 节沉井底部 8 个土压力监测点，具体位置如图 3 所示，对其监测结果进行分析，监测数据见图 4、图 5。另 12 个压力计安装在其他几节，埋深较浅，监测结果与测点 CY01～CY04 在相同埋深处的压力值接近。在第 1 节下沉结束后开始监测 CY01～CY04 的数据，第 2 节下沉结束后开始监测 CY05～CY08 的数据，如图 4、5 所示。在 3 次下沉过程中，沉井侧壁的 8 个测点的土压力监测值整体上随下沉深度的增加而缓慢增加，但在每两次下沉过程之间，两次监测值存在突变，这主要由于每次下沉完成后，要接高沉井，中间时间间隔 1～2 个月，土体在此期间会缓慢压实，增大侧壁土压力。比较图 4 与图 5 可知，下沉完成后测点 CY01～CY04 的土压力值较测点 CY05～CY08 的土压力值稍大，但测点 CY05～CY08 的曲线较测点 CY01～CY04 的整体更好，特别是在第 3 次下沉过程中，测点 CY01～CY04 的值差别较大。这主要是由于测点 CY01～CY04 埋设在沉井刃脚部位的外侧，埋深较测点 CY05～CY08 深，所受到的压力值较大；同一埋深的 4 个测点出现土压力值不同和少数监测值杂乱，这是由于下沉过程中沉井下沉不均匀和偏斜造成的。另外，由于刃脚结构相对薄弱，在下沉过程中出现变形，致使其外部测点分布不规则，影响监测值。

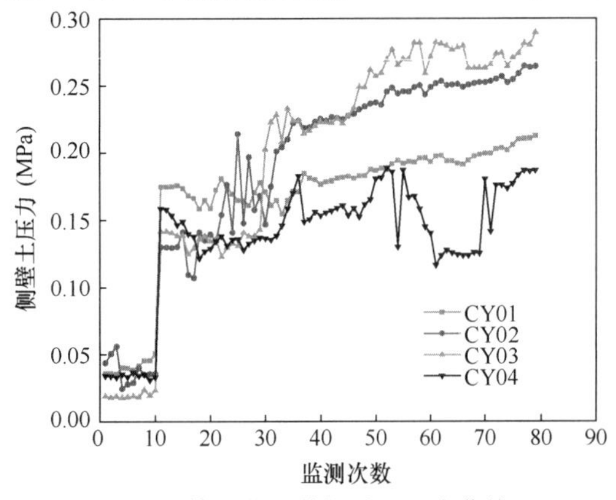

图 4 第 1 节沉井侧壁土压力曲线

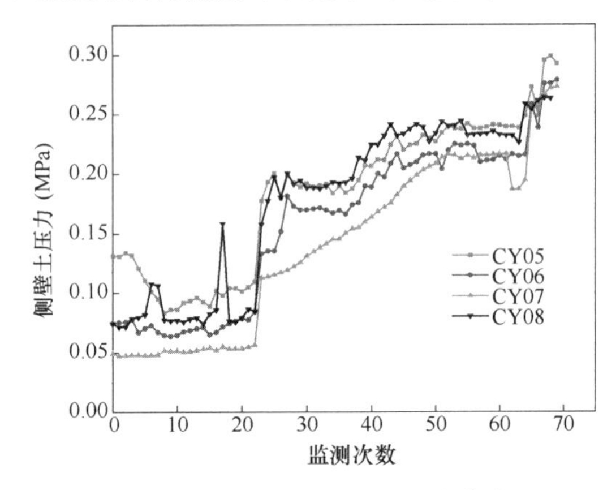

图 5 第 2 节沉井侧壁土压力曲线

3.3 沉井底部应力

沉井底部钢筋计的应力监测结果见图 6。在第 1 次下沉期间，应力分布较为杂乱，造成这种现象的主要原因是：（1）在首次下沉过程中，前两节沉井的整体刚度较弱，此时，沉井的重力荷载由沉井和地基共同承担，导致沉井结构应力分布复杂，且在某些部位出现应力集中；（2）在下沉初期，下沉通道尚未形成，且为排水人工取土方式下沉，沉井姿态不易控制，沉井下沉过程中纠偏会影响应力的分布与大小。测得的最大拉应力与最大压应力均出现在第 1 次下沉阶段，8 个监测点中最大拉应力为 27.5MPa，故第 1 次下沉过程为重点监测对象。第 2 次与第 3 次下沉的钢筋应力监测曲线较为平缓，原因是在这两个阶段，沉井下沉通道已经形成，下沉方式改为不排水吸泥方式，使得沉井下沉更为平稳。每两次下沉间的钢筋应力监测值出现突变。第 3 次下沉过程中的钢筋拉应力整体较第 2 次下沉大 5～10MPa，最大值为 24.4MPa，这主要

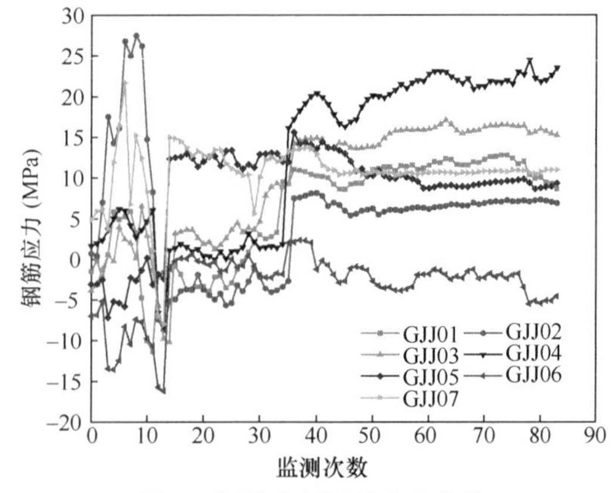

图 6 沉井底部钢筋应力曲线

是由于沉井接高导致自身重力荷载加大，使上部荷载增加所致，但随着下沉深度增加，沉井侧壁土压力增大，会平衡部分沉井下部钢筋拉应力。

4 数值模拟

4.1 计算参数

利用有限元软件 ADINA，建立了沉井和周边土体三维模型，根据有限元计算理论和沉降监测埋设点的位置，确定模型土体边界为 264m（4d，d 为沉井外径）×90m，将土体分为 5 层，采用 Mohr-Coulomb 中的理想弹塑性模型；地下连续防护墙及沉井采用理想弹塑性模型模拟；在数值模拟中无法也没有必要将下沉次数无限细化，本模型在计算中将 8 节沉井分为 4 次下沉。沉井下沉完成后，沉井的封底模拟完成。有限元计算模型如图 7 所示。模型中材料参数如表 2 所示。

锚定区岩土体力学参数　　表 2

土层	厚度（m）	压缩模量（MPa）	泊松比	摩擦角（°）	黏聚力（kPa）	重度（kN/m³）
杂填土	11	7.4	0.30	7.5	16.8	20.0
细砂、中砂	32	17.5	0.30	30.0	5.3	20.5
砾砂、圆砾土	22	39.4	0.25	35.0	100.0	21.0
可塑性黏土	10	41.7	0.35	12.0	29.1	19.5
强、微分化岩	15	3000.0	0.28	35.0	23.0	23.0

图 7　有限元计算模型

4.2 计算分析

在计算沉井下沉过程时，将沉井简化为 4 次下沉，它们分别对应沉井下沉和封底计算中的 5 个工步，数值计算中锚碇施工工步的划分如表 3 所示。

施工工步　　表 3

工步	施工段
工步 1	下沉 1、2 节沉井
工步 2	下沉 3、4 节沉井
工步 3	下沉 5、6 节沉井
工步 4	下沉 7、8 节沉井
工步 5	沉井封底完成

沉井施工前，在周边土体埋设了众多沉降监测点。本文主要选取长江大堤和世茂高楼两处各 3 个监测点，考察施工对结构物的影响。在选取监测数据时，根据下沉至每个工步施工的完成时间，选取 5 个工步对应时刻的累计沉降量与计算数据对比，图 8、图 9 分别为世茂高楼监测点和长江大堤监测点沉降监测值和沉降计算值的对比图。

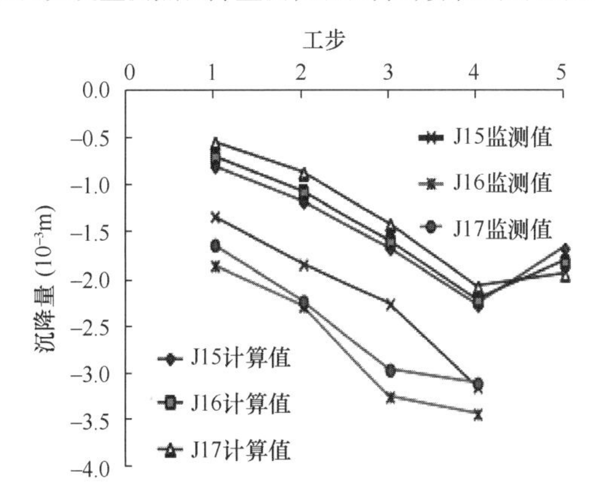

图 8　高楼监测点沉降计算值与监测值对比

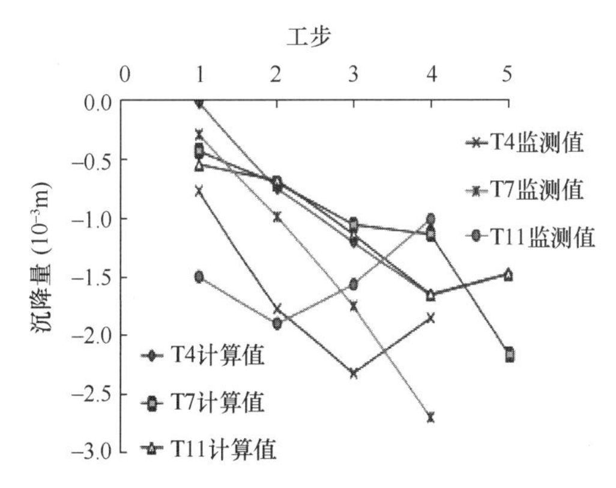

图 9　大堤监测点沉降计算值与监测值对比

从图 8 可以看出，J15、J16、J17 沉降量计算值随着下沉深度增加而增大，下沉完成后最大沉降分别为 2.27mm、2.22mm、2.07mm；3 测点沉降计算值和曲线走势相差不大，这主要是受模型大小限制，所取测点为高楼近沉井处 3 个相邻测点，测点相距大约 10m，故计算值相近。对 3 个测点在各工步完成后的沉降监测值进行处理后，得到测点沉降监测值曲线，下沉完成后的监测沉降值分别为 3.15mm、3.44mm、3.11mm。沉降计算值与监测值曲线走势基本吻合；计算值较监测值稍小，误差在 1mm 左右。长江大堤处选取 T4、T7、T11 测点，由图 9 可看出，封底完成后沉降计算值分别为 1.66mm、1.43mm、1.65mm，相应监测值为 1.86mm、2.70mm、1.01mm；计算沉降量随下沉深度增加变大，T7 测点在位置上与沉井最近，其沉降曲线与另两条存在一定的差别，变化速度最慢，沉降值偏小。江堤测点部分沉降监测值变化无规律，T11 测点沉降监测值在施工过程中先增后减，T4 测点在最后一个工步沉降值减小，这些可能是由于测点距江堤较近，而整个沉井施工工期较长，沉降值会受到长江水位的影响，少数异常值也可能是由监测误差引起。结合图 8、图 9 中的 6 条沉降计算曲线可以看出，在完成工步 5（即沉井封底）后，除 T7 测点外，其他 5 个考察测点的沉降量都减小，这说明沉井封底会改变土体中应力的分布。根据《堤防工程设计规范》[14] GB 50286 提出的堤身和堤基的沉降量计算方法，采用分层总和法计算，土堤应预留的沉降量宜取堤高的 3%～8%。锚碇区江堤高在 4.35m 左右，参照上述规定范围，本研究区域的计算与监测沉降量均符合规范要求。

5 结论

(1) 沉井下沉前期为避免沉井姿态出现大的偏差，应适当降低沉井下沉速度，待下沉通道形成后，方可加快下沉速度。下沉后期沉井侧壁摩阻力和浮力会使沉井下沉困难，沉井侧壁土压力在下沉过程中不断增大，侧壁土压力增加会降低沉井下沉速度，同时也减小沉井底部结构应力。

(2) 沉井首次下沉，沉井结构整体性不强，重力荷载由土体和沉井共同承担，且下沉前期采用不排水冲泥取土，沉井底部受力类似大跨度长梁，加之沉井姿态不易控制，使沉井结构应力分布复杂，沉井最大拉应力和压应力均出现在第 1 次下沉过程中，故第 1 次下沉为结构应力监测的关键。沉井在下沉过程中底部刃脚、十字隔墙、十字隔墙与环形井壁结合处，均会出现较大拉应力；考虑了测量误差，锚碇周边土体沉降量随着沉井下沉深度增加而增大，沉井封底会改变土体中应力的分布状态。

(3) 通过选取江堤、世茂高楼处测点及沉井底部测点，对比计算值与现场监测值，考虑了外部施工对测点的影响及测量误差等，计算值与监测值基本吻合，证实了北锚碇设计和施工方案的可行性。计算模型不仅对现阶段沉井下沉施工具有指导意义，还可用于模拟后续工步，并预测锚碇周围测点沉降值，对邻近建筑物和构筑物的安全保障具有监控意义。

参考文献：

[1] 朱建民，龚维明，穆保岗．南京长江四桥北锚碇沉井下沉安全监控研究[J]．建筑结构学报，2010，8(31)：16-21.

[2] 穆保岗，朱建民，牛亚洲．南京长江四桥北锚碇沉井监控方案及成果分析[J]．岩土工程学报，2011，2(33)：269-274.

[3] 洪家宝，崔允亮，顾莹莹，等．沉井施工降水对江堤安全影响的研究[J]．水利与建筑工程学报，2009，3(07)：100-102.

[4] 朱建民，龚维明，穆保岗，等．超大型沉井首次接高受力及变形规律初探[J]．岩土力学，2012，7(33)：2055-2061.

[5] 朱晓文，赵启林，朱凯，等．润扬大桥北锚碇基础三维数值仿真分析[J]．东南大学学报(自然科学版)，2005，2(35)：293-297.

[6] 李家平，李永盛，王如路．悬索桥重力式锚碇结构变位规律研究[J]．岩土力学，2007，1(28)：145-150.

[7] 陈晓平，茜平一，张志勇．沉井基础下沉阻力分布特征研究[J]．岩土工程学报，2005，27(02)：148-152.

[8] 徐涛，李杨．向家坝水电站围堰基础沉井施工下沉阻力监测[J]．长江科学院院报，2009，126(08)：92-94.

[9] 汪海滨，高波，朱栓来，等．四渡河特大桥隧道式锚碇数值模拟[J]．中国公路学报，2006，6(19)：73-78.

[10] 宋二祥，娄鹏，陆新征，等．某特深基坑支护的非线性三维有限元分析[J]．岩土力学，2004，4(25)：538-543.

[11] 陶建山．泰州大桥南锚碇巨型沉井排水下沉施工技术[J]．铁道工程学报，2009，1(124)：63-66.

[12] 陆新征，娄鹏，宋二祥．润扬长江大桥北锚特深基坑支护方案安全系数及破坏模式分析[J]．岩石力学与工程学报，2004，11(23)：1906-1911.

[13] 李宗哲，朱婧，居炎飞，等．大型沉井群的沉井下沉阻力监测技术[J]．华中科技大学学报(城市科学版)，2009，26(02)：43-48.

[14] 水利部水利水电规划总院．堤防工程设计规范 GB 50286—2013[S]．北京：中国计划出版社，2013.

该论文曾于 2015 年，发表在《岩土力学和建筑结构学报》上。

土体微细观组构与工程性质关系研究方法综述

马　超[1]，刘兵星[2]，周小强[3]，张　靖[4]，杨成昊[5]

（1. 商丘师范学院，河南 商丘 476000；2. 广饶中南房地产有限公司，山东 东营 257300；3. 浙江广厦建设职业技术大学，浙江 东阳 322100；4. 河南理工大学鹤壁工程技术学院，河南 鹤壁 458030；5. 西南交通大学，四川 成都 610000）

摘　要： 土是岩石在漫长的地质历史上经过各种物理、化学等作用形成的不同尺度大小，经过各种外力搬运堆积形成的堆积体。土体漫长的形成历史了决定其复杂的组分、结构及其工程性质。土的结构是从相对较小的尺度上对土的描述，其结构详细划分为宏观、细观和微观三个层次。土的宏观结构是指可以用肉眼、放大镜或光学显微镜观察到的特征，如孔洞、裂隙等；土的微观结构是土的物质成分在空间上的排列以及土粒的联结特征，着重研究土颗粒内部的矿物组成形态晶体结构及相互关系；细观结构是指土颗粒或颗粒聚合体之间的相对位置、排列特征、接触状态、粒间连接、胶结物及胶结状态、粒间孔隙大小与形态。土的工程性质在一定程度上是其成分和微细观结构在宏观上的外在表现，比如土的抗剪强度和压缩特性、渗透性能。关于土的组成和结构与工程关系这方面研究较多，本文主要总结了常见研究方法。

关键词： 土的结构；细观组构；扫描电镜法；CT 断层扫描法

0　前言

过去，由于研究方法和技术手段的限制，研究粒状材料的细观结构与其工程性质的方法主要有理论分析法和物理模拟试验分析法。在物理模拟法试验分析中采用特定理想模拟材料，例如钢粒、化纤、塑料等理想材料，代替实际砂土颗粒制作成观测试样，通过光弹试验、切片法、X 射线法、CT 方法、磁共振法等试验仪器和方法手段去分析颗粒集合体在不同受力状态的组构演化。早期缺乏基本的测量工具，只能依据试样表面绘制的网格变化来作定性分析。20 世纪 70 年代开始，日本学者 Oda 等以椭圆棒、棱柱棒等替代材料作为研究对象，通过一系列的平面双轴压缩试验，研究了土的颗粒形状、颗粒间摩擦、初始各向异性、应力诱发各向异性等组构变化对试样宏观强度的影响[1,2]。Drescher 等用光弹试验研究了光弹圆棒的组构演化规律及其对材料宏观强度与变形特性的影响。之后，相关学者采用切片法结合照相技术、SEM 技术等实现了材料内部组构的定量分析，且针对不同方向切面上组构分布的分析研究了材料组构各向异性。Alshibi 等采用带孔圆形塑料珍珠球为试验材料，利用 CT 扫描技术研究了三轴剪切过程中局部应变的演化规律[3]。Ng 等利用磁共振技术研究不锈钢球试样在直接剪切实验过程中的细观结构变化[4]。刘祖德在模型试验中使用显微镜位移跟踪法，观测并分析了静力触探过程中砂土颗粒的移动轨迹。随着试验技术进步和观测手段改进，试验分析法直接针对实际土试样进行。研究土体结构与其工程性质的关系，由于砂土等天然材料是三维的粒状材料，难点在于获取土体内部结构相关参数，其细观组构的复杂性使得直接分析非常困难。电子显微照相技术以及多种无损检测方法的广泛应用使得之前的观测难点迎刃而解。Auther 等采用 X 射线技术研究实际砂土的原生各向异性。X 射线受到原子核外电子的散射而发生衍射现象。由于晶体中规则的原子排列会产生规则的衍射图像，可以此计算分子中各种原子间的距离和空间排列，成为分析大分子空间结构有效的方法。在 1991 年 N. K. Tovey 对黏性土试样通过进行电子显微镜观测试验，获取对土样结构的照片，利用计算机程序对黏性土的细观结构图像进行处理，开发出定量分析软件。Alshibli 等针对 Ottawa 干砂在微重力条件下进行了位移控制低围压三轴剪切试验，利用 CT 扫描技术分析了剪切过程中内部组构演化及局部变形发展规律[5]。李元海等开发了用于砂土模型试验变形量测的图像分析技术进行砂土细观结构量测，这种方法在试验中无需在被观测试样布设任何实际量测标点和描画网格，直接采用数字照相和图像分析方法量测试样在试验条件下的变形[6]。周健等开发了基于数字图像的砂土模型试验细观结构量测技术，该技术利用模型箱表面拍取的照片获取砂土细观结构参数，可用于分析颗粒形状、孔隙大小及分布、粒间接触法向等细观结构特征。施斌利用图像分析系统对黏性土的微观结构进行了详细的研究[7]。谭罗荣和孔令伟对红黏土微观特征进行了研究，在颗粒定向性和图形处理领域取得了一定的进展。周翠英等通过对软岩软化的微观机制试验研究过程中土体细观结构数码拍摄和图像分析，系统地研究在上拔荷载作用下地基土的细观力学特性、土体细观结构变化与宏观力学现象的关联。

1　常见研究方法

1.1　体视显微镜观察法

体视显微镜是将光学显微镜技术通过光电转换技术与计算机结合在一起而开发制作的仪器设备。利用体视显微镜可以通过目镜作显微观察，还能在计算机显示屏幕上观察实时动态图像，并能将所需要的图片进行编辑、保存和打印。使用体视显微镜研究土体结构时，事先确定观察土体结构的外在条件和影响因素参数与结构之间的自变量和因变量之间的关系，诱发因素与诱导结果之间的关系。当诱导因素自变量条件发生变化时候，观察和记录分析因变量诱发结构变化的结果，将体视显微镜物镜设置在预先设定的观测点位置，将数码相机与显微镜连接，在诱发因素变化过程中拍摄观测点区域的诱导结果土结构图像，分析诱发因素变化过程中土结构的细观变化。需要精准分析土结构变化参数指标的话，利用图像分析系统对所拍摄的分析区域的图像进行细观结构参数分析和提取统计。土体参数采集系统主要通过高精度的数码成像设备和高放大倍数的数码摄录设备获取发生诱发因素变化过程中的不同状态的反映土体颗粒动态变化图片和影像，结合先进的数字图像处理和分析技术实现诱导结果发生发展过程中土体参数的量测。同时，通过在诱导结果发生前后不同位置的土样的颗分曲线对比，来获得诱发因素发生前后的土体诱导结果的量测。

体视显微镜观测土样内部结构试验操作步骤如下：

（1）调试显微镜，并将照相机安装在显微镜接口上，接好快门线。

（2）取出制备好的试样放在培养皿中，观察其外观特征是否有微裂缝发育，并调好焦距固定不动。

（3）先后观察搅拌前后的试样并调整至图像清晰，选择有代表性的试样进行显微拍照。

（4）通过图像处理进行分析土体内部结构特征。土的微结构形态可以由颗粒形态、颗粒排列形式、孔隙性及颗粒接触关系等结构要素确定。

1.2 扫描电子显微镜观察法

扫描电子显微镜是一种新型电子光学仪器，是由电子枪发射并经过聚焦的电子束在样品表面扫描，激发样品产生各种物理信号。将产生的二次电子用特制的探测器收集，经过检测、视频放大和信号处理，形成电信号运送到显像管，在荧光屏上获得能反映样品表面特征的扫描图像。利用扫描电镜试验对土体微观结构的研究主要是应用扫描电镜和分形几何理论进行，可以把被观测试样表面的立体构象摄制成照片，直接揭示土体细观结构中的颗粒与颗粒之间关系。扫描电子显微镜试验具有制样简单、放大倍数可调范围宽、图像的分辨率高、景深大等特点，土试样电镜扫描放大倍数可达到300000倍。因为土的细观结构在水土作用下的变化并不像土体受力后变化那样显著，所以选取合适的扫描区域放大倍数非常关键。扫描区域太小则放大倍数大，很难进行横向比较，扫描区域太大则对该区域的放大倍数小，图像中将看不到细观结构——颗粒与颗粒之间情况，合适的扫描区域放大倍数才能有效地反映出水土作用后土细观结构变异的效果。能谱仪配合扫描电子显微镜能对材料微区成分元素种类与含量分析。土颗粒晶体各种元素具有自己的X射线特征波长，特征波长的大小则取决于能级跃迁过程中释放出的特征能量ΔE，能谱仪利用不同元素X射线光子特征能量的不同特点对其成分进行分析[8]。制作土体结构观测试样时，选取合适的原状土样或者扰动重塑土样用于制作扫描电镜试验的样品。试样制作包括干燥、镀金等程序。扫描电镜试验要求干燥土样，干燥土样的方法包括风干或者烘干法、冷冻干燥法，采用液氮冷冻真空升华干燥来处理土样，试样干燥后用环氧树脂把样品粘在小胶片上，用洗耳球将样品表面的尘土吹去。扫描电镜的样品必须具有导电性，否则会因为静电效应而影响分析，所以对于导电性差的材料必须进行表面喷镀。喷镀一般在真空镀膜机或离子溅射仪上进行，喷镀的金属有金、铂、银等重金属。为改善金属的分散覆盖能力，有时先喷镀一层碳。表面喷镀不要太厚、否则会掩盖细节，也不能太薄，不均匀，一般控制在5～10nm为宜。喷镀厚度可通过其颜色来判断。最后，用双面胶把样品粘牢在样品盘上，放进真空镀膜仪中进行喷金，使其具有良好的导电性，以便镜下观察清晰。

1.3 电子计算机断层扫描CT观察法

电子计算机断层扫描CT是利用精确准直的X射线、γ射线、超声波等，与灵敏度极高的探测器一同围绕被观测对象作断面扫描，由探测器接收透过该层断面的射线，转变为可见光后由光电转换变为电信号；再经模拟/数字转换器转为数字，输入计算机进行处理形成CT图像。通过对样品进行360°扫描，获取一系列二维投影图像，然后系统根据相应的投影数据结合图像重建算法，计算出检测区内的每个点的线性衰减系数。基于线性衰减系数的大小排布，系统会生成相应的灰度三维分布图。最后，通过可视化软件可以分析数据体中任意感兴趣的区域，所需的科研数据。CT设备主要有以下三部分：扫描部分，计算机系统，图像显示和存储系统。由于土体细观结构研究对象的尺度位于10^{-3}～10mm，CT机满足土体细观结构观测尺度的下限，CT设备结合土体的力学量测设备或土体其他特征测量设备，对土体的细观结构和其宏观工程特性之间的关系进行试验研究。20世纪90年代初，CT技术开始用于研究冻土的结构性、研究岩石细观结构、观察原状黄土的内部结构。蒲毅彬结合CT设备和三轴仪制作出湿陷三轴仪对湿陷性黄土湿陷过程进行CT扫描，形成的仪器能够控制吸力、精确量测体变、精确量测浸水量、动态无损地观测试样内部细观结构的变化[9]。北京工业大学马超利用CT扫描研究土压平衡盾构土压力仓内泡沫改良土产生土压力及流动性与其细观结构之间的关系。通过扫描观测不同泡沫渗入量及含水量的改良土试样，提取其细观结构特征参数，建立改良土的孔隙比及坍落度值与CT观测分析其细观特性之间的关系[10]。后勤工程学院CT-三轴试验研究工作站把CT仪与非饱和土三轴仪配合研制出与CT机相匹配的专用土工三轴仪，研究非饱和土与特殊土的结构性和其本构关系。在试验剪切过程中，利用CT机对试样内部结构的变化进行动态观察，并用附带软件进行了定量分析[11]。试验中，根据剪切的轴向变形量进行CT图像扫描，剪切时根据应力-应变曲线情况决定扫描时刻，并按轴向位移调整扫描位置，对断面进行跟踪扫描。CT系统无损检测试验主要流程包括：

（1）操作人员在CT断电状态下将样品放入样品台，同时打开防护门；

（2）根据不同样品设置各项参数，同时设备自动将样品通过样品台传送至防护箱合适位置；

（3）设备接通高压电源CT工作，射线源盘环绕试样进行周向出束曝光透照与三维重构；

（4）检测结束后，切掉电源，打开防护门，取出工件；

（5）对检测结果进行分析。

2 工作原理和分析

2.1 工作原理

土体经过相应的制样方法制备成土样后，通过扫描电镜可以得到不同放大倍数、不同位置的土体微观结构图像。可以对不同的试样样块进行不同的放大倍率的电镜扫描，获得不同方法倍率的图像。为取得更广泛的统计规律，一般采用同一尺寸的照片进行分析，得出图像处理的结构参数等数据。SEM 图像中白色代表土体，黑色代表孔隙。将 SEM 图像进行二值化、去噪等处理，试验取得的原始显微照片为真彩色图像，通过去噪、亮度和对比度调节，使图像更加清晰，再将其转换成灰度图像，通过目测法确定阈值，将其转换为黑白二值图像，为便于孔隙区分及标定，将二值化后的图像反色，即将像素值为 1 的变为 0，像素值为 0 的变为 1。CT 图像形成的处理有如对选定层面分成若干个体积相同的长方体，称之为体素。CT 扫描所得信息经计算而获得每个体素的 X 线衰减系数或吸收系数，再排列成矩阵，即数字矩阵，数字矩阵可存贮于磁盘或光盘中。经数字/模拟转换器把数字矩阵中的每个数字转为由黑到白不等灰度的小方块，即像素，并按矩阵排列构成 CT 图像。每个体素的 X 线吸收系数可以通过不同的数学方法算出。CT 图像是重建图像，是层面图像，常用的是横断面。运用 MATLAB 图像处理函数库，并编制相应的程序，进行图像分析及相关孔隙参数计算。如果对编程不熟悉的研究人员，也可以采用现有的一些图像处理分析软件。例如莫斯科大学研制的 Videolab 图像分析系统，在提取土微观结构定量方面，尤其在对土微观结构单元体定向性的定量化研究方面卓有成效。

2.2 结果分析

通过对试验获得的计算机图像进行处理得到微细观结构参数、几何形态的变化以及土体孔隙的分形特征。一部分是反映土微观结构的参数，包括颗粒或孔隙的个数、平均粒径或孔隙尺寸、总面积、总周长、面积分级、平均形状系数。不同大小孔隙或颗粒的含量，根据图像属性及黑白二值图像中的颗粒及孔隙大小提取孔隙或颗粒所占图像的像素及其个数，根据图像的比例，转化实际孔隙或颗粒的等效直径，从而统计不同大小孔隙所占的比例，分析不同大小孔隙或颗粒的分布规律。另一部分为微观结构单元体孔隙及颗粒的空间分布，在二值图像中，低倍图像可以观察大孔隙或颗粒的形态及在平面上的分布，高倍图像则可以观察小孔隙的形态和空间上的展布，并且可计算孔隙或颗粒在平面上所占比例，可统计孔隙排列的定向角，通过提取孔隙或颗粒周长，计算它们的曲率等微观结构的几何形态主要指微结构的空间方向性，包括形状系数、圆度和各向异性率。即单元体的定向性，包括定向分布、主定向角和各向异性率等。

3 结论与展望

由于受到研究方法和观测仪器的限制，土体微观结构与细观结构研究相对于对土体宏观结构的认知相对起步较晚。随着试验设备的研制与使用，组成土的微细观结构的颗粒、胶结物及孔隙之间的关系可以更精确地测量和描述。比如土颗粒本身的性质，包括颗粒形状、表面组织等几何学性质，软硬程度、粒间摩擦等物理性质；土中孔隙的形态与分布、孔隙比、饱和度；颗粒之间的接触特性，如接触方式、接触配位数、接触法向的分布等。与土体宏观工程性质的测量设备相配合，能形成揭示土体微细观组构与其宏观工程性质之间的理论，从而更方便、准确地演绎指导各种土工工程活动。

参考文献：

[1] Oda M，Konishi J. Microscopic deformation mechanism of granular material in simple shear[J]. Soils and Foundations，1974，14(04)：25-38.

[2] Oda M，Konishi J，Nemat-Nasser S. Experimental Micromechanical Evaluation of Strength of Granular Materials：Effects of Particle rolling[J]. Mechanics of Materrials，1982.

[3] Alshibi KA，Ature S，Costes NC. Assessment of localized deformations in sand using X-ray computed tomography [J]. Geotechnical Testing Journal，ASTM，2000，23 (03)：274-299.

[4] NgTT，Wang CM，Comparison of a 3-D DEM simulation with MRL data[J]. International Journal for Numerical and Analytical Methods in Geomechanics，2001，25，497-507.

[5] Alshibi KA，Alramashi BA. Microscopic evaluation of strain distribution in granular materials during shear[J]. Journal of geotechnical and Geoenvironmental Engineering，2006，132 (01)：80-91.

[6] 李元海，朱合华，上野胜利．基于数字图像技术的砂土模型试验细观结构参数量测[J]．岩土工程学报，2006，28(12)：2047-2052.

[7] 周健，余传荣，贾敏才．基于数字图像技术的砂土模型试验细观结构参数量测[J]．岩土工程学报，2006，28(12)：2047-2052.

[8] 施明哲．扫描电镜和能谱仪的原理与实用分析技术[M]．北京：电子工业出版社，2015.

[9] 蒲毅彬，陈万业，廖全荣．陇东黄土湿陷过程的 CT 结构变化研究[J]．岩土工程学报，2000，22(01)：52-57.

[10] Ma C，Gong Q，Jiang H，et al. Research on Micro-Structural Mechanism of Conditioning the Excavated Soil in Earth Pressure Balanced TBM[C]// International Conference of Pipeline and Trenchless Technology. 2012：1619-1656.

[11] 陈正汉．特殊土的细观结构及其演化的 CT-三轴试验研究[C]// 第一届全国岩土本构理论研讨会论文集，2008.

兰州地区红砂岩工程特性判别指标及施工对策研究

尹利洁[1,2]， 刘志强[1,2]
（1. 北京城建勘测设计研究院有限责任公司，北京 100101；2. 城市轨道交通深基坑岩土工程北京市重点实验室，北京 100101）

摘　要： 兰州地区红砂岩工程特性差异较大，存在大量遇水软化崩解的红砂岩，给基坑开挖带来了很多工程问题。以兰州轨道交通1号线车站基坑红砂岩为研究对象，进行崩解速率测定，研究红砂岩崩解速率与其物理力学性质之间的关系，结果表明：以干密度、渗透系数作为红砂岩工程特性判别指标，将红砂岩划分为3类，A类干密度小于等于1.9g/cm³，渗透系数大于等于10^{-4}cm/s；B类干密度介于1.9～2.1g/cm³，渗透系数介于10^{-4}～10^{-5}cm/s；C类干密度大于等于2.1g/cm³，渗透系数小于等于10^{-5}cm/s。根据红砂岩的工程特性分类，给出了不同类型红砂岩基坑支护结构和地下水控制措施建议，实现合理化施工并降低成本。本文的研究成果可为类似红砂岩分布地区工程勘察、设计和施工提供技术支持和经验借鉴。

关键词： 红砂岩分类；工程特性；崩解速率；干密度；渗透系数

0　引言

红砂岩是兰州地铁工程中遇到的特殊岩土层，在新构造运动中被抬升，经受长期风化剥蚀及黄河的冲蚀切割，而后在其表面沉积了黄河阶地卵石和第四系松散黄土层。其广泛分布于兰州地区西固城以东至城关区雁滩以西的广大地区，厚度逾千米，典型地层如图1所示。兰州轨道交通1号线文化宫站—五里铺站区段，共5个基坑及区间涉及红砂岩：水位埋深8～11m，红砂岩埋深8～13m，基底埋深20～28m。

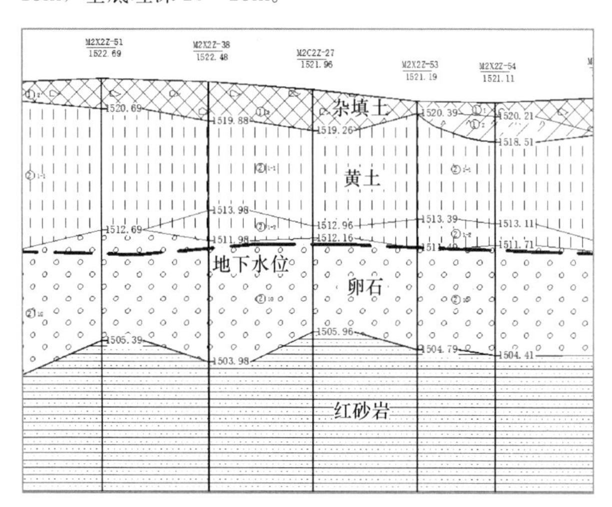

图1　兰州地区典型地层剖面图

从兰州轨道交通1号线多个车站工点开挖情况可知，不同地区的红砂岩工程性质差异较大。其中部分红砂岩成岩作用差，暴露地表易风化，扰动或遇水其强度迅速衰减呈散砂状，不经扰动时强度较高。兰州地区以往的研究与实践普遍认为，红砂岩层为相对隔水层，导致基坑支护结构和地下水控制措施不合理。采用咬合桩和坑外降水，其中降水井穿过卵石层进入红砂岩层2m，即仅对卵石层进行降水，由此产生了大量工程问题，主要体现在：

（1）在基坑开挖过程中，位于水位以下的红砂岩，极易产生崩解砂化，其强度急剧下降，出现涌水涌砂、浸泡基坑现象（图2、图3），导致挖掘缓慢，严重影响工期，增加施工成本。（2）崩解砂化后的红砂岩随地下水渗流从咬合桩的薄弱处渗出，坑外砂土流失，往往给基坑周边地表带来较大沉降，对车站及周边道路、管线以及建筑物的安全造成很大隐患（图4）。

图2　东方红广场站坑底涌水涌砂

图3　五里铺站侧壁涌水涌砂

综上所述，由红砂岩不良工程特性导致的工程问题

基金项目：教育部长江学者创新团队（No. IRT-17R51）；甘肃省科技计划资助（18YFIGA136）；兰州市科技计划项目资助（2018-4-12）。

图 4　某基坑由于红砂岩流失引起地基不均匀沉降导致房屋倾斜及开裂

给国家和人民的财产带来巨大损失。对红砂岩的工程特性进行更深入地研究是目前刻不容缓的一项工作。

国内外众多学者[1-9]对红砂岩渗透特性进行了大量研究，并取得了一定的成果，但有关兰州地区红砂岩渗透性的研究较少，且传统经验认为该地区的红砂岩为隔水层，开挖后却出现桩间及坑底涌水涌砂现象，因此该地区轨道交通建设过程中遇到的红砂岩亟需对其渗透性做深入的研究。另外，以上研究工作均未涉及兰州地区红砂岩的工程分类，如何采用物理力学参数有效区别出红砂岩的不同类型，并提出不同类型红砂岩的物理力学分类特征参数是兰州轨道交通建设中亟待解决的问题。

本文通过对足够的勘探资料进行统计分析获得合理的数据，并通过原位测试、室内试验对工程实例进行分析，掌握红砂岩工程特性，进而采用干密度、渗透系数对红砂岩分类，提出一套经济、合理、有效的红砂岩地层地下水控制措施，为后期红砂岩分布地区轨道交通工程勘察、设计和施工提供技术支持。

1　红砂岩崩解试验

兰州地铁轨道工程勘察与施工过程中遇到的红砂岩遇水易崩解、软化，其强度迅速衰减，直接影响勘察和施工进度，对施工安全及质量具有极大的挑战，因此研究红砂岩的崩解速度对深基坑开挖与支护具有重要意义。

沿轨道交通沿线获取典型场地一定埋深（14～15m）的红砂岩原状土样，用容器盛一定量的水静置1～2min直到水面稳定，然后用温度计量测其温度并记录，分别将一定体积且具有天然面的原状样放入静置的容器中进行对比试验，用摄像机记录其崩解过程，测定不同地铁车站基坑红砂岩的崩解时间并观察其崩解程度，试验结果如图5～图7所示。

（1）雁北路站红砂岩试块刚放入水中时只在局部裂隙处有气泡冒出，水较浑浊且水面有少量气泡和白色漂浮物；浸泡10min后局部裂隙发生微量崩解，水面气泡与漂浮物减少；在浸泡4h后顶部产生裂隙，岩块沿边缘发生少量崩解，水较清澈且水面没有漂浮污浊物；浸泡24h后，崩解量几乎没有再增加。

（2）西关什字站红砂岩试块刚放入水中时土样有大量

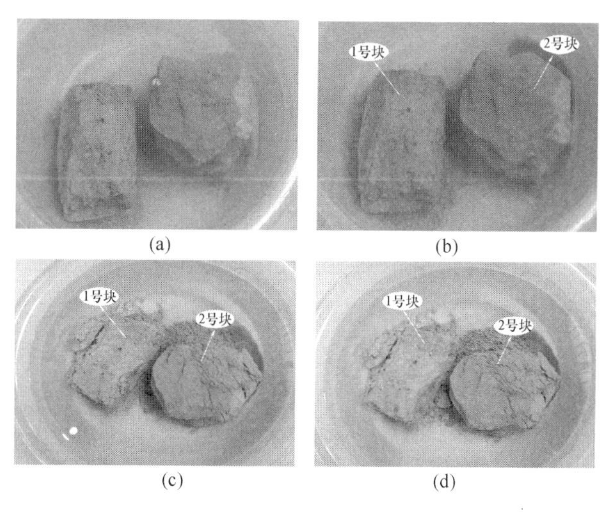

(a)　(b)　(c)　(d)

图 5　雁北路站崩解图片

（a）刚放入；（b）10min；（c）4h；（d）24h

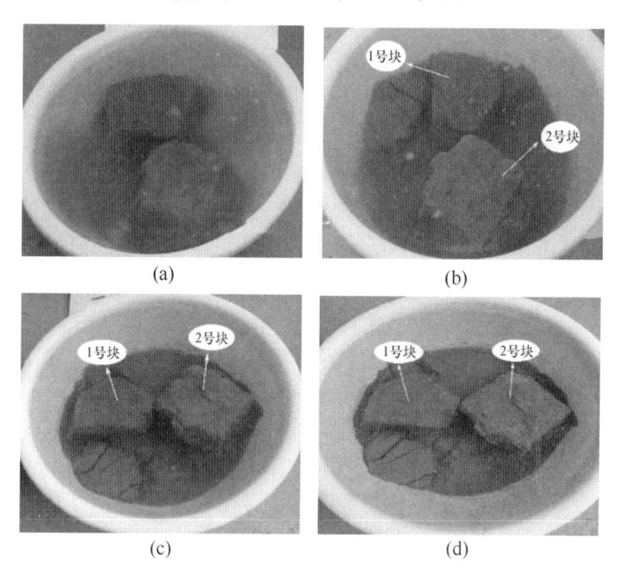

(a)　(b)　(c)　(d)

图 6　西关什字站崩解图片

（a）刚放入；（b）10min；（c）4h；（d）24h

(a)　(b)　(c)　(d)

图 7　省政府站崩解图片

（a）刚放入；（b）1min；（c）4min；（d）6min

气泡冒出，水较浑浊且水面有少量气泡和白色漂浮物；在浸泡10min后岩块边缘由于吸水膨胀软化作用产生少量裂缝，在裂隙处发生崩解脱落，水面气泡与漂浮物减少；浸泡4h后土样棱角消失，崩解量增加，水面几乎没有气泡与漂浮物；浸泡24h后，岩块崩解量增加较少，水变清澈。

（3）省政府站土质较差，层理不明显，土样均为较纯红砂岩。土样刚放入水中时产生大量气泡，水不浑浊，水面有少量白色漂浮物；浸泡1min后土样周围由于吸水膨胀软化作用产生大量裂隙并伴随大量气泡；浸泡4min后土样大量崩解，岩块底部崩解较快且崩解量较大，形成蘑菇形崩解形状；浸泡6min后土样几乎完全崩解，只留下顶部少量有较大裂隙土体。

从以上试验结果可得出：①红砂岩具有遇水软化崩解的特性，不同场地红砂岩崩解特性有所不同，由于崩解速度和基坑围护的关系紧密，因此根据崩解时间与剧烈程度对红砂岩进行分类具有重要意义。②省政府站红砂岩崩解速度最快，西关站次之，雁北路站最慢。③省政府站红砂岩崩解物呈渣状，西关站呈块状，雁北路站只有少许棱角破坏。

在轨道交通车站建设开挖的过程中，通过大量的现场调研、技术研讨及崩解试验，对不同类型的红砂岩进行分类汇总，建立了以崩解速度为基础的初步分类，将兰州地铁所遇红砂岩分为3类，如表1所示。

红砂岩初步分类　　表1

类别	崩解速度	崩解物	工程问题
A类	＜1h快速崩解	渣状、泥状	大
B类	1～24h部分崩解	块状	小
C类	基本不崩解，呈胶结状态	少许棱角崩解	基本无

但是用崩解速度分类有一定的前提条件，该室内试验在温度一定，无日照变化，使用自来水的情况下，只考虑了水对红砂岩崩解速度的影响，实际地质勘探中室外崩解试验由于红砂岩含水量、日照、温度变化、风吹等因素不同，试验结果千差万别。因此我们用崩解速度对红砂岩分类仅有参考价值，要使分类科学可靠，还需进一步研究红砂岩的物理力学性质与崩解速度之间的关系。

2 兰州地区红砂岩工程特性判别指标研究

2.1 力学参数与崩解性的相关性研究

1. 剪切波速与崩解性的相关性

对1号线5个工点（文化宫—西关什字区间、西关什字站、西关什字—省政府区间、省政府站、省政府—东方红广场区间）共计15个钻孔994个数据，和2号线10个工点（公交五公司站、公交五公司—定西路区间、定西路站、定西路—五里铺区间、五里铺—雁南路区间、雁南路站、雁南路—雁园路区间、雁园路站、雁园路—雁北路区间、雁北路站）共计54个钻孔2416个数据提取汇总，不同钻孔同一深度的剪切波速采用其算术平均值作为该工点的代表值，从中取选6个深度的代表值（15～16m、20～21m、25～26m、30～31m、35～36m、40～41m）进行统计分析，并分别对所选深度剪切波速代表值绘制曲线如图8、图9所示。

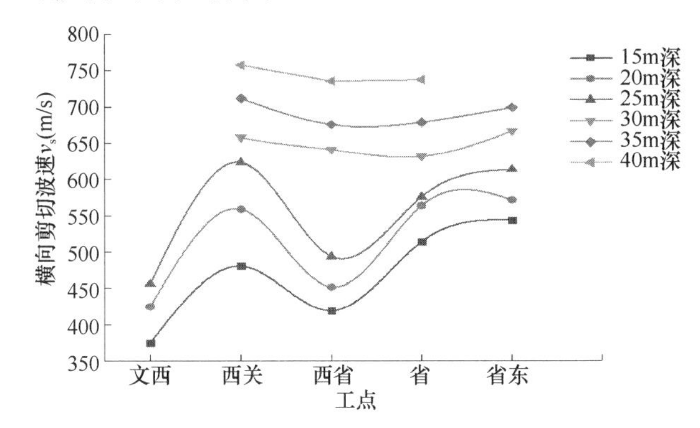

图8　1号线剪切波速

由图8可知，深度越大，其剪切波速也越大；西关什字站剪切波速整体较大，在25～26m深度范围，其剪切波速达到630m/s；而在省政府站以及省政府—东方红广场区间剪切波速整体偏大，在25～26m范围，其最大值达到610m/s。这与实际情况不匹配。

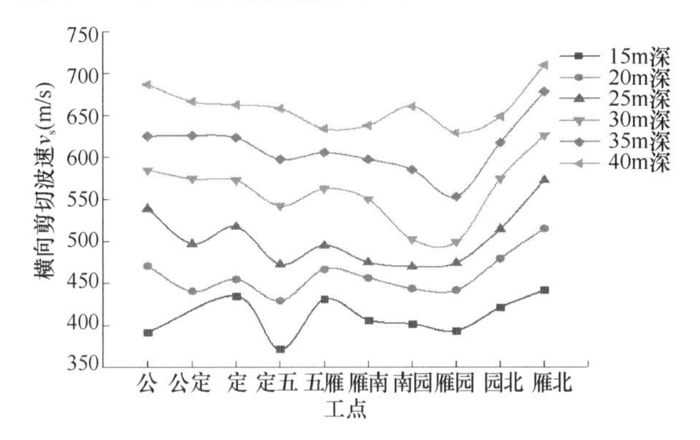

图9　2号线剪切波速

由图9可知，从公交五公司站至雁园路站剪切波速在450～650m/s之间，而在雁北路站剪切波速最大，达到720m/s。根据现场开挖情况，剪切波速不能有效地区分出不同红砂岩。

2. 动力触探与崩解性的相关性

动力触探是工程地质原位测试中用来评价土的力学性质的主要方法之一，对难以取样的碎石类土测试十分有效。根据既有试验数据，对兰州地铁1、2号线动力触探结果进行总结分析，将不同钻孔同一深度段（5m为一深度段）的剪切波速采用其算术平均值作为该工点的代表值，绘制如图10、图11所示。

由图10可知，同一工点击数随着深度的增加而增加；对于不同工点，五里铺东部市场区间、东部市场车站和东部市场拱星墩区间在20～25m、25～30m和30～35m深度内的击数大致相等，其余工点的规律表现为相邻工点击数呈波形：从东方红广场车站动探28～40击到东盘区间37～50击（击数上升）到盘旋路站30～42击（击数下降）再到盘旋路五里铺区间40～50击（击数上升），从拱星墩站

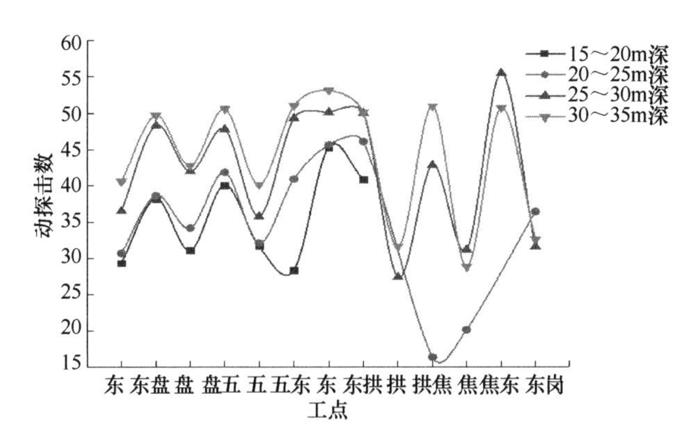

图 10　1 号线动力触探数据

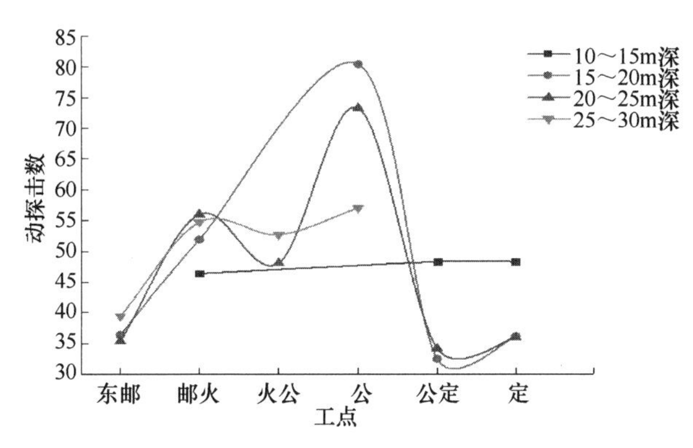

图 11　2 号线动力触探数据

27~31 击到拱星墩焦家湾区间 42~52 击（击数上升）到焦家湾站 28~31 击（击数下降）到焦家湾东岗区间 52~56 击（击数上升）到东岗站 32~33 击（击数上升）。

由图 11 可知，东方红车站邮电大楼站区间、公交五公司定西路区间和定西路车站三个工点的击数均集中在 33~40 击，邮电大楼火车站区间和火车站公交五公司区间的击数集中 45~55 击，公交五公司车站的击数集中在 55~80 击。

由此可见，动力触探锤击数沿线波动比较大，规律不明显，且现有数据不能覆盖既有线路范围，所以依此数据不能得到比较准确的红砂岩分类规律。

2.2　物理参数与崩解性的相关性研究

1. 粒径大小与崩解性的相关性

为了分析红砂岩粒径大小及不同粒径在红砂岩中所占的百分比，并绘制颗粒大小分布曲线，在省政府、西关什字和公交五公司 3 个车站深度 15~18m 处分别取样。将取来的红砂岩试样烘至恒重，根据《土工试验方法标准》GB/T 50123—2019，采用孔径大小为 0.075mm、0.25mm、0.5mm、1mm、2mm、5mm、10mm 的筛分仪对红砂岩进行粒径分析。

试验结果分析：以小于某粒径的试样质量占试样总质量的百分比为纵坐标，颗粒粒径为横坐标，在单对数坐标上绘制颗粒大小粒径分布曲线如图 12~图 14 所示。

红砂岩固体颗粒构成红砂岩骨架，粒径大小及不同粒径在红砂岩中所占的百分比对红砂岩的物理力学性质起决定性作用。由以上颗粒大小粒径分布曲线可知：省政

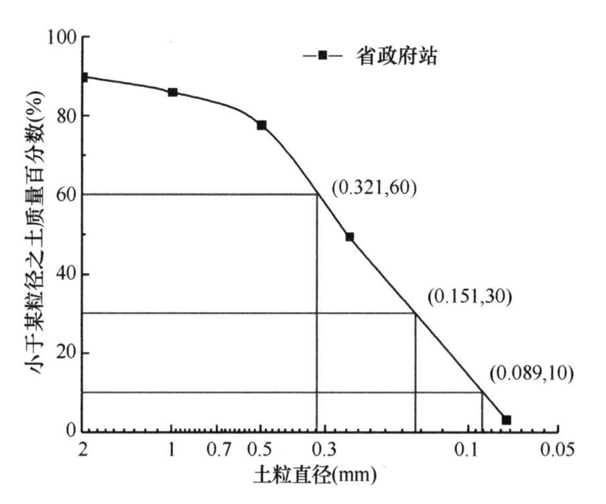

图 12　省政府站红砂岩粒径分布曲线

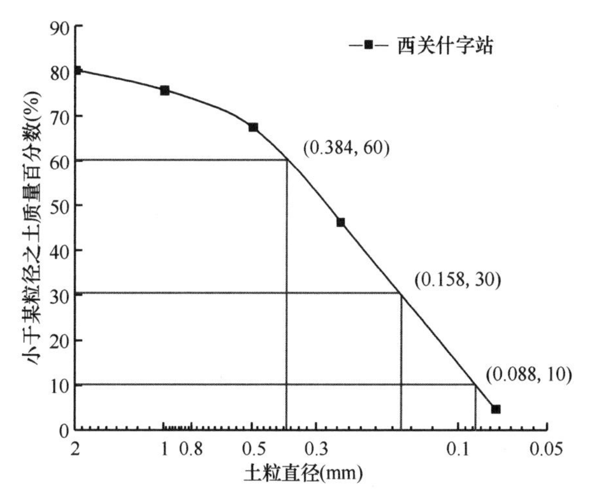

图 13　西关什字站红砂岩粒径分布曲线

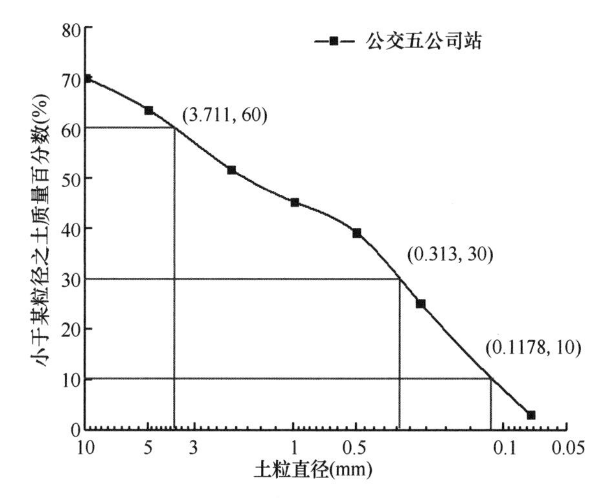

图 14　公交五公司站红砂岩粒径分布曲线

府站红砂岩有效粒径不均匀系数 C_u=4.088，曲率系数 C_c=0.142，级配不良；西关什字站有效粒径不均匀系数 C_u=3.701，曲率系数 C_c=0.814，级配不良；公交五公司站有效粒径不均匀系数 C_u=13.07，曲率系数 C_c=0.410，级配良好。可判断出这 3 个车站的颗粒均比较单一，粒径均匀，级配不良，不容易被压实，颗粒之间填充不密实，存在较大的孔隙，富水性差，证明了红砂岩具有透水性。

根据现场开挖情况定性来看，西关什字站和公交五公司站属于一类，省政府站属于一类，但分析表明公交五公司站级配良好，而西关什字站级配不良，故颗粒级配与崩解速度之间没有一定的规律性，可不作为分类指标之一。

2. 干密度与崩解性的相关性

(1) 干密度试验概述

为了对兰州地区红砂岩分类提供依据，在各类红砂岩典型施工现场8个工点取样后在实验室进行试验，测定其干密度。利用环刀法测出样体的天然密度 ρ，并测出含水率 w，计算出干密度。每个工点测定样体天然密度时每组削4个环刀，同时用6个瓷碟子测定含水率，将得到4个天然密度和6个含水率记为一组数据，每个车站测6组数据。

试验结果分析：7个工点干密度分别为省政府站1.82g/cm³，雁园路站1.84g/cm³，西关什字站2g/cm³，2号线停车场站2.02g/cm³，公交五公司站1.97g/cm³；雁北路站2.31g/cm³，火车站1.64g/cm³。

将该试验结果与崩解速度的分类原则对照发现，崩解速度和干密度值呈负相关，崩解速度越快，干密度值越小，崩解速度越慢，干密度值越大，故有必要对干密度的地勘资料进行统计分析，发现其与崩解速度和分类之间进一步的关系。

(2) 干密度勘探数据整理

根据《土工试验方法标准》GB/T 50123—2019，干密度属于一般特性指标。对一般特性指标的数据整理通常可采用算术平均值 $\bar{x}$ 作为设计计算值，并计算出相应的标准差 S 和变异系数 c_v，以反映实际测定值对算术平均值的变化程度，从而判别其采用算术平均值时的可靠性。

舍弃试验数据时，按3倍标准差（即±3S）作为舍弃标准，即在资料分析中舍弃那些在 $\bar{x}\pm3s$ 范围以外的测定值，然后重新计算整理。

对试验数据进行变异性评价，如果变异性很小（$c_v<0.1$），则表明算数平均值可靠性较高，接近于测试指标的最佳值；除此之外（$c_v\geqslant0.1$），应分析原因（试样是否具有代表性、试验过程中是否出现异常情况等），舍弃明显不合理的数据，并重新计算整理。

(3) 整理结果分析

按照上述规定，对兰州轨道交通1号线一期和2号线一期共33个工点1606个数据进行统计，可以得出每个工点的干密度变异系数均小于0.1，变异性很小，因此计算出各个工点所有干密度数据的算术平均值，作为该工点的代表值，如图15、图16所示。

由图15得出，文化宫到西关什字区间和西关什字站的干密度为均大于1.9g/cm³，其余工点的干密度最大为盘旋路站的1.88g/cm³，即均小于1.9g/cm³。

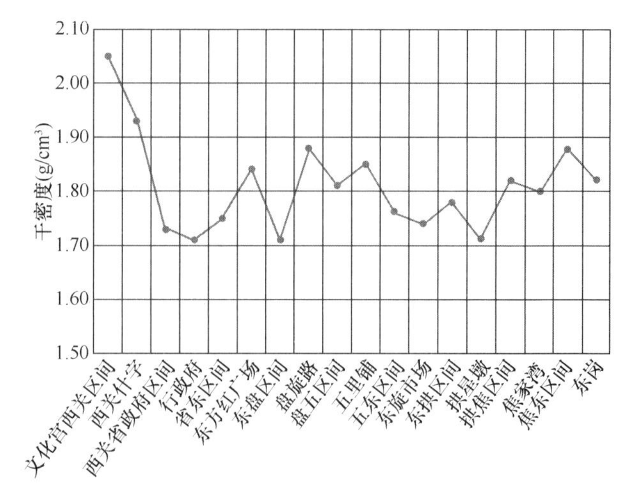

图15　1号线干密度统计

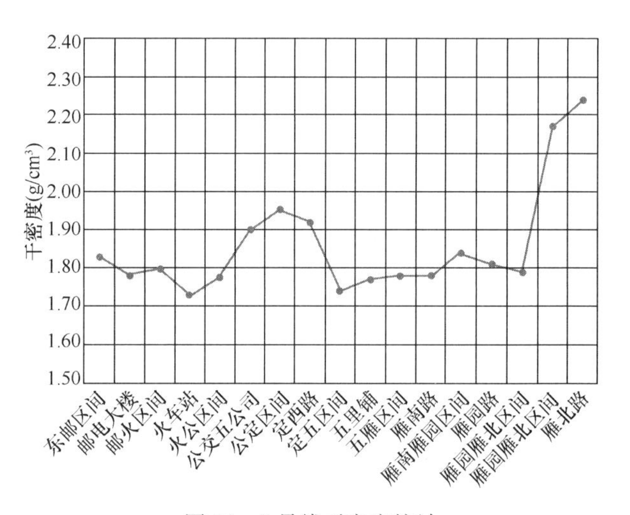

图16　2号线干密度统计

由图16得出，东方红广场到邮电大楼区间至火车站公交五公司区间干密度最大为1.83g/cm³，公交五公司站至定西路站最小为1.9g/cm³，定西路五里铺区间至雁园雁北区间南侧最大为1.84g/cm³，雁园雁北区间北侧至雁北路最小为2.17g/cm³。

根据上述规律及现场开挖情况，把干密度指标设定两个界线：1.9g/cm³ 和2.1g/cm³。

3. 渗透系数与崩解性的相关性

对雁北路、西关十字和省政府每个车站削3个环刀的土样做试验，每个环刀读3组读数，每组读数包括3个数据，对每组的3个读数取平均值作为一个环刀的一个渗透系数。据此每个车站共9组读数，可得9个平均渗透系数，剔除误差大的数据后分别整理得表2～表4。

雁北路站渗透系数　　表2

环刀	a1	a2	a3	b1	b2	b3	c1	c2	c3
渗透系数(cm/s)	2.31×10^{-8}	3.22×10^{-8}	2.12×10^{-8}	2.45×10^{-8}	3.63×10^{-8}	1.98×10^{-8}	2.73×10^{-8}	1.78×10^{-8}	2.95×10^{-8}

西关什字站渗透系数　　表3

环刀	a1	a2	a3	b1	b2	b3	c1	c2	c3
渗透系数(cm/s)	3.6×10^{-5}	4.17×10^{-5}	3.47×10^{-5}	7.34×10^{-5}	7.64×10^{-5}	7.72×10^{-5}	9.65×10^{-5}	9×10^{-5}	8.81×10^{-5}

省政府站渗透系数 表 4

环刀	a1	a2	a3	b1	b2	b3	c1	c2	c3
渗透系数(cm/s)	2.89×10^{-4}	2.77×10^{-4}	2.78×10^{-4}	5.22×10^{-4}	3.67×10^{-4}	5.88×10^{-4}	3.61×10^{-4}	3.19×10^{-4}	3.21×10^{-4}

说明：a1、a2、a3、b1、b2、b3、c1、c2、c3 分别表示 a、b、c 号环刀各测 3 组数据。

试验结果分析：由表中数据可知雁北路站渗透系数为 2.57×10^{-8}cm/s，西关什字站为 6.82×10^{-5}cm/s，省政府站为 3.69×10^{-4}cm/s。该试验结果对照崩解速度的分类原则发现，崩解速度和渗透系数值呈正相关，崩解速度越快，渗透系数越大，崩解速度越慢，干密度值越小，故有必要将渗透系数作为分类的原则之一。

2.3 工程分类

根据勘察资料统计分析、室内及现场试验并结合现场情况，拟定红砂岩工程特性判别指标为干密度、和渗透系数(表 5)。

红砂岩分类 表 5

类别	干密度(g/cm^3)	渗透系数(cm/s)
A 类	≤1.9	$\geq10^{-4}$
B 类	1.9～2.1	$10^{-5}\sim10^{-4}$
C 类	≥2.1	$\leq10^{-5}$

3 施工对策及工程案例验证

根据不同红砂岩的工程特性及对典型基坑支护结构和地下水控制分析，给出不同类型红砂岩的基坑支护结构、地下水控制及开挖设备建议（表 6）。

不同类型红砂岩支护结构、地下水控制措施建议 表 6

类别	支护结构	地下水控制措施
A 类	地下连续墙	内外双降、主内辅外
B 类	咬合桩	坑外降水，坑内集水明排
C 类	排桩	坑外管井降卵石地层水

3.1 邮电大楼站

邮电大楼站地下水水位埋深为 5.4～7.2m，基坑深 25m 左右，从上至下依次为杂填土、卵石层、砂岩层。根据地勘资料强风化砂岩层干密度为 1.84g/cm^3，渗透系数为 $2.31\times10^{-3}\sim5.79\times10^{-3}$cm/s，由表 5 判断其为 A 类。实际开挖后测试其干密度为 1.79g/cm^3，渗透系数为 1.97×10^{-4}cm/s，与判断吻合。施工时支护措施采用地下连续墙；卵石层水建议采用坑外管井封闭降水，砂岩层水建议采用咬合桩止水及坑内真空轻型井点降水，可节约成本。

3.2 定西路站

定西路站地层由第四系全新统人工填土、黄土、卵石及下第三系砂岩等构成，根据地勘资料砂岩层干密度为 1.9g/cm^3，渗透系数为 9.26×10^{-5}cm/s，由表 5 判断其红砂岩类别为 B 类。实际开挖后测试其干密度为 1.99g/cm^3，与判断吻合。支护形式采用钻孔灌注桩＋钢管内支撑，坑内集水明排。

上述工程实践说明对兰州地区红砂岩采用该分类方法精确、简单，工程上有较好的应用价值和参考价值，便于在设计中采用。

4 结论

(1) 本文对兰州地区红砂岩足够的勘探资料进行了统计分析，并通过原位测试、室内试验全面掌握了其工程特性，研究了红砂岩各物理力学性质与崩解速度之间的关系，最终按照干密度、渗透系数将红砂岩划分为 3 类，A 类干密度小于等于 1.9g/cm^3，渗透系数大于等于 10^{-4} cm/s；B 类干密度介于 1.9～2.1g/cm^3，渗透系数介于 $10^{-4}\sim10^{-5}$cm/s；C 类干密度大于等于 2.1g/cm^3，渗透系数小于等于 10^{-5}cm/s。工程实例验证表明兰州地区红砂岩采用该分类方精确、简单，有较好的应用、参考价值，便于在设计中采用。

(2) 根据红砂岩的工程特性分类，对地基区分设计，采用不同的支护体系、地下水控制措施及开挖机具建议，可节约造价约 30%，使施工效果合理、有效。

(3) 本文通过对红砂岩工程分类解决了困扰兰州地区的富水软弱岩层深基坑施工难题，为类似红砂岩分布地区轨道交通工程勘察、设计和施工提供技术支持和经验借鉴。

参考文献：

[1] 杨钦富，李昂．红层砂岩崩解特性研究[J]．山西建筑，2018，44(16)：59-61.

[2] 吴迎霜，沈银斌，朱大勇，姚华彦，周玉新．皖南山区红砂岩崩解特性的试验研究[J]．工程与建设，2015，29(01)：1-3+7.

[3] 张振华，孙钱程，李德忠，杜梦萍，姚华彦．周期性渗透压作用下红砂岩渗透特性试验研究[J]．岩土工程学报，2015，37(05)：937-943.

[4] 肖伟晶，王晓军，李士超，于正兴，黄广黎，闫奇．渗透压力作用下岩石三轴压缩过程变形特性分析[J]．中国安全生产科学技术，2017，13(12)：38-42.

[5] Yu Jin, Chen S J, Chen X, et al. Experimental investigation on mechanical properties and permeability evolution of red sandstone after heat treatments[J]. Journal of Zhejiang University-Science A (Applied Physics & Engineering), 2015, 16(09): 749-759.

[6] 李红中．红砂岩的特征和工程分类对广东地区公路建设的启示[A]//中国科学技术协会、广东省人民政府．第十七届中国科协年会——分 8 交通基础设施安全及耐久性论坛论

文集[C]. 中国科学技术协会、广东省人民政府：中国科学技术协会学会学术部，2015：5.

[7] 彭铁华，童光明．聚类分析在红砂岩边坡工程地质分类中的应用[J]. 公路与汽运，2003(02)：49-51.

[8] 熊智彪，陈振富，周益强．衡阳地区红砂岩声波参数及其应用[J]. 中南工学院学报，1999(03)：7-9.

[9] 赵明华，邓觐宇，曹文贵．红砂岩崩解特性及其路堤填筑技术研究[J]. 中国公路学报，2003(03)：2-6.

GFRP 锚杆在不同水泥基和接头长度下的力学性能研究

胡福洪，曾纪文，贺　浩，閤　超，陈　锋
（武汉地质勘察基础工程有限公司，湖北 武汉 430070）

摘　要：锚杆在岩土工程中的应用广泛，作为核心支护构件应具备良好的安全性和耐久性。钢锚杆具有良好的力学性能，但易腐蚀和使用后难于清理等不足在实际工程中难以解决。玻璃纤维增强聚合物GFRP是一种由树脂和玻璃纤维复合而成的新材料，具有良好的拉伸力学性能和耐久性，可弥补钢锚杆在实际工程中的不足。本文研究了不同直径的GFRP锚杆在不同的水泥基材料锚固不同长度时的抗拔力和不同接头长度下的抗拔力，研究结果表明：直径20mm的GFRP锚杆的拔断破坏荷载为170kN；直径25mm的GFRP锚杆的抗拔力随着锚固长度的增大而增大，主要破坏形式为GFRP锚杆被拔出；接头试验中，GFRP锚杆的抗拔力随着接头长度的增大而增大。

关键词：GFRP锚杆；水泥基材料；锚固长度；接头长度；力学性能

0　引言

岩土锚固是土木工程中一个非常重要的领域，锚杆作为核心结构备受关注。目前，应用最广泛的锚杆材料依然为金属材料，但其存在造价高、耐腐蚀性差、易污染土地和使用结束后难于清理等问题[1-4]。为解决金属锚杆带来的问题，学者们将锚杆材料的研究方向转为非金属材料。玻璃纤维增强聚合物GFRP锚杆是一种新型非金属复合增强材料锚杆，将玻璃纤维丝浸泡在基体材料中，高温高压下一次拉挤成型，具有自重轻、抗拉强度高、造价低、耐腐蚀性好和易于成型等优点[5-8]。

学者Abershiesin[6]在1912年首次将锚杆在岩土工程中应用，往后的百年间锚杆技术飞速发展。19世纪60年代，纤维增强复合材料由于其优异的抗拉性能被发现，经过几十年的研究，玻璃纤维增强聚合物GFRP在建筑材料方面取得了重大进展[9-12]。刘大伟等[14,15]研究了玻璃纤维锚杆在隧道中的应用，系统地探讨了玻璃纤维注浆锚杆的具体施工过程。黄志怀[16]等研究了不同围岩条件GFRP锚杆结构破坏机制，系统分析了不同围岩环境和受力条件下GFRP锚杆的抗拉特性，论证GFRP锚杆使用的适宜性，为GFRP锚杆的推广应用提供了较充分的基础数据。

本文研究了不同直径的玻璃纤维增强聚合物GFRP锚杆在不同水泥基材料中锚固不同长度的力学性能；研究了不同直径的玻璃纤维增强聚合物GFRP锚杆在不同接头长度下的力学性能；研究形成了一套加强锚具。系统地分析了GFRP锚杆结构破坏机制，为GFRP锚杆在混凝土等水泥基材料中的应用提供了充分的基础数据。

1　试验方案

1.1　试验材料

基体材料：商品混凝土和砂浆、人工搅拌水泥浆。玻璃纤维锚杆的直径分别为20mm、25mm、28mm。

1.2　试验方案

试件为300mm×300mm×1200mm的短柱，短柱的试验方案如表1所示。将玻璃纤维锚杆放置于试件的中心浇筑，浇筑完成后按照标准养护方式养护28d。接头抗拔试验方案如表2所示。

短柱试验方案　　表1

试件类型	试验编号	直径（mm）	锚固长度（m）
冠梁（混凝土）	C20/0.8	20	0.8
	C20/1.0	20	1.0
	C20/1.2	20	1.2
	C25/0.8	25	0.8
	C25/1.0	25	1.0
	C25/1.2	25	1.2
砂浆	M20/0.6	20	0.6
	M20/0.8	20	0.8
	M20/1.0	20	1.0
	M20/1.2	20	1.2
	M25/0.6	25	0.6
	M25/0.8	25	0.8
	M25/1.0	25	1.0
	M25/1.2	25	1.2
水泥浆	P20/0.6	20	0.6
	P20/0.8	20	0.8
	P20/1.0	20	1.0
	P20/1.2	20	1.2
	P25/0.6	25	0.6
	P25/0.8	25	0.8
	P25/1.0	25	1.0
	P25/1.2	25	1.2

注：水泥基材料强度详见试验编号，例如C20表示混凝土强度等级为C20。

接头抗拔试验方案　　表2

试件类型	试验编号	直径（mm）	接头长度（mm）
混凝土	CJ25/40	25	40
	CJ25/80	25	80
	CJ25/100	25	100
	CJ28/40	28	40
	CJ28/80	28	80
	CJ28/100	28	100

1.3 试验器材

试验采用中空电动液压千斤顶对试件进行抗拔试验，采用400kN传感器和静态应变仪进行数据采集。

自制锚固装置如图1和图2所示，使用两块钢板夹紧半圆钢螺帽，通过钢螺帽与玻璃纤维锚杆之间的摩擦力提供抗拔力。

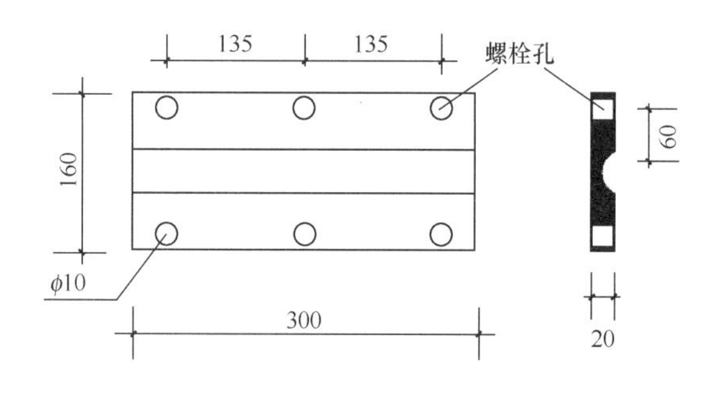

图1 钢夹板示意图

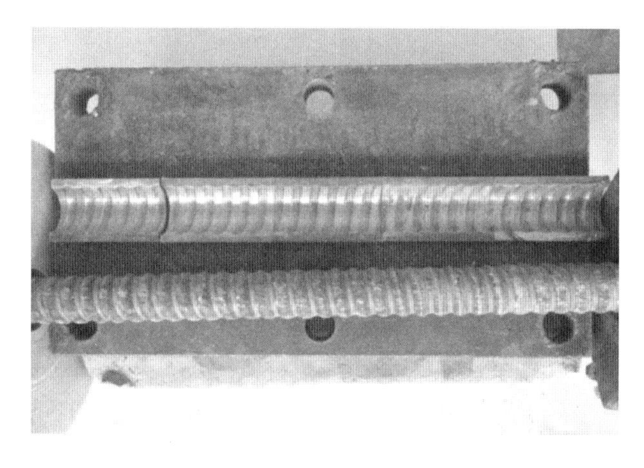

图2 钢夹板和钢螺帽实物图

1.4 试验过程

图3为试验装置连接图，试验开始时匀速踩动千斤顶加压阀，直到玻璃纤维锚杆被拔出或拔断时停止加压，读取采集数据并记录。

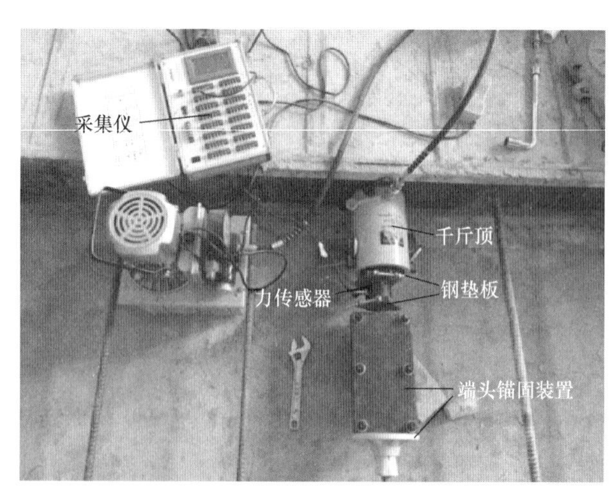

图3 试验装置连接图

2 试验结果与分析

玻璃纤维筋锚固抗拔试验的破坏形式主要有玻璃纤维筋被拔断和被拔出两种，破坏荷载为170～380kN不等；玻璃纤维筋接头试验的破坏形式为纤维筋从接头套筒中脱落，破坏荷载为3～123kN，试验现象如图4～图6所示。

图4 玻璃纤维锚杆被拔断

图5 玻璃纤维锚杆被拔出

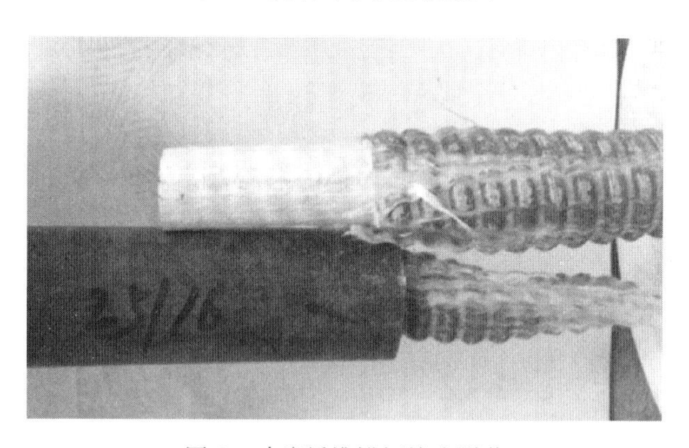

图6 玻璃纤维锚杆接头脱落

2.1 玻璃纤维筋锚固试验

锚固试验破坏荷载　　表3

试验编号	C (kN)	M (kN)	P (kN)
20/0.6	—	172.1	86.5
20/0.8	171.3	170.5	95.4
20/1.0	170.3	184.3	107.6
20/1.2	175.2	179.6	126.6
25/0.6	—	250.3	126.0
25/0.8	233.0	308.5	140.2
25/1.0	253.1	368.2	161.6
25/1.2	372.6	387.4	182.0

冠梁（混凝土）中，直径20mm玻璃纤维锚杆均被拔断；直径25mm玻璃纤维锚杆均被拔出；砂浆中，直径20mm玻璃纤维锚杆均被拔断；直径25mm玻璃纤维锚杆在锚固长度小于等于1m时均被拔出；水泥浆中，水泥净浆试块崩裂，玻璃纤维锚杆均被拔出，表3为GFRP筋锚固试验的破坏荷载。

图7为冠梁破坏荷载与锚固长度关系图，由图7可知，直径20mm的玻璃纤维锚杆在拔力170kN左右均被拔断，与纤维筋的锚固长度没有关系，说明锚固长度为0.8m时混凝土对纤维筋的握裹力大于170kN。直径25mm的玻璃纤维锚杆的抗拔力随着锚固长度的增大而增大且均被拔出，当锚固长度为1.2m时，破坏荷载达到372.6kN且破坏形式为纤维筋被拔出。

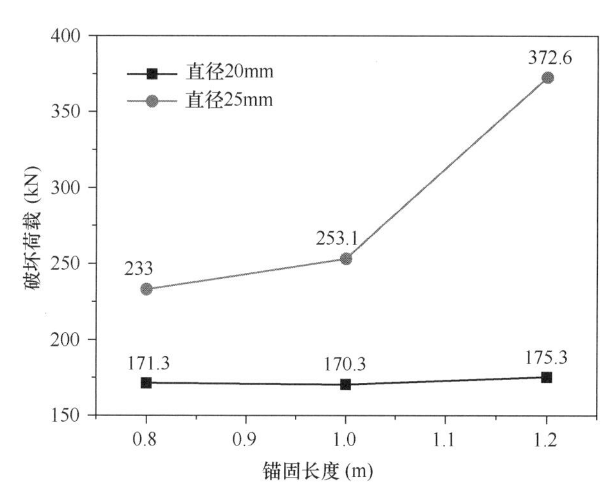

图7　冠梁破坏荷载与锚固长度关系图

图8为砂浆破坏荷载与锚固长度关系图。由图8可知，直径20mm的玻璃纤维锚杆在拔力170kN左右均被拔断，与纤维筋的锚固长度没有关系，说明锚固长度为0.6m时砂浆对纤维筋的握裹力大于170kN。直径25mm的玻璃纤维锚杆锚固长度小于等于1m时的抗拔力随着锚固长度的增大而增大且均被拔断，锚固长度1.2m时夹具发生滑脱纤维筋表面发生严重的剥离破坏。

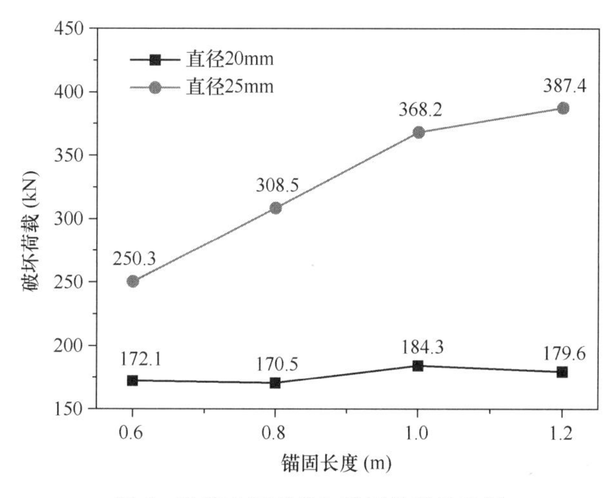

图8　砂浆破坏荷载与锚固长度关系图

破坏荷载随着玻璃纤维筋锚固长度的增长而增大。

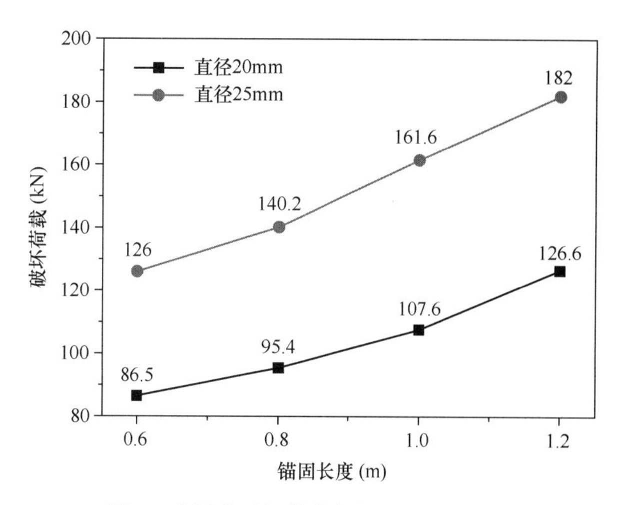

图9　水泥浆破坏荷载与锚固长度关系图

当千斤顶对纤维筋的拔力大于水泥浆对纤维筋的握裹力时，试件发生破坏。玻璃纤维筋在水泥净浆中锚固的长度越大，水泥浆与纤维筋接触面越大，产生的握裹力越大，即表现为破坏荷载越大。

2.2　玻璃纤维筋接头试验

表4为接头试验破坏荷载试验结果，由表4可知，直径25mm玻璃纤维筋，接头长度40mm接头脱落，但纤维筋表面无严重受损破坏脱落；80mm和100mm接头脱落，并且纤维筋表面出现剥离破坏；直径28mm玻璃纤维筋，接头长度40mm、80mm和100mm接头脱落，纤维筋表面出现磨损但无剥离、脱落现象。

接头试验破坏荷载　　　　**表4**

试件	破坏荷载（kN）
25/40	3.4
25/80	123.2
25/100	148.7
28/40	5.7
28/80	70.9
28/100	111.0

图10为破坏荷载与接头长度关系图，由图10可知，接头破坏荷载随着接头长度的增加而增大，直径25mm的

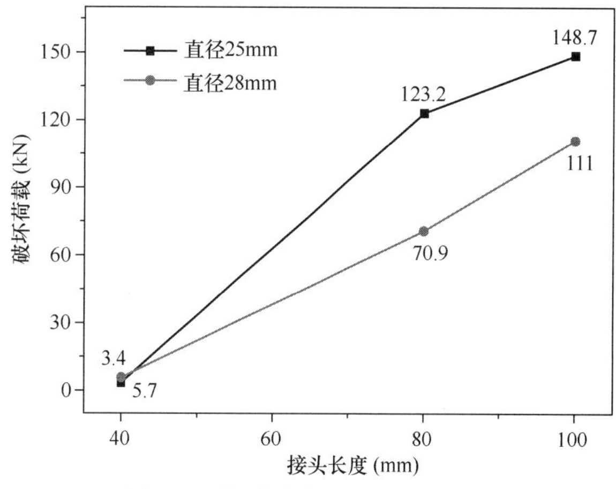

图10　破坏荷载与接头长度关系图

玻璃纤维筋在接头长度为80mm和100mm时破坏荷载大于直径28mm的玻璃纤维筋。当纤维筋接头长度为40mm时，两种类型的纤维筋破坏形式均为表面磨损但无剥离、脱落。此时，接头的破坏荷载即为接头套筒与纤维筋的最大摩擦力，直径越大的纤维筋表面积越大，与套筒产生的摩擦力越大。从接头长度为80mm和100mm的纤维筋破坏表面可以得出，内径为25mm的接头套筒与纤维筋的吻合度要大于内径28mm接头套筒，吻合度越大，产生的摩擦力越大，即破坏荷载越大。

3 结论

（1）冠梁（混凝土）中，直径20mm纤维筋在锚固长度0.8m时被拔断，抗拔力为171.3kN；直径25mm纤维筋的抗拔力随着锚固长度的增长而增大，锚固长度1.2m时抗拔力为370kN且不同锚固长度的纤维筋均被拔出。

（2）砂浆中，直径20mm纤维筋在锚固长度0.6m时被拔断，抗拔力为172.1kN；直径25mm纤维筋的抗拔力随着锚固长度的增长而增大，锚固长度1m时抗拔力为368.2kN且不同锚固长度的纤维筋均被拔出；锚固长度1.2m时抗拔力为387.4kN，夹具出现整体滑脱且纤维筋表面剥离破坏严重。

（3）水泥浆中，直径20mm、25mm的纤维筋的抗拔力随着锚固长度的增长而增大，锚固长度为1.2m时对应的破坏荷载为126.6kN、182.0kN。

（4）接头试验中，直径25mm、28mm的纤维筋的抗拔力随着接头长度的增长而增大，接头长度为100mm时对应的破坏荷载为148.7kN、111.0kN；25mm套筒与纤维筋的吻合度大于28mm套筒。

参考文献：

[1] 冯君，王洋，张俞峰等. BFRP与钢筋锚杆锚固性能现场对比试验研究[J]. 岩土力学，2019(11)：1-9.

[2] 彭义. GFRP筋拉拔模型试验及仿真分析[D]. 武汉：武汉科技大学，2014.

[3] 黄志怀，李国维. 玻璃纤维增强塑料锚杆设计研究[J]. 玻璃钢/复合材料，2008(04)：36-40.

[4] 贾新. 玻璃纤维增强塑料锚杆锚固机理研究[D]. 上海：同济大学，2005.

[5] 胡金星. GFRP锚杆锚固性能研究与分析[D]. 长沙：中南大学，2012.

[6] 张舜泉. 长期荷载作用下GFRP抗浮锚杆蠕变性能研究[D]. 青岛：青岛理工大学，2014.

[7] 闫莫明，徐祯祥，苏自约. 岩土锚固技术手册[M]. 北京：人民交通出版社，2004.

[8] 朱磊. GFRP抗浮锚杆承载性能及变形特性试验研究[D]. 青岛：青岛理工大学，2016.

[9] Larralde J，Silva-R odriguezR. Bond and slip of GFRP rebar's in concrete[J]. Journal of Materials in Civil Engineering，1993，5(01)：30-40.

[10] 张乐文，汪稔. 岩土锚固理论研究之现状[J]. 岩土力学，2002，23(05)：627-631.

[11] 张景元，王海涛，金慧等. 岩土锚固粘结性能的国内外研究现状[J]. 工程建设，2016，48(06)：13-15，24.

[12] 刘汉东，高磊，李国维. GFRP锚杆锚固机理试验研究[J]. 华北水利水电学院学报，2007，28(03)：63-65.

[13] Robert M，Benmokrane B. Physical mechanical and durability characterization of preloaded GFRP reinforcing bars[J]. Journal of Composites for Construction，2010，14(04)：368-375.

[14] 刘大伟. 玻璃纤维锚杆在隧道中的应用[J]. 交通世界·运输车辆，2015(33)：138-139.

[15] 李明华. 玻璃纤维锚杆预加固技术在隧道中的应用研究[J]. 岩土锚固工程，2018(04)：34-38.

[16] 黄志怀. 不同围岩条件玻璃纤维增强塑料锚杆结构机制现场试验研究[J]. 岩石力学与工程学报，2008，27(05)：1008-1018.

某项目边坡险情原因分析及处置

冯科明[1,2]， 王天宝[1,2]， 张　启[1,2]
（1. 北京城建勘测设计研究院有限责任公司，北京 100101；2. 城市轨道交通深基坑岩土工程北京市重点实验室，北京 100101）

摘　要： 某基坑开挖到底，结构施工时适逢北京夏季一场大雨，造成基坑边坡局部开裂渗水流土，局部出现险情并塌坡，影响结构防水的正常施工和施工人员的人身安全，也危及相邻配电室的安全正常使用。笔者应邀前往，听取现场相关方的汇报，查看了相关资料，冒雨踏勘了施工现场及其周边环境，在分析原因的基础上，提出了处置意见。施工方组织实施后，确保了后期施工的安全。本案例对类似工程可以起到较好的警示作用。

关键词： 边坡失稳；原因分析；处置措施

0　前言

随着城市化步伐的加快，建筑必然向天空和地下要空间，因此，带地下室的建筑越来越普遍。因为基坑支护相对于结构来说是一项临时性的工程，主要目的是确保地下结构的顺利实施，所以基坑支护设计是有使用年限的规定，北京市标准[1]是一年。受国家或地方政策、业主投资或其他因素影响，经常见到基坑支护体系超期服役的情况。超过使用年限以后，如要继续使用，需要对支护体系进行必要的鉴定工作，并通过专家组的评审，必要时，需要对支护体系进行必要的补强[2]，以确保支护体系能继续胜任工作。当然，无论是在使用年限之内，还是之外，都必须加强支护体系的变形监测和日常巡视工作，以确保突发事件发生之际，能按照既定的应急预案，实施应急处置[3-8]。

1　工程概况

1.1　项目概况

本项目为拟建生产基地用房，位于北京市东郊。基坑开挖深度 6.55m。

1.2　周边环境条件

场地地形总体东高西低，南高北低。

基坑东侧为简易马路，东南角有一个配电室；南侧公路与拟建建筑物围挡之间为绿地，围挡内施工道路为基坑开挖出土和基础施工时的商混车及其他构件运输的主要施工道路；西侧为施工临建；北侧为已有建筑。

1.3　工程地质条件

工程地质条件比较简单，基坑开挖范围内主要分布两层土，分别为素填土、粉质黏土。

1.4　水文地质条件

水文地质条件也比较简单，由于开挖深度较浅，地下水对基坑开挖无影响。如图 1 所示。

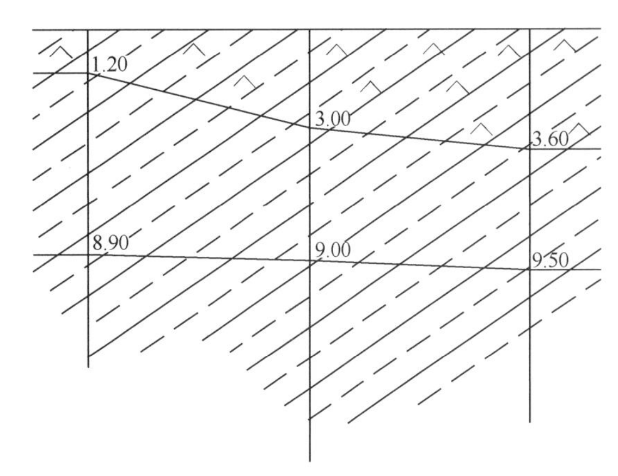

图 1　典型地质剖面图

2　基坑支护设计

考虑基坑开挖深度，周边环境条件，工程地质、水文地质条件及其坑边超载，将基坑支护划分为 3 个剖面。

1-1 剖面：

基坑开挖深度 6.55m，采用 1∶0.3 放坡土钉墙支护方案，范围包括东侧大部分（除配电室部位），西侧，北侧。参见图 2。

2-2 剖面：

基坑开挖深度 6.55m，采用微型桩锚杆复合土钉墙支护方案，范围仅限于东南侧配电室部位。参见图 3。

3-3 剖面：

基坑开挖深度 6.55m，采用 1∶0.3 放坡锚杆复合土钉墙支护方案，范围为基坑南侧。参见图 4。

3　险情实况

（1）东南角配电室部位，坡面出现渗水并携带泥土；坡面上口出现明显沉降。参见图 5、图 6。

（2）南侧大门附近，坡面出现渗水且出现较大位移与沉降；坡顶出现大的裂缝。参见图 7～图 9。

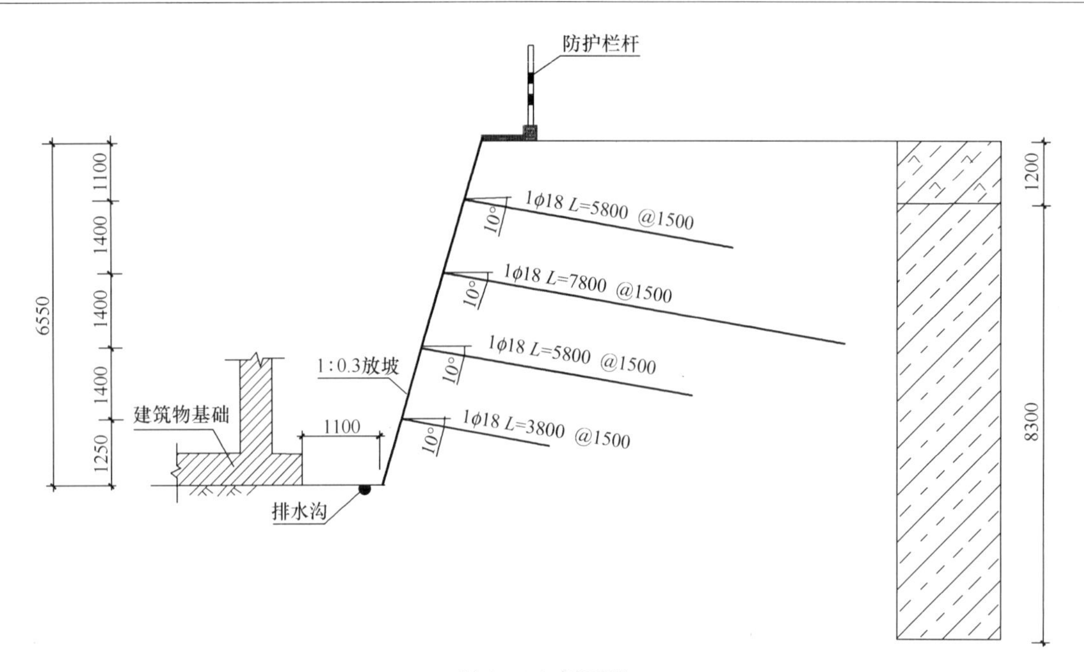

图 2　1-1 剖面图

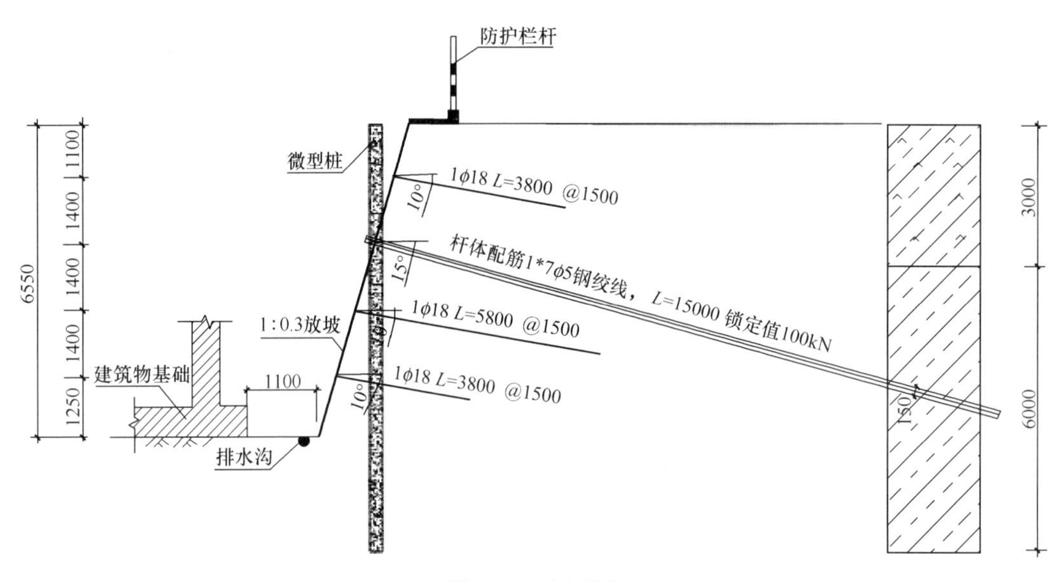

图 3　2-2 剖面图

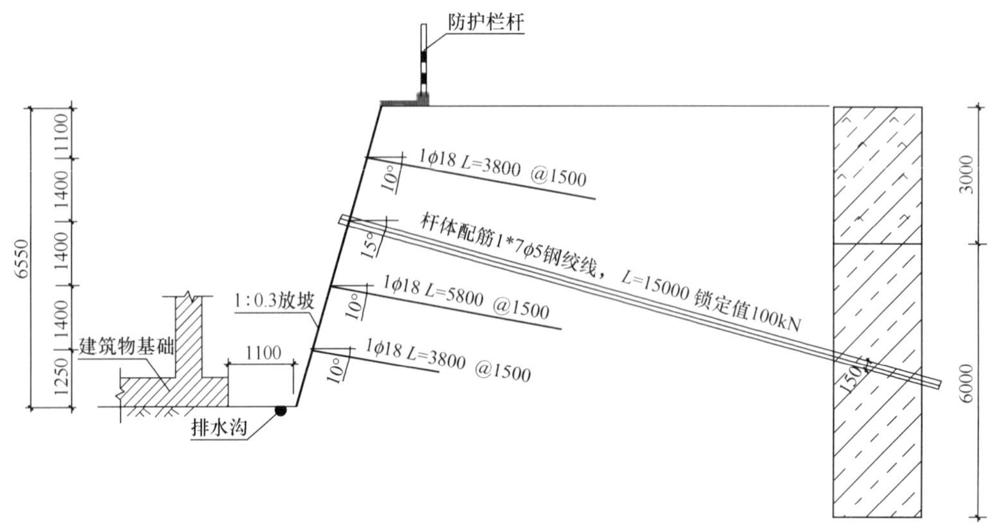

图 4　3-3 剖面图

图5　坡面开裂、渗水带泥

图6　坡顶开裂、下沉

图7　坡面开裂、渗水

图8　坡顶开裂、下沉

图9　地面开裂、下沉

4　原因分析

4.1　东南侧原因分析

（1）该部位地层上部为较厚的素填土，地势较低，相邻部位的地面水都往此间汇集，又没有排水管线，所以下渗，而松散的素填土正好是一个储存空间；

（2）基坑支护属于临时性支护工程，该项目因为某种原因，中途停工，实际支护体系服务年限已超过一年属于超期服役，不知因何原因，既没有单位对支护体系的现状进行安全性评估，也没有经过专家组咨询和评审；

（3）北京2020年8月12日的降雨本来就大，且东郊更甚，引起场地积水较深，超高的水压及原有的饱和土压力突破土钉墙面层，引起坡面开裂，从而渗水带泥，且同时从土钉墙底逸出。

4.2　南侧原因分析

（1）相邻部位的绿化浇水富余部分都往下入渗，又没有排水管线，同样道理，松散的素填土正好是一个储水空间；

（2）原因同4.1（2）；

（3）该部位原为基坑开挖时设置的洗车池，后因其他部位新建洗车池而废弃，采用基坑开挖的土方进行回填，没有经过分层碾压，所以是比较松散的素填土，8月14日上午进行混凝土浇筑时，该部位经过$18m^3$的混凝土罐车4辆，引起超设计加载，该部位立即出现较大的沉降及位移；通过侧向挤压，叠加原有饱和土体土压力，突破土钉墙面层，引起坡面开裂。

5　处置措施

5.1　东南侧处理措施

（1）由于微型桩和预应力锚杆的作用，配电室的安全尚且可以保证。建议目前要暂时阻断其南北方向水的补给，防止持续入渗；

（2）清理坡底积水和淤泥，留足防水施工空间，进行如图 10 所示的支模，采用低强度等级的混凝土灌注，确保边坡稳定，从而确保配电室的正常使用；

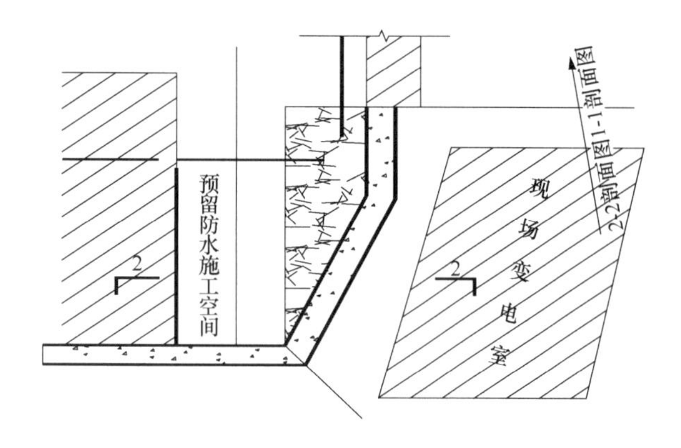

图 10　配电室部位的反压处理

(3) 利用已有结构和回填的混凝土作为反力系统，进行临时支撑，增加基坑支护安全储备，并确保侧壁防水施工时的安全；

(4) 尽快施作该部位的建筑防水，进行该部位的施工肥槽回填；

(5) 利用地质雷达对配电室部位进行探空，对可能存在的空洞进行注浆回填[9,10]；

(6) 加固过程中要注意加强监测与巡视，以确保实施加固的施工人员的安全。

5.2　南侧处理措施

(1) 卸载是最有效的办法；

(2) 其南侧的草坪不能再采用漫灌，而采用喷灌，减少绿化水渗入；

(3) 利用原有土钉和预应力锚杆，重新施作土钉墙面板，如图 11 所示；

(4) 在素填土与黏性土交界处预留导水管[11]，将地层中的滞水导出，通过坑底排水盲沟导入集水井后，集中抽排；

(5) 及时抽排坡底积水，严禁泡槽；

(6) 利用已有结构和安放在土钉墙上的垫板作为反力系统，进行临时支撑，确保侧壁防水施工时的安全；

(7) 尽快施作该部位的建筑防水，进行肥槽回填；

(8) 加固过程中要注意加强监测与巡视，以确保施工人员的安全。

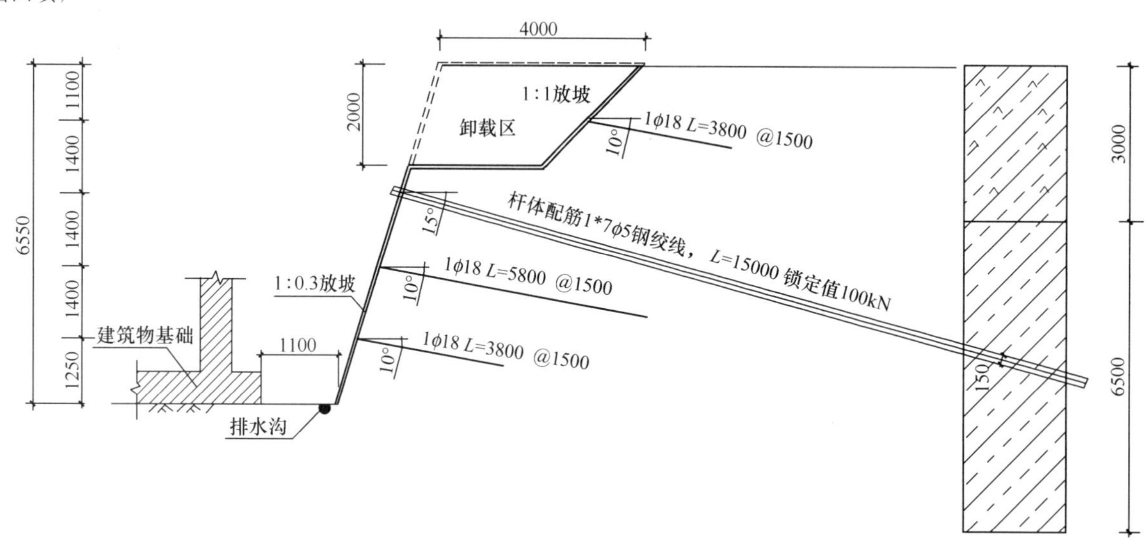

图 11　南侧卸载示意图

6　结语

按照笔者的方案，对基坑支护局部予以加固处置，效果良好。目前，该建筑已投入使用。

参考文献：

[1]　建筑基坑支护技术规程 DB11/489—2016[S]. 北京：北京城建科技促进会，2016.

[2]　高美玲，刘大鹏. 超期服役基坑桩锚结构检测评估及加固措施[J]. 工程勘察，2019，47(05)：18-23.

[3]　石晓波. 某基坑局部变形超控原因及处置[C]// 第十届深基础工程发展论坛论文集，2020.

[4]　冯科明. 复杂环境条件下基坑边坡失稳与加固[C]// 第十届深基础工程发展论坛论文集，2020.

[5]　冯科明、宋克英、曹羽飞. 常见基坑事故类型及应急处置[C]// 第十届深基础工程发展论坛论文集，2020.

[6]　冯科明，彭占良，齐路路，等. 某基坑支护变形超限之处置[C]// 第十届深基础工程发展论坛论文集，2020.

[7]　朱磊，付军. 某软土基坑复合土钉支护失稳分析与加固处理[C]// 第十届深基础工程发展论坛论文集，2020.

[8]　李军辉，方明. 宁波轨道交通工程某基坑围护桩间漏水的分析及处理措施[C]// 第十届深基础工程发展论坛论文集，2020.

[9]　苗宇宽，郭景力. 地质雷达在城市道路地下空洞勘察中的应用[J]. 矿产勘查，2008，11(09)：85-88.

[10]　刘传孝. 探地雷达空洞探测机理研究及应用实例分析[J]. 岩石力学与工程学报，2000，19(02)：238-238.

[11]　冯科明等. 某基坑地面塌陷原因分析及其处置 [C]// 第十届深基础工程发展论坛论文集，2020.

粉细砂地层盾构始发洞口加固区降水技术研究

王　松[1]，解西成[1]，侯慧锦[1]，王　龙[2]，张学锋[3]
（1. 中勘冶金勘察设计研究院有限责任公司，河北 保定 071000；2. 中铁一局集团城市轨道交通工程有限公司，陕西 西安 710000；3. 中铁三局集团桥隧工程有限公司，四川 成都 610000）

摘　要：盾构始发与接收是盾构施工中风险较大的环节，特别在富水粉细砂地层中施工时容易发生涌水涌砂。本文以某工程为例，通过因素分析、理论计算和软件验证，结合工程运行结果，对地铁盾构在细砂、粉砂地层中进出洞门加固区域降水进行了研究，有效地降低了加固区地下水位，保证了盾构的顺利始发，为类似地层降水提供了经验。

关键词：盾构始发加固区；富水；粉细砂地层；降水

0　引言

城市地铁在缓解交通压力方面起到了很重要的作用，同时给人们的出行带来了极大的便利。地铁施工的工法中，盾构法是最主要的工法之一。盾构洞口土体加固有效地提高了该区域土体强度，保证了在围护结构拆除的情况下土体稳定，减少了土体的透水性，防止了地层变形对地面建筑物和管道的影响。因此端头降水往往作为辅助措施、应急措施而不被重视，造成端头涌水涌砂，无法施工。本文以某工程始发端降水为例，研究加固与降水的相互关系，为类似地层提供参考依据。

1　工程概况

某地铁盾构隧道埋深 16.7m，静水位埋深 8.9m。车站盾构始发井前端加固区采用三轴水泥搅拌桩，加固范围为隧道轴向 6m，上下左右 3m。加固采用直径 850mm 桩，间距为 600mm。该区域原设计为 5 口降水井，井管采用直径为 325mm 无砂管。降水井成孔直径为 400mm，深度 28m，原降水井平面分布见图 1。

问题在于在降水井开启情况下，洞口水位浸润线埋深在 13～14m 位置，距离隧道底端有 3m，且在浸润线以下范围内探孔有漏水涌砂现象，没有达到降水效果，无法破除洞门进行隧道掘进，严重影响工程进度。

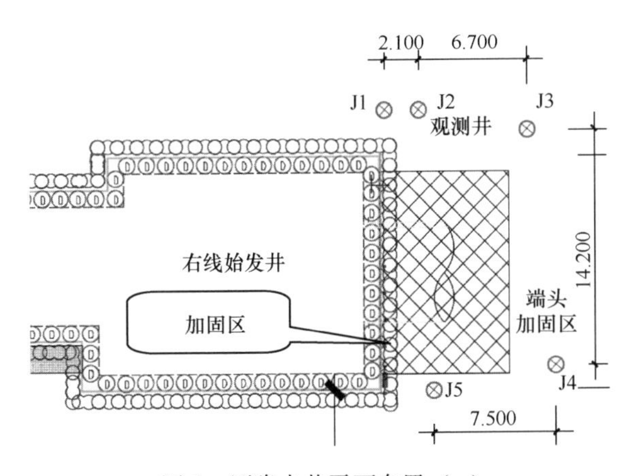

图 1　原降水井平面布置（m）

图 2　洞口浸润线照片

2　地质及水文地质情况

2.1　场地地层岩性

根据岩土的时代成因、地层岩性及工程特性，本场地勘探揭露 60m 深度范围内地层主要为人工填土及第四系全新统（Q_4）粉质黏土、黏质粉土、细砂，第四系上更新统（Q_3）粉质黏土、黏质粉土，第四系中更新统冲积层（Q_2）粉质黏土等土层，现将勘察深度内的土层按其不同的成因、时代及物理力学性质差异自上而下分为 14 个工程地质单元层。

各层土的岩性特征及埋藏条件分述如下：

①$_1$层杂填土（Q_4^{ml}）：城市道路上表层主要为柏油路面，厚约 20cm 下部主要为灰土垫层、人工堆填粉土，局部含大量砖块、混凝土、灰渣等建筑垃圾，成分杂乱，结构松散。本层土力学性质不均匀。本层层底埋深 1.0～5.2m，层厚 1.0～5.2m，层底高程 81.90～87.21m。

②$_3$ 层细砂（Q_4^{al}）：褐黄色，稍湿，稍密—中密。主要矿物成分为长石、石英，含少量云母。本层层底埋深 2.7～6.0m，层厚 1.4～2.8m，层底高程 81.10～84.17m。

②$_{2\text{-}2}$层粉质黏土（Q_4^{l}）：灰褐色，软塑—可塑，切面有光泽。干强度及韧性高，无摇振反应。见蜗牛壳碎片。本层层底埋深 8.3～15.5m，层厚 1.4～5.6m，层底高程

71.84～79.66m。

②$_{3-4}$层细砂（Q_4^{al}）：褐黄色，稍湿，中密—密实。主要矿物成分为长石、石英，含少量云母。本层层底埋深14.0～17.4m，层厚1.1～6.0m，层底高程69.21～74.35m。

②$_{4-1}$层粉砂（Q_4^{al}）：灰褐色、褐黄色，饱和，中密—密实。主要矿物成分为长石、石英，含少量云母。局部含少量砾石。本层层底埋深18.0～20.2m，层厚1.2～5.8m，层底高程66.21～69.65m。

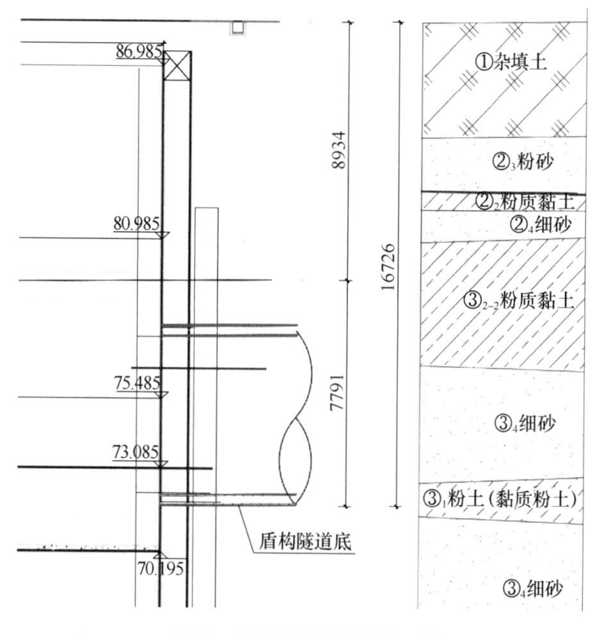

图3　盾构端头地层剖面图

2.2　水文地质情况

根据盾构端头附近的勘察孔及盾构结构埋深情况，该区域需要降水的主要地层为9m以下的细砂层和粉土层。

（1）地表水

本场地附近无地表水。

（2）地下水

本区间场地勘察期间，稳定地下潜水水位埋深介于7.3～9.6m（水位高程78.17～79.35m），本场地地下水类型为第四纪松散岩类潜水。地下水主要赋存于约10.0m以下粉土、粉细砂层中。

（3）地下水的补给、径流、排泄条件、水位及其动态特征

地下水补给主要有降水入渗、地表水下渗、地下水侧向径流等补给。地下水由西、西南向东及东北径流。水力坡度约0.5‰，径流条件稍差。地下水的排泄，主要为开采排泄和蒸发排泄。

3　漏水涌砂因素分析及处理方案

3.1　因素分析

抽水井J1、J3，观测井J2。降水井动水位25m，观测井水位为12m。根据现场涌水量测算，降水井的涌水量为6.6m³/h。

根据上述情况及调查结果，导致洞口探孔出现漏水涌砂的原因有以下几点：

（1）地层原因

洞门断面位于细砂层，该层渗透系数较大，土体稳定性差。渗漏点正好位于该地层，从现场渗漏出的水和砂来分析，符合该判断。

（2）施工交界面原因

水流受加固体阻挡形成绕流，加固体与围护结构的夹缝薄弱处在较大渗流压力下形成流水通道并发生涌水涌砂状况。

（3）降水井出水量不足

在降水井启动抽水的情况下，该区域地下水位较高，由于降水井出水量达不到设计要求，仅为6.6m³/h而引起的。

1）洞口加固区的影响

洞口加固区采用ϕ850@600的三轴搅拌桩进行加固。该工艺为采用一定压力下由搅拌头往地层中输送水泥浆并与土层搅拌而成。搅拌桩施工过程中水泥浆部分会渗透到周边地层中而影响中细砂的渗透性，以至于影响了该固结体周边降水井的出水量。

2）降水井成井结构

根据调查结果，已施工的降水井在成孔直径方面有些偏小，致使井管周边环状间隙过小，这导致降水井的反滤层厚度降低，从而影响降水井的出水量。

3.2　处理方案

针对出现的上述情况，项目部邀请多方单位进行商讨解决措施与方案。最终决定：

（1）重新布设降水井，布设位置为加固区外3～4m位置；

（2）进行降水井设计，计算降水引起的沉降；

（3）要求成孔直径大于550mm；成井后立即用水泵及空压机联合洗井；

（4）计算并监测降水对地层的影响。

4　降水方案设计

（1）涌水量确定

根据降水井重新布设原则，依据《建筑基坑支护技术规程》JGJ 120—2012，涌水量计算按均质含水层潜水完整井模型，计算公式为：

$$Q=1.366K\frac{(2H-S)S}{\lg\left(1+\frac{R}{r_0}\right)} \tag{1}$$

式中：K——含水层平均渗透系数；

H——含水层厚度，取值30m；

S——水位降深，底板埋深16.7m，静水位埋深8.9m，因此降深9m；

R——影响半径，取值100m；

r_0——等效半径。

据式（1）求得 $Q=4217m^3/d$。

（2）管井数量确定

干扰井群单井出水量按每口井 $1000m^3/d$ 考虑，则需降水井数量为：

$$n=4217/1000\approx5\text{ 口}$$

本次降水按一级基坑考虑，安全系数取 1.2，则需设计降水井总数量为 6 口。

（3）管井深度（H_W）确定

根据《建筑与市政工程地下水控制技术规范》JGJ 111—2016，管井深度公式：

$$H_W=H_{W1}+H_{W2}+H_{W3}+H_{W4}+H_{W5}+H_{W6} \quad (2)$$

式中：H_W——降水井设计深度（m）；

H_{W1}——孔口至基坑底深度（m），取 16.7m；

H_{W2}——降水位距基坑底要求的深度（m），取 1.0m；

H_{W3}——ir_0；i 为水力坡度，在降水井分布范围内宜为 1/5；r_0 为降水井分布范围的等效半径或降水井排间距的 1/2（m），r_0 取 3m；

H_{W4}——降水期间的地下水位变幅，取 1.0m；

H_{W5}——降水井过滤器工作长度（m），取 3.0m；

H_{W6}——沉砂管长度（m），取 2.0m。

计算得出：管井深度 $H_W=28m$。

5 地下水位变化及地表沉降

根据降水井重新布设原则及降水计算结果，采用理正岩土软件进行降水验算，以验证降深及降水引起的地层沉降。

从图 5、图 7 可以看出，该盾构端头加固区在布设 6 口降水井的情况下，加固区域地下水降深≥9.0m，满足设计要求。围绕着该区域降深近似呈现同心圆，且中心大外侧小的漏斗状。

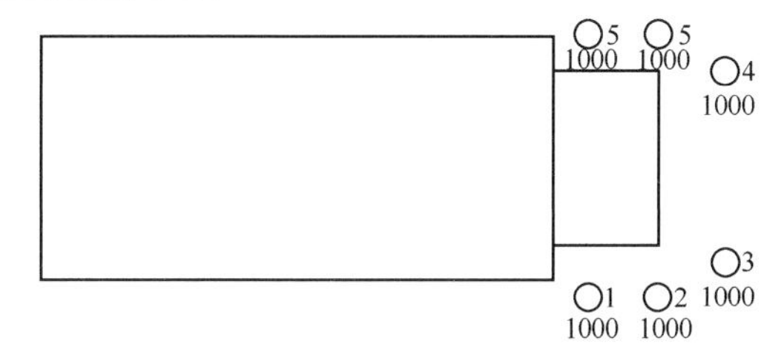

图 4　井位布设图

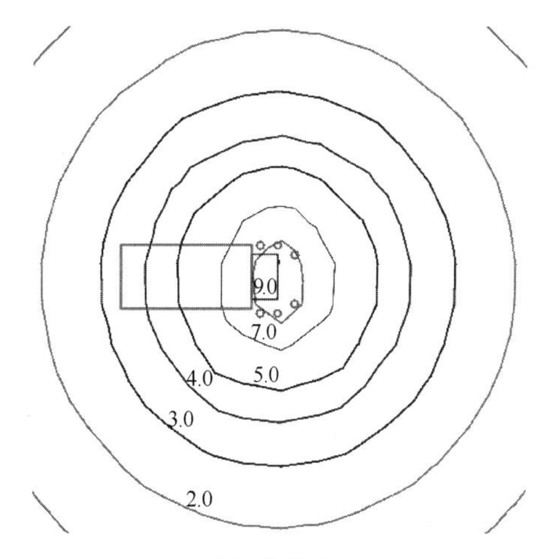

图 5　降深等值线图（m）

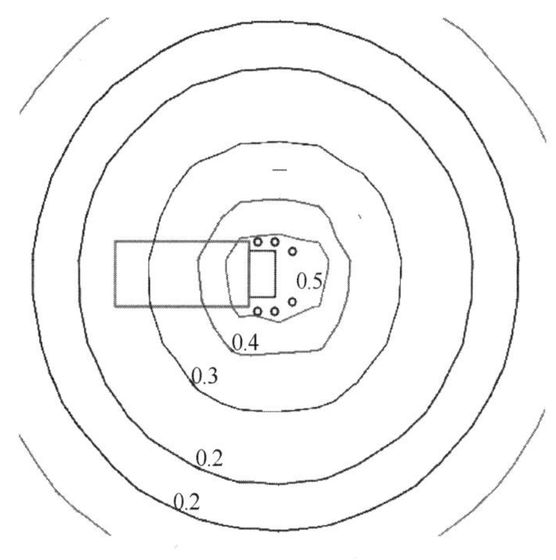

图 6　沉降等值线图（cm）

从图 6 可以得出降水引起的地表沉降最大值为 5mm，且沉降分布与降深等值线分布相似。降水引起地层沉降主要是由于水的排出，使砂颗粒骨架承受的有效应力增加，致使砂颗粒之间排列更趋紧密，从而引起沉降。

6 降水运行结果

根据设计要求施工并运行降水井，根据水位监测情况，端头加固区水位降至盾构洞门以下，未出现渗漏水现象，为安全破除洞门，保证盾构顺利始发奠定了基础。后期盾构进出洞加固区降水按此方案进行了施工，进一步验

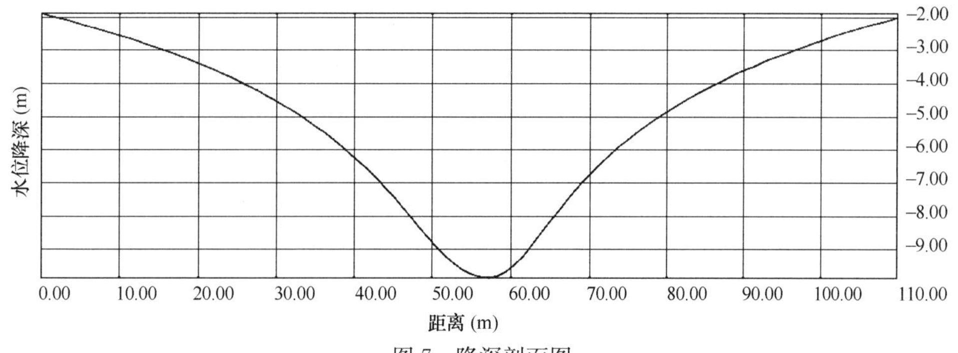

图 7　降深剖面图

证了该方案的可实施性和有效性，为现场施工极大地节约了工期和成本。

7 结论

本文以实际工程遇到的降水事故为例，通过因素分析、理论计算和软件验证，结合工程运行结果，对地铁盾构在细砂、粉砂地层中进出洞门加固区域降水进行了研究。研究结论如下：

（1）在距水泥搅拌桩加固区域相对较远的位置布设降水井，距离过近影响降水井出水效果。

（2）盾构端头加固区在布设6口降水井的情况下，加固区域地下水降深≥9.0m。围绕着该区域降深近似呈现同心圆，且中心大外侧小的漏斗状。降水引起的地表沉降最大值为5mm，且沉降分布与降深等值线分布相似。

（3）该地层透水率大，降水井成孔直径应大于等于550mm，以保证单井出水量。

（4）在粉土粉砂等软土地层中降低端头水位能有效减少洞门发生漏水涌砂现象的发生，且相对其他如增加止水帷幕、调整端头加固方法及加大端头加固范围等措施，费用较低。

参考文献：

[1] 王松等. 基于FLAC深基坑支护结构模拟分析[J]. 勘察科学技术，2017(03)：6-10+26.
[2] 姚天强. 基坑降水手册[M]. 北京：中国建筑工业出版社，2006.
[3] 袁细军. 粉砂地层盾构始发及到达端头降水技术[J]. 城市建设理论研究，2013(12)：1-4.
[4] 任伟，王松. 弱透水地层条件下降水试验研究分析[J]. 现代隧道技术，2019，56(04)：188-193.

考虑水影响的断层区围岩亚分级的研究

焦庆旺[1]， 陈义龙[1]， 赵桂艳[2]
（1. 山西华晋岩土工程勘察有限公司，山西 太原 030021；2. 中化二建集团有限公司，山西 太原 030021）

摘　要：在断裂区围岩变化频繁，如何根据现场揭露的围岩实际情况进行分级，采取对应的支护措施防止围岩坍塌和大变形是在这类区段施工的重点和难点。本文以青藏线的关角隧道断层区隧道围岩为研究对象，对有水和无水两种条件下的支护结构内力进行计算和分析。计算的结果表明在有水和无水情况下，围岩的分类越差，支护结构的内力相差越大，即恶化越严重。为了应对断层区围岩可能发生的坍塌、大变形，结合断层区围岩的特征、受断层影响情况和地下水发育状况将关角隧道断层区围岩等级由原来的Ⅳ、Ⅴ两类细划分为$Ⅳ_1$、$Ⅳ_2$和$Ⅴ_1$、$Ⅴ_2$两类四个亚级，并针对性提出相应的现场定性判别标准。同时为应对细化分级带来的设备、工序变化，加快隧道断层区段的施工进度，结合断层区围岩亚分级提出对应的开挖方法为上下台阶法和上下台阶预留核心土的施工方法。

关键词：断层区；地下水；围岩亚分级

0　前言

围岩分级作为工程建设的一种重要手段，一直受到设计者和施工单位的重视，为此进行了一系列的研究和制定了相应围岩分级标准。2013 年制定了国家标准《工程岩体分级标准》GB/T 50218，铁道部、交通部、水利部等也在其设计和施工规范中制定了围岩的分级标准。这些分级标准对相关领域的工程建设起到了推动作用[1-3]。然而，随着工程建设的发展，规范、标准界定的围岩分级标准不能满足施工的需要，为此国内外学者及隧道建设者针对特定类别的围岩、地质条件或不同的工程需求提出了相应的分级标准和分级方法[4-8]。这些方法和分级标准是对工程设计和施工规范的进一步细化，而关于断层区围岩的分级仅限于规范中考虑地质构造的影响，断层区围岩的亚分级标准尚未见到报道。断层区围岩一般为破碎，多为Ⅳ、Ⅴ级的围岩，为地下水赋存和流通提供了良好的条件和环境，按照以往围岩划分标准难以满足工程的实际需要。因此，研究考虑地下水作用下的断层区围岩划分标准是很有必要的。

本文以青藏线西格段新建二线关角隧道 9 号工区的隧道围岩为研究对象，研究其断层区围岩的定性亚分级及现场判别标准，为该工程通过断层区开挖方法选择提供建议和技术支持，同时对类似工程提供一定的借鉴意义。

1　工程概况

青藏线西格段新建二线的关角隧道设计为两座单线隧道，全长 32645m，位于既有铁路天竣至察汗诺段，绝对高程 3400～4500m，地形、地质条件极其复杂，为全线的重点控制工程。关角隧道 9 号工区隧道正洞穿过二郎洞断层破碎带，正洞埋深为 128～230m，总长度约 2600m。该区域的断层发育，主要发育有 1 条区域性深大断裂（F3）、4 条二级断裂（f20、f22、f23、f25），穿越断层破碎带约 1010m。详见图 1。

9 号工区部分段落围岩等级划分及施工中出现的工程问题情况见表 1。

9 号工区围岩等级及工程问题　　表 1

里程	围岩级别	工程的主要问题
DyK303＋680～DyK304＋565	Ⅴ	DyK304＋000～＋060：二郎洞断层（F3）破碎带，拱部掉块、坍塌严重，围岩整体稳定性差；DyK304＋275～＋285：发生了大变形，初期支护开裂、钢架扭曲、支护倾斜；DyK304 ＋ 475 ～＋495：该段发生了大变形，导致初期支护变形、开裂严重
DyK304＋565～＋760	Ⅳ	
DyK304＋760～＋930	Ⅴ	
DyK304＋930～＋960	Ⅳ	
DyK304＋960～DyK305＋010	Ⅴ	

原有围岩分级对工程建设的设计和施工有重要的指导作用，但断层区围岩需要进一步的分级细化才能满足工程建设的实际需求。

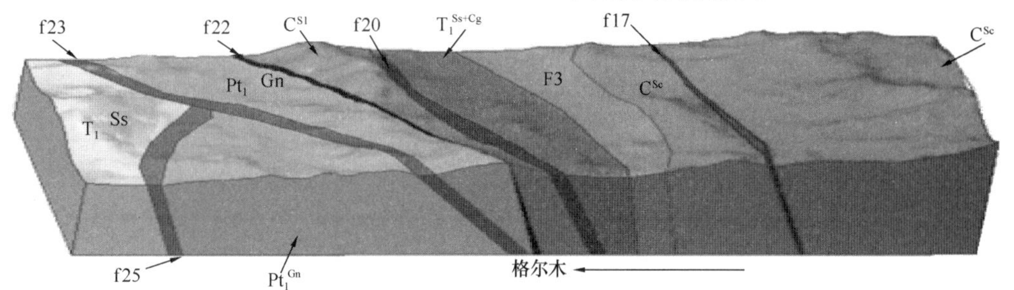

图 1　关角隧道 9 号工区三维地质简图

基金项目：铁道部科技研究开发计划项目（2007G035）。

2 地下水对围岩力学特性及支护结构内力的影响分析

2.1 地下水对隧道围岩的影响

地下水对围岩的影响主要作用在以下三个方面：

（1）浸泡结构面、软弱层和破碎带使其软化，同时在岩石表面形成水膜，从而降低其黏聚力和内摩擦角，使岩体工程力学参数降低。

（2）小股涌水带走软弱面间的填充物，使岩体粘结强度进一步降低，从而降低围岩的稳定性。

（3）根据太沙基的有效应力理论，作用在饱和岩土体上的总压力σ，等于作用在岩土骨架上的有效压力σ'与孔隙水压力u之和，即$\sigma=\sigma'+u$。由于地下水的存在，使作用在岩体骨架上的有效应力小于总压力，从而进一步降低围岩的稳定性。

2.2 地下水对支护结构内力的影响

1. 支护内力计算模型及参数选取

为了进一步了解地下水对工程施工的影响，结合工程现场的施工方法及设计参数，进行了二维的数值分析。地下水位线选取设计参数，现场围岩节理裂隙发育，按照各向同性材料进行计算。具体参数详见表2和表3。

数值分析采用二维平面弹塑性模型，围岩采用弹塑性材料，采用屈服准则，支护采用单元模拟。有限元模型及具体开挖方法、步骤参见图2。

围岩计算参数　　表2

计算参数	弹性模量（MPa）	泊松比	重度（kN/m³）	黏聚力（MPa）	内摩擦角（°）	渗透系数（m/s）
Ⅳ级围岩	2300	0.3	26.5	0.5	30	4.8e^{-5}
Ⅴ级围岩	1000	0.4	26.0	0.2	25	7.38e^{-5}

支护计算参数　　表3

计算参数	弹性模量（MPa）	泊松比	重度（kN/m³）	支护厚度（m）	锚杆布设（m×m）	锚杆长度（m）
Ⅳ级支护	25000	0.25	25.0	0.12	1.2×1.2	3.0
Ⅴ级支护	26900	0.20	25.0	0.25	1.2×1.0	3.0

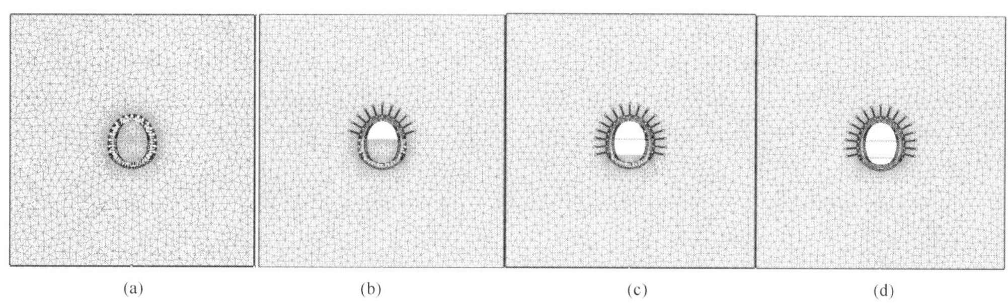
(a)　(b)　(c)　(d)

图2　计算步骤

2. 计算结果分析

对Ⅳ、Ⅴ级围岩在不考虑水和考虑水的情况进行模拟，并对支护的轴力、弯矩和剪力进行分析。

从图3中的数据可以看出，在有水条件下，Ⅳ级围岩的支护轴力增大21%，并且轴力最大位置从拱腰转移到拱顶；最大弯矩在无水时出现在边墙，而在有水时，最大负弯矩出现在拱腰，并且比无水条件下提高3～5倍。在无水条件下，最大剪力位置在仰拱和边墙交接处；而在有水条件下剪力最大位置出现在拱部，并且最大剪力值相比无水条件时提高了33%。

从图4中可以看，轴力在有水条件下相比无水条件下时降低不到2%，并且轴力分布变化不大；正负弯矩最大值在无水条件时出现在边墙—仰拱交接处和拱腰处，在有水条件下正负弯矩分别出现在边墙—仰拱交接处和拱部，最大值相比无水条件分别增加6倍和15倍；无水条件下最大剪力值出现在边墙—仰拱交接处，而在有水条件下最大剪力出现在拱部，相比无水条件下增加了2倍。Ⅴ级围岩支护结构力学状态较无水条件下出现了较大恶化。

(a)

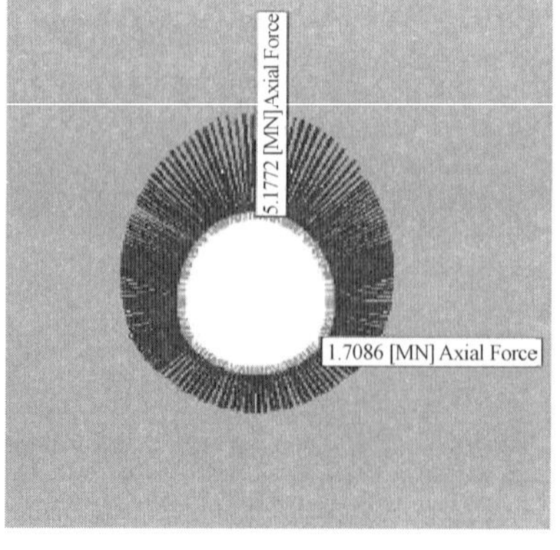

(b)

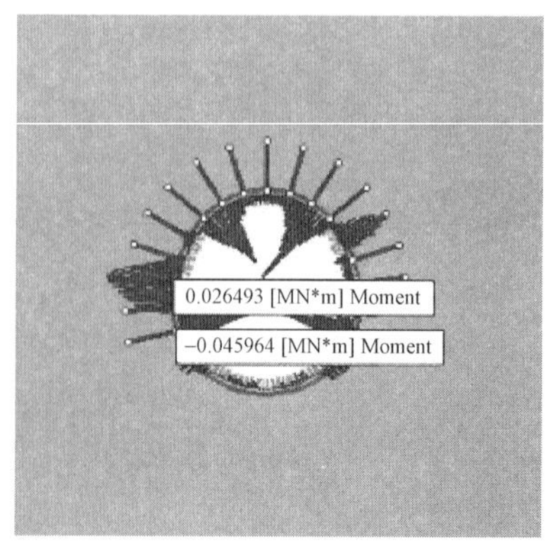

(c)

图3　有水和无水情况Ⅳ级围岩支护的内力分布图（一）

（a）无水情况初支轴力；（b）有水情况初支轴力；（c）无水情况初支弯矩

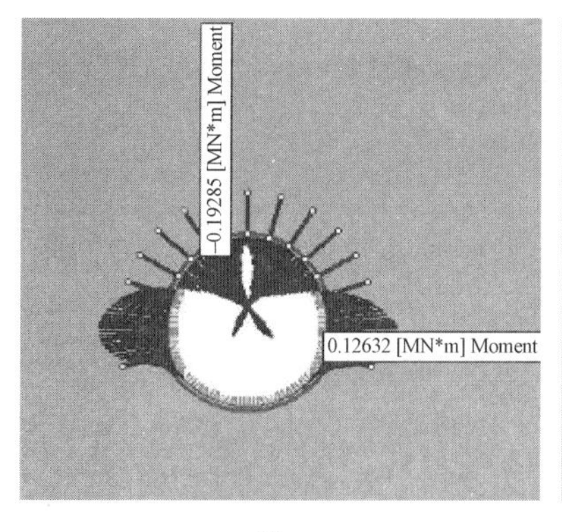

(d)

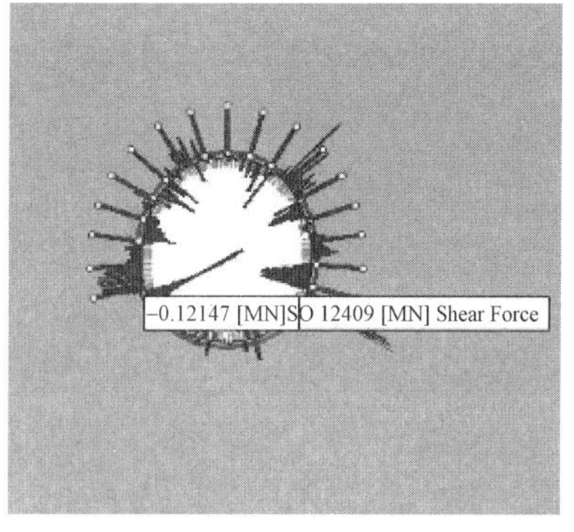

(e)

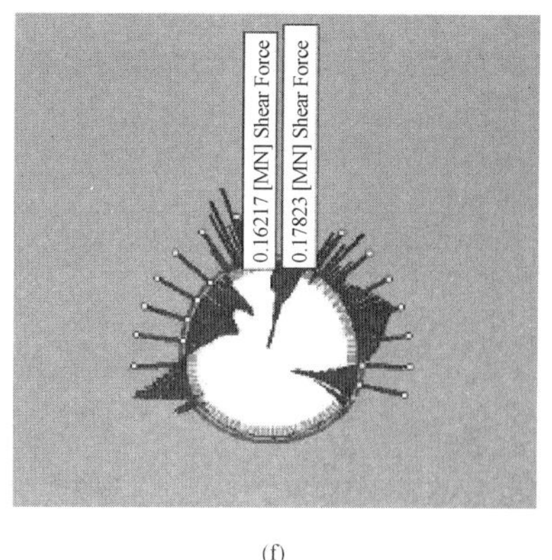

(f)

图 3　有水和无水情况Ⅳ级围岩支护的内力分布图（二）

（d）有水情况初支弯矩；（e）无水情况初支剪力；（f）有水情况初支剪力

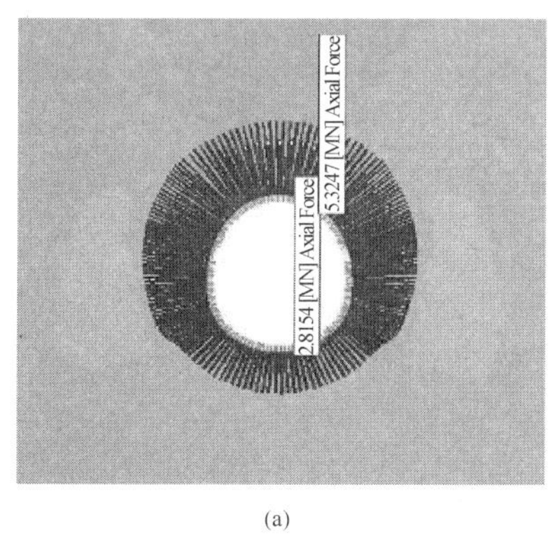

(a)

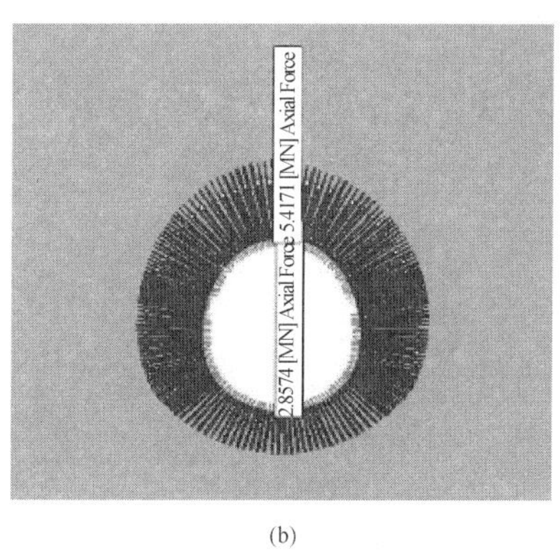

(b)

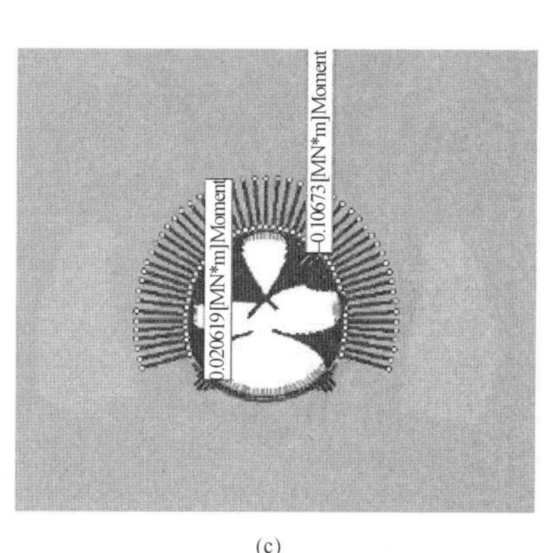

(c)

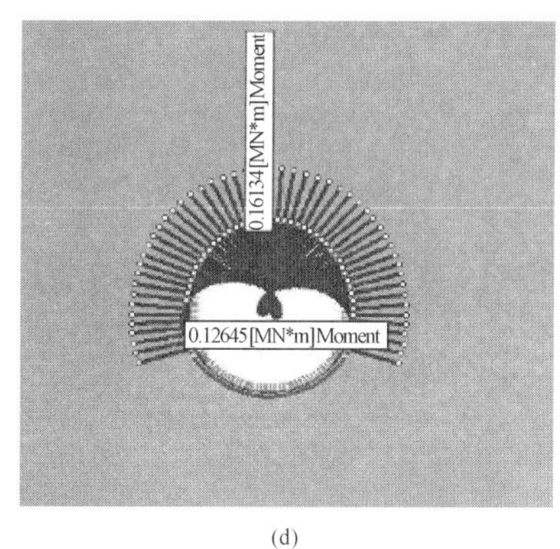

(d)

(e)

(f)

图 4　有水和无水条件下Ⅴ级围岩支护内力分布图

（a）无水情况衬砌轴力；（b）有水情况衬砌轴力；（c）无水情况衬砌弯矩；

（d）有水情况衬砌弯矩；（e）无水情况衬砌剪力；（f）有水情况衬砌剪力

从以上分析结果可知，相比断层区围岩无论在无水条件下还是在有水条件下支护结构的力学状态都出现了恶化，同时也可以看出在相同的水压力条件下Ⅳ级围岩力学状态较Ⅴ级围岩力学状态变化更大。根据以上计算分析结果可以得出以下结论：

（1）支护结构在有水条件下较无水条件内力状态出现了恶化。

（2）在有水和无水条件下，围岩等级越差，支护结构的内力相差越大，即恶化越严重。

3　围岩亚分级及现场判别标准

3.1　围岩定性亚分级标准

从上述分析结果来看，地下水的存在对支护结构的影响是显著的，此外在断裂构造发育区围岩情况变化大，如何根据现场揭露的围岩情况快速辨别围岩级别，并采取相应的支护措施防止坍塌、大变形是这类区段施工的重点和难点。按照以往的围岩分级标准无法满足施工的实际需求。如关角隧道 DyK304＋475～＋495 原设计为Ⅴ

级围岩，最终该段发生了大变形，导致初期的支护结构发生较大的变形、开裂严重，对工程的掘进影响很大，严重制约工程的进度。总结以往的围岩分级方法，以断层区岩石的物理力学特性、节理统计、地下水情况为依据，结合9号工区实际围岩、施工条件，提出围岩定性亚分级标准，具体见表4。

9号工段断层区围岩定性亚分级标准 **表4**

分级		围岩基本特征	受断层影响情况	地下水情况
Ⅳ	Ⅳ$_1$	岩体节理较发育，围岩为较破碎的软质岩	受断层影响较重	地下水较发育，沿裂隙出水拱部滴水或沿裂隙细小股状出水
		岩体节理发育，围岩为破碎的软质岩	受断层影响严重	地下水不发育，围岩呈干燥、潮湿状态
		岩体节理很发育，岩体极破碎的硬质岩	受断层影响很严重	地下水不发育，围岩呈干燥、潮湿状态
	Ⅳ$_2$	岩体节理较发育、发育，围岩为较破碎、破碎的硬质岩	受断层影响较重或严重	地下水发育，以股状涌水形式流出
		岩体节理发育，围岩为破碎的软质岩	受断层影响严重	地下水较发育，沿裂隙出水，拱部滴水或沿裂隙细小股状出水
Ⅴ	Ⅴ$_1$	岩体节理较发育，围岩较破碎、破碎的软质岩	受断层影响较重、严重	地下水发育，以股状涌水形式流出
		岩体节理很发育，岩体极破碎的硬质岩	受断层影响很严重	地下水较发育，沿裂隙出水，拱部滴水或沿裂隙细小股状出水
		岩体节理很发育，岩体极破碎的软质岩	受断层影响很严重	地下水不发育，围岩呈干燥、潮湿状态
		断层碎裂岩、断层角砾岩，岩体呈碎裂结构及粉末泥土	断层破碎带	地下地下水不发育，围岩呈干燥、潮湿状态
	Ⅴ$_2$	岩体节理很发育，岩体极破碎的硬质岩	受断层影响很严重	地下水发育，以股状涌水形式流出
		岩体节理很发育，岩体极破碎的软质岩	受断层影响很严重	地下水较发育，沿裂隙出水，拱部滴水或沿裂隙细小股状出水
		断层碎裂岩、断层角砾岩，岩体呈碎裂结构及粉末泥土	断层破碎带	地下水较发育，沿裂隙出水，拱部滴水或沿裂隙细小股状出水

3.2 围岩亚分级的现场判别标准

结合前面的断层破碎带围岩亚分级定性判别标准，9号工区的钻孔资料、地下水发育以及受断层影响情况进行现场调查和分析，制定断层区围岩分级的现场判别标准，见表5。

9号工区围岩的亚分级现场判别标准及分级 **表5**

起讫里程	围岩基本特征	受断层影响情况	地下水发育情况	围岩级别
DyK303+680～+915	断层角砾为主，混夹有钙质、泥质填充物。灰色、灰黑色，挤压强烈，断层泥夹有角砾，围岩极破碎	断层破碎带	地下水不发育，沿裂隙滴水，拱部滴水	Ⅴ$_1$
DyK303+915～DyK304+010	碎裂岩及断层泥组成，碎裂岩，原岩为泥岩、混合片麻岩，褐红色，碎裂构造，岩质较软，岩体破碎	断层破碎带	地下水较发育，沿裂隙小股状出水	Ⅴ$_2$
DyK304+010～+165	为下元古界混合片麻岩，青灰色夹肉红色，粗粒状变晶结构，片麻状构造；节理裂隙发育，局部为泥质填充，岩质较硬，岩体破碎	受断层影响很严重	地下水不发育，局部滴水	Ⅴ$_1$
DyK304+165～+235	为下元古界混合片麻岩，青灰色夹肉红色，粗粒状变晶结构，片麻状构造；节理裂隙发育，局部为泥质填充，岩质较硬，岩体破碎	受断层影响很严重	地下水发育，拱顶有雨状滴水、渗水	Ⅴ$_2$

续表

起讫里程	围岩基本特征	受断层影响情况	地下水发育情况	围岩级别
DyK304+235～+245	为下元古界混合片麻岩，青灰色夹肉红色，粗粒状变晶结构，片麻状构造；节理裂隙发育，局部为泥质填充，岩质较硬，岩体破碎	断层影响严重	地下水不发育，有渗水现象	IV_1
DyK304+245～+474.2	断层碎裂岩、断层角砾，成分为变质砂岩，岩体呈碎块状压碎结构、松散结构，泥质填充，岩体结合力差	断层破碎带	地下水不发育，岩体干燥	V_1
DyK304+474～+497	为石炭系板岩，灰白色、灰黑色，薄层状、板状构造，板理发育，节理、裂隙发育，泥质填充，岩体破碎，岩质较软，碎块状松散结构，层间结合力差	受断层影响很严重	地下水较发育，岩体潮湿，局部渗水	V_2
DyK304+497～+565	由灰色、黑色断层泥及断层角砾组成，花岗斑岩，挤压构造作用强烈，岩体挤压松散破碎，岩质软弱	断层破碎带	地下水不发育，岩体较干燥	V_1
DyK304+565～+755	华力西期花岗质碎斑岩，青灰色、浅灰绿色，颜色和机构不均匀，全晶质细粒斑状结构，块状构造，方解石脉贯入胶结，岩体较破碎	断层影响严重	地下水不发育，局部滴水	IV_1
DyK304+755～+765	华力西期花岗质碎斑岩，青灰色、浅灰绿色，颜色和机构不均匀，全晶质细粒斑状结构，块状构造，方解石脉贯入胶结，岩体较破碎	断层影响严重	地下水发育，地下水以股状涌水形式出露，水量约为 $300m^3/d$	VI_2
DyK304+770～+910	主要为断层碎裂岩、断层角砾，成分以混合片麻岩为主，岩体呈碎块状压碎结构	断层破碎带	地下水不发育，岩体较干燥	V_1
DyK304+910～+960	下元古界混合片麻岩，灰白色、青灰色，中细粒变晶结构，片麻状构造，节理裂隙发育，泥质填充，不规则发育有石英脉体，岩质较硬	断层影响严重	地下水不发育，岩体较干燥	IV_1
DyK304+960～DyK305+100	断层带物质组成为碎裂岩，灰黑色、灰白色，原岩为混合片麻岩、板岩，岩体受构造影响很严重，受挤压作用明显，表面多光泽，可见擦痕，岩质较软	断层破碎带	地下水不发育，岩体较潮湿，局部有渗水、滴水并有小股涌水	V_1

3.3 围岩亚分级后对应采取的相应工程措施

从上面围岩分级情况来看，围岩分级变化很大，短的只有 10m 左右。为了应对断层区可能发生的坍塌、大变形，同时应对分级变化带来的设备、施工工序变化，加快断层破碎带区段的工程施工进度，提出对应的开挖方法为上下台阶法和上下台阶预留核心土法。结合断层区围岩分级提出对应的施工加强措施，见表 6。

围岩亚分级后对应的工程施工措施　　表 6

围岩级别		亚分级后对应的工程施工措施
Ⅳ	IV_1	上下台阶法开挖，超前小导管注浆
	IV_2	上下台阶法开挖，适当减小钢拱架间距，加长锁角锚杆长度，超前小导管注浆
Ⅴ	V_1	上下台阶预留核心土法或三台阶法开挖
	V_2	上下台阶预留核心土法开挖，适当减小钢拱架间距，当钢拱架间距小于 0.5m 时，增大钢拱架型号，拱顶部位锚杆长度不变，在拱腰至边墙部位锚杆长度增加

现场施工的实践证明，采用围岩的亚分级标准能够对围岩实现快速判别，采取的工程应对措施效果显著。

4 结论

本文结合关角隧道现场施工情况，分析并对比了有水和无水条件下断层破碎带围岩内支护结构的内力状况，在此基础上结合 9 号工区的工程地质和水文地质条件提出了考虑地下水影响的断区围岩定性亚分级标准和现场的判别标准，对 9 号工区断层区的围岩进行亚分级，同时为了应对围岩变化大导致的施工工法转换问题，提出了相应的工程应对措施。文中的围岩分级不能作为一种标准，只能作为施工的辅助手段。对于特定工程，可以根据现场需要，确定关键影响因素来对围岩进行分级。主要研究结论如下：

（1）相比无水的情况，断层区围岩在有水条件下，支护结构的内力增加较大，并且围岩条件越差，内力增加幅度越大。

（2）根据现场情况，将Ⅳ、Ⅴ级围岩根据地下水和断层影响情况细分为IV_1、IV_2、V_1、V_2，并提出了相应的

定性标准和现场判别标准。

(3) 根据断层区围岩亚分级提出对应的开挖方法为上下台阶法和上下台阶预留核心土的施工工法。采用该亚分级标准能够对围岩实现快速的分级判别，采取的工程应对措施有效。

参考文献:

[1] 中华人民共和国住房和城乡建设部. 水利发电工程地质勘察规范 GB 50287—2016 [S]. 北京：中国计划出版社，2017.
[2] 国家铁路局. 铁路工程岩土分类标准 TB 10077—2019 [S]. 北京：中国铁道出版社，2019.
[3] 中华人民共和国住房和城乡建设部. 工程岩体分级标准 GB/T 50218—2014[S]. 北京：中国计划出版社，2015.
[4] 姜贤平，李刚，李鹏. 考虑相关性的铁路隧洞围岩概率分级方法研究[J]. 铁道工程学报，2010，27(12)：64-68。
[5] 任洋，李天斌，张广洋等. 高地应力隧道围岩分级 BQ-hg 的研究及应用[J]. 地下空间与工程学报，2011，7(03)：449-456。
[6] 王明年，刘大刚，刘彪等. 公路隧道岩质围岩亚级分级方法研究[J]. 岩土力学，2009，31(10)：1590-1594.
[7] 童建军，王明年，李培楠等. 公路隧洞围岩亚级开挖及支护参数设计研究[J]. 岩土力学，2011，32(S1)：515-519.
[8] 齐万鹏，张德华. 软弱千枚岩地层围岩亚分级及支护方式研究 [J]. 中国工程科学，2012，14(01)：98-10.

该论文曾于 2014 年 8 月，发表在《隧道建设》第 34 期上。

长江下游河漫滩地区水文地质勘察与参数分析

宋翔东， 朱悦铭， 陈 玮
（上海长凯岩土工程有限公司，上海 200093）

摘 要：长江下游河漫滩二元结构明显，有独特的水文地质特征。本文对河漫滩地区场地进行水文地质勘察，发现河漫滩区域自上而下渗透系数逐渐增大，且较其他区域类似土层偏大，水平向与垂直向渗透系数差异不大。本文的水文勘察成果可为今后长江下游河漫滩地区类似降水工程提供一定的参考。

关键词：水文地质勘察；河漫滩；二元结构

0 引言

长江下游河面宽广，水流流速较慢，大量从上游携带的砂砾石在下游逐渐沉积。由于长江长期横向迁移漫堤的沉积作用、河口区潮流界以上顶托作用，长江下游河漫滩分布较为广阔。

河漫滩沉积物与其他类型沉积物有较大差异，最突出的特点是二元结构显明，自上而下颗粒明显由细到粗，上部由较细的河漫滩堆积物（主要是细砂和黏土）组成，下部由较粗大的河床冲积物（主要为粗砂和砾石）组成。这种二元结构导致河漫滩地区含水层的水文地质特征与其他区域存在一定的不同，不能简单套用其他区域的水文地质经验。

目前长江中下游城市邻江河漫滩区域建（构）筑物大量建设，深大基坑日益增多，面临的地下水问题也愈加复杂，因此需要进行专门的水文地质勘察，以确定河漫滩地区水文地质参数，为基坑降水设计和施工提供合理依据。

本文结合南京、扬州等地工程地质、水文地质勘察成果，对长江下游河漫滩地区水文地质情况进行分析，为今后长江下游河漫滩地区类似降水工程提供一定的参考。

1 含水层地质概况

根据南京某过江隧道工程和扬州某钢厂基坑工程岩土勘察报告，两地长江漫滩地质情况如下。

南京地区长江漫滩位于浦口、六合与栖霞区、鼓楼区之间，呈北东—南西向沿长江两侧展布。浅部潜水含水层主要为①层、$②_1$层黏性土及$②_2$淤泥质土，局部为粉砂、粉土薄层，其渗透性和富水性差，水量贫乏。（微）承压含水层主要为砂性土，在长江河道区直接与江水相通。呈现明显的二元结构，下粗上细。上段为$②_3$～$②_6$层粉土、粉细砂，下段为④层，以中粗砂、砾砂、圆砾为主，局部为粉细砂。基岩裂隙水主要赋存于下伏基岩（白垩系泥岩、泥质砂岩）中，该含水层层埋深大，对工程基本无影响。地下水位埋深一般为1～3m。

扬州地区长江漫滩潜水主要赋存于浅部①层杂填土、$①_1$层冲填土中及②层淤泥质粉质黏土，（微）承压含水层赋存于$②_1$层粉砂夹粉质黏土、③层粉砂夹粉质黏土、④层粉砂、⑤层粉细砂、⑦层粉细砂中，富水性强，接受侧向补给。⑦层深部颗粒逐渐变粗。地下水位埋深一般为1～3m。

两地地层虽然命名编号不同，但地层结构基本一致，潜水层埋深较浅，主要赋存在饱和的黏土层、淤泥质黏土层，渗透系数较小，厚度10～15m。中间为河床相与河漫滩相沉积互层，主要为粉砂与粉质黏土互层，为微承压含水层，厚度20～30m。下部的砂砾石层为主要含水层，微承压，岩性主要是河床相的沉积物，粉砂、粉细砂、细砂等。

由于两地工程均紧邻长江，距离长江不足500m，地下水水位受长江水位影响较大，地表水日波动量达1m以上。受地表水影响，一天内地下水水位变幅可达30cm。这给水文地质勘察的数据处理带来一定困难，需要排除地表水波动影响后再对勘察数据进行分析计算。

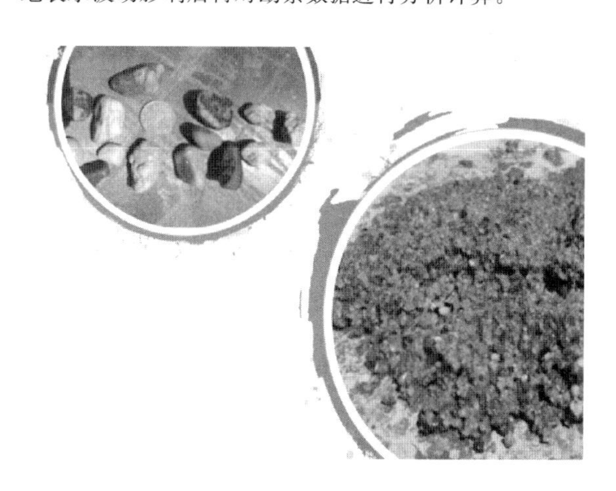

图1 南京河漫滩二元结构

2 水文地质勘察孔布置

为探讨河漫滩上层和下层水文地质参数的差异性，分别在两地主要含水层布置水文勘察试验井，南京某过江隧道工程区域试验井布置如图2所示，井结构布置如表1所示。

扬州某钢厂工程区域试验井布置如图3所示，井结构布置如表2所示。

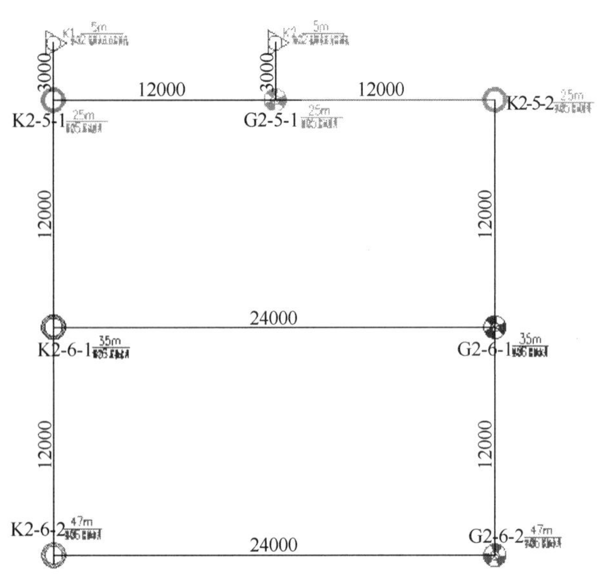

图 2　南京某过江隧道工程区域试验井布置平面图

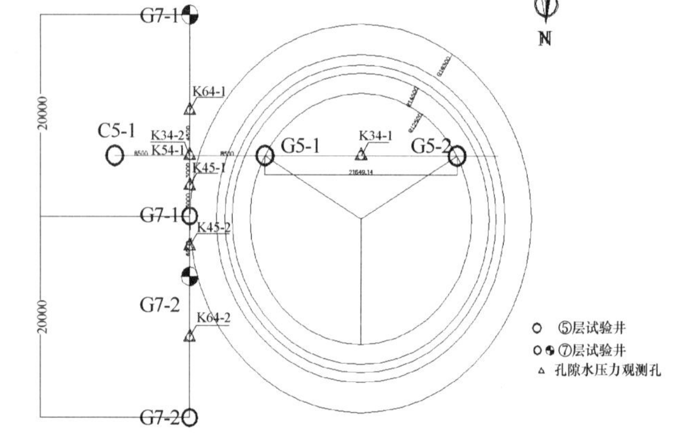

图 3　扬州某钢厂工程区域试验井布置平面图

南京某过江隧道工程区域试验井结构情况　　表 1

层号	井号	井深（m）	孔径（mm）	管径（mm）	过滤器长度（m）	过滤器放置深度（m）
②$_5$	K2-5-1	25	650	273	10	14～24
	K2-5-2		650	273	10	14～24
	G2-5-1		650	273	10	14～24
②$_6$（上部）	K2-6-1	35	650	273	10	24～34
	G2-6-1	35	650	273	10	24～34
②$_6$（下部）	K2-6-2	47	650	273	5	41～46
	G2-6-2	47	650	273	5	41～46

扬州某钢厂工程区域试验井结构情况　　表 2

层号	井号	井深（m）	孔径（mm）	管径（mm）	过滤器长度（m）	过滤器放置深度（m）
②$_1$～⑤	C5-1	43	700	325	31	11～42
	G5-1，G5-2	43	650	273	28	11～42
⑦	C7-1，C7-2	57	700	325	8	48～56
	G7-1，G7-2	57	650	273	8	48～56

3　水文地质勘察结果

根据水文地质勘察结果，南京地区②$_5$层粉细砂中25m深井最大单井涌水量约为174m^3/h，②$_6$层粉细砂上部35m深井最大单井涌水量约为224m^3/h，②$_6$层粉细砂下部47m深井最大单井涌水量约为308m^3/h。扬州地区②$_1$～⑤层粉砂夹粉质黏土—粉细砂层43m深井最大单井涌水量约为266m^3/h，⑦层粉细砂层57m深井最大单井涌水量约为460m^3/h。可见，河漫滩地区深层地下含水层含水丰富，补给迅速，因此降水施工时应根据井深配备大泵量的水泵和大直径的排水管道，以满足施工抽水排水的需要。

两地水文参数如表3所示。

南京、扬州某工程区域水文地质参数表　　表 3

地区	层号	土层名称	水平渗透系数（m/d）	垂直渗透系数（m/d）	储水系数
南京	②$_5$	粉细砂	15	12	1.0E-03
	②$_6$	粉细砂	50	35	1.2E-03
	②$_6$～④$_1$	粉细砂—中粗砂（夹砾）	90	70	1.0E-03
扬州	②$_1$～⑤	粉砂夹粉质黏土、粉细砂	30	3	0.8E-03
	⑦	粉细砂	42	32	1.2E-03

由表3可以看出，邻江河漫滩地层渗透系数较大，且随深度增加，渗透系数相应增大。与其他地区同类型土比较，河漫滩地区土层渗透系数普遍偏大。大部分地层水平向渗透系数与垂直向渗透系数之比基本在1.2∶1～1.5∶1，水平向与垂直向渗透系数差异不大，可见上部土体自重压力尚未使深层砂砾石颗粒压扁或充分胶结固结定向。扬州地区②$_1$～⑤层间水平向与垂直向渗透系数之比在10∶1，水平向与垂直向渗透系数差异较大，这与岩土工程勘察揭露⑤层粉细砂中夹可塑状粉质黏土薄层相一致。

试验井停抽后，水位恢复极快，最快约1min可恢复15%，10min即可恢复60%。因此在邻江河漫滩基坑降水施工时，需保证足够的安全余量，期间必须配备预备电源（发电机）并自动切换。

4 结论与展望

邻江河漫滩地区从上而下分别为河漫滩相、河床相与河漫滩相互层、河床相，由淤泥质黏土层过渡到粉细砂层直至砂砾石层。河漫滩地区砂层较厚，其明显的上细下粗的二元结构导致土层渗透系数随深度增加逐渐增大。与其他地区同类型土比较，河漫滩地区土层渗透系数普遍偏大。河漫滩地区由于补给充分、渗透系数大，停抽后恢复迅速。

基于河漫滩地区含水层这些特征，在降水工程设计与施工中，需要对井涌水量及影响范围充分认识，重视侧向与垂向补给，保证足够的安全余量，配备合适的水泵及排水管道，并保证电源供应及水泵的持续运转，确保基坑的安全施工。

参考文献：

[1] 刘世凯. 长江中下游现代河漫滩土层物理力学性质及工程地质评价[J]. 工程地质学报，2001，9(02)：141-144.

[2] 张凌华，张振克，符跃鑫等. 长江下游南京镇江河段河漫滩粒度特征[J]. 地理科学，2015，35(09)：1183-1190

[3] Song Xiangdong et al. Analysis of recharge test in floodplain area near Yangtze River in Nanjing[C] . IOP Conf. Ser.: Earth Environ，2019.

[4] 周志芳，汤瑞凉，汪斌. 基于抽水试验资料确定含水层水文地质参数[J]. 河海大学学报(自然科学版)，1999，27(03)：5-8.

[5] 姚天强. 基坑降水手册[M]. 北京：中国建筑工业出版社，2006.

[6] 吴吉春. 地下水动力学[M]. 北京：地质出版社，2009.

不同掺量稻壳灰对高强度混凝土力学性能的影响

王　收，张天明，张爱中，张喜红，孟庆峰
（中建八局第一建设有限公司，山东 济南 250000）

摘　要： 将稻壳灰掺入高强混凝土中一方面可改善混凝土力学性质，另一方面还可将稻壳灰废物再利用，具有较大研究意义。故此开展了不同掺量稻壳灰对高强混凝土的力学试验，主要通过坍落度、抗压强度、抗折强度、压折比分析稻壳灰对高强混凝土的影响。结果表明：随着稻壳灰掺量增加，高强混凝土的坍落度呈线性下降趋势；抗压强度随稻壳灰掺量增加呈先上升后下降趋势，在稻壳灰掺量10%时强度最大；稻壳灰掺量为5%时混凝土具有最大抗折强度，掺量10%时混凝土的压折比最大；稻壳灰的微集料效应和二次水化反应是提高高强混凝土强度的重要原因。因此，稻壳灰的掺量不同对配置不同性能高强混凝土具有重要的指导意义。

关键词： 稻壳灰；高强混凝土；坍落度；强度

0　引言

武地·融创御央首府项目位于武汉市江岸区兴业路与百花路交汇处西南侧，由武汉地控馨盛置业有限公司开发建设，中建八局第一建设有限公司施工总承包，本项目由5栋高层、超高层住宅、裙房商业、幼儿园及1号配电房、开闭所组成，地下1层，8号楼地上42层、9号楼地上30层、10～12号楼地上33层，裙房商业地上2层，幼儿园3层。总建筑面积为135552.41m²。高层及超高层住宅竖向构件混凝土强度等级设计最大为C55，属于高强混凝土，对于如何控制高强度混凝土质量是工程的重难点。

1　混凝土应用现状

随着现代化社会进程加快，混凝土作为一种优良的建筑材料被广泛应用，据估算，目前全世界混凝土用量大约为330亿t，极大地改善了人们的生活环境。在混凝土为人们带来便利的同时，大量水泥被消耗，其造价相对较高且制造过程对环境有一定的污染[1]，故寻找另一种材料替代部分水泥成为当下研究的热点问题。稻壳灰作为一种农作物燃烧后的废料，其含有 SiO_2 超过90%，可作为活性材料应用于混凝土材料中[2,3]。此外，将稻壳灰废料用于浇筑混凝土属于废物再利用，更加符合现代绿色环保的理念。

我国作为农业大国，每年因种植水稻产生的稻壳量占世界总产量的30%，居世界首位[4]。已有学者针对稻壳灰在混凝土中的应用作了部分研究，主要集中于稻壳灰的烧制方法、研磨细度、与其他复合材料混掺对低强混凝土的力学性能、抗离子渗透性等影响[5-7]。张继华等[8]开展了稻壳灰与高岭土复合掺料对再生骨料混凝土的影响，结果表明稻壳灰与高岭土掺量比为3时，混凝土抗压强度和抗折强度强化效果最佳。王茹等[9]分析了稻壳灰对丁苯聚合物复合胶凝材料硬化过程的影响，试验得出稻壳灰可加快丁苯聚合物的水化进程，加速早期水化程度的同时提高其强度。刘春、何智海[10]对不同龄期稻壳灰混凝土的强度、抗碳化性能进行了研究，提出稻壳灰以15%掺量时混凝土的强度、抗碳化性能最优。

上述文献基于稻壳灰在混凝土中的应用做了贡献，但都是基于低强度混凝土的性能研究，对高强度混凝土的研究鲜有报道。高强度混凝土应用于一些特殊的结构工程中，其本身的力学性能就值得人们关注，现在高强度混凝土原料中加入稻壳灰，一方面减少了水泥的用量及制造水泥过程中造成的污染，另一方面也充分利用了稻壳灰废料，故开展不同掺量稻壳灰对高强混凝土力学性能的研究具有重要意义。

2　试验过程

2.1　试验原料

水泥采用当地P·O42.5级水泥，其具体参数见表1。所用砂为中砂，细度模数为2.7，经过筛选后使用。粗骨料选用5～20mm级配良好的花岗岩碎石，减水剂采用液态的聚羧酸高效减水剂，浇筑用水取自当地自来水。

水泥参数　　表1

检测指标	比表面积（cm²/g）	初凝时间（min）	终凝时间（min）	安定性	3d强度（MPa）	28d强度（MPa）
检测结果	6000	60	360	合格	30.3	51.6

本试验所采用的稻壳灰取自当地某保温厂，由于其燃烧不完全，造成稻壳灰中碳、二氧化硅等含量不同，文献［11］表明在400℃下充分燃烧产生的稻壳灰二氧化硅具有良好的性质且能保持其无定形态。故采用马沸炉对稻壳灰进行再次煅烧，在400℃下保持两个小时，待炉子降温后取出，其形态详见图1。将烧制后的稻壳灰放入实验室的行星式球磨机打磨，以增加稻壳灰的活性，最终得到试验所需稻壳灰，其参数如表2所示。稻壳灰采用等质量替代法，R0、R5、R10、R15、R20分别代表稻壳灰掺量为胶凝材料总量的0%、5%、10%、15%、20%，最终配合比见表3。

稻壳灰参数　　表2

成分（%）	SiO_2	Al_2O_3	CaO	Fe_2O_3	MgO	其他	比表面积（cm²/g）
1	92.46	0.38	2.78	0.86	0.74	2.78	6582

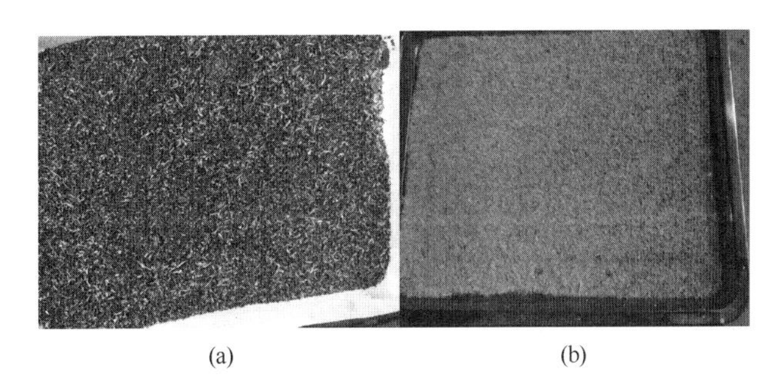

图1　稻壳灰形态
(a) 初始稻壳灰；(b) 400℃燃烧后稻壳灰

单位体积混凝土配合比（kg/m³）　表3

编号	水胶比	水	水泥	稻壳灰	砂	石子	减水剂
R0	0.23	167.9	730	0	803	899.1	21.9
R5	0.23	167.9	693.5	36.5	803	899.1	21.9
R10	0.23	167.9	657	73	803	899.1	21.9
R15	0.23	167.9	620.5	109.5	803	899.1	21.9
R20	0.23	167.9	584	146	803	899.1	21.9

2.2　试件制备

按照表3配合比浇筑混凝土，再根据《混凝土物理力学性能试验方法标准》GB/T 50081—2019浇筑150mm×150mm×150mm的标准抗压试块和150mm×150mm×600mm的标准抗折试块，每组配合比浇筑分别浇筑9个抗压试块和9个抗拉试块，试块总数共计90个。浇筑完成24h脱模后将试块放入YH-60B型混凝土标准养护箱中，待达到3d、7d、28d试验龄期后取出，进行强度试验，养护条件见图2。

图2　混凝土养护箱

2.3　试验方案

本次试验对混凝土坍落度进行测量，研究不同稻壳灰掺量对混凝土和易性的影响。本次试验主要采用STE-600型压力机进行压力试验，按照《混凝土物理力学性能试验方法标准》GB/T 50081—2019选取平整度合理的试件进行加载，加载速率为1.2MPa/s，取3个试块强度平均值作为强度值。抗折试验机采用STDKZ-5000型，每组3个试块，支座跨距为450mm，加载速率为0.1MPa/s，直至试块折断获取最大荷载，经换算后取3个试块抗折强度平均值作为试验结果。

3　试验结果与讨论

3.1　坍落度

高强混凝土具有较低的水胶比，其流动性相比普通混凝土相对差些，为满足运输和泵送要求，坍落度是衡量混凝土和易性的重要标准[12]。不同掺量稻壳灰对高强混凝土的坍落度影响见图3，从图中可以看出，当稻壳灰掺量为0时，混凝土具有最大坍落度242mm；当稻壳灰掺量为5%时，坍落度略有下降，下降幅度为6mm；当掺量为10%时，混凝土坍落度骤然下降，下降幅度为16mm；当掺量为15%时，混凝土坍落度比10%时下降9mm；掺量为20%时，坍落度相比10%下降了8mm。由此可得出，随着稻壳灰的掺量增加，混凝土的坍落度整体呈线性下降趋势，即流动性不断下降，尤其在稻壳灰掺量为10%时，对坍落度影响最大。稻壳灰的比表面积为6582cm²/kg，相比水泥的比表面积6000cm²/kg略大，其吸收水分能力更强，随着掺量增加，混凝土和易性降低，与稻壳灰掺量呈负相关关系。

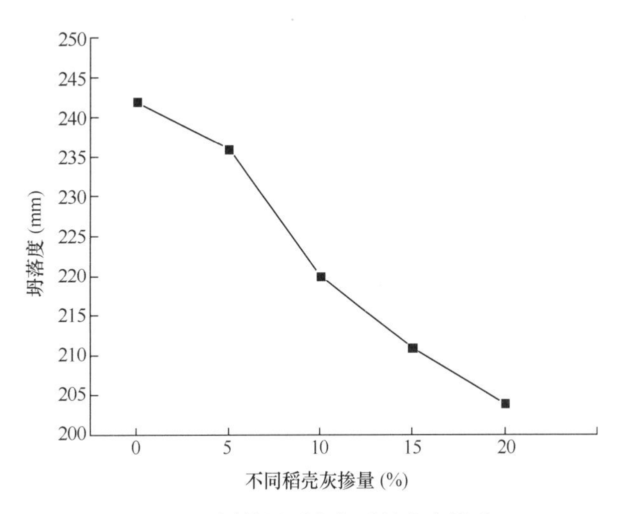

图3　不同掺量稻壳灰对坍落度影响

3.2　抗压强度

通过试验获取不同掺量稻壳灰高强混凝土在3d、7d、28d龄期的抗压强度，得出稻壳灰掺量不同对混凝土总体强度的影响以及随龄期各个组别混凝土强度的增长趋势，其结果见图4。

从图4中可以看出，普通配合比混凝土R0的抗压强度随着龄期增加而增大，增长趋势先陡后缓，相比于掺入稻壳灰的混凝土而言，稻壳灰的掺入总体上提高了混凝土的强度。以3d龄期为例，R0、R5、R10、R15、R20组混凝土的抗压强度分别为31.23MPa、35.62MPa、38.4MPa、38.56MPa、36.56MPa，掺入5%的稻壳灰时，抗压强度较基准组R0提高了14%；掺入10%和15%的稻壳灰时，抗压强度提高了约22%；掺入20%稻壳灰时，抗压强度提高了17%；稻壳灰掺入量为10%和15%时，对3d龄期抗压强度提高最大。稻壳灰具有提高高强混凝土早期强度的效果[13]，其主要原因为稻壳灰颗粒更细，前期主要以充填混凝土内部孔隙形成的微集料效应提高了混凝土的早期强度。

在龄期为28d时，可以得出R0、R5、R10、R15、R20组混凝凝土的抗压强度分别为58.89MPa、76.2MPa、82.4 MPa、77.9MPa、75.32MPa，其抗压强度较基准组分别提高了29%、40%、32%、27%。为了更便于比较稻壳灰掺量对高强混凝土抗压强度的影响，绘制不同稻壳灰掺量与混凝土强度增长率的柱状图如图5所示。由此可得出，在相同龄期时，掺入10%稻壳灰能够明显提高高强混凝土的抗压强度增长率，且随着龄期增加增长率呈上升趋势。究其原因[14]，稻壳灰一方面通过微集料效应填充混凝土中的孔隙结构，增加混凝土的密实性提高强度，另一方面混凝土在水化反应过程中生成的$Ca(OH)_2$晶体不断增多，过量的$Ca(OH)_2$富集会包裹水泥减缓水化反应进行，尤以界面过渡区影响最大，稻壳灰中主要成分为SiO_2，SiO_2可与$Ca(OH)_2$进行二次反应，生成水化硅酸钙、水化硫铝酸钙等水化产物再次提高了水泥石强度同时填补了部分微孔隙，使得混凝土强度进一步得到强化，但其反应并不是无限的，图4、图5表明在掺入10%的稻壳灰时，对高强混凝土抗压强度的提升最大，其强度值为82.4MPa。

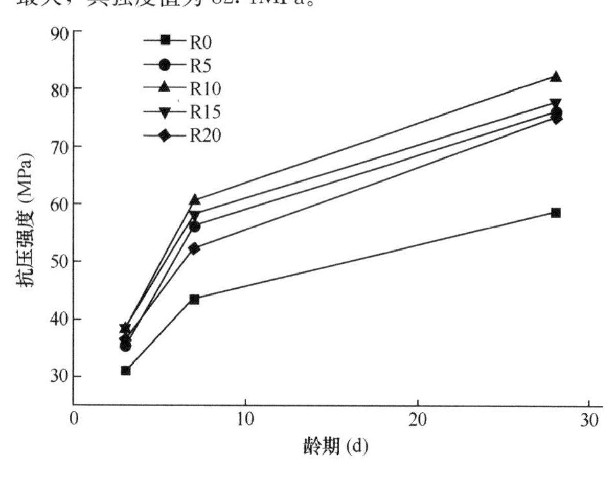

图4 不同掺量稻壳灰混凝土抗压强度变化

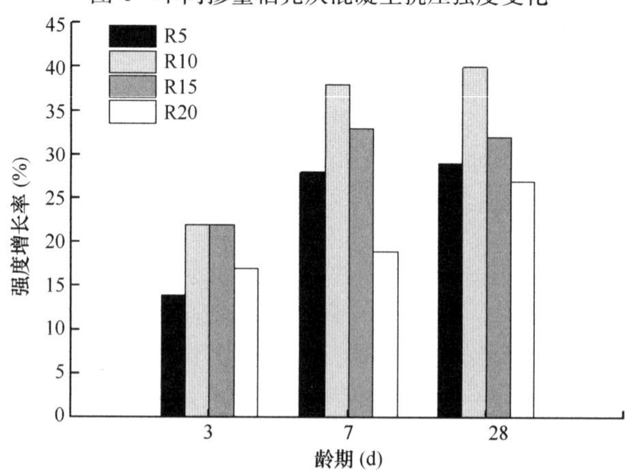

图5 稻壳灰对抗压强度增长率影响

3.3 抗折强度

混凝土的抗压强度反映了其承载压力的大小，实际工程中混凝土构件不仅仅受到压力作用，还有在弯矩作用下折断的可能，故开展不同掺量稻壳灰高强混凝土抗折强度的研究具有重要意义。试块3d、7d、28d抗折强度测量结果见图6。从图6中可以看出，3d龄期时，R0、R5、R10、R15、R20组混凝土的抗折强度分别为5.94MPa、6.44MPa、6.84MPa、6.5MPa、6.6MPa，其中相对基组R0抗折强度增长率分别为8%、15%、8%、11%，相比同期抗压强度增长率来说，稻壳灰的掺入虽然提高了高强混凝土的抗折强度，但抗折强度增长率明显低于抗压强度增长率。28d龄期时，R0、R5、R10、R15、R20组混凝土的抗折强度分别为10.89MPa、13.14MPa、12.68MPa、12.11MPa、11.92MPa，其相对同期基组R0抗折强度增长率分别为20%、16%、11%、9%。同样为了对比方便，绘制不同掺量稻壳灰各龄期抗折强度的增长率，如图7所示。图7显示，不同掺量稻壳灰对抗压强度增长率的影响略有不同，在3d龄期时，R10增长率最高；在7d和28d龄期时，R5增长率最高，且其最终抗折强度也最高。稻壳灰的掺入对前期混凝土的抗折强度提高并不明显，其主要提高了后期抗折强度，其原因在于微集料效应对提高强混凝土的抗折强度不显著，其抗折强度的提高主要在于SiO_2可与$Ca(OH)_2$的二次反应产生的水化物。

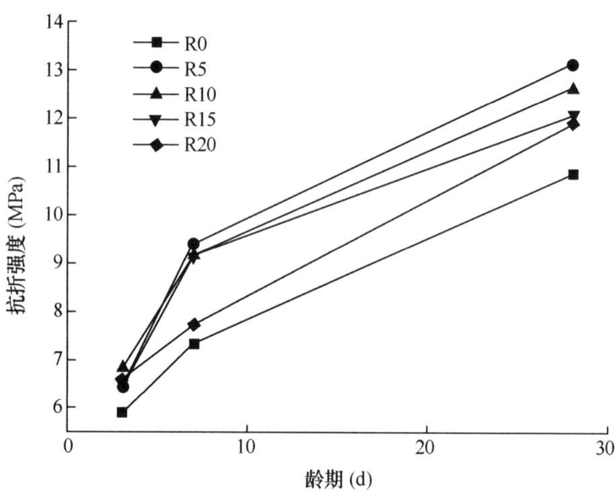

图6 不同掺量稻壳灰不同龄期的抗折强度变化

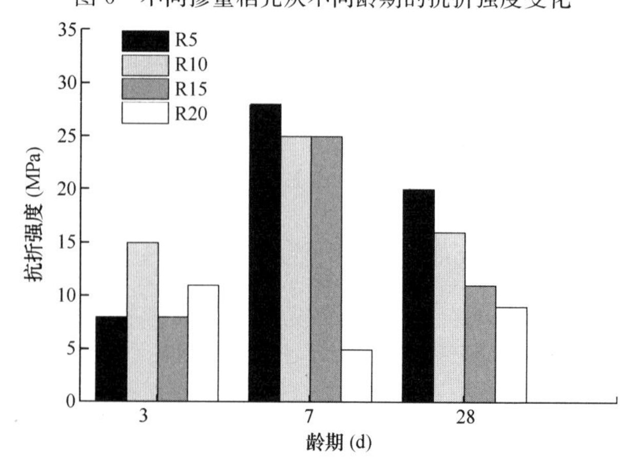

图7 稻壳灰掺量对抗折强度增长率影响

3.4 压折比

定义混凝土的抗压强度与抗折强度的比值为压折比，其意义在于压折比可以反映混凝土抗裂性能和砂浆柔性好坏。以28d龄期为例，图8给出了不同掺量稻壳灰对混凝土压折比的影响变化。从图中可以得出，随着稻壳灰掺量的增加，高强混凝土的压折比先增加后下降，在稻壳灰掺量10%时，具有最大压折比，压折比越大，混凝土的抗裂性能相对较差，柔性越差，即材料易发生脆性断裂。

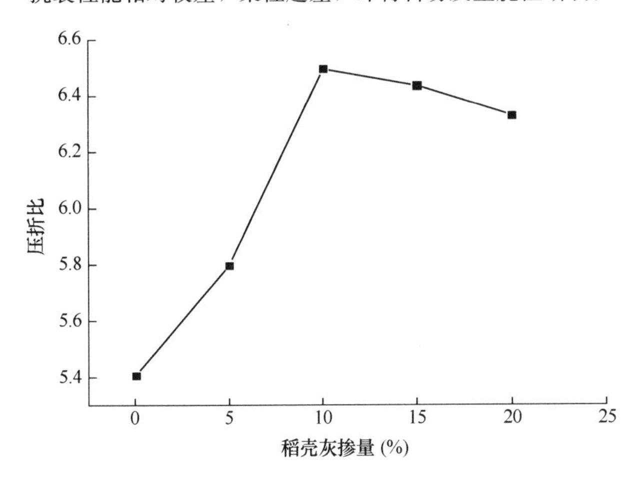

图8 稻壳灰掺量对混凝土压折比影响

4 结论

针对高强混凝土，随着稻壳灰掺量增加，其坍落度呈线性降低趋势，在稻壳灰掺量10%时，下降幅度最大；掺入稻壳灰可提高高强混凝土的强度，随稻壳灰掺量增加对应抗压强度先上升再下降，在稻壳灰掺量为10%时，混凝土抗压强度最高，同期强度增长率最高。

稻壳灰提高高强混凝土的原因在反应前期主要为微集料填充效应，增加了混凝土密实度，后期更重要的是与水化反应产生的$Ca(OH)_2$进行二次反应，生成的水化硅酸钙、水化硫铝酸钙等进一步增加了混凝土的强度。

稻壳灰掺量不同造成高强混凝土的抗折强度的变化，在稻壳灰掺量为5%时，混凝土具有最大抗折强度。压折比结果显示，在稻壳灰掺量10%时高强混凝土具有最大压折比，此时混凝土具有最大强度但易发生脆性断裂。

参考文献：

[1] 佘跃心，李锦柱，曹茂柏，等．稻壳灰及掺稻壳灰混凝土应用研究进展述评[J]. 混凝土，2016(06)：57-62.

[2] Muthukrishnan S, Gupta S, Kua H W. Application of rice husk biochar and thermally treated low silica rice husk ash to improve physical properties of cement mortar[J]. Theoretical and Applied Fracture Mechanics, 2019.

[3] Ameri F, Shoaei P, Bahrami N, et al. Optimum rice husk ash content and bacterial concentration in self-compacting concrete [J]. Construction and Building Materials, 2019, 222.

[4] 张朝晖，娄宗科．稻壳、稻壳灰水泥混凝土的研究现状[J]. 陕西农业科学，2010, 56(06)：124-126.

[5] 王维红，孟云芳，王德志．稻壳灰改善混凝土抗氯离子渗透性能试验研究[J]. 混凝土，2017(01)：86-89.

[6] 王维红，孟云芳，王德志，等．稻壳灰和其他矿物掺合料对混凝土力学性能及微观结构的影响[J]. 混凝土，2017(08)：66-69.

[7] 杨一凡，何智海．原状稻壳灰及磨细灰对水泥胶砂强度和微观结构的影响[J]. 混凝土与水泥制品，2019(10)：92-96.

[8] 张继华，董云，蒋洋，等．稻壳灰与高岭土掺料对再生细骨料混凝土性能的影响[J]. 科学技术与工程，2018, 18(13)：294-298.

[9] 王茹，王高勇，张韬，等．稻壳灰在丁苯聚合物/水泥复合胶凝材料凝结硬化过程中的作用[J]. 硅酸盐学报，2017, 45(02)：190-195.

[10] 刘春，何智海．稻壳灰对硬化机制砂混凝土性能的影响[J]. 硅酸盐通报，2016, 35(08)：2543-2547.

[11] 韩冰，刘玉旭．稻壳灰的制备和微观结构性能[J]. 四川建材，2010, 36(06)：1-2.

[12] 田尔布，刘奋醒，张仁巍．粗集料骨架结构的高强混凝土工作性研究[J]. 公路，2011(10)：162-165.

[13] 何凌侠，尹健，田冬梅，等．稻壳灰对活性粉末混凝土强度的影响[J]. 湘潭大学自然科学学报，2016, 38(02)：23-28.

[14] 谢永江．氢氧化钙对混凝土耐久性的贡献与危害[C]//第五届全国混凝土耐久性学术交流会论文集，2000.

提高底板混凝土浇筑效率

毕　磊，修天翔，邓绪清，刘桂江，郭小伟

（中建八局第一建设有限公司，山东 济南 266000）

摘　要： 底板浇筑速率从骨料生产、运输到混凝土的拌和、运输，直到浇筑都受到各种因素的影响，针对这个问题本文通过以混凝土浇筑系统的施工组织设计为基础建立混凝土底板浇筑阶段BIM分析模型，分析在各种因素的影响下混凝土浇筑速率，为实际施工提供有价值的信息。

关键词： 体量大；浇筑速率；BIM模型；无人值守地磅；热水搅拌

0　引言

泵送混凝土，这一技术最早出现在1927年的德国，我国于20世纪50年代引进，是一种坍落度不低于100mm可以使用混凝土泵通过管道输送的混凝土，但由于缺少施工所需的相关设备，国内直到20世纪80年代才得到较为广泛的应用。泵送混凝土具有较大流动性能，不仅改善了施工质量，还提高了施工效率。本文通过分析从骨料生产、运输到混凝土的拌和、运输，直到浇筑中的影响因素，提高底板混凝土浇筑效率，对现场施工有着重要的实际意义。

1　项目工程概况

红岛安置房东部组团项目位于青岛市华中南路以西，田海路以南。项目是由小庄、邵哥庄、前阳、后阳4个社区，共计11个地块组成。总占地面积34万m^2，总建筑面积103.03万m^2，其中地上建筑面积约为66.86万m^2，地下建筑面积约为36.17万m^2。项目底板面积约40.3万m^2，工程体量庞大，各主楼、车库底板需浇筑混凝土累计近22万m^3。且为满足施工要求，充足的泵送设备必不可少，汽车泵约25辆、车载泵32辆，泵管近万米等。

2　现状调查

为更好地服务此次工程施工，项目于2018年11月1日至2018年12月24日针对红岛安置房东部组团各个地块底板浇筑情况进行了调查。每个地块各选取了10栋主楼，并对其底板浇筑进行了统计。现根据浇筑速度，即每小时浇筑方量进行了统计（S为每小时浇筑方量），各地块底板浇筑平均时长统计详见表1。

浇筑速率低于35m^3/h比例占68%，浇筑速率高于35m^3/h的情况仅有32%。若可整体提高底板浇筑效率，将极大程度提高工效，减少作业时长。

各地块底板浇筑平均时长统计表　　表1

序号	浇筑速率（m^3/h）	SGZ04地块（次）	QY03地块（次）	XZ01地块（次）	SGZ03地块（次）	HY01地块（次）	频数（次）	累计频率
1	$S\leqslant35$	7	6	8	7	6	34	68%
2	$35<S\leqslant40$	2	3	1	1	2	9	86%
3	$40<S\leqslant45$	1	1	1	2	2	7	100%
合计		10	10	10	10	10	50	

3　原因分析

围绕如何提高底板混凝土浇筑速率，采用头脑风暴法，集思广益，从“人”“机”“料”“法”“环”“测”（5W1H）6个方面进行原因分析。通过分析与归纳，共提出21条末端因素，详见图1。

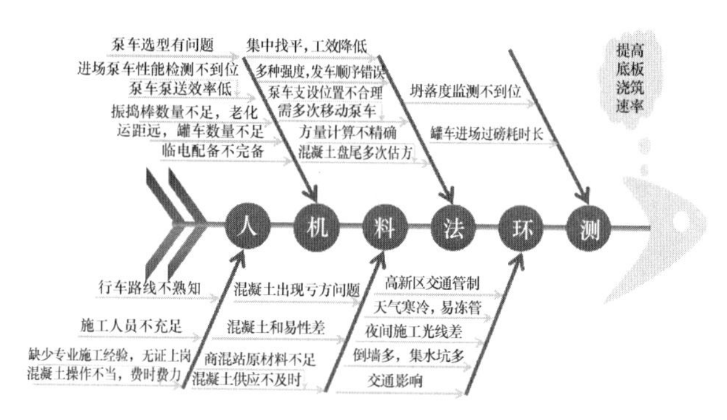

图1　底板浇筑效率低因果图

4　研究目标与研究内容

4.1　研究目标

研究目标：底板混凝土浇筑时速高于35m^3/h的情况，总频数提高至50%。

管理方面：需要多方协调配合，不可控因素较多。

目前现状：正值冬季施工，且年前抢工项目较多，商混站存在资源不足的风险。提高浇筑效率，将是改善这一现状的关键因素之一。

4.2　研究内容

我们找出了影响底板浇筑速率的末端因素后，研究小组运用调查分析、现场验证、现场测量的方法一一进行分析、调查，共找出3个要因。

（1）商混站原材料不足

通过对2018年12月23日至2019年1月8日共计20次底板浇筑情况进行了统计。其中，在QY03出现了1次原材不足的情况，导致浇筑过程中被迫中断，留置施工缝。

在2019年1月8日至2019年1月20日期间，SGZ04地块存在3次，因商混站水泥不足，到预定时间无法开盘的情况。

在HY01地块，出现1次浇筑过程中多次断料，浇筑完成后评价速率仅有20m³/h。

（2）方量计算不精确

选取20次非标准层及底板混凝土作业情况进行分析，发现计划值与实际值偏差在5～10m³，详见表2。

因算量不准确，无可靠数据，现场经常出现掐方多次的情况。因运距较远，每增加1次掐方，作业时间需延长1h左右。

（3）天气寒冷，易冻管

根据现场调查，在2018年12月23日至2019年1月8日期间，因天气温度低，冻管、堵管情况频发，直接影响底板混凝土浇筑速率。

商混站无保温或应急措施。现场无实时监测人员，无法对此问题进行预判。

混凝土浇筑偏差记录　　　　表2

地块	预估值（m³）	实际值（m³）	偏差（m³）	累计偏差（m³）
SGZ-04	350	355	5	5
	460	456	−4	9
	182	174	−8	17
	264	259	−5	22
	656	670	4	26
	321	33	9	35
QY-03	178	183	5	40
	192	190	−2	42
	362	365	3	45

5　因素验证

5.1　混凝土原材不足

（1）进度计划精细化+浇筑计划实际化

研究小组成员对施工计划进行了调整、编制。

精细化：根据现场人员工效、机械、材料情况，制定出切实可行的月进度计划，并将月计划分解成周计划，工作分配至每个专业工程师；再由各专业工程师将周计划分解为每日销项计划，按计划施工、按计划验收，最终按计划浇筑。

实际化：根据已制定的月计划，编制混凝土浇筑计划，计划与实际时间偏差≤1.5d。将月浇筑计划、周浇筑计划提前提报至商混站。商混站的备货周期2d，使得商混站有充足的时间，根据计划提前组织材料进场。

（2）备料情况现场调查

在混凝土浇筑作业前，研究小组成员均对商混站备料情况进行了现场查看。在查看结果良好的情况下，再进行混凝土浇筑作业。商混站对供货量做好了预判，车辆提前准备充足。此期间底板浇筑作业中，未出现原材不足或浇筑中断的情况。

5.2　方量计算不精确

（1）成立专项BIM小组

研究组成员组织内部成员成立专项的BIM小组，小组选取了SGZ04地块进行了模型的创建。

（2）BIM模型创建及整合

将车库以及各个主楼模型绘制完成，各标段模型整合完成。经复验，模型精度高、构件间吻合率100%、组合成功率100%。

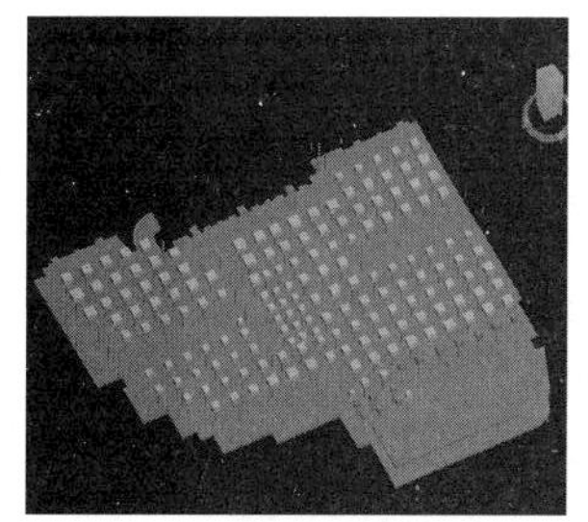

图2　模型创建及整合

（3）利用BIM技术进行底板混凝土算量

2019年1月24日，研究小组成员选取C1区车库底板进行混凝土算量。

通过BIM建模，对工程所有构件进行编码，可以随时查看各个构件的信息，导出清单算量表。第一时间可提取出混凝土方量。

利用BIM技术进行混凝土算量时效性较好，有效性较好。

（4）利用BIM技术进行钢筋量提取

研究小组成员选取C1区车库底板进行钢筋占比算量。

利用BIM技术，对所选择的构件进行钢筋量提取。并与所计算的混凝土方量进行扣减，得到有效混凝土方量值。利用BIM技术算量可快速提取钢筋占比，可靠性较好。

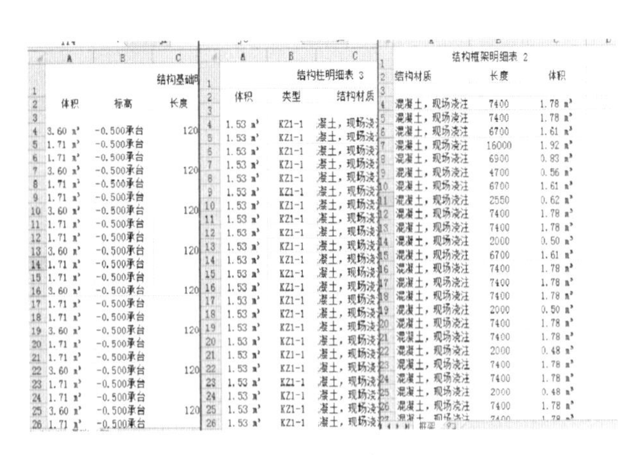

图 3 BIM 算量

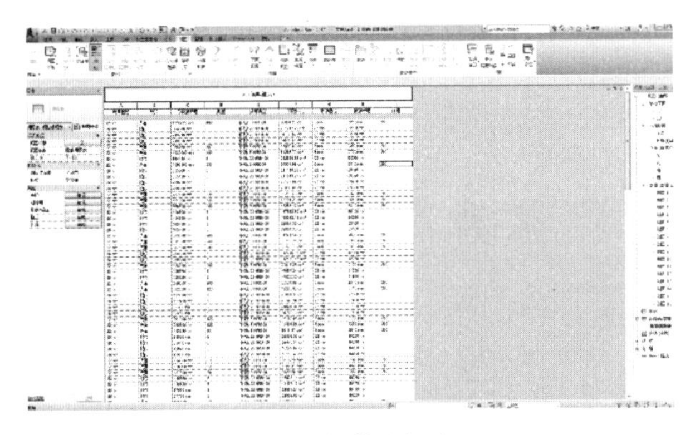

图 4 钢筋量提取

（5）利用无人值守地磅监控

研究小组成员对 C1 区车库底板进行混凝土浇筑。项目安装了无人值守地磅设备，实时测算每辆车准确的混凝土方量，见图 5。待浇筑完成后，根据过磅总重量扣除皮重，对比 BIM 混凝土算量结果，偏差为＋1m³。利用 BIM＋无人值守地磅技术，有效性及可行性较好。

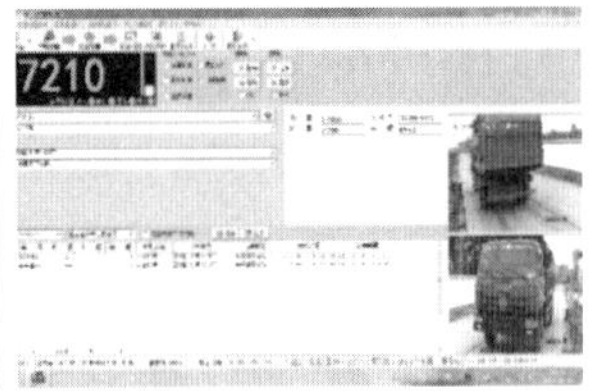

图 5 无人值守地磅

5.3 冬期施工

（1）商混站利用热水搅拌混凝土

小组成员至商混站实地考察，因平均气温在－3℃，要求商混站用热水搅拌混凝土。

进入冬季施工，混凝土原料中添加防冻剂，以保证混凝土质量。

混凝土出场平均温度为 15℃。到场测温效果较好，平均温度 6℃。

（2）混凝土罐车采取保温措施

研究小组成员至商混站实地考察，因夜间平均气温在－3℃，要求商混站对罐车采取保温措施。详见图 6。

图 6 罐车保温措施

（3）实时关注温度变化情况

时刻关注当地气温变化情况，选择合理浇筑时间。由于夜间温度较低，可选择白天浇筑。若方量较大，应选择中午时间段进行收面。当夜间气温低于－5℃，则取消浇筑计划。

（4）现场实时监测混凝土温度

研究小组成员组织试验人员及施工人员对混凝土温度进行监测。

当因交通管制混凝土无法连续浇筑时，为保证泵管不因受冻堵管。需对现场未出罐混凝土温度进行实时监控。在正常浇筑过程中，需实时监测混凝土温度，当温度低于 0℃时，及时与商混站沟通，进行调整。

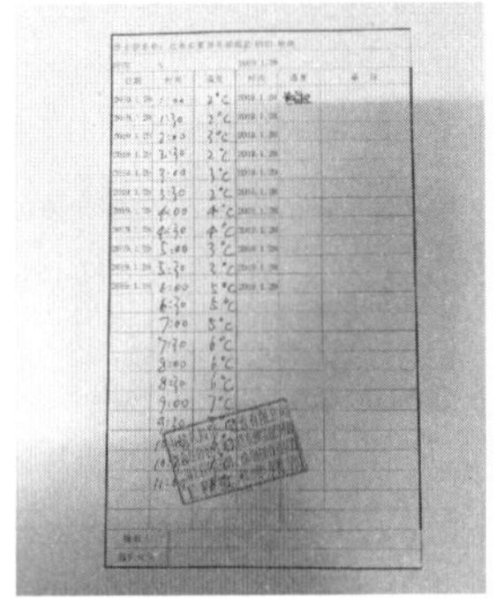

图 7 温度实时监测

6 对比分析

针对上述对策措施实施情况，小组成员组织对 XZ01 地块、SGZ03 地块、SGZ04 地块、HY01 地块及 QY03 地块底板浇筑效率进行了统计。共统计了 37 次底板浇筑情况，其中平均时速大于等于 35m³/h 的为 21 次，速率低于 35m³/h 的为 16 次。检查人员绘制了效果检查数据统计表，详见表 3。

各地块底板浇筑平均时长统计表　　表 3

序号	浇筑速率（m^3/h）	SGZ04 地块（次）	QY03 地块（次）	XZ01 地块（次）	SGZ03 地块（次）	HY01 地块（次）	频数（次）	累计频率
1	S≤35	5	2	4	3	2	16	43.2%
2	35<S≤40	4	4	1	2	3	14	81%
3	40<S≤45	2	2	0	2	1	7	100%
合 计		11	8	5	7	6	37	

研究前、目标值及研究后的浇筑时速所占频率，见图 8。

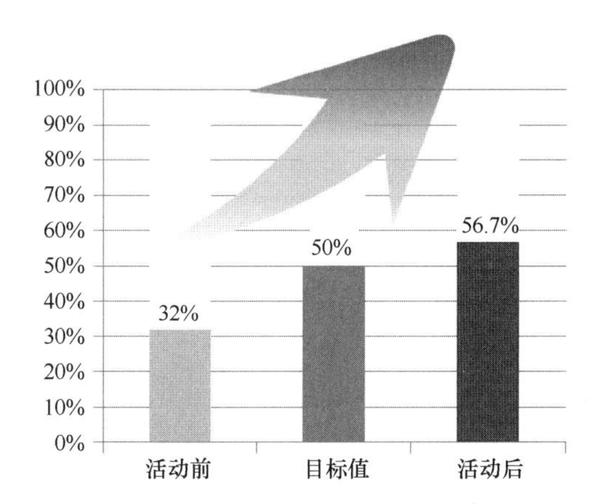

图 8　研究前后各地块底板浇筑平均时长柱状图

7　结论

本文在影响底板浇筑速率的诸多因素中，针对影响较大的 3 项因素展开追溯，应用统计、BIM 等相关技术分析、验证，从骨料生产、运输到混凝土的拌和、运输，直到浇筑全面跟踪，通过此次研究，验证了混凝土浇筑速率的主要因素，提高了底板混凝土浇筑效率，底板浇筑速率大于 35m^3/h 的频率由 32%提高至 56.7%，同时降低了质量、安全问题的发生概率，对现场后续施工有着重要的实际意义。

参考文献：

[1]　马玲，李炳福．地磅无人值守自动称重系统的应用及效果[J]．中国水泥，2015(06)：105-108.
[2]　黄磊．建筑工程大体积混凝土施工技术要点的探讨[J]．科学技术创新，2019(16)：146-147.
[3]　程绪宇．建筑混凝土浇筑施工技术[J]．城市建筑，2019(35)：133-134.
[4]　张树捷．BIM 在工程造价管理中的应用研究[J]．建筑经济，2012(02)：20-24.

基坑围护结构体系质量病害与变形

王　林
（北京城建勘测设计研究院有限责任公司，北京 100101）

摘　要： 某工程基坑由于场地条件限制，各剖面采用了不同的支护形式，复合土钉墙方式在施作过程中发生了导致围护结构体系受力弱化的几种病害，包括坡面渗漏水、地表水下渗、坡体局部塌空等，病害发生后使边坡坡顶、周边地表发生了较大变形；同时基坑设计缺陷与施工病害导致悬臂桩部位发生较大变形。本案例可以对相似工程起到较好的警示作用。

关键词： 基坑围护结构；质量病害；围护结构变形

0　前言

随着城市建设的发展，城市建成区内建设场地空间受限，建筑工程场地狭小问题日益突出，对基坑支护设计以及围护结构施工质量提出了更高的要求。基坑围护结构作为一种临时性结构工程[1]，其安全性涉及工程顺利实施、人员人身安全、周边环境安全等经济效益和社会效益各个方面。同时深基坑支护结构设计，首先需要进行结构选型，再确定施工工艺，同时注意工艺质量通病的防治[2]。因此，基坑工程必须依据工程地质资料对施工组织方案进行科学合理的设计[3]。本文通过对某建筑工程基坑在施工过程中存在的几个病害现象，导致围护结构发生较大变形的情况，说明施工质量对基坑安全的重要性。同时，悬臂桩设计存在较大的顶部变形缺陷，是基坑围护设计中比较少采用的方式，本工程中悬臂桩围护结构顶部发生了较大变形，引起背后土体的开裂，因此悬臂桩围护设计在变形要求较高的情况下尽量避免采用。

1　工程概况

1.1　项目概况

本项目位于北京市城区，交通便利；新建建筑包括地上 24 层，带地下室，筏形基础，框架-剪力墙结构。基坑开挖深度约 7.4m。

1.2　周边环境条件

场地比较平坦，南侧为既有道路，西侧为居民小区，北侧和东北侧为场地内临建，东侧为在建基坑施工道路，主要为东侧临近场地出土和运输车施工道路。

1.3　工程地质条件

本工程地质条件比较简单，主要为人工填土和粉质黏土、砂土地层。人工填土层包括①层黏质粉土素填土层、①$_1$层杂填土层；一般第四系沉积层包括②层砂质粉土—黏质粉土层、②$_1$层粉质黏土—重粉质黏土层、③层粉质黏土—重粉质黏土层、③$_1$层黏质粉土层、④层重粉质黏土—粉质黏土层、④$_1$层黏质粉土层、⑤层黏质粉土—砂质粉土层、⑤$_1$层粉质黏土—重粉质黏土层、⑤$_2$层粉细砂层、⑥层细中砂层、⑦层粉质黏土—重粉质黏土层、⑦$_1$层砂质粉土—黏质粉土层、⑦$_2$层细中砂层、⑧层重粉质黏土—粉质黏土层、⑧$_1$层砂质粉土—黏质粉土层、⑧$_2$层细中砂层。

基坑开挖范围内主要为黏质粉土素填土层、杂填土层、粉质黏土—重粉质黏土层。

1.4　水文地质条件

水文地质条件也比较简单，场地勘察深度范围内揭露有 2 层地下水，第 1 层地下水为上层滞水，水位埋深为 3.5～4.2m（相应水位标高为 38.67～39.56m）；第 2 层地下水为潜水，稳定水位埋深为 7.3～8.5m。

基坑开挖范围内，对基坑影响较大的为上层滞水。

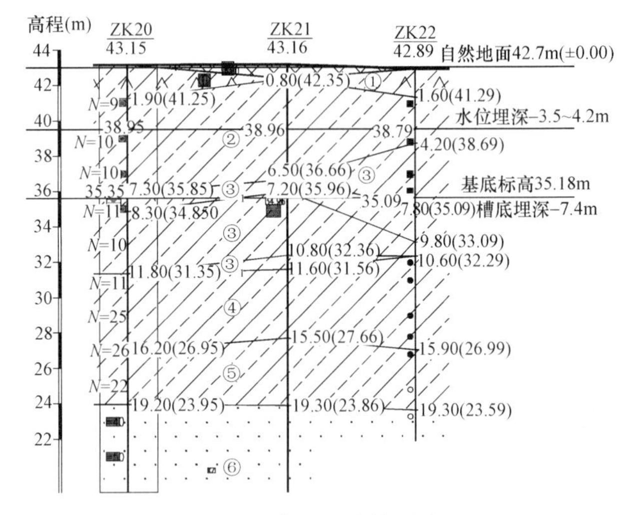

图 1　典型地质剖面图

2　基坑支护设计

根据基坑开挖深度、周边环境条件、工程地质、水文地质条件及设计超载情况，基坑围护结构设计共划分为 6 个剖面。

1-1 剖面：

基坑开挖深度 7.4m，悬臂桩支护，桩径 800mm，桩中心距 1.2m，桩间 ϕ800mm 搅拌桩咬合不少于 200mm，桩长 15m，嵌固深度 7.6m，剖面范围为基坑南侧。参见图 2。

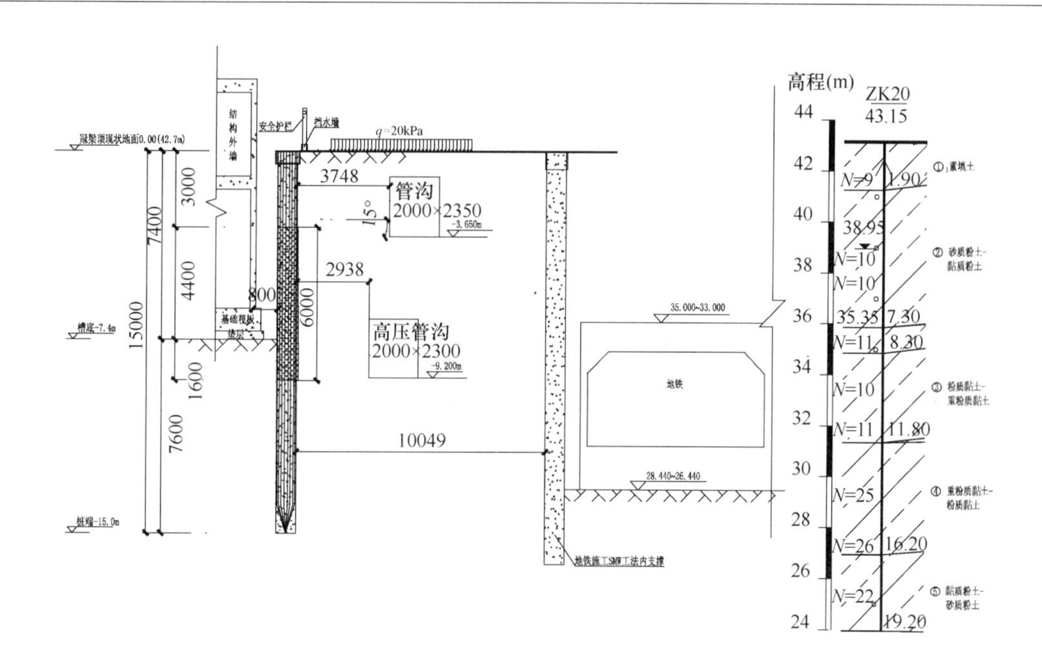

图 2　1-1 剖面图

2-2 剖面：

基坑开挖深度 7.4m，桩锚支护，桩径 800mm，桩中心距 1.5m，桩间 ϕ1100mm 搅拌桩咬合不少于 200mm，桩长 12m，嵌固深度 4.6m，在 3.5m 处设置一道锚索，锚索长 24m，自由端 5m，一桩一锚。剖面范围为基坑西侧南半部。参见图 3。

3-3 剖面：

基坑开挖深度 7.4m，桩锚支护，桩径 800mm，桩中心距 1.5m，桩间 ϕ1100mm 搅拌桩咬合不少于 200mm，桩长 12m，嵌固深度 4.6m，在 3.5m 处设置一道锚索，锚索长 22m，自由端 5m，二桩一锚。剖面范围为基坑西侧北半部。参见图 4。

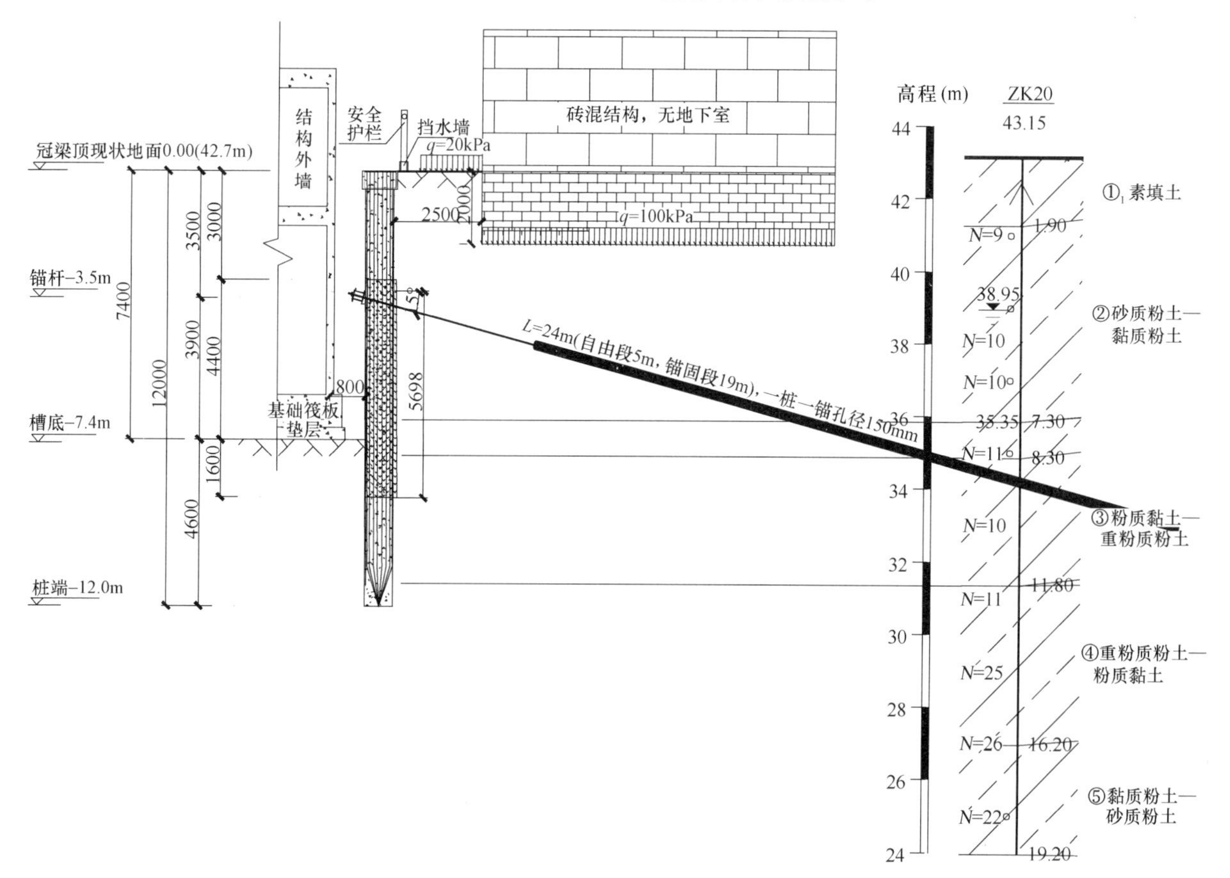

图 3　2-2 剖面图

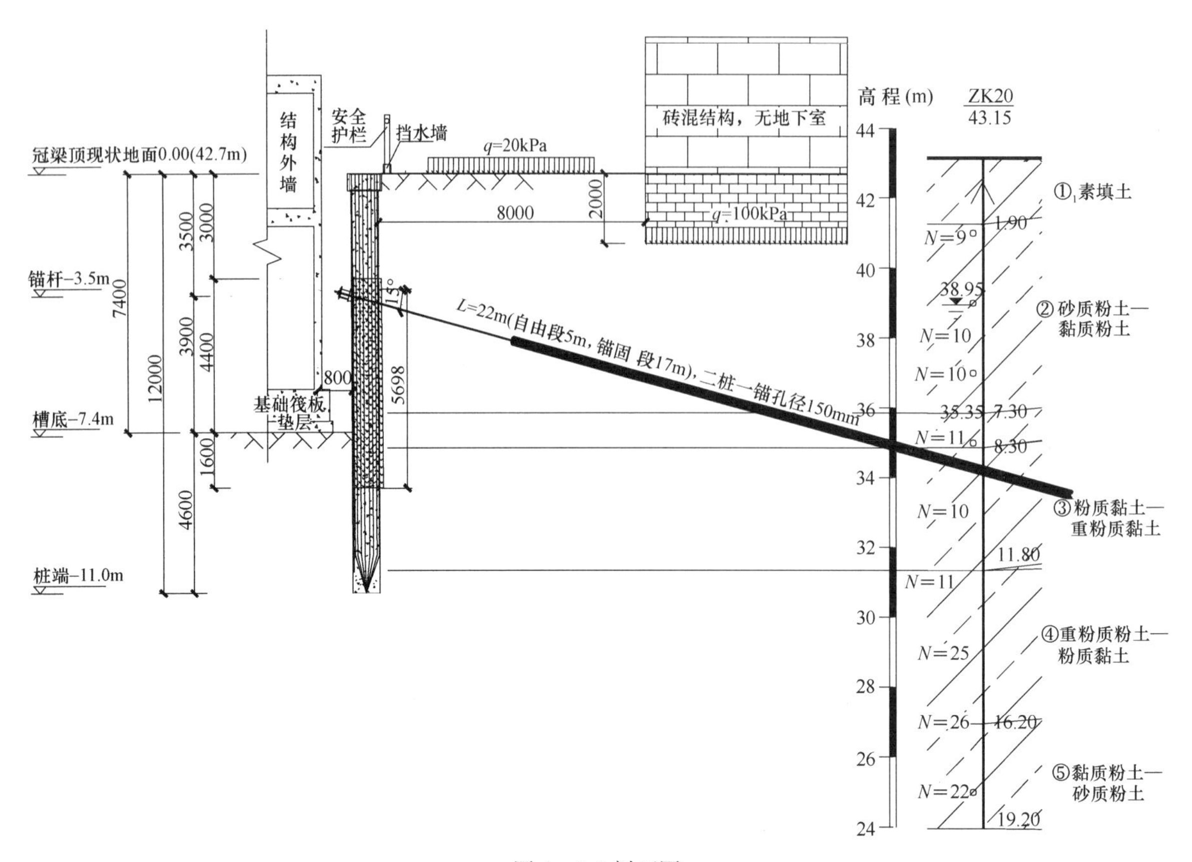

图4　3-3剖面图

4-4剖面：

基坑开挖深度7.4m，复合土钉墙支护，坡度0.3，分别在1.5m（L=9m，ϕ20mm，间距1.5m）、4.5m（L=6m，ϕ20mm，间距1.5m）、6.0m（L=6m，ϕ20mm，间距1.5m）处设置土钉，3.0m处为锚索（L=20m，自由端4m，ϕ20mm，间距1.5m）。在坡体内部设置搅拌桩止水帷幕ϕ1100mm搅拌桩，长度6m，间距900mm，咬合不少于200mm，剖面范围为基坑北侧。参见图5。

5-5剖面：

基坑开挖深度7.4m，悬臂桩支护，桩径800mm，桩中心距1.5m，桩长15m，嵌固深度7.6m，剖面范围为基坑东侧北半部。参见图6。

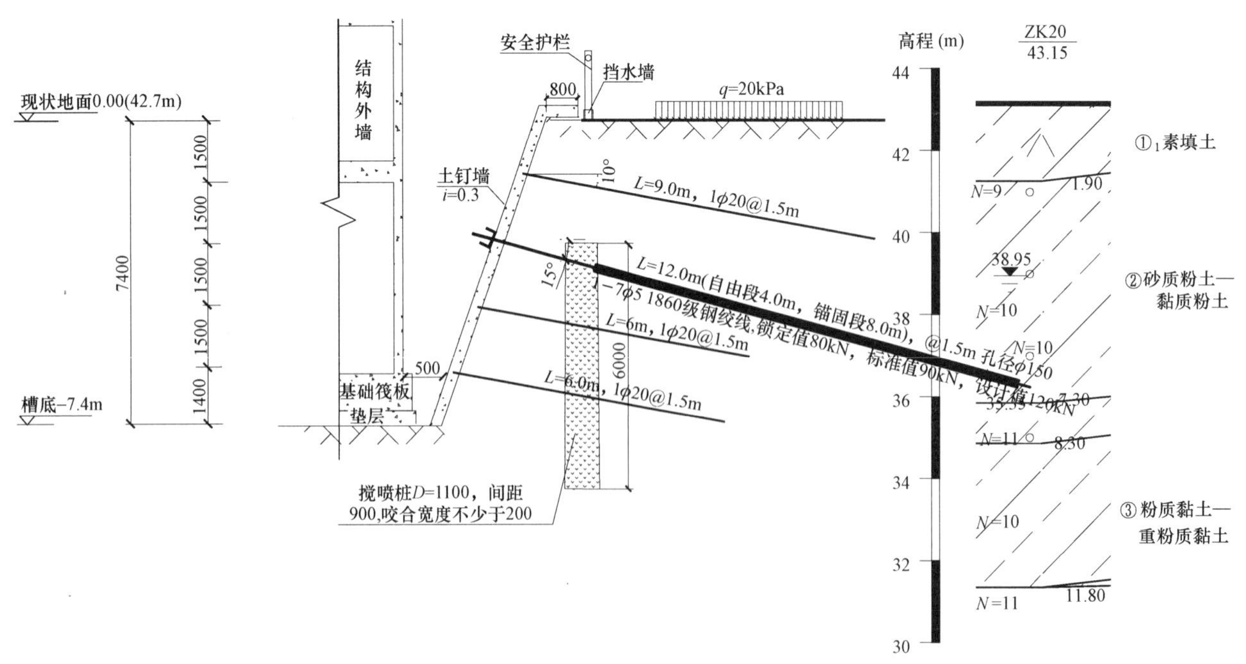

图5　4-4剖面图

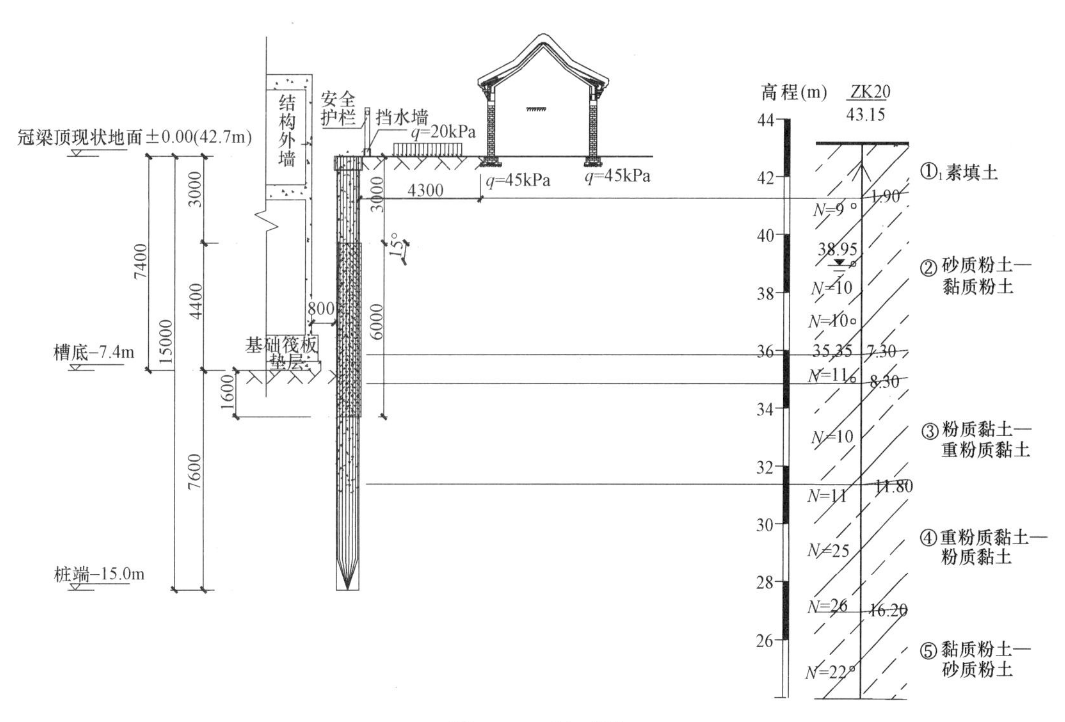

图 6　5-5 剖面图

6-6 剖面：

基坑开挖深度 7.4m，土钉墙支护，坡度 0.3，分别在 1.5m（$L=6$m，ϕ20mm，间距 1.5m）、3.0m（$L=6$m，ϕ20mm，间距 1.5m）、5.3m（$L=6$m，ϕ20mm，间距 1.5m）、6.8m（$L=4$m，ϕ20mm，间距 1.5m）处设置土钉，4.2m 处为邻近基坑锚索，采用钢腰梁连接，张拉锁定值 $N=100$kN。剖面范围为基坑东侧南半部。参见图 7。

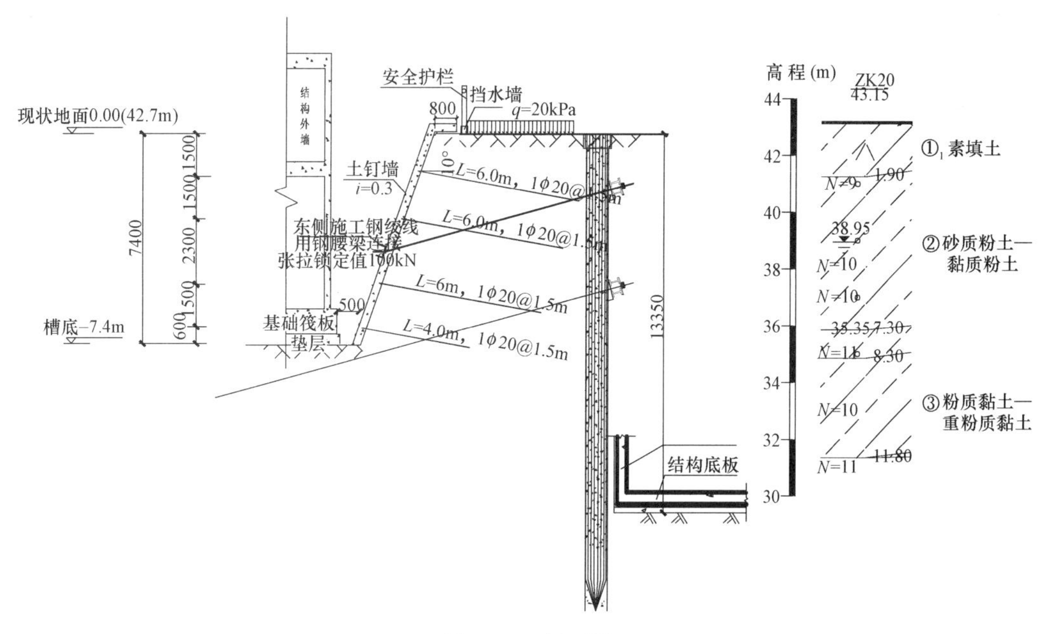

图 7　6-6 剖面图

3　施工过程病害情况

3.1　北侧复合土钉墙边坡

北侧复合土钉墙边坡在开挖到 3.5m 处，施工锚索期间，在锚索钻孔中出现比较大的水流，基坑东北角土钉墙边坡与东侧悬臂桩边坡交接位置出现较大渗流水（图 8）。开挖至坑底后，坡体西侧底部、中间底部、东侧底部均出现坡体滑塌产生的空洞，施工现场以沙袋堆填，并锚喷加固（图 9、图 10）。同时在坡体中下部位出现明显渗透水痕迹（图 11）。

图 8　锚索孔流水

图 9　北侧边坡底部西侧位置空洞

图 10　北侧边坡底部中间位置空洞

图 11　北侧边坡坡面渗水

3.2　东侧悬臂桩＋土钉墙边坡

东侧悬臂桩开挖到底后，在坡体中间部位桩间出现 1 个约 0.7m 见方的空洞，采用沙袋堆填＋喷面处理（图 12）。在悬臂桩与土钉墙边坡交接位置，悬臂桩桩间土塌落、土钉墙下部土体塌空（图 13）。后期采用堆土回填、压脚的方式处理，并将东侧基坑锚索与悬臂桩锚固为一体，以减少悬臂桩部分变形。

图 12　东侧桩间土体空洞

图 13　东侧桩间土体塌落、坡体土体塌落

4 围护结构体系变形发展

4.1 北侧围护结构体系变形发展

北侧围护结构体系出现第一次病害是在开挖至3.5m处锚索施工期间，边坡坡顶竖向位移未有明显变化，阶段变化值基本为+0.8mm。围护结构体系出现第二次病害是在开挖完成后，坡顶竖向位移发生了明显变化，从病害发生到基本稳定期间阶段变化值为−11.2mm，坡顶发生明显下沉。同时，第二次病害导致坡顶水平位移也发生了明显变化，从病害发生到基本稳定期间阶段变化值为+15.4mm，坡顶向基坑内发生偏移。同期，坡后地表发生了明显下沉，从病害发生到基本稳定期间阶段变化值为−40.1mm（图14），最大达到−49.7mm，超过了设计控制值。地面出现非常明显下沉量，并且地表产生了明显裂缝和错台（图15）。

4.2 东侧围护结构变形发展

东侧围护结构体系出现病害是在开挖完成后，从病害发生到基本稳定期间，桩顶竖向位移阶段变化值为+6.5mm，上浮变形。桩顶水平位移发生了明显变化，从病害发生到基本稳定期间阶段变化值为+8.6mm，最大达到+18.5mm，超过了设计控制值（图16）。同期，桩后既有临建墙体与地面发生脱离（图17）。

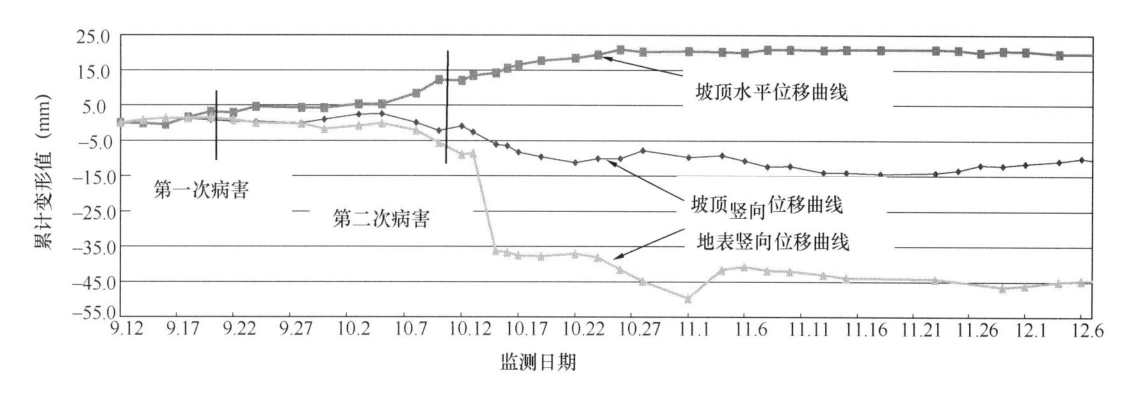

图14 北侧围护结构体系测点位移曲线

图15 北侧边坡地表裂缝

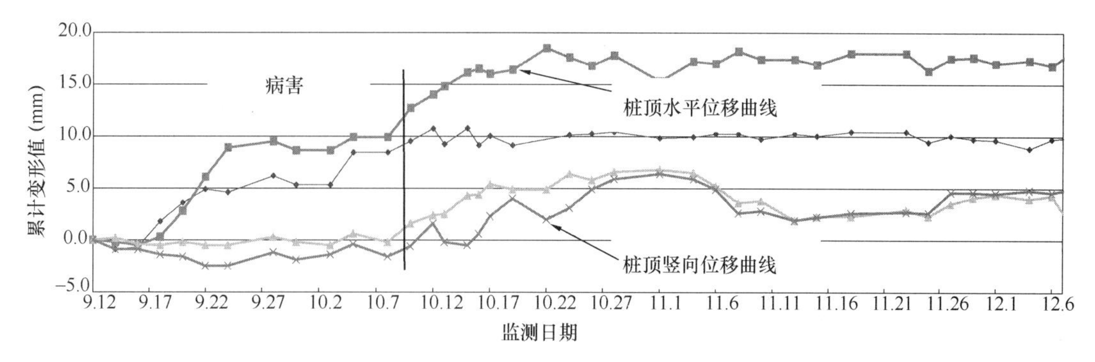

图16 东侧围护结构体系测点位移曲线

图 17　东侧临建墙体与地面发生脱离

5　结语

根据公开报道，南宁某深基坑坍塌事故原因为由于基坑支护变形引起水管长期渗漏，周边土体局部弱化，导致水管爆裂，引发基坑锚索结构失效，最终引发坍塌事故。这个基坑坍塌案例中也是由于基坑变形导致地下水增加、地层力学性能弱化，基坑围护结构性能降低，引发基坑事故。因此，在基坑工程施工和运行过程中，基坑围护结构体系性能对基坑安全性具有重要作用。

（1）基坑围护结构体系施作过程中，坡内施工空洞有渗流水发生，后期坡体底部有滑塌、空洞产生，坡面整体有渗水情况，这些情况都导致边坡整体力学性能的弱化，从而引起边坡变形增大、地表下沉明显等不安全状况。说明施工过程中的质量控制、地下水处治措施的有效性对坡体安全状态影响明显。

（2）基坑围护结构设计中悬臂桩支护本身属于变形较大的支护形式，施工过程中质量控制不理想会增加支护结构变形量，导致变形超控。

参考文献：

[1] 建筑基坑支护技术规程 DB11/489—2016[S] 北京：北京城建科技促进会，2016.

[2] 孔得会，申旭庆．深基坑桩锚支护体系的设计、施工及质量通病防治[J]．岩土锚固工程，2015(03)：46.

[3] 黄建彪．常见基坑支护质量控制通病及对应措施[J]．建筑工程技术与设计，2016(35)：969.

浅谈狭小场地深基坑工程的前期支撑布置及交通组织

伍泽元，朱新迪，易　赞，李　浩
（中建八局第一建设有限公司，山东　济南 518000）

摘　要： 结合翠竹外国语学校（一部）拆建工程施工总承包工程实际情况，对狭小场地超大面积深基坑的咬合桩、立柱桩、钢筋混凝土支撑结构及临建布置情况进行介绍。通过合理地规划布置栈桥，解决了在狭小场地超大面积深基坑的交通组织的难题。

关键词： 狭小场地；深基坑；基坑栈桥

0　引言

近年来，随着深圳市建设进程的加快，建筑用地的面积越来越紧张，出现了大量基坑深度大，且紧贴用地红线的工程。在狭小的场地中进行深基坑施工是一项急需完善并发展成熟的工程，由于场地狭窄，施工受限制，并且一些能够在开阔的场地使用的施工技术在此类场地并不适用，并且考虑到开挖深度的影响，会造成地下水位的下降，对邻近建筑物造成不利影响。因此，应该结合实际工地状况，在工程允许的状态下，选择合理的施工方案，采用合适的施工技术，合理进行交通组织及临建布置，以求最大程度地节约工程成本，降低工程难度，消除安全隐患。本文结合翠竹外国语学校（一部）拆建工程项目，总结狭小场地深基坑施工中支撑布置及交通组织解决方案，以供参考。

1　工程简介

翠竹外国语学校（一部）拆建工程占地总面积11244.33m²。项目建设地点位于深圳市罗湖区东门北路与华丽路交叉口西南侧。

本项目地下拟建三层地下室，±0.000＝16.000m。基坑开挖深度9.4～17.0m，基坑底面积约10433.3m²，基坑底周长约510.1m，基坑底绝对标高为－1.000～3.500m，基坑顶地面标高11.200～16.000m。

基坑西北面为东门北路，路下为翠竹地铁站，现已在运营。地铁站主体基坑的围护结构为地下连续墙，地下连续墙厚800mm，内墙厚400mm，用地红线距地下连续墙边约20.0m，距B1出口墙边约9.0m，该范围内为一条水泥路和绿化带，沿水泥路有电力、电信、合流管及燃气管等。

基坑东北面为华丽路，其路牙与用地红线最近处约8.5m，沿路有电力、电信、给水及合流管等。

基坑西南面为4～17层建筑，用地红线距建筑1.9～10.5m，目前暂未取得基坑周边建筑的基础资料。用地红线至建筑边之间有电信、给水及合流管等。

基坑东南面用地红线外为木头龙小区路，隔小区路为正在施工的木头龙旧改项目。

基坑东面也为木头龙旧改项目，目前已完成地下连续施工，暂未开挖，现地面有临时板房。

场地北侧紧邻地铁3号线翠竹地铁站B1出入口，本项目红线距离地铁出口墙约9m。

图1　翠竹项目周边情况

工程水文地质状况　　表1

地质构造	以断裂为主，褶皱次之
岩土性质和类别	人工堆积层（Q_4^{ml}） 第四系全新统冲洪积层（Q_4^{al+pl}） 第四系残积层（Q^{el}） 震旦系变粒岩（Z_1^d）
地基土承载力	全风化变粒岩：300kPa 强风化变粒岩上段：500kPa 强风化变粒岩下段：700kPa 中风化花岗岩：1500kPa
含水层厚度及水质	水位埋深为1.4～2.9m 场地地下水位年变化幅度为2～3m
水文条件	地表水：场地现状平整，排水措施完备，雨季有暂时性地表径流及小面积、小体积积水
	地下水：场地地下水可分为2种类型：第四系松散岩类孔隙潜水和基岩裂隙水

2　前期施工重难点、难点分析

本工程北、东二面为道路，西面为已建成的办公楼和学校，且北侧紧邻地铁站，周边环境异常复杂。

（1）场地周围无足够空间放坡，基坑采用垂直开挖，给基坑施工带来极大的不便。

（2）紧邻地铁结构、办公楼、学校，对基坑开挖变形要求严格。

（3）场地狭小，前期交通组织极难布置。

3 前期施工重难点、难点分析

3.1 基坑内支撑结构

本工程基坑南北向最长处 180 余米，东西向最宽处 74m。基坑开挖总面积约 10433.3m²，周长 510.1m，基坑开挖深度 9.4～17m。

基坑的围护结构采用咬合桩，咬合桩采用套管咬合施工工艺。咬合桩直径均为 1.0m、1.2m、1.5m。基坑的支护结构采用混凝土内支撑，基坑北侧（坑底标高为 −1.0m）采用两道钢筋混凝土支撑，南侧采用一道钢筋混凝土支撑，钢筋混凝土支撑梁下设钢管立柱，钢管内灌 C35 混凝土，基坑底面以下为直径 1200mm 灌注桩，混凝土强度等级为 C35。

基坑支护安全等级为一级。基坑正常使用期限为基坑支护钢立柱完工后不超过两年。基坑东北侧及北侧有约 112.3m 长的支护段（即 K-L-M 段），暂按永久性支护考虑，边坡高度 10.3～11.6m，平面距离约 5m 一根，主体结构梁与冠梁相连，要求该支护段支护桩桩底沉渣小于 50mm。

1. 咬合桩（钢筋混凝土桩、素混凝土桩）

（1）钻孔咬合桩采用素混凝土桩与钢筋混凝土桩间隔并搭接布置，相邻桩搭接不少于 300mm。素混凝土桩直径 1.0m 或 1.2m，采用强度等级为 C20 的超缓凝水下商品混凝土，初凝时间宜控制在 40～70h。钢筋混凝土桩直径 1.0m、1.2m、1.5m，采用强度等级为 C35 的水下商品混凝土。

（2）钢筋保护层 100mm，桩身主筋采用套筒连接。

（3）钻孔咬合桩成孔前应沿咬合桩延伸方向通长设置导板，导板采用钢筋混凝土结构，混凝土强度等级为 C20，待导板的强度满足成孔设备施工的要求后，方可施工套管咬合桩。

（4）钻孔咬合桩施工必须采用液压钢套管全长护壁，机械冲抓成孔工艺。

（5）咬合桩应按先施工素混凝土桩、后施工钢筋混凝土桩的顺序进行；钢筋混凝土桩应在素混凝土桩初凝前通过在成孔时切割部分素混凝土桩身形成与素混凝土桩的互相咬合搭接。

（6）钻机就位及吊设第一节套管时，其垂直度偏差不应大于 2‰。液压套管应正反扭动加压下切。管内抓斗取土时，套管底部应始终位于抓土面下方，抓土面与套管底的距离应大于 2.5m。

（7）孔内虚土和沉渣应清除干净，并用抓斗夯实孔底；灌注混凝土时，套管应随混凝土浇筑逐段提拔，应始终保持套管底低于混凝土面 2.5m 以上；套管应垂直提拔，阻力过大时应转动套管同时缓慢提拔。

（8）灌注混凝土应连续施工，并严格按照浇灌水下混凝土的有关规定施工。施工桩顶冠梁前，凿除桩顶浮浆至密实混凝土面，并清理干净表面残渣。

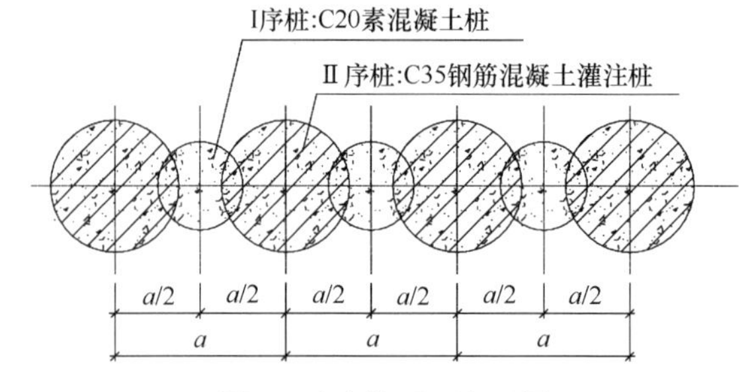

图 2 咬合桩平面布置图

2. 立柱桩、立柱

（1）立柱桩采用旋挖成孔施工工艺，旋挖桩施工必须采用泥浆护壁，泥浆相对密度不低于 1.2，施工中须严格控制泥浆的相对密度、黏度和含砂率等指标，并采用新鲜泥浆清孔，满足相关规范要求后，方可进行水下混凝土灌注。

（2）支撑立柱采用钢管柱，材质为 Q345B，基坑底面以下为直径 1200mm 灌注桩，混凝土强度等级为 C35。

（3）立柱桩钢筋保护层 50mm，桩身主筋采用套筒连接，并满足《钢筋机械连接技术规程》JGJ 107—2016 的规定。

（4）钢立柱穿过底板位置必须设置止水钢板，防水性能不得低于地下室底板最高防水等级。立柱固定在立柱桩基础的钢筋笼内，与立柱桩基础的钢筋笼同时安装，安装时应进行严格定位，水平和垂直偏差不应超过 30mm，垂直度偏差不应超过 3‰，安装后浇筑水下混凝土至底板底面以上 0.8m。

（5）钢立柱制作前应由有相应钢结构施工资质的单位进行深化设计。

（6）钢立柱开挖暴露后，对表面进行除锈，然后刷防锈漆三遍，防腐等级为普通级。

（7）二级对接焊缝应按《钢结构工程施工质量验收标准》GB 50205—2020 的要求验收。

3. 钢筋混凝土支撑结构

（1）围檩和支撑梁底部设 100mm 厚 C15 素混凝土垫层，垫层按 1/800 起拱，浇筑混凝土前在垫层表面铺一层尼龙薄膜；围檩和支撑应同时绑扎钢筋，同时浇注混凝土，一次浇注完毕。

（2）围檩和支撑钢筋保护层为 35mm。围檩和支撑施工偏差不应超过 30mm。

（3）支撑梁不得堆载或挂载，拆除支撑需在按设计要求部分回填基坑后方可进行。

（4）拆除时，单层一般先拆除钢筋混凝土板及连梁，然后拆除主梁，最后拆除围檩。全部支撑都拆除后，方可拆除立柱。

（5）若支撑梁采用金钢绳锯进行切割分块拆除，按以下原则进行分段切割：切割后每块钢筋混凝土重不大于 5t，主梁切割分段长度不大于 2m。

（6）拆除过程中，部分梁拆除后梁的自重不得对围檩和立柱产生不平衡弯矩（切割拆除时需特别注意立柱两侧部分切除后剩余的梁重量不平衡破坏立柱），特别是拆除下层支撑时严禁损坏立柱。

3.2 基坑出土栈桥布置

本工程土方开挖量约 15 万 m^3。本基坑土方开挖应遵守分区、分层、分段、对称、均衡、适时的原则。各层土方开挖均必须待上层支护结构强度达到设计要求后方可进行。竖向分层厚度不大于 1.5m，分段长度不超过 20m。

根据施工现场情况，依据施工图纸，本工程地下室施工区开挖面积大，基坑深度大，土方开挖量大且周边区域情况复杂，所以项目考虑了多种方案。

传统的垫土坡道挖土方案，施工简易、施工成本低。但是在每道内支撑施工后需要重新回填土坡道，影响工期。垫层土坡道下的内支撑梁无法整体施工，影响水平支撑的整体性。而且土坡道需要放坡，会占用大量场地，影响施工。

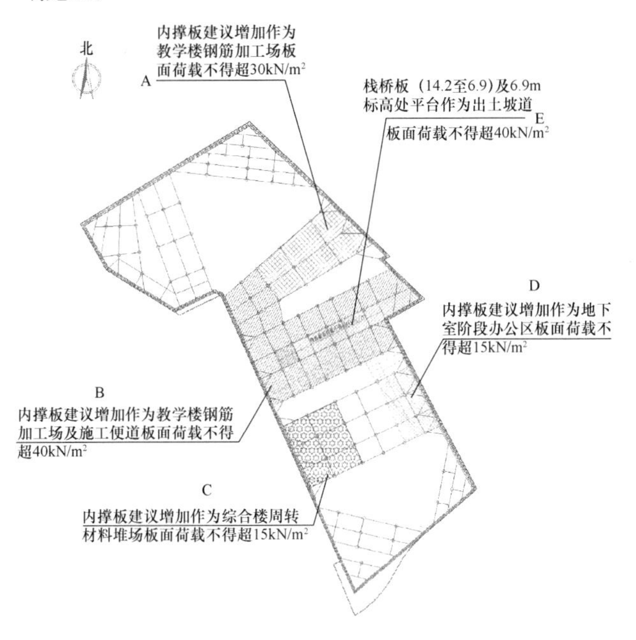

图 3　出土坡道及平面布置图

钢结构栈桥方案，此方案具有施工后无需养护的优点，稳定性优于钢筋混凝土栈桥，但是本项目基坑深度 17m，且结合施工部署，栈桥长度达 180 余米，选用钢结构栈桥成本极高、不经济[1]。

钢筋混凝土栈桥与土坡道结合方案，此方案要有混凝土的养护过程但是较钢结构栈桥经济；桥末标高 6.9m，坑底标高－1m，采用局部土坡道，同时也保证了内支撑梁施工的整体性[2]。

鉴于上述情况，项目经过讨论，决定采用钢筋混凝土栈桥＋土坡组合方式出土（减少主体结构施工时拆除工作量），项目 1 号大门作为出土口，采用钢筋混凝土栈桥＋土坡组合方式出土方案，减少了土方开挖过程中挖掘机械和自卸汽车对内支撑梁的影响且在土方开挖时可以同时插入混凝土栈桥施工、钢筋混凝土养护，不占用总工期，解决了工期紧张的问题。

同时栈桥依靠立柱作为支撑，斜梁传递荷载，立柱与梁之间节点强化连接处理，通过此方法设置，对钢筋混凝土支撑梁与支撑立柱进行加强后兼作施工栈桥，比单独设计栈桥节省较大的费用，栈桥布局合理，能减少土方转运次数，提高机械作业效率，混凝土泵车经栈桥后能对基坑混凝土浇筑做到全覆盖[3]。

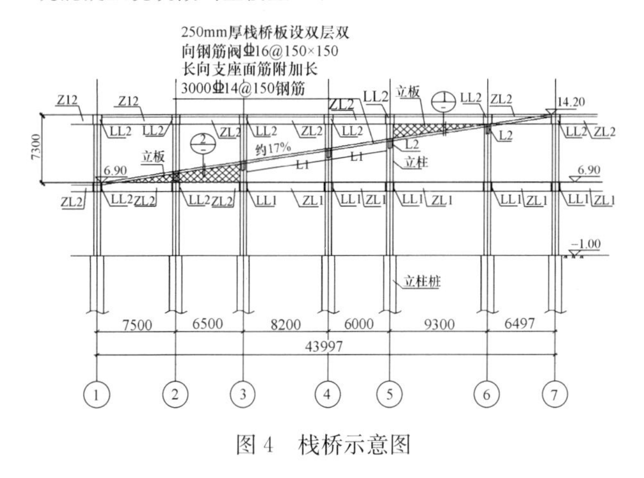

图 4　栈桥示意图

4　结语

狭小空间的深基坑开挖的工作施工面小，施工难度大，且周边建筑物都会对工程造成影响（可能会出现边坡荷载过重的情况），所以本工程深基坑支护，采用荤素咬合桩和钢筋混凝土支撑结构，保证基坑的稳定性。同时钢筋混凝土栈桥与内支撑相结合的深基坑开挖方式，充分利用了原支撑立柱桩，减少了栈桥的布置成本及布置工期。钢筋混凝土栈桥＋土坡组合方式出土方案在保证稳定性的同时，节约了工期减少了成本。

参考文献：

[1]　王成云. 钢结构栈桥设计要点探析[J]. 科学与财富，2017，25：24-24.

[2]　郭亮亮. 混凝土栈桥与支撑相结合的深基坑开挖技术[J]. 建筑施工，2014，37(03)：226-228.

[3]　刘陕南. 基坑围护中施工栈桥的设计[J]. 岩土工程界，2004，7(01)：27-32.

深基坑支护项目盈利的金钥匙

张茹娜[1,2]
（1. 北京城建勘测设计研究院有限责任公司，北京 100101；2. 城市轨道交通深基坑岩土工程北京市重点实验室，北京 100101）

摘　要：本文根据笔者多年从事基坑支护设计与施工项目管理的经历，就深基坑支护施工项目实现盈利的十把金钥匙进行了总结。并依据这些金钥匙对某项目实施了有效管理，取得了较好的成果，得到了上级部门的表彰，也得到了业主单位和总包单位的肯定，实现了经济效益和社会效益双丰收。也许总结得不太全面，在此提出来供大家参考，希望对各自今后的工作有所帮助。
关键词：深基坑；支护；盈利；钥匙

0　序言

深基坑支护施工具有对周边环境影响广，施工及维护时间长，项目产值大，成本高，风险大[1]等特点。管理好效益颇丰，管理不好，会造成工期延误，甚至出现工程事故[2-7]，以及可能的追加索赔，最终势必造成深基坑支护工程项目亏损，甚至人财两失（生产骨干和技术人员流失）。下面就依据笔者多年来从事深基坑支护施工及管理的工作经历，谈一谈深基坑支护项目盈利的十把金钥匙。

1　十把金钥匙

1.1　强化合同管理意识

在我国，建设工程项目管理中，合同管理越来越重要，它贯穿于工程实施的全过程，在市场经济的环境条件下，工程项目管理必须以合同管理为核心，这是提高管理水平和经济效益的关键。建设施工合同的有效管理是促进参与工程建设各方全面履行合同约定的义务，确保建设目标（质量、投资、工期）的重要手段。

1. 建立和健全企业合同管理体系

应建立健全企业合同管理机构，使合同管理覆盖到生产经营各个层次，延伸到各个角落，设置专门合同管理部门，明确合同管理职责范围、工作流程、规章制度，形成从投标预审、合同谈判、审核、履行到监督检查，保证合同有效实施的组织保障体系，并严格执行合同管理工作流程，确保合同从招标文件分析、文本审查、合同实施策略、动态跟踪、成本对比分析、合同变更、索赔等过程均纳入生产经营日常工作程序，确保合同管理体系有效运行。

2. 明确合同管理是从参与招投标阶段为起点，审核招标文件即是合同管理的开始

只有认真审核招标文件各项条款，分析招标文件列明的合同条款，明确双方权利和义务，有针对性地确定投标策略并以此作为投标报价的有效依据，才能为下一步的工作打下良好基础，减少工程中标后合同履行的风险。

3. 树立风险意识，强化合同管理

工程合同既是项目管理的法律文件，也是项目全面风险管理的主要依据。承包人必须有强烈的风险意识，并且应结合企业以往工程实施遇到各类风险问题整理归类，对风险发生、影响范围进行分析评价、总结。签订建设工程合同后，要认真研究合同的每一个条款，理解条款的含义，确定能正确使用，为处理合同纠纷做好准备，特别索赔责任划分的条款、索赔的程序、索赔的计算原则等。

4. 加强合同交底

合同交底是有效避免因管理出现盲区而导致合同签订与执行“脱节”的连接器，实现合同签订与执行两阶段的顺利过渡。由商务部门派出的项目报价经理牵头，将项目的报价策略、合同条件、业主要求以及合同的外部环境等信息逐一解释和传递给项目经理及相关人员，让其充分了解到合同责任、工作范围、工作进度以及各种行为的法律后果等内容，避免在项目执行中因信息不对称而产生纠纷和争议，保证项目按合同严格执行。

合同交底应在每一个合同事件履行前把该事件的合同目标、要求以及与其他事件之间的联系等信息传达给该事件的责任人及下属。合同交底的实质就是合同信息的传递，实现信息共享；其目的是将合同目标和责任具体落实到各级人员的工程活动中，并指导管理及技术人员以合同作为行为准则[8]。

5. 加强合同实施过程中的动态管理

合同的履约体现在承包人生产经营各个过程，这就需要加强施工生产经营的全过程合同动态管理，承包人应严格按合同施工，定期检查合同执行情况，避免发生与合同条款相违背的情况。根据工程实际分析风险发生的可能性，采取技术上、经济上和管理上的措施，制定相应对策，尽可能避免其发生，降低风险损失。

6. 重视合同的后评估

合同后评估是合同管理的总结阶段，往往不为人们所重视，其实合同后评估工作是件很重要的工作，它是对合同签订的好坏、管理合同得失的评估，它可为下一工程项目造价控制提供可借鉴的经验。合同后评估工作主要是总结合同执行情况，对合同管理好的经验加以总结推广，对过时、不符合现行法律法规，以及不严谨、容易被对方索赔的条款要加以改正。

7. 合同的管理应用

项目部一经成立，以项目经理为首的项目班子首先

一定要注重合同管理。包括施工企业与业主或总包单位签订的施工合同；以及项目部与本施工企业签订的该项目内部承包合同（成本控制合同）；也包括项目部与本项目通过企业合格供方内部招标拟录用的劳务方签订的劳务分包合同；与设备租赁单位签订的设备租赁合同；与材料供应方签订的材料（半成品）供货合同等，特殊情况下还包括本项目拟采用的新技术、专利技术使用服务合同。

所有合同签订前都要经过企业法务部门审查，并在签订后对项目部全体管理人员进行宣贯，使项目全体参施人员提高合同管理的意识，从而在日常采买、临时雇用人员、提供服务、分包项目、承包工程时严格合同管理。这样做既规范了日常管理，提升了企业形象，又始终控制施工及项目管理成本，增强了项目的经济效益。

1.2 建立项目成本控制总目标

1. 建立项目成本管理组织机构，提高项目成本管理意识

项目成本管理贯穿工程项目管理的始末，是一项复杂、系统的经济管理工作，必须有组织保证，建立必要机构，配备具有工作经验的专业人员抓项目成本管理工作。提高全员成本意识，使人人具有控制成本增长，促进成本降低的经济观念和效益观念。

项目部成立以后，项目经理部在吃透上述合同的基础上，要对深基坑支护工程项目进行成本预测，包括固定费用（如项目上交企业的管理费、提取的固定资产折旧费、大修费）等项目成本，也包括人工、材料、燃料、配件和项目部间接费等可变费用，从而确定分项工程成本、分类成本，结合项目风险成本就明确了深基坑支护项目成本控制的总目标[9,10]，并以此对全体项目部管理人员进行交底，使所有参施人员心明眼亮。由于成本控制直接与参施人员的效益挂钩，这样在项目实施过程中就会严格执行，相互提醒与监督，使项目部的成本始终处于受控状态。

2. 搞好施工前的成本预测

工程项目成本预测是成本计划的先导，是成本控制的目标，是成本核算的参照，是成本考核的依据，是成本分析的基础，是成本管理工作的第一步。项目实施过程中必须慎重、合理，考虑影响成本的多种因素，例如投标中的压价让利，工程本身的特点，项目班子的管理水平与管理能力，以及主要材料的市场情况和工程合同的有关条款等。合理测算，不仅能够保证企业的利益，而且有利于挖掘项目潜力，调动项目积极性，促进项目加强管理，积极运用新技术，使项目向技术和管理要效益。

3. 加强对工程项目施工过程中的成本控制

成本控制是成本管理的第二阶段，是成本目标能否实现的关键环节。工程项目的一次性特点，决定了工程项目成本管理也是一次性的行为。因此，在施工过程中，项目成本能否降低，项目部能否获得经济效益，得失在此一举，必须做好。由于影响项目成本的因素很多，在不同的情况下，采取不同的控制方法，将会产生不同的效果。项目成本的控制和监督应从组织、技术、经济、合同等方面采取措施。

4. 加强成本分析与考核工作

成本分析应组织项目管理人员按月召开经济活动分析会，协助项目部分析成本盈亏的原因，并制定对策。成本考核是检验项目成本管理和经济效益的一种好方法。

当然，项目部也应该制定相应的奖罚制度，以提高大家控制成本的积极性。

1.3 加强项目财务管理

俗话说吃不穷，穿不穷，算计不到就受穷。深基坑支护项目管理中财务管理是能否取得盈利的重要一环。

1. 建立完整的财务管理制度

项目部的所有收支业务依靠财务制度来决定开支、靠相互监督来约束开支。

2. 强化资金管理

开设项目专用银行存款账号，定期核对清理银行收付凭证及时入账，坚决杜绝白条充抵现金。

3. 债权债务确认准确，结算及时

项目部严格根据合同以及施工进度，与监理方及时确认工程进度及其应收款项，与此同时和分包方确认应付款项，总体做到量入为出，确保生产不因资金影响而不连续施工。

施工中发生的变更和洽商，要及时办理签字确认，并根据合同文件或会议纪要的相关规定，直接与经济挂钩，即体现为深基坑项目增减工程造价；与此同时，对设计变更或洽商进行变更交底，以免遗漏或重复某项工作，从而导致经济损失。

结算时根据记账并认真核对，依据合同及洽商最后确定结算总价，并参照与业主的结算款项和分包合同，与各劳务单位，设备租赁单位，材料供应商等办理结算，确保成本可控。

项目部对应收款项指定专人及时清理及追讨，力避因欠款单位无款、破产或超过追索时效，导致应收款无法收回，造成实际损失。

1.4 安全、质量两手抓

安全生产事故是深基坑支护项目最大的成本，因为一旦发生，社会影响恶劣。轻伤影响员工上班，增加人工费支出；重伤既影响员工上班，增加人工费支出，又需要支付医疗费，增加间接费支出；死亡事故既增加了巨额抚恤费支出，直接增大成本支出，起码要经历停工整顿，工期延长，相对员工收入降低，也必然影响员工情绪，降低生产效率，最终造成深基坑支护项目亏损；另外，由于暂扣安全生产许可证，导致1～3个月内无法参加特定地区内的招投标，致使企业蒙受巨大损失。

质量问题同样是影响成本的主要因素，质量问题导致返工、修复、推倒重来等重复施工的现象发生。这些现象导致了无效工程量增加，加大了人力、材料、设备的投入，最终增加了成本支出；另外，频繁的重复劳动，使业主对其能力难免产生怀疑，别说回头客了，在该区域内也不会有人敢再冒风险了。

鉴于此，深基坑支护项目必须牢牢抓住安全和质量两个抓手，同时发力。项目开工前进行与本深基坑支护项

目有关的安全知识教育，并经过实际考试，达到合格标准，方可进入施工现场。正式施工前，还要视人员从事的职责，分别接受项目施工方案交底，施工技术交底和安全交底，要使每一名员工对自己从事的岗位心中有数。每一天开工前要进行班前喊话，每一天收工时要进行交接。项目技术负责人要加强过程巡视，负起监督和指导责任；项目技术人员要盯岗作业，强化过程检查，项目安全监督人员要化身“黑包公”，严格执法，不留情面，把安全事故隐患和质量事故消灭在萌芽状态。

1.5 严控材料采购关

1. 杜绝超额采购

深基坑支护项目成本的预测与控制，离不开对项目工作量的正确计算和材料用量的正确估算。

在深基坑支护开工前，必须根据设计与工程实际情况编制材料采购计划。拿钢筋为例，该计划中的钢材用量必须经施工项目部技术人员正确计量，并经过材料员根据支护桩配筋，土钉杆体配筋，冠梁配筋以及桩间土防护配筋，形成最佳匹配，购置 6m，9m，12m 定尺，以减少钢筋料头。

实际施工时按批准后的采购计划根据场地条件，结合预测材料在深基坑支护施工过程中可能出现的价格变化，以及施工进度计划决定是一次性采购，还是分批采购，决不允许出现超购现象。

2. 货比三家降价格

随着市场经济的发展，深基坑支护项目所需材料的价格一年内会出现不同的变化；而且不同的供应商由于其来源不同，即使同一时间材料价格也有所不同。所以无论任何有经验的材料人员都难以掌握相对合理的价格信息，加上材料的销售商也可能会利用回扣、好处费等吸引采购人员，从而使项目部难以购买到价格相对合理的材料，提高了工程项目的材料成本。

这就要求深基坑支护施工企业建立长期的材料供应的合格供方，进行项目施工前，在合格供方中货比三家，选择价格合理，供货能力强，信誉好的供应商签订材料供货合同，从而既保证了材料的及时供应，又降低了深基坑支护施工的材料成本。

3. 严格出入库制度

在材料采购时应有两人以上进行现场验收，确保进场材料数量、规格、质量满足合同要求，并保留出厂合格证，现场进行监理见证取样，经试验合格后入库保管。深基坑支护项目部材料员根据工程进度按施工计划发料，确因恶劣天气中途停工的，施工人员要实施退货手续，避免多发的材料不是被浪费扔在工地，就是被工地的个别人员偷偷卖掉。

对由于施工中发生的变更，由此而引起的局部材料增加或减少，首先通过企业内部其他项目进行调剂，如实在无法解决，再考虑小批量进出场。

1.6 平行流水细施工

现在的深基坑项目规模越来越大，不可能等到一个工序全部干完再进行下一道工序，所以必须做好以下几点：

（1）按照工程进展，合理地配置人力、材料、设备等资源的进场和退出，使得工地井井有条；另外，也可以合理利用住房等设施，使之效率最大化，从而节约非生产性成本。

（2）合理安排各分项施工，能够一步完成的，决不进行两次、三次，杜绝返工现象发生。

（3）寻找关键线路，加大人力、物资和资金投入，达到缩短工期，避免施工等待或重复施工现象发生。

1.7 施工设备巧安排

深基坑工程项目涉及施工机械比较多，有土方开挖的挖土机、装载机、运输车、洒水车、加油车；有降水井施工用的反循环钻机，洗井的空压机设备；有支护桩施工的旋挖钻机，商业混凝土车，吊车，地泵或天泵，还有锚杆钻机，搅浆设备，注浆设备，水泥罐等，电焊机和砂轮锯就更不用说了，如何保证在同一场地内施工不冲突，应该说是一门艺术。

项目部制定施工方案时，必须根据目标工期和实际工作量安排施工设备计划，并根据预想的进度计划，合理安排不同的施工设备进出场。为保证施工不间断，施工中应根据实际施工进度进行设备调配，做到每一台机械有活干，每一个工种有设备；另外，当设备即将完成工作时，及时联系企业其他项目部，在本项目完成后及时退场，进入下一项目，这样就把施工设备的租赁费或折旧费控制在最小的范围内。

1.8 与分包单位实现双赢

（1）对劳务分包队伍，实行严格的定额发料制度，避免随意使用材料。材料超标追责，节约有奖。

（2）对分包及时进行计量，严格按合同的价格计算进度款项，并严格按照合同约定比例拨付款项。

（3）对设备租赁供方施工中发生的临时用工，及时签证；在本项目即将结束时，及时联系其他项目部，减少设备无功停滞时间。

（4）对材料供应商，按照合同要求及时拨付材料款。

（5）每年对合格供方进行多方位评定，对表现优秀者在内部招投标中同等条件下优先录用；不合格者淘汰出局。

1.9 合理引进新技术

科学是第一生产力，深基坑支护项目同样要注重新技术，新工艺，新设备的引进。新技术的引进可能会增加一些投入，但是提高了效率，缩短了工期，也就是节约了成本，提高了效益，包括社会效益和经济效益。如内支撑施工设计中鱼腹梁的应用，增加了施工空间，提高了施工效率，经济效益相当可观。

与此同时，还要抓好 QC 小组活动，搞好施工项目的小改小革。一方面提高员工投身技术创新的积极性，在实践中提高员工素质；另一方面给项目带来可观的效益。

1.10 大力控制间接费

在项目部的各种费用中，间接费的可变化性很大，也是项目部成本控制的关键。

因此，项目部成立之初，必须根据以往同类项目的间接费控制经验，并结合本项目的具体情况，制定间接费的总费用控制目标。分别对项目部办公费、项目人员差旅费、市内交通工具费和业务招待费制定标准，具体到每一名成员，并严格按标准实施，当然，遇到特殊情况时，可以破例，但必须事前报备，经过项目经理审批，并在项目部公开栏内公示。

办公费开支要有计划，并定期集中购置，量小也要货比三家；每月手机费标准根据项目部成员业务量大小设置封顶标准，不超额算对自己的奖励，超额部分自费，特例也要经过项目经理审查并批准；差旅费设置标准，包括交通工具的选择，出差住宿标准；业务招待费开支要根据来客数量确定陪同人数，并做到内外有别，按既定标准能在项目内解决的就不去高档饭店，严格控制项目招待费用。另外，对不合理的摊销，项目经理部有权予以拒绝。

2 案例

2.1 工程概况

某深基坑工程项目位于北京市，拟建工程包括三栋办公楼（地上19F、地下3F局部地下4F）与地下车库，建筑最大高度约80m，地下基础结构板顶标高－13.80m。基坑长约314m，宽65～73m，周长约760m，开挖深度14.37～17.07m，开挖面积约21540.1m^2。其东侧为市政道路，且总包单位规划为主要施工道路，地面荷载较大；南侧为市政道路，施工期间规划道路中开挖小区综合管廊；西侧为待建的地块，几乎同时施工，两者之间地块，业主准备搭建临时办公楼；北侧紧邻的是为修建城市轨道交通所临时搭建的施工单位办公区，然后依次是已建地铁线路地下区间，还有与之几乎平行的另一地铁线的高架区间，较远处还有国铁通过。另外，总包单位规划在其东北侧修建本项目临时简易办公楼。环境条件十分复杂。

2.2 工程地质、水文地质条件

根据勘察报告得知：拟建场地勘察最大深度50m范围内地层分为人工堆积层、新近沉积层和一般第四纪沉积层三大层。

依据勘察报告可知，本场区附近45.0m范围内发现两层水，分别为层间水（三）、层间水（四）。层间水（三）：水位埋深32.90m，水位标高47.010m。层间水（四）：水位埋深41.22m，水位标高38.690m，此两层地下水对基坑支护不会产生不利影响。

2.3 支护设计优化

初步设计选用桩锚杆支护方式进行基坑支护。我方根据基坑开挖深度、施工工期要求、施工季节、场地周边环境条件、总包单位对施工场区的总体部署、场地工程地质、水文地质条件，并结合其他影响因素，采取了多种不同的支护形式，得到了业主、初步设计单位以及北京市基坑支护危大分项评审专家组的认可，节约了成本，加快了工期。优化后的设计采用的支护形式如下：

（1）桩锚支护

在靠近施工主要道路一侧，由于没有放坡条件，且地面超载较大，施工人员要从该处通过人行楼梯上下基坑，还要作为混凝土泵安设处，故采用桩到顶的桩锚支护体系。

（2）土钉墙加桩锚支护

考虑到基坑南侧由于本基坑施工期间可能要进行相邻的综合管廊施工，故上部采用卸载的1∶1放坡土钉墙支护，下部采用多道短锚杆的支护方式。

（3）支护桩加角撑支护

基坑西北侧由于距离地铁附属结构较近，因此在该范围内采用内支撑支护方式。为确保控制变形，采用上部钢筋混凝土支撑，并与桩顶冠梁一起浇筑，第二道、第三道采用钢支撑支护方式。

（4）桩锚结构加挡墙支护

基坑西北侧局部地段施工时仍是相邻地铁施工单位生活区，生活区已硬化路面距冠梁顶有一定的高差，故采用在冠梁上部砌筑挡土墙。挡土墙为370mm砖墙，每隔1根护坡桩设置一根构造柱，构造柱尺寸为300mm×370mm，挡土墙顶设置一道压顶梁，压顶梁尺寸370mm×300mm。

2.4 施工管控

熟悉合同，踏勘现场，并根据中标价确定项目成本控制目标；强化财务管理，坚持项目经理一支笔的报销制度；对项目所涉及的劳务分包，机械租赁，材料供应等一律实行合格供方内的货比三家的择优，并签订分包合同，明确各自的责、权、利，并严格实施；鉴于周边环境比较复杂，在支护方案优化的基础上，一手抓安全，一手抓质量；土钉及锚杆均采用锚杆钻机施工，既确保了施工质量，又节约了工期；支护桩采用大功率旋挖钻机成孔，水下灌注工艺成桩，相比于冲击钻加快了进度，相较于人工挖孔又避免了安全隐患；在施工中加强支护体系及相邻建（构）筑物的变形监测，并与业主邀请的第三方监测单位保持密切的联系，根据检测数据指导信息化施工；还与总包单位配合，按照他们的施工计划，进行平行流水作业，为他们分批提供基础施工场地。

施工过程中，项目部特别重视项目变更，这也是项目盈亏重要的节点。由于本工程东南侧有一处家属院拆迁工作未能如期进行，故对家属院区域做临时设计变更，根据现场条件及预留施工缝等要求，变更如下：家属院西侧上部放坡＋下部桩锚支护，家属院东侧上部1∶1放坡＋下部1∶0.75放坡锚杆复合土钉墙支护。对项目变更及时进行交底；对所增材料通过其他项目进行调剂；施工设备及劳务人员也与其他项目互通有无，实现了人员与设备的有序流动；从而提高了效率，节约了成本。

目前，基坑已经完成了回填，基坑开挖及使用期间，各监测项目均在可控范围之内，未出现任何安全问题，说明基坑支护优化设计是合理的；原本内控指标在实现上缴和完成税金的前提下实现收支平衡，结果项目最终实现了盈利，这说明施工管控也取得了成功。

3 几点体会

（1）深基坑支护施工项目是一个风险性较大的项目，施工管控优劣直接影响到项目的盈亏。在多年从事深基坑支护施工管控的实践过程中，我们总结了上述十把深基坑支护施工项目实现盈利的金钥匙，在此提出来，与同行们分享。

（2）深基坑支护施工项目要实现盈利，项目目标成本控制是重中之重。成本控制是一个全过程的控制，也是一个动态控制的过程，更是一个全员参与控制的过程；当然在做好成本控制的前提下，要大力引进新技术，新设备，新工艺，提高施工效率，变相节约成本；还要加强开源节流，开展小改小革活动，增收节支。

（3）安全、质量是成本控制的两个重要抓手，要想实现项目盈利，必须两手抓，两手都要硬。基坑施工过程中，对各项应测项目进行监测，并加强人工巡视，及时反馈监测信息，对基坑开挖过程中出现的问题及时分析并处理，保证基坑安全顺利施工，并保证相邻建（构）筑物的安全正常使用。

（4）不仅要根据工程自身因素，还要考虑工程、水文地质条件，更要考虑工程所处的周边环境条件、季节性因素、施工工期及造价，并进行多方案对比，选择安全可控、经济合理的设计方案，实现方案最优。

（5）几乎没有一个工程项目不需要进行设计变更的，这也是项目盈亏的关键节点。这一事实提醒我们，一定要搞好信息化施工和动态设计[11]。

参考文献：

[1] 刘利华，聂振刚，孙涛，等. 采用土锚杆作深基坑支护拉结应谨慎从事[J]. 建筑施工，1994，05：10-11.
[2] 王明恕，郑襄勤. 深基坑边坡支护事故分析[J]. 施工技术，1995(02)：5-7.
[3] 张以毅，王云纳. 某大厦工程深基坑支护结构倒塌的救治措施[J]. 建筑施工，1994(04)：47-44.
[4] 韩云乔，郑必勇. 深基坑支护结构失效原因分析[J]. 建筑技术，1993，20(03)：145-148.
[5] 胡建武，王爱勋. 深基坑涌水涌砂的原因分析和处理[J]. 建筑技术，1996(02)：107-109.
[6] 焦中华，贾力宏，李莹. 北京市某地下车库基坑工程及事故处理[J]. 岩土工程学报，2008(S1)：588-591.
[7] 朱彦鹏，叶帅华，莫庸. 青海省西宁市某深基坑事故分析[J]. 岩土工程学报，2010(S1)：404-409.
[8] 刘鹏程，顾祥柏. 工程合同分析与设计[M]. 北京：中国石化出版社，2010.
[9] 全国一级建造师执业资格考试用书编写委员会编写. 建设工程项目管理[M]. 北京：中国建筑工业出版社，2018.
[10] 张茹娜. 深基坑支护施工项目成本控制初探[C]// 第十届深基础工程发展论坛论文集，2020.
[11] 石晓波. 某基坑局部变形超控原因及处置[C]// 第十届深基础工程发展论坛，2020.

基于信息化施工及动态设计的基坑开挖

钱俊懿[1,2]， 刘文彬[1,2]， 冯科明[1,2]
(1. 北京城建勘测设计研究院有限责任公司，北京 100101；2. 城市轨道交通深基坑岩土工程北京市重点实验室，北京 100101)

摘 要：老城改造过程中，由于周边建（构）筑物年代久远，有的根本是无规划修建，其本身及周边环境资料无法获取，因此基坑支护施工图设计时无法准确掌握周边环境情况。这就需要实际开挖揭露，加强信息化施工，动态设计。北京某基坑支护项目，在复杂的环境条件下，现场施工人员与设计人员密切配合，完美演绎了信息化施工、动态设计这一基本原则。施工人员第一时间将施工过程中揭露的实际情况及时反馈给设计单位，会同设计单位进行设计验算、调整、优化，并组织实施。根据施工过程中及最终的监测结果，各项监测指标均在合理、可控范围之内，充分说明方法正确有效。案例说明对于周边条件复杂而资料又无法完全获取的基坑支护设计与施工项目必须采用信息化施工和动态设计，这样才能既保证基坑施工及周边环境的安全，又能节省工期甚至造价。
关键词：信息化施工；动态设计；基坑

0 引言

随着时代的发展、社会的进步，越来越多的建筑往地下或者地上进行延伸，基坑也随之越来越深。处于城市内的基坑工程，周边条件往往比较复杂，例如周边老旧管线，不明地下建（构）筑物等。相邻的建筑由于建设时间较久，其竣工资料也由于各种原因可能不再齐全，因此部分资料无法正常获取，这也给设计单位及施工单位带来了极大的安全隐患。如何较为准确地避开地下建（构）筑物，确保施工安全，是一个亟待解决的问题。工程中强化信息化施工与动态设计能有效解决这一问题，从而提高工程的投资效益和综合效益[1]。

信息化施工，是指施工单位在遵循设计及施工方案的前提下，以监测结果为依据，及时反馈给设计单位，并与设计单位合作完善现场设计[2]。监测是信息化施工中的主要内容，它提供了必要的数据基础，为优化设计、完美实施以及后期维护提供了参数参考和理论支持[3]。

动态设计，是指将设计分为两个阶段：预设计和修正设计。其中，预设计用于对工程施工进行指导，通常根据已有的资料进行设计，其设计往往安全系数较高；修正设计是在工程施工过程中，根据揭露地层的变化，地下障碍物的影响及其他实际情况，完善预设计中不足的资料，并对预设计进行合理有效的修正，使之更具有可操作性。

下面就通过具体案例对其进行进一步的说明。

1 案例

1.1 周边环境

某基坑工程，位于北京市老城区，周边老旧小区较多，场地狭小，地下管线不明，周边邻近既有建筑物，西侧离建筑物最近距离为 1m。该基坑支护深度为 15.37～16.77m。支护类型主要以桩锚为主，部分区域因无法施工锚杆，而采用钢支撑。桩间土采用挂钢筋网，锚喷混凝土的支护方式。南侧邻近道路，西侧现有业务楼，最近处相距 2.26m；东南角邻近宿舍楼，相距 10.11m。周边情况如图 1 所示。

1.2 工程地质条件

依据勘察报告得知，勘察 40.0m 深度范围内揭露地层共划分为 8 层，按自上而下的顺序描述如下：①层素填土、①$_1$ 层杂填土、②层粉质黏土、②$_1$ 层砂质粉土、③层黏质粉土、④层砂质粉土、④$_1$ 层黏质粉土、④$_2$ 层粉质黏土、④$_3$ 层粉砂、⑤层细砂、⑥层卵石、⑦层粉质黏土、⑦$_1$ 层黏质粉土、⑧层卵石。

1.3 水文地质条件

勘察期间测得一层地下水，类型为潜水，主要赋存于⑧层卵石中。稳定水位埋深为 34.20～34.40m（标高 18.83～19.46m）。拟建场地地质剖面及相对位置关系见图 2。

2 实施过程中的动态设计

2.1 地层原因引发设计变更

现场护坡桩采用长螺旋反插钢筋笼施工工艺，由于局部卵石粒径大，有 3 根钢筋笼未能下到设计标高：基坑西侧 7-7′剖面 140 号护坡桩差 4.5m 和 138 号护坡桩差 0.5m，基坑东北角 99 号护坡桩差 2.5m。7-7′剖面原设计如图 3 所示。

(1) 140 号桩处置

为保证基坑安全，在 140 号护坡桩后侧额外补充施工 1 根同设计的护坡桩 140-1，上部冠梁整体现浇，形成整体，提高其刚度。

(2) 138 号及 99 号桩处置

加固措施如下：在标高为－14.0m 处，138 号及 99 号护坡桩两侧各增加施工 1 根预应力锚杆，锚杆为 3 束钢绞线，总长度为 15m，自由段为 5m，锚固段为 10m。

2.2 地障引发的设计变更

(1) 场地东北角（图 4）雨水管线及污水管线，实测

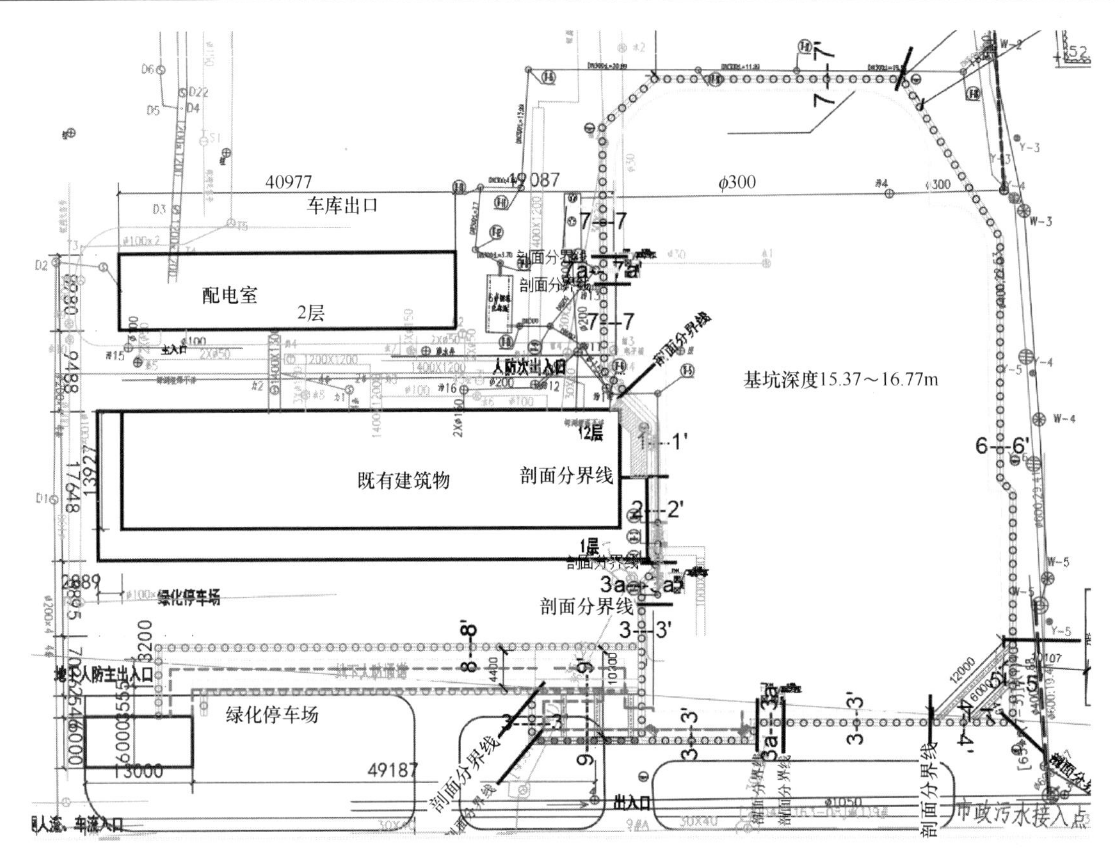

图 1　周边情况图

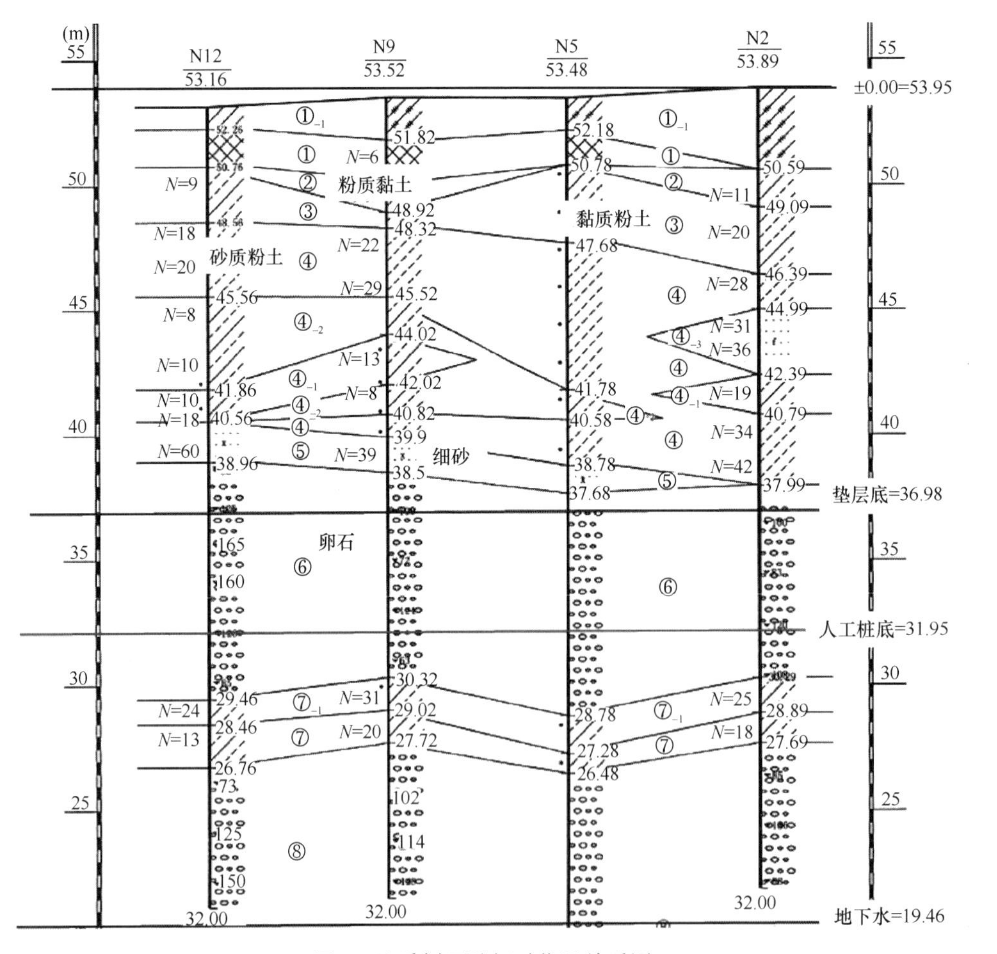

图 2　地质剖面及相对位置关系图

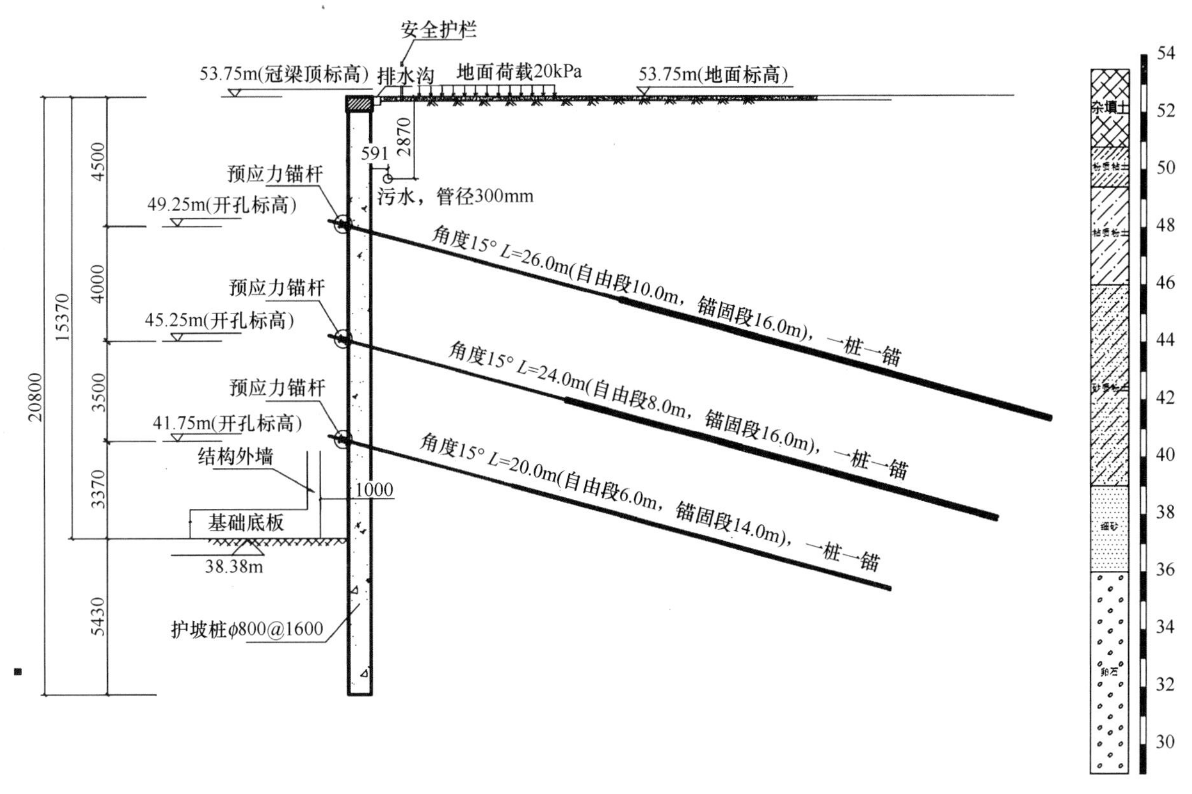

图 3　基坑支护设计 7-7′剖面

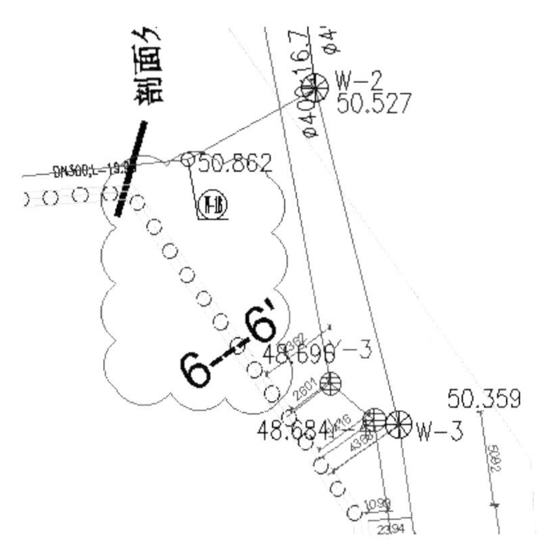

图 4　管线及支护平面位置示意图

剖面如图 5 所示。理论上锚杆从两条管线中间穿过的概率较小，且管线为双平壁钢塑复合缠绕排水管，容易损坏。

建议该部位锚杆标高整体下调，更改后剖面图如图 6 所示。第一道锚杆下调 120cm，角度调整为 20°；第二道锚杆下调 70cm，角度调整为 18°；第三道锚杆下调 50cm，角度调整为 18°[4]。

（2）西侧锚杆施工过程中，钻孔 3m 深遇到障碍物（化粪池），影响范围：共计 5 根。平面位置如图 7 所示。经实地调查后，调整设计方案如下：标高－2.5m 施工一道锚杆，成孔深度 26m，锚固段长度 16m，自由段 10m，3 束，角度 15°，采用 22b 工字钢。标高－5.5m 施工一道锚杆，成孔深度 24m，锚固段长度为 16m，自由段 8m，4 束，角度 15°，采用 25b 工字钢；剩余锚杆仍按原设计进行施工。调整后剖面如图 8 所示。

（3）南侧锚杆施工过程中，钻孔 18m 深遇到障碍物，无法继续成孔，平面位置如图 9 所示。下调标高至－5m，再次遇到障碍物。现场监测数据，一周内水平位移从 0.8mm 增长到 2.1mm[5]且有继续增大的趋势，为确保基坑安全，现场及时进行土方回填。

建议在原设计标高位置（－3.8m）施工 18m 长，自由段 5m，锚固段 13m，角度 10°的预应力锚杆（一桩一锚），保证往下试孔过程中的基坑安全。标高－6m 施工 26m 长，自由段 10m，锚固段 16m，3 束，角度 15°的预应力锚杆（一桩一锚），采用 28b 工字钢。并将原设计第二、三道锚杆分别下调至－9.5m，－12.5m，其参数同原设计。修正后的剖面如图 10 所示。

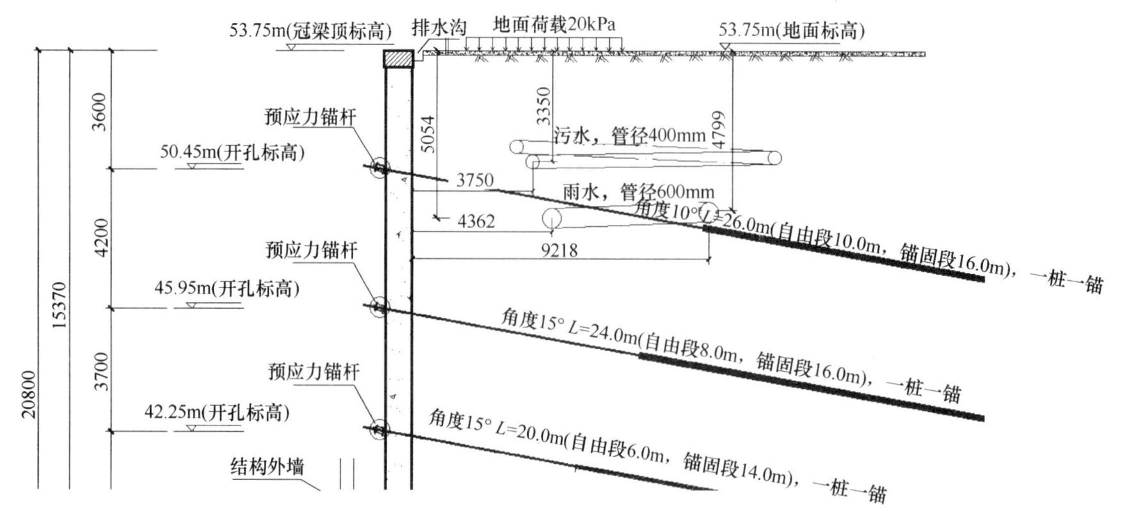

图5　上图云线区域原设计剖面图

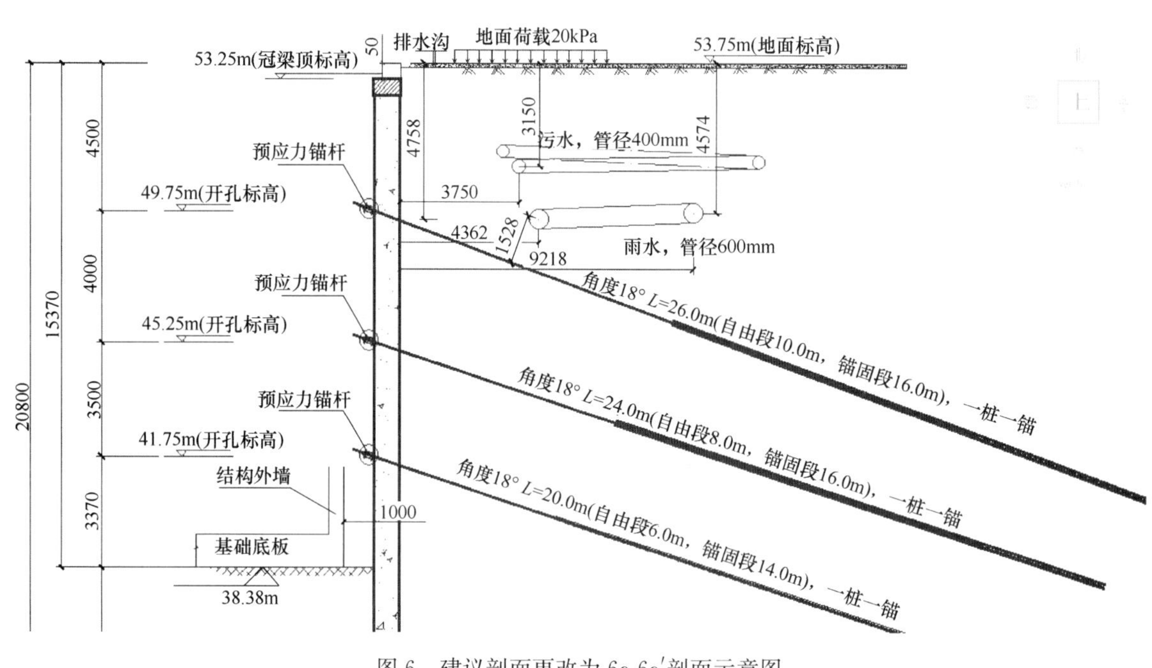

图6　建议剖面更改为6a-6a′剖面示意图

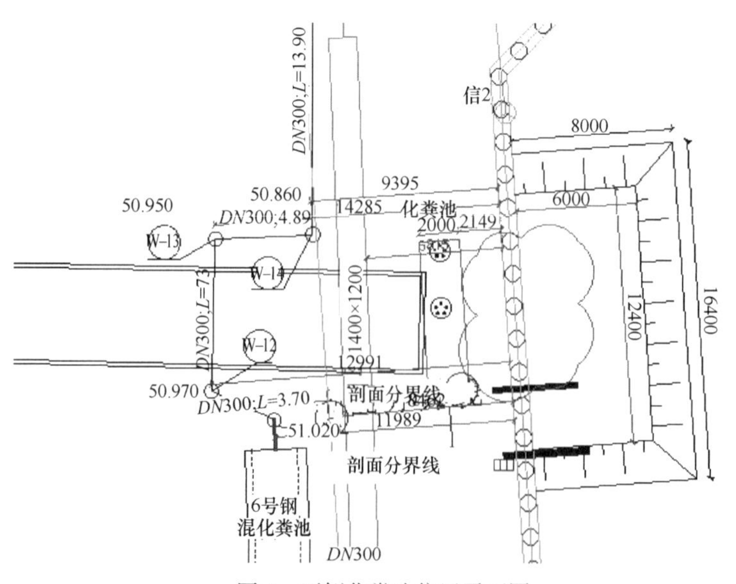

图7　西侧化粪池位置平面图

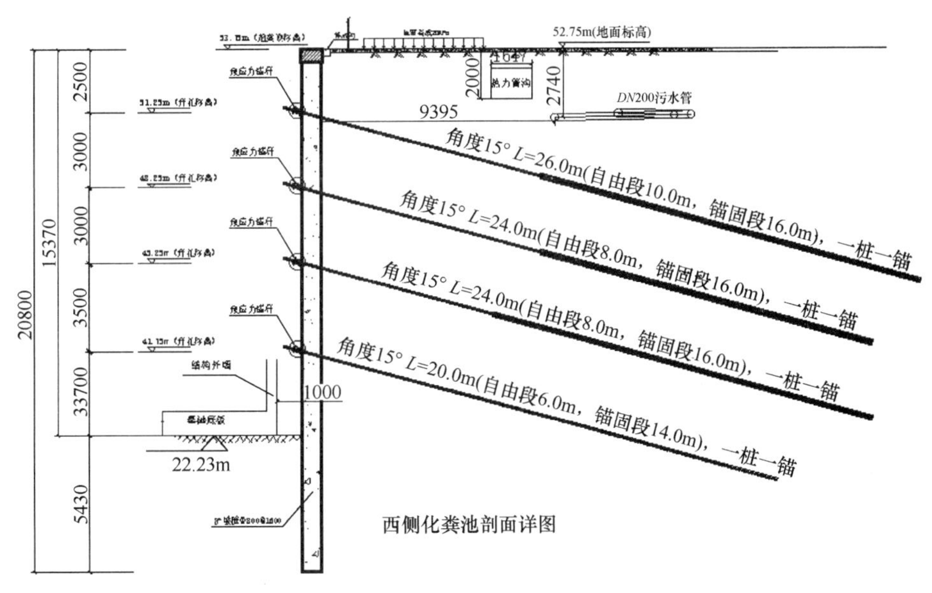

图 8　调整后西侧化粪池剖面示意图

图 9　南侧平面图

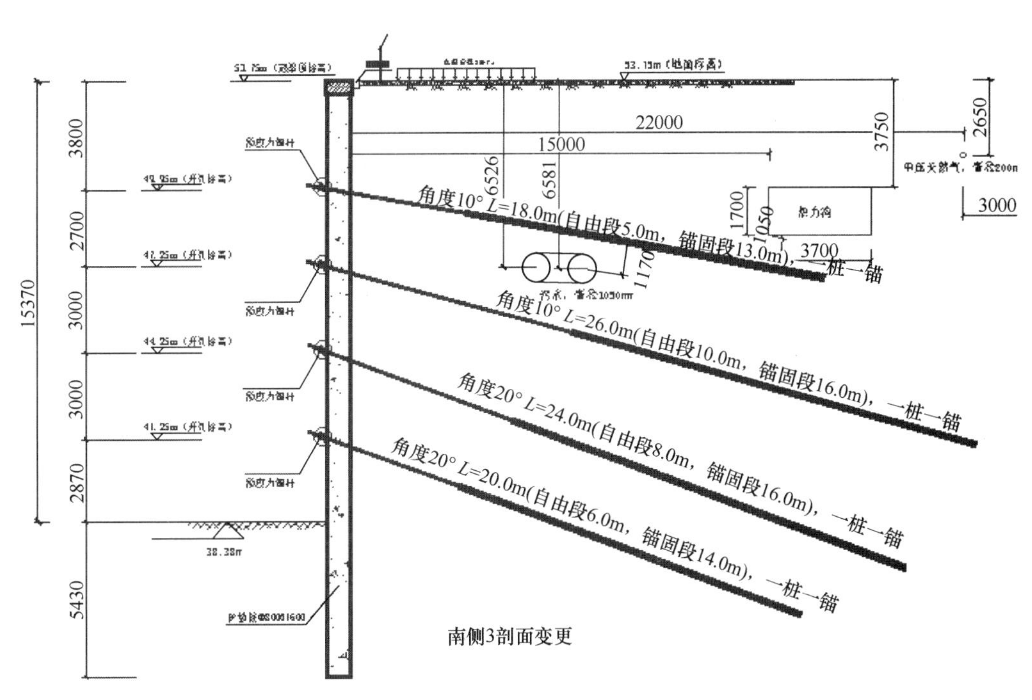

图 10　南侧调整后剖面示意图

2.3　动态设计效果检验

对上述问题桩的位置增设了监测点，严格按照要求进行基坑监测。目前基坑已回填 4m，监测结果如图 11 所示。其中 W4 对应 99 号桩，累计位移为 4.9mm；W18 为西侧 140 号及 138 号桩处水平位移，累计位移为 6.7mm，远小于设计设置的报警值 16mm。其余各项监测数值均小于监测预警值，可见现场实际情况发生后，及时做出动态调整，并进行实时监测，既保证了周边环境，也确保了基坑安全。

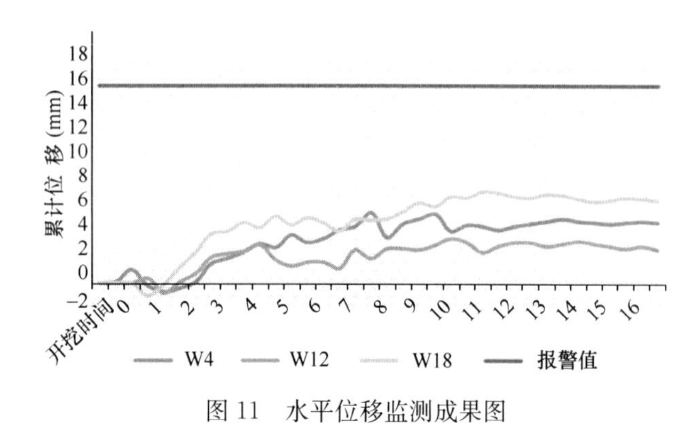

图 11 水平位移监测成果图

3 结束语

(1) 基坑支护虽然是临时性结构，但由于其风险性较大，出现问题之后往往会造成特大安全事故[6]，一定要引起足够重视。

(2) 基坑支护前期设计过程中，由于部分周边环境资料不齐全，且地层的不确定性较多，基坑支护设计往往不能完全把握现场实际情况，因此利用信息化施工及动态设计，通过现场实测周边环境条件及通过监测数据反馈，及时进行动态设计，使其符合实际工况，确保基坑安全。

参考文献：

[1] 张良. 隧道工程动态设计及信息化施工研究[J]. 交通世界，2019，(14)：117-118.

[2] 方昱. 山岭隧道动态设计与施工智能辅助决策系统研究[D]. 北京：北京交通大学，2016.

[3] 邹莉. 大型基坑工程信息化施工中的监测技术与实例分析[J]. 东华理工学院学报，2006，29(04)：373-375.

[4] 建筑基坑支护技术规程 JGJ 120—2012[S]. 北京：中国建筑工业出版社，2012.

[5] 建筑基坑工程监测技术规范 GB 50497—2019[S]. 北京：中国计划出版社，2020.

[6] 陈文山，刘开敏，吕绍勇，李健鹏. 某商务楼项目基坑支护动态设计与施工技术[J]. 施工技术，2018，37：76-78.

一种基于环保的基坑支护方法

袁　帅[1,2]，冯科明[1,2]
（1. 北京城建勘测设计研究院有限责任公司，北京 100101；2. 城市轨道交通深基坑岩土工程北京市重点实验室，北京 100101）

摘　要：湿喷混凝土工艺在基坑支护工程中的使用，目前还尚未大规模普及。相较传统的干喷预拌混凝土工艺，湿喷法具有施工效率高、成品质量稳定、作业所需人工少、环境污染小、作业环境人性化等优势，但因湿喷法需要使用的原材料为细石混凝土，原材料成本相比干拌料较高，在工程体量小、施工环保要求较高的作业环境下，湿喷法可以优先考虑。
关键词：基坑支护；湿喷法；环保

0　序言

20世纪，北京施工建筑基坑时，大多采用自然放坡的方式[1]。后来为了体现文明施工这一理念，采用塑料布覆盖开挖面。只有在基坑周边有重要建筑物或开挖较深时，才采用支护桩[2]。进入20世纪90年代，土钉墙支护开始在北京基坑支护中得到广泛应用。土钉一般采用人工洛阳铲成孔，面层采用喷射现场人工拌制的混凝土，俗称“干喷法”[3-5]。

随着社会对环境保护的重视程度越来越高，建筑施工作业环保要求日趋严格，对于北京地区进行的基坑支护喷锚施工作业的环保降尘要求也越来越高。通常在进行基坑支护干喷法作业前，现场要根据施工场区条件预先搭设好后台防尘棚，并确保降尘措施配置到位，还需要场地配置砂浆罐用于存储干拌料。如遇施工场地布置调整，后台还需要根据布局进行调整，对施工进展影响大。

干喷法施工作业期间会产生大量的粉尘，操作工人无法长时间在该环境下进行高强度作业，通常喷锚后台需要配置2个或2个以上的作业人员轮班作业，才有可能保证施工效率。由于建筑业是艰苦行业，现在劳务工人越来越难找。正是在这样的背景下，“湿喷法”应运而生。

湿喷法由于采用直接喷射商品混凝土的形式作业，较好地避免了这些繁琐的后台布置，大大地减少了后台作业人数；同时湿喷法后台不产生扬尘，对作业人员健康、环境保护及降低扬尘污染更有利。下面借助一个具体案例，介绍一下湿喷法的施工要点，供同行们参考。

1　案例

1.1　工程概况

本基坑支护工程位于北京市南郊，基坑长120.2m，宽93.6m，基坑周长534.7m。地面标高按照－2.5m考虑，基坑深度为5.08～5.38m。基坑侧壁安全等级为三级，设计使用年限为一年。

1.2　工程地质条件

根据勘察报告得知，本工程涉及土层自上而下依次为：

① 层黏质粉土素填土，厚度约0.5m；

② 层粉细砂，厚度约4m，②1层粉质黏土—粉质黏土，厚度约0.7m；

③ 层黏土—重粉质黏土，厚度约2.1m。

1.3　水文地质条件

根据工程勘察报告得知：勘察深度内揭露地下水共2层。其中：潜水，初见水位埋深6.8～8.3m，稳定水位埋深6.4～7.8m；层间潜水初见水位埋深22.3～23.5m，稳定水位埋深21.3～22.8m。

地下水位于支护结构底标高以下，基坑支护工程可不考虑地下水的影响。

1.4　水土腐蚀性

根据工程勘察报告得知：拟建场地内2层地下水对混凝土结构均具微腐蚀性，对钢筋混凝土结构中的钢筋均具微腐蚀性。拟建场地内浅层土对混凝土结构具微腐蚀性；对钢筋混凝土结构中的钢筋具微腐蚀性。

1.5　砂土液化

根据土工试验数据及现场标准贯入试验数据，依据《建筑抗震设计规范》GB 50011—2010，对本场地埋深20.0m深度内的粉土、砂土进行了场地液化判别，地下水位标高按自然地面考虑（按历史最高水位进行判断），当场区地震烈度为8度时，经过初步判别和复判，场区20.0m深度范围内②层粉细砂层、③层粉细砂层为地震可液化土层，判定该场地为轻微液化场地。

详见典型地质剖面图（图1）。

1.6　基坑支护设计

本工程基坑支护设计参数如下：

第一道土钉（标高～3.70m），土钉水平间距1.5m，土钉长度7.8m，主筋1ϕ18；

第二道土钉（标高～5.00m），土钉水平间距1.5m，土钉长度6.8m，主筋1ϕ18；

第三道土钉（标高～6.30m），土钉水平间距1.5m，土钉长度5.8m，主筋1ϕ18。

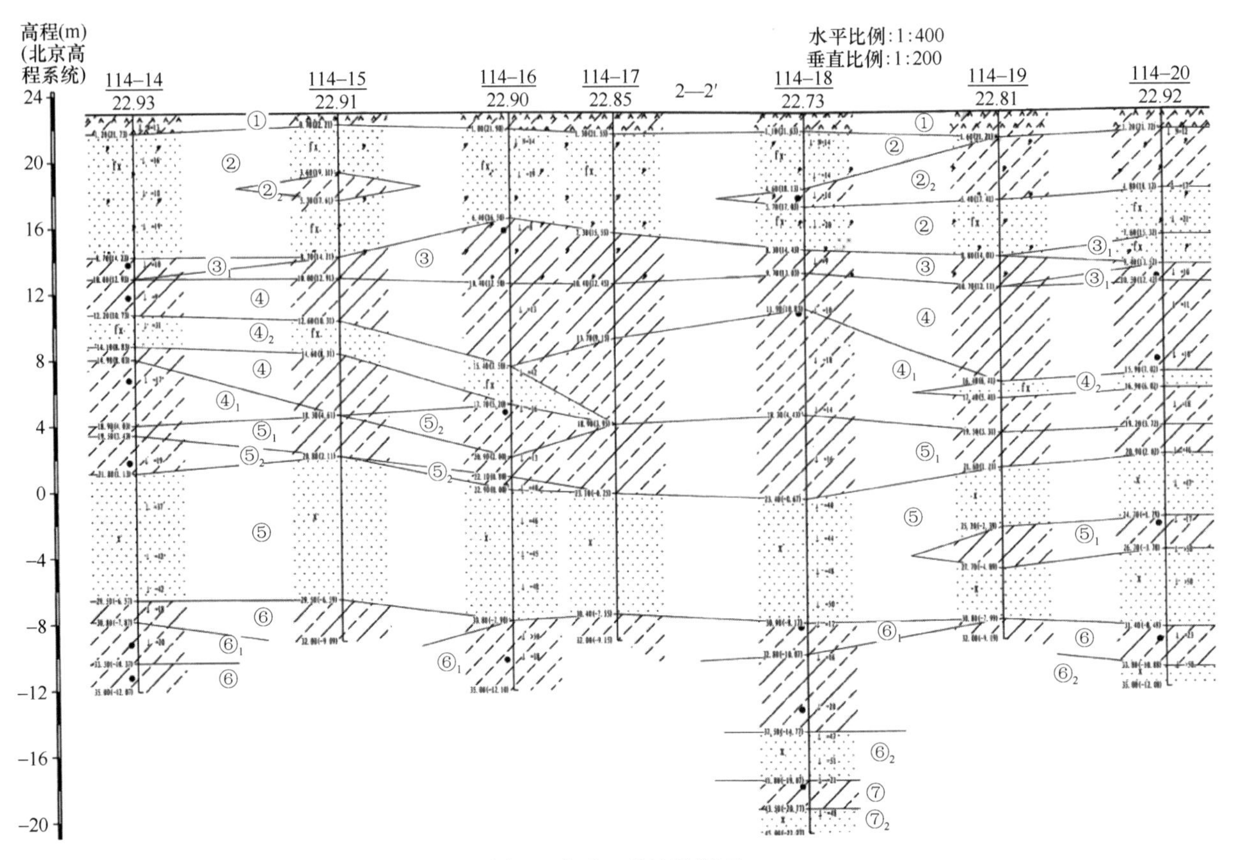

图 1　典型工程地质剖面

需要说明的是：基坑现状地面标高为−2.50m，边坡采用 1∶0.35 放坡，内挂 ϕ6@200 钢筋网，土钉间设置 HRB400ϕ14 竖向连接，用 HRB400ϕ14 横向连接，面层喷射 80mm 厚 C20 混凝土。

现场已于 2020 年 5 月前施工完成并撤场。后续该部位进行了支护设计方案的局部调整，坡面参数不变，仅进行基坑外扩，调整后的方案如图 2、图 3 所示。

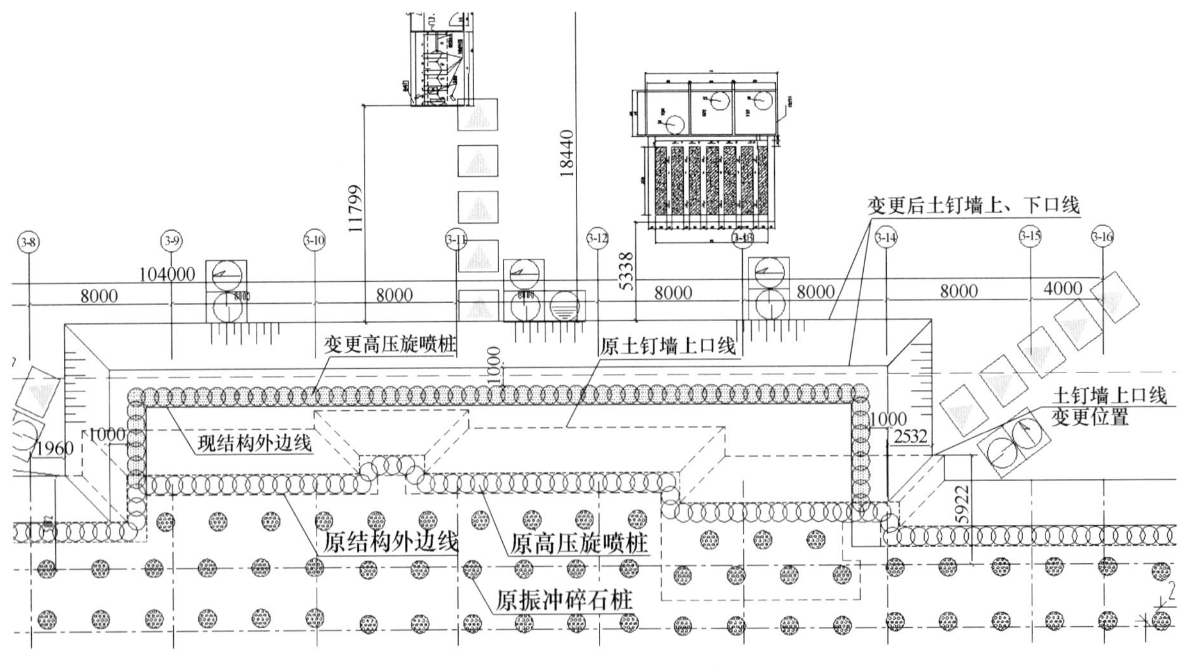

图 2　调整后的支护平面示意图

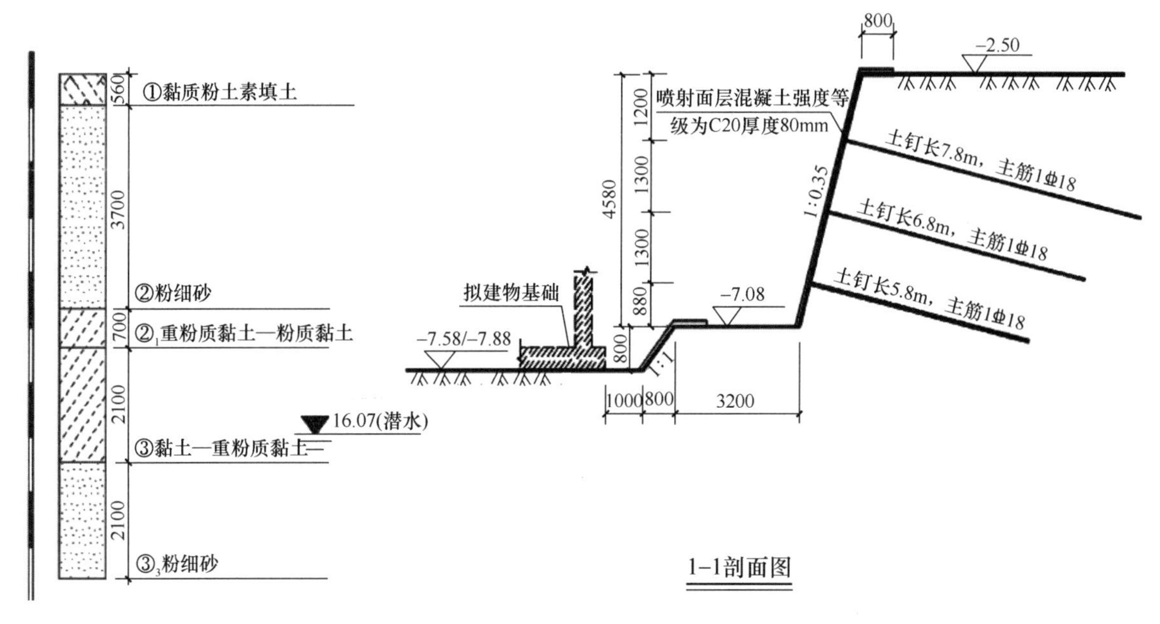

图3 调整后的支护剖面示意图

1.7 施工组织

本工程已于2020年5月前严格按照原设计方案和经监理批准后的施工组织设计完成了基坑支护施工任务并验收通过，移交总包单位进行后续施工作业，同时基坑支护专业分包单位将喷锚作业后台设备及砂浆罐撤离施工现场。

由于结构调整导致基坑支护设计也进行了变更，2020年9月支护单位接到通知，依据最新的支护图纸，需要将北侧边坡整体破除，新的北侧坡上口线在原坡顶位置向北平移8m。总包单位安排土方队9月底进场准备重新开挖。

考虑到施工当地环保要求高，施工时间紧迫，加之施工场地狭小，总包单位堆料及施工占地导致现场场地不足以满足现场立罐存储喷坡原材料并搭设防尘棚的条件，经过协商，决定采取湿喷工艺完成北侧边坡支护工作。

9月底安排作业设备进场：湿喷机1台（型号为GYP-90），20m³空压机1台（型号为MAM-200）、锚杆钻机1台。并提前与混凝土搅拌站取得联系，预定C20喷锚用细石混凝土，坍落度控制在180mm。后台布置如图4所示。

图4 湿喷法后台布置

10月2日开始，根据现场土方作业进展安排支护修坡编网、土钉成孔、压筋和连接筋焊接、注浆、坡面喷护等作业内容。

土方开挖后，基坑侧壁坡度和侧壁表面平整度远达不到施工要求，支护单位安排人工配合小型挖掘机进行坡面修整。尽可能控制坡度，并确保坡面平整。平整坡面的好处是既可以确保施工厚度均匀，使得支护面层成型后的质量和观感良好，也可以节省混凝土及工时，提高施工效率。如图5所示。

图5 人工配合机械进行坡面平整

随着坡面修整工作推进，后续编网及土钉成孔工作面具备施工条件后及时跟进，同时加工土钉并做焊接试件见证取样送检（取样送检提前进行，至下步工序施工时，试验结果合格且报告已出具），土钉成孔后报验总包监理验收。验收合格后进行注浆和压筋焊接工作。

焊接验收合格后通知搅拌站送灰，进行支护面层喷锚工作。喷护完成后及时对面层进行养护。如图 6 所示。经过本工程实测，一名有经验的枪手日产量能达到 300～400m³，其施工效率已经远超传统干喷法的 200～250m²/d 的效率。

图 6　支护作业面隐蔽前后对比

由于此次支护变更部分采取湿喷法作业，后台根据设备工作需要，布置湿喷机 1 台和空压机 1 台，现场预留混凝土运输车通道，方便混凝土运输车就位卸料（图 7），施工时直接从混凝土运输车卸料进入湿喷机。细石混凝土经过振捣器过滤网进入料斗，与空压机压缩气体混合后，从混合料管泵送至湿喷前台。因此后台无需像传统干喷工艺一样配备 4～6 名拌料、上料工人和设备，仅安排 1 名工人控制卸料进程即可。

施工前台安排枪手 1 名即可完成作业，湿喷作业期间需要注意事宜如下：

(1) 作业时需要枪手持枪头在距离坡面 2～2.5m 处，距离过近或者过远都会导致回弹料增多。

(2) 喷护作业时，有经验的喷枪手会把喷头与坡面角度控制在 90°±15°以内，扫射覆盖喷护作业面，枪头和坡面角度过大，会导致回弹料增多。

(3) 深基坑湿喷作业需遵循自上而下喷射作业，根据设计要求考虑分层作业。单次湿喷厚度控制在 4～6cm。如基坑支护设计面层厚度 8～10cm，考虑分层喷护，先喷

图 7　后台作业情况

第一层 4～5cm，当上一层混凝土达到终凝之后，才可以开始下一层混凝土喷射，且进行第二层支护面层喷射前需要检查上一层面层是否干净、整洁、无杂物，这也是保证喷射混凝土质量的重点。

(4) 空压机送风压力稳定在 0.7～0.8MPa 之间方可启动湿喷机，喷护阶段加强观察，确保空压机稳定输出。需要注意，不同设备性能不一样，对于作业条件会有差异，本工程使用的湿喷设备明确标注工作风压低于 0.5MPa 不得开机。如图 8 所示。

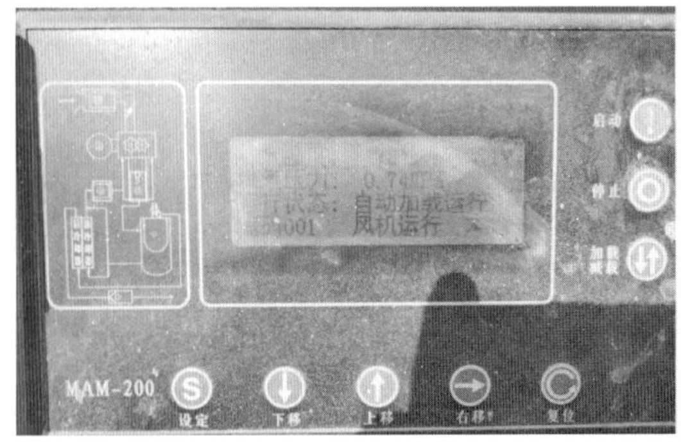

图 8　湿喷作业场景及作业时后台空压机参数

2 结论

通过几个采用湿喷法施工的基坑支护工程的成功实践，我们有以下几点认识：

（1）湿喷混凝土施工技术相比干喷技术的发展算是后起之秀，目前已广泛应用于公路、铁路隧道工程中[6,7]，经过多方查阅，该工艺在我国深基坑工程中的应用较少，尚未大规模普及。

（2）湿喷混凝土施工相较传统干喷工艺优势明显：喷锚质量可靠；作业效率高；扬尘污染小；施工所需场地小；后台布设简单便于转移；作业需要人工少。

（3）随着全社会环境保护意识越来越强，相信湿喷混凝土技术以其独有的优势，在未来建筑工程施工中一定会有更加广泛的应用。

参考文献：

[1] 孙召葆. 坡率法在深基坑支护中的应用实例[J]. 浙江建筑，2008，25(07)：24-27.
[2] 陈俊杰等. 超深基坑桩锚支护结构技术创新与工程实践[J]. 施工技术，2020，49(13)：84-87.
[3] 陈学文. 房建工程深基坑土钉墙支护方式的施工技术及质量管理探讨[J]. 工程技术研究，2020，5(24)：146-147.
[4] 朱群羊. 土钉墙支护在深基坑围护中的受力研究[J]. 低温建筑技术，2020，269(11)：120-124.
[5] 刘洋等. 土钉墙技术在深基坑支护中的应用探讨[J]. 居舍，2020(28)：47-48.
[6] 孙海东. 高速公路隧道工程中湿喷混凝土的施工技术[J]. 黑龙江交通科技，2020，43(12)：147-148.
[7] 苗青松. 高铁隧道施工中湿喷混凝土的应用与施工工艺[J]. 设备管理与维修，2021(01)：132-133.

独立基础沉降产生裂缝原因分析及处理

尹大平[1]，张化峰[2]，卜发东[3,4]，高大潮[2]，程海涛[3,4]
（1. 中铁十九局集团第五工程有限公司，辽宁 大连 116000；2. 山东省建筑工程质量检验检测中心有限公司，山东 济南 250031；3. 山东省建筑科学研究院有限公司，山东 济南 250031；4. 山东建科特种建筑工程技术中心有限公司，山东 济南 250031）

摘 要： 某工程主楼采用 CFG 桩复合地基，承载力特征值为 $f_{spk}=205kPa$，西门厅基础采用柱下独立基础形式，持力层为中、高压缩性回填土。在主体结构施工完成后，发现西门厅两侧柱梁交接处出现“八”字形裂缝。通过对比主楼与西门厅基础形式和地质条件，得到裂缝产生的原因是由于基础形式不同，地基承载力不同，使主楼与西门厅发生不均匀沉降，因西门厅通过连梁与主楼连接，使靠近主楼的连梁与远离主楼的连梁发生差异沉降，最终在门厅柱梁交接处产生裂缝。

关键词： 复合地基；独立基础；裂缝；差异沉降

0 引言

独立基础是一种较常见的基础形式，因其结构简单，受力相对独立。但有时因独立基础下地基土的承载力不均匀使基础产生差异沉降[1-3]，当独立基础与其他结构连接时便会产生裂缝，本文以工程为案例介绍独立基础沉降产生的影响，并提出相关解决方案。

1 工程概况

某工程建筑面积约 6792m²，地上 11 层，地下 1 层，结构形式为剪力墙结构，建筑场地类别为Ⅲ类，以绝对标高 18.650m 作为±0.000。主楼基础采用 CFG 桩复合地基，CFG 桩桩径 ϕ400mm，有效桩长不小于 20.0m，门厅基础采用柱下独立基础，独立基础尺寸为 2m×2m，其建筑功能为住宅楼。在主体结构基本完成后，在西门厅两侧柱梁交接处发现宽约 0.5～1.0mm 的竖向裂缝和斜向裂缝，如图 1、图 2 所示 。

图 1 门厅西侧柱底裂缝

图 2 门厅东侧柱底裂缝

2 工程地质条件

根据工程地质勘察报告，本区属黄河冲洪积平原地貌单元，场地地形较平坦，现地面标高最大值 18.44m，最小值 15.85m，地表相对高差 2.59m。在勘察范围内，场地地层由素填土、杂填土、粉质黏土、粉土、黏性土及粉砂等，按其工程特性，场地地层自上而下共分为 8 层，2 个亚层，土层承载力及压缩模量如表 1 所示。

土层地质特性 表 1

地层单元	承载力特征值（kPa）	压缩模量（MPa）
②层粉质黏土	95	5.40
②$_1$层粉土	100	6.69
③层粉土	105	6.78
④层粉质黏土	105	5.68
⑤层粉土	115	7.17
⑥层粉质黏土	110	5.98
⑦层粉细砂	160	12.00
⑦$_1$层粉细砂	120	6.47

基金项目：泉城产业领军人才（2018015）；济南市高校 20 条资助项目（2018GXRC008）；山东省重点研发计划（2017GSF22104）。

3 裂缝成因分析

通过对地质条件和基础类型进行分析，分析门厅两侧柱梁交接处裂缝产生的原因。

3.1 地质条件

主楼采用筏板基础，基底标高为−3.520m（对应绝对标高为15.130m），西门厅采用柱下独立基础，基底标高为−2.400m（对应绝对标高16.250m），勘探孔位置及孔口标高如图3所示。

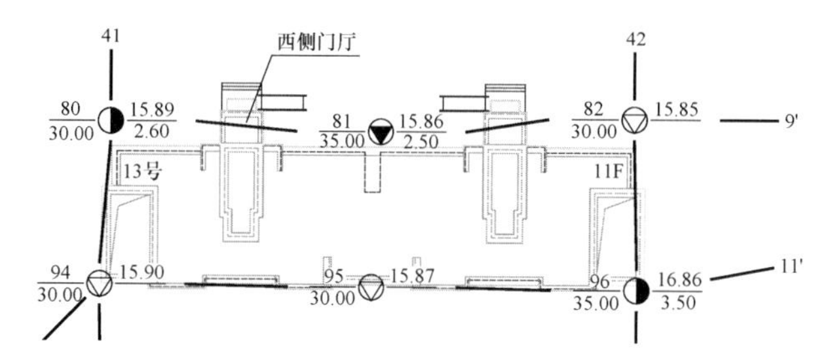

图3 勘探孔位置及孔口标高图

西门厅位于80号勘探孔与81号勘探孔之间，如图4所示，通过对比勘探孔孔口标高和西门厅柱下独立基础基底标高，发现勘探孔孔口位于西门厅柱下独立基础基底以下约0.36～0.39m，初步断定独立基础下存在回填土。

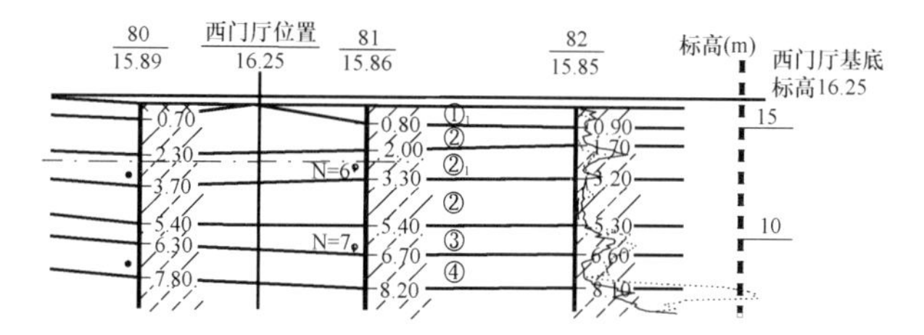

图4 孔口标高和西门厅基底标高示意图

在西门厅柱基以西1.5m位置开挖深约2.5m坑进行土样开挖检查，对西门厅左侧独立基础垫层下地基土人工取样，共取3个土样，并对现场所取土样（环刀法）进行土工试验，取样深度分别在垫层以下0.08m、0.16m和0.32m，地基土为黄褐色，主要以粉土、粉质黏土为主，包含少量建筑垃圾，压缩系数为0.42～0.65MPa^{-1}，为中、高压缩性土，具体试验参数详见表2。

土工试验成果表 **表2**

野外土样编号	取样深度	含水率 w	相对密度 G_5	密度 ρ	干密度 ρ_d	孔隙比 e_0	饱和度 S_r	液限 w_L	塑限 w_P	塑性指数 I_P	液性指数 I_L	压缩系数 $a_{0.1\text{-}0.2}$	压缩模量 $E_{s0.1\text{-}0.2}$	《岩土工程勘察规范》(2009) GB 50021—2001
	m	%	—	g/cm^3		—	%	%	%	—	—	MPa^{-1}	MPa	分类
原1	1.88～2.08	23.2	2.70	1.86	1.51	0.788	79.0	28.8	19.3	9.5	0.41	0.65	2.8	粉土
原2	1.98～2.18	22.7	2.70	1.93	1.57	0.717	86.0	27.6	18.9	8.7	0.44	0.48	3.6	粉土
原3	2.10～2.30	30.9	2.71	1.71	1.31	1.074	78.0	33.3	22.3	11.0	0.78	0.42	4.9	粉质黏土
扰1	1.88～2.08	23.8	2.70					28.0	18.9	9.1	0.54			粉土
扰2	2.12～2.32	28.9	2.71					31.8	21.3	10.5	0.72			粉质黏土

西侧门厅独立基础基底绝对标高为16.250m，原勘探孔孔口绝对标高为15.860～15.890m，基底标高高于原勘孔孔口标高，这表明西侧门厅独立基础基底标高处可能存在填土。为进一步查明西侧门厅独立基础地基土类别及物理力学性质，在西侧门厅柱基以西1.5m位置开挖深约2.5m坑进行验证。结果表明：在垫层以下0.10m位置发现破碎瓦片、砖块，独立基础地基基底处存在填土。地基土黄褐色，主要以粉土、粉质黏土为主，为中、高压缩性土。

3.2 基础类型差异

主楼基础形式采用CFG桩复合地基，以⑦层粉细砂为桩端持力层，有效桩长不小于20.0m，进入持力层不小于1.2m，单桩竖向承载力特征值为615kN，基础采用600mm厚筏板，以②层粉质黏土层作为持力层，复合地基承载力特征值为$f_{spk}=205$kPa。在主楼设置A13-1～A13-6共6个楼座沉降观测点，沉降观测点平面布置如图3所示。通过对主楼进行沉降观测，发现主楼在观测期间累计沉降量为2.30～4.77mm，平均沉降量为3.36mm，总体沉降均匀稳定。

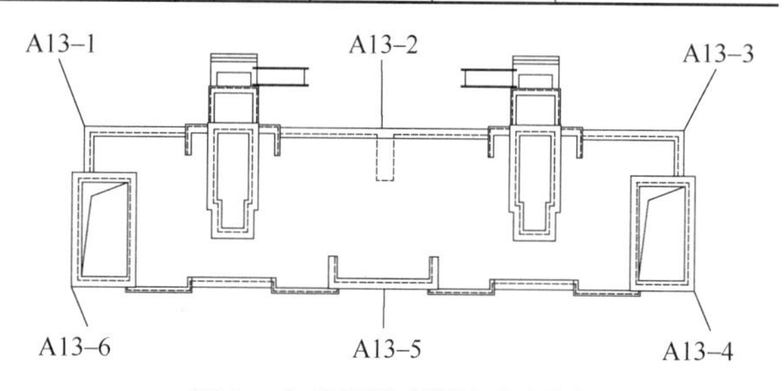

图5 主楼沉降观测点布置图

西门厅基础形式采用柱下独立基础，根据标高确定基底为回填土，为中、高压缩性土。在门厅设置S13-1～S13-4共4个沉降观测点，位于门厅四个角的地基梁顶部，其中S13-1、S13-2位于靠近主楼地基梁顶部，S13-3、S13-4位于靠近独立基础地基梁顶部，沉降观测点平面布置如图4所示。通过对门厅沉降观测，在观测期内观测点S13-1、S13-2分别沉降5mm、5mm，观测点S13-3、S13-4分别沉降60mm、56mm，S13-3与S13-2的沉降差为55mm，S13-4与S13-1的沉降差为51mm。

西侧门厅独立基础地基梁顶部观测点S13-3、S13-4沉降大于靠近主楼地基梁顶部观测点S13-3、S13-4，沉降

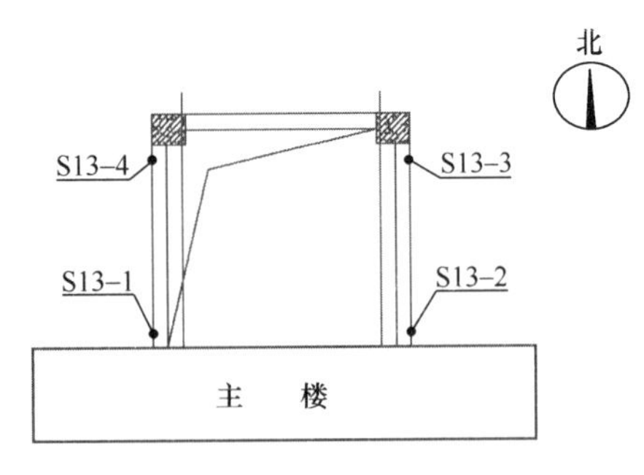

图 6　西门厅沉降观测点布置图

差为 51～55mm。根据《建筑地基基础设计规范》GB 50007—2011 中表 5.3.4，建筑物的地基变形允许值为 $0.002L \sim 0.003L$（L 取 3000mm），即 6～9mm；主楼与门厅连接处和西侧门厅独立基础的沉降差大于《建筑地基基础设计规范》GB 50007—2011 要求的地基变形允许值，是引起西侧门厅东西两侧柱底与梁交接处出现裂缝的原因。

主楼与西门厅基础形式不同，地基承载力不同，使主楼与西门厅发生不均匀沉降，因西门厅通过连梁与主楼连接，使靠近主楼的连梁与远离主楼的连梁发生差异沉降，最终在门厅柱梁交接处产生裂缝。

4　处理措施

针对该工程独立基础的不均匀沉降采用压力注浆的方式，对独立基础西门厅进行加固[5]。

4.1　地基加固设计参数

在西侧门厅独立基础外侧设置 3 排竖直注浆孔，注浆孔的排距为 0.5m，靠近基础一排注浆孔孔壁距离独立基础间距为 0.15m，注浆孔间距约为 0.5m；外侧两排注浆孔间距约为 1.0m；注浆孔深度在自然地坪以下 4.0m，孔径 110mm。

4.2　注浆管制作及成孔施工

正式施工前，应在施工现场前三个注浆孔进行试验性注浆，取得注浆压力、注浆量等注浆参数及有关质量保证措施。

(1) 注浆管底端 1.8～2.4m 范围内间隔 0.2m 对向布置 2 个 ϕ6mm 出浆孔，出浆孔外套橡胶膜。

(2) 可根据现场实际情况采用机械成孔或洛阳铲干成孔工艺，注浆孔垂直度允许偏差不应大于 1%。

(3) 成孔后立即放入 ϕ25 注浆管至注浆孔孔底。采用粒径 2～5mm 石子将注浆管与注浆孔壁之间的孔隙填充至孔口以下 1.5m，上部预留部分用 M10 水泥砂浆将孔口封填、捣实。

(4) 注浆管顶端设置逆止阀，防止注浆完毕后从注浆管内冒浆。

注浆顺序应采用先外围后内部跳孔间隔注浆的方式；方向由北向南。相邻注浆孔注浆间隔时间不宜小于 12h，以减少施工附加沉降。注浆采用纯水泥浆，水灰比为0.6～0.8，初步设计单孔平均注入水泥量不宜少于 50kg/m，注浆压力为 0.2～0.3MPa，最大不宜超过 0.5MPa，注浆孔平面布置如图 7 所示。

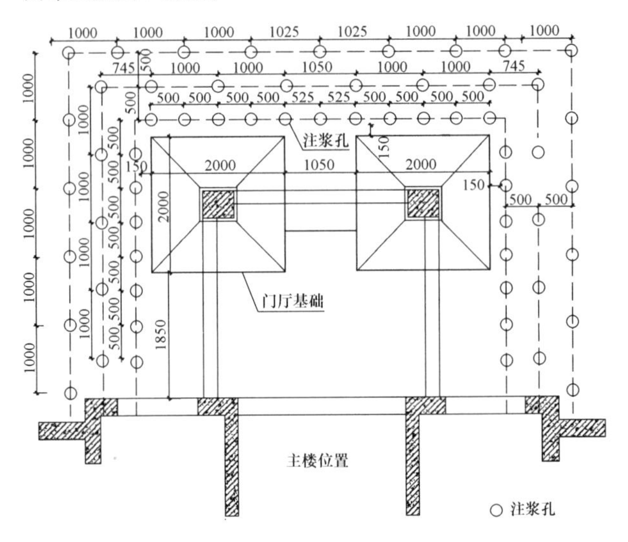

图 7　注浆孔平面布置图

5　结语

独立基础作为一种常见的基础形式，在受力简单的框架结构中得到广泛的应用，但独立基础对基础持力层有较为严格的要求，若地基土的承载力不均匀便会产生差异沉降，当独立基础与其他结构连接时便会产生裂缝。对独立基础进行加固应结合场地工程地质条件和沉降情况，做出具体加固方案。

参考文献：

[1]　柳鹏．建筑地基基础不均匀沉降原因与处理措施[J]．门窗，2019(06)：7-8.

[2]　邹思竞，傅鹤林，刘东，等．独立基础形式的受力特点及产生偏斜的原因分析[J]．企业技术开发，2019，38(07)：1-4.

[3]　李继超，郑水泉，从乐．天然地基独立基础消除沉降的施工技术研究[J]．建筑施工，2013，35(12)：1050-1051.

[4]　建筑地基处理技术规范 JGJ 79—2012[S]．北京：中国建筑工业出版社，2013.

[5]　于兴银．地基不均匀沉降分析与加固改造措施[J]．建筑技术：2015，46(S2)：410-411.

济南市玉函路土岩复合地层隧道施工变形控制分析

付　军[1,2]，朱　磊[1,3]，黄传清[4]，张祥龙[4]

（1. 山东省建筑科学研究院有限公司，山东 济南 250031；2. 山东省组合桩基础工程技术研究中心，山东 济南 250031；3. 山东建筑工程质量检验检测中心有限公司；4. 山东开放大学，山东 济南 250014）

摘　要：当隧道施工场地位于土岩复合地层，存在软弱、岩体破碎地段时，隧道开挖时变形较大，稳定性很差，容易大变形。通过文献研究和数值模拟等方法，以济南市玉函路城市隧道土岩复合地层施工标段作为研究对象，深入分析了土岩复合地层隧道开挖变形规律和控制措施，得出：（1）埋深和围岩强度是影响土岩复合地层隧道变形的内在因素，埋深越大，隧道变形越大；围岩强度越小，变形越大。开挖方法和支护方式是引起围岩变形的外在因素，隧道施工过程中要合理地选择开挖方法和支护形式，并严格把握支护时机。（2）玉函路隧道土岩复合地层标段采用台阶法开挖比较合理，且下台阶法开挖引起的水平变形量大于上台阶开挖引起的变形量，在施工中要加强监测下台阶的变形。（3）要采用长锚杆支护主动控制隧道施工引起的大变形，但是锚杆超过一定长度后支护效果增长不明显，支护长度有极限值。

关键词：公路隧道；土岩复合地层；变形控制措施；数值模拟

0　引言

在城市修建轨道交通工程，特别是隧道工程中，线路要穿越人员密集的市区和错综复杂的地下管线，施工必然受到周边场地既有建（构）筑物的影响和限制[1]。由于在隧道工程施工技术和管理等方面经验不足，或者对安全风险准备不充分，对风险缺乏过程控制等原因，使隧道工程具有高风险性，在隧道施工过程中时有事故发生，给国家带来巨大损失。例如，2004 年 4 月 20 日，新加坡地铁环线 C824 标段紧邻 Nicoll 快速道的一段明挖区间隧道在开挖至第 10 道支撑（约 33m）的时候发生坍塌，100m 左右区间隧道围护体系崩溃，4 人死亡，地面下陷引起周边城市生命线管线严重毁坏[2-4]。济南市在南北贯通快速道工程中，二期玉函路地下道路全长 3.25km，其中暗挖段全长约 2355m，道路两侧为居住和办公建筑，隧道上方覆土中埋有水、气、热、电力等各种市政管线，对隧道开挖引起的地面变形要求严格。因此，分析隧道开挖引起的变形规律和采取何种施工工法和支护方式在隧道建设过程中具有重要意义。目前，预测隧道施工引起地面变形的方法主要有解析法、试验法、数值法和经验法[5]。学者们对施工过程中地层如何变化做了大量研究，如 Clough 等[6]利用有限元法分析了在软弱土质条件下隧道开挖过程中地层的变形；Ito 等[7]总结了边界元法在隧道施工过程中地层沉降的研究成果；过去许多无法涉足的复杂问题，现在都可以通过数值模拟得以实现。赵辉等[8]通过分析北京地区某地铁施工引起的地表沉降观测数据得出了地表沉降影响范围和地表沉降槽曲线变化形式。李涛等[9]利用有限元法三维模拟的深圳某地铁暗挖竖井的降水和施工过程，并分析了地表沉降变形规律。王兆辉[10]以长春市地铁 1 号线“土—岩”复合地层开挖为工程背景，利用 ANSYS 数值模拟分析了隧道施工周围场地的响应问题。济南地区在隧道施工方面，特别是“土—岩”复合地层隧道暗挖法施工对周围环境的影响分析研究不多。由于济南地区地质情况复杂，在技术认知、风险控制等方面面临很多未知数，缺乏同类工程施工过程对周边地层影响的变化规律。数值模拟时涉及的岩土体参数、本构模型和土层分布等与实际地质情况存在差距，导致了模拟结果不能真实反映实际情况。由于不同地区地质水文情况的复杂性和区域性差别，对于地下施工引起土体及邻近建（构）筑物的沉降变形的认识不足。本论文依托济南顺河高架南延二期工程地下道路，对“土－岩”复合地层隧道施工引起的地层变形进行研究，以期为工程施工提供借鉴。

1　工程概况

济南顺河高架南延二期工程地下道路，位于济南市玉函路，北起顺河高架南下桥口，南至新建英雄山高架北下桥口，设计总长度约 3250m，其中暗挖长度约 2355m，设计暗挖结构外宽 21.48m、外高 8.49m、净空 5.70m。本工程所处区域为济南地区第四系地层，为填土和坡洪积成因的湿陷性黄土、黏性土及碎石土，下伏奥陶系石灰岩，马鞍山路附近北部为燕山期辉长岩侵入体。

工程地质剖面图（图 1）显示，该场区地势南高北低，南北高差约 46m；岩石段主要分布在：K0＋855～K1＋462，K1＋988～K2＋344，K2＋847～K3＋190 约 1306m。土层段主要分布在：K1＋572～K1＋868，K2＋376～K2＋746 约 666m；土石段主要分布在：K1＋462～K1＋572，K1＋868～K1＋988，K2＋344～K2＋376，K2＋746～K2＋847，约 363m。南端施工范围为：K2＋880～K3＋190，施工范围处于石方段。

基金项目：泉城产业领军人才（2018015）；济南市高校 120 条资助项目（2018GXRC008）。

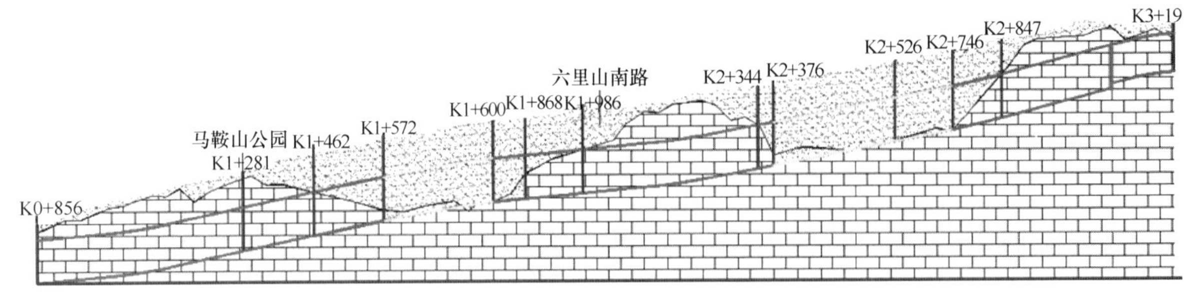

图 1　工程地质剖面图

2　隧道数值模拟

精确模拟隧道开挖与支护过程，不仅要考虑围岩介质的复杂性质、具体施工工法、支护结构的施作形式和施作时机，而且要考虑开挖面推进过程中的空间效应，故应建立考虑时间效应的空间模型进行数值模拟[11-16]。实际模拟时一般进行简化处理，采用线弹性或弹塑性模型，将隧道开挖看作平面应变问题，或者采用简化的三维模型来模拟处理。为了更加逼真地模拟隧道开挖、支护过程，常采用荷载逐步释放的方法来表达开挖的时空效应。隧道施工过程模拟如图 2 所示。

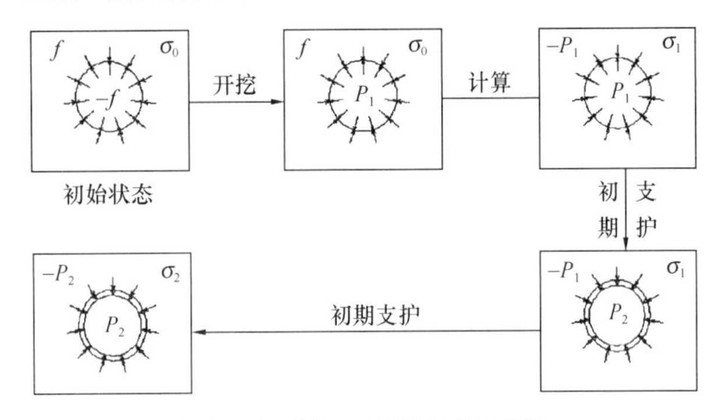

图 2　隧道施工过程模拟示意图

3　玉函路隧道数值模拟

3.1　模型及参数

该数值模拟是以顺河高架南延二期工程标段 K2＋746～K2＋847 为工程背景，此标段为Ⅴ级围岩地表岩土体。开挖方式和施工工序直接影响隧道施工的安全、工程进度和工程费用等，因此，设计中需要认真分析，综合确定适合实际工程的施工工法和支护方式。

1. 计算模型

本数值模拟考虑隧道实际断面（图 3），采用二维模型分别模拟全断面法和台阶法两种最常用的开挖施工方法和锚杆不同长度的优化模拟；根据二维模拟优化结果再进一步进行三维数值模拟。

2. 计算参数

根据《公路工程地质勘察规范》JTG C20—2011 附录 F 的规定，结合钻探、原位测试及室内试验情况，此标段围岩主要为硬塑状黏性土，夹杂有二十多米较破碎—破碎的岩体，节理、裂隙发育，局部岩溶发育，围岩自稳能力差，综合判定该段围岩级别为Ⅴ级。根据《公路隧道设计规范　第二册　交通工程与附属设施》JTG D70/2—2014 的规定和此标段岩土的试验数据，数值模拟采用表 1 的物理参数。

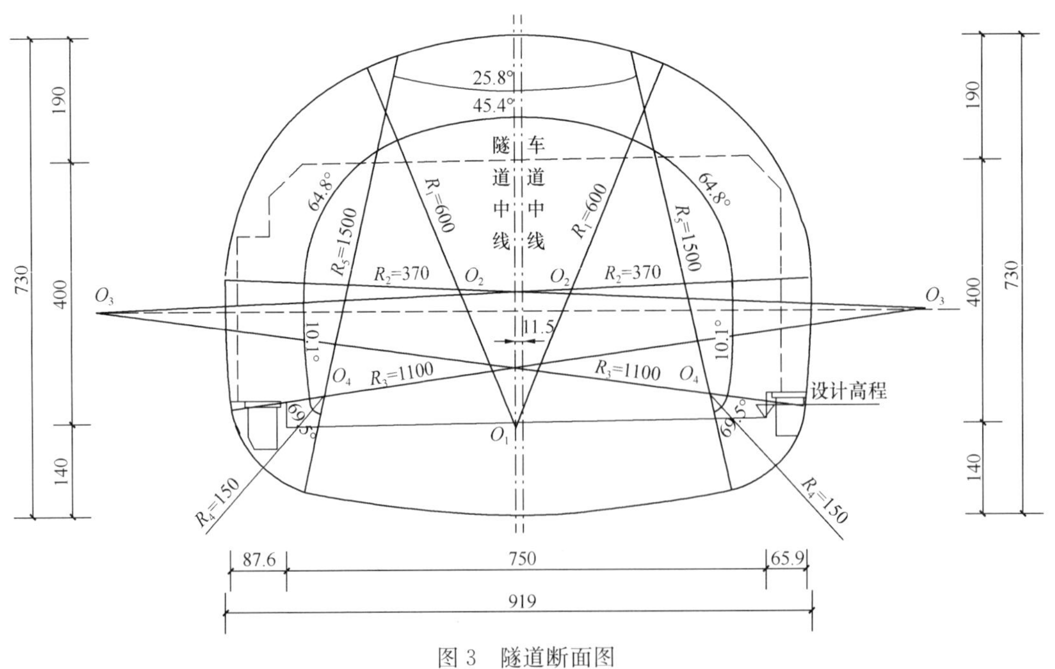

图 3　隧道断面图

3. 模型特征

（1）本构模型：弹塑性模型。

（2）屈服条件：Drucker-Prager 屈服准则。

围岩和衬砌物理参数　　表 1

项目＼参数	重度 (kN/m³)	泊松比	弹性模量 (GPa)	内摩擦角 (°)	黏聚力 (kPa)	抗拉强度 (MPa)
围岩	20	0.4	1.2	22	55	1.0
地层	18.9	0.36	0.8	20	30	0.2
初支	23	0.3	22	—	—	—
二衬	25	0.24	25	—	—	—
锚杆	78.5	0.21	210	—	—	—

（3）约束条件：底部施加竖直方向约束，两侧施加水平方向约束。

（4）计算范围：为了消除边界效应，取隧道有效直径 10 倍左右建立模型。根据该隧道的毛断面净高 7.3m 和跨度 9.2m，取模型长度为 100m，深度为 45m。

（5）单元选取：围岩采用平面应变单元，锚杆采用梁单元。

（6）有限元网格：程序自动和手动划分（图 4）。

3.2　二维数值模拟

1. 计算工况

模拟采取两种开挖方式，全断面法和台阶法；锚杆采用 ϕ25 中空注浆锚杆，布置间距 100cm×100cm，长度分 3m 和 5m，共组合成 4 种工况。

工况 1：全断面开挖，锚杆长度为 3m。

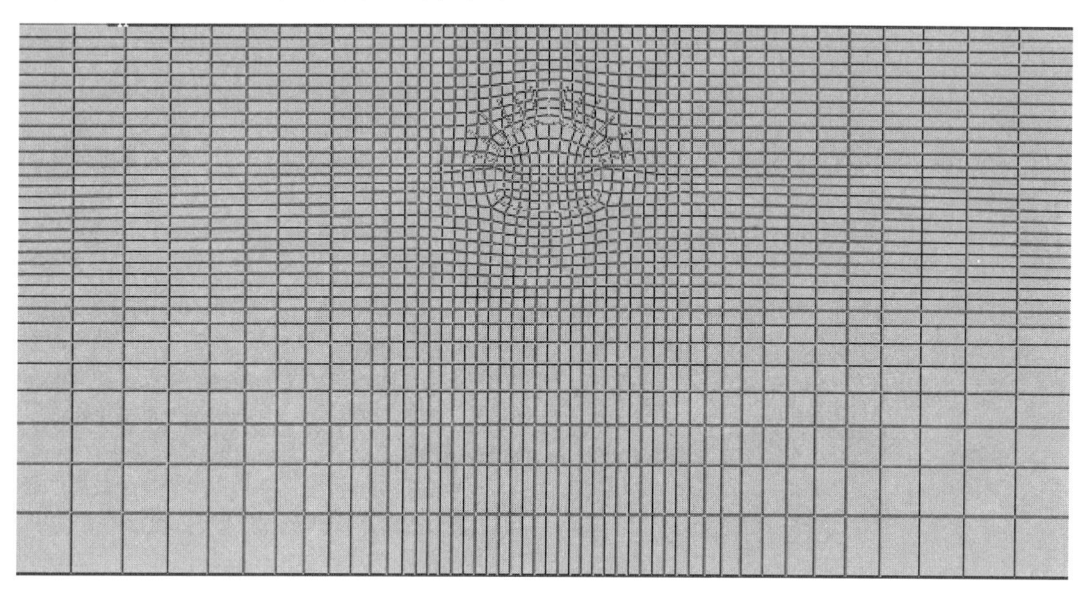

图 4　计算模型网格划分

工况 2：全断面开挖，锚杆长度为 5m。

工况 3：台阶法开挖，锚杆长度为 3m。

工况 4：台阶法开挖，锚杆长度为 5m。

2. 结果分析

（1）洞室周围的围岩位移

隧道开挖过程中，在不做二次衬砌的情况下，从工况 1 和工况 2 的位移图可以看出，洞室总的最大竖向位移在 4.6mm 左右，最大水平位移在 1.46mm 左右；从工况 3 和工况 4 的位移图可以看出，总的最大竖向位移在 2.5mm 左右，最大水平位移在 1.5mm 左右，从隧道洞室周围变形的情况看，采用台阶法开挖位移比全截面开挖位移小得多，施工中更加安全，围岩基本能够稳定，并及时做二衬加固；同时从工况 1 和工况 2 以及工况 3 和工况 4 的竖向位移和水平位移来看，二者差别很小，说明锚杆长度从 3m 增加到 5m，围岩变形量很小，3m 长的锚杆能控制复合地层隧道的变形。从工况 2 和工况 4 可以看出，锚杆已有一部分处于受压状态，没有发挥锚杆受拉的优势，在经济上造成浪费。综合二维模拟分析，该隧道施工采用工况 3，即台阶法开挖，采用 3m 长的锚杆支护更加合适，能够避免引起较大变形，满足地面周边环境对变形敏感的要求。

（2）隧道周围的围岩应力

从模拟分析可以看出，在隧道的开挖支护中，洞室周围绝大部分区域都处于受压状态，拉应力只在很小范围内出现。根据 3m 和 5m 长锚杆支护模拟看出，锚固区域都涵盖了拉应力区域，这说明采用 3m 长锚杆支护是适合本隧道实际，也说明了所设计的初期支护参数能基本满足施工过程中围岩的稳定。

（3）应力集中区域

从模拟分析可以看出，洞室侧边有可能出现应力集中，因此，隧道施工中应在拱角处施作锁角锚杆，同时保证衬砌结构满足强度和刚度要求，必要情况下二次衬砌可采用钢筋混凝土。

3.3　三维数值模拟

根据二维模拟结果分析认为工况 3，即台阶法开挖，3m 长锚杆支护比较适合本工程施工，为了更真实全面地反映工程实际，对此工况进行三维数值模拟。

1. 模型参数。

模型尺寸选择长 90m，高 45m，开挖长度 50m 的区域（图 5）；上下台阶法开挖，每次开挖进尺 5m；锚杆采用 $\phi25$ 中空注浆锚杆，布置间距 100cm×100cm，长度为 3m；衬砌采取表 1 中的物理参数。

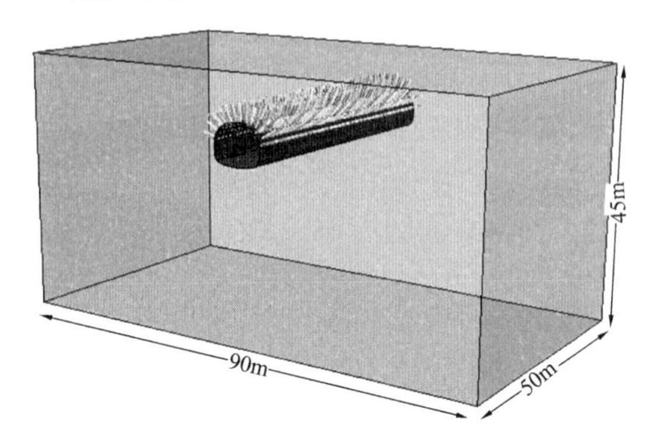

图 5　三维模拟尺寸

2. 分析步骤

(1) 初始地应力平衡；(2) 上台阶开挖；(3) 激活相应位置的锚杆，初衬；(4) 下台阶开挖；(5) 激活相应位置的初衬；(6) 按步骤 (2) ～ (5) 开挖循环直到开挖结束。

3. 各开挖步对应的竖向变形云图

上下台阶法开挖，每次进尺 5m，开挖长度 50m，共分为 20 个开挖步。第 20 个开挖步对应的竖向变形云图如图 6 所示。

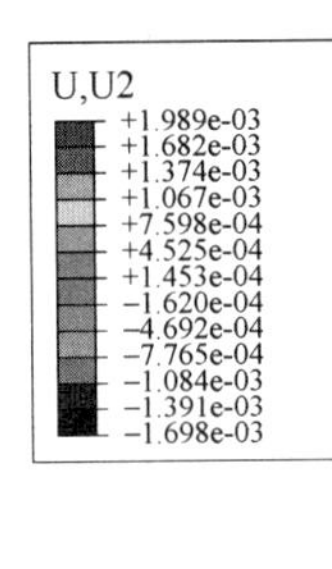

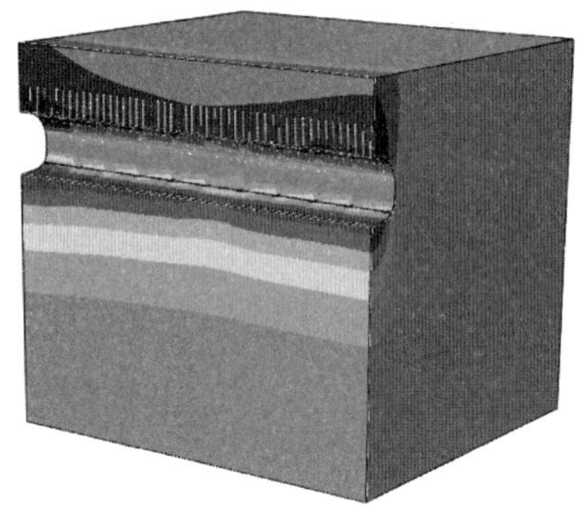

图 6　第 20 个开挖步对应的竖向变形云图

4. 开挖（50m）结束后，初衬竖向变形云图

三维数值模拟施加衬砌，更真实地反映了工程实际，衬砌竖向变形云图如图 7 所示。

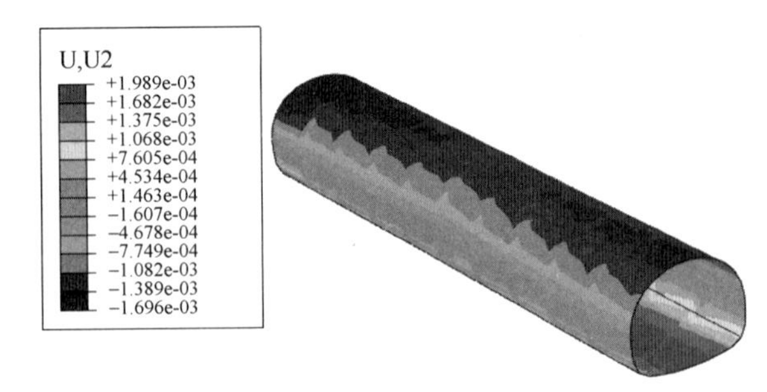

图 7　衬砌竖向变形云图

5. 结果分析

(1) 三维模拟分析在开挖推进过程中考虑了“时空效应”，比较真实地显示了隧道施工过程。

(2) 洞室开挖时及时施作衬砌，并与围岩紧密接触，二者能够共同产生有限变形，能够作为一个整体维持隧道结构体系的平衡。因此，在实际工程施工中支护要及时，要采用能与围岩紧密贴合、在提供支护阻力的同时还能与围岩一起产生有限变形的支护结构。初次衬砌在围岩变形基本收敛后，及时施加刚度较大的二次衬砌加固围岩，以控制其残留变形，确保隧道结构的长期稳定。

4　结论

本文以济南玉函路隧道土岩复合地层段隧洞施工为研究对象，利用现有的理论成果分析总结了地层变形特征，运用弹塑性有限元法分别对隧道不同开挖及施工过程中支护结构力学效应进行数值模拟研究，总结和论证了复合地层隧道施工方法和支护措施：

(1) 结合本工程的地质情况，确定隧道施工按照先上后下、先中间后两边的开挖顺序更加安全，引起的地表沉降最小；导洞开挖完成后，场地应力重新分布，下层导洞侧壁出现竖向应力集中，受力较大，并在下层中洞底部出现向上的竖向应力；隧道拱顶沉降变形量比周边水平位移大，拱顶偏压，围岩受到剪胀挤出，是支护需要加强的部位；边墙有可能出现应力集中，施工中在拱角处打锁角锚杆，加强衬砌结构，并采用钢筋混凝土作为二次衬砌来满足设计要求。

(2) 利用数值模拟方式，分析了全断面开挖和台阶法开挖施工周边场地的响应问题；详细分析了不同锚杆长度在不同开挖方式下，锚杆长度对围岩的变形有重要影响，但是锚杆的长度有个极限值，本工程根据现场条件选择适合的锚杆长度，由于在济南地区第一次开展此类工程的支护，锚杆选择上略有保守；根据分析发现，下台阶开挖后的水平变形量大于上台阶开挖变形量，在现场监测中不能忽视对下台阶的监测。

(3) 施工中要广泛收集监测数据，与理论和数值分析结果进行比较，并运用反分析法进一步对设计参数和施工方案作出更适合实情的调整。

参考文献：

[1] 刘维宁，张弥，邝明. 城市地下工程环境影响的控制理论及其应用[J]. 土木工程学报，1997，30(05)：66-75.

[2] 肖晓春，袁金荣，朱雁飞. 新加坡地铁环线 C824 标段失事原因分析(一)[J]. 现代隧道技术，2009，46(05)：66-71.

[3] 肖晓春，袁金荣，朱雁飞. 新加坡地铁环线 C824 标段失事原因分析(二)[J]. 现代隧道技术，2009，46(05)：28-34.

[4] 肖晓春，袁金荣，朱雁飞. 新加坡地铁环线 C824 标段失事原因分析(三)[J]. 现代隧道技术，2010，47(01)：22-28.

[5] 穆保岗，陶津. 地下结构工程[M]. 南京：东南大学出版社，2011.

[6] Clough G W，Leca E. With focus on use of finite element methods for soft ground tunneling. Review Paper in Tunnels，Paris，1989，531-573.

[7] Ito T，Histake K. 隧道掘进引起的二维地面沉陷分析[M]. 隧道译丛，1985(09)：46-55.

[8] 赵辉，吴红云，岳德金. 竖井施工引起的地表沉降数据分析[J]. 建筑技术，2007，38(06)：449-451.

[9] 李涛，刘继强，尹文平. 地铁隧道施工竖井降水开挖引起的地表沉降分析[J]. 隧道建设，2011，31(03)：278-283.

[10] 王兆辉."土一岩"复合地层地铁导洞施工过程中周边场地响应[D]. 北京：北京工业大学，2015.

[11] 丁伟. 公路隧道开挖过程的数值模拟分析和研究[D]. 西安：长安大学，2009.

[12] 赵旭峰，王春苗，孙景林等. 盾构近接隧道施工力学行为分析[J]. 岩土力学，2007，28(02)：66-75.

[13] 李立云，王兆辉，张海明，等. 地铁车站导洞开挖致地表沉降之施工因素分析[J]. 工程地质学报，2014，22(S1)：130-135.

[14] 高丙丽. 地铁隧道暗挖施工对既有管线的变形影响规律及其控制技术[J]. 现代隧道技术，2014，51(04)：96-101.

[15] 程双财. 不均匀地层条件下隧道施工力学行为研究[D]. 福州：福州大学，2011.

[16] 宋建，樊赟赟，霍延鹏. 复杂条件下浅埋暗挖地铁车站施工地表沉降规律分析[J]. 现代隧道技术，2012，49(06)：88-92，138.

隧道群施工技术总结

张　宽[1]，刘伯虎[2]
（1. 中国建筑第八工程局有限公司，上海 200122；2. 中建八局第三建设有限公司，江苏 南京 210046）

摘　要：随着基础设施的快速发展和全面推进，为了更加节约土地资源，好多隧道合并或集中布置，这给施工的难度增加很大，今后类似情况可能还会增多，本文对该类工程的施工技术进行总结，供类似项目参考借鉴。

关键词：隧道群；施工；技术；总结

0　工程概况

某城市10条并行或交叉穿插的隧道群，紧密拥挤在宽×高为75m×40m的一个断面，群遂结构形式多样、多洞室立体交叉重叠、隧道间高度近接，近接距离超越同类工程极限，设计新颖，施工组织和施工难度大，后期运营安全质量保证要求高。三纵线隧道与轨道交通5号线共用某大桥跨越一条大江，三纵线4座隧道：左线隧道长3723.54m，洞口群洞段埋深14～64m；右线隧道长3715m，群洞段埋深14～53m；歇台子连接线X-A隧道1490.23m，群洞段埋深24～63m和X-B隧道1383.66m，群洞段埋深28～55m，位于轨道5号线H车站暗挖隧道长40.8m，埋深24～42m不等。其中，三车道大断面隧道位于轨道5号线H车站隧道左右拱肩，最小净距约为2.03m，三隧依次呈交错关系，且长距离紧贴、并行。5号线车站有4个出入口，6座风亭，1个管理用房、垂直电梯、天桥和换乘通道等多点、多类型、多结构构造。

该10条隧道群并行或交叉穿插，群隧紧密排布在狭小的一个空间，隧道群如此近接造成的不仅仅是空间拥挤，而且隧道之间的应力-应变模型也变得异常复杂，既要解决好施工期间的“静态”保护问题，更要解决好隧道群共同运营期间的“动态”协同问题。因为各个隧道单独运行、多条或全部错断面、同断面运行、错峰运行等多种数列组合就对应不同种“动态”应力-应变模型，所以给设计、施工、运营带来复杂的“数列式”组合难题。

群遂相关位置如图1所示。

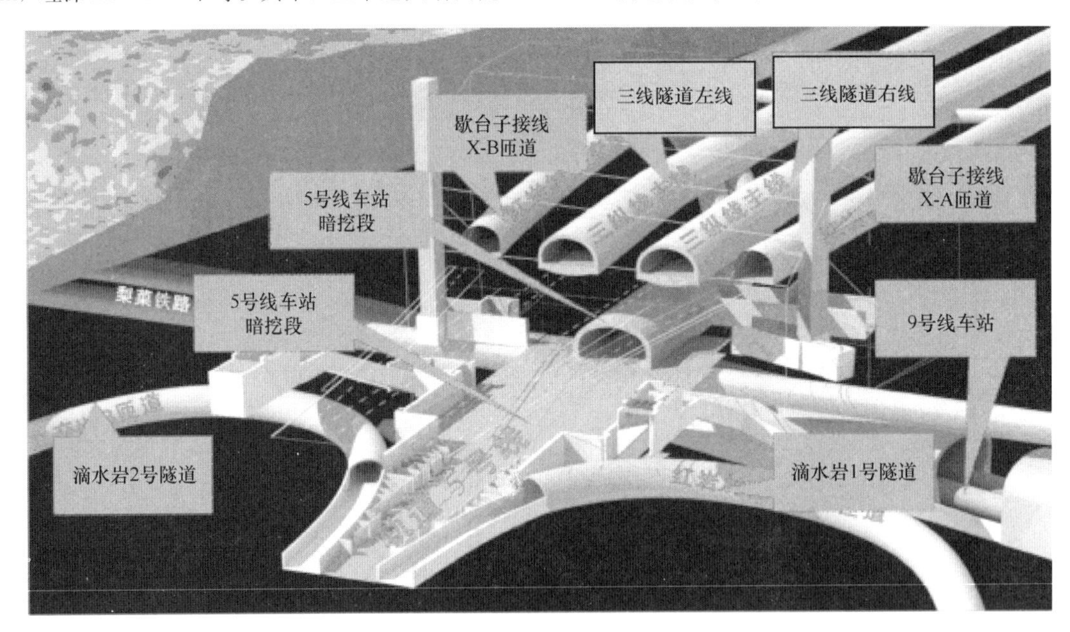

图1　群遂位置示意图

1　施工工艺的选择原则

该群遂的施工顺序以及局部施工工艺调整，都将对工程的质量、安全、运维环境、使用寿命等引起不同结果。所以，施工前反复论证、判定，选取最合理的施工顺序和施工工艺。在某种程度上来说，施工顺序的确定比施工工艺的选择对项目的成功及使用更加重要。经过多次多维度多层面的反复论证，得出施工顺序及工艺的确定应遵循以下原则。

（1）总体原则：施工顺序根据相互间影响因素遵循“影响程度由易到难、水平分段先远后近、竖向叠加先下后上、纵向开挖左右错开”的原则。

（2）局部原则：采用“多分步、多循环、少扰动、成整体、先补强、系统性”的协同法施工，尽力避免同一横断面上多洞隧道同时施工，避免造成扰动应力集中，造成

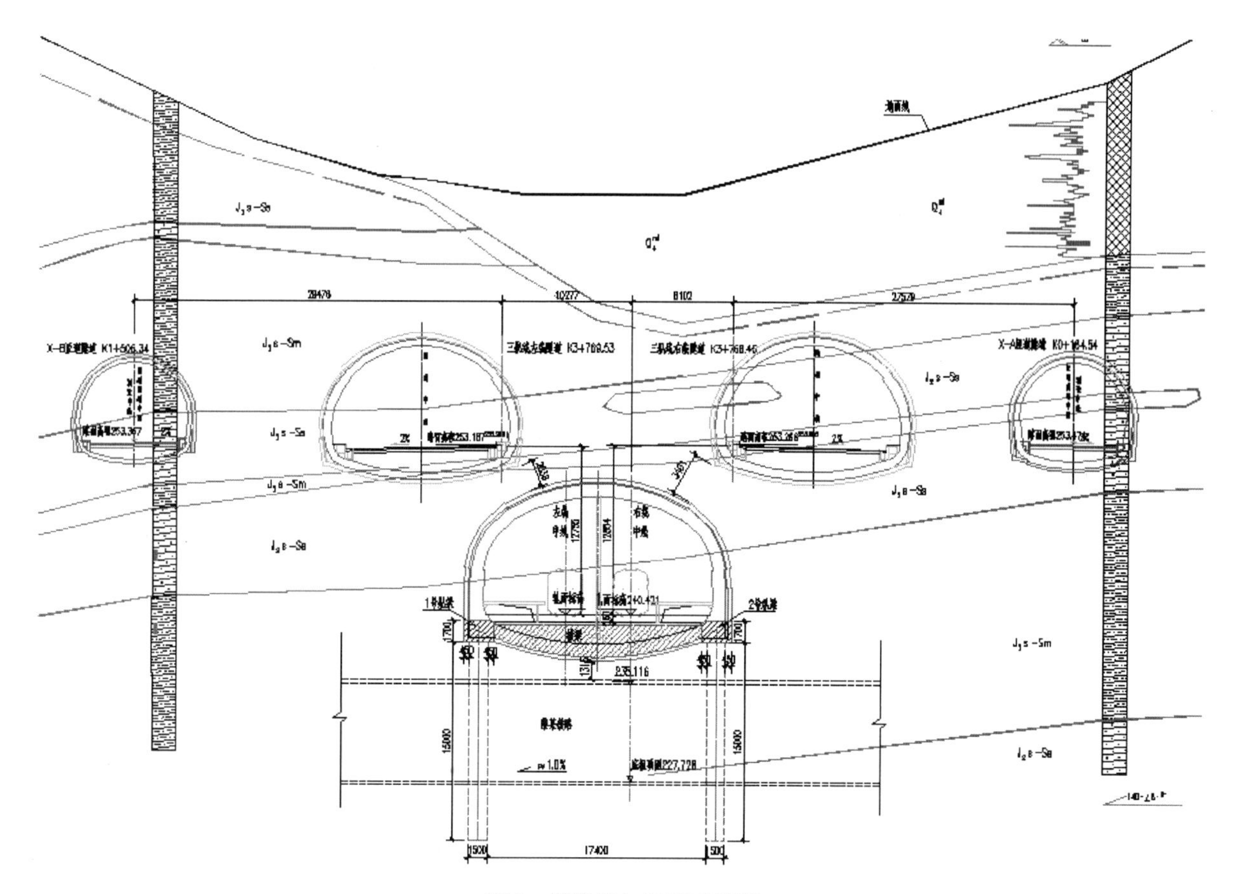

图 2　群遂叠加局部正面图

隧道间岩体的结构破坏。

(3) 施工顺序：施工准备→管道、管线改迁→边坡支挡工程→X-A 隧道洞口工程→X-A 隧道暗洞→X-B 隧道洞口工程→X-B 隧道暗洞→主线隧道仰拱大管棚→5 号线 H 站暗挖隧道拱部及仰拱部位大管棚→小导洞开挖支护后 L 铁路桩基纵托梁施工、小导洞回填→5 号线 H 站暗挖隧道开挖支护→5 号线 H 站暗挖隧道衬砌→歇台子连接线匝道隧道通过车行通道进入 H 隧道向大里程方向开挖支护→5 号线暗挖隧道衬砌施作完成→红岩村隧道向小里程方向开挖支护→衬砌防排水施工。

(4) 施工原则：先行施工影响段小的段落再施工影响段大的段落、隧道左右错开、竖向叠加段落先下后上。

(5) 施工步骤：X-A 隧道洞口工程施工→X-B 隧道洞口工程施工→5 号线 H 站暗挖隧道导向墙大管棚施工→右侧主线施工→左侧主线施工。

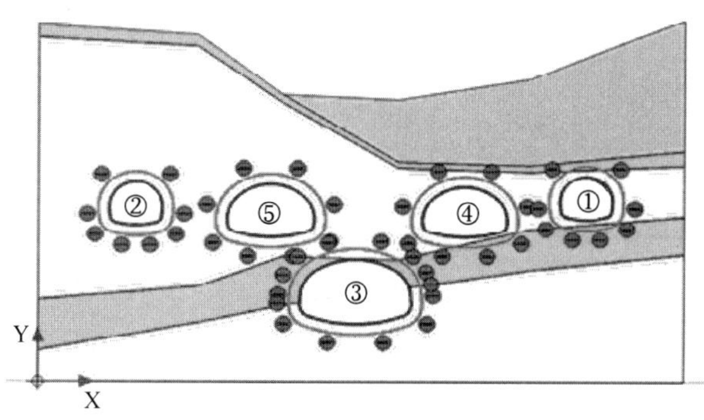

图 3　隧道开挖顺序图

(6) 施工方法：H 车站暗挖隧道采用双侧壁导坑法，歇台子连接线 X-A、X-B 隧道采用台阶法开挖，三线隧道左、右线采用 CD 法开挖。

2　主要施工工艺

2.1　群遂断面开挖有限元分析

1. 数值模型的建立

取断面宽度 106m，高度 62m，如图 4 所示。

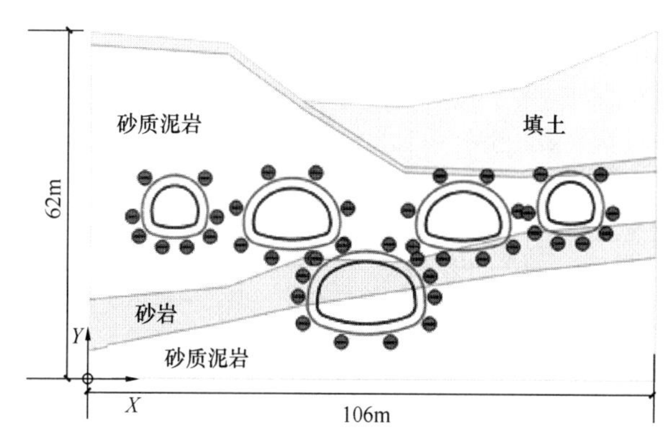

图 4　断面模型选取

2. 土层及初期支护参数

土层从上到下依次是填土，砂岩，砂质泥岩，砂岩，砂质泥岩。物理力学性质如表 1 所示，地下水水位位于隧道开挖面下方。

地勘数据不详细，土体本构模型采用Mohr-Coulomb。

混凝土隧道支护结构刚度取 $EA=10000$，$EI=50000$，泊松比0.2。

土体物理力学参数　　表1

岩土名称	填土	粉质黏土	砂岩		砂质泥岩		结构面	层面
			强风化	中风化	强风化	中风化		
重度（kN/m^3）	20.0	20.0	23	25.0	23.5	25.8	—	—
弹性模量（MPa）	5	—	600	4399	500	1438	—	—
变形模量（MPa）	—	—	450	3681	350	1098	—	—
泊松比 μ	0.35	0.4	0.40	0.12	0.40	0.35	—	—
内聚力 c（kPa）	5～10	15	—	1985	—	687	50	30
内摩擦角 φ（°）	30（综合） 18～25	10	—	41.5	—	32.8	18	10
岩体破裂角（°）	—	—	—	66	—	61	—	—
岩体等效内摩擦角（°）	—	—	—	60	—	55	—	—
抗拉强度（kPa）	—	—	—	575	—	182	—	—
弹性波速 V_p（m/s）	—	—	—	4000	—	3650	—	—
完整性系数 K	—	—	—	0.72	—	0.74	—	—
自然抗压强度（MPa）	—	—	—	45.8	—	12.8	—	—
饱和抗压强度（MPa）	—	—	—	34.4	—	7.8	—	—
地基承载力基本容许值（kPa）	—	—	—	2500	—	1000	—	—
岩体弹性抗力系数（MPa/m）	—	—	—	600	—	300	—	—
水平抗力系数的比例系数 m（MPa/m^2）	15	25	100	—	80	—	—	—
岩土体与锚固体粘结强度（MPa）	0.04	0.02	0.1	0.50	0.08	0.20	—	—
挡墙基底摩擦系数 μ	0.30	0.25	0.40	0.60	0.35	0.45	—	—

3　计算分析结论

隧道施工主要关注土体变形沉降、土体应力变化、初期支护变形破坏等指标，通过隧道开挖阶段的土体位移云图，剪力云图，初期支护弯矩图，判断隧道群间土体受力变形情况。

（1）第一阶段X-A开挖，图4中可以看出隧道开挖的影响区域，地表最大沉降为4.1mm，拱顶最大位移为3.9mm。隧道支护结构的弯矩最大值为1.27kN·m。

（2）第二阶段X-B开挖，与X-A隧道距离较远，不会相互影响，隧道X-B开挖的影响区域，与X-A没有相互影响，地表最大沉降为4.2mm，拱顶最大位移为3.8mm。支护结构弯矩最大值−9.34kN·m。

（3）第三阶段5号线隧道开挖，图5中可以看出5号线隧道开挖的影响区域，与X-A、X-B有相互影响，5号线隧道上部地表沉降和拱顶位移最大，地表最大沉降为7.2mm，拱顶最大位移为9.5mm。初期支护结构弯矩最大值−8.17kN·m。

（4）第四阶段左线隧道开挖，与X-B、5号线相距都很近，隧道间相互影响。左线隧道开挖的影响区域，与X-B、5号线有相互影响，在左线和5号线之间地表沉降最大、左线左侧拱位移最大，地表最大沉降为10.2mm，拱顶最大位移为11.7mm。围护结构弯矩最大值−6.7kN·m。

（5）第五阶段右线隧道开挖，与X-A、5号线、左线相距都很近，隧道间相互影响。左线隧道开挖的影响区域，与X-B、5号线、左线有相互影响，在右线和5号线之间地表沉降最大、右线左侧拱位移最大，地表最大沉降为10.9mm，拱顶最大位移为13.4mm。支护结构弯矩最大值−8.94kN·m。

从以上5个阶段的计算结果分析，隧道群开挖至施工完成，各阶段及时合理的支护使位移得到很好的控制。

全部5个隧道施工完毕后，地表最大沉降为13.4mm，拱顶最大位移为10.9mm，均在《公路隧道施工技术规范》JTG/T 3660允许的范围之内。

2.2　群遂主要施工工艺及注意事项

（1）群洞洞口边仰坡完成后，进行洞口管棚施工，纵向按10°坡度拉槽后，拉槽两侧边坡按1∶0.75进行横向放坡，临时边坡采用双层 $\phi8$ 钢筋网，网格间距20cm×20cm，$\phi22$ 砂浆锚杆 $L=6m$，按间距1.5m梅花形布置，喷射20cm厚C20混凝土进行封闭处理。

车站仰拱管棚完成后进行桩基托梁施工，具备进洞条件后采用双侧壁导坑法进行隧道施工，为有效保护围岩，H车站暗挖段边导洞及上部核心岩柱采用微振机械开挖，中、下部核心土采用控制爆破开挖，要求爆破振动速度在1cm/s以下。

(2) 进入明暗交界后，先行施工洞口加强环梁和ϕ127超前精确导向大管棚，并注浆加固。

(3) 车站暗挖段标准断面与加深断面过渡段采用扩挖施工，加深断面按照双侧壁上下导坑法施工。

(4) 核心土解除后，整体台车施作二衬。

(5) 车站上跨L铁路横断面施工步序：

① 5号线H车站暗挖上跨L铁路段横断面施工步序：

临时支撑采用C25喷射混凝土10cm厚，临时锚杆采用ϕ22砂浆锚杆，长1.5m，间距60cm（纵向）×100cm（环向），喷混凝土采用20a工字钢支撑加强，间距50cm。侧壁临时型钢支撑纵向采用ϕ22钢筋连接，环向间距为1.0m，钢支撑与架立钢板、连接钢板采用焊接，ϕ22锚杆须焊接于工字连钢上。

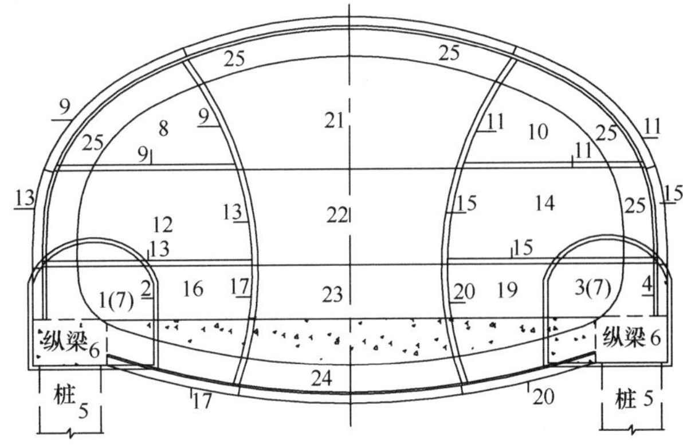

图5 5号线H车站暗挖上跨L铁路段横断面图

暗挖车站上跨L铁路断面施工顺序 **表2**

序号	施工步序内容	步序图
1	下部左侧临时导洞开挖	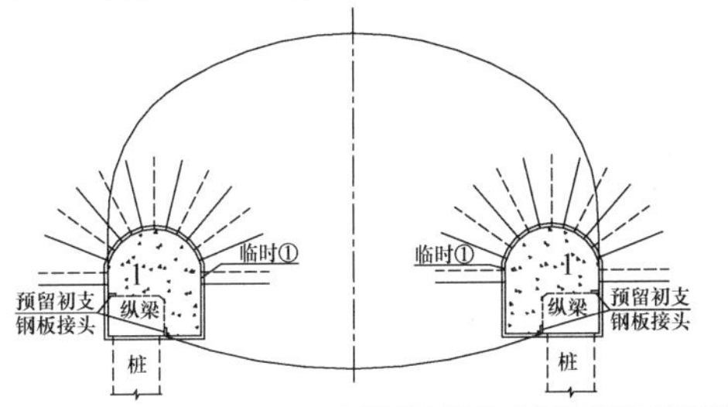
2	施作临时导洞初期支护	
3	下部右侧临时导洞开挖	
4	施作临时导洞初期支护	
5	支护完成后，先施作桩基	
6	施作纵梁	
7	临时导洞回填洞渣	
8	左侧导洞上台阶开挖	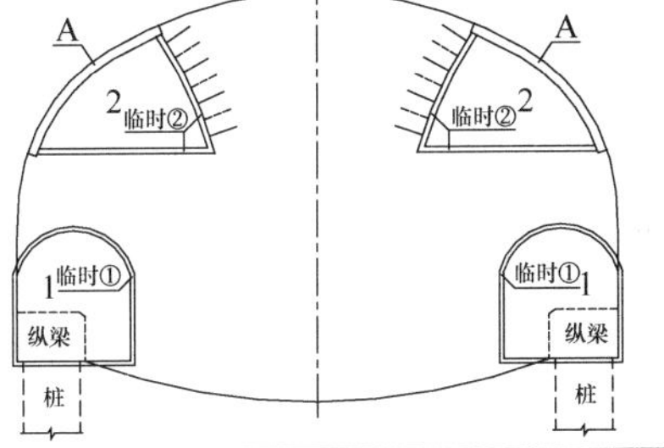
9	左侧导洞上台阶施作初支及底板型钢横撑	
10	右侧导洞上台阶开挖	
11	右侧导洞上台阶施作初支及底板型钢横撑	
12	左侧导洞中台阶开挖	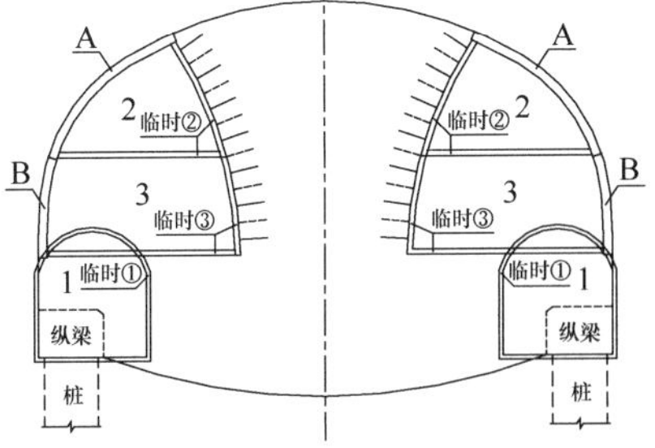
13	左侧导洞中台阶施作初支及底板型钢横撑	
14	右侧导洞中台阶开挖	
15	右侧导洞中台阶施作初支及底板型钢横撑	
16	左侧导洞下台阶开挖	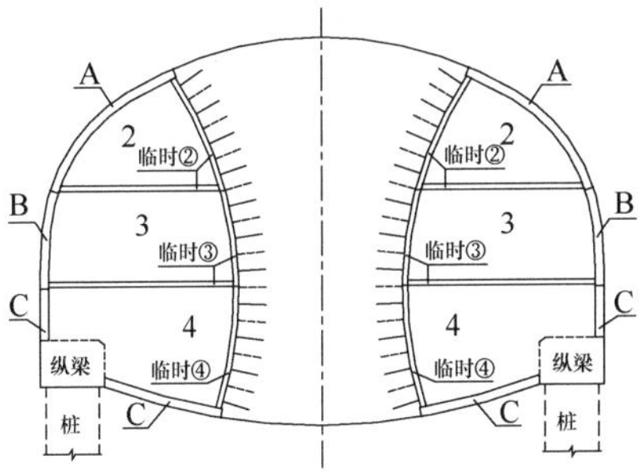
17	左侧导洞下台阶施作初支	
18	右侧导洞下台阶开挖	
19	右侧导洞下台阶施作初支	

续表

序号	施工步序内容	步序图
20	核心土上台阶开挖	
21	核心土拱顶施作初支	
22	核心土中台阶开挖	
23	核心土下台阶开挖	
24	拆除临时支撑 （一次性拆除长度≤6m）	
25	施作仰拱衬砌、填充及横梁	
26	施作二次衬砌	

注：开挖每道工序的纵向间距为3～5m，并且应随开挖、随支护。

② 车站隧道上跨L铁路隧道纵断面施工步序，如图6所示。

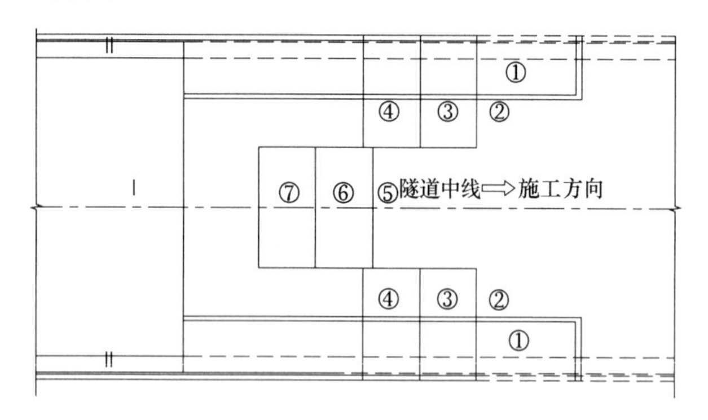

图6　车站上跨梨莱铁路段纵断面施工步序图

（6）暗挖车站下部左右临时导洞开挖，采用左右导洞之间错开3～4m循环施作的方法。由于与L铁路的净距只有1.3m，为保证施工安全，该导洞的开挖采用水钻+切割机开挖。导洞分上下台阶法进行开挖，上台阶采用水钻沿开挖轮廓线取芯，取芯直径为15cm，相邻孔间距为10cm，孔间搭接2.5cm，每循环长度为50cm。水钻取芯形成临空面后中部采用风镐、霹雳枪进行松动、解小，下台阶采用切割机进行切割，渣土采用斗车人工转运至临时堆渣场，然后集中外运。开挖后及时施作锚喷初期支护。导洞开挖示意如图7所示。

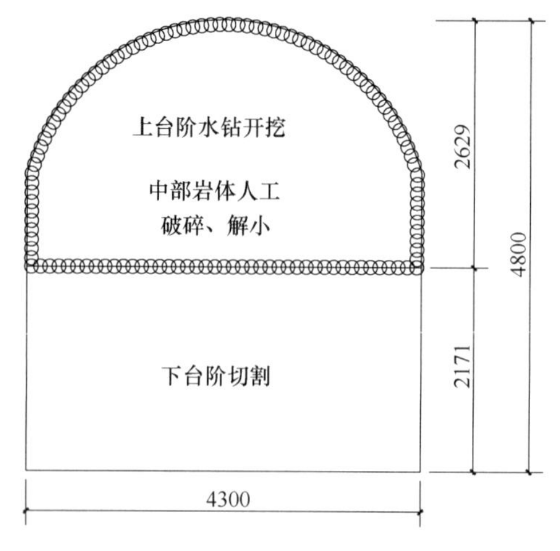

图7　小导洞开挖示意图

（7）锁口护壁施工

1）锁口护壁采用钢筋混凝土，护筒内径比桩径大20cm，护筒顶面高出施工地面20～30cm。

2）锁口护壁埋置深度符合下列要求：

① 每节高 90cm，护壁上口厚 25cm，下口厚 15cm，钢筋按设计图纸绑扎，混凝土不低于 C25 或与桩身同等强度。护壁施工采取钢模板拼装而成，拆上节支下节，循环周转使用，模板用固定卡连接，边浇筑边用铁扦插致混凝土密实，上下设两道支撑成圆形，混凝土用吊桶运输人工浇筑，混凝土应根据气候条件在 24h 后且强度达到 70%后方可拆模，必要时采用早强水泥或在混凝土中加入早强剂或速凝剂。

② 当表层土松软时将护壁埋置到较坚硬密实的次坚石中至少 0.5m。

③ 当次坚石围岩整体性较好时可不设护壁，若围岩整体性较差、破碎、裂隙发育、有地下水时，必须设护壁。

④ 锁口顶面中心与设计桩位偏差不大于 5cm，倾斜度不大于 1%。

⑤ 护壁混凝土强度等级不低于 C25 或采用与桩身同等强度，护壁环向钢筋及连接钢筋采用 $\phi12$，间距 15cm，厚度 20cm。

⑥ 场地硬化。在桩群承台覆盖范围内打混凝土，硬化孔口周围场地，场地硬化混凝土厚度不小于 6cm，防止雨水渗入锁口下土壤，出现局部开裂现象。

3 其他注意事项

（1）根据勘察报告揭示，群隧址区域地表分布密集建筑，同时，本隧道穿越地层均为水平环倾岩层，隧道施工遇涌水、突泥、塌方、大变形等风险性较高。施工期间，针对上述重大工程地质问题开展采取常规预报及加深炮眼为主+长（地震波）、中距离（地质雷达）综合物探为辅的综合地质超前预报工作，在异常情况下采用超前钻孔验证。

（2）在复杂地段，辅助以超前钻探法、加深炮孔探测法等，还可以采用 TGP203 地质超前预报法。其中 TGP203 可以进行隧道地质超前预报，扩展配置又可以对开挖过程中未发现的隧道隐蔽病害进行检测，和检测隧道围岩的弹性波速度、划分隧道围岩类别以及检查混凝土衬砌与围岩之间是否存在脱空缺陷等。本项目利用 TGP203 地质预报在方案选定、调整，安全质量管控中发挥了很重要的作用。

（3）准确判断围岩力学形态的变化及规律，通过对量测数据的分析、处理与必要的计算和判断，进行预测和反馈，及时掌握隧道的力学性能，并对叠加段隧道的稳定、安全性作出评价，对既有建（构）筑物不稳定状态及时预警，指导施工。

4 结束语

本工程在施工全过程中对项目进行科学严谨的管理，积累了很重要的一手资料和数据，正逐步开展数据分析处理，希望得出更多有价值的理论成果，能够在今后指导隧道尤其群遂的高效施工。